TRACÉ GÉNÉRAL

DES COURBES

8°V
3184.

Paris. — Imprimé par E. THUNOT et C⁰, rue Racine, 26.

TRACÉ GÉNÉRAL

DES COURBES

CIRCULAIRES, ELLIPTIQUES ET PARABOLIQUES

DE RACCORDEMENT

POUR CHEMINS DE FER, ROUTES, CANAUX, ETC.

TRACÉ DES ÉPURES D'ARCHES DE PONTS

et en général de toute espèce de voûtes quelle qu'en soit la dimension, par la tangente
et par la corde, avec trois décimales exactes;

TABLES NOUVELLES ET COMPLÈTES

PRÉCÉDÉES D'UNE INTRODUCTION

RENFERMANT LA THÉORIE, LA CONSTRUCTION ET LES USAGES DES TABLES;
DE NOMBREUSES APPLICATIONS, UN GRAND NOMBRE DE PROBLÈMES,
AINSI QUE L'EXPOSÉ DES DIFFÉRENTES MÉTHODES DE TRACÉ GRAPHIQUE ET DE CABINET,
DU CERCLE, DE L'ELLIPSE ET DE LA PARABOLE.

Ouvrage indispensable à tous ceux qui s'occupent de tracés.

Par A. JACQUET,

Ex-conducteur des Ponts et Chaussées,
ancien élève de l'École des arts et métiers de Châlons-sur-Marne.

NOUVELLE ÉDITION, REVUE ET AUGMENTÉE

PARIS

DUNOD, ÉDITEUR,
SUCCESSEUR DE Vᵉʳ DALMONT,
Précédemment Carilian-Gœury et Vᵉʳ Dalmont,
LIBRAIRE DES CORPS IMPÉRIAUX DES PONTS ET CHAUSSÉES ET DES MINES

1866

AVERTISSEMENT

DE LA PREMIÈRE ÉDITION.

De toutes les courbes mises en usage dans l'art du tracé en général, celles qui, par l'importance de leurs applications, méritent de figurer au premier rang, sont incontestablement le cercle, l'ellipse et la parabole.

Il existe divers procédés pour obtenir par points ces trois courbes, soit sur l'épure, soit sur le terrain ; mais la méthode aujourd'hui reconnue comme la plus exacte, la plus commode et en même temps la plus expéditive, consiste en l'emploi d'abscisses et d'ordonnées rectangulaires, calculées directement par l'équation de la courbe rapportée à la tangente. Tel est le mode généralement adopté.

Sans vouloir nous appesantir sur ce système et en faire ressortir tous les avantages, nous rappellerons cependant, qu'à l'exclusion de tous les procédés graphiques connus, il est le seul qui permette : 1° l'emploi simultané de la corde et de la tangente; 2° le recours à des cordes auxiliaires, et enfin 3° la substitution des *différences* des ordonnées aux ordonnées elles-mêmes pour le tracé de la courbe. D'où il résulte qu'à l'aide de ces moyens réunis et judicieusement employés, nul obstacle

a

n'est plus à craindre, rien ne peut entraver la marche de l'opé-
rateur, et soit qu'il s'agisse du cercle, de l'ellipse ou de la parabole, les opérations, tout en étant considérablement abrégées,
conservent néanmoins à la méthode générale sa rigoureuse
exactitude.

L'opération qui se présente le plus fréquemment dans le tracé
sur le terrain proprement dit, spécialement dans le tracé des
chemins de fer, c'est le raccordement de deux droites par une
courbe, le plus souvent circulaire et à grand rayon. Or, cette
opération consistant généralement à déterminer un nombre
limité de points, assez rapprochés cependant pour que le polygone inscrit dont ils sont les sommets puisse se confondre sensi-
blement avec la courbe enveloppe; et celle-ci, comme d'ailleurs
toute ligne jalonnée sur le terrain, n'étant, pour ainsi dire, que
pointillée par points déterminés rigoureusement et convenable-
ment espacés, on comprend qu'il serait superflu, embarrassant
même, de multiplier sans mesure les ordonnées, comme aussi
de donner à leur valeur et à celle des autres éléments du tracé,
une approximation au delà des centièmes.

Dans le tracé d'épures, au contraire, la forme géométrique
parfaite, la reproduction exacte de la courbe à tracer, étant la
condition essentielle, le but même de l'opération; la réunion,
par un trait plein, continu, des points isolés obtenus, est donc
ici indispensable. Or, pour arriver à un résultat qui approche
autant que possible de cette perfection absolue qui fait l'essence
des conceptions géométriques, il faut que la valeur approxima-
tive des ordonnées s'étende au moins jusqu'aux millièmes, et
qu'en outre, l'économie des tables destinées à ce tracé spécial
permette de multiplier à volonté le nombre de ces ordonnées.

D'après ce qui précède, pour qu'un ouvrage comme celui que
nous publions soit vraiment utile et indispensable à tous ceux

qui s'occupent de tracés, il ne suffit donc pas qu'il permette, au moyen du procédé indiqué, la résolution de ce triple problème : *Un cercle, une ellipse ou une parabole, de dimensions d'ailleurs quelconques, étant déterminés, les tracer, soit sur l'épure, soit sur le terrain*; mais il faut encore que les résultats auxquels il conduit soient d'une exactitude telle, qu'elle puisse satisfaire à tous les cas qui peuvent se présenter dans la pratique de l'art du tracé en général.

Nous aurions encore considéré cet ouvrage comme incomplet si nous nous étions abstenu d'exposer les différents procédés de tracés graphiques les plus en usage. Car si, par l'imperfection dans la méthode, par la longueur des opérations et l'incertitude dans les résultats, ils conduisent le plus souvent à des erreurs inévitables sur le terrain ; ils sont néanmoins parfaitement applicables au tracé de cabinet, où les dimensions sont restreintes, les opérations renfermées dans un cadre étroit, et où par conséquent les erreurs sont inappréciables.

Telles sont les considérations générales qui nous ont servi de guide dans la confection de cet ouvrage, en ne perdant pas un seul instant de vue son caractère essentiellement pratique ; aussi avons-nous été très-sobre de démonstrations, et nous nous sommes borné à y faire figurer seulement celles qui nous ont paru indispensables pour établir la vérité mathématique des principes sur lesquels reposent les tables.

Nous avons au contraire multiplié les applications et les problèmes, et nous ne pensons pas qu'on trouve dans les règles exposées aucune difficulté qui ne soit éclaircie par quelque exemple.

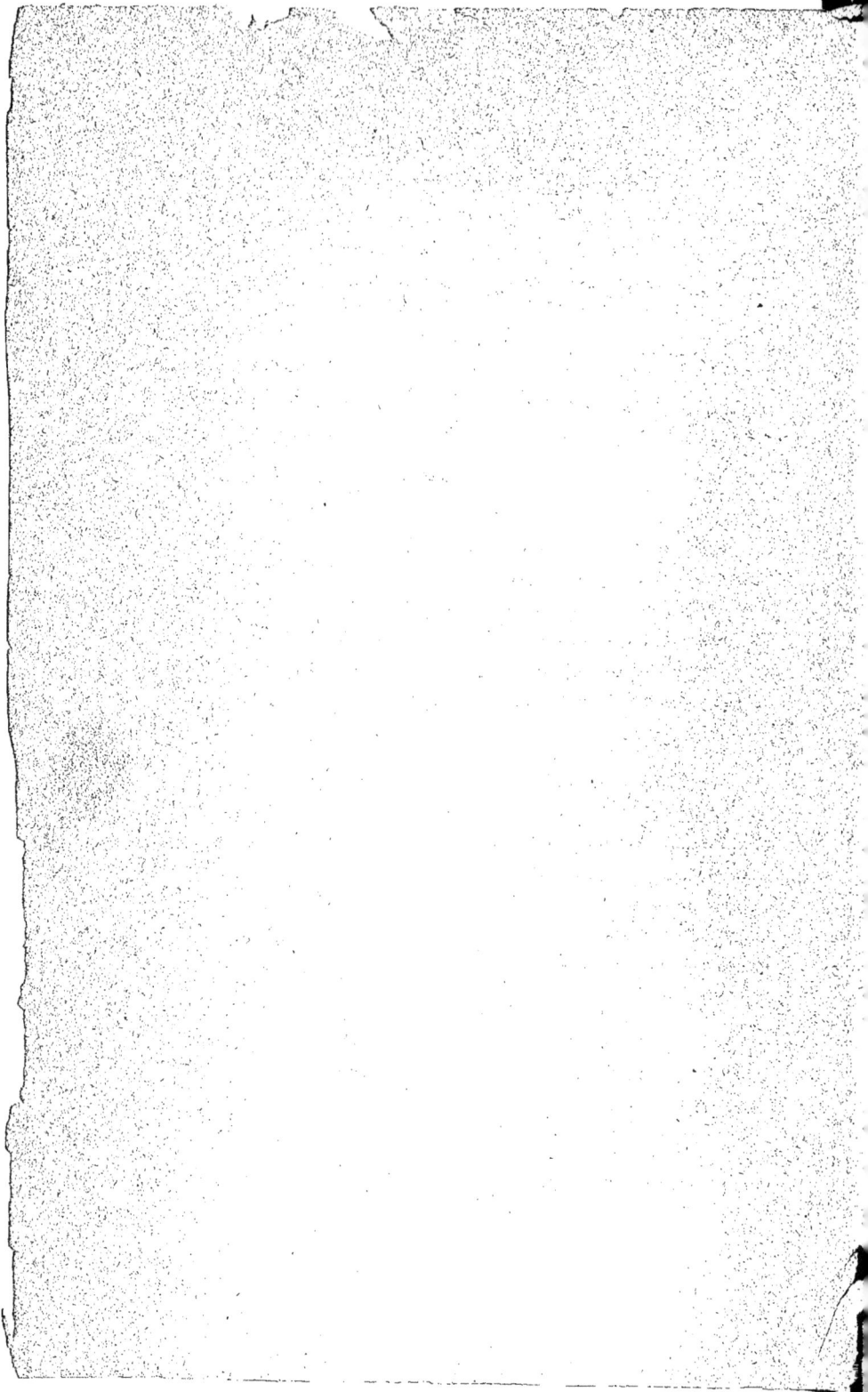

AVERTISSEMENT

DE LA DEUXIÈME ÉDITION.

Afin de satisfaire aux exigences actuelles relativement aux courbes à faible rayon, nous avons dû faire à la plupart des tables de la première édition, des additions considérables ; additions nécessitées par suite de l'établissement des Chemins de Fer Communaux qui sillonnent déjà une partie de nos départements de l'Alsace, et qui tendent de jour en jour à prendre une extension nouvelle.

Nous citerons notamment la table des ordonnées des courbes usuelles, laquelle ne s'étendait qu'aux rayons de 300 mètres à 6,000 mètres, et que nous avons complétée en y introduisant les ordonnées des courbes dont le rayon peut varier depu 300 mètres jusqu'à 5 mètres. Ces nouvelles ordonnées ont été calculées par abscisses variables depuis 50 centimètres jusqu'à 10 mètres, mais ces abscisses toujours également espacées pour une même courbe.

Cette nouvelle édition comprend en outre une table supplémentaire très-importante, laquelle donne, pour tous les degrés et minutes d'un quart de cercle de 100 mètres de rayon, les cinq éléments suivants ; savoir :

1° La tangente ; 2° la bissectrice ou la sécante diminuée du rayon ; 3° la flèche ; 4° la demi-corde ; enfin 5° le développement de l'arc.

De sorte que, par l'adjonction de cette table supplémentaire à la table des abscisses et ordonnées du cercle de même rayon, et à l'aide du concours simultané de ces deux tables, on obtiendra avec facilité toutes les fonctions circulaires, quel que soit le rayon que l'on adoptera.

Quant au texte, il a aussi subi des augmentations considérables ; parmi les plus importantes, nous citerons la description complète des raccordements inverses, dits en S. Il resterait, pour compléter, à indiquer les procédés à employer pour substituer les arcs circulaires aux arcs paraboliques ou elliptiques, dans le cas des raccordements à tangentes inégales. Nous renverrons au chapitre final du tome II des Tables de Genieys.

En un mot, nous avons apporté à notre ouvrage toutes les améliorations dont il nous a paru susceptible, sans toutefois en modifier l'économie, et aucun sacrifice n'a été épargné pour le rendre en même temps le plus complet et le moins cher de tous les ouvrages de même genre qui ont paru sur la matière.

TABLE DES MATIÈRES.

[library stamp]

INTRODUCTION

—❦—

CHAPITRE Iᵉʳ.

OBJET DES TABLES.

————

Cet ouvrage renferme cinq tables :

Les deux premières font connaître tous les éléments nécessaires au tracé sur le terrain, soit par la tangente, soit par la corde, des courbes en arc de cercle les plus usitées dans la construction des chemins de fer. Le rayon minimum est 5 mètres, celui maximum est 6000 mètres.

La troisième sert à tracer :

1° Tous les cercles ou arcs de cercle de tous les rayons (en nombres entiers ou fractionnaires), depuis I jusqu'à 10000 mètres ;

2° Toutes les ellipses ou arcs elliptiques dont les axes seront connus, le grand axe pouvant varier depuis I jusqu'à 10000 mètres.

La quatrième sert à tracer toute parabole dont le paramètre est connu.
Dans le cas de tangentes inégales, on indique les calculs à effectuer pour trouver : 1° la position de l'axe ; 2° le sommet de la courbe ; 3° le paramètre.

La cinquième table renferme les tangentes, les bissectrices, les flèches, les demi-cordes et les développements d'un arc de cercle de 100 mètres de rayon pour tous les degrés et minutes depuis 0° jusqu'à 90°.

————

CHAPITRE II.

THÉORIE DES TABLES.

PREMIÈRE TABLE.

Tangentes, bissectrices et développements des courbes circulaires de raccordement les plus usitées dans la construction des chemins de fer.

Cette table donne directement la longueur des tangentes, bissectrices et développements des arcs, pour tous les angles au centre, de degré en degré, depuis 1° jusqu'à 90°, et par une simple multiplication, les tangentes, bissectrices, etc., pour tous les angles intermédiaires.

Les lignes AM, AN sont deux alignements droits raccordés par l'arc de cercle BDC (Pl. I, fig. 1). Les points de tangence sont B et C; le rayon est BO.

L'angle au centre est BOC.

La tangente est AB.

La bissectrice est AD.

La valeur de l'angle au centre est 180^s — MAN.

La tangente AB se déduit du triangle ABO, dans lequel on a $r : \text{tang} \frac{1}{2} \text{BOC} :: \text{BO} : \text{AB}$, et si l'on suppose le rayon des tables égal à l'unité, on aura

$$\text{Tangente AB} = \text{BO} \times \text{tang} \frac{1}{2} \text{BOC}.$$

La valeur de la bissectrice AD se déduit du même triangle dans lequel on a

$$r : \text{sécant} \frac{1}{2} \text{BOC} :: \text{BO} : \text{AO},$$

d'où

$$\text{AO} = \text{sécant} \frac{1}{2} \text{BOC} \times \text{BO}$$

et

$$\text{AD} = \text{BO} \times \text{sécant} \frac{1}{2} \text{BOC} - 1.$$

La longueur de l'arc BDC est donnée par la formule arc $\text{BDC} = \frac{n2\pi R}{360}$, dans laquelle n est le nombre de degrés de l'angle au centre BOC et R le rayon de l'arc.

DEUXIÈME TABLE.

Abscisses et ordonnées des courbes usuelles.

Si l'on place l'origine des coordonnées au centre O du cercle (Pl. I, fig. 1) et que l'on fasse $Od = x$ et la perpendiculaire dB limitée à la circonférence, $= y$, on aura $y^2 = R^2 - x^2$, d'où

$$y = \sqrt{R^2 - x^2}.$$

Soit tirée la droite indéfinie mn perpendiculaire à l'extrémité D du rayon DO; cette droite sera tangente au cercle, et si l'on prolonge l'ordonnée dB jusqu'à la rencontre de mn, on aura $rD = Od = x$ et rB $= R - y$. Or nous avons trouvé

$$y = \sqrt{R^2 - x^2}, \quad \text{donc} \quad r\text{B} = R - \sqrt{R^2 - x^2}.$$

C'est par cette formule que les ordonnées de cette table ont été calculées.

Si l'on voulait avoir l'ordonnée dB au moyen de la table, il suffirait de retrancher $R - \sqrt{R^2 - x^2}$ du rayon R, cela se voit par la figure; et généralement pour une flèche quelconque f, on aura les ordonnées perpendiculaires à la corde en faisant $y' = f - (R - \sqrt{R^2 - x^2})$, c'est-à-dire que pour tracer la courbe par la corde, la flèche étant connue, on obtiendra les ordonnées à cette corde, en retranchant les valeurs de y trouvées par la table, de la flèche donnée, les abscisses x restant les mêmes.

TROISIÈME TABLE.

Abscisses et ordonnées d'un quart de circonférence de cercle de 100 mètres de rayon, calculées depuis 0 jusqu'à 100 mètres.

Les ordonnées de cette table ont été calculées à 4 décimales exactes par la formule développée ci-dessus $y = R - \sqrt{R^2 - x^2}$, dans laquelle on a fait varier les abscisses de décimètre en décimètre; le premier et le dernier décimètre ont été divisés en centimètres; le premier et le dernier centimètre l'ont été en millimètres.

La première ordonnée est $y = 100 - \sqrt{(100)^2 - (0,001)^2}$;

L'avant-dernière est $y = 100 - \sqrt{(100)^2 - (99,999)^2}$.

L'application de cette table au tracé d'un cercle d'un rayon quelconque repose sur ce principe bien simple :

Si x et y sont les coordonnées d'un cercle de rayon R, les coordonnées d'un cercle de rayon R', s'obtiendront en multipliant les valeurs de x et de y par le rapport $\dfrac{R'}{R}$, et croissent suivant ce rapport.

Pour tracer un cercle de rayon R au moyen de cette table, il suffit de multiplier les abscisses et ordonnées par le rapport constant $\frac{R}{100}$.

Quand nous traiterons de la construction et de l'usage des tables, nous ferons voir avec quelle facilité on résout le problème général que nous avons annoncé : *tracer par la tangente ou par la corde tous les cercles ou arcs de cercle d'un rayon quelconque.*

Nous nous contenterons, pour l'instant, de dire qu'un cercle de 30 mètres, par exemple, peut se tracer par ordonnées également espacées, soit de $0^m,30$ en $0^m,30$, soit de 3 en 3 mètres ou de 6 en 6 mètres, etc., que généralement, le rapport $\frac{R}{100}$, ou tout nombre divisible par ce rapport, peut être choisi pour première abscisse, et qu'une fois choisies, toutes les autres sont déterminées, c'est-à-dire que les ordonnées sont toujours également espacées.

Nous allons faire voir comment, au moyen de cette table, on peut résoudre cet autre problème : *tracer une ellipse ou un arc elliptique dont les axes sont connus.*

Application de la troisième table au tracé des ellipses ou arcs elliptiques.

Si l'on décrit sur le grand axe Aa (Pl. I, *fig.* 2) d'une ellipse, comme diamètre, une circonférence de cercle ADa, on a pour équation de cette circonférence, en faisant $AC = CD = A$,

$$y^2 = A^2 - x^2.$$

L'équation de l'ellipse étant d'ailleurs

$$y^2 = \frac{B^2}{A^2}(A^2 - x^2).$$

Il s'ensuit que si l'on désigne par y l'ordonnée d'un point quelconque de l'ellipse, par Y l'ordonnée du cercle correspondante à la même abscisse x, et que l'on divise l'une par l'autre ces deux équations, on aura

$$\frac{y^2}{Y^2} = \frac{\frac{B^2}{A^2}(A^2 - x^2)}{A^2 - x^2}$$

ou

$$\frac{y^2}{Y^2} = \frac{B^2}{A^2}$$

et en extrayant la racine

$$\frac{y}{Y} = \frac{B}{A},$$

c'est-à-dire que « *l'ordonnée de l'ellipse est à l'ordonnée du cercle décrit sur son grand axe dans le rapport du petit axe au grand axe.* »

Comme les ordonnées de la troisième table sont calculées par la formule $Y = A - \sqrt{A^2 - x^2}$, c'est-à-dire par la formule de l'équation du cercle rapportée à la tangente;

Et l'équation de l'ellipse rapportée à la tangente au sommet du petit axe donnant $y = B - \dfrac{A}{B} \sqrt{A^2 - x^2}$, il faut faire voir que la proportion ci-dessus subsiste et que l'on aura encore

$$\frac{y}{Y} = \frac{B}{A} \qquad \text{ou} \qquad y = \frac{B}{A} Y,$$

c'est-à-dire que pour obtenir l'ordonnée d'une ellipse dont les axes sont connus, il suffit de multiplier l'ordonnée du cercle décrit sur le grand axe comme diamètre par le rapport $\dfrac{B}{A}$.

Cela est évident, car si l'on multiplie la valeur de $Y = A - \sqrt{A^2 - x^2}$ par le rapport $\dfrac{B}{A}$, on obtient, en représentant par y cette nouvelle valeur,

$$y = \left(A - \sqrt{A^2 - x^2} \right) \frac{B}{A} = \frac{AB}{A} - \frac{B}{A} \sqrt{A^2 - x^2}.$$

D'où, en réduisant, $y = B - \dfrac{B}{A} \sqrt{A^2 - x^2}$, valeur de l'ordonnée dans l'équation de la tangente pB au sommet du petit axe de l'ellipse.

L'équation de l'ellipse rapportée à la tangente A_s, au sommet du grand axe étant $y = A - \dfrac{A}{B} \sqrt{B^2 - x^2}$, on démontrerait de la même manière que $y = \dfrac{A}{B}$ Y, c'est-à-dire que l'on peut encore obtenir l'ordonnée d'une ellipse dont les axes sont connus en multipliant l'ordonnée du cercle décrit sur le petit axe comme diamètre par le rapport $\dfrac{A}{B}$. En attendant les applications, nous ferons remarquer que quand on a à tracer un quart d'ellipse comme AMB, on peut bien tracer d'une manière satisfaisante la portion FB par la tangente pB; mais il arrive que les éléments constituant la courbe finissent par être tellement obliques à la direction des ordonnées que, par ce procédé, il devient à peu près impossible d'obtenir exactement les points les plus rapprochés du sommet A et jusqu'à une certaine distance de ce sommet.

L'emploi de la tangente A_s est donc indispensable dans ce cas.

D'où nous pouvons conclure que pour l'ellipse comme pour le cercle, rien de plus facile que de tracer cette courbe par la corde, la flèche étant connue.

Pour cela, on calculera l'ordonnée y, en multipliant l'ordonnée du cercle de rayon A ou B par le rapport $\dfrac{B}{A}$ ou $\dfrac{A}{B}$, suivant que l'on opérera par la tangente Bp ou la tangente A_s et l'on retranchera l'ordonnée ainsi obtenue de la flèche donnée; on aura donc $y = f - \dfrac{B}{A} y'$ ou $y = f - \dfrac{A}{B} y'$ suivant l'un ou l'autre cas.

Dans la partie qui traite de l'usage et de la construction des tables, nous ferons de nombreuses applications sur le tracé des arcs elliptiques.

Nous tracerons successivement une ellipse :

1° *Par les tangentes aux sommets; 2° par les deux axes pris pour axes des abscisses, et enfin une portion d'ellipse également par les deux procédés.*

Nous indiquerons le moyen de résoudre le problème suivant :

Deux alignements étant raccordés par un arc de cercle, on demande de lui substituer un arc d'ellipse, le grand axe devant être égal au rayon de l'arc de raccordement. Trouver le petit axe et la distance du sommet de l'angle au sommet de la courbe.

Alors seulement on sera en mesure de juger de l'importance de cette troisième table, des nombreuses applications qu'on en peut tirer, soit pour les cercles, soit pour les ellipses, de l'extrême facilité avec laquelle on obtient les ordonnées de ces dernières, et l'on comprendra la raison qui nous a porté à calculer les ordonnées de cette table à 4 décimales exactes.

Comme on peut avoir besoin de connaître la longueur rectifiée d'une ellipse avec deux décimales exactes, nous donnerons un tableau à l'aide duquel on obtiendra très-facilement cette longueur, pour tous les cas qui peuvent se présenter dans la pratique.

QUATRIÈME TABLE.

Abscisses et ordonnées d'une parabole dont le paramètre est égal à 10000 mètres.

L'origine des coordonnées étant placée au sommet A de la parabole (Pl. I, *fig.* 4), l'équation de cette courbe est $y^2 = px$, d'où $y = \sqrt{px}$.

Ceci suppose que $Ab = x$, $bb' = y$, c'est-à-dire que les ordonnées seront perpendiculaires à l'axe principal et les abscisses comptées sur cet axe.

Mais si l'on compte ces abscisses à partir du sommet comme origine, sur la tangente mn perpendiculaire à l'axe, au point A, les ordonnées seront, dans ce cas, non plus perpendiculaires à l'axe, mais lui seront parallèles.

Ac sera l'abscisse et cb' l'ordonnée.

Remarquons que $cb' = Ab$ et $Ac = bb'$; donc, dans l'équation $y^2 = px$, il suffit de changer y en x, et l'on aura pour l'équation de la parabole rapportée à la tangente au sommet, $x^2 = py$, d'où $y = \dfrac{x^2}{p}$, équation plus simple et complétement débarrassée du radical.

C'est au moyen de cette équation que nous avons calculé les ordonnées de la quatrième table, en faisant varier x depuis $0^m,20$ jusqu'à 8000 mètres, et dans la supposition du paramètre $p = 10000$ mètres.

La valeur de l'ordonnée des tables étant

$$y = \frac{x^2}{p},$$

une ordonnée quelconque y' correspondant à la même abscisse x d'une parabole dont le paramètre serait p', aurait pour valeur

$$y' = \frac{x^2}{p'}.$$

Si l'on divise ces deux équations membre à membre, il vient après réduction

$$y' = \frac{p}{p'} \times y,$$

et comme $p = 10000$, on a $y' = \dfrac{10000}{p'} \times y$; c'est-à-dire que pour obtenir une ordonnée de la parabole de paramètre p', par le moyen des tables, et pour une abscisse x, comprise dans lesdites tables, il suffit de multiplier y par le rapport $\dfrac{10000}{p'}$.

L'avantage d'opérer par la tangente est trop manifeste pour que nous nous arrétions un seul instant à le faire ressortir; l'inspection de la figure 4 le prouve clairement.

On voit aussi que l'ordonnée ab' perpendiculaire à la corde rD n'est autre que la différence entre la flèche Ar et l'ordonnée cb', l'abscisse ra étant égale à Ac.

Donc la flèche étant connue, on obtiendra les ordonnées perpendiculaires à la corde en retranchant les ordonnées des tables de la flèche.

D'où nous pouvons conclure qu'au moyen de cette table, on pourra facilement, et d'une manière très-rapide, tracer, soit par la tangente, soit par la corde, toute parabole dont le paramètre sera connu.

Parmi les différentes questions que nous nous proposerons dans les applications, figureront les problèmes suivants :

1° *Deux alignements étant raccordés par un arc de cercle, on demande de lui substituer un arc parabolique. Trouver le paramètre et la distance du sommet de l'angle au sommet de la courbe.*

2° *Deux alignements de longueurs inégales étant donnés en grandeur et en direction, les raccorder au moyen de la parabole. A cet effet trouver l'axe, sa position, le sommet et le paramètre.*

Enfin nous ferons voir combien l'emploi de cette table facilite le calcul des *différences secondes*, dans le cas où l'on voudrait se servir de cette méthode pour le calcul des ordonnées; on comprendra cette facilité si nous faisons remarquer que les différences secondes des ordonnées de la table étant toujours un nombre exact et exprimé par un seul chiffre significatif, il suffit pour obtenir les différences secondes des ordonnées d'une parabole d'un paramètre quelconque p', de multiplier les différences secondes qui figurent en tête de la quatrième table par le rapport $\dfrac{10000}{p'}$.

CINQUIÈME TABLE.

Tangentes, bissectrices, flèches, demi-cordes et développements d'un arc de cercle de 100 mètres de rayon.

Les lignes AM, AN (pl. I, fig. 1) sont deux alignements droits raccordés par l'arc de cercle BDC. Les points de tangence B, C sont également distants du sommet A, et leur ligne de jonction est perpendiculaire sur le prolongement de la bissectrice AD de l'angle formé par les deux alignements. Le centre O du cercle de raccordement se trouve placé sur le prolongement de cette bissectrice.

1° *Tangentes.* — La valeur de la tangente AB se déduit du triangle ACO dans lequel on a

$$\text{tang AB} = \frac{Rr}{\text{tang } 1/2 \text{ A}}.$$

Lorsque R = 100, cette formule devient

$$\log \text{tang AB} = 12 - \log \text{tang } 1/2 \text{ A}.$$

2° *Bissectrices.* — Le même triangle ACO fournit pour la valeur de la sécante

$$\log \text{séc AO} = 12 - \log \sin 1/2 \text{ A}.$$

La bissectrice AD ou la distance du sommet de l'angle au sommet de la courbe est la différence entre la sécante et le rayon.

3° *Flèches.* — La flèche DF est égale au rayon du cercle DO, diminué de la partie FO.

La valeur de FO se déduit du triangle CFO, qui fournit

$$\text{FO} = \frac{R \sin 1/2 \text{ A}}{r}.$$

Lorsque R = 100, cette valeur devient

$$\log \text{FO} = \log \sin 1/2 \text{ A} - 8.$$

4° *Demi-cordes.* — Le même triangle CFO donne pour la valeur de la 1/2 corde CF

$$\text{CF} = \frac{R \cos 1/2 \text{ A}}{r}.$$

5° *Développements.* — Dans le cercle l'arc BDC a pour mesure l'angle au centre BOC, et dans le quadrilatère ABOC, rectangle en B et C, la somme des angles opposés A, O est égale à deux droits.

L'angle au centre varie dans la table depuis 0 degré, jusqu'à 90 degrés. Par conséquent l'angle A peut varier depuis 180 degrés jusqu'à 90 degrés.

Le développement de la circonférence du cercle dont le rayon est de

100 mètres est de

	314.159,265,359
L'arc de 90°.	157.079,632,679
„ 10°.	17.453,292,52
„ 1°.	1.745,329,3
„ 1 minute	0.029,09

A l'aide de ces données, il a été facile de calculer de minute en minute la valeur de tous les arcs compris entre 0 et 90°.

CHAPITRE III.

CONSTRUCTION ET USAGE DES TABLES.

PREMIÈRE TABLE

Faisant connaître la longueur des tangentes, bissectrices et développements des arcs circulaires de raccordement les plus usités dans la construction des chemins de fer.

Cette table est divisée en sept colonnes.

La première indique l'angle des deux alignements à raccorder.

La deuxième, l'angle au centre correspondant ou l'amplitude de l'arc de raccordement. Comme la série des nombres de la première colonne s'étend de 179° jusqu'à 90°, la série de ceux de la deuxième colonne s'étend depuis 1° jusqu'à 90°.

Les troisième, cinquième et septième colonnes, comme leur titre l'indique, donnent respectivement la valeur des tangentes, bissectrices et développements correspondant à l'angle au centre.

Les nombres de la quatrième et de la sixième colonne ne sont pas dans l'alignement de ceux des colonnes précédentes; ils sont tous descendus d'une demi-ligne. Ceux de la quatrième colonne expriment le résultat que l'on obtiendrait si, soustrayant l'une de l'autre les deux tangentes entre lesquelles ils se trouvent placés, on divisait cette différence par le nombre de minutes renfermées dans un degré, c'est-à-dire par 60.

Ceux de la sixième colonne expriment le résultat de cette opération effectuée sur la valeur de deux bissectrices consécutives.

En tête de la septième et dernière colonne, se trouve indiquée la valeur de l'arc d'une minute exprimée avec six décimales exactes.

Quelques applications suffiront pour être en mesure de se servir de cette table.

b

PREMIER EXEMPLE.

L'angle à raccorder étant de 160° et le rayon du cercle de raccorde-ment de 500 mètres, trouver :
1° *L'angle au centre ;*
2° *La longueur de la tangente ;*
3° *La longueur de la bissectrice ;*
4° *Le développement de l'arc.*

L'angle à raccorder et le rayon étant compris dans la table, on trouvera directement et sans aucun calcul ces quatre éléments,

On cherchera dans la première table le rayon = 500 mètres et dans la première colonne intitulée « angle des deux alignements », le nombre 160 ; en regard et sur la même ligne horizontale, on trouvera successive-ment :

1° L'angle au centre. . . . .   20°
2° La tangente. . . . .   88^m,16
3° La bissectrice. . . . .   7^m,71
4° Le développement.   174^m,53

DEUXIÈME EXEMPLE.

L'angle à raccorder étant de 130° 40' et le rayon du cercle de rac-cordement étant de 450 mètres, trouver les mêmes éléments que dans l'exemple précédent.

L'angle à raccorder n'étant pas un nombre entier de degrés, la pre-mière opération à faire dans ce cas, c'est de trouver l'angle au centre, car c'est à cet angle que sont rapportés tous les éléments de la première table.

Or cet angle au centre sera

$$179°60' - 130°40' = 49°20'.$$

La tangente pour 49° étant. . . . .   205^m,08
pour 20' en sus, il suffit de multiplier le nombre 0,0793, compris entre 47° et 50°, par 20, pour avoir la longueur de la tangente correspondant à ces 20'. Or 0,0793 × 20 =. . .   1^m,58

Donc la tangente est.   206^m,66

La bissectrice pour 49° =. . . . .   44^m,53
pour 20' en sus 0,0332 × 20. . . . .   0 ,66

Donc la bissectrice est. . . . .   45^m,19

Le développement de l'arc pour 49° est. . . . .   384^m,85
et la valeur d'une minute inscrite en tête de la dernière colonne étant 0^m,130899, pour 20' en sus on aura 0,13090 × 20 =. . . . .   2 ,61

Donc le développement est. . . . .   387^m,46

Ces deux exemples suffisent pour être à même de trouver les éléments nécessaires au tracé d'un arc de cercle, quand l'angle des alignements sera compris dans les limites de la table, c'est-à-dire entre 179° et 90° et que le rayon du cercle se trouvera parmi un de ceux dont la nomenclature est à la fin de cette introduction.

Par extension et parce que, pour un même angle, les tangentes, bissectrices, etc., sont proportionnelles au rayon, on pourra trouver aussi les éléments des courbes d'un rayon sous-multiple de ceux de la table, avec d'autant plus d'exactitude que ce rayon sous-multiple sera petit.

Dans le dernier exemple que nous venons de traiter, le rayon de l'arc est 450 mètres, et l'angle des alignements à raccorder 130° 40'.

Si l'on se proposait de trouver les tangentes, bissectrices et développements d'un arc de 45 mètres, l'angle à raccorder étant le même, c'est-à-dire 130°40', il suffirait, d'après ce qui précède, de diviser les différentes valeurs trouvées dans le deuxième exemple par 10, et l'on aurait pour le cas proposé :

1° Angle au centre. . . . . 49° 20'
2° Tangente = ... 20^m,666
3° Bissectrice = ... 4 ,519
4° Développement = ... 38 ,746

Si le rayon proposé était 100 fois, 1000 fois plus petit que le rayon de la table, il est clair qu'il faudrait diviser par 100, par 1000 les différentes valeurs, à l'exception de celle de l'angle au centre, que l'on aurait trouvées pour ce dernier rayon.

Nous croyons inutile d'insister sur le degré d'extension que l'on peut donner à cette table; cet exemple et un coup d'œil jeté sur la nomenclature (*voir* à la fin de cette introduction) seront plus que suffisants pour en donner l'idée.

Avant de passer aux usages et à la construction de la deuxième table, nous croyons nécessaire de faire remarquer de quel secours est la bissectrice dans le choix du rayon à adopter. En effet, le plus généralement, c'est la distance du sommet de l'angle au sommet de la courbe qui fixe ce choix.

L'angle à raccorder étant connu, ainsi que la bissectrice, on trouvera le rayon dont on a besoin, sans calcul, sans aucun tâtonnement de tracé sur un plan; en feuilletant simplement la première table.

DEUXIÈME TABLE

Faisant connaître les abscisses et ordonnées des courbes usuelles.

Cette table renferme les abscisses et ordonnées des courbes usuelles, calculées par la formule $y = R - \sqrt{R^2 - x^2}$.

La première colonne comprend les abscisses, et en regard, dans la deuxième colonne, figurent les ordonnées correspondantes calculées par abscisses variables depuis 50 centimètres jusqu'à 20 mètres; mais ces abscisses toujours également espacées pour une même courbe.

Pour exemple de la manière de tracer une courbe sur le terrain, proposons-nous de tracer celle de 450 mètres de rayon, dont nous avons déterminé les éléments au chapitre précédent.

On déterminera la position des points de tangence B et C (figure 1) en chaînant de A vers M, c'est-à-dire à partir du sommet, une longueur AB que l'on fera égale à 206^m,66, valeur de la tangente trouvée précédemment. On déterminera de même le point C.

Puis transportant le graphomètre, ou tout autre instrument, au sommet A, on prendra le plus exactement possible la moitié de l'angle MAN; on fera placer un ou plusieurs jalons dans la direction AO, on fera AD = 45^m,19, valeur trouvée pour la bissectrice, et l'on aura ainsi les trois points B, D et C, qui limitent la courbe.

Pour avoir les points intermédiaires y, y', y'', etc., on prendra, dans la deuxième table, au rayon 450, les ordonnées correspondant aux abscisses 10, 20, 30, etc., on chaînera, à partir de C, les distances Cx, Cx' Cx'', que l'on fera respectivement égales aux nombres 10, 20, 30, etc.; en chacun des points x, x', x'' on élèvera des perpendiculaires xy, $x'y'$, $x''y''$, etc., que l'on fera égales aux nombres 0^m,11, 0^m,44, 1^m,00, etc., et on continuera jusqu'à ce qu'on soit arrivé au sommet ou près du point D, qui sera la limite des ordonnées.

On obtiendra les points intermédiaires de la partie BD en répétant absolument la même opération à partir du point B, sur la tangente BA.

Lorsque les ordonnées menacent de devenir très-grandes, ce qui arrive quand l'angle à raccorder approche de 90°, voici le moyen que l'on emploie:

Au lieu d'opérer sur la tangente entière, on n'opère que sur une portion de cette tangente; pour cela on élève au sommet D, sur la bissectrice AO, la perpendiculaire Dm, que l'on prolonge indéfiniment à droite et à gauche du point D; les intersections h, h' de cette droite avec les deux tangentes AB, AC, déterminent les quatre tangentes Bh, hD, Ch', h'D, sur lesquelles on peut opérer, étant prises deux à deux du même côté, comme on a été censé avoir opéré sur CA et BA, c'est-à-dire qu'au lieu de continuer l'opération jusqu'au point g, on s'arrêtera au point h' ou aux environs de ce point, et on répétera les mêmes choses de D vers h', de même de D en h, et de B en h.

On doit voir aussi que rien n'empêche de se servir uniquement de la tangente au sommet mn, à l'exclusion de toutes autres telles que BA et AC.

Comme il est difficile de tracer avec exactitude une perpendiculaire d'une certaine longueur, nous croyons que l'on ferait bien de calculer les points d'intersection h et h'; on sera de notre avis si l'on réfléchit que de la vraie position de la droite mn dépend absolument l'exacte position des différents points de la courbe.

Tracé par la corde.

Si l'on veut tracer la courbe par la corde, soit qu'un obstacle ou tout autre motif empêche de se servir des tangentes AB, AC et *mn* (Pl. I, fig. 1), on joindra les points B et C, déterminés comme ci-dessus, de même que le point D et la bissectrice AO.

Lorsqu'on connait la tangente et le rayon, on sait que la flèche est donnée par la formule

$$f = R - \frac{R^2}{\sqrt{R^2 + T^2}};$$

et la corde par la formule

$$C = \sqrt{f(2R - f)}.$$

Or, ces valeurs seront données par la cinquième table, et après avoir déterminé BF et FD, on fera, à partir de F, les distances Fz, zz', $z'z''$ respectivement égales entre elles et espacées de 10 en 10 mètres, absolument comme on a opéré de D vers h; en chacun des points z, z', z'', etc., on élèvera les perpendiculaires zy, $z'y'$, $z''y''$ et dont les longueurs respectives seront égales à la flèche f, diminuée des ordonnées que l'on a trouvées dans la table. L'ordonnée $z''y''$, par exemple, sera égale à $f - x''y''$; ceci est tellement facile à concevoir que nous ne reviendrons pas sur ce sujet.

Du reste, dans les applications que nous ferons sur l'emploi de la troisième et de la quatrième table, relatives au tracé des cercles, des ellipses et des paraboles, nous aurons encore l'occasion d'appliquer ce procédé, qui est basé sur les mêmes principes, qu'on l'applique à l'une ou l'autre de ces courbes.

TROISIÈME TABLE

Donnant les abscisses et ordonnées d'un quart de circonférence de cercle de 100 mètres de rayon, calculées de décimètre en décimètre, depuis jusqu'à 100 mètres.

Cette table n'offre rien de particulier quant à sa disposition; dans la première colonne sont les abscisses, et en regard, dans la deuxième, figurent les ordonnées correspondantes.

Ces ordonnées ont été calculées à 4 décimales exactes par la formule $y = R - \sqrt{R^2 - x^2}$, à l'exception de celles dont les abscisses varient de millimètre en millimètre, qui ont dû l'être à 7 décimales, et de celles variant de centimètre en centimètre qni l'ont été à 6 décimales.

Nous avons dit (page XII) que pour obtenir les coordonnées d'un cercle d'un rayon donné R, il fallait multiplier les coordonnées de la table par le rapport $\frac{R}{100}$; nous avons dit aussi que ce rapport, ou tout nombre qu'il divise exactement, pouvait être pris comme première abscisse, et qu'une fois adoptée, toutes les autres étaient déterminées, c'est-à-dire que l'on obtenait toujours des ordonnées également espacées entre elles, et cet espace toujours égal à la première abscisse.

PREMIER EXEMPLE.

Trouver les coordonnées d'un cercle de 15 mètres de rayon.

Le rapport $\dfrac{R}{100}$ devient dans ce cas $\dfrac{15}{100}$ ou $0^m,15$.

D'après ce qui vient d'être dit plus haut, nous pouvons prendre ce nombre $0^m,15$ pour première abscisse, ou tout autre nombre qu'il divise exactement.

Or, $0^m,15$ divise exactement $0^m,30$, $0^m,60$, etc., on peut donc prendre indifféremment l'un ou l'autre de ces nombres; d'où l'on voit que ce cercle peut se tracer par ordonnées espacées, soit de $0^m,15$ en $0^m,15$ ou de $0^m,30$ en $0^m,30$, $1^m,50$ en $1^m,50$, etc.

Soit donc choisi pour première abscisse le nombre $0^m,30$.

Pour avoir l'ordonnée correspondante, il suffit de diviser cette abscisse $0^m,30$ par le rapport $0^m,15$; chercher le quotient 2 dans la colonne des abscisses de la table, et en regard dans la colonne des ordonnées on trouve le nombre $0^m,0200$, qui, multiplié par le rapport $0^m,15$, donne $0^m,0030$; c'est l'ordonnée correspondant à l'abscisse $0^m,30$.

L'ordonnée correspondant à l'abscisse suivante $0^m,60$ s'obtiendra de même, et ainsi des autres, en divisant $0^m,60$ par le rapport $0,15$, cherchant le quotient 4 parmi les abscisses de la table, et multipliant le nombre $0^m,0801$, placé en regard du nombre 4 dans la colonne des ordonnées, par le nombre constant $0,15$, ce qui donne pour l'ordonnée correspondant à l'abscisse $0^m,60$

$$0,0801 \times 0,15 = 0,012015.$$

Voici les dix premières ordonnées de ce cercle :

Pour		on a		
$x = 0^m,30$			$y = 0^m,003000$
$x = 0\ ,60$			$y = 0\ ,012015$
$x = 0\ ,90$			$y = 0\ ,027030$
$x = 1\ ,20$			$y = 0\ ,048075$
$x = 1\ ,50$			$y = 0\ ,075195$
$x = 1\ ,80$			$y = 0\ ,108390$
$x = 2\ ,10$			$y = 0\ ,147735$
$x = 2\ ,40$			$y = 0\ ,193245$
$x = 2\ ,70$			$y = 0\ ,245010$
$x = 3\ ,00$			$y = 0\ ,303060$

La dixième ordonnée a été obtenue en divisant $3,00$ par $0,15$, cherchant dans la table en regard du quotient 20 l'ordonnée $2,0204$, et multipliant cette ordonnée par $0,15$, on trouve $y = 0,303060$.

Nous avons conservé dans ce tableau toutes les décimales que l'on obtient par les tables, quoique l'on n'ait jamais besoin d'une telle approximation, afin de faire ressortir plus évidemment leur exactitude.

Calculons, par exemple, par la formule $y = R - \sqrt{R^2 - x^2}$, et par la méthode ordinaire, quelle serait la valeur de y dans la supposition $x = 2^m,70$. On aurait donc à résoudre l'équation $y = 15 - \sqrt{(15,)^2 - (2,70)^2}$; or si l'on effectue les calculs des quantités placées sous le radical et que l'on extraie la racine, poussée jusqu'à cinq décimales, on trouvera 14,75499, qui étant retranchée de 15, donne pour la valeur de y, $0^m,24501$, nombre identique à celui qui figure au tableau ci-contre.

DEUXIÈME EXEMPLE.

Trouver les abscisses et ordonnées d'un cercle de $87^m,50$ de rayon.

Le rapport $\qquad \dfrac{R}{100} = \dfrac{87,50}{100} = 0,875.$

On pourrait prendre ce nombre pour première abscisse, mais on peut en trouver un qui soit plus commode. En effet, si on multiplie 0,875 par 4, on obtient 3,50, qui peut être pris pour abscisse, ou 0,35, ou 0,70, etc., ou $1^m,40$; et, nous le répétons, tout nombre qui, étant divisé par le rapport 0,875, donnera un quotient qui figure parmi les abscisses de la table, pourra être pris pour première abscisse.

Or 1,40 divisé par 0,875, donne pour quotient $1^m,60$, nombre qui se trouve compris parmi les abscisses de la table.

Soit donc 1,40 pris pour première abscisse.

L'ordonnée correspondante se trouvera en divisant 1,40 par 0,875, et cherchant le quotient $1^m,60$, parmi les abscisses, en regard on trouvera l'ordonnée 0,0128 qui, multipliée par 0,875, donne pour première ordonnée correspondante à l'abscisse 1,40, $y = 0,01120$, et ainsi des autres.

Il est évident qu'on peut obtenir une ordonnée quelconque sans être obligé de calculer les précédentes; si l'on demandait, par exemple, la douzième ordonnée, l'abscisse x serait $1,40 \times 12 = 16^m,80$, qui, divisé par 0,875, donne 19,20; en regard de ce nombre, on trouve 1,8605 qui, multiplié par 0,875, donne $1^m,6279$ pour la valeur de l'ordonnée cherchée.

TROISIÈME EXEMPLE.

Trouver les abscisses d'un cercle de 9500 mètres de rayon.

Le rapport $\qquad \dfrac{R}{100} = \dfrac{9500}{100} = 95$ mètres.

Prenons ce nombre pour première abscisse, et proposons-nous de trouver la valeur de la quatre-vingtième ordonnée.

L'abscisse, dans ce cas, sera $80 \times 95 = 7600$ mètres; il s'agit donc de trouver l'ordonnée correspondant à cette abscisse.

Or 7600 divisé par 95 donne 80 pour quotient; dans les tables, et en regard de ce nombre, on trouve 40,0000 qui, multiplié par 95, donne 3800^m,0000; c'est l'ordonnée cherchée.

Comme cette ordonnée est un nombre entier sans fractions, nous avons voulu nous assurer si le calcul nous donnerait exactement le même résultat; à cet effet nous avons résolu l'équation

$$y = 9500 - \sqrt{(9500)^2 - (7600)^2};$$

or cette valeur est exactement $y = 3800^m$,0000, comme celle trouvée par la table, comme on peut s'en convaincre en effectuant les calculs.

Remarquons que si l'on multiplie 95 par 4, on obtient le nombre 3800; le nombre 38 ou le double 76 aurait donc pu aussi être pris pour première abscisse, de même que 9,50 ou 19, etc.

Il nous semble que ces exemples sont suffisants pour que l'on soit à même de tracer un cercle d'un rayon quelconque au moyen de cette table.

Comme il peut arriver que l'on ait un cercle d'un grand rayon à tracer en entier, nous allons indiquer le moyen à employer, soit que l'on veuille se servir des tangentes ou des cordes.

On tracera un carré ABDC (Pl. I, fig. 5), dont le côté sera égal au diamètre du cercle.

Pour tracer le quart de cercle anm, par exemple, on fera

$$Am = Aa = \frac{AB}{2} = R,$$

on tirera au point A, la bissectrice Ar, à laquelle on donnera une valeur égale à R $\times$ 0^m,4142 $= An$; R étant le rayon du cercle à tracer. Les trois points limites a, n et m étant déterminés, on calculera les abscisses et ordonnées par les moyens que nous connaissons, pour pouvoir obtenir les points intermédiaires y, y', y'', en opérant de m vers A; en répétant la même opération de a vers A, on aura tracé le quart de cercle anm.

Il est bien entendu que l'on pourra toujours employer le moyen que nous avons expliqué quand nous avons parlé de l'usage de la deuxième table, dans le cas où les ordonnées, comme ng, par exemple, menaceraient de devenir très-grandes; moyen qui consiste à élever au sommet p la perpendiculaire hh', et à opérer séparément sur chacune des tangentes bh', ph', ph et mh.

Si un obstacle empêchait le tracé du carré ABDC, on tracerait le carré inscrit, dont le côté np, ainsi que la 1/2 corde nf et la flèche mf, seront donnés par la cinquième table; on obtiendra les ordonnées zy, $z'y'$, $z''y''$, en retranchant chacune de celles trouvées par les tables de la flèche mf; de sorte que pour la première on aura $zy = f - xy$; la seconde sera $z'y' = f - x'y'$, et ainsi de suite; cette manière d'opérer a été du reste expliquée dans les applications de la deuxième table.

Appliquons actuellement cette troisième table au tracé des ellipses et des arcs elliptiques.

Tracé des ellipses et des arcs elliptiques.

Pour obtenir les ordonnées d'une ellipse dont les axes sont connus, nous avons dit (page XII) qu'il fallait multiplier les ordonnées du cercle décrit, ou supposé décrit, sur le grand axe comme diamètre, par le rapport du petit axe au grand axe.

C'est-à-dire, si A et B sont l'un, le demi grand axe et l'autre le demi petit axe d'une ellipse, et que y représente l'ordonnée du cercle de rayon A, calculée par la troisième table, l'ordonnée de l'ellipse correspondant à la même abscisse s'obtiendra en faisant $y' = \dfrac{B}{A} \, y$.

On procédera ainsi toutes les fois que, en outre des ordonnées de l'ellipse, on aura besoin de connaître les ordonnées du cercle décrit sur le grand axe ; il arrive assez souvent, en effet, que l'on ait besoin des unes et des autres.

Mais plus fréquemment encore, on n'a que faire des ordonnées du cercle.

Dans ce dernier cas, c'est-à-dire pour obtenir directement les ordonnées de l'ellipse par la table sans calculer les ordonnées du cercle de rayon A, nous allons faire voir qu'il suffit de multiplier les ordonnées de cette table par l'expression $\dfrac{B}{100}$, B étant le demi petit axe de l'ellipse.

De sorte que l'ordonnée y' d'une ellipse dont le demi petit axe est B, aura pour valeur

$$y' = y'' \times \frac{B}{100};$$

y'' étant, non pas l'ordonnée du cercle de rayon A, mais bien l'ordonnée des tables dont le rayon est R = 100.

Pour le démontrer, rappelons que pour trouver par la table l'ordonnée d'un cercle de rayon A, il faut multiplier y des tables par le rapport $\dfrac{A}{100}$, l'ordonnée de ce cercle ayant pour expression

$$y = y'' \times \frac{A}{100}.$$

Donc l'ordonnée de l'ellipse sera

$$y' = \left(y'' \times \frac{A}{100} \right) \times \frac{B}{A}.$$

D'où, en réduisant, on trouve

$$y' = y'' \times \frac{B}{100};$$

expression infiniment plus simple et qui nous permet de dire que les ordonnées d'une ellipse se trouvent aussi rapidement et sans plus de difficultés que celles d'un cercle.

Ainsi des deux expressions

$$y' = \frac{B}{A} y \quad \text{et} \quad y' = \frac{B}{100} y''$$

découlent deux méthodes pour le calcul de la valeur de y'.

Nous allons appliquer successivement l'une et l'autre à un même exemple ; et toutes deux nous conduiront à un même résultat dans l'expression de la valeur de l'ordonnée y'.

PREMIÈRE APPLICATION.

Trouver les abscisses et ordonnées d'une ellipse dont le demi grand axe AC (Pl. I, fig. 2) *est de* 17m,25, *et le demi petit axe* BC *de* 5m,35.

Cherchons par la méthode connue les ordonnées du cercle de rayon A = AC = 17,25.

Or
$$\frac{17,25}{100} = 0,1725.$$

Nous pourrions choisir ce nombre pour première abscisse, mais outre qu'il fournirait des ordonnées trop rapprochées, on peut en trouver un qui soit plus commode.

En effet, si l'on multiplie 0m,1725 par 4, on obtient 0m,69, nombre convenable sous tous les rapports.

On trouve pour les trois premières abscisses :

$$\begin{array}{ll}
x = 0,69 & y = 0,0138 \\
x = 1,38 & y = 0,0552 \\
x = 2,07 & y = 0,1246
\end{array}$$

et ainsi des autres ; pour obtenir les ordonnées de l'ellipse correspondant aux trois abscisses ci-dessus, il suffit de multiplier les trois valeurs de y par le rapport $\frac{5,35}{17,25} = 0,3101$, et on aura

$$\begin{array}{ll}
\text{Pour } x = 0,69 & y' = 0,0043 \\
x = 1,38 & y' = 0,0171 \\
x = 2,07 & y' = 0,0386
\end{array}$$

Supposons les mêmes choses que dans l'exemple précédent, et trouvons directement les ordonnées de l'ellipse sans l'intermédiaire de celles du cercle de rayon A, que l'on suppose inutiles à connaître.

Prenons également pour première abscisse le nombre 0m,69 ; la deuxième sera 1,38 et la troisième 2,07.

Cherchons, absolument comme si nous voulions tracer le cercle de rayon A, les ordonnées de la table qui correspondent à ces abscisses, on trouvera

$$\begin{array}{ll}
\text{Pour } x = 0,69 & y'' = 0,0801 \\
x = 1,38 & y'' = 0,3205 \\
x = 2,07 & y'' = 0,7226
\end{array}$$

et ainsi des autres ; pour obtenir les ordonnées de l'ellipse correspondant aux trois abscisses ci-dessus, il suffit de multiplier les trois valeurs de y'', c'est-à-dire les ordonnées des tables par l'expression $\frac{5,35}{100} = 0,0535$, et l'on a

Pour $x = 0,69$ $y' = 0,0043$
          $x = 1,38$ $y' = 0,0171$
          $x = 2,07$ $y' = 0,0386$

valeurs identiques à celles trouvées dans le premier cas.

Nous rappellerons que les ordonnées que l'on obtient ainsi sont celles que l'on obtiendrait si l'on résolvait l'équation $y = B - \frac{B}{A}\sqrt{A^2 - x^2}$, c'est-à-dire l'équation de l'ellipse rapportée à la tangente à l'extrémité du petit axe.

Si donc on veut tracer le quart d'ellipse AMB uniquement par la tangente pB, à l'extrémité B du petit axe, on élèvera la perpendiculaire indéfinie pB sur BC; on fera les distances Bx, Bx', Bm', etc., respectivement égales aux nombres 0,69, 1,38, 2,07, etc. ; aux différents points x, x', m', etc., ainsi déterminés, on élèvera des perpendiculaires xy', $x'y''$, etc., que l'on fera respectivement égales en longueur aux nombres 0,0043, 0,0171, etc., trouvés ci-dessus, et on continuera ainsi jusqu'au point s qui sera la limite des abscisses.

Pour tracer ce même quart d'ellipse par le grand axe pris comme axe des abscisses, il suffira, pour obtenir les ordonnées zy', $z'y''$, etc., de retrancher les valeurs des ordonnées xy', $x'y''$, m'M, etc., du demi petit axe BC $= 5^m,35$; la troisième ordonnée PM, par exemple, sera égale à BC $- m'$M, ou à $5,35 - 0,0386 = 5^m,3114$, et ainsi de suite.

Nous pouvons donc dire d'une manière générale que les ordonnées d'une ellipse étant calculées par la troisième table, c'est-à-dire par la formule de l'équation à la tangente au sommet du petit axe, on obtiendra les ordonnées à la corde en retranchant chaque ordonnée trouvée, de la flèche, si c'est un arc elliptique qu'il s'agit de tracer, et du demi petit axe, si c'est un quart d'ellipse.

PROBLÈME.

Deux alignements droits HP, PN (Pl. II, fig. 6), *faisant entre eux un angle donné* HPN, *sont raccordés par un arc de cercle de rayon* HT, *on demande de lui substituer un arc elliptique* HEN; *trouver le petit axe de l'ellipse et la distance* PE *du sommet de l'angle au sommet de la courbe, le grand axe devant être égal au rayon du cercle de raccordement.*

Soit l'angle   HPN $= \cdot\cdot$ $130°\ 40'$.
Le rayon   HT $\ = \cdot\cdot$ 450^m.
                  AF $\ = a = 225$
                  OF $\ = x$
                  OH $\ = y$
                  EF $\ = b$.

L'équation $y = \dfrac{b}{a}\sqrt{a^2 - x^2}$, donne pour la valeur du demi petit axe

$b = \dfrac{ay}{\sqrt{a^2 - x^2}}$; or, dans cette équation, nous ne connaissons que a; il nous reste donc, pour que b soit déterminé, à trouver les valeurs de x et de y, ce qui est facile.

Car pour trouver $x = OF = HM$

Le triangle PHM fournit

$$r : \sin 65°\,20' :: HP : x.$$

Or la tangente HP calculée au moyen de la première table est égale à $206^m,66$,

donc x est déterminé par

$$\log x = \log \sin 65°\,20' + \log 206,66 - 10.$$

On trouvera $x = 187^m,802$.

Soit la tangente PH prolongée jusqu'à la rencontre du grand axe au point I.

IO est la sous-tangente dont l'expression est

$$IO = \frac{a^2 - x^2}{x};$$

en substituant à a et à x les valeurs que nous venons de trouver, on aura

$$IO = 81^m,763.$$

Or le triangle HIO, semblable au triangle PHM, fournit

$$r : \tang HIO :: IO : HO.$$

L'angle HIO = PHM = $24°\,40'$; HO = y et IO = $81,763$,

donc $\qquad\qquad r : \tang 24°\,40' :: 81,763 : y,$

d'où $\qquad\quad \log y = \log \tang 24°\,40' + \log 81^m,763 - 10.$

On trouvera $\qquad\qquad\qquad y = 37,55.$

On aura donc $\qquad\qquad b = \dfrac{225 \times 37,55}{\sqrt{(225)^2 - (187,802)^2}}$

d'où, en effectuant les calculs,

$$b = 68^m,18.$$

La distance du sommet de l'angle au sommet de la courbe, c'est-à-dire $PE = PF - b$.

On déterminera PF par le triangle PIF, et on trouvera

$$PF = 123^m,795;$$

donc $\qquad\qquad PE = 123.795 - 68,18 = 55,615.$

On est donc en mesure de calculer les ordonnées de cette ellipse, et ensuite la tracer sur le terrain.

Calculons quelques-unes des ordonnées de cette ellipse dont le demi grand axe A $= 225$ mètres et le demi petit axe B $= 68^m,18$; nous allons les obtenir directement en multipliant les ordonnées de la table par l'expression $\frac{B}{100}$ qui est dans ce cas $0,6818$.

Le rapport du rayon du cercle, supposé décrit sur le grand axe, au rayon de la table est $\frac{225}{100} = 2^m,25$.

Nous pourrions prendre $22^m,50$ pour première abscisse, mais il nous semble que les ordonnées seraient un peu trop espacées; or en multipliant $2^m,25$ par 4, on obtient $9,00$, nombre commode et convenable; soit donc 9 pour première abscisse.

Or l'ordonnée de la table qui correspond au nombre 4, quotient de 9 divisé par $2^m,25$ est $0,0801$; donc la première ordonnée de l'ellipse sera $0,0801 \times 0,6818 = 0,0546$, en ne conservant que 4 décimales.

On trouvera de la même manière :

Pour $x = 18$	$y = 0,3205 \times 0,6818 = 0^m,2185$
$x = 27$	$y = 0,7226 \times 0,6818 = 0\ ,4926$
$x = 36$	$y = 1,2883 \times 0,6818 = 0\ ,8783$
$x = 45$	$y = 2,0204 \times 0,6818 = 1\ ,3775$

Il n'est pas nécessaire d'effectuer chaque fois la division des abscisses 9, 18, 27, etc., par le rapport $2^m,25$, pour trouver les abscisses de la table et par suite les ordonnées $0,0801$, $0,3205$, $0,7226$ qui doivent être multipliées par l'expression constante $\frac{B}{100}$; car les abscisses des tables varient toujours dans le même rapport que celles de l'ellipse, et celles-ci étant $9,18$, etc., et la première des tables étant 4, la seconde sera 8, la troisième 12 et ainsi de suite.

Cherchons la valeur des vingtième et vingt et unième ordonnées.

$$\text{Pour la } 20^e\ x = 9 \times 20 = 180$$
$$21^e\ x = 9 \times 21 = 189,$$

à l'abscisse 180 correspond 80, dont l'ordonnée est $40,0000$, qui, multiplié par $0,6818$, donne $27,2720$; à l'abscisse 189 correspond 84, dont l'ordonnée est $45,7414$, qui, multiplié par $0,6818$, donne $31,1864$.

Donc pour $x = 180$	$y = 27,2720$
Et pour $x = 189$	$y = 31,1864.$

Or, dans nos précédents calculs, nous avons trouvé HM (figure 6) $= 187,802 = \text{E}x$; les deux ordonnées ci-dessus ayant pour abscisses, la première 180, et la seconde 189, et $\text{E}x = \text{HM}$ étant $187,802$, nombre compris entre 180 et 189, mais se rapprochant plus de celui-ci, il en résulte que les ordonnées $y = 27,2720$ et $y = 31,1864$ seront, celle-ci plus grande que $\text{H}x$ et celle-là plus petite.

C'est ce qui a eu lieu en effet; car $\text{H}x = \text{EM}$ et $\text{EM} = b - y$; or $b = 68,18$;

nous avons trouvé $y = HO = 37,55$, donc $Hx = 68,18 - 37,55 = 30,63$, nombre effectivement compris entre 27,2720 et 31,1864, mais se rapprochant plus de celui-ci, comme cela doit être.

Pour tracer l'ellipse sur le terrain, on opérera comme il a été dit page XXVII, en menant la droite mE perpendiculaire sur la bissectrice PT, et à la distance PE égale à celle trouvée, si l'on veut opérer par la tangente, et si c'est par la corde, on tracera la droite HM.

Il est bon de faire remarquer que l'on devra toujours opérer sur la tangente au sommet, et non sur HP et PN comme on peut le faire lorsqu'il s'agit de tracer un arc de cercle.

Il existe plusieurs procédés pour tracer une ellipse sur le papier ; mais ce n'est pas le lieu d'en parler ici. Cependant nous allons en indiquer un qui nous semble très-commode et qui repose sur le même principe que celui qui nous a permis d'appliquer la troisième table au tracé des ellipses.

Le voici :

Soit BC et CA les demi-axes de l'ellipse à tracer (Pl. I, fig. 2). Du point C comme centre et avec un rayon Ca, CB, on tracera les deux quarts de cercle Da, Ba', que l'on divisera en un même nombre de parties égales ; de chacun des points de division de Da et Ba' on tirera des droites respectivement parallèles aux demi-axes, et chacun des points de rencontre de ces droites appartiendra à l'ellipse.

Un rapporteur un peu grand est très-commode pour diviser deux arcs de cercle concentriques en un même nombre de parties égales, pourvu qu'il n'y ait pas une trop grande disproportion entre le rayon de l'instrument et celui du quart de cercle DA ; on fera coïncider le centre du rapporteur avec le point C, de manière que les divisions 0 et 90 couvrent respectivement les droites CA et CD ou leur prolongement ; on marquera sur le papier, au-dessus ou au-dessous de Da, les points de division que l'on aura adoptés ; puis, plaçant l'équerre constamment au centre C et en chacun de ces points, on marquera par un trait léger le passage des deux arcs à diviser, sans tirer la ligne entière.

Comme on peut avoir besoin de connaître la longueur rectifiée d'une ellipse, et que la série servant à la calculer conduit le plus généralement à des calculs fort longs et fort difficiles, nous donnons ci-après un tableau extrait de l'*Histoire des mathématiques* à l'aide duquel on trouvera facilement cette longueur dans tous les cas qui pourront se présenter dans la pratique et avec une approximation suffisante.

$$\frac{1}{10} \cdot \cdot \cdot \cdot \cdot \cdot \cdot \cdot \cdot \cdot \cdot \quad 1,015811$$

$$\frac{2}{10} \cdot \cdot \cdot \cdot \cdot \cdot \cdot \cdot \cdot \cdot \cdot \quad 1,050442$$

$$\frac{3}{10} \cdot \cdot \cdot \cdot \cdot \cdot \cdot \cdot \cdot \cdot \cdot \quad 1,092131$$

$$\frac{4}{10} \cdot \cdot \cdot \cdot \cdot \cdot \cdot \cdot \cdot \cdot \cdot \quad 1,150626$$

$$\frac{5}{10} \cdot \cdot \cdot \cdot \cdot \cdot \cdot \cdot \cdot \cdot \cdot \quad 1,211054$$

$$\frac{6}{10} \ldots \ldots \ldots \ldots \quad 1{,}276352$$

$$\frac{7}{10} \ldots \ldots \ldots \ldots \quad 1{,}345594$$

$$\frac{8}{10} \ldots \ldots \ldots \ldots \quad 1{,}418185$$

$$\frac{9}{10} \ldots \ldots \ldots \ldots \quad 1{,}495255$$

$$1 \ldots \ldots \ldots \ldots \quad 1{,}570796.$$

Ce tableau donne les longueurs des divers quarts d'ellipse, depuis celle où le demi petit axe est $\frac{1}{10}$ du demi grand axe supposé égal à l'unité, jusqu'à celle où ils sont égaux entre eux, ce qui est le quart de cercle lui-même, dont la longueur est 1,570796.

Si le rapport des demi-axes de l'ellipse, dont on a calculé la longueur, n'était pas compris parmi ceux ci-dessus, cette longueur se trouverait par une simple proportion.

Dans les différents exemples que nous venons de traiter, nous avons constamment opéré par la tangente au sommet du petit axe de l'ellipse, c'est-à-dire en résolvant par les tables l'équation $y = B - \dfrac{B}{A}\sqrt{A^2 - x^2}$ (1).

Mais, nous le répétons, ce procédé, complétement satisfaisant quand on a à tracer un arc elliptique dont l'amplitude ne dépasse pas une certaine limite, devient tout à fait insuffisant dans la pratique dès qu'il s'agit de tracer une ellipse entière.

Dans ce dernier cas, comme nous l'avons déjà dit, le recours à la tangente au sommet du grand axe devient indispensable pour obtenir, avec l'exactitude et la facilité désirables, les différents points de la courbe les plus rapprochés de ce sommet; or l'équation à résoudre dans ce cas étant $y' = A - \dfrac{A}{B}\sqrt{B^2 - x'^2}$ (2), qui ne diffère de (1) qu'en ce que B est changé en A et A en B, on voit de suite que pour obtenir, au moyen de la troisième table, la valeur de y', il suffit de multiplier l'ordonnée du cercle de rayon B par le rapport $\dfrac{A}{B}$, ou par la méthode directe, multiplier l'ordonnée de la table par le rapport $\dfrac{A}{100}$.

Pour l'intelligence de ce qui précède, et pour terminer ce qui nous reste à dire sur l'application de la troisième table au tracé des ellipses, nous allons tracer l'une des arches du nouveau pont Saint-Michel, représentant une demi-ellipse, dont le demi grand axe est 8m,60 et le demi petit axe 6m,48, en nous servant des deux tangentes BF et AF (Pl. I, fig. 3).

Le problème à résoudre est donc le suivant :

Trouver les coordonnées d'une ellipse dont le demi grand axe est 8,60 et le demi petit axe 6,48.

1° *Calcul des ordonnées perpendiculaires à la tangente BF ou résolution par les tables de l'équation* (1).

Le rapport $\frac{R}{100}$ est dans ce cas $\frac{8,60}{100} = 0,086$; nous pouvons donc prendre $0^m,43$ pour la première abscisse; divisant donc 0,43 par 0,086 et cherchant le quotient 5 parmi les abscisses des tables, on trouve, en regard, dans la colonne des ordonnées, le nombre 0,1251 qui, multiplié par $\frac{B}{100}$ ou $\frac{6,48}{100} = 0,0648$, donne 0,0081, valeur de y pour $x = 0,43$. En continuant ainsi, on trouve

Pour $x = 0,43$ $y = 0,0081$
     $x = 0,86$ $y = 0,0324$
     $x = 1,29$ $y = 0,0733$
     $x = 1,72$ $y = 0,1309$
     $x = 2,15$ $y = 0,2057$

et ainsi des autres.

2° *Calcul des ordonnées perpendiculaires à la tangente* AF, *ou résolution par les tables de l'équation* (2).

Le rapport $\frac{R}{100}$ est ici $\frac{6,48}{100} = 0,0648$; en prenant le nombre $0^m,324$ pour première abscisse et le divisant par $0^m,0648$, on a 5 pour quotient, nombre qui figure parmi les abscisses des tables; en regard, dans la colonne des ordonnées, on trouve 0,1251, qui, multiplié par $\frac{A}{100}$ ou $\frac{8,60}{100} = 0,0086$, donne pour $x = 0,324$ $y = 0,0107$. En continuant ainsi, on trouve

Pour $x = 0,324$ $y = 0,0107$
     $x = 0,648$ $y = 0,0431$
     $x = 0,972$ $y = 0,0973$
     $x = 1,296$ $y = 0,1737$
     $x = 1,620$ $y = 0,2730$

et ainsi des autres.

Les dispositions présentées dans la figure 3 sont celles que l'on a adoptées dans le tracé en grand de l'épure.

Après avoir construit le rectangle des demi-axes AFBC et avoir tiré la corde KD à $1^m,48$ du sommet B, on a porté sur DK, de D vers K, 18 parties égales chacune à $0^m,43$, en sorte que $Dr = 0,43 \times 18 = 7,74$, et en chacun des points de division on a élevé des perpendiculaires $a1$, $b2$, $c3$, etc, sur lesquelles on a porté les distances aa', bb', cc', etc., que l'on a faites égales aux ordonnées $0^m,0081$, $0^m,0324$, etc., trouvées ci-dessus par la formule (1); à l'exception toutefois de celles, comme mm', nn', etc., y compris la dernière rr', qui, ayant leur origine sur KD, ont dû être diminuées chacune de la quantité BD, c'est-à-dire de 1,48. — La portion r'B du quart d'ellipse se trouve donc tracée.

Pour obtenir la partie Ar', on a porté de A vers F, 8 parties égales chacune à $0^m,324$, en sorte que $AR = 2^m,592$; puis en chacun des points de division, on a élevé des perpendiculaires sur lesquelles on a porté des longueurs ss', tt', uu', etc., respectivement égales aux nombres $0^m,0107$, $0^m,0431$, $0^m.0973$, etc., trouvés par la formule (2).

Remarquons que l'emploi de la corde auxiliaire **KD** n'a qu'un but, celui d'obtenir des ordonnées plus courtes, et que rien n'empêche, dans tous les cas, de se servir d'autant de ces cordes que l'on voudra ; les dimensions de l'ellipse à tracer et son plus ou moins de courbure, telles sont les seules règles à ce sujet.

Si l'on veut obtenir la longueur rectifiée du quart d'ellipse, on se servira du tableau inséré à la page xxx, comme il va être dit :

Le rapport entre les deux axes de l'ellipse dont on veut avoir le développement étant $\dfrac{6,48}{8,60} = 0,7534$, on voit que ce rapport est compris entre $\dfrac{7}{10}$ et $\dfrac{8}{10}$; il est $\dfrac{7}{10} + 0,534$. Or au rapport $\dfrac{7}{10}$ correspond $1^m,345594$; pour savoir ce qu'il faut ajouter à ce nombre pour la fraction 0,534, on prendra la différence entre les nombres correspondant à $\dfrac{7}{10}$ et à $\dfrac{8}{10}$ que l'on trouvera 0,072591, puis l'on établira la proportion suivante :

$$1 : 0,072591 :: 0,534 : x = 0,038763$$

qui, ajouté à 1,345594, donne 1,384357. En multipliant ce dernier nombre par 8,60, on trouvera 11,905 ; c'est la longueur cherchée.

QUATRIÈME TABLE

Renfermant les abscisses et ordonnées d'une parabole dont le paramètre est égal à 10 000 mètres, calculées depuis 0ᵐ,20 jusqu'à 3 000 mètres.

Dans la première colonne de cette table sont les abscisses, qui varient depuis 0ᵐ,20 jusqu'à 3000 mètres, et dans la seconde figurent les ordonnées correspondantes, calculées par la formule $y = \dfrac{x^2}{p}$, p étant égal à 10000 mètres.

Quant au tableau placé en tête de la première page, et intitulé « Différences secondes des ordonnées, etc. », nous en ferons connaître ultérieurement l'usage.

Pour faire voir avec quelle promptitude et quelle facilité on trouve, au moyen de cette table, les ordonnées d'une parabole dont le paramètre est connu, proposons-nous la question suivante :

PREMIER EXEMPLE.

Le paramètre d'une parabole est 350 mètres; on demande les ordonnées de la courbe, en les supposant espacées de 5 en 5 mètres.

Comme il a été dit page xiv, pour obtenir les ordonnées d'une parabole dont le paramètre est connu, au moyen de cette table, la première opération à faire, c'est de diviser le nombre 10000 par le nombre 350, puis chercher dans la colonne des abscisses les nombres 5, 10, 15, 20, etc.,

et multiplier chacune des ordonnées correspondantes à ces nombres par
le rapport

$$\frac{10000}{350} = 28,57.$$

Or on trouve dans la quatrième table,

$$\begin{aligned}
\text{Pour } x &= 5 \text{ l'ordonnée } y = 0,0025 \\
x &= 10 \qquad\qquad y = 0,0100 \\
x &= 15 \qquad\qquad y = 0,0225
\end{aligned}$$

et ainsi de suite.

Donc pour avoir la valeur des ordonnées que l'on cherche, il suffira
de multiplier chacune des valeurs de y par le nombre 28,57 trouvé ci-
dessus.

On aura, par conséquent,

$$\begin{aligned}
\text{Pour } x &= 5 \qquad y' = 0,0025 \times 28,57 = 0,0714 \\
x &= 10 \qquad y' = 0,0100 \times 28,57 = 0,2857 \\
x &= 15 \qquad y' = 0,0225 \times 28,57 = 0,6428
\end{aligned}$$

et ainsi des autres.

SECOND EXEMPLE.

*Le paramètre d'une parabole est 2500 mètres ; on demande les ordon-
nées de la courbe, les abscisses variant de 20 en 20 mètres.*

$$\text{Le rapport} \qquad \frac{10000}{2500} = 4.$$

Or on trouve dans la table

$$\begin{aligned}
\text{Pour } x &= 20 \text{ l'ordonnée } y = 0,04 \\
x &= 40 \qquad\qquad y = 0,16 \\
x &= 60 \qquad\qquad y = 0,36
\end{aligned}$$

Donc les ordonnées cherchées seront

$$\text{Pour } \begin{aligned} x &= 20 \\ x &= 40 \\ x &= 60 \end{aligned} \quad \left. \begin{aligned} y' &= 0,04 \\ y' &= 0,16 \\ y' &= 0,36 \end{aligned} \right\} \times 4 = \left\{ \begin{aligned} &0,16 \\ &0,64 \\ &1,44 \end{aligned} \right.$$

TROISIÈME EXEMPLE.

*Le paramètre d'une parabole est 50 mètres ; on demande les coordon-
nées de la courbe, les abscisses variant de 0ᵐ,20 en 0ᵐ,20.*

$$\text{Le rapport} \qquad \frac{10000}{50} = 200.$$

$$\text{Pour } x = 0,20 \text{ l'ordonnée } y = 0,000004$$
$$x = 0,40 \qquad\qquad y = 0,000016$$
$$x = 0,60 \qquad\qquad y = 0,000036$$

et ainsi des autres.

Donc les ordonnées cherchées seront

$$\text{Pour } x = 0,20 \quad y' = 0,000004 \left.\begin{array}{l} \\ \\ \\ \end{array}\right\} \times 200 \left\{\begin{array}{l} = 0,0008 \\ = 0,0032 \\ = 0,0072 \end{array}\right.$$
$$x = 0,40 \quad y' = 0,000016$$
$$x = 0,60 \quad y' = 0,000036$$

Sans multiplier indéfiniment les exemples, ceux-ci nous semblent suffisants pour faire connaître l'emploi de la quatrième table, et faire voir avec quelle facilité on trouve les ordonnées d'une parabole quelconque dont le paramètre p est connu, puisqu'il suffit de multiplier les ordonnées de cette table par la quantité constante $\dfrac{10000}{p}$, les abscisses restant d'ailleurs les mêmes.

Les ordonnées ayant été obtenues, comme il vient d'être dit, si l'on veut tracer la parabole dont le paramètre est 50, on tirera la droite indéfinie mn (Pl. I, fig. 4) sur laquelle on élèvera la perpendiculaire AL; la première sera la tangente au sommet A de la courbe, et la seconde l'axe. On portera sur An, à partir du sommet A, les distances Ax, Ax', Ac, etc., que l'on fera respectivement égales aux longueurs 0,20, 0,40, 0,60, etc.; en chacun des points x, x', c, etc., on élèvera les perpendiculaires xy, $x'y'$, cb', égales en longueur aux ordonnées 0^m,0008, 0^m,0032, 0^m.0072, etc., et les points y, y', b' seront autant de points de la parabole. On répétera les mêmes opérations sur Am, en commençant toujours au sommet A, et les deux branches se trouveront tracées.

Il suffit de jeter les yeux sur la figure 4 pour s'apercevoir que pour tracer la courbe par la demi-corde rD, la flèche Ar étant connue, il faut, pour obtenir l'ordonnée ab', correspondant à l'abscisse $ra = $ Ac, retrancher l'ordonnée cb' de la flèche rA, c'est-à-dire que $ab' = f - cb'$, et ainsi pour toute autre ordonnée.

Par ce qui précède, on est donc en mesure de résoudre le problème général suivant : *Tracer, par la tangente ou par la corde, une parabole dont le paramètre est connu.*

Cherchons actuellement le paramètre d'une parabole, d'après certaines données, et qui doit satisfaire à certaines conditions.

PREMIER PROBLÈME.

Trouver le paramètre d'une parabole dont la flèche Ar *(fig. 4) est de* 5^m,75 *et la demi-corde* rD $= 20^m$,15.

La flèche Ar n'étant autre que l'ordonnée dD$=y$ et la demi-corde rD, l'abscisse A$d = x$, il en résulte que cette question peut se généraliser ainsi : les coordonnées d'une parabole étant connues, trouver le paramètre.

L'équation de la parabole rapportée à la tangente au sommet étant

$y = \dfrac{x^2}{p}$, on en tire $py = x^2$, d'où $p = \dfrac{x^2}{y}$; si à x et à y, on substitue les valeurs proposées, on a $p = \dfrac{(20,15)^2}{5,75}$, et si l'on effectue les calculs, on trouve le paramètre cherché $p = 70^m,612$.

DEUXIÈME PROBLÈME.

Deux alignements droits AM, AN (Pl. II, fig. 7), formant entre eux un angle MAN de 130°,40′, sont raccordés par un arc de cercle de rayon BO = 450 mètres, on demande de lui substituer un arc parabolique; trouver le paramètre de la parabole et son sommet, afin de lui mener une tangente et pouvoir la tracer au moyen des tables.

Soit tirée la droite BC qui joint les points de contact B et C, ainsi que la bissectrice AO ;

Le rayon OC sera la normale, PO la sous-normale, et PA la sous-tangente de la parabole.

L'angle BAC étant 130°,40′, CAO sera 65°,20′ = angle BCO ; et angle AOC = 24°,40′ = BCA.

Les deux triangles semblables ACO et CPO fournissent :

$$AO : CO :: CO : PO,$$

d'où
$$PO = \frac{CO^2}{AO}.$$

Or PO n'est autre que la sous-normale de la parabole, *qui est toujours égale à la moitié du paramètre.*

Donc $\dfrac{1}{2} p = \dfrac{CO^2}{AO}$; dans cette expression le rayon CO est connu ; remarquons que la sécante AO = AR + RO ; or, si l'on calcule AR au moyen de la table, et qu'à cette valeur de AR on ajoute le rayon RO, on aura AO.

La bissectrice AR calculée par la première table étant égale à 45,19, l'expression $\dfrac{1}{2} p = \dfrac{CO^2}{AO}$ devient $\dfrac{1}{2} p = \dfrac{(450)^2}{450 + 45,19}$, d'où effectuant les calculs on a p ou le paramètre égal à $817^m,86$.

Reste à connaître la distance AD du sommet de l'angle au sommet de la parabole.

Cette distance sera facilement déterminée si l'on se rappelle que la sous-tangente AP est toujours double de l'abscisse de contact DP.

Car $\quad AD = DP = \dfrac{1}{2} AP = \dfrac{1}{2}(AO - PO) = \dfrac{1}{2}\left(AO - \dfrac{p}{2}\right)$;

si dans cette dernière expression on substitue à AO et à p les valeurs trouvées ci-dessus pour ces deux quantités et que l'on effectue, on trouvera $AD = 43^m,13$.

Connaissant le paramètre et la distance du sommet de l'angle au sommet de la courbe, il ne reste plus qu'à calculer les ordonnées pour pouvoir la tracer sur le terrain, comme il a été dit ci-dessus, en opérant sur la tangente mn, menée perpendiculairement sur AO et à une distance AD égale à 43^m,13.

On ferait bien de calculer les points h, h' où la droite mn rencontre les deux alignements à raccorder ; on comprend en effet, ainsi qu'il a été dit pour le cercle, que de la position exacte de la tangente mn dépend l'exactitude du tracé des différents points de la courbe.

On voudra bien remarquer par le problème qui vient d'être traité que l'on pourra toujours trouver à l'aide de la cinquième table et sans aucun calcul trigonométrique, tous les éléments nécessaires au tracé d'une parabole qui devra être substituée à un arc de cercle, quel que soit le rayon que l'on adoptera.

TROISIÈME PROBLÈME.

Deux alignements droits de longueurs inégales étant donnés en grandeur et en direction, les raccorder par un arc parabolique ; à cet effet, trouver : 1° *le paramètre;* 2° *la position de l'axe et le sommet de la courbe, afin de lui mener une tangente et de pouvoir la tracer au moyen de la table.*

Pour l'intelligence de ce qui va suivre, nous ne saurions mieux faire que de rappeler ici le moyen graphique généralement employé sur le terrain pour résoudre ce problème; moyen fondé sur les propriétés suivantes de la parabole :

« *Si l'on unit le point de concours de deux tangentes quelconques, égales ou inégales, au point milieu de la corde qui joint les points de contact :* 1° *la droite ainsi obtenue sera un diamètre, c'est-à-dire parallèle à l'axe;* 2° *le point situé au milieu de cette droite sera un point de la courbe;* 3° *une parallèle menée par ce point à la corde de contact sera tangente en ce même point à la parabole.* »

Si N et B (Pl. II, fig. 8) étant les points de raccordement, et S le point de concours des tangentes, on tire la droite NB, puis SP, le point m milieu de cette dernière, est un point de la parabole; menant ensuite par ce même point m la parallèle Dn à NB, on aura ainsi une nouvelle tangente Dmn, dont chaque partie permettra de continuer autant qu'on le désirera. Pour obtenir d'autres points, il suffira de tirer les cordes Nm, mB, puis les droites Da, nr, et les points m', m'', milieux de ces dernières, appartiendront à la courbe.

Remarque. Les points p, q, d, b, sommets du polygone circonscrit à la courbe, sont ceux que l'on obtiendrait si, faisant usage du procédé graphique, dit des *tangentes enveloppes*, on divisait chacune des deux droites à raccorder en quatres parties égales. Ce procédé, reposant uniquement sur des intersections de lignes droites, est encore plus défectueux à appliquer sur le terrain que celui dont nous venons de parler; parce que, d'une part, il ne donne que des résultats approximatifs, et de l'autre, qu'il est fort rare d'obtenir un bon croisement dans les droites qui se coupent. En effet, et c'est là une source d'erreurs inévitables, les intersections se présentant généralement sous des angles très-aigus, on ne saurait se fier anx résultats obtenus qu'après de minutieuses vérifications. Dısons cependant que par un simple chaînage des trois tangentes pq, qd et db, on arriverait à un résultat plus satisfaisant, car on obtiendrait leurs points de contact m, m', m'', en se rappelant qu'ils sont chacun les millieux respectifs de ces trois droites.

Quoique ce procédé soit en principe aussi simple qu'exact, il n'en est plus ainsi lorsqu'on veut l'appliquer sur le terrain. Le tracé de nouvelles lignes d'opération, le plus souvent très-longues, pour obtenir quelques points de la courbe, sont des difficultés sérieuses, et ceux qui ont quelque habitude du terrain conviendront avec nous que le tracé par ordonnées à la tangente, n'exigeant aucune ligne préparatoire, aura toujours la préférence sur tout autre, et en particulier sur celui dont il s'agit.

Nous allons donc exposer les moyens à employer afin de pouvoir tracer par la quatrième table un raccordement de cette nature.

Supposons pour un instant que le point M (figure 9) ait été déterminé par ce procédé, c'est-à-dire qu'ayant tiré NB et SP, on ait fait PM = MS et NP = PB, et enfin mené la tangente Dn' parallèle à NB.

Il résulte de cette construction que MO est un diamètre dont l'origine est au point M; les ordonnées de ce diamètre sont des lignes PB, parallèles à la tangente en M; les abscisses de ces ordonnées sont les lignes MP, et l'angle que ce diamètre fait avec ses ordonnées, SPB = a.

Or MO étant un diamètre, l'axe de la parabole sera une ligne TL parallèle à MO et sa position sera connue si nous déterminons la distance MQ, et la distance AQ afin d'avoir le sommet A et le paramètre p à l'axe.

Si nous désignons le paramètre du diamètre MO par q, on aura

$$PB^2 = q \times MP, \text{ d'où } q = \frac{PB^2}{MP}.$$

Le paramètre q peut donc se trouver facilement.

Ceci posé, si nous désignons par a l'angle SPB que ce diamètre fait avec ses ordonnées;

Le paramètre p de l'axe sera donné par

l'expression $$p = q \sin^2 a,$$

la distance $$AQ = \frac{1}{4} q \cos^2 a,$$

et $$MQ = \frac{1}{4} q \sin 2a.$$

La longueur de la démonstration de ces trois équations nous empêche de la donner ici; si on la désire, on la trouvera développée dans le cours élémentaire de Lacaille.

Ces expressions trigonométriques sont très-simples et en même temps très-faciles à calculer; en se donnant les longueurs SN, SB et l'angle NSB, le triangle SNB est déterminé; on peut donc connaître MP, PB, ainsi que l'angle SPB = a, et par suite q. Au moyen des trois relations ci-dessus, on déterminera le paramètre p et les distances AQ et MQ.

Pour opérer sur le terrain on n'a nullement besoin de tracer les droites NB, Dn', TL, MQ; il suffit de construire au sommet S l'angle BSP égal à celui trouvé par le calcul, puis de porter sur la direction SO, la distance SR que l'on fera égale à SM — AQ. Au point R ainsi déterminé et sur SO, on élèvera la perpendiculaire indéfinie mn qui sera la tangente au sommet sur laquelle on devra opérer pour tracer la courbe; le sommet A sera déterminé en faisant RA = MQ; à partir de ce point, on portera sur An les abscisses Az, Ax', Ax'', et en chacun des points x, x', x'' on élèvera des perpendiculaires xy, $x'y'$, x''B que l'on fera égales en longueur aux ordonnées que l'on aura trouvées, et l'arc AB sera tracé. On répétera les mêmes opérations de A vers m, en commençant toujours au sommet A, et on tracera l'arc NMA.

Nous recommandons également de calculer les points de rencontre h, h' de la tangente au sommet avec les deux alignements à raccorder; ce sera un excellent moyen de s'assurer si la droite mn est bien perpendiculaire sur la direction SO, et le point R exactement déterminé; car les trois points h, R et h' doivent être en ligne droite.

Application numérique du problème précédent.

Soit
$$NS = 475^m,25$$
$$BS = 307^m,00$$
Angle
$$NSB = 75°,52'.$$

Les quatre quantités qu'il faut déterminer nous sont données par les équations suivantes :

1°
$$q = \frac{PB^2}{MP};$$

2°
$$p = q \sin^2 a;$$

3°
$$AQ = \frac{1}{4} q \cos^2 a;$$

4°
$$MQ = \frac{1}{4} q \sin 2a.$$

On voit que le paramètre q étant connu, avec l'angle a = SPB qu'il fait avec ses ordonnées les trois autres quantités p, AQ et MQ sont faciles à déterminer.

Pour avoir $q = \frac{PB^2}{MP}$, il faut remarquer que PB = $\frac{NB}{2}$, et MP = $\frac{SP}{2}$.

Or dans le triangle NSB on connaît les deux côtés NS et BS et l'angle compris NSB; donc les angles N et B seront déterminés par la relation

$$475,25 + 307 : 475,25 - 307 :: \frac{1}{2} \text{tang} (N + B) : \frac{1}{2} \text{tang} (B - N).$$

On trouvera
$$B = 67°,29'40''$$
$$N = 36°,38'20''$$

et le côté NB calculé par la proportion

$$\sin 67°,29'40'' : \sin 75°,52' :: 475^m,25 : NB$$

sera $NB = 498^m,856,$ donc $\dfrac{NB}{2} = PB = 249^m,428.$

En calculant l'angle $SPB = a$ par la relation ci-dessus, on aura

$$a = 65°,03'20'', \quad BSP = 47°,27',$$

et $SP = 312^m,798,$ d'où $\dfrac{SP}{2} = MP = 156^m,399.$

En substituant, dans l'expression $q = \dfrac{PB^2}{MP}$, à PB et MP, les valeurs trouvées pour ces deux quantités, on a

$$q = \frac{(249,428)^2}{156,399} = 397^m,792.$$

En faisant $q = 397,792$ et angle $a = 65°,03'20''$ dans les trois équations qui donnent les valeurs de p, MQ et AQ, on trouvera successivement

$$p = 327^m,04, \quad MQ = 76^m,058 \quad et \quad AQ = 17^m,688.$$

Si l'angle des alignements à raccorder était obtus, on opérerait absolument de même.

Deuxième application.

Soit $NS = 350^m,30,$ $BS = 287^m$ et   angle $NSB = 127°,40'.$

On trouvera $MP = SM = \quad 71^m,659$
$$p = 1075\ ,740$$
$$MQ = \quad 136\ ,158$$
$$AQ = \quad 17\ ,234$$

et l'angle BSP à construire au sommet S égal à $37°,34'19''.$

Nous n'avons donné que les quantités MP, p, MQ, AQ et l'angle BSP dans les résultats de cette deuxième application, c'est-à-dire les quantités strictement nécessaires pour tracer la courbe sur le terrain.

Si l'on veut la tracer au moyen d'ordonnées espacées de 20 en 20 mètres, on obtiendra ces ordonnées, comme il a été dit, en divisant 10000 par le paramètre $p = 1075,74$ et multipliant chacune des ordonnées de la table correspondant aux abscisses 20, 40, 60, etc., par ce quotient.

Or $\dfrac{10000}{1075,74} = 9,295,$ et si l'on effectue, on trouvera

pour $x = 20$ l'ordonnée $y = 0,3718$
$\qquad x = 40 \qquad\qquad y = 1,4872$
$\qquad x = 60 \qquad\qquad y = 3,3462$

et ainsi des autres.

A partir du point S, on chaînera SN et SB : on placera le graphomètre au sommet S et l'on fera placer quelques jalons dans la direction SO, déterminée de manière à faire l'angle BSP = 37°,34'19''; ceci étant fait, on chaînera la distance SR que l'on fera égale à MS ou MP — AQ, ou à 71,659 — 17,234 = 54^m,425 et au point R ainsi déterminé on tirera la droite indéfinie mn perpendiculaire à SO, sur laquelle on chaînera à partir du point R la distance RA = MQ = 136^m,158; le point A sera le sommet de la parabole et l'origine des abscisses. Aux différents points x, x', x'', obtenus en faisant Ax, Ax', Ax'' égaux à 20, 40, 60, etc., on élèvera les perpendiculaires xy, $x'y'$, etc , que l'on fera respectivement égales aux nombres 0,3718, 1,4872, 3,3462, trouvés ci-dessus. On répétera les mêmes choses de A vers m et la courbe NMB sera tracée.

De ce qui précède, on voit qu'en outre de NS et de BS, il suffit de tracer mn et SO, encore n'est-il pas nécessaire de prolonger cette dernière droite fort au delà du point R, surtout si, comme nous l'avons conseillé, on calcule les points de rencontre h et h'; dans ce cas on arrêterait ces deux points en chaînant SN et SB et le triangle Shh' se trouverait construit.

On voudra encore remarquer que si ce procédé exige l'emploi de calculs trigonométriques, d'ailleurs très-simples, cet inconvénient est largement compensé par la facilité du système d'opération, système tout à fait exempt d'incertitude ; n'exigeant le tracé d'aucune de ces lignes si nombreuses et quelquefois si longues, auxquelles on est obligé dans l'emploi du procédé graphique exposé au commencement de ce chapitre, et qui en rendent l'application impraticable dans bien des cas.

Et qu'à l'égard de ces calculs trigonométriques, ils seraient également inévitables si, comme il arrive le plus souvent, on désirait avoir, par la formule connue (*), la longueur des deux arcs paraboliques NMA et BA.

Il existe différentes méthodes pour tracer une parabole sur le papier,

---

(*) La formule qui donne la longueur d'un arc parabolique est

$$C = \frac{y}{p} \sqrt{y^2 + \frac{1}{4} p^2} + \frac{1}{4} p L \left(\frac{y + \sqrt{y^2 + \frac{1}{4} p^2}}{\frac{1}{2} p} \right),$$

p étant le paramètre et y l'ordonnée perpendiculaire à l'axe, comme Nz (fig 9). Le logarithme à prendre est un logarithme népérien ; on change les logarithmes des tables en népériens, en multipliant les premiers par le nombre 2.30258509. (*Cours élémentaire* de Lacaille.)

connaissant l'axe CD (planche II, figure 10) et la double ordonnée ACB Voici celle qui nous a semblé la plus commode.

On divisera l'axe CD et chacune des ordonnées CA, CB en un même nombre de parties égales, par exemple, en 10 ; par les points de division de ces ordonnées, on mènera des parallèles indéfinies à l'axe ; ensuite, pour obtenir la branche DB, on tirera du point A, par tous les points de division de l'axe CD, des lignes droites qui, étant prolongées, couperont les parallèles menées des divisions de CB, savoir : A1 en a, A2 en b, A3 en c, A4 en d, etc. ; les points a, b, c, d, etc., ainsi déterminés seront des points de la parabole.

En opérant du point B, comme on a fait du point A, on déterminera sur les parallèles menées des points de division de l'ordonnée CA les points de l'autre portion de parabole. Mais à cause de la symétrie de la courbe, on peut se dispenser de cette opération en portant sur chacune des perpendiculaires élevées aux points de division de AC, des longueurs respectives égales à $1a$, $2b$, $3c$, $4d$, etc.

Pour terminer ce qui nous reste à dire sur les applications de la quatrième table, nous allons faire connaître l'usage du tableau qui figure en tête de la première page de cette table et son application au calcul des ordonnées d'une parabole, dans le cas où l'on voudrait les obtenir par la méthode des différences secondes.

Ce tableau donne les différences secondes des ordonnées de la table, en supposant celles-ci successivement espacées de $0^m,20$ en $0^m,20$; de mètre en mètre ; de 5 en 5 mètres, de 10 en 10 mètres, et enfin de 20 en 20 mètres ; les quantités qui représentent ces différences secondes sont exactes et composées d'un seul chiffre significatif.

Première application.

On demande la différence seconde des ordonnées d'une parabole dont le paramètre est 355 mètres, en supposant ces ordonnées espacées de 20 en 20 mètres.

On obtiendra cette différence seconde en multipliant 0,08, différence seconde de la table par le rapport $\frac{10000}{355} = 28,168$.

En effectuant la multiplication, on trouve 2,25344.

Deuxième application.

On demande la différence seconde des ordonnées d'une parabole dont le paramètre est 25 mètres en supposant ces ordonnées espacées de mètre en mètre.

Le quotient de 10000, divisé par 25, étant 400 et la différence de la table 0,0002, la différence seconde cherchée sera $400 \times 0,0002 = 0^m,08$.

Si l'on veut calculer quelques ordonnées de la parabole de paramètre = 355, donnée dans la première application, le tableau ci-après montre comment on doit disposer les calculs.

$$2,25344$$

pour $x = 20$ $y = \ldots$ $\overline{1,12672}$ . . . . $\left(\tfrac{1}{2}\right)$

$$3,38016$$

40 . . . . $\overline{4,50688}$ . . . . $(\,2\,)$

$$5,63360$$

60 . . . . $\overline{10,14048}$ . . . . $(\,4,50\,)$

$$7,88704$$

80 . . . . $\overline{18,02752}$ . . . . $(\,8,50\,)$

$$10,14048$$

100 . . . . $\overline{28,16800}$ . . . . $(\,12,50\,)$

$$12,39392$$

120 . . . . $\overline{40,56192}$ . . . . $(\,18,00\,)$

Le premier nombre est la différence seconde; on obtiendra la première ordonnée en prenant la moitié de 2,25344. En ajoutant 2,25344 avec 1,12672 on obtient 3,38016, qui, ajouté à la première ordonnée, donne la seconde. Au nombre 3,38016 on ajoutera 2,25344, on aura 5,63360 qui, ajouté à la deuxième ordonnée, donnera la troisième, 10.14048 : et ainsi de suite, en ajoutant constamment le nombre 2,25344 aux nombres 5,63360, 7,88704, etc., et additionnant comme il vient d'être expliqué ; à l'exception des deux premières ordonnées, dont la première est toujours la moitié de la différence seconde, et la deuxième le double de cette différence, toutes les autres s'obtiennent de même. Les nombres placés en regard et à droite de chaque ordonnée, entre parenthèses, nombres qui ne varient jamais, quelle que soit la parabole dont il s'agit de calculer les ordonnées, et qui forment une série dont la loi est facile à découvrir, indiquent combien de fois la différence seconde est contenue dans l'ordonnée. Pour obtenir l'ordonnée 40,56192, par exemple, il suffit de multiplier 2,25344 par 18.

Nous devons faire remarquer que les quantités placées entre deux ordonnées consécutives, étant les différences premières de ces ordonnées, il en résulte qu'il suffit de connaître la première ordonnée et la différence première, entre celle-ci et la seconde, pour que toutes les autres ordonnées soient déterminées. Or, nous le répétons, dans tous les cas, quelles que soient les abscisses, quel que soit le paramètre de la parabole dont il s'agit de calculer les ordonnées, la première ordonnée sera toujours égale à la moitié de la différence seconde, et la deuxième le double de cette différence; ceci étant, on obtiendra par soustraction le nombre 3,38016, différence première des deux premières ordonnées, et par une suite d'additions toutes les autres.

CINQUIÈME TABLE

Renfermant les tangentes, les bissectrices, les flèches, les demi-cordes et les développements d'un quart de circonférence de cercle de 100 mètres de rayon, pour tous les degrés et minutes, depuis 0 jusqu'à 90°.

Cette table donne directement tous les éléments circulaires pour les angles au centre d'un nombre entier de degrés et de minutes d'un arc de cercle de 100 mètres de rayon; ces angles pouvant varier depuis 0 jusqu'à 90 degrés.

Une simple multiplication fournit ces mêmes éléments pour un cercle d'un rayon quelconque.

PREMIER EXEMPLE.

L'angle formé par deux alignements droits est de 100°,35'; on veut les raccorder par un arc de cercle de 115 mètres de rayon. Déterminer les éléments circulaires correspondant à ce rayon.

A l'angle de 100°,35' correspond un angle au centre de 179°,60'—100°,35', ou de 79°,25'.

En cherchant dans la table les éléments qui correspondent à cet angle de 79°,25', on trouve les résultats suivants :

La tangente	= 83,046
La bissectrice	= 29,988
La flèche	= 23,070
La demi-corde	= 63,888
L'arc ou le développement	= 138,608.

Pour déterminer ces mêmes éléments pour le rayon donné, il suffira de multiplier chacun des résultats ci-dessus par ce rayon, soit par le nombre 115.

En effectuant les calculs on obtient :

La tangente	= 95,503
La bissectrice	= 34,486
La flèche	= 26,530
La demi-corde	= 73,241
L'arc	= 159,399.

Il arrive quelquefois, pour les raccordements, que le rayon n'est pas pris arbitrairement et qu'il doit être déterminé par la condition d'assigner à l'une des autres lignes une longueur donnée.

DEUXIÈME EXEMPLE.

L'angle à raccorder étant de 100°,35′ et la tangente de 95,503, dé-
terminer la longueur du rayon.

L'angle au centre est ici 79°,25′.

On posera la proportion

La tangente de la table est à la tangente donnée, comme le rayon de la
table est au rayon cherché,

ou $83,046 : 95,503 :: 100 : x$

d'où le rayon cherché $x = 115$ mètres.

TROISIÈME EXEMPLE.

L'angle à raccorder étant le même que dans l'exemple précédent, et la
bissectrice de 34,486, déterminer la longueur du rayon.

On posera la proportion

$$29,988 : 34,486 :: 100 : x,$$

d'où le rayon cherché $x = 115$ mètres.

Enfin il peut arriver aussi que l'angle des alignements doive être déterminé par la condition d'assigner à deux lignes des longueurs données.

QUATRIÈME EXEMPLE.

Le rayon étant de 115 mètres et la tangente de 95^m,503, déterminer
l'angle des deux alignements.

Le rapport du rayon de la table au rayon donné est 1^m,15.

On divisera la tangente donnée 95,503 par ce rapport, et le résultat de
la division, 83,046, représentera la tangente de la table. Cette tangente
correspondant à l'angle au centre 79°,25′, il en résulte que l'angle des
deux alignements est de 179°,60′ — 70°,25′, ou 100°,35′.

Cet exemple ainsi que les précédents indiquent suffisamment l'extension
dont cette table est susceptible, et la facilité avec laquelle on obtient les
résultats nous autorise à considérer comme superflu ce que nous pourrions ajouter sur la manière de s'en servir.

SUPPLÉMENT AU TRACÉ DES COURBES

Raccordements inverses ou en S, à tangentes égales ou inégales, sous un angle quelconque, par deux arcs de cercle.

Dans le tracé des chemins de fer, il arrive presque toujours que deux courbes sont reliées entre elles et séparées par un alignement droit de longueur variable. Il arrive quelquefois cependant, par suite de circonstances locales, qu'on soit obligé d'infléchir le tracé et de faire succéder à une courbe une ou plusieurs autres, toutes tangentes entre elles extérieurement. C'est principalement sur les routes et les chemins tracés dans les pays de montagnes que l'on se trouve dans la nécessité de recourir à ces raccordements en S, que nous appellerons aussi raccordements inverses. La fig. 13 montre un cheminement de cette nature; il se compose de deux alignements droits AB et FC reliés par quatre arcs de cercles tangents entre eux et aux deux alignements; c'est, comme on le voit à l'inspection de la figure, le cas du raccordement inverse à tangentes égales.

Avant d'aller plus loin, rappelons le problème de géométrie élémentaire suivant :

Problème. — Par un point donné A (fig. 11), mener une circonférence qui touche la circonférence donnée B en un point déterminé C.

Puisque la circonférence cherchée doit passer par les deux points A et C, son centre se trouvera sur la droite DEF perpendiculaire sur le milieu de la droite qui joint les points A et C, et puisque cette circonférence doit toucher la circonférence B au point C, son centre se trouvera sur le prolongement du rayon BC; donc le centre cherché, devant se trouver à la fois sur les deux droites DF et BC, se trouvera à leur intersection O.

Remarquons : 1° que le centre O se trouvera au point E, milieu de AC, lorsque les trois points A, C, B seront en ligne droite ; 2° que le centre O se trouvera à une distance infinie, lorsque l'angle BCA sera droit, puisque dans ce cas 'es deux droites BC, DE seront parallèles ; enfin 3° que 'e contact est extérieur (fig. 11) lorsque l'angle ACB est obtus, et qu'il est intérieur (fig. 12) lorsque cet angle est aigu.

1° Raccordements inverses à tangentes égales.

Reprenons la fig. 13 et supposons que sur un plan coté on ait arrêté le cheminement ABCDEFG en grandeur et en direction; que AB et FG soient deux alignements droits et BC, CD, DE, EF les sous-tendantes d quatre arcs de cercle qui doivent se raccorder entre eux, extérieurement aux points C, D, E, ainsi qu'aux points B et F des alignements extrêmes.

Les données ci-dessus, c'est-à-dire la longueur des sous-tendantes et les angles qu'elles forment entre elles, sont suffisantes pour résoudre le problème; car l'angle ABC et la corde BC étant connus, le rayon BO se trouvera en élevant au point B, sur la direction AB, et au point H, milieu de la corde BC, des perpendiculaires indéfinies qui viendront se rencontrer au point O, lequel sera le centre cherché et le rayon BO sera déterminé. Sa valeur sera donnée par le triangle BOH, rectangle en H, et dans lequel on connaît le côté $BH = \frac{1}{2} BC$, et l'angle OBH = angle ABC—ABO. Or l'angle ABC étant donné et l'angle ABO étant 90° ou droit, l'angle OBH est déterminé ainsi que son complément BOH. Par suite, la valeur du rayon BO sera fournie par la relation

$$r : \sin BOH :: BO : BH,$$

d'où
$$BO = \frac{BH}{\sin BOH}.$$

On obtiendra la valeur du rayon CO' au moyen d'une construction identique et par les mêmes considérations; le centre O' devant en effet se trouver à la fois sur la perpendiculaire au point K, milieu de la corde CD, et sur le prolongement du rayon OC, sera donc déterminé par la rencontre en O' de ces deux lignes.

Sa valeur sera fournie par le triangle rectangle O'KC, dans lequel le côté $KC = \frac{1}{2} CD$ et l'angle KCO' = angle donné KCB — (O'CS + HCS). Or O'CS = 90° et HCS = 90°— OCH ou son égal OBH dont la valeur a été trouvée ci-dessus.

La valeur du deuxième rayon CO' sera donc fournie par cette autre relation

$$r : \sin CO'K :: CO' : CK,$$

d'où
$$CO' = \frac{CK}{\sin CO'K}.$$

Les autres rayons se détermineront de la même manière.

Le lecteur voudra bien remarquer qu'il n'est pas nécessaire de déterminer les tangentes, à moins qu'on ne veuille se servir de ces lignes pour tracer les arcs sur le terrain à l'exclusion des cordes. Si l'on veut se servir de celles-ci, il suffira seulement de déterminer les flèches HI, JK, ML et PR, lesquelles seront fournies, comme on le sait déjà, par la relation

$$f = R \pm \sqrt{R^2 - C^2}$$

qui donne la valeur de la flèche en fonction du rayon R et de la demi-corde C. Le double signe indiquant deux valeurs, c'est le signe — qu'il faudra prendre. On est donc en mesure de tracer sur le terrain les arcs demandés, sans le secours ni des tangentes, ni des bissectrices, en employant uniquement les cordes données en grandeur et en direction. Les autres lignes, tangentes, bissectrices, rayons, n'ont été tracées que dans le but de faire voir la construction géométrique de ce système d'arcs et pour la clarté des démonstrations.

Si cependant on jugeait préférable de tracer les courbes en se servant des tangentes, le calcul de celles-ci n'offre aucune difficulté, car dans le triangle OBS, la tangente BS, par exemple, est donnée, comme on sait, par la relation

$$r : \tang SOB :: OB : BS,$$

d'où BS = tang SOB × OB. Or chaque arc ayant des tangentes égales et deux arcs consécutifs une tangente commune au point d'attouchement, il en résulte que les centres de deux arcs qui se touchent sont en ligne droite, ainsi que le montre la figure 13. Un exemple numérique que nous allons résoudre au moyen des tables suffira pour montrer la marche à suivre.

Exemple. Soient :

$$\text{Angle } ABC = 138°.$$
$$\text{Angle } BCD = 177°.$$
$$\text{Corde } BC = 70^m.$$
$$\text{Corde } CD = 103^m.$$

Trouver la longueur des rayons BO, CO', ainsi que des flèches HI et JK, avec ces conditions que les arcs dont les sous-tendantes BC et CD sont connues, seront tangents entre eux extérieurement, et qu'en outre celui BC touchera la droite AB au point B.

La valeur du rayon BO sera fournie au moyen du triangle rectangle BOH et par la relation

$$r : \sin BOH :: BO : BH.$$

Or $\qquad\qquad$ angle $BOH = 90° - OBH$

et $\qquad$ angle $OBH = ABC - 90° = 138° - 90° = 48°,$

donc $\qquad\qquad BOH = 90° - 48° = 42°,$

et comme
$$BH = \frac{BC}{2} = \frac{70^m}{2} = 35^m,$$

il vient
$$BO = \frac{BH}{\sin 42°} = \frac{35}{\sin 42°} = 52^m,30.$$

Telle est la valeur du premier rayon BO.

La flèche HI sera fournie sans calcul par la cinquième table, en remarquant que l'angle au centre BOC = 2BOH = 2 × 42° = 84° ; à cet angle au centre correspond une flèche = 25, laquelle multipliée par le rayon trouvé 52^m,30 = BO, donne 13^m,075.

On a donc tous les éléments nécessaires, non-seulement pour pouvoir tracer l'arc de rayon BO sur le terrain, mais encore pour en calculer au moyen de la cinquième table, soit le développement, soit la bissectrice, soit encore les tangentes si l'on veut se servir de ces lignes. La marche pour trouver les éléments de l'arc suivant étant la même, nous nous arrêterons à cet exemple.

2° Raccordements à tangentes inégales au moyen de deux arcs de cercle.

Nous avons fait voir avec quelle simplicité la parabole résout le problème du raccordement à tangentes inégales. Mais cette courbe, peu familière aux agents secondaires, n'est pas la seule qui puisse satisfaire aux exigences d'un pareil tracé, lequel se rencontre peu souvent dans les chemins de fer, mais est d'un usage très-fréquent dans les routes et autres voies de communication. Nous allons donc montrer comment on peut, dans le cas spécial de tangentes inégales, opérer le raccordement en employant le cercle, à l'exclusion de la parabole et de l'ellipse.

Soient (fig. 14) deux alignements NS et SB de longueurs inégales et formant un angle quelconque ; il s'agit de les raccorder par deux arcs de rayons différents se soudant tangentiellement en un point quelconque du parcours curviligne.

Le problème à résoudre est donc celui-ci :

Raccorder deux alignements en des points inégalement éloignés de leur rencontre par deux arcs de cercles tangents entre eux intérieurement.

On voit immédiatement à l'exposé de cet énoncé que le problème est indéterminé, car il faut six conditions pour deux cercles, tandis que nous n'en avons que cinq ; savoir : deux tangentes avec leurs deux points de contact et la tangence des deux cercles en un point non assigné.

Il y a donc lieu de tenir compte de cette indétermination par la fixation arbitraire de l'un des deux rayons cherchés.

Ceci posé, voici la solution géométrique du problème :

Soient donc SN et SB les tangentes à raccorder, N et B les points de contact (fig. 14).

d

Les cercles cherchés auront évidemment leurs centres sur les perpendiculaires NO et BO', élevées desdites tangentes aux points de contact N et B.

Prenons actuellement sur l'une quelconque de ces perpendiculaires un rayon arbitraire NO. D'après les propriétés connues du contact de deux cercles, ce premier centre O sera en ligne droite avec le point de tangence des deux cercles et avec le second centre cherché, lequel est quelque part sur BO', à égale distance du point B et du point de contact des deux arcs.

Si donc on marque sur BO' le point O', de sorte que BO' = NO, nous savons que le centre cherché sera à égale distance des points O et O'; par conséquent ce centre se trouvera à la rencontre en O" de la normale BO' avec la perpendiculaire PO" élevée sur le milieu P de OO'.

Tirons la ligne des centres O"O; les deux arcs décrits des points O" et O avec les rayons NO et BO" seront tangents intérieurement en M, et la tangente commune, tirée perpendiculairement sur OM, passe au point T déterminé par le prolongement de PO' jusqu'à la rencontre de la tangente SB.

Nous avons pris pour rayon arbitraire le petit rayon NO et nous en avons déduit le grand, c'est-à-dire BO'.

On voit donc qu'il existe une infinité de systèmes, puisque le rayon r peut varier depuis O jusqu'à la longueur de la normale NO, comprise entre le point de contact N et la bissectrice de l'angle des deux alignements, cas où le grand rayon R serait infini. Telles sont les deux limites extrêmes entre lesquelles on peut choisir pour r telle grandeur qui conviendra le mieux.

Il nous reste à chercher la valeur de chacun des deux angles des arcs aussi bien pour en calculer le développement que pour trouver les autres éléments nécessaires au tracé sur le terrain à l'aide des tables.

Or à l'inspection de la figure on verra que

$$\sin a' = \frac{T \cos a + R \sin a - t}{R - r},$$

T et t étant les tangentes; r et R les rayons; on a en outre la relation

$$a' + a'' = 180° - a, \qquad \text{d'où} \qquad a'' = 180° - (a + a').$$

Avec ces deux relations et la suivante

$$2(tR + Tr) \sin a - 2Rr (1 + \cos a) = T^2 + t^2 - 2Tt \cos a,$$

qui existe entre les cinq quantités R, r, T, t, a et au moyen de laquelle on aura R en fonction des quatre autres, il sera dès lors facile d'obtenir ous les éléments du tracé.

3° *Raccordements inverses à tangentes inégales.*

Dans les pays de montagnes très-accidentés, et surtout lorsqu'il s'agit des routes et chemins, il arrive fréquemment qu'au lieu de cheminer jusqu'à une certaine distance du point de rencontre des deux alignements, pour gagner la seconde tangente et la parcourir en s'éloignant de ce point, des circonstances locales obligent à infléchir le raccordement pour se diriger vers le sommet sur le deuxième alignement, comme le montre la fig. 15. Bien que ces raccordements ne soient pas absolument proscrits sur les chemins de fer, on conçoit que l'application doit en être restreinte au cas où la vitesse est peu considérable, comme aux abords des gares, ou encore dans le cas de très-grands rayons, afin que le passage d'un arc à l'autre puisse se faire sans nuire à la sécurité du parcours.

Toutes choses étant égales d'ailleurs, il est facile de voir que ce cas se distingue du précédent, en ce que les deux arcs sont tangents entre eux *extérieurement*, et l'on tient compte ainsi qu'il suit de cette circonstance :

Au lieu de porter la longueur BO' égale à NO dans l'angle même du raccordement, on la porte en dehors comme le montre la fig. 15, et la construction s'achève absolument de la même manière, ainsi qu'on peut le voir; on tire OO' et l'on mène PO'' perpendiculaire sur le milieu P de OO'; les deux points O'' et O sont les deux centres cherchés. Le point de contact se trouve en M sur la ligne des centres et la tangente commune passe aussi par le point T, déterminé par le prolongement de O''P jusqu'à la rencontre de la tangente SB.

Sans nous appesantir davantage sur ce mode de raccordement, nous ferons cependant remarquer, parmi toutes les solutions qu'il permet, celle qui prend pour R la longueur de la normale BO' (fig. 16) entre le point B et la rencontre de la normale du point N.

L'arc de rayon BO' étant décrit et passant en M, l'autre a son centre au milieu O de NM, et les deux angles au centre a' et a'' sont respectivement 180° et 180° — a.

Quant aux valeurs de r et de R, on aura

$$r = \frac{T - t}{2 \tan \dfrac{a}{2}}, \qquad R = \frac{t - T \cos a}{\sin a}.$$

En égalant ces deux expressions, on aurait la condition pour que les deux rayons fussent égaux ; cette condition est

$$\frac{T}{t} = \frac{3 + \cos a}{1 + 3 \cos a};$$

enfin, quand l'angle des deux alignements est 90° ou droit, cette dernière
relation devient

$$\frac{T}{t} = 3,$$

résultat que met en évidence la fig. 17; chacun des rayons étant du
reste égal à la petite tangente t.

En dehors du tracé des voies de communication, le raccordement à
tangentes inégales par deux arcs de cercle trouve de nombreuses applications. Nous citerons notamment les courbes, dites *en anses de panier*,
dont l'usage est si fréquent; les arcs rampants, dont on se sert en archi-
tecture pour former des ouvertures ou des élégissements sous des parties
de construction en pente et aussi pour contre-buter les points d'appui des
voûtes.

Comme le tracé des anses de panier est connu et fait l'objet de traités
spéciaux, nous ne nous en occuperons pas ici. Nous allons traiter seulement des arcs rampants et indiquer la méthode à suivre pour les tracer.

L'intrados de ces voûtes est ordinairement formé de deux arcs de
cercle de rayons différents qui se raccordent avec trois tangentes, dont
deux forment les pieds-droits et sont le plus souvent parallèles, et la
troisième, qui n'est que d'opération, détermine le sommet de la voûte et
est appelée *ligne de sommité*. Ainsi les deux arcs de cercle à décrire
doivent se raccorder ensemble sur la ligne de sommité, et avec les pieds-
droits à la hauteur des naissances, déterminées par une ligne inclinée
appelée *ligne de rampe*.

C'est la ligne de sommité et le point d'attouchement de la courbe qui
servent à déterminer la ligne de rampe, la grandeur des arcs et la position de leurs centres.

Soit FG (fig. 18) la ligne de sommité, T le point d'attouchement; FAH
et GBE la direction des pieds-droits. On détermine la ligne de rampe qui
passe par les naissances, en portant FT de F en A et TG de G en B; si
l'on tire AB, elle sera la ligne de rampe.

Pour avoir la courbe on tirera du point T une perpendiculaire indéfinie
à FG et deux autres des points A et B aux directions des pieds-droits; les
points g et C où elles se rencontreront seront les centres; savoir : C pour
l'arc AT et g pour l'arc TB.

Remarquons que lorsque le point T est pris sur le milieu de la ligne de
sommité, la ligne de rampe AB est dès lors parallèle à cette ligne, car TF
étant égal à TG, GB est égal à FA.

Cette construction est éminemment propre à raccorder les deux faces
parallèles d'une pile de pont biais; car si l'on raccorde ordinairement les
deux faces d'une pile de pont droit par une demi-circonférence qui a pour
rayon la moitié de la distance de ces faces ou de l'épaisseur de la pile,
il n'en est plus ainsi lorsque le pont se présente obliquement par rapport
à l'axe de la voie de communication qu'il supporte ou par rapport aux
plans de ses têtes; le raccordement demi-circulaire n'est plus praticable

dans de bonnes conditions et, sous peine de tomber encore sur des courbes moins gracieuses que le cercle, il faut recourir à deux arcs tangents entre eux et séparément à chacune des faces parallèles, c'est-à-dire à la construction dont nous venons de faire l'application au tracé des arcs rampants et qui s'applique exactement au tracé de l'avant-bec d'une pile de pont biais, en considérant AH et BE comme les faces de la pile, AK son épaisseur en section droite, AB le plan des têtes et enfin ABE l'angle aigu du biais de l'ouvrage. Dans ce cas particulier, la meilleure disposition à adopter, c'est de faire en sorte que le point T soit pris sur le milieu de FG, c'est-à-dire que la tangente commune en T, ou la ligne FG, soit parallèle à AB, ou à la tête du pont et à une distance égale à 1/2 AK, ou à la moitié de l'épaisseur de la pile. En procédant ainsi l'on arrivera à un résultat qui conservera le mieux les avantages qu'offre l'avant-bec d'un pont droit, tout en obtenant une courbe satisfaisante sous le rapport de la correction des formes.

PREMIÈRE TABLE.

TANGENTES, BISSECTRICES

ET DÉVELOPPEMENTS DES COURBES CIRCULAIRES DE RACCORDEMENT,

Calculés pour tous les angles (degrés et minutes)
du quart de cercle.

Nota. La bissectrice mesure la distance du sommet de l'angle au sommet
de la courbe

Angle des deux aligne-ments.	Angle au centre cor-respon-dant.	Longueur des *tangentes*		Longueur de la *bissectrice*		Développe-ment de l'*arc*. — Valeur d'une minute (0.087266).
		correspondant à l'angle au centre.	pour chaque minute en sus.	correspondant à l'angle au centre.	pour chaque minute en sus.	
179°	1°	2ᵐ62		0ᵐ01		5ᵐ24
178	2	5.24	0ᵐ0436	0.05	0ᵐ0006	10.47
177	3	7.86	0.0436	0.10	0.0009	15.71
176	4	10.48	0.0436	0.18	0.0013	20.94
175	5	13.10	0.0437	0.29	0.0017	26.18
174	6	15.72	0.0437	0.41	0.0020	31.42
173	7	18.35	0.0437	0.56	0.0024	36.65
172	8	20.98	0.0438	0.73	0.0028	41.89
171	9	23.61	0.0438	0.93	0.0032	47.12
170	10	26.25	0.0439	1.15	0.0036	52.36
169	11	28.89	0.0440	1.39	0.0040	57.60
168	12	31.53	0.0440	1.65	0.0044	62.83
167	13	34.18	0.0441	1.94	0.0048	68.07
166	14	36.84	0.0442	2.25	0.0051	73.30
165	15	39.50	0.0443	2.59	0.0055	78.54
164	16	42.16	0.0444	2.95	0.0059	83.78
163	17	44.84	0.0445	3.33	0.0063	89.01
162	18	47.52	0.0446	3.74	0.0067	94.25
161	19	50.20	0.0447	4.17	0.0072	99.48
160	20	52.90	0.0449	4.63	0.0076	104.72
159	21	55.60	0.0450	5.11	0.0080	109.96
158	22	58.31	0.0452	5.62	0.0084	115.19
157	23	61.04	0.0453	6.15	0.0088	120.43
156	24	63.77	0.0455	6.70	0.0092	125.66
155	25	66.51	0.0456	7.28	0.0096	130.90
154	26	69.26	0.0458	7.89	0.0101	136.14
153	27	72.02	0.0460	8.52	0.0105	141.37
152	28	74.80	0.0462	9.18	0.0109	146.61
151	29	77.59	0.0464	9.87	0.0114	151.84
150	30	80.38	0.0466	10.58	0.0118	157.08

RAYON 300.

Angle des deux alignements.	Angle au centre correspondant.	Longueur des *tangentes*		Longueur de la *bissectrice*		Développement de l'arc.
		correspondant à l'angle au centre.	pour chaque minute en sus.	correspondant à l'angle au centre.	pour chaque minute en sus.	Valeur d'une minute (0.087266).
150°	30°	80ᵐ38		10ᵐ58		157ᵐ08
149	31	83.20	0ᵐ0468	11.32	0ᵐ0123	162.32
148	32	86.02	0.0471	12.09	0.0127	167.55
147	33	88.86	0.0473	12.88	0.0132	172.79
146	34	91.72	0.0475	13.71	0.0137	178.02
145	35	94.59	0.0478	14.56	0.0141	183.26
144	36	97.48	0.0481	15.44	0.0146	188.50
143	37	100.38	0.0483	16.35	0.0151	193.73
142	38	103.30	0.0486	17.29	0.0156	198.97
141	39	106.24	0.0489	18.25	0.0161	204.20
140	40	109.19	0.0492	19.25	0.0166	209.44
139	41	112.17	0.0495	20.28	0.0171	214.68
138	42	115.16	0.0498	21.34	0.0176	219.91
137	43	118.17	0.0502	22.44	0.0182	225.15
136	44	121.21	0.0505	23.56	0.0187	230.38
135	45	124.26	0.0509	24.72	0.0192	235.62
134	46	127.34	0.0513	25.91	0.0198	240.86
133	47	130.44	0.0516	27.13	0.0204	246.09
132	48	133.57	0.0520	28.39	0.0209	251.33
131	49	136.72	0.0524	29.68	0.0215	256.56
130	50	139.89	0.0529	31.01	0.0221	261.80
129	51	143.09	0.0533	32.38	0.0227	267.04
128	52	146.32	0.0537	33.78	0.0233	272.27
127	53	149.57	0.0542	35.22	0.0239	277.51
126	54	152.86	0.0547	36.70	0.0246	282.74
125	55	156.17	0.0552	38.21	0.0252	287.98
124	56	159.51	0.0557	39.77	0.0259	293.22
123	57	162.89	0.0562	41.37	0.0266	298.45
122	58	166.29	0.0567	43.01	0.0273	303.69
121	59	169.73	0.0573	44.69	0.0280	308.92
120	60	173.21	0.0578	46.41	0.0287	314.16

Angle des deux alignements.	Angle au centre correspondant.	Longueur des *tangentes*		Longueur de la *bissectrice*		Développement de l'*arc*.
		correspondant à l'angle au centre.	pour chaque minute en sus.	correspondant à l'angle au centre.	pour chaque minute en sus.	Valeur d'une minute (0.087266).
179°	1°	2ᵐ62		0ᵐ01		5ᵐ24
			0ᵐ0436		0ᵐ0006	
178	2	5.24		0.05		10.47
			0.0436		0.0009	
177	3	7.86		0.10		15.71
			0.0436		0.0013	
176	4	10.48		0.18		20.94
			0.0437		0.0017	
175	5	13.10		0.29		26.18
			0.0437		0.0020	
174	6	15.72		0.41		31.42
			0.0437		0.0024	
173	7	18.35		0.56		36.65
			0.0438		0.0028	
172	8	20.98		0.73		41.89
			0.0438		0.0032	
171	9	23.61		0.93		47.12
			0.0439		0.0036	
170	10	26.25		1.15		52.36
			0.0440		0.0040	
169	11	28.89		1.39		57.60
			0.0440		0.0044	
168	12	31.53		1.65		62.83
			0.0441		0.0048	
167	13	34.18		1.94		68.07
			0.0442		0.0051	
166	14	36.84		2.25		73.30
			0.0443		0.0055	
165	15	39.50		2.59		78.54
			0.0444		0.0059	
164	16	42.16		2.95		83.78
			0.0445		0.0063	
163	17	44.84		3.33		89.01
			0.0446		0.0067	
162	18	47.52		3.74		94.25
			0.0447		0.0072	
161	19	50.20		4.17		99.48
			0.0449		0.0076	
160	20	52.90		4.63		104.72
			0.0450		0.0080	
159	21	55.60		5.11		109.96
			0.0452		0.0084	
158	22	58.31		5.62		115.19
			0.0453		0.0088	
157	23	61.04		6.15		120.43
			0.0455		0.0092	
156	24	63.77		6.70		125.66
			0.0456		0.0096	
155	25	66.51		7.28		130.90
			0.0458		0.0101	
154	26	69.26		7.89		136.14
			0.0460		0.0105	
153	27	72.02		8.52		141.37
			0.0462		0.0109	
152	28	74.80		9.18		146.61
			0.0464		0.0114	
151	29	77.59		9.87		151.84
			0.0466		0.0118	
150	30	80.38		10.58		157.08

RAYON 300.

Angle des deux alignements.	Angle au centre correspondant.	Longueur des *tangentes*		Longueur de la *bissectrice*		Développement de l'arc. Valeur d'une minute (0.087266).
		correspondant à l'angle au centre.	pour chaque minute en sus.	correspondant à l'angle au centre.	pour chaque minute en sus.	
150°	30°	80m38		10m58		157m08
			0m0468		0m0123	
149	31	83.20		11.32		162.32
			0.0471		0.0127	
148	32	86.02		12.09		167.55
			0.0473		0.0132	
147	33	88.86		12.88		172.79
			0.0475		0.0137	
146	34	91.72		13.71		178.02
			0.0478		0.0141	
145	35	94.59		14.56		183.26
			0.0481		0.0146	
144	36	97.48		15.44		188.50
			0.0483		0.0151	
143	37	100.38		16.35		193.73
			0.0486		0.0156	
142	38	103.30		17.29		198.97
			0.0489		0.0161	
141	39	106.24		18.25		204.20
			0.0492		0.0166	
140	40	109.19		19.25		209.44
			0.0495		0.0171	
139	41	112.17		20.28		214.68
			0.0498		0.0176	
138	42	115.16		21.34		219.91
			0.0502		0.0182	
137	43	118.17		22.44		225.15
			0.0505		0.0187	
136	44	121.21		23.56		230.38
			0.0509		0.0192	
135	45	124.26		24.72		235.62
			0.0513		0.0198	
134	46	127.34		25.91		240.86
			0.0516		0.0204	
133	47	130.44		27.13		246.09
			0.0520		0.0209	
132	48	133.57		28.39		251.33
			0.0524		0.0215	
131	49	136.72		29.68		256.56
			0.0529		0.0221	
130	50	139.89		31.01		261.80
			0.0533		0.0227	
129	51	143.09		32.38		267.04
			0.0537		0.0233	
128	52	146.32		33.78		272.27
			0.0542		0.0239	
127	53	149.57		35.22		277.51
			0.0547		0.0246	
126	54	152.86		36.70		282.74
			0.0552		0.0252	
125	55	156.17		38.21		287.98
			0.0557		0.0259	
124	56	159.51		39.77		293.22
			0.0562		0.0266	
123	57	162.89		41.37		298.45
			0.0567		0.0273	
122	58	166.29		43.01		303.69
			0.0573		0.0280	
121	59	169.73		44.69		308.92
			0.0578		0.0287	
120	60	173.21		46.41		314.16

Angle des deux alignements.	Angle au centre correspondant.	Longueur des *tangentes*		Longueur de la *bissectrice*		Développement de l'arc.
		correspondant à l'angle au centre.	pour chaque minute en sus.	correspondant à l'angle au centre.	pour chaque minute en sus.	Valeur d'une minute (0.087266).
120°	60°	173^{m}21		46^{m}41		314^{m}16
119	61	176.71	0^{m}0584	48.18	0^{m}0294	319.40
118	62	180.26	0.0590	49.99	0.0302	324.63
117	63	183.84	0.0597	51.85	0.0309	329.87
116	64	187.46	0.0603	53.75	0.0317	335.10
115	65	191.12	0.0610	55.71	0.0325	340.34
114	66	194.82	0.0616	57.71	0.0333	345.58
113	67	198.57	0.0623	59.76	0.0342	350.81
112	68	202.35	0.0631	61.87	0.0350	356.05
111	69	206.18	0.0638	64.02	0.0359	361.28
110	70	210.06	0.0646	66.23	0.0368	366.52
109	71	213.99	0.0654	68.50	0.0377	371.76
108	72	217.96	0.0662	70.82	0.0387	376.99
107	73	221.99	0.0670	73.20	0.0396	382.23
106	74	226.07	0.0679	75.64	0.0406	387.46
105	75	230.20	0.0688	78.14	0.0416	392.70
104	76	234.39	0.0697	80.71	0.0427	397.94
103	77	238.63	0.0707	83.33	0.0438	403.17
102	78	242.94	0.0717	86.03	0.0449	408.41
101	79	247.30	0.0727	88.79	0.0460	413.64
100	80	251.73	0.0738	91.62	0.0471	418.88
99	81	256.22	0.0749	94.53	0.0483	424.12
98	82	260.79	0.0760	97.50	0.0496	429.35
97	83	265.42	0.0771	100.56	0.0508	434.59
96	84	270.12	0.0783	103.69	0.0522	439.82
95	85	274.90	0.0796	106.90	0.0535	445.06
94	86	279.75	0.0809	110.20	0.0549	450.30
93	87	284.69	0.0822	113.58	0.0563	455.53
92	88	289.71	0.0836	117.05	0.0578	460.77
91	89	294.81	0.0850	120.61	0.0593	466.00
90	90	300.00	0.0865	124.26	0.0609	471.24

RAYON 350.

Angle des deux alignements.	Angle au centre correspondant.	Longueur des *tangentes* correspondant à l'angle au centre.	pour chaque minute en sus.	Longueur de la *bissectrice* correspondant à l'angle au centre.	pour chaque minute en sus.	Développement de l'*arc.* Valeur d'une minute (0.101810).
179°	1°	3ᵐ05		0ᵐ01		6ᵐ11
178	2	6.11	0ᵐ0509	0.05	0ᵐ0006	12.22
177	3	9.17	0.0509	0.12	0.0011	18.33
176	4	12.22	0.0509	0.21	0.0015	24.43
175	5	15.28	0.0509	0.33	0.0020	30.54
174	6	18.34	0.0510	0.48	0.0024	36.65
173	7	21.41	0.0510	0.65	0.0028	42.76
172	8	24.47	0.0511	0.85	0.0033	48.87
171	9	27.55	0.0511	1.08	0.0037	54.98
170	10	30.62	0.0512	1.34	0.0042	61.09
169	11	33.70	0.0513	1.62	0.0046	67.20
168	12	36.79	0.0514	1.93	0.0051	73.30
167	13	39.88	0.0515	2.26	0.0056	79.41
166	14	42.97	0.0516	2.63	0.0060	85.52
165	15	46.08	0.0517	3.02	0.0065	91.63
164	16	49.19	0.0518	3.44	0.0069	97.74
163	17	52.31	0.0519	3.89	0.0074	103.85
162	18	55.43	0.0521	4.36	0.0079	109.96
161	19	58.57	0.0522	4.87	0.0084	116.06
160	20	61.71	0.0524	5.40	0.0088	122.17
159	21	64.87	0.0525	5.96	0.0093	128.28
158	22	68.03	0.0527	6.55	0.0098	134.39
157	23	71.21	0.0529	7.17	0.0103	140.50
156	24	74.39	0.0531	7.82	0.0108	146.61
155	25	77.59	0.0533	8.50	0.0113	152.72
154	26	80.80	0.0535	9.21	0.0118	158.83
153	27	84.03	0.0537	9.95	0.0123	164.93
152	28	87.26	0.0539	10.71	0.0128	171.04
151	29	90.52	0.0541	11.52	0.0133	177.15
150	30	93.78	0.0544	12.35	0.0138	183.26

Angle des deux alignements.	Angle au centre correspondant.	Longueur des *tangentes* correspondant à l'angle au centre.	Longueur des *tangentes* pour chaque minute en sus.	Longueur de la *bissectrice* correspondant à l'angle au centre.	Longueur de la *bissectrice* pour chaque minute en sus.	Développement de l'*arc*. — Valeur d'une minute (0.087266).
120°	60°	173m21		46m41		314m16
			0m0584		0m0294	
119	61	176.71		48.18		319.40
			0.0590		0.0302	
118	62	180.26		49.99		324.63
			0.0597		0.0309	
117	63	183.84		51.85		329.87
			0.0603		0.0317	
116	64	187.46		53.75		335.10
			0.0610		0.0325	
115	65	191.12		55.71		340.34
			0.0616		0.0333	
114	66	194.82		57.71		345.58
			0.0623		0.0342	
113	67	198.57		59.76		350.81
			0.0631		0.0350	
112	68	202.35		61.87		356.05
			0.0638		0.0359	
111	69	206.18		64.02		361.28
			0.0646		0.0368	
110	70	210.06		66.23		366.52
			0.0654		0.0377	
109	71	213.99		68.50		371.76
			0.0662		0.0387	
108	72	217.96		70.82		376.99
			0.0670		0.0396	
107	73	221.99		73.20		382.23
			0.0679		0 0406	
106	74	226.07		75.64		387.46
			0.0688		0.0416	
105	75	230.20		78.14		392.70
			0.0697		0.0427	
104	76	234.39		80.71		397.94
			0.0707		0.0438	
103	77	238.63		83.33		403.17
			0.0717		0.0449	
102	78	242.94		86.03		408.41
			0.0727		0.0460	
101	79	247.30		88.79		413.64
			0.0738		0.0471	
100	80	251.73		91.62		418.88
			0.0749		0.0483	
99	81	256.22		94.53		424.12
			0.0760		0.0496	
98	82	260.79		97.50		429.35
			0.0771		0.0508	
97	83	265.42		100.56		434.59
			0.0783		0.0522	
96	84	270.12		103.69		439.82
			0.0796		0.0535	
95	85	274.90		106.90		445.06
			0.0809		0.0549	
94	86	279.75		110.20		450.30
			0.0822		0.0563	
93	87	284.69		113.58		455.53
			0.0836		0.0578	
92	88	289.71		117.05		460.77
			0.0850		0.0593	
91	89	294.81		120.61		466.00
			0.0865		0.0609	
90	90	300.00		124.26		471.24

RAYON 350.

Angle des deux alignements.	Angle au centre correspondant.	Longueur des *tangentes*		Longueur de la *bissectrice*		Développement de l'arc.
		correspondant à l'angle au centre.	pour chaque minute en sus.	correspondant à l'angle au centre.	pour chaque minute en sus.	Valeur d'une minute (0.101810).
179°	1°	3ᵐ05		0ᵐ01		6ᵐ11
178	2	6.11	0ᵐ0509	0.05	0ᵐ0006	12.22
177	3	9.17	0.0509	0.12	0.0011	18.33
176	4	12.22	0.0509	0.21	0.0015	24.43
175	5	15.28	0.0509	0.33	0.0020	30.34
174	6	18.34	0.0510	0.48	0.0024	36.65
173	7	21.41	0.0510	0.65	0.0028	42.76
172	8	24.47	0.0511	0.85	0.0033	48.87
171	9	27.55	0.0511	1.08	0.0037	54.98
170	10	30.62	0.0512	1.34	0.0042	61.09
169	11	33.70	0.0513	1.62	0.0046	67.20
168	12	36.79	0.0514	1.93	0.0051	73.30
167	13	39.88	0.0515	2.26	0.0056	79.41
166	14	42.97	0.0516	2.63	0.0060	85.52
165	15	46.08	0.0517	3.02	0.0065	91.63
164	16	49.19	0.0518	3.44	0.0069	97.74
163	17	52.31	0.0519	3.89	0.0074	103.85
162	18	55.43	0.0521	4.36	0.0079	109.96
161	19	58.57	0.0522	4.87	0.0084	116.06
160	20	61.71	0.0524	5.40	0.0088	122.17
159	21	64.87	0.0525	5.96	0.0093	128.28
158	22	68.03	0.0527	6.55	0.0098	134.39
157	23	71.21	0.0529	7.17	0.0103	140.50
156	24	74.39	0.0531	7.82	0.0108	146.61
155	25	77.59	0.0533	8.50	0.0113	152.72
154	26	80.80	0.0535	9.21	0.0118	158.83
153	27	84.03	0.0537	9.95	0.0123	164.93
152	28	87.26	0.0539	10.71	0.0128	171.04
151	29	90.52	0.0541	11.52	0.0133	177.15
150	30	93.78	0.0544	12.35	0.0138	183.26

Angle des deux alignements.	Angle au centre correspondant.	Longueur des *tangentes*		Longueur de la *bissectrice*		Développement de l'*arc.* Valeur d'une minute (0.101810).
		correspondant à l'angle au centre.	pour chaque minute en sus.	correspondant à l'angle au centre.	pour chaque minute en sus.	
150°	30°	93ᵐ78		12ᵐ35		183ᵐ26
			0ᵐ0546		0ᵐ0143	
149	31	97.06		13.21		189.37
			0.0549		0.0149	
148	32	100.36		14.10		195.48
			0.0552		0.0154	
147	33	103.67		15.03		201.59
			0.0555		0.0160	
146	34	107.01		15.99		207.69
			0.0558		0.0165	
145	35	110.35		16.99		213.80
			0.0561		0.0171	
144	36	113.72		18.01		219.91
			0.0564		0.0176	
143	37	117.11		19.07		226.02
			0.0567		0.0182	
142	38	120.51		20.17		232.13
			0.0571		0.0188	
141	39	123.94		21.30		238.24
			0.0574		0.0194	
140	40	127.39		22.46		244.35
			0.0578		0.0200	
139	41	130.86		23.66		250.46
			0.0582		0.0206	
138	42	134.35		24.90		256.56
			0.0586		0.0212	
137	43	137.87		26.18		262.67
			0.0590		0.0218	
136	44	141.41		27.49		268.78
			0.0594		0.0225	
135	45	144.97		28.84		274.89
			0.0598		0.0231	
134	46	148.57		30.23		281.00
			0.0602		0.0238	
133	47	152.18		31.65		287.10
			0.0607		0.0244	
132	48	155.83		33.12		293.22
			0.0612		0.0251	
131	49	159.50		34.63		299.32
			0.0617		0.0258	
130	50	163.21		36.18		305.43
			0.0622		0.0265	
129	51	166.94		37.78		311.54
			0.0627		0.0272	
128	52	170.71		39.41		317.65
			0.0632		0.0279	
127	53	174.50		41.09		323.76
			0.0638		0.0287	
126	54	178.33		42.81		329.87
			0.0644		0.0294	
125	55	182.20		44.58		335.98
			0.0650		0.0302	
124	56	186.10		46.40		342.09
			0.0656		0.0310	
123	57	190.03		48.26		348.19
			0.0662		0.0318	
122	58	194.01		50.17		354.30
			0.0668		0.0326	
121	59	198.02		52.13		360.41
			0.0675		0.0335	
120	60	202.07		54.15		366.52

Angle des deux alignements.	Angle au centre correspondant.	Longueur des *tangentes*		Longueur de la *bissectrice*		Développement de l'arc.
		correspondant à l'angle au centre.	pour chaque minute en sus.	correspondant à l'angle au centre.	pour chaque minute en sus.	Valeur d'une minute (0.104810).
120°	60°	202m07		54m15		366m52
			0m0682		0m0343	
119	61	206.17		56.21		372.63
			0.0689		0.0352	
118	62	210.30		58.32		378.74
			0.0696		0.0361	
117	63	214.48		60.49		384.85
			0.0703		0.0370	
116	64	218.70		62.71		390.95
			0.0711		0.0379	
115	65	222.97		64.99		397.06
			0.0719		0.0389	
114	66	227.29		67.33		403.17
			0.0727		0.0399	
113	67	231.66		69.72		409.28
			0.0736		0.0409	
112	68	236.08		72.18		415.39
			0.0745		0.0419	
111	69	240.55		74.69		421.50
			0.0754		0.0429	
110	70	245.07		77.27		427.61
			0.0763		0.0440	
109	71	249.65		79.91		433.72
			0.0772		0.0451	
108	72	254.29		82.62		439.82
			0.0782		0.0462	
107	73	258.99		85.40		445.93
			0.0792		0.0474	
106	74	263.74		88.25		452.04
			0.0803		0.0486	
105	75	268.56		91.17		458.15
			0.0814		0.0498	
104	76	273.45		94.16		464.26
			0.0825		0.0511	
103	77	278.40		97.22		470.37
			0.0836		0.0523	
102	78	283.42		100.37		476.48
			0.0848		0.0537	
101	79	288.52		103.59		482.58
			0.0861		0.0550	
100	80	293.68		106.89		488.69
			0.0873		0.0564	
99	81	298.93		110.28		494.80
			0.0887		0.0579	
98	82	304.25		113.75		500.91
			0.0900		0.0593	
97	83	309.65		117.32		507.02
			0.0914		0.0609	
96	84	315.14		120.97		513.13
			0.0929		0.0624	
95	85	320.72		124.72		519.24
			0.0943		0.0640	
94	86	326.38		128.56		525.35
			0.0959		0.0657	
93	87	332.14		132.51		531.45
			0.0975		0.0674	
92	88	337.99		136.56		537.56
			0.0992		0.0692	
91	89	343.94		140.71		543.67
			0.1009		0.0710	
90	90	350.00		144.97		549.78

Angle des deux alignements.	Angle au centre correspondant.	Longueur des *tangentes*		Longueur de la *bissectrice*		Développement de l'*arc*.
		correspondant à l'angle au centre.	pour chaque minute en sus.	correspondant à l'angle au centre.	pour chaque minute en sus.	Valeur d'une minute (0.101810).
150°	30°	93m78		12m35		183m26
			0m0546		0m0143	
149	31	97.06		13.21		189.37
			0.0549		0.0149	
148	32	100.36		14.10		195.48
			0.0552		0.0154	
147	33	103.67		15.03		201.59
			0.0555		0.0160	
146	34	107.01		15.99		207.69
			0.0558		0.0165	
145	35	110.35		16.99		213.80
			0.0561		0.0171	
144	36	113.72		18.01		219.91
			0.0564		0.0176	
143	37	117.11		19.07		226.02
			0.0567		0.0182	
142	38	120.51		20.17		232.13
			0.0571		0.0188	
141	39	123.94		21.30		238.24
			0.0574		0.0194	
140	40	127.39		22.46		244.35
			0.0578		0.0200	
139	41	130.86		23.66		250.46
			0.0582		0.0206	
138	42	134.35		24.90		256.56
			0.0586		0.0212	
137	43	137.87		26.18		262.67
			0.0590		0.0218	
136	44	141.41		27.49		268.78
			0.0594		0.0225	
135	45	144.97		28.84		274.89
			0.0598		0.0231	
134	46	148.57		30.23		281.00
			0.0602		0.0238	
133	47	152.18		31.65		287.10
			0.0607		0.0244	
132	48	155.83		33.12		293.22
			0.0612		0.0251	
131	49	159.50		34.63		299.32
			0.0617		0.0258	
130	50	163.21		36.18		305.43
			0.0622		0.0265	
129	51	166.94		37.78		311.54
			0.0627		0.0272	
128	52	170.71		39.41		317.65
			0.0632		0.0279	
127	53	174.50		41.09		323.76
			0.0638		0.0287	
126	54	178.33		42.81		329.87
			0.0644		0.0294	
125	55	182.20		44.58		335.98
			0.0650		0.0302	
124	56	186.10		46.40		342.09
			0.0656		0.0310	
123	57	190.03		48.26		348.19
			0.0662		0.0318	
122	58	194.01		50.17		354.30
			0.0668		0.0326	
121	59	198.02		52.13		360.41
			0.0675		0.0335	
120	60	202.07		54.15		366.52

RAYON 350.

Angle des deux alignements.	Angle au centre correspondant.	Longueur des *tangentes*		Longueur de la *bissectrice*		Développement de l'*arc.*
		correspondant à l'angle au centre.	pour chaque minute en sus.	correspondant à l'angle au centre.	pour chaque minute en sus.	Valeur d'une minute (0.101810).
120°	60°	202ᵐ07		54ᵐ15		366ᵐ52
119	61	206.17	0ᵐ0682	56.21	0ᵐ0343	372.63
118	62	210.30	0.0689	58.32	0.0352	378.74
117	63	214.48	0.0696	60.49	0.0361	384.85
116	64	218.70	0.0703	62.71	0.0370	390.95
115	65	222.97	0.0711	64.99	0.0379	397.06
114	66	227.29	0.0719	67.33	0.0389	403.17
113	67	231.66	0.0727	69.72	0.0399	409.28
112	68	236.08	0.0736	72.18	0.0409	415.39
111	69	240.55	0.0745	74.69	0.0419	421.50
110	70	245.07	0.0754	77.27	0.0429	427.61
109	71	249.65	0.0763	79.91	0.0440	433.72
108	72	254.29	0.0772	82.62	0.0451	439.82
107	73	258.99	0.0782	85.40	0.0462	445.93
106	74	263.74	0.0792	88.25	0.0474	452.04
105	75	268.56	0.0803	91.17	0.0486	458.15
104	76	273.45	0.0814	94.16	0.0498	464.26
103	77	278.40	0.0825	97.22	0.0511	470.37
102	78	283.42	0.0836	100.37	0.0523	476.48
101	79	288.52	0.0848	103.59	0.0537	482.58
100	80	293.68	0.0861	106.89	0.0550	488.69
99	81	298.93	0.0873	110.28	0.0564	494.80
98	82	304.25	0.0887	113.75	0.0579	500.91
97	83	309.65	0.0900	117.32	0.0593	507.02
96	84	315.14	0.0914	120.97	0.0609	513.13
95	85	320.72	0.0929	124.72	0.0624	519.24
94	86	326.38	0.0943	128.56	0.0640	525.35
93	87	332.14	0.0959	132.51	0.0657	531.45
92	88	337.99	0.0975	136.56	0.0674	537.56
91	89	343.94	0.0992	140.71	0.0692	543.67
90	90	350.00	0.1009	144.97	0.0710	549.78

Angle des deux alignements.	Angle au centre correspondant.	Longueur des *tangentes*		Longueur de la *bissectrice*		Développement de l'arc.
		correspondant à l'angle au centre.	pour chaque minute en sus.	correspondant à l'angle au centre.	pour chaque minute en sus.	Valeur d'une minute (0.116355).
179°	1°	3m49	0m0581	0m02	0m0008	6m98
178	2	6.98	0.0582	0.06	0.0012	13.96
177	3	10.47	0.0582	0.14	0.0017	20.94
176	4	13.97	0.0582	0.24	0.0022	27.93
175	5	17.46	0.0583	0.38	0.0027	34.91
174	6	20.96	0.0583	0.55	0.0033	41.89
173	7	24.47	0.0584	0.75	0.0038	48.87
172	8	27.97	0.0584	0.98	0.0043	55.85
171	9	31.48	0.0585	1.24	0.0048	62.83
170	10	35.00	0.0586	1.53	0.0053	69.81
169	11	38.52	0.0587	1.85	0.0058	76.79
168	12	42.04	0.0588	2.20	0.0064	83.78
167	13	45.57	0.0589	2.59	0.0069	90.76
166	14	49.11	0.0591	3.00	0.0074	97.74
165	15	52.66	0.0592	3.45	0.0079	104.72
164	16	56.22	0.0594	3.93	0.0085	111.70
163	17	59.78	0.0595	4.44	0.0090	118.68
162	18	63.35	0.0597	4.99	0.0096	125.66
161	19	66.94	0.0598	5.56	0.0101	132.65
160	20	70.53	0.0600	6.17	0.0106	139.63
159	21	74.14	0.0602	6.81	0.0112	146.61
158	22	77.75	0.0604	7.49	0.0118	153.59
157	23	81.38	0.0607	8.19	0.0123	160.57
156	24	85.02	0.0609	8.94	0.0129	167.55
155	25	88.68	0.0611	9.71	0.0134	174.53
154	26	92.35	0.0614	10.52	0.0140	181.51
153	27	96.03	0.0616	11.37	0.0146	188.50
152	28	99.73	0.0619	12.25	0.0152	195.48
151	29	103.45	0.0622	13.16	0.0158	202.46
150	30	107.18		14.11		209.44

RAYON 400.

Angle des deux aligne-ments.	Angle au centre cor-respon-dant.	Longueur des *tangentes*		Longueur de la *bissectrice*		Développe-ment de l'*arc.*
		correspondant à l'angle au centre.	pour chaque minute en sus.	correspondant à l'angle au centre.	pour chaque minute en sus.	Valeur d'une minute (0.116355).
150°	30°	107m18	0m0625	14m11	0m0164	209m44
149	31	110.93	0.0628	15.10	0.0170	216.42
148	32	114.70	0.0631	16.12	0.0176	223.40
147	33	118.49	0.0634	17.18	0.0182	230.38
146	34	122.29	0.0637	18.28	0.0189	237.37
145	35	126.12	0.0641	19.41	0.0195	244.35
144	36	129.97	0.0645	20.58	0.0202	251.33
143	37	133.84	0.0648	21.80	0.0208	258.31
142	38	137.73	0.0652	23.05	0.0215	265.29
141	39	141.65	0.0656	24.34	0.0222	272.27
140	40	145.59	0.0661	25.67	0.0228	279.25
139	41	149.55	0.0665	27.04	0.0235	286.23
138	42	153.55	0.0669	28.46	0.0242	293.22
137	43	157.56	0.0674	29.91	0.0249	300.20
136	44	161.61	0.0679	31.41	0.0257	307.18
135	45	165.69	0.0684	32.96	0.0264	314.16
134	46	169.79	0.0689	34.54	0.0272	321.14
133	47	173.92	0.0694	36.18	0.0279	328.12
132	48	178.09	0.0699	37.85	0.0287	335.10
131	49	182.29	0.0705	39.58	0.0295	342.09
130	50	186.52	0.0711	41.35	0.0303	349.07
129	51	190.79	0.0717	43.17	0.0311	356.05
128	52	195.09	0.0723	45.04	0.0319	363.03
127	53	199.43	0.0729	46.96	0.0328	370.01
126	54	203.81	0.0736	48.93	0.0337	376.99
125	55	208.23	0.0742	50.95	0.0345	383.97
124	56	212.68	0.0749	53.03	0.0354	390.95
123	57	217.18	0.0756	55.16	0.0364	397.94
122	58	221.72	0.0764	57.34	0.0373	404.92
121	59	226.31	0.0771	59.58	0.0383	411.90
120	60	230.94		61.88		418.88

Angle des deux alignements.	Angle au centre correspondant.	Longueur des *tangentes*		Longueur de la *bissectrice*		Développement de l'*arc.*
		correspondant à l'angle au centre.	pour chaque minute en sus.	correspondant à l'angle au centre.	pour chaque minute en sus.	Valeur d'une minute (0.116355).
179°	1°	3m49	0m0581	0m02	0m0008	6m98
178	2	6.98	0.0582	0.06	0.0012	13.96
177	3	10.47	0.0582	0.14	0.0017	20.94
176	4	13.97	0.0582	0.24	0.0022	27.93
175	5	17.46	0.0583	0.38	0.0027	34.91
174	6	20.96	0.0583	0.55	0.0033	41.89
173	7	24.47	0.0584	0.75	0.0038	48.87
172	8	27.97	0.0584	0.98	0.0043	55.85
171	9	31.48	0.0585	1.24	0.0048	62.83
170	10	35.00	0.0586	1.53	0.0053	69.81
169	11	38.52	0.0587	1.85	0.0058	76.79
168	12	42.04	0.0588	2.20	0.0064	83.78
167	13	45.57	0.0589	2.59	0.0069	90.76
166	14	49.11	0.0591	3.00	0.0074	97.74
165	15	52.66	0.0592	3.45	0.0079	104.72
164	16	56.22	0.0594	3.93	0.0085	111.70
163	17	59.78	0.0595	4.44	0.0090	118.68
162	18	63.35	0.0597	4.99	0.0096	125.66
161	19	66.94	0.0598	5.56	0.0101	132.65
160	20	70.53	0.0600	6.17	0.0106	139.63
159	21	74.14	0.0602	6.81	0.0112	146.61
158	22	77.75	0.0604	7.49	0.0118	153.59
157	23	81.38	0.0607	8.19	0.0123	160.57
156	24	85.02	0.0609	8.94	0.0129	167.55
155	25	88.68	0.0611	9.71	0.0134	174.53
154	26	92.35	0.0614	10.52	0.0140	181.51
153	27	96.03	0.0616	11.37	0.0146	188.50
152	28	99.73	0.0619	12.25	0.0152	195.48
151	29	103.45	0.0622	13.16	0.0158	202.46
150	30	107.18		14.11		209.44

Angle des deux alignements.	Angle au centre correspondant.	Longueur des *tangentes*		Longueur de la *bissectrice*		Développement de l'*arc.* Valeur d'une minute (0.116355)
		correspondant à l'angle au centre.	pour chaque minute en sus.	correspondant à l'angle au centre.	pour chaque minute en sus.	
150°	30°	107m18		14m11		209m4ε
149	31	110.93	0m0625	15.10	0m0164	216.42
148	32	114.70	0.0628	16.12	0.0170	223.40
147	33	118.49	0.0631	17.18	0.0176	230.38
146	34	122.29	0.0634	18.28	0.0182	237.37
145	35	126.12	0.0637	19.41	0.0189	244.35
144	36	129.97	0.0641	20.58	0.0195	251.33
143	37	133.84	0.0645	21.80	0.0202	258.31
142	38	137.73	0.0648	23.05	0.0208	265.29
141	39	141.65	0.0652	24.34	0.0215	272.27
140	40	145.59	0.0656	25.67	0.0222	279.25
139	41	149.55	0.0661	27.04	0.0228	286.23
138	42	153.55	0.0665	28.46	0.0235	293.22
137	43	157.56	0.0669	29.91	0.0242	300.20
136	44	161.61	0.0674	31.41	0.0249	307.18
135	45	165.69	0.0679	32.96	0.0257	314.16
134	46	169.79	0.0684	34.54	0.0264	321.14
133	47	173.92	0.0689	36.18	0.0272	328.12
132	48	178.09	0.0694	37.85	0.0279	335.10
131	49	182.29	0.0699	39.58	0.0287	342.09
130	50	186.52	0.0705	41.35	0.0295	349.07
129	51	190.79	0.0711	43.17	0.0303	356.05
128	52	195.09	0.0717	45.04	0.0311	363.03
127	53	199.43	0.0723	46.96	0.0319	370.01
126	54	203.81	0.0729	48.93	0.0328	376.99
125	55	208.23	0.0736	50.95	0.0337	383.97
124	56	212.68	0.0742	53.03	0.0345	390.95
123	57	217.18	0.0749	55.16	0.0354	397.94
122	58	221.72	0.0756	57.34	0.0364	404.92
121	59	226.31	0.0764	59.58	0.0373	411.90
120	60	230.94	0.0771	61.88	0.0383	418.88

Angle des deux aligne-ments.	Angle au centre cor-respon-dant.	Longueur des *tangentes*		Longueur de la *bissectrice*		Développe-ment de l'*arc*.
		correspondant à l'angle au centre.	pour chaque minute en sus.	correspondant à l'angle au centre.	pour chaque minute en sus.	Valeur d'une minute (0.116355).
120°	60°	230ᵐ94	0ᵐ0779	61ᵐ88	0ᵐ0392	418ᵐ88
119	61	235.62	0.0787	64.24	0.0402	425.86
118	62	240.34	0.0796	66.65	0.0412	432.84
117	63	245.12	0.0804	69.13	0.0423	439.82
116	64	249.95	0.0813	71.67	0.0434	446.81
115	65	254.83	0.0822	74.28	0.0445	453.79
114	66	259.76	0.0831	76.95	0.0456	460.77
113	67	264.75	0.0841	79.68	0.0467	467.75
112	68	269.80	0.0851	82.49	0.0479	474.73
111	69	274.91	0.0861	85.36	0.0491	481.71
110	70	280.08	0.0872	88.31	0.0503	488.69
109	71	285.32	0.0883	91.33	0.0516	495.67
108	72	290.62	0.0894	94.43	0.0528	502.66
107	73	295.98	0.0906	97.60	0.0542	509.64
106	74	301.42	0.0918	100.85	0.0555	516.62
105	75	306.93	0.0930	104.19	0.0569	523.60
104	76	312.51	0.0943	107.61	0.0584	530.58
103	77	318.17	0.0956	111.11	0.0598	537.56
102	78	323.91	0.0970	114.70	0.0613	544.54
101	79	329.73	0.0984	118.39	0.0629	551.53
100	80	335.64	0.0998	122.16	0.0645	558.51
99	81	341.63	0.1013	126.03	0.0661	565.49
98	82	347.71	0.1029	130.01	0.0678	572.47
97	83	353.89	0.1045	134.08	0.0696	579.45
96	84	360.16	0.1061	138.25	0.0713	586.43
95	85	366.53	0.1078	142.54	0.0732	593.41
94	86	373.01	0.1096	146.93	0.0751	600.39
93	87	379.59	0.1115	151.44	0.0771	607.38
92	88	386.28	0.1133	156.07	0.0791	614.36
91	89	393.08	0.1153	160.81	0.0812	621.34
90	90	400.00		165.69		628.32

RAYON 450.

Angle des deux alignements.	Angle au centre correspondant.	Longueur des *tangentes* correspondant à l'angle au centre.	pour chaque minute en sus.	Longueur de la *bissectrice* correspondant à l'angle au centre.	pour chaque minute en sus.	Développement de l'*arc*. Valeur d'une minute (0.130899).
179°	1°	3m93		0m02		7m85
			0m0654		0m0008	
178	2	7.85		0.07		15.71
			0.0654		0.0014	
177	3	11.78		0.15		23.56
			0.0655		0.0020	
176	4	15.71		0.27		31.42
			0.0655		0.0025	
175	5	19.65		0.43		39.27
			0.0655		0.0031	
174	6	23.58		0.62		47.12
			0.0656		0.0037	
173	7	27.52		0.84		54.98
			0.0657		0.0043	
172	8	31.47		1.10		62.83
			0.0658		0.0048	
171	9	35.42		1.39		70.69
			0.0659		0.0054	
170	10	39.37		1.72		78.54
			0.0660		0.0060	
169	11	43.33		2.08		86.39
			0.0661		0.0066	
168	12	47.30		2.48		94.25
			0.0662		0.0072	
167	13	51.27		2.9?		102.10
			0.0663		0.0077	
166	14	55.25		3.38		109.96
			0.0665		0.0083	
165	15	59.24		3.88		117.81
			0.0666		0.0089	
164	16	63.24		4.42		125.66
			0.0668		0.0095	
163	17	67.25		5.00		133.52
			0.0669		0.0101	
162	18	71.27		5.61		141.37
			0.0671		0 0108	
161	19	75.30		6.26		149.23
			0.0673		0.0114	
160	20	79.35		6.94		157.08
			0.0675		0.0120	
159	21	83.40		7.66		164.93
			0.0678		0.0126	
158	22	87.47		8.42		172.79
			0.0680		0.0132	
157	23	91.55		9.22		180.64
			0.0682		0.0138	
156	24	95.65		10.05		188.50
			0.0685		0.0145	
155	25	99.76		10.93		196.35
			0.0687		0.0151	
154	26	103.89		11.84		204.20
			0.0690		0.0158	
153	27	108.04		12.79		212.06
			0.0693		0.0164	
152	28	112.20		13.78		219.91
			0.0696		0.0171	
151	29	116.38		14.81		227.77
			0.0699		0.0178	
150	30	120.58		15.87		235.62

Angle des deux alignements.	Angle au centre correspondant.	Longueur des tangentes		Longueur de la bissectrice		Développement de l'arc.
		correspondant à l'angle au centre.	pour chaque minute en sus.	correspondant à l'angle au centre.	pour chaque minute en sus.	Valeur d'une minute (0.116355).
120°	60°	230m94		61m88		418m88
119	61	235.62	0m0779	64.24	0m0392	425.86
118	62	240.34	0.0787	66.65	0.0402	432.84
117	63	245.12	0.0796	69.13	0.0412	439.82
116	64	249.95	0.0804	71.67	0.0423	446.81
115	65	254.83	0.0813	74.28	0.0434	453.79
114	66	259.76	0.0822	76.95	0.0445	460.77
113	67	264.75	0.0831	79.68	0.0456	467.75
112	68	269.80	0.0841	82.49	0.0467	474.73
111	69	274.91	0.0851	85.36	0.0479	481.71
110	70	280.08	0.0861	88.31	0.0491	488.69
109	71	285.32	0.0872	91.33	0.0503	495.67
108	72	290.62	0.0883	94.43	0.0516	502.66
107	73	295.98	0.0894	97.60	0.0528	509.64
106	74	301.42	0.0906	100.85	0.0542	516.62
105	75	306.93	0.0918	104.19	0.0555	523.60
104	76	312.51	0.0930	107.61	0.0569	530.58
103	77	318.17	0.0943	111.11	0.0584	537.56
102	78	323.91	0.0956	114.70	0.0598	544.54
101	79	329.73	0.0970	118.39	0.0613	551.53
100	80	335.64	0.0984	122.16	0.0629	558.51
99	81	341.63	0.0998	126.03	0.0645	565.49
98	82	347.71	0.1013	130.01	0.0661	572.47
97	83	353.89	0.1029	134.08	0.0678	579.45
96	84	360.16	0.1045	138.25	0.0696	586.43
95	85	366.53	0.1061	142.54	0.0713	593.41
94	86	373.01	0.1078	146.93	0.0732	600.39
93	87	379.59	0.1096	151.44	0.0751	607.38
92	88	386.28	0.1115	156.07	0.0771	614.36
91	89	393.08	0.1133	160.81	0.0791	621.34
90	90	400.00	0.1153	165.69	0.0812	628.32

RAYON 450.

Angle des deux aligne-ments.	Angle au centre cor-respon-dant.	Longueur des *tangentes*		Longueur de la *bissectrice*		Développe-ment de l'*arc.*
		correspondant à l'angle au centre.	pour chaque minute en sus.	correspondant à l'angle au centre.	pour chaque minute en sus.	Valeur d'une minute (0.130899).
179°	1°	3ᵐ93		0ᵐ02		7ᵐ85
178	2	7.85	0ᵐ0654	0.07	0ᵐ0008	15.71
177	3	11.78	0.0654	0.15	0.0014	23.56
176	4	15.71	0.0655	0.27	0.0020	31.42
175	5	19.65	0.0655	0.43	0.0025	39.27
174	6	23.58	0.0655	0.62	0.0031	47.12
173	7	27.52	0.0656	0.84	0.0037	54.98
172	8	31.47	0.0657	1.10	0.0043	62.83
171	9	35.42	0.0658	1.39	0.0048	70.69
170	10	39.37	0.0659	1.72	0.0054	78.54
169	11	43.33	0.0660	2.08	0.0060	86.39
168	12	47.30	0.0661	2.48	0.0066	94.25
167	13	51.27	0.0662	2.91	0.0072	102.10
166	14	55.25	0.0663	3.38	0.0077	109.96
165	15	59.24	0.0665	3.88	0.0083	117.81
164	16	63.24	0.0666	4.42	0.0089	125.66
163	17	67.25	0.0668	5.00	0.0095	133.52
162	18	71.27	0.0669	5.61	0.0101	141.37
161	19	75.30	0.0671	6.26	0 0108	149.23
160	20	79.35	0.0673	6.94	0.0114	157.08
159	21	83.40	0.0675	7.66	0.0120	164.93
158	22	87.47	0.0678	8.42	0.0126	172.79
157	23	91.55	0.0680	9.22	0.0132	180.64
156	24	95.65	0.0682	10.05	0.0138	188.50
155	25	99.76	0.0685	10.93	0.0145	196.35
154	26	103.89	0.0687	11.84	0.0151	204.20
153	27	108.04	0.0690	12.79	0.0158	212.06
152	28	112.20	0.0693	13.78	0.0164	219.91
151	29	116.38	0.0696	14.81	0.0171	227.77
150	30	120.58	0.0699	15.87	0.0178	235.62

Angle des deux alignements.	Angle au centre correspondant.	Longueur des *tangentes* correspondant à l'angle au centre.	pour chaque minute en sus.	Longueur de la *bissectrice* correspondant à l'angle au centre.	pour chaque minute en sus.	Dévéloppement de l'*arc*. Valeur d'une minute (0.130899).
150°	30°	120m58		15m87		235m62
			0m0703		0m0184	
149	31	124.80		16.98		243.47
			0.0706		0.0191	
148	32	129.04		18.13		251.33
			0.0710		0.0198	
147	33	133.30		19.33		259.18
			0.0713		0.0205	
146	34	137.58		20.56		267 04
			0.0717		0.0212	
145	35	141.88		21.84		274.89
			0.0721		0.0219	
144	36	146.21		23.16		282.74
			0.0725		0.0227	
143	37	150.57		24.52		290.60
			0.0729		0.0234	
142	38	154.95		25.93		298.45
			0.0734		0.0242	
141	39	159.35		27.38		306.31
			0.0738		0.0249	
140	40	163.79		28.88		314.16
			0.0743		0.0257	
139	41	168.25		30.42		322.01
			0.0748		0.0265	
138	42	172.74		32.02		329.87
			0.0753		0.0273	
137	43	177.26		33.65		337.72
			0.0758		0.0281	
136	44	181.81		35.34		345.58
			0.0764		0.0289	
135	45	186.40		37.08		353.43
			0.0769		0.0297	
134	46	191.01		38.86		361.28
			0.0775		0.0306	
133	47	195.67		40.70		369.14
			0.0781		0.0314	
132	48	200.35		42.59		376.99
			0.0787		0.0323	
131	49	205.08		44.53		384.85
			0.0793		0.0332	
130	50	209.84		46.52		392.70
			0.0799		0.0341	
129	51	214.64		48.57		400.55
			0.0806		0.0350	
128	52	219.48		50.67		408.41
			0.0813		0.0359	
127	53	224.36		52.83		416 26
			0.0820		0.0369	
126	54	229.29		55.05		424.12
			0.0828		0.0379	
125	55	234.26		57.32		431.97
			0.0835		0.0389	
124	56	239.27		59.66		439.82
			0.0843		0.0399	
123	57	244.33		62.05		447.68
			0.0851		0.0409	
122	58	249.44		64.51		455.53
			0.0859		0.0420	
121	59	254.60		67.03		463.39
			0.0868		0.0430	
120	60	259.81		69.62		471.24

Angle des deux alignements.	Angle au centre correspondant.	Longueur des *tangentes* correspondant à l'angle au centre.	pour chaque minute en sus.	Longueur de la *bissectrice* correspondant à l'angle au centre.	pour chaque minute en sus.	Développement de l'*arc* Valeur d'une minute (0.130899).
120°	60°	259m81		69m62		471m24
			0m0877		0m0441	
119	61	265.07		72.27		479.09
			0.0886		0.0453	
118	62	270.39		74.98		486.95
			0.0895		0.0464	
117	63	275.76		77.77		494.80
			0.0905		0.0476	
116	64	281.19		80.63		502.66
			0.0915		0.0488	
115	65	286.68		83.56		510.51
			0.0925		0.0500	
114	66	292.23		86.56		518.36
			0.0935		0.0513	
113	67	297.85		89.64		526.22
			0.0946		0.0525	
112	68	303.53		92.80		534.07
			0.0957		0.0539	
111	69	309.28		96.03		541.93
			0.0969		0.0552	
110	70	315.09		99.35		549.78
			0.0981		0.0566	
109	71	320.98		102.75		557.63
			0.0993		0.0580	
108	72	326.94		106.23		565.49
			0.1006		0.0595	
107	73	332.98		109.80		573.34
			0.1019		0.0610	
106	74	339.10		113.46		581.20
			0.1032		0.0625	
105	75	345.30		117.21		589.05
			0.1046		0.0640	
104	76	351.58		121.06		596.90
			0.1061		0.0657	
103	77	357.95		125.00		604.76
			0.1076		0.0673	
102	78	364.40		129.04		612.61
			0.1091		0.0690	
101	79	370.95		133.19		620.47
			0.1107		0.0707	
100	80	377.59		137.43		628.32
			0.1123		0.0725	
99	81	384.34		141.79		636.17
			0.1140		0.0744	
98	82	391.18		146.26		644.03
			0.1157		0.0763	
97	83	398.13		150.84		651.88
			0.1175		0.0783	
96	84	405.18		155.53		659.74
			0.1194		0.0803	
95	85	412.35		160.35		667.59
			0.1213		0.0823	
94	86	419.63		165.30		675.44
			0.1233		0.0845	
93	87	427.03		170.37		683.30
			0.1254		0.0867	
92	88	434.56		175.57		691.15
			0.1275		0.0890	
91	89	442.21		180.91		699.01
			0.1297		0.0913	
90	90	450.00		186.40		706.86

Angle des deux alignements.	Angle au centre correspondant.	Longueur des *tangentes*		Longueur de la *bissectrice*		Développement de l'arc.
		correspondant à l'angle au centre.	pour chaque minute en sus.	correspondant à l'angle au centre.	pour chaque minute en sus.	Valeur d'une minute (0.130899).
150°	30°	120m58		15m87		235m62
149	31	124.80	0m0703	16.98	0m0184	243.47
148	32	129.04	0.0706	18.13	0.0191	251.33
147	33	133.30	0.0710	19.33	0.0198	259.18
146	34	137.58	0.0713	20.56	0.0205	267.04
145	35	141.88	0.0717	21.84	0.0212	274.89
144	36	146.21	0.0721	23.16	0.0219	282.74
143	37	150.57	0.0725	24.52	0.0227	290.60
142	38	154.95	0.0729	25.93	0.0234	298.45
141	39	159.35	0.0734	27.38	0.0242	306.31
140	40	163.79	0.0738	28.88	0.0249	314.16
139	41	168.25	0.0743	30.42	C.0257	322.01
138	42	172.74	0.0748	32.02	0.0265	329.87
137	43	177.26	0.0753	33.65	0.0273	337.72
136	44	181.81	0.0758	35.34	0.0281	345.58
135	45	186.40	0.0764	37.08	0.0289	353.43
134	46	191.01	0.0769	38.86	0.0297	361.28
133	47	195.67	C.0775	40.70	0.0306	369.14
132	48	200.35	0.0781	42.59	0.0314	376.99
131	49	205.08	0.0787	44.53	0.0323	384.85
130	50	209.84	0.0793	46.52	0.0332	392.70
129	51	214.64	0.0799	48.57	0.0341	400.55
128	52	219.48	0.0806	50.67	0.0350	408.41
127	53	224.36	0.0813	52.83	0.0359	416 26
126	54	229.29	0.0820	55.05	0.0369	424.12
125	55	234.26	0.0828	57.32	0.0379	431.97
124	56	239.27	0.0835	59.66	0.0389	439.82
123	57	244.33	0.0843	62.05	0.0399	447.68
122	58	249.44	0.0851	64.51	0.0409	455.53
121	59	254.60	0.0859	67.03	0.0420	463.39
120	60	259.81	0.0868	69.62	0.0430	471.24

Angle des deux alignements.	Angle au centre correspondant.	Longueur des *tangentes* correspondant à l'angle au centre.	pour chaque minute en sus.	Longueur de la *bissectrice* correspondant à l'angle au centre.	pour chaque minute en sus.	Développement de l'arc. Valeur d'une minute (0.130899).
120°	60°	259m81	0m0877	69m62	0m0441	471m24
119	61	265.07	0.0886	72.27	0·0453	479.09
118	62	270.39	0.0895	74.98	0·0464	486.95
117	63	275.76	0.0905	77.77	0.0476	494.80
116	64	281.19	0.0915	80.63	0.0488	502.66
115	65	286.68	0.0925	83.56	0.0500	510.51
114	66	292.23	0.0935	86.56	0.0513	518.36
113	67	297.85	0.0946	89.64	0.0525	526.22
112	68	303.53	0.0957	92.80	0.0539	534.07
111	69	309.28	0.0969	96.03	0.0552	541.93
110	70	315.09	0.0981	99.35	0.0566	549.78
109	71	320.98	0.0993	102.75	0.0580	557.63
108	72	326.94	0.1006	106.23	0.0595	565.49
107	73	332.98	0.1019	109.80	0.0610	573.34
106	74	339.10	0.1032	113.46	0.0625	581.20
105	75	345.30	0.1046	117.21	0.0640	589.05
104	76	351.58	0.1061	121.06	0.0657	596.90
103	77	357.95	0.1076	125.00	0.0673	604.76
102	78	364.40	0.1091	129.04	0.0690	612.61
101	79	370.95	0.1107	133.19	0.0690	620.47
100	80	377.59	0.1123	137.43	0.0707	628.32
99	81	384.34	0.1140	141.79	0.0725	636.17
98	82	391.18	0.1157	146.26	0.0744	644.03
97	83	398.13	0.1175	150.84	0.0763	651.88
96	84	405.18	0.1194	155.53	0.0783	659.74
95	85	412.35	0.1213	160.35	0.0803	667.59
94	86	419.63	0.1233	165.30	0.0823	675.44
93	87	427.03	0.1254	170.37	0.0845	683.30
92	88	434.56	0.1275	175.57	0.0867	691.15
91	89	442.21	0.1297	180.91	0.0890	699.01
90	90	450.00		186.40	0.0913	706.86

Angle des deux aligne- ments.	Angle au centre cor- respon- dant.	Longueur des *tangentes*		Longueur de la *bissectrice*		Développe- ment de l'*arc*
		correspondant à l'angle au centre.	pour chaque minute en sus.	correspondant à l'angle au centre.	pour chaque minute en sus.	Valeur d'une minute (0.145444).
179°	1°	4ᵐ36		0ᵐ02		8ᵐ73
178	2	8.73	0ᵐ0727	0.08	0ᵐ0009	17.45
177	3	13.09	0.0727	0.17	0.0015	26.18
176	4	17.46	0.0728	0.30	0.0022	34.91
175	5	21.83	0.0728	0.48	0.0028	43.63
174	6	26.20	0.0728	0.69	0.0034	52.36
173	7	30.58	0.0729	0.93	0.0041	61.09
172	8	34.96	0.0730	1.22	0.0047	69.81
171	9	39.35	0.0731	1.55	0.0054	78.54
170	10	43.74	0.0732	1.91	0.0060	87.27
169	11	48.14	0.0733	2.31	0.0067	95.99
168	12	52.55	0.0734	2.75	0.0073	104.72
167	13	56.97	0.0735	3.24	0.0080	113.45
166	14	61.39	0.0737	3.76	0.0086	122.17
165	15	65.83	0.0738	4.31	0.0093	130.90
164	16	70.27	0.0740	4.91	0.0099	139.63
163	17	74.73	0.0742	5.55	0.0106	148.35
162	18	79.19	0.0744	6.23	0.0113	157.08
161	19	83.67	0.0746	6.95	0.0120	165.81
160	20	88.16	0.0748	7.71	0.0126	174.53
159	21	92.67	0.0751	8.52	0.0133	183.26
158	22	97.19	0.0753	9.36	0.0140	191.99
157	23	101.73	0.0756	10.24	0.0147	200.71
156	24	106.28	0.0758	11.17	0.0154	209.44
155	25	110.85	0.0761	12.14	0.0161	218.17
154	26	115.43	0.0764	13.15	0.0168	226.89
153	27	120.04	0.0767	14.21	0.0175	235.62
152	28	124.66	0.0770	15.31	0.0183	244.35
151	29	129.31	0.0774	16.45	0.0190	253.07
150	30	133.97	0.0777	17.64	0.0198	261.80

Angle des deux alignements.	Angle au centre correspondant.	Longueur des *tangentes*		Longueur de la *bissectrice*		Développement de l'*arc*.
		correspondant à l'angle au centre.	pour chaque minute en sus.	correspondant à l'angle au centre.	pour chaque minute en sus.	Valeur d'une minute (0.145444)
150°	30°	133ᵐ97		17ᵐ64		261ᵐ80
			0ᵐ0781		0ᵐ0205	
149	31	138.66		18.87		270.53
			0.0785		0.0213	
148	32	143.37		20.15		279.25
			0.0789		0.0220	
147	33	148.11		21.47		287.98
			0.0793		0.0228	
146	34	152.87		22.85		296.71
			0.0797		0.0236	
145	35	157.65		24.26		305.43
			0.0801		0.0244	
144	36	162.46		25.73		314.16
			0.0806		0.0252	
143	37	167.30		27.25		322.89
			0.0811		0.0260	
142	38	172.16		28.81		331.61
			0.0815		0.0268	
141	39	177.06		30.42		340.34
			0.0820		0.0277	
140	40	181.99		32.09		349.07
			0.0826		0.0285	
139	41	186.94		33.80		357.79
			0.0831		0.0294	
138	42	191.93		35.57		366.52
			0.0837		0.0303	
137	43	196.96		37.39		375.25
			0.0843		0.0312	
136	44	202.01		39.27		383.97
			0.0848		0.0321	
135	45	207.11		41.20		392.70
			0.0855		0.0330	
134	46	212.24		43.18		401.43
			0.0861		0.0340	
133	47	217.41		45.22		410.15
			0.0868		0.0349	
132	48	222.61		47.32		418.88
			0.0874		0.0359	
131	49	227.86		49.47		427.61
			0.0881		0.0369	
130	50	233.15		51.69		436.33
			0.0888		0.0379	
129	51	238.49		53.96		445.06
			0.0896		0.0389	
128	52	243.87		56.30		453.79
			0.0904		0.0399	
127	53	249.29		58.70		462.51
			0.0912		0.0410	
126	54	254.76		61.16		471.24
			0.0920		0.0421	
125	55	260.28		63.69		479.97
			0.0928		0.0432	
124	56	265.85		66.29		488.69
			0.0937		0.0443	
123	57	271.48		68.95		497.42
			0.0946		0.0455	
122	58	277.15		71.68		506.15
			0.0955		0.0466	
121	59	282.89		74.48		514.87
			0.0964		0.0478	
120	60	288.68		77.35		523.60

Angle des deux alignements.	Angle au centre correspondant.	Longueur des *tangentes*		Longueur de la *bissectrice*		Développement de l'*arc*
		correspondant à l'angle au centre.	pour chaque minute en sus.	correspondant à l'angle au centre.	pour chaque minute en sus.	Valeur d'une minute (0.145444).
179°	1°	4m36		0m02		8m73
178	2	8.73	0m0727	0.08	0m0009	17.45
177	3	13.09	0.0727	0.17	0.0015	26.18
176	4	17.46	0.0728	0.30	0.0022	34.91
175	5	21.83	0.0728	0.48	0.0028	43.63
174	6	26.20	0.0728	0.69	0.0034	52.36
173	7	30.58	0.0729	0.93	0.0041	61.09
172	8	34.96	0.0730	1.22	0.0047	69.81
171	9	39.35	0.0731	1.55	0.0054	78.54
170	10	43.74	0.0732	1.91	0.0060	87.27
169	11	48.14	0.0733	2.31	0.0067	95.99
168	12	52.55	0.0734	2.75	0.0073	104.72
167	13	56.97	0.0735	3.24	0.0080	113.45
166	14	61.39	0.0737	3.76	0.0086	122.17
165	15	65.83	0.0738	4.31	0.0093	130.90
164	16	70.27	0.0740	4.91	0.0099	139.63
163	17	74.73	0.0742	5.55	0.0106	148.35
162	18	79.19	0.0744	6.23	0.0113	157.08
161	19	83.67	0.0746	6.95	0.0120	165.81
160	20	88.16	0.0748	7.71	0.0126	174.53
159	21	92.67	0.0751	8.52	0.0133	183.26
158	22	97.19	0.0753	9.36	0.0140	191.99
157	23	101.73	0.0756	10.24	0.0147	200.71
156	24	106.28	0.0758	11.17	0.0154	209.44
155	25	110.85	0.0761	12.14	0.0161	218.17
154	26	115.43	0.0764	13.15	0.0168	226.89
153	27	120.04	0.0767	14.21	0.0175	235.62
152	28	124.66	0.0770	15.31	0.0183	244.35
151	29	129.31	0.0774	16.45	0.0190	253.07
150	30	133.97	0.0777	17.64	0.0198	261.80

RAYON 500.

Angle des deux aligne-ments.	Angle au centre cor-respon-dant.	Longueur des *tangentes* correspondant à l'angle au centre.	pour chaque minute en sus.	Longueur de la *bissectrice* correspondant à l'angle au centre.	pour chaque minute en sus.	Développe-ment de l'*arc.* Valeur d'une minute (0.145444)
150°	30°	133m97		17m64		261m80
			0m0781		0m0205	
149	31	138.66		18.87		270.53
			0.0785		0.0213	
148	32	143.37		20.15		279.25
			0.0789		0.0220	
147	33	148.11		21.47		287.98
			0.0793		0.0228	
146	34	152.87		22.85		296.71
			0.0797		0.0236	
145	35	157.65		24.26		305.43
			o.0801		0.0244	
144	36	162.46		25.73		314.16
			0.0806		0.0252	
143	37	167.30		27.25		322.89
			0.0811		0.0260	
142	38	172.16		28.81		331.61
			0.0815		0.0268	
141	39	177.06		30.42		340.34
			0.0820		0.0277	
140	40	181.99		32.09		349.07
			0.0826		0.0285	
139	41	186.94		33.80		357.79
			0.0831		0.0294	
138	42	191.93		35.57		366.52
			0.0837		0.0303	
137	43	196.96		37.39		375.25
			0.0843		0.0312	
136	44	202.01		39.27		383.97
			0.0848		0.0321	
135	45	207.11		41.20		392.70
			0.0855		0.0330	
134	46	212.24		43.18		401.43
			0.0861		0.0340	
133	47	217.41		45.22		410.15
			0.0868		0.0349	
132	48	222.61		47.32		418.88
			0.0874		0.0359	
131	49	227.86		49.47		427.61
			0.0881		0.0369	
130	50	233.15		51.69		436.33
			0.0888		0.0379	
129	51	238.49		53.96		445.06
			0.0896		0.0389	
128	52	243.87		56.30		453.79
			0.0904		0.0399	
127	53	249.29		58.70		462.51
			0.0912		0.0410	
126	54	254.76		61.16		471.24
			0.0920		0.0421	
125	55	260.28		63.69		479.97
			0.0928		0.0432	
124	56	265.85		66.29		488.69
			0.0937		0.0443	
123	57	271.48		68.95		497.42
			0.0946		0.0455	
122	58	277.15		71.68		506.15
			0.0955		0.0466	
121	59	282.89		74.48		514.87
			0.0964		0.0478	
120	60	288.68		77.35		523.60

Angle des deux alignements.	Angle au centre correspondant.	Longueur des *tangentes* correspondant à l'angle au centre.	pour chaque minute en sus.	Longueur de la *bissectrice* correspondant à l'angle au centre.	pour chaque minute en sus.	Développement de l'*arc.* Valeur d'une minute (0.145444).
120°	60°	288m68		77m35		523m60
			0m0974		0m0490	
119	61	294.52		80.30		532.33
			0.0984		0.0503	
118	62	300.43		83.32		541.05
			0.0995		0.0516	
117	63	306.40		86.41		549.78
			0.1005		0.0529	
116	64	312.43		89.59		558.51
			0.1016		0.0542	
115	65	318.54		92.84		567.23
			0.1028		0.0556	
114	66	324.70		96.18		575.96
			0.1039		0.0570	
113	67	330.94		99.60		584.69
			0.1051		0.0584	
112	68	337.25		103.11		593.41
			0.1064		0.0599	
111	69	343.64		106.70		602.14
			0.1077		0.0614	
110	70	350.10		110.39		610.87
			0.1090		0.0629	
109	71	356.65		114.16		619.59
			0.1104		0.0645	
108	72	363.27		118.03		628.32
			0.1118		0.0661	
107	73	369.98		122.00		637.05
			0.1132		0.0677	
106	74	376.78		126.07		645.77
			0.1147		0.0694	
105	75	383.66		130.24		654.50
			0.1163		0.0712	
104	76	390.64		134.51		663.23
			0.1179		0.0730	
103	77	397.72		138.89		671.95
			0.1195		0.0748	
102	78	404.89		143.38		680.68
			0.1212		0.0767	
101	79	412.17		147.98		689.41
			0.1230		0.0786	
100	80	419.55		152.70		698.13
			0.1248		0.0806	
99	81	427.04		157.54		706.86
			0.1267		0.0827	
98	82	434.64		162.51		715.59
			0.1286		0.0848	
97	83	442.36		167.60		724.31
			0.1306		0.0870	
96	84	450.20		172.82		733.04
			0.1327		0.0892	
95	85	458.17		178.17		741.77
			0.1348		0.0915	
94	86	466.26		183.66		750.49
			0.1370		0.0939	
93	87	474.48		189.30		759.22
			0.1393		0.0963	
92	88	482.84		195.08		767.95
			0.1417		0.0989	
91	89	491.35		201.02		776.67
			0.1441		0.1015	
90	90	500.00		207.11		785.40

RAYON 550.

Angle des deux alignements.	Angle au centre correspondant.	Longueur des tangentes		Longueur de la bissectrice		Développement de l'arc.
		correspondant à l'angle au centre.	pour chaque minute en sus.	correspondant à l'angle au centre.	pour chaque minute en sus.	Valeur d'une minute (0.159988).
179°	1°	4^{m}80		0^{m}02		9^{m}60
178	2	9.60	0^{m}0800	0.08	0^{m}0010	19.20
177	3	14.40	0.0800	0.19	0.0017	28.80
176	4	19.21	0.0800	0.34	0.0024	38.40
175	5	24.01	0.0801	0.52	0.0031	48.00
174	6	28.82	0.0801	0.75	0.0038	57.60
173	7	33.64	0.0802	1.03	0.0045	67.20
172	8	38.46	0.0803	1.34	0.0052	76.79
171	9	43.29	0.0804	1.70	0.0059	86.39
170	10	48.12	0.0805	2.10	0.0066	95.99
169	11	52.96	0.0806	2.54	0.0073	105.59
168	12	57.81	0.0808	3.03	0.0080	115.19
167	13	62.66	0.0809	3.56	0.0088	124.79
166	14	67.53	0.0811	4.13	0.0095	134.39
165	15	72.41	0.0812	4.75	0.0102	143.99
164	16	77.30	0.0814	5.41	0.0109	153.59
163	17	82.20	0.0816	6.11	0.0117	163.19
162	18	87.11	0.0818	6.86	0.0124	172.79
161	19	92.04	0.0821	7.65	0.0132	182.39
160	20	96.98	0.0823	8.48	0.0139	191.99
159	21	101.94	0.0826	9.37	0.0147	201.59
158	22	106.91	0.0828	10.29	0.0154	211.18
157	23	111.90	0.0831	11.27	0.0162	220.78
156	24	116.91	0.0834	12.29	0.0169	230.38
155	25	121.93	0.0837	13.35	0.0177	239.98
154	26	126.98	0.0840	14.47	0.0185	249.58
153	27	132.04	0.0844	15.63	0.0193	259.18
152	28	137.13	0.0847	16.84	0.0201	268.78
151	29	142.24	0.0851	18.10	0.0209	278.38
150	30	147.37	0.0855	19.40	0.0217	287.98

Angle des deux alignements.	Angle au centre correspondant.	Longueur des *tangentes*		Longueur de la *bissectrice*		Développement de l'*arc.*
		correspondant à l'angle au centre.	pour chaque minute en sus.	correspondant à l'angle au centre.	pour chaque minute en sus.	Valeur d'une minute (0.145444).
120°	60°	288m68		77m35		523m60
119	61	294.52	0m0974	80.30	0m0490	532.33
118	62	300.43	0.0984	83.32	0.0503	541.05
117	63	306.40	0.0995	86.41	0.0516	549.78
116	64	312.43	0.1005	89.59	0.0529	558.51
115	65	318.54	0.1016	92.84	0.0542	567.23
114	66	324.70	0.1028	96.18	0.0556	575.96
113	67	330.94	0.1039	99.60	0.0570	584.69
112	68	337.25	0.1051	103.11	0.0584	593.41
111	69	343.64	0.1064	106.70	0.0599	602.14
110	70	350.10	0.1077	110.39	0.0614	610.87
109	71	356.65	0.1090	114.16	0.0629	619.59
108	72	363.27	0.1104	118.03	0.0645	628.32
107	73	369.98	0.1118	122.00	0.0661	637.05
106	74	376.78	0.1132	126.07	0.0677	645.77
105	75	383.66	0.1147	130.24	0.0694	654.50
104	76	390.64	0.1163	134.51	0.0712	663.23
103	77	397.72	0.1179	138.89	0.0730	671.95
102	78	404.89	0.1195	143.38	0.0748	680.68
101	79	412.17	0.1212	147.98	0.0767	689.41
100	80	419.55	0.1230	152.70	0.0786	698.13
99	81	427.04	0.1248	157.54	0.0806	706.86
98	82	434.64	0.1267	162.51	0.0827	715.59
97	83	442.36	0.1286	167.60	0.0848	724.31
96	84	450.20	0.1306	172.82	0.0870	733.04
95	85	458.17	0.1327	178.17	0.0892	741.77
94	86	466.26	0.1348	183.66	0.0915	750.49
93	87	474.48	0.1370	189.30	0.0939	759.22
92	88	482.84	0.1393	195.08	0.0963	767.95
91	89	491.35	0.1417	201.02	0.0989	776.67
90	90	500.00	0.1441	207.11	0.1015	785.40

RAYON 550.

Angle des deux alignements.	Angle au centre correspondant.	Longueur des *tangentes*		Longueur de la *bissectrice*		Développement de l'arc.
		correspondant à l'angle au centre.	pour chaque minute en sus.	correspondant à l'angle au centre.	pour chaque minute en sus.	Valeur d'une minute (0.159988).
179°	1°	4m80		0m02		9m60
178	2	9.60	0m0800	0.08	0m0010	19.20
177	3	14.40	0.0800	0.19	0.0017	28.80
176	4	19.21	0.0800	0.34	0.0024	38.40
175	5	24.01	0.0801	0.52	0.0031	48.00
174	6	28.82	0.0801	0.75	0.0038	57.60
173	7	33.64	0.0802	1.03	0.0045	67.20
172	8	38.46	0.0803	1.34	0.0052	76.79
171	9	43.29	0.0804	1.70	0.0059	86.39
170	10	48.12	0.0805	2.10	0.0066	95.99
169	11	52.96	0.0806	2.54	0.0073	105.59
168	12	57.81	0.0808	3.03	0.0080	115.19
167	13	62.66	0.0809	3.56	0.0088	124.79
166	14	67.53	0.0811	4.13	0.0095	134.39
165	15	72.41	0.0812	4.75	0.0102	143.99
164	16	77.30	0.0814	5.41	0.0109	153.59
163	17	82.20	0.0816	6.11	0.0117	163.19
162	18	87.11	0.0818	6.86	0.0124	172.79
161	19	92.04	0.0821	7.65	0.0132	182.39
160	20	96.98	0.0823	8.48	0.0139	191.99
159	21	101.94	0.0826	9.37	0.0147	201.59
158	22	106.91	0.0828	10.29	0.0154	211.18
157	23	111.90	0.0831	11.27	0.0162	220.78
156	24	116.91	0.0834	12.29	0.0169	230.38
155	25	121.93	0.0837	13.35	0.0177	239.98
154	26	126.98	0.0840	14.47	0.0185	249.58
153	27	132.04	0.0844	15.63	0.0193	259.18
152	28	137.13	0.0847	16.84	0.0201	268.78
151	29	142.24	0.0851	18.10	0.0209	278.38
150	30	147.37	0.0855	19.40	0.0217	287.98

Angle des deux alignements.	Angle au centre correspondant.	Longueur des *tangentes*		Long ueurde la *bissectrice*		Développement de l'*arc*. Valeur d'une minute (0.159988).
		correspondant à l'angle au centre.	pour chaque minute en sus.	correspondant à l'angle au centre.	pour chaque minute en sus.	
150°	30°	147^m37	0^m0859	19^m40	0^m0226	287^m98
149	31	152.53	0.0863	20.76	0.0234	297.58
148	32	157.71	0.0867	22.16	0.0242	307.18
147	33	162.92	0.0872	23.62	0.0251	316.78
146	34	168.15	0.0877	25.13	0.0260	326.38
145	35	173.41	0.0881	26.69	0.0268	335.98
144	36	178.71	0.0886	28.30	0.0277	345.57
143	37	184.03	0.0892	29.97	0.0286	355.17
142	38	189.38	0.0897	31.69	0.0295	364.77
141	39	194.77	0.0902	33.47	0.0305	374.37
140	40	200.18	0.0908	35.30	0.0314	383.97
139	41	205.64	0.0914	37.18	0.0324	393.57
138	42	211.12	0.0920	39.13	0.0333	403.17
137	43	216.65	0.0927	41.13	0.0343	412.77
136	44	222.21	0.0933	43.19	0.0353	422.37
135	45	227.82	0.0940	45.32	0.0363	431.97
134	46	233.46	0.0947	47.50	0.0374	441.57
133	47	239.15	0.0954	49.74	0.0384	451.17
132	48	244.88	0.0962	52.05	0.0395	460.77
131	49	250.65	0.0970	54.42	0.0406	470.37
130	50	256.47	0.0977	56.86	0.0417	479.97
129	51	262.34	0.0986	59.36	0.0428	489.56
128	52	268.25	0.0994	61.93	0.0439	499.16
127	53	274.22	0.1003	64.57	0.0451	508.76
126	54	280.24	0.1012	67.28	0.0463	518.36
125	55	286.31	0.1021	70.06	0.0475	527.96
124	56	292.44	0.1030	72.91	0.0487	537.56
123	57	298.63	0.1040	75.84	0.0500	547.16
122	58	304.87	0.1050	78.84	0.0513	556.76
121	59	311.18	0.1061	81.93	0.0526	566.36
120	60	317.54		85.09		575.96

2

Angle des deux alignements.	Angle au centre correspondant.	Longueur des *tangentes*		Longueur de la *bissectrice*		Développement de l'*arc.* Valeur d'une minute (0.159968).
		correspondant à l'angle au centre.	pour chaque minute en sus.	correspondant à l'angle au centre.	pour chaque minute en sus.	
120°	60°	317m54		85m09		575m96
119	61	323.97	0m1072	88.33	0m0540	585.56
118	62	330.47	0.1083	91.65	0.0553	595.16
117	63	337.04	0.1094	95.05	0.0567	604.76
116	64	343.68	0.1106	98.55	0.0582	614.36
115	65	350.39	0.1118	102.13	0.0596	623.96
114	66	357.17	0.1130	105.80	0.0611	633.55
113	67	364.04	0.1143	109.56	0.0627	643.15
112	68	370.98	0.1157	113.42	0.0642	652.75
111	69	378.00	0.1170	117.37	0.0658	662.35
110	70	385.11	0.1184	121.43	0.0675	671.95
109	71	392.31	0.1199	125.58	0.0692	681.55
108	72	399.60	0.1214	129.84	0.0709	691.15
107	73	406.98	0.1230	134.20	0.0727	700.75
106	74	414.45	0.1246	138.67	0.0745	710.35
105	75	422.03	0.1262	143.26	0.0764	719.95
104	76	429.71	0.1279	147.96	0.0783	729.55
103	77	437.49	0.1297	152.78	0.0803	739.15
102	78	445.38	0.1315	157.72	0.0823	748.75
101	79	453.38	0.1333	162.78	0.0843	758.35
100	80	461.50	0.1353	167.97	0.0865	767.95
99	81	469.74	0.1373	173.30	0.0887	777.55
98	82	478.11	0.1393	178.76	0.0909	787.15
97	83	486.60	0.1415	184.36	0.0933	796.74
96	84	495.22	0.1437	190.10	0.0957	806.34
95	85	503.98	0.1459	195.99	0.0981	815.94
94	86	512.88	0.1483	202.03	0.1007	825.54
93	87	521.93	0.1507	208.23	0.1033	835.14
92	88	531.13	0.1533	214.59	0.1060	844.74
91	89	540.48	0.1559	221.12	0.1087	854.34
90	90	550.00	0.1586	227.82	0.1116	863.94

Angle des deux alignements.	Angle au centre correspondant.	Longueur des *tangentes*		Long ueurde la *bissectrice*		Développement de l'*arc*.
		correspondant à l'angle au centre.	pour chaque minute en sus.	correspondant à l'angle au centre.	pour chaque minute en sus.	Valeur d'une minute (0.159988).
150°	30°	147ᵐ37		19ᵐ40		287ᵐ98
149	31	152.53	0ᵐ0859	20.76	0ᵐ0226	297.58
148	32	157.71	0.0863	22.16	0.0234	307.18
147	33	162.92	0.0867	23.62	0.0242	316.78
146	34	168.15	0.0872	25.13	0.0251	326.38
145	35	173.41	0.0877	26.69	0.0260	335.98
144	36	178.71	0.0881	28.30	0.0268	345.57
143	37	184.03	0.0886	29.97	0.0277	355.17
142	38	189.38	0.0892	31.69	0.0286	364.77
141	39	194.77	0.0897	33.47	0.0295	374.37
140	40	200.18	0.0902	35.30	0.0305	383.97
139	41	205.64	0.0908	37.18	0.0314	393.57
138	42	211.12	0.0914	39.13	0.0324	403.17
137	43	216.65	0.0920	41.13	0.0333	412.77
136	44	222.21	0.0927	43.19	0.0343	422.37
135	45	227.82	0.0933	45.32	0.0353	431.97
134	46	233.46	0.0940	47.50	0.0363	441.57
133	47	239.15	0.0947	49.74	0.0374	451.17
132	48	244.88	0.0954	52.05	0.0384	460.77
131	49	250.65	0.0962	54.42	0.0395	470.37
130	50	256.47	0.0970	56.86	0.0406	479.97
129	51	262.34	0.0977	59.36	0.0417	489.56
128	52	268.25	0.0986	61.93	0.0428	499.16
127	53	274.22	0.0994	64.57	0.0439	508.76
126	54	280.24	0.1003	67.28	0.0451	518.36
125	55	286.31	0.1012	70.06	0.0463	527.96
124	56	292.44	0.1021	72.91	0.0475	537.56
123	57	298.63	0.1030	75.84	0.0487	547.16
122	58	304.87	0.1040	78.84	0.0500	556.76
121	59	311.18	0.1050	81.93	0.0513	566.36
120	60	317.54	0.1061	85.09	0.0526	575.96

Angle des deux alignements.	Angle au centre correspondant.	Longueur des *tangentes*		Longueur de la *bissectrice*		Développement de l'arc.
		correspondant à l'angle au centre.	pour chaque minute en sus.	correspondant à l'angle au centre.	pour chaque minute en sus.	Valeur d'une minute (0.159988).
120°	60°	317^{m}54	0^{m}1072	85^{m}09	0^{m}0540	575^{m}96
119	61	323.97	0.1083	88.33	0.0553	585.56
118	62	330.47	0.1094	91.65	0.0567	595.16
117	63	337.04	0.1106	95.05	0.0582	604.76
116	64	343.68	0.1118	98.55	0.0596	614.36
115	65	350.39	0.1130	102.13	0.0611	623.96
114	66	357.17	0.1143	105.80	0.0627	633.55
113	67	364.04	0.1157	109.56	0.0642	643.15
112	68	370.98	0.1170	113.42	0.0658	652.75
111	69	378.00	0.1184	117.37	0.0675	662.35
110	70	385.11	0.1199	121.43	0.0692	671.95
109	71	392.31	0.1214	125.58	0.0709	681.55
108	72	399.60	0.1230	129.84	0.0727	691.15
107	73	406.98	0.1246	134.20	0.0745	700.75
106	74	414.45	0.1262	138.67	0.0764	710.35
105	75	422.03	0.1279	143.26	0.0783	719.95
104	76	429.71	0.1297	147.96	0.0803	729.55
103	77	437.49	0.1315	152.78	0.0823	739.15
102	78	445.38	0.1333	157.72	0.0843	748.75
101	79	453.38	0.1353	162.78	0.0865	758.35
100	80	461.50	0.1373	167.97	0.0887	767.95
99	81	469.74	0.1393	173.30	0.0909	777.55
98	82	478.11	0.1415	178.76	0.0933	787.15
97	83	486.60	0.1437	184.36	0.0957	796.74
96	84	495.22	0.1459	190.10	0.0981	806.34
95	85	503.98	0.1483	195.99	0.1007	815.94
94	86	512.88	0.1507	202.03	0.1033	825.54
93	87	521.93	0.1533	208.23	0.1060	835.14
92	88	531.13	0.1559	214.59	0.1087	844.74
91	89	540.48	0.1586	221.12	0.1116	854.34
90	90	550.00		227.82		863.94

Angle des deux alignements.	Angle au centre correspondant.	Longueur des *tangentes*		Longueur de la *bissectrice*		Développement de l'*arc*.
		correspondant à l'angle au centre.	pour chaque minute en sus.	correspondant à l'angle au centre.	pour chaque minute en sus.	Valeur d'une minute (0.174532).
179°	1°	5ᵐ24		0ᵐ02		10ᵐ47
178	2	10.47	0ᵐ0872	0.09	0ᵐ0011	20.94
177	3	15.71	0.0873	0.21	0.0019	31.42
176	4	20.95	0.0873	0.37	0.0026	41.89
175	5	26.20	0.0874	0.57	0.0034	52.36
174	6	31.44	0.0874	0.82	0.0041	62.83
173	7	36.70	0.0875	1.12	0.0049	73.30
172	8	41.96	0.0876	1.47	0.0057	83.78
171	9	47.22	0.0877	1.86	0.0064	94.25
170	10	52.49	0.0878	2.29	0.0072	104.72
169	11	57.77	0.0880	2.78	0.0080	115.19
168	12	63.06	0.0881	3.31	0.0088	125.66
167	13	68.36	0.0883	3.88	0.0096	136.14
166	14	73.67	0.0884	4.51	0.0103	146.61
165	15	78.99	0.0886	5.18	0.0111	157.08
164	16	84.32	0.0888	5.90	0.0119	167.55
163	17	89.67	0.0891	6.66	0.0127	178.02
162	18	95.03	0.0893	7.48	0.0135	188.50
161	19	100.41	0.0895	8.34	0.0144	198.97
160	20	105.80	0.0898	9.26	0.0152	209.44
159	21	111.20	0.0901	10.22	0.0160	219.91
158	22	116.63	0.0904	11.23	0.0168	230.38
157	23	122.07	0.0907	12.29	0.0177	240.86
156	24	127.53	0.0910	13.40	0.0185	251.33
155	25	133.02	0.0913	14.57	0.0193	261.80
154	26	138.52	0.0917	15.78	0.0202	272.27
153	27	144.05	0.0921	17.05	0.0211	282.74
152	28	149.60	0.0924	18.37	0.0219	293.22
151	29	155.17	0.0928	19.74	0.0228	303.69
150	30	160.77	0.0933	21.17	0.0237	314.16

Angle des deux aligne-ments.	Angle au centre cor-respon-dant.	Longueur des *tangentes*		Longueur de la *bissectrice*		Développe-ment de l'*arc.*
		correspondant à l'angle au centre.	pour chaque minute en sus.	correspondant à l'angle au centre.	pour chaque minute en sus.	Valeur d'une minute (0,174532).
150°	30°	160^{m}77		21^{m}17		314^{m}16
149	31	166.39	0^{m}0937	22.65	0^{m}0246	324.63
148	32	172.05	0.0942	24.18	0.0255	335.10
147	33	177.73	0.0946	25.77	0.0264	345.58
146	34	183.44	0.0951	27.42	0.0274	356.05
145	35	189.18	0.0956	29.12	0.0283	366.52
144	36	194.95	0.0962	30.88	0.0293	376.99
143	37	200.76	0.0967	32.70	0.0303	387.46
142	38	206.60	0.0973	34.57	0.0312	397.94
141	39	212.47	0.0979	36.51	0.0322	408.41
140	40	218.38	0.0985	38.51	0.0333	418.88
139	41	224.33	0.0991	40.57	0.0343	429.35
138	42	230.32	0.0997	42.69	0.0353	439.82
137	43	236.35	0.1004	44.87	0 0364	450.30
136	44	242.42	0.1011	47.12	0.0374	460.77
135	45	248.53	0.1018	49.44	0.0385	471.24
134	46	254.69	0.1026	51.82	0.0396	481.71
133	47	260.89	0.1033	54.26	0.0408	492.18
132	48	267.14	0.1041	56.78	0.0419	502.66
131	49	273.44	0.1049	59.37	0.0431	513.13
130	50	279.78	0.1058	62.03	0.0442	523.60
129	51	286.18	0.1066	64.76	0.0455	534.07
128	52	292.64	0.1075	67.56	0.0467	544.54
127	53	299.15	0.1084	70.44	0.0479	555.02
126	54	305.72	0.1094	73.40	0.0492	565.49
125	55	312.34	0.1104	76.43	0.0505	575.96
124	56	319.03	0.1114	79.54	0.0518	586.43
123	57	325.77	0.1124	82.74	0.0532	596.90
122	58	332.59	0.1135	86.01	0.0546	607.38
121	59	339.46	0.1146	89.37	0.0560	617.85
120	60	346.41	0.1157	92.82	0.0574	628.32

Angle des deux alignements.	Angle au centre correspondant.	Longueur des *tangentes*		Longueur de la *bissectrice*		Développement de l'*arc.* — Valeur d'une minute (0.174532).
		correspondant à l'angle au centre.	pour chaque minute en sus.	correspondant à l'angle au centre.	pour chaque minute en sus.	
179°	1°	5m24		0m02		10m47
			0m0872		0m0011	
178	2	10.47		0.09		20.94
			0.0873		0.0019	
177	3	15.71		0.21		31.42
			0.0873		0.0026	
176	4	20.95		0.37		41.89
			0.0874		0.0034	
175	5	26.20		0.57		52.36
			0.0874		0.0041	
174	6	31.44		0.82		62.83
			0.0875		0.0049	
173	7	36.70		1.12		73.30
			0.0876		0.0057	
172	8	41.96		1.47		83.78
			0.0877		0.0064	
171	9	47.22		1.86		94.25
			0.0878		0.0072	
170	10	52.49		2.29		104.72
			0.0880		0.0080	
169	11	57.77		2.78		115.19
			0.0881		0.0088	
168	12	63.06		3.31		125.66
			0.0883		0.0096	
167	13	68.36		3.88		136.14
			0.0884		0.0103	
166	14	73.67		4.51		146.61
			0.0886		0.0111	
165	15	78.99		5.18		157.08
			0.0888		0.0119	
164	16	84.32		5.90		167.55
			0.0891		0.0127	
163	17	89.67		6.66		178.02
			0.0893		0.0135	
162	18	95.03		7.48		188.50
			0.0895		0.0144	
161	19	100.41		8.34		198.97
			0.0898		0.0152	
160	20	105.80		9.26		209.44
			0.0901		0.0160	
159	21	111.20		10.22		219.91
			0.0904		0.0168	
158	22	116.63		11.23		230.38
			0.0907		0.0177	
157	23	122.07		12.29		240.86
			0.0910		0.0185	
156	24	127.53		13.40		251.33
			0.0913		0.0193	
155	25	133.02		14.57		261.80
			0.0917		0.0202	
154	26	138.52		15.78		272.27
			0.0921		0.0211	
153	27	144.05		17.05		282.74
			0.0924		0.0219	
152	28	149.60		18.37		293.22
			0.0928		0.0228	
151	29	155.17		19.74		303.69
			0.0933		0.0237	
150	30	160.77		21.17		314.16

Angle des deux alignements.	Angle au centre correspondant.	Longueur des *tangentes*		Longueur de la *bissectrice*		Développement de l'*arc*.
		correspondant à l'angle au centre.	pour chaque minute en sus.	correspondant à l'angle au centre.	pour chaque minute en sus.	Valeur d'une minute (0.174532).
150°	30°	160^{m}77	0^{m}0937	21^{m}47	0^{m}0246	314^{m}16
149	31	166.39	0.0942	22.65	0.0255	324.63
148	32	172.05	0.0946	24.18	0.0264	335.10
147	33	177.73	0.0951	25.77	0.0274	345.58
146	34	183.44	0.0956	27.42	0.0283	356.05
145	35	189.18	0.0962	29.12	0.0293	366.52
144	36	194.95	0.0967	30.88	0.0303	376.99
143	37	200.76	0.0973	32.70	0.0312	387.46
142	38	206.60	0.0979	34.57	0.0322	397.94
141	39	212.47	0.0985	36.51	0.0333	408.41
140	40	218.38	0.0991	38.51	0.0343	418.88
139	41	224.33	0.0997	40.57	0.0353	429.35
138	42	230.32	0.1004	42.69	0 0364	439.82
137	43	236.35	0.1011	44.87	0.0374	450.30
136	44	242.42	0.1018	47.12	0.0385	460.77
135	45	248.53	0.1026	49.44	0.0396	471.24
134	46	254.69	0.1033	51.82	0.0408	481.71
133	47	260.89	0.1041	54.26	0.0419	492.18
132	48	267.14	0.1049	56.78	0.0431	502.66
131	49	273.44	0.1058	59.37	0.0442	513.13
130	50	279.78	0.1066	62.03	0.0455	523.60
129	51	286.18	0.1075	64.76	0.0467	534.07
128	52	292.64	0.1084	67.56	0.0479	544.54
127	53	299.15	0.1094	70.44	0.0492	555.02
126	54	305.72	0.1104	73.40	0.0505	565.49
125	55	312.34	0.1114	76.43	0.0518	575.96
124	56	319.03	0.1124	79.54	0.0532	586.43
123	57	325.77	0.1135	82.74	0.0546	596.90
122	58	332.59	0.1146	86.01	0.0560	607.38
121	59	339.46	0.1157	89.37	0.0574	617.85
120	60	346.41		92.82		628.32

Angle des deux aligne-ments.	Angle au centre cor-respon-dant.	Longueur des *tangentes*		Longueur de la *bissectrice*		Développe-ment de l'*arc.*
		correspondant à l'angle au centre.	pour chaque minute en sus.	correspondant à l'angle au centre.	pour chaque minute en sus.	Valeur d'une minute (0.174532).
120°	60°	346m41		92m82		628m32
			0m1169		0m0589	
119	61	353.43		96.36		638.79
			0.1181		0.0604	
118	62	360.52		99.98		649.26
			0.1194		0.0619	
117	63	367.68		103.70		659.74
			0.1206		0.0635	
116	64	374.92		107.51		670.21
			0.1220		0.0651	
115	65	382.24		111.41		680.68
			0.1233		0.0667	
114	66	389.64		115.42		691.15
			0.1247		0.0684	
113	67	397.13		119.52		701.62
			0.1262		0.0701	
112	68	404.70		123.73		712.10
			0.1277		0.0718	
111	69	412.37		128.04		722.57
			0.1292		0.0736	
110	70	420.12		132.47		733.04
			0.1308		0.0755	
109	71	427.98		136.99		743.51
			0.1324		0.0774	
108	72	435.93		141.64		753.98
			0.1341		0.0793	
107	73	443.98		146.40		764.46
			0.1359		0.0813	
106	74	452.13		151.28		774.93
			0.1377		0.0833	
105	75	460.40		156.28		785.40
			0.1395		0.0854	
104	76	468.77		161.41		795.87
			0.1414		0.0876	
103	77	477.26		166.67		806.34
			0.1434		0.0898	
102	78	485.87		172.06		816.82
			0.1455		0.0920	
101	79	494.60		177.58		827.29
			0.1476		0.0943	
100	80	503.46		183.24		837.76
			0.1498		0.0967	
99	81	512.45		189.05		848.23
			0.1520		0.0992	
98	82	521.57		195.01		858.70
			0.1543		0.1017	
97	83	530.84		201.12		869.18
			0.1567		0.1044	
96	84	540.24		207.38		879.65
			0.1592		0.1070	
95	85	549.80		213.80		890.12
			0.1618		0.1098	
94	86	559.51		220.40		900.59
			0.1645		0.1127	
93	87	569.38		227.16		911.06
			0.1672		0.1156	
92	88	579.41		234.10		921.54
			0.1700		0.1186	
91	89	589.62		241.22		932.01
			0.1730		0.1218	
90	90	600.00		248.53		942.48

RAYON 650.

Anglé des deux alignements.	Angle au centre correspondant.	Longueur des *tangentes* correspondant à l'angle au centre.	Longueur des *tangentes* pour chaque minute en sus.	Longueur de la *bissectrice* correspondant à l'angle au centre.	Longueur de la *bissectrice* pour chaque minute en sus.	Développement de l'*arc.* Valeur d'une minute (0.189077).
179°	1°	5m67		0m02		11m34
			0m0945		0m0012	
178	2	11.35		0.10		22.69
			0.0945		0.0020	
177	3	17.02		0.22		34.03
			0.0946		0.0028	
176	4	22.70		0.40		45.38
			0.0946		0.0037	
175	5	28.38		0.62		56.72
			0.0947		0.0045	
174	6	34.07		0.89		68.07
			0.0948		0.0053	
173	7	39.76		1.21		79.41
			0.0949		0.0062	
172	8	45.45		1.59		90.76
			0.0950		0.0070	
171	9	51.16		2.01		102.10
			0.0951		0.0078	
170	10	56.87		2.48		113.45
			0.0953		0.0087	
169	11	62.59		3.01		124.79
			0.0954		0.0095	
168	12	68.32		3.58		136.14
			0.0956		0.0104	
167	13	74.06		4.21		147.48
			0.0958		0.0112	
166	14	79.81		4.88		158.82
			0.0960		0.0121	
165	15	85.57		5.61		170.17
			0.0962		0.0129	
164	16	91.35		6.39		181.51
			0.0965		0.0138	
163	17	97.14		7.22		192.86
			0.0967		0.0147	
162	18	102.95		8.10		204.20
			0.0970		0.0156	
161	19	108.77		9.04		215.55
			0.0973		0.0164	
160	20	114.61		10.03		226.89
			0.0976		0.0173	
159	21	120.47		11.07		238.24
			0.0979		0.0182	
158	22	126.35		12.17		249.58
			0.0982		0.0191	
157	23	132.24		13.32		260.93
			0.0986		0.0200	
156	24	138.16		14.52		272.27
			0.0989		0.0210	
155	25	144.10		15.78		283.62
			0.0993		0.0219	
154	26	150.06		17.10		294.96
			0.0997		0.0228	
153	27	156.05		18.47		306.30
			0.1001		0.0238	
152	28	162.06		19.90		317.65
			0.1006		0.0247	
151	29	168.10		21.39		328.99
			0.1010		0.0257	
150	30	174.17		22.93		340.34

Angle des deux alignements.	Angle au centre correspondant.	Longueur des *tangentes*		Longueur de la *bissectrice*		Développement de l'*arc.* — Valeur d'une minute (0.174532).
		correspondant à l'angle au centre.	pour chaque minute en sus.	correspondant à l'angle au centre.	pour chaque minute en sus.	
120°	60°	346m41		92m82		628m32
			0m1169		0m0589	
119	61	353.43		96.36		638.79
			0.1181		0.0604	
118	62	360.52		99.98		649.26
			0.1194		0.0619	
117	63	367.68		103.70		659.74
			0.1206		0.0635	
116	64	374.92		107.51		670.21
			0.1220		0.0651	
115	65	382.24		111.41		680.68
			0.1233		0.0667	
114	66	389.64		115.42		691.15
			0.1247		0.0684	
113	67	397.13		119.52		701.62
			0.1262		0.0701	
112	68	404.70		123.73		712.10
			0.1277		0.0718	
111	69	412.37		128.04		722.57
			0.1292		0.0736	
110	70	420.12		132.47		733.04
			0.1308		0.0755	
109	71	427.98		136.99		743.51
			0.1324		0.0774	
108	72	435.93		141.64		753.98
			0.1341		0.0793	
107	73	443.98		146.40		764.46
			0.1359		0.0813	
106	74	452.13		151.28		774.93
			0.1377		0.0833	
105	75	460.40		156.28		785.40
			0.1395		0.0854	
104	76	468.77		161.41		795.87
			0.1414		0.0876	
103	77	477.26		166.67		806.34
			0.1434		0.0898	
102	78	485.87		172.06		816.82
			0.1455		0.0920	
101	79	494.60		177.58		827.29
			0.1476		0.0943	
100	80	503.46		183.24		837.76
			0.1498		0.0967	
99	81	512.45		189.05		848.23
			0.1520		0.0992	
98	82	521.57		195.01		858.70
			0.1543		0.1017	
97	83	530.84		201.12		869.18
			0.1567		0.1044	
96	84	540.24		207.38		879.65
			0.1592		0.1070	
95	85	549.80		213.80		890.12
			0.1618		0.1098	
94	86	559.51		220.40		900.59
			0.1645		0.1127	
93	87	569.38		227.16		911.06
			0.1672		0.1156	
92	88	579.41		234.10		921.54
			0.1700		0.1186	
91	89	589.62		241.22		932.01
			0.1730		0.1218	
90	90	600.00		248.53		942.48

Angle des deux alignements.	Angle au centre correspondant.	Longueur des *tangentes*		Longueur de la *bissectrice*		Développement de l'arc.
		correspondant à l'angle au centre.	pour chaque minute en sus.	correspondant à l'angle au centre.	pour chaque minute en sus.	Valeur d'une minute (0.189077).
179°	1°	5^{m}67		0^{m}02		11^{m}34
178	2	11.35	0^{m}0945	0.10	0^{m}0012	22.69
177	3	17.02	0.0945	0.22	0.0020	34.03
176	4	22.70	0.0946	0.40	0.0028	45.38
175	5	28.38	0.0946	0.62	0.0037	56.72
174	6	34.07	0.0947	0.89	0.0045	68.07
173	7	39.76	0.0948	1.21	0.0053	79.41
172	8	45.45	0.0949	1.59	0.0062	90.76
171	9	51.16	0.0950	2.01	0.0070	102.10
170	10	56.87	0.0951	2.48	0.0078	113.45
169	11	62.59	0.0953	3.01	0.0087	124.79
168	12	68.32	0.0954	3.58	0.0095	136.14
167	13	74.06	0.0956	4.21	0.0104	147.48
166	14	79.81	0.0958	4.88	0.0112	158.82
165	15	85.57	0.0960	5.61	0.0121	170.17
164	16	91.35	0.0962	6.39	0.0129	181.51
163	17	97.14	0.0965	7.22	0.0138	192.86
162	18	102.95	0.0967	8.10	0.0147	204.20
161	19	108.77	0.0970	9.04	0.0156	215.55
160	20	114.61	0.0973	10.03	0.0164	226.89
159	21	120.47	0.0976	11.07	0.0173	238.24
158	22	126.35	0.0979	12.17	0.0182	249.58
157	23	132.24	0.0982	13.32	0.0191	260.93
156	24	138.16	0.0986	14.52	0.0200	272.27
155	25	144.10	0.0989	15.78	0.0210	283.62
154	26	150.06	0.0993	17.10	0.0219	294.96
153	27	156.05	0.0997	18.47	0.0228	306.30
152	28	162.06	0.1001	19.90	0.0238	317.65
151	29	168.10	0.1006	21.39	0.0247	328.99
150	30	174.17	0.1010	22.93	0.0257	340.34

Angle des deux alignements.	Angle au centre correspondant.	Longueur des *tangentes*		Longueur de la *bissectrice*		Développement de l'*arc.*
		correspondant à l'angle au centre.	pour chaque minute en sus.	correspondant à l'angle au centre.	pour chaque minute en sus.	Valeur d'une minute (0.189077).
150°	30°	174ᵐ17		22ᵐ93		340ᵐ34
149	31	180.26	0ᵐ1015	24.53	0ᵐ0267	351.68
148	32	186.38	0.1020	26.19	0.0277	363.03
147	33	192.54	0.1025	27.92	0.0286	374.37
146	34	198.73	0.1031	29.70	0.0297	385.72
145	35	204.94	0.1036	31.54	0.0307	397.06
144	36	211.20	0.1042	33.45	0.0317	408.41
143	37	217.49	0.1048	35.42	0.0328	419.75
142	38	223.81	0.1054	37.45	0.0338	431.09
141	39	230.18	0.1060	39.55	0.0349	442.44
140	40	236.58	0.1067	41.72	0.0360	453.78
139	41	243.03	0.1074	43.95	0.0371	465.13
138	42	249.51	0.1080	46.24	0.0383	476.47
137	43	256.04	0.1088	48.61	0.0394	487.82
136	44	262.62	0.1095	51.05	0.0406	499.16
135	45	269.24	0.1103	53.55	0.0417	510.51
134	46	275.91	0.1111	56.13	0.0429	521.85
133	47	282.63	0.1119	58.79	0.0442	533.20
132	48	289.40	0.1128	61.51	0.0454	544.54
131	49	296.22	0.1137	64.32	0.0467	555.89
130	50	303.10	0.1146	67.20	0.0479	567.23
129	51	310.03	0.1155	70.15	0.0493	578.57
128	52	317.03	0.1165	73.19	0.0506	589.92
127	53	324.08	0.1175	76.31	0.0519	601.26
126	54	331.19	0.1185	79.51	0.0533	612.61
125	55	338.37	0.1196	82.80	0.0547	623.95
124	56	345.61	0.1207	86.17	0.0562	635.30
123	57	352.92	0.1218	89.63	0.0576	646.64
122	58	360.30	0.1229	93.18	0.0591	657.99
121	59	367.75	0.1241	96.82	0.0606	669.33
120	60	375.28	0.1254	100.56	0.0622	680.68

Angle des deux alignements.	Angle au centre correspondant.	Longueur des *tangentes* correspondant à l'angle au centre.	pour chaque minute en sus.	Longueur de la *bissectrice* correspondant à l'angle au centre.	pour chaque minute en sus.	Développement de l'*arc.* Valeur d'une minute (0.189077).
120°	60°	375ᵐ28		100ᵐ56		680ᵐ68
			0ᵐ1266		0ᵐ0638	
119	61	382.88		104.38		692.02
			0.1280		0.0654	
118	62	390.56		108.31		703.37
			0.1293		0.0670	
117	63	398.32		112.34		714.71
			0.1307		0.0688	
116	64	406.16		116.47		726.05
			0.1321		0.0705	
115	65	414.10		120.70		737.40
			0.1336		0.0723	
114	66	·422.11		125.04		748.74
			0.1351		0.0741	
113	67	430.23		129.48		760.09
			0.1367		0.0759	
112	68	438.43		134.04		771.43
			0.1383		0.0778	
111	69	446.73		138.71		782.78
			0.1400		0.0798	
110	70	455.13		143.50		794.12
			0.1417		0.0818	
109	71	463.64		148.41		805.47
			0.1435		0.0838	
108	72	472.25		153.44		816.81
			0.1453		0.0859	
107	73	480.97		158.60		828.16
			0.1472		0.0881	
106	74	489.81		163.89		839.50
			0.1492		0.0903	
105	75	498.76		169.31		850.85
			0.1512		0.0925	
104	76	507.84		174.86		862.19
			0.1532		0.0949	
103	77	517.03		180.56		873.53
			0.1554		0.0973	
102	78	526.36		186.39		884.88
			0.1576		0.0997	
101	79	535.82		192.38		896.22
			0.1599		0.1022	
100	80	545.41		198.51		907.57
			0.1623		0.1048	
99	81	555.15		204.81		918.92
			0.1647		0.1075	
98	82	565.04		211.26		930.26
			0.1672		0.1102	
97	83	575.07		217.87		941.61
			0.1698		0.1131	
96	84	585.26		224.66		952.95
			0.1725		0.1160	
95	85	595.62		231.62		964.30
			0.1753		0.1190	
94	86	606.13		238.76		975.64
			0.1782		0.1221	
93	87	616.83		246.09		986.99
			0.1811		0.1252	
92	88	627.70		253.61		998.33
			0.1842		0.1285	
91	89	638.75		261.32		1009.67
			0.1874		0.1319	
90	90	650.00		269.24		1021.02

Angle des deux aligne- ments.	Angle au centre cor- respon- dant.	Longueur des *tangentes*		Longueur de la *bissectrice*		Développe- ment de l'*arc.*
		correspondant à l'angle au centre.	pour chaque minute en sus.	correspondant à l'angle au centre.	pour chaque minute en sus.	Valeur d'une minute (0.189077).
150°	30°	174^{m}17		22^{m}93		340^{m}34
149	31	180.26	0^{m}1015	24.53	0^{m}0267	351.68
148	32	186.38	0.1020	26.19	0.0277	363.03
147	33	192.54	0.1025	27.92	0.0286	374.37
146	34	198.73	0.1031	29.70	0.0297	385.72
145	35	204.94	0.1036	31.54	0.0307	397.06
144	36	211.20	0.1042	33.45	0.0317	408.41
143	37	217.49	0.1048	35.42	0.0328	419.75
142	38	223.81	0.1054	37.45	0.0338	431.09
141	39	230.18	0.1060	39.55	0.0349	442.44
140	40	236.58	0.1067	41.72	0.0360	453.78
139	41	243.03	0.1074	43.95	0.0371	465.13
138	42	249.51	0.1080	46.24	0.0383	476.47
137	43	256.04	0.1088	48.61	0.0394	487.82
136	44	262.62	0.1095	51.05	0.0406	499.16
135	45	269.24	0.1103	53.55	0.0417	510.51
134	46	275.91	0.1111	56.13	0.0429	521.85
133	47	282.63	0.1119	58.79	0.0442	533.20
132	48	289.40	0.1128	61.51	0.0454	544.54
131	49	296.22	0.1137	64.32	0.0467	555.89
130	50	303.10	0.1146	67.20	0.0479	567.23
129	51	310.03	0.1155	70.15	0.0493	578.57
128	52	317.03	0.1165	73.19	0.0506	589.92
127	53	324.08	0.1175	76.31	0.0519	601.26
126	54	331.19	0.1185	79.51	0.0533	612.61
125	55	338.37	0.1196	82.80	0.0547	623.95
124	56	345.61	0.1207	86.17	0.0562	635.30
123	57	352.92	0.1218	89.63	0.0576	646.64
122	58	360.30	0.1229	93.18	0.0591	657.99
121	59	367.75	0.1241	96.82	0.0606	669.33
120	60	375.28	0.1254	100.56	0.0622	680.68

Angle des deux alignements.	Angle au centre correspondant.	Longueur des *tangentes*		Longueur de la *bissectrice*		Développement de l'*arc.*
		correspondant à l'angle au centre.	pour chaque minute en sus.	correspondant à l'angle au centre.	pour chaque minute en sus.	Valeur d'une minute (0.189077).
120°	60°	375m28		100m56		680m68
			0m1266		0m0638	
119	61	382.88		104.38		692.02
			0.1280		0.0654	
118	62	390.56		108.31		703.37
			0.1293		0.0670	
117	63	398.32		112.34		714.71
			0.1307		0.0688	
116	64	406.16		116.47		726.05
			0.1321		0.0705	
115	65	414.10		120.70		737.40
			0.1336		0.0723	
114	66	422.11		125.04		748.74
			0.1351		0.0741	
113	67	430.23		129.48		760.09
			0.1367		0.0759	
112	68	438.43		134.04		771.43
			0.1383		0.0778	
111	69	446.73		138.71		782.78
			0.1400		0.0798	
110	70	455.13		143.50		794.12
			0.1417		0.0818	
109	71	463.64		148.41		805.47
			0.1435		0.0838	
108	72	472.25		153.44		816.81
			0.1453		0.0859	
107	73	480.97		158.60		828.16
			0.1472		0.0881	
106	74	489.81		163.89		839.50
			0.1492		0.0903	
105	75	498.76		169.31		850.85
			0.1512		0.0925	
104	76	507.84		174.86		862.19
			0.1532		0.0949	
103	77	517.03		180.56		873.53
			0.1554		0.0973	
102	78	526.36		186.39		884.88
			0.1576		0.0997	
101	79	535.82		192.38		896.22
			0.1599		0.1022	
100	80	545.41		198.51		907.57
			0.1623		0.1048	
99	81	555.15		204.81		918.92
			0.1647		0.1075	
98	82	565.04		211.26		930.26
			0.1672		0.1102	
97	83	575.07		217.87		941.61
			0.1698		0.1131	
96	84	585.26		224.66		952.95
			0.1725		0.1160	
95	85	595.62		231.62		964.30
			0.1753		0.1190	
94	86	606.13		238.76		975.64
			0.1782		0.1221	
93	87	616.83		246.09		986.99
			0.1811		0.1252	
92	88	627.70		253.61		998.33
			0.1842		0.1285	
91	89	638.75		261.32		1009.67
			0.1874		0.1319	
90	90	650.00		269.24		1021.02

Angle des deux aligne-ments.	Angle au centre cor-respon-dant.	Longueur des *tangentes* correspondant à l'angle au centre.	pour chaque minute en sus.	Longueur de la *bissectrice* correspondant à l'angle au centre.	pour chaque minute en sus.	Développe-ment de l'*arc.* Valeur d'une minute (0.203621).
179°	1°	6^{m}11		0^{m}03		12^{m}22
			0^{m}1018		0^{m}0013	
178	2	12.22		0.11		24.43
			0.1018		0.0022	
177	3	18.33		0.24		36.65
			0.1019		0.0031	
176	4	24.44		0.43		48.87
			0.1019		0.0040	
175	5	30.56		0.67		61.09
			0.1020		0.0048	
174	6	36.69		0.96		73.30
			0.1021		0.0057	
173	7	42.81		1.31		85.52
			0.1022		0.0066	
172	8	48.95		1.71		97.74
			0.1023		0.0075	
171	9	55.09		2.16		109.96
			0.1025		0.0084	
170	10	61.24		2.67		122.17
			0.1026		0.0093	
169	11	67.40		3.24		134.39
			0.1028		0.0103	
168	12	73.57		3.86		146.61
			0.1030		0.0112	
167	13	79.75		4.53		158.82
			0.1032		0.0121	
166	14	85.95		5.26		171.04
			0.1034		0.0130	
165	15	92.16		6.04		183.26
			0.1036		0.0139	
164	16	98.38		6.88		195.48
			0.1039		0.0149	
163	17	104.62		7.77		207.69
			0.1042		0.0158	
162	18	110.87		8.72		219.91
			0.1045		0.0168	
161	19	117.14		9.73		232.13
			0.1048		0.0177	
160	20	123.43		10.80		244.35
			0.1051		0.0187	
159	21	129.74		11.92		256.56
			0.1054		0.0196	
158	22	136.07		13.10		268.78
			0.1058		0.0206	
157	23	142.42		14.34		281.00
			0.1062		0.0216	
156	24	148.79		15.64		293.22
			0.1066		0.0226	
155	25	155.19		17.00		305.43
			0.1070		0.0236	
154	26	161.61		18.41		317.65
			0.1074		0.0246	
153	27	168.06		19.89		329.87
			0.1079		0.0256	
152	28	174.53		21.43		342.08
			0.1083		0.0266	
151	29	181.03		23.03		354.30
			0.1088		0.0277	
150	30	187.56		24.69		366.52

RAYON 700.

Angle des deux alignements.	Angle au centre correspondant.	Longueur des *tangentes*		Longueur de la *bissectrice*		Développement de l'*arc.*
		correspondant à l'angle au centre.	pour chaque minute en sus.	correspondant à l'angle au centre.	pour chaque minute en sus.	Valeur d'une minute (0.203621).
150°	30°	187ᵐ56		24ᵐ69		366ᵐ52
			0ᵐ1093		0ᵐ0287	
149	31	194.13		26.42		378.74
			0.1099		0.0298	
148	32	200.72		28.21		390.95
			0.1104		0.0309	
147	33	207.35		30.06		403.17
			0.1110		0.0320	
146	34	214.01		31.98		415.39
			0.1116		0.0330	
145	35	220.71		33.97		427.61
			0.1122		0.0342	
144	36	227.44		36.02		439.82
			0.1128		0.0353	
143	37	234.22		38.14		452.04
			0.1135		0.0364	
142	38	241.03		40.33		464.26
			0.1142		0.0376	
141	39	247.88		42.59		476.47
			0.1149		0.0388	
140	40	254.78		44.92		488.69
			0.1156		0.0400	
139	41	261.72		47.33		500.91
			0.1164		0.0412	
138	42	268.70		49.80		513.13
			0.1172		0.0424	
137	43	275.74		52.35		525.34
			0.1180		0.0437	
136	44	282.82		54.97		537.56
			0.1188		0.0450	
135	45	289.95		57.67		549.78
			0.1197		0.0462	
134	46	297.13		60.45		562.00
			0.1205		0.0476	
133	47	304.37		63.31		574.21
			0.1215		0.0489	
132	48	311.66		66.25		586.43
			0.1224		0.0503	
131	49	319.01		69.26		598.65
			0.1234		0.0516	
130	50	326.42		72.36		610.87
			0.1244		0.0530	
129	51	333.88		75.55		623.08
			0.1255		0.0545	
128	52	341.41		78.82		635.30
			0.1265		0.0559	
127	53	349.01		82.18		647.52
			0.1276		0.0574	
126	54	356.67		85.63		659.73
			0.1288		0.0589	
125	55	364.40		89.17		671.95
			0.1299		0.0605	
124	56	372.20		92.80		684.17
			0.1312		0.0620	
123	57	380.07		96.52		696.39
			0.1324		0.0637	
122	58	388.02		100.35		708.60
			0.1337		0.0653	
121	59	396.04		104.27		720.82
			0.1350		0.0670	
120	60	404.15		108.29		733.84

Angle des deux alignements.	Angle au centre correspondant.	Longueur des *tangentes*		Longueur de la *bissectrice*		Développement de l'*arc.*
		correspondant à l'angle au centre.	pour chaque minute en sus.	correspondant à l'angle au centre.	pour chaque minute en sus.	Valeur d'une minute (0.203621).
179°	1°	6^{m}11		0^{m}03		12^{m}22
178	2	12.22	0^{m}1018	0.11	0^{m}0013	24.43
177	3	18.33	0.1018	0.24	0.0022	36.65
176	4	24.44	0.1019	0.43	0.0031	48.87
175	5	30.56	0.1019	0.67	0.0040	61.09
174	6	36.69	0.1020	0.96	0.0048	73.30
173	7	42.81	0.1021	1.31	0.0057	85.52
172	8	48.95	0.1022	1.71	0.0066	97.74
171	9	55.09	0.1023	2.16	0.0075	109.96
170	10	61.24	0.1025	2.67	0.0084	122.17
169	11	67.40	0.1026	3.24	0.0093	134.39
168	12	73.57	0.1028	3.86	0.0103	146.61
167	13	79.75	0.1030	4.53	0.0112	158.82
166	14	85.95	0.1032	5.26	0.0121	171.04
165	15	92.16	0.1034	6.04	0.0130	183.26
164	16	98.38	0.1036	6.88	0.0139	195.48
163	17	104.62	0.1039	7.77	0.0149	207.69
162	18	110.87	0.1042	8.72	0.0158	219.91
161	19	117.14	0.1045	9.73	0.0168	232.13
160	20	123.43	0.1048	10.80	0.0177	244.35
159	21	129.74	0.1051	11.92	0.0187	256.56
158	22	136.07	0.1054	13.10	0.0196	268.78
157	23	142.42	0.1058	14.34	0.0206	281.00
156	24	148.79	0.1062	15.64	0.0216	293.22
155	25	155.19	0.1066	17.00	0.0226	305.43
154	26	161.61	0.1070	18.41	0.0236	317.65
153	27	168.06	0.1074	19.89	0.0246	329.87
152	28	174.53	0.1079	21.43	0.0256	342.08
151	29	181.03	0.1083	23.03	0.0266	354.30
150	30	187.56	0.1088	24.69	0.0277	366.52

Angle des deux alignements.	Angle au centre correspondant.	Longueur des *tangentes*		Longueur de la *bissectrice*		Développement de l'*arc*.
		correspondant à l'angle au centre.	pour chaque minute en sus.	correspondant à l'angle au centre.	pour chaque minute en sus.	Valeur d'une minute (0.203621).
150°	30°	187^{m}56		24^{m}69		366^{m}52
149	31	194.13	0^{m}1093	26.42	0^{m}0287	378.74
148	32	200.72	0.1099	28.21	0.0298	390.95
147	33	207.35	0.1104	30.06	0.0309	403.17
146	34	214.01	0.1110	31.98	0.0320	415.39
145	35	220.71	0.1116	33.97	0.0330	427.61
144	36	227.44	0.1122	36.02	0.0342	439.82
143	37	234.22	0.1128	38.14	0.0353	452.04
142	38	241.03	0.1135	40.33	0.0364	464.26
141	39	247.88	0.1142	42.59	0.0376	476.47
140	40	254.78	0.1149	44.92	0.0388	488.69
139	41	261.72	0.1156	47.33	0.0400	500.91
138	42	268.70	0.1164	49.80	0.0412	513.13
137	43	275.74	0.1172	52.35	0.0424	525.34
136	44	282.82	0.1180	54.97	0.0437	537.56
135	45	289.95	0.1188	57.67	0.0450	549.78
134	46	297.13	0.1197	60.45	0.0462	562.00
133	47	304.37	0.1205	63.31	0.0476	574.21
132	48	311.66	0.1215	66.25	0.0489	586.43
131	49	319.01	0.1224	69.26	0.0503	598.65
130	50	326.42	0.1234	72.36	0.0516	610.87
129	51	333.88	0.1244	75.55	0.0530	623.08
128	52	341.41	0.1255	78.82	0.0545	635.30
127	53	349.01	0.1265	82.18	0.0559	647.52
126	54	356.67	0.1276	85.63	0.0574	659.73
125	55	364.40	0.1288	89.17	0.0589	671.95
124	56	372.20	0.1299	92.80	0.0605	684.17
123	57	380.07	0.1312	96.52	0.0620	696.39
122	58	388.02	0.1324	100.35	0.0637	708.60
121	59	396.04	0.1337	104.27	0.0653	720.82
120	60	404.15	0.1350	108.29	0.0670	733.84

Angle des deux aligne-ments.	Angle au centre cor-respon-dant.	Longueur des *tangentes*		Longueur de la *bissectrice*		Développe-ment de l'*arc.*
		correspondant à l'angle au centre.	pour chaque minute en sus.	correspondant à l'angle au centre.	pour chaque minute en sus.	Valeur d'une minute (0.203621).
120°	60°	404ᵐ15		108ᵐ29		733ᵐ84
119	61	412.33	0ᵐ1364	112.41	0ᵐ0687	745.26
118	62	420.60	0.1378	116.64	0.0704	757.47
117	63	428.96	0.1393	120.98	0.0722	769.69
116	64	437.41	0.1407	125.42	0.0740	781.91
115	65	445.95	0.1423	129.98	0.0759	794.12
114	66	454.58	0.1439	134.65	0.0778	806.34
113	67	463.32	0.1455	139.44	0.0798	818.56
112	68	472.16	0.1472	144.35	0.0818	830.78
111	69	481.10	0.1490	149.38	0.0838	842.99
110	70	490.14	0.1508	154.54	0.0859	855.21
109	71	499.31	0.1526	159.83	0.0880	867.43
108	72	508.58	0.1545	165.25	0.0903	879.65
107	73	517.97	0.1565	170.80	0.0925	891.86
106	74	527.49	0.1585	176.50	0.0948	904.08
105	75	537.13	0.1606	182.33	0.0972	916.30
104	76	546.90	0.1628	188.31	0.0997	928.51
103	77	556.80	0.1650	194.44	0.1022	940.73
102	78	566.85	0.1673	200.73	0.1047	952.95
101	79	577.04	0.1697	207.18	0.1074	965.17
100	80	587.37	0.1722	213.78	0.1101	977.38
99	81	597.86	0.1747	220.56	0.1129	989.60
98	82	608.50	0.1774	227.51	0.1158	1001.82
97	83	619.31	0.1801	234.63	0.1187	1014.04
96	84	630.28	0.1829	241.94	0.1218	1026.26
95	85	641.43	0.1858	249.44	0.1249	1038.47
94	86	652.76	0.1887	257.13	0.1281	1050.69
93	87	664.27	0.1919	265.02	0.1314	1062.91
92	88	675.98	0.1951	273.11	0.1349	1075.13
91	89	687.89	0.1984	281.42	0.1384	1087.34
90	90	700.00	0.2018	289.95	0.1421	1099.56

Angle des deux alignements.	Angle au centre correspondant.	Longueur des *tangentes*		Longueur de la *bissectrice*		Développement de l'*arc.* Valeur d'une minute (0.218166).
		correspondant à l'angle au centre.	pour chaque minute en sus.	correspondant à l'angle au centre.	pour chaque minute en sus.	
179°	1°	6ᵐ54		0ᵐ03		13ᵐ09
178	2	13.09	0ᵐ1090	0.11	0ᵐ0014	26.18
177	3	19.64	0.1091	0.26	0.0023	39.27
176	4	26.19	0.1091	0.46	0.0033	52.36
175	5	32.75	0.1092	0.71	0.0042	65.45
174	6	39.31	0.1093	1.03	0.0052	78.54
173	7	45.87	0.1094	1.40	0.0062	91.63
172	8	52.45	0.1095	1.83	0.0071	104.72
171	9	59.03	0.1096	2.32	0.0081	117.81
170	10	65.62	0.1098	2.87	0.0090	130.90
169	11	72.22	0.1100	3.47	0.0100	143.99
168	12	78.83	0.1101	4.13	0.0110	157.08
167	13	85.45	0.1103	4.85	0.0120	170.17
166	14	92.09	0.1106	5.63	0.0129	183.26
165	15	98.74	0.1108	6.47	0.0139	196.35
164	16	105.41	0.1111	7.37	0.0149	209.44
163	17	112.09	0.1113	8.33	0.0159	222.53
162	18	118.79	0.1116	9.35	0.0169	235.62
161	19	125.51	0.1119	10.43	0.0180	248.71
160	20	132.25	0.1122	11.57	0.0190	261.80
159	21	139.00	0.1126	12.77	0.0200	274.89
158	22	145.79	0.1130	14.04	0.0210	287.98
157	23	152.59	0.1134	15.37	0.0221	301.07
156	24	159.42	0.1138	16.76	0.0231	314.16
155	25	166.27	0.1142	18.21	0.0242	327.25
154	26	173.15	0.1146	19.73	0.0253	340.34
153	27	180.06	0.1151	21.31	0.0263	353.43
152	28	187.00	0.1156	22.96	0.0274	366.52
151	29	193.96	0.1161	24.68	0.0285	379.61
150	30	200.96	0.1166	26.46	0.0297	392.70

Angle des deux aligne-ments.	Angle au centre cor-respon-dant.	Longueur des *tangentes*		Longueur de la *bissectrice*		Développe-ment de l'*arc*.
		correspondant à l'angle au centre.	pour chaque minute en sus.	correspondant à l'angle au centre.	pour chaque minute en sus.	Valeur d'une minute (0.203621).
120°	60°	404m15		108m29		733m84
			0m1364		0m0687	
119	61	412.33		112.41		745.26
			0.1378		0.0704	
118	62	420.60		116.64		757.47
			0.1393		0.0722	
117	63	428.96		120.98		769.69
			0.1407		0.0740	
116	64	437.41		125.42		781.91
			0.1423		0.0759	
115	65	445.95		129.98		794.12
			0.1439		0.0778	
114	66	454.58		134.65		806.34
			0.1455		0.0798	
113	67	463.32		139.44		818.56
			0.1472		0.0818	
112	68	472.16		144.35		830.78
			0.1490		0.0838	
111	69	481.10		149.38		842.99
			0.1508		0.0859	
110	70	490.14		154.54		855.21
			0.1526		0.0880	
109	71	499.31		159.83		867.43
			0.1545		0.0903	
108	72	508.58		165.25		879.65
			0.1565		0.0925	
107	73	517.97		170.80		891.86
			0.1585		0.0948	
106	74	527.49		176.50		904.08
			0.1606		0.0972	
105	75	537.13		182.33		916.30
			0.1628		0.0997	
104	76	546.90		188.31		928.51
			0.1650		0.1022	
103	77	556.80		194.44		940.73
			0.1673		0.1047	
102	78	566.85		200.73		952.95
			0.1697		0.1074	
101	79	577.04		207.18		965.17
			0.1722		0.1101	
100	80	587.37		213.78		977.38
			0.1747		0.1129	
99	81	597.86		220.56		989.60
			0.1774		0.1158	
98	82	608.50		227.51		1001.82
			0.1801		0.1187	
97	83	619.31		234.63		1014.04
			0.1829		0.1218	
96	84	630.28		241.94		1026.26
			0.1858		0.1249	
95	85	641.43		249.44		1038.47
			0.1887		0.1281	
94	86	652.76		257.13		1050.69
			0.1919		0.1314	
93	87	664.27		265.02		1062.91
			0.1951		0.1349	
92	88	675.98		273.11		1075.13
			0.1984		0.1384	
91	89	687.89		281.42		1087.34
			0.2018		0.1421	
90	90	700.00		289.95		1099.56

RAYON 750.

Angle des deux alignements.	Angle au centre correspondant.	Longueur des *tangentes* correspondant à l'angle au centre.	pour chaque minute en sus.	Longueur de la *bissectrice* correspondant à l'angle au centre.	pour chaque minute en sus.	Développement de l'*arc.* Valeur d'une minute (0.218166).
179°	1°	6m54		0m03		13m09
			0m1090		0m0014	
178	2	13.09		0.11		26.18
			0.1091		0.0023	
177	3	19.64		0.26		39.27
			0.1091		0.0033	
176	4	26.19		0.46		52.36
			0.1092		0.0042	
175	5	32.75		0.71		65.45
			0.1093		0.0052	
174	6	39.31		1.03		78.54
			0.1094		0.0062	
173	7	45.87		1.40		91.63
			0.1095		0.0071	
172	8	52.45		1.83		104.72
			0.1096		0.0081	
171	9	59.03		2.32		117.81
			0.1098		0.0090	
170	10	65.62		2.87		130.90
			0.1100		0.0100	
169	11	72.22		3.47		143.99
			0.1101		0.0110	
168	12	78.83		4.13		157.08
			0.1103		0.0120	
167	13	85.45		4.85		170.17
			0.1106		0.0129	
166	14	92.09		5.63		183.26
			0.1108		0.0139	
165	15	98.74		6.47		196.35
			0.1111		0.0149	
164	16	105.41		7.37		209.44
			0.1113		0.0159	
163	17	112.09		8.33		222.53
			0.1116		0.0169	
162	18	118.79		9.35		235.62
			0.1119		0.0180	
161	19	125.51		10.43		248.71
			0.1122		0.0190	
160	20	132.25		11.57		261.80
			0.1126		0.0200	
159	21	139.00		12.77		274.89
			0.1130		0.0210	
158	22	145.79		14.04		287.98
			0.1134		0.0221	
157	23	152.59		15.37		301.07
			0.1138		0.0231	
156	24	159.42		16.76		314.16
			0.1142		0.0242	
155	25	166.27		18.21		327.25
			0.1146		0.0253	
154	26	173.15		19.73		340.34
			0.1151		0.0263	
153	27	180.06		21.31		353.43
			0.1156		0.0274	
152	28	187.00		22.96		366.52
			0.1161		0.0285	
151	29	193.96		24.68		379.61
			0.1166		0.0297	
150	30	200.96		26.46		392.70

Angle des deux alignements.	Angle au centre correspondant.	Longueur des *tangentes*		Longueur de la *bissectrice*		Développement de l'*arc*.
		correspondant à l'angle au centre.	pour chaque minute en sus.	correspondant à l'angle au centre.	pour chaque minute en sus.	Valeur d'une minute (0.218166).
150°	30°	200m96		26m46		392m70
			0m1171		0m0308	
149	31	207.99		28.31		405.79
			0.1177		0.0319	
148	32	215.06		30.22		418.88
			0.1183		0.0331	
147	33	222.16		32.21		431.97
			0.1189		0.0343	
146	34	229.30		34.27		445.06
			0.1195		0.0354	
145	35	236.47		36.40		458.15
			0.1202		0.0366	
144	36	243.69		38.60		471.24
			0.1209		0.0378	
143	37	250.95		40.87		484.33
			0.1216		0.0391	
142	38	258.25		43.22		497.42
			0.1223		0.0403	
141	39	265.59		45.64		510.51
			0.1231		0.0416	
140	40	272.98		48.13		523.60
			0.1239		0.0428	
139	41	280.41		50.71		536.69
			0.1247		0.0442	
138	42	287.90		53.36		549.78
			0.1255		0.0455	
137	43	295.43		56.09		562.87
			0.1264		0.0468	
136	44	303.02		58.90		575.96
			0.1273		0.0482	
135	45	310.66		61.79		589.05
			0.1282		0.0495	
134	46	318.36		64.77		602.14
			0.1292		0.0510	
133	47	326.11		67.83		615.23
			0.1302		0.0524	
132	48	333.92		70.98		628.32
			0.1312		0.0538	
131	49	341.79		74.21		641.41
			0.1322		0.0553	
130	50	349.73		77.53		654.50
			0.1333		0.0568	
129	51	357.73		80.95		667.59
			0.1344		0.0584	
128	52	365.80		84.45		680.68
			0.1356		0.0599	
127	53	373.94		88.05		693.77
			0.1368		0.0615	
126	54	382.14		91.74		706.86
			0.1380		0.0632	
125	55	390.43		95.54		719.95
			0.1392		0.0648	
124	56	398.78		99.43		732.04
			0.1405		0.0665	
123	57	407.22		103.42		745.13
			0.1419		0.0682	
122	58	415.73		107.51		758.22
			0.1432		0.0700	
121	59	424.33		111.72		772.31
			0.1447		0.0718	
120	60	433.01		116.03		785.40

Angle des deux alignements.	Angle au centre correspondant.	Longueur des *tangentes*		Longueur de la *bissectrice*		Développement de l'*arc.* Valeur d'une minute (0.218166).
		correspondant à l'angle au centre.	pour chaque minute en sus.	correspondant à l'angle au centre.	pour chaque minute en sus.	
120°	60°	433m01		116m03		785m40
			0m1461		0m0736	
119	61	441.78		120.44		798.49
			0.1476		0.0755	
118	62	450.65		124.97		811.58
			0.1492		0.0774	
117	63	459.60		129.62		824.67
			0.1508		0.0793	
116	64	468.65		134.38		837.76
			0.1525		0.0813	
115	65	477.80		139.27		850.85
			0.1542		0.0834	
114	66	487.06		144.27		863.94
			0.1559		0.0855	
113	67	496.41		149.40		877.03
			0.1577		0.0876	
112	68	505.88		154.66		890.12
			0.1596		0.0898	
111	69	515.46		160.05		903.21
			0.1615		0.0921	
110	70	525.16		165.58		916.30
			0.1635		0.0943	
109	71	534.97		171.24		929.39
			0.1656		0.0967	
108	72	544.91		177.05		942.48
			0.1677		0.0991	
107	73	554.97		183.00		955.57
			0.1699		0.1016	
106	74	565.17		189.10		968.66
			0.1721		0.1041	
105	75	575.50		195.35		981.75
			0.1744		0.1068	
104	76	585.96		201.76		994.84
			0.1768		0.1095	
103	77	596.58		208.33		1007.93
			0.1793		0.1122	
102	78	607.34		215.07		1021.02
			0.1818		0.1150	
101	79	618.25		221.98		1034.11
			0.1845		0.1179	
100	80	629.32		229.06		1047.20
			0.1872		0.1209	
99	81	640.56		236.32		1060.29
			0.1900		0.1240	
98	82	651.97		243.76		1073.38
			0.1929		0.1272	
97	83	663.54		251.39		1086.47
			0.1959		0.1305	
96	84	675.30		259.22		1099.56
			0.1990		0.1338	
95	85	687.25		267.26		1112.65
			0.2022		0.1373	
94	86	699.38		275.50		1125.74
			0.2056		0.1408	
93	87	711.72		283.95		1138.83
			0.2090		0.1445	
92	88	724.27		292.62		1151.92
			0.2125		0.1483	
91	89	737.02		301.52		1165.01
			0.2162		0.1522	
90	90	750.00		310.66		1178.10

Angle des deux alignements.	Angle au centre correspondant.	Longueur des *tangentes* correspondant à l'angle au centre.	pour chaque minute en sus.	Longueur de la *bissectrice* correspondant à l'angle au centre.	pour chaque minute en sus.	Développement de l'*arc.* Valeur d'une minute (0.218166).
150°	30°	200m96	0m1171	26m46	0m0308	392m70
149	31	207.99	0.1177	28.31	0.0319	405.79
148	32	215.06	0.1183	30.22	0.0331	418.88
147	33	222.16	0.1189	32.21	0.0343	431.97
146	34	229.30	0.1195	34.27	0.0354	445.06
145	35	236.47	0.1202	36.40	0.0366	458.15
144	36	243.69	0.1209	38.60	0.0378	471.24
143	37	250.95	0.1216	40.87	0.0391	484.33
142	38	258.25	0.1223	43.22	0.0403	497.42
141	39	265.59	0.1231	45.64	0.0416	510.51
140	40	272.98	0.1239	48.13	0.0428	523.60
139	41	280.41	0.1247	50.71	0.0442	536.69
138	42	287.90	0.1255	53.36	0.0455	549.78
137	43	295.43	0.1264	56.09	0.0468	562.87
136	44	303.02	0.1273	58.90	0.0482	575.96
135	45	310.66	0.1282	61.79	0.0495	589.05
134	46	318.36	0.1292	64.77	0.0510	602.14
133	47	326.11	0.1302	67.83	0.0524	615.23
132	48	333.92	0.1312	70.98	0.0538	628.32
131	49	341.79	0.1322	74.21	0.0553	641.41
130	50	349.73	0.1333	77.53	0.0568	654.50
129	51	357.73	0.1344	80.95	0.0584	667.59
128	52	365.80	0.1356	84.45	0.0599	680.68
127	53	373.94	0.1368	88.05	0.0615	693.77
126	54	382.14	0.1380	91.74	0.0632	706.86
125	55	390.43	0.1392	95.54	0.0648	719.95
124	56	398.78	0.1405	99.43	0.0665	732.04
123	57	407.22	0.1419	103.42	0.0682	745.13
122	58	415.73	0.1432	107.51	0.0700	758.22
121	59	424.33	0.1447	111.72	0.0718	772.31
120	60	433.01		116.03		785.40

Angle des deux alignements.	Angle au centre correspondant.	Longueur des *tangentes*		Longueur de la *bissectrice*		Développement de l'*arc.*
		correspondant à l'angle au centre.	pour chaque minute en sus.	correspondant à l'angle au centre.	pour chaque minute en sus.	Valeur d'une minute (0.218166).
120°	60°	433m01		116m03		
119	61	441.78	0m1461	120.44	0m0736	785m40
118	62	450.65	0.1476	124.97	0.0755	798.49
117	63	459.60	0.1492	129.62	0.0774	811.58
116	64	468.65	0.1508	134.38	0.0793	824.67
115	65	477.80	0.1525	139.27	0.0813	837.76
114	66	487.06	0.1542	144.27	0.0834	850.85
113	67	496.41	0.1559	149.40	0.0855	863.94
112	68	505.88	0.1577	154.66	0.0876	877.03
111	69	515.46	0.1596	160.05	0.0898	890.12
110	70	525.16	0.1615	165.58	0.0921	903.21
109	71	534.97	0.1635	171.24	0.0943	916.30
108	72	544.91	0.1656	177.05	0.0967	929.39
107	73	554.97	0.1677	183.00	0.0991	942.48
106	74	565.17	0.1699	189.10	0.1016	955.57
105	75	575.50	0.1721	195.35	0.1041	968.66
104	76	585.96	0.1744	201.76	0.1068	981.75
103	77	596.58	0.1768	208.33	0.1095	994.84
102	78	607.34	0.1793	215.07	0.1122	1007.93
101	79	618.25	0.1818	221.98	0.1150	1021.02
100	80	629.32	0.1845	229.06	0.1179	1034.11
99	81	640.56	0.1872	236.32	0.1209	1047.20
98	82	651.97	0.1900	243.76	0.1240	1060.29
97	83	663.54	0.1929	251.39	0.1272	1073.38
96	84	675.30	0.1959	259.22	0.1305	1086.47
95	85	687.25	0.1990	267.26	0.1338	1099.56
94	86	699.38	0.2022	275.50	0.1373	1112.65
93	87	711.72	0.2056	283.95	0.1408	1125.74
92	88	724.27	0.2090	292.62	0.1445	1138.83
91	89	737.02	0.2125	301.52	0.1483	1151.92
90	90	750.00	0.2162	310.66	0.1522	1165.01
						1178.10

Angle des deux aligne-ments.	Angle au centre cor-respon-dant.	Longueur des *tangentes*		Longueur de la *bissectrice*		Développe-ment de l'*arc.* — Valeur d'une minute (0.232710).
		correspondant à l'angle au centre.	pour chaque minute en sus.	correspondant à l'angle au centre.	pour chaque minute en sus.	
179°	1°	6ᵐ98		0ᵐ03		13ᵐ96
178	2	13.96	0ᵐ1163	0.12	0ᵐ0015	27.93
177	3	20.95	0.1164	0.27	0.0025	41.89
176	4	27.94	0.1164	0.49	0.0035	55.85
175	5	34.93	0.1165	0.76	0.0045	69.81
174	6	41.93	0.1166	1.10	0.0055	83.78
173	7	48.93	0.1167	1.49	0.0066	97.74
172	8	55.94	0.1168	1.95	0.0076	111.70
171	9	62.96	0.1169	2.47	0.0086	125.66
170	10	69.99	0.1171	3.06	0.0097	139.63
169	11	77.03	0.1173	3.70	0.0107	153.59
168	12	84.08	0.1175	4.41	0.0117	167.55
167	13	91.15	0.1177	5.18	0.0128	181.51
166	14	98.23	0.1179	6.01	0.0138	195.48
165	15	105.32	0.1182	6.90	0.0149	209.44
164	16	112.43	0.1185	7.86	0.0159	223.40
163	17	119.56	0.1188	8.88	0.0170	237.37
162	18	126.71	0.1191	9.97	0.0181	251.33
161	19	133.87	0.1194	11.12	0.0192	265.29
160	20	141.06	0.1197	12.34	0.0202	279.25
159	21	148.27	0.1201	13.62	0.0213	293.22
158	22	155.50	0.1205	14.97	0.0224	307.18
157	23	162.76	0.1209	16.39	0.0236	321.14
156	24	170.05	0.1214	17.87	0.0247	335.10
155	25	177.36	0.1218	19.42	0.0258	349.07
154	26	184.69	0.1223	21.04	0.0269	363.03
153	27	192.06	0.1228	22.73	0.0281	376.99
152	28	199.46	0.1233	24.49	0.0293	390.95
151	29	206.89	0.1238	26.32	0.0304	404.92
150	30	214.36	0.1244	28.22	0.0316	418.88

RAYON 800.

Angle des deux alignements.	Angle au centre correspondant.	Longueur des *tangentes*		Longueur de la *bissectrice*		Développement de l'*arc*.
		correspondant à l'angle au centre.	pour chaque minute en sus.	correspondant à l'angle au centre.	pour chaque minute en sus.	Valeur d'une minute (0.232710).
150°	30°	214m36		28m22		418m88
			0m1250		0m0328	
149	31	221.86		30.19		432.84
			0.1256		0.0340	
148	32	229.40		32.24		446.81
			0.1262		0.0353	
147	33	236.97		34.36		460.77
			0.1269		0.0365	
146	34	244.58		36.55		474.73
			0.1275		0.0378	
145	35	252.24		38.82		488.69
			0.1282		0.0391	
144	36	259.94		41.17		502.66
			0.1290		0.0404	
143	37	267.68		43.59		516.62
			0.1297		0.0417	
142	38	275.46		46.10		530.58
			0.1305		0.0430	
141	39	283.30		48.68		544.54
			0.1313		0.0444	
140	40	291.18		51.34		558.51
			0.1322		0.0457	
139	41	299.11		54.09		572.47
			0.1330		0.0471	
138	42	307.09		56.92		586.43
			0.1339		0.0485	
137	43	315.13		59.83		600.39
			0.1348		0.0499	
136	44	323.22		62.83		614.36
			0.1358		0.0514	
135	45	331.37		65.91		628.32
			0.1368		0.0529	
134	46	339.58		69.09		642.28
			0.1378		0.0544	
133	47	347.85		72.35		656.25
			0.1388		0.0559	
132	48	356.18		75.71		670.21
			0.1399		0.0574	
131	49	364.58		79.16		684.17
			0.1410		0.0590	
130	50	373.05		82.70		698.13
			0.1422		0.0606	
129	51	381.58		86.34		712.10
			0.1434		0.0623	
128	52	390.19		90.08		726.06
			0.1446		0.0639	
127	53	398.87		93.92		740.02
			0.1459		0.0656	
126	54	407.62		97.86		753.98
			0.1472		0.0674	
125	55	416.45		101.91		767.95
			0.1485		0.0691	
124	56	425.37		106.06		781.91
			0.1499		0.0709	
123	57	434.36		110.31		795.87
			0.1513		0.0728	
122	58	443.45		114.68		809.83
			0.1528		0.0746	
121	59	452.62		119.16		823.80
			0.1543		0.0766	
120	60	461.88		123.76		837.76

Angle des deux alignements.	Angle au centre correspondant.	Longueur des *tangentes*		Longueur de la *bissectrice*		Développement de l'*arc.* — Valeur d'une minute (0.232710).
		correspondant à l'angle au centre.	pour chaque minute en sus.	correspondant à l'angle au centre.	pour chaque minute en sus.	
179°	1°	6m98		0m03		13m96
178	2	13.96	0m1163	0.12	0m0015	27.93
177	3	20.95	0.1164	0.27	0.0025	41.89
176	4	27.94	0.1164	0.49	0.0035	55.85
175	5	34.93	0.1165	0.76	0.0045	69.81
174	6	41.93	0.1166	1.10	0.0055	83.78
173	7	48.93	0.1167	1.49	0.0066	97.74
172	8	55.94	0.1168	1.95	0.0076	111.70
171	9	62.96	0.1169	2.47	0.0086	125.66
170	10	69.99	0.1171	3.06	0.0097	139.63
169	11	77.03	0.1173	3.70	0.0107	153.59
168	12	84.08	0.1175	4.41	0.0117	167.55
167	13	91.15	0.1177	5.18	0.0128	181.51
166	14	98.23	0.1179	6.01	0.0138	195.48
165	15	105.32	0.1182	6.90	0.0149	209.44
164	16	112.43	0.1185	7.86	0.0159	223.40
163	17	119.56	0.1188	8.88	0.0170	237.37
162	18	126.71	0.1191	9.97	0.0181	251.33
161	19	133.87	0.1194	11.12	0.0192	265.29
160	20	141.06	0.1197	12.34	0.0202	279.25
159	21	148.27	0.1201	13.62	0.0213	293.22
158	22	155.50	0.1205	14.97	0.0224	307.18
157	23	162.76	0.1209	16.39	0.0236	321.14
156	24	170.05	0.1214	17.87	0.0247	335.10
155	25	177.36	0.1218	19.42	0.0258	349.07
154	26	184.69	0.1223	21.04	0.0269	363.03
153	27	192.06	0.1228	22.73	0.0281	376.99
152	28	199.46	0.1233	24.49	0.0293	390.95
151	29	206.89	0.1238	26.32	0.0304	404.92
150	30	214.36	0.1244	28.22	0.0316	418.88

Angle des deux alignements.	Angle au centre correspondant.	Longueur des *tangentes*		Longueur de la *bissectrice*		Développement de l'arc. — Valeur d'une minute (0.232710).
		correspondant à l'angle au centre.	pour chaque minute en sus.	correspondant à l'angle au centre.	pour chaque minute en sus.	
150°	30°	214m36		28m22		418m88
			0m1250		0m0328	
149	31	221.86		30.19		432.84
			0.1256		0.0340	
148	32	229.40		32.24		446.81
			0.1262		0.0353	
147	33	236.97		34.36		460.77
			0.1269		0.0365	
146	34	244.58		36.55		474.73
			0.1275		0.0378	
145	35	252.24		38.82		488.69
			0.1282		0.0391	
144	36	259.94		41.17		502.66
			0.1290		0.0404	
143	37	267.68		43.59		516.62
			0.1297		0.0417	
142	38	275.46		46.10		530.58
			0.1305		0.0430	
141	39	283.30		48.68		544.54
			0.1313		0.0444	
140	40	291.18		51.34		558.51
			0.1322		0.0457	
139	41	299.11		54.09		572.47
			0.1330		0.0471	
138	42	307.09		56.92		586.43
			0.1339		0.0485	
137	43	315.13		59.83		600.39
			0.1348		0.0499	
136	44	323.22		62.83		614.36
			0.1358		0.0514	
135	45	331.37		65.91		628.32
			0.1368		0.0529	
134	46	339.58		69.09		642.28
			0.1378		0.0544	
133	47	347.85		72.35		656.25
			0.1388		0.0559	
132	48	356.18		75.71		670.21
			0.1399		0.0574	
131	49	364.58		79.16		684.17
			0.1410		0.0590	
130	50	373.05		82.70		698.13
			0.1422		0.0606	
129	51	381.58		86.34		712.10
			0.1434		0.0623	
128	52	390.19		90.08		726.06
			0.1446		0.0639	
127	53	398.87		93.92		740.02
			0.1459		0.0656	
126	54	407.62		97.86		753.98
			0.1472		0.0674	
125	55	416.45		101.91		767.95
			0.1485		0.0691	
124	56	425.37		106.06		781.91
			0.1499		0.0709	
123	57	434.36		110.31		795.87
			0.1513		0.0728	
122	58	443.45		114.68		809.83
			0.1528		0.0746	
121	59	452.62		119.16		823.80
			0.1543		0.0766	
120	60	461.88		123.76		837.76

Angle des deux alignements.	Angle au centre correspondant.	Longueur des *tangentes*		Longueur de la *bissectrice*		Développement de l'*arc*.
		correspondant à l'angle au centre.	pour chaque minute en sus.	correspondant à l'angle au centre.	pour chaque minute en sus.	Valeur d'une minute (0.232710).
120°	60°	461m88		123m76		837m76
			0m1559		0m0785	
119	61	471.24		128.47		851.72
			0.1575		0.0305	
118	62	480.69		133.31		865.68
			0.1592		0.0825	
117	63	490.24		138.26		879.65
			0.1609		0.0846	
116	64	499.90		143.34		893.61
			0.1626		0.0868	
115	65	509.66		148.55		907.57
			0.1644		0.0890	
114	66	519.53		153.89		921.54
			0.1663		0.0912	
113	67	529.51		159.36		935.50
			0.1683		0.0935	
112	68	539.61		164.97		949.46
			0.1703		0.0958	
111	69	549.82		170.72		963.42
			0.1723		0.0982	
110	70	560.17		176.62		977.39
			0.1744		0.1006	
109	71	570.63		182.66		991.35
			0.1766		0.1032	
108	72	581.23		188.85		1005.31
			0.1789		0.1057	
107	73	591.97		195.20		1019.27
			0.1812		0.1084	
106	74	602.84		201.71		1033.24
			0.1836		0.1111	
105	75	613.86		208.38		1047.20
			0.1861		0.1139	
104	76	625.03		215.21		1061.16
			0.1886		0.1168	
103	77	636.35		222.22		1075.12
			0.1913		0.1197	
102	78	647.83		229.41		1089.09
			0.1940		0.1227	
101	79	659.47		236.77		1103.05
			0.1968		0.1258	
100	80	671.28		244.33		1117.01
			0.1997		0.1290	
99	81	683.26		252.07		1130.98
			0.2027		0.1323	
98	82	695.43		260.01		1144.94
			0.2058		0.1357	
97	83	707.78		268.15		1158.90
			0.2090		0.1392	
96	84	720.32		276.51		1172.86
			0.2123		0.1427	
95	85	733.06		285.07		1186.83
			0.2157		0.1464	
94	86	746.01		293.86		1200.79
			0.2193		0.1502	
93	87	759.17		302.88		1214.75
			0.2230		0.1542	
92	88	772.55		312.13		1228.71
			0.2267		0.1582	
91	89	786.16		321.63		1242.68
			0.2307		0.1624	
90	90	800.00		331.37		1256.64

RAYON 850.

Angle des deux alignements.	Angle au centre correspondant.	Longueur des *tangentes*		Longueur de la *bissectrice*		Développement de l'*arc*.
		correspondant à l'angle au centre.	pour chaque minute en sus.	correspondant à l'angle au centre.	pour chaque minute en sus.	Valeur d'une minute (0.247254).
179°	1°	7m42	0m1236	0m03	0m0016	14m84
178	2	14.84	0.1236	0.13	0.0026	29.67
177	3	22.26	0.1237	0.29	0.0037	44.51
176	4	29.68	0.1238	0.52	0.0048	59.34
175	5	37.11	0.1238	0.81	0.0059	74.18
174	6	44.55	0.1240	1.17	0.0070	89.01
173	7	51.99	0.1241	1.59	0.0081	103.85
172	8	59.44	0.1243	2.08	0.0092	118.68
171	9	66.90	0.1244	2.63	0.0103	133.52
170	10	74.37	0.1246	3.25	0.0113	148.35
169	11	81.85	0.1248	3.93	0.0125	163.19
168	12	89.34	0.1251	4.68	0.0136	178.02
167	13	96.85	0.1253	5.50	0.0147	192.86
166	14	104.37	0.1256	6.38	0.0158	207.69
165	15	111.90	0.1259	7.33	0.0169	222.53
164	16	119.46	0.1262	8.35	0.0181	237.37
163	17	127.03	0.1265	9.44	0.0192	252.20
162	18	134.63	0.1269	10.60	0.0204	267.04
161	19	142.24	0.1272	11.82	0.0215	281.87
160	20	149.88	0.1276	13.11	0.0227	296.71
159	21	157.54	0.1280	14.48	0.0238	311.54
158	22	165.22	0.1285	15.91	0.0250	326.38
157	23	172.93	0.1289	17.41	0.0262	341.21
156	24	180.67	0.1294	18.99	0.0274	356.05
155	25	188.44	0.1299	20.64	0.0286	370.88
154	26	196.24	0.1304	22.36	0.0299	385.72
153	27	204.07	0.1310	24.15	0.0311	400.55
152	28	211.93	0.1316	26.02	0.0323	415.39
151	29	219.83	0.1321	27.97	0.0336	430.22
150	30	227.76		29.98		445.06

Angle des deux aligne-ments.	Angle au centre cor-respon-dant.	Longueur des *tangentes*		Longueur de la *bissectrice*		Développe-ment de l'*arc*.
		correspondant à l'angle au centre.	pour chaque minute en sus.	correspondant à l'angle au centre.	pour chaque minute en sus.	Valeur d'une minute (0.232710).
120°	60°	461ᵐ88	0ᵐ1559	123ᵐ76	0ᵐ0785	837ᵐ76
119	61	471.24	0.1575	128.47	0.0805	851.72
118	62	480.69	0.1592	133.31	0.0825	865.68
117	63	490.24	0.1609	138.26	0.0846	879.65
116	64	499.90	0.1626	143.34	0.0868	893.61
115	65	509.66	0.1644	148.55	0.0890	907.57
114	66	519.53	0.1663	153.89	0.0912	921.54
113	67	529.51	0.1683	159.36	0.0935	935.50
112	68	539.61	0.1703	164.97	0.0958	949.46
111	69	549.82	0.1723	170.72	0.0982	963.42
110	70	560.17	0.1744	176.62	0.1006	977.39
109	71	570.63	0.1766	182.66	0.1032	991.35
108	72	581.23	0.1789	188.85	0.1057	1005.31
107	73	591.97	0.1812	195.20	0.1084	1019.27
106	74	602.84	0.1836	201.71	0.1111	1033.24
105	75	613.86	0.1861	208.38	0.1139	1047.20
104	76	625.03	0.1886	215.21	0.1168	1061.16
103	77	636.35	0.1913	222.22	0.1197	1075.12
102	78	647.83	0.1940	229.41	0.1227	1089.09
101	79	659.47	0.1968	236.77	0.1258	1103.05
100	80	671.28	0.1997	244.33	0.1290	1117.01
99	81	683.26	0.2027	252.07	0.1323	1130.98
98	82	695.43	0.2058	260.01	0.1357	1144.94
97	83	707.78	0.2090	268.15	0.1392	1158.90
96	84	720.32	0.2123	276.51	0.1427	1172.86
95	85	733.06	0.2157	285.07	0.1464	1186.83
94	86	746.01	0.2193	293.86	0.1502	1200.79
93	87	759.17	0.2230	302.88	0.1542	1214.75
92	88	772.55	0.2267	312.13	0.1582	1228.71
91	89	786.16	0.2307	321.63	0.1624	1242.68
90	90	800.00		331.37		1256.64

3

RAYON 850.

Angle des deux alignements.	Angle au centre correspondant.	Longueur des *tangentes*		Longueur de la *bissectrice*		Développement de l'arc.
		correspondant à l'angle au centre.	pour chaque minute en sus.	correspondant à l'angle au centre.	pour chaque minute en sus.	Valeur d'une minute (0.247254).
179°	1°	7m42		0m03		14m84
178	2	14.84	0m1236	0.13	0m0016	29.67
177	3	22.26	0.1236	0.29	0.0026	44.51
176	4	29.68	0.1237	0.52	0.0037	59.34
175	5	37.11	0.1238	0.81	0.0048	74.18
174	6	44.55	0.1238	1.17	0.0059	89.01
173	7	51.99	0.1240	1.59	0.0070	103.85
172	8	59.44	0.1241	2.08	0.0081	118.68
171	9	66.90	0.1243	2.63	0.0092	133.52
170	10	74.37	0.1244	3.25	0.0103	148.35
169	11	81.85	0.1246	3.93	0.0113	163.19
168	12	89.34	0.1248	4.68	0.0125	178.02
167	13	96.85	0.1251	5.50	0.0136	192.86
166	14	104.37	0.1253	6.38	0 0147	207.69
165	15	111.90	0.1256	7.33	0.0158	222.53
164	16	119.46	0.1259	8.35	0.0169	237.37
163	17	127.03	0.1262	9.44	0.0181	252.20
162	18	134.63	0.1265	10.60	0.0192	267.04
161	19	142.24	0.1269	11.82	0.0204	281.87
160	20	149.88	0.1272	13.11	0.0215	296.71
159	21	157.54	0.1276	14.48	0.0227	311.54
158	22	165.22	0.1280	15.91	0.0238	326.38
157	23	172.93	0.1285	17.41	0.0250	341.21
156	24	180.67	0.1289	18.99	0.0262	356.05
155	25	188.44	0.1294	20.64	0.0274	370.88
154	26	196.24	0.1299	22.36	0.0286	385.72
153	27	204.07	0.1304	24.15	0.0299	400.55
152	28	211.93	0.1310	26.02	0.0311	415.39
151	29	219.83	0.1316	27.97	0.0323	430.22
150	30	227.76	0.1321	29.98	0.0336	445.06

Angle des deux alignements.	Angle au centre correspondant.	Longueur des *tangentes* correspondant à l'angle au centre.	pour chaque minute en sus.	Longueur de la *bissectrice* correspondant à l'angle au centre.	pour chaque minute en sus.	Développement de l'arc. Valeur d'une minute (0.247254).
150°	30°	227m76		29m98		445m06
			0m1328		0m0349	
149	31	235.73		32.08		459.90
			0.1334		0.0362	
148	32	243.73		34.25		474.73
			0.1341		0.0375	
147	33	251.78		36.51		489.57
			0.1348		0.0388	
146	34	259.87		38.84		504.40
			0.1355		0.0401	
145	35	268.00		41.25		519.24
			0.1362		0.0415	
144	36	276.18		43.74		534.07
			0.1370		0.0429	
143	37	284.41		46.32		548.91
			0.1378		0.0443	
142	38	292.68		48.98		563.74
			0.1387		0.0457	
141	39	301.00		51.72		578.58
			0.1395		0.0471	
140	40	309.37		54.55		593.41
			0.1404		0.0486	
139	41	317.80		57.47		608.25
			0.1413		0.0500	
138	42	326.28		60.47		623.08
			0.1423		0.0515	
137	43	334.82		63.57		637.92
			0.1433		0.0530	
136	44	343.42		66.75		652.75
			0.1443		0.0546	
135	45	352.08		70.03		667.59
			0.1453		0.0562	
134	46	360.80		73.41		682.43
			0.1464		0.0578	
133	47	369.59		76.87		697.26
			0.1475		0.0594	
132	48	378.44		80.44		712.10
			0.1487		0.0610	
131	49	387.37		84.11		726.93
			0.1499		0.0627	
130	50	396.36		87.87		741.77
			0.1510		0.0644	
129	51	405.43		91.74		756.60
			0.1524		0.0661	
128	52	414.57		95.71		771.44
			0.1536		0.0679	
127	53	423.79		99.79		786.27
			0.1550		0.0697	
126	54	433.10		103.98		801.11
			0.1564		0.0716	
125	55	442.48		108.27		815.94
			0.1578		0.0734	
124	56	451.95		112.68		830.79
			0.1593		0.0753	
123	57	461.51		117.21		845.61
			0.1608		0.0773	
122	58	471.16		121.85		860.45
			0.1624		0.0793	
121	59	480.91		126.61		875.28
			0.1640		0.0813	
120	60	490.75		131.50		890.12

RAYON 850.

Angle des deux aligne-ments.	Angle au centre cor-respon-dant.	Longueur des *tangentes*		Longueur de la *bissectrice*		Développe-ment de l'*arc.* — Valeur d'une minute (0.247254).
		correspondant à l'angle au centre.	pour chaque minute en sus.	correspondant à l'angle au centre.	pour chaque minute en sus.	
120°	60°	490m75		131m50		890m12
119	61	500.69	0m1656	136.50	0m0834	904.96
118	62	510.73	0.1673	141.64	0.0855	919.79
117	63	520.88	0.1691	146.90	0.0877	934.63
116	64	531.14	0.1709	152.30	0.0899	949.46
115	65	541.51	0.1728	157.83	0.0922	964.30
114	66	551.99	0.1747	163.51	0.0945	979.13
113	67	562.60	0.1767	169.32	0.0969	993.97
112	68	573.33	0.1788	175.29	0.0993	1008.80
111	69	584.19	0.1809	181.40	0.1018	1023.64
110	70	595.17	0.1831	187.66	0.1043	1038.47
109	71	606.30	0.1853	194.08	0.1069	1053.31
108	72	617.56	0.1876	200.66	0.1096	1068.14
107	73	628.97	0.1901	207.40	0.1123	1082.98
106	74	640.52	0.1925	214.32	0.1152	1097.81
105	75	652.23	0.1951	221.40	0.1180	1112.65
104	76	664.09	0.1977	228.67	0.1210	1127.49
103	77	676.12	0.2004	236.11	0.1241	1142.32
102	78	688.32	0.2032	243.75	0.1272	1157.16
101	79	700.69	0.2061	251.57	0.1304	1171.99
100	80	713.23	0.2091	259.60	0.1337	1186.83
99	81	725.97	0.2122	267.82	0.1371	1201.66
98	82	738.89	0.2154	276.26	0.1406	1216.50
97	83	752.02	0.2187	284.91	0.1442	1231.33
96	84	765.34	0.2221	293.79	0.1479	1246.17
95	85	778.88	0.2256	302.89	0.1517	1261.00
94	86	792.64	0.2292	312.23	0.1556	1275.84
93	87	806.62	0.2330	321.81	0.1596	1290.67
92	88	820.84	0.2369	331.64	0.1638	1305.51
91	89	835.29	0.2409	341.73	0.1681	1320.34
90	90	850.00	0.2451	352.08	0.1725	1335.18

Angle des deux alignements.	Angle au centre correspondant.	Longueur des *tangentes* correspondant à l'angle au centre.	pour chaque minute en sus.	Longueur de la *bissectrice* correspondant à l'angle au centre.	pour chaque minute en sus.	Développement de l'*arc*. Valeur d'une minute (0.247254).
150°	30°	227^{m}76		29^{m}98		445^{m}06
			0^{m}1328		0^{m}0349	
149	31	235.73		32.08		459.90
			0.1334		0.0362	
148	32	243.73		34.25		474.73
			0.1341		0.0375	
147	33	251.78		36.51		489.57
			0.1348		0.0388	
146	34	259.87		38.84		504.40
			0.1355		0.0401	
145	35	268.00		41.25		519.24
			0.1362		0.0415	
144	36	276.18		43.74		534.07
			0.1370		0.0429	
143	37	284.41		46.32		548.91
			0.1378		0.0443	
142	38	292.68		48.98		563.74
			0.1387		0.0457	
141	39	301.00		51.72		578.58
			0.1395		0.0471	
140	40	309.37		54.55		593.41
			0.1404		0.0486	
139	41	317.80		57.47		608.25
			0.1413		0.0500	
138	42	326.28		60.47		623.08
			0.1423		0.0515	
137	43	334.82		63.57		637.92
			0.1433		0.0530	
136	44	343.42		66.75		652.75
			0.1443		0.0546	
135	45	352.08		70.03		667.59
			0.1453		0.0562	
134	46	360.80		73.41		682.43
			0.1464		0.0578	
133	47	369.59		76.87		697.26
			0.1475		0.0594	
132	48	378.44		80.44		712.10
			0.1487		0.0610	
131	49	387.37		84.11		726.93
			0.1499		0.0627	
130	50	396.36		87.87		741.77
			0.1510		0.0644	
129	51	405.43		91.74		756.60
			0.1524		0.0661	
128	52	414.57		95.71		771.44
			0.1536		0.0679	
127	53	423.79		99.79		786.27
			0.1550		0.0697	
126	54	433.10		103.98		801.11
			0.1564		0.0716	
125	55	442.48		108.27		815.94
			0.1578		0.0734	
124	56	451.95		112.68		830.79
			0.1593		0.0753	
123	57	461.51		117.21		845.61
			0.1608		0.0773	
122	58	471.16		121.85		860.45
			0.1624		0.0793	
121	59	480.91		126.61		875.28
			0.1640		0.0813	
120	60	490.75		131.50		890.12

Angle des deux alignements.	Angle au centre correspondant.	Longueur des *tangentes* correspondant à l'angle au centre.	pour chaque minute en sus.	Longueur de la *bissectrice* correspondant à l'angle au centre.	pour chaque minute en sus.	Développement de l'*arc*. Valeur d'une minute (0.247254).
120°	60°	490m75		131m50		890m12
			0m1656		0m0834	
119	61	500.69		136.50		904.96
			0.1673		0.0855	
118	62	510.73		141.64		919.79
			0.1691		0.0877	
117	63	520.88		146.90		934.63
			0.1709		0.0899	
116	64	531.14		152.30		949.46
			0.1728		0.0922	
115	65	541.51		157.83		964.30
			0.1747		0.0945	
114	66	551.99		163.51		979.13
			0.1767		0.0969	
113	67	562.60		169.32		993.97
			0.1788		0.0993	
112	68	573.33		175.29		1008.80
			0.1809		0.1018	
111	69	584.19		181.40		1023.64
			0.1831		0.1043	
110	70	595.17		187.66		1038.47
			0.1853		0.1069	
109	71	606.30		194.08		1053.31
			0.1876		0.1096	
108	72	617.56		200.66		1068.14
			0.1901		0.1123	
107	73	628.97		207.40		1082.98
			0.1925		0.1152	
106	74	640.52		214.32		1097.81
			0.1951		0.1180	
105	75	652.23		221.40		1112.65
			0.1977		0.1210	
104	76	664.09		228.67		1127.49
			0.2004		0.1241	
103	77	676.12		236.11		1142.32
			0.2032		0.1272	
102	78	688.32		243.75		1157.16
			0.2061		0.1304	
101	79	700.69		251.57		1171.99
			0.2091		0.1337	
100	80	713.23		259.60		1186.83
			0.2122		0.1371	
99	81	725.97		267.82		1201.66
			0.2154		0.1406	
98	82	738.89		276.26		1216.50
			0.2187		0.1442	
97	83	752.02		284.91		1231.33
			0.2221		0.1479	
96	84	765.34		293.79		1246.17
			0.2256		0.1517	
95	85	778.88		302.89		1261.00
			0.2292		0.1556	
94	86	792.64		312.23		1275.84
			0.2330		0.1596	
93	87	806.62		321.81		1290.67
			0.2369		0.1638	
92	88	820.84		331.64		1305.51
			0.2409		0.1681	
91	89	835.29		341.73		1320.34
			0.2451		0.1725	
90	90	850.00		352.08		1335.18

Angle des deux alignements.	Angle au centre correspondant.	Longueur des *tangentes*		Longueur de la *bissectrice*		Développement de l'*arc*.
		correspondant à l'angle au centre.	pour chaque minute en sus.	correspondant à l'angle au centre.	pour chaque minute en sus.	Valeur d'une minute (0.261799).
179°	1°	7m85		0m03		15m71
178	2	15.71	0m1309	0.14	0m0017	31.42
177	3	23.57	0.1309	0.31	0.0028	47.12
176	4	31.43	0.1310	0.55	0.0040	62.83
175	5	39.30	0.1311	0.86	0.0051	78.54
174	6	47.17	0.1311	1.24	0.0062	94.25
173	7	55.05	0.1313	1.68	0.0074	109.96
172	8	62.93	0.1314	2.20	0.0086	125.66
171	9	70.83	0.1316	2.78	0.0097	141.37
170	10	78.74	0.1318	3.44	0.0109	157.08
169	11	86.66	0.1320	4.16	0.0120	172.79
168	12	94.59	0.1322	4.96	0.0132	188.50
167	13	102.54	0.1324	5.82	0.0144	204.20
166	14	110.51	0.1327	6.76	0.0155	219.91
165	15	118.49	0.1330	7.77	0.0167	235.62
164	16	126.49	0.1333	8.84	0.0179	251.33
163	17	134.51	0.1336	10.00	0.0191	267.04
162	18	142.55	0.1339	11.22	0.0203	282.74
161	19	150.61	0.1343	12.51	0.0216	298.45
160	20	158.69	0.1347	13.88	0.0228	314.16
159	21	166.81	0.1351	15.33	0.0240	329.87
158	22	174.94	0.1356	16.84	0.0252	345.58
157	23	183.11	0.1360	18.44	0.0265	361.28
156	24	191.30	0.1365	20.11	0.0277	376.99
155	25	199.53	0.1370	21.85	0.0290	392.70
154	26	207.78	0.1375	23.67	0.0303	408.41
153	27	216.07	0.1381	25.57	0.0316	424.12
152	28	224.40	0.1387	27.55	0.0329	439.82
151	29	232.76	0.1393	29.61	0.0342	455.53
150	30	241.15	0.1399	31.75	0.0356	471.24

RAYON 900.

Angle des deux aligne-ments.	Angle au centre cor-respon-dant.	Longueur des *tangentes* correspondant à l'angle au centre.	pour chaque minute en sus.	Longueur de la *bissectrice* correspondant à l'angle au centre.	pour chaque minute en sus.	Développe-ment de l'*arc*. Valeur d'une minute (0.261799).
150°	30°	241ᵐ15		31ᵐ75		471ᵐ24
149	31	249.59	0ᵐ1406	33.97	0ᵐ0369	486.95
148	32	258.07	0.1413	36.27	0.0383	502.66
147	33	266.59	0.1420	38.65	0.0397	518.36
146	34	275.16	0.1427	41.12	0.0411	534.07
145	35	283.77	0.1435	43.68	0.0425	549.78
144	36	292.43	0.1443	46.32	0.0439	565.49
143	37	301.14	0.1451	49.04	0.0454	581.20
142	38	309.90	0.1459	51.86	0.0469	596.90
141	39	318.71	0.1468	54.76	0.0484	612.61
140	40	327.57	0.1477	57.76	0.0499	628.32
139	41	336.50	0.1487	60.85	0.0514	644.03
138	42	345.48	0.1496	64.03	0.0530	659.74
137	43	354.52	0.1507	67.31	0.0546	675.44
136	44	363.62	0.1517	70.68	0.0562	691.15
135	45	372.79	0.1528	74.15	0.0578	706.86
134	46	382.03	0.1539	77.72	0.0595	722.57
133	47	391.33	0.1550	81.40	0.0612	738.28
132	48	400.71	0.1562	85.17	0.0629	753.98
131	49	410.15	0.1574	89.05	0.0646	769.69
130	50	419.68	0.1587	93.04	0.0664	785.40
129	51	429.28	0.1599	97.14	0.0682	801.11
128	52	438.96	0.1613	101.34	0.0700	816.82
127	53	448.72	0.1627	105.66	0.0719	832.52
126	54	458.57	0.1641	110.09	0.0738	848.23
125	55	468.51	0.1656	114.64	0.0758	863.94
124	56	478.54	0.1671	119.31	0.0778	879.65
123	57	488.66	0.1687	124.10	0.0798	895.36
122	58	498.88	0.1702	129.02	0.0819	911.06
121	59	509.20	0.1719	134.06	0.0840	926.77
120	60	519.62	0.1736	139.23	0.0861	942.48

Angle des deux alignements.	Angle au centre correspondant.	Longueur des *tangentes*		Longueur de la *bissectrice*		Développement de l'*arc.*
		correspondant à l'angle au centre.	pour chaque minute en sus.	correspondant à l'angle au centre.	pour chaque minute en sus.	Valeur d'une minute (0.261799).
179°	1°	7ᵐ85		0ᵐ03		15ᵐ71
178	2	15.71	0ᵐ1309	0.14	0ᵐ0017	31.42
177	3	23.57	0.1309	0.31	0.0028	47.12
176	4	31.43	0.1310	0.55	0.0040	62.83
175	5	39.30	0.1311	0.86	0.0051	78.54
174	6	47.17	0.1311	1.24	0.0062	94.25
173	7	55.05	0.1313	1.68	0.0074	109.96
172	8	62.93	0.1314	2.20	0.0086	125.66
171	9	70.83	0.1316	2.78	0.0097	141.37
170	10	78.74	0.1318	3.44	0.0109	157.08
169	11	86.66	0.1320	4.16	0.0120	172.79
168	12	94.59	0.1322	4.96	0.0132	188.50
167	13	102.54	0.1324	5.82	0.0144	204.20
166	14	110.51	0.1327	6.76	0.0155	210.91
165	15	118.49	0.1330	7.77	0.0167	235.62
164	16	126.49	0.1333	8.84	0.0179	251.33
163	17	134.51	0.1336	10.00	0.0191	267.04
162	18	142.55	0.1339	11.22	0.0203	282.74
161	19	150.61	0.1343	12.51	0.0216	298.45
160	20	158.69	0.1347	13.88	0.0228	314.16
159	21	166.81	0.1351	15.33	0.0240	329.87
158	22	174.94	0.1356	16.84	0.0252	345.58
157	23	183.11	0.1360	18.44	0.0265	361.28
156	24	191.30	0.1365	20.11	0.0277	376.99
155	25	199.53	0.1370	21.85	0.0290	392.70
154	26	207.78	0.1375	23.67	0.0303	408.41
153	27	216.07	0.1381	25.57	0.0316	424.12
152	28	224.40	0.1387	27.55	0.0329	439.82
151	29	232.76	0.1393	29.61	0.0342	455.53
150	30	241.15	0.1399	31.75	0.0356	471.24

RAYON 900.

Angle des deux alignements.	Angle au centre correspondant.	Longueur des *tangentes*		Longueur de la *bissectrice*		Développement de l'arc.
		correspondant à l'angle au centre.	pour chaque minute en sus.	correspondant à l'angle au centre.	pour chaque minute en sus.	Valeur d'une minute (0.261799).
150°	30°	241ᵐ15		31ᵐ75		471ᵐ24
149	31	249.59	0ᵐ1406	33.97	0ᵐ0369	486.95
148	32	258.07	0.1413	36.27	0.0383	502.66
147	33	266.59	0.1420	38.65	0.0397	518.36
146	34	275.16	0.1427	41.12	0.0411	534.07
145	35	283.77	0.1435	43.68	0.0425	549.78
144	36	292.43	0.1443	46.32	0.0439	565.49
143	37	301.14	0.1451	49.04	0.0454	581.20
142	38	309.90	0.1459	51.86	0.0469	596.90
141	39	318.71	0.1468	54.76	0.0484	612.61
140	40	327.57	0.1477	57.76	0.0499	628.32
139	41	336.50	0.1487	60.85	0.0514	644.03
138	42	345.48	0.1496	64.03	0.0530	659.74
137	43	354.52	0.1507	67.31	0.0546	675.44
136	44	363.62	0.1517	70.68	0.0562	691.15
135	45	372.79	0.1528	74.15	0.0578	706.86
134	46	382.03	0.1539	77.72	0.0595	722.57
133	47	391.33	0.1550	81.40	0.0612	738.28
132	48	400.71	0.1562	85.17	0.0629	753.98
131	49	410.15	0.1574	89.05	0.0646	769.69
130	50	419.68	0.1587	93.04	0.0664	785.40
129	51	429.28	0.1599	97.14	0.0682	801.11
128	52	438.96	0.1613	101.34	0.0700	816.82
127	53	448.72	0.1627	105.66	0.0719	832.52
126	54	458.57	0.1641	110.09	0.0738	848.23
125	55	468.51	0.1656	114.64	0.0758	863.94
124	56	478.54	0.1671	119.31	0.0778	879.65
123	57	488.66	0.1687	124.10	0.0798	895.36
122	58	498.88	0.1702	129.02	0.0819	911.06
121	59	509.20	0.1719	134.06	0.0840	926.77
120	60	519.62	0.1736	139.23	0.0861	942.48

Angle des deux aligne- ments.	Angle au centre cor- respon- dant.	Longueur des *tangentes*		Longueur de la *bissectrice*		Développe- ment de l'arc.
		correspondant à l'angle au centre.	pour chaque minute en sus.	correspondant à l'angle au centre.	pour chaque minute en sus.	Valeur d'une minute (0.261799).
120°	60°	519m62		139m23		942m48
119	61	530.14	0m1754	144.53	0m0883	958.19
118	62	540.77	0.1772	149.97	0.0906	973.90
117	63	551.52	0.1791	155.54	0.0929	989.60
116	64	562.38	0.1810	161.26	0.0952	1005.31
115	65	573.36	0.1830	167.12	0.0976	1021.02
114	66	584.47	0.1850	173.13	0.1001	1036.73
113	67	595.70	0.1871	179.28	0.1026	1052.44
112	68	607.06	0.1893	185.60	0.1051	1068.14
111	69	618.55	0.1915	192.07	0.1078	1083.85
110	70	630.19	0.1938	198.70	0.1105	1099.56
109	71	641.96	0.1962	205.49	0.1132	1115.27
108	72	653.89	0.1987	212.46	0.1161	1130.98
107	73	665.96	0.2012	219.60	0.1190	1146.68
106	74	678.20	0.2038	226.92	0.1220	1162.39
105	75	690.59	0.2065	234.42	0.1250	1178.10
104	76	703.16	0.2093	242.12	0.1281	1193.81
103	77	715.89	0.2122	250.00	0.1314	1209.52
102	78	728.81	0.2152	258.08	0.1347	1225.22
101	79	741.90	0.2182	266.37	0.1381	1240.93
100	80	755.19	0.2214	274.87	0.1415	1256.64
99	81	768.67	0.2247	283.58	0.1451	1272.35
98	82	782.36	0.2280	292.51	0.1488	1288.06
97	83	796.25	0.2315	301.67	0.1526	1303.76
96	84	810.36	0.2351	311.07	0.1566	1319.47
95	85	824.70	0.2389	320.71	0.1606	1335.18
94	86	839.26	0.2427	330.59	0.1647	1350.89
93	87	854.07	0.2467	340.74	0.1690	1366.60
92	88	869.12	0.2508	351.15	0.1734	1382.30
91	89	884.43	0.2551	361.83	0.1780	1398.01
90	90	900.00	0.2595	372.79	0.1827	1413.72

Angle des deux alignements.	Angle au centre correspondant.	Longueur des *tangentes*		Longueur de la *bissectrice*		Développement de l'*arc.*
		correspondant à l'angle au centre.	pour chaque minute en sus.	correspondant à l'angle au centre.	pour chaque minute en sus.	Valeur d'une minute (0.275343).
179°	1°	8m29	0m1381	0m04	0m0018	16m58
178	2	16.58	0.1382	0.14	0.0030	33.16
177	3	24.88	0.1383	0.33	0.0042	49.74
176	4	33.17	0.1384	0.58	0.0054	66.32
175	5	41.48	0.1384	0.90	0.0066	82.90
174	6	49.79	0.1386	1.30	0.0078	99.48
173	7	58.10	0.1387	1.78	0.0090	116.06
172	8	66.43	0.1389	2.32	0.0102	132.65
171	9	74.77	0.1391	2.94	0.0115	149.23
170	10	83.11	0.1393	3.63	0.0127	165.81
169	11	91.47	0.1395	4.39	0.0139	182.39
168	12	99.85	0.1398	5.23	0.0152	198.97
167	13	108.24	0.1401	6.15	0.0164	215.55
166	14	116.65	0.1404	7.13	0.0177	232.13
165	15	125.07	0.1407	8.20	0.0189	248.71
164	16	133.51	0.1410	9.34	0.0202	265.29
163	17	141.98	0.1414	10.55	0.0215	281.87
162	18	150.46	0.1418	11.84	0.0228	298.45
161	19	158.98	0.1422	13.21	0.0240	315.03
160	20	167.51	0.1426	14.66	0.0253	331.61
159	21	176.07	0.1431	16.18	0.0266	348.19
158	22	184.66	0.1436	17.78	0.0280	364.77
157	23	193.28	0.1441	19.46	0.0293	381.36
156	24	201.93	0.1446	21.22	0.0307	397.94
155	25	210.61	0.1452	23.07	0.0320	414.52
154	26	219.32	0.1458	24.99	0.0334	431.10
153	27	228.07	0.1464	26.99	0.0348	447.68
152	28	236.86	0.1470	29.08	0.0361	464.26
151	29	245.69	0.1477	31.26	0.0376	480.84
150	30	254.55		33.51		497.42

Angle des deux alignements.	Angle au centre correspondant.	Longueur des tangentes		Longueur de la bissectrice		Développement de l'arc. Valeur d'une minute (0.261799).
		correspondant à l'angle au centre.	pour chaque minute en sus.	correspondant à l'angle au centre.	pour chaque minute en sus.	
120°	60°	519m62		139m23		942m48
			0m1754		0m0883	
119	61	530.14		144.53		958.19
			0.1772		0.0906	
118	62	540.77		149.97		973.90
			0.1791		0.0929	
117	63	551.52		155.54		989.60
			0.1810		0.0952	
116	64	562.38		161.26		1005.31
			0.1830		0.0976	
115	65	573.36		167.12		1021.02
			0.1850		0.1001	
114	66	584.47		173.13		1036.73
			0.1871		0.1026	
113	67	595.70		179.28		1052.44
			0.1893		0.1051	
112	68	607.06		185.60		1068.14
			0.1915		0.1078	
111	69	618.55		192.07		1083.85
			0.1938		0.1105	
110	70	630.19		198.70		1099.56
			0.1962		0.1132	
109	71	641.96		205.49		1115.27
			0.1987		0.1161	
108	72	653.89		212.46		1130.98
			0.2012		0.1190	
107	73	665.96		219.60		1146.68
			0.2038		0.1220	
106	74	678.20		226.92		1162.39
			0.2065		0.1250	
105	75	690.59		234.42		1178.10
			0.2093		0.1281	
104	76	703.16		242.12		1193.81
			0.2122		0.1314	
103	77	715.89		250.00		1209.52
			0.2152		0.1347	
102	78	728.81		258.08		1225.22
			0.2182		0.1381	
101	79	741.90		266.37		1240.93
			0.2214		0.1415	
100	80	755.19		274.87		1256.64
			0.2247		0.1451	
99	81	768.67		283.58		1272.35
			0.2280		0.1488	
98	82	782.36		292.51		1288.06
			0.2315		0.1526	
97	83	796.25		301.67		1303.76
			0.2351		0.1566	
96	84	810.36		311.07		1319.47
			0.2389		0.1606	
95	85	824.70		320.71		1335.18
			0.2427		0.1647	
94	86	839.26		330.59		1350.89
			0.2467		0.1690	
93	87	854.07		340.74		1366.60
			0.2508		0.1734	
92	88	869.12		351.15		1382.30
			0.2551		0.1780	
91	89	884.43		361.83		1398.01
			0.2595		0.1827	
90	90	900.00		372.79		1413.72

RAYON 950.

Angle des deux alignements.	Angle au centre correspondant.	Longueur des *tangentes*		Longueur de la *bissectrice*		Développement de l'*arc.*
		correspondant à l'angle au centre.	pour chaque minute en sus.	correspondant à l'angle au centre.	pour chaque minute en sus.	Valeur d'une minute (0.276343).
179°	1°	8m29	0m1381	0m04	0m0018	16m58
178	2	16.58	0.1382	0.14	0.0030	33.16
177	3	24.88	0.1383	0.33	0.0042	49.74
176	4	33.17	0.1384	0.58	0.0054	66.32
175	5	41.48	0.1384	0.90	0.0066	82.90
174	6	49.79	0.1386	1.30	0.0078	99.48
173	7	58.10	0.1387	1.78	0.0090	116.06
172	8	66.43	0.1389	2.32	0.0102	132.65
171	9	74.77	0.1391	2.94	0.0115	149.23
170	10	83.11	0.1393	3.63	0.0127	165.81
169	11	91.47	0.1395	4.39	0.0139	182.39
168	12	99.85	0.1398	5.23	0.0152	198.97
167	13	108.24	0.1401	6.15	0.0164	215.55
166	14	116.65	0.1404	7.13	0.0177	232.13
165	15	125.07	0.1407	8.20	0.0189	248.71
164	16	133.51	0.1410	9.34	0.0202	265.29
163	17	141.98	0.1414	10.55	0.0215	281.87
162	18	150.46	0.1418	11.84	0.0228	298.45
161	19	158.98	0.1422	13.21	0.0240	315.03
160	20	167.51	0.1426	14.66	0.0253	331.61
159	21	176.07	0.1431	16.18	0.0266	348.19
158	22	184.66	0.1436	17.78	0.0280	364.77
157	23	193.28	0.1441	19.46	0.0293	381.36
156	24	201.93	0.1446	21.22	0.0307	397.94
155	25	210.61	0.1452	23.07	0.0320	414.52
154	26	219.32	0.1458	24.99	0.0334	431.10
153	27	228.07	0.1464	26.99	0.0348	447.68
152	28	236.86	0.1470	29.08	0.0361	464.26
151	29	245.69	0.1477	31.26	0.0376	480.84
150	30	254.55		33.51		497.42

Angle des deux alignements.	Angle au centre correspondant.	Longueur des *tangentes*		Longueur de la *bissectrice*		Développement de l'arc.
		correspondant à l'angle au centre.	pour chaque minute en sus.	correspondant à l'angle au centre.	pour chaque minute en sus.	Valeur d'une minute (0.276343).
150°	30°	254m55		33m51		497m42
149	31	263.46	0m1484	35.85	0m0390	514.00
148	32	272.41	0.1491	38.28	0.0404	530.58
147	33	281.40	0.1499	40.80	0.0419	547.16
146	34	290.44	0.1506	43.41	0.0434	563.74
145	35	299.53	0.1514	46.10	0.0449	580.32
144	36	308.67	0.1523	48.89	0.0464	596.90
143	37	317.86	0.1531	51.77	0.0479	613.48
142	38	327.11	0.1540	54.74	0.0495	630.07
141	39	336.41	0.1550	57.81	0.0511	646.65
140	40	345.77	0.1559	60.97	0.0527	663.23
139	41	355.19	0.1569	64.23	0.0543	679.81
138	42	364.67	0.1579	67.59	0.0559	696.39
137	43	374.21	0.1590	71.05	0.0576	712.97
136	44	383.82	0.1601	74.61	0.0593	729.55
135	45	393.50	0.1612	78.27	0.0610	746.13
134	46	403.25	0.1624	82.04	0.0628	762.71
133	47	413.07	0.1636	85.92	0.0646	779.29
132	48	422.97	0.1649	89.90	0.0664	795.87
131	49	432.94	0.1662	94.00	0.0682	812.45
130	50	442.99	0.1675	98.21	0.0701	829.03
129	51	453.13	0.1688	102.53	0.0720	845.61
128	52	463.35	0.1703	106.97	0.0739	862.19
127	53	473.65	0.1717	111.53	0.0759	878.77
126	54	484.05	0.1732	116.21	0.0779	895.36
125	55	494.54	0.1748	121.01	0.0800	911.94
124	56	505.12	0.1764	125.94	0.0821	928.52
123	57	515.81	0.1780	131.00	0.0842	945.10
122	58	526.59	0.1797	136.19	0.0864	961.68
121	59	537.48	0.1815	141.51	0.0886	978.26
120	60	548.48	0.1833	146.97	0.0909	994.84

Angle des deux alignements.	Angle au centre correspondant.	Longueur des *tangentes*		Longueur de la *bissectrice*		Développement de l'*arc.*
		correspondant à l'angle au centre.	pour chaque minute en sus.	correspondant à l'angle au centre.	pour chaque minute en sus.	Valeur d'une minute (0.276343).
120°	60°	548^{m}48		146^{m}97		994^{m}84
119	61	559.59	0^{m}1851	152.56	0^{m}0932	1011.42
118	62	570.82	0.1870	158.30	0.0956	1028.00
117	63	582.16	0.1890	164.19	0.0980	1044.58
116	64	593.63	0.1910	170.22	0.1005	1061.16
115	65	605.22	0.1931	176.40	0.1030	1077.74
114	66	616.94	0.1953	182.74	0.1056	1094.32
113	67	628.79	0.1975	189.24	0.1083	1110.90
112	68	640.78	0.1998	195.91	0.1110	1127.48
111	69	652.92	0.2022	202.74	0.1138	1144.07
110	70	665.20	0.2046	209.74	0.1166	1160.65
109	71	677.63	0.2071	216.91	0.1195	1177.23
108	72	690.21	0.2097	224.26	0.1225	1193.81
107	73	702.96	0.2124	231.80	0.1256	1210.39
106	74	715.88	0.2152	239.53	0.1287	1226.97
105	75	728.96	0.2180	247.45	0.1319	1243.55
104	76	742.22	0.2210	255.57	0.1353	1260.13
103	77	755.66	0.2240	263.89	0.1387	1276.71
102	78	769.29	0.2271	272.42	0.1422	1293.29
101	79	783.12	0.2304	281.17	0.1457	1309.87
100	80	797.14	0.2337	290.14	0.1494	1326.45
99	81	811.38	0.2372	299.33	0.1532	1343.03
98	82	825.82	0.2407	308.76	0.1571	1359.61
97	83	840.49	0.2444	318.43	0.1611	1376.19
96	84	855.38	0.2482	328.35	0.1653	1392.78
95	85	870.51	0.2521	338.52	0.1695	1409.36
94	86	885.89	0.2562	348.96	0.1739	1425.94
93	87	901.52	0.2604	359.67	0.1784	1442.52
92	88	917.40	0.2648	370.65	0.1831	1459.10
91	89	933.56	0.2692	381.93	0.1879	1475.68
90	90	950.00	0.2739	393.50	0.1928	1492.26

Angle des deux alignements.	Angle au centre correspondant.	Longueur des *tangentes*		Longueur de la *bissectrice*		Développement de l'arc.
		correspondant à l'angle au centre.	pour chaque minute en sus.	correspondant à l'angle au centre.	pour chaque minute en sus.	Valeur d'une minute (0.276343).
150°	30°	254m55		33m51		497m42
			0m1484		0m0390	
149	31	263.46		35.85		514.00
			0.1491		0.0404	
148	32	272.41		38.28		530.58
			0.1499		0.0419	
147	33	281.40		40.80		547.16
			0.1506		0.0434	
146	34	290.44		43.41		563.74
			0.1514		0.0449	
145	35	299.53		46.10		580.32
			0.1523		0.0464	
144	36	308.67		48.89		596.90
			0.1531		0.0479	
143	37	317.86		51.77		613.48
			0.1540		0.0495	
142	38	327.11		54.74		630.07
			0.1550		0.0511	
141	39	336.41		57.81		646.65
			0.1559		0.0527	
140	40	345.77		60.97		663.23
			0.1569		0.0543	
139	41	355.19		64.23		679.81
			0.1579		0.0559	
138	42	364.67		67.59		696.39
			0.1590		0.0576	
137	43	374.21		71.05		712.97
			0.1601		0.0593	
136	44	383.82		74.61		729.55
			0.1612		0.0610	
135	45	393.50		78.27		746.13
			0.1624		0.0628	
134	46	403.25		82.04		762.71
			0.1636		0.0646	
133	47	413.07		85.92		779.29
			0.1649		0.0664	
132	48	422.97		89.90		795.87
			0.1662		0.0682	
131	49	432.94		94.00		812.45
			0.1675		0.0701	
130	50	442.99		98.21		829.03
			0.1688		0.0720	
129	51	453.13		102.53		845.61
			0.1703		0.0739	
128	52	463.35		106.97		862.19
			0.1717		0.0759	
127	53	473.65		111.53		878.77
			0.1732		0.0779	
126	54	484.05		116.21		895.36
			0.1748		0.0800	
125	55	494.54		121.01		911.94
			0.1764		0.0821	
124	56	505.12		125.94		928.52
			0.1780		0.0842	
123	57	515.81		131.00		945.10
			0.1797		0.0864	
122	58	526.59		136.19		961.68
			0.1815		0.0886	
121	59	537.48		141.51		978.26
			0.1833		0.0909	
120	60	548.48		146.97		994.84

Angle des deux alignements.	Angle au centre correspondant.	Longueur des *tangentes*		Longueur de la *bissectrice*		Développement de l'*arc*.
		correspondant à l'angle au centre.	pour chaque minute en sus.	correspondant à l'angle au centre.	pour chaque minute en sus.	Valeur d'une minute (0.276343).
120°	60°	548m48		146m97		994m84
119	61	559.59	0m1851	152.56	0m0932	1011.42
118	62	570.82	0.1870	158.30	0.0956	1028.00
117	63	582.16	0.1890	164.19	0.0980	1044.58
116	64	593.63	0.1910	170.22	0.1005	1061.16
115	65	605.22	0.1931	176.40	0.1030	1077.74
114	66	616.94	0.1953	182.74	0.1056	1094.32
113	67	628.79	0.1975	189.24	0.1083	1110.90
112	68	640.78	0.1998	195.91	0.1110	1127.48
111	69	652.92	0.2022	202.74	0.1138	1144.07
110	70	665.20	0.2046	209.74	0.1166	1160.65
109	71	677.63	0.2071	216.91	0.1195	1177.23
108	72	690.21	0.2097	224.26	0.1225	1193.81
107	73	702.96	0.2124	231.80	0.1256	1210.39
106	74	715.88	0.2152	239.53	0.1287	1226.97
105	75	728.96	0.2180	247.45	0.1319	1243.55
104	76	742.22	0.2210	255.57	0.1353	1260.13
103	77	755.66	0.2240	263.89	0.1387	1276.71
102	78	769.29	0.2271	272.42	0.1422	1293.29
101	79	783.12	0.2304	281.17	0.1457	1309.87
100	80	797.14	0.2337	290.14	0.1494	1326.45
99	81	811.38	0.2372	299.33	0.1532	1343.03
98	82	825.82	0.2407	308.76	0.1571	1359.61
97	83	840.49	0.2444	318.43	0.1611	1376.19
96	84	855.38	0.2482	328.35	0.1653	1392.78
95	85	870.51	0.2521	338.52	0.1695	1409.36
94	86	885.89	0.2562	348.96	0.1739	1425.94
93	87	901.52	0.2604	359.67	0.1784	1442.52
92	88	917.40	0.2648	370.65	0.1831	1459.10
91	89	933.56	0.2692	381.93	0.1879	1475.68
90	90	950.00	0.2739	393.50	0.1928	1492.26

Angle des deux alignements.	Angle au centre correspondant.	Longueur des *tangentes*		Longueur de la *bissectrice*		Développement de l'*arc*.
		correspondant à l'angle au centre.	pour chaque minute en sus.	correspondant à l'angle au centre.	pour chaque minute en sus.	Valeur d'une minute (0.290888).
179°	1°	8ᵐ73		0ᵐ04		17ᵐ45
178	2	17.46	0ᵐ1454	0.15	0ᵐ0019	34.91
177	3	26.19	0.1455	0.34	0.0031	52.36
176	4	34.92	0.1455	0.61	0.0044	69.81
175	5	43.66	0.1456	0.95	0.0057	87.27
174	6	52.41	0.1457	1.37	0.0069	104.72
173	7	61.16	0.1459	1.87	0.0082	122.17
172	8	69.93	0.1460	2.44	0.0095	139.63
171	9	78.70	0.1462	3.09	0.0108	157.08
170	10	87.49	0.1464	3.82	0.0121	174.53
169	11	96.29	0.1466	4.63	0.0134	191.99
168	12	105.10	0.1469	5.51	0.0147	209.44
167	13	113.94	0.1471	6.47	0.0160	226.89
166	14	122.78	0.1474	7.51	0.0173	244.35
165	15	131.65	0.1477	8.63	0.0186	261.80
164	16	140.54	0.1481	9.83	0.0199	279.25
163	17	149.45	0.1485	11.11	0.0213	296.71
162	18	158.38	0.1488	12.47	0.0226	314.16
161	19	167.34	0.1493	13.91	0.0240	331.61
160	20	176.33	0.1497	15.43	0.0253	349.07
159	21	185.34	0.1502	17.03	0.0267	366.52
158	22	194.38	0.1506	18.72	0.0281	383.97
157	23	203.45	0.1512	20.49	0.0295	401.43
156	24	212.56	0.1517	22.34	0.0308	418.88
155	25	221.70	0.1523	24.28	0.0323	436.33
154	26	230.87	0.1528	26.30	0.0337	453.79
153	27	240.08	0.1535	28.42	0.0351	471.24
152	28	249.33	0.1541	30.61	0.0366	488.69
151	29	258.62	0.1548	32.90	0.0381	506.15
150	30	267.95	0.1555	35.28	0.0396	523.60

Angle des deux alignements.	Angle au centre correspondant.	Longueur des *tangentes*		Longueur de la *bissectrice*		Développement de l'arc.
		correspondant à l'angle au centre.	pour chaque minute en sus.	correspondant à l'angle au centre.	pour chaque minute en sus.	Valeur d'une minute (0.290888).
150°	30°	267m95	0m1562	35m28	0m0411	523m60
149	31	277.32	0.1570	37.74	0.0426	541.05
148	32	286.75	0.1578	40.30	0.0441	558.51
147	33	296.21	0.1586	42.95	0.0457	575.96
146	34	305.73	0.1594	45.69	0.0472	593.41
145	35	315.30	0.1603	48.53	0.0488	610.87
144	36	324.92	0.1612	51.46	0.0505	628.32
143	37	334.60	0.1622	54.49	0.0521	645.77
142	38	344.33	0.1631	57.62	0.0537	663.23
141	39	354.12	0.1641	60.85	0.0555	680.68
140	40	363.97	0.1652	64.18	0.0571	698.13
139	41	373.88	0.1663	67.61	0.0589	715.59
138	42	383.86	0.1674	71.15	0.0606	733.04
137	43	393.91	0.1686	74.79	0.0624	750.49
136	44	404.03	0.1697	78.53	0.0643	767.95
135	45	414.21	0.1710	82.39	0.0661	785.40
134	46	424.48	0.1722	86.36	0.0680	802.85
133	47	434.81	0.1736	90.44	0.0699	820.31
132	48	445.23	0.1749	94.64	0.0718	837.76
131	49	455.73	0.1763	98.95	0.0738	855.21
130	50	466.31	0.1777	103.38	0.0758	872.67
129	51	476.97	0.1793	107.93	0.0778	890.12
128	52	487.73	0.1808	112.60	0.0799	907.57
127	53	498.58	0.1824	117.40	0.0821	925.03
126	54	509.53	0.1840	122.33	0.0842	942.48
125	55	520.57	0.1857	127.38	0.0864	959.93
124	56	531.71	0.1874	132.57	0.0887	977.39
123	57	542.96	0.1892	137.89	0.0910	994.84
122	58	554.31	0.1910	143.35	0.0933	1012.29
121	59	565.77	0.1929	148.96	0.0957	1029.75
120	60	577.35		154.70		1047.20

Angle des deux alignements.	Angle au centre correspondant.	Longueur des *tangentes* correspondant à l'angle au centre.	pour chaque minute en sus.	Longueur de la *bissectrice* correspondant à l'angle au centre.	pour chaque minute en sus.	Développement de l'*arc*. Valeur d'une minute (0.290888).
179°	1°	8ᵐ73		0ᵐ04		17ᵐ45
			0ᵐ1454		0ᵐ0019	
178	2	17.46		0.15		34.91
			0.1455		0.0031	
177	3	26.19		0.34		52.36
			0.1455		0.0044	
176	4	34.92		0.61		69.81
			0.1456		0.0057	
175	5	43.66		0.95		87.27
			0.1457		0.0069	
174	6	52.41		1.37		104.72
			0.1459		0.0082	
173	7	61.16		1.87		122.17
			0.1460		0.0095	
172	8	69.93		2.44		139.63
			0.1462		0.0108	
171	9	78.70		3.09		157.08
			0.1464		0.0121	
170	10	87.49		3.82		174.53
			0.1466		0.0134	
169	11	96.29		4.63		191.99
			0.1469		0.0147	
168	12	105.10		5.51		209.44
			0.1471		0.0160	
167	13	113.94		6.47		226.89
			0.1474		0.0173	
166	14	122.78		7.51		244.35
			0.1477		0.0186	
165	15	131.65		8.63		261.80
			0.1481		0.0199	
164	16	140.54		9.83		279.25
			0.1485		0.0213	
163	17	149.45		11.11		296.71
			0.1488		0.0226	
162	18	158.38		12.47		314.16
			0.1493		0.0240	
161	19	167.34		13.91		331.61
			0.1497		0.0253	
160	20	176.33		15.43		349.07
			0.1502		0.0267	
159	21	185.34		17.03		366.52
			0.1506		0.0281	
158	22	194.38		18.72		383.97
			0.1512		0.0295	
157	23	203.45		20.49		401.43
			0.1517		0.0308	
156	24	212.56		22.34		418.88
			0.1523		0.0323	
155	25	221.70		24.28		436.33
			0.1528		0.0337	
154	26	230.87		26.30		453.79
			0.1535		0.0351	
153	27	240.08		28.42		471.24
			0.1541		0.0366	
152	28	249.33		30.61		488.69
			0.1548		0.0381	
151	29	258.62		32.90		506.15
			0.1555		0.0396	
150	30	267.95		35.28		523.60

Angle des deux aligne-ments.	Angle au centre cor-respon-dant.	Longueur des *tangentes*		Longueur de la *bissectrice*		Développe-ment de l'*arc.*
		correspondant à l'angle au centre.	pour chaque minute en sus.	correspondant à l'angle au centre.	pour chaque minute en sus.	Valeur d'une minute (0.290888).
150°	30°	267^{m}95		35^{m}28		523^{m}60
149	31	277.32	0^{m}1562	37.74	0^{m}0411	541.05
148	32	286.75	0.1570	40.30	0.0426	558.51
147	33	296.21	0.1578	42.95	0.0441	575.96
146	34	305.73	0.1586	45.69	0.0457	593.41
145	35	315.30	0.1594	48.53	0.0472	610.87
144	36	324.92	0.1603	51.46	0.0488	628.32
143	37	334.60	0.1612	54.49	0.0503	645.77
142	38	344.33	0.1622	57.62	0.0521	663.23
141	39	354.12	0.1631	60.85	0.0537	680.68
140	40	363.97	0.1641	64.18	0.0555	698.13
139	41	373.88	0.1652	67.61	0.0571	715.59
138	42	383.86	0.1663	71.15	0.0589	733.04
137	43	393.91	0.1674	74.79	0.0606	750.49
136	44	404.03	0.1686	78.53	0.0624	767.95
135	45	414.21	0.1697	82.39	0.0643	785.40
134	46	424.48	0.1710	86.36	0.0661	802.85
133	47	434.81	0.1722	90.44	0.0680	820.31
132	48	445.23	0.1736	94.64	0.0699	837.76
131	49	455.73	0.1749	98.95	0.0718	855.21
130	50	466.31	0.1763	103.38	0.0738	872.67
129	51	476.97	0.1777	107.93	0.0758	890.12
128	52	487.73	0.1793	112.60	0.0778	907.57
127	53	498.58	0.1808	117.40	0.0799	925.03
126	54	509.53	0.1824	122.33	0.0821	942.48
125	55	520.57	0.1840	127.38	0.0842	959.93
124	56	531.71	0.1857	132.57	0.0864	977.39
123	57	542.96	0.1874	137.89	0.0887	994.84
122	58	554.31	0.1892	143.35	0.0910	1012.29
121	59	565.77	0.1910	148.96	0.0933	1029.75
120	60	577.35	0.1929	154.70	0.0957	1047.20

Angle des deux alignements.	Angle au centre correspondant.	Longueur des *tangentes* correspondant à l'angle au centre.	Longueur des *tangentes* pour chaque minute en sus.	Longueur de la *bissectrice* correspondant à l'angle au centre.	Longueur de la *bissectrice* pour chaque minute en sus.	Développement de l'*arc*. Valeur d'une minute (0.290888).
120°	60°	577m35		154m70		1047m20
119	61	589.05	0m1949	160.59	0m0981	1064.65
118	62	600.86	0.1969	166.63	0.1006	1082.11
117	63	612.80	0.1990	172.83	0.1032	1099.56
116	64	624.87	0.2011	179.18	0.1058	1117.01
115	65	637.07	0.2033	185.69	0.1085	1134.47
114	66	649.41	0.2056	192.36	0.1112	1151.92
113	67	661.89	0.2079	199.21	0.1140	1169.37
112	68	674.51	0.2103	206.22	0.1168	1186.83
111	69	687.28	0.2128	213.41	0.1198	1204.28
110	70	700.21	0.2154	220.78	0.1228	1221.73
109	71	713.29	0.2181	228.33	0.1258	1239.19
108	72	726.54	0.2208	236.07	0.1290	1256.64
107	73	739.96	0.2236	244.00	0.1322	1274.09
106	74	753.55	0.2265	252.14	0.1355	1291.55
105	75	767.33	0.2295	260.47	0.1389	1309.00
104	76	781.29	0.2326	269.02	0.1424	1326.45
103	77	795.44	0.2358	277.78	0.1460	1343.91
102	78	809.78	0.2391	286.76	0.1497	1361.36
101	79	824.34	0.2425	295.97	0.1534	1378.81
100	80	839.10	0.2460	305.41	0.1573	1396.27
99	81	854.08	0.2497	315.09	0.1613	1413.72
98	82	869.29	0.2534	325.01	0.1654	1431.17
97	83	884.73	0.2573	335.19	0.1696	1448.63
96	84	900.40	0.2613	345.63	0.1740	1466.08
95	85	916.33	0.2654	356.34	0.1784	1483.53
94	86	932.51	0.2697	367.33	0.1831	1500.99
93	87	948.96	0.2741	378.60	0.1878	1518.44
92	88	965.69	0.2787	390.16	0.1927	1535.89
91	89	982.70	0.2834	402.03	0.1978	1553.35
90	90	1000.00	0.2883	414.21	0.2030	1570.80

Angle des deux alignements.	Angle au centre correspondant.	Longueur des *tangentes*		Longueur de la *bissectrice*		Développement de l'*arc.*
		correspondant à l'angle au centre.	pour chaque minute en sus.	correspondant à l'angle au centre.	pour chaque minute en sus.	Valeur d'une minute (0.305432).
179°	1°	9m16		0m04		18m33
178	2	18.33	0m1527	0.16	0m0019	36.65
177	3	27.50	0.1527	0.36	0.0033	54.98
176	4	36.67	0.1528	0.64	0.0046	73.30
175	5	45.85	0.1529	1.00	0.0060	91.63
174	6	55.03	0.1530	1.44	0.0073	109.96
173	7	64.22	0.1532	1.96	0.0086	128.28
172	8	73.42	0.1533	2.56	0.0100	146.61
171	9	82.64	0.1535	3.25	0.0113	164.93
170	10	91.86	0.1537	4.01	0.0127	183.26
169	11	101.10	0.1540	4.86	0.0140	201.59
168	12	110.36	0.1542	5.78	0.0154	219.91
167	13	119.63	0.1545	6.79	0.0168	238.24
166	14	128.92	0.1548	7.89	0.0181	256.56
165	15	138.24	0.1551	9.06	0.0195	274.89
164	16	147.57	0.1555	10.32	0.0209	293.22
163	17	156.92	0.1559	11.66	0.0223	311.54
162	18	166.30	0.1563	13.09	0.0237	329.87
161	19	175.71	0.1567	14.60	0.0252	348.19
160	20	185.14	0.1572	16.20	0.0266	366.52
159	21	194.61	0.1577	17.88	0.0280	384.85
158	22	204.10	0.1582	19.65	0.0295	403.17
157	23	213.62	0.1587	21.51	0.0309	421.50
156	24	223.18	0.1593	3.46	0.0324	439.82
155	25	232.78	0.1599	25.49	0.0339	458.15
154	26	242.41	0.1605	27.62	0.0354	476.48
153	27	252.08	0.1611	29.84	0.0369	494.80
152	28	261.79	0.1618	32.14	0.0384	513.13
151	29	271.55	0.1625	34.55	0.0400	531.45
150	30	281.35	0.1632	37.04	0.0415	549.78

Angle des deux alignements.	Angle au centre correspondant.	Longueur des *tangentes*		Longueur de la *bissectr.*		Développement de l'*arc.*
		correspondant à l'angle au centre.	pour chaque minute en sus.	correspondant à l'angle au centre.	pour chaque minute en sus.	Valeur d'une minute (0.290888).
120°	60°	577ᵐ35		154ᵐ70		1047ᵐ20
119	61	589.05	0ᵐ1949	160.59	0ᵐ0981	1064.65
118	62	600.86	0.1969	166.63	0.1006	1082.11
117	63	612.80	0.1990	172.83	0.1032	1099.56
116	64	624.87	0.2011	179.18	0.1058	1117.01
115	65	637.07	0.2033	185.69	0.1085	1134.47
114	66	649.41	0.2056	192.36	0.1112	1151.92
113	67	661.89	0.2079	199.21	0.1140	1169.37
112	68	674.51	0.2103	206.22	0.1168	1186.83
111	69	687.28	0.2128	213.41	0.1198	1204.28
110	70	700.21	0.2154	220.78	0.1228	1221.73
109	71	713.29	0.2181	228.33	0.1258	1239.19
108	72	726.54	0.2208	236.07	0.1290	1256.64
107	73	739.96	0.2236	244.00	0.1322	1274.09
106	74	753.55	0.2265	252.14	0.1355	1291.55
105	75	767.33	0.2295	260.47	0.1389	1309.00
104	76	781.29	0.2326	269.02	0.1424	1326.45
103	77	795.44	0.2358	277.78	0.1460	1343.91
102	78	809.78	0.2391	286.76	0.1497	1361.36
101	79	824.34	0.2425	295.97	0.1534	1378.81
100	80	839.10	0.2460	305.41	0.1573	1396.27
99	81	854.08	0.2497	315.09	0.1613	1413.72
98	82	869.29	0.2534	325.01	0.1654	1431.17
97	83	884.73	0.2573	335.19	0.1696	1448.63
96	84	900.40	0.2613	345.63	0.1740	1466.08
95	85	916.33	0.2654	356.34	0.1784	1483.53
94	86	932.51	0.2697	367.33	0.1831	1500.99
93	87	948.96	0.2741	378.60	0.1878	1518.44
92	88	965.69	0.2787	390.16	0.1927	1535.89
91	89	982.70	0.2834	402.03	0.1978	1553.35
90	90	1000.00	0.2883	414.21	0.2030	1570.80

Angle des deux aligne-ments.	An. au centre cor-respon-dant.	Longueur des *tangentes*		Longueur de la *bissectrice*		Développe-ment de l'*arc.*
		correspondant à l'angle au centre.	pour chaque minute en sus.	correspondant à l'angle au centre.	pour chaque minute en sus.	Valeur d'une minute (0.305432).
179°	1°	9m16	0m1527	0m04	0m0019	18m33
178	2	18.33	0.1527	0.16	0.0033	36.65
177	3	27.50	0.1528	0.36	0.0046	54.98
176	4	36.67	0.1529	0.64	0.0060	73.30
175	5	45.85	0.1530	1.00	0.0073	91.63
174	6	55.03	0.1532	1.44	0.0086	109.96
173	7	64.22	0.1533	1.96	0.0100	128.28
172	8	73.42	0.1535	2.56	0.0113	146.61
171	9	82.64	0.1537	3.25	0.0127	164.93
170	10	91.86	0.1540	4.01	0.0140	183.26
169	11	101.10	0.1542	4.86	0.0154	201.59
168	12	110.36	0.1545	5.78	0.0168	219.91
167	13	119.63	0.1548	6.79	0.0181	238.24
166	14	128.92	0.1551	7.89	0.0195	256.56
165	15	138.24	0.1555	9.06	0 0209	274.89
164	16	147.57	0.1559	10.32	0.0223	293.22
163	17	156.92	0.1563	11.66	0.0237	311.54
162	18	166.30	0.1567	13.09	0.0252	329.87
161	19	175.71	0.1572	14.60	0.0266	348.19
160	20	185.14	0.1577	16.20	0.0280	366.52
159	21	194.61	0.1582	17.88	0.0295	384.85
158	22	204.10	0.1587	19.65	0.0309	403.17
157	23	213.62	0.1593	21.51	0.0324	421.50
156	24	223.18	0.1599	3.46	0.0339	439.82
155	25	232.78	0.1605	25.49	0.0354	458.15
154	26	242.41	0.1611	27.62	0.0369	476.48
153	27	252.08	0.1618	29.84	0.0384	494.80
152	28	261.79	0.1625	32.14	0.0400	513.13
151	29	271.55	0.1632	34.55	0.0415	531.45
150	30	281.35		37.04		549.78

Angle des deux alignements.	Angle au centre correspondant.	Longueur des *tangentes*		Longueur de la *bissectrice*		Développement de l'*arc.*
		correspondant à l'angle au centre.	pour chaque minute en sus.	correspondant à l'angle au centre.	pour chaque minute en sus.	Valeur d'une minute (0.305432).
150°	30°	281^{m}35	0^{m}1640	37^{m}04	0^{m}0431	549^{m}78
149	31	291.19	0.1648	39.63	0.0447	568.11
148	32	301.08	0.1656	42.31	0.0463	586.43
147	33	311.02	0.1665	45.10	0.0480	604.76
146	34	321.02	0.1674	47.98	0.0496	623.08
145	35	331.06	0.1683	50.96	0.0513	641.41
144	36	341.17	0.1693	54.04	0.0530	659.74
143	37	351.32	0.1703	57.22	0.0547	678.06
142	38	361.54	0.1713	60.50	0.0564	696.39
141	39	371.82	0.1723	63.89	0.0582	714.71
140	40	382.17	0.1735	67.39	0.0600	733.04
139	41	392.58	0.1746	70.99	0.0618	751.37
138	42	403.06	0.1758	74.70	0.0637	769.69
137	43	413.61	0.1770	78.53	0.0655	788.02
136	44	424.23	0.1782	82.46	0.0675	806.34
135	45	434.92	0.1795	86.51	0.0694	824.67
134	46	445.70	0.1808	90.68	0.0714	843.00
133	47	456.55	0.1822	94.96	0.0734	861.32
132	48	467.49	0.1836	99.37	0.0754	879.65
131	49	478.51	0.1851	103.90	0.0775	897.97
130	50	489.62	0.1866	108.55	0.0796	916.30
129	51	500.82	0.1882	113.33	0.0817	934.63
128	52	512.12	0.1898	118.23	0.0839	952.95
127	53	523.51	0.1915	123.27	0.0862	971.28
126	54	535.00	0.1932	128.44	0.0884	989.60
125	55	546.59	0.1949	133.75	0.0907	1007.93
124	56	558.29	0.1968	139.20	0.0931	1026.26
123	57	570.10	0.1986	144.79	0.0955	1044.58
122	58	582.02	0.2006	150.52	0.0980	1062.91
121	59	594.06	0.2025	156.40	0.1005	1081.23
120	60	606.22		162.44		1099.56

Angle des deux alignements.	Ang.c au centre correspondant.	Longueur des *tangentes*		Longueur de la *bissectrice*		Développement de l'arc — Valeur d'une minute (0.305432).
		correspondant à l'angle au centre.	pour chaque minute en sus.	correspondant à l'angle au centre.	pour chaque minute en sus.	
120°	60°	606m22		162m44		1099m56
119	61	618.50	0m2046	168.62	0m1031	1117.89
118	62	630.90	0.2067	174.96	0.1057	1136.21
117	63	643.45	0.2089	181.47	0.1083	1154.54
116	64	656.11	0.2111	188.14	0.1111	1172.86
115	65	668.92	0.2135	194.97	0.1139	1191.19
114	66	681.88	0.2158	201.98	0.1168	1209.52
113	67	694.98	0.2183	209.17	0.1197	1227.84
112	68	708.23	0.2208	216.53	0.1227	1246.17
111	69	721.65	0.2235	224.08	0.1257	1264.49
110	70	735.22	0.2262	231.81	0.1289	1282.82
109	71	748.96	0.2290	239.74	0.1321	1301.15
108	72	762.87	0.2318	247.87	0.1354	1319.47
107	73	776.96	0.2348	256.20	0.1388	1337.80
106	74	791.23	0.2378	264.74	0.1423	1356.12
105	75	805.69	0.2410	273.50	0.1458	1374.45
104	76	820.35	0.2442	282.47	0.1495	1392.78
103	77	835.21	0.2476	291.67	0.1533	1411.10
102	78	850.27	0.2510	301.10	0.1571	1429.43
101	79	865.55	0.2546	310.77	0.1611	1447.75
100	80	881.05	0.2583	320.68	0.1651	1466.08
99	81	896.78	0.2621	330.84	0.1693	1484.41
98	82	912.75	0.2661	341.26	0.1737	1502.73
97	83	928.96	0.2701	351.95	0.1781	1521.06
96	84	945.42	0.2743	362.91	0.1827	1539.38
95	85	962.15	0.2787	374.16	0.1874	1557.71
94	86	979.14	0.2831	385.69	0.1922	1576.04
93	87	996.41	0.2878	397.53	0.1972	1594.36
92	88	1013.97	0.2926	409.67	0.2023	1612.69
91	89	1031.83	0.2976	422.13	0.2077	1631.01
90	90	1050.00	0.3027	434.92	0.2131	1649.34

Angle des deux alignements.	Angle au centre correspondant.	Longueur des *tangentes*		Longueur de la *bissectrice*		Développement de l'*arc*. Valeur d'une minute (0.305432).
		correspondant à l'angle au centre.	pour chaque minute en sus.	correspondant à l'angle au centre.	pour chaque minute en sus.	
150°	30°	281m35	0m1640	37m04	0m0431	549m78
149	31	291.19	0.1648	39.63	0.0447	568.11
148	32	301.08	0.1656	42.31	0.0463	586.43
147	33	311.02	0.1665	45.10	0.0480	604.76
146	34	321.02	0.1674	47.98	0.0496	623.08
145	35	331.06	0.1683	50.96	0.0513	641.41
144	36	341.17	0.1693	54.04	0.0530	659.74
143	37	351.32	0.1703	57.22	0.0547	678.06
142	38	361.54	0.1713	60.50	0.0564	696.39
141	39	371.82	0.1723	63.89	0.0582	714.71
140	40	382.17	0.1735	67.39	0.0600	733.04
139	41	392.58	0.1746	70.99	0.0618	751.37
138	42	403.06	0.1758	74.70	0.0637	769.69
137	43	413.61	0.1770	78.53	0.0655	788.02
136	44	424.23	0.1782	82.46	0.0675	806.34
135	45	434.92	0.1795	86.51	0.0694	824.67
134	46	445.70	0.1808	90.68	0.0714	843.00
133	47	456.55	0.1822	94.96	0.0734	861.32
132	48	467.49	0.1836	99.37	0.0754	879.65
131	49	478.51	0.1851	103.90	0.0775	897.97
130	50	489.62	0.1866	108.55	0.0796	916.30
129	51	500.82	0.1882	113.33	0.0817	934.63
128	52	512.12	0.1898	118.23	0.0839	952.95
127	53	523.51	0.1915	123.27	0.0862	971.28
126	54	535.00	0.1932	128.44	0.0884	989.60
125	55	546.59	0.1949	133.75	0.0907	1007.93
124	56	558.29	0.1968	139.20	0.0931	1026.26
123	57	570.10	0.1986	144.79	0.0955	1044.58
122	58	582.02	0.2006	150.52	0.0980	1062.91
121	59	594.06	0.2025	156.40	0.1005	1081.23
120	60	606.22		162.44		1099.56

RAYON 1050.

Angle des deux alignements.	Angle au centre correspondant.	Longueur des *tangentes*		Longueur de la *bissectrice*		Développement de l'arc —
		correspondant à l'angle au centre.	pour chaque minute en sus.	correspondant à l'angle au centre.	pour chaque minute en sus.	Valeur d'une minute (0.305432).
120°	60°	606ᵐ22		162ᵐ44		1099ᵐ56
119	61	618.50	0ᵐ2046	168.62	0ᵐ1031	1117.89
118	62	630.90	0.2067	174.96	0.1057	1136.21
117	63	643.45	0.2089	181.47	0.1083	1154.54
116	64	656.11	0.2111	188.14	0.1111	1172.86
115	65	668.92	0.2135	194.97	0.1139	1191.19
114	66	681.88	0.2158	201.98	0.1168	1209.52
113	67	694.98	0.2183	209.17	0.1197	1227.84
112	68	708.23	0.2208	216.53	0.1227	1246.17
111	69	721.65	0.2235	224.08	0.1257	1264.49
110	70	735.22	0.2262	231.81	0.1289	1282.82
109	71	748.96	0.2290	239.74	0.1321	1301.15
108	72	762.87	0.2318	247.87	0.1354	1319.47
107	73	776.96	0.2348	256.20	0.1388	1337.80
106	74	791.23	0.2378	264.74	0.1423	1356.12
105	75	805.69	0.2410	273.50	0.1458	1374.45
104	76	820.35	0.2442	282.47	0.1495	1392.78
103	77	835.21	0.2476	291.67	0.1533	1411.10
102	78	850.27	0.2510	301.10	0.1571	1429.43
101	79	865.55	0.2546	310.77	0.1611	1447.75
100	80	881.05	0.2583	320.68	0.1651	1466.08
99	81	896.78	0.2621	330.84	0.1693	1484.41
98	82	912.75	0.2661	341.26	0.1737	1502.73
97	83	928.96	0.2701	351.95	0.1781	1521.06
96	84	945.42	0.2743	362.91	0.1827	1539.38
95	85	962.15	0.2787	374.16	0.1874	1557.71
94	86	979.14	0.2831	385.69	0.1922	1576.04
93	87	996.41	0.2878	397.53	0.1972	1594.36
92	88	1013.97	0.2926	409.67	0.2023	1612.69
91	89	1031.83	0.2976	422.13	0.2077	1631.01
90	90	1050.00	0.3027	434.92	0.2131	1649.34

Angle des deux alignements.	Angle au centre correspondant.	Longueur des *tangentes*		Longueur de la *bissectrice*		Développement de l'*arc*.
		correspondant à l'angle au centre.	pour chaque minute en sus.	correspondant à l'angle au centre.	pour chaque minute en sus.	Valeur d'une minute (0.319977).
179°	1°	9ᵐ60		0ᵐ04		19ᵐ20
178	2	19.20	0ᵐ1600	0.17	0ᵐ0020	38.40
177	3	28.80	0.1600	0.38	0.0034	57.60
176	4	38.41	0.1601	0.67	0.0048	76.79
175	5	48.03	0.1602	1.05	0.0062	95.99
174	6	57.65	0.1603	1.51	0.0076	115.19
173	7	67.29	0.1605	2.06	0.0090	134.39
172	8	76.92	0.1606	2.69	0.0105	153.59
171	9	86.57	0.1608	3.40	0.0119	172.79
170	10	96.24	0.1610	4.20	0.0133	191.99
169	11	105.92	0.1613	5.09	0.0147	211.19
168	12	115.61	0.1616	6.06	0.0161	230.38
167	13	125.33	0.1619	7.12	0.0176	249.58
166	14	135.06	0.1622	8.26	0.0190	268.78
165	15	144.82	0.1625	9.49	0.0205	287.98
164	16	154.59	0.1629	10.81	0.0219	307.18
163	17	164.40	0.1633	12.22	0.0234	326.38
162	18	174.22	0.1637	13.71	0.0249	345.58
161	19	184.08	0.1642	15.30	0.0264	364.77
160	20	193.96	0.1647	16.97	0.0278	383.97
159	21	203.87	0.1652	18.73	0.0294	403.17
158	22	213.82	0.1657	20.59	0.0309	422.37
157	23	223.80	0.1663	22.54	0.0324	441.57
156	24	233.81	0.1669	24.57	0.0339	460.77
155	25	243.86	0.1675	26.71	0.0355	479.97
154	26	253.93	0.1681	28.93	0.0371	499.17
153	27	264.09	0.1688	31.26	0.0387	518.36
152	28	274.26	0.1695	33.68	0.0403	537.56
151	29	284.48	0.1703	36.19	0.0419	556.76
150	30	294.74	0.1710	38.80	0.0435	575.96

Angle des deux alignements.	Angle au centre correspondant.	Longueur des *tangentes*		Longueur de la *bissectrice*		Développement de l'*arc*.
		correspondant à l'angle au centre.	pour chaque minute en sus.	correspondant à l'angle au centre.	pour chaque minute en sus.	Valeur d'une minute (0.319977).
150°	30°	294m74		38m80		575m96
149	31	305.06	0m1718	41.52	0m0452	595.16
148	32	315.42	0.1727	44.33	0.0468	614.36
147	33	325.83	0.1735	47.24	0.0485	633.56
146	34	336.30	0.1744	50.26	0.0503	652.75
145	35	346.83	0.1754	53.38	0.0520	671.95
144	36	357.41	0.1763	56.61	0.0537	691.15
143	37	368.05	0.1773	59.94	0.0555	710.35
142	38	378.76	0.1784	63.38	0.0573	729.55
141	39	389.53	0.1794	66.93	0.0591	748.75
140	40	400.37	0.1805	70.60	0.0610	767.95
139	41	411.27	0.1817	74.37	0.0629	787.15
138	42	422.25	0.1829	78.26	0.0648	806.34
137	43	433.30	0.1841	82.26	0.0667	825.54
136	44	444.43	0.1854	86.39	0.0687	844.74
135	45	455.63	0.1867	90.63	0.0707	863.94
134	46	466.92	0.1881	95.00	0.0727	883.14
133	47	478.29	0 1895	99.49	0.0748	902.34
132	48	489.75	0.1909	104.10	0.0769	921.54
131	49	501.30	0.1924	108.84	0.0790	940.73
130	50	512.94	0.1939	113.72	0.0812	959.93
129	51	524.67	0.1955	118.72	0.0834	979.13
128	52	536.51	0.1972	123.86	0.0856	998.33
127	53	548.44	0.1988	129.14	0.0879	1017.53
126	54	560.48	0.2006	134.56	0.0903	1036.73
125	55	572.62	0.2024	140.12	0.0926	1055.93
124	56	584.88	0.2042	145.83	0.0951	1075.12
123	57	597.25	0.2061	151.68	0.0975	1094.32
122	58	609.74	0.2081	157.69	0.1001	1113.52
121	59	622.35	0.2101	163.85	0.1027	1132.72
120	60	635.09	0.2122	170.17	0.1053	1151.92

Angle des deux alignements.	Angle au centre correspondant.	Longueur des *tangentes*		Longueur de la *bissectrice*		Développement de l'*arc*.
		correspondant à l'angle au centre.	pour chaque minute en sus.	correspondant à l'angle au centre.	pour chaque minute en sus.	Valeur d'une minute (0.319977).
179°	1°	9ᵐ60		0ᵐ04		19ᵐ20
178	2	19.20	0ᵐ1600	0.17	0ᵐ0020	38.40
177	3	28.80	0.1600	0.38	0.0034	57.60
176	4	38.41	0.1601	0.67	0.0048	76.79
175	5	48.03	0.1602	1.05	0.0062	95.99
174	6	57.65	0.1603	1.51	0.0076	115.19
173	7	67.29	0.1605	2.06	0.0090	134.39
172	8	76.92	0.1606	2.69	0.0105	153.59
171	9	86.57	0.1608	3.40	0.0119	172.79
170	10	96.24	0.1610	4.20	0.0133	191.99
169	11	105.92	0.1613	5.09	0.0147	211.19
168	12	115.61	0.1616	6.06	0.0161	230.38
167	13	125.33	0.1619	7.12	0.0176	249.58
166	14	135.06	0.1622	8.26	0.0190	268.78
165	15	144.82	0.1625	9.49	0.0205	287.98
164	16	154.59	0.1629	10.81	0.0219	307.18
163	17	164.40	0.1633	12.22	0.0234	326.38
162	18	174.22	0.1637	13.71	0.0249	345.58
161	19	184.08	0.1642	15.30	0.0264	364.77
160	20	193.96	0.1647	16.97	0.0278	383.97
159	21	203.87	0.1652	18.73	0.0294	403.17
158	22	213.82	0.1657	20.59	0.0309	422.37
157	23	223.80	0.1663	22.54	0.0324	441.57
156	24	233.81	0.1669	24.57	0.0339	460.77
155	25	243.86	0.1675	26.71	0.0355	479.97
154	26	253.95	0.1681	28.93	0.0371	499.17
153	27	264.09	0.1688	31.26	0.0387	518.36
152	28	274.26	0.1695	33.68	0.0403	537.56
151	29	284.48	0.1703	36.19	0.0419	556.76
150	30	294.74	0.1710	38.80	0.0435	575.96

4

Angle des deux alignements.	Angle au centre correspondant.	Longueur des *tangentes*		Longueur de la *bissectrice*		Développement de l'*arc.*
		correspondant à l'angle au centre.	pour chaque minute en sus.	correspondant à l'angle au centre.	pour chaque minute en sus.	Valeur d'une minute (0.319977).
150°	30°	294ᵐ74	0ᵐ1718	38ᵐ80	0ᵐ0452	575ᵐ96
149	31	305.06	0.1727	41.52	0.0468	595.16
148	32	315.42	0.1735	44.33	0.0485	614.36
147	33	325.83	0.1744	47.24	0.0503	633.56
146	34	336.30	0.1754	50.26	0.0520	652.75
145	35	.346.83	0.1763	53.38	0.0537	671.95
144	36	357.41	0.1773	56.61	0.0555	691.15
143	37	368.05	0.1784	59.94	0.0573	710.35
142	38	378.76	0.1794	63.38	0.0591	729.55
141	39	389.53	0.1805	66.93	0.0610	748.75
140	40	400.37	0.1817	70.60	0.0629	767.95
139	41	411.27	0.1829	74.37	0.0648	787.15
138	42	422.25	0.1841	78.26	0.0667	806.34
137	43	433.30	0.1854	82.26	0.0687	825.54
136	44	444.43	0.1867	86.39	0.0707	844.74
135	45	455.63	0.1881	90.63	0.0727	863.94
134	46	466.92	0 1895	95.00	0.0748	883.14
133	47	478.29	0.1909	99.49	0.0769	902.34
132	48	489.75	0.1924	104.10	0.0790	921.54
131	49	501.30	0.1939	108.84	0.0812	940.73
130	50	512.94	0.1955	113.72	0.0834	959.93
129	51	524.67	0.1972	118.72	0.0856	979.13
128	52	536.51	0.1988	123.86	0.0879	998.33
127	53	548.44	0.2006	129.14	0.0903	1017.53
126	54	560.48	0.2024	134.56	0.0926	1036.73
125	55	572.62	0.2042	140.12	0.0951	1055.93
124	56	584.88	0.2061	145.83	0.0975	1075.12
123	57	597.25	0.2081	151.68	0.1001	1094.32
122	58	609.74	0.2101	157.69	0.1027	1113.52
121	59	622.35	0.2122	163.85	0.1053	1132.72
120	60	635.09		170.17		1151.92

Angle des deux alignements.	Angle au centre correspondant.	Longueur des *tangentes* correspondant à l'angle au centre.	Longueur des *tangentes* pour chaque minute en sus.	Longueur de la *bissectrice* correspondant à l'angle au centre.	Longueur de la *bissectrice* pour chaque minute en sus.	Développement de l'*arc*. Valeur d'une minute (0.319977).
120°	60°	635m09		170m17		1151m92
119	61	647.95	0m2144	176.65	0m1080	1171.12
118	62	660.95	0.2166	183.30	0.1107	1190.32
117	63	674.08	0.2189	190.11	0.1135	1209.52
116	64	687.36	0.2212	197.10	0.1164	1228.71
115	65	700.78	0.2236	204.26	0.1193	1247.91
114	66	714.35	0.2261	211.60	0.1223	1267.11
113	67	728.07	0.2287	219.13	0.1254	1286.31
112	68	741.96	0.2314	226.84	0.1285	1305.51
111	69	756.01	0.2341	234.75	0.1317	1324.71
110	70	770.23	0.2369	242.85	0.1351	1343.91
109	71	784.62	0.2399	251.16	0.1384	1363.10
108	72	799.20	0.2428	259.67	0.1419	1382.30
107	73	813.96	0.2460	268.40	0.1454	1401.50
106	74	828.91	0.2492	277.35	0.1491	1420.70
105	75	844.06	0.2525	286.52	0.1528	1439.90
104	76	859.41	0.2559	295.92	0.1566	1459.10
103	77	874.98	0.2594	305.56	0.1606	1478.30
102	78	890.76	0.2630	315.44	0.1646	1497.50
101	79	906.77	0.2667	325.56	0.1687	1516.69
100	80	923.01	0.2706	335.95	0.1730	1535.89
99	81	939.49	0.2746	346.60	0.1774	1555.09
98	82	956.22	0.2787	357.51	0.1819	1574.29
97	83	973.20	0.2830	368.71	0.1866	1593.49
96	84	990.44	0.2874	380.20	0.1914	1612.69
95	85	1007.96	0.2919	391.98	0.1963	1631.89
94	86	1025.76	0.2966	404.06	0.2014	1651.08
93	87	1043.86	0.3015	416.46	0.2066	1670.28
92	88	1062.26	0.3066	429.18	0.2120	1689.48
91	89	1080.97	0.3118	442.24	0.2175	1708.68
90	90	1100.00	0.3172	455.64	0.2233	1727.88

Angle des deux aligne-ments.	Angle au centre cor-respon-dant.	Longueur des *tangentes*		Longueur de la *bissectrice*		Développe-ment de l'*arc.*
		correspondant à l'angle au centre.	pour chaque minute en sus.	correspondant à l'angle au centre.	pour chaque minute en sus.	Valeur d'une minute (0.334521).
179°	1°	10ᵐ03		0ᵐ04		20ᵐ07
178	2	20.07	0ᵐ1672	0.18	0ᵐ0021	40.14
177	3	30.11	0.1673	0.39	0.0036	60.21
176	4	40.16	0.1674	0.70	0.0051	80.29
175	5	50.21	0.1675	1.10	0.0065	100.36
174	6	60.27	0.1676	1.58	0.0080	120.43
173	7	70.34	0.1677	2.15	0.0095	140.50
172	8	80.41	0.1679	2.81	0.0109	160.57
171	9	90.50	0.1681	3.56	0.0124	180.64
170	10	100.61	0.1684	4.39	0.0139	200.71
169	11	110.73	0.1686	5.32	0.0154	220.78
168	12	120.87	0.1689	6.33	0.0169	240.86
167	13	131.02	0.1692	7.44	0.0184	260.93
166	14	141.20	0.1696	8.64	0.0199	281.00
165	15	151.40	0.1699	9.92	0.0214	301.07
164	16	161.62	0.1703	11.30	0.0229	321.14
163	17	171.87	0.1707	12.77	0.0245	341.21
162	18	182.14	0.1712	14.33	0.0260	361.28
161	19	192.44	0.1717	15.99	0.0276	381.36
160	20	202.78	0.1721	17.74	0.0291	401.43
159	21	213.14	0.1727	19.58	0.0307	421.50
158	22	223.54	0.1732	21.52	0.0323	441.57
157	23	233.97	0.1738	23.56	0.0339	461.64
156	24	244.44	0.1745	25.69	0.0355	481.71
155	25	254.95	0.1751	27.92	0.0371	501.78
154	26	265.50	0.1758	30.25	0.0387	521.85
153	27	276.09	0.1765	32.68	0.0404	541.93
152	28	286.73	0.1772	35.21	0.0421	562.00
151	29	297.41	0.1780	37.84	0.0438	582.07
150	30	308.14	0.1788	40.57	0.0455	602.14

Angle des deux alignements.	Angle au centre correspondant.	Longueur des *tangentes*		Longueur de la *bissectrice*		Développement de l'*arc.*
		correspondant à l'angle au centre.	pour chaque minute en sus.	correspondant à l'angle au centre.	pour chaque minute en sus.	Valeur d'une minute (0,319977).
120°	60°	635m09		170m17		1151m92
119	61	647.95	0m2144	176.65	0m1080	1171.12
118	62	660.95	0.2166	183.30	0.1107	1190.32
117	63	674.08	0.2189	190.11	0.1135	1209.52
116	64	687.36	0.2212	197.10	0.1164	1228.71
115	65	700.78	0.2236	204.26	0.1193	1247.91
114	66	714.35	0.2261	211.60	0.1223	1267.11
113	67	728.07	0.2287	219.13	0.1254	1286.31
112	68	741.96	0.2314	226.84	0.1285	1305.51
111	69	756.01	0.2341	234.75	0.1317	1324.71
110	70	770.23	0.2369	242.85	0.1351	1343.91
109	71	784.62	0.2399	251.16	0.1384	1363.10
108	72	799.20	0.2428	259.67	0.1419	1382.30
107	73	813.96	0.2460	268.40	0.1454	1401.50
106	74	828.91	0.2492	277.35	0.1491	1420.70
105	75	844.06	0.2525	286.52	0.1528	1439.90
104	76	859.41	0.2559	295.92	0.1566	1459.10
103	77	874.98	0.2594	305.56	0.1606	1478.30
102	78	890.76	0.2630	315.44	0.1646	1497.50
101	79	906.77	0.2667	325.56	0.1687	1516.69
100	80	923.01	0.2706	335.95	0.1730	1535.89
99	81	939.49	0.2746	346.60	0.1774	1555.09
98	82	956.22	0.2787	357.51	0.1819	1574.29
97	83	973.20	0.2830	368.71	0.1866	1593.49
96	84	990.44	0.2874	380.20	0.1914	1612.69
95	85	1007.96	0.2919	391.98	0.1963	1631.89
94	86	1025.76	0.2966	404.06	0.2014	1651.08
93	87	1043.86	0.3015	416.46	0.2066	1670.28
92	88	1062.26	0.3066	429.18	0.2120	1689.48
91	89	1080.97	0.3118	442.24	0.2175	1708.68
90	90	1100.00	0.3172	455.64	0.2233	1727.88

Angle des deux alignements.	Angle au centre correspondant.	Longueur des *tangentes*		Longueur de la *bissectrice*		Développement de l'*arc.*
		correspondant à l'angle au centre.	pour chaque minute en sus.	correspondant à l'angle au centre.	pour chaque minute en sus.	Valeur d'une minute (0.334521).
179°	1°	10m03		0m04		20m07
178	2	20.07	0m1672	0.18	0m0021	40.14
177	3	30.11	0.1673	0.39	0.0036	60.21
176	4	40.16	0.1674	0.70	0.0051	80.29
175	5	50.21	0.1675	1.10	0.0065	100.36
174	6	60.27	0.1676	1.58	0.0080	120.43
173	7	70.34	0.1677	2.15	0.0095	140.50
172	8	80.41	0.1679	2.81	0.0109	160.57
171	9	90.50	0.1681	3.56	0.0124	180.64
170	10	100.61	0.1684	4.39	0.0139	200.71
169	11	110.73	0.1686	5.32	0.0154	220.78
168	12	120.87	0.1689	6.33	0.0169	240.86
167	13	131.02	0.1692	7.44	0.0184	260.93
166	14	141.20	0.1696	8.64	0.0199	281.00
165	15	151.40	0.1699	9.92	0.0214	301.07
164	16	161.62	0.1703	11.30	0.0229	321.14
163	17	171.87	0.1707	12.77	0.0245	341.21
162	18	182.14	0.1712	14.33	0.0260	361.28
161	19	192.44	0.1717	15.99	0.0276	381.36
160	20	202.78	0.1721	17.74	0.0291	401.43
159	21	213.14	0.1727	19.58	0.0307	421.50
158	22	223.54	0.1732	21.52	0.0323	441.57
157	23	233.97	0.1738	23.56	0.0339	461.64
156	24	244.44	0.1745	25.69	0.0355	481.71
155	25	254.95	0.1751	27.92	0.0371	501.78
154	26	265.50	0.1758	30.25	0.0387	521.85
153	27	276.09	0.1765	32.68	0.0404	541.93
152	28	286.73	0.1772	35.21	0.0421	562.00
151	29	297.41	0.1780	37.84	0.0438	582.07
150	30	308.14	0.1788	40.57	0.0455	602.14

Angle des deux alignements.	Angle au centre correspondant.	Longueur des *tangentes*		Longueur de la *bissectrice*		Développement de l'*arc.*
		correspondant à l'angle au centre.	pour chaque minute en sus.	correspondant à l'angle au centre.	pour chaque minute en sus.	Valeur d'une minute (0.334521).
150°	30°	308ᵐ14	0ᵐ1796	40ᵐ57	0ᵐ0472	602ᵐ14
149	31	318.92	0.1805	43.40	0.0490	622.21
148	32	329.76	0.1814	46.34	0.0507	642.28
147	33	340.64	0.1824	49.39	0.0525	662.35
146	34	351.59	0.1833	52.55	0.0543	682.43
145	35	362.59	0.1844	55.81	0.0562	702.50
144	36	373.66	0.1854	59.18	0.0580	722.57
143	37	384.78	0.1865	62.67	0.0599	742.64
142	38	395.98	0.1876	66.26	0.0618	762.71
141	39	407.24	0.1888	69.98	0.0638	782.78
140	40	418.55	0.1900	73.80	0.0657	802.85
139	41	429.97	0.1912	77.75	0.0677	822.92
138	42	441.44	0.1925	81.82	0.0697	842.99
137	43	452.99	0.1938	86.00	0.0718	863.07
136	44	464.63	0.1952	90.31	0.0739	883.14
135	45	476.34	0.1966	94.75	0.0760	903.21
134	46	488.15	0.1981	99.31	0.0782	923.28
133	47	500.03	0.1996	104.01	0.0804	943.35
132	48	512.01	0.2011	108.83	0.0826	963.42
131	49	524.08	0.2028	113.79	0.0849	983.50
130	50	536.25	0.2044	118.88	0.0872	1003.57
129	51	548.52	0.2062	124.12	0.0895	1023.64
128	52	560.89	0.2079	129.49	0.0919	1043.71
127	53	573.37	0.2097	135.01	0.0944	1063.78
126	54	585.95	0.2116	140.67	0.0969	1083.85
125	55	598.65	0.2135	146.49	0.0994	1103.92
124	56	611.46	0.2155	152.46	0.1020	1123.99
123	57	624.40	0.2175	158.58	0.1046	1144.07
122	58	637.46	0.2197	164.86	0.1073	1164.14
121	59	650.64	0.2218	171.30	0.1101	1184.21
120	60	663.95		177.91		1204.28

Angle des deux aligne-ments.	Angle au centre cor-respon-dant.	Longueur des *tangentes*		Longueur de la *bissectrice*		Développe-ment de l'*arc.* — Valeur d'une minute (0.334521).
		correspondant à l'angle au centre.	pour chaque minute en sus.	correspondant à l'angle au centre.	pour chaque minute en sus.	
120°	60°	663ᵐ95	0ᵐ2241	177ᵐ91	0ᵐ1129	1204ᵐ28
119	61	677.40	0.2264	184.68	0.1157	1224.35
118	62	690.99	0.2288	191.63	0.1187	1244.42
117	63	704.73	0.2312	198.75	0.1217	1264.49
116	64	718.60	0.2338	206.05	0.1247	1284.57
115	65	732.63	0.2364	213.54	0.1279	1304.64
114	66	746.82	0.2391	221.22	0.1311	1324.71
113	67	761.17	0.2419	229.09	0.1344	1344.78
112	68	775.68	0.2448	237.15	0.1377	1364.85
111	69	790.37	0.2477	245.42	0.1412	1384.92
110	70	805.24	0.2508	253.89	0.1447	1404.99
109	71	820.29	0.2539	262.57	0.1483	1425.06
108	72	835.52	0.2571	271.48	0.1520	1445.14
107	73	850.96	0.2605	280.60	0.1558	1465.21
106	74	866.59	0.2639	289.96	0.1597	1485.28
105	75	882.43	0.2675	299.54	0.1637	1505.35
104	76	898.48	0.2712	309.37	0.1679	1525.42
103	77	914.75	0.2750	319.44	0.1721	1545.49
102	78	931.25	0.2789	329.77	0.1764	1565.56
101	79	947.99	0.2829	340.36	0.1809	1585.64
100	80	964.96	0.2871	351.22	0.1855	1605.71
99	81	982.19	0.2914	362.35	0.1902	1625.78
98	82	999.68	0.2958	373.76	0.1950	1645.85
97	83	1017.43	0.3005	385.47	0.2001	1665.92
96	84	1035.46	0.3052	397.48	0.2052	1685.99
95	85	1053.78	0.3101	409.79	0.2105	1706.06
94	86	1072.39	0.3153	422.43	0.2160	1726.13
93	87	1091.31	0.3205	435.39	0.2216	1746.21
92	88	1110.54	0.3259	448.69	0.2274	1766.28
91	89	1130.10	0.3316	462.34	0.2334	1786.35
90	90	1150.00		476.35		1806.42

Angle des deux alignements.	Angle au centre correspondant.	Longueur des *tangentes* correspondant à l'angle au centre.	pour chaque minute en sus.	Longueur de la *bissectrice* correspondant à l'angle au centre.	pour chaque minute en sus.	Développement de l'*arc.* Valeur d'une minute (0.334521).
150°	30°	308m14		40m57		602m14
			0m1796		0m0472	
149	31	318.92		43.40		622.21
			0.1805		0.0490	
148	32	329.76		46.34		642.28
			0.1814		0.0507	
147	33	340.64		49.39		662.35
			0.1824		0.0525	
146	34	351.59		52.55		682.43
			0.1833		0.0543	
145	35	362.59		55.81		702.50
			0.1844		0.0562	
144	36	373.66		59.18		722.57
			0.1854		0.0580	
143	37	384.78		62.67		742.64
			0.1865		0.0599	
142	38	395.98		66.26		762.71
			0.1876		0.0618	
141	39	407.24		69.98		782.78
			0.1888		0.0638	
140	40	418.55		73.80		802.85
			0.1900		0.0657	
139	41	429.97		77.75		822.92
			0.1912		0.0677	
138	42	441.44		81.82		842.99
			0.1925		0.0697	
137	43	452.99		86.00		863.07
			0.1938		0.0718	
136	44	464.63		90.31		883.14
			0.1952		0.0739	
135	45	476.34		94.75		903.21
			0.1966		0.0760	
134	46	488.15		99.31		923.28
			0.1981		0.0782	
133	47	500.03		104.01		943.35
			0.1996		0.0804	
132	48	512.01		108.83		963.42
			0.2011		0.0826	
131	49	524.08		113.79		983.50
			0.2028		0 0849	
130	50	536.25		118.88		1003.57
			0.2044		0.0872	
129	51	548.52		124.12		1023.64
			0.2062		0.0895	
128	52	560.89		129.49		1043.71
			0.2079		0.0919	
127	53	573.37		135.01		1063.78
			0.2097		0.0944	
126	54	585.95		140.67		1083.85
			0.2116		0.0969	
125	55	598.65		146.49		1103.92
			0.2135		0.0994	
124	56	611.46		152.46		1123.99
			0.2155		0.1020	
123	57	624.40		158.58		1144.07
			0.2175		0.1046	
122	58	637.46		164.86		1164.14
			0.2197		0.1073	
121	59	650.64		171.30		1184.21
			0.2218		0.1101	
120	60	663.95		177.91		1204.28

Angle des deux alignements.	Angle au centre correspondant.	Longueur des *tangentes* correspondant à l'angle au centre.	pour chaque minute en sus.	Longueur de la *bissectrice* correspondant à l'angle au centre.	pour chaque minute en sus.	Développement de l'arc. Valeur d'une minute (0.334521).
120°	60°	663ᵐ95	0ᵐ2241	177ᵐ91	0ᵐ1129	1204ᵐ28
119	61	677.40	0.2264	184.68	0.1157	1224.35
118	62	690.99	0.2288	191.63	0.1187	1244.42
117	63	704.73	0.2312	198.75	0.1217	1264.49
116	64	718.60	0.2338	206.05	0.1247	1284.57
115	65	732.63	0.2364	213.54	0.1279	1304.64
114	66	746.82	0.2391	221.22	0.1311	1324.71
113	67	761.17	0.2419	229.09	0.1344	1344.78
112	68	775.68	0.2448	237.15	0.1377	1364.85
111	69	790.37	0.2477	245.42	0.1412	1384.92
110	70	805.24	0.2508	253.89	0.1447	1404.99
109	71	820.29	0.2539	262.57	0.1483	1425.06
108	72	835.52	0.2571	271.48	0.1520	1445.14
107	73	850.96	0.2605	280.60	0.1558	1465.21
106	74	866.59	0.2639	289.96	0.1597	1485.28
105	75	882.43	0.2675	299.54	0.1637	1505.35
104	76	898.48	0.2712	309.37	0.1679	1525.42
103	77	914.75	0.2750	319.44	0.1721	1545.49
102	78	931.25	0.2789	329.77	0.1764	1565.56
101	79	947.99	0.2829	340.36	0.1809	1585.64
100	80	964.96	0.2871	351.22	0.1855	1605.71
99	81	982.19	0.2914	362.35	0.1902	1625.78
98	82	999.68	0.2958	373.76	0.1950	1645.85
97	83	1017.43	0.3005	385.47	0.2001	1665.92
96	84	1035.46	0.3052	397.48	0.2052	1685.99
95	85	1053.78	0.3101	409.79	0.2105	1706.06
94	86	1072.39	0.3153	422.43	0.2160	1726.13
93	87	1091.31	0.3205	435.39	0.2216	1746.21
92	88	1110.54	0.3259	448.69	0.2274	1766.28
91	89	1130.10	0.3316	462.34	0.2334	1786.35
90	90	1150.00		476.35		1806.42

Angle des deux alignements.	Angle au centre correspondant.	Longueur des tangentes		Longueur de la bissectrice		Développement de l'arc. — Valeur d'une minute (0.349065).
		correspondant à l'angle au centre.	pour chaque minute en sus.	correspondant à l'angle au centre.	pour chaque minute en sus.	
179°	1°	10m47		0m05		20m94
178	2	20.95	0m1745	0.18	0m0022	41.89
177	3	31.42	0.1746	0.41	0.0038	62.83
176	4	41.90	0.1747	0.73	0.0053	83.78
175	5	52.39	0.1748	1.14	0.0068	104.72
174	6	62.89	0.1749	1.65	0.0083	125.66
173	7	73.40	0.1750	2.24	0.0099	146.61
172	8	83.91	0.1752	2.93	0.0114	167.55
171	9	94.44	0.1754	3.71	0.0129	188.50
170	10	104.99	0.1757	4.58	0.0145	209.44
169	11	115.55	0.1760	5.55	0.0160	230.38
168	12	126.13	0.1763	6.61	0.0176	251.33
167	13	136.72	0.1766	7.76	0.0192	272.27
166	14	147.34	0.1769	9.01	0.0207	293.22
165	15	157.98	0.1773	10.35	0.0223	314.16
164	16	168.65	0.1777	11.79	0.0239	335.10
163	17	179.34	0.1782	13.33	0.0255	356.05
162	18	190.06	0.1786	14.96	0.0271	376.99
161	19	200.81	0.1791	16.69	0.0288	397.94
160	20	211.59	0.1796	18.51	0.0304	418.88
159	21	222.41	0.1802	20.44	0.0320	439.82
158	22	233.26	0.1808	22.46	0.0337	460.77
157	23	244.14	0.1814	24.58	0.0354	481.71
156	24	255.07	0.1821	26.81	0.0370	502.66
155	25	266.03	0.1827	29.14	0.0387	523.60
154	26	277.04	0.1834	31.56	0.0404	544.54
153	27	288.09	0.1842	34.10	0.0422	565.49
152	28	299.19	0.1849	36.74	0.0439	586.43
151	29	310.34	0.1857	39.48	0.0457	607.38
150	30	321.54	0.1866	42.33	0.0475	628.32

RAYON 1200.

Angle des deux aligne- ments.	Angle au centre cor- respon- dant.	Longueur des *tangentes*		Longueur de la *bissectrice*		Développe- ment de l'*arc*. — Valeur d'une minute (0.349065).
		correspondant à l'angle au centre.	pour chaque minute en sus.	correspondant à l'angle au centre.	pour chaque minute en sus.	
150°	30°	321ᵐ54		42ᵐ33		628ᵐ32
149	31	332.79	0ᵐ1875	45.29	0ᵐ0493	649.26
148	32	344.09	0.1884	48.36	0.0511	670.21
147	33	355.46	0.1893	51.54	0.0529	691.15
146	34	366.88	0.1903	54.83	0.0548	712.10
145	35	378.36	0.1913	58.23	0.0567	733.04
144	36	389.90	0.1924	61.75	0.0586	753.98
143	37	401.51	0.1935	65.39	0.0606	774.93
142	38	413.19	0.1946	69.14	0.0625	795.87
141	39	424.94	0.1958	73.02	0.0645	816.82
140	40	436.76	0.1970	77.01	0.0666	837.76
139	41	448.66	0.1983	81.13	0.0686	858.70
138	42	460.64	0.1995	85.37	0.0707	879.65
137	43	472.69	0.2009	89.74	0.0728	900.59
136	44	484.83	0.2023	94.24	0.0749	921.54
135	45	497.06	0.2037	98.87	0.0771	942.48
134	46	509.37	0.2052	103.63	0.0793	963.42
133	47	521.77	0.2067	108.53	0.0816	984.37
132	48	534.27	0.2083	113.56	0.0838	1005.31
131	49	546.87	0.2099	118.74	0.0862	1026.26
130	50	559.57	0.2116	124.05	0.0885	1047.20
129	51	572.37	0.2133	129.51	0.0910	1068.14
128	52	585.28	0.2151	135.12	0.0934	1089.09
127	53	598.30	0.2169	140.88	0.0959	1110.03
126	54	611.43	0.2188	146.79	0.0985	1130.98
125	55	624.68	0.2208	152.86	0.1011	1151.92
124	56	638.05	0.2228	159.08	0.1037	1172.86
123	57	651.55	0.2249	165.47	0.1064	1193.81
122	58	665.17	0.2270	172.02	0.1092	1214.75
121	59	678.93	0.2292	178.75	0.1120	1235.70
120	60	692.82	0.2315	185.64	0.1149	1256.64

Angle des deux aligne-ments.	Angle au centre cor-respon-dant.	Longueur des *tangentes*		Longueur de la *bissectrice*		Développe-ment de l'*arc.*
		correspondant à l'angle au centre.	pour chaque minute en sus.	correspondant à l'angle au centre.	pour chaque minute en sus.	Valeur d'une minute (0.349065).
179°	1°	10ᵐ47	0ᵐ1745	0ᵐ05	0ᵐ0022	20ᵐ94
178	2	20.95	0.1746	0.18	0.0038	41.89
177	3	31.42	0.1747	0.41	0.0053	62.83
176	4	41.90	0.1748	0.73	0.0068	83.78
175	5	52.39	0.1749	1.14	0.0083	104.72
174	6	62.89	0.1750	1.65	0.0099	125.66
173	7	73.40	0.1752	2.24	0.0114	146.61
172	8	83.91	0.1754	2.93	0.0129	167.55
171	9	94.44	0.1757	3.71	0.0145	188.50
170	10	104.99	0.1760	4.58	0.0160	209.44
169	11	115.55	0.1763	5.55	0.0176	230.38
168	12	126.13	0.1766	6.61	0.0192	251.33
167	13	136.72	0.1769	7.76	0.0207	272.27
166	14	147.34	0.1773	9.01	0.0223	293.22
165	15	157.98	0.1777	10.35	0.0239	314.16
164	16	168.65	0.1782	11.79	0.0255	335.10
163	17	179.34	0.1786	13.33	0.0271	356.05
162	18	190.06	0.1791	14.96	0.0288	376.99
161	19	200.81	0.1796	16.69	0.0304	397.94
160	20	211.59	0.1802	18.51	0.0320	418.88
159	21	222.41	0.1808	20.44	0.0337	439.82
158	22	233.26	0.1814	22.46	0.0354	460.77
157	23	244.14	0.1821	24.58	0.0370	481.71
156	24	255.07	0.1827	26.81	0.0387	502.66
155	25	266.03	0.1834	29.14	0.0404	523.60
154	26	277.04	0.1842	31.56	0.0422	544.54
153	27	288.09	0.1849	34.10	0.0439	565.49
152	28	299.19	0.1857	36.74	0.0457	586.43
151	29	310.34	0.1866	39.48	0.0475	607.38
150	30	321.54		42.33		628.32

Angle des deux alignements.	Angle au centre correspondant.	Longueur des *tangentes*		Longueur de la *bissectrice*		Développement de l'*arc*.
		correspondant à l'angle au centre.	pour chaque minute en sus.	correspondant à l'angle au centre.	pour chaque minute en sus.	Valeur d'une minute (0.349065).
150°	30°	321^m54	0^m1875	42^m33	0^m0493	628^m32
149	31	332.79	0.1884	45.29	0.0511	649.26
148	32	344.09	0.1893	48.36	0.0529	670.21
147	33	355.46	0.1903	51.54	0.0548	691.15
146	34	366.88	0.1913	54.83	0.0567	712.10
145	35	378.36	0.1924	58.23	0.0586	733.04
144	36	389.90	0.1935	61.75	0.0606	753.98
143	37	401.51	0.1946	65.39	0.0625	774.93
142	38	413.19	0.1958	69.14	0.0645	795.87
141	39	424.94	0.1970	73.02	0.0666	816.82
140	40	436.76	0.1983	77.01	0.0686	837.76
139	41	448.66	0.1995	81.13	0.0707	858.70
138	42	460.64	0.2009	85.37	0.0728	879.65
137	43	472.69	0.2023	89.74	0.0749	900.59
136	44	484.83	0.2037	94.24	0.0771	921.54
135	45	497.06	0.2052	98.87	0.0793	942.48
134	46	509.37	0.2067	103.63	0.0816	963.42
133	47	521.77	0.2083	108.53	0.0838	984.37
132	48	534.27	0.2099	113.56	0.0862	1005.31
131	49	546.87	0.2116	118.74	0.0885	1026.26
130	50	559.57	0.2133	124.05	0.0910	1047.20
129	51	572.37	0.2151	129.51	0.0934	1068.14
128	52	585.28	0.2169	135.12	0.0959	1089.09
127	53	598.30	0.2188	140.88	0.0985	1110.03
126	54	611.43	0.2208	146.79	0.1011	1130.98
125	55	624.68	0.2228	152.86	0.1037	1151.92
124	56	638.05	0.2249	159.08	0.1064	1172.86
123	57	651.55	0.2270	165.47	0.1092	1193.81
122	58	665.17	0.2292	172.02	0.1120	1214.75
121	59	678.93	0.2315	178.75	0.1149	1235.70
120	60	692.82		185.64		1256.64

Angle des deux alignements.	Angle au centre correspondant.	Longueur des *tangentes*		Longueur de la *bissectrice*		Développement de l'*arc.*
		correspondant à l'angle au centre.	pour chaque minute en sus.	correspondant à l'angle au centre.	pour chaque minute en sus.	Valeur d'une minute (0.349065).
120°	60°	692.82		185.64		1256.64
			0.2338		0.1178	
119	61	706.85		192.71		1277.58
			0.2363		0.1208	
118	62	721.03		199.96		1298.53
			0.2388		0.1238	
117	63	735.36		207.39		1319.47
			0.2413		0.1270	
116	64	749.84		215.01		1340.42
			0.2440		0.1302	
115	65	764.48		222.83		1361.36
			0.2467		0.1335	
114	66	779.29		230.84		1382.30
			0.2495		0.1368	
113	67	794.26		239.05		1403.25
			0.2524		0.1402	
112	68	809.41		247.46		1424.19
			0.2554		0.1437	
111	69	824.74		256.09		1445.14
			0.2585		0.1473	
110	70	840.25		264.93		1466.08
			0.2617		0.1510	
109	71	855.95		273.99		1487.02
			0.2649		0.1548	
108	72	871.85		283.28		1507.97
			0.2683		0.1586	
107	73	887.95		292.80		1528.91
			0.2718		0.1626	
106	74	904.26		302.56		1549.86
			0.2754		0.1667	
105	75	920.79		312.57		1570.80
			0.2791		0.1709	
104	76	937.54		322.82		1591.74
			0.2829		0.1752	
103	77	954.52		333.33		1612.69
			0.2869		0.1796	
102	78	971.74		344.11		1633.63
			0.2910		0.1841	
101	79	989.20		355.16		1654.58
			0.2952		0.1887	
100	80	1006.92		366.49		1675.52
			0.2996		0.1935	
99	81	1024.90		378.10		1696.46
			0.3041		0.1985	
98	82	1043.14		390.02		1717.41
			0.3087		0.2035	
97	83	1061.67		402.23		1738.35
			0.3135		0.2088	
96	84	1080.48		414.76		1759.30
			0.3185		0.2141	
95	85	1099.60		427.61		1780.24
			0.3236		0.2197	
94	86	1119.01		440.79		1801.18
			0.3290		0.2254	
93	87	1138.76		454.32		1822.13
			0.3345		0.2313	
92	88	1158.83		468.20		1843.07
			0.3401		0.2373	
91	89	1179.24		482.44		1864.02
			0.3460		0.2436	
90	90	1200.00		497.06		1884.96

Angle des deux alignements.	Angle au centre correspondant.	Longueur des *tangentes*		Longueur de la *bissectrice*		Développement de l'*arc*. — Valeur d'une minute (0.363610).
		correspondant à l'angle au centre.	pour chaque minute en sus.	correspondant à l'angle au centre.	pour chaque minute en sus.	
179°	1°	10m91		0m05		21m82
178	2	21.82	0m1818	0.19	0m0023	43.63
177	3	32.73	0.1818	0.43	0.0039	65.45
176	4	43.65	0.1819	0.76	0.0055	87.27
175	5	54.58	0.1821	1.19	0.0071	109.08
174	6	65.51	0.1822	1.72	0.0087	130.90
173	7	76.45	0.1823	2.34	0.0103	152.72
172	8	87.41	0.1825	3.05	0.0119	174.53
171	9	98.38	0.1828	3.87	0.0135	196.35
170	10	109.36	0.1830	4.78	0.0151	218.17
169	11	120.36	0.1833	5.78	0.0167	239.98
168	12	131.38	0.1836	6.89	0.0184	261.80
167	13	142.42	0.1839	8.09	0.0200	283.62
166	14	153.48	0.1843	9.39	0.0216	305.43
165	15	164.56	0.1847	10.79	0.0233	327.25
164	16	175.67	0.1851	12.28	0.0249	349.07
163	17	186.81	0.1856	13.88	0.0266	370.88
162	18	197.98	0.1861	15.58	0.0283	392.70
161	19	209.18	0.1866	17.38	0.0300	414.52
160	20	220.41	0.1871	19.28	0.0316	436.33
159	21	231.67	0.1877	21.29	0.0334	458.15
158	22	242.97	0.1883	23.40	0.0351	479.97
157	23	254.31	0.1890	25.61	0.0368	501.78
156	24	265.70	0.1896	27.93	0.0386	523.60
155	25	277.12	0.1903	30.35	0.0404	545.42
154	26	288.58	0.1911	32.88	0.0421	567.23
153	27	300.10	0.1918	35.52	0.0439	589.05
152	28	311.66	0.1926	38.27	0.0458	610.87
151	29	323.27	0.1935	41.13	0.0476	632.68
150	30	334.94	0.1943	44.10	0.0495	654.50

Angle des deux alignements.	Angle au centre correspondant.	Longueur des *tangentes* correspondant à l'angle au centre.	pour chaque minute en sus.	Longueur de la *bissectrice* correspondant à l'angle au centre.	pour chaque minute en sus.	Développement de l'*arc*. Valeur d'une minute (0.349065).
120°	60°	692.82		185.64		1256.64
			0.2338		0.1178	
119	61	706.85		192.71		1277.58
			0.2363		0.1208	
118	62	721.03		199.96		1298.53
			0.2388		0.1238	
117	63	735.36		207.39		1319.47
			0.2413		0.1270	
116	64	749.84		215.01		1340.42
			0.2440		0.1302	
115	65	764.48		222.83		1361.36
			0.2467		0.1335	
114	66	779.29		230.84		1382.30
			0.2495		0.1368	
113	67	794.26		239.05		1403.25
			0.2524		0.1402	
112	68	809.41		247.46		1424.19
			0.2554		0.1437	
111	69	824.74		256.09		1445.14
			0.2585		0.1473	
110	70	840.25		264.93		1466.08
			0.2617		0.1510	
109	71	855.95		273.99		1487.02
			0.2649		0.1548	
108	72	871.85		283.28		1507.97
			0.2683		0.1586	
107	73	887.95		292.80		1528.91
			0.2718		0.1626	
106	74	904.26		302.56		1549.86
			0.2754		0.1667	
105	75	920.79		312.57		1570.80
			0.2791		0.1709	
104	76	937.54		322.82		1591.74
			0.2829		0.1752	
103	77	954.52		333.33		1612.69
			0.2869		0.1796	
102	78	971.74		344.11		1633.63
			0.2910		0.1841	
101	79	989.20		355.16		1654.58
			0.2952		0.1887	
100	80	1006.92		366.49		1675.52
			0.2996		0.1935	
99	81	1024.90		378.10		1696.46
			0.3041		0.1985	
98	82	1043.14		390.02		1717.41
			0.3087		0.2035	
97	83	1061.67		402.23		1738.35
			0.3135		0.2088	
96	84	1080.48		414.76		1759.30
			0.3185		0.2141	
95	85	1099.60		427.61		1780.24
			0.3236		0.2197	
94	86	1119.01		440.79		1801.18
			0.3290		0.2254	
93	87	1138.76		454.32		1822.13
			0.3345		0.2313	
92	88	1158.83		468.20		1843.07
			0.3401		0.2373	
91	89	1179.24		482.44		1864.02
			0.3460		0.2436	
90	90	1200.00		497.06		1884.96

RAYON 1250.

Angle des deux alignements.	Angle au centre correspondant.	Longueur des *tangentes*		Longueur de la *bissectrice*		Développement de l'arc.
		correspondant à l'angle au centre.	pour chaque minute en sus.	correspondant à l'angle au centre.	pour chaque minute en sus.	Valeur d'une minute (0.363610).
179°	1°	10^{m}91	0^{m}1818	0^{m}05	0^{m}0023	21^{m}82
178	2	21.82	0.1818	0.19	0.0039	43.63
177	3	32.73	0.1819	0.43	0.0055	65.45
176	4	43.65	0.1821	0.76	0.0071	87.27
175	5	54.58	0.1822	1.19	0.0087	109.08
174	6	65.51	0.1823	1.72	0.0103	130.90
173	7	76.45	0.1825	2.34	0.0119	152.72
172	8	87.41	0.1828	3.05	0.0135	174.53
171	9	98.38	0.1830	3.87	0.0151	196.35
170	10	109.36	0.1833	4.78	0.0167	218.17
169	11	120.36	0.1836	5.78	0.0184	239.98
168	12	131.38	0.1839	6.89	0.0200	261.80
167	13	142.42	0.1843	8.09	0.0216	283.62
166	14	153.48	0.1847	9.39	0.0233	305.43
165	15	164.56	0.1851	10.79	0.0249	327.25
164	16	175.67	0.1856	12.28	0.0266	349.07
163	17	186.81	0.1861	13.88	0.0283	370.88
162	18	197.98	0.1866	15.58	0.0300	392.70
161	19	209.18	0.1871	17.38	0.0316	414.52
160	20	220.41	0.1877	19.28	0.0334	436.33
159	21	231.67	0.1883	21.29	0.0351	458.15
158	22	242.97	0.1890	23.40	0.0368	479.97
157	23	254.31	0.1896	25.61	0.0386	501.78
156	24	265.70	0.1903	27.93	0.0404	523.60
155	25	277.12	0.1911	30.35	0.0421	545.42
154	26	288.58	0.1918	32.88	0.0439	567.23
153	27	300.10	0.1926	35.52	0.0458	589.05
152	28	311.66	0.1935	38.27	0.0476	610.87
151	29	323.27	0.1943	41.13	0.0495	632.68
150	30	334.94		44.10		654.50

Angle des deux alignements.	Angle au centre correspondant.	Longueur des *tangentes*		Longueur de la *bissectrice*		Développement de l'*arc*.
		correspondant à l'angle au centre.	pour chaque minute en sus.	correspondant à l'angle au centre.	pour chaque minute en sus.	Valeur d'une minute (0.363610).
150°	30°	334^{m}94		44^{m}10		654^{m}50
149	31	346.66	0^{m}1953	47.18	0^{m}0513	676.32
148	32	358.43	0.1962	50.37	0.0532	698.13
147	33	370.27	0.1972	53.69	0.0551	719.95
146	34	382.16	0.1982	57.12	0.0571	741.77
145	35	394.12	0.1993	60.66	0.0591	763.58
144	36	406.15	0.2004	64.33	0.0611	785.40
143	37	418.24	0.2015	68.12	0.0631	807.22
142	38	430.41	0.2027	72.03	0.0651	829.03
141	39	442.65	0.2039	76.06	0.0672	850.85
140	40	454.96	0.2052	80.22	0.0693	872.67
139	41	467.36	0.2065	84.51	0.0714	894.48
138	42	479.83	0.2078	88.93	0.0736	916.30
137	43	492.39	0.2093	93.48	0.0758	938.12
136	44	505.03	0.2107	98.17	0.0780	959.93
135	45	517.77	0.2122	102.99	0.0803	981.75
134	46	530.59	0.2137	107.95	0.0826	1003.57
133	47	543.51	0.2153	113.05	0.0850	1025.38
132	48	556.54	0.2170	118.30	0.0873	1047.20
131	49	569.66	0.2186	123.69	0.0898	1069.02
130	50	582.89	0.2204	129.22	0.0922	1090.83
129	51	596.22	0.2222	134.91	0.0948	1112.65
128	52	609.67	0.2241	140.75	0.0973	1134.47
127	53	623.23	0.2260	146.75	0.0999	1156.28
126	54	636.91	0.2280	152.91	0.1026	1178.10
125	55	650.71	0.2300	159.23	0.1053	1199.92
124	56	664.64	0.2321	165.71	0.1080	1221.73
123	57	678.70	0.2343	172.37	0.1108	1243.55
122	58	692.89	0.2365	179.19	0.1137	1265.37
121	59	707.22	0.2388	186.19	0.1167	1287.18
120	60	721.69	0.2411	193.38	0.1197	1309.00

RAYON 1250,

Angle des deux alignements.	Angle au centre correspondant.	Longueur des *tangentes*		Longueur de la *bissectrice*		Développement de l'*arc*. — Valeur d'une minute (0.363610).
		correspondant à l'angle au centre.	pour chaque minute en sus.	correspondant à l'angle au centre.	pour chaque minute en sus.	
120°	60°	721ᵐ69	0ᵐ2436	193ᵐ38	0ᵐ1227	1309ᵐ00
119	61	736.31	0.2461	200.74	0.1258	1330.82
118	62	751.08	0.2487	208.29	0.1290	1352.63
117	63	766.01	0.2514	216.03	0.1323	1374.45
116	64	781.09	0.2541	223.97	0.1356	1396.27
115	65	796.34	0.2570	232.11	0.1390	1418.08
114	66	811.76	0.2599	240.45	0.1425	1439.90
113	67	827.36	0.2629	249.01	0.1461	1461.72
112	68	843.13	0.2661	257.77	0.1497	1483.53
111	69	859.10	0.2692	266.76	0.1535	1505.35
110	70	875.26	0.2726	275.97	0.1573	1527.17
109	71	891.62	0.2760	285.41	0.1612	1548.98
108	72	908.18	0.2795	295.09	0.1652	1570.80
107	73	924.95	0.2831	305.00	0.1694	1592.62
106	74	941.94	0.2869	315.17	0.1736	1614.43
105	75	959.16	0.2908	325.59	0.1780	1636.25
104	76	976.61	0.2947	336.27	0.1825	1658.07
103	77	994.29	0.2989	347.22	0.1871	1679.88
102	78	1012.23	0.3031	358.45	0.1918	1701.70
101	79	1030.42	0.3075	369.96	0.1966	1723.52
100	80	1048.87	0.3121	381.76	0.2016	1745.33
99	81	1067.60	0.3167	393.86	0.2067	1767.15
98	82	1086.61	0.3216	406.27	0.2120	1788.97
97	83	1105.91	0.3266	418.99	0.2175	1810.78
96	84	1125.51	0.3318	432.04	0.2231	1832.60
95	85	1145.41	0.3371	445.43	0.2288	1854.42
94	86	1165.64	0.3427	459.16	0.2348	1876.23
93	87	1186.20	0.3484	473.25	0.2409	1898.05
92	88	1207.11	0.3543	487.70	0.2472	1919.87
91	89	1228.37	0.3604	502.54	0.2537	1941.68
90	90	1250.00		517.77		1963.50

Angle des deux alignements.	Angle au centre correspondant.	Longueur des *tangentes*		Longueur de la *bissectrice*		Développement de l'arc.
		correspondant à l'angle au centre.	pour chaque minute en sus.	correspondant à l'angle au centre.	pour chaque minute en sus.	Valeur d'une minute (0.363610).
150°	30°	334^{m}94		44^{m}10		654^{m}50
149	31	346.66	0^{m}1953	47.18	0^{m}0513	676.32
148	32	358.43	0.1962	50.37	0.0532	698.13
147	33	370.27	0.1972	53.69	0.0551	719.95
146	34	382.16	0.1982	57.12	0.0571	741.77
145	35	394.12	0.1993	60.66	0.0591	763.58
144	36	406.15	0.2004	64.33	0.0611	785.40
143	37	418.24	0.2015	68.12	0.0631	807.22
142	38	430.41	0.2027	72.03	0.0651	829.03
141	39	442.65	0.2039	76.06	0.0672	850.85
140	40	454.96	0.2052	80.22	0.0693	872.67
139	41	467.36	0.2065	84.51	0.0714	894.48
138	42	479.83	0.2078	88.93	0.0736	916.30
137	43	492.39	0.2093	93.48	0.0758	938.12
136	44	505.03	0.2107	98.17	0.0780	959.93
135	45	517.77	0.2122	102.99	0.0803	981.75
134	46	530.59	0.2137	107.95	0.0826	1003.57
133	47	543.51	0.2153	113.05	0.0850	1025.38
132	48	556.54	0.2170	118.30	0.0873	1047.20
131	49	569.66	0.2186	123.69	0.0898	1069.02
130	50	582.89	0.2204	129.22	0.0922	1090.83
129	51	596.22	0.2222	134.91	0.0948	1112.65
128	52	609.67	0.2241	140.75	0.0973	1134.47
127	53	623.23	0.2260	146.75	0.0999	1156.28
126	54	636.91	0.2280	152.91	0.1026	1178.10
125	55	650.71	0.2300	159.23	0.1053	1199.92
124	56	664.64	0.2321	165.71	0.1080	1221.73
123	57	678.70	0.2343	172.37	0.1108	1243.55
122	58	692.89	0.2365	179.19	0.1137	1265.37
121	59	707.22	0.2388	186.19	0.1167	1287.18
120	60	721.69	0.2411	193.38	0.1197	1309.00

RAYON 1250.

Angle des deux alignements.	Angle au centre correspondant.	Longueur des *tangentes*		Longueur de la *bissectrice*		Développement de l'arc.
		correspondant à l'angle au centre.	pour chaque minute en sus.	correspondant à l'angle au centre.	pour chaque minute en sus.	Valeur d'une minute (0.363610).
120°	60°	721m69		193m38		1309m00
119	61	736.31	0m2436	200.74	0m1227	1330.82
118	62	751.08	0.2461	208.29	0.1258	1352.63
117	63	766.01	0.2487	216.03	0.1290	1374.45
116	64	781.09	0.2514	223.97	0.1323	1396.27
115	65	796.34	0.2541	232.11	0.1356	1418.08
114	66	811.76	0.2570	240.45	0.1390	1439.90
113	67	827.36	0.2599	249.01	0.1425	1461.72
112	68	843.13	0.2629	257.77	0.1461	1483.53
111	69	859.10	0.2661	266.76	0.1497	1505.35
110	70	875.26	0.2692	275.97	0.1535	1527.17
109	71	891.62	0.2726	285.41	0.1573	1548.98
108	72	908.18	0.2760	295.09	0.1612	1570.80
107	73	924.95	0.2795	305.00	0.1652	1592.62
106	74	941.94	0.2831	315.17	0.1694	1614.43
105	75	959.16	0.2869	325.59	0.1736	1636.25
104	76	976.61	0.2908	336.27	0.1780	1658.07
103	77	994.29	0.2947	347.22	0.1825	1679.88
102	78	1012.23	0.2989	358.45	0.1871	1701.70
101	79	1030.42	0.3031	369.96	0.1918	1723.52
100	80	1048.87	0.3075	381.76	0.1966	1745.33
99	81	1067.60	0.3121	393.86	0.2016	1767.15
98	82	1086.61	0.3167	406.27	0.2067	1788.97
97	83	1105.91	0.3216	418.99	0.2120	1810.78
96	84	1125.51	0.3266	432.04	0.2175	1832.60
95	85	1145.41	0.3318	445.43	0.2231	1854.42
94	86	1165.64	0.3371	459.16	0.2288	1876.23
93	87	1186.20	0.3427	473.25	0.2348	1898.05
92	88	1207.11	0.3484	487.70	0.2409	1919.87
91	89	1228.37	0.3543	502.54	0.2472	1941.68
90	90	1250.00	0.3604	517.77	0.2537	1963.50

Angle des deux alignements.	Angle au centre correspondant.	Longueur des *tangentes*		Longueur de la *bissectrice*		Développement de l'*arc.*
		correspondant à l'angle au centre.	pour chaque minute en sus.	correspondant à l'angle au centre.	pour chaque minute en sus.	Valeur d'une minute (0.378151).
179°	1°	11m34	0m1891	0m05	0.0024	22m69
178	2	22.69	0.1891	0.20	0.0041	45.38
177	3	34.04	0.1892	0.45	0.0057	68.07
176	4	45.40	0.1893	0.79	0.0074	90.76
175	5	56.76	0.1894	1.24	0.0090	113.45
174	6	68.13	0.1896	1.78	0.0107	136.14
173	7	79.51	0.1898	2.43	0.0124	158.83
172	8	90.90	0.1901	3.17	0.0140	181.51
171	9	102.31	0.1903	4.02	0.0157	204.20
170	10	113.74	0.1906	4.97	0.0174	226.89
169	11	125.18	0.1909	6.01	0.0191	249.58
168	12	136.64	0.1913	7.16	0.0208	272.27
167	13	148.12	0.1917	8.41	0.0225	294.96
166	14	159.62	0.1921	9.76	0.0242	317.65
165	15	171.15	0.1925	11.22	0.0259	340.34
164	16	182.70	0.1930	12.78	0.0277	363.03
163	17	194.29	0.1935	14.44	0.0294	385.72
162	18	205.90	0.1941	16.20	0.0312	408.41
161	19	217.55	0.1946	18.08	0.0329	431.10
160	20	229.23	0.1952	20.05	0.0347	453.79
159	21	240.94	0.1958	22.14	0.0365	476.48
158	22	252.69	0.1965	24.33	0.0383	499.17
157	23	264.49	0.1972	26.63	0.0401	521.85
156	24	276.32	0.1979	29.04	0.0420	544.54
155	25	288.20	0.1987	31.56	0.0438	567.23
154	26	300.13	0.1995	34.20	0.0457	589.92
153	27	312.10	0.2003	36.94	0.0476	612.61
152	28	324.13	0.2012	39.80	0.0495	635.30
151	29	336.20	0.2021	42.77	0.0514	657.99
150	30	348.33		45.86		680.68

Angle des deux alignements.	Angle au centre correspondant.	Longueur des *tangentes*		Longueur de la *bissectrice*		Développement de l'*arc.*
		correspondant à l'angle au centre.	pour chaque minute en sus.	correspondant à l'angle au centre.	pour chaque minute en sus.	Valeur d'une minute (0.378154).
150°	30°	348m33		45m86		680m68
149	31	360.52	0m2031	49.06	0m0534	703.37
148	32	372.77	0.2041	52.39	0.0554	726.06
147	33	385.08	0.2051	55.83	0.0573	748.75
146	34	397.45	0.2062	59.40	0.0594	771.44
145	35	409.89	0.2072	63.09	0.0614	794.13
144	36	422.40	0.2084	66.90	0.0635	816.82
143	37	434.97	0.2096	70.84	0.0656	839.51
142	38	447.63	0.2108	74.91	0.0677	862.19
141	39	460.35	0.2121	79.10	0.0699	884.88
140	40	473.16	0.2134	83.43	0.0721	907.57
139	41	486.05	0.2148	87.89	0.0743	930.26
138	42	499.02	0.2161	92.49	0.0766	952.95
137	43	512.08	0.2176	97.22	0.0788	975.64
136	44	525.23	0.2191	102.09	0.0812	998.33
135	45	538.48	0.2207	107.11	0.0835	1021.02
134	46	551.82	0.2223	112.27	0.0859	1043.71
133	47	565.26	0.2239	117.57	0.0884	1066.40
132	48	578.80	0.2256	123.03	0.0908	1089.09
131	49	592.44	0.2274	128.63	0.0934	1111.78
130	50	606.20	0.2292	134.39	0.0959	1134.47
129	51	620.07	0.2310	140.31	0.0986	1157.16
128	52	634.05	0.2331	146.38	0.1012	1179.85
127	53	648.16	0.2350	152.62	0.1039	1202.53
126	54	662.38	0.2371	159.02	0.1067	1225.22
125	55	676.74	0.2392	165.60	0.1095	1247.91
124	56	691.22	0.2414	172.34	0.1124	1270.60
123	57	705.84	0.2436	179.26	0.1153	1293.29
122	58	720.60	0.2459	186.36	0.1183	1315.98
121	59	735.50	0.2483	193.64	0.1213	1338.67
120	60	750.56	0.2508	201.11	0.1244	1361.36

Angle des deux alignements.	Angle au centre correspondant.	Longueur des *tangentes*		Longueur de la *bissectrice*		Développement de l'arc. Valeur d'une minute (0.378134).
		correspondant à l'angle au centre.	pour chaque minute en sus.	correspondant à l'angle au centre.	pour chaque minute en sus.	
179°	1°	11m34	0m1891	0m05	0.0024	22m69
178	2	22.69	0.1891	0.20	0.0041	45.38
177	3	34.04	0.1892	0.45	0.0057	68.07
176	4	45.40	0.1893	0.79	0.0074	90.76
175	5	56.76	0.1894	1.24	0.0090	113.45
174	6	68.13	0.1896	1.78	0.0107	136.14
173	7	79.51	0.1898	2.43	0.0124	158.83
172	8	90.90	0.1901	3.17	0.0140	181.51
171	9	102.31	0.1903	4.02	0.0157	204.20
170	10	113.74	0.1906	4.97	0.0174	226.89
169	11	125.18	0.1909	6.01	0.0191	249.58
168	12	136.64	0.1913	7.16	0.0208	272.27
167	13	148.12	0.1917	8.41	0.0225	294.96
166	14	159.62	0.1921	9.76	0.0242	317.65
165	15	171.15	0.1925	11.22	0.0259	340.34
164	16	182.70	0.1930	12.78	0.0277	363.03
163	17	194.29	0.1935	14.44	0.0294	385.72
162	18	205.90	0.1941	16.20	0.0312	408.41
161	19	217.55	0.1946	18.08	0.0329	431.10
160	20	229.23	0.1952	20.05	0.0347	453.79
159	21	240.94	0.1958	22.14	0.0365	476.48
158	22	252.69	0.1965	24.33	0.0383	499.17
157	23	264.49	0.1972	26.63	0.0401	521.85
156	24	276.32	0.1979	29.04	0.0420	544.54
155	25	288.20	0.1987	31.56	0.0438	567.23
154	26	300.13	0.1995	34.20	0.0457	589.92
153	27	312.10	0.2003	36.94	0.0476	612.61
152	28	324.13	0.2012	39.80	0.0495	635.30
151	29	336.20	0.2021	42.77	0.0514	657.99
150	30	348.33		45.86		680.68

RAYON 1300.

Angle des deux alignements.	Angle au centre correspondant.	Longueur des *tangentes* correspondant à l'angle au centre.	pour chaque minute en sus.	Longueur de la *bissectrice* correspondant à l'angle au centre.	pour chaque minute en sus.	Développement de l'*arc*. Valeur d'une minute (0.378154).
150°	30°	348m33		45m86		680m68
149	31	360.52	0m2031	49.06	0m0534	703.37
148	32	372.77	0.2041	52.39	0.0554	726.06
147	33	385.08	0.2051	55.83	0.0573	748.75
146	34	397.45	0.2062	59.40	0.0594	771.44
145	35	409.89	0.2072	63.09	0.0614	794.13
144	36	422.40	0.2084	66.90	0.0635	816.82
143	37	434.97	0.2096	70.84	0.0656	839.51
142	38	447.63	0.2108	74.91	0.0677	862.19
141	39	460.35	0.2121	79.10	0.0699	884.88
140	40	473.16	0.2134	83.43	0.0721	907.57
139	41	486.05	0.2148	87.89	0.0743	930.26
138	42	499.02	0.2161	92.49	0.0766	952.95
137	43	512.08	0.2176	97.22	0.0788	975.64
136	44	525.23	0.2191	102.09	0.0812	998.33
135	45	538.48	0.2207	107.11	0.0835	1021.02
134	46	551.82	0.2223	112.27	0.0859	1043.71
133	47	565.26	0.2239	117.57	0.0884	1066.40
132	48	578.80	0.2256	123.03	0.0908	1089.09
131	49	592.44	0.2274	128.63	0.0934	1111.78
130	50	606.20	0.2292	134.39	0.0959	1134.47
129	51	620.07	0.2310	140.31	0.0986	1157.16
128	52	634.05	0.2331	146.38	0.1012	1179.85
127	53	648.16	0.2350	152.62	0.1039	1202.53
126	54	662.38	0.2371	159.02	0.1067	1225.22
125	55	676.74	0.2392	165.60	0.1095	1247.91
124	56	691.22	0.2414	172.34	0.1124	1270.60
123	57	705.84	0.2436	179.26	0.1153	1293.29
122	58	720.60	0.2459	186.36	0.1183	1315.98
121	59	735.50	0.2483	193.64	0.1213	1338.67
120	60	750.56	0.2508	201.11	0.1244	1361.36

Angle des deux alignements.	Angle au centre correspondant.	Longueur des *tangentes* correspondant à l'angle au centre.	pour chaque minute en sus.	Longueur de la *bissectrice* correspondant à l'angle au centre.	pour chaque minute en sus.	Développement de l'*arc.* Valeur d'une minute (0.378154).
120°	60°	750m56		201m11		1361m36
			0m2533		0m1276	
119	61	765.76		208.77		1384.05
			0.2560		0.1308	
118	62	781.12		216.62		1406.74
			0.2587		0.1341	
117	63	796.64		224.68		1429.43
			0.2614		0.1376	
116	64	812.33		232.93		1452.12
			0.2643		0.1410	
115	65	828.19		241.39		1474.81
			0.2672		0.1446	
114	66	844.23		250.07		1497.50
			0.2703		0.1482	
113	67	860.45		258.97		1520.19
			0.2734		0.1519	
112	68	876.86		268.08		1542.87
			0.2767		0.1557	
111	69	893.47		277.43		1565.56
			0.2800		0.1596	
110	70	910.27		287.01		1588.25
			0.2835		0.1636	
109	71	927.28		296.82		1610.94
			0.2870		0.1677	
108	72	944.50		306.89		1633.63
			0.2907		0.1718	
107	73	961.95		317.20		1656.32
			0.2945		0.1762	
106	74	979.62		327.78		1679.01
			0.2984		0.1806	
105	75	997.53		338.61		1701.70
			0.3024		0.1851	
104	76	1015.67		349.72		1724.39
			0.3065		0.1898	
103	77	1034.07		361.11		1747.08
			0.3108		0.1946	
102	78	1052.72		372.79		1769.77
			0.3152		0.1994	
101	79	1071.64		384.76		1792.46
			0.3198		0.2045	
100	80	1090.83		397.03		1815.15
			0.3246		0.2097	
99	81	1110.31		409.61		1837.84
			0.3294		0.2150	
98	82	1130.07		422.52		1860.53
			0.3344		0.2205	
97	83	1150.14		435.75		1883.21
			0.3397		0.2262	
96	84	1170.53		449.32		1905.90
			0.3450		0.2320	
95	85	1191.23		463.24		1928.59
			0.3506		0.2380	
94	86	1212.27		477.53		1951.28
			0.3564		0.2442	
93	87	1233.65		492.18		1973.97
			0.3623		0.2505	
92	88	1255.40		507.21		1996.66
			0.3684		0.2571	
91	89	1277.51		522.64		2019.35
			0.3748		0.2639	
90	90	1300.00		538.48		2042.04

Angle des deux alignements.	Angle au centre correspondant.	Longueur des *tangentes*		Longueur de la *bissectrice*		Développement de l'*arc.*
		correspondant à l'angle au centre.	pour chaque minute en sus.	correspondant à l'angle au centre.	pour chaque minute en sus.	Valeur d'une minute (0.392699).
179°	1°	11m78		0m05		23m56
178	2	23.56	0m1963	0.21	0m0025	47.12
177	3	35.35	0.1964	0.46	0.0042	70.69
176	4	47.14	0.1965	0.82	0.0060	94.25
175	5	58.94	0.1966	1.29	0.0077	117.81
174	6	70.75	0.1967	1.85	0.0094	141.37
173	7	82.57	0.1969	2.52	0.0111	164.93
172	8	94.40	0.1971	3.30	0.0129	188.50
171	9	106.25	0.1974	4.17	0.0146	212.06
170	10	118.11	0.1977	5.16	0.0163	235.62
169	11	129.99	0.1980	6.24	0.0181	259.18
168	12	141.89	0.1983	7.44	0.0198	282.74
167	13	153.81	0.1987	8.73	0.0216	306.31
166	14	165.76	0.1991	10.14	0.0233	329.87
165	15	177.73	0 1995	11.65	0.0251	353.43
164	16	189.73	0.1999	13.27	0.0269	376.99
163	17	201.76	0.2004	14.99	0.0287	400.55
162	18	213.82	0.2009	16.83	0.0305	424.12
161	19	225.91	0.2015	18.77	0.0324	447.68
160	20	238.04	0.2021	20.83	0.0342	471.24
159	21	250.21	0.2027	22.99	0.0360	494.80
158	22	262.41	0.2034	25.27	0.0379	518.36
157	23	274.66	0.2041	27.66	0.0398	541.93
156	24	286.95	0.2048	30.16	0.0416	565.49
155	25	299.29	0.2056	32.78	0.0436	589.05
154	26	311.67	0.2063	35.51	0.0455	612.61
153	27	324.11	0.2072	38.36	0.0474	636.17
152	28	336.59	0.2081	41.33	0.0494	659.74
151	29	349.13	0.2090	44.42	0.0514	683.30
150	30	361.73	0.2099	47.62	0.0534	706.86

Angle des deux alignements.	Angle au centre correspondant.	Longueur des *tangentes*		Longueur de la *bissectrice*		Développement de l'*arc.* — Valeur d'une minute (0.378154).
		correspondant à l'angle au centre.	pour chaque minute en sus.	correspondant à l'angle au centre.	pour chaque minute en sus.	
120°	60°	750ᵐ56		204ᵐ11		1361ᵐ36
119	61	765.76	0ᵐ2533	208.77	0ᵐ1276	1384.05
118	62	781.12	0.2560	216.62	0.1308	1406.74
117	63	796.64	0.2587	224.68	0.1341	1429.43
116	64	812.33	0.2614	232.93	0.1376	1452.12
115	65	828.19	0.2643	241.39	0.1410	1474.81
114	66	844.23	0.2672	250.07	0.1446	1497.50
113	67	860.45	0.2703	258.97	0.1482	1520.19
112	68	876.86	0.2734	268.08	0.1519	1542.87
111	69	893.47	0.2767	277.43	0.1557	1565.56
110	70	910.27	0.2800	287.01	0.1596	1588.25
109	71	927.28	0.2835	296.82	0.1636	1610.94
108	72	944.50	0.2870	306.89	0.1677	1633.63
107	73	961.95	0.2907	317.20	0.1718	1656.32
106	74	979.62	0.2945	327.78	0.1762	1679.01
105	75	997.53	0.2984	338.61	0.1806	1701.70
104	76	1015.67	0.3024	349.72	0.1851	1724.39
103	77	1034.07	0.3065	361.11	0.1898	1747.08
102	78	1052.72	0.3108	372.79	0.1946	1769.77
101	79	1071.64	0.3152	384.76	0.1994	1792.46
100	80	1090.83	0.3198	397.03	0.2045	1815.15
99	81	1110.31	0.3246	409.61	0.2097	1837.84
98	82	1130.07	0.3294	422.52	0.2150	1860.53
97	83	1150.14	0.3344	435.75	0.2205	1883.21
96	84	1170.53	0.3397	449.32	0.2262	1905.90
95	85	1191.23	0.3450	463.24	0.2320	1928.59
94	86	1212.27	0.3506	477.53	0.2380	1951.28
93	87	1233.65	0.3564	492.18	0.2442	1973.97
92	88	1255.40	0.3623	507.21	0.2505	1996.66
91	89	1277.51	0.3684	522.64	0.2571	2019.35
90	90	1300.00	0.3748	538.48	0.2639	2042.04

Angle des deux alignements.	Angle au centre correspondant.	Longueur des *tangentes*		Longueur de la *bissectrice*		Développement de l'*arc*.
		correspondant à l'angle au centre.	pour chaque minute en sus.	correspondant à l'angle au centre.	pour chaque minute en sus.	Valeur d'une minute (0.392699).
179°	1°	11m78		0m05		23m56
178	2	23.56	0m1963	0.21	0m0025	47.12
177	3	35.35	0.1964	0.46	0.0042	70.69
176	4	47.14	0.1965	0.82	0.0060	94.25
175	5	58.94	0.1966	1.29	0.0077	117.81
174	6	70.75	0.1967	1.85	0.0094	141.37
173	7	82.57	0.1969	2.52	0.0111	164.93
172	8	94.40	0.1971	3.30	0.0129	188.50
171	9	106.25	0.1974	4.17	0.0146	212.06
170	10	118.11	0.1977	5.16	0.0163	235.62
169	11	129.99	0.1980	6.24	0.0181	259.18
168	12	141.89	0.1983	7.44	0.0198	282.74
167	13	153.81	0.1987	8.73	0.0216	306.31
166	14	165.76	0.1991	10.14	0.0233	329.87
165	15	177.73	0 1995	11.65	0.0251	353.43
164	16	189.73	0.1999	13.27	0.0269	376.99
163	17	201.76	0.2004	14.99	0.0287	400.55
162	18	213.82	0.2009	16.83	0.0305	424.12
161	19	225.91	0.2015	18.77	0.0324	447.68
160	20	238.04	0.2021	20.83	0.0342	471.24
159	21	250.21	0.2027	22.99	0.0360	494.80
158	22	262.41	0.2034	25.27	0.0379	518.36
157	23	274.66	0.2041	27.66	0.0398	541.93
156	24	286.95	0.2048	30.16	0.0416	565.49
155	25	299.29	0.2056	32.78	0.0436	589.05
154	26	311.67	0.2063	35.51	0.0455	612.61
153	27	324.11	0.2072	38.36	0.0474	636.17
152	28	336.59	0.2081	41.33	0.0494	659.74
151	29	349.13	0.2090	44.42	0.0514	683.30
150	30	361.73	0.2099	47.62	0.0534	706.86

Angle des deux aligne-ments.	Angle au centre cor-respon-dant.	Longueur des *tangentes*		Longueur de la *bissectrice*		Développe-ment de l'*arc*.
		correspondant à l'angle au centre.	pour chaque minute en sus.	correspondant à l'angle au centre.	pour chaque minute en sus.	Valeur d'une minute (0.392699).
150°	30°	361^{m}73		47^{m}62		706^{m}86
149	31	374.39	0^{m}2109	50.95	0^{m}0554	730.42
148	32	387.11	0.2119	54.40	0.0575	753.98
147	33	399.89	0.2130	57.98	0.0596	777.55
146	34	412.74	0.2141	61.68	0.0617	801.11
145	35	425.65	0.2152	65.51	0.0638	824.67
144	36	438.64	0.2164	69.47	0.0659	848.23
143	37	451.70	0.2176	73.56	0.0681	871.79
142	38	464.84	0.2189	77.79	0.0703	895.36
141	39	478.06	0.2202	82.14	0.0726	918.92
140	40	491.36	0.2216	86.64	0.0749	942.48
139	41	504.74	0.2230	91.27	0.0771	966.04
138	42	518.22	0.2245	96.05	0.0795	989.60
137	43	531.78	0.2260	100.96	0.0819	1013.17
136	44	545.44	0.2276	106.02	0.0843	1036.73
135	45	559.19	0.2292	111.23	0.0868	1060.29
134	46	573.04	0.2308	116.59	0.0892	1083.85
133	47	586.99	0.2325	122.10	0.0918	1107.41
132	48	601.06	0.2343	127.76	0.0943	1130.98
131	49	615.23	0.2361	133.58	0.0970	1154.54
130	50	629.52	0.2380	139.56	0.0996	1178.10
129	51	643.91	0.2399	145.70	0.1023	1201.66
128	52	658.44	0.2420	152.01	0.1051	1225.22
127	53	673.09	0.2441	158.49	0.1079	1248.79
126	54	687.86	0.2462	165.14	0.1108	1272.35
125	55	702.77	0.2484	171.96	0.1137	1295.91
124	56	717.81	0.2506	178.97	0.1167	1319.47
123	57	732.99	0.2530	186.15	0.1197	1343.03
122	58	748.32	0.2554	193.53	0.1228	1366.60
121	59	763.79	0.2579	201.09	0.1260	1390.16
120	60	779.42	0.2604	208.85	0.1292	1413.72

Angle des deux alignements.	Angle au centre correspondant.	Longueur des *tangentes* correspondant à l'angle au centre.	pour chaque minute en sus.	Longueur de la *bissectrice* correspondant à l'angle au centre.	pour chaque minute en sus.	Développement de l'*arc.* — Valeur d'une minute (0.392699).
120°	60°	779m42		208m85		1413m72
119	61	795.21	0m2631	216.80	0m1325	1437.28
118	62	811.16	0.2658	224.95	0.1359	1460.84
117	63	827.29	0.2686	233.32	0.1393	1484.41
116	64	843.57	0.2715	241.89	0.1428	1507.97
115	65	860.04	0.2745	250.68	0.1464	1531.53
114	66	876.70	0.2775	259.69	0.1501	1555.09
113	67	893.54	0.2807	268.93	0.1539	1578.65
112	68	910.58	0.2840	278.39	0.1577	1602.22
111	69	927.83	0.2873	288.10	0.1617	1625.78
110	70	945.28	0.2908	298.05	0.1658	1649.34
109	71	962.94	0.2944	308.24	0.1698	1672.90
108	72	980.83	0.2980	318.69	0.1741	1696.46
107	73	998.95	0.3019	329.40	0.1785	1720.03
106	74	1017.30	0.3058	340.38	0.1830	1743.59
105	75	1035.89	0.3098	351.64	0.1875	1767.15
104	76	1054.74	0.3140	363.17	0.1922	1790.71
103	77	1073.84	0.3183	375.00	0.1971	1814.27
102	78	1093.21	0.3228	387.13	0.2020	1837.84
101	79	1112.85	0.3274	399.56	0.2071	1861.40
100	80	1132.78	0.3321	412.30	0 2123	1884.96
99	81	1153.01	0.3370	425.37	0.2177	1908.52
98	82	1173.54	0.3421	438.77	0.2233	1932.08
97	83	1194.38	0.3473	452.51	0.2290	1955.65
96	84	1215.55	0.3527	466.60	0.2349	1979.21
95	85	1237.05	0.3583	481.06	0.2409	2002.77
94	86	1258.89	0.3640	495.89	0.2471	2026.33
93	87	1281.10	0.3701	511.11	0.2535	2049.89
92	88	1303.68	0.3763	526.72	0.2602	2073.46
91	89	1326.64	0.3826	542.74	0.2670	2097.02
90	90	1350.00	0.3893	559.19	0.2740	2120.58

Angle des deux alignements.	Angle au centre correspondant.	Longueur des *tangentes*		Longueur de la *bissectrice*		Développement de l'arc.
		correspondant à l'angle au centre.	pour chaque minute en sus.	correspondant à l'angle au centre.	pour chaque minute en sus.	Valeur d'une minute (0.392699).
150°	30°	361ᵐ73	0ᵐ2109	47ᵐ62	0ᵐ0554	706ᵐ86
149	31	374.39	0.2119	50.95	0.0575	730.42
148	32	387.11	0.2130	54.40	0.0596	753.98
147	33	399.89	0.2141	57.98	0.0617	777.55
146	34	412.74	0.2152	61.68	0.0638	801.11
145	35	425.65	0.2164	65.51	0.0659	824.67
144	36	438.64	0.2176	69.47	0.0681	848.23
143	37	451.70	0.2189	73.56	0.0703	871.79
142	38	464.84	0.2202	77.79	0.0726	895.36
141	39	478.06	0.2216	82.14	0.0749	918.92
140	40	491.36	0.2230	86.64	0.0771	942.48
139	41	504.74	0.2245	91.27	0.0795	966.04
138	42	518.22	0.2260	96.05	0.0819	989.60
137	43	531.78	0.2276	100.96	0.0843	1013.17
136	44	545.44	0.2292	106.02	0.0868	1036.73
135	45	559.19	0.2308	111.23	0.0892	1060.29
134	46	573.04	0.2325	116.59	0.0918	1083.85
133	47	586.99	0.2343	122.10	0.0943	1107.41
132	48	601.06	0.2361	127.76	0.0970	1130.98
131	49	615.23	0.2380	133.58	0.0996	1154.54
130	50	629.52	0.2399	139.56	0.1023	1178.10
129	51	643.91	0.2420	145.70	0.1051	1201.66
128	52	658.44	0.2441	152.01	0.1079	1225.22
127	53	673.09	0.2462	158.49	0.1108	1248.79
126	54	687.86	0.2484	165.14	0.1137	1272.35
125	55	702.77	0.2506	171.96	0.1167	1295.91
124	56	717.81	0.2530	178.97	0.1197	1319.47
123	57	732.99	0.2554	186.15	0.1228	1343.03
122	58	748.32	0.2579	193.53	0.1260	1366.60
121	59	763.79	0.2604	201.09	0.1292	1390.16
120	60	779.42		208.85		1413.72

5

Angle des deux aligne- ments.	Angle au centre cor- respon- dant.	Longueur des *tangentes*		Longueur de la *bissectrice*		Développe- ment de l'arc.
		correspondant à l'angle au centre.	pour chaque minute en sus.	correspondant à l'angle au centre.	pour chaque minute en sus.	Valeur d'une minute (0.392699).
120°	60°	779^{m}42		208^{m}85		1413^{m}72
119	61	795.21	0^{m}2631	216.80	0^{m}1325	1437.28
118	62	811.16	0.2658	224.95	0.1359	1460.84
117	63	827.29	0.2686	233.32	0.1393	1484.41
116	64	843.57	0.2715	241.89	0.1428	1507.97
115	65	860.04	0.2745	250.68	0.1464	1531.53
114	66	876.70	0.2775	259.69	0.1501	1555.09
113	67	893.54	0.2807	268.93	0.1539	1578.65
112	68	910.58	0.2840	278.39	0.1577	1602.22
111	69	927.83	0.2873	288.10	0.1617	1625.78
110	70	945.28	0.2908	298.05	0.1658	1649.34
109	71	962.94	0.2944	308.24	0.1698	1672.90
108	72	980.83	0.2980	318.69	0.1741	1696.46
107	73	998.95	0.3019	329.40	0.1785	1720.03
106	74	1017.30	0.3058	340.38	0.1830	1743.59
105	75	1035.89	0.3098	351.64	0.1875	1767.15
104	76	1054.74	0.3140	363.17	0.1922	1790.71
103	77	1073.84	0.3183	375.00	0.1971	1814.27
102	78	1093.21	0.3228	387.13	0.2020	1837.84
101	79	1112.85	0.3274	399.56	0.2071	1861.40
100	80	1132.78	0.3321	412.30	0 2123	1884.96
99	81	1153.01	0.3370	425.37	0.2177	1908.52
98	82	1173.54	0.3421	438.77	0.2233	1932.08
97	83	1194.38	0.3473	452.51	0.2290	1955.65
96	84	1215.55	0.3527	466.60	0.2349	1979.21
95	85	1237.05	0.3583	481.06	0.2409	2002.77
94	86	1258.89	0.3640	495.89	0.2471	2026.33
93	87	1281.10	0.3701	511.11	0.2535	2049.89
92	88	1303.68	0.3763	526.72	0.2602	2073.46
91	89	1326.64	0.3826	542.74	0.2670	2097.02
90	90	1350.00	0.3893	559.19	0.2740	2120.58

| Angle des deux alignements. | Angle au centre correspondant. | Longueur des *tangentes* | | Longueur de la *bissectrice* | | Développement de l'*arc.* |
		correspondant à l'angle au centre.	pour chaque minute en sus.	correspondant à l'angle au centre.	pour chaque minute en sus.	Valeur d'une minute (0.407243).
179°	1°	12ᵐ22		0ᵐ05		24ᵐ43
178	2	24.44	0ᵐ2036	0.21	0ᵐ0026	48.87
177	3	36.66	0.2037	0.48	0.0044	73.30
176	4	48.89	0.2038	0.85	0.0062	97.74
175	5	61.13	0.2039	1.33	0.0080	122.17
174	6	73.37	0.2040	1.92	0.0097	146.61
173	7	85.63	0.2042	2.62	0.0115	171.04
172	8	97.90	0.2044	3.42	0.0133	195.48
171	9	110.18	0.2047	4.33	0.0151	219.91
170	10	122.48	0.2050	5.35	0.0169	244.35
169	11	134.80	0.2053	6.48	0.0187	268.78
168	12	147.15	0.2056	7.71	0.0206	293.22
167	13	159.51	0.2060	9.06	0.0224	317.65
166	14	171.90	0.2064	10.51	0.0242	342.09
165	15	184.31	0.2069	12.08	0.0261	366.52
164	16	196.76	0.2073	13.76	0.0279	390.95
163	17	209.23	0.2079	15.55	0.0298	415.39
162	18	221.74	0.2084	17.45	0.0317	439.82
161	19	234.28	0.2090	19.47	0.0336	464.26
160	20	246.86	0.2096	21.60	0.0355	488.69
159	21	259.47	0.2102	23.84	0.0374	513.13
158	22	272.13	0.2109	26.20	0.0393	537.56
157	23	284.83	0.2116	28.68	0.0413	562.00
156	24	297.58	0.2124	31.28	0.0432	586.43
155	25	310.37	0.2132	33.99	0.0452	610.87
154	26	323.22	0.2140	36.83	0.0472	635.30
153	27	336.11	0.2149	39.78	0.0492	659.74
152	28	349.06	0.2158	42.86	0.0513	684.17
151	29	362.07	0.2167	46.06	0.0533	708.61
150	30	375.13	0.2177	49.39	0.0554	733.04

Angle des deux alignements.	Angle au centre correspondant.	Longueur des *tangentes* correspondant à l'angle au centre.	pour chaque minute en sus.	Longueur de la *bissectrice* correspondant à l'angle au centre.	pour chaque minute en sus.	Développement de l'*arc*. — Valeur d'une minute (0.407243).
150°	30°	375ᵐ13		49ᵐ39		733ᵐ04
			0ᵐ2187		0ᵐ0575	
149	31	388.25		52.84		757.47
			0.2198		0.0596	
148	32	401.44		56.42		781.91
			0.2209		0.0618	
147	33	414.70		60.13		806.34
			0.2220		0.0640	
146	34	428.02		63.97		830.79
			0.2232		0.0661	
145	35	441.42		67.94		855.21
			0.2244		0.0684	
144	36	454.89		72.05		879.65
			0.2257		0.0707	
143	37	468.43		76.29		904.08
			0.2270		0.0729	
142	38	482.06		80.67		928.52
			0.2284		0.0753	
141	39	495.77		85.19		952.95
			0.2298		0.0777	
140	40	509.56		89.85		977.39
			0.2313		0.0800	
139	41	523.44		94.65		1001.82
			0.2328		0.0825	
138	42	537.41		99.60		1026.26
			0.2344		0.0849	
137	43	551.47		104.70		1050.69
			0.2360		0.0874	
136	44	565.64		109.95		1075.13
			0.2376		0.0900	
135	45	579.90		115.35		1099.56
			0.2394		0.0925	
134	46	594.27		120.90		1123.99
			0.2411		0.0952	
133	47	608.74		126.62		1148.43
			0.2430		0.0978	
132	48	623.32		132.49		1172.86
			0.2449		0.1006	
131	49	638.02		138.53		1197.30
			0.2469		0.1033	
130	50	652.83		144.73		1221.73
			0.2488		0.1061	
129	51	667.76		151.10		1246.17
			0.2510		0.1090	
128	52	682.83		157.64		1270.60
			0.2531		0.1119	
127	53	698.01		164.36		1295.04
			0.2553		0.1149	
126	54	713.34		171.26		1319.47
			0.2576		0.1179	
125	55	728.79		178.33		1343.91
			0.2599		0.1210	
124	56	744.39		185.60		1368.34
			0.2624		0.1241	
123	57	760.14		193.05		1392.78
			0.2648		0.1274	
122	58	776.03		200.69		1417.21
			0.2674		0.1307	
121	59	792.08		208.54		1441.64
			0.2701		0.1340	
120	60	808.29		216.58		1466.08

Angle des deux alignements.	Angle au centre correspondant.	Longueur des *tangentes* correspondant à l'angle au centre.	pour chaque minute en sus.	Longueur de la *bissectrice* correspondant à l'angle au centre.	pour chaque minute en sus.	Développement de l'*arc.* Valeur d'une minute (0.407243).
179°	1°	12m22		0m05		24m43
			0m2036		0m0026	
178	2	24.44		0.21		48.87
			0.2037		0.0044	
177	3	36.66		0.48		73.30
			0.2038		0.0062	
176	4	48.89		0.85		97.74
			0.2039		0.0080	
175	5	61.13		1.33		122.17
			0.2040		0.0097	
174	6	73.37		1.92		146.61
			0.2042		0.0115	
173	7	85.63		2.62		171.04
			0.2044		0.0133	
172	8	97.90		3.42		195.48
			0.2047		0.0151	
171	9	110.18		4.33		219.91
			0.2050		0.0169	
170	10	122.48		5.35		244.35
			0.2053		0.0187	
169	11	134.80		6.48		268.78
			0.2056		0.0206	
168	12	147.15		7.71		293.22
			0.2060		0.0224	
167	13	159.51		9.06		317.65
			0.2064		0.0242	
166	14	171.90		10.51		342.09
			0.2069		0.0261	
165	15	184.31		12.08		366.52
			0.2073		0.0279	
164	16	196.76		13.76		390.95
			0.2079		0.0298	
163	17	209.23		15.55		415.39
			0.2084		0.0317	
162	18	221.74		17.45		439.82
			0.2090		0.0336	
161	19	234.28		19.47		464.26
			0.2096		0.0355	
160	20	246.86		21.60		488.69
			0.2102		0.0374	
159	21	259.47		23.84		513.13
			0.2109		0.0393	
158	22	272.13		26.20		537.56
			0.2116		0.0413	
157	23	284.83		28.68		562.00
			0.2124		0.0432	
156	24	297.58		31.28		586.43
			0.2132		0.0452	
155	25	310.37		33.99		610.87
			0.2140		0.0472	
154	26	323.22		36.83		635.30
			0.2149		0.0492	
153	27	336.11		39.78		659.74
			0.2158		0.0513	
152	28	349.06		42.86		684.17
			0.2167		0.0533	
151	29	362.07		46.06		708.61
			0.2177		0.0554	
150	30	375.13		49.39		733.04

RAYON 1400.

Angle des deux alignements.	Angle au centre correspondant.	Longueur des *tangentes*		Longueur de la *bissectrice*		Développement de l'arc. Valeur d'une minute (0.407243).
		correspondant à l'angle au centre.	pour chaque minute en sus.	correspondant à l'angle au centre.	pour chaque minute en sus.	
150°	30°	375m13		49m39		733m04
149	31	388.25	0m2187	52.84	0m0575	757.47
148	32	401.44	0.2198	56.42	0.0596	781.91
147	33	414.70	0.2209	60.13	0.0618	806.34
146	34	428.02	0.2220	63.97	0.0640	830.79
145	35	441.42	0.2232	67.94	0.0661	855.21
144	36	454.89	0.2244	72.05	0.0684	879.65
143	37	468.43	0.2257	76.29	0.0707	904.08
142	38	482.06	0.2270	80.67	0.0729	928.52
141	39	495.77	0.2284	85.19	0.0753	952.95
140	40	509.56	0.2298	89.85	0.0777	977.39
139	41	523.44	0.2313	94.65	0.0800	1001.82
138	42	537.41	0.2328	99.60	0.0825	1026.26
137	43	551.47	0.2344	104.70	0.0849	1050.69
136	44	565.64	0.2360	109.95	0.0874	1075.13
135	45	579.90	0.2376	115.35	0.0900	1099.56
134	46	594.27	0.2394	120.90	0.0925	1123.99
133	47	608.74	0.2411	126.62	0.0952	1148.43
132	48	623.32	0.2430	132.49	0.0978	1172.86
131	49	638.02	0.2449	138.53	0.1006	1197.30
130	50	652.83	0.2469	144.73	0.1033	1221.73
129	51	667.76	0.2488	151.10	0.1061	1246.17
128	52	682.83	0.2510	157.64	0.1090	1270.60
127	53	698.01	0.2531	164.36	0.1119	1295.04
126	54	713.34	0.2553	171.26	0.1149	1319.47
125	55	728.79	0.2576	178.33	0.1179	1343.91
124	56	744.39	0.2599	185.60	0.1210	1368.34
123	57	760.14	0.2624	193.05	0.1241	1392.78
122	58	776.03	0.2648	200.69	0.1274	1417.21
121	59	792.08	0.2674	208.54	0.1307	1441.64
120	60	808.29	0.2701	216.58	0.1340	1466.08

Angle des deux alignements.	Angle au centre correspondant.	Longueur des *tangentes*		Longueur de la *bissectrice*		Développement de l'arc.
		correspondant à l'angle au centre.	pour chaque minute en sus.	correspondant à l'angle au centre.	pour chaque minute en sus.	Valeur d'une minute (0.407243).
120°	60°	808ᵐ29		216ᵐ58		1466ᵐ08
119	61	824.66	0ᵐ2728	224.83	0ᵐ1374	1490.51
118	62	841.21	0.2757	233.29	0.1409	1514.95
117	63	857.92	0.2786	241.96	0.1445	1539.38
116	64	874.82	0.2815	250.85	0.1481	1563.82
115	65	891.90	0.2846	259.96	0.1519	1588.25
114	66	909.17	0.2878	269.31	0.1557	1612.69
113	67	926.64	0.2911	278.89	0.1596	1637.12
112	68	944.31	0.2945	288.71	0.1636	1661.56
111	69	962.19	0.2980	298.77	0.1677	1685.99
110	70	980.29	0.3016	309.09	0.1719	1710.43
109	71	998.61	0.3053	319.66	0.1761	1734.86
108	72	1017.16	0.3091	330.50	0.1806	1759.30
107	73	1035.95	0.3131	341.60	0.1851	1783.73
106	74	1054.98	0.3171	352.99	0.1897	1808.16
105	75	1074.26	0.3213	364.66	0.1945	1832.60
104	76	1093.80	0.3257	376.63	0.1994	1857.03
103	77	1113.61	0.3301	388.89	0.2044	1881.47
102	78	1133.70	0.3347	401.46	0.2095	1905.90
101	79	1154.07	0.3395	414.35	0.2148	1930.34
100	80	1174.74	0.3444	427.57	0.2202	1954.77
99	81	1195.71	0.3495	441.12	0.2258	1979.21
98	82	1217.00	0.3548	455.02	0.2316	2003.64
97	83	1238.62	0.3602	469.27	0.2375	2028.08
96	84	1260.57	0.3658	483.88	0.2436	2052.51
95	85	1282.86	0.3716	498.88	0.2498	2076.95
94	86	1305.52	0.3775	514.26	0.2563	2101.38
93	87	1328.55	0.3838	530.04	0.2629	2125.82
92	88	1351.96	0.3902	546.23	0.2698	2150.25
91	89	1375.78	0.3968	562.84	0.2769	2174.68
90	90	1400.00	0.4037	579.90	0.2842	2199.12

Angle des deux alignements.	Angle au centre correspondant.	Longueur des *tangentes*		Longueur de la *bissectrice*		Développement de l'*arc.*
		correspondant à l'angle au centre.	pour chaque minute en sus.	correspondant à l'angle au centre.	pour chaque minute en sus.	Valeur d'une minute (0.421787).
179°	1°	12ᵐ65	0ᵐ2109	0ᵐ06	0ᵐ0027	25ᵐ31
178	2	25.31	0.2110	0.22	0.0046	50.61
177	3	37.97	0.2110	0.50	0.0064	75.92
176	4	50.63	0.2112	0.88	0.0082	101.23
175	5	63.31	0.2113	1.38	0.0101	126.54
174	6	75.99	0.2115	1.99	0.0119	151.84
173	7	88.69	0.2118	2.71	0.0138	177.15
172	8	101.39	0.2120	3.54	0.0157	202.46
171	9	114.12	0.2123	4.48	0.0175	227.77
170	10	126.86	0.2126	5.54	0.0194	253.07
169	11	139.62	0.2130	6.71	0.0213	278.38
168	12	152.40	0.2134	7.99	0.0232	303.69
167	13	165.21	0.2138	9.38	0.0251	329.00
166	14	178.04	0.2143	10.89	0.0270	354.30
165	15	190.90	0.2148	12.51	0.0289	379.61
164	16	203.78	0.2153	14.25	0.0308	404.92
163	17	216.70	0.2158	16.10	0.0328	430.22
162	18	229.66	0.2165	18.07	0.0348	455.53
161	19	242.65	0.2171	20.16	0.0367	480.84
160	20	255.67	0.2177	22.37	0.0387	506.15
159	21	268.74	0.2184	24.69	0.0407	531.45
158	22	281.85	0.2192	27.14	0.0427	556.76
157	23	295.01	0.2200	29.71	0.0447	582.07
156	24	308.21	0.2208	32.39	0.0468	607.38
155	25	321.46	0.2216	35.21	0.0489	632.68
154	26	334.76	0.2225	38.14	0.0510	657.99
153	27	348.11	0.2235	41.20	0.0531	683.30
152	28	361.53	0.2245	44.39	0.0552	708.61
151	29	374.99	0.2254	47.71	0.0574	733.91
150	30	388.52		51.15		759.22

Angle des deux alignements.	Angle au centre correspondant.	Longueur des *tangentes*		Longueur de la *bissectrice*		Développement de l'*arc*.
		correspondant à l'angle au centre.	pour chaque minute en sus.	correspondant à l'angle au centre.	pour chaque minute en sus.	Valeur d'une minute (0.407243).
120°	60°	808m29		216m58		1466m08
119	61	824.66	0m2728	224.83	0m1374	1490.51
118	62	841.21	0.2757	233.29	0.1409	1514.95
117	63	857.92	0.2786	241.96	0.1445	1539.38
116	64	874.82	0.2815	250.85	0.1481	1563.82
115	65	891.90	0.2846	259.96	0.1519	1588.25
114	66	909.17	0.2878	269.31	0.1557	1612.69
113	67	926.64	0.2911	278.89	0.1596	1637.12
112	68	944.31	0.2945	288.71	0.1636	1661.56
111	69	962.19	0.2980	298.77	0.1677	1685.99
110	70	980.29	0.3016	309.09	0.1719	1710.43
109	71	998.61	0.3053	319.66	0.1761	1734.86
108	72	1017.16	0.3091	330.50	0.1806	1759.30
107	73	1035.95	0.3131	341.60	0.1851	1783.73
106	74	1054.98	0.3171	352.99	0.1897	1808.16
105	75	1074.26	0.3213	364.66	0.1945	1832.60
104	76	1093.80	0.3257	376.63	0.1994	1857.03
103	77	1113.61	0.3301	388.89	0.2044	1881.47
102	78	1133.70	0.3347	401.46	0.2095	1905.90
101	79	1154.07	0.3395	414.35	0.2148	1930.34
100	80	1174.74	0.3444	427.57	0.2202	1954.77
99	81	1195.71	0.3495	441.12	0.2258	1979.21
98	82	1217.00	0.3548	455.02	0.2316	2003.64
97	83	1238.62	0.3602	469.27	0.2375	2028.08
96	84	1260.57	0.3658	483.88	0.2436	2052.51
95	85	1282.86	0.3716	498.88	0.2498	2076.95
94	86	1305.52	0.3775	514.26	0.2563	2101.38
93	87	1328.55	0.3838	530.04	0.2629	2125.82
92	88	1351.96	0.3902	546.23	0.2698	2150.25
91	89	1375.78	0.3968	562.84	0.2769	2174.68
90	90	1400.00	0.4037	579.90	0.2842	2190.12

Angle des deux alignements.	Angle au centre correspondant.	Longueur des *tangentes*		Longueur de la *bissectrice*		Développement de l'*arc.*
		correspondant à l'angle au centre.	pour chaque minute en sus.	correspondant à l'angle au centre.	pour chaque minute en sus.	Valeur d'une minute (0.421787).
179°	1°	12m65		0m06		25m31
178	2	25.31	0m2109	0.22	0m0027	50.61
177	3	37.97	0.2110	0.50	0.0046	75.92
176	4	50.63	0.2110	0.88	0.0064	101.23
175	5	63.31	0.2112	1.38	0.0082	126.54
174	6	75.99	0.2113	1.99	0.0101	151.84
173	7	88.69	0.2115	2.71	0.0119	177.15
172	8	101.39	0.2118	3.54	0.0138	202.46
171	9	114.12	0.2120	4.48	0.0157	227.77
170	10	126.86	0.2123	5.54	0.0175	253.07
169	11	139.62	0.2126	6.71	0.0194	278.38
168	12	152.40	0.2130	7.99	0.0213	303.69
167	13	165.21	0.2134	9.38	0.0232	329.00
166	14	178.04	0.2138	10.89	0.0251	354.30
165	15	190.90	0.2143	12.51	0.0270	379.61
164	16	203.78	0.2148	14.25	0.0289	404.92
163	17	216.70	0.2153	16.10	0.0308	430.22
162	18	229.66	0.2158	18.07	0.0328	455.53
161	19	242.65	0.2165	20.16	0.0348	480.84
160	20	255.67	0.2171	22.37	0.0367	506.15
159	21	268.74	0.2177	24.69	0.0387	531.45
158	22	281.85	0.2184	27.14	0.0407	556.76
157	23	295.01	0.2192	29.71	0.0427	582.07
156	24	308.21	0.2200	32.39	0.0447	607.38
155	25	321.46	0.2208	35.21	0.0468	632.68
154	26	334.76	0.2216	38.14	0.0489	657.99
153	27	348.11	0.2225	41.20	0.0510	683.30
152	28	361.53	0.2235	44.39	0.0531	708.61
151	29	374.99	0.2245	47.71	0.0552	733.91
150	30	388.52	0.2254	51.15	0.0574	759.22

Angle des deux alignements.	Angle au centre correspondant.	Longueur des *tangentes*		Longueur de la *bissectrice*		Développement de l'*arc.*
		correspondant à l'angle au centre.	pour chaque minute en sus.	correspondant à l'angle au centre.	pour chaque minute en sus.	Valeur d'une minute (0.421787).
150°	30°	388ᵐ52		51ᵐ15		759ᵐ22
149	31	402.12	0ᵐ2265	54.73	0ᵐ0595	784.53
148	32	415.78	0.2276	58.43	0.0617	809.83
147	33	429.51	0.2288	62.27	0.0640	835.14
146	34	443.31	0.2300	66.25	0.0663	860.45
145	35	457.18	0.2312	70.37	0.0685	885.76
144	36	471.13	0.2325	74.62	0.0708	911.06
143	37	485.16	0.2338	79.01	0.0732	936.37
142	38	499.28	0.2352	83.55	0.0756	961.68
141	39	513.47	0.2366	88.23	0.0779	986.99
140	40	527.76	0.2380	93.06	0.0804	1012.29
139	41	542.13	0.2396	98.03	0.0829	1037.60
138	42	556.60	0.2411	103.16	0.0854	1062.91
137	43	571.17	0.2428	108.44	0.0879	1088.22
136	44	585.84	0.2444	113.88	0.0905	1113.52
135	45	600.61	0.2461	119.47	0.0932	1138.83
134	46	615.49	0.2479	125.22	0.0958	1164.14
133	47	630.48	0.2498	131.14	0.0986	1189.44
132	48	645.58	0.2517	137.22	0.1013	1214.75
131	49	660.80	0.2536	143.47	0.1042	1240.06
130	50	676.15	0.2557	149.90	0.1070	1265.37
129	51	691.61	0.2577	156.50	0.1099	1290.67
128	52	707.21	0.2600	163.27	0.1129	1315.98
127	53	722.94	0.2621	170.23	0.1159	1341.29
126	54	738.81	0.2644	177.37	0.1190	1366.60
125	55	754.82	0.2668	184.70	0.1221	1391.90
124	56	770.98	0.2692	192.23	0.1253	1417.21
123	57	787.29	0.2718	199.94	0.1286	1442.52
122	58	803.75	0.2743	207.86	0.1319	1467.83
121	59	820.37	0.2770	215.98	0.1353	1493.13
120	60	837.16	0.2797	224.32	0.1388	1518.44

RAYON 1450.

Angle des deux aligne- ments.	Angle au centre cor- respon- dant.	Longueur des *tangentes*		Longueur de la *bissectrice*		Développe- ment de l'*arc.*
		correspondant à l'angle au centre.	pour chaque minute en sus.	correspondant à l'angle au centre.	pour chaque minute en sus.	Valeur d'une minute (0.421787).
120°	60°	837ᵐ16		224ᵐ32		1518ᵐ44
119	61	854.12	0ᵐ2826	232.86	0ᵐ1423	1543.75
118	62	871.25	0.2855	241.62	0.1459	1569.05
117	63	888.57	0.2885	250.60	0.1496	1594.36
116	64	906.06	0.2916	259.81	0.1534	1619.67
115	65	923.75	0.2948	269.25	0.1573	1644.98
114	66	941.64	0.2981	278.93	0.1613	1670.28
113	67	959.73	0.3015	288.85	0.1653	1695.59
112	68	978.03	0.3050	299.02	0.1694	1720.90
111	69	996.56	0.3086	309.44	0.1737	1746.21
110	70	1015.30	0.3123	320.12	0.1780	1771.51
109	71	1034.27	0.3162	331.07	0.1824	1796.82
108	72	1053.49	0.3201	342.30	0.1870	1822.13
107	73	1072.94	0.3242	353.80	0.1917	1847.44
106	74	1092.65	0.3284	365.60	0.1965	1872.74
105	75	1112.62	0.3328	377.68	0.2014	1898.05
104	76	1132.86	0.3373	390.08	0.2065	1923.36
103	77	1153.38	0.3419	402.78	0.2117	1948.66
102	78	1174.19	0.3467	415.80	0.2170	1973.97
101	79	1195.29	0.3516	429.15	0.2225	1999.28
100	80	1216.69	0.3567	442.84	0.2281	2024.59
99	81	1238.42	0.3620	456.88	0.2339	2049.89
98	82	1260.47	0.3674	471.27	0.2398	2075.20
97	83	1282.85	0.3730	486.03	0.2460	2100.51
96	84	1305.59	0.3789	501.17	0.2523	2125.82
95	85	1328.68	0.3849	516.69	0.2587	2151.12
94	86	1352.14	0.3910	532.62	0.2654	2176.43
93	87	1376.00	0.3975	548.97	0.2723	2201.74
92	88	1400.25	0.4041	565.74	0.2794	2227.05
91	89	1424.91	0.4110	582.95	0.2868	2252.35
90	90	1450.00	0.4181	600.61	0.2943	2277.66

Angle des deux alignements.	Angle au centre correspondant.	Longueur des *tangentes*		Longueur de la *bissectrice*		Développement de l'*arc.*
		correspondant à l'angle au centre.	pour chaque minute en sus.	correspondant à l'angle au centre.	pour chaque minute en sus.	Valeur d'une minute (0.421787).
150°	30°	388m52		51m15		759m22
			0m2265		0m0595	
149	31	402.12		54.73		784.53
			0.2276		0.0617	
148	32	415.78		58.43		809.83
			0.2288		0.0640	
147	33	429.51		62.27		835.14
			0.2300		0.0663	
146	34	443.31		66.25		860.45
			0.2312		0.0685	
145	35	457.18		70.37		885.76
			0.2325		0.0708	
144	36	471.13		74.62		911.06
			0.2338		0.0732	
143	37	485.16		79.01		936.37
			0.2352		0.0756	
142	38	499.28		83.55		961.68
			0.2366		0.0779	
141	39	513.47		88.23		986.99
			0.2380		0.0804	
140	40	527.76		93.06		1012.29
			0.2396		0.0829	
139	41	542.13		98.03		1037.60
			0.2411		0.0854	
138	42	556.60		103.16		1062.91
			0.2428		0.0879	
137	43	571.17		108.44		1088.22
			0.2444		0.0905	
136	44	585.84		113.88		1113.52
			0.2461		0.0932	
135	45	600.61		119.47		1138.83
			0.2479		0.0958	
134	46	615.49		125.22		1164.14
			0.2498		0.0986	
133	47	630.48		131.14		1189.44
			0.2517		0.1013	
132	48	645.58		137.22		1214.75
			0.2536		0.1042	
131	49	660.80		143.47		1240.06
			0.2557		0.1070	
130	50	676.15		149.90		1265.37
			0.2577		0.1099	
129	51	691.61		156.50		1290.67
			0.2600		0.1129	
128	52	707.21		163.27		1315.98
			0.2621		0.1159	
127	53	722.94		170.23		1341.29
			0.2644		0.1190	
126	54	738.81		177.37		1366.60
			0.2668		0.1221	
125	55	754.82		184.70		1391.90
			0.2692		0.1253	
124	56	770.98		192.23		1417.21
			0.2718		0.1286	
123	57	787.29		199.94		1442.52
			0.2743		0.1319	
122	58	803.75		207.86		1467.83
			0.2770		0.1353	
121	59	820.37		215.98		1493.13
			0.2797		0.1388	
120	60	837.16		224.32		1518.44

RAYON 1450.

Angle des deux alignements.	Angle au centre correspondant.	Longueur des *tangentes*		Longueur de la *bissectrice*		Développement de l'*arc.*
		correspondant à l'angle au centre.	pour chaque minute en sus.	correspondant à l'angle au centre.	pour chaque minute en sus.	Valeur d'une minute (0.421787).
120°	60°	837m16		224m32		1518m44
119	61	854.12	0m2826	232.86	0m1423	1543.75
118	62	871.25	0.2855	241.62	0.1459	1569.05
117	63	888.57	0.2885	250.60	0.1496	1594.36
116	64	906.06	0.2916	259.81	0.1534	1619.67
115	65	923.75	0.2948	269.25	0.1573	1644.98
114	66	941.64	0.2981	278.93	0.1613	1670.28
113	67	959.73	0.3015	288.85	0.1653	1695.59
112	68	978.03	0.3050	299.02	0.1694	1720.90
111	69	996.56	0.3086	309.44	0.1737	1746.21
110	70	1015.30	0.3123	320.12	0.1780	1771.51
109	71	1034.27	0.3162	331.07	0.1824	1796.82
108	72	1053.49	0.3201	342.30	0.1870	1822.13
107	73	1072.94	0.3242	353.80	0.1917	1847.44
106	74	1092.65	0.3284	365.60	0.1965	1872.74
105	75	1112.62	0.3328	377.68	0.2014	1898.05
104	76	1132.86	0.3373	390.08	0.2065	1923.36
103	77	1153.38	0.3419	402.78	0.2117	1948.66
102	78	1174.19	0.3467	415.80	0.2170	1973.97
101	79	1195.29	0.3516	429.15	0.2225	1999.28
100	80	1216.69	0.3567	442.84	0.2281	2024.59
99	81	1238.42	0.3620	456.88	0.2339	2049.89
98	82	1260.47	0.3674	471.27	0.2398	2075.20
97	83	1282.85	0.3730	486.03	0.2460	2100.51
96	84	1305.59	0.3789	501.17	0.2523	2125.82
95	85	1328.68	0.3849	516.69	0.2587	2151.12
94	86	1352.14	0.3910	532.62	0.2654	2176.43
93	87	1376.00	0.3975	548.97	0.2723	2201.74
92	88	1400.25	0.4041	565.74	0.2794	2227.05
91	89	1424.91	0.4110	582.95	0.2868	2252.35
90	90	1450.00	0.4181	600.61	0.2943	2277.66

Angle des deux aligne-ments.	Angle au centre cor-respon-dant,	Longueur des *tangentes*		Longueur de la *bissectrice*		Développe-ment de l'*arc.*
		correspondant à l'angle au centre.	pour chaque minute en sus.	correspondant à l'angle au centre.	pour chaque minute en sus.	Valeur d'une minute (0.436332).
179°	1°	13ᵐ09		0ᵐ06		26ᵐ18
178	2	26.18	0ᵐ2182	0.23	0ᵐ0028	52.36
177	3	39.28	0.2182	0.51	0.0047	78.54
176	4	52.38	0.2183	0.91	0.0066	104.72
175	5	65.49	0.2185	1.43	0.0085	130.90
174	6	78.61	0.2186	2.06	0.0104	157.08
173	7	91.74	0.2188	2.80	0.0124	183.26
172	8	104.89	0.2191	3.66	0.0143	209.44
171	9	118.05	0.2193	4.64	0.0162	235.62
170	10	131.23	0.2196	5.73	0.0181	261.80
169	11	144.43	0.2200	6.94	0.0201	287.98
168	12	157.66	0.2203	8.26	0.0220	314.16
167	13	170.90	0.2207	9.71	0.0240	340.34
166	14	184.18	0.2212	11.27	0.0259	366.52
165	15	197.48	0.2216	12.94	0.0279	392.70
164	16	210.81	0.2222	14.74	0.0299	418.88
163	17	224.18	0.2227	16.66	0.0319	445.06
162	18	237.58	0.2233	18.70	0.0339	471.24
161	19	251.01	0.2239	20.86	0.0360	497.42
160	20	264.49	0.2245	23.14	0.0380	523.60
159	21	278.01	0.2253	25.55	0.0400	549.78
158	22	291.57	0.2260	28.07	0.0421	575.96
157	23	305.18	0.2268	30.73	0.0442	602.14
156	24	318.84	0.2276	33.51	0.0463	628.32
155	25	332.54	0.2284	36.42	0.0484	654.50
154	26	346.30	0.2293	39.46	0.0505	680.68
153	27	360.12	0.2302	42.62	0.0527	706.86
152	28	373.99	0.2312	45.92	0.0549	733.04
151	29	387.93	0.2322	49.35	0.0571	759.22
150	30	401.92	0.2332	52.91	0.0594	785.40

Angle des deux alignements.	Angle au centre correspondant.	Longueur des *tangentes*		Longueur de la *bissectrice*		Développement de l'*arc.*
		correspondant à l'angle au centre.	pour chaque minute en sus.	correspondant à l'angle au centre.	pour chaque minute en sus.	Valeur d'une minute (0.436332).
150°	30°	401ᵐ92	0ᵐ2343	52ᵐ91	0ᵐ0616	785ᵐ40
149	31	415.99	0.2355	56.61	0.0639	811.60
148	32	430.12	0.2367	60.45	0.0662	837.76
147	33	444.32	0.2379	64.42	0.0685	863.94
146	34	458.60	0.2391	68.54	0.0709	890.12
145	35	472.95	0.2405	72.79	0.0733	916.30
144	36	487.38	0.2418	77.19	0.0757	942.48
143	37	501.89	0.2433	81.74	0.0782	968.66
142	38	516.49	0.2447	86.43	0.0806	994.84
141	39	531.18	0.2462	91.27	0.0832	1021.02
140	40	545.96	0.2478	96.27	0.0857	1047.20
139	41	560.83	0.2494	101.41	0.0883	1073.40
138	42	575.79	0.2511	106.72	0.0910	1099.56
137	43	590.87	0.2529	112.18	0.0936	1125.74
136	44	606.04	0.2546	117.80	0.0964	1151.92
135	45	621.32	0.2565	123.59	0.0991	1178.10
134	46	636.71	0.2584	129.54	0.1020	1204.28
133	47	652.22	0.2604	135.66	0.1048	1230.46
132	48	667.84	0.2624	141.95	0.1077	1256.64
131	49	683.59	0.2645	148.42	0.1107	1282.82
130	50	699.46	0.2666	155.07	0.1137	1309.00
129	51	715.46	0.2689	161.89	0.1168	1335.18
128	52	731.60	0.2712	168.90	0.1199	1361.36
127	53	747.87	0.2736	176.10	0.1231	1387.54
126	54	764.29	0.2760	183.49	0.1263	1413.72
125	55	780.85	0.2785	191.07	0.1296	1439.90
124	56	797.56	0.2811	198.86	0.1330	1466.08
123	57	814.43	0.2838	206.84	0.1365	1492.26
122	58	831.46	0.2865	215.03	0.1400	1518.44
121	59	848.66	0.2894	223.43	0.1436	1544.62
120	60	866.03		232.05		1570.80

Angle des deux alignements.	Angle au centre correspondant.	Longueur des *tangentes*		Longueur de la *bissectrice*		Développement de l'*arc.*
		correspondant à l'angle au centre.	pour chaque minute en sus.	correspondant à l'angle au centre.	pour chaque minute en sus.	Valeur d'une minute (0.436332).
179°	1°	13ᵐ09		0ᵐ06		26ᵐ18
178	2	26.18	0ᵐ2182	0.23	0ᵐ0028	52.36
177	3	39.28	0.2182	0.51	0.0047	78.54
176	4	52.38	0.2183	0.91	0.0066	104.72
175	5	65.49	0.2185	1.43	0.0085	130.90
174	6	78.61	0.2186	2.06	0.0104	157.08
173	7	91.74	0.2188	2.80	0.0124	183.26
172	8	104.89	0.2191	3.66	0.0143	209.44
171	9	118.05	0.2193	4.64	0.0162	235.62
170	10	131.23	0.2196	5.73	0.0181	261.80
169	11	144.43	0.2200	6.94	0.0201	287.98
168	12	157.66	0.2203	8.26	0.0220	314.16
167	13	170.90	0.2207	9.71	0.0240	340.34
166	14	184.18	0.2212	11.27	0.0259	366.52
165	15	197.48	0.2216	12.94	0.0279	392.70
164	16	210.81	0.2222	14.74	0.0299	418.88
163	17	224.18	0.2227	16.66	0.0319	445.06
162	18	237.58	0.2233	18.70	0.0339	471.24
161	19	251.01	0.2239	20.86	0.0360	497.42
160	20	264.49	0.2245	23.14	0.0380	523.60
159	21	278.01	0.2253	25.55	0.0400	549.78
158	22	291.57	0.2260	28.07	0.0421	575.96
157	23	305.18	0.2268	30.73	0.0442	602.14
156	24	318.84	0.2276	33.51	0.0463	628.32
155	25	332.54	0.2284	36.42	0.0484	654.50
154	26	346.30	0.2293	39.46	0.0505	680.68
153	27	360.12	0.2302	42.62	0.0527	706.86
152	28	373.99	0.2312	45.92	0.0549	733.04
151	29	387.93	0.2322	49.35	0.0571	759.22
150	30	401.92	0.2332	52.91	0.0594	785.40

Angle des deux alignements.	Angle au centre correspondant.	Longueur des *tangentes* correspondant à l'angle au centre.	Longueur des *tangentes* pour chaque minute en sus.	Longueur de la *bissectrice* correspondant à l'angle au centre.	Longueur de la *bissectrice* pour chaque minute en sus.	Développement de l'arc. Valeur d'une minute (0.436332).
150°	30°	401m92	0m2343	52m91	0m0616	785m40
149	31	415.99	0.2355	56.61	0.0639	811.60
148	32	430.12	0.2367	60.45	0.0662	837.76
147	33	444.32	0.2379	64.42	0.0685	863.94
146	34	458.60	0.2391	68.54	0.0709	890.12
145	35	472.95	0.2405	72.79	0.0733	916.30
144	36	487.38	0.2418	77.19	0.0757	942.48
143	37	501.89	0.2433	81.74	0.0782	968.66
142	38	516.49	0.2447	86.43	0.0806	994.84
141	39	531.18	0.2462	91.27	0.0832	1021.02
140	40	545.96	0.2478	96.27	0.0857	1047.20
139	41	560.83	0.2494	101.41	0.0883	1073.40
138	42	575.79	0.2511	106.72	0.0910	1099.56
137	43	590.87	0.2529	112.18	0.0936	1125.74
136	44	606.04	0.2546	117.80	0.0964	1151.92
135	45	621.32	0.2565	123.59	0.0991	1178.10
134	46	636.71	0.2584	129.54	0.1020	1204.28
133	47	652.22	0.2604	135.66	0.1048	1230.46
132	48	667.84	0.2624	141.95	0.1077	1256.64
131	49	683.59	0.2645	148.42	0.1107	1282.82
130	50	699.46	0.2666	155.07	0.1137	1309.00
129	51	715.46	0.2689	161.89	0.1168	1335.18
128	52	731.60	0.2712	168.90	0.1199	1361.36
127	53	747.87	0.2736	176.10	0.1231	1387.54
126	54	764.29	0.2760	183.49	0.1263	1413.72
125	55	780.85	0.2785	191.07	0.1296	1439.90
124	56	797.56	0.2811	198.86	0.1330	1466.08
123	57	814.43	0.2838	206.84	0.1365	1492.26
122	58	831.46	0.2865	215.03	0.1400	1518.44
121	59	848.66	0.2894	223.43	0.1436	1544.62
120	60	866.03		232.05		1570.80

Angle des deux alignements.	Angle au centre correspondant.	Longueur des *tangentes*		Longueur de la *bissectrice*		Développement de l'*arc.*
		correspondant à l'angle au centre.	pour chaque minute en sus.	correspondant à l'angle au centre.	pour chaque minute en sus.	Valeur d'une minute (0.436332).
120°	60°	866m03		232m05		1570m80
			0m2923		0m1472	
119	61	883.57		240.89		1596.98
			0.2953		0.1510	
118	62	901.29		249.95		1623.16
			0.2985		0.1548	
117	63	919.20		259.24		1649.34
			0.3016		0.1587	
116	64	937.30		268.77		1675.52
			0.3050		0.1627	
115	65	955.61		278.53		1701.70
			0.3084		0.1668	
114	66	974.11		288.54		1727.88
			0.3119		0.1710	
113	67	992.83		298.81		1754.06
			0.3155		0.1753	
112	68	1011.76		309.33		1780.24
			0.3193		0.1797	
111	69	1030.92		320.11		1806.42
			0.3231		0.1842	
110	70	1050.31		331.16		1832.60
			0.3271		0.1887	
109	71	1069.94		342.49		1858.78
			0.3312		0.1935	
108	72	1089.81		354.10		1884.96
			0.3354		0.1983	
107	73	1109.94		366.00		1911.14
			0.3398		0.2033	
106	74	1130.33		378.20		1937.32
			0.3443		0.2083	
105	75	1150.99		390.71		1963.50
			0.3489		0.2136	
104	76	1171.93		403.53		1989.68
			0.3537		0.2190	
103	77	1193.15		416.67		2015.86
			0.3586		0.2245	
102	78	1214.68		430.14		2042.04
			0.3637		0.2301	
101	79	1236.50		443.95		2068.22
			0.3690		0.2359	
100	80	1258.65		458.11		2094.40
			0.3745		0.2419	
99	81	1281.12		472.63		2120.58
			0.3801		0.2481	
98	82	1303.93		487.52		2146.76
			0.3859		0.2544	
97	83	1327.09		502.79		2172.94
			0.3919		0.2610	
96	84	1350.61		518.45		2199.12
			0.3981		0.2677	
95	85	1374.50		534.51		2225.30
			0.4045		0.2746	
94	86	1398.77		550.99		2251.48
			0.4112		0.2817	
93	87	1423.45		567.90		2277.66
			0.4181		0.2891	
92	88	1448.53		585.24		2303.84
			0.4251		0.2967	
91	89	1474.05		603.05		2330.02
			0.4325		0.3045	
90	90	1500.00		621.32		2356.20

RAYON 1600.

Angle des deux alignements.	Angle au centre correspondant.	Longueur des *tangentes*		Longueur de la *bissectrice*		Développement de l'arc.
		correspondant à l'angle au centre.	pour chaque minute en sus.	correspondant à l'angle au centre.	pour chaque minute en sus.	Valeur d'une minute (0.465421).
179°.	1°	13m96		0m06		27m93
178	2	27.93	0m2327	0.24	0m0030	55.85
177	3	41.90	0.2328	0.55	0.0050	83.78
176	4	55.87	0.2329	0.98	0.0071	111.70
175	5	69.86	0.2330	1.52	0.0091	139.63
174	6	83.85	0.2332	2.20	0.0111	167.55
173	7	·97.86	0.2334	2.99	0.0132	195.48
172	8	111.88	0.2337	3.91	0.0152	223.40
171	9	125.92	0.2339	4.95	0.0173	251.33
170	10	139.98	0.2343	6.11	0.0194	279.25
169	11	154.06	0.2346	7.40	0.0214	307.18
168	12	168.17	0.2350	8.81	0.0235	335.10
167	13	182.30	0.2355	10.35	0.0256	363.03
166	14	196.46	0.2359	12.02	0.0277	390.95
165	15	210.64	0.2364	13.81	0.0298	418.88
164	16	224.87	0.2370	15.72	0.0319	446.81
163	17	239.12	0.2376	17.77	0.0340	474.73
162	18	253.41	0.2382	19.94	0.0362	502.66
161	19	267.75	0.2389	22.25	0.0384	530.58
160	20	282.12	0.2395	24.68	0.0405	558.51
159	21	296.54	0.2403	27.25	0.0427	586.43
158	22	311.01	0.2410	29.95	0.0449	614.36
157	23	325.52	0.2419	32.78	0.0472	642.28
156	24	340.09	0.2428	35.74	0.0494	670.21
155	25	354.71	0.2436	38.85	0.0517	698.13
154	26	369.39	0.2446	42.09	0.0539	726.06
153	27	384.13	0.2456	45.46	0.0562	753.98
152	28	398.92	0.2466	48.98	0.0586	781.91
151	29	413.79	0.2477	52.64	0.0609	809.83
150	30	428.72	0.2488	56.44	0.0633	837.76

Angle des deux alignements.	Angle au centre correspondant.	Longueur des *tangentes*		Longueur de la *bissectrice*		Développement de l'arc.
		correspondant à l'angle au centre.	pour chaque minute en sus.	correspondant à l'angle au centre.	pour chaque minute en sus.	Valeur d'une minute (0.436332).
120°	60°	866m03	0m2923	232m05	0m1472	1570m80
119	61	883.57	0.2953	240.89	0.1510	1596.98
118	62	901.29	0.2985	249.95	0.1548	1623.16
117	63	919.20	0.3016	259.24	0.1587	1649.34
116	64	937.30	0.3050	268.77	0.1627	1675.52
115	65	955.61	0.3084	278.53	0.1668	1701.70
114	66	974.11	0.3119	288.54	0.1710	1727.88
113	67	992.83	0.3155	298.81	0.1753	1754.06
112	68	1011.76	0.3193	309.33	0.1797	1780.24
111	69	1030.92	0.3231	320.11	0.1842	1806.42
110	70	1050.31	0.3271	331.16	0.1887	1832.60
109	71	1069.94	0.3312	342.49	0.1935	1858.78
108	72	1089.81	0.3354	354.10	0.1983	1884.96
107	73	1109.94	0.3398	366.00	0.2033	1911.14
106	74	1130.33	0.3443	378.20	0.2083	1937.32
105	75	1150.99	0.3489	390.71	0.2136	1963.50
104	76	1171.93	0.3537	403.53	0.2190	1989.68
103	77	1193.15	0.3586	416.67	0.2245	2015.86
102	78	1214.68	0.3637	430.14	0.2301	2042.04
101	79	1236.50	0.3690	443.95	0.2359	2068.22
100	80	1258.65	0.3745	458.11	0.2419	2094.40
99	81	1281.12	0.3801	472.63	0.2481	2120.58
98	82	1303.93	0.3859	487.52	0.2544	2146.76
97	83	1327.09	0.3919	502.79	0.2610	2172.94
96	84	1350.61	0.3981	518.45	0.2677	2199.12
95	85	1374.50	0.4045	534.51	0.2746	2225.30
94	86	1398.77	0.4112	550.99	0.2817	2251.48
93	87	1423.45	0.4181	567.90	0.2891	2277.66
92	88	1448.53	0.4251	585.24	0.2967	2303.84
91	89	1474.05	0.4325	603.05	0.3045	2330.02
90	90	1500.00		621.32		2356.20

RAYON 1600.

Angle des deux alignements.	Angle au centre correspondant.	Longueur des *tangentes*		Longueur de la *bissectrice*		Développement de l'*arc.* Valeur d'une minute (0.465421).
		correspondant à l'angle au centre.	pour chaque minute en sus.	correspondant à l'angle au centre.	pour chaque minute en sus.	
179°	1°	13m96		0m06		27m93
178	2	27.93	0m2327	0.24	0m0030	55.85
177	3	41.90	0.2328	0.55	0.0050	83.78
176	4	55.87	0.2329	0.98	0.0071	111.70
175	5	69.86	0.2330	1.52	0.0091	139.63
174	6	83.85	0.2332	2.20	0.0111	167.55
173	7	97.86	0.2334	2.99	0.0132	195.48
172	8	111.88	0.2337	3.91	0.0152	223.40
171	9	125.92	0.2339	4.95	0.0173	251.33
170	10	139.98	0.2343	6.11	0.0194	279.25
169	11	154.06	0.2346	7.40	0.0214	307.18
168	12	168.17	0.2350	8.81	0.0235	335.10
167	13	182.30	0.2355	10.35	0.0256	363.03
166	14	196.46	0.2359	12.02	0.0277	390.95
165	15	210.64	0.2364	13.81	0.0298	418.88
164	16	224.87	0.2370	15.72	0.0319	446.81
163	17	239.12	0.2376	17.77	0.0340	474.73
162	18	253.41	0.2382	19.94	0.0362	502.66
161	19	267.75	0.2389	22.25	0.0384	530.58
160	20	282.12	0.2395	24.68	0.0405	558.51
159	21	296.54	0.2403	27.25	0.0427	586.43
158	22	311.01	0.2410	29.95	0.0449	614.36
157	23	325.52	0.2419	32.78	0.0472	642.28
156	24	340.09	0.2428	35.74	0.0494	670.21
155	25	354.71	0.2436	38.85	0.0517	698.13
154	26	369.39	0.2446	42.09	0.0539	726.06
153	27	384.13	0.2456	45.46	0.0562	753.98
152	28	398.92	0.2466	48.98	0.0586	781.91
151	29	413.79	0.2477	52.64	0.0609	809.83
150	30	428.72	0.2488	56.44	0.0633	837.76

Angle des deux alignements.	Angle au centre correspondant.	Longueur des *tangentes*		Longueur de la *bissectrice*		Développement de l'*arc.*
		correspondant à l'angle au centre.	pour chaque minute en sus.	correspondant à l'angle au centre.	pour chaque minute en sus.	Valeur d'une minute (0.465421).
150°	30°	428m72		56m44		837m76
			0m2500		0m0657	
149	31	443.72		60.39		865.69
			0.2512		0.0681	
148	32	458.79		64.48		893.61
			0.2524		0.0706	
147	33	473.94		68.72		921.54
			0.2538		0.0731	
146	34	489.17		73.11		949.46
			0.2551		0.0756	
145	35	504.48		77.65		977.39
			0.2565		0.0782	
144	36	519.87		82.34		1005.31
			0.2580		0.0808	
143	37	535.35		87.19		1033.24
			0.2595		0.0834	
142	38	550.92		92.19		1061.16
			0.2610		0.0860	
141	39	566.59		97.36		1089.09
			0.2626		0.0888	
140	40	582.35		102.68		1117.01
			0.2644		0.0914	
139	41	598.22		108.17		1144.94
			0.2660		0.0942	
138	42	614.18		113.83		1172.86
			0.2679		0.0970	
137	43	630.26		119.66		1200.79
			0.2697		0.0999	
136	44	646.44		125.65		1228.71
			0.2716		0.1028	
135	45	662.74		131.83		1256.64
			0.2736		0.1058	
134	46	679.16		138.18		1284.57
			0.2756		0.1088	
133	47	695.70		144.71		1312.49
			0.2777		0.1118	
132	48	712.37		151.42		1340.42
			0.2799		0.1149	
131	49	729.16		158.32		1368.34
			0.2821		0.1181	
130	50	746.09		165.40		1396.27
			0.2844		0.1213	
129	51	763.16		172.69		1424.19
			0.2868		0.1246	
128	52	780.37		180.16		1452.12
			0.2893		0.1279	
127	53	797.73		187.84		1480.04
			0.2918		0.1313	
126	54	815.24		195.72		1507.97
			0.2944		0.1348	
125	55	832.91		203.81		1535.89
			0.2971		0.1383	
124	56	850.73		212.11		1563.82
			0.2999		0.1419	
123	57	868.73		220.63		1591.74
			0.3027		0.1456	
122	58	886.89		229.36		1619.67
			0.3056		0.1493	
121	59	905.24		238.33		1647.59
			0.3087		0.1532	
120	60	923.76		247.52		1675.52

Angle des deux aligne-ments.	Angle au centre cor-respon-dant.	Longueur des *tangentes* correspondant à l'angle au centre.	pour chaque minute en sus.	Longueur de la *bissectrice* correspondant à l'angle au centre.	pour chaque minute en sus.	Développe-ment de l'*arc.* — Valeur d'une minute (0.465421).
120°	60°	923ᵐ76		247ᵐ52		1675ᵐ52
119	61	942.47	0ᵐ3118	256.95	0ᵐ1571	1703.45
118	62	961.38	0.3150	266.61	0.1610	1731.37
117	63	980.48	0.3184	276.52	0.1651	1759.30
116	64	999.79	0.3218	286.68	0.1693	1787.22
115	65	1019.31	0.3253	297.10	0.1736	1815.15
114	66	1039.05	0.3289	307.78	0.1780	1843.07
113	67	1059.02	0.3327	318.73	0.1824	1871.00
112	68	1079.21	0.3366	329.95	0.1870	1898.92
111	69	1099.65	0.3406	341.45	0.1916	1926.85
110	70	1120.33	0.3446	353.24	0.1965	1954.77
109	71	1141.27	0.3489	365.32	0.2013	1982.70
108	72	1162.47	0.3532	377.71	0.2064	2010.62
107	73	1183.94	0.3578	390.40	0.2115	2038.55
106	74	1205.69	0.3624	403.42	0.2168	2066.47
105	75	1227.72	0.3672	416.76	0.2222	2094.40
104	76	1250.06	0.3722	430.43	0.2278	2122.33
103	77	1272.70	0.3773	444.44	0.2336	2150.25
102	78	1295.65	0.3826	458.82	0.2395	2178.18
101	79	1318.94	0.3880	473.55	0.2455	2206.10
100	80	1342.56	0.3936	488.65	0.2517	2234.03
99	81	1366.53	0.3995	504.14	0.2581	2261.95
98	82	1390.86	0.4054	520.02	0.2646	2289.88
97	83	1415.56	0.4116	536.31	0.2714	2317.80
96	84	1440.65	0.4180	553.01	0.2784	2345.73
95	85	1466.13	0.4247	570.15	0.2855	2373.65
94	86	1492.02	0.4315	587.72	0.2929	2401.58
93	87	1518.34	0.4386	605.76	0.3005	2429.50
92	88	1545.10	0.4460	624.26	0.3084	2457.43
91	89	1572.32	0.4535	643.25	0.3164	2485.35
90	90	1600.00	0.4614	662.74	0.3243	2513.28

Angle des deux alignements.	Angle au centre correspondant.	Longueur des *tangentes*		Longueur de la *bissectrice*		Développement de l'*arc.*
		correspondant à l'angle au centre.	pour chaque minute en sus.	correspondant à l'angle au centre.	pour chaque minute en sus.	Valeur d'une minute (0.465421).
150°	30°	428m72	0m2500	56m44	0m0657	837m76
149	31	443.72	0.2512	60.39	0.0681	865.69
148	32	458.79	0.2524	64.48	0.0706	893.61
147	33	473.94	0.2538	68.72	0.0731	921.54
146	34	489.17	0.2551	73.11	0.0756	949.46
145	35	504.48	0.2565	77.65	0.0782	977.39
144	36	519.87	0.2580	82.34	0.0808	1005.31
143	37	535.35	0.2595	87.19	0.0834	1033.24
142	38	550.92	0.2610	92.19	0.0860	1061.16
141	39	566.59	0.2626	97.36	0.0888	1089.09
140	40	582.35	0.2644	102.68	0.0914	1117.01
139	41	598.22	0.2660	108.17	0.0942	1144.94
138	42	614.18	0.2679	113.83	0.0970	1172.86
137	43	630.26	0.2697	119.66	0.0999	1200.79
136	44	646.44	0.2716	125.65	0.1028	1228.71
135	45	662.74	0.2736	131.83	0.1058	1256.64
134	46	679.16	0.2756	138.18	0.1088	1284.57
133	47	695.70	0.2777	144.71	0.1118	1312.49
132	48	712.37	0.2799	151.42	0.1149	1340.42
131	49	729.16	0.2821	158.32	0.1181	1368.34
130	50	746.09	0.2844	165.40	0.1213	1396.27
129	51	763.16	0.2868	172.69	0.1246	1424.19
128	52	780.37	0.2893	180.16	0.1279	1452.12
127	53	797.73	0.2918	187.84	0.1313	1480.04
126	54	815.24	0.2944	195.72	0.1348	1507.97
125	55	832.91	0.2971	203.81	0.1383	1535.89
124	56	850.73	0.2999	212.11	0.1419	1563.82
123	57	868.73	0.3027	220.63	0.1456	1591.74
122	58	886.89	0.3056	229.36	0.1493	1619.67
121	59	905.24	0.3087	238.33	0.1532	1647.59
120	60	923.76		247.52		1675.52

RAYON 1600.

Angle des deux alignements.	Angle au centre correspondant.	Longueur des *tangentes* correspondant à l'angle au centre.	pour chaque minute en sus.	Longueur de la *bissectrice* correspondant à l'angle au centre.	pour chaque minute en sus.	Développement de l'*arc.* Valeur d'une minute (0.465421).
120°	60°	923m76		247m52		1675m52
119	61	942.47	0m3118	256.95	0m1571	1703.45
118	62	961.38	0.3150	266.61	0.1610	1731.37
117	63	980.48	0.3184	276.52	0.1631	1759.30
116	64	999.79	0.3218	286.68	0.1693	1787.22
115	65	1019.31	0.3253	297.10	0.1736	1815.15
114	66	1039.05	0.3289	307.78	0.1780	1843.07
113	67	1059.02	0.3327	318.73	0.1824	1871.00
112	68	1079.21	0.3366	329.95	0.1870	1898.92
111	69	1099.65	0.3406	341.45	0.1916	1926.85
110	70	1120.33	0.3446	353.24	0.1965	1954.77
109	71	1141.27	0.3489	365.32	0.2013	1982.70
108	72	1162.47	0.3532	377.71	0.2064	2010.62
107	73	1183.94	0.3578	390.40	0.2115	2038.55
106	74	1205.69	0.3624	403.42	0.2168	2066.47
105	75	1227.72	0.3672	416.76	0.2222	2094.40
104	76	1250.06	0.3722	430.43	0.2278	2122.33
103	77	1272.70	0.3773	444.44	0.2336	2150.25
102	78	1295.65	0.3826	458.82	0.2395	2178.18
101	79	1318.94	0.3880	473.55	0.2455	2206.10
100	80	1342.56	0.3936	488.65	0.2517	2234.03
99	81	1366.53	0.3995	504.14	0.2581	2261.95
98	82	1390.86	0.4054	520.02	0.2646	2289.88
97	83	1415.56	0.4116	536.31	0.2714	2317.80
96	84	1440.65	0.4180	553.01	0.2784	2345.73
95	85	1466.13	0.4247	570.15	0.2855	2373.65
94	86	1492.02	0.4315	587.72	0.2929	2401.58
93	87	1518.34	0.4386	605.76	0.3005	2429.50
92	88	1545.10	0.4460	624.26	0.3084	2457.43
91	89	1572.32	0.4535	643.25	0.3164	2485.35
90	90	1600.00	0.4614	662.74	0.3243	2513.28

Angle des deux aligne-ments.	Angle au centre cor-respon-dant.	Longueur des *tangentes*		Longueur de la *bissectrice*		Développe-ment de l'*arc*.
		correspondant à l'angle au centre.	pour chaque minute en sus.	correspondant à l'angle au centre.	pour chaque minute en sus.	Valeur d'une minute (0.494509).
179°	1°	14ᵐ83		0ᵐ06		29ᵐ67
178	2	29.67	0ᵐ2472	0.26	0ᵐ0032	59.34
177	3	44.52	0.2473	0.58	0.0053	89.01
176	4	59.37	0.2474	1.04	0.0075	118.68
175	5	74.23	0.2476	1.62	0.0097	148.35
174	6	89.09	0.2477	2.33	0.0118	178.02
173	7	103.98	0.2480	3.18	0.0140	207.69
172	8	118.88	0.2483	4.15	0.0162	237.37
171	9	133.79	0.2486	5.26	0.0184	267.04
170	10	148.73	0.2489	6.49	0.0206	296.71
169	11	163.69	0.2493	7.86	0.0227	326.38
168	12	178.68	0.2497	9.36	0.0250	356.05
167	13	193.69	0.2502	11.00	0.0272	385.72
166	14	208.73	0.2507	12.77	0.0294	415.39
165	15	223.81	0.2512	14.67	0.0317	445.06
164	16	238.92	0.2518	16.71	0.0339	474.73
163	17	254.07	0.2524	18.88	0.0362	504.40
162	18	269.25	0.2530	21.19	0.0385	534.07
161	19	284.48	0.2538	23.64	0.0408	563.74
160	20	299.76	0.2545	26.23	0.0431	593.41
159	21	315.08	0.2553	28.95	0.0454	623.08
158	22	330.45	0.2561	31.82	0.0477	652.75
157	23	345.87	0.2570	34.83	0.0501	682.43
156	24	361.35	0.2579	37.98	0.0524	712.10
155	25	376.88	0.2589	41.28	0.0549	741.77
154	26	392.48	0.2598	44.72	0.0573	771.44
153	27	408.13	0.2609	48.31	0.0598	801.11
152	28	423.86	0.2620	52.04	0.0623	830.78
151	29	439.65	0.2632	55.93	0.0647	860.45
150	30	455.51	0.2643	59.97	0.0673	890.12

Angle des deux aligne- ments.	Angle au centre cor- respon- dant.	Longueur des *tangentes*		Longueur de la *bissectrice*		Développe- ment de l'*arc.* Valeur d'une minute (0.494509).
		correspondant à l'angle au centre.	pour chaque minute en sus.	correspondant à l'angle au centre.	pour chaque minute en sus.	
150°	30°	455m51	0m2656	59m97	0m0698	890m12
149	31	471.45	0.2669	64.16	0.0724	919.79
148	32	487.47	0.2682	68.51	0.0750	949.46
147	33	503.56	0.2696	73.01	0.0777	979.13
146	34	519.74	0.2710	77.68	0.0803	1008.80
145	35	536.01	0.2725	82.50	0.0830	1038.47
144	36	552.36	0.2741	87.49	0.0858	1068.14
143	37	568.81	0.2757	92.64	0.0886	1097.81
142	38	585.36	0.2774	97.95	0.0914	1127.49
141	39	602.00	0.2791	103.44	0.0943	1157.16
140	40	618.75	0.2809	109.10	0.0972	1186.83
139	41	635.60	0.2827	114.94	0.1001	1216.50
138	42	652.57	0.2846	120.95	0.1031	1246.17
137	43	669.65	0.2866	127.14	0.1061	1275.84
136	44	686.84	0.2886	133.51	0.1093	1305.51
135	45	704.16	0.2907	140.07	0.1124	1335.18
134	46	721.61	0.2928	146.81	0.1156	1364.85
133	47	739.18	0.2951	153.75	0.1188	1394.52
132	48	756.89	0.2974	160.88	0.1221	1424.19
131	49	774.73	0.2998	168.21	0.1255	1453.86
130	50	792.72	0.3021	175.74	0.1289	1483.53
129	51	810.86	0.3048	183.48	0.1323	1513.20
128	52	829.15	0.3073	191.42	0.1359	1542.87
127	53	847.59	0.3100	199.58	0.1395	1572.54
126	54	866.19	0.3128	207.95	0.1432	1602.22
125	55	884.96	0.3156	216.55	0.1469	1631.89
124	56	903.91	0.3186	225.37	0.1507	1661.56
123	57	923.03	0.3216	234.42	0.1547	1691.23
122	58	942.33	0.3248	243.70	0.1587	1720.90
121	59	961.81	0.3280	253.22	0.1627	1750.57
120	60	981.50		262.99		1780.24

Angle des deux aligne- ments.	Angle au centre cor- respon- dant.	Longueur des *tangentes*		Longueur de la *bissectrice*		Développe- ment de l'*arc.*
		correspondant à l'angle au centre.	pour chaque minute en sus.	correspondant à l'angle au centre.	pour chaque minute en sus.	Valeur d'une minute (0.494509).
179°	1°	14^{m}83		0^{m}06		29^{m}67
178	2	29.67	0^{m}2472	0.26	0^{m}0032	59.34
177	3	44.52	0.2473	0.58	0.0053	89.01
176	4	59.37	0.2474	1.04	0.0075	118.68
175	5	74.23	0.2476	1.62	0.0097	148.35
174	6	89.09	0.2477	2.33	0.0118	178.02
173	7	103.98	0.2480	3.18	0.0140	207.69
172	8	118.88	0.2483	4.15	0.0162	237.37
171	9	133.79	0.2486	5.26	0.0184	267.04
170	10	148.73	0.2489	6.49	0.0206	296.71
169	11	163.69	0.2493	7.86	0.0227	326.38
168	12	178.68	0.2497	9.36	0.0250	356.05
167	13	193.69	0.2502	11.00	0.0272	385.72
166	14	208.73	0.2507	12.77	0.0294	415.39
165	15	223.81	0.2512	14.67	0.0317	445.06
164	16	238.92	0.2518	16.71	0.0339	474.73
163	17	254.07	0.2524	18.88	0.0362	504.40
162	18	269.25	0.2530	21.19	0.0385	534.07
161	19	284.48	0.2538	23.64	0.0408	563.74
160	20	299.76	0.2545	26.23	0.0431	593.41
159	21	315.08	0.2553	28.95	0.0454	623.08
158	22	330.45	0.2561	31.82	0.0477	652.75
157	23	345.87	0.2570	34.83	0.0501	682.43
156	24	361.35	0.2579	37.98	0.0524	712.10
155	25	376.88	0.2589	41.28	0.0549	741.77
154	26	392.48	0.2598	44.72	0.0573	771.44
153	27	408.13	0.2609	48.31	0.0598	801.11
152	28	423.86	0.2620	52.04	0.0623	830.78
151	29	439.65	0.2632	55.93	0.0647	860.45
150	30	455.51	0.2643	59.97	0.0673	890.12

Angle des deux alignements.	Angle au centre correspondant.	Longueur des *tangentes* correspondant à l'angle au centre.	pour chaque minute en sus.	Longueur de la *bissectrice* correspondant à l'angle au centre.	pour chaque minute en sus.	Développement de l'*arc*. Valeur d'une minute (0.494509).
150°	30°	455m51		59m97		890m12
			0m2656		0m0698	
149	31	471.45		64.16		919.79
			0.2669		0.0724	
148	32	487.47		68.51		949.46
			0.2682		0.0750	
147	33	503.56		73.01		979.13
			0.2696		0.0777	
146	34	519.74		77.68		1008.80
			0.2710		0.0803	
145	35	536.01		82.50		1038.47
			0.2725		0.0830	
144	36	552.36		87.49		1068.14
			0.2741		0.0858	
143	37	568.81		92.64		1097.81
			0.2757		0.0886	
142	38	585.36		97.95		1127.49
			0.2774		0.0914	
141	39	602.00		103.44		1157.16
			0.2791		0.0943	
140	40	618.75		109.10		1186.83
			0.2809		0.0972	
139	41	635.60		114.94		1216.50
			0.2827		0.1001	
138	42	652.57		120.95		1246.17
			0.2846		0.1031	
137	43	669.65		127.14		1275.84
			0.2866		0.1061	
136	44	686.84		133.51		1305.51
			0.2886		0.1093	
135	45	704.16		140.07		1335.18
			0.2907		0.1124	
134	46	721.61		146.81		1364.85
			0.2928		0.1156	
133	47	739.18		153.75		1394.52
			0.2951		0.1188	
132	48	756.89		160.88		1424.19
			0.2974		0.1221	
131	49	774.73		168.21		1453.86
			0.2998		0.1255	
130	50	792.72		175.74		1483.53
			0.3021		0.1289	
129	51	810.86		183.48		1513.20
			0.3048		0.1323	
128	52	829.15		191.42		1542.87
			0.3073		0.1359	
127	53	847.59		199.58		1572.54
			0.3100		0.1395	
126	54	866.19		207.95		1602.22
			0.3128		0.1432	
125	55	884.96		216.55		1631.89
			0.3156		0.1469	
124	56	903.91		225.37		1661.56
			0.3186		0.1507	
123	57	923.03		234.42		1691.23
			0.3216		0.1547	
122	58	942.33		243.70		1720.90
			0.3248		0.1587	
121	59	961.81		253.22		1750.57
			0.3280		0.1627	
120	60	981.50		262.99		1780.24

Angle des deux aligne-ments.	Angle au centre cor-respon-dant.	Longueur des *tangentes*		Longueur de la *bissectrice*		Développe-ment de l'*arc.*
		correspondant à l'angle au centre.	pour chaque minute en sus.	correspondant à l'angle au centre.	pour chaque minute en sus.	Valeur d'une minute (0.494509).
120°	60°	981ᵐ50	0ᵐ3313	262ᵐ99	0ᵐ1669	1780ᵐ24
119	61	1001.38	0.3347	273.01	0.1711	1809.91
118	62	1021.46	0.3383	283.28	0.1754	1839.58
117	63	1041.76	0.3419	293.81	0.1799	1869.25
116	64	1062.28	0.3456	304.60	0.1844	1898.92
115	65	1083.02	0.3495	315.67	0.1891	1928.59
114	66	1103.99	0.3535	327.02	0.1938	1958.26
113	67	1125.20	0.3576	338.65	0.1986	1987.93
112	68	1146.66	0.3618	350.57	0.2036	2017.60
111	69	1168.38	0.3662	362.79	0.2087	2047.28
110	70	1190.35	0.3707	375.32	0.2139	2076.95
109	71	1212.60	0.3753	388.15	0.2193	2106.62
108	72	1235.12	0.3802	401.32	0.2247	2136.29
107	73	1257.93	0.3851	414.80	0.2304	2165.96
106	74	1281.04	0.3902	428.63	0.2361	2195.63
105	75	1304.46	0.3955	442.80	0.2421	2225.30
104	76	1328.19	0.4009	457.33	0.2482	2254.97
103	77	1352.24	0.4065	472.22	0.2544	2284.64
102	78	1376.63	0.4123	487.49	0.2608	2314.31
101	79	1401.37	0.4182	503.14	0.2674	2343.98
100	80	1426.47	0.4244	519.19	0.2742	2373.65
99	81	1451.94	0.4308	535.65	0.2812	2403.32
98	82	1477.79	0.4374	552.52	0.2884	2432.99
97	83	1504.03	0.4442	569.83	0.2958	2462.66
96	84	1530.69	0.4512	587.57	0.3034	2492.34
95	85	1557.76	0.4584	605.78	0.3112	2522.01
94	86	1585.27	0.4661	624.46	0.3193	2551.68
93	87	1613.24	0.4738	643.62	0.3276	2581.35
92	88	1641.67	0.4818	663.28	0.3362	2611.02
91	89	1670.58	0.4902	683.45	0.3451	2640.69
90	90	1700.00		704.16		2670.36

Angle des deux alignements.	Angle au centre correspondant.	Longueur des *tangentes*		Longueur de la *bissectrice*		Développement de l'*arc*
		correspondant à l'angle au centre.	pour chaque minute en sus.	correspondant à l'angle au centre.	pour chaque minute en sus.	Valeur d'une minute (0.523598).
179°	1°	15ᵐ71		0ᵐ07		31ᵐ42
			0ᵐ2618		0ᵐ0034	
178	2	31.42		0.27		62.83
			0.2619		0.0057	
177	3	47.13		0.62		94.25
			0.2620		0.0080	
176	4	62.86		1.10		125.66
			0.2622		0.0102	
175	5	78.59		1.71		157.08
			0.2623		0.0125	
174	6	94.33		2.47		188.50
			0.2626		0.0148	
173	7	110.09		3.36		219.91
			0.2629		0.0172	
172	8	125.87		4.40		251.33
			0.2632		0.0194	
171	9	141.66		5.57		282.74
			0.2636		0.0218	
170	10	157.48		6.88		314.16
			0.2640		0.0241	
169	11	173.32		8.33		345.58
			0.2644		0.0264	
168	12	189.19		9.92		376.99
			0.2649		0.0288	
167	13	205.08		11.65		408.41
			0.2654		0.0311	
166	14	221.01		13.52		439.82
			0.2660		0.0335	
165	15	236.97		15.53		471.24
			0.2666		0.0359	
164	16	252.97		17.69		502.66
			0.2673		0.0383	
163	17	269.01		19.99		534.07
			0.2679		0.0407	
162	18	285.09		22.44		565.49
			0.2687		0.0432	
161	19	301.22		25.03		596.90
			0.2695		0.0456	
160	20	317.39		27.77		628.32
			0·2703		0.0481	
159	21	333.61		30.65		659.74
			0.2712		0.0505	
158	22	349.88		33.69		691.15
			0.2721		0.0531	
157	23	366.21		36.88		722.57
			0.2731		0.0555	
156	24	382.60		40.21		753.98
			0.2741		0.0581	
155	25	399.05		43.70		785.40
			0.2751		0.0607	
154	26	415.56		47.35		816.82
			0.2763		0.0633	
153	27	432.14		51.15		848.23
			0.2774		0.0659	
152	28	448.79		55.11		879.65
			0.2786		0.0685	
151	29	465.51		59.22		911.06
			0.2799		0.0712	
150	30	482.31		63.50		942.48

Angle des deux alignements.	Angle au centre correspondant.	Longueur des *tangentes* correspondant à l'angle au centre.	pour chaque minute en sus.	Longueur de la *bissectrice* correspondant à l'angle au centre.	pour chaque minute en sus.	Développement de l'*arc*. Valeur d'une minute (0.494509).
120°	60°	981m50		262m99		1780m24
			0m3313		0m1669	
119	61	1001.38		273.01		1809.91
			0.3347		0.1711	
118	62	1021.46		283.28		1839.58
			0.3383		0.1754	
117	63	1041.76		293.81		1869.25
			0.3419		0.1799	
116	64	1062.28		304.60		1898.92
			0.3456		0.1844	
115	65	1083.02		315.67		1928.59
			0.3495		0.1891	
114	66	1103.99		327.02		1958.26
			0.3535		0.1938	
113	67	1125.20		338.65		1987.93
			0.3576		0.1986	
112	68	1146.66		350.57		2017.60
			0.3618		0.2036	
111	69	1168.38		362.79		2047.28
			0.3662		0.2087	
110	70	1190.35		375.32		2076.95
			0.3707		0.2139	
109	71	1212.60		388.15		2106.62
			0.3753		0.2193	
108	72	1235.12		401.32		2136.29
			0.3802		0.2247	
107	73	1257.93		414.80		2165.96
			0.3851		0.2304	
106	74	1281.04		428.63		2195.63
			0.3902		0.2361	
105	75	1304.46		442.80		2225.30
			0.3955		0.2421	
104	76	1328.19		457.33		2254.97
			0.4009		0.2482	
103	77	1352.24		472.22		2284.64
			0.4065		0.2544	
102	78	1376.63		487.49		2314.31
			0.4123		0.2608	
101	79	1401.37		503.14		2343.98
			0.4182		0.2674	
100	80	1426.47		519.19		2373.65
			0.4244		0.2742	
99	81	1451.94		535.65		2403.32
			0.4308		0.2812	
98	82	1477.79		552.52		2432.99
			0.4374		0.2884	
97	83	1504.03		569.83		2462.66
			0.4442		0.2958	
96	84	1530.69		587.57		2492.34
			0.4512		0.3034	
95	85	1557.76		605.78		2522.01
			0.4584		0.3112	
94	86	1585.27		624.46		2551.68
			0.4661		0.3193	
93	87	1613.24		643.62		2581.35
			0.4738		0.3276	
92	88	1641.67		663.28		2611.02
			0.4818		0.3362	
91	89	1670.58		683.45		2640.69
			0.4902		0.3451	
90	90	1700.00		704.16		2670.36

6

Angle des deux aligne-ments.	Angle au centre cor-respon-dant.	Longueur des *tangentes*		Longueur de la *bissectrice*		Développement de l'*arc* — Valeur d'une minute (0.523598).
		correspondant à l'angle au centre.	pour chaque minute en sus.	correspondant à l'angle au centre.	pour chaque minute en sus.	
179°	1°	15m71		0m07		31m42
178	2	31.42	0m2618	0.27	0w0034	62.83
177	3	47.13	0.2619	0.62	0.0057	94.25
176	4	62.86	0.2620	1.10	0.0080	125.66
175	5	78.59	0.2622	1.71	0.0102	157.08
174	6	94.33	0.2623	2.47	0.0125	188.50
173	7	110.09	0.2626	3.36	0.0148	219.91
172	8	125.87	0.2629	4.40	0.0172	251.33
171	9	141.66	0.2632	5.57	0.0194	282.74
170	10	157.48	0.2636	6.88	0.0218	314.16
169	11	173.32	0.2640	8.33	0.0241	345.58
168	12	189.19	0.2644	9.92	0.0264	376.99
167	13	205.08	0.2649	11.65	0.0288	408.41
166	14	221.01	0.2654	13.52	0.0311	439.82
165	15	236.97	0.2660	15.53	0.0335	471.24
164	16	252.97	0.2666	17.69	0.0359	502.66
163	17	269.01	0.2673	19.99	0.0383	534.07
162	18	285.09	0.2679	22.44	0.0407	565.49
161	19	301.22	0.2687	25.03	0.0432	596.90
160	20	317.39	0.2695	27.77	0.0456	628.32
159	21	333.61	0·2703	30.65	0.0481	659.74
158	22	349.88	0.2712	33.69	0.0505	691.15
157	23	366.21	0.2721	36.88	0.0531	722.57
156	24	382.60	0.2731	40.21	0.0555	753.98
155	25	399.05	0.2741	43.70	0.0581	785.40
154	26	415.56	0.2751	47.35	0.0607	816.82
153	27	432.14	0.2763	51.15	0.0633	848.23
152	28	448.79	0.2774	55.11	0.0659	879.65
151	29	465.51	0.2786	59.22	0.0685	911.06
150	30	482.31	0.2799	63.50	0.0712	942.48

Angle des deux alignements.	Angle au centre correspondant.	Longueur des *tangentes*		Longueur de la *bissectrice*		Développement de l'*arc.*
		correspondant à l'angle au centre.	pour chaque minute en sus.	correspondant à l'angle au centre.	pour chaque minute en sus.	Valeur d'une minute (0.523598).
150°	30°	482m31		63m50		942m48
			0m2812		0m0739	
149	31	499.18		67.94		973.90
			0.2826		0.0767	
148	32	516.14		72.54		1005.31
			0.2840		0.0794	
147	33	533.18		77.31		1036.73
			0.2855		0.0823	
146	34	550.32		82.25		1068.14
			0.2870		0.0851	
145	35	567.54		87.35		1099.56
			0.2886		0.0879	
144	36	584.86		92.63		1130.98
			0.2902		0.0909	
143	37	602.27		98.09		1162.39
			0.2919		0.0938	
142	38	619.79		103.72		1193.81
			0.2937		0.0968	
141	39	637.41		109.53		1225.22
			0.2955		0.0999	
140	40	655.15		115.52		1256.64
			0.2974		0.1029	
139	41	672.99		121.70		1288.06
			0.2993		0.1060	
138	42	690.95		128.06		1319.47
			0.3014		0.1092	
137	43	709.04		134.62		1350.89
			0.3034		0.1124	
136	44	727.25		141.36		1382.30
			0.3056		0.1157	
135	45	745.58		148.31		1413.72
			0.3078		0.1190	
134	46	764.06		155.45		1445.14
			0.3101		0.1224	
133	47	782.66		162.79		1476.55
			0.3124		0.1258	
132	48	801.41		170.34		1507.97
			0.3149		0.1293	
131	49	820.31		178.11		1539.38
			0.3174		0.1328	
130	50	839.35		186.08		1570.80
			0.3199		0.1365	
129	51	858.55		194.27		1602.22
			0.3227		0.1401	
128	52	877.92		202.68		1633.63
			0.3254		0.1439	
127	53	897.45		211.32		1665.05
			0.3283		0.1477	
126	54	917.15		220.19		1696.46
			0.3312		0.1516	
125	55	937.02		229.29		1727.88
			0.3342		0.1556	
124	56	957.08		238.63		1759.30
			0.3374		0.1596	
123	57	977.32		248.21		1790.71
			0.3405		0.1638	
122	58	997.76		258.04		1822.13
			0.3439		0.1680	
121	59	1018.39		268.12		1853.54
			0.3473		0.1723	
120	60	1039.23		278.46		1884.96

Angle des deux alignements.	Angle au centre correspondant.	Longueur des *tangentes* correspondant à l'angle au centre.	pour chaque minute en sus.	Longueur de la *bissectrice* correspondant à l'angle au centre.	pour chaque minute en sus.	Développement de l'*arc.* Valeur d'une minute (0.523598).
120°	60°	1039m23		278m46		1884m96
			0m3508		0m1767	
119	61	1060.28		289.07		1916.38
			0.3544		0.1812	
118	62	1081.55		299.94		1947.79
			0.3582		0.1858	
117	63	1103.04		311.09		1979.21
			0.3620		0.1905	
116	64	1124.76		322.52		2010.62
			0.3660		0.1953	
115	65	1146.73		334.24		2042.04
			0.3700		0.2002	
114	66	1168.93		346.25		2073.46
			0.3743		0.2052	
113	67	1191.39		358.57		2104.87
			0.3786		0.2103	
112	68	1214.11		371.19		2136.29
			0.3831		0.2156	
111	69	1237.11		384.13		2167.70
			0.3877		0.2210	
110	70	1260.37		397.40		2199.12
			0.3925		0.2265	
109	71	1283.93		410.99		2230.54
			0.3974		0.2322	
108	72	1307.78		424.92		2261.95
			0.4025		0.2380	
107	73	1331.93		439.20		2293.37
			0.4077		0.2440	
106	74	1356.40		453.84		2324.78
			0.4131		0.2500	
105	75	1381.19		468.85		2356.20
			0.4187		0.2563	
104	76	1406.31		484.23		2387.62
			0.4244		0.2628	
103	77	1431.78		500.00		2419.03
			0.4304		0.2694	
102	78	1457.61		516.17		2450.45
			0.4365		0.2762	
101	79	1483.80		532.74		2481.86
			0.4428		0.2831	
100	80	1510.38		549.73		2513.28
			0.4494		0.2903	
99	81	1537.35		567.16		2544.70
			0.4561		0.2977	
98	82	1564.72		585.02		2576.11
			0.4631		0.3053	
97	83	1592.51		603.35		2607.53
			0.4703		0.3132	
96	84	1620.73		622.14		2638.94
			0.4778		0.3212	
95	85	1649.40		641.41		2670.36
			0.4854		0.3295	
94	86	1678.52		661.19		2701.78
			0.4935		0.3381	
93	87	1708.14		681.48		2733.19
			0.5017		0.3469	
92	88	1738.24		702.29		2764.61
			0.5102		0.3560	
91	89	1768.85		723.66		2796.02
			0.5190		0.3654	
90	90	1800.00		745.59		2827.44

Angle des deux alignements.	Angle au centre correspondant.	Longueur des *tangentes* correspondant à l'angle au centre.	Longueur des *tangentes* pour chaque minute en sus.	Longueur de la *bissectrice* correspondant à l'angle au centre.	Longueur de la *bissectrice* pour chaque minute en sus.	Développement de l'*arc.* Valeur d'une minute (0.523598).
150°	30°	482m31		63m50		942m48
149	31	499.18	0m2812	67.94	0m0739	973.90
148	32	516.14	0.2826	72.54	0.0767	1005.31
147	33	533.18	0.2840	77.31	0.0794	1036.73
146	34	550.32	0.2855	82.25	0.0823	1068.14
145	35	567.54	0.2870	87.35	0.0851	1099.56
144	36	584.86	0.2886	92.63	0.0879	1130.98
143	37	602.27	0.2902	98.09	0.0909	1162.39
142	38	619.79	0.2919	103.72	0.0938	1193.81
141	39	637.41	0.2937	109.53	0.0968	1225.22
140	40	655.15	0.2955	115.52	0.0999	1256.64
139	41	672.99	0.2974	121.70	0.1029	1288.06
138	42	690.95	0.2993	128.06	0.1060	1319.47
137	43	709.04	0.3014	134.62	0.1092	1350.89
136	44	727.25	0.3034	141.36	0.1124	1382.30
135	45	745.58	0.3056	148.31	0.1157	1413.72
134	46	764.06	0.3078	155.45	0.1190	1445.14
133	47	782.66	0.3101	162.79	0.1224	1476.55
132	48	801.41	0.3124	170.34	0.1258	1507.97
131	49	820.31	0.3149	178.11	0.1293	1539.38
130	50	839.35	0.3174	186.08	0.1328	1570.80
129	51	858.55	0.3199	194.27	0.1365	1602.22
128	52	877.92	0.3227	202.68	0.1401	1633.63
127	53	897.45	0.3254	211.32	0.1439	1665.05
126	54	917.15	0.3283	220.19	0.1477	1696.46
125	55	937.02	0.3312	229.29	0.1516	1727.88
124	56	957.08	0.3342	238.63	0.1556	1759.30
123	57	977.32	0.3374	248.21	0.1596	1790.71
122	58	997.76	0.3405	258.04	0.1638	1822.13
121	59	1018.39	0.3439	268.12	0.1680	1853.54
120	60	1039.23	0.3473	278.46	0.1723	1884.96

Angle des deux alignements.	Angle au centre correspondant.	Longueur des *tangentes*		Longueur de la *bissectrice*		Développement de l'arc.
		correspondant à l'angle au centre.	pour chaque minute en sus.	correspondant à l'angle au centre.	pour chaque minute en sus.	Valeur d'une minute (0.523598).
120°	60°	1039m23	0m3508	278m46	0m1767	1884m96
119	61	1060.28	0.3544	289.07	0.1812	1916.38
118	62	1081.55	0.3582	299.94	0.1858	1947.79
117	63	1103.04	0.3620	311.09	0.1905	1979.21
116	64	1124.76	0.3660	322.52	0.1953	2010.62
115	65	1146.73	0.3700	334.24	0.2002	2042.04
114	66	1168.93	0.3743	346.25	0.2052	2073.46
113	67	1191.39	0.3786	358.57	0.2103	2104.87
112	68	1214.11	0.3831	371.19	0.2156	2136.29
111	69	1237.11	0.3877	384.13	0.2210	2167.70
110	70	1260.37	0.3925	397.40	0.2265	2199.12
109	71	1283.93	0.3974	410.99	0.2322	2230.54
108	72	1307.78	0.4025	424.92	0.2380	2261.95
107	73	1331.93	0.4077	439.20	0.2440	2293.37
106	74	1356.40	0.4131	453.84	0.2500	2324.78
105	75	1381.19	0.4187	468.85	0.2563	2356.20
104	76	1406.31	0.4244	484.23	0.2628	2387.62
103	77	1431.78	0.4304	500.00	0.2694	2419.03
102	78	1457.61	0.4365	516.17	0.2762	2450.45
101	79	1483.80	0.4428	532.74	0.2831	2481.86
100	80	1510.38	0.4494	549.73	0.2903	2513.28
99	81	1537.35	0.4561	567.16	0.2977	2544.70
98	82	1564.72	0.4631	585.02	0.3053	2576.11
97	83	1592.51	0.4703	603.35	0.3132	2607.53
96	84	1620.73	0.4778	622.14	0.3212	2638.94
95	85	1649.40	0.4854	641.41	0.3293	2670.36
94	86	1678.52	0.4935	661.19	0.3381	2701.78
93	87	1708.14	0.5017	681.48	0.3469	2733.19
92	88	1738.24	0.5102	702.29	0.3560	2764.61
91	89	1768.85	0.5190	723.66	0.3654	2796.02
90	90	1800.00		745.59		2827.44

Angle des deux alignements.	Angle au centre correspondant.	Longueur des *tangentes*		Longueur de la *bissectrice*		Développement de l'*arc*.
		correspondant à l'angle au centre.	pour chaque minute en sus.	correspondant à l'angle au centre.	pour chaque minute en sus.	Valeur d'une minute (0.552687).
179°	1°	16ᵐ58	0ᵐ2763	0ᵐ07	0ᵐ0036	33ᵐ16
178	2	33.16	0.2764	0.29	0.0060	66.32
177	3	49.75	0.2766	0.65	0.0084	99.48
176	4	66.35	0.2768	1.16	0.0108	132.65
175	5	82.96	0.2769	1.81	0.0132	165.81
174	6	99.57	0.2772	2.61	0.0157	198.97
173	7	116.21	0.2775	3.55	0.0181	232.13
172	8	132.86	0.2778	4.64	0.0205	265.29
171	9	149.53	0.2782	5.87	0.0230	298.45
170	10	166.23	0.2786	7.26	0.0254	331.61
169	11	182.95	0.2791	8.79	0.0279	364.77
168	12	199.70	0.2796	10.47	0.0304	397.94
167	13	216.48	0.2802	12.29	0.0329	431.10
166	14	233.29	0.2808	14.27	0.0354	464.26
165	15	250.14	0.2814	16.40	0.0379	497.42
164	16	267.03	0.2821	18.67	0.0404	530.58
163	17	283.96	0.2828	21.10	0.0430	563.74
162	18	300.93	0.2837	23.68	0.0456	596.90
161	19	317.95	0.2844	26.42	0.0481	630.07
160	20	335.02	0.2853	29.31	0.0507	663.23
159	21	352.14	0.2863	32.36	0.0533	696.39
158	22	369.32	0.2872	35.56	0.0560	729.55
157	23	386.56	0.2883	38.93	0.0586	762.71
156	24	403.86	0.2893	42.45	0.0614	795.87
155	25	421.22	0.2904	46.13	0.0640	829.03
154	26	438.65	0.2916	49.98	0.0668	862.19
153	27	456.15	0.2928	53.99	0.0696	895.36
152	28	473.72	0.2941	58.17	0.0723	928.52
151	29	491.37	0.2954	62.51	0.0752	961.68
150	30	509.10		67.02		994.84

Angle des deux alignements.	Angle au centre correspondant.	Longueur des *tangentes*		Longueur de la *bissectrice*		Développement de l'*arc.*
		correspondant à l'angle au centre.	pour chaque minute en sus.	correspondant à l'angle au centre.	pour chaque minute en sus.	Valeur d'une minute (0.552687).
150°	30°	509m10		67m02		994m84
149	31	526.92	0m2968	71.71	0m0780	1028.00
148	32	544.82	0.2983	76.57	0.0809	1061.16
147	33	562.80	0.2998	81.60	0.0838	1094.32
146	34	580.89	0.3013	86.81	0.0868	1127.49
145	35	599.07	0.3029	92.21	0.0898	1160.65
144	36	617.35	0.3046	97.78	0.0928	1193.81
143	37	635.73	0.3063	103.53	0.0959	1226.97
142	38	654.22	0.3081	109.48	0.0990	1260.13
141	39	672.83	0.3100	115.61	0.1022	1293.29
140	40	691.54	0.3119	121.94	0.1054	1326.45
139	41	710.38	0.3139	128.46	0.1086	1359.61
138	42	729.34	0.3159	135.18	0.1119	1392.78
137	43	748.43	0.3181	142.09	0.1152	1425.94
136	44	767.65	0.3203	149.21	0.1186	1459.10
135	45	787.00	0.3225	156.54	0.1221	1492.26
134	46	806.50	0.3249	164.08	0.1256	1525.42
133	47	826.14	0.3273	171.84	0.1292	1558.58
132	48	845.94	0.3298	179.81	0.1328	1591.74
131	49	865.88	0.3324	188.00	0.1365	1624.91
130	50	885.99	0.3350	196.42	0.1402	1658.07
129	51	906.25	0.3377	205.07	0.1441	1691.23
128	52	926.69	0.3406	213.94	0.1479	1724.39
127	53	947.31	0.3435	223.06	0.1519	1757.55
126	54	968.10	0.3465	232.42	0.1559	1790.71
125	55	989.08	0.3496	242.03	0.1601	1823.87
124	56	1010.25	0.3528	251.88	0.1642	1857.03
123	57	1031.62	0.3561	261.99	0.1685	1890.20
122	58	1053.19	0.3594	272.37	0.1729	1923.36
121	59	1074.97	0.3630	283.01	0.1773	1956.52
120	60	1096.97	0.3666	293.93	0.1819	1989.68

Angle des deux alignements.	Angle au centre correspondant.	Longueur des *tangentes*		Longueur de la *bissectrice*		Développement de l'*arc*.
		correspondant à l'angle au centre.	pour chaque minute en sus.	correspondant à l'angle au centre.	pour chaque minute en sus.	Valeur d'une minute (0.552687).
179°	1°	16ᵐ58	0ᵐ2763	0ᵐ07	0ᵐ0036	33ᵐ16
178	2	33.16	0.2764	0.29	0.0060	66.32
177	3	49.75	0.2766	0.65	0.0084	99.48
176	4	66.35	0.2768	1.16	0.0108	132.65
175	5	82.96	0.2769	1.81	0.0132	165.81
174	6	99.57	0.2772	2.61	0.0157	198.97
173	7	116.21	0.2775	3.55	0.0181	232.13
172	8	132.86	0.2778	4.64	0.0205	265.29
171	9	149.53	0.2782	5.87	0.0230	298.45
170	10	166.23	0.2786	7.26	0.0254	331.61
169	11	182.95	0.2791	8.79	0.0279	364.77
168	12	199.70	0.2796	10.47	0.0304	397.94
167	13	216.48	0.2802	12.29	0.0329	431.10
166	14	233.29	0.2808	14.27	0.0354	464.26
165	15	250.14	0.2814	16.40	0.0379	497.42
164	16	267.03	0.2821	18.67	0.0404	530.58
163	17	283.96	0.2828	21.10	0.0430	563.74
162	18	300.93	0.2837	23.68	0.0456	596.90
161	19	317.95	0.2844	26.42	0.0481	630.07
160	20	335.02	0.2853	29.31	0.0507	663.23
159	21	352.14	0.2863	32.36	0.0533	696.39
158	22	369.32	0.2872	35.56	0.0560	729.55
157	23	386.56	0.2883	38.93	0.0586	762.71
156	24	403.86	0.2893	42.45	0.0614	795.87
155	25	421.22	0.2904	46.13	0.0640	829.03
154	26	438.65	0.2916	49.98	0.0668	862.19
153	27	456.15	0.2928	53.99	0.0696	895.36
152	28	473.72	0.2941	58.17	0.0723	928.52
151	29	491.37	0.2954	62.51	0.0752	961.68
150	30	509.10		67.02		994.84

Angle des deux alignements.	Angle au centre correspondant.	Longueur des *tangentes*		Longueur de la *bissectrice*		Développement de l'*arc*.
		correspondant à l'angle au centre.	pour chaque minute en sus.	correspondant à l'angle au centre.	pour chaque minute en sus.	Valeur d'une minute (0.552687).
150°	30°	509ᵐ10	0ᵐ2968	67ᵐ02	0ᵐ0780	994ᵐ84
149	31	526.92	0.2983	71.71	0.0809	1028.00
148	32	544.82	0.2998	76.57	0.0838	1061.16
147	33	562.80	0.3013	81.60	0.0868	1094.32
146	34	580.89	0.3029	86.81	0.0898	1127.49
145	35	599.07	0.3046	92.21	0.0928	1160.65
144	36	617.35	0.3063	97.78	0.0959	1193.81
143	37	635.73	0.3081	103.53	0.0990	1226.97
142	38	654.22	0.3100	109.48	0.1022	1260.13
141	39	672.83	0.3119	115.61	0.1054	1293.29
140	40	691.54	0.3139	121.94	0.1086	1326.45
139	41	710.38	0.3159	128.46	0.1119	1359.61
138	42	729.34	0.3181	135.18	0.1152	1392.78
137	43	748.43	0.3203	142.09	0.1186	1425.94
136	44	767.65	0.3225	149.21	0.1221	1459.10
135	45	787.00	0.3249	156.54	0.1256	1492.26
134	46	806.50	0.3273	164.08	0.1292	1525.42
133	47	826.14	0.3298	171.84	0.1328	1558.58
132	48	845.94	0.3324	179.81	0.1365	1591.74
131	49	865.88	0.3350	188.00	0.1402	1624.91
130	50	885.99	0.3377	196.42	0.1441	1658.07
129	51	906.25	0.3406	205.07	0.1479	1691.23
128	52	926.69	0.3435	213.94	0.1519	1724.39
127	53	947.31	0.3465	223.06	0.1559	1757.55
126	54	968.10	0.3496	232.42	0.1601	1790.71
125	55	989.08	0.3528	242.03	0.1642	1823.87
124	56	1010.25	0.3561	251.88	0.1685	1857.03
123	57	1031.62	0.3594	261.99	0.1729	1890.20
122	58	1053.19	0.3630	272.37	0.1773	1923.36
121	59	1074.97	0.3666	283.01	0.1819	1956.52
120	60	1096.97		293.93		1989.68

Angle des deux aligne-ments.	Angle au centre cor-respon-dant.	Longueur des *tangentes*		Longueur de la *bissectrice*		Développe-ment de l'*arc.*
		correspondant à l'angle au centre.	pour chaque minute en sus.	correspondant à l'angle au centre.	pour chaque minute en sus.	Valeur d'une minute (0.552687).
120°	60°	1096m97	0m3703	293m93	0m1865	1989m68
119	61	1119.19	0.3741	305.12	0.1912	2022.84
118	62	1141.64	0.3781	316.60	0.1961	2056.00
117	63	1164.32	0.3821	328.37	0.2011	2089.16
116	64	1187.25	0.3863	340.44	0.2061	2122.33
115	65	1210.43	0.3906	352.81	0.2113	2155.49
114	66	1233.87	0.3951	365.49	0.2166	2188.65
113	67	1257.58	0.3997	378.49	0.2220	2221.81
112	68	1281.57	0.4044	391.81	0.2276	2254.97
111	69	1305.83	0.4093	405.47	0.2333	2288.13
110	70	1330.39	0.4143	419.47	0.2391	2321.29
109	71	1355.26	0.4195	433.82	0.2451	2354.45
108	72	1380.43	0.4249	448.53	0.2512	2387.62
107	73	1405.93	0.4304	463.60	0.2575	2420.78
106	74	1431.75	0.4361	479.06	0.2639	2453.94
105	75	1457.92	0.4420	494.90	0.2706	2487.10
104	76	1484.44	0.4480	511.13	0.2774	2520.26
103	77	1511.33	0.4543	527.78	0.2844	2553.42
102	78	1538.59	0.4608	544.84	0.2915	2586.58
101	79	1566.24	0.4674	562.34	0.2989	2619.75
100	80	1594.29	0.4744	580.27	0.3065	2652.91
99	81	1622.75	0.4815	598.67	0.3143	2686.07
98	82	1651.65	0.4888	617.52	0.3223	2719.23
97	83	1680.98	0.4964	636.86	0.3306	2752.39
96	84	1710.77	0.5043	656.70	0.3391	2785.55
95	85	1741.03	0.5124	677.05	0.3478	2818.71
94	86	1771.77	0.5209	697.92	0.3569	2851.87
93	87	1803.03	0.5296	719.34	0.3662	2885.04
92	88	1834.81	0.5385	741.31	0.3758	2918.20
91	89	1867.12	0.5479	763.86	0.3857	2951.36
90	90	1900.00		787.01		2984.52

Angle des deux alignements.	Angle au centre correspondant.	Longueur des *tangentes*		Longueur de la *bissectrice*		Développement de l'*arc*. — Valeur d'une minute (0.581778).
		correspondant à l'angle au centre.	pour chaque minute en sus.	correspondant à l'angle au centre.	pour chaque minute en sus.	
179°	1°	17m45		0m08		34m91
178	2	34.91	0m2909	0.30	0m0038	69.81
177	3	52.37	0.2910	0.69	0.0063	103.72
176	4	69.84	0.2911	1.22	0.0088	139.63
175	5	87.32	0.2913	1.90	0.0114	174.53
174	6	104.82	0.2915	2.74	0.0139	209.44
173	7	122.33	0.2918	3.74	0.0165	244.35
172	8	139.85	0.2921	4.88	0.0191	279.25
171	9	157.40	0.2924	6.18	0.0216	314.16
170	10	174.98	0.2929	7.64	0.0242	349.07
169	11	192.58	0.2933	9.25	0.0268	383.97
168	12	210.21	0.2938	11.02	0.0294	418.88
167	13	227.87	0.2943	12.94	0.0320	453.79
166	14	245.57	0.2949	15.02	0.0346	488.69
165	15	263.30	0.2955	17.26	0.0373	523.60
164	16	281.08	0.2962	19.66	0.0399	558.51
163	17	298.90	0.2970	22.21	0.0426	593.41
162	18	316.77	0.2977	24.93	0.0453	628.32
161	19	334.69	0.2986	27.81	0.0480	663.23
160	20	352.65	0.2994	30.85	0.0507	698.13
159	21	370.68	0.3004	34.06	0.0534	733.04
158	22	388.76	0.3013	37.43	0.0562	767.95
157	23	406.90	0.3024	40.97	0.0590	802.85
156	24	425.11	0.3035	44.68	0.0617	837.76
155	25	443.39	0.3046	48.56	0.0646	872.67
154	26	461.74	0.3057	52.61	0.0674	907.57
153	27	480.16	0.3070	56.83	0.0703	942.48
152	28	498.66	0.3083	61.23	0.0733	977.39
151	29	517.24	0.3096	65.80	0.0762	1012.29
150	30	535.90	0.3110	70.55	0.0792	1047.20

Angle des deux aligne-ments.	Angle au centre cor-respon-dant.	Longueur des *tangentes*		Longueur de la *bissectrice*		Développe-ment de l'*arc.*
		correspondant à l'angle au centre.	pour chaque minute en sus.	correspondant à l'angle au centre.	pour chaque minute en sus.	Valeur d'une minute (0.552687).
120°	60°	1096m97	0m3703	293m93	0m1865	1989m68
119	61	1119.19	0.3741	305.12	0.1912	2022.84
118	62	1141.64	0.3781	316.60	0.1961	2056.00
117	63	1164.32	0.3821	328.37	0.2011	2089.16
116	64	1187.25	0.3863	340.44	0.2061	2122.33
115	65	1210.43	0.3906	352.81	0.2113	2155.49
114	66	1233.87	0.3951	365.49	0.2166	2188.65
113	67	1257.58	0.3997	378.49	0.2220	2221.81
112	68	1281.57	0.4044	391.81	0.2276	2254.97
111	69	1305.83	0.4093	405.47	0.2333	2288.13
110	70	1330.39	0.4143	419.47	0.2391	2321.29
109	71	1355.26	0.4195	433.82	0.2451	2354.45
108	72	1380.43	0.4249	448.53	0.2512	2387.62
107	73	1405.93	0.4304	463.60	0.2575	2420.78
106	74	1431.75	0.4361	479.06	0.2639	2453.94
105	75	1457.92	0.4420	494.90	0.2706	2487.10
104	76	1484.44	0.4480	511.13	0.2774	2520.26
103	77	1511.33	0.4543	527.78	0.2844	2553.42
102	78	1538.59	0.4608	544.84	0.2915	2586.58
101	79	1566.24	0.4674	562.34	0.2989	2619.75
100	80	1594.29	0.4744	580.27	0.3065	2652.91
99	81	1622.75	0.4815	598.67	0.3143	2686.07
98	82	1651.65	0.4888	617.52	0.3223	2719.23
97	83	1680.98	0.4964	636.86	0.3306	2752.39
96	84	1710.77	0.5043	656.70	0.3391	2785.55
95	85	1741.03	0.5124	677.05	0.3478	2818.71
94	86	1771.77	0.5209	697.92	0.3569	2851.87
93	87	1803.03	0.5296	719.34	0.3662	2885.04
92	88	1834.81	0.5385	741.31	0.3758	2918.20
91	89	1867.12	0.5479	763.86	0.3857	2951.36
90	90	1900.00		787.01		2984.52

Angle des deux alignements.	Angle au centre correspondant.	Longueur des *tangentes*		Longueur de la *bissectrice*		Développement de l'*arc.* — Valeur d'une minute (0.581776).
		correspondant à l'angle au centre.	pour chaque minute en sus.	correspondant à l'angle au centre.	pour chaque minute en sus.	
179°	1°	17m45	0m2909	0m08	0m0038	34m91
178	2	34.91	0.2910	0.30	0.0063	69.81
177	3	52.37	0.2911	0.69	0.0088	103.72
176	4	69.84	0.2913	1.22	0.0114	139.63
175	5	87.32	0.2915	1.90	0.0139	174.53
174	6	104.82	0.2918	2.74	0.0165	209.44
173	7	122.33	0.2921	3.74	0.0191	244.35
172	8	139.85	0.2924	4.88	0.0216	279.25
171	9	157.40	0.2929	6.18	0.0242	314.16
170	10	174.98	0.2933	7.64	0.0268	349.07
169	11	192.58	0.2938	9.25	0.0294	383.97
168	12	210.21	0.2943	11.02	0.0320	418.88
167	13	227.87	0.2949	12.94	0.0346	453.79
166	14	245.57	0.2955	15.02	0.0373	488.69
165	15	263.30	0.2962	17.26	0.0399	523.60
164	16	281.08	0.2970	19.66	0.0426	558.51
163	17	298.90	0.2977	22.21	0.0453	593.41
162	18	316.77	0.2986	24.93	0.0480	628.32
161	19	334.69	0.2994	27.81	0.0507	663.23
160	20	352.65	0.3004	30.85	0.0534	698.13
159	21	370.68	0.3013	34.06	0.0562	733.04
158	22	388.76	0.3024	37.43	0.0590	767.95
157	23	406.90	0.3035	40.97	0.0617	802.85
156	24	425.11	0.3046	44.68	0.0646	837.76
155	25	443.39	0.3057	48.56	0.0674	872.67
154	26	461.74	0.3070	52.61	0.0703	907.57
153	27	480.16	0.3083	56.83	0.0733	942.48
152	28	498.66	0.3096	61.23	0.0762	977.39
151	29	517.24	0.3110	65.80	0.0792	1012.29
150	30	535.90		70.55		1047.20

Angle des deux alignements.	Angle au centre correspondant.	Longueur des *tangentes*		Longueur de la *bissectrice*		Développement de l'*arc.*
		correspondant à l'angle au centre.	pour chaque minute en sus.	correspondant à l'angle au centre.	pour chaque minute en sus.	Valeur d'une minute (0.581776).
150°	30°	535m90		70m55		1047m20
			0m3125		0m0822	
149	31	554.65		75.48		1082.11
			0.3140		0.0852	
148	32	573.49		80.60		1117.01
			0.3156		0.0883	
147	33	592.43		85.90		1151.92
			0.3172		0.0914	
146	34	611.46		91.38		1186.83
			0.3189		0.0945	
145	35	630.60		97.06		1221.73
			0.3207		0.0977	
144	36	649.84		102.92		1256.64
			0.3225		0.1010	
143	37	669.19		108.98		1291.55
			0.3244		0.1042	
142	38	688.66		115.24		1326.45
			0.3263		0.1075	
141	39	708.24		121.70		1361.36
			0.3283		0.1110	
140	40	727.94		128.36		1396.27
			0.3305		0.1143	
139	41	747.77		135.22		1431.17
			0.3326		0.1178	
138	42	767.73		142.29		1466.08
			0.3349		0.1213	
137	43	787.82		149.57		1500.99
			0.3372		0.1249	
136	44	808 05		157.07		1535.89
			0.3395		0.1286	
135	45	828.43		164.78		1570.80
			0.3420		0.1322	
134	46	848.95		172.72		1605.71
			0.3445		0.1360	
133	47	869.62		180.88		1640.61
			0.3472		0.1398	
132	48	890.46		189.27		1675.52
			0.3499		0.1437	
131	49	911.45		197.90		1710.43
			0.3527		0.1476	
130	50	932.62		206.76		1745.33
			0.3555		0.1517	
129	51	953.95		215.86		1780.24
			0.3586		0.1557	
128	52	975.47		225.20		1815.15
			0.3616		0.1599	
127	53	997.16		234.80		1850.05
			0.3648		0.1642	
126	54	1019.05		244.65		1884.96
			0.3680		0.1685	
125	55	1041.13		254.76		1919.87
			0.3714		0.1729	
124	56	1063.42		265.14		1954.77
			0.3749		0.1774	
123	57	1085.91		275.78		1989.68
			0.3784		0.1820	
122	58	1108.62		286.71		2024.59
			0.3821		0.1867	
121	59	1131.55		297.94		2059.49
			0.3859		0.1915	
120	60	1154.70		309.40		2094.40

RAYON 2000.

Angle des deux alignements.	Angle au centre correspondant.	Longueur des *tangentes*		Longueur de la *bissectrice*		Développement de l'arc — Valeur d'une minute. (0.581776).
		correspondant à l'angle au centre.	pour chaque minute en sus.	correspondant à l'angle au centre.	pour chaque minute en sus.	
120°	60°	1154m70		309m40		2094m40
119	61	1178.09	0m3898	321.18	0m1963	2129.31
118	62	1201.72	0.3938	333.27	0.2013	2164.21
117	63	1225.60	0.3980	345.65	0.2064	2199.12
116	64	1249.74	0.4022	358.36	0.2117	2234.03
115	65	1274.14	0.4067	371.38	0.2170	2268.93
114	66	1298.81	0.4112	384.73	0.2225	2303.84
113	67	1323.77	0.4159	398.41	0.2280	2338.75
112	68	1349.02	0.4207	412.44	0.2337	2373.65
111	69	1374.56	0.4257	426.81	0.2396	2408.56
110	70	1400.41	0.4308	441.55	0.2456	2443.47
109	71	1426.59	0.4362	456.65	0.2517	2478.37
108	72	1453.08	0.4416	472.14	0.2580	2513.28
107	73	1479.92	0.4473	488.00	0.2644	2548.19
106	74	1507.11	0.4531	504.27	0.2711	2583.09
105	75	1534.65	0.4591	520.94	0.2778	2618.00
104	76	1562.57	0.4653	538.04	0.2848	2652.91
103	77	1590.87	0.4716	555.56	0.2920	2687.81
102	78	1619.57	0.4782	573.52	0.2994	2722.72
101	79	1648.67	0.4850	591.93	0.3069	2757.63
100	80	1678.20	0.4921	610.81	0.3146	2792.53
99	81	1708.16	0.4994	630.17	0.3226	2827.44
98	82	1738.57	0.5068	650.03	0.3308	2862.35
97	83	1769.45	0.5146	670.38	0.3393	2897.25
96	84	1800.81	0.5226	691.26	0.3480	2932.16
95	85	1832.66	0.5309	712.68	0.3569	2967.07
94	86	1865.03	0.5394	734.65	0.3662	3001.97
93	87	1897.93	0.5483	757.20	0.3757	3036.88
92	88	1931.38	0.5575	780.33	0.3855	3071.79
91	89	1965.39	0.5669	804.06	0.3956	3106.69
90	90	2000.00	0.5767	828.43	0.4060	3141.60

Angle des deux alignements.	Angle au centre correspondant.	Longueur des *tangentes*		Longueur de la *bissectrice*		Développement de l'arc.
		correspondant à l'angle au centre.	pour chaque minute en sus.	correspondant à l'angle au centre.	pour chaque minute en sus.	Valeur d'une minute (0.581776).
150°	30°	535m90		70m55		1047m20
			0m3125		0m0822	
149	31	554.65		75.48		1082.11
			0.3140		0.0852	
148	32	573.49		80.60		1117.01
			0.3156		0.0883	
147	33	592.43		85.90		1151.92
			0.3172		0.0914	
146	34	611.46		91.38		1186.83
			0.3189		0.0945	
145	35	630.60		97.06		1221.73
			0.3207		0.0977	
144	36	649.84		102.92		1256.64
			0.3225		0.1010	
143	37	669.19		108.98		1291.55
			0.3244		0.1042	
142	38	688.66		115.24		1326.45
			0.3263		0.1075	
141	39	708.24		121.70		1361.36
			0.3283		0.1110	
140	40	727.94		128.36		1396.27
			0.3305		0.1143	
139	41	747.77		135.22		1431.17
			0.3326		0.1178	
138	42	767.73		142.29		1466.08
			0.3349		0.1213	
137	43	787.82		149.57		1500.99
			0.3372		0.1249	
136	44	808.05		157.07		1535.89
			0.3395		0.1286	
135	45	828.43		164.78		1570.80
			0.3420		0.1322	
134	46	848.95		172.72		1605.71
			0.3445		0.1360	
133	47	869.62		180.88		1640.61
			0.3472		0.1398	
132	48	890.46		189.27		1675.52
			0.3499		0.1437	
131	49	911.45		197.90		1710.43
			0.3527		0.1476	
130	50	932.62		206.76		1745.33
			0.3555		0.1517	
129	51	953.95		215.86		1780.24
			0.3586		0.1557	
128	52	975.47		225.20		1815.15
			0.3616		0.1599	
127	53	997.16		234.80		1850.05
			0.3648		0.1642	
126	54	1019.05		244.65		1884.96
			0.3680		0.1685	
125	55	1041.13		254.76		1919.87
			0.3714		0.1729	
124	56	1063.42		265.14		1954.77
			0.3749		0.1774	
123	57	1085.91		275.78		1989.68
			0.3784		0.1820	
122	58	1108.62		286.71		2024.59
			0.3821		0.1867	
121	59	1131.55		297.91		2059.49
			0.3859		0.1915	
120	60	1154.70		309.40		2094.40

Angle des deux alignements.	Angle au centre correspondant.	Longueur des *tangentes* correspondant à l'angle au centre.	pour chaque minute en sus.	Longueur de la *bissectrice* correspondant à l'angle au centre.	pour chaque minute en sus.	Développement de l'arc. Valeur d'une minute (0.581776).
120°	60°	1154m70		309m40		2094m40
			0m3898		0m1963	
119	61	1178.09		321.18		2129.31
			0.3938		0.2013	
118	62	1201.72		333.27		2164.21
			0.3980		0.2064	
117	63	1225.60		345.65		2199.12
			0.4022		0.2117	
116	64	1249.74		358.36		2234.03
			0.4067		0.2170	
115	65	1274.14		371.38		2268.93
			0.4112		0.2225	
114	66	1298.81		384.73		2303.84
			0.4159		0.2280	
113	67	1323.77		398.41		2338.75
			0.4207		0.2337	
112	68	1349.02		412.44		2373.65
			0.4257		0.2396	
111	69	1374.56		426.81		2408.56
			0.4308		0.2456	
110	70	1400.41		441.55		2443.47
			0.4362		0.2517	
109	71	1426.59		456.65		2478.37
			0.4416		0.2580	
108	72	1453.08		472.14		2513.28
			0.4473		0.2644	
107	73	1479.92		488.00		2548.19
			0.4531		0.2711	
106	74	1507.11		504.27		2583.09
			0.4591		0.2778	
105	75	1534.65		520.94		2618.00
			0.4653		0.2848	
104	76	1562.57		538.04		2652.91
			0.4716		0.2920	
103	77	1590.87		555.56		2687.81
			0.4782		0.2994	
102	78	1619.57		573.52		2722.72
			0.4850		0.3069	
101	79	1648.67		591.93		2757.63
			0.4921		0.3146	
100	80	1678.20		610.81		2792.53
			0.4994		0.3226	
99	81	1708.16		630.17		2827.44
			0.5068		0.3308	
98	82	1738.57		650.03		2862.35
			0.5146		0.3393	
97	83	1769.45		670.38		2897.25
			0.5226		0.3480	
96	84	1800.81		691.26		2932.16
			0.5309		0.3569	
95	85	1832.66		712.68		2967.07
			0.5394		0.3662	
94	86	1865.03		734.65		3001.97
			0.5483		0.3757	
93	87	1897.93		757.20		3036.88
			0.5575		0.3855	
92	88	1931.38		780.33		3071.79
			0.5669		0.3956	
91	89	1965.39		804.06		3106.69
			0.5767		0.4060	
90	90	2000.00		828.43		3141.60

Angle des deux alignements.	Angle au centre correspondant.	Longueur des *tangentes*		Longueur de la *bissectrice*		Développement de l'*arc*. Valeur d'une minute (0.610865).
		correspondant à l'angle au centre.	pour chaque minute en sus.	correspondant à l'angle au centre.	pour chaque minute en sus.	
179°	1°	18ᵐ32		0ᵐ08	0ᵐ0039	36ᵐ65
178	2	36.66	0ᵐ3054	0.32	0.0066	73.30
177	3	54.99	0.3055	0.72	0.0093	109.96
176	4	73.33	0.3057	1.28	0.0120	146.61
175	5	91.69	0.3059	2.00	0.0146	183.26
174	6	110.06	0.3061	2.88	0.0173	219.91
173	7	128.44	0.3064	3.92	0.0200	256.56
172	8	146.85	0.3067	5.13	0.0227	293.22
171	9	165.27	0.3071	6.49	0.0254	329.87
170	10	183.73	0.3075	8.02	0.0281	366.52
169	11	202.21	0.3080	9.71	0.0309	403.17
168	12	220.72	0.3085	11.57	0.0336	439.82
167	13	239.26	0.3090	13.59	0.0363	476.48
166	14	257.85	0.3097	15.77	0.0391	513.13
165	15	276.47	0.3103	18.12	0.0419	549.78
164	16	295.14	0.3110	20.64	0.0447	586.43
163	17	313.85	0.3118	23.32	0.0475	623.08
162	18	332.61	0.3126	26.18	0.0504	659.74
161	19	351.42	0.3135	29.20	0.0532	696.39
160	20	370.29	0.3144	32.40	0.0561	733.04
159	21	389.21	0.3154	35.76	0.0590	769.69
158	22	408.20	0.3164	39.30	0.0619	806.34
157	23	427.25	0.3175	43.02	0.0648	843.00
156	24	446.37	0.3186	46.91	0.0678	879.65
155	25	465.56	0.3198	50.99	0.0708	916.30
154	26	484.82	0.3210	55.24	0.0738	952.95
153	27	504.17	0.3223	59.67	0.0769	989.60
152	28	523.59	0.3237	64.29	0.0800	1026.26
151	29	543.10	0.3251	69.09	0.0831	1062.91
150	30	562.69	0.3265	74.08		1099.56

Angle des deux alignements.	Angle au centre correspondant.	Longueur des *tangentes*		Longueur de la *bissectrice*		Developpement de l'*arc.* — Valeur d'une minute (0.610865).
		correspondant à l'angle au centre.	pour chaque minute en sus.	correspondant l'angle au centre.	pour chaque minute en sus.	
150°	30°	562ᵐ69		74ᵐ08		1099ᵐ56
			0ᵐ3281		0ᵐ0863	
149	31	582.38		79.26		1136.21
			0.3297		0.0894	
148	32	602.16		84.63		1172.86
			0.3313		0.0927	
147	33	622.05		90.19		1209.52
			0.3331		0.0960	
146	34	642.04		95.95		1246.17
			0.3348		0.0992	
145	35	662.13		101.91		1282.82
			0.3367		0.1026	
144	36	682.33		108.07		1319.47
			0.3386		0.1060	
143	37	702.65		114.43		1356.12
			0.3406		0.1094	
142	38	723.09		121.00		1392.78
			0.3426		0.1129	
141	39	743.65		127.78		1429.43
			0.3447		0.1165	
140	40	764.34		134.77		1466.08
			0.3470		0.1200	
139	41	785.16		141.98		1502.73
			0.3492		0.1237	
138	42	806.11		149.40		1539.38
			0.3516		0.1274	
137	43	827.21		157.05		1576.04
			0.3540		0.1311	
136	44	848.45		164.92		1612.69
			0.3565		0.1350	
135	45	869.85		173.02		1649.34
			0.3591		0.1388	
134	46	891.40		181.36		1685.99
			0.3617		0.1428	
133	47	913.11		189.93		1722.64
			0.3645		0.1468	
132	48	934.98		198.74		1759.30
			0.3673		0.1509	
131	49	957.02		207.79		1795.95
			0.3703		0.1550	
130	50	979.25		217.09		1832.60
			0.3732		0.1592	
129	51	1001.65		226.65		1869.25
			0.3765		0.1635	
128	52	1024.24		236.46		1905.90
			0.3797		0.1679	
127	53	1047.02		246.54		1942.56
			0.3830		0.1724	
126	54	1070.00		256.88		1979.21
			0.3864		0.1769	
125	55	1093.19		267.50		2015.86
			0.3899		0.1815	
124	56	1116.59		278.40		2052.51
			0.3936		0.1862	
123	57	1140.21		289.57		2089.16
			0.3973		0.1911	
122	58	1164.05		301.04		2125.82
			0.4012		0.1960	
121	59	1188.12		312.81		2162.47
			0.4051		0.2010	
120	60	1212.44		324.87		2199.12

Angle des deux alignements.	Angle au centre correspondant.	Longueur des *tangentes*		Longueur de la *bissectrice*		Développement de l'*arc.*
		correspondant à l'angle au centre.	pour chaque minute en sus.	correspondant à l'angle au centre.	pour chaque minute en sus.	Valeur d'une minute (0.610865).
179°	1°	18m32		0m08	0m0039	36m65
178	2	36.66	0m3054	0.32	0.0066	73.30
177	3	54.99	0.3055	0.72	0.0093	109.96
176	4	73.33	0.3057	1.28	0.0120	146.61
175	5	91.69	0.3059	2.00	0.0146	183.26
174	6	110.06	0.3061	2.88	0.0173	219.91
173	7	128.44	0.3064	3.92	0.0200	256.56
172	8	146.85	0.3067	5.13	0.0227	293.22
171	9	165.27	0.3071	6.49	0.0254	329.87
170	10	183.73	0.3075	8.02	0.0281	366.52
169	11	202.21	0.3080	9.71	0.0309	403.17
168	12	220.72	0.3085	11.57	0.0336	439.82
167	13	239.26	0.3090	13.59	0.0363	476.48
166	14	257.85	0.3097	15.77	0.0391	513.13
165	15	276.47	0.3103	18.12	0.0419	549.78
164	16	295.14	0.3110	20.64	0.0447	586.43
163	17	313.85	0.3118	23.32	0.0475	623.08
162	18	332.61	0.3126	26.18	0.0504	659.74
161	19	351.42	0.3135	29.20	0.0532	696.39
160	20	370.29	0.3144	32.40	0.0561	733.04
159	21	389.21	0.3154	35.76	0.0590	769.69
158	22	408.20	0.3164	39.30	0.0619	806.34
157	23	427.25	0.3175	43.02	0.0648	843.00
156	24	446.37	0.3186	46.91	0.0678	879.65
155	25	465.56	0.3198	50.99	0.0708	916.30
154	26	484.82	0.3210	55.24	0.0738	952.95
153	27	504.17	0.3223	59.67	0.0769	989.60
152	28	523.59	0.3237	64.29	0.0800	1026.26
151	29	543.10	0.3251	69.09	0.0831	1062.91
150	30	562.69	0.3265	74.08		1099.56

Angle des deux alignements.	Angle au centre correspondant.	Longueur des *tangentes*		Longueur de la *bissectrice*		Développement de l'*arc.* Valeur d'une minute (0.610865).
		correspondant à l'angle au centre.	pour chaque minute en sus.	correspondant l'angle au centre.	pour chaque minute en sus.	
150°	30°	562m69	0m3281	74m08	0m0863	1099m56
149	31	582.38	0.3297	79.26	0.0894	1136.21
148	32	602.16	0.3313	84.63	0.0927	1172.86
147	33	622.05	0.3331	90.19	0.0960	1209.52
146	34	642.04	0.3348	95.95	0.0992	1246.17
145	35	662.13	0.3367	101.91	0.1026	1282.82
144	36	682.33	0.3386	108.07	0.1060	1319.47
143	37	702.65	0.3406	114.43	0.1094	1356.12
142	38	723.09	0.3426	121.00	0.1129	1392.78
141	39	743.65	0.3447	127.78	0.1165	1429.43
140	40	764.34	0.3470	134.77	0.1200	1466.08
139	41	785.16	0.3492	141.98	0.1237	1502.73
138	42	806.11	0.3516	149.40	0.1274	1539.38
137	43	827.21	0.3540	157.05	0.1311	1576.04
136	44	848.45	0.3565	164.92	0.1350	1612.69
135	45	869.85	0.3591	173.02	0.1388	1649.34
134	46	891.40	0.3617	181.36	0.1428	1685.99
133	47	913.11	0.3645	189.93	0.1468	1722.64
132	48	934.98	0.3673	198.74	0.1509	1759.30
131	49	957.02	0.3703	207.79	0.1550	1795.95
130	50	979.25	0.3732	217.09	0.1592	1832.60
129	51	1001.65	0.3765	226.65	0.1635	1869.25
128	52	1024.24	0.3797	236.46	0.1679	1905.90
127	53	1047.02	0.3830	246.54	0.1724	1942.56
126	54	1070.00	0.3864	256.88	0.1769	1979.21
125	55	1093.19	0.3899	267.50	0.1815	2015.86
124	56	1116.59	0.3936	278.40	0.1862	2052.51
123	57	1140.21	0.3973	289.57	0.1911	2089.16
122	58	1164.05	0.4012	301.04	0.1960	2125.82
121	59	1188.12	0.4051	312.81	0.2010	2162.47
120	60	1212.44		324.87		2199.12

Angle des deux aligne- ments.	Angle au centre cor- respon- dant.	Longueur des *tangentes*		Longueur de la *bissectrice*		Développe- ment de l'*arc*.
		correspondant à l'angle au centre.	pour chaque minute en sus.	correspondant à l'angle au centre.	pour chaque minute en sus.	Valeur d'une minute (0.610865).
120°	60°	1212^{m}44		324^{m}87		2199^{m}12
119	61	1236.99	0^{m}4093	337.24	0^{m}2062	2235.77
118	62	1261.81	0.4135	349.93	0.2114	2272.42
117	63	1286.88	0.4179	362.94	0.2167	2309.08
116	64	1312.22	0.4223	376.27	0·2222	2345.73
115	65	1337.85	0.4270	389.94	0.2278	2382.38
114	66	1363.75	0.4317	403.96	0.2336	2419.03
113	67	1389.96	0.4367	418.33	0.2394	2455.68
112	68	1416.47	0.4417	433.06	0.2454	2492.34
111	69	1443.29	0.4470	448.15	0.2515	2528.99
110	70	1470.43	0.4524	463.63	0.2579	2565.64
109	71	1497.92	0.4580	479.48	0.2642	2602.29
108	72	1525.74	0.4637	495.74	0.2709	2638.94
107	73	1553.92	0.4696	512.40	0.2776	2675.60
106	74	1582.46	0.4757	529.49	0.2846	2712.25
105	75	1611.39	0.4820	546.99	0.2917	2748.90
104	76	1640.70	0.4885	564.94	0.2991	2785.55
103	77	1670.42	0.4952	583.33	0.3066	2822.20
102	78	1700.55	0.5021	602.20	0.3143	2858.86
101	79	1731.11	0.5093	621.53	0.3222	2895.51
100	80	1762.11	0.5167	641.35	0.3303	2932.16
99	81	1793.57	0.5243	661.68	0.3387	2968.81
98	82	1825.50	0.5322	682.53	0.3474	3005.46
97	83	1857.92	0.5403	703.90	0.3562	3042.12
96	84	1890.85	0.5487	725.83	0.3654	3078.77
95	85	1924.30	0.5574	748.32	0.3748	3115.42
94	86	1958.28	0.5663	771.39	0.3845	3152.07
93	87	1992.82	0.5757	795.06	0.3944	3188.72
92	88	2027.95	0.5853	819.34	0.4047	3225.38
91	89	2063.66	0.5952	844.27	0.4154	3262.03
90	90	2100.00	0.6055	869.85	0.4263	3298.68

RAYON 2200.

Angle des deux alignements.	Angle au centre correspondant.	Longueur des *tangentes*		Longueur de la *bissectrice*		Développement de l'*arc.* — Valeur d'une minute (0.639954).
		correspondant à l'angle au centre.	pour chaque minute en sus.	correspondant à l'angle au centre.	pour chaque minute en sus.	
179°	1°	19m20		0m08		38m40
178	2	38.40	0m3200	0.33	0m0041	76.79
177	3	57.61	0.3201	0.75	0.0069	115.19
176	4	76.83	0.3202	1.34	0.0097	153.59
175	5	96.06	0.3205	2.10	0.0125	191.99
174	6	115.30	0.3206	3.02	0.0153	230.38
173	7	134.56	0.3210	4.11	0.0181	268.78
172	8	153.84	0.3213	5.37	0.0210	307.18
171	9	173.14	0.3217	6.80	0.0238	345.58
170	10	192.48	0.3221	8.40	0.0266	383.97
169	11	211.84	0.3226	10.18	0.0295	422.37
168	12	231.23	0.3232	12.12	0.0323	460.77
167	13	250.66	0.3238	14.23	0.0352	499.17
166	14	270.13	0.3244	16.52	0.0381	537.56
165	15	289.64	0.3251	18.98	0.0410	575.96
164	16	309.19	0.3259	21.62	0.0439	614.36
163	17	328.79	0.3267	24.43	0.0468	652.75
162	18	348.44	0.3275	27.42	0.0498	691.15
161	19	368.15	0.3284	30.59	0.0528	729.55
160	20	387.92	0.3294	33.94	0.0557	767.95
159	21	407.75	0.3304	37.47	0.0588	806.34
158	22	427.64	0.3315	41.18	0.0618	844.74
157	23	447.59	0.3326	45.07	0.0649	883.14
156	24	467.63	0.3338	49.15	0.0679	921.54
155	25	487.73	0.3350	53.42	0.0711	959.93
154	26	507.91	0.3363	57.87	0.0742	998.33
153	27	528.17	0.3377	62.51	0.0774	1036.73
152	28	548.52	0.3391	67.35	0.0806	1075.13
151	29	568.96	0.3406	72.38	0.0838	1113.52
150	30	589.49	0.3421	77.61	0.0871	1151.92

Angle des deux alignements.	Angle au centre correspondant.	Longueur des *tangentes*		Longueur de la *bissectrice*		Développement de l'*arc*. Valeur d'une minute (0.610865).
		correspondant à l'angle au centre.	pour chaque minute en sus.	correspondant à l'angle au centre.	pour chaque minute en sus.	
120°	60°	1212m44		324m87		2199m12
			0m4093		0m2062	
119	61	1236.99		337.24		2235.77
			0.4135		0.2114	
118	62	1261.81		349.93		2272.42
			0.4179		0.2167	
117	63	1286.88		362.94		2309.08
			0.4223		0.2222	
116	64	1312.22		376.27		2345.73
			0.4270		0.2278	
115	65	1337.85		389.94		2382.38
			0.4317		0.2336	
114	66	1363.75		403.96		2419.03
			0.4367		0.2394	
113	67	1389.96		418.33		2455.68
			0.4417		0.2454	
112	68	1416.47		433.06		2492.34
			0.4470		0.2515	
111	69	1443.29		448.15		2528.99
			0.4524		0.2579	
110	70	1470.43		463.63		2565.64
			0.4580		0.2642	
109	71	1497.92		479.48		2602.29
			0.4637		0.2709	
108	72	1525.74		495.74		2638.94
			0.4696		0.2776	
107	73	1553.92		512.40		2675.60
			0.4757		0.2846	
106	74	1582.46		529.49		2712.25
			0.4820		0.2917	
105	75	1611.39		546.99		2748.90
			0.4885		0.2991	
104	76	1640.70		564.94		2785.55
			0.4952		0.3066	
103	77	1670.42		583.33		2822.20
			0.5021		0.3143	
102	78	1700.55		602.20		2858.86
			0.5093		0.3222	
101	79	1731.11		621.53		2895.51
			0.5167		0.3303	
100	80	1762.11		641.35		2932.16
			0.5243		0.3387	
99	81	1793.57		661.68		2968.81
			0.5322		0.3474	
98	82	1825.50		682.53		3005.46
			0.5403		0.3562	
97	83	1857.92		703.90		3042.12
			0.5487		0.3654	
96	84	1890.85		725.83		3078.77
			0.5574		0.3748	
95	85	1924.30		748.32		3115.42
			0.5663		0.3845	
94	86	1958.28		771.39		3152.07
			0.5757		0.3944	
93	87	1992.82		795.06		3188.72
			0.5853		0.4047	
92	88	2027.95		819.34		3225.38
			0.5952		0.4154	
91	89	2063.66		844.27		3262.03
			0.6055		0.4263	
90	90	2100.00		869.85		3298.68

RAYON 2200.

Angle des deux alignements.	Angle au centre correspondant.	Longueur des *tangentes*		Longueur de la *bissectrice*		Développement de l'*arc*.
		correspondant à l'angle au centre.	pour chaque minute en sus.	correspondant à l'angle au centre.	pour chaque minute en sus.	Valeur d'une minute (0.639954).
179°	1°	19m20		0m08		38m40
			0m3200		0m0041	
178	2	38.40		0.33		76.79
			0.3201		0.0069	
177	3	57.61		0.75		115.19
			0.3202		0.0097	
176	4	76.83		1.34		153.59
			0.3205		0.0125	
175	5	96.06		2.10		191.99
			0.3206		0.0153	
174	6	115.30		3.02		230.38
			0.3210		0.0181	
173	7	134.56		4.11		268.78
			0.3213		0.0210	
172	8	153.84		5.37		307.18
			0.3217		0.0238	
171	9	173.14		6.80		345.58
			0.3221		0.0266	
170	10	192.48		8.40		383.97
			0.3226		0.0295	
169	11	211.84		10.18		422.37
			0.3232		0.0323	
168	12	231.23		12.12		460.77
			0.3238		0.0352	
167	13	250.66		14.23		499.17
			0.3244		0.0381	
166	14	270.13		16.52		537.56
			0.3251		0.0410	
165	15	289.64		18.98		575.96
			0.3259		0.0439	
164	16	309.19		21.62		614.36
			0.3267		0.0468	
163	17	328.79		24.43		652.75
			0.3275		0.0498	
162	18	348.44		27.42		691.15
			0.3284		0.0528	
161	19	368.15		30.59		729.55
			0.3294		0.0557	
160	20	387.92		33.94		767.95
			0.3304		0.0588	
159	21	407.75		37.47		806.34
			0.3315		0.0618	
158	22	427.64		41.18		844.74
			0.3326		0.0649	
157	23	447.59		45.07		883.14
			0.3338		0.0679	
156	24	467.63		49.15		921.54
			0.3350		0.0711	
155	25	487.73		53.42		959.93
			0.3363		0.0742	
154	26	507.91		57.87		998.33
			0.3377		0.0774	
153	27	528.17		62.51		1036.73
			0.3391		0.0806	
152	28	548.52		67.35		1075.13
			0.3406		0.0838	
151	29	568.96		72.38		1113.52
			0.3421		0.0871	
150	30	589.49		77.61		1151.92

Angle des deux aligne-ments.	Angle au centre cor-respon-dant.	Longueur des *tangentes*		Longueur de la *bissectrice*		Développe-ment de l'*arc.*
		correspondant à l'angle au centre.	pour chaque minute en sus.	correspondant à l'angle au centre.	pour chaque minute en sus.	Valeur d'une minute (0.639954).
150°	30°	589^{m}49	0^{m}3437	.77^{m}61	0^{m}0904	1151^{m}92
149	31	610.11	0.3454	83.03	0.0937	1190.32
148	32	630.84	0.3471	88.66	0.0971	1228.71
147	33	651.67	0.3489	94.49	0.1006	1267.11
146	34	672.61	0.3508	100.52	0.1040	1305.51
145	35	693.66	0.3527	106.76	0.1075	1343.91
144	36	714.82	0.3547	113.22	0.1111	1382.30
143	37	736.11	0.3568	119.88	0.1147	1420.70
142	38	757.52	0.3589	126.77	0.1183	1459.10
141	39	779.06	0.3611	133.87	0.1221	1497.50
140	40	800.73	0.3635	141.19	0.1258	1535.89
139	41	822.55	0.3658	148.74	0.1296	1574.29
138	42	844.50	0.3683	156.52	0.1335	1612.69
137	43	866.60	0.3709	164.53	0.1374	1651.09
136	44	888.86	0.3735	172.77	0.1414	1689.48
135	45	911.27	0.3762	181.26	0.1454	1727.88
134	46	933.85	0.3790	189.99	0.1496	1766.28
133	47	956.59	0.3819	198.97	0.1538	1804.67
132	48	979.50	0.3848	208.20	0.1581	1843.07
131	49	1002.60	0.3879	217.69	0.1624	1881.47
130	50	1025.88	0.3910	227.43	0.1668	1919.87
129	51	1049.34	0.3944	237.44	0.1713	1958.26
128	52	1073.01	0.3977	247.72	0.1759	1996.66
127	53	1096.88	0.4012	258.28	0.1806	2035.06
126	54	1120.96	0.4048	269.12	0.1853	2073.46
125	55	1145.25	0.4085	280.24	0.1902	2111.85
124	56	1169.76	0.4123	291.65	0.1951	2150.25
123	57	1194.50	0.4162	303.36	0.2002	2188.65
122	58	1219.48	0.4203	315.38	0.2054	2227.05
121	59	1244.70	0.4244	327.70	0.2106	2265.44
120	60	1270.17		340.34		2303.84

RAYON 2200.

Angle des deux alignements.	Angle au centre correspondant.	Longueur des *tangentes*		Longueur de la *bissectrice*		Développement de l'*arc.*
		correspondant à l'angle au centre.	pour chaque minute en sus.	correspondant à l'angle au centre.	pour chaque minute en sus.	Valeur d'une minute (0.639954).
120°	60°	1270m17		340m34		2303m84
119	61	1295.90	0m4288	353.30	0m2160	2342.24
118	62	1321.89	0.4332	366.59	0.2215	2380.63
117	63	1348.16	0.4378	380.22	0.2271	2419.03
116	64	1374.71	0.4424	394.19	0.2328	2457.43
115	65	1401.55	0.4473	408.51	0.2387	2495.83
114	66	1428.70	0.4523	423.20	0.2447	2534.22
113	67	1456.15	0.4575	438.25	0.2508	2572.62
112	68	1483.92	0.4628	453.68	0.2571	2611.02
111	69	1512.02	0.4683	469.49	0.2635	2649.42
110	70	1540.46	0.4739	485.71	0.2702	2687.81
109	71	1569.24	0.4798	502.32	0.2768	2726.21
108	72	1598.39	0.4857	519.35	0.2838	2764.61
107	73	1627.91	0.4920	536.80	0.2909	2803.01
106	74	1657.82	0.4984	554.70	0.2982	2841.40
105	75	1688.12	0.5050	573.04	0.3056	2879.80
104	76	1718.83	0.5118	591.84	0.3133	2918.20
103	77	1749.96	0.5188	611.11	0.3242	2956.60
102	78	1781.52	0.5260	630.87	0.3293	2994.99
101	79	1813.54	0.5335	651.13	0.3375	3033.39
100	80	1846.02	0.5413	671.90	0.3461	3071.79
99	81	1878.98	0.5493	693.19	0.3549	3110.18
98	82	1912.43	0.5575	715.03	0.3639	3148.58
97	83	1946.40	0.5660	737.42	0.3732	3186.98
96	84	1980.89	0.5748	760.39	0.3828	3225.38
95	85	2015.93	0.5839	783.95	0.3926	3263.77
94	86	2051.53	0.5933	808.12	0.4028	3302.17
93	87	2087.72	0.6031	832.92	0.4132	3340.57
92	88	2124.52	0.6132	858.36	0.4240	3378.97
91	89	2161.93	0.6236	884.47	0.4351	3417.36
90	90	2200.00	0.6344	911.27	0.4466	3455.76

Angle des deux alignements.	Angle au centre correspondant.	Longueur des *tangentes*		Longueur de la *bissectrice*		Développement de l'*arc*.
		correspondant à l'angle au centre.	pour chaque minute en sus.	correspondant à l'angle au centre.	pour chaque minute en sus.	Valeur d'une minute (0.639954).
150°	30°	589m49	0m3437	77m61	0m0904	1151m92
149	31	610.11	0.3454	83.03	0.0937	1190.32
148	32	630.84	0.3471	88.66	0.0971	1228.71
147	33	651.67	0.3489	94.49	0.1006	1267.11
146	34	672.61	0.3508	100.52	0.1040	1305.51
145	35	693.66	0.3527	106.76	0.1075	1343.91
144	36	714.82	0.3547	113.22	0.1111	1382.30
143	37	736.11	0.3568	119.88	0.1147	1420.70
142	38	757.52	0.3589	126.77	0.1183	1459.10
141	39	779.06	0.3611	133.87	0.1221	1497.50
140	40	800.73	0.3635	141.19	0.1258	1535.89
139	41	822.55	0.3658	148.74	0.1296	1574.29
138	42	844.50	0.3683	156.52	0.1335	1612.69
137	43	866.60	0.3709	164.53	0.1374	1651.09
136	44	888.86	0.3735	172.77	0.1414	1689.48
135	45	911.27	0.3762	181.26	0.1454	1727.88
134	46	933.85	0.3790	189.99	0.1496	1766.28
133	47	956.59	0.3819	198.97	0.1538	1804.67
132	48	979.50	0.3848	208.20	0.1581	1843.07
131	49	1002.60	0.3879	217.69	0.1624	1881.47
130	50	1025.88	0.3910	227.43	0.1668	1919.87
129	51	1049.34	0.3944	237.44	0.1713	1958.26
128	52	1073.01	0.3977	247.72	0.1759	1996.66
127	53	1096.88	0.4012	258.28	0.1806	2035.06
126	54	1120.96	0.4048	269.12	0.1853	2073.46
125	55	1145.25	0.4085	280.24	0.1902	2111.85
124	56	1169.76	0.4123	291.65	0.1951	2150.25
123	57	1194.50	0.4162	303.36	0.2002	2188.65
122	58	1219.48	0.4203	315.38	0.2054	2227.05
121	59	1244.70	0.4244	327.70	0.2106	2265.44
120	60	1270.17		340.34		2303.84

RAYON 2200.

Angle des deux alignements.	Angle au centre correspondant.	Longueur des *tangentes* correspondant à l'angle au centre.	pour chaque minute en sus.	Longueur de la *bissectrice* correspondant à l'angle au centre.	pour chaque minute en sus.	Développement de l'arc. Valeur d'une minute (0.639954).
120°	60°	1270m17		340m34		2303m84
			0m4288		0m2160	
119	61	1295.90		353.30		2342.24
			0.4332		0.2215	
118	62	1321.89		366.59		2380.63
			0.4378		0.2271	
117	63	1348.16		380.22		2419.03
			0.4424		0.2328	
116	64	1374.71		394.19		2457.43
			0.4473		0.2387	
115	65	1401.55		408.51		2495.83
			0.4523		0.2447	
114	66	1428.70		423.20		2534.22
			0.4575		0.2508	
113	67	1456.15		438.25		2572.62
			0.4628		0.2571	
112	68	1483.92		453.68		2611.02
			0.4683		0.2635	
111	69	1512.02		469.49		2649.42
			0.4739		0.2702	
110	70	1540.46		485.71		2687.81
			0.4798		0.2768	
109	71	1569.24		502.32		2726.21
			0.4857		0.2838	
108	72	1598.39		519.35		2764.61
			0.4920		0.2909	
107	73	1627.91		536.80		2803.01
			0.4984		0.2982	
106	74	1657.82		554.70		2841.40
			0.5050		0.3056	
105	75	1688.12		573.04		2879.80
			0.5118		0.3133	
104	76	1718.83		591.84		2918.20
			0.5188		0.3212	
103	77	1749.96		611.11		2956.60
			0.5260		0.3293	
102	78	1781.52		630.87		2994.99
			0.5335		0.3375	
101	79	1813.54		651.13		3033.39
			0.5413		0.3461	
100	80	1846.02		671.90		3071.79
			0.5493		0.3549	
99	81	1878.98		693.19		3110.18
			0.5575		0.3639	
98	82	1912.43		715.03		3148.58
			0.5660		0.3732	
97	83	1946.40		737.42		3186.98
			0.5748		0.3828	
96	84	1980.89		760.39		3225.38
			0.5839		0.3926	
95	85	2015.93		783.95		3263.77
			0.5933		0.4028	
94	86	2051.53		808.12		3302.17
			0.6031		0.4132	
93	87	2087.72		832.92		3340.57
			0.6132		0.4240	
92	88	2124.52		858.36		3378.97
			0.6236		0.4351	
91	89	2161.93		884.47		3417.36
			0.6344		0.4466	
90	90	2200.00		911.27		3455.76

Angle des deux alignements.	Angle au centre correspondant.	Longueur des tangentes correspondant à l'angle au centre.	pour chaque minute en sus.	Longueur de la bissectrice correspondant à l'angle au centre.	pour chaque minute en sus.	Développement de l'arc. Valeur d'une minute (0.669042).
179°	1°	20m07		0m09		40m14
178	2	40.15	0m3345	0.35	0m0043	80.29
177	3	60.23	0.3346	0.79	0.0072	120.43
176	4	80.32	0.3348	1.40	0.0102	160.57
175	5	100.42	0.3350	2.19	0.0131	200.71
174	6	120.54	0.3352	3.16	0.0160	240.86
173	7	140.67	0.3355	4.30	0.0190	281.00
172	8	160.83	0.3359	5.62	0.0219	321.14
171	9	181.01	0.3363	7.11	0.0249	361.28
170	10	201.22	0.3368	8.79	0.0278	401.43
169	11	221.46	0.3373	10.64	0.0308	441.57
168	12	241.74	0.3379	12.67	0.0338	481.71
167	13	262.05	0.3385	14.88	0.0368	521.85
166	14	282.40	0.3392	17.27	0.0398	562.00
165	15	302.80	0.3399	19.85	0.0428	602.14
164	16	323.24	0.3407	22.60	0.0459	642.28
163	17	343.74	0.3415	25.54	0.0490	682.43
162	18	364.28	0.3424	28.67	0.0520	722.57
161	19	384.89	0.3434	31.98	0.0552	762.71
160	20	405.55	0.3443	35.48	0.0583	802.85
159	21	426.28	0.3454	39.17	0.0614	843.00
158	22	447.07	0.3465	43.05	0.0646	883.14
157	23	467.94	0.3477	47.12	0.0678	923.28
156	24	488.88	0.3490	51.38	0.0710	963.42
155	25	509.90	0.3502	55.84	0.0743	1003.57
154	26	531.00	0.3516	60.50	0.0775	1043.71
153	27	552.18	0.3530	65.35	0.0809	1083.85
152	28	573.45	0.3545	70.41	0.0842	1123.99
151	29	594.82	0.3561	75.67	0.0876	1164.14
150	30	616.28	0.3576	81.13	0.0910	1204.28

RAYON 2300.

Angle des deux aligne-ments.	Angle au centre cor-respon-dant.	Longueur des *tangentes*		Longueur de la *bissectrice*		Développe-ment de l'arc. — Valeur d'une minute (0.669042).
		correspondant à l'angle au centre.	pour chaque minute en sus.	correspondant à l'angle au centre.	pour chaque minute en sus.	
150°	30°	616ᵐ28		81ᵐ13		1204ᵐ28
149	31	637.85	0ᵐ3593	86.81	0ᵐ0945	1244.42
148	32	659.51	0.3611	92.69	0.0980	1284.57
147	33	681.29	0.3629	98.78	0.1015	1324.71
146	34	703.18	0.3648	105.09	0.1051	1364.85
145	35	725.19	0.3667	111.62	0.1087	1404.99
144	36	747.32	0.3688	118.36	0.1124	1445.14
143	37	769.57	0.3708	125.33	0.1161	1485.28
142	38	791.95	0.3730	132.53	0.1199	1525.42
141	39	814.47	0.3753	139.95	0.1237	1565.56
140	40	837.13	0.3776	147.61	0.1276	1605.71
139	41	859.94	0.3800	155.50	0.1315	1645.85
138	42	882.88	0.3824	163.63	0.1355	1685.99
137	43	905.99	0.3851	172.01	0.1395	1726.13
136	44	929.26	0.3877	180.63	0.1436	1766.28
135	45	952.69	0.3904	189.50	0.1478	1806.42
134	46	976.29	0.3933	198.63	0.1521	1846.56
133	47	1000.07	0.3962	208.01	0.1564	1886.71
132	48	1024.03	0.3993	217.66	0.1608	1926.85
131	49	1048.17	0.4023	227.58	0.1652	1966.99
130	50	1072.51	0.4056	237.77	0.1698	2007.13
129	51	1097.04	0.4088	248.24	0.1744	2047.28
128	52	1121.79	0.4124	258.98	0.1791	2087.42
127	53	1146.74	0.4158	270.02	0.1839	2127.56
126	54	1171.91	0.4195	281.35	0.1888	2167.70
125	55	1197.30	0.4232	292.98	0.1938	2207.85
124	56	1222.93	0.4271	304.91	0.1988	2247.99
123	57	1248.80	0.4311	317.15	0.2040	2288.13
122	58	1274.91	0.4351	329.71	0.2093	2328.27
121	59	1301.28	0.4394	342.60	0.2147	2368.42
120	60	1327.91	0.4437	355.81	0.2202	2408.56

Angle des deux alignements.	Angle au centre correspondant.	Longueur des *tangentes* correspondant à l'angle au centre.	pour chaque minute en sus.	Longueur de la *bissectrice* correspondant à l'angle au centre.	pour chaque minute en sus.	Développement de l'*arc.* Valeur d'une minute (0.669042).
179°	1°	20m07		0m09		40m14
			0w3345		0m0043	
178	2	40.15		0.35		80.29
			0.3346		0.0072	
177	3	60.23		0.79		120.43
			0.3348		0.0102	
176	4	80.32		1.40		160.57
			0.3350		0.0131	
175	5	100.42		2.19		200.71
			0.3352		0.0160	
174	6	120.54		3.16		240.86
			0.3355		0.0190	
173	7	140.67		4.30		281.00
			0.3359		0.0219	
172	8	160.83		5.62		321.14
			0.3363		0.0249	
171	9	181.01		7.11		361.28
			0.3368		0.0278	
170	10	201.22		8.79		401.43
			0.3373		0.0308	
169	11	221.46		10.64		441.57
			0.3379		0.0338	
168	12	241.74		12.67		481.71
			0.3385		0.0368	
167	13	262.05		14.88		521.85
			0.3392		0.0398	
166	14	282.40		17.27		562.00
			0.3399		0.0428	
165	15	302.80		19.85		602.14
			0.3407		0.0459	
164	16	323.24		22.60		642.28
			0.3415		0.0490	
163	17	343.74		25.54		682.43
			0.3424		0.0520	
162	18	364.28		28.67		722.57
			0.3434		0.0552	
161	19	384.89		31.98		762.71
			0.3443		0.0583	
160	20	405.55		35.48		802.85
			0.3454		0.0614	
159	21	426.28		39.17		843.00
			0.3465		0.0646	
158	22	447.07		43.05		883.14
			0.3477		0.0678	
157	23	467.94		47.12		923.28
			0.3490		0.0710	
156	24	488.88		51.38		963.42
			0.3502		0.0743	
155	25	509.90		55.84		1003.57
			0.3516		0.0775	
154	26	531.00		60.50		1043.71
			0.3530		0.0809	
153	27	552.18		65.35		1083.85
			0.3545		0.0842	
152	28	573.45		70.41		1123.99
			0.3561		0.0876	
151	29	594.82		75.67		1164.14
			0.3576		0.0910	
150	30	616.28		81.13		1204.28

7

RAYON 2300.

Angle des deux alignements.	Angle au centre correspondant.	Longueur des *tangentes*		Longueur de la *bissectrice*		Développement de l'*arc.*
		correspondant à l'angle au centre.	pour chaque minute en sus.	correspondant à l'angle au centre.	pour chaque minute en sus.	Valeur d'une minute (0.669042).
150°	30°	616ᵐ28		81ᵐ13		1204ᵐ28
149	31	637.85	0ᵐ3593	86.81	0ᵐ0945	1244.42
148	32	659.51	0.3611	92.69	0.0980	1284.57
147	33	681.29	0.3629	98.78	0.1015	1324.71
146	34	703.18	0.3648	105.09	0.1051	1364.85
145	35	725.19	0.3667	111.62	0.1087	1404.99
144	36	747.32	0.3688	118.36	0.1124	1445.14
143	37	769.57	0.3708	125.33	0.1161	1485.28
142	38	791.95	0.3730	132.53	0.1199	1525.42
141	39	814.47	0.3753	139.95	0.1237	1565.56
140	40	837.13	0.3776	147.61	0.1276	1605.71
139	41	859.94	0.3800	155.50	0.1315	1645.85
138	42	882.88	0.3824	163.63	0.1355	1685.99
137	43	905.99	0.3851	172.01	0.1395	1726.13
136	44	929.26	0.3877	180.63	0.1436	1766.28
135	45	952.69	0.3904	189.50	0.1478	1806.42
134	46	976.29	0.3933	198.63	0.1521	1846.56
133	47	1000.07	0.3962	208.01	0.1564	1886.71
132	48	1024.03	0.3993	217.66	0.1608	1926.85
131	49	1048.17	0.4023	227.58	0.1652	1966.99
130	50	1072.51	0.4056	237.77	0.1698	2007.13
129	51	1097.04	0.4088	248.24	0.1744	2047.28
128	52	1121.79	0.4124	258.98	0.1791	2087.42
127	53	1146.74	0.4158	270.02	0.1839	2127.56
126	54	1171.91	0.4195	281.35	0.1888	2167.70
125	55	1197.30	0.4232	292.98	0.1938	2207.85
124	56	1222.93	0.4271	304.91	0.1988	2247.99
123	57	1248.80	0.4311	317.15	0.2040	2288.13
122	58	1274.91	0.4351	329.71	0.2093	2328.27
121	59	1301.28	0.4394	342.60	0.2147	2368.42
120	60	1327.91	0.4437	355.81	0.2202	2408.56

Angle des deux alignements.	Angle au centre correspondant.	Longueur des *tangentes*		Longueur de la *bissectrice*		Développement de l'*arc*.
		correspondant à l'angle au centre.	pour chaque minute en sus.	correspondant à l'angle au centre.	pour chaque minute en sus.	Valeur d'une minute (0.669042).
120°	60°	1327m91		355m81		2408m56
			0m4482		0m2258	
119	61	1354.80		369.36		2448.70
			0.4529		0.2315	
118	62	1381.98		383.26		2488.84
			0.4577		0.2374	
117	63	1409.44		397.50		2528.99
			0.4625		0.2434	
116	64	1437.20		412.11		2569.13
			0.4677		0.2495	
115	65	1465.26		427.08		2609.27
			0.4729		0.2558	
114	66	1493.64		442.43		2649.42
			0.4783		0.2622	
113	67	1522.34		458.17		2689.56
			0.4838		0.2688	
112	68	1551.37		474.30		2729.70
			0.4896		0.2755	
111	69	1580.77		490.83		2769.84
			0.4954		0.2824	
110	70	1610.48		507.78		2809.99
			0.5016		0.2894	
109	71	1640.57		525.15		2850.13
			0.5078		0.2967	
108	72	1671.05		542.96		2890.27
			0.5143		0.3041	
107	73	1701.91		561.20		2930.41
			0.5210		0.3117	
106	74	1733.17		579.91		2970.56
			0.5279		0.3195	
105	75	1764.85		599.09		3010.70
			0.5350		0.3275	
104	76	1796.96		618.74		3050.84
			0.5424		0.3358	
103	77	1829.50		638.89		3090.98
			0.5500		0.3443	
102	78	1862.50		659.55		3131.13
			0.5578		0.3529	
101	79	1895.97		680.72		3171.27
			0.5659		0.3618	
100	80	1929.93		702.44		3211.41
			0.5743		0.3710	
99	81	1964.39		724.70		3251.56
			0.5828		0.3804	
98	82	1999.36		747.53		3291.70
			0.5917		0.3901	
97	83	2034.87		770.94		3331.84
			0.6010		0.4002	
96	84	2070.93		794.95		3371.98
			0.6105		0.4105	
95	85	2107.56		819.58		3412.13
			0.6203		0.4211	
94	86	2144.78		844.85		3452.27
			0.6306		0.4320	
93	87	2182.62		870.78		3492.41
			0.6411		0.4433	
92	88	2221.08		897.37		3532.55
			0.6519		0.4549	
91	89	2260.20		924.67		3572.70
			0.6632		0.4669	
90	90	2300.00		952.69		3612.84

Angle des deux aligne- ments.	Angle au centre cor- respon- dant.	Longueur des *tangentes*		Longueur de la *bissectrice*		Développe- ment de l'*arc*.
		correspondant à l'angle au centre.	pour chaque minute en sus.	correspondant à l'angle au centre.	pour chaque minute en sus.	Valeur d'une minute (0.698131).
179°	1°	20ᵐ94		0ᵐ09		41ᵐ89
178	2	41.89	0ᵐ3491	0.37	0ᵐ0045	83.78
177	3	62.85	0.3492	0.82	0.0076	125.66
176	4	83.81	0.3493	1.46	0.0106	167.55
175	5	104.79	0.3496	2.29	0.0137	209.44
174	6	125.78	0.3498	3.29	0.0167	251.33
173	7	146.79	0.3501	4.48	0.0198	293.22
172	8	167.82	0.3505	5.86	0.0229	335.10
171	9	188.88	0.3509	7.42	0.0259	376.99
170	10	209.97	0.3514	9.17	0.0291	418.88
169	11	231.09	0.3520	11.10	0.0321	460.77
168	12	252.25	0.3526	13.22	0.0353	502.66
167	13	273.45	0.3532	15.53	0.0384	544.54
166	14	294.68	0.3539	18.02	0.0415	586.43
165	15	315.96	0.3547	20.71	0.0447	628.32
164	16	337.30	0.3555	23.59	0.0479	670.21
163	17	358.68	0.3564	26.65	0.0511	712.10
162	18	380.12	0.3573	29.92	0.0543	753.98
161	19	401.62	0.3583	33.37	0.0576	795.87
160	20	423.18	0.3593	37.02	0.0608	837.76
159	21	444.81	0.3604	40.87	0.0641	879.65
158	22	466.51	0.3616	44.92	0.0674	921.54
157	23	488.28	0.3628	49.17	0.0708	963.42
156	24	510.14	0.3642	53.62	0.0741	1005.31
155	25	532.07	0.3655	58.27	0.0775	1047.20
154	26	554.08	0.3669	63.13	0.0809	1089.09
153	27	576.19	0.3684	68.20	0.0844	1130.98
152	28	598.39	0.3699	73.47	0.0879	1172.86
151	29	620.68	0.3715	78.96	0.0914	1214.75
150	30	643.08	0.3732	84.66	0.0950	1256.64

Angle des deux alignements.	Angle au centre correspondant.	Longueur des *tangentes*		Longueur de la *bissectrice*		Développement de l'*arc*.
		correspondant à l'angle au centre.	pour chaque minute en sus.	correspondant à l'angle au centre.	pour chaque minute en sus.	Valeur d'une minute (0.669042).
120°	60°	1327m91		355m81		2408m56
119	61	1354.80	0m4482	369.36	0m2258	2448.70
118	62	1381.98	0.4529	383.26	0.2315	2488.84
117	63	1409.44	0.4577	397.50	0.2374	2528.99
116	64	1437.20	0.4625	412.11	0.2434	2569.13
115	65	1465.26	0.4677	427.08	0.2495	2609.27
114	66	1493.64	0.4729	442.43	0.2558	2649.42
113	67	1522.34	0.4783	458.17	0.2622	2689.56
112	68	1551.37	0.4838	474.30	0.2688	2729.70
111	69	1580.77	0.4896	490.83	0.2755	2769.84
110	70	1610.48	0.4954	507.78	0.2824	2809.99
109	71	1640.57	0.5016	525.15	0.2894	2850.13
108	72	1671.05	0.5078	542.96	0.2967	2890.27
107	73	1701.91	0.5143	561.20	0.3041	2930.41
106	74	1733.17	0.5210	579.91	0.3117	2970.56
105	75	1764.85	0.5279	599.09	0.3195	3010.70
104	76	1796.96	0.5350	618.74	0.3275	3050.84
103	77	1829.50	0.5424	638.89	0.3358	3090.98
102	78	1862.50	0.5500	659.55	0.3443	3131.13
101	79	1895.97	0.5578	680.72	0.3529	3171.27
100	80	1929.93	0.5659	702.44	0.3618	3211.41
99	81	1964.39	0.5743	724.70	0.3710	3251.56
98	82	1999.36	0.5828	747.53	0.3804	3291.70
97	83	2034.87	0.5917	770.94	0.3901	3331.84
96	84	2070.93	0.6010	794.95	0.4002	3371.98
95	85	2107.56	0.6105	819.58	0.4105	3412.13
94	86	2144.78	0.6203	844.85	0.4211	3452.27
93	87	2182.62	0.6306	870.78	0.4320	3492.41
92	88	2221.08	0.6411	897.37	0.4433	3532.55
91	89	2260.20	0.6519	924.67	0.4549	3572.70
90	90	2300.00	0.6632	952.69	0.4669	3612.84

Angle des deux alignements.	Angle au centre correspondant.	Longueur des *tangentes*		Longueur de la *bissectrice*		Développement de l'*arc*.
		correspondant à l'angle au centre.	pour chaque minute en sus.	correspondant à l'angle au centre.	pour chaque minute en sus.	Valeur d'une minute (0.698131).
179°	1°	20m94	0m3491	0m09	0m0045	41m89
178	2	41.89	0.3492	0.37	0.0076	83.78
177	3	62.85	0.3493	0.82	0.0106	125.66
176	4	83.81	0.3496	1.46	0.0137	167.55
175	5	104.79	0.3498	2.29	0.0167	209.44
174	6	125.78	0.3501	3.29	0.0198	251.33
173	7	146.79	0.3505	4.48	0.0229	293.22
172	8	167.82	0.3509	5.86	0.0259	335.10
171	9	188.88	0.3514	7.42	0.0291	376.99
170	10	209.97	0.3520	9.17	0.0321	418.88
169	11	231.09	0.3526	11.10	0.0353	460.77
168	12	252.25	0.3532	13.22	0.0384	502.66
167	13	273.45	0.3539	15.53	0.0415	544.54
166	14	294.68	0.3547	18.02	0.0447	586.43
165	15	315.96	0.3555	20.71	0.0479	628.32
164	16	337.30	0.3564	23.59	0.0511	670.21
163	17	358.68	0.3573	26.65	0.0543	712.10
162	18	380.12	0.3583	29.92	0.0576	753.98
161	19	401.62	0.3593	33.37	0.0608	795.87
160	20	423.18	0.3604	37.02	0.0641	837.76
159	21	444.81	0.3616	40.87	0.0674	879.65
158	22	466.51	0.3628	44.92	0.0708	921.54
157	23	488.28	0.3642	49.17	0.0741	963.42
156	24	510.14	0.3655	53.62	0.0775	1005.31
155	25	532.07	0.3669	58.27	0.0809	1047.20
154	26	554.08	0.3684	63.13	0.0844	1039.09
153	27	576.19	0.3699	68.20	0.0879	1130.98
152	28	598.39	0.3715	73.47	0.0914	1172.86
151	29	620.68	0.3732	78.96	0.0950	1214.75
150	30	643.08		84.66		1256.64

Angle des deux alignements.	Angle au centre correspondant.	Longueur des *tangentes* correspondant à l'angle au centre.	pour chaque minute en sus.	Longueur de la *bissectrice* correspondant à l'angle au centre.	pour chaque minute en sus.	Développement de l'*arc*. Valeur d'une minute (0.698131).
150°	30°	643m08	0m3750	84m66	0m.986	1256m64
149	31	665.58	0.3768	90.58	0.1022	1298.53
148	32	688.19	0.3782	96.72	0.1059	1340.42
147	33	710.91	0.3807	103.08	0.1097	1382.30
146	34	733.75	0.3827	109.66	0.1134	1424.19
145	35	756.72	0.3848	116.47	0.1173	1466.08
144	36	779.81	0.3870	123.51	0.1212	1507.97
143	37	803.03	0.3893	130.78	0.1251	1549.86
142	38	826.39	0.3916	138.29	0.1290	1591.74
141	39	849.89	0.3940	146.04	0.1332	1633.63
140	40	873.53	0.3966	154.03	0.1372	1675.52
139	41	897.32	0.3991	162.26	0.1414	1717.41
138	42	921.27	0.4018	170.75	0.1456	1759.30
137	43	945.38	0.4046	179.49	0.1499	1801.18
136	44	969.66	0.4074	188.48	0.1543	1843.07
135	45	994.11	0.4104	197.74	0.1587	1884.96
134	46	1018.74	0.4134	207.26	0.1632	1926.85
133	47	1043.55	0.4166	217.06	0.1677	1968.74
132	48	1068.55	0.4198	227.13	0.1724	2010.62
131	49	1093.74	0.4232	237.48	0.1771	2052.51
130	50	1119.14	0.4266	248.11	0.1820	2094.40
129	51	1144.74	0.4303	259.03	0 1869	2136.29
128	52	1170.56	0.4339	270.24	0.1919	2178.18
127	53	1196.60	0.4377	281.76	0.1970	2220.06
126	54	1222.86	0.4416	293.58	0.2022	2261.95
125	55	1249.36	0.4456	305.72	0.2075	2303.84
124	56	1276.10	0.4498	318.17	0.2128	2345.73
123	57	1303.09	0.4541	330.94	0.2184	2387.62
122	58	1330.34	0.4585	344.05	0.2240	2429.50
121	59	1357.86	0.4630	357.49	0.2298	2471.39
120	60	1385.64		371.28		2513.28

RAYON 2400.

Angle des deux alignements.	Angle au centre correspondant.	Longueur des *tangentes* correspondant à l'angle au centre.	pour chaque minute en sus.	Longueur de la *bissectrice* correspondant à l'angle au centre.	pour chaque minute en sus.	Développement de l'*arc*. Valeur d'une minute (0.698131).
120°	60°	1385m64	0m4677	371m28	0m2356	2513m28
119	61	1413.71	0.4726	385.42	0.2416	2555.17
118	62	1442.07	0.4776	399.92	0.2477	2597.06
117	63	1470.72	0.4827	414.78	0.2540	2638.94
116	64	1499.69	0.4880	430.03	0.2604	2680.83
115	65	1528.97	0.4934	445.65	0.2670	2722.72
114	66	1558.58	0.4991	461.67	0.2736	2764.61
113	67	1588.52	0.5049	478.09	0.2805	2806.50
112	68	1618.82	0.5109	494.92	0.2875	2848.38
111	69	1649.47	0.5170	512.17	0.2947	2890.27
110	70	1680.50	0.5234	529.86	0.3020	2932.16
109	71	1711.90	0.5299	547.98	0.3096	2974.05
108	72	1743.70	0.5367	566.56	0.3173	3015.94
107	73	1775.91	0.5437	585.60	0.3253	3057.82
106	74	1808.53	0.5509	605.13	0.3334	3099.71
105	75	1841.58	0.5583	625.13	0.3418	3141.60
104	76	1875.09	0.5659	645.64	0.3504	3183.49
103	77	1909.05	0.5739	666.67	0.3592	3225.38
102	78	1943.48	0.5820	688.22	0.3682	3267.26
101	79	1978.41	0.5905	710.32	0.3775	3309.15
100	80	2013.84	0.5992	732.98	0.3871	3351.04
99	81	2049.79	0.6082	756.21	0.3970	3392.93
98	82	2086.29	0.6175	780.03	0.4071	3434.82
97	83	2123.34	0.6271	804.46	0.4176	3476.70
96	84	2160.97	0.6370	829.52	0.4283	3518.59
95	85	2199.19	0.6472	855.22	0.4394	3560.48
94	86	2238.03	0.6580	881.58	0.4508	3602.37
93	87	2277.51	0.6690	908.64	0.4626	3644.26
92	88	2317.65	0.6803	936.39	0.4747	3686.14
91	89	2358.47	0.6921	964.88	0.4872	3728.03
90	90	2400.00		994.11		3769.92

Angle des deux alignements.	Angle au centre correspondant.	Longueur des *tangentes* correspondant à l'angle au centre.	pour chaque minute en sus.	Longueur de la *bissectrice* correspondant à l'angle au centre.	pour chaque minute en sus.	Développement de l'*arc.* Valeur d'une minute (0.698131).
150°	30°	643m08		84m66		1256m64
			0m3750		0m.986	
149	31	665.58		90.58		1298.53
			0.3768		0.1022	
148	32	688.19		96.72		1340.42
			0.3782		0.1059	
147	33	710.91		103.08		1382.30
			0.3807		0.1097	
146	34	733.75		109.66		1424.19
			0.3827		0.1134	
145	35	756.72		116.47		1466.08
			0.3848		0.1173	
144	36	779.81		123.51		1507.97
			0.3870		0.1212	
143	37	803.03		130.78		1549.86
			0.3893		0.1251	
142	38	826.39		138.29		1591.74
			0.3916		0.1290	
141	39	849.89		146.04		1633.63
			0.3940		0.1332	
140	40	873.53		154.03		1675.52
			0.3966		0.1372	
139	41	897.32		162.26		1717.41
			0.3991		0.1414	
138	42	921.27		170.75		1759.30
			0.4018		0.1456	
137	43	945.38		179.49		1801.18
			0.4046		0.1499	
136	44	969.66		188.48		1843.07
			0.4074		0.1543	
135	45	994.11		197.74		1884.96
			0.4104		0.1587	
134	46	1018.74		207.26		1926.85
			0.4134		0.1632	
133	47	1043.55		217.06		1968.74
			0.4166		0.1677	
132	48	1068.55		227.13		2010.62
			0.4198		0.1724	
131	49	1093.74		237.48		2052.51
			0.4232		0.1771	
130	50	1119.14		248.11		2094.40
			0.4266		0.1820	
129	51	1144.74		259.03		2136.29
			0.4303		0 1869	
128	52	1170.56		270.24		2178.18
			0.4339		0.1919	
127	53	1196.60		281.76		2220.06
			0.4377		0.1970	
126	54	1222.86		293.58		2261.95
			0.4416		0.2022	
125	55	1249.36		305.72		2303.84
			0.4456		0.2075	
124	56	1276.10		318.17		2345.73
			0.4498		0.2128	
123	57	1303.09		330.94		2387.62
			0.4541		0.2184	
122	58	1330.34		344.05		2429.50
			0.4585		0.2240	
121	59	1357.86		357.49		2471.39
			0.4630		0.2298	
120	60	1385.64		371.28		2513.28

Angle des deux alignements.	Angle au centre correspondant.	Longueur des *tangentes*		Longueur de la *bissectrice*		Développement de l'*arc.*
		correspondant à l'angle au centre.	pour chaque minute en sus.	correspondant à l'angle au centre.	pour chaque minute en sus.	Valeur d'une minute (0.698131).
120°	60°	1385m64	9m4677	371m28	9m2356	2513m28
119	61	1413.71	0.4726	385.42	0.2416	2555.17
118	62	1442.07	0.4776	399.92	0.2477	2597.06
117	63	1470.72	0.4827	414.78	0.2540	2638.94
116	64	1499.69	0.4880	430.03	0.2604	2680.83
115	65	1528.97	0.4934	445.65	0.2670	2722.72
114	66	1558.58	0.4991	461.67	0.2736	2764.61
113	67	1588.52	0.5049	478.09	0.2805	2806.50
112	68	1618.82	0.5109	494.92	0.2875	2848.38
111	69	1649.47	0.5170	512.17	0.2947	2890.27
110	70	1680.50	0.5234	529.86	0.3020	2932.16
109	71	1711.90	0.5299	547.98	0.3096	2974.05
108	72	1743.70	0.5367	566.56	0.3173	3015.94
107	73	1775.91	0.5437	585.60	0.3253	3057.82
106	74	1808.53	0.5509	605.13	0.3334	3099.71
105	75	1841.58	0.5583	625.13	0.3418	3141.60
104	76	1875.09	0.5659	645.64	0.3504	3183.49
103	77	1909.05	0.5739	666.67	0.3592	3225.38
102	78	1943.48	0.5820	688.22	0.3682	3267.26
101	79	1978.41	0.5905	710.32	0.3775	3309.15
100	80	2013.84	0.5992	732.98	0.3871	3351.04
99	81	2049.79	0.6082	756.21	0.3970	3392.93
98	82	2086.29	0.6175	780.03	0.4071	3434.82
97	83	2123.34	0.6271	804.46	0.4176	3476.70
96	84	2160.97	0.6370	829.52	0.4283	3518.59
95	85	2199.19	0.6472	855.22	0.4394	3560.48
94	86	2238.03	0.6580	881.58	0.4508	3602.37
93	87	2277.51	0.6690	908.64	0.4626	3644.26
92	88	2317.65	0.6803	936.39	0.4747	3686.14
91	89	2358.47	0.6921	964.88	0.4872	3728.03
90	90	2400.00		994.11		3769.92

Angle des deux alignements.	Angle au centre correspondant.	Longueur des *tangentes*		Longueur de la *bissectrice*		Développement de l'*arc*.
		correspondant à l'angle au centre.	pour chaque minute en sus.	correspondant à l'angle au centre.	pour chaque minute en sus.	Valeur d'une minute (0.727220).
179°	1°	21ᵐ82		0ᵐ10		43ᵐ63
178	2	43.64	0ᵐ3636	0.38	0ᵐ0047	87.27
177	3	65.46	0.3637	0.86	0.0079	130.90
176	4	87.30	0.3639	1.52	0.0111	174.53
175	5	109.16	0.3642	2.38	0.0142	218.17
174	6	131.02	0.3644	3.43	0.0174	261.80
173	7	152.91	0.3647	4.67	0.0206	305.43
172	8	174.82	0.3651	6.11	0.0238	349.07
171	9	196.75	0.3656	7.73	0,0270	392.70
170	10	218.72	0.3661	9.55	0.0303	436.33
169	11	240.72	0.3666	11.56	0.0335	479.97
168	12	262.76	0.3673	13.77	0.0368	523.60
167	13	284.84	0.3679	16.18	0.0400	567.23
166	14	306.96	0.3687	18.78	0.0433	610.87
165	15	329.13	0.3694	21.57	0.0466	654.50
164	16	351.35	0.3703	24.57	0.0499	698.13
163	17	373.63	0.3712	27.77	0.0532	741.77
162	18	395.96	0.3722	31.16	0.0566	785.40
161	19	418.36	0.3732	34.76	0.0600	829.03
160	20	440.82	0.3743	38.57	0.0633	872.67
159	21	463.35	0.3755	42.58	0.0668	916.30
158	22	485.95	0.3767	46.79	0.0702	959.93
157	23	508.63	0.3780	51.22	0.0737	1003.57
156	24	531.39	0.3793	55.85	0.0772	1047.20
155	25	554.24	0.3807	60.70	0.0808	1090.83
154	26	577.17	0.3822	65.76	0.0843	1134.47
153	27	600.20	0.3837	71.04	0.0879	1178.10
152	28	623.32	0.3853	76.54	0.0916	1221.73
151	29	646.55	0.3870	82.25	0.0952	1265.37
150	30	669.87	0.3887	88.19	0.0990	1309.00

RAYON 2500.

Angle des deux alignements.	Angle au centre correspondant.	Longueur des *tangentes*		Longueur de la *bissectrice*		Développement de l'*arc*.
		correspondant à l'angle au centre.	pour chaque minute en sus.	correspondant à l'angle au centre.	pour chaque minute en sus.	Valeur d'une minute (0.727220).
150°	30°	669m87		88m19		1309m00
			0m3906		0m1027	
149	31	693.31		94.36		1352.63
			0.3925		0.1065	
148	32	716.86		100.75		1396.27
			0.3945		0.1103	
147	33	740.53		107.37		1439.90
			0.3965		0.1143	
146	34	764.33		114.23		1483.53
			0.3986		0.1182	
145	35	788.25		121.32		1527.17
			0.4008		0.1222	
144	36	812.30		128.66		1570.80
			0.4031		0.1262	
143	37	836.49		136.23		1614.43
			0.4055		0.1303	
142	38	860.82		144.05		1658.07
			0.4079		0.1344	
141	39	885.30		152.12		1701.70
			0.4104		0.1387	
140	40	909.93		160.45		1745.33
			0.4131		0.1429	
139	41	934.71		169.02		1788.97
			0.4157		0.1473	
138	42	959.66		177.86		1832.60
			0.4186		0.1517	
137	43	984.78		186.97		1876.23
			0.4215		0.1561	
136	44	1010.07		196.34		1919.87
			0.4244		0.1607	
135	45	1035.53		205.98		1963.50
			0.4275		0.1653	
134	46	1061.19		215.90		2007.13
			0.4307		0.1700	
133	47	1087.03		226.10		2050.77
			0.4340		0.1747	
132	48	1113.07		236.59		2094.40
			0.4373		0.1796	
131	49	1139.32		247.37		2138.03
			0.4409		0.1845	
130	50	1165.77		258.45		2181.67
			0.4444		0.1896	
129	51	1192.44		269.82		2225.30
			0.4482		0.1947	
128	52	1219.33		281.51		2268.93
			0.4520		0.1999	
127	53	1246.46		293.50		2312.57
			0.4560		0.2052	
126	54	1273.82		305.82		2356.20
			0.4600		0.2106	
125	55	1301.42		318.46		2399.83
			0.4642		0.2161	
124	56	1329.27		331.43		2443.47
			0.4686		0.2217	
123	57	1357.39		344.73		2487.10
			0.4730		0.2275	
122	58	1385.77		358.38		2530.73
			0.4776		0.2334	
121	59	1414.43		372.39		2574.37
			0.4823		0.2394	
120	60	1443.38		386.75		2618.00

Angle des deux alignements.	Angle au centre correspondant.	Longueur des *tangentes* correspondant à l'angle au centre.	Longueur des *tangentes* pour chaque minute en sus.	Longueur de la *bissectrice* correspondant à l'angle au centre.	Longueur de la *bissectrice* pour chaque minute en sus.	Développement de l'*arc.* Valeur d'une minute (0.727220).
179°	1°	21m82	0m3636	0m10	0m0047	43m63
178	2	43.64	0.3637	0.38	0.0079	87.27
177	3	65.46	0.3639	0.86	0.0111	130.90
176	4	87.30	0.3642	1.52	0.0142	174.53
175	5	109.16	0.3644	2.38	0.0174	218.17
174	6	131.02	0.3647	3.43	0.0206	261.80
173	7	152.91	0.3651	4.67	0.0238	305.43
172	8	174.82	0.3656	6.11	0.0270	349.07
171	9	196.75	0.3661	7.73	0.0303	392.70
170	10	218.72	0.3666	9.55	0.0335	436.33
169	11	240.72	0.3673	11.56	0.0368	479.97
168	12	262.76	0.3679	13.77	0.0400	523.60
167	13	284.84	0.3687	16.18	0.0433	567.23
166	14	306.96	0.3694	18.78	0.0466	610.87
165	15	329.13	0.3703	21.57	0.0499	654.50
164	16	351.35	0.3712	24.57	0.0532	698.13
163	17	373.63	0.3722	27.77	0.0566	741.77
162	18	395.96	0.3732	31.16	0.0600	785.40
161	19	418.36	0.3743	34.76	0.0633	829.03
160	20	440.82	0.3755	38.57	0.0668	872.67
159	21	463.35	0.3767	42.58	0.0702	916.30
158	22	485.95	0.3780	46.79	0.0737	959.93
157	23	508.63	0.3793	51.22	0.0772	1003.57
156	24	531.39	0.3807	55.85	0.0808	1047.20
155	25	554.24	0.3822	60.70	0.0843	1090.83
154	26	577.17	0.3837	65.76	0.0879	1134.47
153	27	600.20	0.3853	71.04	0.0916	1178.10
152	28	623.32	0.3870	76.54	0.0952	1221.73
151	29	646.55	0.3887	82.25	0.0990	1265.37
150	30	669.87		88.19		1309.00

Angle des deux alignements.	Angle au centre correspondant.	Longueur des *tangentes*		Longueur de la *bissectrice*		Développement de l'arc. Valeur d'une minute (0.727220).
		correspondant à l'angle au centre.	pour chaque minute en sus.	correspondant à l'angle au centre.	pour chaque minute en sus.	
150°	30°	669m87		88m19		1309m00
			0m3906		0m1027	
149	31	693.34		94.36		1352.63
			0.3925		0.1065	
148	32	716.86		100.75		1396.27
			0.3945		0.1103	
147	33	740.53		107.37		1439.90
			0.3965		0.1143	
146	34	764.33		114.23		1483.53
			0.3986		0.1182	
145	35	788.25		121.32		1527.17
			0.4008		0.1222	
144	36	812.30		128.66		1570.80
			0.4031		0.1262	
143	37	836.49		136.23		1614.43
			0.4055		0.1303	
142	38	860.82		144.05		1658.07
			0.4079		0.1344	
141	39	885.30		152.12		1701.70
			0.4104		0.1387	
140	40	909.93		160.45		1745.33
			0.4131		0.1429	
139	41	934.71		169.02		1788.97
			0.4157		0.1473	
138	42	959.66		177.86		1832.60
			0.4186		0.1517	
137	43	984.78		186.97		1876.23
			0.4215		0.1561	
136	44	1010.07		196.34		1919.87
			0.4244		0.1607	
135	45	1035.53		205.98		1963.50
			0.4275		0.1653	
134	46	1061.19		215.90		2007.13
			0.4307		0.1700	
133	47	1087.03		226.10		2050.77
			0.4340		0.1747	
132	48	1113.07		236.59		2094.40
			0.4373		0.1796	
131	49	1139.32		247.37		2138.03
			0.4409		0.1845	
130	50	1165.77		258.45		2181.67
			0.4444		0.1896	
129	51	1192.44		269.82		2225.30
			0.4482		0.1947	
128	52	1219.33		281.51		2268.93
			0.4520		0.1999	
127	53	1246.46		293.50		2312.57
			0.4560		0.2052	
126	54	1273.82		305.82		2356.20
			0.4600		0.2106	
125	55	1301.42		318.46		2399.83
			0.4642		0.2161	
124	56	1329.27		331.43		2443.47
			0.4686		0.2217	
123	57	1357.39		344.73		2487.10
			0.4730		0.2275	
122	58	1385.77		358.38		2530.73
			0.4776		0.2334	
121	59	1414.43		372.39		2574.37
			0.4823		0.2394	
120	60	1443.38		386.75		2618.00

Angle des deux aligne-ments.	Angle au centre cor-respon-dant.	Longueur des *tangentes*		Longueur de la *bissectrice*		Développe-ment de l'*arc.*
		correspondant à l'angle au centre.	pour chaque minute en sus.	correspondant à l'angle au centre.	pour chaque minute en sus.	Valeur d'une minute (0.727220).
120°	60°	1443ᵐ38		386ᵐ75		2618ᵐ00
119	61	1472.61	0ᵐ4872	401.48	0ᵐ2454	2661.63
118	62	1502.15	0.4923	416.58	0.2517	2705.27
117	63	1532.00	0.4975	432.07	0.2580	2748.90
116	64	1562.17	0.5028	447.95	0.2646	2792.53
115	65	1592.68	0.5083	464.22	0.2712	2836.17
114	66	1623.52	0.5140	480.91	0.2781	2879.80
113	67	1654.71	0.5199	498.01	0.2850	2923.43
112	68	1686.27	0.5259	515.55	0.2922	2967.07
111	69	1718.20	0.5322	533.52	0.2995	3010.70
110	70	1750.52	0.5385	551.94	0.3070	3054.33
109	71	1783.23	0.5452	570.82	0.3146	3097.97
108	72	1816.36	0.5520	590.17	0.3225	3141.60
107	73	1849.90	0.5591	610.01	0.3305	3185.23
106	74	1883.89	0.5663	630.34	0.3389	3228.87
105	75	1918.32	0.5738	651.18	0.3473	3272.50
104	76	1953.22	0.5816	672.55	0.3560	3316.13
103	77	1988.59	0.5895	694.45	0.3650	3359.77
102	78	2024.46	0.5978	716.90	0.3742	3403.40
101	79	2060.84	0.6063	739.92	0.3836	3447.03
100	80	2097.75	0.6151	763.52	0.3933	3490.67
99	81	2135.20	0.6242	787.72	0.4033	3534.30
98	82	2173.22	0.6335	812.53	0.4135	3577.93
97	83	2211.81	0.6432	837.98	0.4241	3621.57
96	84	2251.01	0.6532	864.08	0.4350	3665.20
95	85	2290.83	0.6636	890.85	0.4462	3708.83
94	86	2331.28	0.6742	918.32	0.4577	3752.47
93	87	2372.41	0.6854	946.50	0.4696	3796.10
92	88	2414.22	0.6968	975.41	0.4818	3839.73
91	89	2456.74	0.7086	1005.08	0.4945	3883.37
90	90	2500.00	0.7209	1035.54	0.5075	3927.00

Angle des deux alignements.	Angle au centre correspondant.	Longueur des *tangentes*		Longueur de la *bissectrice*		Développement de l'arc.
		correspondant à l'angle au centre.	pour chaque minute en sus.	correspondant à l'angle au centre.	pour chaque minute en sus.	Valeur d'une minute (0.756309).
179°	1°	22m69		0m10		45m38
178	2	45.38	0m3782	0.40	0m0049	90.76
177	3	68.08	0.3783	0.89	0.0082	136.14
176	4	90.79	0.3785	1.58	0.0115	181.51
175	5	113.52	0.3787	2.48	0.0148	226.89
174	6	136.26	0.3789	3.57	0.0181	272.27
173	7	159.02	0.3793	4.86	0.0215	317.65
172	8	181.81	0.3797	6.35	0.0248	363.03
171	9	204.62	0.3802	8.04	0.0281	408.41
170	10	227.47	0.3807	9.93	0.0315	453.79
169	11	250.35	0.3813	12.03	0.0348	499.17
168	12	273.27	0.3819	14.32	0.0382	544.54
167	13	296.23	0.3826	16.82	0.0416	589.92
166	14	319.24	0.3834	19.53	0.0450	635.30
165	15	342.30	0.3842	22.44	0.0484	680.68
164	16	365.41	0.3851	25.55	0.0519	726.06
163	17	388.57	0.3861	28.88	0.0554	771.44
162	18	411.80	0.3870	32.41	0.0588	816.82
161	19	435.09	0.3882	36.15	0.0624	862.19
160	20	458.45	0.3892	40.11	0.0659	907.57
159	21	481.88	0.3905	44.28	0.0694	952.95
158	22	505.39	0.3917	48.66	0.0730	998.33
157	23	528.98	0.3931	53.27	0.0767	1043.71
156	24	552.65	0.3945	58.08	0.0802	1089.09
155	25	576.41	0.3959	63.13	0.0840	1134.47
154	26	600.26	0.3974	68.39	0.0877	1179.85
153	27	624.21	0.3991	73.88	0.0914	1225.22
152	28	648.25	0.4007	79.60	0.0952	1270.60
151	29	672.41	0.4025	85.54	0.0990	1315.98
150	30	696.67	0.4043	91.72	0.1029	1361.36

Angle des deux alignements.	Angle au centre correspondant.	Longueur des *tangentes* correspondant à l'angle au centre.	pour chaque minute en sus.	Longueur de la *bissectrice* correspondant à l'augle au centre.	pour chaque minute en sus.	Développement de l'*arc*. Valeur d'une minute (0.727220).
120°	60°	1443m38		386m75		2618m00
			0m4872		0m2454	
119	61	1472.61		401.48		2661.63
			0.4923		0.2517	
118	62	1502.15		416.58		2705.27
			0.4975		0.2580	
117	63	1532.00		432.07		2748.90
			0.5028		0.2646	
116	64	1562.17		447.95		2792.53
			0.5083		0.2712	
115	65	1592.68		464.22		2836.17
			0.5140		0.2781	
114	66	1623.52		480.91		2879.80
			0.5199		0.2850	
113	67	1654.71		498.01		2923.43
			0.5259		0.2922	
112	68	1686.27		515.55		2967.07
			0.5322		0.2995	
111	69	1718.20		533.52		3010.70
			0.5385		0.3070	
110	70	1750.52		551.94		3054.33
			0.5452		0.3146	
109	71	1783.23		570.82		3097.97
			0.5520		0.3225	
108	72	1816.36		590.17		3141.60
			0.5591		0.3305	
107	73	1849.90		610.01		3185.23
			0.5663		0.3389	
106	74	1883.89		630.34		3228.87
			0.5738		0.3473	
105	75	1918.32		651.18		3272.50
			0.5816		0.3560	
104	76	1953.22		672.55		3316.13
			0.5895		0.3650	
103	77	1988.59		694.45		3359.77
			0.5978		0.3742	
102	78	2024.46		716.90		3403.40
			0.6063		0.3836	
101	79	2060.84		739.92		3447.03
			0.6151		0.3933	
100	80	2097.75		763.52		3490.67
			0.6242		0.4033	
99	81	2135.20		787.72		3534.30
			0.6335		0.4135	
98	82	2173.22		812.53		3577.93
			0.6432		0.4241	
97	83	2211.81		837.98		3621.57
			0.6532		0.4350	
96	84	2251.01		864.08		3665.20
			0.6636		0.4462	
95	85	2290.83		890.85		3708.83
			0.6742		0.4577	
94	86	2331.28		918.32		3752.47
			0.6854		0.4696	
93	87	2372.41		946.50		3796.10
			0.6968		0.4818	
92	88	2414.22		975.41		3839.73
			0.7086		0.4945	
91	89	2456.74		1005.08		3883.37
			0.7209		0.5075	
90	90	2500.00		1035.54		3927.00

RAYON 2600.

Angle des deux aligne- ments.	Angle au centre cor- respon- dant.	Longueur des *tangentes*		Longueur de la *bissectrice*		Développe- ment de l'*arc.*
		correspondant à l'angle au centre.	pour chaque minute en sus.	correspondant à l'angle au centre.	pour chaque minute en sus.	Valeur d'une minute (0.756309).
179°	1°	22ᵐ69		0ᵐ10		45ᵐ38
178	2	45.38	0ᵐ3782	0.40	0ᵐ0049	90.76
177	3	68.08	0.3783	0.89	0.0082	136.14
176	4	90.79	0.3785	1.58	0.0115	181.51
175	5	113.52	0.3787	2.48	0.0148	226.89
174	6	136.26	0.3789	3.57	0.0181	272.27
173	7	159.02	0.3793	4.86	0.0215	317.65
172	8	181.81	0.3797	6.35	0.0248	363.03
171	9	204.62	0.3802	8.04	0.0281	408.41
170	10	227.47	0.3807	9.93	0.0315	453.79
169	11	250.35	0.3813	12.03	0.0348	499.17
168	12	273.27	0.3819	14.32	0.0382	544.54
167	13	296.23	0.3826	16.82	0.0416	589.92
166	14	319.24	0.3834	19.53	0.0450	635.30
165	15	342.30	0.3842	22.44	0.0484	680.68
164	16	365.41	0.3851	25.55	0.0519	726.06
163	17	388.57	0.3861	28.88	0.0554	771.44
162	18	411.80	0.3870	32.41	0.0588	816.82
161	19	435.09	0.3882	36.15	0.0624	862.19
160	20	458.45	0.3892	40.11	0.0659	907.57
159	21	481.88	0.3905	44.28	0.0694	952.95
158	22	505.39	0.3917	48.66	0.0730	998.33
157	23	528.98	0.3931	53.27	0.0767	1043.71
156	24	552.65	0.3945	58.08	0.0802	1089.09
155	25	576.41	0.3959	63.13	0.0840	1134.47
154	26	600.26	0.3974	68.39	0.0877	1179.85
153	27	624.21	0.3991	73.88	0.0914	1225.22
152	28	648.25	0.4007	79.60	0.0952	1270.60
151	29	672.41	0.4025	85.54	0.0990	1315.98
150	30	696.67	0.4043	91.72	0.1029	1361.36

Angle des deux alignements.	Angle au centre correspondant.	Longueur des *tangentes*		Longueur de la *bissectrice*		Développement de l'*arc.*
		correspondant à l'angle au centre.	pour chaque minute en sus.	correspondant à l'angle au centre.	pour chaque minute en sus.	Valeur d'une minute. (0.756309).
150°	30°	696m67		91m72		1361m36
			0m4062		0m1068	
149	31	721.04		98.13		1406.74
			0.4082		0.1108	
148	32	745.54		104.78		1452.12
			0.4102		0.1147	
147	33	770.15		111.66		1497.50
			0.4124		0.1189	
146	34	794.90		118.80		1542.87
			0.4145		0.1229	
145	35	819.78		126.18		1588.25
			0.4169		0.1270	
144	36	844.79		133.80		1633.63
			0.4192		0.1313	
143	37	869.95		141.68		1679.01
			0.4217		0.1355	
142	38	895.23		149.81		1724.39
			0.4242		0.1398	
141	39	920.71		158.20		1769.77
			0.4268		0.1443	
140	40	946.32		166.86		1815.15
			0.4296		0.1486	
139	41	972.10		175.78		1860.53
			0.4323		0.1532	
138	42	998.04		184.98		1905.90
			0.4353		0.1577	
137	43	1024.16		194.44		1951.28
			0.4383		0.1624	
136	44	1050.47		204.19		1996.66
			0.4414		0.1671	
135	45	1076.95		214.22		2042.04
			0.4446		0.1719	
134	46	1103.64		224.54		2087.42
			0.4479		0.1768	
133	47	1130.51		235.15		2132.80
			0.4513		0.1817	
132	48	1157.60		246.05		2178.18
			0.4548		0.1868	
131	49	1184.89		257.26		2223.55
			0.4585		0.1919	
130	50	1212.40		268.78		2268.93
			0.4621		0.1972	
129	51	1240.13		280.62		2314.31
			0.4662		0.2024	
128	52	1268.11		292.77		2359.69
			0.4701		0.2079	
127	53	1296.31		305.24		2405.07
			0.4742		0.2134	
126	54	1324.77		318.05		2450.45
			0.4784		0.2190	
125	55	1353.47		331.19		2495.83
			0.4828		0.2248	
124	56	1382.44		344.68		2541.20
			0.4873		0.2306	
123	57	1411.69		358.52		2586.58
			0.4919		0.2366	
122	58	1441.20		372.72		2631.96
			0.4967		0.2427	
121	59	1471.01		387.28		2677.34
			0.5016		0.2489	
120	60	1501.11		402.22		2722.72

Angle des deux alignements.	Angle au centre correspondant.	Longueur des *tangentes* correspondant à l'angle au centre.	pour chaque minute en sus.	Longueur de la *bissectrice* correspondant à l'angle au centre.	pour chaque minute en sus.	Développement de l'arc. Valeur d'une minute (0.756309).
120°	60°	1501ᵐ11		402ᵐ22		2722ᵐ72
119	61	1531.52	0ᵐ5067	417.54	0ᵐ2552	2768.10
118	62	1562.24	0.5120	433.25	0.2617	2813.48
117	63	1593.28	0.5174	449.35	0.2683	2858.86
116	64	1624.66	0.5229	465.86	0.2752	2904.23
115	65	1656.38	0.5287	482.79	0.2821	2949.61
114	66	1688.46	0.5345	500.14	0.2892	2994.99
113	67	1720.90	0.5406	517.93	0.2964	3040.37
112	68	1753.72	0.5469	536.17	0.3038	3085.75
111	69	1786.93	0.5534	554.86	0.3114	3131.13
110	70	1820.54	0.5601	574.02	0.3193	3176.51
109	71	1854.56	0.5670	593.65	0.3272	3221.88
108	72	1889.01	0.5741	613.78	0.3354	3267.26
107	73	1923.90	0.5814	634.41	0.3437	3312.64
106	74	1959.24	0.5890	655.55	0.3524	3358.02
105	75	1995.05	0.5968	677.23	0.3612	3403.40
104	76	2031.34	0.6048	699.45	0.3703	3448.78
103	77	2068.13	0.6131	722.22	0.3796	3494.16
102	78	2105.44	0.6217	745.58	0.3892	3539.54
101	79	2143.27	0.6305	769.51	0.3989	3584.91
100	80	2181.66	0.6397	794.06	0.4090	3630.29
99	81	2220.61	0.6492	819.23	0.4194	3675.67
98	82	2260.15	0.6589	845.03	0.4301	3721.05
97	83	2300.29	0.6689	871.50	0.4410	3766.43
96	84	2341.05	0.6794	898.64	0.4524	3811.81
95	85	2382.46	0.6901	926.49	0.4640	3857.19
94	86	2424.53	0.7012	955.05	0.4760	3902.56
93	87	2467.31	0.7128	984.35	0.4884	3947.94
92	88	2510.79	0.7247	1014.42	0.5011	3993.32
91	89	2555.01	0.7369	1045.28	0.5143	4038.70
90	90	2600.00	0.7497	1076.96	0.5278	4084.08

Angle des deux aligne-ments.	Angle au centre cor-respon-dant.	Longueur des *tangentes*		Longueur de la *bissectrice*		Développe-ment de l'*arc*.
		correspondant à l'angle au centre.	pour chaque minute en sus.	correspondant à l'angle au centre.	pour chaque minute en sus.	Valeur d'une minute (0.756309).
150°	30°	696ᵐ67		91ᵐ72		1361ᵐ36
149	31	721.04	0ᵐ1062	98.13	0ᵐ1068	1406.74
148	32	745.54	0.4082	104.78	0.1108	1452.12
147	33	770.15	0.4102	111.66	0.1147	1497.50
146	34	794.90	0.4124	118.80	0.1189	1542.87
145	35	819.78	0.4145	126.18	0.1229	1588.25
144	36	844.79	0.4169	133.80	0.1270	1633.63
143	37	869.95	0.4192	141.68	0.1313	1679.01
142	38	895.25	0.4217	149.81	0.1355	1724.39
141	39	920.71	0.4242	158.20	0.1398	1769.77
140	40	946.32	0.4268	166.86	0.1443	1815.15
139	41	972.10	0.4296	175.78	0.1486	1860.53
138	42	998.04	0.4323	184.98	0.1532	1905.90
137	43	1024.16	0.4353	194.44	0.1577	1951.28
136	44	1050.47	0.4383	204.19	0.1624	1996.66
135	45	1076.95	0.4414	214.22	0.1671	2042.04
134	46	1103.64	0.4446	224.54	0.1719	2087.42
133	47	1130.51	0.4479	235.15	0.1768	2132.80
132	48	1157.60	0.4513	246.05	0.1817	2178.18
131	49	1184.89	0.4548	257.26	0.1868	2223.55
130	50	1212.40	0.4585	268.78	0.1919	2268.93
129	51	1240.13	0.4621	280.62	0.1972	2314.31
128	52	1268.11	0.4662	292.77	0.2024	2359.69
127	53	1296.31	0.4701	305.24	0.2079	2405.07
126	54	1324.77	0.4742	318.05	0.2134	2450.45
125	55	1353.47	0.4784	331.19	0.2190	2495.83
124	56	1382.44	0.4828	344.68	0.2248	2541.20
123	57	1411.69	0.4873	358.52	0.2306	2586.58
122	58	1441.20	0.4919	372.72	0.2366	2631.96
121	59	1471.01	0.4967	387.28	0.2427	2677.34
120	60	1501.11	0.5016	402.22	0.2489	2722.72

Angle des deux alignements.	Angle au centre correspondant.	Longueur des *tangentes*		Longueur de la *bissectrice*		Développement de l'*arc.*
		correspondant à l'angle au centre.	pour chaque minute en sus.	correspondant à l'angle au centre.	pour chaque minute en sus.	Valeur d'une minute (0.755309).
120°	60°	1501ᵐ11		402ᵐ22		2722ᵐ72
			0ᵐ5067		0ᵐ2552	
119	61	1531.52		417.54		2768.10
			0.5120		0.2617	
118	62	1562.24		433.25		2813.48
			0.5174		0.2683	
117	63	1593.28		449.35		2858.86
			0.5229		0.2752	
116	64	1624.66		465.86		2904.23
			0.5287		0.2821	
115	65	1656.38		482.79		2949.61
			0.5345		0.2892	
114	66	1688.46		500.14		2994.99
			0.5406		0.2964	
113	67	1720.90		517.93		3040.37
			0.5469		0.3038	
112	68	1753.72		536.17		3085.75
			0.5534		0.3114	
111	69	1786.93		554.86		3131.13
			0.5601		0.3193	
110	70	1820.54		574.02		3176.51
			0.5670		0.3272	
109	71	1854.56		593.65		3221.88
			0.5741		0.3354	
108	72	1889.01		613.78		3267.26
			0.5814		0.3437	
107	73	1923.90		634.41		3312.64
			0.5890		0.3524	
106	74	1959.24		655.55		3358.02
			0.5968		0.3612	
105	75	1995.05		677.23		3403.40
			0.6048		0.3703	
104	76	2031.34		699.45		3448.78
			0.6131		0.3796	
103	77	2068.13		722.22		3494.16
			0.6217		0.3892	
102	78	2105.44		745.58		3539.54
			0.6305		0.3989	
101	79	2143.27		769.51		3584.91
			0.6397		0.4090	
100	80	2181.66		794.06		3630.29
			0.6492		0.4194	
99	81	2220.61		819.23		3675.67
			0.6589		0.4301	
98	82	2260.15		845.03		3721.05
			0.6689		0.4410	
97	83	2300.29		871.50		3766.43
			0.6794		0.4524	
96	84	2341.05		898.64		3811.81
			0.6901		0.4640	
95	85	2382.46		926.49		3857.19
			0.7012		0.4760	
94	86	2424.53		955.05		3902.56
			0.7128		0.4884	
93	87	2467.31		984.35		3947.94
			0.7247		0.5011	
92	88	2510.79		1014.42		3993.32
			0.7369		0.5143	
91	89	2555.01		1045.28		4038.70
			0.7497		0.5278	
90	90	2600.00		1076.96		4084.08

Angle des deux alignements.	Angle au centre correspondant.	Longueur des *tangentes*		Longueur de la *bissectrice*		Développement de l'*arc*.
		correspondant à l'angle au centre.	pour chaque minute en sus.	correspondant à l'angle au centre.	pour chaque minute en sus.	Valeur d'une minute (0.785398).
179°	1°	23ᵐ56		0ᵐ10		47ᵐ12
178	2	47.13	0ᵐ3927	0.41	0ᵐ0051	94.25
177	3	70.70	0.3928	0.93	0.0085	141.37
176	4	94.29	0.3930	1.65	0.0120	188.50
175	5	117.89	0.3933	2.57	0.0154	235.62
174	6	141.50	0.3935	3.71	0.0188	282.74
173	7	165.14	0.3939	5.04	0.0223	329.87
172	8	188.80	0.3943	6.59	0.0258	376.99
171	9	212.49	0.3948	8.35	0.0292	424.12
170	10	236.22	0.3954	10.31	0.0327	471.24
169	11	259.98	0.3960	12.49	0.0362	518.36
168	12	283.78	0.3966	14.87	0.0397	565.49
167	13	307.63	0.3974	17.47	0.0432	612.61
166	14	331.52	0.3982	20.28	0.0467	659.74
165	15	355.46	0.3990	23.30	0.0503	706.86
164	16	379.46	0.3999	26.53	0.0539	753.98
163	17	403.52	0.4009	29.99	0.0575	801.11
162	18	427.64	0.4019	33.66	0.0611	848.23
161	19	451.83	0.4031	37.54	0.0648	895.36
160	20	476.08	0.4042	41.65	0.0684	942.48
159	21	500.42	0.4055	45.98	0.0721	989.60
158	22	524.83	0.4068	50.53	0.0758	1036.73
157	23	549.32	0.4082	55.31	0.0796	1083.85
156	24	573.90	0.4097	60.32	0.0833	1130.98
155	25	598.58	0.4112	65.56	0.0872	1178.10
154	26	623.34	0.4127	71.02	0.0910	1225.22
153	27	648.21	0.4144	76.72	0.0949	1272.35
152	28	673.19	0.4162	82.66	0.0989	1319.47
151	29	698.27	0.4180	88.83	0.1028	1366.60
150	30	723.46	0.4198	95.25	0.1069	1413.72

Angle des deux alignements.	Angle au centre correspondant.	Longueur des *tangentes*		Longueur de la *bissectrice*		Développement de l'*arc.*
		correspondant à l'angle au centre.	pour chaque minute en sus.	correspondant à l'angle au centre.	pour chaque minute en sus.	Valeur d'une minute (0.785398).
150°	30°	723m46		95m25		1413m72
149	31	748.77	0m4218	101.90	0m1109	1460.84
148	32	774.21	0.4239	108.81	0.1150	1507.97
147	33	799.78	0.4260	115.96	0.1192	1555.09
146	34	825.47	0.4283	123.37	0.1234	1602.22
145	35	851.31	0.4305	131.03	0.1276	1649.34
144	36	877.28	0.4329	138.95	0.1319	1696.46
143	37	903.41	0.4353	147.13	0.1363	1743.59
142	38	929.69	0.4379	155.58	0.1407	1790.71
141	39	956.12	0.4405	164.29	0.1452	1837.84
140	40	982.72	0.4432	173.28	0.1498	1884.96
139	41	1009.49	0.4461	182.54	0.1543	1932.08
138	42	1036.43	0.4490	192.09	0.1591	1979.21
137	43	1063.56	0.4521	201.92	0.1638	2026.33
136	44	1090.87	0.4552	212.04	0.1686	2073.46
135	45	1118.38	0.4584	222.46	0.1736	2120.58
134	46	1146.08	0.4617	233.17	0.1785	2167.70
133	47	1173.99	0.4651	244.19	0.1836	2214.83
132	48	1202.12	0.4687	255.52	0.1887	2261.95
131	49	1230.46	0.4723	267.16	0.1940	2309.08
130	50	1259.03	0.4761	279.12	0.1993	2356.20
129	51	1287.83	0.4799	291.41	0.2047	2403.32
128	52	1316.88	0.4841	304.03	0.2102	2450.45
127	53	1346.17	0.4882	316.98	0.2159	2497.57
126	54	1375.72	0.4924	330.28	0.2216	2544.70
125	55	1405.53	0.4968	343.93	0.2275	2591.82
124	56	1435.61	0.5013	357.94	0.2334	2638.94
123	57	1465.98	0.5061	372.31	0.2394	2686.07
122	58	1496.63	0.5108	387.05	0.2457	2733.19
121	59	1527.59	0.5158	402.18	0.2520	2780.32
120	60	1558.85	0.5209	417.69	0.2585	2827.44

Angle des deux alignements.	Angle au centre correspondant.	Longueur des *tangentes*		Longueur de la *bissectrice*		Développement de l'*arc.*
		correspondant à l'angle au centre.	pour chaque minute en sus.	correspondant à l'angle au centre.	pour chaque minute en sus.	Valeur d'une minute (0.785398).
179°	1°	23^{m}56	0^{m}3927	0^{m}10	0^{m}0051	47^{m}12
178	2	47.13	0.3928	0.41	0.0085	94.25
177	3	70.70	0.3930	0.93	0.0120	141.37
176	4	94.29	0.3933	1.65	0.0154	188.50
175	5	117.89	0.3935	2.57	0.0188	235.62
174	6	141.50	0.3939	3.71	0.0223	282.74
173	7	165.14	0.3943	5.04	0.0258	329.87
172	8	188.80	0.3948	6.59	0.0292	376.99
171	9	212.49	0.3954	8.35	0.0327	424.12
170	10	236.22	0.3960	10.31	0.0362	471.24
169	11	259.98	0.3966	12.49	0.0397	518.36
168	12	283.78	0.3974	14.87	0.0432	565.49
167	13	307.63	0.3982	17.47	0.0467	612.61
166	14	331.52	0.3990	20.28	0.0503	659.74
165	15	355.46	0.3999	23.30	0.0539	706.86
164	16	379.46	0.4009	26.53	0.0575	753.98
163	17	403.52	0.4019	29.99	0.0611	801.11
162	18	427.64	0.4031	33.66	0.0648	848.23
161	19	451.83	0.4042	37.54	0.0684	895.36
160	20	476.08	0.4055	41.65	0.0721	942.48
159	21	500.42	0.4068	45.98	0.0758	989.60
158	22	524.83	0.4082	50.53	0.0796	1036.73
157	23	549.32	0.4097	55.31	0.0833	1083.85
156	24	573.90	0.4112	60.32	0.0872	1130.98
155	25	598.58	0.4127	65.56	0.0910	1178.10
154	26	623.34	0.4144	71.02	0.0949	1225.22
153	27	648.21	0.4162	76.72	0.0989	1272.35
152	28	673.19	0.4180	82.66	0.1028	1319.47
151	29	698.27	0.4198	88.83	0.1069	1366.60
150	30	723.46		95.25		1413.72

Angle des deux alignements.	Angle au centre correspondant.	Longueur des *tangentes*		Longueur de la *bissectrice*		Développement de l'arc.
		correspondant à l'angle au centre.	pour chaque minute en sus.	correspondant à l'angle au centre.	pour chaque minute en sus.	Valeur d'une minute (0.785398).
150°	30°	723^{m}46		95^{m}25		1413^{m}72
149	31	748.77	0^{m}4218	101.90	0^{m}1109	1460.84
148	32	774.21	0.4239	108.81	0.1150	1507.97
147	33	799.78	0.4260	115.96	0.1192	1555.09
146	34	825.47	0.4283	123.37	0.1234	1602.22
145	35	851.31	0.4305	131.03	0.1276	1649.34
144	36	877.28	0.4329	138.95	0.1319	1696.46
143	37	903.41	0.4353	147.13	0.1363	1743.59
142	38	929.69	0.4379	155.58	0.1407	1790.71
141	39	956.12	0.4405	164.29	0.1452	1837.84
140	40	982.72	0.4432	173.28	0.1498	1884.96
139	41	1009.49	0.4461	182.54	0.1543	1932.08
138	42	1036.43	0.4490	192.09	0.1591	1979.21
137	43	1063.56	0.4521	201.92	0.1638	2026.33
136	44	1090.87	0.4552	212.04	0.1686	2073.46
135	45	1118.38	0.4584	222.46	0.1736	2120.58
134	46	1146.08	0.4617	233.17	0.1785	2167.70
133	47	1173.99	0.4651	244.19	0.1836	2214.83
132	48	1202.12	0.4687	255.52	0.1887	2261.95
131	49	1230.46	0.4723	267.16	0.1940	2309.08
130	50	1259.03	0.4761	279.12	0.1993	2356.20
129	51	1287.83	0.4799	291.41	0.2047	2403.32
128	52	1316.88	0.4841	304.03	0.2102	2450.45
127	53	1346.17	0.4882	316.98	0.2159	2497.57
126	54	1375.72	0.4924	330.28	0.2216	2544.70
125	55	1405.53	0.4968	343.93	0.2275	2591.82
124	56	1435.61	0.5013	357.94	0.2334	2638.94
123	57	1465.98	0.5061	372.31	0.2394	2686.07
122	58	1496.63	0.5108	387.05	0.2457	2733.19
121	59	1527.59	0.5158	402.18	0.2520	2780.32
120	60	1558.85	0.5209	417.69	0.2585	2827.44

Angle des deux alignements.	Angle au centre correspondant.	Longueur des *tangentes* correspondant à l'angle au centre.	pour chaque minute en sus.	Longueur de la *bissectrice* correspondant à l'angle au centre.	pour chaque minute en sus.	Développement de l'arc. Valeur d'une minute (0.785398).
120°	60°	1558m85	0m5262	417m69	0m2651	2827m44
119	61	1590.42	0.5317	433.60	0.2718	2874.56
118	62	1622.32	0.5373	449.91	0.2787	2921.69
117	63	1654.56	0.5430	466.63	0.2857	2968.81
116	64	1687.15	0.5490	483.78	0.2929	3015.94
115	65	1720.09	0.5551	501.36	0.3003	3063.06
114	66	1753.40	0.5614	519.38	0.3078	3110.18
113	67	1787.09	0.5680	537.85	0.3155	3157.31
112	68	1821.17	0.5747	556.79	0.3234	3204.43
111	69	1855.66	0.5816	576.20	0.3316	3251.56
110	70	1890.56	0.5888	596.10	0.3397	3298.68
109	71	1925.89	0.5961	616.48	0.3483	3345.80
108	72	1961.66	0.6038	637.38	0.3570	3392.93
107	73	1997.89	0.6116	658.81	0.3660	3440.05
106	74	2034.60	0.6197	680.77	0.3751	3487.18
105	75	2071.78	0.6281	703.27	0.3845	3534.30
104	76	2109.47	0.6367	726.35	0.3942	3581.42
103	77	2147.68	0.6456	750.00	0.4041	3628.55
102	78	2186.42	0.6548	774.25	0.4143	3675.67
101	79	2225.71	0.6643	799.11	0.4247	3722.80
100	80	2265.57	0.6741	824.60	0.4355	3769.92
99	81	2306.02	0.6842	850.73	0.4466	3817.04
98	82	2347.07	0.6947	877.54	6.4580	3864.17
97	83	2388.76	0.7055	905.02	0.4698	3911.29
96	84	2431.09	0.7167	933.21	0.4818	3958.42
95	85	2474.09	0.7281	962.12	0.4943	4005.54
94	86	2517.79	0.7402	991.78	0.5071	4052.66
93	87	2562.20	0.7526	1022.21	0.5204	4099.79
92	88	2607.36	0.7653	1053.44	0.5340	4146.91
91	89	2653.28	0.7786	1085.49	0.5481	4194.04
90	90	2700.00		1118.38		4241.16

RAYON 2800.

Angle des deux alignements.	Angle au centre correspondant.	Longueur des *tangentes* correspondant à l'angle au centre.	pour chaque minute en sus.	Longueur de la *bissectrice* correspondant à l'angle au centre.	pour chaque minute en sus.	Développement de l'*arc.* Valeur d'une minute (0.814486).
179°	1°	24m43		0m11		48m87
			0m4073		0m0053	
178	2	48.87		0.43		97.74
			0.4074		0.0088	
177	3	73.32		0.96		146.61
			0.4076		0.0124	
176	4	97.79		1.71		195.48
			0.4079		0.0160	
175	5	122.25		2.67		244.35
			0.4081		0.0195	
174	6	146.74		3.84		293.22
			0.4085		0.0231	
173	7	171.26		5.23		342.09
			0.4089		0.0267	
172	8	195.80		6.84		390.95
			0.4094		0.0303	
171	9	220.36		8.66		439.82
			0.4100		0.0339	
170	10	244.97		10.70		488.69
			0.4106		0.0375	
169	11	269.61		12.95		537.56
			0.4113		0.0412	
168	12	294.29		15.42		586.43
			0.4121		0.0448	
167	13	319.02		18.12		635.30
			0.4129		0.0485	
166	14	343.80		21.03		684.17
			0.4138		0.0522	
165	15	368.63		24.16		733.04
			0.4147		0.0559	
164	16	393.51		27.52		781.91
			0.4158		0.0596	
163	17	418.46		31.10		830.78
			0.4168		0.0634	
162	18	443.48		34.90		879.65
			0.4180		0.0672	
161	19	468.56		38.93		928.52
			0.4192		0.0710	
160	20	493.72		43.19		977.39
			0.4205		0.0748	
159	21	518.95		47.68		1026.26
			0.4219		0.0786	
158	22	544.26		52.41		1075.13
			0.4233		0.0826	
157	23	569.67		57.36		1123.99
			0.4249		0.0864	
156	24	595.16		62.55		1172.86
			0.4264		0.0905	
155	25	620.75		67.98		1221.73
			0.4280		0.0944	
154	26	646.43		73.65		1270.60
			0.4298		0.0985	
153	27	672.22		79.56		1319.47
			0.4316		0.1026	
152	28	698.12		85.72		1368.34
			0.4333		0.1066	
151	29	724.13		92.12		1417.21
			0.4354		0.1108	
150	30	750.26		98.77		1466.08

Angle des deux aligne-ments.	Angle au centre cor-respon-dant.	Longueur des *tangentes*		Longueur de la *bissectrice*		Développe-ment de l'*arc.*
		correspondant à l'angle au centre.	pour chaque minute en sus.	correspondant à l'angle au centre.	pour chaque minute en sus.	Valeur d'une minute (0.785398).
120°	60°	1558m85	0m5262	417m69	0m2651	2827m44
119	61	1590.42	0.5317	433.60	0.2718	2874.56
118	62	1622.32	0.5373	449.91	0.2787	2921.69
117	63	1654.56	0.5430	466.63	0.2857	2968.81
116	64	1687.15	0.5490	483.78	0.2929	3015.94
115	65	1720.09	0.5551	501.36	0.3003	3063.06
114	66	1753.40	0.5614	519.38	0.3078	3110.18
113	67	1787.09	0.5680	537.85	0.3155	3157.31
112	68	1821.17	0.5747	556.79	0.3234	3204.43
111	69	1855.66	0.5816	576.20	0.3316	3251.56
110	70	1890.56	0.5888	596.10	0.3397	3298.68
109	71	1925.89	0.5961	616.48	0.3483	3345.80
108	72	1961.66	0.6038	637.38	0.3570	3392.93
107	73	1997.89	0.6116	658.81	0.3660	3440.05
106	74	2034.60	0.6197	680.77	0.3751	3487.18
105	75	2071.78	0.6281	703.27	0.3845	3534.30
104	76	2109.47	0.6367	726.35	0.3942	3581.42
103	77	2147.68	0.6456	750.00	0.4041	3628.55
102	78	2186.42	0.6548	774.25	0.4143	3675.67
101	79	2225.71	0.6643	799.11	0.4247	3722.80
100	80	2265.57	0.6741	824.60	0.4355	3769.92
99	81	2306.02	0.6842	850.73	0.4466	3817.04
98	82	2347.07	0.6947	877.54	6.4580	3864.17
97	83	2388.76	0.7055	905.02	0.4698	3911.29
96	84	2431.09	0.7167	933.21	0.4818	3958.42
95	85	2474.09	0.7281	962.12	0.4943	4005.54
94	86	2517.79	0.7402	991.78	0.5071	4052.66
93	87	2562.20	0.7526	1022.21	0.5204	4099.79
92	88	2607.36	0.7653	1053.44	0.5340	4146.91
91	89	2653.28	0.7786	1085.49	0.5481	4194.04
90	90	2700.00		1118.38		4241.16

RAYON 2800.

Angle des deux alignements.	Angle au centre correspondant.	Longueur des *tangentes*		Longueur de la *bissectrice*		Développement de l'*arc.* — Valeur d'une minute (0.814486).
		correspondant à l'angle au centre.	pour chaque minute en sus.	correspondant à l'angle au centre.	pour chaque minute en sus.	
179°	1°	24ᵐ43		0ᵐ11		48ᵐ87
178	2	48.87	0ᵐ4073	0.43	0ᵐ0053	97.74
177	3	73.32	0.4074	0.96	0.0088	146.61
176	4	97.79	0.4076	1.71	0.0124	195.48
175	5	122.25	0.4079	2.67	0.0160	244.35
174	6	146.74	0.4081	3.84	0.0195	293.22
173	7	171.26	0.4085	5.23	0.0231	342.09
172	8	195.80	0.4089	6.84	0.0267	390.95
171	9	220.36	0.4094	8.66	0.0303	439.82
170	10	244.97	0.4100	10.70	0.0339	488.69
169	11	269.61	0.4106	12.95	0.0375	537.56
168	12	294.29	0.4113	15.42	0.0412	586.43
167	13	319.02	0.4121	18.12	0.0448	635.30
166	14	343.80	0.4129	21.03	0.0485	684.17
165	15	368.63	0.4138	24.16	0.0522	733.04
164	16	393.51	0.4147	27.52	0.0559	781.91
163	17	418.46	0.4158	31.10	0.0596	830.78
162	18	443.48	0.4168	34.90	0.0634	879.65
161	19	468.56	0.4180	38.93	0.0672	928.52
160	20	493.72	0.4192	43.19	0.0710	977.39
159	21	518.95	0.4205	47.68	0.0748	1026.26
158	22	544.26	0.4219	52.41	0.0786	1075.13
157	23	569.67	0.4233	57.36	0.0826	1123.99
156	24	595.16	0.4249	62.55	0.0864	1172.86
155	25	620.75	0.4264	67.98	0.0905	1221.73
154	26	646.43	0.4280	73.65	0.0944	1270.60
153	27	672.22	0.4298	79.56	0.0985	1319.47
152	28	698.12	0.4316	85.72	0.1026	1368.34
151	29	724.13	0.4335	92.12	0.1066	1417.21
150	30	750.26	0.4354	98.77	0.1108	1466.08

Angle des deux aligne-ments.	Angle au centre cor-respon-dant.	Longueur des *tangentes*		Longueur de la *bissectrice*		Développe-ment de l'*arc*.
		correspondant à l'angle au centre.	pour chaque minute en sus.	correspondant à l'angle au centre.	pour chaque minute en sus.	Valeur d'une minute (0.814486).
150°	30°	750ᵐ26	0ᵐ4375	98ᵐ77	0ᵐ1150	1466ᵐ08
149	31	776.51	0.4396	105.68	0.1193	1514.95
148	32	802.89	0.4418	112.84	0.1236	1563.82
147	33	829.40	0.4441	120.25	0.1280	1612.69
146	34	856.05	0.4464	127.94	0.1323	1661.56
145	35	882.84	0.4489	135.88	0.1368	1710.43
144	36	909.78	0.4515	144.09	0.1414	1759.30
143	37	936.87	0.4541	152.58	0.1459	1808.17
142	38	964.12	0.4569	161.34	0.1506	1857.03
141	39	991.53	0.4597	170.37	0.1554	1905.90
140	40	1019.12	0.4627	179.70	0.1601	1954.77
139	41	1046.88	0.4656	189.31	0.1650	2003.64
138	42	1074.82	0.4688	199.21	0.1699	2052.51
137	43	1102.95	0.4720	209.40	0.1749	2101.38
136	44	1131.27	0.4753	219.90	0.1800	2150.25
135	45	1159.80	0.4788	230.70	0.1851	2199.12
134	46	1188.53	0.4823	241.81	0.1904	2247.99
133	47	1217.47	0.4861	253.23	0.1957	2296.86
132	48	1246.64	0.4898	264.98	0.2012	2345.73
131	49	1276.03	0.4938	277.05	0.2067	2394.60
130	50	1305.66	0.4977	289.46	0.2123	2443.47
129	51	1335.53	0.5020	302.20	0.2180	2492.34
128	52	1365.65	0.5062	315.29	0.2239	2541.21
127	53	1396.03	0.5107	328.72	0.2298	2590.07
126	54	1426.67	0.5152	342.51	0.2359	2638.94
125	55	1457.59	0.5199	356.67	0.2421	2687.81
124	56	1488.79	0.5248	371.20	0.2483	2736.68
123	57	1520.28	0.5297	386.10	0.2548	2785.55
122	58	1552.07	0.5349	401.39	0.2614	2834.42
121	59	1584.16	0.5402	417.07	0.2681	2883.29
120	60	1616.58		433.16		2932.16

8

Angle des deux alignements.	Angle au centre correspondant.	Longueur des *tangentes*		Longueur de la *bissectrice*		Développement de l'*arc*.
		correspondant à l'angle au centre.	pour chaque minute en sus.	correspondant à l'angle au centre.	pour chaque minute en sus.	Valeur d'une minute (0.814486).
120°	60°	1616m58		433m16		2932m16
119	61	1649.33	0m5457	449.66	0m2749	2981.03
118	62	1682.41	0.5514	466.57	0.2819	3029.90
117	63	1715.84	0.5572	483.92	0.2890	3078.77
116	64	1749.63	0.5631	501.70	0.2963	3127.64
115	65	1783.80	0.5693	519.93	0.3038	3176.51
114	66	1818.34	0.5757	538.62	0.3115	3225.38
113	67	1853.28	0.5822	557.77	0.3192	3274.25
112	68	1888.62	0.5890	577.41	0.3272	3323.11
111	69	1924.39	0.5960	597.54	0.3354	3371.98
110	70	1960.58	0.6032	618.17	0.3438	3420.85
109	71	1997.22	0.6106	639.31	0.3523	3469.72
108	72	2034.32	0.6182	660.99	0.3612	3518.59
107	73	2071.89	0.6262	683.21	0.3702	3567.46
106	74	2109.95	0.6343	705.98	0.3795	3616.33
105	75	2148.52	0.6427	729.32	0.3890	3665.20
104	76	2187.60	0.6514	753.25	0.3988	3714.07
103	77	2227.22	0.6603	777.78	0.4088	3762.94
102	78	2267.40	0.6695	802.93	0.4191	3811.81
101	79	2308.14	0.6790	828.71	0.4296	3860.68
100	80	2349.48	0.6889	855.14	0.4405	3909.55
99	81	2391.43	0.6991	882.24	0.4517	3958.42
98	82	2434.00	0.7096	910.04	0.4632	4007.29
97	83	2477.23	0.7204	938.54	0.4750	4056.15
96	84	2521.13	0.7316	967.77	0.4872	4105.02
95	85	2565.73	0.7432	997.75	0.4997	4153.89
94	86	2611.04	0.7551	1028.52	0.5126	4202.76
93	87	2657.10	0.7677	1060.07	0.5259	4251.63
92	88	2703.93	0.7805	1092.46	0.5397	4300.50
91	89	2751.55	0.7936	1125.69	0.5538	4349.37
90	90	2800.00	0.8074	1159.80	0.5684	4398.24

Angle des deux alignements.	Angle au centre correspondant.	Longueur des *tangentes* correspondant à l'angle au centre.	pour chaque minute en sus.	Longueur de la *bissectrice* correspondant à l'angle au centre.	pour chaque minute en sus.	Développement de l'*arc.* Valeur d'une minute (0.814486).
150°	30°	750m26		98m77		1466m08
			0m4375		0m1150	
149	31	776.51		105.68		1514.95
			0.4396		0.1193	
148	32	802.89		112.84		1563.82
			0.4418		0.1236	
147	33	829.40		120.25		1612.69
			0.4441		0.1280	
146	34	856.05		127.94		1661.56
			0.4464		0.1323	
145	35	882.84		135.88		1710.43
			0.4489		0.1368	
144	36	909.78		144.09		1759.30
			0.4515		0.1414	
143	37	936.87		152.58		1808.17
			0.4541		0.1459	
142	38	964.12		161.34		1857.03
			0.4569		0.1506	
141	39	991.53		170.37		1905.90
			0.4597		0.1554	
140	40	1019.12		179.70		1954.77
			0.4627		0.1601	
139	41	1046.88		189.31		2003.64
			0.4656		0.1650	
138	42	1074.82		199.21		2052.51
			0.4688		0.1699	
137	43	1102.95		209.40		2101.38
			0.4720		0.1749	
136	44	1131.27		219.90		2150.25
			0.4753		0.1800	
135	45	1159.80		230.70		2199.12
			0.4788		0.1851	
134	46	1188.53		241.81		2247.99
			0.4823		0.1904	
133	47	1217.47		253.23		2296.86
			0.4861		0.1957	
132	48	1246.64		264.98		2345.73
			0.4898		0.2012	
131	49	1276.03		277.05		2394.60
			0.4938		0.2067	
130	50	1305.66		289.46		2443.47
			0.4977		0.2123	
129	51	1335.53		302.20		2492.34
			0.5020		0.2180	
128	52	1365.65		315.29		2541.21
			0.5062		0.2239	
127	53	1396.03		328.72		2590.07
			0.5107		0.2298	
126	54	1426.67		342.51		2638.94
			0.5152		0.2359	
125	55	1457.59		356.67		2687.81
			0.5199		0.2421	
124	56	1488.79		371.20		2736.68
			0.5248		0.2483	
123	57	1520.28		386.10		2785.55
			0.5297		0.2548	
122	58	1552.07		401.39		2834.42
			0.5349		0.2614	
121	59	1584.16		417.07		2883.29
			0.5402		0.2681	
120	60	1616.58		433.16		2932.16

8

RAYON 2800.

Angle des deux alignements.	Angle au centre correspondant.	Longueur des *tangentes* correspondant à l'angle au centre.	pour chaque minute en sus.	Longueur de la *bissectrice* correspondant à l'angle au centre.	pour chaque minute en sus.	Développement de l'arc. Valeur d'une minute (0.814486).
120°	60°	1616m58		433m16		2932m16
			0m5457		0m2749	
119	61	1649.33		449.66		2981.03
			0.5514		0.2819	
118	62	1682.41		466.57		3029.90
			0.5572		0.2890	
117	63	1715.84		483.92		3078.77
			0.5631		0.2963	
116	64	1749.63		501.70		3127.64
			0.5693		0.3038	
115	65	1783.80		519.93		3176.51
			0.5757		0.3115	
114	66	1818.34		538.62		3225.38
			0.5822		0.3192	
113	67	1853.28		557.77		3274.25
			0.5890		0.3272	
112	68	1888.62		577.41		3323.11
			0.5960		0.3354	
111	69	1924.39		597.54		3371.98
			0.6032		0.3438	
110	70	1960.58		618.17		3420.85
			0.6106		0.3523	
109	71	1997.22		639.31		3469.72
			0.6182		0.3612	
108	72	2034.32		660.99		3518.59
			0.6262		0.3702	
107	73	2071.89		683.21		3567.46
			0.6343		0.3795	
106	74	2109.95		705.98		3616.33
			0.6427		0.3890	
105	75	2148.52		729.32		3665.20
			0.6514		0.3988	
104	76	2187.60		753.25		3714.07
			0.6603		0.4088	
103	77	2227.22		777.78		3762.94
			0.6695		0.4191	
102	78	2267.40		802.93		3811.81
			0.6790		0.4296	
101	79	2308.14		828.71		3860.68
			0.6889		0.4403	
100	80	2349.48		855.14		3909.55
			0.6991		0.4517	
99	81	2391.43		882.24		3958.42
			0.7096		0.4632	
98	82	2434.00		910.04		4007.29
			0.7204		0.4750	
97	83	2477.23		938.54		4056.15
			0.7316		0.4872	
96	84	2521.13		967.77		4105.02
			0.7432		0.4997	
95	85	2565.73		997.75		4153.89
			0.7551		0.5126	
94	86	2611.04		1028.52		4202.76
			0.7677		0.5259	
93	87	2657.10		1060.07		4251.63
			0.7805		0.5397	
92	88	2703.93		1092.46		4300.50
			0.7936		0.5538	
91	89	2751.55		1125.69		4349.37
			0.8074		0.5684	
90	90	2800.00		1159.80		4398.24

Angle des deux alignements.	Angle au centre correspondant.	Longueur des *tangentes*		Longueur de la *bissectrice*		Développement de l'*arc*.
		correspondant à l'angle au centre.	pour chaque minute en sus.	correspondant à l'angle au centre.	pour chaque minute en sus.	Valeur d'une minute (0.843575).
179°	1°	25ᵐ31		0ᵐ11		50ᵐ61
178	2	50.62	0ᵐ4218	0.44	0ᵐ0055	101.23
177	3	75.94	0.4219	0.99	0.0092	151.84
176	4	101.27	0.4221	1.77	0.0128	202.46
175	5	126.62	0.4224	2.76	0.0165	253.07
174	6	151.98	0.4227	3.98	0.0202	303.69
173	7	177.37	0.4231	5.42	0.0239	354.30
172	8	202.79	0.4236	7.08	0.0277	404.92
171	9	228.23	0.4241	8.97	0.0314	455.53
170	10	253.72	0.4247	11.08	0.0351	506.15
169	11	279.24	0.4253	13.41	0.0388	556.76
168	12	304.80	0.4260	15.97	0.0426	607.38
167	13	330.41	0.4268	18.76	0.0464	657.99
166	14	356.08	0.4277	21.78	0.0502	708.61
165	15	381.79	0.4286	25.02	0.0540	759.22
164	16	407.57	0.4296	28.50	0.0579	809.83
163	17	433.41	0.4306	32.21	0.0617	860.45
162	18	459.31	0.4317	36.15	0.0656	911.06
161	19	485.29	0.4330	40.32	0.0696	961.68
160	20	511.35	0.4342	44.74	0.0735	1012.29
159	21	537.48	0.4355	49.39	0.0775	1062.91
158	22	563.70	0.4369	54.28	0.0815	1113.52
157	23	590.01	0.4384	59.41	0.0855	1164.14
156	24	616.42	0.4400	64.79	0.0895	1214.75
155	25	642.92	0.4416	70.41	0.0937	1265.37
154	26	669.52	0.4433	76.28	0.0978	1315.98
153	27	696.23	0.4451	82.40	0.1020	1366.60
152	28	723.05	0.4470	88.78	0.1062	1417.21
151	29	749.99	0.4490	95.41	0.1104	1467.83
150	30	777.05	0.4509	102.30	0.1148	1518.44

Angle des deux alignements.	Angle au centre correspondant.	Longueur des *tangentes* correspondant à l'angle au centre.	pour chaque minute en sus.	Longueur de la *bissectrice* correspondant à l'angle au centre.	pour chaque minute en sus.	Développement de l'*arc.* Valeur d'une minute (0.843575).
150°	30°	777m05		102m30		1518m44
			0m4531		0m1191	
149	31	804.24		109.45		1569.05
			0.4553		0.1235	
148	32	831.56		116.87		1619.67
			0.4576		0.1280	
147	33	859.02		124.55		1670.28
			0.4600		0.1326	
146	34	886.62		132.51		1720.90
			0.4624		0.1371	
145	35	914.37		140.73		1771.51
			0.4650		0.1417	
144	36	942.27		149.24		1822.13
			0.4676		0.1464	
143	37	970.33		158.03		1872.74
			0.4704		0.1512	
142	38	998.55		167.20		1923.36
			0.4732		0.1559	
141	39	1026.95		176.46		1973.97
			0.4761		0.1609	
140	40	1055.51		186.12		2024.59
			0.4792		0.1658	
139	41	1084.27		196.07		2075.20
			0.4822		0.1709	
138	42	1113.20		206.32		2125.82
			0.4856		0.1759	
137	43	1142.34		216.88		2176.43
			0.4889		0.1811	
136	44	1171.68		227.75		2227.05
			0.4923		0.1864	
135	45	1201.22		238.94		2277.66
			0.4959		0.1917	
134	46	1230.98		250.44		2328.27
			0.4996		0.1972	
133	47	1260.95		262.28		2378.89
			0.5034		0.2027	
132	48	1291.16		274.44		2429.50
			0.5073		0.2084	
131	49	1321.61		286.95		2480.12
			0.5114		0.2141	
130	50	1352.29		299.80		2530.73
			0.5155		0.2199	
129	51	1383.22		312.99		2581.35
			0.5200		0.2258	
128	52	1414.43		326.55		2631.96
			0.5243		0.2319	
127	53	1445.89		340.46		2682.58
			0.5289		0.2380	
126	54	1477.63		354.75		2733.19
			0.5336		0.2443	
125	55	1509.64		369.41		2783.81
			0.5385		0.2507	
124	56	1541.96		384.45		2834.42
			0.5436		0.2572	
123	57	1574.57		399.89		2885.04
			0.5487		0.2639	
122	58	1607.50		415.72		2935.65
			0.5540		0.2707	
121	59	1640.74		431.97		2986.26
			0.5595		0.2777	
120	60	1674.32		448.63		3036.88

Angle des deux alignements.	Angle au centre correspondant.	Longueur des *tangentes*		Longueur de la *bissectrice*		Développement de l'*arc.*
		correspondant à l'angle au centre.	pour chaque minute en sus.	correspondant à l'angle au centre.	pour chaque minute en sus.	Valeur d'une minute (0.843575).
179°	1°	25ᵐ31	0ᵐ4218	0ᵐ11	0ᵐ0055	50ᵐ61
178	2	50.62	0.4219	0.44	0.0092	101.23
177	3	75.94	0.4221	0.99	0.0128	151.84
176	4	101.27	0.4224	1.77	0.0165	202.46
175	5	126.62	0.4227	2.76	0.0202	253.07
174	6	151.98	0.4231	3.98	0.0239	303.69
173	7	177.37	0.4236	5.42	0.0277	354.30
172	8	202.79	0.4241	7.08	0.0314	404.92
171	9	228.23	0.4247	8.97	0.0351	455.53
170	10	253.72	0.4253	11.08	0.0388	506.15
169	11	279.24	0.4260	13.41	0.0426	556.76
168	12	304.80	0.4268	15.97	0.0464	607.38
167	13	330.41	0.4277	18.76	0.0502	657.99
166	14	356.08	0.4286	21.78	0.0540	708.61
165	15	381.79	0.4296	25.02	0.0579	759.22
164	16	407.57	0.4306	28.50	0.0617	809.83
163	17	433.41	0.4317	32.21	0.0656	860.45
162	18	459.31	0.4330	36.15	0.0696	911.06
161	19	485.29	0.4342	40.32	0.0735	961.68
160	20	511.35	0.4355	44.74	0.0775	1012.29
159	21	537.48	0.4369	49.39	0.0815	1062.91
158	22	563.70	0.4384	54.28	0.0855	1113.52
157	23	590.01	0.4400	59.41	0.0895	1164.14
156	24	616.42	0.4416	64.79	0.0937	1214.75
155	25	642.92	0.4433	70.41	0.0978	1265.37
154	26	669.52	0.4451	76.28	0.1020	1315.98
153	27	696.23	0.4470	82.40	0.1062	1366.60
152	28	723.05	0.4490	88.78	0.1104	1417.21
151	29	749.99	0.4509	95.41	0.1148	1467.83
150	30	777.05		102.30		1518.44

Angle des deux alignements.	Angle au centre correspondant.	Longueur des *tangentes*		Longueur de la *bissectrice*		Développement de l'*arc.*
		correspondant à l'angle au centre.	pour chaque minute en sus.	correspondant à l'angle au centre.	pour chaque minute en sus.	Valeur d'une minute (0.843575).
150°	30°	777^{m}05	0^{m}4531	102^{m}30	0^{m}1191	1518^{m}44
149	31	804.24	0.4553	109.45	0.1235	1569.05
148	32	831.56	0.4576	116.87	0.1280	1619.67
147	33	859.02	0.4600	124.55	0.1326	1670.28
146	34	886.62	0.4624	132.51	0.1371	1720.90
145	35	914.37	0.4650	140.73	0.1417	1771.51
144	36	942.27	0.4676	149.24	0.1464	1822.13
143	37	970.33	0.4704	158.03	0.1512	1872.74
142	38	998.55	0.4732	167.20	0.1559	1923.36
141	39	1026.95	0.4761	176.46	0.1609	1973.97
140	40	1055.51	0.4792	186.12	0.1638	2024.59
139	41	1084.27	0.4822	196.07	0.1709	2075.20
138	42	1113.20	0.4856	206.32	0.1759	2125.82
137	43	1142.34	0.4889	216.88	0.1811	2176.43
136	44	1171.68	0.4923	227.75	0.1864	2227.05
135	45	1201.22	0.4959	238.94	0.1917	2277.66
134	46	1230.98	0.4996	250.44	0.1972	2328.27
133	47	1260.95	0.5034	262.28	0.2027	2378.89
132	48	1291.16	0.5073	274.44	0.2084	2429.50
131	49	1321.61	0.5114	286.93	0.2141	2480.12
130	50	1352.29	0.5155	299.80	0.2199	2530.73
129	51	1383.22	0.5200	312.99	0.2258	2581.35
128	52	1414.43	0.5243	326.55	0.2319	2631.96
127	53	1445.89	0.5289	340.46	0.2380	2682.58
126	54	1477.63	0.5336	354.75	0.2443	2733.19
125	55	1509.64	0.5385	369.41	0.2507	2783.81
124	56	1541.96	0.5436	384.45	0.2572	2834.42
123	57	1574.57	0.5487	399.89	0.2639	2885.04
122	58	1607.50	0.5540	415.72	0.2707	2935.65
121	59	1640.74	0.5595	431.97	0.2777	2986.26
120	60	1674.32		448.63		3036.88

Angle des deux alignements.	Angle au centre correspondant.	Longueur des *tangentes* correspondant à l'angle au centre.	Longueur des *tangentes* pour chaque minute en sus.	Longueur de la *bissectrice* correspondant à l'angle au centre.	Longueur de la *bissectrice* pour chaque minute en sus.	Développement de l'arc. Valeur d'une minute (0.843575).
120°	60°	1674m32		448m63		3036m88
119	61	1708.23	0m5652	465.72	0m2847	3087.49
118	62	1742.50	0.5710	483.24	0.2919	3138.11
117	63	1777.12	0.5771	501.20	0.2993	3188.72
116	64	1812.12	0.5832	519.62	0.3069	3239.34
115	65	1847.50	0.5897	538.50	0.3146	3289.95
114	66	1883.28	0.5962	557.85	0.3226	3340.57
113	67	1919.47	0.6030	577.69	0.3306	3391.18
112	68	1956.07	0.6101	598.03	0.3389	3441.80
111	69	1993.11	0.6173	618.88	0.3474	3492.41
110	70	2030.60	0.6247	640.25	0.3561	3543.03
109	71	2068.55	0.6324	662.15	0.3649	3593.64
108	72	2106.97	0.6403	684.60	0.3741	3644.26
107	73	2145.89	0.6485	707.61	0.3834	3694.87
106	74	2185.31	0.6569	731.19	0.3931	3745.48
105	75	2225.25	0.6656	755.37	0.4028	3796.10
104	76	2265.73	0.6746	780.15	0.4130	3846.71
103	77	2306.76	0.6839	805.56	0.4234	3897.33
102	78	2348.37	0.6934	831.60	0.4341	3947.94
101	79	2390.57	0.7033	858.30	0.4450	3998.56
100	80	2433.39	0.7135	885.68	0.4562	4049.17
99	81	2476.83	0.7241	913.75	0.4678	4099.79
98	82	2520.93	0.7349	942.54	0.4797	4150.40
97	83	2565.70	0.7461	972.06	0.4919	4201.02
96	84	2611.17	0.7577	1002.33	0.5046	4251.63
95	85	2657.36	0.7698	1033.39	0.5175	4302.25
94	86	2704.29	0.7821	1065.25	0.5309	4352.86
93	87	2752.00	0.7951	1097.93	0.5447	4403.48
92	88	2800.50	0.8083	1131.47	0.5589	4454.09
91	89	2849.82	0.8220	1165.89	0.5736	4504.70
90	90	2900.00	0.8363	1201.22	0.5887	4555.32

RAYON 3000.

Angle des deux alignements.	Angle au centre correspondant.	Longueur des *tangentes*		Longueur de la *bissectrice*		Développement de l'*arc*
		correspondant à l'angle au centre.	pour chaque minute en sus.	correspondant à l'angle au centre.	pour chaque minute en sus.	Valeur d'une minute (0.872664).
179°	1°	26m18		0m11		52m36
			0m4364		0m0057	
178	2	52.37		0.46		104.72
			0.4365		0,0095	
177	3	76.56		1.03		157.08
			0.4367		0.0133	
176	4	104.76		1.83		209.44
			0,4370		0.0171	
175	5	130.99		2.86		261.80
			0.4372		0.0209	
174	6	157.22		4.12		314.16
			0,4377		0.0248	
173	7	183.49		5.61		366.52
			0.4382		0.0286	
172	8	209.78		7.33		418.88
			0.4387		0.0324	
171	9	236.11		9.28		471.24
			0,4393		0.0363	
170	10	262.47		11.46		523.60
			0,4400		0.0402	
169	11	288.87		13.88		575.96
			0.4407		0.0441	
168	12	315.31		16.53		628.32
			0,4415		0.0480	
167	13	341.81		19.41		680.68
			0.4424		0.0519	
166	14	368.35		22.53		733.04
			0.4433		0.0559	
165	15	394.96		25.89		785.40
			0.4444		0.0599	
164	16	421.62		29.48		837.76
			0.4455		0.0639	
163	17	448.35		33.32		890.12
			0.4466		0.0679	
162	18	475.15		37.40		942.48
			0.4479		0.0720	
161	19	502.01		41.72		994.84
			0.4491		0.0760	
160	20	528.98		46.28		1047.20
			0.4506		0.0801	
159	21	556.02		51.09		1099.56
			0.4520		0.0843	
158	22	583.14		56.15		1151.92
			0.4536		0.0885	
157	23	610.36		61.46		1204.28
			0.4552		0.0926	
156	24	637.67		67.02		1256.64
			0.4569		0.0969	
155	25	665.09		72.84		1309.00
			0.4586		0.1011	
154	26	692.60		78.91		1361.36
			0.4605		0.1055	
153	27	720.24		85.25		1413.72
			0.4624		0.1099	
152	28	747.98		91.84		1466.08
			0.4644		0.1143	
151	29	775.85		98.70		1518.44
			0.4665		0.1188	
150	30	803.85		105.83		1570.80

Angle des deux aligne-ments.	Angle au centre cor-respon-dant.	Longueur des *tangentes*		Longueur de la *bissectrice*		Développe-ment de l'*arc.* Valeur d'une minute (0.843575).
		correspondant à l'angle au centre.	pour chaque minute en sus.	correspondant à l'angle au centre.	pour chaque minute en sus.	
120°	60°	1674m32	0m5652	448m63	0m2847	3036m88
119	61	1708.23	0.5710	465.72	0.2919	3087.49
118	62	1742.50	0.5771	483.24	0.2993	3138.11
117	63	1777.12	0.5832	501.20	0.3069	3188.72
116	64	1812.12	0.5897	519.62	0.3146	3239.34
115	65	1847.50	0.5962	538.50	0.3226	3289.95
114	66	1883.28	0.6030	557.85	0.3306	3340.57
113	67	1919.47	0.6101	577.69	0.3389	3391.18
112	68	1956.07	0.6173	598.03	0.3474	3441.80
111	69	1993.11	0.6247	618.88	0.3561	3492.41
110	70	2030.60	0.6324	640.25	0.3649	3543.03
109	71	2068.55	0.6403	662.15	0.3741	3593.64
108	72	2106.97	0.6485	684.60	0.3834	3644.26
107	73	2145.89	0.6569	707.61	0.3931	3694.87
106	74	2185.31	0.6656	731.19	0.4028	3745.48
105	75	2225.25	0.6746	755.37	0.4130	3796.10
104	76	2265.73	0.6839	780.15	0.4234	3846.71
103	77	2306.76	0.6934	805.56	0.4341	3897.33
102	78	2348.37	0.7033	831.60	0.4450	3947.94
101	79	2390.57	0.7135	858.30	0.4562	3998.56
100	80	2433.39	0.7241	885.68	0.4678	4049.17
99	81	2476.83	0.7349	913.75	0.4797	4099.79
98	82	2520.93	0.7461	942.54	0.4919	4150.40
97	83	2565.70	0.7577	972.06	0.5046	4201.02
96	84	2611.17	0.7698	1002.33	0.5175	4251.63
95	85	2657.36	0.7821	1033.39	0.5309	4302.25
94	86	2704.29	0.7951	1065.25	0.5447	4352.86
93	87	2752.00	0.8083	1097.93	0.5589	4403.48
92	88	2800.50	0.8220	1131.47	0.5736	4454.09
91	89	2849.82	0.8363	1165.89	0.5887	4504.70
90	90	2900.00		1201.22		4555.32

Angle des deux alignements.	Angle au centre correspondant.	Longueur des *tangentes*		Longueur de la *bissectrice*		Développement de l'*arc.*
		correspondant à l'angle au centre.	pour chaque minute en sus.	correspondant à l'angle au centre.	pour chaque minute en sus.	Valeur d'une minute (0.872664).
179°	1°	26ᵐ18		0ᵐ11		52ᵐ36
178	2	52.37	0ᵐ4364	0.46	0ᵐ0057	104.72
177	3	78.56	0.4365	1.03	0.0095	157.08
176	4	104.76	0.4367	1.83	0.0133	209.44
175	5	130.99	0.4370	2.86	0.0171	261.80
174	6	157.22	0.4372	4.12	0.0209	314.16
173	7	183.49	0.4377	5.61	0.0248	366.52
172	8	209.78	0.4382	7.33	0.0286	418.88
171	9	236.11	0.4387	9.28	0.0324	471.24
170	10	262.47	0.4393	11.46	0.0363	523.60
169	11	288.87	0.4400	13.88	0.0402	575.96
168	12	315.31	0.4407	16.53	0.0441	628.32
167	13	341.81	0.4415	19.41	0.0480	680.68
166	14	368.35	0.4424	22.53	0.0519	733.04
165	15	394.96	0.4433	25.89	0.0559	785.40
164	16	421.62	0.4444	29.48	0.0599	837.76
163	17	448.35	0.4455	33.32	0.0639	890.12
162	18	475.15	0.4466	37.40	0.0679	942.48
161	19	502.01	0.4479	41.72	0.0720	994.84
160	20	528.98	0.4491	46.28	0.0760	1047.20
159	21	556.02	0.4506	51.09	0.0801	1099.56
158	22	583.14	0.4520	56.15	0.0843	1151.92
157	23	610.36	0.4536	61.46	0.0885	1204.28
156	24	637.67	0.4552	67.02	0.0926	1256.64
155	25	665.09	0.4569	72.84	0.0969	1309.00
154	26	692.60	0.4586	78.91	0.1011	1361.36
153	27	720.24	0.4605	85.25	0.1055	1413.72
152	28	747.98	0.4624	91.84	0.1099	1466.08
151	29	775.85	0.4644	98.70	0.1143	1518.44
150	30	803.85	0.4665	105.83	0.1188	1570.80

Angle des deux alignements.	Angle au centre correspondant.	Longueur des *tangentes*		Longueur de la *bissectrice*		Développement de l'*arc*.
		correspondant à l'angle au centre.	pour chaque minute en sus.	correspondant à l'angle au centre.	pour chaque minute en sus.	Valeur d'une minute (0.872664).
150°	30°	803m85	0m4687	105m83	0m1233	1570m80
149	31	831.97	0.4710	113.23	0.1278	1623.16
148	32	860.24	0.4734	120.90	0.1324	1675.52
147	33	888.64	0.4758	128.84	0.1371	1727.88
146	34	917.19	0.4783	137.08	0.1418	1780.24
145	35	945.90	0.4810	145.59	0.1466	1832.60
144	36	974.76	0.4837	154.39	0.1515	1884.96
143	37	1003.79	0.4866	163.48	0.1564	1937.32
142	38	1032.98	0.4895	172.86	0.1613	1989.68
141	39	1062.36	0.4925	182.54	0.1665	2042.04
140	40	1091.91	0.4957	192.53	0.1715	2094.40
139	41	1121.66	0.4989	202.83	0.1767	2146.76
138	42	1151.59	0.5023	213.44	0.1820	2199.12
137	43	1181.73	0.5058	224.36	0.1873	2251.48
136	44	1212.08	0.5093	235.60	0.1929	2303.84
135	45	1242.64	0.5130	247.18	0.1983	2356.20
134	46	1273.43	0.5168	259.08	0.2040	2408.56
133	47	1304.44	0.5208	271.32	0.2097	2460.92
132	48	1335.69	0.5248	283.91	0.2155	2513.28
131	49	1367.18	0.5290	296.84	0.2214	2565.64
130	50	1398.92	0.5332	310.13	0.2275	2618.00
129	51	1430.92	0.5379	323.79	0.2336	2670.36
128	52	1463.20	0.5424	337.81	0.2398	2722.72
127	53	1495.75	0.5472	352.20	0.2463	2775.08
126	54	1528.58	0.5520	366.98	0.2527	2827.44
125	55	1561.70	0.5571	382.15	0.2593	2879.80
124	56	1595.13	0.5623	397.71	0.2661	2932.16
123	57	1628.87	0.5676	413.68	0.2730	2984.52
122	58	1662.93	0.5731	430.06	0.2800	3036.88
121	59	1697.32	0.5788	446.87	0.2872	3089.24
120	60	1732.05		464.10		3141.60

RAYON 5000.

Angle des deux alignements.	Angle au centre correspondant.	Longueur des *tangentes*		Longueur de la *bissectrice*.		Développement de l'*arc.*
		correspondant à l'angle au centre.	pour chaque minute en sus.	correspondant à l'angle au centre.	pour chaque minute en sus.	Valeur d'une minute (0.872664).
120°	60°	1732m05	0m 5847	464m10	0m2945	3141m60
119	61	1767.14	0.5907	481.78	0.3020	3193.96
118	62	1802.58	0.5970	499.90	0.3096	3246.32
117	63	1838.40	0.6033	518.48	0.3175	3298.68
116	64	1874.61	0.6100	537.53	0.3255	3351.04
115	65	1911.21	0.6168	557.06	0.3337	3403.40
114	66	1948.22	0.6238	577.09	0.3420	3455.76
113	67	1985.66	0.6311	597.62	0.3506	3508.12
112	68	2023.52	0.6386	618.65	0.3594	3560.48
111	69	2061.84	0.6462	640.22	0.3684	3612.84
110	70	2100.62	0.6543	662.33	0.3775	3665.20
109	71	2139.88	0.6624	684.98	0.3870	3717.56
108	72	2179.63	0.6709	708.20	0.3966	3769.92
107	73	2219.88	0.6796	732.01	0.4066	3822.28
106	74	2260.66	0.6886	756.41	0.4167	3874.64
105	75	2301.98	0.6979	781.42	0.4272	3927.00
104	76	2343.86	0.7074	807.05	0.4380	3979.36
103	77	2386.31	0.7173	833.33	0.4491	4031.72
102	78	2429.35	0.7275	860.28	0.4603	4084.08
101	79	2473.01	0.7381	887.90	0.4719	4136.44
100	80	2517.30	0.7491	916.22	0.4839	4188.80
99	81	2562.24	0.7602	945.26	0.4962	4241.16
98	82	2607.86	0.7719	975.04	0.5089	4293.52
97	83	2654.18	0.7839	1005.58	0.5220	4345.88
96	84	2701.21	0.7963	1036.90	0.5354	4398.24
95	85	2748.99	0.8091	1069.02	0.5493	4450.60
94	86	2797.54	0.8225	1101.98	0.5635	4502.96
93	87	2846.89	0.8362	1135.79	0.5782	4555.32
92	88	2897.07	0.8503	1170.49	0.5934	4607.68
91	89	2948.09	6.8651	1206.10	0.6090	4660.04
90	90	3000.00		1242.64		4712.40

Angle des deux alignements.	Angle au centre correspondant.	Longueur des *tangentes* correspondant à l'angle au centre.	pour chaque minute en sus.	Longueur de la *bissectrice* correspondant à l'angle au centre.	pour chaque minute en sus.	Développement de l'arc. Valeur d'une minute (0.872664).
150°	30°	803m85	0m4687	105m83	0m1233	1570m80
149	31	831.97	0.4710	113.23	0.1278	1623.16
148	32	860.24	0.4734	120.90	0.1324	1675.52
147	33	888.64	0.4758	128.84	0.1371	1727.88
146	34	917.19	0.4783	137.08	0.1418	1780.24
145	35	945.90	0.4810	145.59	0.1466	1832.60
144	36	974.76	0.4837	154.39	0.1515	1884.96
143	37	1003.79	0.4866	163.48	0.1564	1937.32
142	38	1032.98	0.4895	172.86	0.1613	1989.68
141	39	1062.36	0.4925	182.54	0.1665	2042.04
140	40	1091.91	0.4957	192.53	0.1715	2094.40
139	41	1121.66	0.4989	202.83	0.1767	2146.76
138	42	1151.59	0.5023	213.44	0.1820	2199.12
137	43	1181.73	0.5058	224.36	0.1873	2251.48
136	44	1212.08	0.5093	235.60	0.1929	2303.84
135	45	1242.64	0.5130	247.18	0.1983	2356.20
134	46	1273.43	0.5168	259.08	0.2040	2408.56
133	47	1304.44	0.5208	271.32	0.2097	2460.92
132	48	1335.69	0.5248	283.91	0.2155	2513.28
131	49	1367.18	0.5290	296.84	0.2214	2565.64
130	50	1398.92	0.5332	310.13	0.2275	2618.00
129	51	1430.92	0.5379	323.79	0.2336	2670.36
128	52	1463.20	0.5424	337.81	0.2398	2722.72
127	53	1495.75	0.5472	352.20	0.2463	2775.08
126	54	1528.58	0.5520	366.98	0.2527	2827.44
125	55	1561.70	0.5571	382.15	0.2593	2879.80
124	56	1595.13	0.5623	397.71	0.2661	2932.16
123	57	1628.87	0.5676	413.68	0.2730	2984.52
122	58	1662.93	0.5731	430.06	0.2800	3036.88
121	59	1697.32	0.5788	446.87	0.2872	3089.24
120	60	1732.05		464.10		3141.60

RAYON 5000.

Angle des deux aligne- ments.	Angle au centre cor- respon- dant.	Longueur des *tangentes*		Longueur de la *bissectrice*		Développe- ment de l'*arc.*
		correspondant à l'angle au centre.	pour chaque minute en sus.	correspondant à l'angle au centre.	pour chaque minute en sus.	Valeur d'une minute (0.872684).
120°	60°	1732ᵐ05	0ᵐ 5847	464ᵐ10	0ᵐ2945	3141ᵐ60
119	61	1767.14	0.5907	481.78	0.3020	3193.96
118	62	1802.58	0.5970	499.90	0.3096	3246.32
117	63	1838.40	0.6033	518.48	0.3175	3298.68
116	64	1874.61	0.6100	537.53	0.3255	3351.04
115	65	1911.21	0.6168	557.06	0.3337	3403.40
114	66	1948.22	0.6238	577.09	0.3420	3455.76
113	67	1985.66	0.6311	597.62	0.3506	3508.12
112	68	2023.52	0.6386	618.65	0.3594	3560.48
111	69	2061.84	0.6462	640.22	0.3684	3612.84
110	70	2100.62	0.6543	662.33	0.3775	3665.20
109	71	2139.88	0.6624	684.98	0.3870	3717.56
108	72	2179.63	0.6709	708.20	0.3966	3769.92
107	73	2219.88	0.6796	732.01	0.4066	3822.28
106	74	2260.66	0.6886	756.41	0.4167	3874.64
105	75	2301.98	0.6979	781.42	0.4272	3927.00
104	76	2343.86	0.7074	807.05	0.4380	3979.36
103	77	2386.31	0.7173	833.33	0.4491	4031.72
102	78	2429.35	0.7275	860.28	0.4603	4084.08
101	79	2473.01	0.7381	887.90	0.4719	4136.44
100	80	2517.30	0.7491	916.22	0.4839	4188.80
99	81	2562.24	0.7602	945.26	0.4962	4241.16
98	82	2607.86	0.7719	975.04	0.5089	4293.52
97	83	2654.18	0.7839	1005.58	0.5220	4345.88
96	84	2701.21	0.7963	1036.90	0.5354	4398.24
95	85	2748.99	0.8091	1069.02	0.5493	4450.60
94	86	2797.54	0.8225	1101,98	0.5635	4502.96
93	87	2846.89	0.8362	1135.79	0.5782	4555.32
92	88	2897.07	0.8503	1170.49	0.5934	4607.68
91	89	2948.09	6.8651	1206.10	0.6090	4660.04
90	90	3000.00		1242.64		4712.40

Angle des deux alignements.	Angle au centre correspondant.	Longueur des tangentes — correspondant à l'angle au centre.	Longueur des tangentes — pour chaque minute en sus.	Longueur de la bissectrice — correspondant à l'angle au centre.	Longueur de la bissectrice — pour chaque minute en sus.	Développement de l'arc. Valeur d'une minute (0.901753).
179°	1°	27m05		0m12		54m11
			0m4509		0m0058	
178	2	54.11		0.47		108.21
			0.4510		0.0098	
177	3	81.18		1.06		162.32
			0.4513		0.0137	
176	4	108.25		1.89		216.42
			0.4516		0.0177	
175	5	135.35		2.95		270.53
			0.4518		0.0216	
174	6	162.46		4.25		324.63
			0.4523		0.0256	
173	7	189.60		5.79		378.74
			0.4528		0.0296	
172	8	216.77		7.57		432.84
			0.4533		0.0335	
171	9	243.98		9.59		486.95
			0.4539		0.0376	
170	10	271.21		11.84		541.05
			0.4546		0.0415	
169	11	298.50		14.34		595.16
			0.4554		0.0456	
168	12	325.82		17.08		649.26
			0.4562		0.0496	
167	13	353.20		20.06		703.37
			0.4571		0.0537	
166	14	380.63		23.28		757.47
			0.4581		0.0578	
165	15	408.12		26.75		811.58
			0.4592		0.0619	
164	16	435.68		30.47		865.69
			0.4603		0.0660	
163	17	463.30		34.43		919.79
			0.4615		0.0702	
162	18	490.99		38.64		973.90
			0.4628		0.0744	
161	19	518.76		43.11		1028.00
			0.4641		0.0786	
160	20	546.61		47.82		1082.11
			0.4656		0.0828	
159	21	574.55		52.79		1136.21
			0.4671		0.0871	
158	22	602.58		58.02		1190.32
			0.4687		0.0914	
157	23	630.70		63.51		1244.42
			0.4704		0.0957	
156	24	658.93		69.25		1298.53
			0.4721		0.1002	
155	25	687.25		75.27		1352.63
			0.4739		0.1045	
154	26	715.69		81.54		1406.74
			0.4758		0.1090	
153	27	744.24		88.09		1460.84
			0.4778		0.1136	
152	28	772.92		94.90		1514.95
			0.4799		0.1181	
151	29	801.72		101.99		1569.05
			0.4820		0.1227	
150	30	830.64		109.36		1623.16

Angle des deux alignements.	Angle au centre correspondant.	Longueur des *tangentes*		Longueur de la *bissectrice*		Développement de l'*arc.*
		correspondant à l'angle au centre.	pour chaque minute en sus.	correspondant à l'angle au centre.	pour chaque minute en sus.	Valeur d'une minute (0.901753).
150°	30°	830ᵐ64		109ᵐ36		1623ᵐ16
149	31	859.70	0ᵐ4843	117.00	0ᵐ1274	1677.26
148	32	888.91	0.4867	124.93	0.1321	1731.37
147	33	918.26	0.4891	133.14	0.1368	1785.48
146	34	947.77	0.4917	141.65	0.1417	1839.58
145	35	977.43	0.4943	150.44	0.1465	1893.69
144	36	1007.25	0.4970	159.53	0.1515	1947.79
143	37	1037.24	0.4998	168.93	0.1565	2001.90
142	38	1067.42	0.5028	178.62	0.1616	2056.00
141	39	1097.77	0.5058	188.63	0.1667	2110.11
140	40	1128.31	0.5089	198.95	0.1720	2164.21
139	41	1159.04	0.5122	209.59	0.1772	2218.32
138	42	1189.98	0.5155	220.55	0.1826	2272.42
137	43	1221.12	0.5190	231.84	0.1881	2326.53
136	44	1252.48	0.5226	243.46	0.1936	2380.63
135	45	1284.06	0.5263	255.42	0.1993	2434.74
134	46	1315.87	0.5301	267.72	0.2050	2488.84
133	47	1347.92	0.5340	280.37	0.2108	2542.95
132	48	1380.21	0.5381	293.37	0.2167	2597.06
131	49	1412.75	0.5423	306.74	0.2227	2651.16
130	50	1445.55	0.5467	320.47	0.2288	2705.27
129	51	1478.62	0.5510	334.58	0.2351	2759.37
128	52	1511.97	0.5558	349.07	0.2414	2813.48
127	53	1545.60	0.5605	363.94	0.2478	2867.58
126	54	1579.53	0.5654	379.21	0.2545	2921.69
125	55	1613.76	0.5704	394.88	0.2612	2975.79
124	56	1648.30	0.5756	410.97	0.2680	3029.90
123	57	1683.16	0.5810	427.47	0.2749	3084.00
122	58	1718.36	0.5865	444.39	0.2821	3138.11
121	59	1753.90	0.5922	461.76	0.2894	3192.21
120	60	1789.79	0.5981	479.57	0.2968	3246.32

Angle des deux aligne-ments.	Angle au centre cor-respon-dant.	Longueur des *tangentes*		Longueur de la *bissectrice*		Dévelo ppé-ment de l'*arc.*
		correspondant à l'angle au centre.	pour chaque minute en sus.	correspondant à l'angle au centre.	pour chaque minute en sus.	Valeur d'une minute (0.901753).
179°	1°	27m05		0m12		54m11
			0m4509		0m0058	
178	2	54.11		0.47		108.21
			0.4510		0.0098	
177	3	81.18		1.06		162.32
			0.4513		0.0137	
176	4	108.25		1.89		216.42
			0.4516		0.0177	
175	5	135.35		2.95		270.53
			0.4518		0.0216	
174	6	162.46		4.25		324.63
			0.4523		0.0256	
173	7	189.60		5.79		378.74
			0.4528		0.0296	
172	8	216.77		7.57		432.84
			0.4533		0.0335	
171	9	243.98		9.59		486.95
			0.4539		0.0376	
170	10	271.21		11.84		541.05
			0.4546		0.0415	
169	11	298.50		14.34		595.16
			0.4554		0.0456	
168	12	325.82		17.08		649.26
			0.4562		0.0496	
167	13	353.20		20.06		703.37
			0.4571		0.0537	
166	14	380.63		23.28		757.47
			0.4581		0.0578	
165	15	408.12		26.75		811.58
			0.4592		0.0619	
164	16	435.68		30.47		865.69
			0.4603		0.0660	
163	17	463.30		34.43		919.79
			0.4615		0.0702	
162	18	490.99		38.64		973.90
			0.4628		0.0744	
161	19	518.76		43.11		1028.00
			0.4641		0.0786	
160	20	546.61		47.82		1082.11
			0.4656		0.0828	
159	21	574.55		52.79		1136.21
			0.4671		0.0871	
158	22	602.58		58.02		1190.32
			0.4687		0.0914	
157	23	630.70		63.51		1244.42
			0.4704		0.0957	
156	24	658.93		69.25		1298.53
			0.4721		0.1002	
155	25	687.25		75.27		1352.63
			0.4739		0.1045	
154	26	715.69		81.54		1406.74
			0.4758		0.1090	
153	27	744.24		88.09		1460.84
			0.4778		0.1136	
152	28	772.92		94.90		1514.95
			0.4799		0.1181	
151	29	801.72		101.99		1569.05
			0.4820		0.1227	
150	30	830.64		109.36		1623.16

Angle des deux alignements.	Angle au centre correspondant.	Longueur des *tangentes*		Longueur de la *bissectrice*		Développement de l'*arc.*
		correspondant à l'angle au centre.	pour chaque minute en sus.	correspondant à l'angle au centre.	pour chaque minute en sus.	Valeur d'une minute (0.901753).
150°	30°	830m64		109m36		1623m16
149	31	859.70	0m4843	117.00	0m1274	1677.26
148	32	888.91	0.4867	124.93	0.1321	1731.37
147	33	918.26	0.4891	133.14	0.1368	1785.48
146	34	947.77	0.4917	141.65	0.1417	1839.58
145	35	977.43	0.4943	150.44	0.1465	1893.69
144	36	1007.25	0.4970	159.53	0.1515	1947.79
143	37	1037.24	0.4998	168.93	0.1565	2001.90
142	38	1067.42	0.5028	178.62	0.1616	2056.00
141	39	1097.77	0.5058	188.63	0.1667	2110.11
140	40	1128.31	0.5089	198.95	0.1720	2164.21
139	41	1159.04	0.5122	209.59	0.1772	2218.32
138	42	1189.98	0.5155	220.55	0.1826	2272.42
137	43	1221.12	0.5190	231.84	0.1881	2326.53
136	44	1252.48	0.5226	243.46	0.1936	2380.63
135	45	1284.06	0.5263	255.42	0.1993	2434.74
134	46	1315.87	0.5301	267.72	0.2050	2488.84
133	47	1347.92	0.5340	280.37	0.2108	2542.95
132	48	1380.21	0.5381	293.37	0.2167	2597.06
131	49	1412.75	0.5423	306.74	0.2227	2651.16
130	50	1445.55	0.5467	320.47	0.2288	2705.27
129	51	1478.62	0.5510	334.58	0.2351	2759.37
128	52	1511.97	0.5558	349.07	0.2414	2813.48
127	53	1545.60	0.5605	363.94	0.2478	2867.58
126	54	1579.53	0.5654	379.21	0.2545	2921.69
125	55	1613.76	0.5704	394.88	0.2612	2975.79
124	56	1648.30	0.5756	410.97	0.2680	3029.90
123	57	1683.16	0.5810	427.47	0.2749	3084.00
122	58	1718.36	0.5865	444.39	0.2821	3138.11
121	59	1753.90	0.5922	461.76	0.2894	3192.21
120	60	1789.79	0.5981	479.57	0.2968	3246.32

Angle des deux alignements.	Angle au centre correspondant.	Longueur des *tangentes*		Longueur de la *bissectrice*		Développement de l'*arc.*
		correspondant à l'angle au centre.	pour chaque minute en sus.	correspondant à l'angle au centre.	pour chaque minute en sus.	Valeur d'une minute (0.901753).
120°	60°	1789m79		479m57		3246m32
			0m6042		0m3043	
119	61	1826.04		497.84		3300.42
			0.6104		0.3121	
118	62	1862.67		516.56		3354.53
			0.6169		0.3200	
117	63	1899.68		535.76		3408.64
			0.6235		0.3281	
116	64	1937.09		555.45		3462.74
			0.6303		0.3363	
115	65	1974.92		575.63		3516.85
			0.6373		0.3448	
114	66	2013.16		596.33		3570.95
			0.6446		0.3534	
113	67	2051.84		617.54		3625.06
			0.6521		0.3623	
112	68	2090.97		639.28		3679.16
			0.6599		0.3713	
111	69	2130.57		661.56		3733.27
			0.6678		0.3807	
110	70	2170.64		684.40		3787.37
			0.6761		0.3901	
109	71	2211.21		707.81		3841.48
			0.6845		0.4000	
108	72	2252.28		731.81		3895.58
			0.6933		0.4099	
107	73	2293.88		756.41		3949.69
			0.7023		0.4202	
106	74	2336.02		781.62		4003.79
			0.7116		0.4306	
105	75	2378.71		807.46		4057.90
			0.7212		0.4415	
104	76	2421.99		833.96		4112.00
			0.7310		0.4526	
103	77	2465.85		861.11		4166.11
			0.7413		0.4640	
102	78	2510.33		888.96		4220.21
			0.7518		0.4756	
101	79	2555.44		917.50		4274.32
			0.7627		0.4877	
100	80	2601.21		946.76		4328.43
			0.7740		0.5001	
99	81	2647.65		976.77		4382.53
			0.7856		0.5128	
98	82	2694.79		1007.54		4436.64
			0.7976		0.5259	
97	83	2742.65		1039.10		4490.74
			0.8100		0.5394	
96	84	2791.25		1071.46		4544.85
			0.8228		0.5532	
95	85	2840.63		1104.66		4598.95
			0.8360		0.5676	
94	86	2890.79		1138.71		4653.06
			0.8499		0.5823	
93	87	2941.79		1173.63		4707.16
			0.8641		0.5975	
92	88	2993.64		1209.51		4761.27
			0.8787		0.6132	
91	89	3046.36		1246.30		4815.37
			0.8939		0.6293	
90	90	3100.00		1284.06		4869.48

Angle des deux alignements.	Angle au centre correspondant.	Longueur des *tangentes*		Longueur de la *bissectrice*		Développement de l'*arc.*
		correspondant à l'angle au centre.	pour chaque minute en sus.	correspondant à l'angle au centre.	pour chaque minute en sus.	Valeur d'une minute (0.930842).
179°	1°	27m92		0m12		55m85
178	2	55.86	0m4655	0.49	0m0060	111.70
177	3	83.79	0.4656	1.10	0.0101	167.55
176	4	111.75	0.4658	1.95	0.0142	223.40
175	5	139.72	0.4661	3.05	0.0182	279.25
174	6	167.70	0.4664	4.39	0.0223	335.10
173	7	195.72	0.4669	5.98	0.0264	390.95
172	8	223.77	0.4674	7.81	0.0305	446.81
171	9	251.85	0.4679	9.89	0.0346	502.66
170	10	279.96	0.4686	12.22	0.0388	558.51
169	11	308.12	0.4693	14.80	0.0429	614.36
168	12	336.33	0.4701	17.63	0.0471	670.21
167	13	364.59	0.4710	20.70	0.0512	726.06
166	14	392.91	0.4719	24.03	0.0554	781.91
165	15	421.29	0.4729	27.61	0.0596	837.76
164	16	449.73	0.4740	31.45	0.0639	893.61
163	17	478.24	0.4752	35.54	0.0681	949.46
162	18	506.83	0.4764	39.89	0.0724	1005.31
161	19	535.50	0.4778	44.50	0.0768	1061.16
160	20	564.25	0.4791	49.36	0.0811	1117.01
159	21	593.08	0.4806	54.50	0.0855	1172.86
158	22	622.02	0.4821	59.89	0.0899	1228.71
157	23	651.05	0.4838	65.56	0.0944	1284.57
156	24	680.18	0.4856	71.49	0.0988	1340.42
155	25	709.42	0.4873	77.70	0.1034	1396.27
154	26	738.78	0.4892	84.17	0.1079	1452.12
153	27	768.25	0.4912	90.93	0.1125	1507.97
152	28	797.85	0.4932	97.96	0.1172	1563.82
151	29	827.58	0.4954	105.28	0.1219	1619.67
150	30	857.44	0.4976	112.88	0.1267	1675.52

Angle des deux aligne-ments.	Angle au centre cor-respon-dant.	Longueur des *tangentes*		Longueur de la *bissectrice*		Développe-ment de l'*arc*.
		correspondant à l'angle au centre.	pour chaque minute en sus.	correspondant à l'angle au centre.	pour chaque minute en sus.	Valeur d'une minute (0.901753).
120°	60°	1789ᵐ79		479ᵐ57		3246ᵐ32
119	61	1826.04	0ᵐ6042	497.84	0ᵐ3043	3300.42
118	62	1862.67	0.6104	516.56	0.3121	3354.53
117	63	1899.68	0.6169	535.76	0.3200	3408.64
116	64	1937.09	0.6235	555.45	0.3281	3462.74
115	65	1974.92	0.6303	575.63	0.3363	3516.85
114	66	2013.16	0.6373	596.33	0.3448	3570.95
113	67	2051.84	0.6446	617.54	0.3534	3625.06
112	68	2090.97	0.6521	639.28	0.3623	3679.16
111	69	2130.57	0.6599	661.56	0.3713	3733.27
110	70	2170.64	0.6678	684.40	0.3807	3787.37
109	71	2211.21	0.6761	707.81	0.3901	3841.48
108	72	2252.28	0.6845	731.81	0.4000	3895.58
107	73	2293.88	0.6933	756.41	0.4099	3949.69
106	74	2336.02	0.7023	781.62	0.4202	4003.79
105	75	2378.71	0.7116	807.46	0.4306	4057.90
104	76	2421.99	0.7242	833.96	0.4415	4112.00
103	77	2465.85	0.7310	861.11	0.4526	4166.11
102	78	2510.33	0.7413	888.96	0.4640	4220.21
101	79	2555.44	0.7518	917.50	0.4756	4274.32
100	80	2601.21	0.7627	946.76	0.4877	4328.43
99	81	2647.65	0.7740	976.77	0.5001	4382.53
98	82	2694.79	0.7856	1007.54	0.5128	4436.64
97	83	2742.65	0.7976	1039.10	0.5259	4490.74
96	84	2791.25	0.8100	1071.46	0.5394	4544.85
95	85	2840.63	0.8228	1104.66	0.5532	4598.95
94	86	2890.79	0.8360	1138.71	0.5676	4653.06
93	87	2941.79	0.8499	1173.65	0.5823	4707.16
92	88	2993.64	0.8641	1209.51	0.5975	4761.27
91	89	3046.36	0.8787	1246.30	0.6132	4815.37
90	90	3100.00	0.8939	1284.06	0.6293	4869.48

Angle des deux alignements.	Angle au centre correspondant.	Longueur des *tangentes*		Longueur de la *bissectrice*		Développement de l'*arc.* Valeur d'une minute (0.930842).
		correspondant à l'angle au centre.	pour chaque minute en sus.	correspondant à l'angle au centre.	pour chaque minute en sus.	
179°	1°	27m92		0m12		55m85
178	2	55.86	0m4655	0.49	0m0060	111.70
177	3	83.79	0.4656	1.10	0.0101	167.55
176	4	111.75	0.4658	1.95	0.0142	223.40
175	5	139.72	0.4661	3.05	0.0182	279.25
174	6	167.70	0.4664	4.39	0.0223	335.10
173	7	195.72	0.4669	5.98	0.0264	390.95
172	8	223.77	0.4674	7.81	0.0305	446.81
171	9	251.85	0.4679	9.89	0.0346	502.66
170	10	279.96	0.4686	12.22	0.0388	558.51
169	11	308.12	0.4693	14.80	0.0429	614.36
168	12	336.33	0.4701	17.63	0.0471	670.21
167	13	364.59	0.4710	20.70	0.0512	726.06
166	14	392.91	0.4719	24.03	0.0554	781.91
165	15	421.29	0.4729	27.61	0.0596	837.76
164	16	449.73	0.4740	31.45	0.0639	893.61
163	17	478.24	0.4752	35.54	0.0681	949.46
162	18	506.83	0.4764	39.89	0.0724	1005.31
161	19	535.50	0.4778	44.50	0.0768	1061.16
160	20	564.25	0.4791	49.36	0.0811	1117.01
159	21	593.08	0.4806	54.50	0.0855	1172.86
158	22	622.02	0.4821	59.89	0.0899	1228.71
157	23	651.05	0.4838	65.56	0.0944	1284.57
156	24	680.18	0.4856	71.49	0.0988	1340.42
155	25	709.42	0.4873	77.70	0.1034	1396.27
154	26	738.78	0.4892	84.17	0.1079	1452.12
153	27	768.25	0.4912	90.93	0.1125	1507.97
152	28	797.85	0.4932	97.96	0.1172	1563.82
151	29	827.58	0.4954	105.28	0.1219	1619.67
150	30	857.44	0.4976	112.88	0.1267	1675.52

Angle des deux alignements.	Angle au centre correspondant.	Longueur des *tangentes*		Longueur de la *bissectrice*		Développement de l'*arc*.
		correspondant à l'angle au centre.	pour chaque minute en sus.	correspondant à l'angle au centre.	pour chaque minute en sus.	Valeur d'une minute (0.930842).
150°	30°	857m44		112m88		1675m52
			0m5000		0m1315	
149	31	887.44		120.77		1731.37
			0.5024		0.1363	
148	32	917.58		128.96		1787.22
			0.5049		0.1412	
147	33	947.88		137.43		1843.07
			0.5076		0.1463	
146	34	978.34		146.21		1898.92
			0.5102		0.1513	
145	35	1008.96		155.29		1954.77
			0.5131		0.1564	
144	36	1039.74		164.68		2010.62
			0.5160		0.1616	
143	37	1070.70		174.37		2066.47
			0.5190		0.1668	
142	38	1101.85		184.39		2122.33
			0.5221		0.1721	
141	39	1133.18		194.71		2178.18
			0.5253		0.1776	
140	40	1164.70		205.37		2234.03
			0.5288		0.1829	
139	41	1196.43		216.35		2289.88
			0.5321		0.1885	
138	42	1228.36		227.66		2345.73
			0.5358		0.1941	
137	43	1260.51		239.32		2401.58
			0.5395		0.1998	
136	44	1292.88		251.31		2457.43
			0.5432		0.2057	
135	45	1325.48		263.65		2513.28
			0.5472		0.2116	
134	46	1358.32		276.35		2569.13
			0.5512		0.2176	
133	47	1391.40		289.41		2624.98
			0.5555		0.2237	
132	48	1424.73		302.84		2680.83
			0.5598		0.2299	
131	49	1458.32		316.63		2736.68
			0.5643		0.2362	
130	50	1492.19		330.81		2792.53
			0.5688		0.2427	
129	51	1526.32		345.37		2848.38
			0.5737		0.2492	
128	52	1560.75		360.33		2904.23
			0.5786		0.2558	
127	53	1595.46		375.68		2960.08
			0.5836		0.2627	
126	54	1630.48		391.44		3015.94
			0.5888		0.2696	
125	55	1665.81		407.62		3071.79
			0.5942		0.2766	
124	56	1701.47		424.22		3127.64
			0.5998		0.2838	
123	57	1737.46		441.25		3183.49
			0.6054		0.2912	
122	58	1773.79		458.73		3239.34
			0.6113		0.2987	
121	59	1810.47		476.66		3295.19
			0.6174		0.3064	
120	60	1847.52		495.04		3351.04

RAYON 3200.

Angle des deux alignements.	Angle au centre correspondant.	Longueur des *tangentes*		Longueur de la *bissectrice*		Développement de l'arc.
		correspondant à l'angle au centre.	pour chaque minute en sus.	correspondant à l'angle au centre.	pour chaque minute en sus.	Valeur d'une minute (0.930842).
120°	60°	1847m52		495m04		3351m04
119	61	1884.94	0m6237	513.89	0m3142	3406.89
118	62	1922.76	0.6301	533.23	0.3221	3462.74
117	63	1960.96	0.6368	553.05	0.3303	3518.59
116	64	1999.58	0.6436	573.37	0.3387	3574.44
115	65	2038.62	0.6507	594.20	0.3472	3630.29
114	66	2078.10	0.6579	615.56	0.3560	3686.14
113	67	2118.03	0.6654	637.46	0.3648	3741.99
112	68	2158.43	0.6732	659.90	0.3740	3797.84
111	69	2199.30	0.6812	682.90	0.3833	3853.70
110	70	2240.66	0.6893	706.48	0.3930	3909.55
109	71	2282.54	0.6979	730.64	0.4027	3965.40
108	72	2324.93	0.7065	755.42	0.4128	4021.25
107	73	2367.88	0.7156	780.81	0.4231	4077.10
106	74	2411.37	0.7249	806.84	0.4337	4132.95
105	75	2455.45	0.7345	833.51	0.4445	4188.80
104	76	2500.12	0.7444	860.86	0.4557	4244.65
103	77	2545.40	0.7546	888.89	0.4672	4300.50
102	78	2591.31	0.7652	917.63	0.4790	4356.35
101	79	2637.88	0.7760	947.09	0.4910	4412.20
100	80	2685.12	0.7873	977.30	0.5034	4468.05
99	81	2733.06	0.7990	1008.28	0.5162	4523.90
98	82	2781.72	0.8109	1040.04	0.5293	4579.75
97	83	2831.12	0.8233	1072.61	0.5428	4635.60
96	84	2881.29	0.8361	1106.02	0.5568	4691.46
95	85	2932.26	0.8494	1140.29	0.5711	4747.31
94	86	2984.04	0.8630	1175.45	0.5859	4803.16
93	87	3036.68	0.8773	1211.51	0.6011	4859.01
92	88	3090.20	0.8920	1248.52	0.6168	4914.86
91	89	3144.63	0.9070	1286.50	0.6329	4970.71
90	90	3200.00	0.9228	1325.48	0.6496	5026.56

Angle des deux alignements.	Angle au centre correspondant.	Longueur des *tangentes* correspondant à l'angle au centre.	pour chaque minute en sus.	Longueur de la *bissectrice* correspondant à l'angle au centre.	pour chaque minute en sus.	Développement de l'arc. Valeur d'une minute (0.930842).
150°	30°	857m44		112m88		1675m52
			0m5000		0m1315	
149	31	887.44		120.77		1731.37
			0.5024		0.1363	
148	32	917.58		128.96		1787.22
			0.5049		0.1412	
147	33	947.88		137.43		1843.07
			0.5076		0.1463	
146	34	978.34		146.21		1898.92
			0.5102		0.1513	
145	35	1008.96		155.29		1954.77
			0.5131		0.1564	
144	36	1039.74		164.68		2010.62
			0.5160		0.1616	
143	37	1070.70		174.37		2066.47
			0.5190		0.1668	
142	38	1101.85		184.39		2122.33
			0.5221		0.1721	
141	39	1133.18		194.71		2178.18
			0.5253		0.1776	
140	40	1164.70		205.37		2234.03
			0.5288		0.1829	
139	41	1196.43		216.35		2289.88
			0.5321		0.1885	
138	42	1228.36		227.66		2345.73
			0.5358		0.1941	
137	43	1260.51		239.32		2401.58
			0.5395		0.1998	
136	44	1292.88		251.31		2457.43
			0.5432		0.2057	
135	45	1325.48		263.65		2513.28
			0.5472		0.2116	
134	46	1358.32		276.35		2569.13
			0.5512		0.2176	
133	47	1391.40		289.41		2624.98
			0.5555		0.2237	
132	48	1424.73		302.84		2680.83
			0.5598		0.2299	
131	49	1458.32		316.63		2736.68
			0.5643		0.2362	
130	50	1492.19		330.81		2792.53
			0.5688		0.2427	
129	51	1526.32		345.37		2848.38
			0.5737		0.2492	
128	52	1560.75		360.33		2904.23
			0.5786		0.2558	
127	53	1595.46		375.68		2960.08
			0.5836		0.2627	
126	54	1630.48		391.44		3015.94
			0.5888		0.2696	
125	55	1665.81		407.62		3071.79
			0.5942		0.2766	
124	56	1701.47		424.22		3127.64
			0.5998		0.2838	
123	57	1737.46		441.25		3183.49
			0.6054		0.2912	
122	58	1773.79		458.73		3239.34
			0.6113		0.2987	
121	59	1810.47		476.66		3295.19
			0.6174		0.3064	
120	60	1847.52		495.04		3351.04

RAYON 3200.

Angle des deux alignements.	Angle au centre correspondant.	Longueur des *tangentes*		Longueur de la *bissectrice*		Développement de l'*arc.*
		correspondant à l'angle au centre.	pour chaque minute en sus.	correspondant à l'angle au centre.	pour chaque minute en sus.	Valeur d'une minute (0.930842).
120°	60°	1847m52		495m04		3351m04
			0m6237		0m3142	
119	61	1884.94		513.89		3406.89
			0.6301		0.3221	
118	62	1922.76		533.23		3462.74
			0.6368		0.3303	
117	63	1960.96		553.05		3518.59
			0.6436		0.3387	
116	64	1999.58		573.37		3574.44
			0.6507		0.3472	
115	65	2038.62		594.20		3630.29
			0.6579		0.3560	
114	66	2078.10		615.56		3686.14
			0.6654		0.3648	
113	67	2118.03		637.46		3741.99
			0.6732		0.3740	
112	68	2158.43		659.90		3797.84
			0.6812		0.3833	
111	69	2199.30		682.90		3853.70
			0.6893		0.3930	
110	70	2240.66		706.48		3909.55
			0.6979		0.4027	
109	71	2282.54		730.64		3965.40
			0.7065		0.4128	
108	72	2324.93		755.42		4021.25
			0.7156		0.4231	
107	73	2367.88		780.81		4077.10
			0.7249		0.4337	
106	74	2411.37		806.84		4132.95
			0.7345		0.4445	
105	75	2455.45		833.51		4188.80
			0.7444		0.4557	
104	76	2500.12		860.86		4244.65
			0.7546		0.4672	
103	77	2545.40		888.89		4300.50
			0.7652		0.4790	
102	78	2591.31		917.63		4356.35
			0.7760		0.4910	
101	79	2637.88		947.09		4412.20
			0.7873		0.5034	
100	80	2685.12		977.30		4468.05
			0.7990		0.5162	
99	81	2733.06		1008.28		4523.90
			0.8109		0.5293	
98	82	2781.72		1040.04		4579.75
			0.8233		0.5428	
97	83	2831.12		1072.61		4635.60
			0.8361		0.5568	
96	84	2881.29		1106.02		4691.46
			0.8494		0.5711	
95	85	2932.26		1140.29		4747.31
			0.8630		0.5859	
94	86	2984.04		1175.45		4803.16
			0.8773		0.6011	
93	87	3036.68		1211.51		4859.01
			0.8920		0.6168	
92	88	3090.20		1248.52		4914.86
			0.9070		0.6329	
91	89	3144.63		1286.50		4970.71
			0.9228		0.6496	
90	90	3200.00		1325.48		5026.56

Angle des deux alignements.	Angle au centre correspondant.	Longueur des *tangentes*		Longueur de la *bissectrice*		Développement de l'*arc.*
		correspondant à l'angle au centre.	pour chaque minute en sus.	correspondant à l'angle au centre.	pour chaque minute en sus.	Valeur d'une minute (0.959931).
179°	1°	28ᵐ80	0ᵐ4800	0ᵐ13	0ᵐ0062	57ᵐ60
178	2	57.60	0.4801	0.50	0.0104	115.19
177	3	86.41	0.4804	1.13	0.0146	172.79
176	4	115.24	0.4807	2.01	0.0188	230.38
175	5	144.08	0.4810	3.14	0.0230	287.98
174	6	172.95	0.4815	4.53	0.0272	345.58
173	7	201.84	0.4820	6.17	0.0315	403.17
172	8	230.76	0.4826	8.06	0.0357	460.77
171	9	259.72	0.4832	10.20	0.0400	518.36
170	10	288.71	0.4840	12.61	0.0442	575.96
169	11	317.75	0.4848	15.26	0.0485	633.56
168	12	346.84	0.4857	18.18	0.0528	691.15
167	13	375.99	0.4866	21.35	0.0571	748.75
166	14	405.19	0.4877	24.78	0.0615	806.34
165	15	434.45	0.4888	28.48	0.0659	863.94
164	16	463.78	0.4900	32.43	0.0703	921.54
163	17	493.19	0.4913	36.65	0.0747	979.13
162	18	522.67	0.4927	41.13	0.0792	1036.73
161	19	552.23	0.4941	45.89	0.0836	1094.32
160	20	581.88	0.4956	50.91	0.0882	1151.92
159	21	611.62	0.4972	56.20	0.0927	1209.52
158	22	641.45	0.4989	61.76	0.0973	1267.11
157	23	671.39	0.5007	67.61	0.1019	1324.71
156	24	701.44	0.5025	73.72	0.1066	1382.30
155	25	731.59	0.5045	80.12	0.1113	1439.90
154	26	761.86	0.5065	86.80	0.1161	1497.50
153	27	792.26	0.5086	93.77	0.1209	1555.09
152	28	822.78	0.5109	101.03	0.1257	1612.69
151	29	853.44	0.5131	108.57	0.1306	1670.28
150	30	884.23		116.41		1727.88

Angle des deux alignements.	Angle au centre correspondant.	Longueur des *tangentes*		Longueur de la *bissectrice*		Développement de l'arc
		correspondant à l'angle au centre.	pour chaque minute en sus.	correspondant à l'angle au centre.	pour chaque minute en sus.	Valeur d'une minute (0.959931).
150°	30°	884m23		116m41		1727m88
			0m5156		0m1356	
149	31	915.17		124.55		1785.48
			0.5181		0.1406	
148	32	946.26		132.99		1843.07
			0.5207		0.1456	
147	33	977.50		141.73		1900.67
			0.5234		0.1509	
146	34	1008.91		150.78		1958.26
			0.5262		0.1560	
145	35	1040.49		160.15		2015.86
			0.5291		0.1613	
144	36	1072.24		169.82		2073.46
			0.5321		0.1666	
143	37	1104.16		179.82		2131.05
			0.5352		0.1720	
142	38	1136.28		190.15		2188.65
			0.5384		0.1775	
141	39	1168.59		200.80		2246.24
			0.5417		0.1831	
140	40	1201.10		211.79		2303.84
			0.5453		0.1887	
139	41	1233.82		223.11		2361.44
			0.5487		0.1944	
138	42	1266.75		234.78		2419.03
			0.5525		0.2002	
137	43	1299.90		246.79		2476.63
			0.5563		0.2061	
136	44	1333.29		259.16		2534.22
			0.5602		0.2121	
135	45	1366.90		271.89		2591.82
			0.5643		0.2182	
134	46	1400.77		284.99		2649.42
			0.5685		0.2244	
133	47	1434.88		298.46		2707.01
			0.5729		0.2307	
132	48	1469.26		312.30		2764.61
			0.5773		0.2371	
131	49	1503.90		326.53		2822.20
			0.5819		0.2436	
130	50	1538.82		341.15		2879.80
			0.5866		0.2503	
129	51	1574.01		356.17		2937.40
			0.5917		0.2570	
128	52	1609.52		371.59		2994.99
			0.5966		0.2638	
127	53	1645.32		387.42		3052.59
			0.6019		0.2709	
126	54	1681.44		403.68		3110.18
			0.6072		0.2780	
125	55	1717.87		420.36		3167.78
			0.6128		0.2853	
124	56	1754.64		437.48		3225.38
			0.6185		0.2927	
123	57	1791.75		455.04		3282.97
			0.6243		0.3004	
122	58	1829.22		473.06		3340.57
			0.6303		0.3081	
121	59	1867.05		491.55		3398.16
			0.6367		0.3160	
120	60	1905.26		510.51		3455.76

Angle des deux aligne-ments.	Angle au centre cor-respon-dant.	Longueur des *tangentes*		Longueur de la *bissectrice*		Développe-ment de l'arc — Valeur d'une minute (0.959931).
		correspondant à l'angle au centre.	pour chaque minute en sus.	correspondant à l'angle au centre.	pour chaque minute en sus.	
179°	1°	28m80		0m13		57m60
178	2	57.60	0m4800	0.50	0m0062	115.19
177	3	86.41	0.4801	1.13	0.0104	172.79
176	4	115.24	0.4804	2.01	0.0146	230.38
175	5	144.08	0.4807	3.14	0.0188	287.98
174	6	172.95	0.4810	4.53	0.0230	345.58
173	7	201.84	0.4815	6.17	0.0272	403.17
172	8	230.76	0.4820	8.06	0.0315	460.77
171	9	259.72	0.4826	10.20	0.0357	518.36
170	10	288.71	0.4832	12.61	0.0400	575.96
169	11	317.75	0.4840	15.26	0.0442	633.56
168	12	346.84	0.4848	18.18	0.0485	691.15
167	13	375.99	0.4857	21.35	0.0528	748.75
166	14	405.19	0.4866	24.78	0.0571	806.34
165	15	434.45	0.4877	28.48	0.0615	863.94
164	16	463.78	0.4888	32.43	0.0659	921.54
163	17	493.19	0.4900	36.65	0.0703	979.13
162	18	522.67	0.4913	41.13	0.0747	1036.73
161	19	552.23	0.4927	45.89	0.0792	1094.32
160	20	581.88	0.4941	50.91	0.0836	1151.92
159	21	611.62	0.4956	56.20	0.0882	1209.52
158	22	641.45	0.4972	61.76	0.0927	1267.11
157	23	671.39	0.4989	67.61	0.0973	1324.71
156	24	701.44	0.5007	73.72	0.1019	1382.30
155	25	731.59	0.5025	80.12	0.1066	1439.90
154	26	761.86	0.5045	86.80	0.1113	1497.50
153	27	792.26	0.5065	93.77	0.1161	1555.09
152	28	822.78	0.5086	101.03	0.1209	1612.69
151	29	853.44	0.5109	108.57	0.1257	1670.28
150	30	884.23	0.5131	116.41	0.1306	1727.88

Angle des deux alignements.	Angle au centre correspondant.	Longueur des *tangentes* correspondant à l'angle au centre.	pour chaque minute en sus.	Longueur de la *bissectrice* correspondant à l'angle au centre.	pour chaque minute en sus.	Développement de l'*arc* — Valeur d'une minute (0.959931).
150°	30°	884^{m}23		116^{m}41		1727^{m}88
149	31	915.17	0^{m}5156	124.55	0^{m}1356	1785.48
148	32	946.26	0.5181	132.99	0.1406	1843.07
147	33	977.50	0.5207	141.73	0.1456	1900.67
146	34	1008.91	0.5234	150.78	0.1509	1958.26
145	35	1040.49	0.5262	160.15	0.1560	2015.86
144	36	1072.24	0.5291	169.82	0.1613	2073.46
143	37	1104.16	0.5321	179.82	0.1666	2131.05
142	38	1136.28	0.5352	190.15	0.1720	2188.65
141	39	1168.59	0.5384	200.80	0.1775	2246.24
140	40	1201.10	0.5417	211.79	0.1831	2303.84
139	41	1233.82	0.5453	223.11	0.1887	2361.44
138	42	1266.75	0.5487	234.78	0.1944	2419.03
137	43	1299.90	0.5525	246.79	0.2002	2476.63
136	44	1333.29	0.5563	259.16	0.2061	2534.22
135	45	1366.90	0.5602	271.89	0.2121	2591.82
134	46	1400.77	0.5643	284.99	0.2182	2649.42
133	47	1434.88	0.5685	298.46	0.2244	2707.01
132	48	1469.26	0.5729	312.30	0.2307	2764.61
131	49	1503.90	0.5773	226.53	0.2371	2822.20
130	50	1538.82	0.5819	341.15	0.2436	2879.80
129	51	1574.01	0.5866	356.17	0.2503	2937.40
128	52	1609.52	0.5917	371.59	0.2570	2994.99
127	53	1645.32	0.5966	387.42	0.2638	3052.59
126	54	1681.44	0.6019	403.68	0.2709	3110.18
125	55	1717.87	0.6072	420.36	0.2780	3167.78
124	56	1754.64	0.6128	437.48	0.2853	3225.38
123	57	1791.75	0.6185	455.04	0.2927	3282.97
122	58	1829.22	0.6243	473.06	0.3004	3340.57
121	59	1867.05	0.6303	491.55	0.3081	3398.16
120	60	1905.26	0.6367	510.51	0.3160	3455.76

Angle des deux aligne-ments.	Angle au centre cor-respon-dant.	Longueur des *tangentes*		Longueur de la *bissectrice*		Développe-ment de l'*arc*.
		correspondant à l'angle au centre.	pour chaque minute en sus.	correspondant à l'angle au centre.	pour chaque minute en sus.	Valeur d'une minute (0.959931).
120°	60°	1905^{m}26		510^{m}51		3455^{m}76
119	61	1943.85	0^{m}6432	529.95	0^{m}3240	3513.36
118	62	1982.84	0.6498	549.89	0.3322	3570.95
117	63	2022.24	0.6567	570.33	0.3406	3628.55
116	64	2062.07	0.6637	591.29	0.3493	3686.14
115	65	2102.33	0.6710	612.77	0.3580	3743.74
114	66	2143.04	0.6785	634.80	0.3671	3801.34
113	67	2184.22	0.6862	657.38	0.3762	3858.93
112	68	2225.88	0.6942	680.52	0.3857	3916.53
111	69	2268.03	0.7025	704.24	0.3953	3974.12
110	70	2310.68	0.7109	728.56	0.4053	4031.72
109	71	2353.87	0.7197	753.48	0.4153	4089.32
108	72	2397.59	0.7286	779.02	0.4257	4146.91
107	73	2441.87	0.7380	805.21	0.4363	4204.51
106	74	2486.73	0.7476	832.05	0.4473	4262.10
105	75	2532.18	0.7575	859.56	0.4584	4319.70
104	76	2578.24	0.7677	887.76	0.4700	4377.30
103	77	2624.94	0.7782	916.67	0.4818	4434.89
102	78	2672.29	0.7891	946.31	0.4940	4492.49
101	79	2720.31	0.8003	976.69	0.5063	4550.08
100	80	2769.03	0.8119	1007.84	0.5191	4607.68
99	81	2818.47	0.8240	1039.79	0.5323	4665.28
98	82	2868.65	0.8363	1072.54	0.5459	4722.87
97	83	2919.59	0.8490	1106.13	0.5598	4780.47
96	84	2971.33	0.8623	1140.59	0.5742	4838.06
95	85	3023.89	0.8759	1175.93	0.5889	4895.66
94	86	3077.29	0.8900	1212.18	0.6042	4953.26
93	87	3131.58	0.9047	1249.37	0.6199	5010.85
92	88	3186.77	0.9198	1287.54	0.6360	5068.45
91	89	3242.90	0.9354	1326.71	0.6527	5126.04
90	90	3300.00	0.9516	1366.91	0.6700	5183.64

Angle des deux alignements.	Angle au centre correspondant.	Longueur des *tangentes*		Longueur de la *bissectrice*		Développement de l'*arc.*
		correspondant à l'angle au centre.	pour chaque minute en sus.	correspondant à l'angle au centre.	pour chaque minute en sus.	Valeur d'une minute. (0.989019).
179°	1°	29ᵐ67		0ᵐ13		59ᵐ34
178	2	59.35	0ᵐ4945	0.52	0ᵐ0064	118.68
177	3	89.03	0.4947	1.16	0.0107	178.02
176	4	118.73	0.4949	2.07	0.0151	237.37
175	5	148.45	0.4953	3.24	0.0194	296.71
174	6	178.19	0.4955	4.67	0.0237	356.05
173	7	207.95	0.4961	6.35	0.0281	415.39
172	8	237.75	0.4966	8.30	0.0324	474.73
171	9	267.59	0.4972	10.51	0.0368	534.07
170	10	297.46	0.4979	12.99	0.0412	593.41
169	11	327.38	0.4986	15.73	0.0455	652.75
168	12	357.35	0.4995	18.73	0.0500	712.10
167	13	387.38	0.5004	22.00	0.0544	771.44
166	14	417.47	0.5014	25.53	0.0589	830.78
165	15	447.62	0.5025	29.34	0.0634	890.12
164	16	477.84	0.5036	33.41	0.0679	949.46
163	17	508.13	0.5049	37.76	0.0724	1008.80
162	18	538.51	0.5061	42.38	0.0770	1068.14
161	19	568.97	0.5076	47.28	0.0816	1127.49
160	20	599.51	0.5090	52.45	0.0862	1186.83
159	21	630.15	0.5106	57.90	0.0908	1246.17
158	22	660.89	0.5123	63.64	0.0955	1305.51
157	23	691.74	0.5140	69.66	0.1003	1364.85
156	24	722.69	0.5159	75.96	0.1049	1424.19
155	25	753.76	0.5178	82.55	0.1099	1483.53
154	26	784.95	0.5197	89.43	0.1146	1542.87
153	27	816.27	0.5219	96.61	0.1196	1602.22
152	28	847.72	0.5241	104.09	0.1246	1661.56
151	29	879.30	0.5264	111.86	0.1295	1720.90
150	30	911.03	0.5287	119.94	0.1346	1780.24

Angle des deux alignements.	Angle au centre correspondant.	Longueur des *tangentes*		Longueur de la *bissectrice*		Développement de l'*arc*.
		correspondant à l'angle au centre.	pour chaque minute en sus.	correspondant à l'angle au centre.	pour chaque minute en sus.	Valeur d'une minute (0.959931).
120°	60°	1905m26	0m6432	510m51	0m3240	3455m76
119	61	1943.85	0.6498	529.95	0.3322	3513.36
118	62	1982.84	0.6567	549.89	0.3406	3570.95
117	63	2022.24	0.6637	570.33	0.3493	3628.55
116	64	2062.07	0.6710	591.29	0.3580	3686.14
115	65	2102.33	0.6785	612.77	0.3671	3743.74
114	66	2143.04	0.6862	634.80	0.3762	3801.34
113	67	2184.22	0.6942	657.38	0.3857	3858.93
112	68	2225.88	0.7025	680.52	0.3953	3916.53
111	69	2268.03	0.7109	704.24	0.4053	3974.12
110	70	2310.68	0.7197	728.56	0.4153	4031.72
109	71	2353.87	0.7286	753.48	0.4257	4089.32
108	72	2397.59	0.7380	779.02	0.4363	4146.91
107	73	2441.87	0.7476	805.21	0.4473	4204.51
106	74	2486.73	0.7575	832.05	0.4584	4262.10
105	75	2532.18	0.7677	859.56	0.4700	4319.70
104	76	2578.24	0.7782	887.76	0.4818	4377.30
103	77	2624.94	0.7891	916.67	0.4940	4434.89
102	78	2672.29	0.8003	946.31	0.5063	4492.49
101	79	2720.31	0.8119	976.69	0.5191	4550.08
100	80	2769.03	0.8240	1007.84	0.5323	4607.68
99	81	2818.47	0.8363	1039.79	0.5459	4665.28
98	82	2868.65	0.8490	1072.54	0.5598	4722.87
97	83	2919.59	0.8623	1106.13	0.5742	4780.47
96	84	2971.33	0.8759	1140.59	0.5889	4838.06
95	85	3023.89	0.8900	1175.93	0.6042	4895.66
94	86	3077.29	0.9047	1212.18	0.6199	4953.26
93	87	3131.58	0.9198	1249.37	0.6360	5010.85
92	88	3186.77	0.9354	1287.54	0.6527	5068.45
91	89	3242.90	0.9516	1326.71	0.6700	5126.04
90	90	3300.00		1366.91		5183.64

9

Angle des deux alignements.	Angle au centre correspondant.	Longueur des *tangentes*		Longueur de la *bissectrice*		Développement de l'arc.
		correspondant à l'angle au centre.	pour chaque minute en sus.	correspondant à l'angle au centre.	pour chaque minute en sus.	Valeur d'une minute (0.989019).
179°	1°	29m67	0m4945	0m13	0m0064	59m34
178	2	59.35	0.4947	0.52	0.0107	118.68
177	3	89.03	0.4949	1.16	0.0151	178.02
176	4	118.73	0.4953	2.07	0.0194	237.37
175	5	148.45	0.4955	3.24	0.0237	296.71
174	6	178.19	0.4961	4.67	0.0281	356.05
173	7	207.95	0.4966	6.35	0.0324	415.39
172	8	237.75	0.4972	8.30	0.0368	474.73
171	9	267.59	0.4979	10.51	0.0412	534.07
170	10	297.46	0.4986	12.99	0.0455	593.41
169	11	327.38	0.4995	15.73	0.0500	652.75
168	12	357.35	0.5004	18.73	0.0544	712.10
167	13	387.38	0.5014	22.00	0.0589	771.44
166	14	417.47	0.5025	25.53	0.0634	830.78
165	15	447.62	0.5036	29.34	0.0679	890.12
164	16	477.84	0.5049	33.41	0.0724	949.46
163	17	508.13	0.5061	37.76	0.0770	1008.80
162	18	538.51	0.5076	42.38	0.0816	1068.14
161	19	568.97	0.5090	47.28	0.0862	1127.49
160	20	599.51	0.5106	52.45	0.0908	1186.83
159	21	630.15	0.5123	57.90	0.0955	1246.17
158	22	660.89	0.5140	63.64	0.1003	1305.51
157	23	691.74	0.5159	69.66	0.1049	1364.85
156	24	722.69	0.5178	75.96	0.1099	1424.19
155	25	753.76	0.5197	82.55	0.1146	1483.53
154	26	784.95	0.5219	89.43	0.1196	1542.87
153	27	816.27	0.5241	96.61	0.1246	1602.22
152	28	847.72	0.5264	104.09	0.1295	1661.56
151	29	879.30	0.5287	111.86	0.1346	1720.90
150	30	911.03		119.94		1780.24

Angle des deux alignements.	Angle au centre correspondant.	Longueur des *tangentes*		Longueur de la *bissectrice*		Développement de l'arc.
		correspondant à l'angle au centre.	pour chaque minute en sus.	correspondant à l'angle au centre.	pour chaque minute en sus.	Valeur d'une minute (0.989019).
150°	30°	911m03		119m94		1780m24
			0m5312		0m1397	
149	31	942.90		128.32		1839.58
			0.5338		0.1448	
148	32	974.93		137.02		1898.92
			0.5365		0.1501	
147	33	1007.12		146.02		1958.26
			0.5393		0.1554	
146	34	1039.49		155.35		2017.61
			0.5421		0.1607	
145	35	1072.02		165.00		2076.95
			0.5451		0.1661	
144	36	1104.73		174.97		2136.29
			0.5482		0.1717	
143	37	1137.62		185.27		2195.63
			0.5515		0.1772	
142	38	1170.72		195.91		2254.97
			0.5548		0.1828	
141	39	1204.00		206.88		2314.31
			0.5582		0.1887	
140	40	1237.50		218.21		2373.65
			0.5618		0.1944	
139	41	1271.21		229.87		2432.99
			0.5654		0.2003	
138	42	1305.13		241.89		2492.34
			0.5693		0.2063	
137	43	1339.29		254.27		2551.68
			0.5732		0.2123	
136	44	1373.69		267.02		2611.02
			0.5772		0.2186	
135	45	1408.32		280.13		2670.36
			0.5815		0.2248	
134	46	1443.22		293.62		2729.70
			0.5857		0.2312	
133	47	1478.36		307.50		2789.04
			0.5902		0.2377	
132	48	1513.78		321.76		2848.38
			0.5948		0.2443	
131	49	1549.47		336.42		2907.73
			0.5996		0.2510	
130	50	1585.45		351.49		2967.07
			0.6043		0.2578	
129	51	1621.71		366.96		3026.41
			0.6096		0.2647	
128	52	1658.29		382.85		3085.75
			0.6147		0.2718	
127	53	1695.18		399.16		3145.09
			0.6201		0.2791	
126	54	1732.39		415.91		3204.43
			0.6256		0.2865	
125	55	1769.93		433.10		3263.77
			0.6313		0.2939	
124	56	1807.81		450.74		3323.11
			0.6373		0.3015	
123	57	1846.05		468.83		3382.46
			0.6433		0.3094	
122	58	1884.65		487.40		3441.80
			0.6496		0.3174	
121	59	1923.63		506.45		3501.14
			0.6560		0.3255	
120	60	1962.99		525.98		3560.48

Angle des deux alignements.	Angle au centre correspondant.	Longueur des *tangentes*		Longueur de la *bissectrice*		Développement de l'*arc.*
		correspondant à l'angle au centre.	pour chaque minute en sus.	correspondant à l'angle au centre.	pour chaque minute en sus.	Valeur d'une minute (0.989019).
120°	60°	1962m99		525m98		3560m48
			0m6626		0m3338	
119	61	2002.75		546.01		3619.82
			0.6695		0.3423	
118	62	2042.93		566.55		3679.16
			0.6766		0.3509	
117	63	2083.52		587.61		3738.50
			0.6838		0.3598	
116	64	2124.55		609.21		3797.85
			0.6913		0.3689	
115	65	2166.04		631.34		3857.19
			0.6990		0.3782	
114	66	2207.98		654.03		3916.53
			0.7070		0.3877	
113	67	2250.41		677.30		3975.87
			0.7152		0.3973	
112	68	2293.33		701.14		4035.21
			0.7237		0.4073	
111	69	2336.76		725.58		4094.55
			0.7324		0.4175	
110	70	2380.70		750.64		4153.89
			0.7415		0.4278	
109	71	2425.20		776.31		4213.23
			0.7507		0.4387	
108	72	2470.24		802.63		4272.58
			0.7604		0.4495	
107	73	2515.87		829.61		4331.92
			0.7702		0.4609	
106	74	2562.08		857.26		4391.26
			0.7804		0.4723	
105	75	2608.91		885.60		4450.60
			0.7910		0.4842	
104	76	2656.37		914.66		4509.94
			0.8018		0.4964	
103	77	2704.48		944.45		4569.28
			0.8130		0.5089	
102	78	2753.27		974.98		4628.62
			0.8246		0.5217	
101	79	2802.74		1006.29		4687.97
			0.8365		0.5349	
100	80	2852.94		1038.38		4747.31
			0.8489		0.5485	
99	81	2903.88		1071.30		4806.65
			0.8616		0.5624	
98	82	2955.58		1105.04		4865.99
			0.8748		0.5768	
97	83	3008.07		1139.65		4925.33
			0.8884		0.5916	
96	84	3061.37		1175.15		4984.67
			0.9025		0.6068	
95	85	3115.53		1211.56		5044.01
			0.9169		0.6225	
94	86	3170.54		1248.91		5103.35
			0.9322		0.6386	
93	87	3226.48		1287.23		5162.70
			0.9477		0.6553	
92	88	3283.34		1326.55		5222.04
			0.9637		0.6725	
91	89	3341.17		1366.91		5281.38
			0.9804		0.6903	
90	90	3400.00		1408.33		5340.72

Angle des deux alignements.	Angle au centre correspondant.	Longueur des tangentes correspondant à l'angle au centre.	Longueur des tangentes pour chaque minute en sus.	Longueur de la bissectrice correspondant à l'angle au centre.	Longueur de la bissectrice pour chaque minute en sus.	Développement de l'arc. Valeur d'une minute (0.989019).
150°	30°	911m03		119m94		1780m24
			0m5312		0m1397	
149	31	942.90		128.32		1839.58
			0.5338		0.1448	
148	32	974.93		137.02		1898.92
			0.5365		0.1501	
147	33	1007.12		146.02		1958.26
			0.5393		0.1554	
146	34	1039.49		155.35		2017.61
			0.5421		0.1607	
145	35	1072.02		165.00		2076.95
			0.5451		0.1661	
144	36	1104.73		174.97		2136.29
			0.5482		0.1717	
143	37	1137.62		185.27		2195.63
			0.5515		0.1772	
142	38	1170.72		195.91		2254.97
			0.5548		0.1828	
141	39	1204.00		206.88		2314.31
			0.5582		0.1887	
140	40	1237.50		218.21		2373.65
			0.5618		0.1944	
139	41	1271.21		229.87		2432.99
			0.5654		0.2003	
138	42	1305.13		241.89		2492.34
			0.5693		0.2063	
137	43	1339.29		254.27		2551.68
			0.5732		0.2123	
136	44	1373.69		267.02		2611.02
			0.5772		0.2186	
135	45	1408.32		280.13		2670.36
			0.5815		0.2248	
134	46	1443.22		293.62		2729.70
			0.5857		0.2312	
133	47	1478.36		307.50		2789.04
			0.5902		0.2377	
132	48	1513.78		321.76		2848.38
			0.5948		0.2443	
131	49	1549.47		336.42		2907.73
			0.5996		0.2510	
130	50	1585.45		351.49		2967.07
			0.6043		0.2578	
129	51	1621.71		366.96		3026.41
			0.6096		0.2647	
128	52	1658.29		382.85		3085.75
			0.6147		0.2718	
127	53	1695.18		399.16		3145.09
			0.6201		0.2791	
126	54	1732.39		415.91		3204.43
			0.6256		0.2865	
125	55	1769.93		433.10		3263.77
			0.6313		0.2939	
124	56	1807.81		450.74		3323.11
			0.6373		0.3015	
123	57	1846.05		468.83		3382.46
			0.6433		0.3094	
122	58	1884.65		487.40		3441.80
			0.6496		0.3174	
121	59	1923.63		506.45		3501.14
			0.6560		0.3255	
120	60	1962.99		525.98		3560.48

RAYON 3400.

Angle des deux alignements.	Angle au centre correspondant.	Longueur des *tangentes*		Longueur de la *bissectrice*		Développement de l'*arc.*
		correspondant à l'angle au centre.	pour chaque minute en sus.	correspondant à l'angle au centre.	pour chaque minute en sus.	Valeur d'une minute (0.989019).
120°	60°	1962m99	0m6626	525m98	0m3338	3560m48
119	61	2002.75	0.6695	546.01	0.3423	3619.82
118	62	2042.93	0.6766	566.55	0.3509	3679.16
117	63	2083.52	0.6838	587.61	0.3598	3738.50
116	64	2124.55	0.6913	609.21	0.3689	3797.85
115	65	2166.04	0.6990	631.34	0.3782	3857.19
114	66	2207.98	0.7070	654.03	0.3877	3916.53
113	67	2250.41	0.7152	677.30	0.3973	3975.87
112	68	2293.33	0.7237	701.14	0.4073	4035.21
111	69	2336.76	0.7324	725.58	0.4175	4094.55
110	70	2380.70	0.7415	750.64	0.4278	4153.89
109	71	2425.20	0.7507	776.31	0.4387	4213.23
108	72	2470.24	0.7604	802.63	0.4495	4272.58
107	73	2515.87	0.7702	829.61	0.4609	4331.92
106	74	2562.08	0.7804	857.26	9.4723	4391.26
105	75	2608.91	0.7910	885.60	0.4842	4450.60
104	76	2656.37	0.8018	914.66	0.4964	4509.94
103	77	2704.48	0.8130	944.45	0.5089	4569.28
102	78	2753.27	0.8246	974.98	0.5217	4628.62
101	79	2802.74	0.8365	1006.29	0.5349	4687.97
100	80	2852.94	0.8489	1038.38	0.5485	4747.31
99	81	2903.88	0.8616	1071.30	0.5624	4806.65
98	82	2955.58	0.8748	1105.04	0.5768	4865.99
97	83	3008.07	0.8884	1139.65	0.5916	4925.33
96	84	3061.37	0.9025	1175.15	0.6068	4984.67
95	85	3115.53	0.9169	1211.56	0.6225	5044.01
94	86	3170.54	0.9322	1248.91	0.6386	5103.35
93	87	3226.48	0.9477	1287.23	0.6553	5162.70
92	88	3283.34	0.9637	1326.55	0.6723	5222.04
91	89	3341.17	0.9804	1366.91	0.6903	5281.38
90	90	3400.00		1408.33		5340.72

Angle des deux alignements.	Angle au centre correspondant.	Longueur des *tangentes*		Longueur de la *bissectrice*		Développement de l'*arc*.
		correspondant à l'angle au centre.	pour chaque minute en sus.	correspondant à l'angle au centre.	pour chaque minute en sus.	Valeur d'une minute (1.018108).
179°	1°	30ᵐ54	0ᵐ5091	0ᵐ13	0ᵐ0066	61ᵐ09
178	2	61.09	0.5092	0.53	0.0111	122.17
177	3	91.65	0.5095	1.20	0.0155	183.26
176	4	122.22	0.5099	2.13	0.0200	244.35
175	5	152.82	0.5101	3.33	0.0244	305.43
174	6	183.43	0.5106	4.80	0.0289	366.52
173	7	214.07	0.5112	6.54	0.0334	427.61
172	8	244.74	0.5118	8.55	0.0379	488.69
171	9	275.46	0.5125	10.82	0.0424	549.78
170	10	306.21	0.5133	13.37	0.0469	610.87
169	11	337.01	0.5142	16.19	0.0515	671.95
168	12	367.86	0.5151	19.28	0.0560	733.04
167	13	398.77	0.5161	22.65	0.0606	794.13
166	14	429.75	0.5172	26.29	0.0652	855.21
165	15	460.78	0.5184	30.20	0.0699	916.30
164	16	491.89	0.5197	34.40	0.0745	977.39
163	17	523.08	0.5210	38.87	0.0792	1038.47
162	18	554.34	0.5226	43.63	0.0840	1099.56
161	19	585.70	0.5240	48.67	0.0887	1160.65
160	20	617.14	0.5257	53.99	0.0935	1221.73
159	21	648.69	0.5273	59.61	0.0983	1282.82
158	22	680.33	0.5292	65.51	0.1032	1343.91
157	23	712.08	0.5311	71.70	0.1080	1404.99
156	24	743.95	0.5330	78.19	0.1131	1466.08
155	25	775.93	0.5350	84.98	0.1180	1527.17
154	26	808.04	0.5372	92.06	0.1231	1588.25
153	27	840.28	0.5395	99.45	0.1282	1649.34
152	28	872.65	0.5419	107.15	0.1333	1710.43
151	29	905.16	0.5442	115.15	0.1386	1771.51
150	30	937.82		123.47		1832.60

Angle des deux aligne-ments.	Angle au centre cor-respon-dant.	Longueur des *tangentes*		Longueur de la *bissectrice*		Développe-ment de l'*arc.* — Valeur d'une minute (1.018108).
		correspondant à l'angle au centre.	pour chaque minute en sus.	correspondant à l'angle au centre.	pour chaque minute en sus.	
150°	30°	937m82	0m5468	123m47	0m1438	1832m60
149	31	970.63	0.5495	132.10	0.1491	1893.69
148	32	1003.61	0.5523	141.05	0.1545	1954.77
147	33	1036.75	0.5552	150.32	0.1600	2015.86
146	34	1070.06	0.5581	159.92	0.1654	2076.95
145	35	1103.55	0.5612	169.85	0.1710	2138.03
144	36	1137.22	0.5643	180.12	0.1767	2199.12
143	37	1171.08	0.5677	190.72	0.1824	2260.21
142	38	1205.15	0.5711	201.67	0.1882	2321.29
141	39	1239.42	0.5746	212.97	0.1942	2382.38
140	40	1273.90	0.5783	224.62	0.2001	2443.47
139	41	1308.60	0.5820	236.63	0.2062	2504.55
138	42	1343.52	0.5860	249.01	0.2123	2565.64
137	43	1378.69	0.5901	261.75	0.2186	2626.73
136	44	1414.09	0.5942	274.87	0.2250	2687.81
135	45	1449.75	0.5986	288.37	0.2314	2748.90
134	46	1485.66	0.6029	302.26	0.2380	2809.99
133	47	1521.84	0.6076	316.54	0.2447	2871.07
132	48	1558.30	0.6123	331.23	0.2515	2932.16
131	49	1595.04	0.6172	346.32	0.2584	2993.25
130	50	1632.08	0.6221	361.82	0.2654	3054.33
129	51	1669.41	0.6275	377.75	0.2725	3115.42
128	52	1707.07	0.6328	394.11	0.2798	3176.51
127	53	1745.04	0.6384	410.90	0.2873	3237.59
126	54	1783.34	0.6440	428.14	0.2949	3298.68
125	55	1821.98	0.6499	445.84	0.3026	3359.77
124	56	1860.98	0.6560	464.00	0.3104	3420.85
123	57	1900.35	0.6622	482.62	0.3185	3481.94
122	58	1940.08	0.6687	501.74	0.3267	3543.03
121	59	1980.21	0.6753	521.34	0.3351	3604.11
120	60	2020.73		541.45		3665.20

Angle des deux alignements.	Angle au centre correspondant.	Longueur des *tangentes*		Longueur de la *bissectrice*		Développement de l'*arc.*
		correspondant à l'angle au centre.	pour chaque minute en sus.	correspondant à l'angle au centre.	pour chaque minute en sus.	Valeur d'une minute (1.018108).
179°	1°	30m54	0m5091	0m13	0m0066	61m09
178	2	61.09	0.5092	0.53	0.0111	122.17
177	3	91.65	0.5095	1.20	0.0155	183.26
176	4	122.22	0.5099	2.13	0.0200	244.35
175	5	152.82	0.5101	3.33	0.0244	305.43
174	6	183.43	0.5106	4.80	0.0289	366.52
173	7	214.07	0.5112	6.54	0.0334	427.61
172	8	244.74	0.5118	8.55	0.0379	488.69
171	9	275.46	0.5125	10.82	0.0424	549.78
170	10	306.21	0.5133	13.37	0.0469	610.87
169	11	337.01	0.5142	16.19	0.0515	671.95
168	12	367.86	0.5151	19.28	0.0560	733.04
167	13	398.77	0.5161	22.65	0.0606	794.13
166	14	429.75	0.5172	26.29	0.0652	855.21
165	15	460.78	0.5184	30.20	0.0699	916.30
164	16	491.89	0.5197	34.40	0.0745	977.39
163	17	523.08	0.5210	38.87	0.0792	1038.47
162	18	554.34	0.5226	43.63	0.0840	1099.56
161	19	585.70	0.5240	48.67	0.0887	1160.65
160	20	617.14	0.5257	53.99	0.0935	1221.73
159	21	648.69	0.5273	59.61	0.0983	1282.82
158	22	680.33	0.5292	65.51	0.1032	1343.91
157	23	712.08	0.5311	71.70	0.1080	1404.99
156	24	743.95	0.5330	78.19	0.1131	1466.08
155	25	775.93	0.5350	84.98	0.1180	1527.47
154	26	808.04	0.5372	92.06	0.1231	1588.25
153	27	840.28	0.5395	99.45	0.1282	1649.34
152	28	872.65	0.5419	107.15	0.1333	1710.43
151	29	905.16	0.5442	115.15	0.1386	1771.51
150	30	937.82		123.47		1832.60

Angle des deux alignements.	Angle au centre correspondant.	Longueur des *tangentes*		Longueur de la *bissectrice*		Développement de l'*arc.* Valeur d'une minute (1.018108).
		correspondant à l'angle au centre.	pour chaque minute en sus.	correspondant à l'angle au centre.	pour chaque minute en sus.	
150°	30°	937m82		123m47		1832m60
149	31	970.63	0m5468	132.10	0m1438	1893.69
148	32	1003.61	0.5495	141.05	0.1491	1954.77
147	33	1036.75	0.5523	150.32	0.1545	2015.86
146	34	1070.06	0.5552	159.92	0.1600	2076.95
145	35	1103.55	0.5581	169.85	0.1654	2138.03
144	36	1137.22	0.5612	180.12	0.1710	2199.12
143	37	1171.08	0.5643	190.72	0.1767	2260.21
142	38	1205.15	0.5677	201.67	0.1824	2321.29
141	39	1239.42	0.5711	212.97	0.1882	2382.38
140	40	1273.90	0.5746	224.62	0.1942	2443.47
139	41	1308.60	0.5783	236.63	0.2001	2504.55
138	42	1343.52	0.5820	249.01	0.2062	2565.64
137	43	1378.69	0.5860	261.75	0.2123	2626.73
136	44	1414.09	0.5901	274.87	0.2186	2687.81
135	45	1449.75	0.5942	288.37	0.2250	2748.90
134	46	1485.66	0.5986	302.26	0.2314	2809.99
133	47	1521.84	0.6029	316.54	0.2380	2871.07
132	48	1558.30	0.6076	331.23	0.2447	2932.16
131	49	1595.04	0.6123	346.32	0.2515	2993.25
130	50	1632.08	0.6172	361.82	0.2584	3054.33
129	51	1669.41	0.6221	377.75	0.2654	3115.42
128	52	1707.07	0.6275	394.11	0.2725	3176.51
127	53	1745.04	0.6328	410.90	0.2798	3237.59
126	54	1783.34	0.6384	428.14	0.2873	3298.68
125	55	1821.98	0.6440	445.84	0.2949	3359.77
124	56	1860.98	0.6499	464.00	0.3026	3420.85
123	57	1900.35	0.6560	482.62	0.3104	3481.94
122	58	1940.08	0.6622	501.74	0.3185	3543.03
121	59	1980.21	0.6687	521.34	0.3267	3604.11
120	60	2020.73	0.6753	541.45	0.3351	3665.20

Angle des deux alignements.	Angle au centre correspondant.	Longueur des tangentes		Longueur de la bissectrice		Développement de l'arc. Valeur d'une minute (1.018108).
		correspondant à l'angle au centre.	pour chaque minute en sus.	correspondant à l'angle au centre.	pour chaque minute en sus.	
120°	60°	2020m73		541m45		3665m20
			0m6821		0m3436	
119	61	2061.66		562.07		3726.29
			0.6892		0.3523	
118	62	2103.01		583.22		3787.37
			0.6965		0.3613	
117	63	2144.80		604.89		3848.46
			0.7039		0.3704	
116	64	2187.04		627.12		3909.55
			0.7117		0.3797	
115	65	2229.75		649.91		3970.63
			0.7196		0.3893	
114	66	2272.92		673.27		4031.72
			0.7278		0.3991	
113	67	2316.60		697.22		4092.81
			0.7363		0.4090	
112	68	2360.78		721.76		4153.89
			0.7450		0.4193	
111	69	2405.48		746.92		4214.98
			0.7540		0.4298	
110	70	2450.72		772.71		4276.07
			0.7633		0.4404	
109	71	2496.53		799.14		4337.15
			0.7728		0.4516	
108	72	2542.90		826.24		4398.24
			0.7827		0.4628	
107	73	2589.86		854.01		4459.33
			0.7929		0.4744	
106	74	2637.44		882.48		4520.41
			0.8034		0.4862	
105	75	2685.64		911.65		4581.50
			0.8142		0.4985	
104	76	2734.50		941.56		4642.59
			0.8254		0.5110	
103	77	2784.03		972.22		4703.67
			0.8369		0.5239	
102	78	2834.24		1003.66		4764.76
			0.8488		0.5370	
101	79	2885.18		1035.88		4825.85
			0.8611		0.5506	
100	80	2936.85		1068.92		4886.93
			0.8739		0.5646	
99	81	2989.28		1102.80		4948.02
			0.8870		0.5790	
98	82	3042.50		1137.55		5009.11
			0.9005		0.5937	
97	83	3096.54		1173.17		5070.19
			0.9145		0.6090	
96	84	3151.41		1209.71		5131.28
			0.9290		0.6246	
95	85	3207.16		1247.19		5192.37
			0.9439		0.6408	
94	86	3263.80		1285.64		5253.45
			0.9596		0.6574	
93	87	3321.37		1325.09		5314.54
			0.9756		0.6746	
92	88	3379.91		1365.57		5375.63
			0.9921		0.6923	
91	89	3439.44		1407.11		5436.71
			1.0093		0.7106	
90	90	3500.00		1449.75		5497.80

Angle des deux alignements.	Angle au centre correspondant.	Longueur des *tangentes*		Longueur de la *bissectrice*		Développement de l'*arc*.
		correspondant à l'angle au centre.	pour chaque minute en sus.	correspondant à l'angle au centre.	pour chaque minute en sus.	Valeur d'une minute (1.047197).
179°	1°	31m41		0m14		62m83
178	2	62.84	0m5236	0.55	0m0068	125.66
177	3	94.27	0.5238	1.23	0.0114	188.50
176	4	125.71	0.5240	2.19	0.0160	251.33
175	5	157.18	0.5244	3.43	0.0205	314.16
174	6	188.67	0.5247	4.94	0.0251	376.99
173	7	220.19	0.5252	6.73	0.0297	439.82
172	8	251.74	0.5258	8.79	0.0344	502.66
171	9	283.33	0.5264	11.13	0.0389	565.49
170	10	314.96	0.5272	13.75	0.0436	628.32
169	11	346.64	0.5280	16.65	0.0482	691.15
168	12	378.38	0.5289	19.83	0.0529	753.98
167	13	410.17	0.5298	23.29	0.0576	816.82
166	14	442.02	0.5309	27.04	0.0623	879.65
165	15	473.95	0.5320	31.06	0.0671	942.48
164	16	505.95	0.5333	35.38	0.0719	1005.31
163	17	538.02	0.5346	39.98	0.0767	1068.14
162	18	570.18	0.5359	44.87	0.0815	1130.98
161	19	602.43	0.5375	50.06	0.0864	1193.81
160	20	634.78	0.5390	55.54	0.0912	1256.64
159	21	667.22	0.5407	61.31	0.0962	1319.47
158	22	699.77	0.5424	67.38	0.1011	1382.30
157	23	732.43	0.5443	73.75	0.1062	1445.14
156	24	765.20	0.5463	80.42	0.1111	1507.97
155	25	798.10	0.5482	87.41	0.1163	1570.80
154	26	831.12	0.5503	94.69	0.1214	1633.63
153	27	864.28	0.5526	102.29	0.1266	1696.46
152	28	897.58	0.5549	110.21	0.1319	1759.30
151	29	931.02	0.5573	118.44	0.1371	1822.13
150	30	964.62	0.5598	126.99	0.1425	1884.96

Angle des deux alignements.	Angle au centre correspondant.	Longueur des *tangentes*		Longueur de la *bissectrice*		Développement de l'arc.
		correspondant à l'angle au centre.	pour chaque minute en sus.	correspondant à l'angle au centre.	pour chaque minute en sus.	Valeur d'une minute (1.018108).
120°	60°	2020m73		541m45		3665m20
119	61	2061.66	0m6821	562.07	0m3436	3726.29
118	62	2103.01	0.6892	583.22	0.3523	3787.37
117	63	2144.80	0.6965	604.89	0.3613	3848.46
116	64	2187.04	0.7039	627.12	0.3704	3909.55
115	65	2229.75	0.7117	649.91	0.3797	3970.63
114	66	2272.92	0.7196	673.27	0.3893	4031.72
113	67	2316.60	0.7278	697.22	0.3991	4092.81
112	68	2360.78	0.7363	721.76	0.4090	4153.89
111	69	2405.48	0.7450	746.92	0.4193	4214.98
110	70	2450.72	0.7540	772.71	0.4298	4276.07
109	71	2496.53	0.7633	799.14	0.4404	4337.15
108	72	2542.90	0.7728	826.24	0.4516	4398.24
107	73	2589.86	0.7827	854.01	0.4628	4459.33
106	74	2637.44	0.7929	882.48	0.4744	4520.41
105	75	2685.64	0.8034	911.65	0.4862	4581.50
104	76	2734.50	0.8142	941.56	0.4985	4642.59
103	77	2784.03	0.8254	972.22	0.5110	4703.67
102	78	2834.24	0.8369	1003.66	0.5239	4764.76
101	79	2885.18	0.8488	1035.88	0.5370	4825.85
100	80	2936.85	0.8611	1068.92	0.5506	4886.93
99	81	2989.28	0.8739	1102.80	0.5646	4948.02
98	82	3042.50	0.8870	1137.55	0.5790	5009.11
97	83	3096.54	0.9005	1173.17	0.5937	5070.19
96	84	3151.41	0.9145	1209.71	0.6090	5131.28
95	85	3207.16	0.9290	1247.19	0.6246	5192.37
94	86	3263.80	0.9439	1285.64	0.6408	5253.45
93	87	3321.37	0.9596	1325.09	0.6574	5314.54
92	88	3379.91	0.9756	1365.57	0.6746	5375.63
91	89	3439.44	0.9921	1407.11	0.6923	5436.71
90	90	3500.00	1.0093	1449.75	0.7106	5497.80

Angle des deux alignements.	Angle au centre correspondant.	Longueur des *tangentes*		Longueur de la *bissectrice*		Développement de l'*arc.*
		correspondant à l'angle au centre.	pour chaque minute en sus.	correspondant à l'angle au centre.	pour chaque minute en sus.	Valeur d'une minute (1.047197).
179°	1°	31^{m}41		0^{m}14		62^{m}83
178	2	62.84	0^{m}5236	0.55	0^{m}0068	125.66
177	3	94.27	0.5238	1.23	0.0114	188.50
176	4	125.71	0.5240	2.19	0.0160	251.33
175	5	157.18	0.5244	3.43	0.0205	314.16
174	6	188.67	0.5247	4.94	0.0251	376.99
173	7	220.19	0.5252	6.73	0.0297	439.82
172	8	251.74	0.5258	8.79	0.0344	502.66
171	9	283.33	0.5264	11.13	0.0389	565.49
170	10	314.96	0.5272	13.75	0.0436	628.32
169	11	346.64	0.5280	16.65	0.0482	691.15
168	12	378.38	0.5289	19.83	0.0529	753.98
167	13	410.17	0.5298	23.29	0.0576	816.82
166	14	442.02	0.5309	27.04	0.0623	879.65
165	15	473.95	0.5320	31.06	0.0671	942.48
164	16	505.95	0.5333	35.38	0.0719	1005.31
163	17	538.02	0.5346	39.98	0.0767	1068.14
162	18	570.18	0.5359	44.87	0.0815	1130.98
161	19	602.43	0.5375	50.06	0.0864	1193.81
160	20	634.78	0.5390	55.54	0.0912	1256.64
159	21	667.22	0.5407	61.31	0.0962	1319.47
158	22	699.77	0.5424	67.38	0.1011	1382.30
157	23	732.43	0.5443	73.75	0.1062	1445.14
156	24	765.20	0.5463	80.42	0.1111	1507.97
155	25	798.10	0.5482	87.41	0.1163	1570.80
154	26	831.12	0.5503	94.69	0.1214	1633.63
153	27	864.28	0.5526	102.29	0.1266	1696.46
152	28	897.58	0.5549	110.21	0.1319	1759.30
151	29	931.02	0.5573	118.44	0.1371	1822.13
150	30	964.62	0.5598	126.99	0.1425	1884.96

Angle des deux aligne-ments.	Angle au centre cor-respon-dant.	Longueur des *tangentes* correspondant à l'angle au centre.	pour chaque minute en sus.	Longueur de la *bissectrice* correspondant à l'angle au centre.	pour chaque minute en sus.	Développe-ment de l'*arc*. Valeur d'une minute (1.047197).
150°	30°	964m62	0m5625	126m99	0m1479	1884m96
149	31	998.37	0.5652	135.87	0.1534	1947.79
148	32	1032.28	0.5680	145.08	0.1589	2010.62
147	33	1066.37	0.5710	154.61	0.1646	2073.46
146	34	1100.63	0.5740	164.49	0.1702	2136.29
145	35	1135.08	0.5772	174.70	0.1759	2199.12
144	36	1169.71	0.5805	185.26	0.1818	2261.95
143	37	1204.54	0.5839	196.17	0.1877	2324.78
142	38	1239.58	0.5874	207.43	0.1936	2387.62
141	39	1274.83	0.5910	219.05	0.1998	2450.45
140	40	1310.29	0.5949	231.04	0.2058	2513.28
139	41	1345.99	0.5986	243.39	0.2121	2576.11
138	42	1381.91	0.6028	256.12	0.2184	2638.94
137	43	1418.08	0.6069	269.23	0.2248	2701.78
136	44	1454.49	0.6112	282.72	0.2314	2764.61
135	45	1491.17	0.6157	296.61	0.2380	2827.44
134	46	1528.11	0.6202	310.90	0.2448	2890.27
133	47	1565.32	0.6249	325.59	0.2516	2953.10
132	48	1602.82	0.6298	340.69	0.2587	3015.94
131	49	1640.61	0.6348	356.21	0.2657	3078.77
130	50	1678.71	0.6399	372.16	0.2730	3141.60
129	51	1717.11	0.6455	388.54	0.2803	3204.43
128	52	1755.84	0.6509	405.37	0.2878	3267.26
127	53	1794.90	0.6566	422.64	0.2955	3330.10
126	54	1834.29	0.6624	440.37	0.3033	3392.93
125	55	1874.04	0.6685	458.58	0.3112	3455.76
124	56	1914.15	0.6748	477.25	0.3193	3518.59
123	57	1954.64	0.6811	496.41	0.3276	3581.42
122	58	1995.51	0.6878	516.07	0.3361	3644.26
121	59	2036.78	0.6946	536.24	0.3447	3707.09
120	60	2078.46		556.92		3769.92

RAYON 3600.

Angle des deux alignements.	Angle au centre correspondant.	Longueur des *tangentes*		Longueur de la *bissectrice*		Développement de l'arc.
		correspondant à l'angle au centre.	pour chaque minute en sus.	correspondant à l'angle au centre.	pour chaque minute en sus.	Valeur d'une minute (1.047197).
120°	60°	2078m46		556m92		3769m92
			0m7016		0m3534	
119	61	2120.56		578.13		3832.75
			0.7089		0.3624	
118	62	2163.10		599.88		3895.58
			0.7164		0.3716	
117	63	2206.08		622.18		3958.41
			0.7240		0.3810	
116	64	2249.53		645.04		4021.25
			0.7320		0.3906	
115	65	2293.45		668.48		4084.08
			0.7401		0.4005	
114	66	2337.87		692.51		4146.91
			0.7486		0.4105	
113	67	2382.79		717.14		4209.74
			0.7573		0.4207	
112	68	2428.23		742.38		4272.58
			0.7663		0.4312	
111	69	2474.21		768.26		4335.41
			0.7755		0.4421	
110	70	2520.75		794.79		4398.24
			0.7851		0.4530	
109	71	2567.85		821.97		4461.07
			0.7949		0.4645	
108	72	2615.55		849.84		4523.90
			0.8051		0.4760	
107	73	2663.86		878.41		4586.74
			0.8155		0.4880	
106	74	2712.79		907.69		4649.57
			0.8263		0.5001	
105	75	2762.38		937.70		4712.40
			0.8375		0.5127	
104	76	2812.63		968.46		4775.23
			0.8489		0.5256	
103	77	2863.57		1000.00		4838.06
			0.8608		0.5389	
102	78	2915.22		1032.34		4900.90
			0.8731		0.5524	
101	79	2967.61		1065.48		4963.73
			0.8857		0.5663	
100	80	3020.76		1099.47		5026.56
			0.8989		0.5807	
99	81	3074.69		1134.31		5089.39
			0.9123		0.5955	
98	82	3129.43		1170.05		5152.22
			0.9262		0.6107	
97	83	3185.01		1206.69		5215.06
			0.9407		0.6264	
96	84	3241.45		1244.28		5277.89
			0.9556		0.6425	
95	85	3298.79		1282.83		5340.72
			0.9709		0.6591	
94	86	3357.05		1322.38		5403.55
			0.9870		0.6762	
93	87	3416.27		1362.95		5466.38
			1.0035		0.6939	
92	88	3476.48		1404.59		5529.22
			1.0204		0.7121	
91	89	3537.71		1447.32		5592.05
			1.0381		0.7309	
90	90	3600.00		1491.17		5654.88

Angle des deux aligne-ments.	Angle au centre cor-respon-dant.	Longueur des *tangentes*		Longueur de la *bissectrice*		Développe-ment de l'*arc*.
		correspondant à l'angle au centre.	pour chaque minute en sus.	correspondant à l'angle au centre.	pour chaque minute en sus.	Valeur d'une minute (1.047197).
150°	30°	964ᵐ62	0ᵐ5625	126ᵐ99	0ᵐ1479	1884ᵐ96
149	31	998.37	0.5652	135.87	0.1534	1947.79
148	32	1032.28	0.5680	145.08	0.1589	2010.62
147	33	1066.37	0.5710	154.61	0.1646	2073.46
146	34	1100.63	0.5740	164.49	0.1702	2136.29
145	35	1135.08	0.5772	174.70	0.1759	2199.12
144	36	1169.71	0.5805	185.26	0.1818	2261.95
143	37	1204.54	0.5839	196.17	0.1877	2324.78
142	38	1239.58	0.5874	207.43	0.1936	2387.62
141	39	1274.83	0.5910	219.05	0.1998	2450.45
140	40	1310.29	0.5949	231.04	0.2058	2513.28
139	41	1345.99	0.5986	243.39	0.2121	2576.11
138	42	1381.91	0.6028	256.12	0.2184	2638.94
137	43	1418.08	0.6069	269.23	0.2248	2701.78
136	44	1454.49	0.6112	282.72	0.2314	2764.61
135	45	1491.17	0.6157	296.61	0.2380	2827.44
134	46	1528.11	0.6202	310.90	0.2448	2890.27
133	47	1565.32	0.6249	325.59	0.2516	2953.10
132	48	1602.82	0.6298	340.69	0.2587	3015.94
131	49	1640.61	0.6348	356.21	0.2657	3078.77
130	50	1678.71	0.6399	372.16	0.2730	3141.60
129	51	1717.11	0.6455	388.54	0.2803	3204.43
128	52	1755.84	0.6509	405.37	0.2878	3267.26
127	53	1794.90	0.6566	422.64	0.2955	3330.10
126	54	1834.29	0.6624	440.37	0.3033	3392.93
125	55	1874.04	0.6685	458.58	0.3112	3455.76
124	56	1914.15	0.6748	477.25	0.3193	3518.59
123	57	1954.64	0.6811	496.41	0.3276	3581.42
122	58	1995.51	0.6878	516.07	0.3361	3644.26
121	59	2036.78	0.6946	536.24	0.3447	3707.09
120	60	2078.46		556.92		3769.92

Angle des deux alignements.	Angle au centre correspondant.	Longueur des *tangentes*		Longueur de la *bissectrice*		Développement de l'arc.
		correspondant à l'angle au centre.	pour chaque minute en sus.	correspondant à l'angle au centre.	pour chaque minute en sus.	Valeur d'une minute (1.047197).
120°	60°	2078ᵐ46		556ᵐ92		3769ᵐ92
119	61	2120.56	0ᵐ7016	578.13	0ᵐ3534	3832.75
118	62	2163.10	0.7089	599.88	0.3624	3895.58
117	63	2206.08	0.7164	622.18	0.3716	3958.41
116	64	2249.53	0.7240	645.04	0.3810	4021.25
115	65	2293.45	0.7320	668.48	0.3906	4084.08
114	66	2337.87	0.7401	692.51	0.4005	4146.91
113	67	2382.79	0.7486	717.14	0.4105	4209.74
112	68	2428.23	0.7573	742.38	0.4207	4272.58
111	69	2474.21	0.7663	768.26	0.4312	4335.41
110	70	2520.75	0.7755	794.79	0.4421	4398.24
109	71	2567.85	0.7851	821.97	0.4530	4461.07
108	72	2615.55	0.7949	849.84	0.4645	4523.90
107	73	2663.86	0.8051	878.41	0.4760	4586.74
106	74	2712.79	0.8155	907.69	0.4880	4649.57
105	75	2762.38	0.8263	937.70	0.5001	4712.40
104	76	2812.63	0.8375	968.46	0.5127	4775.23
103	77	2863.57	0.8489	1000.00	0.5256	4838.06
102	78	2915.22	0.8608	1032.34	0.5389	4900.90
101	79	2967.61	0.8731	1065.48	0.5524	4963.73
100	80	3020.76	0.8857	1099.47	0.5663	5026.56
99	81	3074.69	0.8989	1134.31	0.5807	5089.39
98	82	3129.43	0.9123	1170.05	0.5955	5152.22
97	83	3185.01	0.9262	1206.69	0.6107	5215.06
96	84	3241.45	0.9407	1244.28	0.6264	5277.89
95	85	3298.79	0.9556	1282.83	0.6425	5340.72
94	86	3357.05	0.9709	1322.38	0.6591	5403.55
93	87	3416.27	0.9870	1362.95	0.6762	5466.38
92	88	3476.48	1.0035	1404.59	0.6939	5529.22
91	89	3537.71	1.0204	1447.32	0.7121	5592.05
90	90	3600.00	1.0381	1491.17	0.7309	5654.88

Angle des deux aligne-ments.	Angle au centre cor-respon-daut.	Longueur des *tangentes*		Longueur de la *bissectrice*		Développe-ment de l'*arc*.
		correspondant à l'angle au centre.	pour chaque minute en sus.	correspondant à l'angle au centre.	pour chaque minute en sus.	Valeur d'une minute (1.076286).
179°	1°	32^{m}29		0^{m}14		64^{m}58
178	2	64.58	0^{m}5382	0.56	0^{m}0070	129.15
177	3	96.89	0.5384	1.27	0.0117	193.73
176	4	129.21	0.5386	2.25	0.0164	258.31
175	5	161.55	0.5390	3.52	0.0211	322.89
174	6	193.91	0.5393	5.08	0.0258	387.46
173	7	226.30	0.5398	6.91	0.0305	452.04
172	8	258.73	0.5404	9.04	0.0353	516.62
171	9	291.20	0.5411	11.44	0.0400	581.20
170	10	323.71	0.5418	14.13	0.0448	645.77
169	11	356.27	0.5426	17.11	0.0496	710.35
168	12	388.89	0.5436	20.38	0.0544	774.93
167	13	421.56	0.5446	23.94	0.0592	839.51
166	14	454.30	0.5456	27.79	0.0641	904.08
165	15	487.11	0.5468	31.93	0.0690	968.66
164	16	520.00	0.5481	36.36	0.0739	1033.24
163	17	552.97	0.5494	41.09	0.0788	1097.81
162	18	586.02	0.5508	46.12	0.0838	1162.39
161	19	619.17	0.5524	51.45	0.0888	1226.97
160	20	652.41	0.5540	57.08	0.0938	1291.55
159	21	685.75	0.5557	63.01	0.0989	1356.12
158	22	719.21	0.5575	69.25	0.1039	1420.70
157	23	752.77	0.5594	75.80	0.1091	1485.28
156	24	786.46	0.5614	82.66	0.1142	1549.86
155	25	820.27	0.5635	89.84	0.1196	1614.43
154	26	854.21	0.5656	97.32	0.1248	1679.01
153	27	888.29	0.5679	105.14	0.1301	1743.59
152	28	922.51	0.5703	113.27	0.1356	1808.17
151	29	956.89	0.5728	121.73	0.1409	1872.74
150	30	991.41	0.5753	130.52	0.1465	1937.32

RAYON 3700.

Angle des deux alignements.	Angle au centre correspondant.	Longueur des *tangentes*		Longueur de la *bissectrice*		Développement de l'*arc*. —
		correspondant à l'angle au centre.	pour chaque minute en sus.	correspondant à l'angle au centre.	pour chaque minute en sus.	Valeur d'une minute (1.076286).
150°	30°	991ᵐ41		130ᵐ52		1937ᵐ32
149	31	1026.10	0ᵐ5781	139.65	0ᵐ1520	2001.90
148	32	1060.96	0.5809	149.11	0.1576	2066.47
147	33	1095.99	0.5838	158.91	0.1633	2131.05
146	34	1131.20	0.5869	169.06	0.1692	2195.63
145	35	1166.61	0.5900	179.56	0.1749	2260.21
144	36	1202.20	0.5932	190.41	0.1808	2324.78
143	37	1238.00	0.5966	201.62	0.1868	2389.36
142	38	1274.01	0.6001	213.20	0.1929	2453.94
141	39	1310.24	0.6037	225.14	0.1990	2518.52
140	40	1346.69	0.6074	237.46	0.2053	2583.09
139	41	1383.37	0.6114	250.15	0.2115	2647.67
138	42	1420.29	0.6153	263.24	0.2180	2712.25
137	43	1457.47	0.6195	276.71	0.2245	2776.83
136	44	1494.90	0.6238	290.58	0.2311	2841.40
135	45	1532.59	0.6281	304.85	0.2379	2905.98
134	46	1570.56	0.6328	319.53	0.2446	2970.56
133	47	1608.80	0.6374	334.63	0.2516	3035.13
132	48	1647.35	0.6423	350.15	0.2586	3099.71
131	49	1686.19	0.6473	366.11	0.2659	3164.29
130	50	1725.34	0.6525	382.50	0.2731	3228.87
129	51	1764.80	0.6577	399.34	0.2806	3293.44
128	52	1804.61	0.6634	416.63	0.2881	3358.02
127	53	1844.75	0.6690	434.38	0.2958	3422.60
126	54	1885.25	0.6748	452.61	0.3037	3487.18
125	55	1926.10	0.6808	471.31	0.3117	3551.75
124	56	1967.32	0.6870	490.51	0.3199	3616.33
123	57	2008.94	0.6935	510.20	0.3281	3680.91
122	58	2050.94	0.7000	530.41	0.3367	3745.49
121	59	2093.36	0.7069	551.13	0.3454	3810.06
120	60	2136.20	0.7139	572.39	0.3543	3874.64

Angle des deux alignements.	Angle au centre correspondant.	Longueur des *tangentes*		Longueur de la *bissectrice*		Développement de l'*arc*.
		correspondant à l'angle au centre.	pour chaque minute en sus.	correspondant à l'angle au centre.	pour chaque minute en sus.	Valeur d'une minute (1.076286).
179°	1°	32m29		0m14		64m58
			0m5382		0m0070	
178	2	64.58		0.56		129.15
			0.5384		0.0117	
177	3	96.89		1.27		193.73
			0.5386		0.0164	
176	4	129.21		2.25		258.31
			0.5390		0.0211	
175	5	161.55		3.52		322.89
			0.5393		0.0258	
174	6	193.91		5.08		387.46
			0.5398		0.0305	
173	7	226.30		6.91		452.04
			0.5404		0.0353	
172	8	258.73		9.04		516.62
			0.5411		0.0400	
171	9	291.20		11.44		581.20
			0.5418		0.0448	
170	10	323.71		14.13		645.77
			0.5426		0.0496	
169	11	356.27		17.11		710.35
			0.5436		0.0544	
168	12	388.89		20.38		774.93
			0.5446		0.0592	
167	13	421.56		23.94		839.51
			0.5456		0.0641	
166	14	454.30		27.79		904.08
			0.5468		0.0690	
165	15	487.11		31.93		968.66
			0.5481		0.0739	
164	16	520.00		36.36		1033.24
			0.5494		0.0788	
163	17	552.97		41.09		1097.81
			0.5508		0.0838	
162	18	586.02		46.12		1162.39
			0.5524		0.0888	
161	19	619.17		51.45		1226.97
			0.5540		0.0938	
160	20	652.41		57.08		1291.55
			0.5557		0.0989	
159	21	685.75		63.01		1356.12
			0.5575		0.1039	
158	22	719.21		69.25		1420.70
			0.5594		0.1091	
157	23	752.77		75.80		1485.28
			0.5614		0.1142	
156	24	786.46		82.66		1549.86
			0.5635		0.1196	
155	25	820.27		89.84		1614.43
			0.5656		0.1248	
154	26	854.21		97.32		1679.01
			0.5679		0.1301	
153	27	888.29		105.14		1743.59
			0.5703		0.1356	
152	28	922.51		113.27		1808.17
			0.5728		0.1409	
151	29	956.89		121.73		1872.74
			0.5753		0.1465	
150	30	994.41		130.52		1937.32

RAYON 3700.

Angle des deux alignements.	Angle au centre correspondant.	Longueur des *tangentes*		Longueur de la *bissectrice*		Développement de l'arc.
		correspondant à l'angle au centre.	pour chaque minute en sus.	correspondant à l'angle au centre.	pour chaque minute eu sus.	Valeur d'une minute (1.076286).
150°	30°	991ᵐ41		130ᵐ52		1937ᵐ32
149	31	1026.10	0ᵐ5781	139.65	0ᵐ1520	2001.90
148	32	1060.96	0.5809	149.11	0.1576	2066.47
147	33	1095.99	0.5838	158.91	0.1633	2131.05
146	34	1131.20	0.5869	169.06	0.1692	2195.63
145	35	1166.61	0.5900	179.56	0.1749	2260.21
144	36	1202.20	0.5932	190.41	0.1808	2324.78
143	37	1238.00	0.5966	201.62	0.1868	2389.36
142	38	1274.01	0.6001	213.20	0.1929	2453.94
141	39	1310.24	0.6037	225.14	0.1990	2518.52
140	40	1346.69	0.6074	237.46	0.2053	2583.09
139	41	1383.37	0.6114	250.15	0.2115	2647.67
138	42	1420.29	0.6153	263.24	0.2180	2712.25
137	43	1457.47	0.6195	276.71	0.2245	2776.83
136	44	1494.90	0.6238	290.58	0.2311	2841.40
135	45	1532.59	0.6281	304.85	0.2379	2905.98
134	46	1570.56	0.6328	319.53	0.2446	2970.56
133	47	1608.80	0.6374	334.63	0.2516	3035.13
132	48	1647.35	0.6423	350.15	0.2586	3099.71
131	49	1686.19	0.6473	366.11	0.2659	3164.29
130	50	1725.34	0.6525	382.50	0.2731	3228.87
129	51	1764.80	0.6577	399.34	0.2806	3293.44
128	52	1804.64	0.6634	416.63	0.2881	3358.02
127	53	1844.75	0.6690	434.38	0.2958	3422.60
126	54	1885.25	0.6748	452.61	0.3037	3487.18
125	55	1926.10	0.6808	471.31	0.3117	3551.75
124	56	1967.32	0.6870	490.51	0.3199	3616.33
123	57	2008.94	0.6935	510.20	0.3281	3680.91
122	58	2050.94	0.7000	530.41	0.3367	3745.49
121	59	2093.36	0.7069	551.13	0.3454	3810.06
120	60	2136.20	0.7139	572.39	0.3543	3874.64

Angle des deux alignements.	Angle au centre correspondant.	Longueur des *tangentes*		Longueur de la *bissectrice*		Développement de l'*arc.*
		correspondant à l'angle au centre.	pour chaque minute en sus.	correspondant à l'angle au centre.	pour chaque minute en sus.	Valeur d'une minute (1.076286).
120°	60°	2136m20	0m7211	572m39	0m3633	3874m64
119	61	2179.47	0.7286	594.19	0.3725	3939.22
118	62	2223.19	0.7363	616.54	0.3819	4003.79
117	63	2267.36	0.7441	639.46	0.3916	4068.37
116	64	2312.02	0.7523	662.96	0.4014	4132.95
115	65	2357.16	0.7607	687.05	0.4116	4197.53
114	66	2402.81	0.7694	711.74	0.4219	4262.10
113	67	2448.97	0.7784	737.06	0.4324	4326.68
112	68	2495.68	0.7876	763.01	0.4432	4391.26
111	69	2542.94	0.7970	789.60	0.4544	4455.84
110	70	2590.77	0.8069	816.87	0.4656	4520.41
109	71	2639.18	0.8169	844.81	0.4774	4584.99
108	72	2688.21	0.8275	873.45	0.4892	4649.57
107	73	2737.86	0.8382	902.81	0.5015	4714.15
106	74	2788.15	0.8493	932.90	0.5140	4778.72
105	75	2839.11	0.8608	963.75	0.5269	4843.30
104	76	2890.76	0.8725	995.37	0.5402	4907.88
103	77	2943.11	0.8847	1027.78	0.5538	4972.45
102	78	2996.20	0.8973	1061.01	0.5677	5037.03
101	79	3050.04	0.9103	1095.08	0.5821	5101.61
100	80	3104.67	0.9238	1130.01	0.5969	5166.19
99	81	3160.10	0.9376	1165.82	0.6120	5230.76
98	82	3216.36	0.9520	1202.55	0.6277	5295.34
97	83	3273.48	0.9668	1240.21	0.6438	5359.92
96	84	3331.49	0.9821	1278.84	0.6603	5424.50
95	85	3390.42	0.9978	1318.46	0.6774	5489.07
94	86	3450.30	1.0144	1359.11	0.6950	5553.65
93	87	3511.17	1.0313	1400.81	0.7131	5618.23
92	88	3573.05	1.0488	1443.60	0.7318	5682.81
91	89	3635.98	1.0670	1487.52	0.7512	5747.38
90	90	3700.00		1532.59		5811.96

RAYON 3800.

Angle des deux alignements.	Angle au centre correspondant.	Longueur des *tangentes*		Longueur de la *bissectrice*		Développement de l'arc. Valeur d'une minute (1.105375).
		correspondant à l'angle au centre.	pour chaque minute en sus.	correspondant à l'angle au centre.	pour chaque minute en sus.	
179°	1°	33m16		0m14		66m32
178	2	66.33	0m5527	0.58	0m0072	132.65
177	3	99.51	0.5529	1.30	0.0120	198.97
176	4	132.70	0.5532	2.32	0.0168	265.29
175	5	165.92	0.5536	3.62	0.0217	331.61
174	6	199.15	0.5538	5.21	0.0265	397.94
173	7	232.42	0.5544	7.10	0.0314	464.26
172	8	265.72	0.5550	9.28	0.0363	530.58
171	9	299.07	0.5557	11.75	0.0411	596.90
170	10	332.46	0.5565	14.52	0.0460	663.23
169	11	365.90	0.5573	17.58	0.0509	729.55
168	12	399.40	0.5582	20.93	0.0559	795.87
167	13	432.96	0.5593	24.59	0.0608	862.19
166	14	466.58	0.5604	28.54	0.0658	928.52
165	15	500.28	0.5616	32.79	0.0708	994.84
164	16	534.06	0.5629	37.34	0.0759	1061.16
163	17	567.91	0.5643	42.20	0.0809	1127.49
162	18	601.86	0.5657	47.37	0.0860	1193.81
161	19	635.90	0.5674	52.84	0.0912	1260.13
160	20	670.04	0.5689	58.62	0.0963	1326.45
159	21	704.29	0.5707	64.72	0.1015	1392.78
158	22	738.64	0.5726	71.12	0.1067	1459.10
157	23	773.12	0.5745	77.85	0.1121	1525.42
156	24	807.72	0.5766	84.89	0.1173	1591 74
155	25	842.44	0.5787	92.26	0.1228	1658.07
154	26	877.30	0.5809	99.96	0.1281	1724.39
153	27	912.30	0.5833	107.98	0.1336	1790.71
152	28	947.45	0.5857	116.33	0.1392	1857.03
151	29	982.75	0.5883	125.02	0.1447	1923.36
150	30	1018.21	0.5909	134.05	0.1504	1989.68

Angle des deux alignements.	Angle au centre correspondant.	Longueur des *tangentes*		Longueur de la *bissectrice*		Développement de l'*arc*.
		correspondant à l'angle au centre.	pour chaque minute en sus.	correspondant à l'angle au centre.	pour chaque minute en sus.	Valeur d'une minute (1.076286).
120°	60°	2136ᵐ20		572ᵐ39		3874ᵐ64
119	61	2179.47	0ᵐ7211	594.19	0ᵐ3633	3939.22
118	62	2223.19	0.7286	616.54	0.3725	4003.79
117	63	2267.36	0.7363	639.46	0.3819	4068.37
116	64	2312.02	0.7441	662.96	0.3916	4132.95
115	65	2357.16	0.7523	687.05	0.4014	4197.53
114	66	2402.81	0.7607	711.74	0.4116	4262.10
113	67	2448.97	0.7694	737.06	0.4219	4326.68
112	68	2495.68	0.7784	763.01	0.4324	4391.26
111	69	2542.94	0.7876	789.60	0.4432	4455.84
110	70	2590.77	0.7970	816.87	0.4544	4520.41
109	71	2639.18	0.8069	844.81	0.4656	4584.99
108	72	2688.21	0.8169	873.45	0.4774	4649.57
107	73	2737.86	0.8275	902.81	0.4892	4714.15
106	74	2788.15	0.8382	932.90	0.5015	4778.72
105	75	2839.11	0.8493	963.75	0.5140	4843.30
104	76	2890.76	0.8608	995.37	0.5269	4907.88
103	77	2943.11	0.8725	1027.78	0.5402	4972.45
102	78	2996.20	0.8847	1061.01	0.5538	5037.03
101	79	3050.04	0.8973	1095.08	0.5677	5101.61
100	80	3104.67	0.9103	1130.01	0.5821	5166.19
99	81	3160.10	0.9238	1165.82	0.5969	5230.76
98	82	3216.36	0.9376	1202.55	0.6120	5295.34
97	83	3273.48	0.9520	1240.21	0.6277	5359.92
96	84	3331.49	0.9668	1278.84	0.6438	5424.50
95	85	3390.42	0.9821	1318.46	0.6603	5489.07
94	86	3450.30	0.9978	1359.11	0.6774	5553.65
93	87	3511.17	1.0144	1400.81	0.6950	5618.23
92	88	3573.05	1.0313	1443.60	0.7131	5682.81
91	89	3635.98	1.0488	1487.52	0.7318	5747.38
90	90	3700.00	1.0670	1532.59	0.7512	5811.96

RAYON 3800.

Angle des deux alignements.	Angle au centre correspondant.	Longueur des *tangentes*		Longueur de la *bissectrice*		Développement de l'*arc*.
		correspondant à l'angle au centre.	pour chaque minute en sus.	correspondant à l'angle au centre.	pour chaque minute en sus.	Valeur d'une minute (t.105375).
179°	1°	33m16		0m14		66m32
178	2	66.33	0m5527	0.58	0m0072	132.65
177	3	99.51	0.5529	1.30	0.0120	198.97
176	4	132.70	0.5532	2.32	0.0168	265.29
175	5	165.92	0.5536	3.62	0.0217	331.61
174	6	199.15	0.5538	5.21	0.0265	397.94
173	7	232.42	0.5544	7.10	0.0314	464.26
172	8	265.72	0.5550	9.28	0.0363	530.58
171	9	299.07	0.5557	11.75	0.0411	596.90
170	10	332.46	0.5565	14.52	0.0460	663.23
169	11	365.90	0.5573	17.58	0.0509	729.55
168	12	399.40	0.5582	20.93	0.0559	795.87
167	13	432.96	0.5593	24.59	0.0608	862.19
166	14	466.58	0.5604	28.54	0.0658	928.52
165	15	500.28	0.5616	32.79	0.0708	994.84
164	16	534.06	0.5629	37.34	0.0759	1061.16
163	17	567.91	0.5643	42.20	0.0809	1127.49
162	18	601.86	0.5657	47.37	0.0860	1193.81
161	19	635.90	0.5674	52.84	0.0912	1260.13
160	20	670.04	0.5689	58.62	0.0963	1326.45
159	21	704.29	0.5707	64.72	0.1015	1392.78
158	22	738.64	0.5726	71.12	0.1067	1459.10
157	23	773.12	0.5745	77.85	0.1121	1525.42
156	24	807.72	0.5766	84.89	0.1173	1591 74
155	25	842.44	0.5787	92.26	0.1228	1658.07
154	26	877.30	0.5809	99.96	0.1281	1724.39
153	27	912.30	0.5833	107.98	0.1336	1790.71
152	28	947.45	0.5857	116.33	0.1392	1857.03
151	29	982.75	0.5883	125.02	0.1447	1923.36
150	30	1018.21	0.5909	134.05	0.1504	1989.68

Angle des deux alignements.	Angle au centre correspondant.	Longueur des *tangentes*		Longueur de la *bissectrice*		Développement de l'*arc.*
		correspondant à l'angle au centre.	pour chaque minute en sus.	correspondant à l'angle au centre.	pour chaque minute en sus.	Valeur d'une minute (1.105375).
150°	30°	1018ᵐ21		134ᵐ05		1989ᵐ68
			0ᵐ5937		0ᵐ1561	
149	31	1053.83		143.42		2056.00
			0.5966		0.1619	
148	32	1089.63		153.14		2122.33
			0.5996		0.1677	
147	33	1125.61		163.20		2188.65
			0.6027		0.1737	
146	34	1161.78		173.63		2254.97
			0.6059		0.1796	
145	35	1198.14		184.41		2321.29
			0.6093		0.1857	
144	36	1234.70		195.56		2387.62
			0.6127		0.1919	
143	37	1271.46		207.07		2453.94
			0.6163		0.1981	
142	38	1308.45		218.96		2520.26
			0.6200		0.2044	
141	39	1345.65		231.22		2586.58
			0.6238		0.2109	
140	40	1383.09		243.88		2652.91
			0.6279		0.2172	
139	41	1420.76		256.91		2719.23
			0.6319		0.2239	
138	42	1458.68		270.35		2785.55
			0.6363		0.2305	
137	43	1496.86		284.19		2851.87
			0.6406		0.2373	
136	44	1535.30		298.43		2918.20
			0.6451		0.2443	
135	45	1574.01		313.09		2984.52
			0.6499		0.2513	
134	46	1613.00		328.17		3050.84
			0.6546		0.2584	
133	47	1652.29		343.68		3117.17
			0.6597		0.2656	
132	48	1691.87		359.62		3183.49
			0.6648		0.2730	
131	49	1731.76		376.00		3249.81
			0.6701		0.2805	
130	50	1771.97		392.84		3316.13
			0.6754		0.2882	
129	51	1812.50		410.13		3382.46
			0.6813		0.2959	
128	52	1853.39		427.89		3448.78
			0.6871		0.3038	
127	53	1894.61		446.12		3515.10
			0.6931		0.3119	
126	54	1936.20		464.84		3581.42
			0.6992		0.3202	
125	55	1978.15		484.05		3647.75
			0.7056		0.3285	
124	56	2020.49		503.77		3714.07
			0.7123		0.3370	
123	57	2063.23		523.99		3780.39
			0.7189		0.3458	
122	58	2106.37		544.74		3846.71
			0.7260		0.3547	
121	59	2149.94		566.03		3913.04
			0.7332		0.3638	
120	60	2193.93		587.86		3979.36

Angle des deux alignements.	Angle au centre correspondant.	Longueur des *tangentes*		Longueur de la *bissectrice*		Développement de l'*arc*.
		correspondant à l'angle au centre.	pour chaque minute en sus.	correspondant à l'angle au centre.	pour chaque minute en sus.	Valeur d'une minute (1.105375).
120°	60°	2193m93		587m86		3979m36
119	61	2238.37	0m7406	610.25	0m3731	4045.68
118	62	2283.27	0.7483	633.21	0.3825	4112.00
117	63	2328.64	0.7562	656.74	0.3922	4178.33
116	64	2374.50	0.7642	680.88	0.4022	4244.65
115	65	2420.87	0.7727	705.61	0.4123	4310.97
114	66	2467.75	0.7813	730.98	0.4227	4377.30
113	67	2515.16	0.7902	756.98	0.4333	4443.62
112	68	2563.13	0.7994	783.63	0.4441	4509.94
111	69	2611.67	0.8089	810.94	0.4552	4576.26
110	70	2660.79	0.8186	838.95	0.4667	4642.59
109	71	2710.51	0.8287	867.64	0.4782	4708.91
108	72	2760.86	0.8390	897.06	0.4903	4775.23
107	73	2811.85	0.8498	927.21	0.5024	4841.55
106	74	2863.51	0.8608	958.12	0.5151	4907.88
105	75	2915.84	0.8722	989.79	0.5279	4974.20
104	76	2968.89	0.8840	1022.27	0.5412	5040.52
103	77	3022.66	0.8961	1055.56	0.5548	5106.84
102	78	3077.18	0.9086	1089.69	0.5688	5173.17
101	79	3132.48	0.9216	1124.67	0.5831	5239.49
100	80	3188.58	0.9349	1160.55	0.5978	5305.81
99	81	3245.51	0.9488	1197.33	0.6130	5372.14
98	82	3303.29	0.9630	1235.05	0.6286	5438.46
97	83	3361.96	0.9777	1273.73	0.6446	5504.78
96	84	3421.54	0.9929	1313.40	0.6612	5571.10
95	85	3482.06	1.0087	1354.10	0.6782	5637.43
94	86	3543.55	1.0248	1395.84	0.6957	5703.75
93	87	3606.06	1.0418	1438.67	0.7138	5770.07
92	88	3669.62	1.0592	1482.62	0.7324	5836.39
91	89	3734.25	1.0771	1527.72	0.7516	5902.72
90	90	3800.00	1.0958	1574.01	0.7715	5969.04

Angle des deux aligne-ments.	Angle au centre cor-respon-dant.	Longueur des *tangentes*		Longueur de la *bissectrice*		Développe-ment de l'arc.
		correspondant à l'angle au centre.	pour chaque minute en sus.	correspondant à l'angle au centre.	pour chaque minute en sus.	Valeur d'une minute (1.105375).
150°	30°	1018m21	0m5937	134m05	0m1561	1989m68
149	31	1053.83	0.5966	143.42	0.1619	2056.00
148	32	1089.63	0.5996	153.14	0.1677	2122.33
147	33	1125.61	0.6027	163.20	0.1737	2188.65
146	34	1161.78	0.6059	173.63	0.1796	2254.97
145	35	1198.14	0.6093	184.41	0.1857	2321.29
144	36	1234.70	0.6127	195.56	0.1919	2387.62
143	37	1271.46	0.6163	207.07	0.1981	2453.94
142	38	1308.45	0.6200	218.96	0.2044	2520.26
141	39	1345.65	0.6238	231.22	0.2109	2586.58
140	40	1383.09	0.6279	243.88	0.2172	2652.91
139	41	1420.76	0.6319	256.91	0.2239	2719.23
138	42	1458.68	0.6363	270.35	0.2305	2785.55
137	43	1496.86	0.6406	284.19	0.2373	2851.87
136	44	1535.30	0.6451	298.43	0.2443	2918.20
135	45	1574.01	0.6499	313.09	0.2513	2984.52
134	46	1613.00	0.6546	328.17	0.2584	3050.84
133	47	1652.29	0.6597	343.68	0.2656	3117.17
132	48	1691.87	0.6648	359.62	0.2730	3183.49
131	49	1731.76	0.6701	376.00	0.2805	3249.81
130	50	1771.97	0.6754	392.84	0.2882	3316.13
129	51	1812.50	0.6813	410.13	0.2959	3382.46
128	52	1853.39	0.6871	427.89	0.3038	3448.78
127	53	1894.61	0.6931	446.12	0.3119	3515.10
126	54	1936.20	0.6992	464.84	0.3202	3581.42
125	55	1978.15	0.7056	484.05	0.3285	3647.75
124	56	2020.49	0.7123	503.77	0.3370	3714.07
123	57	2063.23	0.7189	523.99	0.3458	3780.39
122	58	2106.37	0.7260	544.74	0.3547	3846.71
121	59	2149.94	0.7332	566.03	0.3638	3913.04
120	60	2193.93		587.86		3979.36

Angle des deux alignements.	Angle au centre correspondant.	Longueur des *tangentes*		Longueur de la *bissectrice*		Développement de l'arc — Valeur d'une minute (1.105375).
		correspondant à l'angle au centre.	pour chaque minute en sus.	correspondant à l'angle au centre.	pour chaque minute en sus.	
120°	60°	2193m93	0m7406	587m86	0m3731	3979m36
119	61	2238.37	0.7483	610.25	0.3825	4045.68
118	62	2283.27	0.7562	633.21	0.3922	4112.00
117	63	2328.64	0.7642	656.74	0.4022	4178.33
116	64	2374.50	0.7727	680.88	0.4123	4244.65
115	65	2420.87	0.7813	705.61	0.4227	4310.97
114	66	2467.75	0.7902	730.98	0.4333	4377.30
113	67	2515.16	0.7994	756.98	0.4441	4443.62
112	68	2563.13	0.8089	783.63	0.4552	4509.94
111	69	2611.67	0.8186	810.94	0.4667	4576.26
110	70	2660.79	0.8287	838.95	0.4782	4642.59
109	71	2710.51	0.8390	867.64	0.4903	4708.91
108	72	2760.86	0.8498	897.06	0.5024	4775.23
107	73	2811.85	0.8608	927.21	0.5151	4841.55
106	74	2863.51	0.8722	958.12	0.5279	4907.88
105	75	2915.84	0.8840	989.79	0.5412	4974.20
104	76	2968.89	0.8961	1022.27	0.5548	5040.52
103	77	3022.66	0.9086	1055.56	0.5688	5106.84
102	78	3077.18	0.9216	1089.69	0.5831	5173.17
101	79	3132.48	0.9349	1124.67	0.5978	5239.49
100	80	3188.58	0.9488	1160.55	0.6130	5305.81
99	81	3245.51	0.9630	1197.33	0.6286	5372.14
98	82	3303.29	0.9777	1235.05	0.6446	5438.46
97	83	3361.96	0.9929	1273.73	0.6612	5504.78
96	84	3421.54	1.0087	1313.40	0.6782	5571.10
95	85	3482.06	1.0248	1354.10	0.6957	5637.43
94	86	3543.55	1.0418	1395.84	0.7138	5703.75
93	87	3606.06	1.0592	1438.67	0.7324	5770.07
92	88	3669.62	1.0771	1482.62	0.7516	5836.39
91	89	3734.25	1.0958	1527.72	0.7715	5902.72
90	90	3800.00		1574.01		5969.04

Angle des deux alignements.	Angle au centre correspondant.	Longueur des tangentes		Longueur de la bissectrice		Développement de l'arc.
		correspondant à l'angle au centre.	pour chaque minute en sus.	correspondant à l'angle au centre.	pour chaque minute en sus.	Valeur d'une minute (1.134463).
179°	1°	34m03		0m15		68m07
178	2	68.07	0m5673	0.59	0m0074	136.14
177	3	102.13	0.5675	1.34	0.0123	204.20
176	4	136.19	0.5677	2.38	0.0173	272.27
175	5	170.28	0.5681	3.71	0.0222	340.34
174	6	204.39	0.5684	5.35	0.0272	408.41
173	7	238.53	0.5690	7.29	0.0322	476.48
172	8	272.71	0.5696	9.52	0.0372	544.54
171	9	306.94	0.5703	12.06	0.0422	612.61
170	10	341.21	0.5711	14.90	0.0473	680.68
169	11	375.53	0.5720	18.04	0.0522	748.75
168	12	409.91	0.5729	21.48	0.0574	816.82
167	13	444.35	0.5740	25.23	0.0625	884.88
166	14	478.86	0.5751	29.29	0.0675	952.95
165	15	513.44	0.5764	33.65	0.0723	1021.02
164	16	548.11	0.5777	38.33	0.0779	1089.09
163	17	582.86	0.5791	43.31	0.0831	1157.16
162	18	617.70	0.5806	48.61	0.0883	1225.22
161	19	652.64	0.5823	54.23	0.0936	1293.29
160	20	687.68	0.5839	60.16	0.0988	1361.36
159	21	722.82	0.5857	66.42	0.1042	1429.43
158	22	758.08	0.5876	72.99	0.1096	1497.50
157	23	793.46	0.5896	79.90	0.1150	1565.56
156	24	828.97	0.5918	87.13	0.1204	1633.63
155	25	864.61	0.5939	94.69	0.1260	1701.70
154	26	900.39	0.5962	102.59	0.1315	1769.77
153	27	936.31	0.5986	110.82	0.1372	1837.84
152	28	972.38	0.6011	119.39	0.1429	1905.90
151	29	1008.61	0.6038	128.31	0.1485	1973.97
150	30	1045.00	0.6064	137.58	0.1544	2042.04

19

RAYON 3900.

Angle des deux alignements.	Angle au centre correspondant.	Longueur des *tangentes*		Longueur de la *bissectrice*		Développement de l'*arc.*
		correspondant à l'angle au centre.	pour chaque minute en sus.	correspondant à l'angle au centre.	pour chaque minute en sus.	Valeur d'une minute (1.134463).
150°	30°	1045m00		137m58		2042m04
			0m6093		0m1602	
149	31	1081.56		147.19		2110.11
			0.6123		0.1662	
148	32	1118.31		157.17		2178.18
			0.6154		0.1721	
147	33	1155.23		167.50		2246.24
			0.6186		0.1783	
146	34	1192.35		178.20		2314.31
			0.6218		0.1843	
145	35	1229.67		189.26		2382.38
			0.6253		0.1906	
144	36	1267.19		200.70		2450.45
			0.6288		0.1969	
143	37	1304.92		212.52		2518.52
			0.6326		0.2033	
142	38	1342.88		224.72		2586.58
			0.6364		0.2097	
141	39	1381.06		237.31		2654.65
			0.6403		0.2164	
140	40	1419.48		250.29		2722.72
			0.6444		0.2230	
139	41	1458.15		263.68		2790.79
			0.6485		0.2298	
138	42	1497.07		277.47		2858.86
			0.6530		0.2366	
137	43	1536.25		291.67		2926.92
			0.6575		0.2436	
136	44	1575.70		306.28		2994.99
			0.6621		0.2507	
135	45	1615.43		321.33		3063.06
			0.6670		0.2579	
134	46	1655.45		336.80		3131.13
			0.6718		0.2652	
133	47	1695.77		352.72		3199.20
			0.6770		0.2726	
132	48	1736.39		369.08		3267.26
			0.6823		0.2802	
131	49	1777.33		385.90		3335.33
			0.6878		0.2879	
130	50	1818.60		403.17		3403.40
			0.6932		0.2958	
129	51	1860.20		420.92		3471.47
			0.6993		0.3037	
128	52	1902.16		439.15		3539.54
			0.7051		0.3118	
127	53	1944.47		457.86		3607.60
			0.7113		0.3201	
126	54	1987.15		477.07		3675.67
			0.7176		0.3286	
125	55	2030.21		496.79		3743.74
			0.7242		0.3372	
124	56	2073.67		517.02		3811.81
			0.7310		0.3459	
123	57	2117.53		537.78		3879.88
			0.7379		0.3549	
122	58	2161.81		559.08		3947.94
			0.7451		0.3641	
121	59	2206.51		580.92		4016.01
			0.7525		0.3734	
120	60	2251.67		603.33		4084.08

Angle des deux alignements.	Angle au centre correspondant.	Longueur des *tangentes*		Longueur de la *bissectrice*		Développement de l'*arc.*
		correspondant à l'angle au centre.	pour chaque minute en sus.	correspondant à l'angle au centre.	pour chaque minute en sus.	Valeur d'une minute (1.134463).
179°	1°	34m03		0m15		68m07
			0m5673		0m0074	
178	2	68.07		0.59		136.14
			0.5675		0.0123	
177	3	102.13		1.34		204.20
			0.5677		0.0173	
176	4	136.19		2.38		272.27
			0.5681		0.0222	
175	5	170.28		3.71		340.34
			0.5684		0.0272	
174	6	204.39		5.35		408.41
			0.5690		0.0322	
173	7	238.53		7.29		476.48
			0.5696		0.0372	
172	8	272.71		9.52		544.54
			0.5703		0.0422	
171	9	306.94		12.06		612.61
			0.5711		0.0473	
170	10	341.21		14.90		680.68
			0.5720		0.0522	
169	11	375.53		18.04		748.75
			0.5729		0.0574	
168	12	409.91		21.48		816.82
			0.5740		0.0625	
167	13	444.35		25.23		884.88
			0.5751		0.0675	
166	14	478.86		29.29		952.95
			0.5764		0.0723	
165	15	513.44		33.65		1021.02
			0.5777		0.0779	
164	16	548.11		38.33		1089.09
			0.5791		0.0831	
163	17	582.86		43.31		1157.16
			0.5806		0.0883	
162	18	617.70		48.61		1225.22
			0.5823		0.0936	
161	19	652.64		54.23		1293.29
			0.5839		0.0988	
160	20	687.68		60.16		1361.36
			0.5857		0.1042	
159	21	722.82		66.42		1429.43
			0.5876		0.1096	
158	22	758.08		72.99		1497.50
			0.5896		0.1150	
157	23	793.46		79.90		1565.56
			0.5918		0.1204	
156	24	828.97		87.13		1633.63
			0.5939		0.1260	
155	25	864.61		94.69		1701.70
			0.5962		0.1315	
154	26	900.39		102.59		1769.77
			0.5986		0.1372	
153	27	936.31		110.82		1837.84
			0.6011		0.1429	
152	28	972.38		119.39		1905.90
			0.6038		0.1485	
151	29	1008.61		128.31		1973.97
			0.6064		0.1544	
150	30	1045.00		137.58		2042.04

RAYON 3900.

Angle des deux alignements.	Angle au centre correspondant.	Longueur des *tangentes* correspondant à l'angle au centre.	pour chaque minute en sus.	Longueur de la *bissectrice* correspondant à l'angle au centre.	pour chaque minute en sus.	Développement de l'*arc.* Valeur d'une minute (1.134463).
150°	30°	1045m00		137m58		2042m04
			0m6093		0m1602	
149	31	1081.56		147.19		2110.11
			0.6123		0.1662	
148	32	1118.31		157.17		2178.18
			0.6154		0.1721	
147	33	1155.23		167.50		2246.24
			0.6186		0.1783	
146	34	1192.35		178.20		2314.31
			0.6218		0.1843	
145	35	1229.67		189.26		2382.38
			0.6253		0.1906	
144	36	1267.19		200.70		2450.45
			0.6288		0.1969	
143	37	1304.92		212.52		2518.52
			0.6326		0.2033	
142	38	1342.88		224.72		2586.58
			0.6364		0.2097	
141	39	1381.06		237.31		2654.65
			0.6403		0.2164	
140	40	1419.48		250.29		2722.72
			0.6444		0.2230	
139	41	1458.15		263.68		2790.79
			0.6485		0.2298	
138	42	1497.07		277.47		2858.86
			0.6530		0.2366	
137	43	1536.25		291.67		2926.92
			0.6575		0.2436	
136	44	1575.70		306.28		2994.99
			0.6621		0.2507	
135	45	1615.43		321.33		3063.06
			0.6670		0.2579	
134	46	1655.45		336.80		3131.13
			0.6718		0.2652	
133	47	1695.77		352.72		3199.20
			0.6770		0.2726	
132	48	1736.39		369.08		3267.26
			0.6823		0.2802	
131	49	1777.33		385.90		3335.33
			0.6878		0.2879	
130	50	1818.60		403.17		3403.40
			0.6932		0.2958	
129	51	1860.20		420.92		3471.47
			0.6993		0.3037	
128	52	1902.16		439.15		3539.54
			0.7051		0.3118	
127	53	1944.47		457.86		3607.60
			0.7113		0.3201	
126	54	1987.15		477.07		3675.67
			0.7176		0.3286	
125	55	2030.21		496.79		3743.74
			0.7242		0.3372	
124	56	2073.67		517.02		3811.81
			0.7310		0.3459	
123	57	2117.53		537.78		3879.88
			0.7379		0.3549	
122	58	2161.81		559.08		3947.94
			0.7451		0.3641	
121	59	2206.51		580.92		4016.01
			0.7525		0.3734	
120	60	2251.67		603.33		4084.08

Angle des deux alignements.	Angle au centre correspondant.	Longueur des *tangentes*		Longueur de la *bissectrice*		Développement de l'*arc.*
		correspondant à l'angle au centre.	pour chaque minute en sus.	correspondant à l'angle au centre.	pour chaque minute en sus.	Valeur d'une minute (1.134463).
120°	60°	2251ᵐ67		603ᵐ33		4084ᵐ08
119	61	2297.28	0ᵐ7601	626.31	0ᵐ3829	4152.15
118	62	2343.36	0.7680	649.87	0.3926	4220.22
117	63	2389.92	0.7761	674.03	0.4025	4288.28
116	64	2436.99	0.7844	698.79	0.4128	4356.35
115	65	2484.57	0.7930	724.18	0.4231	4424.42
114	66	2532.69	0.8018	750.22	0.4338	4492.49
113	67	2581.35	0.8110	776.90	0.4447	4560.56
112	68	2630.58	0.8204	804.25	0.4558	4628.62
111	69	2680.40	0.8302	832.28	0.4672	4696.69
110	70	2730.81	0.8401	861.02	0.4789	4764.76
109	71	2781.84	0.8505	890.47	0.4908	4832.83
108	72	2833.51	0.8611	920.67	0.5032	4900.90
107	73	2885.85	0.8722	951.61	0.5156	4968.96
106	74	2938.86	0.8835	983.33	0.5286	5037.03
105	75	2992.58	0.8952	1015.84	0.5418	5105.10
104	76	3047.02	0.9073	1049.17	0.5554	5173.17
103	77	3102.20	0.9197	1083.33	0.5694	5241.24
102	78	3158.16	0.9326	1118.36	0.5838	5309.30
101	79	3214.91	0.9458	1154.27	0.5984	5377.37
100	80	3272.49	0.9595	1191.09	0.6135	5445.44
99	81	3330.92	0.9738	1228.84	0.6291	5513.51
98	82	3390.22	0.9883	1267.55	0.6451	5581.58
97	83	3450.43	1.0034	1307.25	0.6616	5649.64
96	84	3511.58	1.0191	1347.96	0.6786	5717.71
95	85	3573.69	1.0352	1389.73	0.6960	5785.78
94	86	3636.80	1.0518	1432.58	0.7140	5853.85
93	87	3700.96	1.0693	1476.53	0.7326	5921.92
92	88	3766.19	1.0871	1521.64	0.7517	5989.98
91	89	3832.52	1.1054	1567.92	0.7714	6058.05
90	90	3900.00	1.1246	1615.43	0.7918	6126.12

Angle des deux alignements.	Angle au centre correspondant.	Longueur des *tangentes*		Longueur de la *bissectrice*		Développement de l'*arc*.
		correspondant à l'angle au centre.	pour chaque minute en sus.	correspondant à l'angle au centre.	pour chaque minute en sus.	Valeur d'une minute (1.163552).
179°	1°	34m90	0m5818	0m15	0m0076	69m81
178	2	69.82	0.5820	0.61	0.0126	139.63
177	3	104.74	0.5823	1.37	0.0177	209.44
176	4	139.68	0.5827	2.44	0.0228	279.25
175	5	174.65	0.5830	3.81	0.0279	349.07
174	6	209.63	0.5836	5.49	0.0330	418.88
173	7	244.65	0.5842	7.47	0.0382	488.69
172	8	279.71	0.5849	9.77	0.0433	558.51
171	9	314.81	0.5858	12.37	0.0485	628.32
170	10	349.95	0.5866	15.28	0.0536	698.13
169	11	385.16	0.5876	18.50	0.0588	767.95
168	12	420.42	0.5887	22.03	0.0641	837.76
167	13	455.74	0.5899	25.88	0.0693	907.57
166	14	491.14	0.5911	30.04	0.0746	977.39
165	15	526.61	0.5925	34.52	0.0799	1047.20
164	16	562.16	0.5940	39.31	0.0852	1117.01
163	17	597.80	0.5955	44.42	0.0906	1186.83
162	18	633.54	0.5972	49.86	0.0960	1256.64
161	19	669.37	0.5989	55.62	0.1014	1326.45
160	20	705.31	0.6008	61.71	0.1069	1396.27
159	21	741.36	0.6027	68.12	0.1124	1466.08
158	22	777.52	0.6048	74.87	0.1180	1535.89
157	23	813.81	0.6070	81.95	0.1235	1605.71
156	24	850.23	0.6092	89.36	0.1293	1675.52
155	25	886.78	0.6115	97.12	0.1349	1745.33
154	26	923.47	0.6140	105.22	0.1407	1815.15
153	27	960.32	0.6166	113.66	0.1466	1884.96
152	28	997.31	0.6193	122.46	0.1524	1954.77
151	29	1034.47	0.6220	131.60	0.1584	2024.59
150	30	1071.80		141.10		2094.40

Angle des deux alignements.	Angle au centre correspondant.	Longueur des *tangentes*		Longueur de la *bissectrice*		Développement de l'*arc.*
		correspondant à l'angle au centre.	pour chaque minute en sus.	correspondant à l'angle au centre.	pour chaque minute en sus.	Valeur d'une minute (1.163552).
150°	30°	1071m80	0m6250	141m10	0m1644	2094m40
149	31	1109.30	0.6280	150.97	0.1704	2164.21
148	32	1146.98	0.6312	161.20	0.1766	2234.03
147	33	1184.85	0.6345	171.79	0.1829	2303.84
146	34	1222.92	0.6378	182.77	0.1891	2373.65
145	35	1261.20	0.6414	194.12	0.1955	2443.47
144	36	1299.68	0.6450	205.85	0.2020	2513.28
143	37	1338.38	0.6488	217.97	0.2085	2583.09
142	38	1377.31	0.6527	230.48	0.2151	2652.91
141	39	1416.48	0.6567	243.39	0.2220	2722.72
140	40	1455.88	0.6610	256.71	0.2287	2792.53
139	41	1495.54	0.6652	270.44	0.2357	2862.35
138	42	1535.45	0.6698	284.58	0.2427	2932.16
137	43	1575.64	0.6744	299.14	0.2498	3001.97
136	44	1616.10	0.6791	314.14	0.2572	3071.79
135	45	1656.85	0.6841	329.57	0.2645	3141.60
134	46	1697.90	0.6891	345.44	0.2720	3211.41
133	47	1739.25	0.6944	361.76	0.2796	3281.23
132	48	1780.92	0.6998	378.54	0.2874	3351.04
131	49	1822.90	0.7054	395.79	0.2953	3420.85
130	50	1865.23	0.7110	413.51	0.3034	3490.67
129	51	1907.90	0.7172	431.72	0.3115	3560.48
128	52	1950.93	0.7223	450.41	0.3198	3630.29
127	53	1994.33	0.7296	469.60	0.3284	3700.11
126	54	2038.10	0.7360	489.30	0.3370	3769.92
125	55	2082.27	0.7428	509.53	0.3458	3839.73
124	56	2126.84	0.7498	530.28	0.3548	3909.55
123	57	2171.82	0.7568	551.57	0.3640	3979.36
122	58	2217.24	0.7642	573.41	0.3734	4049.17
121	59	2263.09	0.7718	595.82	0.3830	4118.99
120	60	2309.40		618.80		4188.80

Angle des deux alignements.	Angle au centre correspondant.	Longueur des *tangentes* correspondant à l'angle au centre.	pour chaque minute en sus.	Longueur de la *bissectrice* correspondant à l'angle au centre.	pour chaque minute en sus.	Développement de l'*arc*. Valeur d'une minute (1.163552).
120°	60°	2309ᵐ40		618ᵐ80		4188ᵐ80
119	61	2356.18	0ᵐ7796	642.37	0ᵐ3927	4258.61
118	62	2403.44	0.7877	666.53	0.4027	4328.43
117	63	2451.20	0.7960	691.31	0.4129	4398.24
116	64	2499.48	0.8045	716.71	0.4234	4468.05
115	65	2548.28	0.8134	742.75	0.4340	4537.87
114	66	2597.63	0.8224	769.45	0.4450	4607.68
113	67	2647.54	0.8318	796.82	0.4561	4677.49
112	68	2698.03	0.8415	824.87	0.4675	4747.31
111	69	2749.12	0.8515	853.62	0.4792	4817.12
110	70	2800.83	0.8617	883.10	0.4912	4886.93
109	71	2853.17	0.8724	913.30	0.5034	4956.75
108	72	2906.17	0.8832	944.27	0.5161	5026.56
107	73	2959.84	0.8946	976.01	0.5289	5096.37
106	74	3014.22	0.9062	1008.54	0.5422	5166.19
105	75	3069.31	0.9182	1041.89	0.5557	5236.00
104	76	3125.14	0.9306	1076.07	0.5697	5305.81
103	77	3181.74	0.9433	1111.11	0.5840	5375.63
102	78	3239.14	0.9565	1147.04	0.5988	5445.44
101	79	3297.34	0.9701	1183.87	0.6138	5515.25
100	80	3356.40	0.9842	1221.63	0.6293	5585.07
99	81	3416.32	0.9988	1260.35	0.6453	5654.88
98	82	3477.15	1.0137	1300.05	0.6617	5724.69
97	83	3538.90	1.0292	1340.77	0.6786	5794.51
96	84	3601.62	1.0452	1382.53	0.6960	5864.32
95	85	3665.32	1.0618	1425.36	0.7139	5934.13
94	86	3730.05	1.0788	1469.31	0.7324	6003.95
93	87	3795.86	1.0967	1514.39	0.7514	6073.76
92	88	3862.76	1.1150	1560.65	0.7710	6143.57
91	89	3930.79	1.1338	1608.13	0.7912	6213.39
90	90	4000.00	1.1535	1656.86	0.8121	6283.20

Angle des deux alignements.	Angle au centre correspondant.	Longueur des *tangentes* correspondant à l'angle au centre.	pour chaque minute en sus.	Longueur de la *bissectrice* correspondant à l'angle au centre.	pour chaque minute en sus.	Développement de l'*arc*, — Valeur d'une minute (1.163552).
150°	30°	1071m80		141m10		2094m40
			0m6250		0m1644	
149	31	1109.30		150.97		2164.21
			0.6280		0.1704	
148	32	1146.98		161.20		2234.03
			0.6312		0.1766	
147	33	1184.85		171.79		2303.84
			0.6345		0.1829	
146	34	1222.92		182.77		2373.65
			0.6378		0.1891	
145	35	1261.20		194.12		2443.47
			0.6414		0.1955	
144	36	1299.68		205.85		2513.28
			0.6450		0.2020	
143	37	1338.38		217.97		2583.09
			0.6488		0.2085	
142	38	1377.31		230.48		2652.91
			0.6527		0.2151	
141	39	1416.48		243.39		2722.72
			0.6567		0.2220	
140	40	1455.88		256.71		2792.53
			0.6610		0.2287	
139	41	1495.54		270.44		2862.35
			0.6652		0.2357	
138	42	1535.45		284.58		2932.16
			0.6698		0.2427	
137	43	1575.64		299.14		3001.97
			0.6744		0.2498	
136	44	1616.10		314.14		3071.79
			0.6791		0.2572	
135	45	1656.85		329.57		3141.60
			0.6841		0.2645	
134	46	1697.90		345.44		3211.41
			0.6891		0.2720	
133	47	1739.25		361.76		3281.23
			0.6944		0.2796	
132	48	1780.92		378.54		3351.04
			0.6998		0.2874	
131	49	1822.90		395.79		3420.85
			0.7054		0.2953	
130	50	1865.23		413.51		3490.67
			0.7110		0.3034	
129	51	1907.90		431.72		3560.48
			0.7172		0.3115	
128	52	1950.93		450.41		3630.29
			0.7223		0.3198	
127	53	1994.33		469.60		3700.11
			0.7296		0.3284	
126	54	2038.10		489.30		3769.92
			0.7360		0.3370	
125	55	2082.27		509.53		3839.73
			0.7428		0.3458	
124	56	2126.84		530.28		3909.55
			0.7498		0.3548	
123	57	2171.82		551.57		3979.36
			0.7568		0.3640	
122	58	2217.24		573.41		4049.17
			0.7642		0.3734	
121	59	2263.09		595.82		4118.99
			0.7718		0.3830	
120	60	2309.40		618.80		4188.80

Angle des deux alignements.	Angle au centre correspondant.	Longueur des *tangentes*		Longueur de la *bissectrice*		Développement de l'arc. — Valeur d'une minute (1.163552).
		correspondant à l'angle au centre.	pour chaque minute en sus.	correspondant à l'angle au centre.	pour chaque minute en sus.	
120°	60°	2309m40	0m7796	618m80	0m3927	4188m80
119	61	2356.18	0.7877	642.37	0.4027	4258.61
118	62	2403.44	0.7960	666.53	0.4129	4328.43
117	63	2451.20	0.8045	691.31	0.4234	4398.24
116	64	2499.48	0.8134	716.71	0.4340	4468.05
115	65	2548.28	0.8224	742.75	0.4450	4537.87
114	66	2597.63	0.8318	769.45	0.4561	4607.68
113	67	2647.54	0.8415	796.82	0.4675	4677.49
112	68	2698.03	0.8515	824.87	0.4792	4747.31
111	69	2749.12	0.8617	853.62	0.4912	4817.12
110	70	2800.83	0.8724	883.10	0.5034	4886.93
109	71	2853.17	0.8832	913.30	0.5161	4956.75
108	72	2906.17	0.8946	944.27	0.5289	5026.56
107	73	2959.84	0.9062	976.01	0.5422	5096.37
106	74	3014.22	0.9182	1008.54	0.5557	5166.19
105	75	3069.31	0.9306	1041.89	0.5697	5236.00
104	76	3125.14	0.9433	1076.07	0.5840	5305.81
103	77	3181.74	0.9565	1111.11	0.5988	5375.63
102	78	3239.14	0.9701	1147.04	0.6138	5445.44
101	79	3297.34	0.9842	1183.87	0.6293	5515.25
100	80	3356.40	0.9988	1221.63	0.6453	5585.07
99	81	3416.32	1.0137	1260.35	0.6617	5654.88
98	82	3477.15	1.0292	1300.05	0.6786	5724.69
97	83	3538.90	1.0452	1340.77	0.6960	5794.51
96	84	3601.62	1.0618	1382.53	0.7139	5864.32
95	85	3665.32	1.0788	1425.36	0.7324	5934.13
94	86	3730.05	1.0967	1469.31	0.7514	6003.95
93	87	3795.86	1.1150	1514.39	0.7710	6073.76
92	88	3862.76	1.1338	1560.65	0.7912	6143.57
91	89	3930.79	1.1535	1608.13	0.8121	6213.39
90	90	4000.00		1656.86		6283.20

Angle des deux alignements.	Angle au centre correspondant.	Longueur des *tangentes*		Longueur de la *bissectrice*		Développement de l'*arc.* — Valeur d'une minute (1.192641).
		correspondant à l'angle au centre.	pour chaque minute en sus.	correspondant à l'angle au centre.	pour chaque minute en sus.	
179°	1°	35m78		0m16		71m56
178	2	71.57	0m5964	0.62	0m0077	143.12
177	3	107.36	0.5966	1.40	0.0130	214.68
176	4	143.18	0.5968	2.50	0.0182	286.23
175	5	179.01	0.5973	3.90	0.0234	357.79
174	6	214.87	0.5976	5.63	0.0286	429.35
173	7	250.77	0.5982	7.66	0.0339	500.91
172	8	286.70	0.5988	10.01	0.0391	572.47
171	9	322.68	0.5996	12.68	0.0444	644.03
170	10	358.70	0.6004	15.66	0.0497	715.58
169	11	394.78	0.6013	18.96	0.0549	787.14
168	12	430.93	0.6023	22.58	0.0603	858.70
167	13	467.14	0.6034	26.53	0.0657	930.26
166	14	503.42	0.6046	30.79	0.0710	1001.82
165	15	539.77	0.6059	35.38	0.0764	1073.38
164	16	576.22	0.6073	40.29	0.0818	1144.94
163	17	612.75	0.6088	45.53	0.0873	1216.49
162	18	649.37	0.6104	51.11	0.0928	1288.05
161	19	686.11	0.6121	57.01	0.0984	1359.61
160	20	722.94	0.6138	63.25	0.1039	1431.17
159	21	759.89	0.6158	69.82	0.1095	1502.73
158	22	796.96	0.6178	76.74	0.1152	1574.29
157	23	834.15	0.6199	84.00	0.1209	1645.85
156	24	871.48	0.6221	91.59	0.1266	1717.40
155	25	908.95	0.6244	99.55	0.1325	1788.96
154	26	946.56	0.6268	107.85	0.1383	1860.52
153	27	984.32	0.6293	116.50	0.1442	1932.08
152	28	1022.24	0.6320	125.52	0.1502	2003.64
151	29	1060.33	0.6348	134.89	0.1562	2075.20
150	30	1098.59	0.6375	144.63	0.1623	2146.75

Angle des deux alignements.	Angle au centre correspondant.	Longueur des *tangentes*		Longueur de la *bissectrice*		Développement de l'*arc*.
		correspondant à l'angle au centre.	pour chaque minute en sus.	correspondant à l'angle au centre.	pour chaque minute en sus.	Valeur d'une minute (1.192641).
150°	30°	1098ᵐ59		144ᵐ63		2146ᵐ75
149	31	1137.03	0ᵐ6406	154.74	0ᵐ1685	2218.31
148	32	1175.65	0.6437	165.23	0.1747	2289.87
147	33	1214.47	0.6469	176.09	0.1810	2361.43
146	34	1253.50	0.6503	187.34	0.1875	2432.99
145	35	1292.73	0.6537	198.97	0.1938	2504.55
144	36	1332.17	0.6574	210.99	0.2004	2576.11
143	37	1371.84	0.6611	223.42	0.2070	2647.66
142	38	1411.74	0.6650	236.24	0.2137	2719.22
141	39	1451.89	0.6690	249.48	0.2205	2790.78
140	40	1492.28	0.6731	263.13	0.2275	2862.34
139	41	1532.93	0.6775	277.20	0.2344	2933.90
138	42	1573.84	0.6818	291.69	0.2416	3005.46
137	43	1615.03	0.6865	306.62	0.2487	3077.02
136	44	1656.51	0.6912	321.99	0.2561	3148.57
135	45	1698.27	0.6960	337.81	0.2636	3220.13
134	46	1740.35	0.7012	354.08	0.2711	3291.69
133	47	1782.73	0.7063	370.81	0.2788	3363.25
132	48	1825.44	0.7118	388.01	0.2866	3434.81
131	49	1868.48	0.7172	405.69	0.2946	3506.37
130	50	1911.86	0.7230	423.85	0.3027	3577.92
129	51	1955.59	0.7288	442.51	0.3109	3649.48
128	52	1999.71	0.7351	461.67	0.3193	3721.04
127	53	2044.19	0.7413	481.34	0.3278	3792.60
126	54	2089.06	0.7478	501.54	0.3366	3864.16
125	55	2134.32	0.7544	522.27	0.3454	3935.72
124	56	2180.01	0.7613	543.54	0.3545	4007.28
123	57	2226.12	0.7685	565.36	0.3636	4078.83
122	58	2272.67	0.7757	587.75	0.3731	4150.39
121	59	2319.67	0.7833	610.72	0.3828	4221.95
120	60	2367.14	0.7911	634.27	0.3926	4293.51

Angle des deux alignements.	Angle au centre correspondant.	Longueur des *tangentes*		Longueur de la *bissectrice*		Développement de l'*arc.*
		correspondant à l'angle au centre.	pour chaque minute en sus.	correspondant à l'angle au centre.	pour chaque minute en sus.	Valeur d'une minute (1.192641).
179°	1°	35ᵐ78	0ᵐ5964	0ᵐ16	0ᵐ0077	71ᵐ56
178	2	71.57	0.5966	0.62	0.0130	143.12
177	3	107.36	0.5968	1.40	0.0182	214.68
176	4	143.18	0.5973	2.50	0.0234	286.23
175	5	179.01	0.5976	3.90	0.0286	357.79
174	6	214.87	0.5982	5.63	0.0339	429.35
173	7	250.77	0.5988	7.66	0.0391	500.91
172	8	286.70	0.5996	10.01	0.0444	572.47
171	9	322.68	0.6004	12.68	0.0497	644.03
170	10	358.70	0.6013	15.66	0.0549	715.58
169	11	394.78	0.6023	18.96	0.0603	787.14
168	12	430.93	0.6034	22.58	0.0657	858.70
167	13	467.14	0.6046	26.53	0.0710	930.26
166	14	503.42	0.6059	30.79	0.0764	1001.82
165	15	539.77	0.6073	35.38	0.0818	1073.38
164	16	576.22	0.6088	40.29	0.0873	1144.94
163	17	612.75	0.6104	45.53	0.0928	1216.49
162	18	649.37	0.6121	51.11	0.0984	1288.05
161	19	686.11	0.6138	57.01	0.1039	1359.61
160	20	722.94	0.6158	63.25	0.1095	1431.17
159	21	759.89	0.6178	69.82	0.1152	1502.73
158	22	796.96	0.6199	76.74	0.1209	1574.29
157	23	834.15	0.6221	84.00	0.1266	1645.85
156	24	871.48	0.6244	91.59	0.1325	1717.40
155	25	908.95	0.6268	99.55	0.1383	1788.96
154	26	946.56	0.6293	107.85	0.1442	1860.52
153	27	984.32	0.6320	116.50	0.1502	1932.08
152	28	1022.24	0.6348	125.52	0.1562	2003.64
151	29	1060.33	0.6375	134.89	0.1623	2075.20
150	30	1098.59		144.63		2146.75

RAYON 4100.

Angle des deux aligne-ments.	Angle au centre cor-respon-dant.	Longueur des *tangentes*		Longueur de la *bissectrice*		Développe-ment de l'*arc*.
		correspondant à l'angle au centre.	pour chaque minute en sus.	correspondant à l'angle au centre.	pour chaque minute en sus.	Valeur d'une minute (1.192641).
150°	30°	1098ᵐ59	0ᵐ6406	144ᵐ63	0ᵐ1685	2146ᵐ75
149	31	1137.03	0.6437	154.74	0.1747	2218.31
148	32	1175.65	0.6469	165.23	0.1810	2289.87
147	33	1214.47	0.6503	176.09	0.1875	2361.43
146	34	1253.50	0.6537	187.34	0.1938	2432.99
145	35	1292.73	0.6574	198.97	0.2004	2504.55
144	36	1332.17	0.6611	210.99	0.2070	2576.11
143	37	1371.84	0.6650	223.42	0.2137	2647.66
142	38	1411.74	0.6690	236.24	0.2205	2719.22
141	39	1451.89	0.6731	249.48	0.2275	2790.78
140	40	1492.28	0.6775	263.13	0.2344	2862.34
139	41	1532.93	0.6818	277.20	0.2416	2933.90
138	42	1573.84	0.6865	291.69	0.2487	3005.46
137	43	1615.03	0.6912	306.62	0.2561	3077.02
136	44	1656.51	0.6960	321.99	0.2636	3148.57
135	45	1698.27	0.7012	337.81	0.2711	3220.13
134	46	1740.35	0.7063	354.08	0.2788	3291.69
133	47	1782.73	0.7118	370.81	0.2866	3363.25
132	48	1825.44	0.7172	388.01	0.2946	3434.81
131	49	1868.48	0.7230	405.69	0.3027	3506.37
130	50	1911.86	0.7288	423.85	0.3109	3577.92
129	51	1955.59	0.7351	442.51	0.3193	3649.48
128	52	1999.71	0.7413	461.67	0.3278	3721.04
127	53	2044.19	0.7478	481.34	0.3366	3792.60
126	54	2089.06	0.7544	501.54	0.3454	3864.16
125	55	2134.32	0.7613	522.27	0.3545	3935.72
124	56	2180.01	0.7685	543.54	0.3636	4007.28
123	57	2226.12	0.7757	565.36	0.3731	4078.83
122	58	2272.67	0.7833	587.75	0.3828	4150.39
121	59	2319.67	0.7911	610.72	0.3926	4221.95
120	60	2367.14		634.27		4293.51

Angle des deux aligne- ments.	Angle au centre cor- respon- dant.	Longueur des *tangentes*		Longueur de la *bissectrice*		Développe- ment de l'*arc*.
		correspondant à l'angle au centre.	pour chaque minute en sus.	correspondant à l'angle au centre.	pour chaque minute en sus.	Valeur d'une minute (1.192641).
120°	60°	2367ᵐ14		634ᵐ27		4293ᵐ51
119	61	2415.08	0ᵐ7991	658.43	0ᵐ4025	4365.07
118	62	2463.53	0.8074	683.20	0.4128	4436.63
117	63	2512.48	0.8159	708.59	0.4232	4508.19
116	64	2561.96	0.8246	734.63	0.4339	4579.74
115	65	2611.99	0.8337	761.32	0.4448	4651.30
114	66	2662.57	0.8430	788.69	0.4561	4722.86
113	67	2713.73	0.8526	816.74	0.4675	4794.42
112	68	2765.48	0.8625	845.49	0.4792	4865.98
111	69	2817.85	0.8728	874.96	0.4911	4937.54
110	70	2870.85	0.8832	905.18	0.5035	5009.09
109	71	2924.50	0.8942	936.14	0.5159	5080.65
108	72	2978.82	0.9053	967.88	0.5290	5152.21
107	73	3033.84	0.9169	1000.41	0.5421	5223.77
106	74	3089.57	0.9288	1033.76	0.5557	5295.33
105	75	3146.04	0.9411	1067.94	0.5696	5366.89
104	76	3203.27	0.9538	1102.97	0.5839	5438.45
103	77	3261.29	0.9669	1138.89	0.5986	5510.00
102	78	3320.11	0.9804	1175.72	0.6137	5581.56
101	79	3379.78	0.9943	1213.46	0.6291	5653.12
100	80	3440.31	1.0088	1252.17	0.6450	5724.68
99	81	3501.73	1.0237	1291.86	0.6614	5796.24
98	82	3564.08	1.0390	1332.55	0.6782	5867.80
97	83	3627.37	1.0549	1374.29	0.6955	5939.36
96	84	3691.66	1.0713	1417.09	0.7134	6010.91
95	85	3756.96	1.0883	1461.00	0.7317	6082.47
94	86	3823.30	1.1057	1506.04	0.7507	6154.03
93	87	3890.75	1.1241	1552.25	0.7701	6225.59
92	88	3959.32	1.1428	1599.67	0.7902	6297.15
91	89	4029.06	1.1621	1648.33	0.8110	6368.71
90	90	4100.00	1.1823	1698.28	0.8324	6440.26

RAYON 4200.

Angle des deux alignements.	Anglé au centre correspondant.	Longueur des *tangentes*		Longueur de la *bissectrice*		Développement de l'*arc*.
		correspondant à l'angle au centre.	pour chaque minute en sus.	correspondant à l'angle au centre.	pour chaque minute en sus.	Valeur d'une minute (1.221730).
179°	1°	36ᵐ65		0ᵐ16		73ᵐ30
178	2	73.31	0ᵐ6109	0.64	0ᵐ0079	146.61
177	3	109.98	0.6111	1.44	0.0133	219.91
176	4	146.67	0.6114	2.56	0.0186	293.22
175	5	183.38	0.6118	4.00	0.0240	366.52
174	6	220.11	0.6122	5.76	0.0293	439.82
173	7	256.88	0.6128	7.85	0.0347	513.13
172	8	293.69	0.6134	10.26	0.0401	586.43
171	9	330.55	0.6142	12.99	0.0454	659.74
170	10	367.45	0.6150	16.04	0.0509	733.04
169	11	404.41	0.6160	19.43	0.0563	806.34
168	12	441.44	0.6170	23.14	0.0618	879.65
167	13	478.53	0.6181	27.17	0.0673	952.95
166	14	515.70	0.6194	31.54	0.0727	1026.26
165	15	552.94	0.6207	36.24	0.0783	1099.56
164	16	590.27	0.6221	41.28	0.0838	1172.86
163	17	627.69	0.6237	46.65	0.0894	1246.17
162	18	665.21	0.6252	52.35	0.0951	1319.47
161	19	702.84	0.6271	58.40	0.1008	1392.78
160	20	740.57	0.6288	64.79	0.1065	1466.08
159	21	778.42	0.6308	71.53	0.1122	1539.38
158	22	816.40	0.6328	78.61	0.1180	1612.69
157	23	854.50	0.6350	86.05	0.1239	1685.99
156	24	892.74	0.6373	93.83	0.1297	1759.30
155	25	931.12	0.6396	101.98	0.1357	1832.60
154	26	969.65	0.6420	110.48	0.1416	1905.90
153	27	1008.33	0.6447	119.34	0.1477	1979.21
152	28	1047.18	0.6474	128.58	0.1539	2052.51
151	29	1086.20	0.6502	138.18	0.1600	2125.82
150	30	1125.39	0.6531	148.16	0.1663	2199.12

Angle des deux alignements.	Angle au centre correspondant.	Longueur des *tangentes*		Longueur de la *bissectrice*		Développement de l'*arc.*
		correspondant à l'angle au centre.	pour chaque minute en sus.	correspondant à l'angle au centre.	pour chaque minute en sus.	Valeur d'une minute (1.192641).
120°	60°	2367m14		634m27		4293m51
119	61	2415.08	0m7991	658.43	0m4025	4365.07
118	62	2463.53	0.8074	683.20	0.4128	4436.63
117	63	2512.48	0.8159	708.59	0.4232	4508.19
116	64	2561.96	0.8246	734.63	0.4339	4579.74
115	65	2611.99	0.8337	761.32	0.4448	4651.30
114	66	2662.57	0.8430	788.69	0.4561	4722.86
113	67	2713.73	0.8526	816.74	0.4675	4794.42
112	68	2765.48	0.8625	845.49	0.4792	4865.98
111	69	2817.85	0.8728	874.96	0.4911	4937.54
110	70	2870.85	0.8832	905.18	0.5035	5009.09
109	71	2924.50	0.8942	936.14	0.5159	5080.65
108	72	2978.82	0.9053	967.88	0.5290	5152.21
107	73	3033.84	0.9169	1000.41	0.5421	5223.77
106	74	3089.57	0.9288	1033.76	0.5557	5295.33
105	75	3146.04	0.9411	1067.94	0.5696	5366.89
104	76	3203.27	0.9538	1102.97	0.5839	5438.45
103	77	3261.29	0.9669	1138.89	0.5986	5510.00
102	78	3320.11	0.9804	1175.72	0.6137	5581.56
101	79	3379.78	0.9943	1213.46	0.6291	5653.12
100	80	3440.31	1.0088	1252.17	0.6450	5724.68
99	81	3501.73	1.0237	1291.86	0.6614	5796.24
98	82	3564.08	1.0390	1332.55	0.6782	5867.80
97	83	3627.37	1.0549	1374.29	0.6955	5939.36
96	84	3691.66	1.0713	1417.09	0.7134	6010.91
95	85	3756.96	1.0883	1461.00	0.7317	6082.47
94	86	3823.30	1.1057	1506.04	0.7507	6154.03
93	87	3890.75	1.1241	1552.25	0.7701	6225.59
92	88	3959.32	1.1428	1599.67	0.7902	6297.15
91	89	4029.06	1.1621	1648.33	0.8110	6368.71
90	90	4100.00	1.1823	1698.28	0.8324	6440.26

Angle des deux alignements.	Angle au centre correspondant.	Longueur des *tangentes*		Longueur de la *bissectrice*		Développement de l'*arc.* Valeur d'une minute (1.221730).
		correspondant à l'angle au centre.	pour chaque minute en sus.	correspondant à l'angle au centre.	pour chaque minute en sus.	
179°	1°	36ᵐ65	0ᵐ6109	0ᵐ16	0ᵐ0079	73ᵐ30
178	2	73.31	0.6111	0.64	0.0133	146.61
177	3	109.98	0.6114	1.44	0.0186	219.91
176	4	146.67	0.6118	2.56	0.0240	293.22
175	5	183.38	0.6122	4.00	0.0293	366.52
174	6	220.11	0.6128	5.76	0.0347	439.82
173	7	256.88	0.6134	7.85	0.0401	513.13
172	8	293.69	0.6142	10.26	0.0454	586.43
171	9	330.55	0.6150	12.99	0.0509	659.74
170	10	367.45	0.6160	16.04	0.0563	733.04
169	11	404.41	0.6170	19.43	0.0618	806.34
168	12	441.44	0.6181	23.14	0.0673	879.65
167	13	478.53	0.6194	27.17	0.0727	952.95
166	14	515.70	0.6207	31.54	0.0783	1026.26
165	15	552.94	0.6221	36.24	0.0838	1099.56
164	16	590.27	0.6237	41.28	0.0894	1172.86
163	17	627.69	0.6252	46.65	0.0951	1246.17
162	18	665.21	0.6271	52.35	0.1008	1319.47
161	19	702.84	0.6288	58.40	0.1065	1392.78
160	20	740.57	0.6308	64.79	0.1122	1466.08
159	21	778.42	0.6328	71.53	0.1180	1539.38
158	22	816.40	0.6350	78.61	0.1239	1612.69
157	23	854.50	0.6373	86.05	0.1297	1685.99
156	24	892.74	0.6396	93.83	0.1357	1759.30
155	25	931.12	0.6420	101.98	0.1416	1832.60
154	26	969.65	0.6447	110.48	0.1477	1905.90
153	27	1008.33	0.6474	119.34	0.1539	1979.21
152	28	1047.18	0.6502	128.58	0.1600	2052.51
151	29	1086.20	0.6531	138.18	0.1663	2125.82
150	30	1125.39		148.16		2199.12

Angle des deux alignements.	Angle au centre correspondant.	Longueur des *tangentes*		Longueur de la *bissectrice*		Développement de l'*arc*.
		correspondant à l'angle au centre.	pour chaque minute en sus.	correspondant à l'angle au centre.	pour chaque minute en sus.	Valeur d'une minute (1.221730).
150°	30°	1125m39		148m16		2199m12
149	31	1164.76	0m6562	158.52	0m1726	2272.42
148	32	1204.33	0.6594	169.26	0.1789	2345.73
147	33	1244.09	0.6627	180.38	0.1854	2419.03
146	34	1284.07	0.6662	191.91	0 1920	2492.34
145	35	1324.26	0.6697	203.82	0.1985	2565.64
144	36	1364.66	0.6734	216.14	0.2053	2638.94
143	37	1405.30	0.6772	228.87	0.2121	2712.25
142	38	1446.18	0.6812	242.01	0.2189	2785.55
141	39	1487.30	0.6853	255.56	0.2259	2858.86
140	40	1528.67	0.6895	269.55	0.2331	2932.16
139	41	1570.32	0.6940	283.96	0.2401	3005.46
138	42	1612.22	0.6984	298.81	0.2475	3078.77
137	43	1654.42	0.7032	314.10	0.2548	3152.07
136	44	1696.91	0.7081	329.84	0.2623	3225.38
135	45	1739.69	0.7130	346.05	0.2700	3298.68
134	46	1782.80	0.7183	362.71	0.2856	3371.98
133	47	1826.21	0.7235	379.85	0.2936	3445.29
132	48	1869.96	0.7291	397.47	0.3018	3518.59
131	49	1914.05	0.7347	415.58	0.3100	3591.90
130	50	1958.49	0.7407	434.19	0.3185	3665.20
129	51	2003.29	0.7465	453.30	0.3271	3738.50
128	52	2048.48	0.7531	472.93	0.3358	3811.81
127	53	2094.04	0.7594	493.08	0.3448	3885.11
126	54	2140.01	0.7660	513.77	0.3539	3958.42
125	55	2186.38	0.7728	535.00	0.3631	4031.72
124	56	2233.18	0.7799	556.79	0.3725	4105.02
123	57	2280.42	0.7872	579.15	0.3822	4178.33
122	58	2328.10	0.7946	602.08	0.3921	4251.63
121	59	2376.25	0.8024	625.61	0.4021	4324.94
120	60	2424.87	0.8104	649.74		4398.24

RAYON 4200.

Angle des deux alignements.	Angle au centre correspondant.	Longueur des *tangentes* correspondant à l'angle au centre.	pour chaque minute en sus.	Longueur de la *bissectrice* correspondant à l'angle au centre.	pour chaque minute en sus.	Développement de l'*arc.* Valeur d'une minute (1.221730).
120°	60°	2424m87		649m74		4398m24
119	61	2473.99	0m8186	674.49	0m4124	4471.54
118	62	2523.62	0.8271	699.86	0.4228	4544.85
117	63	2573.76	0.8358	725.87	0.4335	4618.15
116	64	2624.45	0.8447	752.55	0.4443	4691.46
115	65	2675.69	0.8540	779.89	0.4557	4764.76
114	66	2727.51	0.8635	807.92	0.4672	4838.06
113	67	2779.92	0.8734	836.66	0.4789	4911.37
112	68	2832.93	0.8835	866.12	0.4908	4984.67
111	69	2886.58	0.8940	896.31	0.5031	5057.98
110	70	2940.87	0.9048	927.26	0.5158	5131.28
109	71	2995.83	0.9160	968.97	0.5285	5204.58
108	72	3051.48	0.9274	991.49	0.5419	5277.89
107	73	3107.84	0.9393	1024.81	0.5553	5351.19
106	74	3164.93	0.9515	1058.97	0.5693	5424.50
105	75	3222.77	0.9641	1093.98	0.5835	5497.80
104	76	3281.40	0.9771	1129.88	0.5982	5571.10
103	77	3340.83	0.9904	1166.67	0.6132	5644.41
102	78	3401.09	1.0043	1204.39	0.6287	5717.71
101	79	3462.21	1.0186	1243.06	0.6444	5791.02
100	80	3524.22	1.0334	1282.71	0.6607	5864.32
99	81	3587.14	1.0487	1323.37	0.6775	5937.62
98	82	3651.01	1.0644	1365.05	0.6948	6010.93
97	83	3715.85	1.0806	1407.81	0.7125	6084.23
96	84	3781.70	1.0975	1451.65	0.7308	6157.54
95	85	3848.59	1.1148	1496.63	0.7496	6230.84
94	86	3916.55	1.1327	1542.77	0.7690	6304.14
93	87	3985.65	1.1515	1590.11	0.7889	6377.45
92	88	4055.89	1.1707	1638.68	0.8095	6450.75
91	89	4127.33	1.1905	1688.53	0.8308	6524.06
90	90	4200.00	1.2111	1739.70	0.8527	6597.36

Angle des deux alignements.	Angle au centre correspondant.	Longueur des *tangentes* correspondant à l'angle au centre.	pour chaque minute en sus.	Longueur de la *bissectrice* correspondant à l'angle au centre.	pour chaque minute en sus.	Développement de l'*arc*. Valeur d'une minute (1.250819).
179°	1°	37m52		0m16		75m03
			0m6255		0m0081	
178	2	75.06		0.65		150.10
			0.6257		0.0136	
177	3	112.60		1.47		225.15
			0.6259		0.0191	
176	4	150.16		2.62		300.20
			0.6264		0.0245	
175	5	187.75		4.10		375.25
			0.6267		0.0300	
174	6	225.35		5.90		450.29
			0.6274		0.0355	
173	7	263.00		8.03		525.34
			0.6281		0.0410	
172	8	300.69		10.50		600.39
			0.6288		0.0465	
171	9	338.42		13.30		675.44
			0.6297		0.0521	
170	10	376.20		16.43		750.49
			0.6306		0.0576	
169	11	414.04		19.89		825.54
			0.6317		0.0632	
168	12	451.95		23.69		900.59
			0.6329		0.0689	
167	13	489.92		27.82		975.64
			0.6341		0.0745	
166	14	527.97		32.29		1050.69
			0.6355		0.0801	
165	15	566.11		37.10		1125.74
			0.6370		0.0858	
164	16	604.33		42.26		1200.79
			0.6385		0.0916	
163	17	642.64		47.76		1275.84
			0.6401		0.0973	
162	18	681.05		53.60		1350.88
			0.6420		0.1032	
161	19	719.57		59.79		1425.93
			0.6438		0.1090	
160	20	758.21		66.33		1500.98
			0.6458		0.1149	
159	21	796.96		73.23		1576.03
			0.6479		0.1208	
158	22	835.83		80.48		1651.08
			0.6501		0.1268	
157	23	874.84		88.09		1726.13
			0.6525		0.1327	
156	24	914.00		96.06		1801.18
			0.6548		0.1390	
155	25	953.29		104.40		1876.23
			0.6573		0.1450	
154	26	992.73		113.11		1951.28
			0.6600		0.1512	
153	27	1032.34		122.18		2026.33
			0.6628		0.1575	
152	28	1072.11		131.64		2101.38
			0.6657		0.1638	
151	29	1112.06		141.47		2176.43
			0.6686		0.1702	
150	30	1152.18		151.69		2251.47

RAYON 4300.

Angle des deux alignements.	Angle au centre correspondant.	Longueur des *tangentes* correspondant à l'angle au centre.	pour chaque minute en sus.	Longueur de la *bissectrice* correspondant à l'angle au centre.	pour chaque minute en sus.	Développement de l'*arc.* — Valeur d'une minute (1.250819).
150°	30°	1152m18		151m69		2251m47
			0m6718		0m1767	
149	31	1192.49		162.29		2326.52
			0.6751		0.1832	
148	32	1233.00		173.29		2401.57
			0.6785		0.1898	
147	33	1273.72		184.68		2476.62
			0.6821		0.1966	
146	34	1314.64		196.48		2551.67
			0.6856		0.2033	
145	35	1355.79		208.67		2626.72
			0.6895		0.2101	
144	36	1397.16		221.29		2701.77
			0.6933		0.2171	
143	37	1438.76		234.32		2776.82
			0.6975		0.2242	
142	38	1480.61		247.77		2851.87
			0.7016		0.2312	
141	39	1522.71		261.65		2926.92
			0.7059		0.2386	
140	40	1565.07		275.97		3001.97
			0.7105		0.2458	
139	41	1607.71		290.72		3077.02
			0.7150		0.2534	
138	42	1650.61		305.92		3152.06
			0.7200		0.2609	
137	43	1693.81		321.58		3227.11
			0.7249		0.2686	
136	44	1737.31		337.70		3302.16
			0.7300		0.2764	
135	45	1781.12		354.29		3377.21
			0.7354		0.2843	
134	46	1825.24		371.35		3452.26
			0.7408		0.2924	
133	47	1869.69		388.90		3527.31
			0.7465		0.3006	
132	48	1914.48		406.93		3602.36
			0.7522		0.3090	
131	49	1959.62		425.48		3677.41
			0.7583		0.3174	
130	50	2005.12		444.53		3752.46
			0.7643		0.3261	
129	51	2050.99		464.09		3827.51
			0.7710		0.3348	
128	52	2097.25		484.19		3902.56
			0.7775		0.3438	
127	53	2143.90		504.82		3977.61
			0.7843		0.3530	
126	54	2190.96		526.00		4052.65
			0.7912		0.3623	
125	55	2238.44		547.74		4127.70
			0.7985		0.3718	
124	56	2286.35		570.05		4202.75
			0.8060		0.3814	
123	57	2334.71		592.94		4277.80
			0.8136		0.3913	
122	58	2383.53		616.42		4352.85
			0.8215		0.4014	
121	59	2432.82		640.51		4427.90
			0.8297		0.4117	
120	60	2482.61		665.21		4502.95

RAYON 4500.

Angle des deux alignements.	Angle au centre correspondant.	Longueur des *tangentes*		Longueur de la *bissectrice*		Développement de l'*arc*.
		correspondant à l'angle au centre.	pour chaque minute en sus.	correspondant à l'angle au centre.	pour chaque minute en sus.	Valeur d'une minute (1.250819).
179°	1°	37m52		0m16		75m05
			0m6255		0m0081	
178	2	75.06		0.65		150.10
			0.6257		0.0136	
177	3	112.60		1.47		225.15
			0.6259		0.0191	
176	4	150.16		2.62		300.20
			0.6264		0.0245	
175	5	187.75		4.10		375.25
			0.6267		0.0300	
174	6	225.35		5.90		450.29
			0.6274		0.0355	
173	7	263.00		8.03		525.34
			0.6281		0.0410	
172	8	300.69		10.50		600.39
			0.6288		0.0465	
171	9	338.42		13.30		675.44
			0.6297		0.0521	
170	10	376.20		16.43		750.49
			0.6306		0.0576	
169	11	414.04		19.89		825.54
			0.6317		0.0632	
168	12	451.95		23.69		900.59
			0.6329		0.0689	
167	13	489.92		27.82		975.64
			0.6341		0.0745	
166	14	527.97		32.29		1050.69
			0.6355		0.0801	
165	15	566.11		37.10		1125.74
			0.6370		0.0858	
164	16	604.33		42.26		1200.79
			0.6385		0.0916	
163	17	642.64		47.76		1275.84
			0.6401		0.0973	
162	18	681.05		53.60		1350.88
			0.6420		0.1032	
161	19	719.57		59.79		1425.93
			0.6438		0.1090	
160	20	758.21		66.33		1500.98
			0.6458		0.1149	
159	21	796.96		73.23		1576.03
			0.6479		0.1208	
158	22	835.83		80.48		1651.08
			0.6501		0.1268	
157	23	874.84		88.09		1726.13
			0.6525		0.1327	
156	24	914.00		96.06		1801.18
			0.6548		0.1390	
155	25	953.29		104.40		1876.23
			0.6573		0.1450	
154	26	992.73		113.11		1951.28
			0.6600		0.1512	
153	27	1032.34		122.18		2026.33
			0.6628		0.1575	
152	28	1072.11		131.64		2101.38
			0.6657		0.1638	
151	29	1112.06		141.47		2176.43
			0.6686		0.1702	
150	30	1152.18		151.69		2251.47

RAYON 4300.

Angle des deux alignements.	Angle au centre correspondant.	Longueur des *tangentes*		Longueur de la *bissectrice*		Développement de l'*arc.*
		correspondant à l'angle au centre.	pour chaque minute en sus.	correspondant à l'angle au centre.	pour chaque minute en sus.	Valeur d'une minute (1.250819).
150°	30°	1152m18		151m69		2251m47
			0m6718		0m1767	
149	31	1192.49		162.29		2326.52
			0.6751		0.1832	
148	32	1233.00		173.29		2401.57
			0.6785		0.1898	
147	33	1273.72		184.68		2476.62
			0.6821		0.1966	
146	34	1314.64		196.48		2551.67
			0.6856		0.2033	
145	35	1355.79		208.67		2626.72
			0.6895		0.2101	
144	36	1397.16		221.29		2701.77
			0.6933		0.2171	
143	37	1438.76		234.32		2776.82
			0.6975		0.2242	
142	38	1480.61		247.77		2851.87
			0.7016		0.2312	
141	39	1522.71		261.65		2926.92
			0.7059		0.2386	
140	40	1565.07		275.97		3001.97
			0.7105		0.2458	
139	41	1607.71		290.72		3077.02
			0.7150		0.2534	
138	42	1650.61		305.92		3152.06
			0.7200		0.2609	
137	43	1693.81		321.58		3227.11
			0.7249		0.2686	
136	44	1737.31		337.70		3302.16
			0.7300		0.2764	
135	45	1781.12		354.29		3377.21
			0.7354		0.2843	
134	46	1825.24		371.35		3452.26
			0.7408		0.2924	
133	47	1869.69		388.90		3527.31
			0.7465		0.3006	
132	48	1914.48		406.93		3602.36
			0.7522		0.3090	
131	49	1959.62		425.48		3677.41
			0.7583		0.3174	
130	50	2005.12		444.53		3752.46
			0.7643		0.3261	
129	51	2050.99		464.09		3827.51
			0.7710		0.3348	
128	52	2097.25		484.19		3902.56
			0.7775		0.3438	
127	53	2143.90		504.82		3977.61
			0.7843		0.3530	
126	54	2190.96		526.00		4052.65
			0.7912		0.3623	
125	55	2238.44		547.74		4127.70
			0.7985		0.3718	
124	56	2286.35		570.05		4202.75
			0.8060		0.3814	
123	57	2334.71		592.94		4277.80
			0.8136		0.3913	
122	58	2383.53		616.42		4352.85
			0.8215		0.4014	
121	59	2432.82		640.54		4427.90
			0.8297		0.4117	
120	60	2482.61		665.21		4502.95

Angle des deux alignements.	Angle au centre correspondant.	Longueur des *tangentes*		Longueur de la *bissectrice*		Développement de l'*arc*. Valeur d'une minute (1.250819).
		correspondant à l'angle au centre.	pour chaque minute en sus.	correspondant à l'angle au centre.	pour chaque minute en sus.	
120°	60°	2482m61	0m8381	665m21	0m4222	4502m95
119	61	2532.89	0.8467	690.55	0.4329	4578.00
118	62	2583.70	0.8557	716.52	0.4438	4653.05
117	63	2635.04	0.8648	743.16	0.4551	4728.10
116	64	2686.94	0.8744	770.47	0.4665	4803.15
115	65	2739.40	0.8841	798.46	0.4783	4878.20
114	66	2792.45	0.8942	827.16	0.4903	4953.24
113	67	2846.11	0.9046	856.58	0.5025	5028.29
112	68	2900.38	0.9153	886.74	0.5151	5103.34
111	69	2955.31	0.9263	917.65	0.5281	5178.39
110	70	3010.89	0.9378	949.33	0.5411	5253.44
109	71	3067.16	0.9494	981.80	0.5548	5328.49
108	72	3124.13	0.9616	1015.09	0.5685	5403.54
107	73	3181.83	0.9744	1049.21	0.5829	5478.59
106	74	3240.28	0.9870	1084.18	0.5973	5553.64
105	75	3299.51	1.0003	1120.03	0.6124	5628.69
104	76	3359.53	1.0140	1156.78	0.6278	5703.74
103	77	3420.37	1.0282	1194.45	0.6437	5778.78
102	78	3482.07	1.0428	1233.07	0.6598	5853.83
101	79	3544.64	1.0580	1272.66	0.6765	5928.88
100	80	3608.13	1.0737	1313.25	0.6937	6003.93
99	81	3672.55	1.0897	1354.87	0.7113	6078.98
98	82	3737.93	1.1063	1397.56	0.7294	6154.03
97	83	3804.32	1.1236	1441.33	0.7482	6229.08
96	84	3871.74	1.1414	1486.22	0.7674	6304.13
95	85	3940.22	1.1597	1532.27	0.7873	6379.18
94	86	4009.81	1.1789	1579.51	0.8077	6454.23
93	87	4080.55	1.1986	1627.97	0.8288	6529.28
92	88	4152.46	1.2188	1677.70	0.8505	6604.33
91	89	4225.60	1.2400	1728.74	0.8730	6679.37
90	90	4300.00		1781.12		6754.42

RAYON 4400.

Angle des deux alignements.	Angle au centre correspondant.	Longueur des *tangentes*		Longueur de la *bissectrice*		Développement de l'*arc.*
		correspondant à l'angle au centre.	pour chaque minute en sus.	correspondant à l'angle au centre.	pour chaque minute en sus.	Valeur d'une minute (1.279908).
179°	1°	33m39		0m17		76m79
			0m6400		0m0083	
178	2	73.80		0.67		153.59
			0.6402		0.0139	
177	3	115.22		1.51		230.38
			0.6405		0.0195	
176	4	153.65		2.68		307.18
			0.6410		0.0251	
175	5	192.11		4.19		383.97
			0.6413		0.0307	
174	6	230.59		6.04		460.77
			0.6420		0.0363	
173	7	269.12		8.22		537.56
			0.6427		0.0420	
172	8	307.68		10.74		614.36
			0.6434		0.0476	
171	9	346.29		13.60		691.15
			0.6443		0.0533	
170	10	384.95		16.81		767.95
			0.6453		0.0590	
169	11	423.67		20.35		844.74
			0.6464		0.0647	
168	12	462.46		24.24		921.54
			0.6476		0.0705	
167	13	501.32		28.47		998.33
			0.6489		0.0762	
166	14	540.25		33.04		1075.13
			0.6503		0.0820	
165	15	579.27		37.97		1151.92
			0.6518		0.0878	
164	16	618.38		43.24		1228.71
			0.6534		0.0937	
163	17	657.58		48.87		1305.51
			0.6550		0.0996	
162	18	696.89		54.85		1382.30
			0.6569		0.1056	
161	19	736.31		61.18		1459.10
			0.6588		0.1115	
160	20	775.84		67.88		1535.89
			0.6608		0.1176	
159	21	815.49		74.93		1612.69
			0.6630		0.1236	
158	22	855.27		82.35		1689.48
			0.6652		0.1298	
157	23	895.19		90.14		1766.28
			0.6677		0.1358	
156	24	935.25		98.30		1843.07
			0.6701		0.1422	
155	25	975.46		106.83		1919.87
			0.6726		0.1484	
154	26	1015.82		115.74		1996.66
			0.6754		0.1548	
153	27	1056.35		125.03		2073.46
			0.6782		0.1612	
152	28	1097.04		134.70		2150.25
			0.6812		0.1676	
151	29	1137.92		144.76		2227.05
			0.6842		0.1742	
150	30	1178.98		155.21		2303.84

Angle des deux alignements.	Angle au centre correspondant.	Longueur des *tangentes*		Longueur de la *bissectrice*		Développement de l'*arc.*
		correspondant à l'angle au centre.	pour chaque minute en sus.	correspondant à l'angle au centre.	pour chaque minute en sus.	Valeur d'une minute (1.250819).
120°	60°	2482m61	0m8381	665m21	0m4222	4502m95
119	61	2532.89	0.8467	690.55	0.4329	4578.00
118	62	2583.70	0.8557	716.52	0.4438	4653.05
117	63	2635.04	0.8648	743.16	0.4551	4728.10
116	64	2686.94	0.8744	770.47	0.4665	4803.15
115	65	2739.40	0.8841	798.46	0.4783	4878.20
114	66	2792.45	0.8942	827.16	0.4903	4953.24
113	67	2846.11	0.9046	856.58	0.5025	5028.29
112	68	2900.38	0.9153	886.74	0.5151	5103.34
111	69	2955.31	0.9263	917.65	0.5281	5178.39
110	70	3010.89	0.9378	949.33	0.5411	5253.44
109	71	3067.16	0.9494	981.80	0.5548	5328.49
108	72	3124.13	0.9616	1015.09	0.5685	5403.54
107	73	3181.83	0.9741	1049.21	0.5829	5478.59
106	74	3240.28	0.9870	1084.18	0.5973	5553.64
105	75	3299.51	1.0003	1120.03	0.6124	5628.69
104	76	3359.53	1.0140	1156.78	0.6278	5703.74
103	77	3420.37	1.0282	1194.45	0.6437	5778.78
102	78	3482.07	1.0428	1233.07	0.6598	5853.83
101	79	3544.64	1.0580	1272.66	0.6765	5928.88
100	80	3608.13	1.0737	1313.25	0.6937	6003.93
99	81	3672.55	1.0897	1354.87	0.7113	6078.98
98	82	3737.93	1.1063	1397.56	0.7294	6154.03
97	83	3804.32	1.1236	1441.33	0.7482	6229.08
96	84	3871.74	1.1414	1486.22	0.7674	6304.13
95	85	3940.22	1.1597	1532.27	0.7873	6379.18
94	86	4009.81	1.1789	1579.51	0.8077	6454.23
93	87	4080.55	1.1986	1627.97	0.8288	6529.28
92	88	4152.46	1.2188	1677.70	0.8505	6604.33
91	89	4225.60	1.2400	1728.74	0.8730	6679.37
90	90	4300.00		1781.12		6754.42

Angle des deux aligne-ments.	Angle au centre cor-respon-dant.	Longueur des *tangentes*		Longueur de la *bissectrice*		Développe-ment de l'*arc.*
		correspondant à l'angle au centre.	pour chaque minute en sus.	correspondant à l'angle au centre.	pour chaque minute en sus.	Valeur d'une minute (1.279908).
179°	1°	38^{m}39		0^{m}17		76^{m}79
178	2	76.80	0^{m}6400	0.67	0^{m}0083	153.59
177	3	115.22	0.6402	1.51	0.0139	230.38
176	4	153.65	0.6405	2.68	0.0195	307.18
175	5	192.11	0.6410	4.19	0.0251	383.97
174	6	230.59	0.6413	6.04	0.0307	460.77
173	7	269.12	0.6420	8.22	0.0363	537.56
172	8	307.68	0.6427	10.74	0.0420	614.36
171	9	346.29	0.6434	13.60	0.0476	691.15
170	10	384.95	0.6443	16.81	0.0533	767.95
169	11	423.67	0.6453	20.35	0.0590	844.74
168	12	462.46	0.6464	24.24	0.0647	921.54
167	13	501.32	0.6476	28.47	0.0705	998.33
166	14	540.25	0.6489	33.04	0.0762	1075.13
165	15	579.27	0.6503	37.97	0.0820	1151.92
164	16	618.38	0.6518	43.24	0.0878	1228.71
163	17	657.58	0.6534	48.87	0.0937	1305.51
162	18	696.89	0.6550	54.85	0.0996	1382.30
161	19	736.31	0.6569	61.18	0.1056	1459.10
160	20	775.84	0.6588	67.88	0.1115	1535.89
159	21	815.49	0.6608	74.93	0.1176	1612.69
158	22	855.27	0.6630	82.35	0.1236	1689.48
157	23	895.19	0.6652	90.14	0.1298	1766.28
156	24	935.25	0.6677	98.30	0.1358	1843.07
155	25	975.46	0.6701	106.83	0.1422	1919.87
154	26	1015.82	0.6726	115.74	0.1484	1996.66
153	27	1056.35	0.6754	125.03	0.1548	2073.46
152	28	1097.04	0.6782	134.70	0.1612	2150.25
151	29	1137.92	0.6812	144.76	0.1676	2227.05
150	30	1178.98	0.6842	155.21	0.1742	2303.84

Angle des deux aligne-ments.	Angle au centre cor-respon-dant.	Longueur des *tangentes*		Longueur de la *bissectrice*		Développe-ment de l'*arc*.
		correspondant à l'angle au centre.	pour chaque minute en sus.	correspondant à l'angle au centre.	pour chaque minute en sus.	Valeur d'une minute (1.279908).
150°	30°	1178m98		155m21		2303m84
149	31	1220.23	0m6875	166.06	0m1808	2380.63
148	32	1261.68	0.6908	177.32	0.1875	2457.43
147	33	1303.34	0.6943	188.97	0.1942	2534.22
146	34	1345.22	0.6979	201.04	0.2012	2611.02
145	35	1387.32	0.7016	213.53	0.2080	2687.81
144	36	1429.65	0.7055	226.43	0.2150	2764.61
143	37	1472.22	0.7095	239.76	0.2222	2841.40
142	38	1515.04	0.7137	253.53	0.2294	2918.20
141	39	1558.12	0.7179	267.73	0.2366	2994.99
140	40	1601.47	0.7223	282.38	0.2442	3071.79
139	41	1645.09	0.7271	297.48	0.2516	3148.58
138	42	1689.00	0.7317	313.04	0.2593	3225.38
137	43	1733.20	0.7367	329.06	0.2670	3302.17
136	44	1777.71	0.7418	345.55	0.2748	3378.97
135	45	1822.54	0.7470	362.52	0.2829	3455.76
134	46	1867.69	0.7525	379.98	0.2909	3532.55
133	47	1913.17	0.7580	397.94	0.2992	3609.35
132	48	1959.01	0.7638	416.40	0.3076	3686.14
131	49	2005.19	0.7697	435.37	0.3162	3762.94
130	50	2051.76	0.7759	454.86	0.3248	3839.73
129	51	2098.69	0.7821	474.89	0.3337	3916.53
128	52	2146.03	0.7889	495.45	0.3426	3993.32
127	53	2193.76	0.7955	516.56	0.3518	4070.12
126	54	2241.91	0.8025	538.23	0.3612	4146.91
125	55	2290.49	0.8096	560.48	0.3707	4223.71
124	56	2339.52	0.8170	583.31	0.3804	4300.50
123	57	2389.01	0.8247	606.72	0.3902	4377.30
122	58	2438.96	0.8325	630.75	0.4004	4454.09
121	59	2489.40	0.8406	655.40	0.4108	4530.88
120	60	2540.34	0.8490	680.68	0.4213	4607.68

Angle des deux alignements.	Angle au centre correspondant.	Longueur des *tangentes*		Longueur de la *bissectrice*		Développement de l'*arc*.
		correspondant à l'angle au centre.	pour chaque minute en sus.	correspondant à l'angle au centre.	pour chaque minute en sus.	Valeur d'une minute (1.279908).
120°	60°	2540m34		680m68		4607m68
			0m8576		0m4320	
119	61	2591.80		706.60		4684.47
			0.8664		0.4430	
118	62	2643.79		733.19		4761.27
			0.8756		0.4542	
117	63	2696.32		760.44		4838.06
			0.8849		0.4657	
116	64	2749.42		788.38		4914.86
			0.8947		0.4774	
115	65	2803.11		817.03		4991.65
			0.9046		0.4895	
114	66	2857.39		846.40		5068.45
			0.9150		0.5017	
113	67	2912.29		876.50		5145.24
			0.9256		0.5142	
112	68	2967.84		907.36		5222.04
			0.9366		0.5271	
111	69	3024.04		938.99		5298.83
			0.9478		0.5404	
110	70	3080.91		971.41		5375.63
			0.9596		0.5537	
109	71	3138.49		1004.63		5452.42
			0.9715		0.5677	
108	72	3196.78		1038.70		5529.22
			0.9840		0.5818	
107	73	3255.83		1073.61		5606.01
			0.9968		0.5964	
106	74	3315.64		1109.40		5682.80
			1.0100		0.6112	
105	75	3376.24		1146.08		5759.60
			1.0236		0.6266	
104	76	3437.66		1183.68		5836.39
			1.0376		0.6424	
103	77	3499.92		1222.22		5913.19
			1.0521		0.6586	
102	78	3563.05		1261.74		5989.98
			1.0671		0.6751	
101	79	3627.08		1302.25		6066.78
			1.0826		0.6922	
100	80	3692.04		1343.79		6143.57
			1.0986		0.7098	
99	81	3757.96		1386.38		6220.37
			1.1150		0.7278	
98	82	3824.86		1430.06		6297.16
			1.1321		0.7464	
97	83	3892.79		1474.84		6373.96
			1.1497		0.7656	
96	84	3961.78		1520.78		6450.75
			1.1679		0.7853	
95	85	4031.86		1567.90		6527.55
			1.1866		0.8056	
94	86	4103.06		1616.24		6604.34
			1.2063		0.8265	
93	87	4175.44		1665.83		6681.14
			1.2265		0.8481	
92	88	4249.03		1716.72		6757.93
			1.2472		0.8703	
91	89	4323.87		1768.94		6834.72
			1.2688		0.8933	
90	90	4400.00		1822.54		6911.52

Angle des deux alignements.	Angle au centre correspondant.	Longueur des *tangentes* correspondant à l'angle au centre.	pour chaque minute en sus.	Longueur de la *bissectrice* correspondant à l'angle au centre.	pour chaque minute en sus.	Développement de l'*arc*. — Valeur d'une minute (1.279908).
150°	30°	1178m98		155m21		2303m84
			0m6875		0m1808	
149	31	1220.23		166.06		2380.63
			0.6908		0.1875	
148	32	1261.68		177.32		2457.43
			0.6943		0.1942	
147	33	1303.34		188.97		2534.22
			0.6979		0.2012	
146	34	1345.22		201.04		2611.02
			0.7016		0.2080	
145	35	1387.32		213.53		2687.81
			0.7055		0.2150	
144	36	1429.65		226.43		2764.61
			0.7095		0.2222	
143	37	1472.22		239.76		2841.40
			0.7137		0.2294	
142	38	1515.04		253.53		2918.20
			0.7179		0.2366	
141	39	1558.12		267.73		2994.99
			0.7223		0.2442	
140	40	1601.47		282.38		3071.79
			0.7271		0.2516	
139	41	1645.09		297.48		3148.58
			0.7317		0.2593	
138	42	1689.00		313.04		3225.38
			0.7367		0.2670	
137	43	1733.20		329.06		3302.17
			0.7418		0.2748	
136	44	1777.71		345.55		3378.97
			0.7470		0.2829	
135	45	1822.54		362.52		3455.76
			0.7525		0.2909	
134	46	1867.69		379.98		3532.55
			0.7580		0.2992	
133	47	1913.17		397.94		3609.35
			0.7638		0.3076	
132	48	1959.01		416.40		3686.14
			0.7697		0.3162	
131	49	2005.19		435.37		3762.94
			0.7759		0.3248	
130	50	2051.76		454.86		3839.73
			0.7821		0.3337	
129	51	2098.69		474.89		3916.53
			0.7889		0.3426	
128	52	2146.03		495.45		3993.32
			0.7955		0.3518	
127	53	2193.76		516.56		4070.12
			0.8025		0.3612	
126	54	2241.91		538.23		4146.91
			0.8096		0.3707	
125	55	2290.49		560.48		4223.71
			0.8170		0.3804	
124	56	2339.52		583.31		4300.50
			0.8247		0.3902	
123	57	2389.01		606.72		4377.30
			0.8325		0.4004	
122	58	2438.96		630.75		4454.09
			0.8406		0.4108	
121	59	2489.40		655.40		4530.88
			0.8490		0.4213	
120	60	2540.34		680.68		4607.68

11

Angle des deux aligne-ments.	Angle au centre cor-respon-dant.	Longueur des *tangentes*		Longueur de la *bissectrice*		Développe-ment de l'*arc.*
		correspondant à l'angle au centre.	pour chaque minute en sus.	correspondant à l'angle au centre.	pour chaque minute en sus.	Valeur d'une minute (1.279903).
120°	60°	2540ᵐ34	0ᵐ8576	680ᵐ68	0ᵐ4320	4607ᵐ68
119	61	2591.80	0.8664	706.60	0.4430	4684.47
118	62	2643.79	0.8756	733.19	0.4542	4761.27
117	63	2696.32	0.8849	760.44	0.4657	4838.06
116	64	2749.42	0.8947	788.38	0.4774	4914.86
115	65	2803.11	0.9046	817.03	0.4895	4991.65
114	66	2857.39	0.9150	846.40	0.5017	5068.45
113	67	2912.29	0.9256	876.50	0.5142	5145.24
112	68	2967.84	0.9366	907.36	0.5271	5222.04
111	69	3024.04	0.9478	938.99	0.5404	5298.83
110	70	3080.91	0.9596	971.41	0.5537	5375.63
109	71	3138.49	0.9715	1004.63	0.5677	5452.42
108	72	3196.78	0.9840	1038.70	0.5818	5529.22
107	73	3255.83	0.9968	1073.61	0.5964	5606.01
106	74	3315.64	1.0100	1109.40	0.6112	5682.80
105	75	3376.24	1.0236	1146.08	0.6266	5759.60
104	76	3437.66	1.0376	1183.68	0.6424	5836.39
103	77	3499.92	1.0521	1222.22	0.6586	5913.19
102	78	3563.05	1.0671	1261.74	0.6751	5989.98
101	79	3627.08	1.0826	1302.25	0.6922	6066.78
100	80	3692.04	1.0986	1343.79	0.7098	6143.57
99	81	3757.96	1.1150	1386.38	0.7278	6220.37
98	82	3824.86	1.1321	1430.06	0.7464	6297.16
97	83	3892.79	1.1497	1474.84	0.7656	6373.96
96	84	3961.78	1.1679	1520.78	0.7853	6450.75
95	85	4031.86	1.1866	1567.90	0.8056	6527.55
94	86	4103.06	1.2063	1616.24	0.8265	6604.34
93	87	4175.44	1.2265	1665.83	0.8481	6681.14
92	88	4249.03	1.2472	1716.72	0.8703	6757.93
91	89	4323.87	1.2688	1768.94	0.8933	6834.72
90	90	4400.00		1822.54		6911.52

Angle des deux alignements.	Angle au centre correspondant.	Longueur des *tangentes*		Longueur de la *bissectrice*		Développement de l'*arc.*
		correspondant à l'angle au centre.	pour chaque minute en sus.	correspondant à l'angle au centre.	pour chaque minute en sus.	Valeur d'une minute (1.308996).
179°	1°	39m27	0m6546	0m17	0m0085	78m54
178	2	78.55	0.6548	0.68	0.0142	157.08
177	3	117.84	0.6551	1.54	0.0200	235.62
176	4	157.14	0.6555	2.74	0.0257	314.16
175	5	196.48	0.6559	4.29	0.0314	392.70
174	6	235.84	0.6566	6.18	0.0372	471.24
173	7	275.23	0.6573	8.41	0.0430	549.78
172	8	314.67	0.6581	10.99	0.0487	628.32
171	9	354.16	0.6590	13.91	0.0545	706.86
170	10	393.70	0.6600	17.19	0.0603	785.40
169	11	433.30	0.6611	20.81	0.0662	863.94
168	12	472.97	0.6623	24.79	0.0721	942.48
167	13	512.71	0.6636	29.12	0.0779	1021.02
166	14	552.53	0.6650	33.80	0.0839	1099.56
165	15	592.44	0.6666	38.83	0.0898	1178.10
164	16	632.43	0.6682	44.22	0.0958	1256.64
163	17	672.53	0.6699	49.98	0.1019	1335.18
162	18	712.73	0.6719	56.09	0.1080	1413.72
161	19	753.04	0.6737	62.57	0.1141	1492.26
160	20	793.47	0.6759	69.42	0.1202	1570.80
159	21	834.03	0.6780	76.64	0.1264	1649.34
158	22	874.71	0.6804	84.22	0.1327	1727.88
157	23	915.53	0.6828	92.19	0.1389	1806.42
156	24	956.51	0.6853	100.53	0.1454	1884.96
155	25	997.63	0.6879	109.26	0.1517	1963.50
154	26	1038.91	0.6907	118.37	0.1583	2042.04
153	27	1080.36	0.6936	127.87	0.1649	2120.58
152	28	1121.98	0.6967	137.76	0.1714	2199.12
151	29	1163.78	0.6997	148.05	0.1782	2277.66
150	30	1205.77		158.74		2356.20

RAYON 4500.

Angle des deux alignements.	Angle au centre correspondant.	Longueur des *tangentes* correspondant à l'angle au centre.	pour chaque minute en sus.	Longueur de la *bissectrice* correspondant à l'angle au centre.	pour chaque minute en sus.	Développement de l'arc. — Valeur d'une minute (1.308996).
150°	30°	1205m77		158m74		2356m20
			0m7031		0m1849	
149	31	1247,96		169.84		2434.74
			0.7065		0.1917	
148	32	1290,35		181.35		2513.28
			0.7101		0.1986	
147	33	1332,96		193,27		2591.82
			0.7138		0.2057	
146	34	1375,79		205.61		2670.36
			0.7175		0.2127	
145	35	1418,85		218.38		2748.90
			0.7215		0.2199	
144	36	1462,14		231.58		2827.44
			0.7256		0.2272	
143	37	1505,68		245.21		2905.98
			0.7299		0.2346	
142	38	1549,48		259.29		2984.52
			0.7343		0.2420	
141	39	1593,54		273.82		3063.06
			0.7388		0.2497	
140	40	1637,87		288.80		3141.60
			0.7436		0.2573	
139	41	1682,48		304.24		3220.14
			0.7483		0.2651	
138	42	1727,38		320.15		3298.68
			0.7535		0.2730	
137	43	1772,60		336.54		3377.22
			0.7587		0.2810	
136	44	1818,12		353.40		3455.76
			0.7640		0.2893	
135	45	1863,96		370.76		3534.30
			0.7696		0.2975	
134	46	1910,14		388.62		3612.84
			0.7752		0.3060	
133	47	1956,65		406.98		3691.38
			0.7812		0.3146	
132	48	2003,53		425.86		3769.92
			0.7872		0.3233	
131	49	2050,77		445.27		3848.46
			0.7936		0.3322	
130	50	2098,39		465.20		3927.00
			0.7999		0.3413	
129	51	2146,38		485.68		4005.54
			0.8068		0.3504	
128	52	2194,80		506.71		4084.08
			0.8136		0.3598	
127	53	2243,62		528.30		4162.62
			0.8208		0.3694	
126	54	2292,87		550.47		4241.16
			0.8280		0.3791	
125	55	2342,55		573.22		4319.70
			0.8356		0.3890	
124	56	2392,69		596.57		4398.24
			0.8435		0.3991	
123	57	2443,30		620.51		4476.78
			0.8514		0.4095	
122	58	2494,39		645.09		4555.32
			0.8597		0.4201	
121	59	2545,98		670.30		4633.86
			0.8682		0.4309	
120	60	2598,08		696.15		4712.40

Angle des deux alignements.	Angle au centre correspondant.	Longueur des tangentes		Longueur de la bissectrice		Développement de l'arc.
		correspondant à l'angle au centre.	pour chaque minute en sus.	correspondant à l'angle au centre.	pour chaque minute en sus.	Valeur d'une minute (1.308996).
179°	1°	39^{m}27		0^{m}17		78^{m}54
			0^{m}6546		0^{m}0085	
178	2	78.55		0.68		157.08
			0.6548		0.0142	
177	3	117.84		1.54		235.62
			0.6551		0.0200	
176	4	157.14		2.74		314.16
			0.6555		0.0257	
175	5	196.48		4.29		392.70
			0.6559		0.0314	
174	6	235.84		6.18		471.24
			0.6566		0.0372	
173	7	275.23		8.41		549.78
			0.6573		0.0430	
172	8	314.67		10.99		628.32
			0.6581		0.0487	
171	9	354.16		13.91		706.86
			0.6590		0.0545	
170	10	393.70		17.19		785.40
			0.6600		0.0603	
169	11	433.30		20.81		863.94
			0.6611		0.0662	
168	12	472.97		24.79		942.48
			0.6623		0.0721	
167	13	512.71		29.12		1021.02
			0.6636		0.0779	
166	14	552.53		33.80		1099.56
			0.6650		0.0839	
165	15	592.44		38.83		1178.10
			0.6666		0.0898	
164	16	632.43		44.22		1256.64
			0.6682		0.0958	
163	17	672.53		49.98		1335.18
			0.6699		0.1019	
162	18	712.73		56.09		1413.72
			0.6719		0.1080	
161	19	753.04		62.57		1492.26
			0.6737		0.1141	
160	20	793.47		69.42		1570.80
			0.6759		0.1202	
159	21	834.03		76.64		1649.34
			0.6780		0.1264	
158	22	874.71		84.22		1727.88
			0.6804		0.1327	
157	23	915.53		92.19		1806.42
			0.6828		0.1389	
156	24	956.51		100.53		1884.96
			0.6853		0.1454	
155	25	997.63		109.26		1963.50
			0.6879		0.1517	
154	26	1038.91		118.37		2042.04
			0.6907		0.1583	
153	27	1080.36		127.87		2120.58
			0.6936		0.1649	
152	28	1121.98		137.76		2199.12
			0.6967		0.1714	
151	29	1163.78		148.05		2277.66
			0.6997		0.1782	
150	30	1205.77		158.74		2356.20

Angle des deux alignements.	Angle au centre correspondant.	Longueur des *tangentes* correspondant à l'angle au centre.	pour chaque minute en sus.	Longueur de la *bissectrice* correspondant à l'angle au centre.	pour chaque minute en sus.	Développement de l'arc. Valeur d'une minute (1.308996).
150°	30°	1205m77		158m74		2356m20
			0m7031		0m1849	
149	31	1247.96		169.84		2434.74
			0.7065		0.1917	
148	32	1290.35		181.35		2513.28
			0.7101		0.1986	
147	33	1332.96		193.27		2591.82
			0.7138		0.2057	
146	34	1375.79		205.61		2670.36
			0.7175		0.2127	
145	35	1418.85		218.38		2748.90
			0.7215		0.2199	
144	36	1462.14		231.58		2827.44
			0.7256		0.2272	
143	37	1505.68		245.21		2905.98
			0.7299		0.2346	
142	38	1549.48		259.29		2984.52
			0.7343		0.2420	
141	39	1593.54		273.82		3063.06
			0.7388		0.2497	
140	40	1637.87		288.80		3141.60
			0.7436		0.2573	
139	41	1682.48		304.24		3220.14
			0.7483		0.2651	
138	42	1727.38		320.15		3298.68
			0.7535		0.2730	
137	43	1772.60		336.54		3377.22
			0.7587		0.2810	
136	44	1818.12		353.40		3455.76
			0.7640		0.2893	
135	45	1863.96		370.76		3534.30
			0.7696		0.2975	
134	46	1910.14		388.62		3612.84
			0.7752		0.3060	
133	47	1956.65		406.98		3691.38
			0.7812		0.3146	
132	48	2003.53		425.86		3769.92
			0.7872		0.3233	
131	49	2050.77		445.27		3848.46
			0.7936		0.3322	
130	50	2098.39		465.20		3927.00
			0.7999		0.3413	
129	51	2146.38		485.68		4005.54
			0.8068		0.3504	
128	52	2194.80		506.71		4084.08
			0.8136		0.3598	
127	53	2243.62		528.30		4162.62
			0.8208		0.3694	
126	54	2292.87		550.47		4241.16
			0.8280		0.3791	
125	55	2342.55		573.22		4319.70
			0.8356		0.3890	
124	56	2392.69		596.57		4398.24
			0.8435		0.3991	
123	57	2443.30		620.51		4476.78
			0.8514		0.4095	
122	58	2494.39		645.09		4555.32
			0.8597		0.4201	
121	59	2545.98		670.30		4633.86
			0.8682		0.4309	
120	60	2598.08		696.15		4712.40

Angle des deux alignements.	Angle au centre correspondant.	Longueur des *tangentes* correspondant à l'angle au centre.	pour chaque minute en sus.	Longueur de la *bissectrice* correspondant à l'angle au centre.	pour chaque minute en sus.	Développement de l'*arc*. Valeur d'une minute (1.308996).
120°	60°	2598m08	0m8770	696m15	0m4418	4712m40
119	61	2650.70	0.8861	722.66	0.4530	4790.94
118	62	2703.87	0.8955	749.85	0.4645	4869.48
117	63	2757.60	0.9050	777.72	0.4763	4948.02
116	64	2811.91	0.9150	806.30	0.4882	5026.56
115	65	2866.82	0.9252	835.60	0.5006	5105.10
114	66	2922.33	0.9358	865.63	0.5131	5183.64
113	67	2978.48	0.9467	896.42	0.5259	5262.18
112	68	3035.29	0.9579	927.98	0.5391	5340.72
111	69	3092.76	0.9694	960.33	0.5526	5419.26
110	70	3150.93	0.9814	993.49	0.5663	5497.80
109	71	3209.82	0.9936	1027.47	0.5806	5576.34
108	72	3269.44	1.0064	1062.31	0.5950	5654.88
107	73	3329.82	1.0194	1098.01	0.6100	5733.42
106	74	3390.99	1.0329	1134.61	0.6251	5811.96
105	75	3452.97	1.0469	1172.12	0.6409	5890.50
104	76	3515.79	1.0612	1210.58	0.6570	5969.04
103	77	3579.46	1.0760	1250.00	0.6736	6047.58
102	78	3644.03	1.0913	1290.42	0.6905	6126.12
101	79	3709.51	1.1072	1331.85	0.7079	6204.66
100	80	3775.95	1.1236	1374.33	0.7259	6283.20
99	81	3843.36	1.1404	1417.89	0.7444	6361.74
98	82	3911.79	1.1578	1462.56	0.7634	6440.28
97	83	3981.26	1.1758	1508.36	0.7830	6518.82
96	84	4051.82	1.1945	1555.34	0.8031	6597.36
95	85	4123.49	1.2136	1603.53	0.8239	6675.90
94	86	4196.31	1.2338	1652.97	0.8453	6754.44
93	87	4270.34	1.2543	1703.69	0.8673	6832.98
92	88	4345.60	1.2755	1755.73	0.8901	6911.52
91	89	4422.14	1.2977	1809.14	0.9136	6990.06
90	90	4500.00		1863.96		7068.60

RAYON 4800.

Angle des deux alignements.	Angle au centre correspondant.	Longueur des *tangentes*		Longueur de la *bissectrice*		Développement de l'arc.
		correspondant à l'angle au centre.	pour chaque minute en sus.	correspondant à l'angle au centre.	pour chaque minute en sus.	Valeur d'une minute (1.396263).
179°	1°	41m88		0m18		83m78
178	2	83.78	0m6982	0.73	0m0091	167.55
177	3	125.69	0.6984	1.64	0.0152	251.33
176	4	167.62	0.6987	2.93	0.0213	335.10
175	5	209.58	0.6992	4.57	0.0274	418.88
174	6	251.56	0.6996	6.59	0.0335	502.66
173	7	293.58	0.7003	8.97	0.0396	586.43
172	8	335.65	0.7011	11.72	0.0458	670.21
171	9	377.77	0.7019	14.84	0.0519	753.98
170	10	419.95	0.7029	18.34	0.0582	837.76
169	11	462.19	0.7040	22.20	0.0643	921.54
168	12	504.50	0.7052	26.44	0.0706	1005.31
167	13	546.89	0.7065	31.06	0.0769	1089.09
166	14	589.37	0.7079	36.05	0.0831	1172.86
165	15	631.93	0.7094	41.42	0.0895	1256.64
164	16	674.60	0.7110	47.17	0.0958	1340.42
163	17	717.36	0.7128	53.31	0.1022	1424.19
162	18	760.24	0.7146	59.83	0.1087	1507.97
161	19	803.25	0.7167	66.74	0.1152	1594.74
160	20	846.37	0.7187	74.05	0.1217	1675.52
159	21	889.63	0.7209	81.75	0.1283	1759.30
158	22	933.02	0.7232	89.84	0.1349	1843.07
157	23	976.57	0.7257	98.34	0.1416	1926.85
156	24	1020.27	0.7284	107.23	0.1482	2010.62
155	25	1064.14	0.7310	116.54	0.1551	2094.40
154	26	1108.17	0.7338	126.26	0.1619	2178.18
153	27	1152.38	0.7368	136.39	0.1688	2261.95
152	28	1196.77	0.7399	146.95	0.1759	2345.73
151	29	1241.37	0.7431	157.92	0.1828	2429.50
150	30	1286.16	0.7464	169.32	0.1900	2513.28

Angle des deux alignements.	Angle au centre correspondant.	Longueur des *tangentes*		Longueur de la *bissectrice*		Développement de l'*arc*.
		correspondant à l'angle au centre.	pour chaque minute en sus.	correspondant à l'angle au centre.	pour chaque minute en sus.	Valeur d'une minute (1.308996).
120°	60°	2598m08		696m15		4712m40
119	61	2650.70	0m8770	722.66	0m4418	4790.94
118	62	2703.87	0.8861	749.85	0.4530	4869.48
117	63	2757.60	0.8955	777.72	0.4645	4948.02
116	64	2811.91	0.9050	806.30	0.4763	5026.56
115	65	2866.82	0.9150	835.60	0.4882	5105.10
114	66	2922.33	0.9252	865.63	0.5006	5183.64
113	67	2978.48	0.9358	896.42	0.5131	5262.18
112	68	3035.29	0.9467	927.98	0.5259	5340.72
111	69	3092.76	0.9579	960.33	0.5391	5419.26
110	70	3150.93	0.9694	993.49	0.5526	5497.80
109	71	3209.82	0.9814	1027.47	0.5663	5576.34
108	72	3269.44	0.9936	1062.31	0.5806	5654.88
107	73	3329.82	1.0064	1098.01	0.5950	5733.42
106	74	3390.99	1.0194	1134.61	0.6100	5811.96
105	75	3452.97	1.0329	1172.12	0.6251	5890.50
104	76	3515.79	1.0469	1210.58	0.6409	5969.04
103	77	3579.46	1.0612	1250.00	0.6570	6047.58
102	78	3644.03	1.0760	1290.42	0.6736	6126.12
101	79	3709.51	1.0913	1331.85	0.6905	6204.66
100	80	3775.95	1.1072	1374.33	0.7079	6283.20
99	81	3843.36	1.1236	1417.89	0.7259	6361.74
98	82	3911.79	1.1404	1462.56	0.7444	6440.28
97	83	3981.26	1.1578	1508.36	0.7634	6518.82
96	84	4051.82	1.1758	1555.34	0.7830	6597.36
95	85	4123.49	1.1945	1603.53	0.8031	6675.90
94	86	4196.31	1.2136	1652.97	0.8239	6754.44
93	87	4270.34	1.2338	1703.69	0.8453	6832.98
92	88	4345.60	1.2543	1755.73	0.8673	6911.52
91	89	4422.14	1.2755	1809.14	0.8901	6990.06
90	90	4500.00	1.2977	1863.96	0.9136	7068.60

Angle des deux alignements.	Angle au centre correspondant.	Longueur des *tangentes*		Longueur de la *bissectrice*		Développement de l'*arc.* —
		correspondant à l'angle au centre.	pour chaque minute en sus.	correspondant à l'angle au centre.	pour chaque minute en sus.	Valeur d'une minute (1.396263).
179°	1°	41ᵐ88		0ᵐ18		83ᵐ78
			0ᵐ6982		0ᵐ0091	
178	2	83.78		0.73		167.55
			0.6984		0.0152	
177	3	125.69		1.64		251.33
			0.6987		0.0213	
176	4	167.62		2.93		335.10
			0.6992		0.0274	
175	5	209.58		4.57		418.88
			0.6996		0.0335	
174	6	251.56		6.59		502.66
			0.7003		0.0396	
173	7	293.58		8.97		586.43
			0.7011		0.0458	
172	8	335.65		11.72		670.21
			0.7019		0.0519	
171	9	377.77		14.84		753.98
			0.7029		0.0582	
170	10	419.95		18.34		837.76
			0.7040		0.0643	
169	11	462.19		22.20		921.54
			0.7052		0.0706	
168	12	504.50		26.44		1005.31
			0.7065		0.0769	
167	13	546.89		31.06		1089.09
			0.7079		0.0831	
166	14	589.37		36.05		1172.86
			0.7094		0.0895	
165	15	631.93		41.42		1256.64
			0.7110		0.0958	
164	16	674.60		47.17		1340.42
			0.7128		0.1022	
163	17	717.36		53.31		1424.19
			0.7146		0.1087	
162	18	760.24		59.83		1507.97
			0.7167		0.1152	
161	19	803.25		66.74		1591.74
			0.7187		0.1217	
160	20	846.37		74.05		1675.52
			0.7209		0.1283	
159	21	889.63		81.75		1759.30
			0.7232		0.1349	
158	22	933.02		89.84		1843.07
			0.7257		0.1416	
157	23	976.57		98.34		1926.85
			0.7284		0.1482	
156	24	1020.27		107.23		2010.62
			0.7310		0.1551	
155	25	1064.14		116.54		2094.40
			0.7338		0.1619	
154	26	1108.17		126.26		2178.18
			0.7368		0.1688	
153	27	1152.38		136.39		2261.95
			0.7399		0.1759	
152	28	1196.77		146.95		2345.73
			0.7431		0.1828	
151	29	1241.37		157.92		2429.50
			0.7464		0.1900	
150	30	1286.16		169.32		2513.28

Angle des deux alignements.	Angle au centre correspondant.	Longueur des *tangentes*		Longueur de la *bissectrice*		Développement de l'*arc*.
		correspondant à l'angle au centre.	pour chaque minute en sus.	correspondant à l'angle au centre.	pour chaque minute en sus.	Valeur d'une minute (1.396263).
150°	30°	1286ᵐ16	0ᵐ7500	169ᵐ32	0ᵐ1972	2513ᵐ28
149	31	1331.16	0.7536	181.16	0.2045	2597.06
148	32	1376.38	0.7574	193.44	0.2119	2680.83
147	33	1421.82	0.7614	206.15	0.2195	2764.61
146	34	1467.51	0.7654	219.32	0.2269	2848.38
145	35	1513.44	0.7696	232.94	0.2346	2932.16
144	36	1559.62	0.7740	247.02	0.2424	3015.94
143	37	1606.06	0.7786	261.56	0.2502	3099.71
142	38	1652.77	0.7832	276.58	0.2581	3183.49
141	39	1699.77	0.7880	292.07	0.2664	3267.26
140	40	1747.06	0.7932	308.05	0.2744	3351.04
139	41	1794.65	0.7982	324.52	0.2828	3434.82
138	42	1842.54	0.8037	341.50	0.2912	3518.59
137	43	1890.77	0.8092	358.97	0.2998	3602.37
136	44	1939.32	0.8149	376.96	0.3086	3686.14
135	45	1988.22	0.8209	395.48	0.3174	3769.92
134	46	2037.48	0.8269	414.53	0.3264	3853.70
133	47	2087.10	0.8333	434.12	0.3355	3937.47
132	48	2137.10	0.8397	454.25	0.3449	4021.25
131	49	2187.48	0.8465	474.95	0.3543	4105.02
130	50	2238.28	0.8532	496.21	0.3640	4188.80
129	51	2289.48	0.8606	518.06	0.3738	4272.58
128	52	2341.12	0.8679	540.49	0.3838	4356.35
127	53	2393.19	0.8755	563.52	0.3940	4440.13
126	54	2445.72	0.8832	587.16	0.4044	4523.90
125	55	2498.72	0.8913	611.43	0.4150	4607.68
124	56	2552.20	0 8997	636.34	0.4257	4691.46
123	57	2606.19	0.9082	661.88	0.4368	4775.23
122	58	2660.68	0.9170	688.09	0.4481	4859.01
121	59	2715.71	0.9261	714.98	0.4596	4942.78
120	60	2771.28		742.56		5026.56

Angle des deux alignements.	Angle au centre correspondant.	Longueur des *tangentes*		Longueur de la *bissectrice*		Développement de l'arc.
		correspondant à l'angle au centre.	pour chaque minute en sus.	correspondant à l'angle au centre.	pour chaque minute en sus.	Valeur d'une minute (1.396263).
120°	60°	2771m28	0m9355	742m56	0m4713	5026m36
119	61	2827.42	0.9452	770.84	0.4832	5110.34
118	62	2884.13	0.9552	799.84	0.4955	5194.11
117	63	2941.44	0.9654	829.57	0.5080	5277.89
116	64	2999.37	0.9760	860.05	0.5208	5361.66
115	65	3057.94	0.9869	891.30	0.5340	5445.44
114	66	3117.15	0.9982	923.34	0.5473	5529.22
113	67	3177.05	1.0098	956.18	0.5610	5612.99
112	68	3237.64	1.0218	989.85	0.5750	5696.77
111	69	3298.95	1.0340	1024.35	0.5895	5780.54
110	70	3360.99	1.0468	1059.72	0.6040	5864.32
109	71	3423.81	1.0598	1095.96	0.6193	5948.10
108	72	3487.40	1.0735	1133.13	0.6347	6031.87
107	73	3551.81	1.0874	1171.21	0.6506	6115.65
106	74	3617.06	1.1018	1210.25	0.6668	6199.42
105	75	3683.17	1.1167	1250.27	0.6836	6283.20
104	76	3750.17	1.1319	1291.29	0.7008	6366.98
103	77	3818.09	1.1478	1333.33	0.7185	6450.75
102	78	3886.96	1.1641	1376.45	0.7365	6534.53
101	79	3956.81	1.1810	1420.64	0.7551	6618.30
100	80	4027.68	1.1985	1465.95	0.7743	6702.08
99	81	4099.59	1.2164	1512.42	0.7940	6785.86
98	82	4172.58	1.2350	1560.06	0.8143	6869.63
97	83	4246.68	1.2542	1608.92	0.8352	6953.41
96	84	4321.94	1.2741	1659.03	0.8567	7037.18
95	85	4398.39	1.2945	1710.44	0.8788	7120.96
94	86	4476.06	1.3160	1763.17	0.9016	7204.74
93	87	4555.03	1.3380	1817.27	0.9252	7288.51
92	88	4635.31	1.3606	1872.78	0.9494	2737.29
91	89	4716.95	1.3842	1929.75	0.9745	7456.06
90	90	4800.00		1988.23		7539.84

Angle des deux alignements.	Angle au centre correspondant.	Longueur des *tangentes*		Longueur de la *bissectrice*		Développement de l'arc.
		correspondant à l'angle au centre.	pour chaque minute en sus.	correspondant à l'angle au centre.	pour chaque minute en sus.	Valeur d'une minute (1.396263).
150°	30°	1286m16	0m7500	169m32	0m1972	2513m28
149	31	1331.16	0.7536	181.16	0.2045	2597.06
148	32	1376.38	0.7574	193.44	0.2119	2680.83
147	33	1421.82	0.7614	206.15	0.2195	2764.61
146	34	1467.51	0.7654	219.32	0.2269	2848.38
145	35	1513.44	0.7696	232.94	0.2346	2932.16
144	36	1559.62	0.7740	247.02	0.2424	3015.94
143	37	1606.06	0.7786	261.56	0.2502	3099.71
142	38	1652.77	0.7832	276.58	0.2581	3183.49
141	39	1699.77	0.7880	292.07	0.2664	3267.26
140	40	1747.06	0.7932	308.05	0.2744	3351.04
139	41	1794.65	0.7982	324.52	0.2828	3434.82
138	42	1842.54	0.8037	341.50	0.2912	3518.59
137	43	1890.77	0.8092	358.97	0.2998	3602.37
136	44	1939.32	0.8149	376.96	0.3086	3686.14
135	45	1988.22	0.8209	395.48	0.3174	3769.92
134	46	2037.48	0.8269	414.53	0.3264	3853.70
133	47	2087.10	0.8333	434.12	0.3355	3937.47
132	48	2137.10	0.8397	454.25	0.3449	4021.25
131	49	2187.48	0.8465	474.95	0.3543	4105.02
130	50	2238.28	0.8532	496.21	0.3640	4188.80
129	51	2289.48	0.8606	518.06	0.3738	4272.58
128	52	2341.12	0.8679	540.49	0.3838	4356.35
127	53	2393.19	0.8755	563.52	0.3940	4440.13
126	54	2445.72	0.8832	587.16	0.4044	4523.90
125	55	2498.72	0.8913	611.43	0.4150	4607.68
124	56	2552.20	0.8997	636.34	0.4257	4691.46
123	57	2606.19	0.9082	661.88	0.4368	4775.23
122	58	2660.68	0.9170	688.09	0.4481	4859.01
121	59	2715.74	0.9261	714.98	0.4596	4942.78
120	60	2771.28		742.56		5026.56

Angle des deux aligne-ments.	Angle au centre cor-respon-dant.	Longueur des *tangentes* correspondant à l'angle au centre.	pour chaque minute en sus.	Longueur de la *bissectrice* correspondant à l'angle au centre.	pour chaque minute en sus.	Développe-ment de l'arc. Valeur d'une minute (1.396263).
120°	60°	2771m28		742m56		5026m56
119	61	2827.42	0m9355	770.84	0m4713	5110.34
118	62	2884.13	0.9452	799.84	0.4832	5194.11
117	63	2941.44	0.9552	829.57	0.4955	5277.89
116	64	2999.37	0.9654	860.05	0.5080	5361.66
115	65	3057.94	0.9760	891.30	0.5208	5445.44
114	66	3117.15	0.9869	923.34	0.5340	5529.22
113	67	3177.05	0.9982	956.18	0.5473	5612.99
112	68	3237.64	1.0098	989.85	0.5610	5696.77
111	69	3298.95	1.0218	1024.35	0.5750	5780.54
110	70	3360.99	1.0340	1059.72	0.5895	5864.32
109	71	3423.81	1.0468	1095.96	0.6040	5948.10
108	72	3487.40	1.0598	1133.13	0.6193	6031.87
107	73	3551.81	1.0735	1171.21	0.6347	6115.65
106	74	3617.06	1.0874	1210.25	0.6506	6199.42
105	75	3683.17	1.1018	1250.27	0.6668	6283.20
104	76	3750.17	1.1167	1291.29	0.6836	6366.98
103	77	3818.09	1.1319	1333.33	0.7008	6450.75
102	78	3886.96	1.1478	1376.45	0.7185	6534.53
101	79	3956.81	1.1641	1420.64	0.7365	6618.30
100	80	4027.68	1.1810	1465.95	0.7551	6702.08
99	81	4099.59	1.1985	1512.42	0.7743	6785.86
98	82	4172.58	1.2164	1560.06	0.7940	6869.63
97	83	4246.68	1.2350	1608.92	0.8143	6953.41
96	84	4321.94	1.2542	1659.03	0.8352	7037.18
95	85	4398.39	1.2741	1710.44	0.8567	7120.96
94	86	4476.06	1.2945	1763.17	0.8788	7204.74
93	87	4555.03	1.3160	1817.27	0.9016	7288.51
92	88	4635.31	1.3380	1872.78	0.9252	2737.29
91	89	4716.95	1.3606	1929.75	0.9494	7456.06
90	90	4800.00	1.3842	1988.23	0.9745	7539.84

| Angle des deux alignements. | Angle au centre correspondant. | Longueur des *tangentes* | | Longueur de la *bissectrice* | | Développement de l'arc. |
		correspondant à l'angle au centre.	pour chaque minute en sus.	correspondant à l'angle au centre.	pour chaque minute en sus.	Valeur d'une minute (1.454441).
179°	1°	43ᵐ63	0ᵐ7273	0ᵐ19	0ᵐ0095	87ᵐ27
178	2	87.28	0.7275	0.76	0.0158	174.53
177	3	130.93	0.7279	1.71	0.0222	261.80
176	4	174.60	0.7284	3.05	0.0285	349.07
175	5	218.31	0.7288	4.76	0.0349	436.33
174	6	262.04	0.7295	6.86	0.0413	523.60
173	7	305.81	0.7303	9.34	0.0477	610.87
172	8	349.63	0.7312	12.21	0.0541	698.13
171	9	393.51	0.7322	15.46	0.0606	785.40
170	10	437.44	0.7333	19.10	0.0670	872.67
169	11	481.45	0.7346	23.13	0.0736	959.93
168	12	525.52	0.7359	27.54	0.0801	1047.20
167	13	569.68	0.7374	32.35	0.0866	1134.47
166	14	613.92	0.7389	37.55	0.0932	1221.73
165	15	658.26	0.7407	43.15	0.0998	1309.00
164	16	702.70	0.7425	49.14	0.1065	1396.27
163	17	747.26	0.7444	55.53	0.1132	1483.53
162	18	791.92	0.7465	62.33	0.1200	1570.80
161	19	836.72	0.7486	69.53	0.1267	1658.07
160	20	881.64	0.7510	77.13	0.1336	1745.33
159	21	926.70	0.7534	85.15	0.1405	1832.60
158	22	971.90	0.7560	93.58	0.1475	1919.87
157	23	1017.26	0.7587	102.44	0.1544	2007.13
156	24	1062.79	0.7615	111.70	0.1616	2094.40
155	25	1108.48	0.7644	121.40	0.1686	2181.67
154	26	1154.34	0.7675	131.52	0.1759	2268.93
153	27	1200.40	0.7707	142.08	0.1832	2356.20
152	28	1246.64	0.7741	153.07	0.1905	2443.47
151	29	1293.09	0.7775	164.50	0.1980	2530.73
150	30	1339.75		176.38		2618.00

RAYON 5000.

Angle des deux alignements.	Angle au centre correspondant.	Longueur des *tangentes*		Longueur de la *bissectrice*		Développement de l'*arc*. Valeur d'une minute (1.454441).
		correspondant à l'angle au centre.	pour chaque minute en sus.	correspondant à l'angle au centre.	pour chaque minute en sus.	
150°	30°	1339ᵐ75	0ᵐ7812	176ᵐ38	0ᵐ2055	2618ᵐ00
149	31	1386,62	0.7850	188.71	0.2130	2705.27
148	32	1433.73	0.7890	201.50	0.2207	2792.53
147	33	1481.07	0.7931	214.74	0.2286	2879.80
146	34	1528.66	0.7973	228.46	0.2364	2967.07
145	35	1576.50	0.8017	242.65	0.2444	3054.33
144	36	1624.60	0.8062	257.31	0.2525	3141.60
143	37	1672.98	0.8110	272.46	0.2607	3228.87
142	38	1721.64	0.8159	288.10	0.2689	3316.13
141	39	1770.60	0.8209	304.24	0.2775	3403.40
140	40	1819.85	0.8262	320.89	0.2859	3490.67
139	41	1869.43	0.8316	338.05	0.2946	3577.93
138	42	1919.32	0.8372	355.73	0.3034	3665.20
137	43	1969.55	0.8430	373.93	0.3123	3752.47
136	44	2020.13	0.8489	392.67	0.3215	3839.73
135	45	2071.07	0.8551	411.96	0.3306	3927.00
134	46	2122.38	0.8614	431.80	0.3401	4014.27
133	47	2174.06	0.8680	452.21	0.3495	4101.53
132	48	2226.15	0.8747	473.18	0.3593	4188.80
131	49	2278.63	0.8818	494.74	0.3691	4276.07
130	50	2331.54	0.8888	516.89	0.3792	4363.33
129	51	2384.87	0.8965	539.65	0.3894	4450.60
128	52	2438.67	0.9040	563.01	0.3998	4537.87
127	53	2492.91	0.9120	587.00	0.4105	4625.13
126	54	2547.63	0.9200	611.63	0.4213	4712.40
125	55	2602.84	0.9285	636.91	0.4323	4799.67
124	56	2658.55	0.9372	662.85	0.4435	4886.93
123	57	2714.78	0.9460	689.46	0.4550	4974.20
122	58	2771.55	0.9553	716.77	0.4668	5061.47
121	59	2828.87	0.9647	744.78	0.4788	5148.73
120	60	2886.75		773.50		5236.00

Angle des deux aligne-ments.	Angle au centre cor-respon-dant.	Longueur des *tangentes*		Longueur de la *bissectrice*		Développe-ment de l'*arc*.
		correspondant à l'angle au centre.	pour chaque minute en sus.	correspondant à l'angle au centre.	pour chaque minute en sus.	Valeur d'une minute (1.454441).
179°	1°	43m63		0m19		87m27
178	2	87.28	0m7273	0.76	0m0095	174.53
177	3	130.93	0.7275	1.71	0.0158	261.80
176	4	174.60	0.7279	3.05	0.0222	349.07
175	5	218.31	0.7284	4.76	0.0285	436.33
174	6	262.04	0.7288	6.86	0.0349	523.60
173	7	305.81	0.7295	9.34	0.0413	610.87
172	8	349.63	0.7303	12.21	0.0477	698.13
171	9	393.51	0.7312	15.46	0.0541	785.40
170	10	437.44	0.7322	19.10	0.0606	872.67
169	11	481.45	0.7333	23.13	0.0670	959.93
168	12	525.52	0.7346	27.54	0.0736	1047.20
167	13	569.68	0.7359	32.35	0.0801	1134.47
166	14	613.92	0.7374	37.55	0.0866	1221.73
165	15	658.26	0.7389	43.15	0.0932	1309.00
164	16	702.70	0.7407	49.14	0.0998	1396.27
163	17	747.26	0.7425	55.53	0.1065	1483.53
162	18	791.92	0.7444	62.33	0.1132	1570.80
161	19	836.72	0.7465	69.53	0.1200	1658.07
160	20	881.64	0.7486	77.13	0.1267	1745.33
159	21	926.70	0.7510	85.15	0.1336	1832.60
158	22	971.90	0.7534	93.58	0.1405	1919.87
157	23	1017.26	0.7560	102.44	0.1475	2007.13
156	24	1062.79	0.7587	111.70	0.1544	2094.40
155	25	1108.48	0.7615	121.40	0.1616	2181.67
154	26	1154.34	0.7644	131.52	0.1686	2268.93
153	27	1200.40	0.7675	142.08	0.1759	2356.20
152	28	1246.64	0.7707	153.07	0.1832	2443.47
151	29	1293.09	0.7741	164.50	0.1905	2530.73
150	30	1339.75	0.7775	176.38	0.1980	2618.00

Angle des deux alignements.	Angle au centre correspondant.	Longueur des *tangentes*		Longueur de la *bissectrice*		Développement de l'*arc.*
		correspondant à l'angle au centre.	pour chaque minute en sus.	correspondant à l'angle au centre.	pour chaque minute en sus.	Valeur d'une minute (1.454441).
150°	30°	1339m75		176m38		2618m00
			0m7812		0m2055	
149	31	1386.62		188.71		2705.27
			0.7850		0.2130	
148	32	1433.73		201.50		2792.53
			0.7890		0.2207	
147	33	1481.07		214.74		2879.80
			0.7931		0.2286	
146	34	1528.66		228.46		2967.07
			0.7973		0.2364	
145	35	1576.50		242.65		3054.33
			0.8017		0.2444	
144	36	1624.60		257.31		3141.60
			0.8062		0.2525	
143	37	1672.98		272.46		3228.87
			0.8110		0.2607	
142	38	1721.64		288.10		3316.13
			0.8159		0.2689	
141	39	1770.60		304.24		3403.40
			0.8209		0.2775	
140	40	1819.85		320.89		3490.67
			0.8262		0.2859	
139	41	1869.43		338.05		3577.93
			0.8316		0.2946	
138	42	1919.32		355.73		3665.20
			0.8372		0.3034	
137	43	1969.55		373.93		3752.47
			0.8430		0.3123	
136	44	2020.13		392.67		3839.73
			0.8489		0.3215	
135	45	2071.07		411.96		3927.00
			0.8551		0.3306	
134	46	2122.38		431.80		4014.27
			0.8614		0.3401	
133	47	2174.06		452.21		4101.53
			0.8680		0.3495	
132	48	2226.15		473.18		4188.80
			0.8747		0.3593	
131	49	2278.63		494.74		4276.07
			0.8818		0.3691	
130	50	2331.54		516.89		4363.33
			0.8888		0.3792	
129	51	2384.87		539.65		4450.60
			0.8965		0.3894	
128	52	2438.67		563.01		4537.87
			0.9040		0.3998	
127	53	2492.91		587.00		4625.13
			0.9120		0.4105	
126	54	2547.63		611.63		4712.40
			0.9200		0.4213	
125	55	2602.84		636.91		4799.67
			0.9285		0.4323	
124	56	2658.55		662.85		4886.93
			0.9372		0.4435	
123	57	2714.78		689.46		4974.20
			0.9460		0.4550	
122	58	2771.55		716.77		5061.47
			0.9553		0.4668	
121	59	2828.87		744.78		5148.73
			0.9647		0.4788	
120	60	2886.75		773.50		5236.00

Angle des deux aligne-ments.	Angle au centre cor-respon-dant.	Longueur des *tangentes* correspondant à l'angle au centre.	Longueur des *tangentes* pour chaque minute en sus.	Longueur de la *bissectrice* correspondant à l'angle au centre.	Longueur de la *bissectrice* pour chaque minute en sus.	Développement de l'*arc*. Valeur d'une minute (1.454441).
120°	60°	2886m75	0m9745	773m50	0m4909	5236m00
119	61	2945.23	0.9846	802.96	0.5034	5323.27
118	62	3004.31	0.9950	833.17	0.5161	5410.53
117	63	3064.01	1.0056	864.14	0.5292	5497.80
116	64	3124.35	1.0167	895.89	0.5425	5585.07
115	65	3185.35	1.0280	928.44	0.5562	5672.33
114	66	3247.04	1.0398	961.82	0.5701	5759.60
113	67	3309.43	1.0519	996.03	0.5844	5846.87
112	68	3372.54	1.0644	1031.09	0.5990	5934.13
111	69	3436.41	1.0771	1067.03	0.6141	6021.40
110	70	3501.04	1.0905	1103.88	0.6292	6108.67
109	71	3566.47	1.1040	1141.63	0.6451	6195.93
108	72	3632.71	1.1182	1180.34	0.6611	6283.20
107	73	3699.81	1.1327	1220.01	0.6778	6370.47
106	74	3767.77	1.1477	1260.68	0.6946	6457.73
105	75	3836.64	1.1632	1302.36	0.7121	6545.00
104	76	3906.43	1.1791	1345.09	0.7300	6632.27
103	77	3977.18	1.1956	1388.89	0.7485	6719.53
102	78	4048.92	1.2126	1433.80	0.7672	6806.80
101	79	4121.68	1.2302	1479.84	0.7866	6894.07
100	80	4195.50	1.2485	1527.04	0.8066	6981.33
99	81	4270.41	1.2671	1575.44	0.8271	7068.60
98	82	4346.44	1.2865	1625.07	0.8482	7155.87
97	83	4423.63	1.3065	1675.96	0.8700	7243.13
96	84	4502.02	1.3272	1728.16	0.8924	7330.40
95	85	4581.66	1.3485	1781.71	0.9155	7417.67
94	86	4662.57	1.3709	1836.64	0.9392	7504.93
93	87	4744.82	1.3937	1892.99	0.9637	7592.20
92	88	4828.45	1.4173	1950.82	0.9890	7679.47
91	89	4913.49	1.4419	2010.16	1.0151	7766.73
90	90	5000.00		2071.07		7854.00

Angle des deux alignements.	Angle au centre correspondant.	Longueur des *tangentes*		Longueur de la *bissectrice*		Développement de l'*arc*.
		correspondant à l'angle au centre.	pour chaque minute en sus.	correspondant à l'angle au centre.	pour chaque minute en sus.	Valeur d'une minute (1.599885).
179°	1°	47m99		0m21		95m99
178	2	96.00	0m8000	0.84	0m0104	191.99
177	3	144.02	0.8003	1.88	0.0174	287.98
176	4	192.06	0.8006	3.35	0.0244	383.97
175	5	240.14	0.8012	5.24	0.0314	479.97
174	6	288.24	0.8016	7.55	0.0384	575.96
173	7	336.39	0.8023	10.28	0.0454	671.95
172	8	384.60	0.8033	13.43	0.0525	767.95
171	9	432.86	0.8043	17.01	0.0595	863.94
170	10	481.19	0.8054	21.01	0.0667	959.93
169	11	529.59	0.8066	25.44	0.0737	1055.93
168	12	578.07	0.8080	30.30	0.0809	1151.92
167	13	626.65	0.8095	35.59	0.0881	1247.91
166	14	675.32	0.8111	41.31	0.0953	1343.91
165	15	724.09	0.8128	47.46	0.1025	1439.90
164	16	772.97	0.8147	54.05	0.1098	1535.89
163	17	821.98	0.8167	61.08	0.1171	1631.89
162	18	871.11	0.8188	68.56	0.1245	1727.88
161	19	920.39	0.8212	76.48	0.1320	1823.87
160	20	969.80	0.8235	84.85	0.1394	1919.87
159	21	1019.36	0.8261	93.67	0.1470	2015.86
158	22	1069.09	0.8287	102.94	0.1545	2111.85
157	23	1118.99	0.8316	112.68	0.1622	2207.85
156	24	1169.06	0.8346	122.87	0.1698	2303.84
155	25	1219.32	0.8376	133.54	0.1778	2399.83
154	26	1269.77	0.8408	144.67	0.1855	2495.83
153	27	1320.43	0.8443	156.28	0.1935	2591.82
152	28	1371.30	0.8478	168.38	0.2015	2687.81
151	29	1422.40	0.8515	180.95	0.2095	2783.81
150	30	1473.72	0.8553	194.02	0.2178	2879.80

Angle des deux alignements.	Angle au centre correspondant.	Longueur des *tangentes*		Longueur de la *bissectrice*		Développement de l'*arc*.
		correspondant à l'angle au centre.	pour chaque minute en sus.	correspondant à l'angle au centre.	pour chaque minute en sus.	Valeur d'une minute (1.454441).
120°	60°	2886m75		773m50		5236m00
			0m9745		0m4909	
119	61	2945.23		802.96		5323.27
			0.9846		0.5034	
118	62	3004.31		833.17		5410.53
			0.9950		0.5161	
117	63	3064.01		864.14		5497.80
			1.0056		0.5292	
116	64	3124.35		895.89		5585.07
			1.0167		0.5425	
115	65	3185.35		928.44		5672.33
			1.0280		0.5562	
114	66	3247.04		961.82		5759.60
			1.0398		0.5701	
113	67	3309.43		996.03		5846.87
			1.0519		0.5844	
112	68	3372.54		1031.09		5934.13
			1.0644		0.5990	
111	69	3436.41		1067.03		6021.40
			1.0771		0.6141	
110	70	3501.04		1103.88		6108.67
			1.0905		0.6292	
109	71	3566.47		1141.63		6195.93
			1.1040		0.6451	
108	72	3632.71		1180.34		6283.20
			1.1182		0.6611	
107	73	3699.81		1220.01		6370.47
			1.1327		0.6778	
106	74	3767.77		1260.68		6457.73
			1.1477		0.6946	
105	75	3836.64		1302.36		6545.00
			1.1632		0.7121	
104	76	3906.43		1345.09		6632.27
			1.1791		0.7300	
103	77	3977.18		1388.89		6719.53
			1.1956		0.7485	
102	78	4048.92		1433.80		6806.80
			1.2126		0.7672	
101	79	4121.68		1479.84		6894.07
			1.2302		0.7866	
100	80	4195.50		1527.04		6981.33
			1.2485		0.8066	
99	81	4270.41		1575.44		7068.60
			1.2674		0.8271	
98	82	4346.44		1625.07		7155.87
			1.2865		0.8482	
97	83	4423.63		1675.96		7243.13
			1.3065		0.8700	
96	84	4502.02		1728.16		7330.40
			1.3272		0.8924	
95	85	4581.66		1781.71		7417.67
			1.3485		0.9155	
94	86	4662.57		1836.64		7504.93
			1.3709		0.9392	
93	87	4744.82		1892.99		7592.20
			1.3937		0.9637	
92	88	4828.45		1950.82		7679.47
			1.4173		0.9890	
91	89	4913.49		2010.16		7766.73
			1.4419		1.0151	
90	90	5000.00		2071.07		7854.00

RAYON 5500.

Angle des deux alignements.	Angle au centre correspondant.	Longueur des *tangentes*		Longueur de la *bissectrice*		Développement de l'arc. Valeur d'une minute (1.599885).
		correspondant à l'angle au centre.	pour chaque minute en sus.	correspondant à l'angle au centre.	pour chaque minute en sus.	
179°	1°	47m99	0m8000	0m21	0m0104	95m99
178	2	96.00	0.8003	0.84	0.0174	191.99
177	3	144.02	0.8006	1.88	0.0244	287.98
176	4	192.06	0.8012	3.35	0.0314	383.97
175	5	240.14	0.8016	5.24	0.0384	479.97
174	6	288.24	0.8025	7.55	0.0454	575.96
173	7	336.39	0.8033	10.28	0.0525	671.95
172	8	384.60	0.8043	13.43	0.0595	767.95
171	9	432.86	0.8054	17.01	0.0667	863.94
170	10	481.19	0.8066	21.01	0.0737	959.93
169	11	529.59	0.8080	25.44	0.0809	1055.93
168	12	578.07	0.8095	30.30	0.0881	1151.92
167	13	626.65	0.8111	35.59	0.0953	1247.91
166	14	675.32	0.8128	41.31	0.1025	1343.91
165	15	724.09	0.8147	47.46	0.1098	1439.90
164	16	772.97	0.8167	54.05	0.1171	1535.89
163	17	821.98	0.8188	61.08	0.1245	1631.89
162	18	871.11	0.8212	68.56	0.1320	1727.88
161	19	920.39	0.8235	76.48	0.1394	1823.87
160	20	969.80	0.8261	84.85	0.1470	1919.87
159	21	1019.36	0.8287	93.67	0.1545	2015.86
158	22	1069.09	0.8316	102.94	0.1622	2111.85
157	23	1118.99	0.8346	112.68	0.1698	2207.85
156	24	1169.06	0.8376	122.87	0.1778	2303.84
155	25	1219.32	0.8408	133.54	0.1835	2399.83
154	26	1269.77	0.8443	144.67	0.1935	2495.83
153	27	1320.43	0.8478	156.28	0.2015	2591.82
152	28	1371.30	0.8515	168.38	0.2095	2687.81
151	29	1422.40	0.8553	180.95	0.2178	2783.81
150	30	1473.72		194.02		2879.80

Angle des deux alignements.	Angle au centre correspondant.	Longueur des *tangentes* correspondant à l'angle au centre.	Longueur des *tangentes* pour chaque minute en sus.	Longueur de la *bissectrice* correspondant à l'angle au centre.	Longueur de la *bissectrice* pour chaque minute en sus.	Développement de l'*arc*. Valeur d'une minute (1.599885).
150°	30°	1473m72		194m02		2879m80
			0m8593		0m2260	
149	31	1525.28		207.58		2975.79
			0.8635		0.2343	
148	32	1577.10		221.64		3071.79
			0.8679		0.2428	
147	33	1629.17		236.21		3167.78
			0.8724		0.2515	
146	34	1681.52		251.31		3263.77
			0.8770		0.2600	
145	35	1734.14		266.91		3359.77
			0.8819		0.2688	
144	36	1787.06		283.04		3455.76
			0.8868		0.2777	
143	37	1840.27		299.71		3551.75
			0.8921		0.2867	
142	38	1893.80		316.91		3647.75
			0.8974		0.2958	
141	39	1947.65		334.66		3743.74
			0.9029		0.3052	
140	40	2001.84		352.98		3839.73
			0.9088		0.3145	
139	41	2056.37		371.85		3935.73
			0.9146		0.3241	
138	42	2111.25		391.30		4031.72
			0.9209		0.3337	
137	43	2166.51		411.32		4127.71
			0.9273		0.3435	
136	44	2222.14		431.94		4223.71
			0.9337		0.3536	
135	45	2278.17		453.16		4319.70
			0.9406		0.3637	
134	46	2334.61		474.98		4415.69
			0.9475		0.3741	
133	47	2391.47		497.43		4511.69
			0.9548		0.3845	
132	48	2448.76		520.50		4607.68
			0.9622		0.3952	
131	49	2506.49		544.21		4703.67
			0.9699		0.4060	
130	50	2564.69		568.58		4799.67
			0.9776		0.4171	
129	51	2623.36		593.61		4895.66
			0.9862		0.4283	
128	52	2682.53		619.31		4991.65
			0.9944		0.4398	
127	53	2742.20		645.70		5087.65
			1.0032		0.4515	
126	54	2802.39		672.79		5183.64
			1.0120		0.4634	
125	55	2863.12		700.60		5279.63
			1.0213		0.4755	
124	56	2924.40		729.14		5375.63
			1.0309		0.4878	
123	57	2986.26		758.41		5471.62
			1.0406		0.5005	
122	58	3048.70		788.44		5567.61
			1.0508		0.5135	
121	59	3111.75		819.25		5663.61
			1.0612		0.5266	
120	60	3175.43		850.85		5759.60

RAYON 5500.

Angle des deux alignements.	Angle au centre correspondant.	Longueur des *tangentes*		Longueur de la *bissectrice*		Développement de l'*arc.* — Valeur d'une minute (1.599885).
		correspondant à l'angle au centre.	pour chaque minute en sus.	correspondant à l'angle au centre.	pour chaque minute en sus.	
120°	60°	3175m43	1m0720	850m85	0m5400	5759m60
119	61	3239.75	1.0831	883.26	0.5537	5855.59
118	62	3304.74	1.0945	916.48	0.5677	5951.59
117	63	3370.41	1.1062	950.55	0.5821	6047.58
116	64	3436.78	1.1184	985.48	0.5967	6143.57
115	65	3503.89	1.1308	1021.28	0.6118	6239.57
114	66	3571.74	1.1437	1058.00	0.6271	6335.56
113	67	3640.37	1.1570	1095.63	0.6428	6431.55
112	68	3709.79	1.1708	1134.20	0.6589	6527.55
111	69	3780.05	1.1848	1173.73	0.6755	6623.54
110	70	3851.14	1.1995	1214.26	0.6921	6719.53
109	71	3923.11	1.2144	1255.79	0.7096	6815.53
108	72	3995.98	1.2300	1298.37	0.7272	6911.52
107	73	4069.79	1.2460	1342.01	0.7455	7007.51
106	74	4144.55	1.2625	1386.75	0.7641	7103.51
105	75	4220.30	1.2795	1432.60	0.7833	7199.50
104	76	4297.07	1.2970	1479.60	0.8030	7295.49
103	77	4374.90	1.3152	1527.78	0.8233	7391.49
102	78	4453.81	1.3339	1577.18	0.8439	7487.48
101	79	4533.85	1.3532	1627.82	0.8653	7583.47
100	80	4615.04	1.3733	1679.74	0.8873	7679.47
99	81	4697.45	1.3938	1732.98	0.9098	7775.46
98	82	4781.08	1.4151	1787.57	0.9330	7871.45
97	83	4865.99	1.4372	1843.56	0.9570	7967.45
96	84	4952.22	1.4599	1900.98	0.9816	8063.44
95	85	5039.82	1.4833	1959.88	1.0070	8159.43
94	86	5128.82	1.5079	2020.30	1.0331	8255.43
93	87	5219.30	1.5331	2082.29	1.0601	8351.42
92	88	5311.29	1.5590	2145.90	1.0879	8447.41
91	89	5404.83	1.5860	2211.18	1.1166	8543.41
90	90	5500.00		2278.18		8639.40

Angle des deux alignements.	Angle au centre correspondant.	Longueur des *tangentes*		Longueur de la *bissectrice*		Développement de l'*arc.*
		correspondant à l'angle au centre.	pour chaque minute en sus.	correspondant à l'angle au centre.	pour chaque minute en sus.	Valeur d'une minute (1.599885).
150°	30°	1473ᵐ72	0ᵐ8593	194ᵐ02	0ᵐ2260	2879ᵐ80
149	31	1525.28	0.8635	207.58	0.2343	2975.79
148	32	1577.10	0.8679	221.64	0.2428	3071.79
147	33	1629.17	0.8724	236.21	0.2515	3167.78
146	34	1681.52	0.8770	251.31	0.2600	3263.77
145	35	1734.14	0.8819	266.91	0.2688	3359.77
144	36	1787.06	0.8868	283.04	0.2777	3455.76
143	37	1840.27	0.8921	299.71	0.2867	3551.75
142	38	1893.80	0.8974	316.91	0.2958	3647.75
141	39	1947.65	0.9029	334.66	0.3052	3743.74
140	40	2001.84	0.9088	352.98	0.3145	3839.73
139	41	2056.37	0.9146	371.85	0.3241	3935.73
138	42	2111.25	0.9209	391.30	0.3337	4031.72
137	43	2166.51	0.9273	411.32	0.3435	4127.71
136	44	2222.14	0.9337	431.94	0.3536	4223.71
135	45	2278.17	0.9406	453.16	0.3637	4319.70
134	46	2334.61	0.9475	474.98	0.3741	4415.69
133	47	2391.47	0.9548	497.43	0.3845	4511.69
132	48	2448.76	0.9622	520.50	0.3952	4607.68
131	49	2506.49	0.9699	544.21	0.4060	4703.67
130	50	2564.69	0.9776	568.58	0.4171	4799.67
129	51	2623.36	0.9862	593.61	0.4283	4895.66
128	52	2682.53	0.9944	619.31	0.4398	4991.65
127	53	2742.20	1.0032	645.70	0.4515	5087.65
126	54	2802.39	1.0120	672.79	0.4634	5183.64
125	55	2863.12	1.0213	700.60	0.4755	5279.63
124	56	2924.40	1.0309	729.14	0.4878	5375.63
123	57	2986.26	1.0406	758.41	0.5005	5471.62
122	58	3048.70	1.0508	788.44	0.5135	5567.61
121	59	3111.75	1.0612	819.25	0.5266	5663.61
120	60	3175.43		850.85		5759.60

Angle des deux alignements.	Angle au centre correspondant.	Longueur des *tangentes*		Longueur de la *bissectrice*		Developpement de l'arc.
		correspondant à l'angle au centre.	pour chaque minute en sus.	correspondant à l'angle au centre.	pour chaque minute en sus.	Valeur d'une minute (1.599885).
120°	60°	3175ᵐ43	1ᵐ0720	850ᵐ85	0ᵐ5400	5759ᵐ60
119	61	3239.75	1.0831	883.26	0.5537	5855.59
118	62	3304.74	1.0945	916.48	0.5677	5951.59
117	63	3370.41	1.1062	950.55	0.5821	6047.58
116	64	3436.78	1.1184	985.48	0.5967	6143.57
115	65	3503.89	1.1308	1021.28	0.6118	6239.57
114	66	3571.74	1.1437	1058.00	0.6271	6335.56
113	67	3640.37	1.1570	1095.63	0.6428	6431.55
112	68	3709.79	1.1708	1134.20	0.6589	6527.55
111	69	3780.05	1.1848	1173.73	0.6755	6623.54
110	70	3851.14	1.1995	1214.26	0.6921	6719.53
109	71	3923.11	1.2144	1255.79	0.7096	6815.53
108	72	3995.98	1.2300	1298.37	0.7272	6911.52
107	73	4069.79	1.2460	1342.01	0.7455	7007.51
106	74	4144.55	1.2625	1386.75	0.7641	7103.51
105	75	4220.30	1.2795	1432.60	0.7833	7199.50
104	76	4297.07	1.2970	1479.60	0.8030	7295.49
103	77	4374.90	1.3152	1527.78	0.8233	7391.49
102	78	4453.81	1.3339	1577.18	0.8439	7487.48
101	79	4533.85	1.3532	1627.82	0.8653	7583.47
100	80	4615.04	1.3733	1679.74	0.8873	7679.47
99	81	4697.45	1.3938	1732.98	0.9098	7775.46
98	82	4781.08	1.4151	1787.57	0.9330	7871.45
97	83	4865.99	1.4372	1843.56	0.9570	7967.45
96	84	4952.22	1.4599	1900.98	0.9816	8063.44
95	85	5039.82	1.4833	1959.88	1.0070	8159.43
94	86	5128.82	1.5079	2020.30	1.0331	8255.43
93	87	5219.30	1.5331	2082.29	1.0601	8351.42
92	88	5311.29	1.5590	2145.90	1.0879	8447.41
91	89	5404.83	1.5860	2211.18	1.1166	8543.41
90	90	5500.00		2278.18		8639.40

Angle des deux alignements.	Angle au centre correspondant.	Longueur des *tangentes*		Longueur de la *bissectrice*		Développement de l'*arc.*
		correspondant à l'angle au centre.	pour chaque minute en sus.	correspondant à l'angle au centre.	pour chaque minute en sus.	Valeur d'une minute (1.745329).
179°	1°	52ᵐ36		0ᵐ23		104ᵐ72
178	2	104.73	0ᵐ8728	0.91	0ᵐ0114	209.44
177	3	157.12	0.8730	2.06	0.0190	314.16
176	4	209.52	0.8734	3.66	0.0266	418.88
175	5	261.97	0.8741	5.71	0.0342	523.60
174	6	314.45	0.8745	8.23	0.0419	628.32
173	7	366.98	0.8754	11.21	0.0496	733.04
172	8	419.56	0.8764	14.65	0.0573	837.76
171	9	472.21	0.8774	18.55	0.0649	942.48
170	10	524.93	0.8787	22.92	0.0727	1047.20
169	11	577.73	0.8800	27.75	0.0804	1151.92
168	12	630.63	0.8815	33.05	0.0883	1256.64
167	13	683.61	0.8831	38.82	0.0961	1361.36
166	14	736.71	0.8848	45.06	0.1039	1466.08
165	15	789.91	0.8867	51.77	0.1119	1570.80
164	16	843.24	0.8888	58.97	0.1198	1675.52
163	17	896.71	0.8910	66.64	0.1278	1780.24
162	18	950.30	0.8932	74.79	0.1359	1884.96
161	19	1004.06	0.8958	83.43	0.1440	1989.68
160	20	1057.96	0.8983	92.56	0.1521	2094.40
159	21	1112.03	0.9012	102.18	0.1603	2199.12
158	22	1166.28	0.9041	112.30	0.1686	2303.84
157	23	1220.71	0.9072	122.92	0.1770	2408.56
156	24	1275.34	0.9105	134.04	0.1852	2513.28
155	25	1330.17	0.9138	145.68	0.1939	2618.00
154	26	1385.21	0.9172	157.82	0.2023	2722.72
153	27	1440.47	0.9210	170.49	0.2110	2827.44
152	28	1495.97	0.9249	183.68	0.2199	2932.16
151	29	1551.71	0.9289	197.40	0.2286	3036.88
150	30	1607.69	0.9330	211.66	0.2376	3141.60

Angle des deux aligne-ments.	Angle au centre cor-respon-dant.	Longueur des *tangentes*		Longueur de la *bissectrice*		Développe-ment de l'arc.
		correspondant à l'angle au centre.	pour chaque minute en sus.	correspondant à l'angle au centre.	pour chaque minute en sus.	Valeur d'une minute (1.745329).
150°	30°	1607m69		211m66		3141m60
149	31	1663.94	0m9375	226.45	0m2466	3246.32
148	32	1720.47	0.9420	241.79	0.2556	3351.04
147	33	1777.28	0.9468	257.69	0.2649	3455.76
146	34	1834.39	0.9517	274.15	0.2743	3560.48
145	35	1891.79	0.9567	291.17	0.2836	3665.20
144	36	1949.52	0.9621	308.77	0.2932	3769.92
143	37	2007.57	0.9675	326.95	0.3030	3874.64
142	38	2065.97	0.9732	345.72	0.3128	3979.36
141	39	2124.71	0.9790	365.09	0.3227	4084.08
140	40	2183.82	0.9850	385.07	0.3330	4188.80
139	41	2243.31	0.9915	405.65	0.3430	4293.52
138	42	2303.18	0.9978	426.87	0.3535	4398.24
137	43	2363.46	1.0047	448.72	0.3640	4502.96
136	44	2424.16	1.0116	471.20	0.3747	4607.68
135	45	2485.28	1.0186	494.35	0.3858	4712.40
134	46	2546.85	1.0261	518.16	0.3967	4817.12
133	47	2608.87	1.0336	542.65	0.4081	4921.84
132	48	2671.37	1.0416	567.82	0.4194	5026.56
131	49	2734.85	1.0497	593.69	0.4311	5131.28
130	50	2797.36	1.0581	620.27	0.4429	5236.00
129	51	2861.84	1.0665	647.57	0.4551	5340.72
128	52	2926.40	1.0758	675.61	0.4672	5445.44
127	53	2991.49	1.0848	704.40	0.4797	5550.16
126	54	3057.16	1.0944	733.96	0.4926	5654.88
125	55	3123.40	1.1040	764.29	0.5055	5759.60
124	56	3190.25	1.1142	795.42	0.5187	5864.32
123	57	3257.74	1.1247	827.35	0.5322	5969.04
122	58	3325.85	1.1352	860.12	0.5460	6073.76
121	59	3394.64	1.1464	893.73	0.5601	6178.48
120	60	3464.10	1.1577	928.20	0.5745	6283.20

Angle des deux alignements.	Angle au centre correspondant.	Longueur des *tangentes* correspondant à l'angle au centre.	pour chaque minute en sus.	Longueur de la *bissectrice* correspondant à l'angle au centre.	pour chaque minute en sus.	Développement de l'arc. Valeur d'une minute (1.745329).
179°	1°	52m36	0m8728	0m23	0m0114	104m72
178	2	104.73	0.8730	0.91	0.0190	209.44
177	3	157.12	0.8734	2.06	0.0266	314.16
176	4	209.52	0.8741	3.66	0.0342	418.88
175	5	261.97	0.8745	5.71	0.0419	523.60
174	6	314.45	0.8754	8.23	0.0496	628.32
173	7	366.98	0.8764	11.21	0.0573	733.04
172	8	419.56	0.8774	14.65	0.0649	837.76
171	9	472.21	0.8787	18.55	0.0727	942.48
170	10	524.93	0.8800	22.92	0.0804	1047.20
169	11	577.73	0.8815	27.75	0.0883	1151.92
168	12	630.63	0.8831	33.05	0.0961	1256.64
167	13	683.61	0.8848	38.82	0.1039	1361.36
166	14	736.71	0.8867	45.06	0.1119	1466.08
165	15	789.91	0.8888	51.77	0.1198	1570.80
164	16	843.24	0.8910	58.97	0.1278	1675.52
163	17	896.71	0.8932	66.64	0.1359	1780.24
162	18	950.30	0.8958	74.79	0.1440	1884.96
161	19	1004.06	0.8983	83.43	0.1521	1989.68
160	20	1057.96	0.9012	92.56	0.1603	2094.40
159	21	1112.03	0.9041	102.18	0.1686	2199.12
158	22	1166.28	0.9072	112.30	0.1770	2303.84
157	23	1220.71	0.9105	122.92	0.1852	2408.56
156	24	1275.34	0.9138	134.04	0.1939	2513.28
155	25	1330.17	0.9172	145.68	0.2023	2618.00
154	26	1385.21	0.9210	157.82	0.2110	2722.72
153	27	1440.47	0.9249	170.49	0.2199	2827.44
152	28	1495.97	0.9289	183.68	0.2286	2932.16
151	29	1551.71	0.9330	197.40	0.2376	3036.88
150	30	1607.69		211.66		3141.60

RAYON 6000.

Angle des deux alignements.	Angle au centre correspondant.	Longueur des *tangentes*		Longueur de la *bissectrice*		Développement de l'*arc.*
		correspondant à l'angle au centre.	pour chaque minute en sus.	correspondant à l'angle au centre.	pour chaque minute en sus.	Valeur d'une minute (1.745329).
150°	30°	1607m69	0m9375	211m66	0m2466	3141m60
149	31	1663.94	0.9420	226.45	0.2556	3246.32
148	32	1720.47	0.9468	241.79	0.2649	3351.04
147	33	1777.28	0.9517	257.69	0.2743	3455.76
146	34	1834.39	0.9567	274.15	0.2836	3560.48
145	35	1891.79	0.9621	291.17	0.2932	3665.20
144	36	1949.52	0.9675	308.77	0.3030	3769.92
143	37	2007.57	0.9732	326.95	0.3128	3874.64
142	38	2065.97	0.9790	345.72	0.3227	3979.36
141	39	2124.71	0.9850	365.09	0.3330	4084.08
140	40	2183.82	0.9915	385.07	0.3430	4188.80
139	41	2243.31	0.9978	405.65	0.3535	4293.52
138	42	2303.18	1.0047	426.87	0.3640	4398.24
137	43	2363.46	1.0116	448.72	0.3747	4502.96
136	44	2424.16	1.0186	471.20	0.3858	4607.68
135	45	2485.28	1.0261	494.35	0.3967	4712.40
134	46	2546.85	1.0336	518.16	0.4081	4817.12
133	47	2608.87	1.0416	542.65	0.4194	4921.84
132	48	2671.37	1.0497	567.82	0.4311	5026.56
131	49	2734.85	1.0581	593.69	0.4429	5131.28
130	50	2797.36	1.0665	620.27	0.4551	5236.00
129	51	2861.84	1.0758	647.57	0.4672	5340.72
128	52	2926.40	1.0848	675.61	0.4797	5445.44
127	53	2991.49	1.0944	704.40	0.4926	5550.16
126	54	3057.16	1.1040	733.96	0.5055	5654.88
125	55	3123.40	1.1142	764.29	0.5187	5759.60
124	56	3190.25	1.1247	795.42	0.5322	5864.32
123	57	3257.74	1.1352	827.35	0.5460	5969.04
122	58	3325.85	1.1464	860.12	0.5601	6073.76
121	59	3394.64	1.1577	893.73	0.5745	6178.48
120	60	3464.10		928.20		6283.20

Angle des deux aligne- ments.	Angle au centre cor- respon- dant.	Longueur des *tangentes*		Longueur de la *bissectrice*		Développe- ment de l'*arc.*
		correspondant à l'angle au centre.	pour chaque minute en sus.	correspondant à l'angle au centre.	pour chaque minute en sus.	Valeur d'une minute (1.745329).
120°	60°	3464ᵐ10		928ᵐ20		6283ᵐ20
119	61	3534.27	1ᵐ1694	963.55	0ᵐ5891	6387.92
118	62	3605.17	1.1815	999.80	0.6040	6492.64
117	63	3676.81	1.1940	1036.96	0.6193	6597.36
116	64	3749.21	1.2067	1075.07	0.6351	6702.08
115	65	3822.42	1.2201	1114.13	0.6510	6806.80
114	66	3896.44	1.2336	1154.18	0.6675	6911.52
113	67	3971.31	1.2477	1195.23	0.6841	7016.24
112	68	4047.05	1.2622	1237.31	0.7012	7120.96
111	69	4123.69	1.2772	1280.44	0.7188	7225.68
110	70	4201.24	1.2925	1324.65	0.7369	7330.40
109	71	4279.76	1.3086	1369.96	0.7551	7435.12
108	72	4359.25	1.3248	1416.41	0.7741	7539.84
107	73	4439.77	1.3419	1464.01	0.7933	7644.56
106	74	4521.32	1.3593	1512.82	0.8133	7749.28
105	75	4603.96	1.3773	1562.83	0.8335	7854.00
104	76	4687.72	1.3959	1614.11	0.8545	7958.72
103	77	4772 62	1.4149	1666.67	0.8760	8063.44
102	78	4858.70	1.4347	1720.56	0.8982	8168.16
101	79	4946.02	1.4551	1775.80	0.9207	8272.88
100	80	5034.59	1.4763	1832.44	0.9439	8377.60
99	81	5124.49	1.4982	1890.52	0.9679	8482.32
98	82	5215.72	1.5205	1950.08	0.9925	8587.04
97	83	5308.35	1.5438	2011.15	1.0179	8691.76
96	84	5402.42	1.5678	2073.79	1.0440	8796.48
95	85	5497.99	1.5927	2138.05	1.0708	8901.20
94	86	5595.08	1.6182	2203.96	1.0986	9005.92
93	87	5693.78	1.6450	2271.59	1.1271	9110.64
92	88	5794.13	1.6725	2340.98	1.1565	9215.36
91	89	5896.18	1.7007	2412.19	1.1868	9320.08
90	90	6000.00	1.7302	2485.28	1.2181	9424.80

Angle des deux alignements.	Angle au centre correspondant.	Longueur des *tangentes* correspondant à l'angle au centre.	pour chaque minute en sus.	Longueur de la *bissectrice* correspondant à l'angle au centre.	pour chaque minute en sus.	Développement de l'*arc*. Valeur d'une minute (1.745329).
120°	60°	3464^{m}10		928^{m}20		6283^{m}20
			1^{m}1694		0^{m}5891	
119	61	3534.27		963.55		6387.92
			1.1815		0.6040	
118	62	3605.17		999.80		6492.64
			1.1940		0.6193	
117	63	3676.81		1036.96		6597.36
			1.2067		0.6351	
116	64	3749.21		1075.07		6702.08
			1.2201		0.6510	
115	65	3822.42		1114.13		6806.80
			1.2336		0.6675	
114	66	3896.44		1154.18		6911.52
			1.2477		0.6841	
113	67	3971.31		1195.23		7016.24
			1.2622		0.7012	
112	68	4047.05		1237.31		7120.96
			1.2772		0.7188	
111	69	4123.69		1280.44		7225.68
			1.2925		0.7369	
110	70	4201.24		1324.65		7330.40
			1.3086		0.7551	
109	71	4279.76		1369.96		7435.12
			1.3248		0.7741	
108	72	4359.25		1416.41		7539.84
			1.3419		0.7933	
107	73	4439.77		1464.01		7644.56
			1.3593		0.8133	
106	74	4521.32		1512.82		7749.28
			1.3773		0.8335	
105	75	4603.96		1562.83		7854.00
			1.3959		0.8545	
104	76	4687.72		1614.11		7958.72
			1.4149		0.8760	
103	77	4772.62		1666.67		8063.44
			1.4347		0.8982	
102	78	4858.70		1720.56		8168.16
			1.4551		0.9207	
101	79	4946.02		1775.80		8272.88
			1.4763		0.9439	
100	80	5034.59		1832.44		8377.60
			1.4982		0.9679	
99	81	5124.49		1890.52		8482.32
			1.5205		0.9925	
98	82	5215.72		1950.08		8587.04
			1.5438		1.0179	
97	83	5308.35		2011.15		8691.76
			1.5678		1.0440	
96	84	5402.42		2073.79		8796.48
			1.5927		1.0708	
95	85	5497.99		2138.05		8901.20
			1.6182		1.0986	
94	86	5595.08		2203.96		9005.92
			1.6450		1.1271	
93	87	5693.78		2271.59		9110.64
			1.6725		1.1565	
92	88	5794.13		2340.98		9215.36
			1.7007		1.1868	
91	89	5896.18		2412.19		9320.08
			1.7302		1.2181	
90	90	6000.00		2485.28		9424.80

12

DEUXIÈME TABLE

ABSCISSES ET ORDONNÉES

DES COURBES USUELLES

Calculées par la formule $y = R - \sqrt{R^2 - x^2}$.

Nota. — Les ordonnées ont été calculées par abscisses espacées comme il suit ; savoir :

Courbes de 5 à 20^m	de Rayon	$=$	0^m	50
» de 25 à 35	»	$=$	1^m	»
» de 40 à 45	»	$=$	2^m	»
» de 50 à 280	»	$=$	5^m	»
» de 300 à 2000	»	$=$	10^m	»
» de 2500 à 6000	»	$=$	20^m	»

ABSCISSES ET ORDONNÉES

DES COURBES USUELLES

Calculées par la formule $y = R - \sqrt{R^2 - x^2}$.

Nota. — Les ordonnées ont été calculées par abscisses espacées comme il suit ; savoir :

Courbes de 5 à 20^m	de Rayon	=	0^m	50
» de 25 à 35	»	=	1^m	»
» de 40 à 45	»	=	2^m	»
» de 50 à 280	»	=	5^m	»
» de 300 à 2000	»	=	10^m	»
» de 2500 à 6000	»	=	2.)^m	»

Abscisses.	Ordonnées.	Abscisses.	Ordonnées.	Abscisses.	Ordonnées.

RAYON 5.

Abscisses.	Ordonnées.	Abscisses.	Ordonnées.	Abscisses.	Ordonnées.
0m50	0m03	2m00	0m42	3m50	1m43
1.00	0.10	2.50	0.67	4.00	2.00
1.50	0.23	3.00	1.00	4.50	2.82

RAYON 10.

Abscisses.	Ordonnées.	Abscisses.	Ordonnées.	Abscisses.	Ordonnées.
0.50	0.01	3.50	0.63	6.50	2.40
1.00	0.05	4.00	0.83	7.00	2.86
1.50	0.11	4.50	1.07	7.50	3.39
2.00	0.20	5.00	1.34	8.00	4.00
2.50	0.32	5.50	1.65	8.50	4.73
3.00	0.46	6.00	2.00	9.00	5.64

RAYON 15.

Abscisses.	Ordonnées.	Abscisses.	Ordonnées.	Abscisses.	Ordonnées.
0.50	0.01	5.50	1.04	10.50	4.29
1.00	0.03	6.00	1.25	11.00	4.80
1.50	0.07	6.50	1.48	11.50	5.37
2.00	0.13	7.00	1.73	12.00	6.00
2.50	0.21	7.50	2.01	12.50	6.71
3.00	0.30	8.00	2.31	13.00	7.52
3.50	0.41	8.50	2.64	13.50	8.46
4.00	0.54	9.00	3.00	14.00	9.61
4.50	0.69	9.50	3.39	14.50	11.16
5.00	0.86	10.00	3.82	15.00	15.00

RAYON 20.

Abscisses.	Ordonnées.	Abscisses.	Ordonnées.	Abscisses.	Ordonnées.
0.50	0.01	2.50	0.16	4.50	0.51
1.00	0.02	3.00	0.23	5.00	0.63
1.50	0.06	3.50	0.31	5.50	0.77
2.00	0.10	4.00	0.40	6.00	0.92

DEUXIÈME TABLE.

Abscisses.	Ordonnées.	Abscisses.	Ordonnées.	Abscisses.	Ordonnées.
6^m50	1^m08	11^m00	3^m30	15^m50	7^m36
7.00	1.26	11.50	3.64	16.00	8.00
7.50	1.46	12.00	4.00	16.50	8.70
8.00	1.67	12.50	4.39	17.00	9.48
8.50	1.90	13.00	4.80	17.50	10.32
9.00	2.14	13.50	5.24	18.00	11.28
9.50	2.41	14.00	5.72	18.50	12.40
10.00	2.68	14.50	6.22	19.00	13.75
10.50	2.98	15.00	6.77	19.50	18.59

RAYON 25.

1	0.05	9	1.68	17	6.67
2	0.08	10	2.09	18	7.65
3	0.18	11	2.55	19	8.75
4	0.33	12	3.07	20	10.00
5	0.50	13	3.65	21	11.43
6	0.73	14	4.29	22	13.52
7	1.00	15	5.00	23	15.02
8	1.31	16	5.80	24	18.00

RAYON 30.

1	0.02	11	2.09	21	8.28
2	0.07	12	2.50	22	9.60
3	0.14	13	2.97	23	10.74
4	0.27	14	3.47	24	12.00
5	0.42	15	4.02	25	13.42
6	0.60	16	4.62	26	15.03
7	0.83	17	5.29	27	16.92
8	1.09	18	6.00	28	19.23
9	1.38	19	6.79	29	22.32
10	1.72	20	7.64	30	30.00

Abscisses.	Ordonnées.	Abscisses.	Ordonnées.	Abscisses.	Ordonnées.
RAYON 5.					
0ᵐ50	0ᵐ03	2ᵐ00	0ᵐ42	3ᵐ50	1ᵐ43
1.00	0.10	2.50	0.67	4.00	2.00
1.50	0.23	3.00	1.00	4.50	2.82
RAYON 10.					
0.50	0.01	3.50	0.63	6.50	2.40
1.00	0.05	4.00	0.83	7.00	2.86
1.50	0.11	4.50	1.07	7.50	3.39
2.00	0.20	5.00	1.34	8.00	4.00
2.50	0.32	5.50	1.65	8.50	4.73
3.00	0.46	6.00	2.00	9.00	5.64
RAYON 15.					
0.50	0.01	5.50	1.04	10.50	4.29
1.00	0.03	6.00	1.25	11.00	4.80
1.50	0.07	6.50	1.48	11.50	5.37
2.00	0.13	7.00	1.73	12.00	6.00
2.50	0.21	7.50	2.01	12.50	6.71
3.00	0.30	8.00	2.31	13.00	7.52
3.50	0.41	8.50	2.64	13.50	8.46
4.00	0.54	9.00	3.00	14.00	9.61
4.50	0.69	9.50	3.39	14.50	11.16
5.00	0.86	10.00	3.82	15.00	15.00
RAYON 20.					
0.50	0.01	2.50	0.16	4.50	0.51
1.00	0.02	3.00	0.23	5.00	0.63
1.50	0.06	3.50	0.31	5.50	0.77
2.00	0.10	4.00	0.40	6.00	0.92

Abscisses.	Ordonnées.	Abscisses.	Ordonnées.	Abscisses.	Ordonnées.
6^{m}50	1^{m}08	11^{m}00	3^{m}30	15^{m}50	7^{m}36
7.00	1.26	11.50	3.64	16.00	8.00
7.50	1.46	12.00	4.00	16.50	8.70
8.00	1.67	12.50	4.39	17.00	9.48
8.50	1.90	13.00	4.80	17.50	10.32
9.00	2.14	13.50	5.24	18.00	11.28
9.50	2.41	14.00	5.72	18.50	12.40
10.00	2.68	14.50	6.22	19.00	13.75
10.50	2.98	15.00	6.77	19.50	18.59

RAYON 25.

1	0.05	9	1.68	17	6.67
2	0.08	10	2.09	18	7.65
3	0.18	11	2.55	19	8.75
4	0.33	12	3.07	20	10.00
5	0.50	13	3.65	21	11.43
6	0.73	14	4.29	22	13.52
7	1.00	15	5.00	23	15.02
8	1.31	16	5.80	24	18.00

RAYON 30.

1	0.02	11	2.09	21	8.28
2	0.07	12	2.50	22	9.60
3	0.14	13	2.97	23	10.74
4	0.27	14	3.47	24	12.00
5	0.42	15	4.02	25	13.42
6	0.60	16	4.62	26	15.03
7	0.83	17	5.29	27	16.92
8	1.09	18	6.00	28	19.23
9	1.38	19	6.79	29	22.32
10	1.72	20	7.64	30	30.00

Abscisses.	Ordonnées.	Abscisses.	Ordonnées.	Abscisses.	Ordonnées.

RAYON 35.

Abscisses.	Ordonnées.	Abscisses.	Ordonnées.	Abscisses.	Ordonnées.
1	0^m01	13	2^m50	25	10^m51
2	0.06	14	2.92	26	11.57
3	0.13	15	3.38	27	12.73
4	0.23	16	3.87	28	14.00
5	0.36	17	4.41	29	15.40
6	0.52	18	4.98	30	16.97
7	0.71	19	5.61	31	18.75
8	0.93	20	6.28	32	20.82
9	1.18	21	7.00	33	23.34
10	1.46	22	7.78	34	26.93
11	1.77	23	8.62	35	35.00
12	2.12	24	9.52		

RAYON 40.

Abscisses.	Ordonnées.	Abscisses.	Ordonnées.	Abscisses.	Ordonnées.
2	0.05	16	3.34	30	13.54
4	0.20	18	4.28	32	16.00
6	0.45	20	5.36	34	18.93
8	0.81	22	6.59	36	22.56
10	1.27	24	8.00	38	27.51
12	1.84	26	9.60	40	40.00
14	2.53	28	11.43		

RAYON 45.

Abscisses.	Ordonnées.	Abscisses.	Ordonnées.	Abscisses.	Ordonnées.
2	0.04	14	2.23	26	8.27
4	0.18	16	2.94	28	9.77
6	0.40	18	3.76	30	11.46
8	0.72	20	4.69	32	13.36
10	1.13	22	5.74	34	15.52
12	1.63	24	6.93	36	18.00

Abscisses.	Ordonnées.	Abscisses.	Ordonnées.	Abscisses.	Ordonnées.
38	20^m90	42	28^m84	45	45^m00
40	24.38	44	35.57		

RAYON 50.

5	0.25	20	4.17	35	14.29
10	1.01	25	6.70	40	20.00
15	2.30	30	10.00	45	28.21

RAYON 55.

5	0.23	25	6.01	45	23.38
10	0.92	30	9.90	50	32.09
15	2.08	35	12.57	55	55.00
20	3.77	40	17.25		

RAYON 60.

5	0.21	25	5.46	45	20.31
10	0.84	30	8.04	50	26.83
15	1.91	35	11.27	55	36.02
20	3.43	40	15.28	60	60.00

RAYON 65.

5	0.19	25	5.00	45	18.10
10	0.77	30	7.34	50	23.47
15	1.75	35	10.23	55	30.36
20	3.15	40	13.77	60	40.00

Abscisses.	Ordonnées.	Abscisses.	Ordonnées.	Abscisses.	Ordonnées.

RAYON 70.

Abscisses.	Ordonnées.	Abscisses.	Ordonnées.	Abscisses.	Ordonnées.
5	0^{m}18	30	6^{m}75	55	26^{m}70
10	0.72	35	9.38	60	33.94
15	1.63	40	12.55	65	44.02
20	2.92	45	16.38	70	70.00
25	4.62	50	21.01		

RAYON 75.

Abscisses.	Ordonnées.	Abscisses.	Ordonnées.	Abscisses.	Ordonnées.
5	0.17	30	6.26	55	24.01
10	0.67	35	8.67	60	30.00
15	1.51	40	11.56	65	37.59
20	2.72	45	14.00	70	48.07
25	4.29	50	19.10	75	75.00

RAYON 80.

Abscisses.	Ordonnées.	Abscisses.	Ordonnées.	Abscisses.	Ordonnées.
5	0.16	30	5.84	55	21.91
10	0.63	35	8.06	60	27.09
15	1.42	40	10.72	65	33.36
20	2.55	45	13.86	70	41.27
25	4.01	50	17.55	75	52.22

RAYON 85.

Abscisses.	Ordonnées.	Abscisses.	Ordonnées.	Abscisses.	Ordonnées.
5	0.15	35	7.55	65	30.23
10	0.59	40	10.00	70	41.78
15	1.33	45	12.89	75	45.00
20	2.39	50	16.26	80	51.28
25	3.77	55	20.19	85	85.00
30	5.47	60	24.79		

Abscisses.	Ordonnées.	Abscisses.	Ordonnées.	Abscisses.	Ordonnées.

RAYON 90.

Abscisses.	Ordonnées.	Abscisses.	Ordonnées.	Abscisses.	Ordonnées.
5	0^{m}14	35	7^{m}09	65	27^{m}75
10	0.56	40	9.38	70	33.43
15	1.26	45	12.06	75	40.25
20	2.25	50	15.18	80	48.77
25	3.55	55	18.76	85	60.42
30	5.15	60	22.92	90	90.00

RAYON 95.

Abscisses.	Ordonnées.	Abscisses.	Ordonnées.	Abscisses.	Ordonnées.
5	0.13	35	6.68	65	25.72
10	0.53	40	8.83	70	30.77
15	1.19	45	11.33	75	36.69
20	2.13	50	14.22	80	43.77
25	3.35	55	17.55	85	52.57
30	4.86	60	21.35	90	64.59

RAYON 100.

Abscisses.	Ordonnées.	Abscisses.	Ordonnées.	Abscisses.	Ordonnées.
5	0.13	40	8.35	75	33.88
10	0.50	45	10.70	80	40.00
15	1.13	50	13.40	85	47.32
20	2.02	55	16.48	90	56.41
25	3.18	60	20.00	95	68.78
30	4.61	65	24.01	100	100.00
35	6.33	70	28.59		

RAYON 110.

Abscisses.	Ordonnées.	Abscisses.	Ordonnées.	Abscisses.	Ordonnées.
5	0.11	20	1.83	35	5.24
10	0.46	25	2.88	40	7.53
15	1.28	30	4.17	45	9.63

Abscisses.	Ordonnées.	Abscisses.	Ordonnées.	Abscisses.	Ordonnées.

RAYON 70.

Abscisses.	Ordonnées.	Abscisses.	Ordonnées.	Abscisses.	Ordonnées.
5	0^{m}18	30	6^{m}75	55	26^{m}70
10	0.72	35	9.38	60	33.94
15	1.63	40	12.55	65	44.02
20	2.92	45	16.38	70	70.00
25	4.62	50	21.01		

RAYON 75.

Abscisses.	Ordonnées.	Abscisses.	Ordonnées.	Abscisses.	Ordonnées.
5	0.17	30	6.26	55	24.01
10	0.67	35	8.67	60	30.00
15	1.51	40	11.56	65	37.59
20	2.72	45	14.00	70	48.07
25	4.29	50	19.10	75	75.00

RAYON 80.

Abscisses.	Ordonnées.	Abscisses.	Ordonnées.	Abscisses.	Ordonnées.
5	0.16	30	5.84	55	21.91
10	0.63	35	8.06	60	27.09
15	1.42	40	10.72	65	33.36
20	2.55	45	13.86	70	41.27
25	4.01	50	17.55	75	52.22

RAYON 85.

Abscisses.	Ordonnées.	Abscisses.	Ordonnées.	Abscisses.	Ordonnées.
5	0.15	35	7.55	65	30.23
10	0.59	40	10.00	70	41.78
15	1.33	45	12.89	75	45.00
20	2.39	50	16.26	80	51.28
25	3.77	55	20.19	85	85.00
30	5.47	60	24.79		

Abscisses.	Ordonnées.	Abscisses.	Ordonnées.	Abscisses.	Ordonnées.

RAYON 90.

Abscisses.	Ordonnées.	Abscisses.	Ordonnées.	Abscisses.	Ordonnées.
5	0ᵐ14	35	7ᵐ09	65	27ᵐ75
10	0.56	40	9.38	70	33.43
15	1.26	45	12.06	75	40.25
20	2.25	50	15.18	80	48.77
25	3.55	55	18.76	85	60.42
30	5.15	60	22.92	90	90.00

RAYON 95.

Abscisses.	Ordonnées.	Abscisses.	Ordonnées.	Abscisses.	Ordonnées.
5	0.13	35	6.68	65	25.72
10	0.53	40	8.83	70	30.77
15	1.19	45	11.33	75	36.69
20	2.13	50	14.22	80	43.77
25	3.35	55	17.55	85	52.57
30	4.86	60	21.35	90	64.59

RAYON 100.

Abscisses.	Ordonnées.	Abscisses.	Ordonnées.	Abscisses.	Ordonnées.
5	0.13	40	8.35	75	33.86
10	0.50	45	10.70	80	40.00
15	1.13	50	13.40	85	47.32
20	2.02	55	16.48	90	56.41
25	3.18	60	20.00	95	68.78
30	4.61	65	24.01	100	100.00
35	6.33	70	28.59		

RAYON 110.

Abscisses.	Ordonnées.	Abscisses.	Ordonnées.	Abscisses.	Ordonnées.
5	0.11	20	1.83	35	5.24
10	0.46	25	2.88	40	7.53
15	1.28	30	4.17	45	9.63

Abscisses.	Ordonnées.	Abscisses.	Ordonnées.	Abscisses.	Ordonnées.
50	12^{m}02	65	21^{m}26	80	34^{m}50
55	14.74	70	25.15	85	40.18
60	17.81	75	29.53	90	51.75

RAYON 120.

5	0.11	35	5.22	65	19.13
10	0.42	40	6.76	70	22.53
15	0.94	45	8.76	75	26.32
20	1.68	50	10.91	80	31.56
25	2.63	55	13.35	85	35.30
30	3.81	60	16.07	90	40.64

RAYON 130.

5	0.10	35	4.80	65	17.42
10	0.39	40	6.31	70	20.46
15	0.87	45	8.04	75	23.82
20	1.55	50	10.00	80	27.53
25	2.43	55	12.21	85	31.64
30	3.51	60	14.67	90	36.19

RAYON 140.

5	0.09	40	5.84	75	21.68
10	0.30	45	7.43	80	25.11
15	0.80	50	9.23	85	28.76
20	1.44	55	11.26	90	31.76
25	2.25	60	13.51	95	37.24
30	3.25	65	16.10	100	42.02
35	4.76	70	18.76		

Abscisses.	Ordonnées.	Abscisses.	Ordonnées.	Abscisses.	Ordonnées.

RAYON 150.

Abscisses.	Ordonnées.	Abscisses.	Ordonnées.	Abscisses.	Ordonnées.
5	0^{m}08	40	5^{m}43	75	20^{m}10
10	0.33	45	6.91	80	23.11
15	0.75	50	8.58	85	26.41
20	1.34	55	10.45	90	30.00
25	2.10	60	12.52	95	33.92
30	3.03	65	14.81	100	38.20
35	4.14	70	17.34		

RAYON 160.

Abscisses.	Ordonnées.	Abscisses.	Ordonnées.	Abscisses.	Ordonnées.
5	0.08	40	5.08	75	18.67
10	0.31	45	6.46	80	20.80
15	0.71	50	8.01	85	24.35
20	1.25	55	9.75	90	27.71
25	1.97	60	11.68	95	31.26
30	2.84	65	13.80	100	35.10
35	3.88	70	16.13		

RAYON 170.

Abscisses.	Ordonnées.	Abscisses.	Ordonnées.	Abscisses.	Ordonnées.
5	0.08	40	4.77	75	17.44
10	0.29	45	6.06	80	20.00
15	0.66	50	7.52	85	22.78
20	1.18	55	9.14	90	25.78
25	1.85	60	10.94	95	29.02
30	2.67	65	12.92	100	32.52
35	3.64	70	15.08		

RAYON 180.

Abscisses.	Ordonnées.	Abscisses.	Ordonnées.	Abscisses.	Ordonnées.
5	0.07	15	0.63	25	1.75
10	0.28	20	1.11	30	2.42

Abscisses.	Ordonnées.	Abscisses.	Ordonnées.	Abscisses.	Ordonnées.
50	12m02	65	21m26	80	34m50
55	14.74	70	25.15	85	40.18
60	17.81	75	29.53	90	51.75

RAYON 120.

Abscisses	Ordonnées	Abscisses	Ordonnées	Abscisses	Ordonnées
5	0.11	35	5.22	65	19.13
10	0.42	40	6.76	70	22.53
15	0.94	45	8.76	75	26.32
20	1.68	50	10.91	80	31.56
25	2.63	55	13.35	85	35.30
30	3.81	60	16.07	90	40.64

RAYON 130.

Abscisses	Ordonnées	Abscisses	Ordonnées	Abscisses	Ordonnées
5	0.10	35	4.80	65	17.42
10	0.39	40	6.31	70	20.46
15	0.87	45	8.04	75	23.82
20	1.55	50	10.00	80	27.53
25	2.43	55	12.21	85	31.64
30	3.51	60	14.67	90	36.19

RAYON 140.

Abscisses	Ordonnées	Abscisses	Ordonnées	Abscisses	Ordonnées
5	0.09	40	5.84	75	21.68
10	0.30	45	7.43	80	25.11
15	0.80	50	9.23	85	28.76
20	1.44	55	11.26	90	31.76
25	2.25	60	13.51	95	37.24
30	3.25	65	16.10	100	42.02
35	4.76	70	18.76		

Abscisses.	Ordonnées.	Abscisses.	Ordonnées.	Abscisses.	Ordonnées.

RAYON 150.

Abscisses.	Ordonnées.	Abscisses.	Ordonnées.	Abscisses.	Ordonnées.
5	0^{m}08	40	5^{m}43	75	20^{m}10
10	0.33	45	6.91	80	23.11
15	0.75	50	8.58	85	26.41
20	1.34	55	10.45	90	30.00
25	2.10	60	12.52	95	33.92
30	3.03	65	14.81	100	38.20
35	4.14	70	17.34		

RAYON 160.

Abscisses.	Ordonnées.	Abscisses.	Ordonnées.	Abscisses.	Ordonnées.
5	0.08	40	5.08	75	18.67
10	0.31	45	6.46	80	20.80
15	0.71	50	8.01	85	24.35
20	1.25	55	9.75	90	27.71
25	1.97	60	11.68	95	31.26
30	2.84	65	13.80	100	35.10
35	3.88	70	16.13		

RAYON 170.

Abscisses.	Ordonnées.	Abscisses.	Ordonnées.	Abscisses.	Ordonnées.
5	0.08	40	4.77	75	17.44
10	0.29	45	6.06	80	20.00
15	0.66	50	7.52	85	22.78
20	1.18	55	9.14	90	25.78
25	1.85	60	10.94	95	29.02
30	2.67	65	12.92	100	32.52
35	3.64	70	15.08		

RAYON 180.

Abscisses.	Ordonnées.	Abscisses.	Ordonnées.	Abscisses.	Ordonnées.
5	0.07	15	0.63	25	1.75
10	0.28	20	1.11	30	2.42

Abscisses.	Ordonnées.	Abscisses.	Ordonnées.	Abscisses.	Ordonnées.
35	3m44	60	10m19	85	21m34
40	4.50	65	12.15	90	24.12
45	5.72	70	14.17	95	27.11
50	7.08	75	16.57	100	30.33
55	8.61	80	18.75		

RAYON 190.

5	0.07	40	4.26	75	15.43
10	0.26	45	5.41	80	17.65
15	0.59	50	6.70	85	20.07
20	1.06	55	8.14	90	22.67
25	1.65	60	9.72	95	25.46
30	2.38	65	11.46	100	28.45
35	3.25	70	13.37		

RAYON 200.

5	0.06	40	4.04	75	14.60
10	0.25	45	5.13	80	16.70
15	0.56	50	6.35	85	18.96
20	1.00	55	7.71	90	21.39
25	1.57	60	9.21	95	24.00
30	2.26	65	10.86	100	26.80
35	3.09	70	12.65		

RAYON 220.

5	0.06	30	2.06	55	6.99
10	0.23	35	2.80	60	8.34
15	0.51	40	3.67	65	9.82
20	0.91	45	4.65	70	11.43
25	1.42	50	5.76	75	13.18

Abscisses.	Ordonnées.	Abscisses.	Ordonnées.	Abscisses.	Ordonnées.
80	15^m06	90	19^m25	100	24^m04
85	17.08	95	21.57		

RAYON 240.

Abscisses.	Ordonnées.	Abscisses.	Ordonnées.	Abscisses.	Ordonnées.
5	0.05	40	3.36	75	12.02
10	0.21	45	4.26	80	13.73
15	0.47	50	5.27	85	15.56
20	0.84	55	6.39	90	17.51
25	1.31	60	7.62	95	19.60
30	1.88	65	8.97	100	21.83
35	2.57	70	10.44		

RAYON 260.

Abscisses.	Ordonnées.	Abscisses.	Ordonnées.	Abscisses.	Ordonnées.
5	0.05	40	3.10	75	11.05
10	0.19	45	3.92	80	12.61
15	0.43	50	4.85	85	14.29
20	0.77	55	5.88	90	16.07
25	1.20	60	7.01	95	17.98
30	1.74	65	8.26	100	20.00
35	2.37	70	9.60		

RAYON 280.

Abscisses.	Ordonnées.	Abscisses.	Ordonnées.	Abscisses.	Ordonnées.
5	0.04	40	2.87	75	10.23
10	0.18	45	3.64	80	11.67
15	0.40	50	4.50	85	13.21
20	0.72	55	5.45	90	14.86
25	1.12	60	6.50	95	16.61
30	1.61	65	7.65	100	18.47
35	2.20	70	8.89	110	22.51

Abscisses.	Ordonnées.	Abscisses.	Ordonnées.	Abscisses.	Ordonnées.
35	3^{m}44	60	10^{m}19	85	21^{m}34
40	4.50	65	12.15	90	24.12
45	5.72	70	14.17	95	27.11
50	7.08	75	16.57	100	30.33
55	8.61	80	18.75		

RAYON 190.

Abscisses.	Ordonnées.	Abscisses.	Ordonnées.	Abscisses.	Ordonnées.
5	0.07	40	4.26	75	15.43
10	0.26	45	5.41	80	17.65
15	0.59	50	6.70	85	20.07
20	1.06	55	8.14	90	22.67
25	1.65	60	9.72	95	25.46
30	2.38	65	11.46	100	28.45
35	3.25	70	13.37		

RAYON 200.

Abscisses.	Ordonnées.	Abscisses.	Ordonnées.	Abscisses.	Ordonnées.
5	0.06	40	4.04	75	14.60
10	0.25	45	5.13	80	16.70
15	0.56	50	6.35	85	18.96
20	1.00	55	7.71	90	21.39
25	1.57	60	9.21	95	24.00
30	2.26	65	10.86	100	26.80
35	3.09	70	12.65		

RAYON 220.

Abscisses.	Ordonnées.	Abscisses.	Ordonnées.	Abscisses.	Ordonnées.
5	0.06	30	2.06	55	6.99
10	0.23	35	2.80	60	8.34
15	0.51	40	3.67	65	9.82
20	0.91	45	4.65	70	11.43
25	1.42	50	5.76	75	13.18

Abscisses.	Ordonnées.	Abscisses.	Ordonnées.	Abscisses.	Ordonnées.
80	15^{m}06	90	19^{m}25	100	24^{m}04
85	17.08	95	21.57		

RAYON 240.

5	0.05	40	3.36	75	12.02
10	0.21	45	4.26	80	13.73
15	0.47	50	5.27	85	15.56
20	0.84	55	6.39	90	17.51
25	1.31	60	7.62	95	19.60
30	1.88	65	8.97	100	21.83
35	2.57	70	10.44		

RAYON 260.

5	0.05	40	3.10	75	11.05
10	0.19	45	3.92	80	12.61
15	0.43	50	4.85	85	14.29
20	0.77	55	5.88	90	16.07
25	1.20	60	7.01	95	17.98
30	1.74	65	8.26	100	20.00
35	2.37	70	9.60		

RAYON 280.

5	0.04	40	2.87	75	10.23
10	0.18	45	3.64	80	11.67
15	0.40	50	4.50	85	13.21
20	0.72	55	5.45	90	14.86
25	1.12	60	6.50	95	16.61
30	1.61	65	7.65	100	18.47
35	2.20	70	8.89	110	22.51

Abscisses	Ordonnées.	Abscisses.	Ordonnées.	Abscisses.	Ordonnées.

RAYON 300.

Abscisses	Ordonnées.	Abscisses.	Ordonnées.	Abscisses.	Ordonnées.
10	0^{m}17	80	10^{m}86	150	40^{m}20
20	0.67	90	13.82	160	46.23
30	1.50	100	17.16	170	52.82
40	2.68	110	20.89	180	60.00
50	4.20	120	25.05	190	67.84
60	6.06	130	29.63	200	76.39
70	8.28	140	34.67	210	85.75

RAYON 350.

Abscisses	Ordonnées.	Abscisses.	Ordonnées.	Abscisses.	Ordonnées.
10	0.14	100	14.59	190	56.06
20	0.57	110	17.73	200	62.77
30	1.29	120	21.22	210	70.00
40	2.29	130	25.04	220	77.79
50	3.59	140	29.22	230	86.18
60	5.18	150	33.77	240	95.25
70	7.07	160	38.71	250	105.05
80	9.27	170	44.06		
90	11.77	180	49.83		

RAYON 400.

Abscisses	Ordonnées.	Abscisses.	Ordonnées.	Abscisses.	Ordonnées.
10	0.12	100	12.70	190	48.01
20	0.50	110	15.42	200	53.59
30	1.13	120	18.42	210	59.56
40	2.00	130	21.71	220	65.93
50	3.14	140	25.30	230	72.74
60	4.53	150	29.19	240	80.00
70	6.17	160	33.39	250	87.75
80	8.08	170	37.92	260	96.03
90	10.26	180	42.79	270	104.87

Abscisses.	Ordonnées.	Abscisses.	Ordonnées.	Abscisses.	Ordonnées.

RAYON 450.

Abscisses.	Ordonnées.	Abscisses.	Ordonnées.	Abscisses.	Ordonnées.
10	0^m11	120	16^m29	230	63^m22
20	0.44	130	19.19	240	69.34
30	1.00	140	22.33	250	75.83
40	1.78	150	25.74	260	82.71
50	2.79	160	29.41	270	90.00
60	4.02	170	33.35	280	97.72
70	5.48	180	37.57	290	105.91
80	7.17	190	42.08	300	114.59
90	9.09	200	46.89	310	123.81
100	11.25	210	52.01	320	133.61
110	13.65	220	57.44		

RAYON 500.

Abscisses.	Ordonnées.	Abscisses.	Ordonnées.	Abscisses.	Ordonnées.
10	0.10	130	17.20	250	66.99
20	0.40	140	20.00	260	72.92
30	0.90	150	23.03	270	79.17
40	1.60	160	26.29	280	85.75
50	2.51	170	29.79	290	92.69
60	3.61	180	33.52	300	100.00
70	4.92	190	37.51	310	107.70
80	6.44	200	41.74	320	115.81
90	8.17	210	46.24	330	124.37
100	10.10	220	51.00	340	133.39
110	12.25	230	56.04	350	142.93
120	14.61	240	61.37		

RAYON 550.

Abscisses.	Ordonnées.	Abscisses.	Ordonnées.	Abscisses.	Ordonnées.
10	0.09	40	1.46	70	4.47
20	0.36	50	2.28	80	5.85
30	0.82	60	3.28	90	7.41

Abscisses.	Ordonnées.	Abscisses.	Ordonnées.	Abscisses.	Ordonnées.
100	9m17	200	37m65	300	89m02
110	11.11	210	41.67	310	95.69
120	13.25	220	45.92	320	102.67
130	15.58	230	50.40	330	110.00
140	18.12	240	55.13	340	117.68
150	20.85	250	60.10	350	125.74
160	23.79	260	65.33	360	134.19
170	26.93	270	70.83	370	143.06
180	30.29	280	76.61	380	152.38
190	33.86	290	82.67	390	162.19

RAYON 600.

Abscisses.	Ordonnées.	Abscisses.	Ordonnées.	Abscisses.	Ordonnées.
10	0.08	150	19.05	290	74.74
20	0.33	160	21.73	300	80.38
30	0.75	170	24.59	310	86.29
40	1.33	180	27.64	320	92.46
50	2.09	190	30.88	330	98.90
60	3.01	200	34.31	340	105.63
70	4.10	210	37.95	350	112.66
80	5.36	220	41.79	360	120.00
90	6.79	230	45.83	370	127.66
100	8.39	240	50.09	380	135.67
110	10.17	250	54.56	390	144.04
120	12.12	260	59.26	400	152.79
130	14.25	270	64.18	410	161.94
140	16.56	280	69.34	420	171.51

RAYON 650.

Abscisses.	Ordonnées.	Abscisses.	Ordonnées.	Abscisses.	Ordonnées.
10	0.08	50	1.92	90	6.26
20	0.31	60	2.77	100	7.74
30	0.69	70	3.78	110	9.38
40	1.23	80	4.94	120	11.17

Abscisses.	Ordonnées.	Abscisses.	Ordonnées.	Abscisses.	Ordonnées.
130	13ᵐ13	250	50ᵐ00	370	115ᵐ58
140	15.26	260	54.26	380	122.65
150	17.54	270	58.73	390	130.00
160	20.00	280	63.40	400	137.65
170	22.63	290	68.28	410	145.62
180	25.42	300	73.37	420	153.92
190	28.39	310	78.69	430	162.56
200	31.53	320	84.23	440	171.56
210	34.86	330	90.00	450	180.96
220	38.36	340	96.01	460	190.76
230	42.05	350	102.28		
240	45.93	360	108.80		

RAYON 700.

10	0.07	180	23.54	350	93.78
20	0.29	190	26.28	360	99.67
30	0.64	200	29.18	370	105.78
40	1.14	210	32.24	380	112.12
50	1.79	220	35.47	390	118.71
60	2.58	230	38.86	400	125.54
70	3.51	240	42.43	410	132.64
80	4.59	250	46.17	420	140.00
90	5.81	260	50.08	430	147.64
100	7.18	270	54.17	440	155.57
110	8.70	280	58.44	450	163.81
120	10.36	290	62.90	460	172.36
130	12.18	300	67.54	470	181.25
140	14.14	310	72.39	480	190.49
150	16.26	320	77.42	490	200.10
160	18.53	330	82.67		
170	20.96	340	88.41		

Abscisses.	Ordonnées.	Abscisses.	Ordonnées.	Abscisses.	Ordonnées.
100	9ᵐ47	200	37ᵐ65	300	89ᵐ02
110	11.11	210	41.67	310	95.69
120	13.25	220	45.92	320	102.67
130	15.58	230	50.40	330	110.00
140	18.12	240	55.13	340	117.68
150	20.85	250	60.10	350	125.74
160	23.79	260	65.33	360	134.19
170	26.93	270	70.83	370	143.06
180	30.29	280	76.61	380	152.38
190	33.86	290	82.67	390	162.19

Rayon 600.

10	0.08	150	19.05	290	74.74
20	0.33	160	21.73	300	80.38
30	0.75	170	24.59	310	86.29
40	1.33	180	27.64	320	92.46
50	2.09	190	30.88	330	98.90
60	3.01	200	34.31	340	105.63
70	4.10	210	37.95	350	112.66
80	5.36	220	41.79	360	120.00
90	6.79	230	45.83	370	127.66
100	8.39	240	50.09	380	135.67
110	10.17	250	54.56	390	144.04
120	12.12	260	59.26	400	152.79
130	14.25	270	64.18	410	161.94
140	16.56	280	69.34	420	171.51

Rayon 650.

10	0.08	50	1.92	90	6.26
20	0.31	60	2.77	100	7.74
30	0.69	70	3.78	110	9.38
40	1.23	80	4.94	120	11.17

13

Abscisses.	Ordonnées.	Abscisses.	Ordonnées.	Abscisses.	Ordonnées.
130	13^{m}13	250	50^{m}00	370	115^{m}58
140	15.26	260	54.26	380	122.65
150	17.54	270	58.73	390	130.00
160	20.00	280	63.40	400	137.65
170	22.63	290	68.28	410	145.62
180	25.42	300	73.37	420	153.92
190	28.39	310	78.69	430	162.56
200	31.53	320	84.23	440	171.56
210	34.86	330	90.00	450	180.96
220	38.36	340	96.01	460	190.76
230	42.05	350	102.28		
240	45.93	360	108.80		

RAYON 700.

10	0.07	180	23.54	350	93.78
20	0.29	190	26.28	360	99.67
30	0.64	200	29.18	370	105.78
40	1.14	210	32.24	380	112.12
50	1.79	220	35.47	390	118.71
60	2.58	230	38.86	400	125.54
70	3.51	240	42.43	410	132.64
80	4.59	250	46.17	420	140.00
90	5.81	260	50.08	430	147.64
100	7.18	270	54.17	440	155.57
110	8.70	280	58.44	450	163.81
120	10.36	290	62.90	460	172.36
130	12.18	300	67.54	470	181.25
140	14.14	310	72.39	480	190.49
150	16.26	320	77.42	490	200.10
160	18.53	330	82.67		
170	20.96	340	88.11		

Abscisses.	Ordonnées.	Abscisses.	Ordonnées.	Abscisses.	Ordonnées.

RAYON 750.

Abscisses.	Ordonnées.	Abscisses.	Ordonnées.	Abscisses.	Ordonnées.
10	0ᵐ07	190	24ᵐ46	370	97ᵐ62
20	0.27	200	27.16	380	103.39
30	0.60	210	30.00	390	109.37
40	1.07	220	32.99	400	115.57
50	1.67	230	36.14	410	121.99
60	2.40	240	39.44	420	128.63
70	3.27	250	42.89	430	135.51
80	4.28	260	46.51	440	142.63
90	5.42	270	50.29	450	150.00
100	6.70	280	54.22	460	157.63
110	8.11	290	58.33	470	165.54
120	9.66	300	62.62	480	173.72
130	11.35	310	67.06	490	182.20
140	13.18	320	71.69	500	190.98
150	15.15	330	76.50	510	200.09
160	17.27	340	81.49	520	209.54
170	19.52	350	86.67	530	219.34
180	21.92	360	92.05		

RAYON 800.

Abscisses.	Ordonnées.	Abscisses.	Ordonnées.	Abscisses.	Ordonnées.
10	0.06	120	9.05	230	33.78
20	0.25	130	10.64	240	36.85
30	0.56	140	12.35	250	40.07
40	1.00	150	14.19	260	43.43
50	1.56	160	16.16	270	46.94
60	2.25	170	18.27	280	50.60
70	3.07	180	20.51	290	54.41
80	4.01	190	22.89	300	58.39
90	5.08	200	25.40	310	62.50
100	6.27	210	28.05	320	66.79
110	7.60	220	30.84	330	71.23

Abscisses.	Ordonnées.	Abscisses.	Ordonnées.	Abscisses.	Ordonnées.
340	75ᵐ85	420	119ᵐ12	500	175ᵐ50
350	80.63	430	125.39	510	183.64
360	85.58	440	131.87	520	192.05
370	90.70	450	138.56	530	200.75
380	96.01	460	145.48	540	209.75
390	101.50	470	152.62	550	219.05
400	107.18	480	160.00	560	228.69
410	113.05	490	167.62		

RAYON 850.

Abscisses.	Ordonnées.	Abscisses.	Ordonnées.	Abscisses.	Ordonnées.
10	0.06	210	26.35	410	105.42
20	0.23	220	28.96	420	111.01
30	0.53	230	31.71	430	116.79
40	0.94	240	34.59	440	122.74
50	1.47	250	37.60	450	128.89
60	2.12	260	40.74	460	135.23
70	2.89	270	44.02	470	141.76
80	3.77	280	47.44	480	148.50
90	4.78	290	51.00	490	155.45
100	5.90	300	54.70	500	162.61
110	7.15	310	58.54	510	170.00
120	8.51	320	62.53	520	177.62
130	10.00	330	66.67	530	185.47
140	11.61	340	70.96	540	193.57
150	13.34	350	75.40	550	201.93
160	15.19	360	80.00	560	210.55
170	17.17	370	84.76	570	219.44
180	19.28	380	89.67	580	228.63
190	21.51	390	94.75	590	238.12
200	23.86	400	100.00	600	247.92

Abscisses.	Ordonnées.	Abscisses.	Ordonnées.	Abscisses.	Ordonnées.

RAYON 750.

Abscisses.	Ordonnées.	Abscisses.	Ordonnées.	Abscisses.	Ordonnées.
10	0^{m}07	190	24^{m}46	370	97^{m}62
20	0.27	200	27.16	380	103.39
30	0.60	210	30.00	390	109.37
40	1.07	220	32.99	400	115.57
50	1.67	230	36.14	410	121.99
60	2.40	240	39.44	420	128.63
70	3.27	250	42.89	430	135.51
80	4.28	260	46.51	440	142.63
90	5.42	270	50.29	450	150.00
100	6.70	280	54.22	460	157.63
110	8.11	290	58.33	470	165.54
120	9.66	300	62.62	480	173.72
130	11.35	310	67.06	490	182.20
140	13.18	320	71.69	500	190.98
150	15.15	330	76.50	510	200.09
160	17.27	340	81.49	520	209.54
170	19.52	350	86.67	530	219.34
180	21.92	360	92.05		

RAYON 800.

Abscisses.	Ordonnées.	Abscisses.	Ordonnées.	Abscisses.	Ordonnées.
10	0.06	120	9.05	230	33.78
20	0.25	130	10.64	240	36.85
30	0.56	140	12.35	250	40.07
40	1.00	150	14.19	260	43.43
50	1.56	160	16.16	270	46.94
60	2.25	170	18.27	280	50.60
70	3.07	180	20.51	290	54.41
80	4.01	190	22.89	300	58.39
90	5.08	200	25.40	310	62.50
100	6.27	210	28.05	320	66.79
110	7.60	220	30.84	330	71.23

Abscisses.	Ordonnées.	Abscisses.	Ordonnées.	Abscisses.	Ordonnées.
340	75^{m}85	420	119^{m}12	500	175^{m}50
350	80.63	430	125.39	510	183.64
360	85.58	440	131.87	520	192.05
370	90.70	450	138.56	530	200.75
380	96.01	460	145.48	540	209.75
390	101.50	470	152.62	550	219.05
400	107.18	480	160.00	560	228.69
410	113.05	490	167.62		

RAYON 850.

10	0.06	210	26.35	410	105.42
20	0.23	220	28.96	420	111.01
30	0.53	230	31.71	430	116.79
40	0.94	240	34.59	440	122.74
50	1.47	250	37.60	450	128.89
60	2.12	260	40.74	460	135.23
70	2.89	270	44.02	470	141.76
80	3.77	280	47.44	480	148.50
90	4.78	290	51.00	490	155.45
100	5.90	300	54.70	500	162.61
110	7.15	310	58.54	510	170.00
120	8.51	320	62.53	520	177.62
130	10.00	330	66.67	530	185.47
140	11.61	340	70.96	540	193.57
150	13.34	350	75.40	550	201.93
160	15.19	360	80.00	560	210.55
170	17.17	370	84.76	570	219.44
180	19.28	380	89.67	580	228.63
190	21.51	390	94.75	590	238.12
200	23.86	400	100.00	600	247.92

Abscisses.	Ordonnées.	Abscisses.	Ordonnées.	Abscisses.	Ordonnées.

RAYON 900.

Abscisses.	Ordonnées.	Abscisses.	Ordonnées.	Abscisses.	Ordonnées.
10	0m06	220	27m30	430	109m37
20	0.22	230	29.89	440	114.89
30	0.50	240	32.59	450	120.58
40	0.89	250	35.42	460	126.44
50	1.39	260	38.37	470	132.47
60	2.00	270	41.45	480	138.69
70	2.73	280	44.66	490	145.08
80	3.56	290	48.00	500	151.66
90	4.51	300	51.47	510	158.45
100	5.57	310	55.07	520	165.43
110	6.75	320	58.81	530	172.61
120	8.04	330	62.68	540	180.00
130	9.44	340	66.69	550	187.61
140	10.96	350	70.84	560	195.44
150	12.59	360	75.14	570	203.51
160	14.34	370	79.57	580	211.81
170	16.20	380	84.16	590	220.37
180	18.18	390	88.89	600	229.18
190	20.28	400	93.77	610	238.26
200	22.50	410	98.81	620	247.62
210	24.84	420	104.01	630	257.27

RAYON 950.

Abscisses.	Ordonnées.	Abscisses.	Ordonnées.	Abscisses.	Ordonnées.
10	0.05	90	4.27	170	15.33
20	0.21	100	5.28	180	17.21
30	0.47	110	6.39	190	19.19
40	0.84	120	7.61	200	21.29
50	1.32	130	8.94	210	23.50
60	1.90	140	10.37	220	25.82
70	2.58	150	11.92	230	28.26
80	3.37	160	13.57	240	30.82

Abscisses.	Ordonnées.	Abscisses.	Ordonnées.	Abscisses.	Ordonnées.
250	33m48	400	88m32	550	175m40
260	36.27	410	93.03	560	182.60
270	39.18	420	97.89	570	190.00
280	42.20	430	102.89	580	197.60
290	45.35	440	108.04	590	205.42
300	48.61	450	113.34	600	213.45
310	52.00	460	118.80	610	221.71
320	55.52	470	124.41	620	230.21
330	59.16	480	130.18	630	238.94
340	62.92	490	136.12	640	247.93
350	66.82	500	142.23	650	257.18
360	70.85	510	148.50	660	266.70
370	75.01	520	154.95	670	276.50
380	79.30	530	161.58		
390	83.74	540	168.40		

RAYON 1000.

10	0.05	160	12.88	310	49.26
20	0.20	170	14.56	320	52.58
30	0.45	180	16.33	330	56.02
40	0.80	190	18.22	340	59.60
50	1.25	200	20.20	350	63.25
60	1.80	210	22.30	360	67.05
70	2.45	220	24.51	370	70.97
80	3.21	230	26.81	380	75.01
90	4.06	240	29.23	390	79.19
100	5.01	250	31.75	400	83.48
110	6.07	260	34.39	410	87.92
120	7.23	270	37.14	420	92.47
130	8.49	280	40.00	430	97.17
140	9.85	290	42.97	440	102.00
150	11.31	300	46.06	450	106.98

Abscisses.	Ordonnées.	Abscisses.	Ordonnées.	Abscisses.	Ordonnées.

RAYON 900.

Abscisses.	Ordonnées.	Abscisses.	Ordonnées.	Abscisses.	Ordonnées.
10	0m06	220	27m30	430	109m37
20	0.22	230	29.89	440	114.89
30	0.50	240	32.59	450	120.58
40	0.89	250	35.42	460	126.44
50	1.39	260	38.37	470	132.47
60	2.00	270	41.45	480	138.69
70	2.73	280	44.66	490	145.08
80	3.56	290	48.00	500	151.66
90	4.51	300	51.47	510	158.45
100	5.57	310	55.07	520	165.43
110	6.75	320	58.81	530	172.61
120	8.04	330	62.68	540	180.00
130	9.44	340	66.69	550	187.61
140	10.96	350	70.84	560	195.44
150	12.59	360	75.14	570	203.51
160	14.34	370	79.57	580	211.81
170	16.20	380	84.16	590	220.37
180	18.18	390	88.89	600	229.18
190	20.28	400	93.77	610	238.26
200	22.50	410	98.81	620	247.62
210	24.84	420	104.01	630	257.27

RAYON 950.

Abscisses.	Ordonnées.	Abscisses.	Ordonnées.	Abscisses.	Ordonnées.
10	0.05	90	4.27	170	15.33
20	0.21	100	5.28	180	17.21
30	0.47	110	6.39	190	19.19
40	0.84	120	7.61	200	21.29
50	1.32	130	8.94	210	23.50
60	1.90	140	10.37	220	25.82
70	2.58	150	11.92	230	28.26
80	3.37	160	13.57	240	30.82

Abscisses.	Ordonnées.	Abscisses.	Ordonnées.	Abscisses.	Ordonnées.
250	33m48	400	88m32	550	175m40
260	36.27	410	93.03	560	182.60
270	39.18	420	97.89	570	190.00
280	42.20	430	102.89	580	197.60
290	45.35	440	108.04	590	205.42
300	48.61	450	113.34	600	213.45
310	52.00	460	118.80	610	221.71
320	55.52	470	124.41	620	230.21
330	59.16	480	130.18	630	238.94
340	62.92	490	136.12	640	247.93
350	66.82	500	142.23	650	257.18
360	70.85	510	148.50	660	266.70
370	75.01	520	154.95	670	276.50
380	79.30	530	161.58		
390	83.74	540	168.40		

RAYON 1000.

10	0.05	160	12.88	310	49.26
20	0.20	170	14.56	320	52.58
30	0.45	180	16.33	330	56.02
40	0.80	190	18.22	340	59.60
50	1.25	200	20.20	350	63.25
60	1.80	210	22.30	360	67.05
70	2.45	220	24.51	370	70.97
80	3.21	230	26.81	380	75.01
90	4.06	240	29.23	390	79.19
100	5.01	250	31.75	400	83.48
110	6.07	260	34.39	410	87.92
120	7.23	270	37.14	420	92.47
130	8.49	280	40.00	430	97.17
140	9.85	290	42.97	440	102.00
150	11.31	300	46.06	450	106.98

Abscisses.	Ordonnées.	Abscisses.	Ordonnées.	Abscisses.	Ordonnées.
460	112^{m}08	550	164^{m}84	640	231^{m}62
470	117.34	560	171.51	650	240.07
480	122.73	570	178.36	660	248.73
490	128.27	580	185.38	670	257.64
500	133.97	590	192.60	680	266.79
510	139.83	600	200.00	690	276.19
520	145.83	610	207.69	700	285.86
530	152.00	620	215.40		
540	158.33	630	223.40		

RAYON 1050.

Abscisses.	Ordonnées.	Abscisses.	Ordonnées.	Abscisses.	Ordonnées.
10	0.05	220	23.31	430	92.08
20	0.19	230	25.50	440	96.64
30	0.43	240	27.80	450	101.32
40	0.76	250	30.20	460	106.13
50	1.19	260	32.70	470	111.06
60	1.72	270	35.31	480	116.14
70	2.34	280	38.02	490	121.35
80	3.05	290	40.84	500	126.69
90	3.87	300	43.77	510	132.18
100	4.77	310	46.81	520	137.81
110	5.78	320	49.95	530	143.58
120	6.88	330	53.21	540	149.51
130	8.08	340	56.57	550	155.57
140	9.38	350	60.05	560	161.80
150	10.77	360	63.64	570	168.19
160	12.26	370	67.35	580	174.73
170	13.85	380	71.17	590	181.44
180	15.55	390	75.12	600	188.32
190	17.33	400	79.17	610	195.37
200	19.22	410	83.36	620	202.59
210	21.22	420	87.66	630	210.00

Abscisses.	Ordonnées.	Abscisses.	Ordonnées.	Abscisses.	Ordonnées.
640	217m59	680	249m94	720	285m74
650	225.38	690	258.55	730	295.30
660	233.36	700	267.38		
670	241.55	710	276.44		

RAYON 1100.

Abscisses.	Ordonnées.	Abscisses.	Ordonnées.	Abscisses.	Ordonnées.
10	0.05	270	33.65	530	136.10
20	0.18	280	36.23	540	141.67
30	0.41	290	38.92	550	147.37
40	0.73	300	41.70	560	153.22
50	1.14	310	44.59	570	159.20
60	1.64	320	47.57	580	165.33
70	2.23	330	50.67	590	171.61
80	2.91	340	53.86	600	178.05
90	3.69	350	57.17	610	184.63
100	4.55	360	60.58	620	191.38
110	5.51	370	64.09	630	198.28
120	6.56	380	67.72	640	205.35
130	7.71	390	71.46	650	212.59
140	8.95	400	75.30	660	220.00
150	10.28	410	79.26	670	227.59
160	11.70	420	83.33	680	235.36
170	13.22	430	87.53	690	243.32
180	14.83	440	91.83	700	251.47
190	16.53	450	96.26	710	259.82
200	18.33	460	100.80	720	268.38
210	20.23	470	105.46	730	277.14
220	22.22	480	110.25	740	286.12
230	24.30	490	115.16	750	295.33
240	26.50	500	120.20	760	304.76
250	28.79	510	125.37	770	314.44
260	31.17	520	130.67		

Abscisses.	Ordonnées.	Abscisses.	Ordonnées.	Abscisses.	Ordonnées.

RAYON 1150.

Abscisses.	Ordonnées.	Abscisses.	Ordonnées.	Abscisses.	Ordonnées.
10	0^{m}05	280	34^{m}61	550	140^{m}05
20	0.17	290	37.17	560	145.56
30	0.39	300	39.82	570	151.20
40	0.70	310	42.57	580	156.97
50	1.09	320	45.42	590	162.88
60	1.56	330	48.36	600	168.93
70	2.11	340	51.41	610	175.11
80	2.74	350	54.55	620	181.44
90	3.53	360	57.81	630	187.92
100	4.36	370	61.15	640	194.54
110	5.27	380	64.60	650	201.32
120	6.28	390	68.15	660	208.25
130	7.37	400	71.81	670	215.33
140	8.55	410	75.57	680	222.58
150	9.82	420	79.44	690	230.00
160	11.19	430	83.42	700	237.59
170	12.63	440	87.50	710	245.35
180	14.17	450	91.70	720	253.28
190	15.80	460	96.01	730	261.41
200	17.52	470	100.43	740	269.72
210	19.33	480	104.96	750	278.22
220	21.24	490	109.62	760	286.92
230	23.23	500	114.39	770	295.83
240	25.32	510	119.28	780	304.96
250	27.50	520	124.28	790	314.30
260	29.78	530	129.41	800	323.86
270	32.14	540	134.67		

RAYON 1200.

Abscisses.	Ordonnées.	Abscisses.	Ordonnées.	Abscisses.	Ordonnées.
10	0.04	30	0.37	50	1.04
20	0.17	40	0.67	60	1.50

Abscisses.	Ordonnées.	Abscisses.	Ordonnées.	Abscisses.	Ordonnées.
70	2^{m}04	330	46^{m}27	590	155^{m}06
80	2.67	340	49.17	600	160.77
90	3.38	350	52.18	610	166.61
100	4.17	360	55.27	620	172.57
110	5.05	370	58.47	630	178.68
120	6.01	380	61.76	640	184.91
130	7.06	390	65.14	650	191.29
140	8.19	400	68.63	660	197.80
150	9.41	410	72.21	670	204.46
160	10.71	420	75.90	680	211.26
170	12.10	430	79.69	690	218.22
180	13.58	440	83.58	700	225.32
190	15.14	450	87.57	710	232.58
200	16.78	460	91.67	720	240.00
210	18.52	470	95.87	730	247.58
220	20.34	480	100.18	740	255.33
230	22.25	490	104.60	750	263.25
240	24.24	500	109.13	760	271.34
250	26.33	510	113.77	770	279.62
260	28.51	520	118.52	780	288.08
270	30.77	530	123.39	790	296.73
280	33.12	540	128.37	800	305.57
290	35.57	550	133.47	810	314.62
300	38.10	560	138.68	820	323.87
310	40.73	570	144.02	830	333.34
320	43.45	580	149.48	840	343.03

RAYON 1250.

10	0.04	60	1.44	110	4.85
20	0.16	70	1.96	120	5.77
30	0.36	80	2.56	130	6.78
40	0.64	90	3.24	140	7.86
50	1.00	100	4.01	150	9.03

RAYON 1250.

Abscisses.	Ordonnées.	Abscisses.	Ordonnées.	Abscisses.	Ordonnées.
10	0.04	60	1.44	110	4.85
20	0.16	70	1.96	120	5.77
30	0.36	80	2.56	130	6.78
40	0.64	90	3.24	140	7.86
50	1.00	100	4.01	150	9.03

Abscisses.	Ordonnées.	Abscisses.	Ordonnées.	Abscisses.	Ordonnées.
160	10m28	400	65m73	640	176m27
170	11.61	410	69.15	650	182.29
180	13.03	420	72.67	660	188.44
190	14.52	430	76.29	670	194.73
200	16.11	440	80.00	680	201.15
210	17.77	450	83.81	690	207.70
220	19.51	460	87.72	700	214.38
230	21.34	470	91.73	710	221.22
240	23.26	480	95.83	720	228.19
250	25.26	490	100.05	730	235.31
260	27.34	500	104.36	740	242.58
270	29.51	510	108.77	750	250.00
280	31.76	520	113.29	760	257.58
290	34.10	530	117.92	770	265.32
300	36.53	540	122.66	780	273.22
310	39.05	550	127.50	790	281.29
320	41.65	560	132.46	800	289.53
330	44.35	570	137.53	810	297.95
340	47.13	580	142.71	820	306.55
350	50.00	590	148.01	830	315.33
360	52.96	600	153.42	840	324.31
370	56.01	610	158.95	850	333.49
380	59.16	620	164.60	860	342.86
390	62.40	630	170.37	870	352.45

RAYON 1300.

10	0.04	80	2.46	150	8.68
20	0.15	90	3.12	160	9.88
30	0.35	100	3.85	170	11.16
40	0.61	110	4.66	180	12.52
50	0.96	120	5.55	190	13.96
60	1.38	130	6.52	200	15.48
70	1.89	140	7.56	210	17.07

Abscisses.	Ordonnées.	Abscisses.	Ordonnées.	Abscisses.	Ordonnées.
220	18^{m}75	460	84^{m}11	700	204^{m}55
230	20.51	470	87.94	710	211.01
240	22.35	480	91.86	720	217.60
250	24.26	490	95.88	730	224.32
260	26.27	500	100.00	740	231.17
270	28.35	510	104.22	750	238.16
280	30.51	520	108.53	760	245.30
290	32.76	530	112.94	770	252.57
300	35.09	540	117.46	780	260.00
310	37.50	550	122.08	790	267.58
320	40.00	560	126.80	800	275.31
330	42.58	570	131.63	810	283.19
340	45.25	580	136.56	820	291.24
350	48.00	590	141.60	830	299.45
360	50.84	600	146.74	840	307.83
370	53.77	610	152.00	850	316.38
380	56.78	620	157.37	860	325.11
390	59.88	630	162.86	870	334.03
400	63.07	640	168.45	880	343.13
410	66.35	650	174.17	890	352.42
420	69.72	660	180.00	900	361.92
430	73.17	670	185.95	910	371.61
440	76.73	680	192.03		
450	80.37	690	198.23		

RAYON 1350.

Abscisses.	Ordonnées.	Abscisses.	Ordonnées.	Abscisses.	Ordonnées.
10	0.04	80	2.37	150	8.36
20	0.15	90	3.00	160	9.52
30	0.33	100	3.71	170	10.75
40	0.59	110	4.49	180	12.05
50	0.93	120	5.34	190	13.44
60	1.33	130	6.27	200	14.89
70	1.81	140	7.28	210	16.43

Abscisses.	Ordonnées.	Abscisses.	Ordonnées.	Abscisses.	Ordonnées.
160	10^{m}28	400	65^{m}73	640	176^{m}27
170	11.61	410	69.15	650	182.29
180	13.03	420	72.67	660	188.44
190	14.52	430	76.29	670	194.73
200	16.11	440	80.00	680	201.15
210	17.77	450	83.81	690	207.70
220	19.51	460	87.72	700	214.38
230	21.34	470	91.73	710	221.22
240	23.26	480	95.83	720	228.19
250	25.26	490	100.03	730	235.31
260	27.34	500	104.36	740	242.58
270	29.51	510	108.77	750	250.00
280	31.76	520	113.29	760	257.58
290	34.10	530	117.92	770	265.32
300	36.53	540	122.66	780	273.22
310	39.05	550	127.50	790	281.29
320	41.65	560	132.46	800	289.53
330	44.35	570	137.53	810	297.95
340	47.13	580	142.71	820	306.55
350	50.00	590	148.01	830	315.33
360	52.96	600	153.42	840	324.31
370	56.01	610	158.95	850	333.49
380	59.16	620	164.60	860	342.86
390	62.40	630	170.37	870	352.45

RAYON 1300.

Abscisses.	Ordonnées.	Abscisses.	Ordonnées.	Abscisses.	Ordonnées.
10	0.04	80	2.46	150	8.68
20	0.15	90	3.12	160	9.88
30	0.35	100	3.85	170	11.16
40	0.61	110	4.66	180	12.52
50	0.96	120	5.55	190	13.96
60	1.38	130	6.52	200	15.48
70	1.89	140	7.56	210	17.07

Abscisses.	Ordonnées.	Abscisses.	Ordonnées.	Abscisses.	Ordonnées.
220	18m75	460	84m11	700	204m55
230	20.51	470	87.94	710	211.01
240	22.35	480	91.86	720	217.60
250	24.26	490	95.88	730	224.32
260	26.27	500	100.00	740	231.17
270	28.35	510	104.22	750	238.16
280	30.51	520	108.53	760	245.30
290	32.76	530	112.94	770	252.57
300	35.09	540	117.46	780	260.00
310	37.50	550	122.08	790	267.58
320	40.00	560	126.80	800	275.31
330	42.58	570	131.63	810	283.19
340	45.25	580	136.56	820	291.24
350	48.00	590	141.60	830	299.45
360	50.84	600	146.74	840	307.83
370	53.77	610	152.00	850	316.38
380	56.78	620	157.37	860	325.11
390	59.88	630	162.86	870	334.03
400	63.07	640	168.45	880	343.13
410	66.35	650	174.17	890	352.42
420	69.72	660	180.00	900	361.92
430	73.17	670	185.95	910	371.61
440	76.73	680	192.03		
450	80.37	690	198.23		

RAYON 1350.

10	0.04	80	2.37	150	8.36
20	0.15	90	3.00	160	9.52
30	0.33	100	3.71	170	10.75
40	0.59	110	4.49	180	12.05
50	0.93	120	5.34	190	13.44
60	1.33	130	6.27	200	14.89
70	1.81	140	7.28	210	16.43

Abscisses.	Ordonnées.	Abscisses.	Ordonnées.	Abscisses.	Ordonnées.
220	18ᵐ05	470	84ᵐ46	720	208ᵐ03
230	19.74	480	88.22	730	214.39
240	21.51	490	92.07	740	220.89
250	23.35	500	96.01	750	227.50
260	25.27	510	100.04	760	234.25
270	27.27	520	104.17	770	241.13
280	29.36	530	108.39	780	248.14
290	31.52	540	112.70	790	255.29
300	33.76	550	117.12	800	262.57
310	36.07	560	121.63	810	270.00
320	38.47	570	126.24	820	277.57
330	40.96	580	130.94	830	285.29
340	43.52	590	135.75	840	293.17
350	46.16	600	140.66	850	301.19
360	48.89	610	145.68	860	309.38
370	51.70	620	150.79	870	317.72
380	54.59	630	156.01	880	326.23
390	57.56	640	161.34	890	334.92
400	60.62	650	166.79	900	343.77
410	63.76	660	172.34	910	352.80
420	67.00	670	177.99	920	362.02
430	70.31	680	183.77	930	371.43
440	73.72	690	189.66	940	381.03
450	77.21	700	195.66		
460	80.79	710	201.78		

RAYON 1400.

Abscisses	Ordonnées	Abscisses	Ordonnées	Abscisses	Ordonnées
10	0ᵐ04	70	1.75	130	6.05
20	0 14	80	2.29	140	7.02
30	0.32	90	2.90	150	8.06
40	0.57	100	3.58	160	9.17
50	0.89	110	4.33	170	10.36
60	1.29	120	5.15	180	11.62

Abscisses.	Ordonnées.	Abscisses.	Ordonnées.	Abscisses.	Ordonnées.
190	12^{m}95	460	77^{m}73	730	205^{m}39
200	14.35	470	81.25	740	211.55
210	15.84	480	84.86	750	217.84
220	17.39	490	88.55	760	224.25
230	19.02	500	92.33	770	230.77
240	20.72	510	96.20	780	237.42
250	22.50	520	100.15	790	244.19
260	24.35	530	104.20	800	251.09
270	26.28	540	108.33	810	258.12
280	28.29	550	112.56	820	265.28
290	30.36	560	116.88	830	272.57
300	32.52	570	121.29	840	280.00
310	34.75	580	125.79	850	287.57
320	37.06	590	130.39	860	295.28
330	39.45	600	135.09	870	303.14
340	41.91	610	139.89	880	311.15
350	44.46	620	144.77	890	319.30
360	47.08	630	149.76	900	327.62
370	49.78	640	154.85	910	336.09
380	52.56	650	160.04	920	344.73
390	55.42	660	165.33	930	353.53
400	58.36	670	170.73	940	362.50
410	61.38	680	176.24	950	371.65
420	64.49	690	181.85	960	380.98
430	67.67	700	187.56	970	390.50
440	70.94	710	193.39	980	400.20
450	74.29	720	199.33		

RAYON 1450.

10	0.03	50	0.86	90	2.80
20	0.14	60	1.24	100	3.45
30	0.31	70	1.69	110	4.18
40	0.55	80	2.21	120	4.97

Abscisses.	Ordonnées.	Abscisses.	Ordonnées.	Abscisses.	Ordonnées.
130	5^{m}84	430	65^{m}23	730	197^{m}16
140	6.77	440	68.37	740	203.05
150	7.78	450	71.60	750	209.03
160	8.85	460	74.90	760	215.13
170	10.00	470	78.29	770	221.34
180	11.22	480	81.75	780	227.67
190	12.50	490	85.30	790	234.10
200	13.86	500	88.93	800	240.66
210	15.29	510	92.65	810	247.34
220	16.79	520	96.45	820	254.13
230	18.36	530	100.33	830	261.05
240	20.00	540	104.30	840	268.10
250	21.71	550	108.36	850	275.27
260	23.50	560	112.50	860	282.57
270	25.36	570	116.73	870	290.00
280	27.29	580	121.05	880	297.57
290	29.30	590	125.46	890	305.27
300	31.37	600	129.96	900	313.12
310	33.53	610	134.55	910	321.10
320	35.75	620	139.24	920	329.24
330	38.05	630	144.01	930	337.52
340	40.43	640	148.89	940	345.96
350	42.88	650	153.85	950	354.56
360	45.40	660	158.92	960	363.30
370	48.00	670	164.08	970	372.22
380	50.68	680	169.34	980	381.30
390	53.44	690	174.70	990	390.57
400	56.26	700	180.16	1000	400.00
410	59.17	710	185.72	1010	409.62
420	62.16	720	191.39		

RAYON 1500.

Abscisses.	Ordonnées.	Abscisses.	Ordonnées.	Abscisses.	Ordonnées.
10	0ᵐ03	330	36ᵐ75	650	148ᵐ14
20	0.13	340	39.04	660	153.00
30	0.30	350	41.40	670	157.95
40	0.53	360	43.84	680	162.99
50	0.83	370	46.34	690	168.12
60	1.20	380	48.93	700	173.35
70	1.63	390	51.59	710	178.67
80	2.13	400	54.32	720	184.10
90	2.70	410	57.12	730	189.62
100	3.33	420	60.00	740	195.24
110	4.04	430	62.95	750	200.96
120	4.81	440	65.98	760	206.79
130	5.64	450	69.09	770	212.72
140	6.55	460	72.27	780	218.75
150	7.52	470	75.54	790	224.89
160	8.56	480	78.87	800	231.14
170	9.67	490	82.29	810	237.50
180	10.84	500	85.79	820	243.97
190	12.09	510	89.36	830	250.56
200	13.39	520	93.02	840	257.26
210	14.77	530	96.75	850	264.08
220	16.22	540	100.57	860	271.02
230	17.74	550	104.47	870	278.08
240	19.32	560	108.45	880	285.26
250	20.98	570	112.52	890	292.57
260	22.71	580	116.67	900	300.00
270	24.50	590	120.91	910	307.57
280	26.36	600	125.23	920	315.26
290	28.30	610	129.64	930	323.10
300	30.31	620	134.13	940	331.06
310	32.38	630	138.71	950	339.18
320	34.53	640	143.39	960	347.44

Abscisses.	Ordonnées.	Abscisses.	Ordonnées.	Abscisses.	Ordonnées.
130	5ᵐ84	430	65ᵐ23	730	197ᵐ16
140	6.77	440	68.37	740	203.05
150	7.78	450	71.60	750	209.03
160	8.85	460	74.90	760	215.13
170	10.00	470	78.29	770	221.34
180	11.22	480	81.75	780	227.67
190	12.50	490	85.30	790	234.10
200	13.86	500	88.93	800	240.66
210	15.29	510	92.65	810	247.34
220	16.79	520	96.45	820	254.13
230	18.36	530	100.33	830	261.05
240	20.00	540	104.30	840	268.10
250	21.71	550	108.36	850	275.27
260	23.50	560	112.50	860	282.57
270	25.36	570	116.73	870	290.00
280	27.29	580	121.05	880	297.57
290	29.30	590	125.46	890	305.27
300	31.37	600	129.96	900	313.12
310	33.53	610	134.55	910	321.10
320	35.75	620	139.24	920	329.24
330	38.05	630	144.01	930	337.52
340	40.43	640	148.89	940	345.96
350	42.88	650	153.85	950	354.56
360	45.40	660	158.92	960	363.30
370	48.00	670	164.08	970	372.22
380	50.68	680	169.34	980	381.30
390	53.44	690	174.70	990	390.57
400	56.26	700	180.16	1000	400.00
410	59.17	710	185.72	1010	409.62
420	62.16	720	191.39		

Abscisses.	Ordonnées.	Abscisses.	Ordonnées.	Abscisses.	Ordonnées.

RAYON 1500.

Abscisses.	Ordonnées.	Abscisses.	Ordonnées.	Abscisses.	Ordonnées.
10	0^{m}03	330	36^{m}75	650	148^{m}14
20	0.13	340	39.04	660	153.00
30	0.30	350	41.40	670	157.95
40	0.53	360	43.84	680	162.99
50	0.83	370	46.34	690	168.12
60	1.20	380	48.93	700	173.35
70	1.63	390	51.59	710	178.67
80	2.13	400	54.32	720	184.10
90	2.70	410	57.12	730	189.62
100	3.33	420	60.00	740	195.24
110	4.04	430	62.95	750	200.96
120	4.81	440	65.98	760	206.79
130	5.64	450	69.09	770	212.72
140	6.55	460	72.27	780	218.75
150	7.52	470	75.54	790	224.89
160	8.56	480	78.87	800	231.14
170	9.67	490	82.29	810	237.50
180	10.84	500	85.79	820	243.97
190	12.09	510	89.36	830	250.56
200	13.39	520	93.02	840	257.26
210	14.77	530	96.75	850	264.08
220	16.22	540	100.57	860	271.02
230	17.74	550	104.47	870	278.08
240	19.32	560	108.45	880	285.26
250	20.98	570	112.52	890	292.57
260	22.71	580	116.67	900	300.00
270	24.50	590	120.91	910	307.57
280	26.36	600	125.23	920	315.26
290	28.30	610	129.64	930	323.10
300	30.31	620	134.13	940	331.06
310	32.38	630	138.71	950	339.18
320	34.53	640	143.39	960	347.44

Abscisses.	Ordonnées.	Abscisses.	Ordonnées.	Abscisses.	Ordonnées.
970	.355m84	1000	381m97	1030	409m54
980	364.40	1010	390.99	1040	419.08
990	373.10	1020	400.18	1050	428.79

RAYON 1600.

10	0.03	230	16.62	450	64.58
20	0.12	240	18.10	460	67.54
30	0.28	250	19.65	470	70.59
40	0.50	260	21.27	480	73.70
50	0.78	270	22.95	490	76.88
60	1.13	280	24.69	500	80.13
70	1.53	290	26.50	510	83.46
80	2.00	300	28.38	520	86.86
90	2.53	310	30.32	530	90.33
100	3.13	320	32.33	540	93.88
110	3.79	330	34.40	550	97.50
120	4.51	340	36.54	560	101.20
130	5.29	350	38.75	570	104.97
140	6.14	360	41.03	580	108.83
150	7.05	370	43.37	590	112.75
160	8.02	380	45.78	600	116.76
170	9.06	390	48.26	610	120.84
180	10.15	400	50.81	620	125.01
190	11.32	410	53.42	630	129.25
200	12.55	420	56.11	640	133.58
210	13.84	430	58.86	650	137.98
220	15.20	440	61.69	660	142.47

RAYON 1700.

10	0.03	40	0.47	70	1.44
20	0.12	50	0.73	80	1.88
30	0.26	60	1.06	90	2.38

14

Abscisses.	Ordonnées.	Abscisses.	Ordonnées.	Abscisses.	Ordonnées.
100	2^{m}94	310	28^{m}50	520	81^{m}48
110	3.56	320	30.39	530	84.73
120	4.24	330	32.34	540	88.04
130	4.98	340	34.35	550	91.43
140	5.78	350	36.42	560	94.88
150	6.63	360	38.55	570	98.41
160	7.55	370	40.75	580	102.00
170	8.52	380	43.01	590	105.67
180	9.56	390	45.34	600	109.40
190	10.65	400	47.73	610	113.21
200	11.81	410	50.18	620	117.09
210	13.02	420	52.70	630	121.04
220	14.29	430	55.28	640	125.07
230	15.63	440	57.93	650	129.17
240	17.03	450	60.64	660	133.35
250	18.48	460	63.42	670	137.60
260	20.00	470	66.26	680	141.92
270	21.58	480	69.17	690	146.33
280	23.21	490	72.15	700	150.81
290	24.92	500	75.19		
300	26.68	510	78.30		

RAYON 1800.

10	0.03	110	3.36	210	12.30
20	0.11	120	4.00	220	13.50
30	0.25	130	4.70	230	14.75
40	0.44	140	5.45	240	16.07
50	0.69	150	6.26	250	17.44
60	1.00	160	7.12	260	18.88
70	1.36	170	8.04	270	20.36
80	1.78	180	9.02	280	21.91
90	2.25	190	10.06	290	23.51
100	2.78	200	11.15	300	25.18

Abscisses.	Ordonnées.	Abscisses.	Ordonnées.	Abscisses.	Ordonnées.
310	26^{m}89	460	59^{m}77	610	106^{m}51
320	28.67	470	62.44	620	110.15
330	30.51	480	65.17	630	113.85
340	32.40	490	67.98	640	117.62
350	34.36	500	70.84	650	121.46
360	36.37	510	73.76	660	125.37
370	38.44	520	76.75	670	129.34
380	40.57	530	79.80	680	133.39
390	42.76	540	82.91	690	137.51
400	45.01	550	86.09	700	141.69
410	47.32	560	89.33	710	145.95
420	49.69	570	92.63	720	150.27
430	52.11	580	96.00	730	154.67
440	54.61	590	99.44	740	159.15
450	57.16	600	102.94	750	163.69

Rayon 1900.

Abscisses.	Ordonnées.	Abscisses.	Ordonnées.	Abscisses.	Ordonnées.
10	0.03	170	7.62	330	28.88
20	0.10	180	8.55	340	30.67
30	0.24	190	9.53	350	32.52
40	0.42	200	10.56	360	34.42
50	0.66	210	11.64	370	36.37
60	0.95	220	12.78	380	38.39
70	1.29	230	13.97	390	40.46
80	1.68	240	15.22	400	42.58
90	2.13	250	16.52	410	44.76
100	2.63	260	17.87	420	47.00
110	3.19	270	19.28	430	49.30
120	3.79	280	20.74	440	51.65
130	4.45	290	22.26	450	54.06
140	5.16	300	23.83	460	56.52
150	5.93	310	25.46	470	59.05
160	6.75	320	27.14	480	61.63

Abscisses.	Ordonnées.	Abscisses.	Ordonnées.	Abscisses.	Ordonnées.
490	64m27	600	97m22	710	137m64
500	66.97	610	100.58	720	141.70
510	69.73	620	104.00	730	145.83
520	72.54	630	107.49	740	150.03
530	75.42	640	111.03	750	154.29
540	78.35	650	114.64	760	158.62
550	81.35	660	118.32	770	163.02
560	84.40	670	122.05	780	167.49
570	87.52	680	125.85	790	172.02
580	90.69	690	129.72		
590	93.93	700	133.65		

RAYON 2000.

Abscisses.	Ordonnées.	Abscisses.	Ordonnées.	Abscisses.	Ordonnées.
10	0.02	210	11.06	410	42.48
20	0.10	220	12.14	420	44.60
30	0.22	230	13.27	430	46.77
40	0.40	240	14.45	440	49.00
50	0.62	250	15.69	450	51.28
60	0.90	260	16.97	460	53.62
70	1.23	270	18.31	470	56.01
80	1.60	280	19.70	480	58.46
90	2.03	290	21.14	490	60.96
100	2.50	300	22.63	500	63.51
110	3.03	310	24.17	510	66.12
120	3.60	320	25.77	520	68.78
130	4.23	330	27.41	530	71.50
140	4.91	340	29.11	540	74.28
150	5.63	350	30.86	550	77.11
160	6.41	360	32.67	560	80.00
170	7.24	370	34.52	570	82.95
180	8.12	380	36.43	580	85.95
190	9.05	390	38.39	590	89.01
200	10.03	400	40.41	600	92.13

Abscisses.	Ordonnées.	Abscisses.	Ordonnées.	Abscisses.	Ordonnées.
610	95m30	690	122m80	770	154m17
620	98.53	700	126.51	780	158.37
630	101.82	710	130.27	790	162.64
640	105.17	720	134.10	800	166.97
650	108.57	730	137.98	810	171.37
660	112.04	740	141.94	820	175.83
670	115.56	750	145.95		
680	119.15	760	150.03		

RAYON 2100.

Abscisses.	Ordonnées.	Abscisses.	Ordonnées.	Abscisses.	Ordonnées.
20	0.10	320	24.52	620	93.61
40	0.38	340	27.71	640	99.90
60	0.86	360	31.09	660	106.41
80	1.52	380	34.67	680	113.14
100	2.38	400	38.45	700	120.10
120	3.43	420	42.43	720	127.29
140	4.67	440	46.61	740	134.70
160	6.10	460	51.00	760	142.35
180	7.73	480	55.59	780	150.23
200	9.55	500	60.39	800	158.35
220	11.56	520	65.39	820	166.71
240	13.76	540	70.62	840	175.32
260	16.16	560	76.07	860	184.17
280	18.75	580	81.68		
300	21.54	600	87.54		

RAYON 2200.

Abscisses.	Ordonnées.	Abscisses.	Ordonnées.	Abscisses.	Ordonnées.
20	0.09	120	3.27	220	11.03
40	0.36	140	4.46	240	13.13
60	0.82	160	5.83	260	15.42
80	1.45	180	7.38	280	17.89
100	2.27	200	9.11	300	20.55

Abscisses.	Ordonnées.	Abscisses.	Ordonnées.	Abscisses.	Ordonnées.
320	23^{m}40	520	62^{m}34	720	121^{m}15
340	26.43	540	67.30	740	128.19
360	29.65	560	72.47	760	135.44
380	33.07	580	77.84	780	142.91
400	36.67	600	83.40	800	150.61
420	40.46	620	89.17	820	158.53
440	44.45	640	95.15	840	166.68
460	48.63	660	101.33	860	175.06
480	53.00	680	107.73	880	183.67
500	57.57	700	114.33	900	192.51

RAYON 2300.

20	0.09	340	25.27	660	96.73
40	0.35	360	28.35	680	102.82
60	0.78	380	31.61	700	109.11
80	1.39	400	35.05	720	115.60
100	2.17	420	38.67	740	122.29
120	3.13	440	42.48	760	129.19
140	4.26	460	46.47	780	136.30
160	5.57	480	50.64	800	143.61
180	7.05	500	55.01	820	151.14
200	8.71	520	59.55	840	158.88
220	10.55	540	64.29	860	166.83
240	12.56	560	69.22	880	175.01
260	14.74	580	74.33	900	183.40
280	17.11	600	79.64	920	192.04
300	19.65	620	85.14	940	200.86
320	22.37	640	90.84		

RAYON 2400.

20	0.08	60	0.75	100	2.08
40	0.33	80	1.33	120	3.00

Abscisses.	Ordonnées.	Abscisses.	Ordonnées.	Abscisses.	Ordonnées.
610	95m30	690	122m80	770	154m17
620	98.53	700	126.51	780	158.37
630	101.82	710	130.27	790	162.64
640	105.17	720	134.10	800	166.97
650	108.57	730	137.98	810	171.37
660	112.04	740	141.94	820	175.83
670	115.56	750	145.95		
680	119.15	760	150.03		

RAYON 2100.

20	0.10	320	24.52	620	93.61
40	0.38	340	27.71	640	99.90
60	0.86	360	31.09	660	106.41
80	1.52	380	34.67	680	113.14
100	2.38	400	38.45	700	120.10
120	3.43	420	42.43	720	127.29
140	4.67	440	46.61	740	134.70
160	6.10	460	51.00	760	142.35
180	7.73	480	55.59	780	150.23
200	9.55	500	60.39	800	158.35
220	11.56	520	65.39	820	166.71
240	13.76	540	70.62	840	175.32
260	16.16	560	76.07	860	184.17
280	18.75	580	81.68		
300	21.54	600	87.54		

RAYON 2200.

20	0.09	120	3.27	220	11.03
40	0.36	140	4.46	240	13.13
60	0.82	160	5.83	260	15.42
80	1.45	180	7.38	280	17.89
100	2.27	200	9.11	300	20.55

Abscisses.	Ordonnées.	Abscisses.	Ordonnées.	Abscisses.	Ordonnées.
320	23^{m}40	520	62^{m}34	720	121^{m}15
340	26.43	540	67.30	740	128.19
360	29.65	560	72.47	760	135.44
380	33.07	580	77.84	780	142.91
400	36.67	600	83.40	800	150.61
420	40.46	620	89.17	820	158.53
440	44.45	640	95.15	840	166.68
460	48.63	660	101.33	860	175.06
480	53.00	680	107.73	880	183.67
500	57.57	700	114.33	900	192.51

Rayon 2300.

Abscisses	Ordonnées	Abscisses	Ordonnées	Abscisses	Ordonnées
20	0.09	340	25.27	660	96.73
40	0.35	360	28.35	680	102.82
60	0.78	380	31.61	700	109.11
80	1.39	400	35.05	720	115.60
100	2.17	420	38.67	740	122.29
120	3.13	440	42.48	760	129.19
140	4.26	460	46.47	780	136.30
160	5.57	480	50.64	800	143.61
180	7.05	500	55.01	820	151.14
200	8.71	520	59.55	840	158.88
220	10.55	540	64.29	860	166.83
240	12.56	560	69.22	880	175.01
260	14.74	580	74.33	900	183.40
280	17.11	600	79.64	920	192.01
300	19.65	620	85.14	940	200.86
320	22.37	640	90.84		

Rayon 2400.

Abscisses	Ordonnées	Abscisses	Ordonnées	Abscisses	Ordonnées
20	0.08	60	0.75	100	2.08
40	0.33	80	1.33	120	3.00

Abscisses.	Ordonnées.	Abscisses.	Ordonnées.	Abscisses.	Ordonnées.
140	4m09	440	40m68	740	116m93
160	5.34	460	44.50	760	123.51
180	6.76	480	48.49	780	130.29
200	8.35	500	52.66	800	137.26
220	10.10	520	57.01	820	144.43
240	12.03	540	61.54	840	151.80
260	14.12	560	66.25	860	159.37
280	16.38	580	71.14	880	167.15
300	18.82	600	76.21	900	175.14
320	21.43	620	81.47	920	183.34
340	24.21	640	86.91	940	191.74
360	27.15	660	92.53	960	200.36
380	30.27	680	98.35	980	209.20
400	33.57	700	104.35		
420	37.04	720	110.55		

RAYON 2500.

20	0.08	340	23.23	660	88.69
40	0.32	360	26.06	680	94.26
60	0.72	380	29.05	700	100.00
80	1.28	400	32.21	720	105.92
100	2.00	420	35.53	740	112.03
120	2.88	440	39.02	760	118.32
140	3.92	460	42.68	780	124.79
160	5.12	480	46.51	800	131.46
180	6.49	500	50.51	820	138.31
200	8.01	520	54.68	840	145.34
220	9.70	540	59.02	860	152.58
240	11.54	560	63.53	880	160.00
260	13.56	580	68.21	900	167.62
280	15.73	600	73.07	920	175.44
300	18.06	620	78.10	940	183.45
320	20.56	640	83.31	960	191.67

Abscisses.	Ordonnées.	Abscisses.	Ordonnées.	Abscisses.	Ordonnées.
980	200^{m}08	1020	217^{m}55	1040	226^{m}59
1000	208.71				

RAYON 2600.

Abscisses.	Ordonnées.	Abscisses.	Ordonnées.	Abscisses.	Ordonnées.
20	0.08	380	27.92	740	107.53
40	0.31	400	30.95	760	113.56
60	0.69	420	34.15	780	119.76
80	1.23	440	37.50	800	126 13
100	1.92	460	41.02	820	132.67
120	2.77	480	44.69	840	139.43
140	3.77	500	48.53	860	146.35
160	4.93	520	52.53	880	153.45
180	6.24	540	56.69	900	160.74
200	7.70	560	61.02	920	168.21
220	9.32	580	65.52	940	175.87
240	11.10	600	70.14	960	183.72
260	13.03	620	75.01	980	191.76
280	15.12	640	80.00	1000	200.00
300	17.37	660	85.16	1020	208.43
320	19.77	680	90.50	1040	217.06
340	22.33	700	96.00	1060	225.89
360	25.04	720	101.68		

RAYON 2700.

Abscisses.	Ordonnées.	Abscisses.	Ordonnées.	Abscisses.	Ordonnées.
20	0.08	180	6.01	340	21.49
40	0.30	200	7.42	360	24.10
60	0.67	220	8.98	380	26.88
80	1.19	240	10.69	400	29.79
100	1.85	260	12.55	420	32.87
120	2.67	280	14.56	440	36.09
140	3.63	300	16.72	460	39.48
160	4.74	320	19.03	480	43.01

Abscisses.	Ordonnées.	Abscisses.	Ordonnées.	Abscisses.	Ordonnées.
500	46m70	720	97m77	940	168m90
520	50.55	740	103.39	960	176.43
540	54.55	760	109.17	980	184.13
560	58.69	780	115.12	1000	192.01
580	63.03	800	121.24	1020	200.08
600	67.51	820	127.53	1040	208.34
620	72.15	840	133.99	1060	216.78
640	76.95	860	140.63	1080	225.41
660	81.91	880	147.43	1100	234.24
680	87.03	900	154.42		
700	92.32	920	161.58		

Rayon 2800.

Abscisses	Ordonnées	Abscisses	Ordonnées	Abscisses	Ordonnées
20	0.07	400	28.72	780	110.84
40	0.29	420	31.68	800	116.72
60	0.64	440	34.79	820	122.76
80	1.14	460	38.04	840	128.97
100	1.79	480	41.45	860	135.34
120	2.57	500	45.00	880	141.88
140	3.50	520	48.71	900	148.59
160	4.57	540	52.56	920	155.46
180	5.79	560	56.57	940	162.50
200	7.15	580	60.73	960	169.71
220	8.66	600	65.04	980	177.10
240	10.30	620	69.51	1000	184.66
260	12.10	640	74.12	1020	192.40
280	14.03	660	78.90	1040	200.31
300	16.12	680	83.83	1060	208.40
320	18.35	700	88.91	1080	216.67
340	20.72	720	94.15	1100	225.12
360	23.24	740	99.56	1120	233.76
380	25.91	760	105.12	1140	242.58

Abscisses.	Ordonnées.	Abscisses.	Ordonnées.	Abscisses.	Ordonnées.

RAYON 2900.

Abscisses.	Ordonnées.	Abscisses.	Ordonnées.	Abscisses.	Ordonnées.
20	0^{m}07	420	30^{m}58	820	118^{m}35
40	0.28	440	33.58	840	124.32
60	0.62	460	36.72	860	130.45
80	1.11	480	40.00	880	136.74
100	1.72	500	43.43	900	143.19
120	2.48	520	47.01	920	149.80
140	3.38	540	50.72	940	156.57
160	4.42	560	54.58	960	163.50
180	5.59	580	58.59	980	170.60
200	6.90	600	62.75	1000	177.87
220	8.36	620	67.05	1020	185.30
240	9.95	640	71.50	1040	192.90
260	11.68	660	76.11	1060	200.67
280	13.53	680	80.85	1080	208.61
300	15.56	700	85.75	1100	216.72
320	17.71	720	90.81	1120	225.01
340	20.00	740	96.01	1140	233.47
360	22.43	760	101.36	1160	242.10
380	25.01	780	106.87	1180	250.93
400	27.72	800	112.53		

RAYON 3000.

Abscisses.	Ordonnées.	Abscisses.	Ordonnées.	Abscisses.	Ordonnées.
20	0.07	200	6.67	380	24.16
40	0.27	220	8.08	400	26.78
60	0.60	240	9.62	420	29.54
80	1.07	260	11.29	440	32.43
100	1.67	280	13.10	460	35.47
120	2.40	300	15.04	480	38.65
140	3.27	320	17.11	500	41.96
160	4.27	340	19.33	520	45.41
180	5.40	360	21.67	540	49.00

Abscisses.	Ordonnées.	Abscisses.	Ordonnées.	Abscisses.	Ordonnées.
560	52^{m}73	780	103^{m}17	1000	171^{m}57
580	56.60	800	108.63	1020	178.72
600	60.61	820	114.24	1040	186.04
620	64.77	840	120.00	1060	193.51
640	69.06	860	125.91	1080	201.14
660	73.50	880	131.97	1100	208.94
680	78.08	900	138.18	1120	216.91
700	82.81	920	144.55	1140	225.04
720	87.68	940	151.07	1160	233.34
740	92.70	960	157.75	1180	241.81
760	97.86	980	164.58	1200	250.45

RAYON 3100.

Abscisses.	Ordonnées.	Abscisses.	Ordonnées.	Abscisses.	Ordonnées.
20	0.06	420	28.58	820	110.42
40	0.26	440	31.38	840	115.98
60	0.58	460	34.32	860	121.68
80	1.03	480	37.39	880	127.53
100	1.61	500	40.59	900	133.52
120	2.32	520	43.92	920	139.66
140	3.16	540	47.40	940	145.95
160	4.13	560	51.00	960	152.39
180	5.23	580	54.74	980	158.98
200	6.46	600	58.62	1000	165.72
220	7.82	620	62.63	1020	172.61
240	9.30	640	66.78	1040	179.66
260	10.92	660	71.07	1060	186.86
280	12.67	680	75.50	1080	194.20
300	14.55	700	80.07	1100	201.73
320	16.56	720	84.77	1120	209.40
340	18.70	740	89.62	1140	217.22
360	20.98	760	94.61	1160	225.21
380	23.38	780	99.73	1180	233.36
400	25.92	800	105.00	1200	241.68

Abscisses.	Ordonnées.	Abscisses.	Ordonnées.	Abscisses.	Ordonnées.
1220	250m16	1240	258m80	1260	267m62

RAYON 3200.

Abscisses	Ordonnées	Abscisses	Ordonnées	Abscisses	Ordonnées
20	0.06	460	33.23	900	129.17
40	0.25	480	36.20	920	135.10
60	0.56	500	39.30	940	141.18
80	1.00	520	42.53	960	147.39
100	1.56	540	45.89	980	153.76
120	2.25	560	49.38	1000	160.26
140	3.06	580	53.00	1020	166.92
160	4.00	600	56.75	1040	173.71
180	5.08	620	60.64	1060	180.66
200	6.26	640	64.65	1080	187.76
220	7.57	660	68.80	1100	195.00
240	9.01	680	73.08	1120	202.40
260	10.58	700	77.50	1140	209.95
280	12.27	720	82.05	1160	217.65
300	14.09	740	86.74	1180	225.51
320	16.04	760	91.56	1200	233.52
340	18.11	780	96.52	1220	241.69
360	20.31	800	101.61	1240	250.02
380	22.64	820	106.85	1260	258.50
400	25.10	840	112.22	1280	267.15
420	27.68	860	117.73	1300	275.96
440	30.39	880	123.38	1320	284.94

RAYON 3300.

Abscisses	Ordonnées	Abscisses	Ordonnées	Abscisses	Ordonnées
20	0.06	120	2.18	220	7.34
40	0.24	140	2.97	240	8.74
60	0.55	160	3.88	260	10.26
80	0.97	180	4.91	280	11.90
100	1.52	200	6.07	300	13.67

Abscisses.	Ordonnées.	Abscisses.	Ordonnées.	Abscisses.	Ordonnées.
560	52^{m}73	780	103^{m}17	1000	171^{m}57
580	56.60	800	108.63	1020	178.72
600	60.61	820	114.24	1040	186.04
620	64.77	840	120.00	1060	193.51
640	69.06	860	125.91	1080	201.14
660	73.50	880	131.97	1100	208.94
680	78.08	900	138.18	1120	216.91
700	82.81	920	144.55	1140	225.04
720	87.68	940	151.07	1160	233.34
740	92.70	960	157.75	1180	241.81
760	97.86	980	164.58	1200	250.45

RAYON 3100.

Abscisses	Ordonnées	Abscisses	Ordonnées	Abscisses	Ordonnées
20	0.06	420	28.58	820	110.42
40	0.26	440	31.38	840	115.98
60	0.58	460	34.32	860	121.68
80	1.03	480	37.39	880	127.53
100	1.61	500	40.59	900	133.52
120	2.32	520	43.92	920	139.66
140	3.16	540	47.40	940	145.95
160	4.13	560	51.00	960	152.39
180	5.23	580	54.74	980	158.98
200	6.46	600	58.62	1000	165.72
220	7.82	620	62.63	1020	172.61
240	9.30	640	66.78	1040	179.66
260	10.92	660	71.07	1060	186.86
280	12.67	680	75.50	1080	194.20
300	14.55	700	80.07	1100	201.73
320	16.56	720	84.77	1120	209.40
340	18.70	740	89.62	1140	217.22
360	20.98	760	94.61	1160	225.21
380	23.38	780	99.73	1180	233.36
400	25.92	800	105.00	1200	241.68

Abscisses.	Ordonnées.	Abscisses.	Ordonnées.	Abscisses.	Ordonnées.
1220	250ᵐ16	1240	258ᵐ80	1260	267ᵐ62

RAYON 3200.

Abscisses.	Ordonnées.	Abscisses.	Ordonnées.	Abscisses.	Ordonnées.
20	0.06	460	33.23	900	129.17
40	0.25	480	36.20	920	135.10
60	0.56	500	39.30	940	141.18
80	1.00	520	42.53	960	147.39
100	1.56	540	45.89	980	153.76
120	2.25	560	49.38	1000	160.26
140	3.06	580	53.00	1020	166.92
160	4.00	600	56.75	1040	173.71
180	5.08	620	60.64	1060	180.66
200	6.26	640	64.65	1080	187.76
220	7.57	660	68.80	1100	195.00
240	9.01	680	73.08	1120	202.40
260	10.58	700	77.50	1140	209.95
280	12.27	720	82.05	1160	217.65
300	14.09	740	86.74	1180	225.51
320	16.04	760	91.56	1200	233.52
340	18.11	780	96.52	1220	241.69
360	20.31	800	101.61	1240	250.02
380	22.64	820	106.85	1260	258.50
400	25.10	840	112.22	1280	267.15
420	27.68	860	117.73	1300	275.96
440	30.39	880	123.38	1320	284.94

RAYON 3300.

Abscisses.	Ordonnées.	Abscisses.	Ordonnées.	Abscisses.	Ordonnées.
20	0.06	120	2.18	220	7.34
40	0.24	140	2.97	240	8.74
60	0.55	160	3.88	260	10.26
80	0.97	180	4.91	280	11.90
100	1.52	200	6.07	300	13.67

Abscisses.	Ordonnées.	Abscisses.	Ordonnées.	Abscisses.	Ordonnées.
320	15m55	680	70m82	1040	168m16
340	17.56	700	75.10	1060	174.88
360	19.70	720	79 50	1080	181.73
380	21.95	740	84.04	1100	188.73
400	24.33	760	88.71	1120	195.87
420	26.82	780	93.51	1140	203.16
440	29.47	800	98.44	1160	210.60
460	32.22	820	103.50	1180	218.18
480	35.10	840	108.70	1200	225.92
500	38.10	860	114.03	1220	233.80
520	41.23	880	119.50	1240	241.83
540	44.48	900	125.10	1260	250.02
560	47.86	920	130.84	1280	258.36
580	51.37	940	136.71	1300	266.85
600	55.00	960	142.72	1320	275.50
620	58.77	980	148.87	1340	284.31
640	62.66	1000	155.16	1360	293.27
660	66.68	1020	161.59		

RAYON 3400.

Abscisses.	Ordonnées.	Abscisses.	Ordonnées.	Abscisses.	Ordonnées.
20	0.06	280	11.55	540	43.16
40	0.24	300	13.26	560	46.43
60	0.53	320	15.09	580	49.84
80	0.94	340	17.04	600	53.36
100	1.47	360	19.11	620	57.01
120	2.12	380	21.30	640	60.78
140	2.88	400	23.61	660	64.67
160	3.77	420	26.04	680	68.69
180	4.77	440	28.59	700	72.84
200	5.89	460	31.26	720	77.11
220	7.12	480	34.05	740	81.51
240	8.48	500	36.97	760	86.03
260	9.96	520	40.00	780	90.68

Abscisses.	Ordonnées.	Abscisses.	Ordonnées.	Abscisses.	Ordonnées.
800	95^{m}46	1020	156^{m}61	1240	234^{m}18
820	100.36	1040	162.96	1260	242.09
840	105.40	1060	169.46	1280	250.14
860	110.56	1080	176.09	1300	258.34
880	115.86	1100	182.86	1320	266.69
900	121.28	1120	189.77	1340	275.20
920	126.84	1140	196.81	1360	283.85
940	132.52	1160	204.00	1380	292.65
960	138.34	1180	211.33	1400	301.61
980	144.30	1200	218.81		
1000	150.38	1220	226.42		

RAYON 3500.

20	0.06	420	25.29	820	97.40
40	0.23	440	27.77	840	102.30
60	0.51	460	30.36	860	107.30
80	0.91	480	33.07	880	112.43
100	1.43	500	35.90	900	117.69
120	2.06	520	38.85	920	123.08
140	2.80	540	41.90	940	128.59
160	3.66	560	45.09	960	134.23
180	4.63	580	48.39	980	140.00
200	5.72	600	51.80	1000	145.90
220	6.92	620	55.35	1020	151.93
240	8.24	640	59.01	1040	158.09
260	9.67	660	62.79	1060	164.38
280	11.22	680	66.69	1080	170.80
300	12.88	700	70.71	1100	177.35
320	14.66	720	74.86	1120	184.04
340	16.56	740	79.13	1140	190.87
360	18.56	760	83.51	1160	197.82
380	20.69	780	88.03	1180	204.91
400	22.93	800	92.66	1200	212.14

Abscisses.	Ordonnées.	Abscisses.	Ordonnées.	Abscisses.	Ordonnées.
320	15m55	680	70m82	1040	168m16
340	17.56	700	75.10	1060	174.88
360	19.70	720	79.50	1080	181.73
380	21.95	740	84.04	1100	188.73
400	24.33	760	88.71	1120	195.87
420	26.82	780	93.51	1140	203.16
440	29.47	800	98.44	1160	210.60
460	32.22	820	103.50	1180	218.18
480	35.10	840	108.70	1200	225.92
500	38.10	860	114.03	1220	233.80
520	41.23	880	119.50	1240	241.83
540	44.48	900	125.10	1260	250.02
560	47.86	920	130.84	1280	258.36
580	51.37	940	136.71	1300	266.85
600	55.00	960	142.72	1320	275.50
620	58.77	980	148.87	1340	284.31
640	62.66	1000	155.16	1360	293.27
660	66.68	1020	161.59		

RAYON 5400.

20	0.06	280	11.55	540	43.16
40	0.24	300	13.26	560	46.43
60	0.53	320	15.09	580	49.84
80	0.94	340	17.04	600	53.36
100	1.47	360	19.11	620	57.01
120	2.12	380	21.30	640	60.78
140	2.88	400	23.61	660	64.67
160	3.77	420	26.04	680	68.69
180	4.77	440	28.59	700	72.84
200	5.89	460	31.26	720	77.11
220	7.12	480	34.05	740	81.51
240	8.48	500	36.97	760	86.03
260	9.96	520	40.00	780	90.68

Abscisses.	Ordonnées.	Abscisses.	Ordonnées.	Abscisses.	Ordonnées.
800	95^{m}46	1020	156^{m}61	1240	234^{m}18
820	100.36	1040	162.96	1260	242.09
840	105.40	1060	169.46	1280	250.14
860	110.56	1080	176.09	1300	258.34
880	115.86	1100	182.86	1320	266.69
900	121.28	1120	189.77	1340	275.20
920	126.84	1140	196.81	1360	283.85
940	132.52	1160	204.00	1380	292.65
960	138.34	1180	211.33	1400	301.61
980	144.30	1200	218.81		
1000	150.38	1220	226.42		

RAYON 3500.

Abscisses.	Ordonnées.	Abscisses.	Ordonnées.	Abscisses.	Ordonnées.
20	0.06	420	25.29	820	97.40
40	0.23	440	27.77	840	102.30
60	0.51	460	30.36	860	107.30
80	0.91	480	33.07	880	112.43
100	1.43	500	35.90	900	117.69
120	2.06	520	38.85	920	123.08
140	2.80	540	41.90	940	128.59
160	3.66	560	45.09	960	134.23
180	4.63	580	48.39	980	140.00
200	5.72	600	51.80	1000	145.90
220	6.92	620	55.35	1020	151.93
240	8.24	640	59.01	1040	158.09
260	9.67	660	62.79	1060	164.38
280	11.22	680	66.69	1080	170.80
300	12.88	700	70.71	1100	177.35
320	14.66	720	74.86	1120	184.04
340	16.56	740	79.13	1140	190.87
360	18.56	760	83.51	1160	197.82
380	20.69	780	88.03	1180	204.91
400	22.93	800	92.66	1200	212.14

Abscisses.	Ordonnées.	Abscisses.	Ordonnées.	Abscisses.	Ordonnées.
1220	219^{m}51	1300	250^{m}39	1380	283^{m}54
1240	227.01	1320	258.46	1400	292.20
1260	234.67	1340	266.67	1420	301.00
1280	242.46	1360	275.04	1440	309.95

RAYON 3600.

Abscisses.	Ordonnées.	Abscisses.	Ordonnées.	Abscisses.	Ordonnées.
20	0.06	520	37.75	1020	147.52
40	0.22	540	40.73	1040	153.49
60	0.50	560	43.82	1060	159.59
80	0.89	580	47.03	1080	165.82
100	1.39	600	50.35	1100	172.17
120	2.00	620	53.79	1120	178.66
140	2.72	640	57.35	1140	185.27
160	3.56	660	61.02	1160	192.01
180	4.50	680	64.81	1180	198.88
200	5.56	700	68.71	1200	205.89
220	6.73	720	72.73	1220	213.02
240	8.01	740	76.88	1240	220.30
260	9.40	760	81.14	1260	227.70
280	10.91	780	85.52	1280	235.24
300	12.52	800	90.01	1300	242.92
320	14.25	820	94.63	1320	250.73
340	16.09	840	99.37	1340	258.68
360	18.05	860	104.23	1360	266.77
380	20.11	880	109.21	1380	275.00
400	22.29	900	114.31	1400	283.38
420	24.58	920	119.54	1420	291.89
440	26.99	940	124.89	1440	300.54
460	29.51	960	130.36	1460	309.35
480	32.14	980	135.96	1480	318.29
500	34.89	1000	141.68		

Abscisses.	Ordonnées.	Abscisses.	Ordonnées.	Abscisses.	Ordonnées.

RAYON 3700.

Abscisses.	Ordonnées.	Abscisses.	Ordonnées.	Abscisses.	Ordonnées.
20	0m05	540	39m62	1060	155m10
40	0.22	560	42.62	1080	161.13
60	0.49	580	45.74	1100	167.30
80	0.86	600	48.97	1120	173.59
100	1.35	620	52.32	1140	180.00
120	1.95	640	55.77	1160	186.54
140	2.65	660	59.34	1180	193.21
160	3.46	680	63.02	1200	200.00
180	4.38	700	66.82	1220	206.92
200	5.41	720	70.73	1240	213.97
220	6.55	740	74.76	1260	221.15
240	7.79	760	78.90	1280	228.46
260	9.15	780	83.15	1300	235.90
280	10.61	800	87.52	1320	243.47
300	12.18	820	92.01	1340	251.17
320	13.86	840	96.61	1360	259.01
340	15.65	860	101.34	1380	266.98
360	17.56	880	106.17	1400	275.09
380	19.57	900	111.13	1420	283.34
400	21.68	920	116.20	1440	291.72
420	23.91	940	121.40	1460	300.24
440	26.25	960	126.71	1480	308.89
460	28.70	980	132.14	1500	317.69
480	31.26	1000	137.70	1520	326.64
500	33.94	1020	143.37		
520	36.72	1040	149.17		

RAYON 3800.

Abscisses.	Ordonnées.	Abscisses.	Ordonnées.	Abscisses.	Ordonnées.
20	0.05	80	0.84	140	2.58
40	0.21	100	1.32	160	3.37
60	0.47	120	1.89	180	4.27

Abscisses.	Ordonnées.	Abscisses.	Ordonnées.	Abscisses.	Ordonnées.
200	5ᵐ27	660	57ᵐ75	1120	168ᵐ80
220	6.37	680	61.34	1140	175.03
240	7.59	700	65.03	1160	181.38
260	8.90	720	68.83	1180	187.85
280	10.33	740	72.75	1200	194.45
300	11.86	760	76.78	1220	201.17
320	13.50	780	80.91	1240	208.01
340	15.24	800	85.16	1260	214.98
360	17.10	820	89.53	1280	222.07
380	19.05	840	94.00	1300	229.29
400	21.11	860	98.59	1320	236.63
420	23.28	880	103.30	1340	244.10
440	25.56	900	108.12	1360	251.70
460	27.94	920	113.05	1380	259.43
480	30.44	940	118.10	1400	267.30
500	33.04	960	123.26	1420	275.29
520	35.75	980	128.54	1440	283.41
540	38.56	1000	133.94	1460	291.67
560	41.49	1020	139.45	1480	300.06
580	44.52	1040	145.09	1500	308.58
600	47.67	1060	150.84	1520	317.24
620	50.92	1080	156.70	1540	326.04
640	54.28	1100	162.69	1560	334.97

RAYON 3900.

Abscisses.	Ordonnées.	Abscisses.	Ordonnées.	Abscisses.	Ordonnées.
20	0.05	180	4.16	340	14.85
40	0.20	200	5.13	360	16.65
60	0.46	220	6.20	380	18.56
80	0.82	240	7.39	400	20.57
100	1.29	260	8.68	420	22.68
120	1.85	280	10.07	440	24.90
140	2.51	300	11.56	460	27.23
160	3.29	320	13.15	480	29.65

DEUXIÈME TABLE.

Abscisses.	Ordonnées.	Abscisses.	Ordonnées.	Abscisses.	Ordonnées.
500	32m19	880	100m58	1260	209m15
520	34.82	900	105.27	1280	216.04
540	37.57	920	110.07	1300	223.04
560	40.42	940	114.98	1320	230.18
580	43.37	960	120.00	1340	237.43
600	46.43	980	125.14	1360	244.81
620	49.60	1000	130.39	1380	252.32
640	52.87	1020	135.75	1400	259.95
660	56.25	1040	141.23	1420	267.70
680	59.74	1060	146.82	1440	275.59
700	63.34	1080	152.52	1460	283.59
720	67.04	1100	158.34	1480	291.73
740	70.85	1120	164.28	1500	300.00
760	74.77	1140	170.34	1520	308.40
780	78.80	1160	176.51	1540	316.93
800	82.93	1180	182.80	1560	325.59
820	87.18	1200	189.20	1580	334.39
840	91.54	1220	195.73	1600	343.32
860	96.00	1240	202.38		

RAYON 4000.

Abscisses.	Ordonnées.	Abscisses.	Ordonnées.	Abscisses.	Ordonnées.
20	0.05	260	8.46	500	31.37
40	0.20	280	9.82	520	33.94
60	0.45	300	11.27	540	36.62
80	0.80	320	12.82	560	39.39
100	1.25	340	14.47	580	42.27
120	1.80	360	16.22	600	45.26
140	2.45	380	18.07	620	48.35
160	3.20	400	20.05	640	51.53
180	4.05	420	22.12	660	54.83
200	5.00	440	24.28	680	58.23
220	6.06	460	26.54	700	61.73
240	7.21	480	28.90	720	65.34

Abscisses.	Ordonnées.	Abscisses.	Ordonnées.	Abscisses.	Ordonnées.
200	5^{m}27	660	57^{m}75	1120	168^{m}80
220	6.37	680	61.34	1140	175.03
240	7.59	700	65.03	1160	181.38
260	8.90	720	68.83	1180	187.85
280	10.33	740	72.75	1200	194.45
300	11.86	760	76.78	1220	201.17
320	13.50	780	80.91	1240	208.01
340	15.24	800	85.16	1260	214.98
360	17.10	820	89.53	1280	222.07
380	19.05	840	94.00	1300	229.29
400	21.11	860	98.59	1320	236.63
420	23.28	880	103.30	1340	244.10
440	25.56	900	108.12	1360	251.70
460	27.94	920	113.05	1380	259.43
480	30.44	940	118.10	1400	267.30
500	33.04	960	123.26	1420	275.29
520	35.75	980	128.54	1440	283.41
540	38.56	1000	133.94	1460	291.67
560	41.49	1020	139.45	1480	300.06
580	44.52	1040	145.09	1500	308.58
600	47.37	1060	150.84	1520	317.24
620	50.92	1080	156.70	1540	326.04
640	54.28	1100	162.69	1560	334.97

RAYON 3900.

Abscisses	Ordonnées	Abscisses	Ordonnées	Abscisses	Ordonnées
20	0.05	180	4.16	340	14.85
40	0.20	200	5.13	360	16.65
60	0.46	220	6.20	380	18.56
80	0.82	240	7.39	400	20.57
100	1.29	260	8.68	420	22.68
120	1.85	280	10.07	440	24.90
140	2.51	300	11.56	460	27.23
160	3.29	320	13.15	480	29.65

15

Abscisses.	Ordonnées.	Abscisses.	Ordonnées.	Abscisses.	Ordonnées.
500	32^{m}19	880	100^{m}58	1260	209^{m}15
520	34.82	900	105.27	1280	216.04
540	37.57	920	110.07	1300	223.04
560	40.42	940	114.98	1320	230.18
580	43.37	960	120.00	1340	237.43
600	46.43	980	125.14	1360	244.81
620	49.60	1000	130.39	1380	252.32
640	52.87	1020	135.75	1400	259.95
660	56.25	1040	141.23	1420	267.70
680	59.74	1060	146.82	1440	275.59
700	63.34	1080	152.52	1460	283.59
720	67.04	1100	158.34	1480	291.73
740	70.85	1120	164.28	1500	300.00
760	74.77	1140	170.34	1520	308.40
780	78.80	1160	176.51	1540	316.93
800	82.93	1180	182.80	1560	325.59
820	87.18	1200	189.20	1580	334.39
840	91.54	1220	195.73	1600	343.32
860	96.00	1240	202.38		

RAYON 4000.

Abscisses.	Ordonnées.	Abscisses.	Ordonnées.	Abscisses.	Ordonnées.
20	0.05	260	8.46	500	31.37
40	0.20	280	9.82	520	33.94
60	0.45	300	11.27	540	36.62
80	0.80	320	12.82	560	39.39
100	1.25	340	14.47	580	42.27
120	1.80	360	16.22	600	45.26
140	2.45	380	18.07	620	48.35
160	3.20	400	20.05	640	51.53
180	4.05	420	22.12	660	54.83
200	5.00	440	24.28	680	58.23
220	6.06	460	26.54	700	61.73
240	7.21	480	28.90	720	65.34

Abscisses.	Ordonnées.	Abscisses.	Ordonnées.	Abscisses.	Ordonnées.
740	69m05	1060	143m01	1380	245m59
760	72.86	1080	148.56	1400	253.09
780	76.79	1100	154.23	1420	260.53
800	80.82	1120	160.00	1440	268.19
820	84.95	1140	165.89	1460	275.97
840	89.20	1160	171.90	1480	283.87
860	93.55	1180	178.01	1500	291.90
880	98.00	1200	184.24	1520	300.06
900	102.56	1220	190.59	1540	308.33
920	107.24	1240	197.05	1560	316.74
940	112.02	1260	203.63	1580	325.28
960	116.91	1280	210.33	1600	333.94
980	121.91	1300	217.14	1620	342.73
1000	127.02	1320	224.08	1640	351.66
1020	132.24	1340	231.13		
1040	137.57	1360	238.30		

RAYON 4100.

Abscisses.	Ordonnées.	Abscisses.	Ordonnées.	Abscisses.	Ordonnées.
20	0.05	320	12.51	620	47.15
40	0.20	340	14.12	640	50.26
60	0.44	360	15.84	660	53.47
80	0.78	380	17.65	680	56.78
100	1.22	400	19.56	700	60.20
120	1.76	420	21.57	720	63.72
140	2.39	440	23.68	740	67.34
160	3.12	460	25.89	760	71.06
180	3.95	480	28.19	780	74.88
200	4.88	500	30.60	800	78.81
220	5.91	520	33.11	820	82.84
240	7.03	540	35.72	840	86.97
260	8.25	560	38.42	860	91.21
280	9.57	580	41.23	880	95.55
300	10.99	600	44.14	900	100.00

Abscisses.	Ordonnées.	Abscisses.	Ordonnées.	Abscisses.	Ordonnées.
920	104^{m}55	1180	173^{m}47	1440	261^{m}20
940	109.21	1200	179.54	1460	268.76
960	113.97	1220	185.72	1480	276.44
980	118.84	1240	192.01	1500	284.24
1000	123.82	1260	198.41	1520	292.17
1020	128.90	1280	204.93	1540	300.21
1040	134.10	1300	211.56	1560	308.38
1060	139.39	1320	218.30	1580	316.67
1080	144.80	1340	225.16	1600	325.08
1100	150.31	1360	232.13	1620	333.62
1120	155.94	1380	239.22	1640	342.29
1140	161.68	1400	246.43	1660	351.08
1160	167.52	1420	253.76	1680	360.00

RAYON 4200.

20	0.05	380	17.23	740	65.70
40	0.19	400	19.09	760	69.33
60	0.43	420	21.05	780	73.06
80	0.76	440	23.11	800	76.89
100	1.19	460	25.27	820	80.83
120	1.71	480	27.52	840	84.86
140	2.33	500	29.87	860	88.99
160	3.05	520	32.31	880	93.22
180	3.86	540	34.86	900	97.57
200	4.77	560	37.50	920	102.00
220	5.77	580	40.24	940	106.54
240	6.86	600	43.08	960	111.19
260	8.05	620	46.01	980	115.93
280	9.34	640	49.05	1000	120.78
300	10.73	660	52.18	1020	125.74
320	12.21	680	55.41	1040	130.79
340	13.79	700	58.74	1060	135.96
360	15.46	720	62.17	1080	141.23

Abscisses.	Ordonnées.	Abscisses.	Ordonnées.	Abscisses.	Ordonnées.
740	69^{m}05	1060	143^{m}01	1380	245^{m}59
760	72.86	1080	148.56	1400	253.09
780	76.79	1100	154.23	1420	260.53
800	80.82	1120	160.00	1440	268.19
820	84.95	1140	165.89	1460	275.97
840	89.20	1160	171.90	1480	283.87
860	93.55	1180	178.01	1500	291.90
880	98.00	1200	184.24	1520	300.06
900	102.56	1220	190.59	1540	308.33
920	107.24	1240	197.05	1560	316.74
940	112.02	1260	203.63	1580	325.28
960	116.91	1280	210.33	1600	333.94
980	121.91	1300	217.14	1620	342.73
1000	127.02	1320	224.08	1640	351.66
1020	132.24	1340	231.13		
1040	137.57	1360	238.30		

RAYON 4100.

Abscisses.	Ordonnées.	Abscisses.	Ordonnées.	Abscisses.	Ordonnées.
20	0.05	320	12.51	620	47.15
40	0.20	340	14.12	640	50.26
60	0.44	360	15.84	660	53.47
80	0.78	380	17.65	680	56.78
100	1.22	400	19.56	700	60.20
120	1.76	420	21.57	720	63.72
140	2.39	440	23.68	740	67.34
160	3.12	460	25.89	760	71.06
180	3.95	480	28.19	780	74.88
200	4.88	500	30.60	800	78.81
220	5.91	520	33.11	820	82.84
240	7.03	540	35.72	840	86.97
260	8.25	560	38.42	860	91.21
280	9.57	580	41.23	880	95.55
300	10.99	600	44.14	900	100.00

Abscisses.	Ordonnées.	Abscisses.	Ordonnées.	Abscisses.	Ordonnées.
920	104^{m}55	1180	173^{m}47	1440	261^{m}20
940	109.21	1200	179.54	1460	268.76
960	113.97	1220	185.72	1480	276.44
980	118.84	1240	192.01	1500	284.24
1000	123.82	1260	198.41	1520	292.17
1020	128.90	1280	204.93	1540	300.21
1040	134.10	1300	211.56	1560	308.38
1060	139.39	1320	218.30	1580	316.67
1080	144.80	1340	225.16	1600	325.08
1100	150.31	1360	232.13	1620	333.62
1120	155.94	1380	239.22	1640	342.29
1140	161.68	1400	246.43	1660	351.08
1160	167.52	1420	253.76	1680	360.00

RAYON 4200.

Abscisses.	Ordonnées.	Abscisses.	Ordonnées.	Abscisses.	Ordonnées.
20	0.05	380	17.23	740	65.70
40	0.19	400	19.09	760	69.33
60	0.43	420	21.05	780	73.06
80	0.76	440	23.11	800	76.89
100	1.19	460	25.27	820	80.83
120	1.71	480	27.52	840	84.86
140	2.33	500	29.87	860	88.99
160	3.05	520	32.31	880	93.22
180	3.86	540	34.86	900	97.57
200	4.77	560	37.50	920	102.00
220	5.77	580	40.24	940	106.54
240	6.86	600	43.08	960	111.19
260	8.05	620	46.01	980	115.93
280	9.34	640	49.05	1000	120.78
300	10.73	660	52.18	1020	125.74
320	12.21	680	55.41	1040	130.79
340	13.79	700	58.74	1060	135.96
360	15.46	720	62.17	1080	141.23

Abscisses.	Ordonnées.	Abscisses.	Ordonnées.	Abscisses.	Ordonnées.
1100	146^{m}61	1320	212^{m}82	1540	292^{m}52
1120	152.08	1340	219.50	1560	300.46
1140	157.67	1360	226.28	1580	308.52
1160	163.37	1380	233.19	1600	316.70
1180	169^{m}17	1400	240.20	1620	325.01
1200	175.08	1420	247.33	1640	333.43
1220	181.09	1440	254.57	1660	341.97
1240	187.22	1460	261.93	1680	350.64
1260	193.46	1480	269.41	1700	359.43
1280	199.80	1500	277.00	1720	368.34
1300	206.25	1520	284.70		

RAYON 4300.

Abscisses	Ordonnées	Abscisses	Ordonnées	Abscisses	Ordonnées
20	0.05	420	20.56	820	78.91
40	0.19	440	22.57	840	82.85
60	0.42	460	24.68	860	86.88
80	0.74	480	26.88	880	91.01
100	1.16	500	29.17	900	95.24
120	1.67	520	31.56	920	99.57
140	2.28	540	34.04	940	104.00
160	2.98	560	36.62	960	108.53
180	3.77	580	39.30	980	113.16
200	4.65	600	42.07	1000	117.90
220	5.63	620	44.93	1020	122.73
240	6.71	640	47.90	1040	127.66
260	7.87	660	50.95	1060	132.70
280	9.13	680	54.10	1080	137.84
300	10.48	700	57.36	1100	143.08
320	11.92	720	60.71	1120	148.42
340	13.46	740	64.15	1140	153.87
360	15.10	760	67.70	1160	159.42
380	16.82	780	71.34	1180	165.08
400	18.65	800	75.07	1200	170.84

Abscisses.	Ordonnées.	Abscisses.	Ordonnées.	Abscisses.	Ordonnées.
1220	176m70	1420	241m23	1620	316m83
1240	182.67	1440	248.29	1640	325.03
1260	188.75	1460	255.45	1660	333.34
1280	194.93	1480	262.72	1680	341.77
1300	201.22	1500	270.11	1700	350.32
1320	207.62	1520	277.61	1720	358.99
1340	214.12	1540	285.23	1740	367.77
1360	220.74	1560	292.96	1760	376.69
1380	227.46	1580	300.80		
1400	234.29	1600	308.76		

RAYON 4400.

20	0.05	440	22.05	860	84.87
40	0.18	460	24.11	880	88.90
60	0.41	480	26.26	900	93.03
80	0.73	500	28.50	920	97.26
100	1.14	520	30.83	940	101.58
120	1.64	540	33.26	960	106.01
140	2.23	560	35.78	980	110.53
160	2.90	580	38.40	1000	115.15
180	3.68	600	41.10	1020	119.86
200	4.55	620	43.90	1040	124.68
220	5.50	640	46.80	1060	129.58
240	6.55	660	49.78	1080	134.60
260	7.69	680	52.86	1100	139.72
280	8.92	700	56.04	1120	144.93
300	10.24	720	59.31	1140	150.25
320	11.65	740	62.68	1160	155.66
340	13.16	760	66.13	1180	161.18
360	14.75	780	69.69	1200	166.80
380	16.44	800	73.34	1220	172.52
400	18.22	820	77.09	1240	178.34
420	20.09	840	80.93	1260	184.27

Abscisses.	Ordonnées.	Abscisses.	Ordonnées.	Abscisses.	Ordonnées.
1100	146m61	1320	212m82	1540	292m52
1120	152.08	1340	219.50	1560	300.46
1140	157.67	1360	226.28	1580	308.52
1160	163.37	1380	233.19	1600	316.70
1180	169m17	1400	240.20	1620	325.01
1200	175.08	1420	247.33	1640	333.43
1220	181.09	1440	254.57	1660	341.97
1240	187.22	1460	261.93	1680	350.64
1260	193.46	1480	269.41	1700	359.43
1280	199.80	1500	277.00	1720	368.34
1300	206.25	1520	284.70		

RAYON 4300.

20	0.05	420	20.56	820	78.91
40	0.19	440	22.57	840	82.85
60	0.42	460	24.68	860	86.88
80	0.74	480	26.88	880	91.01
100	1.16	500	29.17	900	95.24
120	1.67	520	31.56	920	99.57
140	2.28	540	34.04	940	104.00
160	2.98	560	36.62	960	108.53
180	3.77	580	39.30	980	113.16
200	4.65	600	42.07	1000	117.90
220	5.63	620	44.93	1020	122.73
240	6.71	640	47.90	1040	127.66
260	7.87	660	50.95	1060	132.70
280	9.13	680	54.10	1080	137.84
300	10.48	700	57.36	1100	143.08
320	11.92	720	60.71	1120	148.42
340	13.46	740	64.15	1140	153.87
360	15.10	760	67.70	1160	159.42
380	16.82	780	71.34	1180	165.08
400	18.65	800	75.07	1200	170.84

DEUXIÈME TABLE.

Abscisses.	Ordonnées.	Abscisses.	Ordonnées.	Abscisses.	Ordonnées.
1220	176^{m}70	1420	241^{m}23	1620	316^{m}83
1240	182.67	1440	248.29	1640	325.03
1260	188.75	1460	255.45	1660	333.34
1280	194.93	1480	262.72	1680	341.77
1300	201.22	1500	270.11	1700	350.32
1320	207.62	1520	277,61	1720	358.99
1340	214.12	1540	285,23	1740	367.77
1360	220.74	1560	292,96	1760	376.69
1380	227.46	1580	300.80		
1400	234.29	1600	308,76		

RAYON 4400.

20	0.05	440	22.05	860	84.87
40	0.18	460	24.11	880	88.90
60	0.41	480	26.26	900	93.03
80	0.73	500	28.50	920	97.26
100	1.14	520	30.83	940	101.58
120	1.64	540	33.26	960	106.01
140	2.23	560	35.78	980	110.53
160	2.90	580	38.40	1000	115.15
180	3.68	600	41.10	1020	119.86
200	4.55	620	43.90	1040	124.68
220	5.50	640	46.80	1060	129.58
240	6.55	660	49.78	1080	134.60
260	7.69	680	52.86	1100	139.72
280	8.92	700	56.04	1120	144.93
300	10.24	720	59.31	1140	150.25
320	11.65	740	62.68	1160	155.66
340	13.16	760	66.13	1180	161.18
360	14.75	780	69.69	1200	166.80
380	16.44	800	73.34	1220	172.52
400	18.22	820	77.09	1240	178.34
420	20.09	840	80.93	1260	184.27

Abscisses.	Ordonnées.	Abscisses.	Ordonnées.	Abscisses.	Ordonnées.
1280	190ᵐ30	1460	249ᵐ29	1640	317ᵐ06
1300	196.43	1480	256.38	1660	325.15
1320	202.67	1500	263.58	1680	333.36
1340	209.01	1520	270.89	1700	341.67
1360	215.46	1540	278.30	1720	350.11
1380	222.01	1560	285.83	1740	358.66
1400	228.67	1580	293.47	1760	367.33
1420	235.43	1600	301.22	1780	376.12
1440	242.31	1620	309.09	1800	385.03

RAYON 4500.

Abscisses.	Ordonnées.	Abscisses.	Ordonnées.	Abscisses.	Ordonnées.
20	0.04	460	23.57	900	90.92
40	0.18	480	25.67	920	95.05
60	0.40	500	27.87	940	99.28
80	0.71	520	30.15	960	103.59
100	1.12	540	32.52	980	108.01
120	1.60	560	34.98	1000	112.52
140	2.18	580	37.54	1020	117.13
160	2.85	600	40.18	1040	121.83
180	3.60	620	42.91	1060	126.63
200	4.45	640	45.75	1080	131.52
220	5.38	660	48.66	1100	136.52
240	6.40	680	51.68	1120	141.61
260	7.52	700	54.78	1140	146.80
280	8.72	720	57.97	1160	152.08
300	10.02	740	61.25	1180	157.47
320	11.39	760	64.64	1200	162.95
340	12.86	780	68.12	1220	168.54
360	14.42	800	71.68	1240	174.22
380	16.07	820	75.34	1260	180.00
400	17.80	840	79.10	1280	185.88
420	19.64	860	82.94	1300	191.87
440	21.56	880	86.88	1320	197.95

Abscisses.	Ordonnées.	Abscisses.	Ordonnées.	Abscisses.	Ordonnées.
1340	204^{m}14	1520	264^{m}49	1700	333^{m}47
1360	210.43	1540	271.71	1720	341.68
1380	216.83	1560	279.05	1740	350.01
1400	223.32	1580	286.50	1760	358.45
1420	229.92	1600	294.05	1780	367.01
1440	236.62	1620	301.72	1800	375.68
1460	243.43	1640	309.49	1820	384.47
1480	250 34	1660	317.37	1840	393.37
1500	257.36	1680	325.36		

RAYON 4800.

Abscisses.	Ordonnées.	Abscisses.	Ordonnées.	Abscisses.	Ordonnées.
20	0.04	460	22.09	900	85.13
40	0.17	480	24.06	920	88.99
60	0.38	500	26.11	940	92.94
80	0.67	520	28.25	960	96.98
100	1.04	540	30.47	980	101.11
120	1.50	560	32.78	1000	105.32
140	2.04	580	35.17	1020	109.63
160	2.67	600	37.65	1040	114.02
180	3.38	620	40.21	1060	118.50
200	4.17	640	42.86	1080	123.08
220	5.04	660	45.59	1100	127.74
240	6.01	680	48.41	1120	132.49
260	7.05	700	51.32	1140	137.34
280	8.17	720	54.32	1160	142.28
300	9.38	740	57.39	1180	147.31
320	10.68	760	60.55	1200	152.42
340	12.06	780	63.80	1220	157.63
360	13.52	800	67.14	1240	162.93
380	15.05	820	70.56	1260	168.33
400	16.69	840	74.07	1280	173.81
420	18.41	860	77.67	1300	179.40
440	20.21	880	81.36	1320	185.07

Abscisses.	Ordonnées.	Abscisses.	Ordonnées.	Abscisses.	Ordonnées.
1280	190^{m}30	1460	249^{m}29	1640	317^{m}06
1300	196.43	1480	256.38	1660	325.15
1320	202.67	1500	263.58	1680	333.36
1340	209.01	1520	270.89	1700	341.67
1360	215.46	1540	278.30	1720	350.11
1380	222.01	1560	285.83	1740	358.66
1400	228.67	1580	293.47	1760	367.33
1420	235.43	1600	301.22	1780	376.12
1440	242.31	1620	309.09	1800	385.03

RAYON 4500.

Abscisses.	Ordonnées.	Abscisses.	Ordonnées.	Abscisses.	Ordonnées.
20	0.04	460	23.57	900	90.92
40	0.18	480	25.67	920	95.05
60	0.40	500	27.87	940	99.28
80	0.71	520	30.15	960	103.59
100	1.12	540	32.52	980	108.01
120	1.60	560	34.98	1000	112.52
140	2.18	580	37.54	1020	117.13
160	2.85	600	40.18	1040	121.83
180	3.60	620	42.91	1060	126.63
200	4.45	640	45.75	1080	131.52
220	5.38	660	48.66	1100	136.52
240	6.40	680	51.68	1120	141.61
260	7.52	700	54.78	1140	146.80
280	8.72	720	57.97	1160	152.08
300	10.01	740	61.25	1180	157.47
320	11.39	760	64.64	1200	162.95
340	12.86	780	68.12	1220	168.54
360	14.42	800	71.68	1240	174.22
380	16.07	820	75.34	1260	180.00
400	17.80	840	79.10	1280	185.88
420	19.64	860	82.94	1300	191.87
440	21.56	880	86.88	1320	197.95

Abscisses.	Ordonnées.	Abscisses.	Ordonnées.	Abscisses.	Ordonnées.
1340	204^{m}14	1520	264^{m}49	1700	333^{m}47
1360	210.43	1540	271.71	1720	341.68
1380	216.83	1560	279.05	1740	350.01
1400	223.32	1580	286.50	1760	358.45
1420	229.92	1600	294.05	1780	367.01
1440	236.62	1620	301.72	1800	375.68
1460	243.43	1640	309.49	1820	384.47
1480	250 34	1660	317.37	1840	393.37
1500	257.36	1680	325.36		

RAYON 4800.

Abscisses	Ordonnées	Abscisses	Ordonnées	Abscisses	Ordonnées
20	0.04	460	22.09	900	85.13
40	0.17	480	24.06	920	88.99
60	0.38	500	26.11	940	92.94
80	0.67	520	28.25	960	96.98
100	1.04	540	30.47	980	101.11
120	1.50	560	32.78	1000	105.32
140	2.04	580	35.17	1020	109.63
160	2.67	600	37.65	1040	114.02
180	3.38	620	40.21	1060	118.50
200	4.17	640	42.86	1080	123.08
220	5.04	660	45.59	1100	127.74
240	6.01	680	48.41	1120	132.49
260	7.05	700	51.32	1140	137.34
280	8.17	720	54.32	1160	142.28
300	9.38	740	57.39	1180	147.31
320	10.68	760	60.55	1200	152.42
340	12.06	780	63.80	1220	157.63
360	13.52	800	67.14	1240	162.93
380	15.05	820	70.56	1260	168.33
400	16.69	840	74.07	1280	173.81
420	18.41	860	77.67	1300	179.40
440	20.21	880	81.36	1320	185.07

Abscisses.	Ordonnées.	Abscisses.	Ordonnées.	Abscisses.	Ordonnées.
1340	190^{m}83	1560	260^{m}57	1780	342^{m}24
1360	196.70	1580	267.50	1800	350.28
1380	202.65	1600	274.52	1820	358.42
1400	208.70	1620	281.64	1840	366.67
1420	214.85	1640	288.86	1860	375.02
1440	221.09	1660	296.18	1880	383.49
1460	227.43	1680	303.60	1900	392.05
1480	233.86	1700	311.12	1920	400.73
1500	240.39	1720	318.75	1940	409.50
1520	247.02	1740	326.48	1960	418.40
1540	253.75	1760	334.31		

RAYON 5000.

20	0.04	420	17.67	820	67.70
40	0.16	440	19.40	840	71.07
60	0.36	460	21.21	860	74.52
80	0.64	480	23.09	880	78.05
100	1.00	500	25.06	900	81.67
120	1.44	520	27.11	920	85.37
140	1.96	540	29.25	940	89.16
160	2.56	560	31.46	960	93.03
180	3.24	580	33.75	980	96.98
200	4.00	600	36.13	1000	101.02
220	4.84	620	38.59	1020	105.15
240	5.76	640	41.13	1040	109.36
260	6.77	660	43.75	1060	113.65
280	7.85	680	46.46	1080	118.03
300	9.01	700	49.24	1100	122.50
320	10.25	720	52.12	1120	127.05
340	11.57	740	55.06	1140	131.69
360	12.98	760	58.10	1160	136.42
380	14.46	780	61.22	1180	141.23
400	16.03	800	64.42	1200	146.14

Abscisses.	Ordonnées.	Abscisses.	Ordonnées.	Abscisses.	Ordonnées.
1220	151m12	1500	230m30	1780	327m57
1240	156.20	1520	236.64	1800	335.24
1260	161.35	1540	243.07	1820	343.01
1280	166.62	1560	249.59	1840	350.87
1300	171.96	1580	256.20	1860	358.84
1320	177.39	1600	262.91	1880	366.90
1340	182.91	1620	269.72	1900	375.07
1360	188.51	1640	276.61	1920	383.34
1380	194.21	1660	283.60	1940	391.70
1400	200.00	1680	290.69	1960	400.15
1420	205.88	1700	297.87	1980	408.75
1440	211.85	1720	305.14	2000	417.43
1460	217.91	1740	312.51		
1480	224.06	1760	320.00		

RAYON 5500.

20	0.03	360	11.80	700	44.73
40	0.15	380	13.14	720	47.33
60	0.33	400	14.56	740	50.01
80	0.58	420	16.06	760	52.76
100	0.90	440	17.63	780	55.59
120	1.30	460	19.27	800	58.49
140	1.78	480	20.99	820	61.47
160	2.33	500	22.77	840	64.53
180	2.94	520	24.64	860	67.65
200	3.64	540	26.57	880	70.86
220	4.40	560	28.58	900	74.14
240	5.24	580	30.67	920	77.49
260	6.15	600	32.83	940	80.92
280	7.13	620	35.06	960	84.43
300	8.19	640	37.36	980	88.02
320	9.32	660	39.74	1000	91.68
340	10.52	680	42.20	1020	95.41

Abscisses.	Ordonnées.	Abscisses.	Ordonnées.	Abscisses.	Ordonnées.
1040	99m22	1460	197m32	1880	331m29
1060	103.12	1480	202.87	1900	338.60
1080	107.08	1500	208.50	1920	346.01
1100	111.11	1520	214.21	1940	353.51
1120	115.23	1540	220.00	1960	361.09
1140	119.44	1560	225.88	1980	368.76
1160	123.72	1580	231.83	2000	376.53
1180	128.07	1600	237.87	2020	384.38
1200	132.50	1620	243.99	2040	392.32
1220	137.02	1640	250.20	2060	400.35
1240	141.61	1660	256.49	2080	408.48
1260	146.27	1680	262.87	2100	416.70
1280	151.02	1700	269.32	2120	425.00
1300	155.84	1720	275.86	2140	433.40
1320	160.75	1740	282.49	2160	441.90
1340	165.73	1760	289.20	2180	450.49
1360	170.80	1780	296.01	2200	459.17
1380	175.94	1800	302.90	2220	467.94
1400	181.17	1820	309.86	2240	476.82
1420	186.47	1840	316.91	2260	485.78
1440	191.85	1860	324.05		

RAYON 6000.

Abscisses	Ordonnées	Abscisses	Ordonnées	Abscisses	Ordonnées
20	0.03	220	4.03	420	14.72
40	0.13	240	4.80	440	16.16
60	0.30	260	5.63	460	17.66
80	0.53	280	6.54	480	19.23
100	0.83	300	7.50	500	20.87
120	1.20	320	8.54	520	22.58
140	1.63	340	9.64	540	24.35
160	2.13	360	10.81	560	26.19
180	2.70	380	12.04	580	28.40
200	3.33	400	13.35	600	30.08

Abscisses.	Ordonnées.	Abscisses.	Ordonnées.	Abscisses.	Ordonnées.
620	32^{m}12	1240	129^{m}53	1860	295^{m}58
640	34.23	1260	133.79	1880	302.14
660	36.41	1280	138.12	1900	308.78
680	38.66	1300	142.53	1920	315.50
700	40.97	1320	147.00	1940	322.29
720	43.36	1340	151.55	1960	329.16
740	45.81	1360	156.17	1980	336.40
760	48.33	1380	160.86	2000	343.13
780	50.91	1400	165.62	2020	350.26
800	53.57	1420	170.46	2040	357.45
820	56.30	1440	175.37	2060	364.72
840	59.10	1460	180.34	2080	372.07
860	61.96	1480	185.40	2100	379.52
880	64.89	1500	190.52	2120	387.01
900	67.89	1520	195.73	2140	394.61
920	70.96	1540	201.00	2160	402.29
940	74.09	1560	206.35	2180	410.05
960	77.30	1580	211.77	2200	417.89
980	80.57	1600	217.27	2220	425.81
1000	83.92	1620	222.84	2240	433.82
1020	87.33	1640	228.49	2260	441.90
1040	90.82	1660	234.20	2280	450.08
1060	94.38	1680	240.00	2300	458.34
1080	98.00	1700	245.87	2320	466.69
1100	101.70	1720	251.82	2340	475.10
1120	105.46	1740	257.84	2360	483.62
1140	109.30	1760	263.94	2380	492.22
1160	113.20	1780	270.11	2400	500.91
1180	117.18	1800	276.36	2420	509.68
1200	121.23	1820	282.69	2440	518.54
1220	125.34	1840	289.10	2460	527.49

TROISIÈME TABLE

ABSCISSES ET ORDONNÉES

D'UN QUART DE CIRCONFÉRENCE DE CERCLE DE 100 MÈTRES DE RAYON

NOTA. — Les abscisses varient de décimètre en décimètre ; le premier et le dernier décimètre ont été divisés en centimètres ; le premier et le dernier centimètre ont été divisés en millimètres.

Les ordonnées ont été calculées par la formule $y = R - \sqrt{R^2 - x^2}$.

ABSCISSES ET ORDONNÉES

D'UN QUART DE CIRCONFÉRENCE DE CERCLE DE 100 MÈTRES DE RAYON

NOTA. — Les abscisses varient de décimètre en décimètre ; le premier et le dernier décimètre ont été divisés en centimètres ; le premier et le dernier centimètre ont été divisés en millimètres.

Les ordonnées ont été calculées par la formule $y = R - \sqrt{R^2 - x^2}$.

Abscisses.	Ordonnées.	Abscisses.	Ordonnées.	Abscisses.	Ordonnées.
0ᵐ001	0ᵐ0000002	1ᵐ70	0ᵐ0145	5ᵐ10	0ᵐ1302
0.002	0.0000004	1.80	0.0162	5.20	0.1353
0.003	0.0000006	1.90	0.0180	5.30	0.1405
0.004	0.0000009	2.00	0.0200	5.40	0.1459
0.005	0.0000012	2.10	0.0221	5.50	0.1514
0.006	0.0000015	2.20	0.0242	5.60	0.1569
0.007	1.0000018	2.30	0.0264	5.70	0.1626
0.008	0.0000022	2.40	0.0288	5.80	0.1683
0.009	0.0000026	2.50	0.0313	5.90	0.1742
0.01	0.000003	2.60	0.0338	6.00	0.1802
0.02	0.000007	2.70	0.0365	6.10	0.1862
0.03	0.000012	2.80	0.0392	6.20	0.1924
0.04	0.000017	2.90	0.0421	6.30	0.1987
0.05	0.000023	3.00	0.0451	6.40	0.2050
0.06	0.000030	3.10	0.0481	6.50	0.2115
0.07	0.000038	3.20	0.0512	6.60	0.2181
0.08	0.000047	3.30	0.0545	6.70	0.2247
0.09	0.000057	3.40	0.0578	6.80	0.2315
0.10	0.000068	3.50	0.0613	6.90	0.2383
0.20	0.0002	3.60	0.0648	7.00	0.2453
0.30	0.0005	3.70	0.0685	7.10	0.2524
0.40	0.0008	3.80	0.0722	7.20	0.2595
0.50	0.0012	3.90	0.0761	7.30	0.2668
0.60	0.0018	4.00	0.0801	7.40	0.2742
0.70	0.0024	4.10	0.0841	7.50	0.2817
0.80	0.0032	4.20	0.0882	7.60	0.2892
0.90	0.0041	4.30	0.0925	7.70	0.2969
1.00	0.0050	4.40	0.0968	7.80	0.3047
1.10	0.0061	4.50	0.1013	7.90	0.3125
1.20	0.0072	4.60	0.1059	8.00	0.3205
1.30	0.0084	4.70	0.1105	8.10	0.3286
1.40	0.0098	4.80	0.1153	8.20	0.3368
1.50	0.0113	4.90	0.1201	8.30	0.3451
1.60	0.0128	5.00	0.1251	8.40	0.3534

Abscisses.	Ordonnées.	Abscisses.	Ordonnées.	Abscisses.	Ordonnées.
8^{m}50	0^{m}3619	11^{m}90	0^{m}7106	15^{m}30	1^{m}1774
8.60	0.3705	12.00	0.7226	15.40	1.1929
8.70	0.3792	12.10	0.7347	15.50	1.2086
8.80	0.3880	12.20	0.7470	15.60	1.2243
8.90	0.3968	12.30	0.7593	15.70	1.2401
9.00	0.4058	12.40	0.7718	15.80	1.2561
9.10	0.4149	12.50	0.7843	15.90	1.2721
9.20	0.4241	12.60	0.7970	16.00	1.2883
9.30	0.4334	12.70	0.8097	16.10	1.3046
9.40	0.4428	12.80	0.8226	16.20	1.3209
9.50	0.4523	12.90	0.8355	16.30	1.3374
9.60	0.4619	13.00	0.8486	16.40	1.3540
9.70	0.4716	13.10	0.8618	16.50	1.3706
9.80	0.4814	13.20	0.8750	16.60	1.3874
9.90	0.4913	13.30	0.8884	16.70	1.4043
10.00	0.5013	13.40	0.9019	16.80	1.4213
10.10	0.5114	13.50	0.9155	16.90	1.4384
10.20	0.5216	13.60	0.9291	17.00	1.4556
10.30	0.5319	13.70	0.9429	17.10	1.4729
10.40	0.5423	13.80	0.9568	17.20	1.4903
10.50	0.5528	13.90	0.9708	17.30	1.5078
10.60	0.5634	14.00	0.9849	17.40	1.5255
10.70	0.5741	14.10	0.9991	17.50	1.5432
10.80	0.5849	14.20	1.0133	17.60	1.5610
10.90	0.5958	14.30	1.0277	17.70	1.5789
11.00	0.6068	14.40	1.0422	17.80	1.5970
11.10	0.6180	14.50	1.0568	17.90	1.6151
11.20	0.6292	14.60	1.0715	18.00	1.6334
11.30	0.6405	14.70	1.0864	18.10	1.6517
11.40	0.6519	14.80	1.1013	18.20	1.6702
11.50	0.6634	14.90	1.1163	18.30	1.6887
11.60	0.6751	15.00	1.1314	18.40	1.7074
11.70	0.6868	15.10	1.1466	18.50	1.7262
11.80	0.6986	15.20	1.1620	18.60	1.7450

Abscisses.	Ordonnées.	Abscisses.	Ordonnées.	Abscisses.	Ordonnées.
0m001	0m0000002	1m70	0m0145	5m10	0m1302
0.002	0.0000004	1.80	0.0162	5.20	0.1353
0.003	0.0000006	1.90	0.0180	5.30	0.1405
0.004	0.0000009	2.00	0.0200	5.40	0.1459
0.005	0.0000012	2.10	0.0221	5.50	0.1514
0.006	0.0000015	2.20	0.0242	5.60	0.1569
0.007	1.0000018	2.30	0.0264	5.70	0.1626
0.008	0.0000022	2.40	0.0288	5.80	0.1683
0.009	0.0000026	2.50	0.0313	5.90	0.1742
0.01	0.000003	2.60	0.0338	6.00	0.1802
0.02	0.000007	2.70	0.0365	6.10	0.1862
0.03	0.000012	2.80	0.0392	6.20	0.1924
0.04	0.000017	2.90	0.0421	6.30	0.1987
0.05	0.000023	3.00	0.0451	6.40	0.2050
0.06	0.000030	3.10	0.0481	6.50	0.2115
0.07	0.000038	3.20	0.0512	6.60	0.2181
0.08	0.000047	3.30	0.0545	6.70	0.2247
0.09	0.000057	3.40	0.0578	6.80	0.2315
0.10	0.000068	3.50	0.0613	6.90	0.2383
0.20	0.0002	3.60	0.0648	7.00	0.2453
0.30	0.0005	3.70	0.0685	7.10	0.2524
0.40	0.0008	3.80	0.0722	7.20	0.2595
0.50	0.0012	3.90	0.0761	7.30	0.2668
6.60	0.0018	4.00	0.0801	7.40	0.2742
0.70	0.0024	4.10	0.0841	7.50	0.2817
0.80	0.0032	4.20	0.0882	7.60	0.2892
0.90	0.0041	4.30	0.0925	7.70	0.2969
1.00	0.0050	4.40	0.0968	7.80	0.3047
1.10	0.0061	4.50	0.1013	7.90	0.3125
1.20	0.0072	4.60	0.1059	8.00	0.3205
1.30	0.0084	4.70	0.1105	8.10	0.3286
1.40	0.0098	4.80	0.1153	8.20	0.3368
1.50	0.0113	4.90	0.1201	8.30	0.3451
1.60	0.0128	5.00	0.1251	8.40	0.3534

Abscisses.	Ordonnées.	Abscisses.	Ordonnées.	Abscisses.	Ordonnées.
8ᵐ50	0ᵐ3619	11ᵐ90	0ᵐ7106	15ᵐ30	1ᵐ1774
8.60	0.3705	12.00	0.7226	15.40	1.1929
8.70	0.3792	12.10	0.7347	15.50	1.2086
8.80	0.3880	12.20	0.7470	15.60	1.2243
8.90	0.3968	12.30	0.7593	15.70	1.2401
9.00	0.4058	12.40	0.7718	15.80	1.2561
9.10	0.4149	12.50	0.7843	15.90	1.2721
9.20	0.4241	12.60	0.7970	16.00	1.2883
9.30	0.4334	12.70	0.8097	16.10	1.3046
9.40	0.4428	12.80	0.8226	16.20	1.3209
9.50	0.4523	12.90	0.8355	16.30	1.3374
9.60	0.4619	13.00	0.8486	16.40	1.3540
9.70	0.4716	13.10	0.8618	16.50	1.3706
9.80	0.4814	13.20	0.8750	16.60	1.3874
9.90	0.4913	13.30	0.8884	16.70	1.4043
10.00	0.5013	13.40	0.9019	16.80	1.4213
10.10	0.5114	13.50	0.9155	16.90	1.4384
10.20	0.5216	13.60	0.9291	17.00	1.4556
10.30	0.5319	13.70	0.9429	17.10	1.4729
10.40	0.5423	13.80	0.9568	17.20	1.4903
10.50	0.5528	13.90	0.9708	17.30	1.5078
10.60	0.5634	14.00	0.9849	17.40	1.5255
10.70	0.5741	14.10	0.9991	17.50	1.5432
10.80	0.5849	14.20	1.0133	17.60	1.5610
10.90	0.5958	14.30	1.0277	17.70	1.5789
11.00	0.6068	14.40	1.0422	17.80	1.5970
11.10	0.6180	14.50	1.0568	17.90	1.6151
11.20	0.6292	14.60	1.0715	18.00	1.6334
11.30	0.6405	14.70	1.0864	18.10	1.6517
11.40	0.6519	14.80	1.1013	18.20	1.6702
11.50	0.6634	14.90	1.1163	18.30	1.6887
11.60	0.6751	15.00	1.1314	18.40	1.7074
11.70	0.6868	15.10	1.1466	18.50	1.7262
11.80	0.6986	15.20	1.1620	18.60	1.7450

Abscisses.	Ordonnées.	Abscisses.	Ordonnées.	Abscisses.	Ordonnées.
18m70	1m7640	22m10	2m4726	25m50	3m3059
18.80	1.7831	22.20	2.4953	25.60	3.3323
18.90	1.8023	22.30	2.5182	25.70	3.3589
19.00	1.8216	22.40	2.5411	25.80	3.3855
19.10	1.8410	22.50	2.5641	25.90	3.4123
19.20	1.8605	22.60	2.5873	26.00	3.4392
19.30	1.8802	22.70	2.6105	26.10	3.4661
19.40	1.8999	22.80	2.6339	26.20	3.4932
19.50	1.9197	22.90	2.6574	26.30	3.5204
19.60	1.9396	23.00	2.6809	26.40	3.5477
19.70	1.9597	23.10	2.7046	26.50	3.5752
19.80	1.9798	23.20	2.7284	26.60	3.6027
19.90	2.0001	23.30	2.7523	26.70	3.6304
20.00	2.0204	23.40	2.7763	26.80	3.6581
20.10	2.0409	23.50	2.8005	26.90	3.6860
20.20	2.0614	23.60	2.8247	27.00	3.7140
20.30	2.0822	23.70	2.8491	27.10	3.7421
20.40	2.1029	23.80	2.8735	27.20	3.7703
20.50	2.1238	23.90	2.8981	27.30	3.7986
20.60	2.1448	24.00	2.9227	27.40	3.8270
20.70	2.1659	24.10	2.9475	27.50	3.8556
20.80	2.1871	24.20	2.9724	27.60	3.8843
20.90	2.2084	24.30	2.9974	27.70	3.9130
21.00	2.2299	24.40	3.0225	27.80	3.9419
21.10	2.2514	24.50	3.0477	27.90	3.9709
21.20	2.2720	24.60	3.0731	28.00	4.0000
21.30	2.2948	24.70	3.0985	28.10	4.0292
21.40	2.3166	24.80	3.1240	28.20	4.0586
21.50	2.3386	24.90	3.1497	28.30	4.0880
21.60	2.3607	25.00	3.1754	28.40	4.1176
21.70	2.3828	25.10	3.2013	28.50	4.1473
21.80	2.4051	25.20	3.2273	28.60	4.1770
21.90	2.4275	25.30	3.2534	28.70	4.2070
22.00	2.4500	25.40	3.2796	28.80	4.2370

Abscisses.	Ordonnées.	Abscisses.	Ordonnées.	Abscisses.	Ordonnées.
28m90	4m2671	32m30	5m3601	35m70	6m5896
29.00	4.2973	32.40	5.3943	35.80	6.6278
29.10	4.3277	32.50	5.4286	35.90	6.6663
29.20	4.3582	32.60	5.4630	36.00	6.7048
29.30	4.3888	32.70	5.4976	36.10	6.7434
29.40	4.4195	32.80	5.5322	36.20	6.7822
29.50	4.4503	32.90	5.5670	36.30	6.8211
29.60	4.4812	33.00	5.6019	36.40	6.8601
29.70	4.5123	33.10	5.6369	36.50	6.8993
29.80	4.5434	33.20	5.6721	36.60	6.9385
29.90	4.5747	33.30	5.7073	36.70	6.9779
30.00	4.6061	33.40	5.7427	36.80	7.0174
30.10	4.6376	33.50	5.7782	36.90	7.0571
30.20	4.6692	33.60	5.8138	37.00	7.0968
30.30	4.7009	33.70	5.8496	37.10	7.1367
30.40	4.7328	33.80	5.8854	37.20	7.1767
30.50	4.7648	33.90	5.9214	37.30	7.2169
30.60	4.7968	34.00	5.9575	37.40	7.2571
30.70	4.8291	34.10	5.9937	37.50	7.2975
30.80	4.8614	34.20	6.0300	37.60	7.3380
30.90	4.8938	34.30	6.0665	37.70	7.3787
31.00	4.9264	34.40	6.1020	37.80	7.4195
31.10	4.9590	34.50	6.1397	37.90	7.4603
31.20	4.9918	34.60	6.1766	38.00	7.5013
31.30	5.0247	34.70	6.2135	38.10	7.5425
31.40	5.0577	34.80	6.2506	38.20	7.5838
31.50	5.0908	34.90	6.2877	38.30	7.6252
31.60	5.1241	35.00	6.3250	38.40	7.6667
31.70	5.1575	35.10	6.3625	38.50	7.7084
31.80	5.1909	35.20	6.4000	38.60	7.7501
31.90	5.2245	35.30	6.4377	38.70	7.7920
32.00	5.2583	35.40	6.4755	38.80	7.8341
32.10	5.2921	35.50	6.5134	38.90	7.8762
32.20	5.3250	35.60	6.5514	39.00	7.9185

Abscisses.	Ordonnées.	Abscisses.	Ordonnées.	Abscisses.	Ordonnées.
18^{m}70	1^{m}7640	22^{m}10	2^{m}4726	25^{m}50	3^{m}3059
18.80	1.7831	22.20	2.4953	25.60	3.3323
18.90	1.8023	22.30	2.5182	25.70	3.3589
19.00	1.8216	22.40	2.5411	25.80	3.3855
19.10	1.8410	22.50	2.5641	25.90	3.4123
19.20	1.8605	22.60	2.5873	26.00	3.4392
19.30	1.8802	22.70	2.6105	26.10	3.4661
19.40	1.8999	22.80	2.6339	26.20	3.4932
19.50	1.9197	22.90	2.6574	26.30	3.5204
19.60	1.9396	23.00	2.6809	26.40	3.5477
19.70	1.9597	23.10	2.7046	26.50	3.5752
19.80	1.9798	23.20	2.7284	26.60	3.6027
19.90	2.0001	23.30	2.7523	26.70	3.6304
20.00	2.0204	23.40	2.7763	26.80	3.6581
20.10	2.0409	23.50	2.8005	26.90	3.6860
20.20	2.0614	23.60	2.8247	27.00	3.7140
20.30	2.0822	23.70	2.8491	27.10	3.7421
20.40	2.1029	23.80	2.8735	27.20	3.7703
20.50	2.1238	23.90	2.8981	27.30	3.7986
20.60	2.1448	24.00	2.9227	27.40	3.8270
20.70	2.1659	24.10	2.9475	27.50	3.8556
20.80	2.1871	24.20	2.9724	27.60	3.8843
20.90	2.2084	24.30	2.9974	27.70	3.9130
21.00	2.2299	24.40	3.0225	27.80	3.9419
21.10	2.2514	24.50	3.0477	27.90	3.9709
21.20	2.2720	24.60	3.0731	28.00	4.0000
21.30	2.2948	24.70	3.0985	28.10	4.0292
21.40	2.3166	24.80	3.1240	28.20	4.0586
21.50	2.3386	24.90	3.1497	28.30	4.0880
21.60	2.3607	25.00	3.1754	28.40	4.1176
21.70	2.3828	25.10	3.2013	28.50	4.1473
21.80	2.4051	25.20	3.2273	28.60	4.1770
21.90	2.4275	25.30	3.2534	28.70	4.2070
22.00	2.4500	25.40	3.2796	28.80	4.2370

Abscisses.	Ordonnées.	Abscisses.	Ordonnées.	Abscisses.	Ordonnées.
28ᵐ90	4ᵐ2671	32ᵐ30	5ᵐ3601	35ᵐ70	6ᵐ5896
29.00	4.2973	32.40	5.3943	35.80	6.6278
29.10	4.3277	32.50	5.4286	35.90	6.6663
29.20	4.3582	32.60	5.4630	36.00	6.7048
29.30	4.3888	32.70	5.4976	36.10	6.7434
29.40	4.4195	32.80	5.5322	36.20	6.7822
29.50	4.4503	32.90	5.5670	36.30	6.8211
29.60	4.4812	33.00	5.6019	36.40	6.8601
29.70	4.5123	33.10	5.6369	36.50	6.8993
29.80	4.5434	33.20	5.6721	36.60	6.9385
29.90	4.5747	33.30	5.7073	36.70	6.9779
30.00	4.6061	33.40	5.7427	36.80	7.0174
30.10	4.6376	33.50	5.7782	36.90	7.0571
30.20	4.6692	33.60	5.8138	37.00	7.0968
30.30	4.7009	33.70	5.8496	37.10	7.1367
30.40	4.7328	33.80	5.8854	37.20	7.1767
30.50	4.7648	33.90	5.9214	37.30	7.2169
30.60	4.7968	34.00	5.9575	37.40	7.2571
30.70	4.8291	34.10	5.9937	37.50	7.2975
30.80	4.8614	34.20	6.0300	37.60	7.3380
30.90	4.8938	34.30	6.0665	37.70	7.3787
31.00	4.9264	34.40	6.1020	37.80	7.4195
31.10	4.9590	34.50	6.1397	37.90	7.4603
31.20	4.9918	34.60	6.1766	38.00	7.5013
31.30	5.0247	34.70	6.2135	38.10	7.5425
31.40	5.0577	34.80	6.2506	38.20	7.5838
31.50	5.0908	34.90	6.2877	38.30	7.6252
31.60	5.1241	35.00	6.3250	38.40	7.6667
31.70	5.1575	35.10	6.3625	38.50	7.7084
31.80	5.1909	35.20	6.4000	38.60	7.7501
31.90	5.2245	35.30	6.4377	38.70	7.7920
32.00	5.2583	35.40	6.4755	38.80	7.8341
32.10	5.2921	35.50	6.5134	38.90	7.8762
32.20	5.3250	35.60	6.5514	39.00	7.9185

Abscisses.	Ordonnées.	Abscisses.	Ordonnées.	Abscisses.	Ordonnées.
39ᵐ10	7ᵐ9609	42ᵐ50	9ᵐ4807	45ᵐ90	11ᵐ1564
39.20	8.0035	42.60	9.5277	46.00	11.2081
39.30	8.0462	42.70	9.5748	46.10	11.2600
39.40	8.0890	42.80	9.6221	46.20	11.3120
39.50	8.1319	42.90	9.6696	46.30	11.3642
39.60	8.1750	43.00	9.7171	46.40	11.4165
39.70	8.2182	43.10	9.7648	46.50	11.4689
39.80	8.2615	43.20	9.8126	46.60	11.5215
39.90	8.3049	43.30	9.8606	46.70	11.5743
40.00	8.3485	43.40	9.9087	46.80	11.6272
40.10	8.3922	43.50	9.9570	46.90	11.6802
40.20	8.4360	43.60	10.0054	47.00	11.7334
40.30	8.4800	43.70	10.0539	47.10	11.7867
40.40	8.5241	43.80	10.1025	47.20	11.8402
40.50	8.5684	43.90	10.1513	47.30	11.8938
40.60	8.6127	44.00	10.2002	47.40	11.9475
40.70	8.6572	44.10	10.2493	47.50	12.0014
40.80	8.7018	44.20	10.2985	47.60	12.0555
40.90	8.7466	44.30	10.3478	47.70	12.1097
41.00	8.7915	44.40	10.3973	47.80	12.1640
41.10	8.8365	44.50	10.4469	47.90	12.2185
41.20	8.8816	44.60	10.4967	48.00	12.2731
41.30	8.9269	44.70	10.5466	48.10	12.3279
41.40	8.9723	44.80	10.5967	48.20	12.3829
41.50	9.0179	44.90	10.6469	48.30	12.4370
41.60	9.0635	45.00	10.6972	48.40	12.4932
41.70	9.1094	45.10	10.7476	48.50	12.5486
41.80	9.1553	45.20	10.7982	48.60	12.6041
41.90	9.2014	45.30	10.8490	48.70	12.6598
42.00	9.2476	45.40	10.8999	48.80	12.7156
42.10	9.2939	45.50	10.9509	48.90	12.7716
42.20	9.3404	45.60	11.0020	49.00	12.8277
42.30	9.3870	45.70	11.0533	49.10	12.8840
42.40	9.4338	45.80	11.1048	49.20	12.9405

Abscisses.	Ordonnées.	Abscisses.	Ordonnées.	Abscisses.	Ordonnées.
49^{m}30	12^{m}9971	52^{m}70	15^{m}0135	56^{m}10	17^{m}2184
49.40	13.0538	52.80	15.0756	56.20	17.2863
49.50	13.1107	52.90	15.1378	56.30	17.3543
49.60	13.1678	53.00	15.2002	56.40	17.4225
49.70	13.2250	53.10	15.2628	56.50	17.4909
49.80	13.2823	53.20	15.3256	56.60	17.5595
49.90	13.3398	53.30	15.3885	56.70	17.6282
50.00	13.3975	53.40	15.4516	56.80	17.6971
50.10	13.4553	53.50	15.5148	56.90	17.7662
50.20	13.5133	53.60	15.5782	57.00	17.8355
50.30	13.5714	53.70	15.6418	57.10	17.9050
50.40	13.6296	53.80	15.7055	57.20	17.9747
50.50	13.6881	53.90	15.7694	57.30	18.0445
50.60	13.7467	54.00	15.8335	57.40	18.1145
50.70	13.8054	54.10	15.8978	57.50	18.1847
50.80	13.8643	54.20	15.9622	57.60	18.2551
50.90	13.9234	54.30	16.0268	57.70	18.3256
51.00	13.9826	54.40	16.0915	57.80	18.3963
51.10	14.0419	54.50	16.1564	57.90	18.4672
51.20	14.1015	54.60	16.2215	58.00	18.5383
51.30	14.1612	54.70	16.2868	58.10	18.6096
51.40	14.2210	54.80	16.3522	58.20	18.6811
51.50	14.2810	54.90	16.4178	58.30	18.7527
51.60	14.3412	55.00	16.4835	58.40	18.8246
51.70	14.4015	55.10	16.5495	58.50	18.8967
51.80	14.4620	55.20	16.6156	58.60	18.9689
51.90	14.5226	55.30	16.6819	58.70	19.0413
52.00	14.5834	55.40	16.7484	58.80	19.1139
52.10	14.6444	55.50	16.8150	58.90	19.1867
52.20	14.7055	55.60	16.8818	59.00	19.2597
52.30	14.7667	55.70	16.9488	59.10	19.3328
52.40	14.8282	55.80	17.0159	59.20	19.4062
52.50	14.8898	55.90	17.0832	59.30	19.4798
52.60	14.9516	56.00	17.1507	59.40	19.5535

Abscisses.	Ordonnées.	Abscisses.	Ordonnées.	Abscisses.	Ordonnées.
59^{m}50	19^{m}6273	62^{m}90	22^{m}2595	66^{m}30	25^{m}1381
59.60	19.7016	63.00	22.3405	66.40	25.2267
59.70	19.7759	63.10	22.4217	66.50	25.3157
59.80	19.8504	63.20	22.5032	66.60	25.4048
59.90	19.9251	63.30	22.5848	66.70	25.4943
60.00	20.0000	63.40	22.6667	66.80	25.5839
60.10	20.0751	63.50	22.7488	66.90	25.6738
60.20	20.1504	63.60	22.8311	67.00	25.7639
60.30	20.2259	63.70	22.9136	67.10	25.8543
60.40	20.3016	63.80	22.9964	67.20	25.9449
60.50	20.3775	63.90	23.0793	67.30	26.0358
60.60	20.4536	64.00	23.1625	67.40	26.1269
60.70	20.5298	64.10	23.2459	67.50	26.2182
60.80	20.6063	64.20	23.3295	67.60	26.3098
60.90	20.6830	64.30	23.4134	67.70	26.4017
61.00	20.7599	64.40	23.4975	67.80	26.4938
61.10	20.8369	64.50	23.5818	67.90	26.5862
61.20	20.9142	64.60	23.6663	68.00	26.6788
61.30	20.9917	64.70	23.7510	68.10	26.7717
61.40	21.0694	64.80	23.8360	68.20	26.8648
61.50	21.1473	64.90	23.9212	68.30	26.9582
61.60	21.2254	65.00	24.0066	68.40	27.0518
61.70	21.3037	65.10	24.0922	68.50	27.1457
61.80	21.3822	65.20	24.1790	68.60	27.2398
61.90	21.4609	65.30	24.2642	68.70	27.3343
62.00	21.5398	65.40	24.3505	68.80	27.4289
62.10	21.6189	65.50	24.4371	68.90	27.5239
62.20	21.6983	65.60	24.5239	69.00	27.6191
62.30	21.7778	65.70	24.6109	69.10	27.7145
62.40	21.8576	65.80	24.6982	69.20	27.8103
62.50	21.9375	65.90	24.7857	69.30	27.9062
62.60	22.0177	66.00	24.8734	69.40	28.0025
62.70	22.0981	66.10	24.9614	69.50	28.0991
62.80	22.1787	66.20	25.0496	69.60	28.1958

Abscisses.	Ordonnées.	Abscisses.	Ordonnées.	Abscisses.	Ordonnées.
69^{m}70	28^{m}2929	73^{m}10	31^{m}7622	76^{m}50	35^{m}5970
69.80	28.3902	73.20	31.8695	76.60	35.7159
69.90	28.4878	73.30	31.9771	76.70	35.8353
70.00	28.5857	73.40	32.0851	76.80	35.9550
70.10	28.6839	73.50	32.1933	76.90	36.0751
70.20	28.7823	73.60	32.3018	77.00	36.1956
70.30	28.8810	73.70	32.4107	77.10	36.3165
70.40	28.9800	73.80	32.5199	77.20	36.4378
70.50	29.0793	73.90	32.6295	77.30	36.5594
70.60	29.1788	74.00	32.7393	77.40	36.6814
70.70	29.2787	74.10	32.8495	77.50	36.8039
70.80	29.3789	74.20	32.9600	77.60	36.9267
70.90	29.4792	74.30	33.0709	77.70	37.0499
71.00	29.5798	74.40	33.1821	77.80	37.1736
71.10	29.6808	74.50	33.2936	77.90	37.2976
71.20	29.7821	74.60	33.4054	78.00	37.4221
71.30	29.8836	74.70	33.5176	78.10	37.5469
71.40	29.9854	74.80	33.6301	78.20	37.6722
71.50	30.0876	74.90	33.7430	78.30	37.7978
71.60	30.1900	75.00	33.8562	78.40	37.9239
71.70	30.2927	75.10	33.9698	78.50	38.0504
71.80	30.3957	75.20	34.0837	78.60	38.1774
71.90	30.4990	75.30	34.1980	78.70	38.3047
72.00	30.6026	75.40	34.3126	78.80	38.4325
72.10	30.7065	75.50	34.4275	78.90	38.5607
72.20	30.8107	75.60	34.5428	79.00	38.6893
72.30	30.9152	75.70	34.6585	79.10	38.8184
72.40	31.0200	75.80	34.7746	79.20	38.9479
72.50	31.1251	75.90	34.8909	79.30	39.0778
72.60	31.2305	76.00	35.0077	79.40	39.2082
72.70	31.3363	76.10	35.1248	79.50	39.3391
72.80	31.4423	76.20	35.2423	79.60	39.4703
72.90	31.5486	76.30	35.3602	79.70	39.6021
73.00	31.6553	76.40	35.4784	79.80	39.7343

Abscisses.	Ordonnées.	Abscisses.	Ordonnées.	Abscisses.	Ordonnées.
59m50	19m6273	62m90	22m2595	66m30	25m1381
59.60	19.7016	63.00	22.3405	66.40	25.2267
59.70	19.7759	63.10	22.4217	66.50	25.3157
59.80	19.8504	63.20	22.5032	66.60	25.4048
59.90	19.9251	63.30	22.5848	66.70	25.4943
60.00	20.0000	63.40	22.6667	66.80	25.5839
60.10	20.0751	63.50	22.7488	66.90	25.6738
60.20	20.1504	63.60	22.8311	67.00	25.7639
60.30	20.2259	63.70	22.9136	67.10	25.8543
60.40	20.3016	63.80	22.9964	67.20	25.9449
60.50	20.3775	63.90	23.0793	67.30	26.0358
60.60	20.4536	64.00	23.1625	67.40	26.1269
60.70	20.5298	64.10	23.2459	67.50	26.2182
60.80	20.6063	64.20	23.3295	67.60	26.3098
60.90	20.6830	64.30	23.4134	67.70	26.4017
61.00	20.7599	64.40	23.4975	67.80	26.4938
61.10	20.8369	64.50	23.5818	67.90	26.5862
61.20	20.9142	64.60	23.6663	68.00	26.6788
61.30	20.9917	64.70	23.7510	68.10	26.7717
61.40	21.0694	64.80	23.8360	68.20	26.8648
61.50	21.1473	64.90	23.9212	68.30	26.9582
61.60	21.2254	65.00	24.0066	68.40	27.0518
61.70	21.3037	65.10	24.0922	68.50	27.1457
61.80	21.3822	65.20	24.1790	68.60	27.2398
61.90	21.4609	65.30	24.2642	68.70	27.3343
62.00	21.5398	65.40	24.3505	68.80	27.4289
62.10	21.6189	65.50	24.4371	68.90	27.5239
62.20	21.6983	65.60	24.5239	69.00	27.6191
62.30	21.7778	65.70	24.6109	69.10	27.7145
62.40	21.8576	65.80	24.6982	69.20	27.8103
62.50	21.9375	65.90	24.7857	69.30	27.9062
62.60	22.0177	66.00	24.8734	69.40	28.0025
62.70	22.0981	66.10	24.9614	69.50	28.0991
62.80	22.1787	66.20	25.0496	69.60	28.1958

Abscisses.	Ordonnées.	Abscisses.	Ordonnées.	Abscisses.	Ordonnées.
69ᵐ70	28ᵐ2929	73ᵐ10	31ᵐ7622	76ᵐ50	35ᵐ5970
69.80	28.3902	73.20	31.8695	76.60	35.7159
69.90	28.4878	73.30	31.9771	76.70	35.8353
70.00	28.5857	73.40	32.0851	76.80	35.9550
70.10	28.6839	73.50	32.1933	76.90	36.0751
70.20	28.7823	73.60	32.3018	77.00	36.1956
70.30	28.8810	73.70	32.4107	77.10	36.3165
70.40	28.9800	73.80	32.5199	77.20	36.4378
70.50	29.0793	73.90	32.6295	77.30	36.5594
70.60	29.1788	74.00	32.7393	77.40	36.6814
70.70	29.2787	74.10	32.8495	77.50	36.8039
70.80	29.3789	74.20	32.9600	77.60	36.9267
70.90	29.4792	74.30	33.0709	77.70	37.0499
71.00	29.5798	74.40	33.1821	77.80	37.1736
71.10	29.6808	74.50	33.2936	77.90	37.2976
71.20	29.7821	74.60	33.4054	78.00	37.4221
71.30	29.8836	74.70	33.5176	78.10	37.5469
71.40	29.9854	74.80	33.6301	78.20	37.6722
71.50	30.0876	74.90	33.7430	78.30	37.7978
71.60	30.1900	75.00	33.8562	78.40	37.9239
71.70	30.2927	75.10	33.9698	78.50	38.0504
71.80	30.3957	75.20	34.0837	78.60	38.1774
71.90	30.4990	75.30	34.1980	78.70	38.3047
72.00	30.6026	75.40	34.3126	78.80	38.4325
72.10	30.7065	75.50	34.4275	78.90	38.5607
72.20	30.8107	75.60	34.5428	79.00	38.6893
72.30	30.9152	75.70	34.6585	79.10	38.8184
72.40	31.0200	75.80	34.7746	79.20	38.9479
72.50	31.1251	75.90	34.8909	79.30	39.0778
72.60	31.2305	76.00	35.0077	79.40	39.2082
72.70	31.3363	76.10	35.1248	79.50	39.3391
72.80	31.4423	76.20	35.2423	79.60	39.4703
72.90	31.5486	76.30	35.3602	79.70	39.6021
73.00	31.6553	76.40	35.4784	79.80	39.7343

Abscisses.	Ordonnées.	Abscisses.	Ordonnées.	Abscisses.	Ordonnées.
79m90	39m8669	83m30	44m6727	86m70	50m1692
80.00	40.0000	83.40	44.8236	86.80	50.3436
80.10	40.1336	83.50	44.9750	86.90	50.5188
80.20	40.2676	83.60	45.1271	87.00	50.6948
80.30	40.4021	83.70	45.2797	87.10	50.8717
80.40	40.5371	83.80	45.4330	87.20	51.0494
80.50	40.6725	83.90	45.5869	87.30	51.2280
80.60	40.8085	84.00	45.7414	87.40	51.4074
80.70	40.9449	84.10	45.8965	87.50	51.5877
80.80	41.0817	84.20	46.0523	87.60	51.7689
80.90	41.2191	84.30	46.2086	87.70	51.9510
81.00	41.3570	84.40	46.3657	87.80	52.1339
81.10	41.4954	84.50	46.5234	87.90	52.3178
81.20	41.6347	84.60	46.6817	88.00	52.5026
81.30	41.7736	84.70	46.8407	88.10	52.6884
81.40	41.9135	84.80	47.0004	88.20	52.8751
81.50	42.0539	84.90	47.1607	88.30	53.0627
81.60	42.1948	85.00	47.3217	88.40	53.2513
81.70	42.3362	85.10	47.4834	88.50	53.4409
81.80	42.4782	85.20	47.6458	88.60	53.6315
81.90	42.6207	85.30	47.8091	88.70	53.8231
82.00	42.7637	85.40	47.9727	88.80	54.0157
82.10	42.9072	85.50	48.1373	88.90	54.2093
82.20	43.0513	85 60	48.3024	89.00	54.4040
82.30	43.1959	85.70	48.4684	89.10	54.5997
82.40	43.3410	85.80	68.6351	89.20	54.7965
82.50	43.4867	85.90	48.8025	89.30	54.9943
82.60	43.6330	86.00	48.9706	89.40	55.1933
82.70	43.7798	86.10	49.1395	89.50	55.3934
82.80	43.9272	86.20	49.3092	89.60	55.5946
82.90	44.0753	86.30	49.4796	89.70	55.7970
83.00	44.2237	86.40	49.6508	89.80	56.0005
83.10	44.3728	86.50	49.8228	89.90	56.2051
83.20	44.5224	86.60	49.9956	90.00	56.4110

Abscisses.	Ordonnées.	Abscisses.	Ordonnées.	Abscisses.	Ordonnées.
90^{m}10	56^{m}6181	93^{m}50	64^{m}5352	96^{m}90	75^{m}2939
90.20	56.8264	93.60	64.8000	97.00	75.6895
90.30	57.0360	93.70	65.0671	97.10	76.0921
90.40	57.2468	93.80	65.3365	97.20	76.5019
90.50	57.4588	93.90	65.6083	97.30	76.9195
90.60	57.6722	94.00	65.8826	97.40	77.3452
90.70	57.8869	94.10	66.1594	97.50	77.7795
90.80	58.1030	94.20	66.4389	97.60	78.2230
90.90	58.3204	94.30	66.7203	97.70	78.6761
91.00	58.5392	94.40	67.0055	97.80	79.1395
91.10	58.7594	94.50	67.2930	97.90	79.6140
91.20	58.9810	94.60	67.5833	98.00	80.1003
91.30	59.2041	94.70	67.8766	98.10	80.5992
91.40	59.4286	94.80	68.1730	98.20	81.1119
91.50	59.6546	94.90	68.4724	98.30	81.6394
91.60	59.8826	95.00	68.7751	98.40	82.1832
91.70	60.1113	95.10	69.0809	98.50	82.7446
91.80	60.3420	95.20	69.3902	98.60	83.3255
91.90	60.5741	95.30	69.7030	98.70	83.9280
92.00	60.8081	95.40	70.0193	98.80	84.5546
92.10	61.0438	95.50	70.3394	98.90	85.2084
92.20	61.2810	95.60	70.6633	99.00	85.8933
92.30	61.5200	95.70	70.9912	99.10	86.6138
92.40	61.7608	95.80	71.3232	99.20	87.3762
92.50	62.0033	95.90	71.6594	99.30	88.1886
92.60	62.2477	96.00	72.0000	99.40	89.0620
92.70	62.4939	96.10	72.3452	99.50	90.0125
92.80	62.7420	96.20	72.6951	99.60	91.0647
92.90	62.9921	96.30	73.0499	99.70	92.2598
93.00	63.2441	96.40	73.4098	99.80	93.6786
93.10	63.4981	96.50	73.7751	99.90	95.5290
93.20	63.7542	96.60	74.1458	99.91	95.7583
93.30	64.0124	96.70	74.5224	99.92	96.0008
93.40	64.2727	96.80	74.9050	99.93	96.2590

Abscisses.	Ordonnées.	Abscisses.	Ordonnées.	Abscisses.	Ordonnées.
79ᵐ90	39ᵐ8669	83ᵐ30	44ᵐ6727	86ᵐ70	50ᵐ1692
80.00	40.0000	83.40	44.8236	86.80	50.3436
80.10	40.1336	83.50	44.9750	86.90	50.5188
80.20	40.2676	83.60	45.1271	87.00	50.6948
80.30	40.4021	83.70	45.2797	87.10	50.8717
80.40	40.5371	83.80	45.4330	87.20	51.0494
80.50	40.6725	83.90	45.5869	87.30	51.2280
80.60	40.8085	84.00	45.7414	87.40	51.4074
80.70	40.9449	84.10	45.8965	87.50	51.5877
80.80	41.0817	84.20	46.0523	87.60	51.7689
80.90	41.2191	84.30	46.2086	87.70	51.9510
81.00	41.3570	84.40	46.3657	87.80	52.1339
81.10	41.4954	84.50	46.5234	87.90	52.3178
81.20	41.6347	84.60	46.6817	88.00	52.5026
81.30	41.7736	84.70	46.8407	88.10	52.6884
81.40	41.9135	84.80	47.0004	88.20	52.8751
81.50	42.0539	84.90	47.1607	88.30	53.0627
81.60	42.1948	85.00	47.3217	88.40	53.2513
81.70	42.3362	85.10	47.4834	88.50	53.4409
81.80	42.4782	85.20	47.6458	88.60	53.6315
81.90	42.6207	85.30	47.8091	88.70	53.8231
82.00	42.7637	85.40	47.9727	88.80	54.0157
82.10	42.9072	85.50	48.1373	88.90	54.2093
82.20	43.0513	85 60	48.3024	89.00	54.4040
82.30	43.1959	85.70	48.4684	89.10	54.5997
82.40	43.3410	85.80	68.6351	89.20	54.7965
82.50	43.4867	85.90	48.8025	89.30	54.9943
82.60	43.6330	86.00	48.9706	89.40	55.1933
82.70	43.7798	86.10	49.1395	89.50	55.3934
82.80	43.9272	86.20	49.3092	89.60	55.5946
82.90	44.0753	86.30	49.4796	89.70	55.7970
83.00	44.2237	86.40	49.6508	89.80	56.0005
83.10	44.3728	86.50	49.8228	89.90	56.2051
83.20	44.5224	86.60	49.9956	90.00	56.4110

Abscisses.	Ordonnées.	Abscisses.	Ordonnées.	Abscisses.	Ordonnées.
90m10	56m6181	93m50	64m5352	96m90	75m2939
90.20	56.8264	93.60	64.8000	97.00	75.6895
90.30	57.0360	93.70	65.0671	97.10	76.0921
90.40	57.2468	93.80	65.3365	97.20	76.5019
90.50	57.4588	93.90	65.6083	97.30	76.9195
90.60	57.6722	94.00	65.8826	97.40	77.3452
90.70	57.8869	94.10	66.1594	97.50	77.7795
90.80	58.1030	94.20	66.4389	97.60	78.2230
90.90	58.3204	94.30	66.7207	97.70	78.6761
91.00	58.5392	94.40	67.0055	97.80	79.1395
91.10	58.7594	94.50	67.2930	97.90	79.6140
91.20	58.9810	94.60	67.5833	98.00	80.1003
91.30	59.2041	94.70	67.8766	98.10	80.5992
91.40	59.4286	94.80	68.1730	98.20	81.1119
91.50	59.6546	94.90	68.4724	98.30	81.6394
91.60	59.8826	95.00	68.7751	98.40	82.1832
91.70	60.1113	95.10	69.0809	98.50	82.7446
91.80	60.3420	95.20	69.3902	98.60	83.3255
91.90	60.5741	95.30	69.7030	98.70	83.9280
92.00	60.8081	95.40	70.0193	98.80	84.5546
92.10	61.0438	95.50	70.3394	98.90	85.2084
92.20	61.2810	95.60	70.6633	99.00	85.8933
92.30	61.5200	95.70	70.9912	99.10	86.6138
92.40	61.7608	95.80	71.3232	99.20	87.3762
92.50	62.0033	95.90	71.6594	99.30	88.1886
92.60	62.2477	96.00	72.0000	99.40	89.0620
92.70	62.4939	96.10	72.3452	99.50	90.0125
92.80	62.7420	96.20	72.6951	99.60	91.0647
92.90	62.9921	96.30	73.0499	99.70	92.2598
93.00	63.2441	96.40	73.4098	99.80	93.6786
93.10	63.4981	96.50	73.7751	99.90	95.5290
93.20	63.7542	96.60	74.1458	99.91	95.7583
93.30	64.0124	96.70	74.5224	99.92	96.0008
93.40	64.2727	96.80	74.9050	99.93	96.2590

Abscisses.	Ordonnées.	Abscisses.	Ordonnées.	Abscisses.	Ordonnées.
99^m94	96^m5364	99^m991	98^m6584	99^m997	99^m2254
99.95	96.8381	99.992	98.7531	99.998	99.3675
99.96	97.1719	99.993	98.8168	99.999	99.5528
99.97	97.5507	99.994	98.9046	100.000	100.0000
99.98	98.0001	99.995	99.0000		
99.99	98.5858	99.996	99.1056		

Abscisses.	Ordonnées.	Abscisses.	Ordonnées.	Abscisses.	Ordonnées.
99^{m}94	96^{m}5364	99^{m}991	98^{m}6584	99^{m}997	99^{m}2254
99.95	96.8381	99.992	98.7531	99.998	99.3675
99.96	97.1719	99.993	98.8168	99.999	99.5528
99.97	97.5507	99.994	98.9046	100.000	100.0000
99.98	98.0001	99.995	99.0000		
99.99	98.5858	99.996	99.1056		

ABSCISSES ET ORDONNÉES

D'UNE PARABOLE DONT LE PARAMÈTRE EST ÉGAL A 10000 MÈTRES

DIFFÉRENCES SECONDES				
des Ordonnées de la table, l'Abscisse x variant				
de 0m20 en 0m20	de mètre en mètre	de 5 en 5 mètres	de 10 en 10 mètres	de 20 en 20 mètres
0m000008	0m0002	0m005	0m02	0m08

QUATRIEME TABLE

ABSCISSES ET ORDONNÉES

D'UNE PARABOLE DONT LE PARAMÈTRE EST ÉGAL A 10000 MÈTRES

| DIFFÉRENCES SECONDES | | | | |
| des Ordonnées de la table, l'Abscisse x variant | | | | |
de 0ᵐ20 en 0ᵐ20	de mètre en mètre	de 5 en 5 mètres	de 10 en 10 mètres	de 20 en 20 mètres
$0^m000008$	0^m0002	0^m005	0^m02	0^m08

Abscisses.	Ordonnées.	Abscisses.	Ordonnées.	Abscisses.	Ordonnées.
0ᵐ20	0ᵐ000004	7ᵐ00	0ᵐ004900	13ᵐ80	0ᵐ019044
0.40	0.000016	7.20	0.005184	14.00	0.019600
0.60	0.000036	7.40	0.005476	14.20	0.020164
0.80	0.000064	7.60	0.005776	14.40	0.020736
1.00	0.000100	7.80	0.006084	14.60	0.021316
1.20	0.000144	8.00	0.006400	14.80	0.021904
1.40	0.000196	8.20	0.006724	15.00	0.022500
1.60	0.000256	8.40	0.007056	15.20	0.023104
1.80	0.000324	8.60	0.007396	15.40	0.023716
2.00	0.000400	8.80	0.007744	15.60	0.024336
2.20	0.000484	9.00	0.008100	15.80	0.024964
2.40	0.000576	9.20	0.008464	16.00	0.025600
2.60	0.000676	9.40	0.008836	16.20	0.026244
2.80	0.000784	9.60	0.009216	16.40	0.026896
3.00	0.000900	9.80	0.009604	16.60	0.027556
3.20	0.001024	10.00	0.010000	16.80	0.028224
3.40	0.001156	10.20	0.010404	17.00	0.028900
3.60	0.001296	10.40	0.010816	17.20	0.029584
3.80	0.001444	10.60	0.011236	17.40	0.030276
4.00	0.001600	10.80	0.011664	17.60	0.030976
4.20	0.001764	11.00	0.012100	17.80	0.031684
4.40	0.001936	11.20	0.012544	18.00	0.032400
4.60	0.002116	11.40	0.012996	18.20	0.033124
4.80	0.002304	11.60	0.013456	18.40	0.033856
5.00	0.002500	11.80	0.013924	18.60	0.034596
5.20	0.002704	12.00	0.014400	18.80	0.035344
5.40	0.002916	12.20	0.014884	19.00	0.036100
5.60	0.003136	12.40	0.015376	19.20	0.036864
5.80	0.003364	12.60	0.015876	19.40	0.037636
6.00	0.003600	12.80	0.016384	19.60	0.038416
6.20	0.003844	13.00	0.016900	19.80	0.039204
6.40	0.004096	13.20	0.017424	20 »	0.0400
6.60	0.004356	13.40	0.017956	21 »	0.0441
6.80	0.004624	13.60	0.018496	22 »	0.0484

QUATRIÈME TABLE.

Abscisses.	Ordonnées.	Abscisses.	Ordonnées.	Abscisses.	Ordonnées.
23	0ᵐ0529	57	0ᵐ3249	91	0ᵐ8281
24	0.0576	58	0.3364	92	0.8464
25	0.0625	59	0.3481	93	0.8649
26	0.0676	60	0.3600	94	0.8836
27	0.0729	61	0.3721	95	0.9025
28	0.0784	62	0.3844	96	0.9216
29	0.0841	63	0.3969	97	0.9409
30	0.0900	64	0.4096	98	0.9604
31	0.0961	65	0.4225	99	0.9801
32	0.1024	66	0.4356	100	1.0000
33	0.1089	67	0.4489	101	1.0201
34	0.1156	68	0.4624	102	1.0404
35	0.1225	69	0.4761	103	1.0609
36	0.1296	70	0.4900	104	1.0816
37	0.1369	71	0.5041	105	1.1025
38	0.1444	72	0.5184	106	1.1236
39	0.1521	73	0.5329	107	1.1449
40	0.1600	74	0.5476	108	1.1664
41	0.1681	75	0.5625	109	1.1881
42	0.1764	76	0.5776	110	1.2100
43	0.1849	77	0.5929	111	1.2321
44	0.1936	78	0.6084	112	1.2544
45	0.2025	79	0.6241	113	1.2769
46	0.2116	80	0.6400	114	1.2996
47	0.2209	81	0.6561	115	1.3225
48	0.2304	82	0.6724	116	1.3456
49	0.2401	83	0.6889	117	1.3689
50	0.2500	84	0.7056	118	1.3924
51	0.2601	85	0.7225	119	1.4161
52	0.2704	86	0.7396	120	1.4400
53	0.2809	87	0.7569	121	1.4641
54	0.2916	88	0.7744	122	1.4884
55	0.3025	89	0.7921	123	1.5129
56	0.3136	90	0.8100	124	1.5376

Abscisses.	Ordonnées.	Abscisses.	Ordonnées.	Abscisses.	Ordonnées.
0ᵐ20	0ᵐ000004	7ᵐ00	0ᵐ004900	13ᵐ80	0ᵐ019044
0.40	0.000016	7.20	0.005184	14.00	0.019600
0.60	0.000036	7.40	0.005476	14.20	0.020164
0.80	0.000064	7.60	0.005776	14.40	0.020736
1.00	0.000100	7.80	0.006084	14.60	0.021316
1.20	0.000144	8.00	0.006400	14.80	0.021904
1.40	0.000196	8.20	0.006724	15.00	0.022500
1.60	0.000256	8.40	0.007056	15.20	0.023104
1.80	0.000324	8.60	0.007396	15.40	0.023716
2.00	0.000400	8.80	0.007744	15.60	0.024336
2.20	0.000484	9.00	0.008100	15.80	0.024964
2.40	0.000576	9.20	0.008464	16.00	0.025600
2.60	0.000676	9.40	0.008836	16.20	0.026244
2.80	0.000784	9.60	0.009216	16.40	0.026896
3.00	0.000900	9.80	0.009604	16.60	0.027556
3.20	0.001024	10.00	0.010000	16.80	0.028224
3.40	0.001156	10.20	0.010404	17.00	0.028900
3.60	0.001296	10.40	0.010816	17.20	0.029584
3.80	0.001444	10.60	0.011236	17.40	0.030276
4.00	0.001600	10.80	0.011664	17.60	0.030976
4.20	0.001764	11.00	0.012100	17.80	0.031684
4.40	0.001936	11.20	0.012544	18.00	0.032400
4.60	0.002116	11.40	0.012996	18.20	0.033124
4.80	0.002304	11.60	0.013456	18.40	0.033856
5.00	0.002500	11.80	0.013924	18.60	0.034596
5.20	0.002704	12.00	0.014400	18.80	0.035344
5.40	0.002916	12.20	0.014884	19.00	0.036100
5.60	0.003136	12.40	0.015376	19.20	0.036864
5.80	0.003364	12.60	0.015876	19.40	0.037636
6.00	0.003600	12.80	0.016384	19.60	0.038416
6.20	0.003844	13.00	0.016900	19.80	0.039204
6.40	0.004096	13.20	0.017424	20 »	0.0400
6.60	0.004356	13.40	0.017956	21 »	0.0441
6.80	0.004624	13.60	0.018496	22 »	0.0484

Abscisses.	Ordonnées.	Abscisses.	Ordonnées.	Abscisses.	Ordonnées.
23	0^{m}0529	57	0^{m}3249	91	0^{m}8281
24	0.0576	58	0.3364	92	0.8464
25	0.0625	59	0.3481	93	0.8649
26	0.0676	60	0.3600	94	0.8836
27	0.0729	61	0.3721	95	0.9025
28	0.0784	62	0.3844	96	0.9216
29	0.0841	63	0.3969	97	0.9409
30	0.0900	64	0.4096	98	0.9604
31	0.0961	65	0.4225	99	0.9801
32	0.1024	66	0.4356	100	1.0000
33	0.1089	67	0.4489	101	1.0201
34	0.1156	68	0.4624	102	1.0404
35	0.1225	69	0.4761	103	1.0609
36	0.1296	70	0.4900	104	1.0816
37	0.1369	71	0.5041	105	1.1025
38	0.1444	72	0.5184	106	1.1236
39	0.1521	73	0.5329	107	1.1449
40	0.1600	74	0.5476	108	1.1664
41	0.1681	75	0.5625	109	1.1881
42	0.1764	76	0.5776	110	1.2100
43	0.1849	77	0.5929	111	1.2321
44	0.1936	78	0.6084	112	1.2544
45	0.2025	79	0.6241	113	1.2769
46	0.2116	80	0.6400	114	1.2996
47	0.2209	81	0.6561	115	1.3225
48	0.2304	82	0.6724	116	1.3456
49	0.2401	83	0.6889	117	1.3689
50	0.2500	84	0.7056	118	1.3924
51	0.2601	85	0.7225	119	1.4161
52	0.2704	86	0.7396	120	1.4400
53	0.2809	87	0.7569	121	1.4641
54	0.2916	88	0.7744	122	1.4884
55	0.3025	89	0.7921	123	1.5129
56	0.3136	90	0.8100	124	1.5376

Abscisses.	Ordonnées.	Abscisses.	Ordonnées.	Abscisses.	Ordonnées.
125	1ᵐ5625	275	7ᵐ5625	445	19ᵐ8025
126	1.5876	280	7.8400	450	20.2500
127	1.6129	285	8.1225	460	21.16
128	1.6384	290	8.4100	470	22.09
129	1.6641	295	8.7025	480	23.04
130	1.6900	300	9.0000	490	24.01
135	1.8225	305	9.3025	500	25.00
140	1.9600	310	9.6100	510	26.01
145	2.1025	315	9.9225	520	27.04
150	2.2500	320	10.2400	530	28.09
155	2.4025	325	10.5625	540	29.16
160	2.5600	330	10.8900	550	30.25
165	2.7225	335	11.2225	560	31.36
170	2.8900	340	11.5600	570	32.49
175	3.0625	345	11.9025	580	33.64
180	3.2400	350	12.2500	590	34.81
185	3.4225	355	12.6025	600	36.00
190	3.6100	360	12.9600	610	37.21
195	3.8025	365	13.3225	620	38.44
200	4.0000	370	13.6900	630	39.69
205	4.2025	375	14.0625	640	40.96
210	4.4100	380	14.4400	650	42.25
215	4.6225	385	14.8225	660	43.56
220	4.8400	390	15.2100	670	44.89
225	5.0625	395	15.6025	680	46.24
230	5.2900	400	16.0000	690	47.61
235	5.5225	405	16.4025	700	49.00
240	5.7600	410	16.8100	710	50.41
245	6.0025	415	17.2225	720	51.84
250	6.2500	420	17.6400	730	53.29
255	6.5025	425	18.0625	740	54.76
260	6.7600	430	18.4900	750	56.25
265	7.0225	435	18.9225	760	57.76
270	7.2900	440	19.3600	770	59.29

Abscisses.	Ordonnées.	Abscisses.	Ordonnées.	Abscisses.	Ordonnées.
780	60^{m}84	1120	125^{m}44	1460	213^{m}16
790	62,41	1130	127,69	1470	216,09
800	64,00	1140	129,96	1480	219,04
810	65,61	1150	132,25	1490	222,01
820	67,24	1160	134,56	1500	225,00
830	68,89	1170	136,89	1510	228,01
840	70,56	1180	139,24	1520	231,04
850	72,25	1190	141,61	1530	234,09
860	73,96	1200	144,00	1540	237,16
870	75,69	1210	146,41	1550	240,25
880	77,44	1220	148,84	1560	243,36
890	79,21	1230	151,29	1570	246,49
900	81,00	1240	153,76	1580	249,64
910	82,81	1250	156,25	1590	252,81
920	84,64	1260	158,76	1600	256,00
930	86,49	1270	161,29	1610	259,21
940	88,36	1280	163,84	1620	262,44
950	90,25	1290	166,41	1630	265,69
960	92,16	1300	169,00	1640	268,96
970	94,09	1310	171,61	1650	272,25
980	96,04	1320	174,24	1660	275,56
990	98,01	1330	176,89	1670	278,89
1000	100,00	1340	179,56	1680	282,24
1010	102,01	1350	182,25	1690	285,61
1020	104,04	1360	184,96	1700	289,00
1030	106,09	1370	187,69	1710	292,41
1040	108,16	1380	190,44	1720	295,84
1050	110,25	1390	193,21	1730	299,29
1060	112,36	1400	196,00	1740	302,76
1070	114,49	1410	198,81	1750	306,25
1080	116,64	1420	201,64	1760	309,76
1090	118,81	1430	204,49	1770	313,29
1100	121,00	1440	207,36	1780	316,84
1110	123,21	1450	210,25	1790	320,41

Abscisses.	Ordonnées.	Abscisses.	Ordonnées.	Abscisses.	Ordonnées.
125	1m5625	275	7m5625	445	19m8025
126	1.5876	280	7.8400	450	20.2500
127	1.6129	285	8.1225	460	21.16
128	1.6384	290	8.4100	470	22.09
129	1.6641	295	8.7025	480	23.04
130	1.6900	300	9.0000	490	24.01
135	1.8225	305	9.3025	500	25.00
140	1.9600	310	9.6100	510	26.01
145	2.1025	315	9.9225	520	27.04
150	2.2500	320	10.2400	530	28.09
155	2.4025	325	10.5625	540	29.16
160	2.5600	330	10.8900	550	30.25
165	2.7225	335	11.2225	560	31.36
170	2.8900	340	11.5600	570	32.49
175	3.0625	345	11.9025	580	33.64
180	3.2400	350	12.2500	590	34.81
185	3.4225	355	12.6025	600	36.00
190	3.6100	360	12.9600	610	37.21
195	3.8025	365	13.3225	620	38.44
200	4.0000	370	13.6900	630	39.69
205	4.2025	375	14.0625	640	40.96
210	4.4100	380	14.4400	650	42.25
215	4.6225	385	14.8225	660	43.56
220	4.8400	390	15.2100	670	44.89
225	5.0625	395	15.6025	680	46.24
230	5.2900	400	16.0000	690	47.61
235	5.5225	405	16.4025	700	49.00
240	5.7600	410	16.8100	710	50.41
245	6.0025	415	17.2225	720	51.84
250	6.2500	420	17.6400	730	53.29
255	6.5025	425	18.0625	740	54.76
260	6.7600	430	18.4900	750	56.25
265	7.0225	435	18.9225	760	57.76
270	7.2900	440	19.3600	770	59.29

Abscisses.	Ordonnées.	Abscisses.	Ordonnées.	Abscisses.	Ordonnées.
780	60m84	1120	125m44	1460	213m16
790	62.41	1130	127.69	1470	216.09
800	64.00	1140	129.96	1480	219.04
810	65.61	1150	132.25	1490	222.01
820	67.24	1160	134.56	1500	225.00
830	68.89	1170	136.89	1510	228.01
840	70.56	1180	139.24	1520	231.04
850	72.25	1190	141.61	1530	234.09
860	73.96	1200	144.00	1540	237.16
870	75.69	1210	146.41	1550	240.25
880	77.44	1220	148.84	1560	243.36
890	79.21	1230	151.29	1570	246.49
900	81.00	1240	153.76	1580	249.64
910	82.81	1250	156.25	1590	252.81
920	84.64	1260	158.76	1600	256.00
930	86.49	1270	161.29	1610	259.21
940	88.36	1280	163.84	1620	262.44
950	90.25	1290	166.41	1630	265.69
960	92.16	1300	169.00	1640	268.96
970	94.09	1310	171.61	1650	272.25
980	96.04	1320	174.24	1660	275.56
990	98.01	1330	176.89	1670	278.89
1000	100.00	1340	179.56	1680	282.24
1010	102.01	1350	182.25	1690	285.61
1020	104.04	1360	184.96	1700	289.00
1030	106.09	1370	187.69	1710	292.41
1040	108.16	1380	190.44	1720	295.84
1050	110.25	1390	193.21	1730	299.29
1060	112.36	1400	196.00	1740	302.76
1070	114.49	1410	198.81	1750	306.25
1080	116.64	1420	201.64	1760	309.76
1090	118.81	1430	204.49	1770	313.29
1100	121.00	1440	207.36	1780	316.84
1110	123.21	1450	210.25	1790	320.41

Abscisses.	Ordonnées.	Abscisses.	Ordonnées.	Abscisses.	Ordonnées.
1800	324m00	2070	428m49	2500	625m00
1810	327.61	2080	432.64	2520	635.04
1820	331.24	2090	436.81	2540	645.16
1830	334.89	2100	441.00	2560	655.36
1840	338.56	2110	445.21	2580	665.64
1850	342.25	2120	449.44	2600	676.00
1860	345.96	2130	453.69	2620	686.44
1870	349.69	2140	457.96	2640	696.96
1880	353.44	2150	462.25	2660	707.56
1890	357.21	2160	466.56	2680	718.24
1900	361.00	2170	470.89	2700	729.00
1910	364.81	2180	475.24	2720	739.84
1920	368.64	2200	484.00	2740	750.76
1930	372.49	2220	492.84	2760	761.76
1940	376.36	2240	501.76	2780	772.84
1950	380.25	2260	510.76	2800	784.00
1960	384.16	2280	519.84	2820	795.24
1970	388.09	2300	529.00	2840	806.56
1980	392.04	2320	538.24	2860	817.96
1990	396.01	2340	547.56	2880	829.44
2000	400.00	2360	556.96	2900	841.00
2010	404.01	2380	566.44	2920	852.64
2020	408.04	2400	576.00	2940	864.36
2030	412.09	2420	585.64	2960	876.16
2040	416.16	2440	595.36	2980	888.04
2050	420.25	2460	605.16	3000	900.00
2060	424.36	2480	615.04		

Abscisses.	Ordonnées.	Abscisses.	Ordonnées.	Abscisses.	Ordonnées.
1800	324ᵐ00	2070	428ᵐ49	2500	625ᵐ00
1810	327.61	2080	432.64	2520	635.04
1820	331.24	2090	436.81	2540	645.16
1830	334.89	2100	441.00	2560	655.36
1840	338.56	2110	445.21	2580	665.64
1850	342.25	2120	449.44	2600	676.00
1860	345.96	2130	453.69	2620	686.44
1870	349.69	2140	457.96	2640	696.96
1880	353.44	2150	462.25	2660	707.56
1890	357.21	2160	466.56	2680	718.24
1900	361.00	2170	470.89	2700	729.00
1910	364.81	2180	475.24	2720	739.84
1920	368.64	2200	484.00	2740	750.76
1930	372.49	2220	492.84	2760	761.76
1940	376.36	2240	501.76	2780	772.84
1950	380.25	2260	510.76	2800	784.00
1960	384.16	2280	519.84	2820	795.24
1970	388.09	2300	529.00	2840	806.56
1980	392.04	2320	538.24	2860	817.96
1990	396.01	2340	547.56	2880	829.44
2000	400.00	2360	556.96	2900	841.00
2010	404.01	2380	566.44	2920	852.64
2020	408.04	2400	576.00	2940	864.36
2030	412.09	2420	585.64	2960	876.16
2040	416.16	2440	595.36	2980	888.04
2050	420.25	2460	605.16	3000	900.00
2060	424.36	2480	615.04		

17

CINQUIÈME TABLE.

TANGENTES, BISSECTRICES, FLÈCHES,

DEMI-CORDES ET DÉVEVELOPPEMENTS D'UN QUART DE CIRCONFÉRENCE DE CERCLE DE 100 MÈTRES DE RAYON,

Calculés pour tous les degrés et minutes,
depuis 0° jusqu'à 90°.

'	TANG.	BISSEC-TRICE.	FLÈCHE	DEMI-CORDE.	ARC.	'	TANG.	BISSEC-TRICE.	FLÈCHE	DEMI-CORDE.	ARC.
0	0.873	0.004	0.004	0.873	1.745	0	1.745	0.015	0.015	1.745	3.491
1	0.887	0.004	0.004	0.887	1.774	1	1.760	0.015	0.015	1.760	3.520
2	0.902	0.004	0.004	0.902	1.804	2	1.775	0.016	0.016	1.775	3.549
3	0.916	0.004	0.004	0.916	1.833	3	1.789	0.016	0.016	1.789	3.578
4	0.931	0.004	0.004	0.931	1.862	4	1.804	0.016	0.016	1.804	3.607
5	0.945	0.004	0.004	0.945	1.891	5	1.818	0.017	0.017	1.818	3.636
6	0.960	0.005	0.005	0.960	1.920	6	1.833	0.017	0.017	1.833	3.665
7	0.975	0.005	0.005	0.975	1.949	7	1.847	0.017	0.017	1.847	3.694
8	0.989	0.005	0.005	0.989	1.978	8	1.862	0.018	0.018	1.862	3.723
9	1.004	0.005	0.005	1.004	2.007	9	1.876	0.018	0.018	1.876	3.752
10	1.018	0.005	0.005	1.018	2.036	10	1.891	0.018	0.018	1.891	3.782
11	1.033	0.005	0.005	1.033	2.065	11	1.905	0.018	0.018	1.905	3.811
12	1.047	0.005	0.005	1.047	2.094	12	1.920	0.019	0.019	1.920	3.840
13	1.062	0.006	0.006	1.062	2.123	13	1.934	0.019	0.019	1.934	3.869
14	1.076	0.006	0.006	1.076	2.153	14	1.949	0.019	0.019	1.949	3.898
15	1.091	0.006	0.006	1.091	2.182	15	1.963	0.020	0.020	1.963	3.927
16	1.105	0.006	0.006	1.105	2.211	16	1.978	0.020	0.020	1.978	3.956
17	1.120	0.006	0.006	1.120	2.240	17	1.992	0.020	0.020	1.992	3.985
18	1.135	0.006	0.006	1.135	2.269	18	2.007	0.020	0.020	2.007	4.014
19	1.149	0.007	0.007	1.149	2.298	19	2.021	0.021	0.021	2.021	4.043
20	1.164	0.007	0.007	1.164	2.327	20	2.036	0.021	0.021	2.036	4.072
21	1.178	0.007	0.007	1.178	2.356	21	2.051	0.021	0.021	2.051	4.102
22	1.193	0.007	0.007	1.193	2.385	22	2.065	0.022	0.022	2.065	4.131
23	1.207	0.007	0.007	1.207	2.414	23	2.080	0.022	0.022	2.080	4.160
24	1.222	0.007	0.007	1.222	2.443	24	2.094	0.022	0.022	2.094	4.189
25	1.236	0.008	0.008	1.236	2.473	25	2.109	0.023	0.023	2.109	4.218
26	1.251	0.008	0.008	1.251	2.502	26	2.123	0.023	0.023	2.123	4.247
27	1.265	0.008	0.008	1.265	2.531	27	2.138	0.023	0.023	2.138	4.276
28	1.280	0.008	0.008	1.280	2.560	28	2.152	0.023	0.023	2.152	4.305
29	1.295	0.008	0.008	1.295	2.589	29	2.167	0.024	0.024	2.167	4.334
30	1.309	0.009	0.009	1.309	2.618	30	2.181	0.024	0.024	2.181	4.363
31	1.324	0.009	0.009	1.324	2.647	31	2.196	0.024	0.024	2.196	4.392
32	1.338	0.009	0.009	1.338	2.676	32	2.211	0.025	0.025	2.211	4.422
33	1.353	0.009	0.009	1.353	2.705	33	2.225	0.025	0.025	2.225	4.451
34	1.367	0.009	0.009	1.367	2.734	34	2.240	0.025	0.025	2.240	4.480
35	1.382	0.010	0.010	1.382	2.763	35	2.254	0.026	0.026	2.254	4.509
36	1.396	0.010	0.010	1.396	2.793	36	2.269	0.026	0.026	2.269	4.538
37	1.411	0.010	0.010	1.411	2.822	37	2.283	0.026	0.026	2.283	4.567
38	1.425	0.010	0.010	1.425	2.851	38	2.298	0.027	0.027	2.298	4.596
39	1.440	0.010	0.010	1.440	2.880	39	2.312	0.027	0.027	2.312	4.625
40	1.455	0.011	0.011	1.455	2.909	40	2.327	0.027	0.027	2.327	4.654
41	1.469	0.011	0.011	1.469	2.938	41	2.341	0.028	0.028	2.341	4.683
42	1.484	0.011	0.011	1.484	2.967	42	2.356	0.028	0.028	2.356	4.712
43	1.498	0.011	0.011	1.498	2.996	43	2.371	0.028	0.028	2.371	4.742
44	1.513	0.011	0.011	1.513	3.025	44	2.385	0.029	0.029	2.385	4.771
45	1.527	0.012	0.012	1.527	3.054	45	2.400	0.029	0.029	2.400	4.800
46	1.542	0.012	0.012	1.542	3.083	46	2.414	6.029	0.029	2.414	4.829
47	1.556	0.012	0.012	1.556	3.113	47	2.429	0.030	0.030	2.429	4.858
48	1.571	0.012	0.012	1.571	3.142	48	2.443	0.030	0.030	2.443	4.887
49	1.585	0.013	0.013	1.585	3.171	49	2.458	0.030	0.030	2.458	4.916
50	1.600	0.013	0.013	1.600	3.200	50	2.472	0.031	0.031	2.472	4.945
51	1.615	0.013	0.013	1.615	3.229	51	2.487	0.031	0.031	2.487	4.974
52	1.629	0.013	0.013	1.629	3.258	52	2.502	0.031	0.031	2.502	5.003
53	1.644	0.013	0.013	1.644	3.287	53	2.516	0.032	0.032	2.516	5.032
54	1.658	0.014	0.014	1.658	3.316	54	2.531	0.032	0.032	2.531	5.062
55	1.673	0.014	0.014	1.673	3.345	55	2.545	0.032	0.032	2.545	5.091
56	1.687	0.014	0.014	1.687	3.374	56	2.560	0.033	0.033	2.560	5.120
57	1.702	0.014	0.014	1.702	3.403	57	2.574	0.033	0.033	2.574	5.149
58	1.716	0.015	0.015	1.716	3.433	58	2.589	0.033	0.033	2.589	5.178
59	1.731	0.015	0.015	1.731	3.462	59	2.604	0.034	0.034	2.604	5.207
60	1.745	0.015	0.015	1.745	3.491	60	2.618	0.034	0.034	2.618	5.236
'	TANG.	BISSEC-TRICE.	FLÈCHE	DEMI-CORDE.	ARC.	'	TANG.	BISSEC-TRICE.	FLÈCHE	DEMI-CORDE.	ARC.

CINQUIÈME TABLE.

TANGENTES, BISSECTRICES, FLÈCHES,

DEMI-CORDES ET DÉVEVELOPPEMENTS D'UN QUART DE CIRCONFÉRENCE
DE CERCLE DE 100 MÈTRES DE RAYON,

Calculés pour tous les degrés et minutes,
depuis 0° jusqu'à 90°.

ANGLE AU CENTRE = 1°

'	TANG.	BISSECTRICE.	FLÈCHE	DEMICORDE.	ARC.
0	0.873	0.004	0.004	0.873	1.745
1	0.887	0.004	0.004	0.887	1.774
2	0.902	0.004	0.004	0.902	1.804
3	0.916	0.004	0.004	0.916	1.833
4	0.931	0.004	0.004	0.931	1.862
5	0.945	0.004	0.004	0.945	1.891
6	0.960	0.005	0.005	0.960	1.920
7	0.975	0.005	0.005	0.975	1.949
8	0.989	0.005	0.005	0.989	1.978
9	1.004	0.005	0.005	1.004	2.007
10	1.018	0.005	0.005	1.018	2.036
11	1.033	0.005	0.005	1.033	2.065
12	1.047	0.005	0.005	1.047	2.094
13	1.062	0.006	0.006	1.062	2.123
14	1.076	0.006	0.006	1.076	2.153
15	1.091	0.006	0.006	1.091	2.182
16	1.105	0.006	0.006	1.105	2.211
17	1.120	0.006	0.006	1.120	2.240
18	1.135	0.006	0.006	1.135	2.269
19	1.149	0.007	0.007	1.149	2.298
20	1.164	0.007	0.007	1.164	2.327
21	1.178	0.007	0.007	1.178	2.356
22	1.193	0.007	0.007	1.193	2.385
23	1.207	0.007	0.007	1.207	2.414
24	1.222	0.007	0.007	1.222	2.443
25	1.236	0.008	0.008	1.236	2.473
26	1.251	0.008	0.008	1.251	2.502
27	1.265	0.008	0.008	1.265	2.531
28	1.280	0.008	0.008	1.280	2.560
29	1.295	0.008	0.008	1.295	2.589
30	1.309	0.009	0.009	1.309	2.618
31	1.324	0.009	0.009	1.324	2.647
32	1.338	0.009	0.009	1.338	2.676
33	1.353	0.009	0.009	1.353	2.705
34	1.367	0.009	0.009	1.367	2.734
35	1.382	0.010	0.010	1.382	2.763
36	1.396	0.010	0.010	1.396	2.793
37	1.411	0.010	0.010	1.411	2.822
38	1.425	0.010	0.010	1.425	2.851
39	1.440	0.010	0.010	1.440	2.880
40	1.455	0.011	0.011	1.455	2.909
41	1.469	0.011	0.011	1.469	2.938
42	1.484	0.011	0.011	1.484	2.967
43	1.498	0.011	0.011	1.498	2.996
44	1.513	0.011	0.011	1.513	3.025
45	1.527	0.012	0.012	1.527	3.054
46	1.542	0.012	0.012	1.542	3.083
47	1.556	0.012	0.012	1.556	3.113
48	1.571	0.012	0.012	1.571	3.142
49	1.585	0.013	0.013	1.585	3.171
50	1.600	0.013	0.013	1.600	3.200
51	1.615	0.013	0.013	1.615	3.229
52	1.629	0.013	0.013	1.629	3.258
53	1.644	0.013	0.013	1.644	3.287
54	1.658	0.014	0.014	1.658	3.316
55	1.673	0.014	0.014	1.673	3.345
56	1.687	0.014	0.014	1.687	3.374
57	1.702	0.014	0.014	1.702	3.403
58	1.716	0.015	0.015	1.716	3.433
59	1.731	0.015	0.015	1.731	3.462
60	1.745	0.015	0.015	1.745	3.491

| ' | TANG. | BISSECTRICE. | FLÈCHE | DEMICORDE. | ARC. |

1°

ANGLE AU CENTRE = 2°

'	TANG.	BISSECTRICE.	FLÈCHE	DEMICORDE.	ARC.
0	1.745	0.015	0.015	1.745	3.491
1	1.760	0.015	0.015	1.760	3.520
2	1.775	0.016	0.016	1.775	3.549
3	1.789	0.016	0.016	1.789	3.578
4	1.804	0.016	0.016	1.804	3.607
5	1.818	0.017	0.017	1.818	3.636
6	1.833	0.017	0.017	1.833	3.665
7	1.847	0.017	0.017	1.847	3.694
8	1.862	0.018	0.018	1.862	3.723
9	1.876	0.018	0.018	1.876	3.752
10	1.891	0.018	0.018	1.891	3.782
11	1.905	0.018	0.018	1.905	3.811
12	1.920	0.019	0.019	1.920	3.840
13	1.934	0.019	0.019	1.934	3.869
14	1.949	0.019	0.019	1.949	3.898
15	1.963	0.020	0.020	1.963	3.927
16	1.978	0.020	0.020	1.978	3.956
17	1.992	0.020	0.020	1.992	3.985
18	2.007	0.020	0.020	2.007	4.014
19	2.021	0.021	0.021	2.021	4.043
20	2.036	0.021	0.021	2.036	4.072
21	2.051	0.021	0.021	2.051	4.102
22	2.065	0.022	0.022	2.065	4.131
23	2.080	0.022	0.022	2.080	4.160
24	2.094	0.022	0.022	2.094	4.189
25	2.109	0.023	0.023	2.109	4.218
26	2.123	0.023	0.023	2.123	4.247
27	2.138	0.023	0.023	2.138	4.276
28	2.152	0.023	0.023	2.152	4.305
29	2.167	0.024	0.024	2.167	4.334
30	2.181	0.024	0.024	2.181	4.363
31	2.196	0.024	0.024	2.196	4.392
32	2.211	0.025	0.025	2.211	4.422
33	2.225	0.025	0.025	2.225	4.451
34	2.240	0.025	0.025	2.240	4.480
35	2.254	0.026	0.026	2.254	4.509
36	2.269	0.026	0.026	2.269	4.538
37	2.283	0.026	0.026	2.283	4.567
38	2.298	0.027	0.027	2.298	4.596
39	2.312	0.027	0.027	2.312	4.625
40	2.327	0.027	0.027	2.327	4.654
41	2.341	0.028	0.028	2.341	4.683
42	2.356	0.028	0.028	2.356	4.712
43	2.371	0.028	0.028	2.371	4.742
44	2.385	0.029	0.029	2.385	4.771
45	2.400	0.029	0.029	2.400	4.800
46	2.414	0.029	0.029	2.414	4.829
47	2.429	0.030	0.030	2.429	4.858
48	2.443	0.030	0.030	2.443	4.887
49	2.458	0.030	0.030	2.458	4.916
50	2.472	0.031	0.031	2.472	4.945
51	2.487	0.031	0.031	2.487	4.974
52	2.502	0.031	0.031	2.502	5.003
53	2.516	0.032	0.032	2.516	5.032
54	2.531	0.032	0.032	2.531	5.062
55	2.545	0.032	0.032	2.545	5.091
56	2.560	0.033	0.033	2.560	5.120
57	2.574	0.033	0.033	2.574	5.149
58	2.589	0.033	0.033	2.589	5.178
59	2.604	0.034	0.034	2.604	5.207
60	2.618	0.034	0.034	2.618	5.236

| ' | TANG. | BISSECTRICE. | FLÈCHE | DEMICORDE. | ARC. |

2°

′	TANG.	BISSEC-TRICE.	FLÈCHE	DEMI-CORDE.	ARC.	′	TANG.	BISSEC-TRICE.	FLÈCHE	DEMI-CORDE.	ARC.
0	2.618	0.034	0.034	2.618	5 236	0	3.492	0.061	0.061	3.490	6.981
1	2.633	0.034	0.034	2.633	5.265	1	3.507	0.062	0.062	3.505	7.010
2	2.647	0.035	0.035	2.647	5.294	2	3.521	0.062	0.062	3 519	7.039
3	2.662	0.035	0.035	2.662	5.323	3	3.536	0.063	0.063	3.534	7.069
4	2.676	0.036	0.036	2.676	5.352	4	3.550	0.063	0.063	3.548	7.098
5	2.691	0.036	0.036	2.691	5.381	5	3.565	0.064	0.064	3.563	7.127
6	2.705	0.037	0.037	2.705	5.411	6	3.579	0.064	0.064	3.577	7.156
7	2.720	0.037	0.037	2.720	5.440	7	3.594	0.065	0.065	3.592	7.185
8	2.735	0.037	0.037	2.734	5.469	8	3.609	0.065	0.065	3.606	7.214
9	2.749	0.038	0.038	2.749	5.498	9	3.623	0.066	0.066	3.621	7.243
10	2.764	0.038	0.038	2.763	5.527	10	3.638	0.066	0.066	3.635	7.272
11	2.778	0.039	0.039	2 778	5.556	11	3.652	0.067	0.067	3.649	7.301
12	2.793	0.039	0.039	2.792	5.585	12	3.667	0.067	0.067	3.664	7.330
13	2.807	0 040	0.040	2.807	5.614	13	3.681	0 068	0.068	3.679	7.359
14	2.822	0.040	0.040	2.821	5 643	14	3.696	0.068	0.068	3.693	7.389
15	2.837	0.040	0.040	2.836	5.672	15	3.711	0.069	0.069	3.708	7.418
16	2.851	0.041	0.041	2.850	5.701	16	3.725	0.069	0.069	3.722	7.447
17	2.866	0.041	0.041	2.865	5.731	17	3.740	0.070	0.070	3.737	7.476
18	2.880	0.042	0.042	2.880	5.760	18	3.754	0.071	0.071	3.752	7.505
19	2.895	0.042	0.042	2.894	5.789	19	3.769	0.071	0.071	3.766	7.534
20	2.909	0.043	0.043	2.909	5.818	20	3.783	0.072	0.072	3.781	7.563
21	2.924	0.043	0.043	2.923	5.847	21	8.798	0.072	0.072	3.795	7.592
22	2.939	0.043	0.043	2.938	5.876	22	3.813	0 073	0.073	3.810	7.621
23	2.953	0.044	0.044	2 952	5.905	23	3.827	0.073	0.073	3.824	7.650
24	2.968	0.044	0.044	2.967	5 934	24	3.842	0.074	0.074	3.839	7.679
25	2.982	0.045	0.045	2.981	5.963	25	3.856	0 074	0.074	3.853	7.709
26	2.997	0.045	0.045	2.996	5.992	26	3.871	0.075	0.075	3.868	7.738
27	3.011	0.046	0.046	3.010	6.021	27	3.885	0.075	0 075	3.882	7.767
28	3.026	0.046	0 046	3.025	6.051	28	3.900	0.076	0 076	3.897	7.796
29	3.041	0.046	0.046	3.039	6.080	29	3.915	0.076	0.076	3 911	7.825
30	3.055	0.047	0.047	3.054	6.109	30	3.929	0.077	0.077	3.926	7.854
31	3.070	0.047	0.047	3.069	6.138	31	3.944	0.078	0.078	3.941	7.883
32	3.084	0.048	0.048	3 083	6.167	32	3.958	0.078	0.078	3.955	7.912
33	3.099	0.048	0.048	3.098	6.196	33	3.973	0.079	0.079	3.970	7.941
34	3.113	0.049	0.049	3.112	6.225	34	3.987	0.079	0.079	3 984	7.970
35	3.128	0.049	0.049	3.127	6.254	35	4.002	0.080	0.080	3.999	7.999
36	3.142	0.050	0.050	3 141	6.283	36	4.016	0.081	0.081	4.013	8.029
37	3.157	0.050	0.050	3.156	6.312	37	4.031	0.081	0.081	4.028	8.058
38	3.172	0.051	0.051	3.170	6.341	38	4.046	0.082	0.082	4.042	8.087
39	3.186	0.051	0.051	3.185	6.370	39	4.060	0.082	0.082	4.057	8.116
40	3.201	0.052	0.052	3.199	6.400	40	4.075	0.083	0.083	4.071	8.145
41	3.215	0.052	0.052	3.214	6.429	41	4.089	0.084	0.084	4.086	8.174
42	3.230	0.053	0.053	3 228	6.458	42	4.104	0.084	0.084	4.100	8.203
43	3.244	0.053	0.053	3.243	6.487	43	4.118	0.085	0.085	4.115	8.232
44	3.259	0.054	0.054	3.257	6.516	44	4.133	0.085	0.085	4.129	8.261
45	3.274	0.054	0.054	3.272	6.545	45	4.148	0.086	0.086	4.144	8.290
46	3.288	0.055	0.055	3.286	6.574	46	4.162	0.087	0.087	4.158	8.319
47	3.303	0.055	0.055	3.301	6.603	47	4.177	0.087	0.087	4.173	8.349
48	3.317	0.055	0.055	3.316	6.632	48	4.191	0.088	0.088	4.188	8.378
49	3.332	0.056	0.056	3.330	6.661	49	4.206	0.088	0.088	4.202	8.407
50	3.346	0.056	0.056	3.345	6.690	50	4.220	0.089	0.089	4.217	8.436
51	3.361	0.057	0 057	3.359	6.720	51	4.235	0.090	0.090	4.231	8.465
52	3.376	0.057	0.057	3 374	6.749	52	4.250	0.090	0.090	4.246	8.494
53	3.390	0.058	0.058	3.388	6.778	53	4.264	0.091	0.091	4.260	8.523
54	3.405	0.058	0.058	3.403	6.807	54	4.279	0.091	0.091	4.275	8.552
55	3.419	0.059	0.059	3.417	6.836	55	4.293	0.092	0.092	4.289	8.581
56	3.434	0.059	0.059	3.432	6.865	56	4.308	0.093	0.093	4.304	8.610
57	3.448	0.060	0.060	3.446	6.894	57	4.322	0.093	0.093	4.318	8.639
58	3.463	0.060	0.060	3.461	6.923	58	4.337	0.094	0.094	4 333	8.669
59	3.478	0.061	0.061	3 475	6.952	59	4.352	0.094	0 094	4.347	8.698
60	3.492	0.061	0.061	3.490	6.981	60	4.366	0.095	0.095	4.362	8.727
′	TANG.	BISSEC-TRICE.	FLÈCHE	DEMI-CORDE.	ARC.	′	TANG.	RISSEC-TRICE.	FLÈCHE	DEMI-CORDE.	ARC.

'	TANG.	BISSEC-TRICE.	FLÈCHE	DEMI-CORDE.	ARC.	'	TANG.	BISSEC-TRICE.	FLÈCHE	DEMI-CORDE.	ARC.
0	4.366	0.095	0.095	4.362	8.727	0	5.241	0.137	0.137	5.234	10.472
1	4.381	0.096	0.096	4.377	8.756	1	5.256	0.138	0.138	5.248	10.501
2	4.395	0.096	0.096	4.391	8.785	2	5.270	0.139	0.139	5.263	10.530
3	4.410	0.097	0.097	4.406	8.814	3	5.285	0.139	0.139	5.277	10.559
4	4.424	0.098	0.098	4.420	8.843	4	5.299	0.140	0.140	5.292	10.588
5	4.439	0.098	0.098	4.435	8.872	5	5.314	0.141	0.141	5.306	10.617
6	4.453	0.099	0.099	4.449	8.901	6	5.328	0.142	0.142	5.321	10.647
7	4.468	0.100	0.100	4.464	8.930	7	5.343	0.143	0.143	5.335	10.676
8	4.483	0.100	0.100	4.478	8.959	8	5.358	0.143	0.143	5.350	10.705
9	4.497	0.101	0.101	4.493	8.988	9	5.372	0.144	0.144	5.364	10.734
10	4.512	0.102	0.102	4.507	9.018	10	5.387	0.145	0.145	5.379	10.763
11	4.526	0.102	0.102	4.522	9.047	11	5.401	0.146	0.146	5.393	10.792
12	4.541	0.103	0.103	4.536	9.076	12	5.416	0.147	0.147	5.408	10.821
13	4.555	0.104	0.104	4.551	9.105	13	5.430	0.147	0.147	5.422	10.850
14	4.570	0.104	0.104	4.565	9.134	14	5.445	0.148	0.148	5.437	10.879
15	4.585	0.105	0.105	4.580	9.163	15	5.460	0.149	0.149	5.451	10.908
16	4.599	0.106	0.106	4.594	9.192	16	5.474	4.150	0.150	5.466	10.937
17	4.614	0.106	0.106	4.609	9.221	17	5.489	4.151	0.151	5.480	10.967
18	4.628	0.107	0.107	4.624	9.250	18	5.503	5.151	0.151	5.495	10.996
19	4.643	0.108	0.108	4.638	9.279	19	5.518	5.152	0.152	5.509	11.025
20	4.657	0.108	0.108	4.653	9.308	20	5.532	5.153	0.153	5.524	11.054
21	4.672	0.109	0.109	4.667	9.338	21	5.547	0.154	0.154	5.538	11.083
22	4.687	0.110	0.110	4.682	9.367	22	5.562	0.155	0.155	5.553	11.112
23	4.701	0.110	0.110	4.696	9.396	23	5.576	0.155	0.155	5.567	11.141
24	4.716	0.111	0.111	4.711	9.425	24	5.591	0.156	0.156	5.582	11.170
25	4.730	0.112	0.112	4.725	9.454	25	5.605	0.157	0.157	5.596	11.199
26	4.745	0.112	0.112	4.740	9.483	26	5.620	0.158	0.158	5.611	11.228
27	4.759	0.113	0.113	4.754	9.512	27	5.634	0.159	0.159	5.625	11.257
28	4.774	0.114	0.114	4.769	9.541	28	5.649	0.159	0.159	5.640	11.286
29	4.789	0.114	0.114	4.783	9.570	29	5.664	0.160	0.160	5.654	11.316
30	4.803	0.115	0.115	4.798	9.599	30	5.678	0.161	0.161	5.669	11.345
31	4.818	0.116	0.116	4.813	9.628	31	5.693	0.162	0.162	5.684	11.374
32	4.832	0.116	0.116	4.827	9.658	32	5.707	0.163	0.163	5.698	11.403
33	4.847	0.117	0.117	4.842	9.687	33	5.722	0.164	0.164	5.713	11.432
34	4.861	0.118	0.118	4.856	9.716	34	5.736	0.164	0.164	5.727	11.461
35	4.876	0.119	0.119	4.871	9.745	35	5.751	0.165	0.165	5.742	11.490
36	4.891	0.119	0.119	4.885	9.774	36	5.766	0.166	0.166	5.756	11.519
37	4.905	0.120	0.120	4.900	9.803	37	5.780	0.167	0.167	5.771	11.548
38	4.920	0.121	0.121	4.914	9.832	38	5.795	0.168	0.168	5.785	11.577
39	4.934	0.122	0.122	4.929	9.861	39	5.809	0.169	0.169	5.800	11.606
40	4.949	0.122	0.122	4.943	9.890	40	5.824	0.170	0.170	5.814	11.636
41	4.964	0.123	0.123	4.958	9.919	41	5.839	0.171	0.171	5.829	11.665
42	4.978	0.124	0.124	4.972	9.948	42	5.853	0.171	0.171	5.843	11.694
43	4.993	0.124	0.124	4.987	9.978	43	5.868	0.172	0.172	5.858	11.723
44	5.007	0.125	0.125	5.001	10.007	44	5.882	0.173	0.173	5.872	11.752
45	5.022	0.126	0.126	5.016	10.036	45	5.897	0.174	0.174	5.887	11.781
46	5.037	0.127	0.127	5.030	10.065	46	5.912	0.175	0.175	5.901	11.810
47	5.051	0.127	0.127	5.045	10.094	47	5.926	0.176	0.176	5.916	11.839
48	5.066	0.128	0.128	5.060	10.123	48	5.941	0.177	0.177	5.931	11.868
49	5.080	0.129	0.129	5.074	10.152	49	5.955	0.178	0.178	5.945	11.897
50	5.095	0.130	0.130	5.089	10.181	50	5.970	0.178	0.178	5.960	11.926
51	5.110	0.130	0.130	5.103	10.210	51	5.985	0.179	0.179	5.974	11.956
52	5.124	0.131	0.131	5.118	10.239	52	5.999	0.180	0.180	5.989	11.985
53	5.139	0.132	0.132	5.132	10.268	53	6.014	0.181	0.181	6.003	12.014
54	5.153	0.133	0.133	5.147	10.298	54	6.028	0.182	0.182	6.018	12.043
55	5.168	0.133	0.133	5.161	10.327	55	6.043	0.183	0.183	6.032	12.072
56	5.183	0.134	0.134	5.176	10.356	56	6.058	0.184	0.184	6.047	12.101
57	5.197	0.135	0.135	5.190	10.385	57	6.072	0.184	0.184	6.061	12.130
58	5.212	0.135	0.135	5.205	10.414	58	6.087	0.185	0.185	6.076	12.159
59	5.226	0.136	0.136	5.219	10.443	59	6.101	0.186	0.186	6.090	12.188
60	5.241	0.137	0.137	5.234	10.472	60	6.116	0.187	0.187	6.105	12.217
'	TANG.	BISSEC-TRICE.	FLÈCHE	DEMI-CORDE.	ARC.	'	TANG.	BISSEC-TRICE.	FLÈCHE	DEMI-CORDE.	ARC.

'	TANG.	BISSEC-TRICE.	FLÈCHE	DEMI-CORDE.	ARC.	'	TANG.	BISSEC-TRICE.	FLÈCHE	DEMI-CORDE.	ARC.
0	2.618	0.034	0.034	2.618	5.236	0	3.492	0.061	0.061	3.490	6.981
1	2.633	0.034	0.034	2.633	5.265	1	3.507	0.062	0.062	3.505	7.010
2	2.647	0.035	0.035	2.647	5.294	2	3.521	0.062	0.062	3.519	7.039
3	2.662	0.035	0.035	2.662	5.323	3	3.536	0.063	0.063	3.534	7.069
4	2.676	0.036	0.036	2.676	5.352	4	3.550	0.063	0.063	3.548	7.098
5	2.691	0.036	0.036	2.691	5.381	5	3.565	0.064	0.064	3.563	7.127
6	2.705	0.037	0.037	2.705	5.411	6	3.579	0.064	0.064	3.577	7.156
7	2.720	0.037	0.037	2.720	5.440	7	3.594	0.065	0.065	3.592	7.185
8	2.735	0.037	0.037	2.734	5.469	8	3.609	0.065	0.065	3.606	7.214
9	2.749	0.038	0.038	2.749	5.498	9	3.623	0.066	0.066	3.621	7.243
10	2.764	0.038	0.038	2.763	5.527	10	3.638	0.066	0.066	3.635	7.272
11	2.778	0.039	0.039	2.778	5.556	11	3.652	0.067	0.067	3.649	7.301
12	2.793	0.039	0.039	2.792	5.585	12	3.667	0.067	0.067	3.664	7.330
13	2.807	0.040	0.040	2.807	5.614	13	3.681	0.068	0.068	3.679	7.359
14	2.822	0.040	0.040	2.821	5.643	14	3.696	0.068	0.068	3.693	7.389
15	2.837	0.040	0.040	2.836	5.672	15	3.711	0.069	0.069	3.708	7.418
16	2.851	0.041	0.041	2.850	5.701	16	3.725	0.069	0.069	3.722	7.447
17	2.866	0.041	0.041	2.865	5.731	17	3.740	0.070	0.070	3.737	7.476
18	2.880	0.042	0.042	2.880	5.760	18	3.754	0.071	0.071	3.752	7.505
19	2.895	0.042	0.042	2.894	5.789	19	3.769	0.071	0.071	3.766	7.534
20	2.909	0.043	0.043	2.909	5.818	20	3.783	0.072	0.072	3.781	7.563
21	2.924	0.043	0.043	2.923	5.847	21	3.798	0.072	0.072	3.795	7.592
22	2.939	0.043	0.043	2.938	5.876	22	3.813	0.073	0.073	3.810	7.621
23	2.953	0.044	0.044	2.952	5.905	23	3.827	0.073	0.073	3.824	7.650
24	2.968	0.044	0.044	2.967	5.934	24	3.842	0.074	0.074	3.839	7.679
25	2.982	0.045	0.045	2.981	5.963	25	3.856	0.074	0.074	3.853	7.709
26	2.997	0.045	0.045	2.996	5.992	26	3.871	0.075	0.075	3.868	7.738
27	3.011	0.046	0.046	3.010	6.021	27	3.885	0.075	0.075	3.882	7.767
28	3.026	0.046	0.046	3.025	6.051	28	3.900	0.076	0.076	3.897	7.796
29	3.041	0.046	0.046	3.039	6.080	29	3.915	0.076	0.076	3.911	7.825
30	3.055	0.047	0.047	3.054	6.109	30	3.929	0.077	0.077	3.926	7.854
31	3.070	0.047	0.047	3.069	6.138	31	3.944	0.078	0.078	3.941	7.883
32	3.084	0.048	0.048	3.083	6.167	32	3.958	0.078	0.078	3.955	7.912
33	3.099	0.048	0.048	3.098	6.196	33	3.973	0.079	0.079	3.970	7.941
34	3.113	0.049	0.049	3.112	6.225	34	3.987	0.079	0.079	3.984	7.970
35	3.128	0.049	0.049	3.127	6.254	35	4.002	0.080	0.080	3.999	7.999
36	3.142	0.050	0.050	3.141	6.283	36	4.016	0.081	0.081	4.013	8.029
37	3.157	0.050	0.050	3.156	6.312	37	4.031	0.081	0.081	4.028	8.058
38	3.172	0.051	0.051	3.170	6.341	38	4.046	0.082	0.082	4.042	8.087
39	3.186	0.051	0.051	3.185	6.370	39	4.060	0.082	0.082	4.057	8.116
40	3.201	0.052	0.052	3.199	6.400	40	4.075	0.083	0.083	4.071	8.145
41	3.215	0.052	0.052	3.214	6.429	41	4.089	0.084	0.084	4.086	8.174
42	3.230	0.053	0.053	3.228	6.458	42	4.104	0.084	0.084	4.100	8.203
43	3.244	0.053	0.053	3.243	6.487	43	4.118	0.085	0.085	4.115	8.232
44	3.259	0.054	0.054	3.257	6.516	44	4.133	0.085	0.085	4.129	8.261
45	3.274	0.054	0.054	3.272	6.545	45	4.148	0.086	0.086	4.144	8.290
46	3.288	0.055	0.055	3.286	6.574	46	4.162	0.087	0.087	4.158	8.319
47	3.303	0.055	0.055	3.301	6.603	47	4.177	0.087	0.087	4.173	8.349
48	3.317	0.055	0.055	3.316	6.632	48	4.191	0.088	0.088	4.188	8.378
49	3.332	0.056	0.056	3.330	6.661	49	4.206	0.088	0.088	4.202	8.407
50	3.346	0.056	0.056	3.345	6.690	50	4.220	0.089	0.089	4.217	8.436
51	3.361	0.057	0.057	3.359	6.720	51	4.235	0.090	0.090	4.231	8.465
52	3.376	0.057	0.057	3.374	6.749	52	4.250	0.090	0.090	4.246	8.494
53	3.390	0.058	0.058	3.388	6.778	53	4.264	0.091	0.091	4.260	8.523
54	3.405	0.058	0.058	3.403	6.807	54	4.279	0.091	0.091	4.275	8.552
55	3.419	0.059	0.059	3.417	6.836	55	4.293	0.092	0.092	4.289	8.581
56	3.434	0.059	0.059	3.432	6.865	56	4.308	0.093	0.093	4.304	8.610
57	3.448	0.060	0.060	3.446	6.894	57	4.322	0.093	0.093	4.318	8.639
58	3.463	0.060	0.060	3.461	6.923	58	4.337	0.094	0.094	4.333	8.669
59	3.478	0.061	0.061	3.475	6.952	59	4.352	0.094	0.094	4.347	8.698
60	3.492	0.061	0.061	3.490	6.981	60	4.366	0.095	0.095	4.362	8.727
'	TANG.	BISSEC-TRICE.	FLÈCHE	DEMI-CORDE.	ARC.	'	TANG.	BISSEC-TRICE.	FLÈCHE	DEMI-CORDE.	ARC.

ANGLE AU CENTRE = 5°   ANGLE AU CENTRE = 6°

′	TANG.	BISSEC-TRICE.	FLÈCHE	DEMI-CORDE.	ARC.	′	TANG.	BISSEC-TRICE.	FLÈCHE	DEMI-CORDE.	ARC.
0	4.366	0.095	0.095	4.362	8.727	0	5.241	0.137	0.137	5.234	10.472
1	4.381	0.096	0.096	4.377	8.756	1	5.256	0.138	0.138	5.248	10.501
2	4.395	0.096	0.096	4.391	8.785	2	5.270	0.139	0.139	5.263	10.530
3	4.410	0.097	0.097	4.406	8.814	3	5.285	0.139	0.139	5.277	10.559
4	4.424	0.098	0.098	4.420	8.843	4	5.299	0.140	0.140	5.292	10.588
5	4.439	0.098	9.098	4.435	8.872	5	5.314	0.141	0.141	5.306	10.617
6	4.453	0.099	0.099	4.449	8.901	6	5.328	0.142	0.142	5.321	10.647
7	4.468	0.100	0.100	4.464	8.930	7	5.343	0.143	0.143	5.335	10.676
8	4.483	0.100	0.100	4.478	8.959	8	5.358	0.143	0.143	5.350	10.705
9	4.497	0.101	0.101	4.493	8.988	9	5.372	0.144	0.144	5.364	10.734
10	4.512	0.102	0.102	4.507	9.018	10	5.387	0.145	0.145	5.379	10.763
11	4.526	0.102	0.102	4.522	9.047	11	5.401	0.146	0.146	5.393	10.792
12	4.541	0.103	0.103	4.536	9.076	12	5.416	0.147	0.147	5.408	10.821
13	4.555	0.104	0.104	4.551	9.105	13	5.430	0.147	0.147	5.422	10.850
14	4.570	0.104	0.104	4.565	9.134	14	5.445	0.148	0.148	5.437	10.879
15	4.585	0.105	0.105	4.580	9.163	15	5.460	0.149	0.149	5.451	10.908
16	4.599	0.106	0.106	4.594	9.192	16	5.474	4.150	0.150	5.466	10.937
17	4.614	0.106	0.106	4.609	9.221	17	5.489	4.151	0.151	5.480	10.967
18	4.628	0.107	0.107	4.624	9.250	18	5.503	0.151	0.151	5.495	10.996
19	4.643	0.108	0.108	4.638	9.279	19	5.518	0.152	0.152	5.509	11.025
20	4.657	0.108	0.108	4.653	9.308	20	5.532	0.153	0.153	5.524	11.054
21	4.672	0.109	0.109	4.667	9.338	21	5.547	0.154	0.154	5.538	11.083
22	4.687	0.110	0.110	4.682	9.367	22	5.562	0.155	0.155	5.553	11.112
23	4.701	0.110	0.110	4.696	9.396	23	5.576	0.155	0.155	5.567	11.141
24	4.716	0.111	0.111	4.711	9.425	24	5.591	0.156	0.156	5.582	11.170
25	4.730	0.112	0.112	4.725	9.454	25	5.605	0.157	0.157	5.596	11.199
26	4.745	0.112	0.112	4.740	9.483	26	5.620	0.158	0.158	5.611	11.228
27	4.759	0.113	0.113	4.754	9.512	27	5.634	0.159	0.159	5.625	11.257
28	4.774	0.114	0.114	4.769	9.541	28	5.649	0.159	0.159	5.640	11.286
29	4.789	0.114	0.114	4.783	9.570	29	5.664	0.160	0.160	5.654	11.316
30	4.803	0.115	0.115	4.798	9.599	30	5.678	0.161	0.161	5.669	11.345
31	4.818	0.116	0.116	4.813	9.628	31	5.693	0.162	0.162	5.684	11.374
32	4.832	0.116	0.116	4.827	9.658	32	5.707	0.163	0.163	5.698	11.403
33	4.847	0.117	0.117	4.842	9.687	33	5.722	0.164	0.164	5.713	11.432
34	4.861	0.118	0.118	4.856	9.716	34	5.736	0.164	0.164	5.727	11.461
35	4.876	0.119	0.119	4.871	9.745	35	5.751	0.165	0.165	5.742	11.490
36	4.891	0.119	0.119	4.885	9.774	36	5.766	0.166	0.166	5.756	11.519
37	4.905	0.120	0.120	4.900	9.803	37	5.780	0.167	0.167	5.771	11.548
38	4.920	0.121	0.121	4.914	9.832	38	5.795	0.168	0.168	5.785	11.577
39	4.934	0.122	0.122	4.929	9.861	39	5.809	0.169	0.169	5.800	11.606
40	4.949	0.122	0.122	4.943	9.890	40	5.824	0.170	0.170	5.814	11.636
41	4.964	0.123	0.123	4.958	9.919	41	5.839	0.171	0.171	5.829	11.665
42	4.978	0.124	0.124	4.972	9.948	42	5.853	0.171	0.171	5.843	11.694
43	4.993	0.124	0.124	4.987	9.978	43	5.868	0.172	0.172	5.858	11.723
44	5.007	0.125	0.125	5.001	10.007	44	5.882	0.173	0.173	5.872	11.752
45	5.022	0.126	0.126	5.016	10.036	45	5.897	0.174	0.174	5.887	11.781
46	5.037	0.127	0.127	5.030	10.065	46	5.912	0.175	0.175	5.901	11.810
47	5.051	0.127	0.127	5.045	10.094	47	5.926	0.176	0.176	5.916	11.839
48	5.066	0.128	0.128	5.060	10.123	48	5.941	0.177	0.177	5.931	11.868
49	5.080	0.129	0.129	5.074	10.152	49	5.955	0.178	0.178	5.945	11.897
50	5.095	0.130	0.130	5.089	10.181	50	5.970	0.178	0.178	5.960	11.926
51	5.110	0.130	0.130	5.103	10.210	51	5.985	0.179	0.179	5.974	11.956
52	5.124	0.131	0.131	5.118	40.239	52	5.999	0.180	0.180	5.989	11.985
53	5.139	0.132	0.132	5.132	10.268	53	6.014	0.181	0.181	6.003	12.014
54	5.153	0.133	0.133	5.147	10.298	54	6.028	0.182	0.182	6.018	12.043
55	5.168	0.133	0.133	5.161	10.327	55	6.043	0.183	0.183	6.032	12.072
56	5.183	0.134	0.134	5.176	10.356	56	6.058	0.184	0.184	6.047	12.101
57	5.197	0.135	0.135	5.190	10.385	57	6.072	0.184	0.184	6.061	12.130
58	5.212	0.135	0.135	5.205	10.414	58	6.087	0.185	0.185	6.076	12.159
59	5.226	0.136	0.136	5.219	10.443	59	6.101	0.186	0.186	6.090	12.188
60	5.241	0.137	0.137	5.234	10.472	60	6.116	0.187	0.187	6.105	12.217
′	TANG.	BISSEC-TRICE.	FLÈCHE	DEMI-CORDE.	ARC.	′	TANG.	BISSEC-TRICE.	FLÈCHE	DEMI-CORDE.	ARC.

′	TANG.	BISSECTRICE.	FLÈCHE	DEMICORDE.	ARC.
0	6.116	0.187	0.187	6.105	12.217
1	6.131	0.188	0.188	6.119	12.246
2	6.145	0.189	0.189	6.134	12.275
3	6.160	0.190	0.190	6.148	12.305
4	6.174	0.191	0.191	6.163	12.334
5	6.189	0.192	0.191	6.177	12.363
6	6.204	0.193	0.192	6.192	12.392
7	6.218	0.194	0.193	6.206	12.421
8	6.233	0.194	0.194	6.221	12.450
9	6.247	0.195	0.195	6.235	12.479
10	6.262	0.196	0.196	6.250	12.508
11	6.277	0.197	0.197	6.264	12.537
12	6.291	0.198	0.198	6.279	12.566
13	6.306	0.199	0.199	6.293	12.595
14	6.320	0.200	0.200	6.308	12.625
15	6.335	0.201	0.200	6.322	12.654
16	6.350	0.202	0.201	6.337	12.683
17	6.364	0.203	0.202	6.351	12.712
18	6.379	0.204	0.203	6.366	12.741
19	6.393	0.205	0.204	6.380	12.770
20	6.408	0.206	0.205	6.395	12.799
21	6.423	0.207	0.206	6.409	12.828
22	6.437	0.207	0.207	6.424	12.857
23	6.452	0.208	0.208	6.438	12.886
24	6.466	0.209	0.209	6.453	12.915
25	6.481	0.210	0.209	6.467	12.945
26	6.496	0.211	0.210	6.482	12.974
27	6.510	0.212	0.211	6.496	13.003
28	6.525	0.213	0.212	6.511	13.032
29	6.539	0.214	0.213	6.525	13.061
30	6.554	0.215	0.214	6.540	13.090
31	6.569	0.216	0.215	6.555	13.119
32	6.583	0.217	0.216	6.569	13.148
33	6.598	0.218	0.217	6.584	13.177
34	6.613	0.219	0.218	6.598	13.206
35	6.627	0.220	0.219	6.613	13.235
36	6.642	0.221	0.220	6.627	13.265
37	6.656	0.222	0.221	6.642	13.294
38	6.671	0.223	0.222	6.656	13.323
39	6.686	0.224	0.223	6.671	13.352
40	6.700	0.225	0.224	6.685	13.381
41	6.715	0.226	0.225	6.700	13.410
42	6.730	0.227	0.226	6.714	13.439
43	6.744	0.228	0.227	6.729	13.468
44	6.759	0.229	0.228	6.743	13.497
45	6.773	0.230	0.229	6.758	13.526
46	6.788	0.231	0.230	6.772	13.555
47	6.803	0.231	0.230	6.787	13.585
48	6.817	0.232	0.231	6.802	13.614
49	6.832	0.233	0.232	6.816	13.643
50	6.847	0.234	0.233	6.831	13.672
51	6.861	0.235	0.234	6.845	13.701
52	6.876	0.236	0.235	6.860	13.730
53	6.890	0.237	0.236	6.874	13.759
54	6.905	0.238	0.237	6.889	13.788
55	6.920	0.239	0.238	6.903	13.817
56	6.934	0.240	0.239	6.918	13.846
57	6.949	0.241	0.240	6.932	13.875
58	6.964	0.242	0.241	6.947	13.905
59	6.978	0.243	0.242	6.961	13.934
60	6.993	0.244	0.243	6.976	13.963
′	TANG.	BISSECTRICE.	FLÈCHE	DEMICORDE.	ARC.

7°

′	TANG.	BISSECTRICE.	FLÈCHE	DEMICORDE.	ARC.
0	6.993	0.244	0.243	6.976	13.963
1	7.008	0.245	0.244	6.990	13.992
2	7.022	0.246	0.245	7.005	14.021
3	7.037	0.247	0.246	7.019	14.050
4	7.051	0.248	0.247	7.034	14.079
5	7.066	0.249	0.248	7.048	14.108
6	7.081	0.250	0.249	7.063	14.137
7	7.095	0.251	0.250	7.077	14.166
8	7.110	0.253	0.252	7.092	14.195
9	7.124	0.254	0.253	7.106	14.224
10	7.139	0.255	0.254	7.121	14.254
11	7.154	0.256	0.255	7.135	14.283
12	7.168	0.257	0.256	7.150	14.312
13	7.183	0.258	0.257	7.164	14.341
14	7.197	0.259	0.258	7.179	14.370
15	7.212	0.260	0.259	7.193	14.399
16	7.227	0.261	0.260	7.208	14.428
17	7.241	0.262	0.261	7.222	14.457
18	7.256	0.263	0.262	7.237	14.486
19	7.270	0.264	0.263	7.251	14.515
20	7.285	0.265	0.264	7.266	14.544
21	7.300	0.266	0.265	7.280	14.574
22	7.314	0.268	0.267	7.295	14.603
23	7.329	0.269	0.268	7.309	14.632
24	7.343	0.270	0.269	7.324	14.661
25	7.358	0.271	0.270	7.338	14.690
26	7.373	0.272	0.271	7.353	14.719
27	7.387	0.273	0.272	7.367	14.748
28	7.402	0.274	0.273	7.382	14.777
29	7.416	0.275	0.274	7.396	14.806
30	7.431	0.276	0.275	7.411	14.835
31	7.446	0.277	0.276	7.425	14.864
32	7.460	0.278	0.277	7.440	14.894
33	7.475	0.279	0.278	7.454	14.923
34	7.490	0.280	0.279	7.469	14.952
35	7.504	0.281	0.280	7.483	14.981
36	7.519	0.283	0.282	7.498	15.010
37	7.533	0.284	0.283	7.512	15.039
38	7.548	0.285	0.284	7.527	15.068
39	7.563	0.286	0.285	7.541	15.097
40	7.577	0.287	0.286	7.556	15.126
41	7.592	0.288	0.287	7.570	15.155
42	7.607	0.289	0.288	7.585	15.184
43	7.621	0.290	0.289	7.599	15.214
44	7.636	0.291	0.290	7.614	15.243
45	7.650	0.292	0.291	7.628	15.272
46	7.665	0.294	0.293	7.643	15.301
47	7.680	0.295	0.294	7.657	15.330
48	7.694	0.296	0.295	7.672	15.359
49	7.709	0.297	0.296	7.686	15.388
50	7.724	0.298	0.297	7.701	15.417
51	7.738	0.299	0.298	7.715	15.446
52	7.753	0.300	0.299	7.730	15.475
53	7.767	0.301	0.300	7.744	15.504
54	7.782	0.302	0.301	7.759	15.533
55	7.797	0.303	0.302	7.773	15.563
56	7.811	0.305	0.304	7.788	15.592
57	7.826	0.306	0.305	7.802	15.621
58	7.841	0.307	0.306	7.817	15.650
59	7.855	0.308	0.307	7.831	15.679
60	7.870	0.309	0.308	7.846	15.708
′	TANG.	BISSECTRICE.	FLÈCHE	DEMICORDE.	ARC.

8°

ANGLE AU CENTRE = **9°** | ANGLE AU CENTRE = **10°**

′	TANG.	BISSEC-TRICE.	FLÈCHE	DEMI-CORDE.	ARC.	′	TANG.	BISSEC-TRICE.	FLÈCHE	DEMI-CORDE.	ARC.
0	7.870	0.309	0.308	7.846	15.708	0	8.749	0.382	0.381	8.716	17.453
1	7.885	0.310	0.309	7.860	15.737	1	8.764	0.383	0.382	8.730	17.482
2	7.899	0.311	0.310	7.875	15.766	2	8.778	0.385	0.384	8.745	17.511
3	7.914	0.313	0.312	7.889	15.795	3	8.793	0.386	0.385	8.759	17.541
4	7.929	0.314	0.313	7.904	15.824	4	8.808	0.387	0.386	8.774	17.570
5	7.943	0.315	0.314	7.918	15.853	5	8.822	0.388	0.387	8.788	17.599
6	7.958	0.316	0.315	7.933	15.883	6	8.837	0.390	0.389	8.803	17.628
7	7.972	0.317	0.316	7.947	15.912	7	8.852	0.391	0.390	8.817	17.657
8	7.987	0.319	0.317	7.962	15.941	8	8.866	0.392	0.391	8.832	17.686
9	8.002	0.320	0.319	7.976	15.970	9	8.881	0.394	0.393	8.846	17.715
10	8.016	0.321	0.320	7.991	15.999	10	8.896	0.395	0.394	8.861	17.744
11	8.031	0.322	0.321	8.005	16.028	11	8.910	0.396	0.395	8.875	17.773
12	8.046	0.323	0.322	8.020	16.057	12	8.925	0.398	0.397	8.890	17.802
13	8.060	0.325	0.323	8.034	16.086	13	8.940	0.399	0.398	8.904	17.831
14	8.075	0.326	0.324	8.049	16.115	14	8.954	0.400	0.399	8.919	17.861
15	8.089	0.327	0.326	8.063	16.144	15	8.969	0.401	0.400	8.933	17.890
16	8.104	0.328	0.327	8.078	16.173	16	8.984	0.403	0.402	8.948	17.919
17	8.119	0.329	0.328	8.092	16.202	17	8.998	0.404	0.403	8.962	17.948
18	8.133	0.331	0.329	8.107	16.232	18	9.013	0.405	0.404	8.976	17.977
19	8.148	0.332	0.330	8.121	16.261	19	9.028	0.407	0.406	8.991	18.006
20	8.163	0.333	0.331	8.136	16.290	20	9.042	0.408	0.407	9.005	18.035
21	8.177	0.334	0.333	8.150	16.319	21	9.057	0.409	0.408	9.020	18.064
22	8.192	0.335	0.334	8.165	16.348	22	9.072	0.411	0.410	9.034	18.093
23	8.206	0.337	0.335	8.179	16.377	23	9.086	0.412	0.411	9.049	18.122
24	8.221	0.338	0.336	8.194	16.406	24	9.101	0.413	0.412	9.063	18.151
25	8.236	0.339	0.337	8.208	16.435	25	9.116	0.414	0.413	9.078	18.181
26	8.250	0.340	0.338	8.223	16.464	26	9.130	0.416	0.415	9.092	18.210
27	8.265	0.341	0.340	8.237	16.493	27	9.145	0.417	0.416	9.107	18.239
28	8.280	0.343	0.341	8.252	16.522	28	9.160	0.418	0.417	9.121	18.268
29	8.294	0.344	0.342	8.266	16.552	29	9.174	0.420	0.419	9.136	18.297
30	8.309	0.345	0.343	8.281	16.581	30	9.189	0.421	0.420	9.150	18.326
31	8.324	0.346	0.344	8.295	16.610	31	9.204	0.422	0.421	9.164	18.355
32	8.338	0.347	0.346	8.310	16.639	32	9.218	0.424	0.423	9.179	18.384
33	8.353	0.349	0.347	8.324	16.668	33	9.233	0.425	0.424	9.193	18.413
34	8.368	0.350	0.348	8.339	16.697	34	9.248	0.427	0.425	9.208	18.442
35	8.382	0.351	0.349	8.353	16.726	35	9.262	0.428	0.427	9.222	18.471
36	8.397	0.352	0.351	8.368	16.755	36	9.277	0.429	0.428	9.237	18.501
37	8.412	0.354	0.352	8.382	16.784	37	9.292	0.431	0.429	9.251	18.530
38	8.426	0.355	0.353	8.397	16.813	38	9.306	0.432	0.431	9.266	18.559
39	8.441	0.356	0.354	8.411	16.842	39	9.321	0.434	0.432	9.280	18.588
40	8.456	0.357	0.356	8.426	16.872	40	9.336	0.435	0.433	9.295	18.617
41	8.470	0.359	0.357	8.440	16.901	41	9.350	0.436	0.435	9.309	18.646
42	8.485	0.360	0.358	8.455	16.930	42	9.365	0.438	0.436	9.324	18.675
43	8.500	0.361	0.360	8.469	16.959	43	9.380	0.439	0.437	9.338	18.704
44	8.514	0.362	0.361	8.484	16.988	44	9.394	0.441	0.439	9.353	18.733
45	8.529	0.363	0.362	8.498	17.017	45	9.409	0.442	0.440	9.367	18.762
46	8.544	0.365	0.363	8.513	17.046	46	9.424	0.443	0.441	9.382	18.791
47	8.558	0.366	0.365	8.527	17.075	47	9.438	0.445	0.443	9.396	18.821
48	8.573	0.367	0.366	8.542	17.104	48	9.453	0.446	0.444	9.411	18.850
49	8.588	0.368	0.367	8.556	17.133	49	9.468	0.448	0.445	9.425	18.879
50	8.602	0.370	0.368	8.571	17.162	50	9.482	0.449	0.447	9.440	18.908
51	8.617	0.371	0.370	8.585	17.192	51	9.497	0.450	0.448	9.454	18.937
52	8.632	0.372	0.371	8.600	17.221	52	9.512	0.452	0.449	9.469	18.966
53	8.646	0.373	0.372	8.614	17.250	53	9.526	0.453	0.451	9.483	18.995
54	8.661	0.375	0.373	8.629	17.279	54	9.541	0.455	0.452	9.498	19.024
55	8.676	0.376	0.375	8.643	17.308	55	9.556	0.456	0.453	9.512	19.053
56	8.690	0.377	0.376	8.658	17.337	56	9.570	0.457	0.455	9.527	19.082
57	8.705	0.378	0.377	8.672	17.366	57	9.585	0.459	0.456	9.541	19.111
58	8.720	0.379	0.379	8.687	17.395	58	9.600	0.460	0.457	9.556	19.141
59	8.734	0.381	0.380	8.701	17.424	59	9.614	0.462	0.459	9.570	19.170
60	8.749	0.382	0.381	8.716	17.453	60	9.629	0.463	0.460	9.585	19.199

′	TANG.	BISSEC-TRICE.	FLÈCHE	DEMI-CORDE.	ARC.	′	TANG.	BISSEC-TRICE.	FLÈCHE	DEMI-CORDE.	ARC.

9° | **10°**

ANGLE AU CENTRE = 7°   ANGLE AU CENTRE = 8°

'	TANG.	BISSEC-TRICE.	FLÈCHE	DEMI CORDE.	ARC.	'	TANG.	BISSEC-TRICE.	FLÈCHE	DEMI CORDE.	ARC.
0	6.116	0.187	0.187	6.105	12.217	0	6.993	0.244	0.243	6.976	13.963
1	6.131	0.188	0.188	6.119	12.246	1	7.008	0.245	0.244	6.990	13.992
2	6.145	0.189	0.189	6.134	12.275	2	7.022	0.246	0.245	7.005	14.021
3	6.160	0.190	0.190	6.148	12.305	3	7.037	0.247	0.246	7.019	14.050
4	6.174	0.191	0.191	6.163	12.334	4	7.051	0.248	0.247	7.034	14.079
5	6.189	0.192	0.191	6.177	12.363	5	7.066	0.249	0.248	7.048	14.108
6	6.204	0.193	0.192	6.192	12.392	6	7.081	0.250	0.249	7.063	14.137
7	6.218	0.194	0.193	6.206	12.421	7	7.095	0.251	0.250	7.077	14.166
8	6.233	0.194	0.194	6.221	12.450	8	7.110	0.253	0.252	7.092	14.195
9	6.247	0.195	0.195	6.235	12.479	9	7.124	0.254	0.253	7.106	14.224
10	6.262	0.196	0.196	6.250	12.508	10	7.139	0.255	0.254	7.121	14.254
11	6.277	0.197	0.197	6.264	12.537	11	7.154	0.256	0.255	7.135	14.283
12	6.291	0.198	0.198	6.279	12.566	12	7.168	0.257	0.256	7.150	14.312
13	6.306	0.199	0.199	6.293	12.595	13	7.183	0.258	0.257	7.164	14.341
14	6.320	0.200	0.200	6.308	12.625	14	7.197	0.259	0.258	7.179	14.370
15	6.335	0.201	0.200	6.322	12.654	15	7.212	0.260	0.259	7.193	14.399
16	6.350	0.202	0.201	6.337	12.683	16	7.227	0.261	0.260	7.208	14.428
17	6.364	0.203	0.202	6.351	12.712	17	7.241	0.262	0.261	7.222	14.457
18	6.379	0.204	0.203	6.366	12.741	18	7.256	0.263	0.262	7.237	14.486
19	6.393	0.205	0.204	6.380	12.770	19	7.270	0.264	0.263	7.251	14.515
20	6.408	0.206	0.205	6.395	12.799	20	7.285	0.265	0.264	7.266	14.544
21	6.423	0.207	0.206	6.409	12.828	21	7.300	0.266	0.265	7.280	14.574
22	6.437	0.207	0.207	6.424	12.857	22	7.314	0.268	0.267	7.295	14.603
23	6.452	0.208	0.208	6.438	12.886	23	7.329	0.269	0.268	7.309	14.632
24	6.466	0.209	0.209	6.453	12.915	24	7.343	0.270	0.269	7.324	14.661
25	6.481	0.210	0.209	6.467	12.945	25	7.358	0.271	0.270	7.338	14.690
26	6.496	0.211	0.210	6.482	12.974	26	7.373	0.272	0.271	7.353	14.719
27	6.510	0.212	0.211	6.496	13.003	27	7.387	0.273	0.272	7.367	14.748
28	6.525	0.213	0.212	6.511	13.032	28	7.402	0.274	0.273	7.382	14.777
29	6.539	0.214	0.213	6.525	13.061	29	7.416	0.275	0.274	7.396	14.806
30	6.554	0.215	0.214	6.540	13.090	30	7.431	0.276	0.275	7.411	14.835
31	6.569	0.216	0.215	6.555	13.119	31	7.446	0.277	0.276	7.425	14.864
32	6.583	0.217	0.216	6.569	13.148	32	7.460	0.278	0.277	7.440	14.894
33	6.598	0.218	0.217	6.584	13.177	33	7.475	0.279	0.278	7.454	14.923
34	6.613	0.219	0.218	6.598	13.206	34	7.490	0.280	0.279	7.469	14.952
35	6.627	0.220	0.219	6.613	13.235	35	7.504	0.281	0.280	7.483	14.981
36	6.642	0.221	0.220	6.627	13.265	36	7.519	0.283	0.282	7.498	15.010
37	6.656	0.222	0.221	6.642	13.294	37	7.533	0.284	0.283	7.512	15.039
38	6.671	0.223	0.222	6.656	13.323	38	7.548	0.285	0.284	7.527	15.068
39	6.686	0.224	0.223	6.671	13.352	39	7.563	0.286	0.285	7.541	15.097
40	6.700	0.225	0.224	6.685	13.381	40	7.577	0.287	0.286	7.556	15.126
41	6.715	0.226	0.225	6.700	13.410	41	7.592	0.288	0.287	7.570	15.155
42	6.730	0.227	0.226	6.714	13.439	42	7.607	0.289	0.288	7.585	15.184
43	6.744	0.228	0.227	6.729	13.468	43	7.621	0.290	0.289	7.599	15.214
44	6.759	0.229	0.228	6.643	13.497	44	7.636	0.291	0.290	7.614	15.243
45	6.773	0.230	0.229	6.758	13.526	45	7.650	0.292	0.291	7.628	15.272
46	6.788	0.231	0.230	6.772	13.555	46	7.665	0.294	0.293	7.643	15.301
47	6.803	0.231	0.230	6.787	13.585	47	7.680	0.295	0.294	7.657	15.330
48	6.817	0.232	0.231	6.802	13.614	48	7.694	0.296	0.295	7.672	15.359
49	6.832	0.233	0.232	6.816	13.643	49	7.709	0.297	0.296	7.686	15.388
50	6.847	0.234	0.233	6.831	13.672	50	7.724	0.298	0.297	7.701	15.417
51	6.861	0.235	0.234	6.845	13.701	51	7.738	0.299	0.298	7.715	15.446
52	6.866	0.236	0.235	6.860	13.730	52	7.753	0.300	0.299	7.730	15.475
53	6.890	0.237	0.236	6.874	13.759	53	7.767	0.301	0.300	7.744	15.504
54	6.905	0.238	0.237	6.889	13.788	54	7.782	0.302	0.301	7.759	15.533
55	6.920	0.239	0.238	6.903	13.817	55	7.797	0.303	0.302	7.773	15.563
56	6.934	0.240	0.239	6.918	13.846	56	7.811	0.305	0.304	7.788	15.592
57	6.949	0.241	0.240	6.932	13.875	57	7.826	0.306	0.305	7.802	15.621
58	6.964	0.242	0.241	6.947	13.905	58	7.841	0.307	0.306	7.817	15.650
59	6.978	0.243	0.242	6.961	13.934	59	7.855	0.308	0.307	7.831	15.679
60	6.993	0.244	0.243	6.976	13.963	60	7.870	0.309	0.308	7.846	15.708
'	TANG.	BISSEC-TRICE.	FLÈCHE	DEMI CORDE.	ARC.	'	TANG.	BISSEC-TRICE.	FLÈCHE	DEMI CORDE.	ARC.

7°   8°

'	TANG.	BISSEC-TRICE.	FLÈCHE	DEMI-CORDE.	ARC.	'	TANG.	BISSEC-TRICE.	FLÈCHE	DEMI-CORDE.	ARC.
0	7.870	0.309	0.308	7.846	15.708	0	8.749	0.382	0.381	8.716	17.453
1	7.885	0.310	0.309	7.860	15.737	1	8.764	0.383	0.382	8.730	17.482
2	7.899	0.311	0.310	7.875	15.766	2	8.778	0.385	0.384	8.745	17.511
3	7.914	0.313	0.312	7.889	15.795	3	8.793	0.386	0.385	8.759	17.541
4	7.929	0.314	0.313	7.904	15.824	4	8.808	0.387	0.386	8.774	17.570
5	7.943	0.315	0.314	7.918	15.853	5	8.822	0.388	0.387	8.788	17.599
6	7.958	0.316	0.315	7.933	15.883	6	8.837	0.390	0.389	8.803	17.628
7	7.972	0.317	0.316	7.947	15.912	7	8.852	0.391	0.390	8.817	17.657
8	7.987	0.319	0.317	7.962	15.941	8	8.866	0.392	0.391	8.832	17.686
9	8.002	0.320	0.319	7.976	15.970	9	8.881	0.394	0.393	8.846	17.715
10	8.016	0.321	0.320	7.991	15.999	10	8.896	0.395	0.394	8.861	17.744
11	8.031	0.322	0.321	8.005	16.028	11	8.910	0.396	0.395	8.875	17.773
12	8.046	0.323	0.322	8.020	16.057	12	8.925	0.398	0.397	8.890	17.802
13	8.060	0.325	0.323	8.034	16.086	13	8.940	0.399	0.398	8.904	17.831
14	8.075	0.326	0.324	8.049	16.115	14	8.954	0.400	0.399	8.919	17.861
15	8.089	0.327	0.326	8.063	16.144	15	8.969	0.401	0.400	8.933	17.890
16	8.104	0.328	0.327	8.078	16.173	16	8.984	0.403	0.402	8.948	17.919
17	8.119	0.329	0.328	8.092	16.202	17	8.998	0.404	0.403	8.962	17.948
18	8.133	0.331	0.329	8.107	16.232	18	9.013	0.405	0.404	8.976	17.977
19	8.148	0.332	0.330	8.121	16.261	19	9.028	0.407	0.406	8.991	18.006
20	8.163	0.333	0.331	8.136	16.290	20	9.042	0.408	0.407	9.005	18.035
21	8.177	0.334	0.333	8.150	16.319	21	9.057	0.409	0.408	9.020	18.064
22	8.192	0.335	0.334	8.165	16.348	22	9.072	0.411	0.410	9.034	18.093
23	8.206	0.337	0.335	8.179	16.377	23	9.086	0.412	0.411	9.049	18.122
24	8.221	0.338	0.336	8.194	16.406	24	9.101	0.413	0.412	9.063	18.151
25	8.236	0.339	0.337	8.208	16.435	25	9.116	0.414	0.413	9.078	18.181
26	8.250	0.340	0.338	8.223	16.464	26	9.130	0.416	0.415	9.092	18.210
27	8.265	0.341	0.340	8.237	16.493	27	9.145	0.417	0.416	9.107	18.239
28	8.280	0.343	0.341	8.252	16.522	28	9.160	0.418	0.417	9.121	18.268
29	8.294	0.344	0.342	8.266	16.552	29	9.174	0.420	0.419	9.136	18.297
30	8.309	0.345	0.343	8.281	16.581	30	9.189	0.421	0.420	9.150	18.326
31	8.324	0.346	0.344	8.295	16.610	31	9.204	0.422	0.421	9.164	18.355
32	8.338	0.347	0.346	8.310	16.639	32	9.218	0.424	0.423	9.179	18.384
33	8.353	0.349	0.347	8.324	16.668	33	9.233	0.425	0.424	9.193	18.413
34	8.368	0.350	0.348	8.339	16.697	34	9.248	0.427	0.425	9.208	18.442
35	8.382	0.351	0.349	8.353	16.726	35	9.262	0.428	0.427	9.222	18.471
36	8.397	0.352	0.351	8.368	16.755	36	9.277	0.429	0.428	9.237	18.501
37	8.412	0.354	0.352	8.382	16.784	37	9.292	0.431	0.429	9.251	18.530
38	8.426	0.355	0.353	8.397	16.813	38	9.306	0.432	0.431	9.266	18.559
39	8.441	0.356	0.354	8.411	16.842	39	9.321	0.434	0.432	9.280	18.588
40	8.456	0.357	0.356	8.426	16.872	40	9.336	0.435	0.433	9.295	18.617
41	8.470	0.359	0.357	8.440	16.901	41	9.350	0.436	0.435	9.309	18.646
42	8.485	0.360	0.358	8.455	16.930	42	9.365	0.438	0.436	9.324	18.675
43	8.500	0.361	0.360	8.469	16.959	43	9.380	0.439	0.437	9.338	18.704
44	8.514	0.362	0.361	8.484	16.988	44	9.394	0.441	0.439	9.353	18.733
45	8.529	0.363	0.362	8.498	17.017	45	9.409	0.442	0.440	9.367	18.762
46	8.544	0.365	0.363	8.513	17.046	46	9.424	0.443	0.441	9.382	18.791
47	8.558	0.366	0.365	8.527	17.075	47	9.438	0.445	0.443	9.396	18.821
48	8.573	0.367	0.366	8.542	17.104	48	9.453	0.446	0.444	9.411	18.850
49	8.588	0.368	0.367	8.556	17.133	49	9.468	0.448	0.445	9.425	18.879
50	8.602	0.370	0.368	8.571	17.162	50	9.482	0.449	0.447	9.440	18.908
51	8.617	0.371	0.370	8.585	17.192	51	9.497	0.450	0.448	9.454	18.937
52	8.632	0.372	0.371	8.600	17.221	52	9.512	0.452	0.449	9.469	18.966
53	8.646	0.373	0.372	8.614	17.250	53	9.526	0.453	0.451	9.483	18.995
54	8.661	0.375	0.373	8.629	17.279	54	9.541	0.455	0.452	9.498	19.024
55	8.676	0.376	0.375	8.643	17.308	55	9.556	0.456	0.453	9.512	19.053
56	8.690	0.377	0.376	8.658	17.337	56	9.570	0.457	0.455	9.527	19.082
57	8.705	0.378	0.377	8.672	17.366	57	9.585	0.459	0.456	9.541	19.111
58	8.720	0.379	0.379	8.687	17.395	58	9.600	0.460	0.457	9.556	19.141
59	8.734	0.381	0.380	8.701	17.424	59	9.614	0.462	0.459	9.570	19.170
60	8.749	0.382	0.381	8.716	17.453	60	9.629	0.463	0.460	9.585	19.199

'	TANG.	BISSEC-TRICE.	FLÈCHE	DEMI-CORDE.	ARC.	'	TANG.	BISSEC-TRICE.	FLÈCHE	DEMI-CORDE.	ARC.

′	TANG.	BISSEC-TRICE.	FLÈCHE	DEMI-CORDE.	ARC.	′	TANG.	BISSEC-TRICE.	FLÈCHE	DEMI-CORDE.	ARC.
0	9.629	0.463	0.460	9.585	19.199	0	10.510	0.551	0.548	10.453	20.944
1	9.644	0.464	0.461	9.599	19.228	1	10.525	0.553	0.550	10.467	20.973
2	9.658	0.466	0.463	9.614	19.257	2	10.539	0.554	0.551	10.482	21.002
3	9.673	0.467	0.464	9.628	19.286	3	10.554	0.556	0.553	10.496	21.031
4	9.688	0.469	0.466	9.643	19.315	4	10.569	0.557	0.554	10.511	21.060
5	9.702	0.470	0.467	9.657	19.344	5	10.584	0.559	0.556	10.525	21.089
6	9.717	0.472	0.469	9.672	19.373	6	10.598	0.560	0.557	10.540	21.118
7	9.732	0.473	0.470	9.686	19.402	7	10.613	0.562	0.559	10.554	21.148
8	9.746	0.474	0.471	9.701	19.431	8	10.628	0.564	0.560	10.569	21.177
9	9.761	0.476	0.473	9.715	19.460	9	10.643	0.565	0.562	10.583	21.206
10	9.776	0.477	0.474	9.730	19.490	10	10.657	0.567	0.563	10.598	21.235
11	9.790	0.479	0.476	9.744	19.519	11	10.672	0.568	0.565	10.612	21.264
12	9.805	0.480	0.477	9.759	19.548	12	10.687	0.570	0.566	10.627	21.293
13	9.820	0.482	0.479	9.773	19.577	13	10.701	0.571	0.568	10.641	21.322
14	9.834	0.483	0.480	9.788	19.606	14	10.716	0.573	0.569	10.656	21.351
15	9.849	0.484	0.481	9.802	19.635	15	10.731	0.575	0.571	10.670	21.380
16	9.864	0.486	0.483	9.817	19.664	16	10.746	0.576	0.572	10.685	21.409
17	9.878	0.487	0.484	9.831	19.693	17	10.760	0.578	0.574	10.699	21.438
18	9.893	0.489	0.486	9.845	19.722	18	10.775	0.579	0.576	10.713	21.468
19	9.908	0.490	0.487	9.860	19.751	19	10.790	0.581	0.577	10.728	21.497
20	9.922	0.492	0.489	9.874	19.780	20	10.805	0.582	0.579	10.742	21.526
21	9.937	0.493	0.490	9.889	19.810	21	10.819	0.584	0.580	10.757	21.555
22	9.952	0.494	0.491	9.903	19.839	22	10.834	0.586	0.582	10.771	21.584
23	9.966	0.496	0.493	9.918	19.868	23	10.849	0.587	0.583	10.786	21.613
24	9.981	0.497	0.494	9.932	19.897	24	10.864	0.589	0.585	10.800	21.642
25	9.996	0.499	0.496	9.947	19.926	25	10.878	0.590	0.586	10.815	21.671
26	10.010	0.500	0.497	9.961	19.955	26	10.893	0.592	0.588	10.829	21.700
27	10.025	0.502	0.499	9.976	19.984	27	10.908	0.593	0.589	10.844	21.729
28	10.040	0.503	0.500	9.990	20.013	28	10.922	0.595	0.591	10.858	21.758
29	10.054	0.504	0.501	10.005	20.042	29	10.937	0.597	0.592	10.873	21.788
30	10.069	0.506	0.503	10.019	20.071	30	10.952	0.598	0.594	10.887	21.817
31	10.084	0.507	0.504	10.033	20.100	31	10.967	0.600	0.596	10.901	21.846
32	10.098	0.509	0.506	10.048	20.129	32	10.981	0.601	0.597	10.916	21.875
33	10.113	0.510	0.507	10.062	20.159	33	10.996	0.603	0.599	10.930	21.904
34	10.128	0.512	0.509	10.077	20.188	34	11.011	0.605	0.601	10.945	21.933
35	10.142	0.513	0.510	10.091	20.217	35	11.026	0.606	0.602	10.959	21.962
36	10.157	0.515	0.512	10.106	20.246	36	11.040	0.608	0.604	10.974	21.991
37	10.172	0.516	0.513	10.120	20.275	37	11.055	0.609	0.605	10.988	22.020
38	10.187	0.518	0.515	10.135	20.304	38	11.070	0.611	0.607	11.002	22.049
39	10.201	0.519	0.516	10.149	20.333	39	11.085	0.613	0.609	11.017	22.078
40	10.216	0.521	0.518	10.164	20.362	40	11.099	0.614	0.610	11.031	22.108
41	10.231	0.522	0.519	10.178	20.391	41	11.114	0.616	0.612	11.046	22.137
42	10.245	0.524	0.521	10.193	20.420	42	11.129	0.618	0.614	11.060	22.166
43	10.260	0.525	0.522	10.207	20.449	43	11.143	0.619	0.615	11.075	22.195
44	10.275	0.527	0.524	10.222	20.479	44	11.158	0.621	0.617	11.089	22.224
45	10.289	0.528	0.525	10.236	20.508	45	11.173	0.622	0.618	11.103	22.253
46	10.304	0.530	0.527	10.251	20.537	46	11.188	0.624	0.620	11.118	22.282
47	10.319	0.531	0.528	10.265	20.566	47	11.202	0.626	0.622	11.132	22.311
48	10.334	0.533	0.530	10.279	20.595	48	11.217	0.627	0.623	11.147	22.340
49	10.348	0.534	0.531	10.294	20.624	49	11.232	0.629	0.625	11.161	22.369
50	10.363	0.536	0.533	10.308	20.653	50	11.247	0.631	0.627	11.176	22.398
51	10.378	0.537	0.534	10.323	20.682	51	11.261	0.632	0.628	11.190	22.428
52	10.392	0.539	0.536	10.337	20.711	52	11.276	0.634	0.630	11.204	22.457
53	10.407	0.540	0.537	10.352	20.740	53	11.291	0.635	0.631	11.219	22.486
54	10.422	0.542	0.539	10.366	20.769	54	11.306	0.637	0.633	11.233	22.515
55	10.436	0.543	0.540	10.381	20.799	55	11.320	0.639	0.635	11.248	22.544
56	10.451	0.545	0.542	10.395	20.828	56	11.335	0.640	0.636	11.262	22.573
57	10.466	0.546	0.543	10.410	20.857	57	11.350	0.642	0.638	11.277	22.602
58	10.481	0.548	0.545	10.424	20.886	58	11.364	0.644	0.640	11.291	22.631
59	10.495	0.549	0.546	10.439	20.915	59	11.379	0.645	0.641	11.305	22.660
60	10.510	0.551	0.548	10.453	20.944	60	11.394	0.647	0.643	11.320	22.689
′	TANG.	BISSEC-TRICE	FLÈCHE	DEMI-CORDE.	ARC.	′	TANG.	BISSEC-TRICE.	FLÈCHE	DEMI-CORDE.	ARC.

'	TANG.	BISSEC-TRICE.	FLÈCHE	DEMI-CORDE.	ARC.	'	TANG.	BISSEC-TRICE.	FLÈCHE	DEMI-CORDE.	ARC.
0	11.394	0.647	0.643	11.320	22.689	0	12.278	0.751	0.745	12.187	24.435
1	11.409	0.649	0.645	11.334	22.718	1	12.293	0.753	0.747	12.201	24.464
2	11.423	0.650	0.646	11.349	22.747	2	12.308	0.755	0.749	12.216	24.493
3	11.438	0.652	0.648	11.363	22.777	3	12.322	0.756	0.750	12.230	24.522
4	11.453	0.654	0.650	11.378	22.806	4	12.337	0.758	0.752	12.245	24.551
5	11.468	0.655	0.651	11.392	22.835	5	12.352	0.760	0.754	12.259	24.580
6	11.482	0.657	0.653	11.407	22.864	6	12.367	0.761	0.756	12.274	24.609
7	11.497	0.659	0.655	11.421	22.893	7	12.382	0.764	0.758	12.288	24.638
8	11.512	0.661	0.656	11.436	22.922	8	12.396	0.766	0.760	12.302	24.667
9	11.527	0.662	0.658	11.450	22.951	9	12.411	0.767	0.761	12.317	24.696
10	11.541	0.664	0.660	11.465	22.980	10	12.426	0.769	0.763	12.331	24.726
11	11.556	0.666	0.661	11.479	23.009	11	12.441	0.771	0.765	12.346	24.755
12	11.571	0.667	0.663	11.494	23.038	12	12.456	0.773	0.767	12.360	24.784
13	11.585	0.669	0.665	11.508	23.067	13	12.470	0.775	0.769	12.375	24.813
14	11.600	0.671	0.666	11.523	23.097	14	12.485	0.777	0.771	12.389	24.842
15	11.615	0.672	0.668	11.537	23.126	15	12.500	0.778	0.772	12.403	24.871
16	11.630	0.674	0.670	11.552	23.155	16	12.515	0.780	0.774	12.418	24.900
17	11.644	0.676	0.671	11.566	23.184	17	12.530	0.782	0.776	12.432	24.929
18	11.659	0.678	0.673	11.580	23.213	18	12.544	0.784	0.778	12.447	24.958
19	11.674	0.679	0.675	11.595	23.242	19	12.559	0.786	0.780	12.461	24.987
20	11.689	0.681	0.676	11.609	23.271	20	12.574	0.788	0.782	12.476	25.016
21	11.703	0.683	0.678	11.624	23.300	21	12.589	0.789	0.783	12.490	25.045
22	11.718	0.684	0.680	11.638	23.329	22	12.604	0.791	0.785	12.504	25.074
23	11.733	0.686	0.681	11.653	23.358	23	12.618	0.793	0.787	12.519	25.103
24	11.748	0.688	0.683	11.667	23.387	24	12.633	0.795	0.789	12.533	25.133
25	11.762	0.689	0.685	11.682	23.417	25	12.648	0.797	0.791	12.548	25.162
26	11.777	0.691	0.686	11.696	23.446	26	12.663	0.799	0.793	12.562	25.191
27	11.792	0.693	0.688	11.711	23.475	27	12.678	0.800	0.794	12.577	25.220
28	11.806	0.695	0.690	11.725	23.504	28	12.692	0.802	0.796	12.591	25.249
29	11.821	0.696	0.691	11.740	23.533	29	12.707	0.804	0.798	12.605	25.278
30	11.836	0.698	0.693	11.754	23.562	30	12.722	0.806	0.800	12.620	25.307
31	11.851	0.700	0.695	11.768	23.591	31	12.737	0.808	0.802	12.634	25.336
32	11.865	0.702	0.696	11.783	23.620	32	12.752	0.810	0.804	12.649	25.365
33	11.880	0.703	0.698	11.797	23.649	33	12.766	0.812	0.806	12.663	25.394
34	11.895	0.705	0.700	11.812	23.678	34	12.781	0.814	0.807	12.678	25.423
35	11.910	0.707	0.702	11.826	23.707	35	12.796	0.815	0.809	12.692	25.453
36	11.924	0.709	0.703	11.841	23.737	36	12.811	0.817	0.811	12.707	25.482
37	11.939	0.710	0.705	11.855	23.766	37	12.825	0.819	0.813	12.721	25.511
38	11.954	0.712	0.707	11.869	23.795	38	12.840	0.821	0.815	12.735	25.540
39	11.969	0.714	0.709	11.884	23.824	39	12.855	0.823	0.817	12.750	25.569
40	11.983	0.716	0.710	11.898	23.853	40	12.870	0.825	0.819	12.764	25.598
41	11.998	0.717	0.712	11.913	23.882	41	12.884	0.827	0.821	12.779	25.627
42	12.013	0.719	0.714	11.927	23.910	42	12.899	0.829	0.822	12.793	25.656
43	12.027	0.721	0.715	11.942	23.940	43	12.914	0.831	0.824	12.808	25.685
44	12.042	0.723	0.717	11.956	23.969	44	12.929	0.833	0.826	12.822	25.714
45	12.057	0.725	0.719	11.970	23.998	45	12.944	0.834	0.828	12.836	25.743
46	12.072	0.726	0.721	11.985	24.027	46	12.958	0.836	0.830	12.851	25.773
47	12.086	0.728	0.722	11.999	24.057	47	12.973	0.838	0.832	12.865	25.802
48	12.101	0.730	0.724	12.014	24.086	48	12.988	0.840	0.834	12.880	25.831
49	12.116	0.732	0.726	12.028	24.115	49	13.003	0.842	0.836	12.894	25.860
50	12.131	0.733	0.728	12.043	24.144	50	13.017	0.844	0.837	12.909	25.889
51	12.145	0.735	0.729	12.057	24.173	51	13.032	0.846	0.839	12.923	25.918
52	12.160	0.737	0.731	12.071	24.202	52	13.047	0.848	0.841	12.937	25.947
53	12.175	0.739	0.733	12.086	24.231	53	13.062	0.850	0.843	12.952	25.976
54	12.190	0.740	0.735	12.100	24.260	54	13.076	0.852	0.845	12.966	26.005
55	12.204	0.742	0.736	12.115	24.289	55	13.091	0.853	0.847	12.981	26.034
56	12.219	0.744	0.738	12.129	24.318	56	13.106	0.855	0.849	12.995	26.063
57	12.234	0.746	0.740	12.144	24.347	57	13.121	0.857	0.850	13.010	26.093
58	12.248	0.748	0.741	12.158	24.376	58	13.136	0.859	0.852	13.024	26.122
59	12.263	0.749	0.743	12.172	24.406	59	13.150	0.861	0.854	13.038	26.151
60	12.278	0.751	0.745	12.187	24.435	60	13.165	0.863	0.856	13.053	26.180

'	TANG.	BISSEC-TRICE.	FLÈCHE	DEMI-CORDE.	ARC.	'	TANG.	BISSEC-TRICE.	FLÈCHE	DEMI-CORDE.	ARC.

'	TANG.	BISSECTRICE.	FLÈCHE	DEMI-CORDE.	ARC.	'	TANG.	BISSECTRICE.	FLÈCHE	DEMI-CORDE.	ARC.
0	9.629	0.463	0.460	9.585	19.199	0	10.510	0.551	0.548	10.453	20.944
1	9.644	0.464	0.461	9.599	19.228	1	10.525	0.553	0.550	10.467	20.973
2	9.658	0.466	0.463	9.614	19.257	2	10.539	0.554	0.551	10.482	21.002
3	9.673	0.467	0.464	9.628	19.286	3	10.554	0.556	0.553	10.496	21.031
4	9.688	0.469	0.466	9.643	19.315	4	10.569	0.557	0.554	10.511	21.060
5	9.702	0.470	0.467	9.657	19.344	5	10.584	0.559	0.556	10.525	21.089
6	9.717	0.472	0.469	9.672	19.373	6	10.598	0.560	0.557	10.540	21.118
7	9.732	0.473	0.470	9.686	19.402	7	10.613	0.562	0.559	10.554	21.148
8	9.746	0.474	0.471	9.701	19.431	8	10.628	0.564	0.560	10.569	21.177
9	9.761	0.476	0.473	9.715	19.460	9	10.643	0.565	0.562	10.583	21.206
10	9.776	0.477	0.474	9.730	19.490	10	10.657	0.567	0.563	10.598	21.235
11	9.790	0.479	0.476	9.744	19.519	11	10.672	0.568	0.565	10.612	21.264
12	9.805	0.480	0.477	9.759	19.548	12	10.687	0.570	0.566	10.627	21.293
13	9.820	0.482	0.479	9.773	19.577	13	10.701	0.571	0.568	10.641	21.322
14	9.834	0.483	0.480	9.788	19.606	14	10.716	0.573	0.569	10.656	21.351
15	9.849	0.484	0.481	9.802	19.635	15	10.731	0.575	0.571	10.670	21.380
16	9.864	0.486	0.483	9.817	19.664	16	10.746	0.576	0.572	10.685	21.409
17	9.878	0.487	0.484	9.831	19.693	17	10.760	0.578	0.574	10.699	21.438
18	9.893	0.489	0.486	9.845	19.722	18	10.775	0.579	0.576	10.713	21.468
19	9.908	0.490	0.487	9.860	19.751	19	10.790	0.581	0.577	10.728	21.497
20	9.922	0.492	0.489	9.874	19.780	20	10.805	0.582	0.579	10.742	21.526
21	9.937	0.493	0.490	9.889	19.810	21	10.819	0.584	0.580	10.757	21.555
22	9.952	0.494	0.491	9.903	19.839	22	10.834	0.586	0.582	10.771	21.584
23	9.966	0.496	0.493	9.918	19.868	23	10.849	0.587	0.583	10.786	21.613
24	9.981	0.497	0.494	9.932	19.897	24	10.864	0.589	0.585	10.800	21.642
25	9.996	0.499	0.496	9.947	19.926	25	10.878	0.590	0.586	10.815	21.671
26	10.010	0.500	0.497	9.961	19.955	26	10.893	0.592	0.588	10.829	21.700
27	10.025	0.502	0.499	9.976	19.984	27	10.908	0.593	0.589	10.844	21.729
28	10.040	0.503	0.500	9.990	20.013	28	10.922	0.595	0.591	10.858	21.758
29	10.054	0.504	0.501	10.005	20.042	29	10.937	0.597	0.592	10.873	21.788
30	10.069	0.506	0.503	10.019	20.071	30	10.952	0.598	0.594	10.887	21.817
31	10.084	0.507	0.504	10.033	20.100	31	10.967	0.600	0.596	10.901	21.846
32	10.098	0.509	0.506	10.048	20.129	32	10.981	0.601	0.597	10.916	21.875
33	10.113	0.510	0.507	10.062	20.159	33	10.996	0.603	0.599	10.930	21.904
34	10.128	0.512	0.509	10.077	20.188	34	11.011	0.605	0.601	10.945	21.933
35	10.142	0.513	0.510	10.091	20.217	35	11.026	0.606	0.602	10.959	21.962
36	10.157	0.515	0.512	10.106	20.246	36	11.040	0.608	0.604	10.974	21.991
37	10.172	0.516	0.513	10.120	20.275	37	11.055	0.609	0.605	10.988	22.020
38	10.187	0.518	0.515	10.135	20.304	38	11.070	0.611	0.607	11.002	22.049
39	10.201	0.519	0.516	10.149	20.333	39	11.085	0.613	0.609	11.017	22.078
40	10.216	0.521	0.518	10.164	20.362	40	11.099	0.614	0.610	11.031	22.108
41	10.231	0.522	0.519	10.178	20.391	41	11.114	0.616	0.612	11.046	22.137
42	10.245	0.524	0.521	10.193	20.420	42	11.129	0.618	0.614	11.060	22.166
43	10.260	0.525	0.522	10.207	20.449	43	11.143	0.619	0.615	11.075	22.195
44	10.275	0.527	0.524	10.222	20.478	44	11.158	0.621	0.617	11.089	22.224
45	10.289	0.528	0.525	10.236	20.508	45	11.173	0.622	0.618	11.103	22.253
46	10.304	0.530	0.527	10.251	20.537	46	11.188	0.624	0.620	11.118	22.282
47	10.319	0.531	0.528	10.265	20.566	47	11.202	0.626	0.622	11.132	22.311
48	10.334	0.533	0.530	10.279	20.595	48	11.217	0.627	0.623	11.147	22.340
49	10.348	0.534	0.531	10.294	20.624	49	11.232	0.629	0.625	11.161	22.369
50	10.363	0.536	0.533	10.308	20.653	50	11.247	0.631	0.627	11.175	22.398
51	10.378	0.537	0.534	10.323	20.682	51	11.261	0.632	0.628	11.190	22.428
52	10.392	0.539	0.536	10.337	20.711	52	11.276	0.634	0.630	11.204	22.457
53	10.407	0.540	0.537	10.352	20.740	53	11.291	0.635	0.631	11.219	22.486
54	10.422	0.542	0.539	10.366	20.769	54	11.306	0.637	0.633	11.233	22.515
55	10.436	0.543	0.540	10.381	20.799	55	11.320	0.639	0.635	11.248	22.544
56	10.451	0.545	0.542	10.395	20.828	56	11.335	0.640	0.636	11.262	22.573
57	10.466	0.546	0.543	10.410	20.857	57	11.350	0.642	0.638	11.277	22.602
58	10.481	0.548	0.545	10.424	20.886	58	11.364	0.644	0.640	11.291	22.631
59	10.495	0.549	0.546	10.439	20.915	59	11.379	0.645	0.641	11.305	22.660
60	10.510	0.551	0.548	10.453	20.944	60	11.394	0.647	0.643	11.320	22.689
'	TANG.	BISSECTRICE	FLÈCHE	DEMI-CORDE.	ARC.	'	TANG.	BISSECTRICE.	FLÈCHE	DEMI-CORDE.	ARC.

'	TANG.	BISSEC-TRICE.	FLÈCHE	DEMI-CORDE.	ARC.
0	11.394	0.647	0.643	11.320	22.689
1	11.409	0.649	0.645	11.334	22.718
2	11.423	0.650	0.646	11.349	22.747
3	11.438	0.652	0.648	11.363	22.777
4	11.453	0.654	0.650	11.378	22.806
5	11.468	0.655	0.651	11.392	22.835
6	11.482	0.657	0.653	11.407	22.864
7	11.497	0.659	0.655	11.421	22.893
8	11.512	0.661	0.656	11.436	22.922
9	11.527	0.662	0.658	11.450	22.951
10	11.541	0.664	0.660	11.465	22.980
11	11.556	0.666	0.661	11.479	23.009
12	11.571	0.667	0.663	11.494	23.038
13	11.585	0.669	0.665	11.508	23.067
14	11.600	0.671	0.666	11.523	23.097
15	11.615	0.672	0.668	11.537	23.126
16	11.630	0.674	0.670	11.552	23.155
17	11.644	0.676	0.671	11.566	23.184
18	11.659	0.678	0.673	11.580	23.213
19	11.674	0.679	0.675	11.595	23.242
20	11.689	0.681	0.676	11.609	23.271
21	11.703	0.683	0.678	11.624	23.300
22	11.718	0.684	0.680	11.638	23.329
23	11.733	0.686	0.681	11.653	23.358
24	11.748	0.688	0.683	11.667	23.387
25	11.762	0.689	0.685	11.682	23.417
26	11.777	0.691	0.686	11.696	23.446
27	11.792	0.693	0.688	11.711	23.475
28	11.806	0.695	0.690	11.725	23.504
29	11.821	0.696	0.691	11.740	23.533
30	11.836	0.698	0.693	11.754	23.562
31	11.851	0.700	0.695	11.768	23.591
32	11.865	0.702	0.696	11.783	23.620
33	11.880	0.703	0.698	11.797	23.649
34	11.895	0.705	0.700	11.812	23.678
35	11.910	0.707	0.702	11.826	23.707
36	11.924	0.709	0.703	11.841	23.737
37	11.939	0.710	0.705	11.855	23.766
38	11.954	0.712	0.707	11.869	23.795
39	11.969	0.714	0.709	11.884	23.824
40	11.983	0.716	0.710	11.898	23.853
41	11.998	0.717	0.712	11.913	23.882
42	12.013	0.719	0.714	11.927	23.910
43	12.027	0.721	0.715	11.942	23.940
44	12.042	0.723	0.717	11.956	23.969
45	12.057	0.725	0.719	11.970	23.998
46	12.072	0.726	0.721	11.985	24.027
47	12.086	0.728	0.722	11.999	24.057
48	12.101	0.730	0.724	12.014	24.086
49	12.116	0.732	0.726	12.028	24.115
50	12.131	0.733	0.728	12.043	24.144
51	12.145	0.735	0.729	12.057	24.173
52	12.160	0.737	0.731	12.071	24.202
53	12.175	0.739	0.733	12.086	24.231
54	12.190	0.740	0.735	12.100	24.260
55	12.204	0.742	0.736	12.115	24.289
56	12.219	0.744	0.738	12.129	24.318
57	12.234	0.746	0.740	12.144	24.347
58	12.248	0.748	0.741	12.158	24.376
59	12.263	0.749	0.743	12.172	24.406
60	12.278	0.751	0.745	12.187	24.435

'	TANG.	BISSEC-TRICE.	FLÈCHE	DEMI-CORDE.	ARC.
0	12.278	0.751	0.745	12.187	24.435
1	12.293	0.753	0.747	12.201	24.464
2	12.308	0.755	0.749	12.216	24.493
3	12.322	0.756	0.750	12.230	24.522
4	12.337	0.758	0.752	12.245	24.551
5	12.352	0.760	0.754	12.259	24.580
6	12.367	0.762	0.756	12.274	24.609
7	12.382	0.764	0.758	12.288	24.638
8	12.396	0.766	0.760	12.302	24.667
9	12.411	0.767	0.761	12.317	24.696
10	12.426	0.769	0.763	12.331	24.726
11	12.441	0.771	0.765	12.346	24.755
12	12.456	0.773	0.767	12.360	24.784
13	12.470	0.775	0.769	12.375	24.813
14	12.485	0.777	0.771	12.389	24.842
15	12.500	0.778	0.772	12.403	24.871
16	12.515	0.780	0.774	12.418	24.900
17	12.530	0.782	0.776	12.432	24.929
18	12.544	0.784	0.778	12.447	24.958
19	12.559	0.786	0.780	12.461	24.987
20	12.574	0.788	0.782	12.476	25.016
21	12.589	0.789	0.783	12.490	25.045
22	12.604	0.791	0.785	12.504	25.074
23	12.618	0.793	0.787	12.519	25.103
24	12.633	0.795	0.789	12.533	25.133
25	12.648	0.797	0.791	12.548	25.162
26	12.663	0.799	0.793	12.562	25.191
27	12.678	0.800	0.794	12.577	25.220
28	12.692	0.802	0.796	12.591	25.249
29	12.707	0.804	0.798	12.605	25.278
30	12.722	0.806	0.800	12.620	25.307
31	12.737	0.808	0.802	12.634	25.336
32	12.752	0.810	0.804	12.649	25.365
33	12.766	0.812	0.806	12.663	25.394
34	12.781	0.814	0.807	12.678	25.423
35	12.796	0.815	0.809	12.692	25.453
36	12.811	0.817	0.811	12.707	25.482
37	12.825	0.819	0.813	12.721	25.511
38	12.840	0.821	0.815	12.735	25.540
39	12.855	0.823	0.817	12.750	25.569
40	12.870	0.825	0.819	12.764	25.598
41	12.884	0.827	0.821	12.779	25.627
42	12.899	0.829	0.822	12.793	25.656
43	12.914	0.831	0.824	12.808	25.685
44	12.929	0.833	0.826	12.822	25.714
45	12.944	0.834	0.828	12.836	25.743
46	12.958	0.836	0.830	12.851	25.773
47	12.973	0.838	0.832	12.865	25.802
48	12.988	0.840	0.834	12.880	25.831
49	13.003	0.842	0.836	12.894	25.860
50	13.017	0.844	0.837	12.909	25.889
51	13.032	0.846	0.839	12.923	25.918
52	13.047	0.848	0.841	12.937	25.947
53	13.062	0.850	0.843	12.952	25.976
54	13.076	0.852	0.845	12.966	26.005
55	13.091	0.853	0.847	12.981	26.034
56	13.106	0.855	0.849	12.995	26.063
57	13.121	0.857	0.850	13.010	26.093
58	13.136	0.859	0.852	13.024	26.122
59	13.150	0.861	0.854	13.038	26.151
60	13.165	0.863	0.856	13.053	26.180

'	TANG.	BISSEC-TRICE.	FLÈCHE	DEMI-CORDE.	ARC.

'	TANG.	BISSEC-TRICE.	FLÈCHE	DEMI-CORDE.	ARC.	'	TANG.	BISSEC-TRICE	FLÈCHE	DEMI-CORDE.	ARC.

'	TANG.	BISSEC-TRICE.	FLÈCHE	DEMI-CORDE.	ARC.	'	TANG.	BISSEC-TRICE.	FLÈCHE	DEMI-CORDE.	ARC.
0	13.165	0.863	0.856	13.053	26.180	0	14.054	0.983	0.973	13.917	27.925
1	13.180	0.865	0.858	13.067	26.209	1	14.069	0.985	0.975	13.931	27.954
2	13.195	0.867	0.860	13.082	26.238	2	14.084	0.987	0.977	13.946	27.983
3	13.209	0.869	0.862	13.096	26.267	3	14.098	0.989	0.979	13.960	28.013
4	13.224	0.871	0.864	13.111	26.296	4	14.113	0.991	0.981	13.975	28.042
5	13.239	0.873	0.865	13.125	26.325	5	14.128	0.993	0.983	13.989	28.071
6	13.254	0.875	0.867	13.139	26.354	6	14.143	0.996	0.985	14.003	28.100
7	13.269	0.877	6.869	13.154	26.384	7	14.158	0.998	0.987	14.018	28.129
8	13.283	0.879	0.871	13.168	26.413	8	14.173	1.000	0.990	14.032	28.158
9	13.298	0.881	0.873	13.183	26.442	9	14.187	1.002	0.992	14.047	28.187
10	13.313	0.883	0.875	13.197	26.471	10	14.202	1.004	0.994	14.061	28.216
11	13.328	0.885	0.877	13.211	26.500	11	14.217	1.006	0.996	14.075	28.245
12	13.343	0.887	0.879	13.226	26.529	12	14.232	1.008	0.998	14.090	28.274
13	13.357	0.889	0.881	13.240	26.558	13	14.247	1.010	1.000	14.104	28.303
14	13.372	0.891	0.883	13.255	26.587	14	14.262	1.012	1.002	14.119	28.333
15	13.387	0.893	0.884	13.269	26.616	15	14.276	1.014	1.004	14.133	28.362
16	13.402	0.895	0.886	13.283	26.645	16	14.291	1.017	1.006	14.147	28.391
17	13.417	0.896	0.888	13.298	26.674	17	14.306	1.019	1.008	14.162	28.420
18	13.431	0.898	0.890	13.312	26.704	18	14.321	1.021	1.010	14.176	28.449
19	13.446	0.900	0.892	13.327	26.733	19	14.336	1.023	1.012	14.191	28.478
20	13.461	0.902	0.894	13.341	26.762	20	14.351	1.025	1.014	14.205	28.507
21	13.476	0.904	0.896	13.355	26.791	21	14.365	1.027	1.016	14.219	28.536
22	13.491	0.906	0.898	13.370	26.820	22	14.380	1.029	1.019	14.234	28.565
23	13.505	0.908	0.900	13.384	26.849	23	14.395	1.031	1.021	14.248	28.594
24	13.520	0.910	0.902	13.399	26.878	24	14.410	1.033	1.023	14.263	28.623
25	13.535	0.912	0.903	13.413	26.907	25	14.425	1.035	1.025	14.277	28.653
26	13.550	0.914	0.905	13.427	26.936	26	14.440	1.038	1.027	14.291	28.682
27	13.565	0.916	0.907	13.442	26.965	27	14.454	1.040	1.029	14.306	28.711
28	13.579	0.918	0.909	13.456	26.994	28	14.469	1.042	1.031	14.320	28.740
29	13.594	0.920	0.911	13.471	27.024	29	14.484	1.044	1.033	14.335	28.769
30	13.609	0.922	0.913	13.485	27.053	30	14.499	1.046	1.035	14.349	28.798
31	13.624	0.924	0.915	13.499	27.082	31	14.514	1.048	1.037	14.363	28.827
32	13.639	0.926	0.917	13.514	27.111	32	14.529	1.050	1.039	14.378	28.856
33	13.653	0.928	0.919	13.528	27.140	33	14.544	1.053	1.041	14.392	28.885
34	13.668	0.930	0.921	13.543	27.169	34	14.558	1.055	1.043	14.407	28.914
35	13.683	0.932	0.923	13.557	27.198	35	14.573	1.057	1.045	14.421	28.943
36	13.698	0.934	0.925	13.571	27.227	36	14.588	1.059	1.048	14.435	28.973
37	13.713	0.936	0.927	13.586	27.256	37	14.603	1.061	1.050	14.450	29.002
38	13.728	0.938	0.929	13.600	27.285	38	14.618	1.063	1.052	14.464	29.031
39	13.742	0.940	0.931	13.615	27.314	39	14.633	1.066	1.054	14.479	29.060
40	13.757	0.942	0.933	13.629	27.344	40	14.648	1.068	1.056	14.493	29.089
41	13.772	0.944	0.935	13.643	27.373	41	14.663	1.070	1.058	14.507	29.118
42	13.787	0.946	0.937	13.658	27.402	42	14.677	1.072	1.060	14.522	29.147
43	13.802	0.948	0.939	13.672	27.431	43	14.692	1.074	1.062	14.536	29.176
44	13.817	0.950	0.941	13.687	27.460	44	14.707	1.076	1.064	14.551	29.205
45	13.831	0.952	0.943	13.701	27.489	45	14.722	1.079	1.066	14.565	29.234
46	13.846	0.954	0.945	13.715	27.518	46	14.737	1.081	1.069	14.579	29.263
47	13.861	0.957	0.947	13.730	27.547	47	14.752	1.083	1.071	14.594	29.292
48	13.876	0.959	0.949	13.744	27.576	48	14.767	1.085	1.073	14.608	29.322
49	13.891	0.961	0.951	13.759	27.605	49	14.782	1.08.	1.075	14.623	29.351
50	13.906	0.963	0.953	13.773	27.634	50	14.796	1.089	1.077	14.637	29.380
51	13.920	0.965	0.955	13.787	27.664	51	14.811	1.092	1.079	14.651	29.409
52	13.935	0.967	0.957	13.802	27.693	52	14.826	1.094	1.081	14.666	29.438
53	13.950	0.969	0.959	13.816	27.722	53	14.841	1.096	1.083	14.680	29.467
54	13.965	0.971	0.961	13.831	27.751	54	14.856	1.098	1.085	14.695	29.496
55	13.980	0.973	0.963	13.845	27.780	55	14.871	1.100	1.087	14.709	29.525
56	13.995	0.975	0.965	13.859	27.809	56	14.886	1.102	1.090	14.723	29.554
57	14.009	0.977	0.967	13.874	27.838	57	14.900	1.105	1.092	14.738	29.583
58	14.024	0.979	0.969	13.888	27.867	58	14.915	1.107	1.094	14.752	29.612
59	14.039	0.981	0.971	13.903	27.896	59	14.930	1.109	1.096	14.767	29.642
60	14.054	0.983	0.973	13.917	27.925	60	14.945	1.111	1.098	14.781	29.671
'	TANG.	BISSEC-TRICE.	FLÈCHE	DEMI-CORDE.	ARC.	'	TANG.	BISSEC-TRICE.	FLÈCHE	DEMI-CORDE.	ARC.

'	TANG.	BISSEC-TRICE.	FLÈCHE	DEMI-CORDE.	ARC.	'	TANG.	BISSEC-TRICE.	FLÈCHE	DEMI-CORDE.	ARC.
0	14.945	1.111	1.098	14.781	29.671	0	15.838	1.247	1.231	15.643	31.416
1	14.960	1.113	1.100	14.795	29.700	1	15.853	1.249	1.233	15.657	31.445
2	14.975	1.115	1.102	14.810	29.729	2	15.868	1.252	1.236	15.672	31.474
3	14.990	1.118	1.105	14.824	29.758	3	15.883	1.254	1.238	15.686	31.503
4	15.004	1.120	1.107	14.838	29.787	4	15.898	1.256	1.240	15.700	31.532
5	15.019	1.122	1.109	14.853	29.816	5	15.913	1.259	1.242	15.715	31.561
6	15.034	1.124	1.111	14.867	29.845	6	15.928	1.261	1.245	15.729	31.590
7	15.049	1.127	1.113	14.882	29.874	7	15.943	1.263	1.247	15.744	31.620
8	15.064	1.129	1.116	14.896	29.903	8	15.957	1.266	1.249	15.758	31.649
9	15.079	1.131	1.118	14.910	29.932	9	15.972	1.268	1.252	15.772	31.678
10	15.094	1.133	1.120	14.925	29.961	10	15.987	1.270	1.254	15.787	31.707
11	15.109	1.136	1.122	14.939	29.991	11	16.002	1.273	1.256	15.801	31.736
12	15.123	1.138	1.124	14.953	30.020	12	16.017	1.275	1.259	15.815	31.765
13	15.138	1.140	1.127	14.968	30.049	13	16.032	1.277	1.261	15.830	31.794
14	15.153	1.142	1.129	14.982	30.078	14	16.047	1.280	1.263	15.844	31.823
15	15.168	1.144	1.131	14.997	30.107	15	16.062	1.282	1.265	15.859	31.852
16	15.183	1.147	1.133	15.011	30.136	16	16.077	1.284	1.268	15.873	31.881
17	15.198	1.149	1.135	15.025	30.165	17	16.092	1.287	1.270	15.887	31.910
18	15.213	1.151	1.138	15.040	30.194	18	16.107	1.289	1.272	15.902	31.940
19	15.228	1.153	1.140	15.054	30.223	19	16.122	1.291	1.275	15.916	31.969
20	15.242	1.156	1.142	15.068	30.252	20	16.137	1.294	1.277	15.930	31.998
21	15.257	1.158	1.144	15.083	30.281	21	16.152	1.296	1.279	15.945	32.027
22	15.272	1.160	1.146	15.097	30.311	22	16.166	1.298	1.282	15.959	32.056
23	15.287	1.162	1.149	15.112	30.340	23	16.181	1.301	1.284	15.974	32.085
24	15.302	1.165	1.151	15.126	30.369	24	16.196	1.303	1.286	15.988	32.114
25	15.317	1.167	1.153	15.140	30.398	25	16.211	1.305	1.288	16.002	32.143
26	15.332	1.169	1.155	15.155	30.427	26	16.226	1.308	1.291	16.017	32.172
27	15.346	1.171	1.157	15.169	30.456	27	16.241	1.310	1.293	16.031	32.201
28	15.361	1.173	1.160	15.183	30.485	28	16.256	1.312	1.295	16.045	32.230
29	15.376	1.176	1.162	15.198	30.514	29	16.271	1.315	1.298	16.060	32.260
30	15.391	1.178	1.164	15.212	30.543	30	16.286	1.317	1.300	16.074	32.289
31	15.406	1.180	1.166	15.226	30.572	31	16.301	1.319	1.302	16.088	32.318
32	15.421	1.183	1.168	15.241	30.601	32	16.316	1.322	1.305	16.103	32.347
33	15.436	1.185	1.171	15.255	30.631	33	16.331	1.324	1.307	16.117	32.376
34	15.451	1.187	1.173	15.269	30.660	34	16.346	1.327	1.309	16.131	32.405
35	15.465	1.189	1.175	15.284	30.689	35	16.361	1.329	1.312	16.146	32.434
36	15.480	1.192	1.177	15.298	30.718	36	16.376	1.332	1.314	16.160	32.463
37	15.495	1.194	1.180	15.313	30.747	37	16.391	1.334	1.317	16.175	32.492
38	15.510	1.196	1.182	15.327	30.776	38	16.405	1.337	1.319	16.189	32.521
39	15.525	1.199	1.184	15.341	30.805	39	16.420	1.339	1.321	16.203	32.550
40	15.540	1.201	1.186	15.356	30.834	40	16.435	1.342	1.324	16.218	32.580
41	15.555	1.203	1.189	15.370	30.863	41	16.450	1.344	1.326	16.232	32.609
42	15.570	1.206	1.191	15.384	30.892	42	16.465	1.347	1.328	16.246	32.638
43	15.585	1.208	1.193	15.399	30.921	43	16.480	1.349	1.331	16.261	32.667
44	15.600	1.210	1.195	15.413	30.951	44	16.495	1.352	1.333	16.275	32.696
45	15.614	1.212	1.197	15.428	30.980	45	16.510	1.354	1.336	16.290	32.725
46	15.629	1.215	1.200	15.442	31.009	46	16.525	1.357	1.338	16.304	32.754
47	15.644	1.217	1.202	15.456	31.038	47	16.540	1.359	1.340	16.318	32.783
48	15.659	1.219	1.204	15.471	31.067	48	16.555	1.361	1.343	16.333	32.812
49	15.674	1.222	1.206	15.485	31.096	49	16.570	1.364	1.345	16.347	32.841
50	15.689	1.224	1.209	15.499	31.125	50	16.585	1.366	1.347	16.361	32.870
51	15.704	1.226	1.211	15.514	31.154	51	16.600	1.369	1.350	16.376	32.900
52	15.719	1.229	1.213	15.528	31.183	52	16.614	1.371	1.352	16.390	32.929
53	15.734	1.231	1.215	15.543	31.212	53	16.629	1.374	1.355	16.405	32.958
54	15.749	1.233	1.218	15.557	31.241	54	16.644	1.376	1.357	16.419	32.987
55	15.763	1.235	1.220	15.571	31.271	55	16.659	1.379	1.359	16.433	33.016
56	15.778	1.238	1.222	15.586	31.300	56	16.674	1.381	1.362	16.448	33.045
57	15.793	1.240	1.224	15.600	31.329	57	16.689	1.384	1.364	16.462	33.074
58	15.808	1.242	1.226	15.614	31.358	58	16.704	1.386	1.366	16.476	33.103
59	15.823	1.245	1.229	15.629	31.387	59	16.719	1.389	1.369	16.491	33.132
60	15.838	1.247	1.231	15.643	31.416	60	16.734	1.391	1.371	16.505	33.161
'	TANG.	BISSEC-TRICE.	FLÈCHE	DEMI-CORDE.	ARC.	'	TANG.	BISSEC-TRICE.	FLÈCHE	DEMI-CORDE.	ARC.

′	TANG.	BISSECTRICE.	FLÈCHE	DEMI-CORDE.	ARC.	′	TANG.	BISSECTRICE.	FLÈCHE	DEMI-CORDE.	ARC.
0	16.734	1.391	1.371	16.505	33.161	0	17.633	1.543	1.519	17.365	34.907
1	16.749	1.393	1.373	16.519	33.190	1	17.648	1.546	1.522	17.379	34.936
2	16.764	1.396	1.376	16.534	33.219	2	17.663	1.548	1.524	17.394	34.965
3	16.779	1.398	1.378	16.548	33.249	3	17.678	1.551	1.527	17.408	34.994
4	16.794	1.401	1.381	16.562	33.278	4	17.693	1.554	1.529	17.422	35.023
5	16.809	1.403	1.383	16.577	33.307	5	17.708	1.556	1.532	17.436	35.052
6	16.824	1.406	1.386	16.591	33.336	6	17.723	1.559	1.534	17.451	35.081
7	16.839	1.408	1.388	16.605	33.365	7	17.738	1.561	1.537	17.465	35.110
8	16.854	1.411	1.390	16.620	33.394	8	17.753	1.564	1.540	17.479	35.139
9	16.869	1.413	1.393	16.634	33.423	9	17.768	1.567	1.542	17.494	35.168
10	16.884	1.416	1.395	16.648	33.452	10	17.783	1.569	1.545	17.508	35.197
11	16.899	1.418	1.398	16.663	33.481	11	17.798	1.572	1.547	17.522	35.227
12	16.914	1.421	1.400	16.677	33.510	12	17.813	1.575	1.550	17.537	35.256
13	16.929	1.423	1.403	16.691	33.539	13	17.828	1.577	1.552	17.551	35.285
14	16.944	1.426	1.405	16.706	33.569	14	17.843	1.580	1.555	17.565	35.314
15	16.959	1.428	1.407	16.720	33.598	15	17.858	1.582	1.558	17.579	35.343
16	16.974	1.431	1.410	16.734	33.627	16	17.873	1.585	1.560	17.594	35.372
17	16.988	1.433	1.412	16.749	33.656	17	17.888	1.588	1.563	17.608	35.401
18	17.003	1.436	1.415	16.763	33.685	18	17.903	1.590	1.565	17.622	35.430
19	17.018	1.438	1.417	16.777	33.714	19	17.918	1.593	1.568	17.637	35.459
20	17.033	1.441	1.420	16.792	33.743	20	17.933	1.596	1.570	17.651	35.488
21	17.048	1.443	1.422	16.806	33.772	21	17.948	1.598	1.573	17.665	35.517
22	17.063	1.446	1.424	16.820	33.801	22	17.963	1.601	1.576	17.680	35.547
23	17.078	1.448	1.427	16.835	33.830	23	17.978	1.603	1.578	17.694	35.576
24	17.093	1.451	1.429	16.849	33.859	24	17.993	1.606	1.581	17.708	35.605
25	17.108	1.453	1.432	16.863	33.889	25	18.008	1.609	1.583	17.722	35.634
26	17.123	1.456	1.434	16.878	33.918	26	18.023	1.611	1.586	17.737	35.663
27	17.138	1.458	1.437	16.892	33.947	27	18.038	1.614	1.588	17.751	35.692
28	17.153	1.461	1.439	16.906	33.976	28	18.053	1.617	1.591	17.765	35.721
29	17.168	1.463	1.441	16.921	34.005	29	18.068	1.619	1.594	17.780	35.750
30	17.183	1.466	1.444	16.935	34.034	30	18.083	1.622	1.596	17.794	35.779
31	17.198	1.469	1.446	16.949	34.063	31	18.098	1.625	1.599	17.808	35.808
32	17.213	1.471	1.449	16.964	34.092	32	18.113	1.627	1.601	17.823	35.837
33	17.228	1.474	1.451	16.978	34.121	33	18.128	1.630	1.604	17.837	35.867
34	17.243	1.476	1.454	16.992	34.150	34	18.143	1.633	1.607	17.851	35.896
35	17.258	1.479	1.456	17.007	34.179	35	18.158	1.635	1.609	17.866	35.925
36	17.273	1.481	1.459	17.021	34.208	36	18.173	1.638	1.612	17.880	35.954
37	17.288	1.484	1.461	17.035	34.238	37	18.188	1.641	1.614	17.894	35.983
38	17.303	1.487	1.464	17.050	34.267	38	18.203	1.644	1.617	17.909	36.012
39	17.318	1.489	1.466	17.064	34.296	39	18.218	1.646	1.620	17.923	36.041
40	17.333	1.492	1.469	17.078	34.325	40	18.233	1.649	1.622	17.937	36.070
41	17.348	1.494	1.471	17.093	34.354	41	18.248	1.652	1.625	17.952	36.099
42	17.363	1.497	1.474	17.107	34.383	42	18.263	1.654	1.628	17.966	36.128
43	17.378	1.499	1.476	17.121	34.412	43	18.278	1.657	1.630	17.980	36.157
44	17.393	1.502	1.479	17.136	34.441	44	18.293	1.660	1.633	17.995	36.187
45	17.408	1.505	1.481	17.150	34.470	45	18.308	1.662	1.635	18.009	36.216
46	17.423	1.507	1.484	17.164	34.499	46	18.323	1.665	1.638	18.023	36.245
47	17.438	1.510	1.486	17.179	34.528	47	18.339	1.668	1.641	18.038	36.274
48	17.453	1.512	1.489	17.193	34.558	48	18.354	1.671	1.643	18.052	36.303
49	17.468	1.515	1.491	17.207	34.587	49	18.369	1.673	1.646	18.066	36.332
50	17.483	1.517	1.494	17.222	34.616	50	18.384	1.676	1.649	18.081	36.361
51	17.498	1.520	1.496	17.236	34.645	51	18.399	1.679	1.651	18.095	36.390
52	17.513	1.523	1.499	17.250	34.674	52	18.414	1.681	1.654	18.109	36.419
53	17.528	1.525	1.501	17.265	34.703	53	18.429	1.684	1.656	18.124	36.448
54	17.543	1.528	1.504	17.279	34.732	54	18.444	1.687	1.659	18.138	36.477
55	17.558	1.530	1.506	17.293	34.761	55	18.459	1.689	1.662	18.152	36.507
56	17.573	1.533	1.509	17.308	34.790	56	18.474	1.692	1.664	18.167	36.536
57	17.588	1.535	1.511	17.322	34.819	57	18.489	1.695	1.667	18.181	36.565
58	17.603	1.538	1.514	17.336	34.848	58	18.504	1.698	1.670	18.195	36.594
59	17.618	1.541	1.516	17.351	34.878	59	18.519	1.700	1.672	18.210	36.623
60	17.633	1.543	1.519	17.365	34.907	60	18.534	1.703	1.675	18.224	36.652
′	TANG.	BISSECTRICE.	FLÈCHE	DEMI-CORDE.	ARC.	′	TANG.	BISSECTRICE.	FLÈCHE	DEMI-CORDE.	ARC.

'	TANG.	BISSEC-TRICE.	FLÈCHE	DEMI-CORDE.	ARC.	'	TANG.	BISSEC-TRICE.	FLÈCHE	DEMI-CORDE.	ARC.
0	18.534	1.703	1.675	18.224	36.652	0	19.438	1.872	1.837	19.081	38.397
1	18.549	1.706	1.678	18.238	36.681	1	19.453	1.875	1.840	19.095	38.426
2	18.564	1.709	1.680	18.253	36.710	2	19.468	1.878	1.843	19.110	38.455
3	18.579	1.711	1.683	18.267	36.739	3	19.483	1.881	1.845	19.124	38.485
4	18.594	1.714	1.686	18.281	36.768	4	19.498	1.884	1.848	19.138	38.514
5	18.609	1.717	1.688	18.295	36.797	5	19.513	1.886	1.851	19.152	38.543
6	18.624	1.720	1.691	18.310	36.826	6	19.529	1.889	1.854	19.167	38.572
7	18.639	1.722	1.694	18.324	36.856	7	19.544	1.892	1.857	19.181	38.601
8	18.655	1.725	1.696	18.338	36.885	8	19.559	1.895	1.859	19.195	38.630
9	18.670	1.728	1.699	18.352	36.914	9	19.574	1.898	1.862	19.209	38.659
10	18.685	1.731	1.702	18.367	36.943	10	19.589	1.901	1.865	19.224	38.688
11	18.700	1.733	1.704	18.381	36.972	11	19.604	1.904	1.868	19.238	38.717
12	18.715	1.736	1.707	18.395	37.001	12	19.619	1.907	1.871	19.252	38.746
13	18.730	1.739	1.710	18.410	37.030	13	19.634	1.910	1.873	19.267	38.775
14	18.745	1.742	1.712	18.424	37.059	14	19.649	1.913	1.876	19.281	38.804
15	18.760	1.745	1.715	18.438	37.088	15	19.664	1.915	1.879	19.295	38.834
16	18.775	1.747	1.718	18.452	37.117	16	19.680	1.918	1.882	19.309	38.863
17	18.790	1.750	1.720	18.467	37.146	17	19.695	1.921	1.885	19.324	38.892
18	18.805	1.753	1.723	18.481	37.176	18	19.710	1.924	1.887	19.338	38.921
19	18.820	1.756	1.726	18.495	37.205	19	19.725	1.927	1.890	19.352	38.950
20	18.835	1.758	1.728	18.509	37.234	20	19.740	1.930	1.893	19.366	38.979
21	18.850	1.761	1.731	18.524	37.263	21	19.755	1.933	1.896	19.381	39.008
22	18.866	1.764	1.734	18.538	37.292	22	19.770	1.936	1.899	19.395	39.037
23	18.881	1.767	1.736	18.552	37.321	23	19.785	1.939	1.901	19.409	39.066
24	18.896	1.769	1.739	18.566	37.350	24	19.800	1.942	1.904	19.423	39.095
25	18.911	1.772	1.742	18.581	37.379	25	19.815	1.944	1.907	19.438	39.124
26	18.926	1.775	1.744	18.595	37.408	26	19.831	1.947	1.910	19.452	39.154
27	18.941	1.778	1.747	18.609	37.437	27	19.846	1.950	1.913	19.466	39.183
28	18.956	1.781	1.750	18.624	37.466	28	19.861	1.953	1.915	19.481	39.212
29	18.971	1.783	1.752	18.638	37.496	29	19.876	1.956	1.918	19.495	39.241
30	18.986	1.786	1.755	18.652	37.525	30	19.891	1.959	1.921	19.509	39.270
31	19.001	1.789	1.758	18.666	37.554	31	19.906	1.962	1.924	19.523	39.299
32	19.016	1.792	1.760	18.681	37.583	32	19.921	1.965	1.927	19.538	39.328
33	19.031	1.795	1.763	18.695	37.612	33	19.936	1.968	1.930	19.552	39.357
34	19.046	1.797	1.766	18.709	37.641	34	19.952	1.971	1.933	19.566	39.386
35	19.061	1.800	1.769	18.723	37.670	35	19.967	1.974	1.935	19.580	39.415
36	19.076	1.803	1.771	18.738	37.699	36	19.982	1.977	1.938	19.595	39.444
37	19.091	1.806	1.774	18.752	37.728	37	19.997	1.980	1.941	19.609	39.474
38	19.107	1.809	1.777	18.766	37.757	38	20.012	1.983	1.944	19.623	39.503
39	19.122	1.812	1.780	18.781	37.786	39	20.027	1.986	1.947	19.637	39.532
40	19.137	1.815	1.782	18.795	37.816	40	20.042	1.989	1.950	19.652	39.561
41	19.152	1.818	1.785	18.809	37.845	41	20.057	1.992	1.953	19.666	39.590
42	19.167	1.820	1.788	18.824	37.874	42	20.073	1.995	1.956	19.680	39.619
43	19.182	1.823	1.790	18.838	37.903	43	20.088	1.998	1.959	19.695	39.648
44	19.197	1.826	1.793	18.852	37.932	44	20.103	2.001	1.962	19.709	39.677
45	19.212	1.829	1.796	18.866	37.961	45	20.118	2.004	1.964	19.723	39.706
46	19.227	1.832	1.799	18.881	37.990	46	20.133	2.007	1.967	19.737	39.735
47	19.242	1.835	1.801	18.895	38.019	47	20.148	2.010	1.970	19.752	39.764
48	19.257	1.838	1.804	18.909	38.048	48	20.163	2.013	1.973	19.766	39.794
49	19.272	1.841	1.807	18.924	38.077	49	20.178	2.016	1.976	19.780	39.823
50	19.287	1.843	1.810	18.938	38.106	50	20.194	2.019	1.979	19.794	39.852
51	19.302	1.846	1.812	18.952	38.135	51	20.209	2.022	1.982	19.809	39.881
52	19.318	1.849	1.815	18.967	38.165	52	20.224	2.025	1.985	19.823	39.910
53	19.333	1.852	1.818	18.981	38.194	53	20.239	2.028	1.988	19.837	39.939
54	19.348	1.855	1.821	18.995	38.223	54	20.254	2.031	1.991	19.851	39.968
55	19.363	1.858	1.823	19.009	38.252	55	20.269	2.034	1.993	19.866	39.997
56	19.378	1.861	1.826	19.024	38.281	56	20.284	2.037	1.996	19.880	40.026
57	19.393	1.863	1.829	19.038	38.310	57	20.300	2.040	1.999	19.894	40.055
58	19.408	1.866	1.831	19.052	38.339	58	20.315	2.043	2.002	19.909	40.084
59	19.423	1.869	1.834	19.067	38.368	59	20.330	2.046	2.005	19.923	40.114
60	19.438	1.872	1.837	19.081	38.397	60	20.345	2.049	2.008	19.937	40.143
'	TANG.	BISSEC-TRICE.	FLÈCHE	DEMI-CORDE.	ARC.	'	TANG.	BISSEC-TRICE.	FLÈCHE	DEMI-CORDE.	ARC.

ANGLE AU CENTRE = 19°

'	TANG.	BISSEC-TRICE.	FLÈCHE	DEMI-CORDE.	ARC.
0	16.734	1.391	1.371	16.505	33.161
1	16.749	1.393	1.373	16.519	33.190
2	16.764	1.396	1.376	16.534	33.219
3	16.779	1.398	1.378	16.548	33.249
4	16.794	1.401	1.381	16.562	33.278
5	16.809	1.403	1.383	16.577	33.307
6	16.824	1.406	1.386	16.591	33.336
7	16.839	1.408	1.388	16.605	33.365
8	16.854	1.411	1.390	16.620	33.394
9	16.869	1.413	1.393	16.634	33.423
10	16.884	1.416	1.395	16.648	33.452
11	16.899	1.418	1.398	16.663	33.481
12	16.914	1.421	1.400	16.677	33.510
13	16.929	1.423	1.403	16.691	33.539
14	16.944	1.426	1.405	16.706	33.569
15	16.959	1.428	1.407	16.720	33.598
16	16.974	1.431	1.410	16.734	33.627
17	16.988	1.433	1.412	16.749	33.656
18	17.003	1.436	1.415	16.763	33.685
19	17.018	1.438	1.417	16.777	33.714
20	17.033	1.441	1.420	16.792	33.743
21	17.048	1.443	1.422	16.806	33.772
22	17.063	1.446	1.424	16.820	33.801
23	17.078	1.448	1.427	16.835	33.830
24	17.093	1.451	1.429	16.849	33.859
25	17.108	1.453	1.432	16.863	33.889
26	17.123	1.456	1.434	16.878	33.918
27	17.138	1.458	1.437	16.892	33.947
28	17.153	1.461	1.439	16.906	33.976
29	17.168	1.463	1.441	16.921	34.005
30	17.183	1.466	1.444	16.935	34.034
31	17.198	1.469	1.446	16.949	34.063
32	17.213	1.471	1.449	16.964	34.092
33	17.228	1.474	1.451	16.978	34.121
34	17.243	1.476	1.454	16.992	34.150
35	17.258	1.479	1.456	17.007	34.179
36	17.273	1.481	1.459	17.021	34.208
37	17.288	1.484	1.461	17.035	34.238
38	17.303	1.487	1.464	17.050	34.267
39	17.318	1.489	1.466	17.064	34.296
40	17.333	1.492	1.469	17.078	34.325
41	17.348	1.494	1.471	17.093	34.354
42	17.363	1.497	1.474	17.107	34.383
43	17.378	1.499	1.476	17.121	34.412
44	17.393	1.502	1.479	17.136	34.441
45	17.408	1.505	1.481	17.150	34.470
46	17.423	1.507	1.484	17.164	34.499
47	17.438	1.510	1.486	17.179	34.528
48	17.453	1.512	1.489	17.193	34.558
49	17.468	1.515	1.491	17.207	34.587
50	17.483	1.517	1.494	17.222	34.616
51	17.498	1.520	1.496	17.236	34.645
52	17.513	1.523	1.499	17.250	34.674
53	17.528	1.525	1.501	17.265	34.703
54	17.543	1.528	1.504	17.279	34.732
55	17.558	1.530	1.506	17.293	34.761
56	17.573	1.533	1.509	17.308	34.790
57	17.588	1.535	1.511	17.322	34.819
58	17.603	1.538	1.514	17.336	34.848
59	17.618	1.541	1.516	17.351	34.878
60	17.633	1.543	1.519	17.365	34.907
'	TANG.	BISSEC-TRICE.	FLÈCHE	DEMI-CORDE.	ARC.

ANGLE AU CENTRE = 20°

'	TANG.	BISSEC-TRICE.	FLÈCHE	DEMI-CORDE.	ARC.
0	17.633	1.543	1.519	17.365	34.907
1	17.648	1.546	1.522	17.379	34.936
2	17.663	1.548	1.524	17.394	34.965
3	17.678	1.551	1.527	17.403	34.994
4	17.693	1.554	1.529	17.422	35.023
5	17.708	1.556	1.532	17.436	35.052
6	17.723	1.559	1.534	17.451	35.081
7	17.738	1.561	1.537	17.465	35.110
8	17.753	1.564	1.540	17.479	35.139
9	17.768	1.567	1.542	17.494	35.168
10	17.783	1.569	1.545	17.508	35.197
11	17.798	1.572	1.547	17.522	35.227
12	17.813	1.575	1.550	17.537	35.256
13	17.828	1.577	1.552	17.551	35.285
14	17.843	1.580	1.555	17.565	35.314
15	17.858	1.582	1.558	17.579	35.343
16	17.873	1.585	1.560	17.594	35.372
17	17.888	1.588	1.563	17.608	35.401
18	17.903	1.590	1.565	17.622	35.430
19	17.918	1.593	1.568	17.637	35.459
20	17.933	1.596	1.570	17.651	35.488
21	17.948	1.598	1.573	17.665	35.517
22	17.963	1.601	1.576	17.680	35.547
23	17.978	1.603	1.578	17.694	35.576
24	17.993	1.606	1.581	17.708	35.605
25	18.008	1.609	1.583	17.722	35.634
26	18.023	1.611	1.586	17.737	35.663
27	18.038	1.614	1.588	17.751	35.692
28	18.053	1.617	1.591	17.765	35.721
29	18.068	1.619	1.594	17.780	35.750
30	18.083	1.622	1.596	17.794	35.779
31	18.098	1.625	1.599	17.808	35.808
32	18.113	1.627	1.601	17.823	35.837
33	18.128	1.630	1.604	17.837	35.867
34	18.143	1.633	1.607	17.851	35.896
35	18.158	1.635	1.609	17.866	35.925
36	18.173	1.638	1.612	17.880	35.954
37	18.188	1.641	1.614	17.894	35.983
38	18.203	1.644	1.617	17.909	36.012
39	18.218	1.646	1.620	17.923	36.041
40	18.233	1.649	1.622	17.937	36.070
41	18.248	1.652	1.625	17.952	36.099
42	18.263	1.654	1.628	17.966	36.128
43	18.278	1.657	1.630	17.980	36.157
44	18.293	1.660	1.633	17.995	36.187
45	18.308	1.662	1.635	18.009	36.216
46	18.323	1.665	1.638	18.023	36.245
47	18.339	1.668	1.641	18.038	36.274
48	18.354	1.671	1.643	18.052	36.303
49	18.369	1.673	1.646	18.066	36.332
50	18.384	1.676	1.649	18.081	36.361
51	18.399	1.679	1.651	18.095	36.390
52	18.414	1.681	1.654	18.109	36.419
53	18.429	1.684	1.656	18.124	36.448
54	18.444	1.687	1.659	18.138	36.477
55	18.459	1.689	1.662	18.152	36.507
56	18.474	1.692	1.664	18.167	36.536
57	18.489	1.695	1.667	18.181	36.565
58	18.504	1.698	1.670	18.195	36.594
59	18.519	1.700	1.672	18.210	36.623
60	18.534	1.703	1.675	18.224	36.652
'	TANG.	BISSEC-TRICE.	FLÈCHE	DEMI-CORDE.	ARC.

'	TANG.	BISSEC-TRICE.	FLÈCHE	DEMI-CORDE.	ARC.	'	TANG.	BISSEC-TRICE.	FLÈCHE	DEMI-CORDE.	ARC.
0	18.534	1.703	1.675	18.224	36.652	0	19.438	1.872	1.837	19.081	38.397
1	18.549	1.706	1.678	18.238	36.681	1	19.453	1.875	1.840	19.095	38.426
2	18.564	1.709	1.680	18.253	36.710	2	19.468	1.878	1.843	19.110	38.455
3	18.579	1.711	1.683	18.267	36.739	3	19.483	1.881	1.845	19.124	38.485
4	18.594	1.714	1.686	18.281	36.768	4	19.498	1.884	1.848	19.138	38.514
5	18.609	1.717	1.688	18.295	36.797	5	19.513	1.886	1.851	19.152	38.543
6	18.624	1.720	1.691	18.310	36.826	6	19.529	1.889	1.854	19.167	38.572
7	18.639	1.722	1.694	18.324	36.856	7	19.544	1.892	1.857	19.181	38.601
8	18.655	1.725	1.696	18.338	36.885	8	19.559	1.895	1.859	19.195	38.630
9	18.670	1.728	1.699	18.352	36.914	9	19.574	1.898	1.862	19.209	38.659
10	18.685	1.731	1.702	18.367	36.943	10	19.589	1.901	1.865	19.224	38.688
11	18.700	1.733	1.704	18.381	36.972	11	19.604	1.904	1.868	19.238	38.717
12	18.715	1.736	1.707	18.395	37.001	12	19.619	1.907	1.871	19.252	38.746
13	18.730	1.739	1.710	18.410	37.030	13	19.634	1.910	1.873	19.267	38.775
14	18.745	1.742	1.712	18.424	37.059	14	19.649	1.913	1.876	19.281	38.804
15	18.760	1.745	1.715	18.438	37.088	15	19.664	1.915	1.879	19.295	38.834
16	18.775	1.747	1.718	18.452	37.117	16	19.680	1.918	1.882	19.309	38.863
17	18.790	1.750	1.720	18.467	37.146	17	19.695	1.921	1.885	19.324	38.892
18	18.805	1.753	1.723	18.481	37.176	18	19.710	1.924	1.887	19.338	38.921
19	18.820	1.756	1.726	18.495	37.205	19	19.725	1.927	1.890	19.352	38.950
20	18.835	1.758	1.728	18.509	37.234	20	19.740	1.930	1.893	19.366	38.979
21	18.850	1.761	1.731	18.524	37.263	21	19.755	1.933	1.896	19.381	39.008
22	18.866	1.764	1.734	18.538	37.292	22	19.770	1.936	1.899	19.395	39.037
23	18.881	1.767	1.736	18.552	37.321	23	19.785	1.939	1.901	19.409	39.066
24	18.896	1.769	1.739	18.566	37.350	24	19.800	1.942	1.904	19.423	39.095
25	18.911	1.772	1.742	18.581	37.379	25	19.815	1.944	1.907	19.438	39.124
26	18.926	1.775	1.744	18.595	37.408	26	19.831	1.947	1.910	19.452	39.154
27	18.941	1.778	1.747	18.609	37.437	27	19.846	1.950	1.913	19.466	39.183
28	18.956	1.781	1.750	18.624	37.466	28	19.861	1.953	1.915	19.481	39.212
29	18.971	1.783	1.752	18.638	37.496	29	19.876	1.956	1.918	19.495	39.241
30	18.986	1.786	1.755	18.652	37.525	30	19.891	1.959	1.921	19.509	39.270
31	19.001	1.789	1.758	18.666	37.554	31	19.906	1.962	1.924	19.523	39.299
32	19.016	1.792	1.760	18.681	37.583	32	19.921	1.965	1.927	19.538	39.328
33	19.031	1.795	1.763	18.695	37.612	33	19.936	1.968	1.930	19.552	39.357
34	19.046	1.797	1.766	18.709	37.641	34	19.952	1.971	1.933	19.566	39.386
35	19.061	1.800	1.769	18.723	37.670	35	19.967	1.974	1.935	19.580	39.415
36	19.076	1.803	1.771	18.738	37.699	36	19.982	1.977	1.938	19.595	39.444
37	19.091	1.806	1.774	18.752	37.728	37	19.997	1.980	1.941	19.609	39.474
38	19.107	1.809	1.777	18.766	37.757	38	20.012	1.983	1.944	19.623	39.503
39	19.122	1.812	1.780	18.781	37.786	39	20.027	1.986	1.947	19.637	39.532
40	19.137	1.815	1.782	18.795	37.816	40	20.042	1.989	1.950	19.652	39.561
41	19.152	1.818	1.785	18.809	37.845	41	20.057	1.992	1.953	19.666	39.590
42	19.167	1.820	1.788	18.824	37.874	42	20.073	1.995	1.956	19.680	39.619
43	19.182	1.823	1.790	18.838	37.903	43	20.088	1.998	1.959	19.695	39.648
44	19.197	1.826	1.793	18.852	37.932	44	20.103	2.001	1.962	19.709	39.677
45	19.212	1.829	1.796	18.866	37.961	45	20.118	2.004	1.964	19.723	39.706
46	19.227	1.832	1.799	18.881	37.990	46	20.133	2.007	1.967	19.737	39.735
47	19.242	1.835	1.801	18.895	38.019	47	20.148	2.010	1.970	19.752	39.764
48	19.257	1.838	1.804	18.909	38.048	48	20.163	2.013	1.973	19.766	39.794
49	19.272	1.841	1.807	18.924	38.077	49	20.178	2.016	1.976	19.780	39.823
50	19.287	1.843	1.810	18.938	38.106	50	20.194	2.019	1.979	19.794	39.852
51	19.302	1.846	1.812	18.952	38.135	51	20.209	2.022	1.982	19.809	39.881
52	19.318	1.849	1.815	18.967	38.165	52	20.224	2.025	1.985	19.823	39.910
53	19.333	1.852	1.818	18.981	38.194	53	20.239	2.028	1.988	19.837	39.939
54	19.348	1.855	1.821	18.995	38.223	54	20.254	2.031	1.991	19.851	39.968
55	19.363	1.858	1.823	19.009	38.252	55	20.269	2.034	1.993	19.866	39.997
56	19.378	1.861	1.826	19.024	38.281	56	20.284	2.037	1.996	19.880	40.026
57	19.393	1.863	1.829	19.038	38.310	57	20.300	2.040	1.999	19.894	40.055
58	19.408	1.866	1.831	19.052	38.339	58	20.315	2.043	2.002	19.909	40.084
59	19.423	1.869	1.834	19.067	38.368	59	20.330	2.046	2.005	19.923	40.114
60	19.438	1.872	1.837	19.081	38.397	60	20.345	2.049	2.008	19.937	40.143
'	TANG.	BISSEC-TRICE.	FLÈCHE	DEMI-CORDE.	ARC.	'	TANG.	BISSEC-TRICE.	FLÈCHE	DEMI-CORDE.	ARC.

′	TANG.	BISSEC-TRICE.	FLÈCHE	DEMI-CORDE.	ARC	′	TANG.	BISSEC-TRICE.	FLÈCHE	DEMI-CORDE.	ARC.
0	20.345	2.049	2.008	19.937	40.143	0	21.256	2.234	2.185	20.791	41.888
1	20.360	2.052	2.011	19.951	40.172	1	21.271	2.237	2.188	20.805	41.917
2	20.375	2.055	2.014	19.965	40.201	2	21.286	2.240	2.191	20.819	41.946
3	20.391	2.058	2.017	19.980	40.230	3	21.302	2.244	2.194	20.834	41.975
4	20.406	2.061	2.020	19.994	40.259	4	21.317	2.247	2.197	20.848	42.004
5	20.421	2.064	2.022	20.008	40.288	5	21.332	2.250	2.200	20.862	42.033
6	20.436	2.067	2.025	20.022	40.317	6	21.347	2.253	2.203	20.876	42.062
7	20.451	2.070	2.028	20.037	40.346	7	21.362	2.256	2.206	20.891	42.092
8	20.466	2.073	2.031	20.051	40.375	8	21.378	2.260	2.210	20 905	42.121
9	20.482	2.076	2.034	20.065	40.404	9	21.393	2.263	2.213	20.919	42.150
10	20.497	2.079	2.037	20.079	40.433	10	21.408	2.266	2.216	20.933	42.179
11	20.512	2.082	2.040	20.094	40.463	11	21.423	2.269	2.219	20.948	42.208
12	20.527	2.085	2.043	20.108	40.492	12	21.438	2.272	2.222	20.962	42.237
13	20.542	2.088	2.046	20.122	40.521	13	21.454	2.276	2.225	20.976	42.266
14	20.557	2.091	2.049	20.136	40.550	14	21.469	2.279	2.228	20.990	42.295
15	20.573	2.094	2.051	20.150	40.579	15	21.484	2.282	2.231	21.004	42.324
16	20.588	2.097	2.054	20.165	40.608	16	21.499	2.285	2.234	21.019	42.353
17	20.603	2.101	2.057	20.179	40.637	17	21.514	2.288	2.237	21.033	42.382
18	20.618	2.104	2.060	20.193	40.666	18	21.530	2.292	2.240	21.047	42.412
19	20.633	2.107	2.063	20.207	40.695	19	21.545	2.295	2.243	21.061	42.441
20	20.648	2.110	2.066	20.222	40.724	20	21.560	2.298	2.246	21.076	42.470
21	20.664	2.113	2.069	20 236	40.753	21	21.575	2.301	2.249	21.090	42.499
22	20.679	2.116	2.072	20.250	40.783	22	21.590	2.304	2.253	21.104	42.528
23	20.694	2.119	2.075	20.264	40.812	23	21.606	2.308	2.256	21.118	42.557
24	20.709	2.122	2.078	20.279	40.841	24	21.621	2.311	2.259	21.133	42.586
25	20.724	2.125	2.080	20.293	40.870	25	21.636	2.314	2.262	21.147	42.615
26	20.739	2.128	2.083	20.307	40.899	26	21.651	2.317	2.265	21.161	42.644
27	20.755	2.131	2.086	20.321	40.928	27	21.666	2.320	2.268	21.175	42.673
28	20.770	2.134	2.089	20.335	40.957	28	21.682	2.324	2.271	21.189	42.702
29	20.785	2.137	2.092	20.350	40.986	29	21.697	2.327	2.274	21.204	42.732
30	20.800	2.140	2.095	20.364	41.015	30	21.712	2.330	2.277	21.218	42.761
31	20.815	2.143	2.098	20.378	41.044	31	21.727	2.333	2.280	21.232	42.790
32	20.830	2.146	2.101	20.392	41.073	32	21.742	2.337	2.283	21.246	42.819
33	20.846	2.149	2.104	20.407	41.102	33	21.758	2.340	2.286	21.261	42.848
34	20.861	2.153	2.107	20.421	41.132	34	21.773	2.343	2.289	21.275	42.877
35	20.876	2.156	2.110	20.435	41.161	35	21.788	2.346	2.292	21.289	42.906
36	20.891	2.159	2.113	20.449	41.190	36	21.803	2.350	2.296	21.303	42.935
37	20.906	2.162	2.116	20.464	41.219	37	21.819	2.353	2.299	21.317	42.964
38	20.922	2.165	2.119	20.478	41.248	38	21.834	2.356	2.302	21.332	42.993
39	20.937	2.168	2.122	20.492	41.267	39	21.849	2.359	2.305	21.346	43.022
40	20.952	2.171	2.125	20.506	41.306	40	21.864	2.363	2.308	21.360	43.051
41	20.967	2.174	2.128	20.521	41.335	41	21.880	2.366	2.311	21.374	43.081
42	20.982	2.178	2.131	20.535	41.364	42	21.895	2.369	2.314	21.388	43.110
43	20.998	2.181	2.134	20.549	41.393	43	21.910	2.373	2.317	21.403	43.139
44	21.013	2.184	2.137	20.563	41.422	44	21.925	2.376	2.320	21.417	43.168
45	21.028	2.187	2.140	20.577	41.452	45	21.940	2.379	2.323	21.431	43.197
46	21.043	2.190	2.143	20.592	41.481	46	21.956	2.382	2.327	21.445	43.226
47	21.058	2.193	2.146	20.606	41.510	47	21.971	2.386	2.330	21.459	43.255
48	21.074	2.196	2.149	20.620	41.539	48	21.986	2.389	2.333	21.474	43.284
49	21.089	2.199	2.152	20.634	41.568	49	22.001	2.392	2.336	21.488	43.313
50	21.104	2.203	2.155	20.649	41.597	50	22.017	2.395	2.339	21.502	43.342
51	21.119	2.206	2.158	20.663	41.626	51	22.032	2.399	2.342	21.516	43.371
52	21.134	2.209	2.161	20.677	41.655	52	22.047	2.402	2.345	21.530	43.401
53	21.150	2.212	2.164	20.691	41.684	53	22.062	2.405	2.348	21.545	43.430
54	21.165	2.215	2.167	20.706	41.713	54	22.078	2.408	2.351	21.559	43.459
55	21.180	2.218	2.170	20.720	41.742	55	22.093	2.412	2.354	21.573	43.488
56	21.195	2.221	2.173	20.734	41.772	56	22.108	2.415	2.358	21.587	43.517
57	21.210	2.225	2.176	20.748	41.801	57	22.123	2.418	2.361	21.601	43.546
58	21.226	2.228	2.179	20.762	41.830	58	22.138	2.422	2.364	21.616	43.575
59	21.241	2.231	2.182	20.777	41.859	59	22.154	2.425	2.367	21.630	43.604
60	21.256	2.234	2.185	20.791	41.888	60	22.169	2.428	2.370	21.644	43.633

′	TANG.	BISSEC-TRICE.	FLÈCHE	DEMI-CORDE.	ARC.	′	TANG.	BISSEC-TRICE.	FLÈCHE	DEMI-CORDE.	ARC.

'	TANG.	BISSEC-TRICE.	FLÈCHE	DEMI-CORDE.	ARC.	'	TANG.	BISSEC-TRICE.	FLÈCHE	DEMI-CORDE.	ARC.
0	22.169	2.428	2.370	21.644	43.633	0	23.087	2.630	2.563	22.495	45.379
1	22.184	2.431	2.373	21.658	43.662	1	23.102	2.633	2.566	22.509	45.408
2	22.200	2.435	2.376	21.672	43.691	2	23.118	2.637	2.570	22.523	45.437
3	22.215	2.438	2.380	21.687	43.720	3	23.133	2.640	2.573	22.538	45.466
4	22.230	2.441	2.383	21.701	43.750	4	23.148	2.644	2.576	22.552	45.495
5	22.245	2.445	2.386	21.715	43.779	5	23.164	2.647	2.579	22.566	45.524
6	22.261	2.448	2.389	21.729	43.808	6	23.179	2.651	2.583	22.580	45.553
7	22.276	2.451	2.392	21.743	43.837	7	23.194	2.654	2.586	22.594	45.582
8	22.291	2.455	2.396	21.758	43.866	8	23.210	2.658	2.589	22.608	45.611
9	22.307	2.458	2.399	21.772	43.895	9	23.225	2.661	2.593	22.623	45.640
10	22.322	2.461	2.402	21.786	43.924	10	23.240	2.665	2.596	22.637	45.669
11	22.337	2.465	2.405	21.800	43.953	11	23.256	2.668	2.599	22.651	45.699
12	22.353	2.468	2.408	21.814	43.982	12	23.271	2.672	2.603	22.665	45.728
13	22.368	2.471	2.412	21.829	44.011	13	23.286	2.675	2.606	22.679	45.757
14	22.383	2.475	2.415	21.843	44.040	14	23.302	2.679	2.609	22.693	45.786
15	22.398	2.478	2.418	21.857	44.070	15	23.317	2.682	2.612	22.708	45.815
16	22.414	2.481	2.421	21.871	44.099	16	23.332	2.686	2.616	22.722	45.844
17	22.429	2.485	2.424	21.885	44.128	17	23.348	2.689	2.619	22.736	45.873
18	22.444	2.488	2.428	21.900	44.157	18	23.363	2.693	2.622	22.750	45.902
19	22.460	2.491	2.431	21.914	44.186	19	23.378	2.696	2.626	22.764	45.931
20	22.475	2.495	2.434	21.928	44.215	20	23.394	2.700	2.629	22.778	45.960
21	22.490	2.498	2.437	21.942	44.244	21	23.409	2.703	2.632	22.793	45.989
22	22.506	2.501	2.440	21.956	44.273	22	23.424	2.707	2.636	22.807	46.019
23	22.521	2.505	2.444	21.971	44.302	23	23.440	2.710	2.639	22.821	46.048
24	22.536	2.508	2.447	21.985	44.331	24	23.455	2.714	2.642	22.835	46.077
25	22.551	2.511	2.450	21.999	44.360	25	23.470	2.717	2.645	22.849	46.106
26	22.567	2.515	2.453	22.013	44.390	26	23.486	2.721	2.649	22.863	46.135
27	22.582	2.518	2.456	22.027	44.419	27	23.501	2.724	2.652	22.878	46.164
28	22.597	2.521	2.460	22.042	44.448	28	23.516	2.728	2.655	22.892	46.193
29	22.613	2.525	2.463	22.056	44.477	29	23.532	2.731	2.659	22.906	46.222
30	22.628	2.528	2.466	22.070	44.506	30	23.547	2.735	2.662	22.920	46.251
31	22.643	2.531	2.469	22.084	44.535	31	23.562	2.739	2.665	22.934	46.280
32	22.659	2.535	2.472	22.098	44.564	32	23.578	2.742	2.669	22.948	46.309
33	22.674	2.538	2.476	22.113	44.593	33	23.593	2.746	2.672	22.963	46.339
34	22.689	2.542	2.479	22.127	44.622	34	23.608	2.749	2.675	22.977	46.368
35	22.704	2.545	2.482	22.141	44.651	35	23.624	2.753	2.679	22.991	46.397
36	22.720	2.548	2.485	22.155	44.680	36	23.639	2.756	2.682	23.005	46.426
37	22.735	2.552	2.489	22.169	44.710	37	23.655	2.760	2.686	23.019	46.455
38	22.750	2.555	2.492	22.183	44.739	38	23.670	2.764	2.689	23.033	46.484
39	22.766	2.559	2.495	22.198	44.768	39	23.685	2.767	2.692	23.048	46.513
40	22.781	2.562	2.498	22.212	44.797	40	23.701	2.771	2.696	23.062	46.542
41	22.796	2.565	2.502	22.226	44.826	41	23.716	2.774	2.699	23.076	46.571
42	22.812	2.569	2.505	22.240	44.855	42	23.731	2.778	2.702	23.090	46.600
43	22.827	2.572	2.508	22.254	44.884	43	23.747	2.781	2.706	23.104	46.629
44	22.842	2.576	2.511	22.268	44.913	44	23.762	2.785	2.709	23.118	46.659
45	22.857	2.579	2.514	22.283	44.942	45	23.778	2.789	2.713	23.133	46.688
46	22.873	2.582	2.518	22.297	44.971	46	23.793	2.792	2.716	23.147	46.717
47	22.888	2.586	2.521	22.311	45.000	47	23.808	2.796	2.719	23.161	46.746
48	22.903	2.589	2.524	22.325	45.030	48	23.824	2.799	2.723	23.175	46.775
49	22.919	2.593	2.527	22.339	45.059	49	23.839	2.803	2.726	23.189	46.804
50	22.934	2.596	2.531	22.353	45.088	50	23.854	2.806	2.729	23.203	46.833
51	22.949	2.599	2.534	22.368	45.117	51	23.870	2.810	2.733	23.218	46.862
52	22.965	2.603	2.537	22.382	45.146	52	23.885	2.814	2.736	23.232	46.891
53	22.980	2.606	2.540	22.396	45.175	53	23.901	2.817	2.740	23.246	46.920
54	22.995	2.610	2.544	22.410	45.204	54	23.916	2.821	2.743	23.260	46.949
55	23.010	2.613	2.547	22.424	45.233	55	23.931	2.824	2.746	23.274	46.979
56	23.026	2.616	2.550	22.438	45.262	56	23.947	2.828	2.750	23.288	47.008
57	23.041	2.620	2.553	22.453	45.291	57	23.962	2.831	2.753	23.303	47.037
58	23.056	2.623	2.556	22.467	45.320	58	23.977	2.835	2.756	23.317	47.066
59	23.072	2.627	2.560	22.481	45.350	59	23.993	2.839	2.760	23.331	47.095
60	23.087	2.630	2.563	22.495	45.379	60	24.008	2.842	2.763	23.345	47.124
'	TANG.	BISSEC-TRICE.	FLÈCHE	DEMI-CORDE.	ARC.	'	TANG.	BISSEC-TRICE.	FLÈCHE	DEMI-CORDE.	ARC.

ANGLE AU CENTRE = 23°						ANGLE AU CENTRE = 24°				
'	TANG.	BISSEC-TRICE.	FLÈCHE	DEMI-CORDE.	ARC	'	TANG.	BISSEC-TRICE.	FLÈCHE	DEMI-CORDE.	ARC.
0	20.345	2.049	2.008	19.937	40.143	0	21.256	2.234	2.185	20.791	41.888
1	20.360	2.052	2.011	19.951	40.172	1	21.271	2.237	2.188	20.805	41.917
2	20.375	2.055	2.014	19.965	40.201	2	21.286	2.240	2.191	20.819	41.946
3	20.391	2.058	2.017	19.980	40.230	3	21.302	2.244	2.194	20.834	41.975
4	20.406	2.061	2.020	19.994	40.259	4	21.317	2.247	2.197	20.848	42.004
5	20.421	2.064	2.022	20.008	40.288	5	21.332	2.250	2.200	20.862	42.033
6	20.436	2.067	2.025	20.022	40.317	6	21.347	2.253	2.203	20.876	42.062
7	20.451	2.070	2.028	20.037	40.346	7	21.362	2.256	2.206	20.891	42.092
8	20.466	2.073	2.031	20.051	40.375	8	21.378	2.260	2.210	20.905	42.121
9	20.482	2.076	2.034	20.065	40.404	9	21.393	2.263	2.213	20.919	42.150
10	20.497	2.079	2.037	20.079	40.433	10	21.408	2.266	2.216	20.933	42.179
11	20.512	2.082	2.040	20.094	40.463	11	21.423	2.269	2.219	20.948	42.208
12	20.527	2.085	2.043	20.108	40.492	12	21.438	2.272	2.222	20.962	42.237
13	20.542	2.088	2.046	20.122	40.521	13	21.454	2.276	2.225	20.976	42.266
14	20.557	2.091	2.049	20.136	40.550	14	21.469	2.279	2.228	20.990	42.295
15	20.573	2.094	2.051	20.150	40.579	15	21.484	2.282	2.231	21.004	42.324
16	20.588	2.097	2.054	20.165	40.608	16	21.499	2.285	2.234	21.019	42.353
17	20.603	2.101	2.057	20.179	40.637	17	21.514	2.288	2.237	21.033	42.382
18	20.618	2.104	2.060	20.193	40.666	18	21.530	2.292	2.240	21.047	42.412
19	20.633	2.107	2.063	20.207	40.695	19	21.545	2.295	2.243	21.061	42.441
20	20.648	2.110	2.066	20.222	40.724	20	21.560	2.298	2.246	21.076	42.470
21	20.664	2.113	2.069	20.236	40.753	21	21.575	2.301	2.249	21.090	42.499
22	20.679	2.116	2.072	20.250	40.783	22	21.590	2.304	2.253	21.104	42.528
23	20.694	2.119	2.07	20.264	40.812	23	21.606	2.308	2.256	21.118	42.557
24	20.709	2.122	2.078	20.279	40.841	24	21.621	2.311	2.259	21.133	42.586
25	20.724	2.125	2.080	20.293	40.870	25	21.636	2.314	2.262	21.147	42.615
26	20.739	2.128	2.083	20.307	40.899	26	21.651	2.317	2.265	21.161	42.644
27	20.755	2.131	2.086	20.321	40.928	27	21.666	2.320	2.268	21.175	42.673
28	20.770	2.134	2.089	20.335	40.957	28	21.682	2.324	2.271	21.189	42.702
29	20.785	2.137	2.092	20.350	40.986	29	21.697	2.327	2.274	21.204	42.732
30	20.800	2.140	2.095	20.364	41.015	30	21.712	2.330	2.277	21.218	42.761
31	20.815	2.143	2.098	20.378	41.044	31	21.727	2.333	2.280	21.232	42.790
32	20.830	2.146	2.101	20.392	41.073	32	21.742	2.337	2.283	21.246	42.819
33	20.846	2.149	2.104	20.407	41.102	33	21.758	2.340	2.286	21.261	42.848
34	20.861	2.153	2.107	20.421	41.132	34	21.773	2.343	2.289	21.275	42.877
35	20.876	2.156	2.110	20.435	41.161	35	21.788	2.346	2.292	21.289	42.906
36	20.891	2.159	2.113	20.449	41.190	36	21.803	2.350	2.296	21.303	42.935
37	20.906	2.162	2.116	20.464	41.219	37	21.819	2.353	2.299	21.317	42.964
38	20.922	2.165	2.119	20.478	41.248	38	21.834	2.356	2.302	21.332	42.993
39	20.937	2.168	2.122	20.492	41.267	39	21.849	2.359	2.305	21.346	43.022
40	20.952	2.171	2.125	20.506	41.306	40	21.864	2.363	2.308	21.360	43.051
41	20.967	2.174	2.128	20.521	41.335	41	21.880	2.366	2.311	21.374	43.081
42	20.982	2.178	2.131	20.535	41.364	42	21.895	2.369	2.314	21.388	43.110
43	20.998	2.181	2.134	20.549	41.393	43	21.910	2.373	2.317	21.403	43.139
44	21.013	2.184	2.137	20.563	41.422	44	21.925	2.376	2.320	21.417	43.168
45	21.028	2.187	2.140	20.577	41.452	45	21.940	2.379	2.323	21.431	43.197
46	21.043	2.190	2.143	20.592	41.481	46	21.956	2.382	2.327	21.445	43.226
47	21.058	2.193	2.146	20.606	41.510	47	21.971	2.386	2.330	21.459	43.255
48	21.074	2.196	2.149	20.620	41.589	48	21.986	2.389	2.333	21.474	43.284
49	21.089	2.199	2.152	20.634	41.568	49	22.001	2.392	2.336	21.488	43.313
50	21.104	2.203	2.155	20.649	41.597	50	22.017	2.395	2.339	21.502	43.342
51	21.119	2.206	2.158	20.663	41.626	51	22.032	2.399	2.342	21.516	43.371
52	21.134	2.209	2.161	20.677	41.655	52	22.047	2.402	2.345	21.530	43.401
53	21.150	2.212	2.164	20.691	41.684	53	22.062	2.405	2.348	21.545	43.430
54	21.165	2.215	2.167	20.706	41.713	54	22.078	2.408	2.351	21.559	43.459
55	21.180	2.218	2.170	20.720	41.742	55	22.093	2.412	2.354	21.573	43.488
56	21.195	2.221	2.173	20.734	41.772	56	22.108	2.415	2.358	21.587	43.517
57	21.210	2.225	2.176	20.748	41.801	57	22.123	2.418	2.361	21.601	43.546
58	21.226	2.228	2.179	20.762	41.830	58	22.138	2.422	2.364	21.616	43.575
59	21.241	2.231	2.182	20.777	41.859	59	22.154	2.425	2.367	21.630	43.604
60	21.256	2.234	2.185	20.791	41.888	60	22.169	2.428	2.370	21.644	43.633
'	TANG.	BISSEC-TRICE.	FLÈCHE	DEMI-CORDE.	ARC.	'	TANG.	BISSEC-TRICE.	FLÈCHE	DEMI-CORDE.	ARC.

23°   24°

ANGLE AU CENTRE = 25°

'	TANG.	BISSEC-TRICE.	FLÈCHE	DEMI-CORDE.	ARC.
0	22.169	2.428	2.370	21.644	43.633
1	22.184	2.431	2.373	21.658	43.662
2	22.200	2.435	2.376	21.672	43.691
3	22.215	2.438	2.380	21.687	43.720
4	22.230	2.441	2.383	21.701	43.750
5	22.245	2.445	2.386	21.715	43.779
6	22.261	2.448	2.389	21.729	43.808
7	22.276	2.451	2.392	21.743	43.837
8	22.291	2.455	2.396	21.758	43.866
9	22.307	2.458	2.399	21.772	43.895
10	22.322	2.461	2.402	21.786	43.924
11	22.337	2.465	2.405	21.800	43.953
12	22.353	2.468	2.408	21.814	43.982
13	22.368	2.471	2.412	21.829	44.011
14	22.383	2.475	2.415	21.843	44.040
15	22.398	2.478	2.418	21.857	44.070
16	22.414	2.481	2.421	21.871	44.099
17	22.429	2.485	2.424	21.885	44.128
18	22.444	2.488	2.428	21.900	44.157
19	22.460	2.491	2.431	21.914	44.186
20	22.475	2.495	2.434	21.928	44.215
21	22.490	2.498	2.437	21.942	44.244
22	22.506	2.501	2.440	21.956	44.273
23	22.521	2.505	2.444	21.971	44.302
24	22.536	2.508	2.447	21.985	44.331
25	22.551	2.511	2.450	21.999	44.360
26	22.567	2.515	2.453	22.013	44.390
27	22.582	2.518	2.456	22.027	44.419
28	22.597	2.521	2.460	22.042	44.448
29	22.613	2.525	2.463	22.056	44.477
30	22.628	2.528	2.466	22.070	44.506
31	22.643	2.531	2.469	22.084	44.535
32	22.659	2.535	2.472	22.098	44.564
33	22.674	2.538	2.476	22.113	44.593
34	22.689	2.542	2.479	22.127	44.622
35	22.704	2.545	2.482	22.141	44.651
36	22.720	2.548	2.485	22.155	44.680
37	22.735	2.552	2.489	22.169	44.710
38	22.750	2.555	2.492	22.183	44.739
39	22.766	2.559	2.495	22.198	44.768
40	22.781	2.562	2.498	22.212	44.797
41	22.796	2.565	2.502	22.226	44.826
42	22.812	2.569	2.505	22.240	44.855
43	22.827	2.572	2.508	22.254	44.884
44	22.842	2.576	2.511	22.268	44.913
45	22.857	2.579	2.514	22.283	44.942
46	22.873	2.582	2.518	22.297	44.971
47	22.888	2.586	2.521	22.311	45.000
48	22.903	2.589	2.524	22.325	45.030
49	22.919	2.593	2.527	22.339	45.059
50	22.934	2.596	2.531	22.353	45.088
51	22.949	2.599	2.534	22.368	45.117
52	22.965	2.603	2.537	22.382	45.146
53	22.980	2.606	2.540	22.396	45.175
54	22.995	2.610	2.544	22.410	45.204
55	23.010	2.613	2.547	22.424	45.233
56	23.026	2.616	2.550	22.438	45.262
57	23.041	2.620	2.553	22.453	45.291
58	23.056	2.623	2.556	22.467	45.320
59	23.072	2.627	2.560	22.481	45.350
60	23.087	2.630	2.563	22.495	45.379
'	TANG.	BISSEC-TRICE.	FLÈCHE	DEMI-CORDE.	ARC.

25°

ANGLE AU CENTRE = 26°

'	TANG.	BISSEC-TRICE.	FLÈCHE	DEMI-CORDE.	ARC.
0	23.087	2.630	2.563	22.495	45.379
1	23.102	2.633	2.566	22.509	45.408
2	23.118	2.637	2.570	22.523	45.437
3	23.133	2.640	2.573	22.538	45.466
4	23.148	2.644	2.576	22.552	45.495
5	23.164	2.647	2.579	22.566	45.524
6	23.179	2.651	2.583	22.580	45.553
7	23.194	2.654	2.586	22.594	45.582
8	23.210	2.658	2.589	22.608	45.611
9	23.225	2.661	2.593	22.623	45.640
10	23.240	2.665	2.596	22.637	45.669
11	23.256	2.668	2.599	22.651	45.699
12	23.271	2.672	2.603	22.665	45.728
13	23.286	2.675	2.606	22.679	45.757
14	23.302	2.679	2.609	22.693	45.786
15	23.317	2.682	2.612	22.708	45.815
16	23.332	2.686	2.616	22.722	45.844
17	23.348	2.689	2.619	22.736	45.873
18	23.363	2.693	2.622	22.750	45.902
19	23.378	2.696	2.626	22.764	45.931
20	23.394	2.700	2.629	22.778	45.960
21	23.409	2.703	2.632	22.793	45.989
22	23.424	2.707	2.636	22.807	46.019
23	23.440	2.710	2.639	22.821	46.048
24	23.455	2.714	2.642	22.835	46.077
25	23.470	2.717	2.645	22.849	46.106
26	23.486	2.721	2.649	22.863	46.135
27	23.501	2.724	2.652	22.878	46.164
28	23.516	2.728	2.655	22.892	46.193
29	23.532	2.731	2.659	22.906	46.222
30	23.547	2.735	2.662	22.920	46.251
31	23.562	2.739	2.665	22.934	46.280
32	23.578	2.742	2.669	22.948	46.309
33	23.593	2.746	2.672	22.963	46.339
34	23.608	2.749	2.675	22.977	46.368
35	23.624	2.753	2.679	22.991	46.397
36	23.639	2.756	2.682	23.005	46.426
37	23.655	2.760	2.686	23.019	46.455
38	23.670	2.764	2.689	23.033	46.484
39	23.685	2.767	2.692	23.048	46.513
40	23.701	2.771	2.696	23.062	46.542
41	23.716	2.774	2.699	23.076	46.571
42	23.731	2.778	2.702	23.090	46.600
43	23.747	2.781	2.706	23.104	46.629
44	23.762	2.785	2.709	23.118	46.659
45	23.778	2.789	2.713	23.133	46.688
46	23.793	2.792	2.716	23.147	46.717
47	23.808	2.796	2.719	23.161	46.746
48	23.824	2.799	2.723	23.175	46.775
49	23.839	2.803	2.726	23.189	46.804
50	23.854	2.806	2.729	23.203	46.833
51	23.870	2.810	2.733	23.218	46.862
52	23.885	2.814	2.736	23.232	46.891
53	23.901	2.817	2.740	23.246	46.920
54	23.916	2.821	2.743	23.260	46.949
55	23.931	2.824	2.746	23.274	46.979
56	23.947	2.828	2.750	23.288	47.008
57	23.962	2.831	2.753	23.303	47.037
58	23.977	2.835	2.756	23.317	47.066
59	23.993	2.839	2.760	23.331	47.095
60	24.008	2.842	2.763	23.345	47.124
'	TANG.	BISSEC-TRICE.	FLÈCHE	DEMI-CORDE.	ARC.

26°

′	TANG.	BISSEC-TRICE.	FLÈCHE	DEMI-CORDE.	ARC.	′	TANG.	BISSEC-TRICE.	FLÈCHE	DEMI-CORDE.	ARC.
0	24.008	2.842	2.763	23.345	47.124	0	24.933	3.061	2.970	24.192	48.869
1	24.023	2.846	2.766	23.359	47.153	1	24.948	3.065	2.974	24.206	48.898
2	24.039	2.849	2.770	23.373	47.182	2	24.964	3.069	2.977	24.220	48.927
3	24.054	2.853	2.773	23.387	47.211	3	24.979	3.072	2.981	24.234	48.956
4	24.070	2.856	2.777	23.402	47.240	4	24.995	3.076	2.984	24.248	48.986
5	24.085	2.860	2.780	23.416	47.269	5	25.010	3.080	2.988	24.262	49.015
6	24.100	2.864	2.784	23.430	47.298	6	25.026	3.084	2.991	24.277	49.044
7	24.116	2.867	2.787	23.444	47.328	7	25.041	3.088	2.995	24.291	49.073
8	24.131	2.871	2.790	23.458	47.357	8	25.057	3.091	2.999	24.305	49.102
9	24.147	2.874	2.794	23.472	47.386	9	25.072	3.095	3.002	24.319	49.131
10	24.162	2.878	2.797	23.486	47.415	10	25.088	3.099	3.006	24.333	49.160
11	24.177	2.882	2.801	23.500	47.444	11	25.103	3.103	3.009	24.347	49.189
12	24.193	2.885	2.804	23.515	47.473	12	25.119	3.107	3.013	24.361	49.218
13	24.208	2.889	2.808	23.529	47.502	13	25.134	3.110	3.016	24.375	49.247
14	24.224	2.892	2.811	23.543	47.531	14	25.150	3.114	3.020	24.389	49.276
15	24.239	2.896	2.814	23.557	47.560	15	25.165	3.118	3.024	24.403	49.306
16	24.254	2.900	2.818	23.571	47.589	16	25.181	3.122	3.027	24.418	49.335
17	24.270	2.903	2.821	23.585	47.618	17	25.196	3.126	3.031	24.432	49.364
18	24.285	2.907	2.825	23.599	47.648	18	25.211	3.129	3.034	24.446	49.393
19	24.301	2.910	2.828	23.613	47.677	19	25.227	3.133	3.038	24.460	49.422
20	24.316	2.914	2.832	23.628	47.706	20	25.242	3.137	3.041	24.474	49.451
21	24.331	2.918	2.835	23.642	47.735	21	25.258	3.141	3.045	24.488	49.480
22	24.347	2.921	2.838	23.656	47.764	22	25.273	3.145	3.049	24.502	49.509
23	24.362	2.925	2.842	23.670	47.793	23	25.289	3.148	3.052	24.516	49.538
24	24.378	2.928	2.845	23.684	47.822	24	25.304	3.152	3.056	24.530	49.567
25	24.393	2.932	2.849	23.698	47.851	25	25.320	3.156	3.059	24.544	49.596
26	24.408	2.936	2.852	23.712	47.880	26	25.335	3.160	3.063	24.559	49.626
27	24.424	2.939	2.856	23.727	47.909	27	25.351	3.164	3.066	24.573	49.655
28	24.439	2.943	2.859	23.741	47.938	28	25.366	3.167	3.070	24.587	49.684
29	24.455	2.946	2.862	23.755	47.967	29	25.382	3.171	3.074	24.601	49.713
30	24.470	2.950	2.866	23.769	47.997	30	25.397	3.175	3.077	24.615	49.742
31	24.485	2.954	2.869	23.783	48.026	31	25.412	3.179	3.081	24.629	49.771
32	24.501	2.957	2.873	23.797	48.055	32	25.428	3.183	3.084	24.643	49.800
33	24.516	2.961	2.876	23.811	48.084	33	25.443	3.186	3.088	24.657	49.829
34	24.532	2.965	2.880	23.825	48.113	34	25.459	3.190	3.091	24.671	49.858
35	24.547	2.968	2.883	23.839	48.142	35	25.474	3.194	3.095	24.685	49.887
36	24.563	2.972	2.887	23.854	48.171	36	25.490	3.198	3.099	24.700	49.916
37	24.578	2.976	2.890	23.868	48.200	37	25.505	3.202	3.102	24.714	49.946
38	24.593	2.980	2.894	23.882	48.229	38	25.521	3.206	3.106	24.728	49.975
39	24.609	2.983	2.897	23.896	48.258	39	25.536	3.209	3.109	24.742	50.004
40	24.624	2.987	2.901	23.910	48.287	40	25.552	3.213	3.113	24.756	50.033
41	24.640	2.991	2.904	23.924	48.317	41	25.567	3.217	3.117	24.770	50.062
42	24.655	2.994	2.908	23.938	48.346	42	25.583	3.221	3.120	24.784	50.091
43	24.671	2.998	2.911	23.952	48.375	43	25.598	3.225	3.124	24.798	50.120
44	24.686	3.002	2.915	23.966	48.404	44	25.614	3.229	3.127	24.812	50.149
45	24.704	3.005	2.918	23.980	48.433	45	25.629	3.232	3.131	24.826	50.178
46	24.717	3.009	2.922	23.995	48.462	46	25.645	3.236	3.135	24.841	50.207
47	24.732	3.013	2.925	24.009	48.491	47	25.660	3.240	3.138	24.855	50.236
48	24.748	3.017	2.928	24.023	48.520	48	25.676	3.244	3.142	24.869	50.266
49	24.763	3.020	2.932	24.037	48.549	49	25.691	3.248	3.145	24.883	50.295
50	24.779	3.024	2.935	24.051	48.578	50	25.707	3.252	3.149	24.897	50.324
51	24.794	3.028	2.939	24.065	48.607	51	25.722	3.255	3.153	24.911	50.353
52	24.809	3.031	2.942	24.079	48.637	52	25.738	3.259	3.156	24.925	50.382
53	24.825	3.035	2.946	24.093	48.666	53	25.753	3.263	3.160	24.939	50.411
54	24.840	3.039	2.949	24.107	48.695	54	25.769	3.267	3.163	24.953	50.440
55	24.856	3.042	2.953	24.121	48.724	55	25.784	3.271	3.167	24.967	50.469
56	24.871	3.046	2.956	24.136	48.753	56	25.800	3.275	3.171	24.982	50.498
57	24.887	3.050	2.960	24.150	48.782	57	25.815	3.278	3.174	24.996	50.527
58	24.902	3.054	2.963	24.164	48.811	58	25.831	3.282	3.178	25.010	50.556
59	24.917	3.057	2.967	24.178	48.840	59	25.846	3.286	3.181	25.024	50.586
60	24.933	3.061	2.970	24.192	48.869	60	25.862	3.290	3.185	25.038	50.615

′	TANG.	BISSEC-TRICE.	FLÈCHE	DEMI-CORDE.	ARC.	′	TANG.	BISSEC-TRICE.	FLÈCHE	DEMI-CORDE.	ARC.

′	TANG.	BISSEC-TRICE.	FLÈCHE	DEMI-CORDE.	ARC.	′	TANG.	BISSEC-TRICE.	FLÈCHE	DEMI-CORDE.	ARC.
0	25.862	3.290	3.185	25.038	50.615	0	26.795	3.528	3.407	25.882	52.360
1	25.878	3.294	3.189	25.052	50.644	1	26.811	3.532	3.411	25.896	52.389
2	25.893	3.298	3.192	25.066	50.673	2	26.826	3.536	3.415	25.910	52.418
3	25.909	3.302	3.196	25.080	50.702	3	26.842	3.540	3.418	25.924	52.447
4	25.924	3.306	3.200	25.094	50.731	4	26.857	3.544	3.422	25.938	52.476
5	25.940	3.310	3.203	25.108	50.760	5	26.873	3.548	3.426	25.952	52.505
6	25.955	3.314	3.207	25.122	50.789	6	26.889	3.552	3.430	25.966	52.534
7	25.971	3.318	3.211	25.136	50.818	7	26.904	3.556	3.434	25.980	52.564
8	25.986	3.321	3.214	25.151	50.847	8	26.920	3.561	3.437	25.994	52.593
9	26.002	3.325	3.218	25.165	50.876	9	26.935	3.565	3.441	26.008	52.622
10	26.017	3.329	3.222	25.179	50.905	10	26.951	3.569	3.445	26.022	52.651
11	26.033	3.333	3.225	25.193	50.935	11	26.967	3.573	3.449	26.036	52.680
12	26.048	3.337	3.229	25.207	50.964	12	26.982	3.577	3.453	26.050	52.709
13	26.064	3.341	3.233	25.221	50.993	13	26.998	3.581	3.456	26.064	52.738
14	26.079	3.345	3.236	25.235	51.022	14	27.013	3.585	3.460	26.078	52.767
15	26.095	3.349	3.240	25.249	51.051	15	27.029	3.589	3.464	26.092	52.796
16	26.110	3.353	3.244	25.263	51.080	16	27.045	3.593	3.468	26.106	52.825
17	26.126	3.357	3.247	25.277	51.109	17	27.060	3.597	3.472	26.121	52.854
18	26.142	3.361	3.251	25.291	51.138	18	27.076	3.601	3.475	26.135	52.883
19	26.157	3.365	3.255	25.305	51.167	19	27.091	3.605	3.479	26.149	52.913
20	26.173	3.369	3.258	25.319	51.196	20	27.107	3.609	3.483	26.163	52.942
21	26.188	3.373	3.262	25.333	51.225	21	27.123	3.613	3.487	26.177	52.971
22	26.204	3.376	3.266	25.348	51.254	22	27.138	3.618	3.491	26.191	53.000
23	26.219	3.380	3.269	25.362	51.284	23	27.154	3.622	3.494	26.205	53.029
24	26.235	3.384	3.273	25.376	51.313	24	27.169	3.626	3.498	26.219	53.058
25	26.250	3.388	3.277	25.390	51.342	25	27.185	3.630	3.502	26.233	53.087
26	26.266	3.392	3.280	25.404	51.371	26	27.201	3.634	3.506	26.247	53.116
27	26.281	3.396	3.284	25.418	51.400	27	27.216	3.638	3.510	26.261	53.145
28	26.297	3.400	3.288	25.432	51.429	28	27.232	3.642	3.513	26.275	53.174
29	26.312	3.404	3.291	25.446	51.458	29	27.247	3.646	3.517	26.289	53.203
30	26.328	3.408	3.295	25.460	51.487	30	27.263	3.650	3.521	26.303	53.233
31	26.344	3.412	3.299	25.474	51.516	31	27.279	3.654	3.525	26.317	53.262
32	26.359	3.416	3.302	25.488	51.545	32	27.294	3.658	3.529	26.331	53.291
33	26.375	3.420	3.306	25.502	51.574	33	27.310	3.662	3.533	26.345	53.320
34	26.390	3.424	3.310	25.516	51.604	34	27.326	3.667	3.536	26.359	53.349
35	26.406	3.428	3.314	25.530	51.633	35	27.341	3.671	3.540	26.373	53.378
36	26.421	3.432	3.317	25.544	51.662	36	27.357	3.675	3.544	26.387	53.407
37	26.437	3.436	3.321	25.558	51.691	37	27.372	3.679	3.548	26.401	53.436
38	26.453	3.440	3.325	25.573	51.720	38	27.388	3.683	3.552	26.415	53.465
39	26.468	3.444	3.329	25.587	51.749	39	27.404	3.687	3.556	26.429	53.494
40	26.484	3.448	3.332	25.601	51.778	40	27.419	3.691	3.560	26.443	53.523
41	26.499	3.452	3.336	25.615	51.807	41	27.435	3.695	3.564	26.457	53.553
42	26.515	3.456	3.340	25.629	51.836	42	27.451	3.700	3.567	26.471	53.582
43	26.530	3.460	3.343	25.643	51.865	43	27.466	3.704	3.571	26.485	53.611
44	26.546	3.464	3.347	25.657	51.894	44	27.482	3.708	3.575	26.499	53.640
45	26.562	3.468	3.351	25.671	51.923	45	27.497	3.712	3.579	26.513	53.669
46	26.577	3.472	3.355	25.685	51.953	46	27.513	3.716	3.583	26.527	53.698
47	26.593	3.476	3.358	25.699	51.982	47	27.529	3.720	3.587	26.542	53.727
48	26.608	3.480	3.362	25.713	52.011	48	27.543	3.724	3.591	26.556	53.756
49	26.624	3.484	3.366	25.727	52.040	49	27.560	3.728	3.595	26.570	53.785
50	26.639	3.488	3.370	25.741	52.069	50	27.576	3.733	3.598	26.584	53.814
51	26.655	3.492	3.373	25.755	52.098	51	27.591	3.737	3.602	26.598	53.843
52	26.671	3.496	3.377	25.770	52.127	52	27.607	3.741	3.606	26.612	53.873
53	26.686	3.500	3.381	25.784	52.156	53	27.622	3.745	3.610	26.626	53.902
54	26.702	3.504	3.385	25.798	52.185	54	27.638	3.749	3.614	26.640	53.931
55	26.717	3.508	3.389	25.812	52.214	55	27.654	3.753	3.618	26.654	53.960
56	26.733	3.512	3.392	25.826	52.243	56	27.669	3.757	3.622	26.668	53.989
57	26.748	3.516	3.396	25.840	52.273	57	27.685	3.762	3.625	26.682	54.018
58	26.764	3.520	3.399	25.854	52.302	58	27.701	3.766	3.629	26.696	54.047
59	26.780	3.524	3.403	25.868	52.331	59	27.716	3.770	3.633	26.710	54.076
60	26.795	3.528	3.407	25.882	52.360	60	27.732	3 774	3.637	26.724	54.105
′	TANG.	BISSEC-TRICE.	FLÈCHE	DEMI-CORDE.	ARC.	′	TANG.	BISSEC-TRICE.	FLÈCHE	DEMI-CORDE.	ARC.

'	TANG.	BISSEC-TRICE.	FLÈCHE	DEMI-CORDE.	ARC.	'	TANG.	BISSEC-TRICE.	FLÈCHE	DEMI-CORDE.	ARC.
0	24.008	2.842	2.763	23.345	47.124	0	24.933	3.061	2.970	24.192	48.869
1	24.023	2.846	2.766	23.359	47.153	1	24.948	3.065	2.974	24.206	48.898
2	24.039	2.849	2.770	23.373	47.182	2	24.964	3.069	2.977	24.220	48.927
3	24.054	2.853	2.773	23.387	47.211	3	24.979	3.072	2.981	24.234	48.956
4	24.070	2.856	2.777	23.402	47.240	4	24.995	3.076	2.984	24.248	48.986
5	24.085	2.860	2.780	23.416	47.269	5	25.010	3.080	2.988	24.262	49.015
6	24.100	2.864	2.784	23.430	47.298	6	25.026	3.084	2.991	24.277	49.044
7	24.116	2.867	2.787	23.444	47.328	7	25.041	3.088	2.995	24.291	49.073
8	24.131	2.871	2.790	23.458	47.357	8	25.057	3.091	2.999	24.305	49.102
9	24.147	2.874	2.794	23.472	47.386	9	25.072	3.095	3.002	24.319	49.131
10	24.162	2.878	2.797	23.486	47.415	10	25.088	3.099	3.006	24.333	49.160
11	24.177	2.882	2.801	23.500	47.444	11	25.103	3.103	3.009	24.347	49.189
12	24.193	2.885	2.804	23.515	47.473	12	25.119	3.107	3.013	24.361	49.218
13	24.208	2.889	2.808	23.529	47.502	13	25.134	3.110	3.016	24.375	49.247
14	24.224	2.892	2.811	23.543	47.531	14	25.150	3.114	3.020	24.389	49.276
15	24.239	2.896	2.814	23.557	47.560	15	25.165	3.118	3.024	24.403	49.306
16	24.254	2.900	2.818	23.571	47.589	16	25.181	3.122	3.027	24.418	49.335
17	24.270	2.903	2.821	23.585	47.618	17	25.196	3.126	3.031	24.432	49.364
18	24.285	2.907	2.825	23.599	47.648	18	25.211	3.129	3.034	24.446	49.393
19	24.301	2.910	2.828	23.613	47.677	19	25.227	3.133	3.038	24.460	49.422
20	24.316	2.914	2.832	23.628	47.706	20	25.242	3.137	3.041	24.474	49.451
21	24.331	2.918	2.835	23.642	47.735	21	25.258	3.141	3.045	24.488	49.480
22	24.347	2.921	2.838	23.656	47.764	22	25.273	3.145	3.049	24.502	49.509
23	24.362	2.925	2.842	23.670	47.793	23	25.289	3.148	3.052	24.516	49.538
24	24.378	2.928	2.845	23.684	47.822	24	25.304	3.152	3.056	24.530	49.567
25	24.393	2.932	2.849	23.698	47.851	25	25.320	3.156	3.059	24.544	49.596
26	24.408	2.936	2.852	23.712	47.880	26	25.335	3.160	3.063	24.559	49.626
27	24.424	2.939	2.856	23.727	47.909	27	25.351	3.164	3.066	24.573	49.655
28	24.439	2.943	2.859	23.741	47.938	28	25.366	3.167	3.070	24.587	49.684
29	24.455	2.946	2.862	23.755	47.967	29	25.382	3.171	3.074	24.601	49.713
30	24.470	2.950	2.866	23.769	47.997	30	25.397	3.175	3.077	24.615	49.742
31	24.485	2.954	2.869	23.783	48.026	31	25.412	3.179	3.081	24.629	49.771
32	24.501	2.957	2.873	23.797	48.055	32	25.428	3.183	3.084	24.643	49.800
33	24.516	2.961	2.876	23.811	48.084	33	25.443	3.186	3.088	24.657	49.829
34	24.532	2.965	2.880	23.825	48.113	34	25.459	3.190	3.091	24.671	49.858
35	24.547	2.968	2.883	23.839	48.142	35	25.474	3.194	3.095	24.685	49.887
36	24.563	2.972	2.887	23.854	48.171	36	25.490	3.198	3.099	24.700	49.916
37	24.578	2.976	2.890	23.868	48.200	37	25.505	3.202	3.102	24.714	49.946
38	24.593	2.980	2.894	23.882	48.229	38	25.521	3.206	3.106	24.728	49.975
39	24.609	2.983	2.897	23.896	48.258	39	25.536	3.209	3.109	24.742	50.004
40	24.624	2.987	2.901	23.910	48.287	40	25.552	3.213	3.113	24.756	50.033
41	24.640	2.991	2.904	23.924	48.317	41	25.567	3.217	3.117	24.770	50.062
42	24.655	2.994	2.908	23.938	48.346	42	25.583	3.221	3.120	24.784	50.091
43	24.671	2.998	2.911	23.952	48.375	43	25.598	3.225	3.124	24.798	50.120
44	24.686	3.002	2.915	23.966	48.404	44	25.614	3.229	3.127	24.812	50.149
45	24.701	3.005	2.918	23.980	48.433	45	25.629	3.232	3.131	24.826	50.178
46	24.717	3.009	2.922	23.995	48.462	46	25.645	3.236	3.135	24.841	50.207
47	24.732	3.013	2.925	24.009	48.491	47	25.660	3.240	3.138	24.855	50.236
48	24.748	3.017	2.928	24.023	48.520	48	25.676	3.244	3.142	24.869	50.266
49	24.763	3.020	2.932	24.037	48.549	49	25.691	3.248	3.145	24.883	50.295
50	24.779	3.024	2.935	24.051	48.578	50	25.707	3.252	3.149	24.897	50.324
51	24.794	3.028	2.939	24.065	48.607	51	25.722	3.255	3.153	24.911	50.353
52	24.809	3.031	2.942	24.079	48.637	52	25.738	3.259	3.156	24.925	50.382
53	24.825	3.035	2.946	24.093	48.666	53	25.753	3.263	3.160	24.939	50.411
54	24.840	3.039	2.949	24.107	48.695	54	25.769	3.267	3.163	24.953	50.440
55	24.855	3.042	2.953	24.121	48.724	55	25.784	3.271	3.167	24.967	50.469
56	24.871	3.046	2.956	24.136	48.753	56	25.800	3.275	3.171	24.982	50.498
57	24.887	3.050	2.960	24.150	48.782	57	25.815	3.278	3.174	24.996	50.527
58	24.902	3.054	2.963	24.164	48.811	58	25.831	3.282	3.178	25.010	50.556
59	24.917	3.057	2.967	24.178	48.840	59	25.846	3.286	3.181	25.024	50.586
60	24.933	3.061	2.970	24.192	48.869	60	25.862	3.290	3.185	25.038	50.615
'	TANG.	BISSEC-TRICE.	FLÈCHE	DEMI-CORDE.	ARC.	'	TANG.	BISSEC-TRICE.	FLÈCHE	DEMI-CORDE.	ARC.

′	TANG.	BISSEC-TRICE.	FLÈCHE	DEMI-CORDE.	ARC.	′	TANG.	BISSEC-TRICE.	FLÈCHE	DEMI-CORDE.	ARC.
0	25.862	3.290	3.185	25.038	50.615	0	26.795	3.528	3.407	25.882	52.360
1	25.878	3.294	3.189	25.052	50.644	1	26.811	3.532	3.411	25.896	52.389
2	25.893	3.298	3.192	25.066	50.673	2	26.826	3.536	3.415	25.910	52.418
3	25.909	3.302	3.196	25.080	50.702	3	26.842	3.540	3.418	25.924	52.447
4	25.924	3.306	3.200	25.094	50.731	4	26.857	3.544	3.422	25.938	52.476
5	25.940	3.310	3.203	25.108	50.760	5	26.873	3.548	3.426	25.952	52.505
6	25.955	3.314	3.207	25.122	50.789	6	26.889	3.552	3.430	25.966	52.534
7	25.971	3.318	3.211	25.136	50.818	7	26.904	3.556	3.434	25.980	52.564
8	25.986	3.321	3.214	25.151	50.847	8	26.920	3.561	3.437	25.994	52.593
9	26.002	3.325	3.218	25.165	50.876	9	26.935	3.565	3.441	26.008	52.622
10	26.017	3.329	3.222	25.179	50.905	10	26.951	3.569	3.445	26.022	52.651
11	26.033	3.333	3.225	25.193	50.935	11	26.967	3.573	3.449	26.036	52.680
12	26.048	3.337	3.229	25.207	50.964	12	26.982	3.577	3.453	26.050	52.709
13	26.064	3.341	3.233	25.221	50.993	13	26.998	3.581	3.456	26.064	52.738
14	26.079	3.345	3.236	25.235	51.022	14	27.013	3.585	3.460	26.078	52.767
15	26.095	3.349	3.240	25.249	51.051	15	27.029	3.589	3.464	26.092	52.796
16	26.110	3.353	3.244	25.263	51.080	16	27.045	3.593	3.468	26.106	52.825
17	26.126	3.357	3.247	25.277	51.109	17	27.060	3.597	3.472	26.121	52.854
18	26.142	3.361	3.251	25.291	51.138	18	27.076	3.601	3.475	26.135	52.883
19	26.157	3.365	3.255	25.305	51.167	19	27.091	3.605	3.479	26.149	52.913
20	26.173	3.369	3.258	25.319	51.196	20	27.107	3.609	3.483	26.163	52.942
21	26.188	3.373	3.262	25.333	51.225	21	27.123	3.613	3.487	26.177	52.971
22	26.204	3.376	3.266	25.348	51.254	22	27.138	3.618	3.491	26.191	53.000
23	26.219	3.380	3.269	25.362	51.284	23	27.154	3.622	3.494	26.205	53.029
24	26.235	3.384	3.273	25.376	51.313	24	27.169	3.626	3.498	26.219	53.058
25	26.250	3.388	3.277	25.390	51.342	25	27.185	3.630	3.502	26.233	53.087
26	26.266	3.392	3.280	25.404	51.371	26	27.201	3.634	3.506	26.247	53.116
27	26.281	3.396	3.284	25.418	51.400	27	27.216	3.638	3.510	26.261	53.145
28	26.297	3.400	3.288	25.432	51.429	28	27.232	3.642	3.513	26.275	53.174
29	26.312	3.404	3.291	25.446	51.458	29	27.247	3.646	3.517	26.289	53.203
30	26.328	3.408	3.295	25.460	51.487	30	27.263	3.650	3.521	26.303	53.233
31	26.344	3.412	3.299	25.474	51.516	31	27.279	3.654	3.525	26.317	53.262
32	26.359	3.416	3.302	25.488	51.545	32	27.294	3.658	3.529	26.331	53.291
33	26.375	3.420	3.306	25.502	51.574	33	27.310	3.662	3.533	26.345	53.320
34	26.390	3.424	3.310	25.516	51.604	34	27.326	3.667	3.536	26.359	53.349
35	26.406	3.428	3.314	25.530	51.633	35	27.341	3.671	3.540	26.373	53.378
36	26.421	3.432	3.317	25.544	51.662	36	27.357	3.675	3.544	26.387	53.407
37	26.437	3.436	3.321	25.558	51.691	37	27.372	3.679	3.548	26.401	53.436
38	26.453	3.440	3.325	25.573	51.720	38	27.388	3.683	3.552	26.415	53.465
39	26.468	3.444	3.329	25.587	51.749	39	27.404	3.687	3.556	26.429	53.494
40	26.484	3.448	3.332	25.601	51.778	40	27.419	3.691	3.560	26.443	53.523
41	26.499	3.452	3.336	25.615	51.807	41	27.435	3.695	3.564	26.457	53.553
42	26.515	3.456	3.340	25.629	51.836	42	27.451	3.700	3.567	26.471	53.582
43	26.530	3.460	3.343	25.643	51.865	43	27.466	3.704	3.571	26.485	53.611
44	26.546	3.464	3.347	25.657	51.894	44	27.482	3.708	3.575	26.499	53.640
45	26.562	3.468	3.351	25.671	51.923	45	27.497	3.712	3.579	26.513	53.669
46	26.577	3.472	3.355	25.685	51.953	46	27.513	3.716	3.583	26.527	53.698
47	26.593	3.476	3.358	25.699	51.982	47	27.529	3.720	3.587	26.542	53.727
48	26.608	3.480	3.362	25.713	52.011	48	27.544	3.724	3.591	26.556	53.756
49	26.624	3.484	3.366	25.727	52.040	49	27.560	3.728	3.595	26.570	53.785
50	26.639	3.488	3.370	25.741	52.069	50	27.576	3.733	3.598	26.584	53.814
51	26.655	3.492	3.373	25.755	52.098	51	27.591	3.737	3.602	26.598	53.843
52	26.671	3.496	3.377	25.770	52.127	52	27.607	3.741	3.606	26.612	53.873
53	26.686	3.500	3.381	25.784	52.156	53	27.622	3.745	3.610	26.626	53.902
54	26.702	3.504	3.385	25.798	52.185	54	27.638	3.749	3.614	26.640	53.931
55	26.717	3.508	3.388	25.812	52.214	55	27.654	3.753	3.618	26.654	53.960
56	26.733	3.512	3.392	25.826	52.243	56	27.669	3.757	3.622	26.668	53.989
57	26.748	3.516	3.396	25.840	52.273	57	27.685	3.762	3.625	26.682	54.018
58	26.764	3.520	3.399	25.854	52.302	58	27.701	3.766	3.629	26.696	54.047
59	26.780	3.524	3.403	25.868	52.331	59	27.716	3.770	3.633	26.710	54.076
60	26.795	3.528	3.407	25.882	52.360	60	27.732	3.774	3.637	26.724	54.105

| ′ | TANG. | BISSEC-TRICE. | FLÈCHE | DEMI-CORDE. | ARC. | ′ | TANG. | BISSEC-TRICE. | FLÈCHE | DEMI-CORDE. | ARC. |

′	TANG.	BISSEC-TRICE.	FLÈCHE	DEMI-CORDE.	ARC.	′	TANG.	BISSEC-TRICE.	FLÈCHE	DEMI-CORDE.	ARC.
0	27.732	3.774	3.637	26.724	54.105	0	28.675	4.030	3 874	27.564	55.851
1	27.748	3.778	3.641	26.738	54.134	1	28.691	4.034	3.878	27.578	55.880
2	27.763	3.782	3.645	26.752	54.163	2	28.706	4.039	3.882	27.592	55.909
3	27.779	3.787	3.649	26.766	54.192	3	28.722	4.043	3.886	27.606	55 938
4	27.795	3.791	3.653	26.780	54.222	4	28.738	4.047	3.890	27.620	55.967
5	27.810	3.795	3.656	26.794	54.251	5	28.754	4.052	3.894	27.634	55.996
6	27.826	3.799	3.660	26.808	54.280	6	28.769	4.056	3.898	27.648	56.025
7	27.842	3.804	3.664	26.822	54.309	7	28.785	4.061	3.902	27.662	56.054
8	27.858	3.808	3.668	26 836	54.338	8	28.801	4.065	3.906	27.676	56.083
9	27.873	3.812	3.672	26.850	54.367	9	28.817	4.069	3.910	27.690	56.112
10	27.889	3.816	3.676	26.864	54.396	10	28.832	4.074	3.914	27.704	56.141
11	27.905	3.821	3.680	26.878	54.425	11	28.848	4.078	3.918	27.718	56.171
12	27.920	3.825	3.684	26.892	54.454	12	28.864	4.082	3.922	27.732	56.200
13	27.936	5.829	3.688	26.906	54.483	13	28.879	4.087	3.926	27.746	56.229
14	27.952	3.833	3.692	26.920	54.512	14	28.895	4.091	3.930	27.760	56.258
15	27.967	3.837	3.695	26.934	54.542	15	28.911	4.096	3.934	27.774	56.287
16	27.983	3.842	3.699	26.948	54·571	16	28.927	4.100	3.938	27.788	56.316
17	27.999	3.846	3.703	26.962	54.600	17	28.942	4.104	3.943	27.801	56.345
18	28.015	3.850	3.707	26.976	54.629	18	28.958	4.109	3.947	27.815	56.374
19	28.030	3.854	3.711	26.990	54.658	19	28.974	4.113	3.951	27.829	56.403
20	28.046	3.859	3.715	27.004	54.687	20	28.990	4.117	3.955	27.843	56.432
21	28.062	3.863	3.719	27.018	54.716	21	29.005	4.122	3.959	27.857	56.461
22	28.077	3.867	3.723	27.032	54.745	22	29.021	4.126	3.963	27.871	56.491
23	28.093	3.871	3.727	27.046	54.774	23	29.037	4.131	3.967	27.885	56.520
24	28.109	3.876	3.731	27.060	54.803	24	29.053	4.135	3.971	27.899	56 549
25	28.124	3.880	3.734	27.074	54.832	25	29.068	4.139	3.975	27.913	56.578
26	28.140	3.884	3.738	27.088	54.862	26	29.084	4.144	3.979	27.927	56.607
27	28.156	3.888	3.742	27.102	54.891	27	29.100	4.148	3.983	27.941	56.636
28	28.172	3.892	3.746	27.116	54.920	28	29.115	4.152	3.987	27.955	56.665
29	28.187	3.897	3.750	27.130	54.949	29	29.131	4.157	3.991	27.969	56.694
30	28.203	3.901	3.754	27.144	54.978	30	29.147	4.161	3.995	27.983	56.723
31	28.219	3.905	3.758	27.158	55.007	31	29.163	4.165	3,999	27.997	56.752
32	28.234	3.910	3.762	27.172	55.036	32	29.179	4.170	4.003	28.011	56.781
33	28.250	3.914	3.766	27.186	55.065	33	29.194	4.174	4.007	28.025	56.811
34	28.266	3.918	3.770	27.200	55.094	34	29.210	4.179	4.011	28.039	56.840
35	28.282	3.922	3.774	27.214	55.123	35	29.226	4.183	4.015	28.053	56.869
36	28.297	3.927	3.778	27.228	55.152	36	29.242	4.188	4.020	28.067	56.898
37	28.313	3.931	3.782	27.242	55.182	37	29.258	4.192	4.024	28.081	56.927
38	28.329	3.935	3.786	27.256	55.211	38	29.273	4.197	4.028	28.095	56.956
39	28.345	3.940	3.790	27.270	55.240	39	29.289	4.201	4.032	28.109	56.985
40	28.360	3.944	3.794	27.284	55.269	40	29.305	4.206	4.036	28.123	57.014
41	28.376	3.948	3.798	27.298	55.298	41	29.321	4.210	4.040	28.137	57.043
42	28.392	3.953	3.802	27.312	55.327	42	29.337	4.215	4.044	28.151	57.072
43	28.407	3.957	3.806	27.326	55.356	43	29.352	4.219	4.048	28.165	57.101
44	28.423	3.961	3.810	27.340	55.385	44	29.368	4.224	4.052	28.179	57.130
45	28.439	3.965	3.814	27.354	55.414	45	29.384	4.228	4.056	28.193	57.160
46	28.455	3.970	3.818	27.368	55.443	46	29.400	4.233	4.061	28.207	57.189
47	28.470	3.974	3.822	27.382	55.472	47	29.416	4.237	4.065	28.220	57.218
48	28.486	3.978	3.826	27.396	55.502	48	29.431	4.241	4.069	28.234	57.247
49	28.502	3.983	3.830	27.410	55.531	49	29.447	4.246	4.073	28.248	57.276
50	28.518	3.987	3.834	27.424	55.560	50	29.463	4.250	4.077	28.262	57.305
51	28.533	3.991	3.838	27.438	55.589	51	29.479	4.255	4.081	28.276	57.334
52	28.549	3.996	3.842	27.452	55.618	52	29.495	4.259	4.085	28.290	57.363
53	28.565	4.000	3.846	27.466	55.647	53	29.510	4.264	4.089	28.304	57.392
54	28.581	4.004	3.850	27.480	55.676	54	29.526	4.268	4.093	28.318	57.421
55	28.596	4.008	3.854	27.494	55.705	55	29.542	4.273	4.097	28.332	57.450
56	28.612	4.013	3.858	27.508	55.734	56	29 558	4.277	4.102	28.346	57.480
57	28.628	4.017	3.862	27.522	55.763	57	29.574	4.282	4.106	28.360	57.509
58	28.643	4.021	3.866	27.536	55.792	58	29.589	4.286	4.110	28.374	57.538
59	28.659	4.026	3.870	27.550	55.822	59	29.605	4.291	4.114	28.388	57.567
60	28.675	4.030	3.874	27.564	55.851	60	29.621	4.295	4.118	28.402	57.596
′	TANG.	BISSEC-TRICE.	FLÈCHE	DEMI-CORDE.	ARC.	′	TANG.	BISSEC-TRICE.	FLÈCHE	DEMI-CORDE.	ARC.

'	TANG.	BISSEC-TRICE.	FLÈCHE	DEMI-CORDE.	ARC.	'	TANG.	BISSEC-TRICE.	FLÈCHE	DEMI-CORDE.	ARC.
0	29.621	4.295	4.118	28.402	57.596	0	30.573	4.569	4.370	29.237	59.341
1	29.637	4.300	4.122	28.416	57.625	1	30.589	4.574	4.374	29.251	59.370
2	29.653	4.304	4.126	28.430	57.654	2	30.605	4.578	4.379	29.265	59.399
3	29.669	4.309	4.131	28.444	57.683	3	30.621	4.583	4.383	29.279	59.428
4	29.684	4.313	4.135	28.458	57.712	4	30.637	4.588	4.387	29.293	59.458
5	29.700	4.318	4.139	28.472	57.741	5	30.653	4.592	4.391	29.306	59.487
6	29.716	4.322	4.143	28.486	57.770	6	30.669	4.597	4.396	29.320	59.516
7	29.732	4.327	4.147	28.500	57.799	7	30.685	4.602	4.400	29.334	59.545
8	29.748	4.331	4.151	28.513	57.829	8	30.700	4.607	4.404	29.348	59.574
9	29.764	4.336	4.156	28.527	57.858	9	30.716	4.611	4.408	29.362	59.603
10	29.780	4.340	4.160	28.541	57.887	10	30.732	4.616	4.413	29.376	59.632
11	29.796	4.345	4.164	28.555	57.916	11	30.748	4.621	4.417	29.390	59.661
12	29.811	4.349	4.168	28.569	57.945	12	30.764	4.625	4.421	29.404	59.690
13	29.827	4.354	4.172	28.583	57.974	13	30.780	4.630	4.426	29.418	59.719
14	29.843	4.358	4.176	28.597	58.003	14	30.796	4.635	4.430	29.432	59.748
15	29.859	4.363	4.181	28.611	58.032	15	30.812	4.639	4.434	29.445	59.778
16	29.875	4.367	4.185	28.625	58.061	16	30.828	4.644	4.438	29.459	59.807
17	29.891	4.372	4.189	28.639	58.090	17	30.844	4.649	4.443	29.473	59.836
18	29.907	4.377	4.193	28.653	58.119	18	30.860	4.654	4.447	29.487	59.865
19	29.923	4.381	4.197	28.667	58.149	19	30.876	4.658	4.451	29.501	59.894
20	29.938	4.386	4.201	28.681	58.178	20	30.892	4.663	4.455	29.515	59.923
21	29.954	4.390	4.206	28.695	58.207	21	30.908	4.668	4.460	29.529	59.952
22	29.970	4.395	4.210	28.708	58.236	22	30.923	4.672	4.464	29.543	59.981
23	29.986	4.399	4.214	28.722	58.265	23	30.939	4.677	4.468	29.557	60.010
24	30.002	4.404	4.218	28.736	58.294	24	30.955	4.682	4.472	29.571	60.039
25	30.018	4.408	4.222	28.750	58.323	25	30.971	4.686	4.477	29.584	60.068
26	30.034	4.413	4.226	28.764	58.352	26	30.987	4.691	4.481	29.598	60.098
27	30.049	4.417	4.231	28.778	58.381	27	31.003	4.696	4.485	29.612	60.127
28	30.065	4.422	4.235	28.792	58.410	28	31.019	4.701	4.490	29.626	60.156
29	30.081	4.426	4.239	28.806	58.439	29	31.035	4.705	4.494	29.640	60.185
30	30.097	4.431	4.243	28.820	58.469	30	31.051	4.710	4.498	29.654	60.214
31	30.113	4.436	4.247	28.834	58.498	31	31.067	4.715	4.502	29.668	60.243
32	30.129	4.440	4.251	28.848	58.527	32	31.083	4.720	4.507	29.682	60.272
33	30.145	4.445	4.256	28.862	58.556	33	31.099	4.724	4.511	29.696	60.301
34	30.160	4.449	4.260	28.876	58.585	34	31.115	4.729	4.515	29.710	60.330
35	30.176	4.454	4.264	28.889	58.614	35	31.131	4.734	4.520	29.723	60.359
36	30.192	4.459	4.268	28.903	58.643	36	31.147	4.739	4.524	29.737	60.388
37	30.208	4.463	4.273	28.917	58.672	37	31.163	4.743	4.528	29.751	60.418
38	30.224	4.468	4.277	28.931	58.701	38	31.179	4.748	4.533	29.765	60.447
39	30.240	4.472	4.281	28.945	58.730	39	31.195	4.753	4.537	29.779	60.476
40	30.256	4.477	4.285	28.959	58.759	40	31.211	4.758	4.541	29.793	60.505
41	30.272	4.482	4.290	28.973	58.789	41	31.227	4.762	4.546	29.807	60.534
42	30.287	4.486	4.294	28.987	58.818	42	31.243	4.767	4.550	29.821	60.563
43	30.303	4.491	4.298	29.001	58.847	43	31.259	4.772	4.554	29.835	60.592
44	30.319	4.495	4.302	29.015	58.876	44	31.275	4.777	4.559	29.849	60.621
45	30.335	4.500	4.306	29.028	58.905	45	31.291	4.782	4.563	29.862	60.650
46	30.351	4.505	4.311	29.042	58.934	46	31.307	4.786	4.567	29.876	60.679
47	30.367	4.509	4.315	29.056	58.963	47	31.322	4.791	4.572	29.890	60.708
48	30.383	4.514	4.319	29.070	58.992	48	31.338	4.796	4.576	29.904	60.738
49	30.399	4.518	4.323	29.084	59.021	49	31.354	4.801	4.580	29.918	60.767
50	30.414	4.523	4.328	29.098	59.050	50	31.370	4.805	4.585	29.932	60.796
51	30.430	4.528	4.332	29.112	59.079	51	31.386	4.810	4.589	29.946	60.825
52	30.446	4.532	4.336	29.126	59.109	52	31.402	4.815	4.593	29.960	60.854
53	30.462	4.537	4.340	29.140	59.138	53	31.418	4.820	4.598	29.974	60.883
54	30.478	4.541	4.345	29.154	59.167	54	31.434	4.824	4.602	29.988	60.912
55	30.494	4.546	4.349	29.167	59.196	55	31.450	4.829	4.606	30.001	60.941
56	30.510	4.551	4.353	29.181	59.225	56	31.466	4.834	4.611	30.015	60.970
57	30.525	4.555	4.357	29.195	59.254	57	31.482	4.839	4.615	30.029	60.999
58	30.541	4.560	4.361	29.209	59.283	58	31.498	4.844	4.619	30.043	61.028
59	30.557	4.564	4.366	29.223	59.312	59	31.514	4.848	4.624	30.057	61.057
60	30.573	4.569	4.370	29.237	59.341	60	31.530	4.853	4.628	30.071	61.087
'	TANG.	BISSEC-TRICE.	FLÈCHE	DEMI-CORDE.	ARC.	'	TANG.	BISSEC-TRICE.	FLÈCHE	DEMI-CORDE.	ARC.

'	TANG.	BISSEC-TRICE.	FLÈCHE	DEMI-CORDE.	ARC.	'	TANG.	BISSEC-TRICE.	FLÈCHE	DEMI-CORDE.	ARC.
0	27.732	3.774	3.637	26.724	54.105	0	28.675	4.030	3.874	27.564	55.851
1	27.748	3.778	3.641	26.738	54.134	1	28.691	4.034	3.878	27.578	55.880
2	27.763	3.782	3.645	26.752	54.163	2	28.706	4.039	3.882	27.592	55.909
3	27.779	3.787	3.649	26.766	54.192	3	28.722	4.043	3.886	27.606	55 938
4	27.795	3.791	3.653	26.780	54.222	4	28.738	4.047	3.890	27.620	55.967
5	27.810	3.795	3.656	26.794	54.251	5	28.754	4.052	3.894	27.634	55.996
6	27.826	3.799	3.660	26.808	54.280	6	28.769	4.056	3.898	27.648	56.025
7	27.842	3.804	3.664	26.822	54.309	7	28.785	4.061	3.902	27.662	56.054
8	27.858	3.808	3.668	26.836	54.338	8	28.801	4.065	3.906	27.676	56.083
9	27.873	3.812	3.672	26.850	54.367	9	28.817	4.069	3.910	27.690	56.112
10	27.889	3.816	3.676	26.864	54.396	10	28.832	4.074	3.914	27.704	56.141
11	27.905	3.821	3.680	26.878	54.425	11	28.848	4.078	3.918	27.718	56.171
12	27.920	3.825	3.684	26.892	54.454	12	28.864	4.082	3.922	27.732	56.200
13	27.936	5.829	3.688	26.906	54.483	13	28.879	4 087	3.926	27.746	56.229
14	27.952	3.833	3.692	26.920	54.512	14	28.895	4.091	3.930	27.760	56.258
15	27.967	3.837	3.695	26.934	54.542	15	28.911	4.096	3.934	27.774	56.287
16	27.983	3.842	3.699	26.948	58.571	16	28.927	4.100	3.938	27.788	56.316
17	27.999	3.846	3.703	26.962	54.600	17	28.942	4.104	3.943	27.801	56.345
18	28.015	3.850	3.707	26.976	54.629	18	28.958	4.109	3.947	27.815	56.374
19	28.030	3.854	3.711	26.990	54.658	19	28.974	4.113	3.951	27.829	56.403
20	28.046	3.859	3.715	27.004	54.687	20	28.990	4.117	3.955	27.843	56.432
21	28.062	3.863	3.719	27.018	54.716	21	29.005	4.122	3.959	27.857	56.461
22	28.077	3.867	3.723	27.032	54.745	22	29.021	4.126	3.963	27.871	56.491
23	28.093	3.871	3.727	27.046	54.774	23	29.037	4.131	3.967	27.885	56.520
24	28.109	3.876	3.731	27.060	54.803	24	29.053	4.135	3.971	27.899	56 549
25	28.124	3.880	3.734	27.074	54.832	25	29.068	4.139	3.975	27.913	56.578
26	28.140	3.884	3.738	27.088	54.862	26	29.084	4.144	3.979	27.927	56.607
27	28.156	3.888	3.742	27.102	54.891	27	29.100	4.148	3.983	27.941	56.636
28	28.172	3.892	3.746	27.116	54.920	28	29.115	4.152	3.987	27.955	56.665
29	28.187	3.897	3.750	27.130	54.949	29	29.131	4.157	3.991	27.969	56.694
30	28.203	3.901	3.754	27.144	54.978	30	29.147	4.161	3.995	27.983	56.723
31	28.219	3.905	3.758	27.158	55.007	31	29.163	4.165	3.999	27.997	56.752
32	28.234	3.910	3.762	27.172	55.036	32	29.179	4.170	4.003	28.011	56.781
33	28.250	3.914	3.766	27.186	55.065	33	29.194	4.174	4.007	28.025	56.811
34	28.266	3.918	3.770	27.200	55.094	34	29.210	4.179	4.011	28.039	56.840
35	28.282	3.922	3.774	27.214	55.123	35	29.226	4.183	4.015	28.053	56.869
36	28.297	3.927	3.778	27.228	55.152	36	29.242	4.188	4.020	28.067	56.898
37	28.313	3.931	3.782	27.242	55.182	37	29.258	4.192	4.024	28.081	56.927
38	28.329	3.935	3.786	27.256	55.211	38	29.273	4.197	4.028	28.095	56.956
39	28.345	3.940	3.790	27.270	55.240	39	29.289	4.201	4.032	28.109	56.985
40	28.360	3.944	3.794	27.284	55.269	40	29.305	4.206	4.036	28.123	57.014
41	28.376	3.948	3.798	27.298	55.298	41	29.321	4.210	4.040	28.137	57.043
42	28.392	3.953	3.802	27.312	55.327	42	29.337	4.215	4.044	28.151	57.072
43	28.407	3.957	3.806	27.326	55.356	43	29.352	4.219	4.048	28.165	57.101
44	28.423	3.961	3.810	27.340	55.385	44	29.368	4.224	4.052	28.179	57.130
45	28.439	3.965	3.814	27.354	55.414	45	29.384	4.228	4.056	28.193	57.160
46	28.455	3.970	3.818	27.368	55.443	46	29.400	4.233	4.061	28.207	57.189
47	28.470	3.974	3.822	27.382	55.472	47	29.416	4.237	4.065	28.220	57.218
48	28.486	3.978	3.826	27.396	55.502	48	29.431	4.241	4.069	28.234	57.247
49	28.502	3.983	3.830	27.410	55.531	49	29.447	4 246	4.073	28.248	57.276
50	28.518	3.987	3.834	27.424	55.560	50	29.463	4.250	4.077	28.262	57.305
51	28.533	3.991	3.838	27.438	55.589	51	29.479	4.255	4.081	28.276	57.334
52	28.549	3.996	3.842	27.452	55.618	52	29.495	4.259	4.085	28.290	57.363
53	28.565	4.000	3.846	27.466	55.647	53	29.510	4.264	4.089	28.304	57.392
54	28.581	4.004	3.850	27.480	55.676	54	29.526	4.268	4.093	28.318	57.421
55	28.596	4.008	3.854	27.494	55.705	55	29.542	4.273	4.097	28.332	57.450
56	28.612	4.013	3.858	27.508	55.734	56	29 558	4.277	4.102	28.346	57.480
57	28.628	4.017	3.862	27.522	55.763	57	29.574	4.282	4.106	28.360	57.509
58	28.643	4.021	3.866	27.536	55.792	58	29.589	4.286	4.110	28.374	57.538
59	28.659	4.026	3.870	27.550	55.822	59	29 605	4.291	4.114	28.388	57.567
60	28.675	4.030	3.874	27.564	55.851	60	29.621	4.295	4.118	28.402	57.596
'	TANG.	BISSEC-TRICE.	FLÈCHE	DEMI-CORDE.	ARC.	'	TANG.	BISSEC-TRICE.	FLÈCHE	DEMI-CORDE.	ARC.

′	TANG.	BISSEC-TRICE.	FLÈCHE	DEMI-CORDE.	ARC.	′	TANG.	BISSEC-TRICE.	FLÈCHE	DEMI-CORDE.	ARC.
0	29.621	4.295	4.118	28.402	57.596	0	30.573	4.569	4.370	29.237	59.341
1	29.637	4.300	4.122	28.416	57.625	1	30.589	4.574	4.374	29.251	59.370
2	29.653	4.304	4.126	28.430	57.654	2	30.605	4.578	4.379	29.265	59.399
3	29.669	4.309	4.131	28.444	57.683	3	30.621	4.583	4.383	29.279	59.428
4	29.684	4.313	4.135	28.458	57.712	4	30.637	4.588	4.387	29.293	59.458
5	29.700	4.318	4.139	28.472	57.741	5	30.653	4.592	4.391	29.306	59.487
6	29.716	4.322	4.143	28.486	57.770	6	30.669	4.597	4.396	29.320	59.516
7	29.732	4.327	4.147	28.500	57.799	7	30.685	4.602	4.400	29.334	59.545
8	29.748	4.331	4.151	28.513	57.829	8	30.700	4.607	4.404	29.348	59.574
9	29.764	4.336	4.156	28.527	57.858	9	30.716	4.611	4.408	29.362	59.603
10	29.780	4.340	4.160	28.541	57.887	10	30.732	4.616	4.413	29.376	59.632
11	29.796	4.345	4.164	28.555	57.916	11	30.748	4.621	4.417	29.390	59.661
12	29.811	4.349	4.168	28.569	57.945	12	30.764	4.625	4.421	29.404	59.690
13	29.827	4.354	4.172	28.583	57.974	13	30.780	4.630	4.426	29.418	59.719
14	29.843	4.358	4.176	28.597	58.003	14	30.796	4.635	4.430	29.432	59.748
15	29.859	4.363	4.181	28.611	58.032	15	30.812	4.639	4.434	29.445	59.778
16	29.875	4.367	4.185	28.625	58.061	16	30.828	4.644	4.438	29.459	59.807
17	29.891	4.372	4.189	28.639	58.090	17	30.844	4.649	4.443	29.473	59.836
18	29.907	4.377	4.193	28.653	58.119	18	30.860	4.654	4.447	29.487	59.865
19	29.923	4.381	4.197	28.667	58.149	19	30.876	4.658	4.451	29.501	59.894
20	29.938	4.386	4.201	28.681	58.178	20	30.892	4.663	4.455	29.515	59.923
21	29.954	4.390	4.206	28.695	58.207	21	30.908	4.668	4.460	29.529	59.952
22	29.970	4.395	4.210	28.708	58.236	22	30.923	4.672	4.464	29.543	59.981
23	29.986	4.399	4.214	28.722	58.265	23	30.939	4.677	4.468	29.557	60.010
24	30.002	4.404	4.218	28.736	58.294	24	30.955	4.682	4.472	29.571	60.039
25	30.018	4.408	4.222	28.750	58.323	25	30.971	4.686	4.477	29.584	60.068
26	30.034	4.413	4.226	28.764	58.352	26	30.987	4.691	4.481	29.598	60.098
27	30.049	4.417	4.231	28.778	58.381	27	31.003	4.696	4.485	29.612	60.127
28	30.065	4.422	4.235	28.792	58.410	28	31.019	4.701	4.490	29.626	60.156
29	30.081	4.426	4.239	28.806	58.439	29	31.035	4.705	4.494	29.640	60.185
30	30.097	4.431	4.243	28.820	58.469	30	31.051	4.710	4.498	29.654	60.214
31	30.113	4.436	4.247	28.834	58.498	31	31.067	4.715	4.502	29.668	60.243
32	30.129	4.440	4.251	28.848	58.527	32	31.083	4.720	4.507	29.682	60.272
33	30.145	4.445	4.256	28.862	58.556	33	31.099	4.724	4.511	29.696	60.301
34	30.160	4.449	4.260	28.876	58.585	34	31.115	4.729	4.515	29.710	60.330
35	30.176	4.454	4.264	28.889	58.614	35	31.131	4.734	4.520	29.723	60.359
36	30.192	4.459	4.268	28.903	58.643	36	31.147	4.739	4.524	29.737	60.388
37	30.208	4.463	4.273	28.917	58.672	37	31.163	4.743	4.528	29.751	60.418
38	30.224	4.468	4.277	28.931	58.701	38	31.179	4.748	4.533	29.765	60.447
39	30.240	4.472	4.281	28.945	58.730	39	31.195	4.753	4.537	29.779	60.476
40	30.256	4.477	4.285	28.959	58.759	40	31.211	4.758	4.541	29.793	60.505
41	30.272	4.482	4.290	28.973	58.789	41	31.227	4.762	4.546	29.807	60.534
42	30.287	4.486	4.294	28.987	58.818	42	31.243	4.767	4.550	29.821	60.563
43	30.303	4.491	4.298	29.001	58.847	43	31.259	4.772	4.554	29.835	60.592
44	30.319	4.495	4.302	29.015	58.876	44	31.275	4.777	4.559	29.849	60.621
45	30.335	4.500	4.306	29.028	58.905	45	31.291	4.782	4.563	29.862	60.650
46	30.351	4.505	4.311	29.042	58.934	46	31.307	4.786	4.567	29.876	60.679
47	30.367	4.509	4.315	29.056	58.963	47	31.322	4.791	4.572	29.890	60.708
48	30.383	4.514	4.319	29.070	58.992	48	31.338	4.796	4.576	29.904	60.738
49	30.399	4.518	4.323	29.084	59.021	49	31.354	4.801	4.580	29.918	60.767
50	30.414	4.523	4.328	29.098	59.050	50	31.370	4.805	4.585	29.932	60.796
51	30.430	4.528	4.332	29.112	59.079	51	31.386	4.810	4.589	29.946	60.825
52	30.446	4.532	4.336	29.126	59.109	52	31.402	4.815	4.593	29.960	60.854
53	30.462	4.537	4.340	29.140	59.138	53	31.418	4.820	4.598	29.974	60.883
54	30.478	4.541	4.345	29.154	59.167	54	31.434	4.824	4.602	29.988	60.912
55	30.494	4.546	4.349	29.167	59.196	55	31.450	4.829	4.606	30.001	60.941
56	30.510	4.551	4.353	29.181	59.225	56	31.466	4.834	4.611	30.015	60.970
57	30.525	4.555	4.357	29.195	59.254	57	31.482	4.839	4.615	30.029	60.999
58	30.541	4.560	4.361	29.209	59.283	58	31.498	4.844	4.619	30.043	61.028
59	30.557	4.564	4.366	29.223	59.312	59	31.514	4.848	4.624	30.057	61.057
60	30.573	4.569	4.370	29.237	59.341	60	31.530	4.853	4.628	30.071	61.087
′	TANG.	BISSEC-TRICE.	FLÈCHE	DEMI-CORDE.	ARC.	′	TANG.	BISSEC-TRICE.	FLECHE	DEMI-CORDE.	ARC.

'	TANG.	BISSEC-TRICE.	FLÈCHE	DEMI-CORDE.	ARC.	''	TANG.	BISSEC-TRICE.	FLÈCHE	DEMI-CORDE.	ARC.
0	31.530	4.853	4.628	30.071	61.087	0	32.492	5.146	4.894	30.902	62.832
1	31.546	4.858	4.632	30.085	61.116	1	32.508	5.151	4.899	30.916	62.861
2	31.562	4.863	4.637	30.099	61.145	2	32.524	5.156	4.903	30.930	62.890
3	31.578	4.867	4.641	30.112	61.174	3	32.540	5.161	4.908	30.943	62.919
4	31.594	4.872	4.646	30.126	61.203	4	32.556	5.166	4.912	30.957	62.948
5	31.610	4.877	4.650	30.140	61.232	5	32.572	5.171	4.917	30.971	62.977
6	31.626	4.882	4.654	30.154	61.261	6	32.589	5.176	4.921	30.985	63.006
7	31.642	4.887	4.659	30.168	61.290	7	32.605	5.181	4.926	30.999	63.035
8	31.658	4.892	4.663	30.182	61.319	8	32.621	5.186	4.930	31.012	63.065
9	31.674	4.896	4.668	30.195	61.348	9	32.637	5.191	4.935	31.026	63.094
10	31.690	4.901	4.672	30.209	61.377	10	32.653	5.196	4.939	31.040	63.123
11	31.706	4.906	4.676	30.223	61.407	11	32.669	5.201	4.944	31.054	63.152
12	31.722	4.911	4.681	30.237	61.436	12	32.685	5.206	4.948	31.068	63.181
13	31.738	4.916	4.685	30.251	61.465	13	32.701	5.211	4.953	31.081	63.210
14	31.754	4.921	4.690	30.265	61.494	14	32.717	5.216	4.957	31.095	63.239
15	31.770	4.925	4.694	30.278	61.523	15	32.733	5.221	4.962	31.109	63.268
16	31.786	4.930	4.698	30.292	61.552	16	32.750	5.226	4.966	31.123	63.297
17	31.802	4.935	4.703	30.306	61.581	17	32.766	5.232	4.971	31.137	63.326
18	31.818	4.940	4.707	30.320	61.610	18	32.782	5.237	4.976	31.150	63.355
19	31.834	4.945	4.712	30.334	61.639	19	32.798	5.242	4.980	31.164	63.385
20	31.850	4.950	4.716	30.348	61.668	20	32.814	5.247	4.985	31.178	63.414
21	31.866	4.954	4.720	30.361	61.697	21	32.830	5.252	4.989	31.192	63.443
22	31.882	4.959	4.725	30.375	61.726	22	32.846	5.257	4.994	31.206	63.472
23	31.898	4.964	4.729	30.389	61.756	23	32.862	5.262	4.998	31.219	63.501
24	31.914	4.969	4.731	30.403	61.785	24	32.878	5.267	5.003	31.233	63.530
25	31.930	4.974	4.738	30.417	61.814	25	32.894	5.272	5.007	31.247	63.559
26	31.946	4.979	4.742	30.431	61.843	26	32.911	5.277	5.012	31.261	63.588
27	31.962	4.983	4.747	30.444	61.872	27	32.927	5.282	5.016	31.275	63.617
28	31.978	4.988	4.751	30.458	61.901	28	32.943	5.287	5.021	31.288	63.646
29	31.994	4.993	4.756	30.472	61.930	29	32.959	5.292	5.025	31.302	63.675
30	32.010	4.998	4.760	30.486	61.959	30	32.975	5.297	5.030	31.316	63.705
31	32.026	5.003	4.764	30.500	61.988	31	32.991	5.302	5.035	31.330	63.734
32	32.042	5.008	4.769	30.514	62.017	32	33.007	5.307	5.039	31.344	63.763
33	32.059	5.013	4.773	30.528	62.046	33	33.024	5.312	5.044	31.357	63.792
34	32.074	5.018	4.778	30.541	62.076	34	33.040	5.317	5.048	31.371	63.821
35	32.090	5.023	4.782	30.555	62.105	35	33.056	5.322	5.053	31.385	63.850
36	32.106	5.028	4.787	30.569	62.134	36	33.072	5.327	5.058	31.399	63.879
37	32.122	5.033	4.791	30.583	62.163	37	33.088	5.332	5.062	31.413	63.908
38	32.139	5.037	4.796	30.597	62.192	38	33.104	5.338	5.067	31.426	63.937
39	32.155	5.042	4.800	30.611	62.221	39	33.121	5.343	5.071	31.440	63.966
40	32.171	5.047	4.805	30.625	62.250	40	33.137	5.348	5.076	31.454	63.995
41	32.187	5.052	4.809	30.639	62.279	41	33.153	5.353	5.081	31.468	64.025
42	32.203	5.057	4.814	30.652	62.308	42	33.169	5.358	5.085	31.482	64.054
43	32.219	5.062	4.818	30.666	62.337	43	33.185	5.363	5.090	31.495	64.083
44	32.235	5.067	4.823	30.680	62.366	44	33.201	5.368	5.094	31.509	64.112
45	32.251	5.072	4.827	30.694	62.396	45	33.218	5.373	5.099	31.523	64.141
46	32.267	5.077	4.832	30.708	62.425	46	33.234	5.378	5.104	31.537	64.170
47	32.283	5.082	4.836	30.722	62.454	47	33.250	5.383	5.108	31.551	64.199
48	32.299	5.087	4.840	30.736	62.483	48	33.266	5.388	5.113	31.564	64.228
49	32.315	5.092	4.845	30.750	62.512	49	33.282	5.393	5.117	31.578	64.257
50	32.331	5.097	4.849	30.763	62.541	50	33.298	5.398	5.122	31.592	64.286
51	32.347	5.102	4.854	20.777	62.570	51	33.315	5.403	5.127	31.606	64.315
52	32.364	5.106	4.858	30.791	62.599	52	33.331	5.409	5.131	31.620	64.345
53	32.380	5.111	4.863	30.805	62.628	53	33.347	5.414	5.136	31.633	64.374
54	32.396	5.116	4.867	30.819	62.657	54	33.363	5.419	5.140	31.647	64.403
55	32.412	5.121	4.872	30.833	62.686	55	33.379	5.424	5.145	31.661	64.432
56	32.428	5.125	4.876	30.847	62.716	56	33.395	5.429	5.150	31.675	64.461
57	32.444	5.131	4.881	30.860	62.745	57	33.412	5.434	5.154	31.689	64.490
58	32.460	5.136	4.885	30.874	62.774	58	33.428	5.439	5.159	31.702	64.519
59	32.476	5.141	4.890	30.888	62.803	59	33.444	5.444	5.163	31.716	64.548
60	32.492	5.146	4.894	30.902	62.832	60	33.460	5.449	5.168	31.730	64.577

'	TANG.	BISSEC-TRICE.	FLÈCHE	DEMI-CORDE.	ARC.	'	TANG.	BISSEC-TRICE.	FLÈCHE	DEMI-CORDE.	ARC.

′	TANG.	BISSEC-TRICE.	FLÈCHE	DEMI-CORDE.	ARC.	′	TANG.	BISSEC-TRICE.	FLÈCHE	DEMI-CORDE.	ARC.
0	33.460	5.449	5.168	31.730	64.577	0	34.433	5.762	5.448	32.557	66.323
1	33.476	5.454	5.173	31.744	64.606	1	34.449	5.767	5.453	32.571	66.352
2	33.492	5.459	5.177	31.758	64.635	2	34.466	5.773	5.458	32.584	66.381
3	33.509	5.465	5.182	31.771	64.664	3	34.482	5.778	5.462	32.598	66.410
4	33.525	5.470	5.187	31.785	64.694	4	34.498	5.783	5.467	32.612	66.439
5	33.541	5.475	5.191	31.799	64.723	5	34.514	5.789	5.472	32.626	66.468
6	33.557	5.480	5.196	31.813	64.752	6	34.531	5.794	5.477	32.639	66.497
7	33.573	5.485	5.200	31.827	64.781	7	34.547	5.799	5.481	32.653	66.526
8	33.589	5.490	5.205	31.840	64.810	8	34.563	5.805	5.486	32.667	66.555
9	33.606	5.496	5.210	31.854	64.839	9	34.580	5.810	5.491	32.681	66.584
10	33.622	5.501	5.214	31.868	64.868	10	34.596	5.815	5.496	32.694	66.613
11	33.638	5.506	5.219	31.882	64.897	11	34.612	5.821	5.500	32.708	66.642
12	33.654	5.511	5.224	31.896	64.926	12	34.629	5.826	5.505	32.722	66.672
13	33.670	5.516	5.228	31.909	64.955	13	34.645	5.831	5.510	32.735	66.701
14	33.686	5.521	5.233	31.923	64.984	14	34.661	5.837	5.515	32.749	66.730
15	33.703	5.527	5.237	31.937	65.014	15	34.677	5.842	5.520	32.763	66.759
16	33.719	5.532	5.242	31.951	65.043	16	34.694	5.847	5.524	32.777	66.788
17	33.735	5.537	5.247	31.965	65.072	17	34.710	5.853	5.529	32.790	66.817
18	33.751	5.542	5.251	31.978	65.101	18	34.726	5.858	5.534	32.804	66.846
19	33.767	5.547	5.256	31.992	65.130	19	34.743	5.863	5.539	32.818	66.875
20	33.783	5.552	5.261	32.006	65.159	20	34.759	5.869	5.543	32.832	66.904
21	33.800	5.558	5.265	32.020	65.188	21	34.775	5.874	5.548	32.845	66.933
22	33.816	5.563	5.270	32.034	65.217	22	34.792	5.879	5.553	32.859	66.962
23	33.832	5.568	5.274	32.047	65.246	23	34.808	5.885	5.558	32.873	66.992
24	33.848	5.573	5.279	32.061	65.275	24	34.824	5.890	5.562	32.887	67.021
25	33.864	5.578	5.284	32.075	65.304	25	34.840	5.895	5.567	32.900	67.050
26	33.880	5.583	5.288	32.089	65.334	26	34.857	5.901	5.572	32.914	67.079
27	33.897	5.589	5.293	32.103	65.363	27	34.873	5.906	5.577	32.928	67.108
28	33.913	5.594	5.298	32.116	65.392	28	34.889	5.911	5.582	32.941	67.137
29	33.929	5.599	5.302	32.130	65.421	29	34.906	5.917	5.586	32.955	67.166
30	33.945	5.604	5.307	32.144	65.450	30	34.922	5.922	5.591	32.969	67.195
31	33.961	5.609	5.312	32.158	65.479	31	34.938	5.927	5.596	32.983	67.224
32	33.978	5.615	5.316	32.172	65.508	32	34.955	5.933	5.601	32.996	67.253
33	33.994	5.620	5.321	32.185	65.537	33	34.971	5.938	5.605	33.010	67.282
34	34.010	5.625	5.326	32.199	65.566	34	34.987	5.944	5.610	33.024	67.312
35	34.026	5.630	5.330	32.213	65.595	35	35.004	5.949	5.615	33.038	67.341
36	34.043	5.636	5.335	32.227	65.624	36	35.020	5.955	5.620	33.051	67.370
37	34.059	5.641	5.340	32.240	65.654	37	35.036	5.960	5.625	33.065	67.399
38	34.075	5.646	5.345	32.254	65.683	38	35.053	5.965	5.630	33.079	67.428
39	34.091	5.651	5.349	32.268	65.712	39	35.069	5.971	5.634	33.093	67.457
40	34.108	5.657	5.354	32.282	65.741	40	35.085	5.976	5.639	33.106	67.486
41	34.124	5.662	5.359	32.295	65.770	41	35.102	5.982	5.644	33.120	67.515
42	34.140	5.667	5.363	32.309	65.799	42	35.118	5.987	5.649	33.134	67.544
43	34.157	5.673	5.368	32.323	65.828	43	35.134	5.993	5.654	33.147	67.573
44	34.173	5.678	5.373	32.337	65.857	44	35.151	5.998	5.659	33.161	67.602
45	34.189	5.683	5.377	32.351	65.886	45	35.167	6.003	5.663	33.175	67.632
46	34.205	5.688	5.382	32.364	65.915	46	35.183	6.009	5.668	33.189	67.661
47	34.222	5.694	5.387	32.378	65.944	47	35.200	6.014	5.673	33.202	67.690
48	34.238	5.699	5.392	32.392	65.973	48	35.216	6.020	5.678	33.216	67.719
49	34.254	5.704	5.396	32.406	66.002	49	35.232	6.025	5.683	33.230	67.748
50	34.270	5.709	5.401	32.419	66.032	50	35.249	6.031	5.688	33.244	67.777
51	34.287	5.715	5.406	32.433	66.061	51	35.265	6.036	5.692	33.257	67.806
52	34.303	5.720	5.410	32.447	66.090	52	35.281	6.041	5.697	33.271	67.835
53	34.319	5.725	5.415	32.461	66.119	53	35.298	6.047	5.702	33.285	67.864
54	34.335	5.730	5.420	32.474	66.148	54	35.314	6.052	5.707	33.299	67.893
55	34.352	5.736	5.424	32.488	66.177	55	35.330	6.058	5.712	33.312	67.922
56	34.368	5.741	5.429	32.502	66.206	56	35.347	6.063	5.717	33.326	67.952
57	34.384	5.746	5.434	32.516	66.235	57	35.363	6.069	5.721	33.340	67.981
58	34.401	5.752	5.439	32.530	66.264	58	35.379	6.074	5.726	33.353	68.010
59	34.417	5.757	5.443	32.543	66.293	59	35.396	6.079	5.731	33.367	68.039
60	34.433	5.762	5.448	32.557	66.323	60	35.412	6.085	5.736	33.381	68.068

′	TANG.	BIS-EC-TRICE.	FLÈCHE	DEMI-CORDE.	ARC.	′	TANG.	BISSEC-TRICE.	FLÈCHE	DEMI-CORDE.	ARC.

'	TANG.	BISSEC-TRICE.	FLÈCHE	DEMI-CORDE.	ARC.	'	TANG.	BISSEC-TRICE.	FLÈCHE	DEMI-CORDE.	ARC.
0	31.530	4.853	4.628	30.071	61.087	0	32.492	5.146	4.894	30.902	62.832
1	31.546	4.858	4.632	30.085	61.116	1	32.508	5.151	4.899	30.916	62.861
2	31.562	4.863	4.637	30.099	61.145	2	32.524	5.156	4.903	30.930	62.890
3	31.578	4.867	4.641	30.112	61.174	3	32.540	5.161	4.908	30.943	62.919
4	31.594	4.872	4.646	30.126	61.203	4	32.556	5.166	4.912	30.957	62.948
5	31.610	4.877	4.650	30.140	61.232	5	32.572	5.171	4.917	30.971	62.977
6	31.626	4.882	4.654	30.154	61.261	6	32.589	5.176	4.921	30.985	63.006
7	31.642	4.887	4.659	30.168	61.290	7	32.605	5.181	4.926	30.999	63.035
8	31.658	4.892	4.663	30.182	61.319	8	32.621	5.186	4.930	31.012	63.065
9	31.674	4.896	4.668	30.195	61.348	9	32.637	5.191	4.935	31.026	63.094
10	31.690	4.901	4.672	30.209	61.377	10	32.653	5.196	4.939	31.040	63.123
11	31.706	4.906	4.676	30.223	61.407	11	32.669	5.201	4.944	31.054	63.152
12	31.722	4.911	4.681	30.237	61.436	12	32.685	5.206	4.948	31.068	63.181
13	31.738	4.916	4.685	30.251	61.465	13	32.701	5.211	4.953	31.081	63.210
14	31.754	4.921	4.690	30.265	61.494	14	32.717	5.216	4.957	31.095	63.239
15	31.770	4.925	4.694	30.278	61.523	15	32.733	5.221	4.962	31.109	63.268
16	31.786	4.930	4.698	30.292	61.552	16	32.750	5.226	4.966	31.123	63.297
17	31.802	4.935	4.703	30.306	61.581	17	32.766	5.232	4.971	31.137	63.326
18	31.818	4.940	4.707	30.320	61.610	18	32.782	5.237	4.976	31.150	63.355
19	31.834	4.945	4.712	30.334	61.639	19	32.798	5.242	4.980	31.164	63.385
20	31.850	4.950	4.716	30.348	61.658	20	32.814	5.247	4.985	31.178	63.414
21	31.866	4.954	4.720	30.361	61.697	21	32.830	5.252	4.989	31.192	63.443
22	31.882	4.959	4.725	30.375	61.726	22	32.846	5.257	4.994	31.206	63.472
23	31.898	4.964	4.729	30.389	61.756	23	32.862	5.262	4.998	31.219	63.501
24	31.914	4.969	4.734	30.403	61.785	24	32.878	5.267	5.003	31.233	63.530
25	31.930	4.974	4.738	30.417	61.814	25	32.894	5.272	5.007	31.247	63.559
26	31.946	4.979	4.742	30.431	61.843	26	32.911	5.277	5.012	31.261	63.588
27	31.962	4.983	4.747	30.444	61.872	27	32.927	5.282	5.016	31.275	63.617
28	31.978	4.988	4.751	30.458	61.901	28	32.943	5.287	5.021	31.288	63.646
29	31.994	4.993	4.756	30.472	61.930	29	32.959	5.292	5.025	31.302	63.675
30	32.010	4.998	4.760	30.486	61.959	30	32.975	5.297	5.030	31.316	63.705
31	32.026	5.003	4.764	30.500	61.988	31	32.991	5.302	5.035	31.330	63.734
32	32.042	5.008	4.769	30.514	62.017	32	33.007	5.307	5.039	31.344	63.763
33	32.058	5.013	4.773	30.528	62.046	33	33.024	5.312	5.044	31.357	63.792
34	32.074	5.018	4.778	30.541	62.076	34	33.040	5.317	5.048	31.371	63.821
35	32.090	5.023	4.782	30.555	62.105	35	33.056	5.322	5.053	31.385	63.850
36	32.106	5.028	4.787	30.569	62.134	36	33.072	5.327	5.058	31.399	63.879
37	32.122	5.033	4.791	30.583	62.163	37	33.088	5.332	5.062	31.413	63.908
38	32.139	5.037	4.796	30.597	62.192	38	33.104	5.338	5.067	31.426	63.937
39	32.155	5.042	4.800	30.611	62.221	39	33.121	5.343	5.071	31.440	63.966
40	32.171	5.047	4.805	30.625	62.250	40	33.137	5.348	5.076	31.454	63.995
41	32.187	5.052	4.809	30.639	62.279	41	33.153	5.353	5.081	31.468	64.025
42	32.203	5.057	4.814	30.652	62.308	42	33.169	5.358	5.085	31.482	64.054
43	32.219	5.062	4.818	30.666	62.337	43	33.185	5.363	5.090	31.495	64.083
44	32.235	5.067	4.823	30.680	62.367	44	33.201	5.368	5.094	31.509	64.112
45	32.251	5.072	4.827	30.694	62.396	45	33.218	5.373	5.099	31.523	64.141
46	32.267	5.077	4.832	30.708	62.425	46	33.234	5.378	5.104	31.537	64.170
47	32.283	5.082	4.836	30.722	62.454	47	33.250	5.383	5.108	31.551	64.199
48	32.299	5.087	4.840	30.736	62.483	48	33.266	5.388	5.113	31.564	64.228
49	32.315	5.092	4.845	30.750	62.512	49	33.282	5.393	5.117	31.578	64.257
50	32.331	5.097	4.849	30.763	62.541	50	33.298	5.398	5.122	31.592	64.286
51	32.347	5.102	4.854	30.777	62.570	51	33.315	5.403	5.127	31.606	64.315
52	32.364	5.106	4.858	30.791	62.599	52	33.331	5.409	5.131	31.620	64.345
53	32.380	5.111	4.863	30.805	62.628	53	33.347	5.414	5.136	31.633	64.374
54	32.396	5.116	4.867	30.819	62.657	54	33.363	5.419	5.140	31.647	64.403
55	32.412	5.121	4.872	30.833	62.686	55	33.379	5.424	5.145	31.661	64.432
56	32.428	5.126	4.876	30.847	62.716	56	33.395	5.429	5.150	31.675	64.461
57	32.444	5.131	4.881	30.860	62.745	57	33.412	5.434	5.154	31.689	64.490
58	32.460	5.136	4.885	30.874	62.774	58	33.428	5.439	5.159	31.702	64.519
59	32.476	5.141	4.490	30.888	62.803	59	33.444	5.444	5.163	31.716	64.548
60	32.492	5.146	4.894	30.902	62.832	60	33.460	5.449	5.168	31.730	64.577

'	TANG.	BISSEC-TRICE.	FLÈCHE	DEMI-CORDE.	ARC.	'	TANG.	BISSEC-TRICE.	FLÈCHE	DEMI-CORDE.	ARC.

'	TANG.	BISSEC-TRICE.	FLÈCHE	DEMI-CORDE.	ARC.	'	TANG.	BISSEC-TRICE.	FLÈCHE	DEMI-CORDE.	ARC.
0	33.460	5.449	5.168	31.730	64.577	0	34.433	5.762	5.448	32.557	66.323
1	33.476	5.454	5.173	31.744	64.606	1	34.449	5.767	5.453	32.571	66.352
2	33.492	5.459	5.177	31.758	64.635	2	34.466	5.773	5.458	32.584	66.381
3	33.509	5.465	5.182	31.771	64.664	3	34.482	5.778	5.462	32.598	66.410
4	33.525	5.470	5.187	31.785	64.694	4	34.498	5.783	5.467	32.612	66.439
5	33.541	5.475	5.191	31.799	64.723	5	34.514	5.789	5.472	32.626	66.468
6	33.557	5.480	5.196	31.813	64.752	6	34.531	5.794	5.477	32.639	66.497
7	33.573	5.485	5.200	31.827	64.781	7	34.547	5.799	5.481	32.653	66.526
8	33.589	5.490	5.205	31.840	64.810	8	34.563	5.805	5.486	32.667	66.555
9	33.606	5.496	5.210	31.854	64.839	9	34.580	5.810	5.491	32.681	66.584
10	33.622	5.501	5.214	31.868	64.868	10	34.596	5.815	5.496	32.694	66.613
11	33.638	5.506	5.219	31.882	64.897	11	34.612	5.821	5.500	32.708	66.642
12	33.654	5.511	5.224	31.896	64.926	12	34.629	5.826	5.505	32.722	66.672
13	33.670	5.516	5.228	31.909	64.955	13	34.645	5.831	5.510	32.735	66.701
14	33.686	5.521	5.233	31.923	64.984	14	34.661	5.837	5.515	32.749	66.730
15	33.703	5.527	5.237	31.937	65.014	15	34.677	5.842	5.520	32.763	66.759
16	33.719	5.532	5.242	31.951	65.043	16	34.694	5.847	5.524	32.777	66.788
17	33.735	5.537	5.247	31.965	65.072	17	34.710	5.853	5.529	32.790	66.817
18	33.751	5.542	5.251	31.978	65.101	18	34.726	5.858	5.534	32.804	66.846
19	33.767	5.547	5.256	31.992	65.130	19	34.743	5.863	5.539	32.818	66.875
20	33.783	5.552	5.261	32.006	65.159	20	34.759	5.869	5.543	32.832	66.904
21	33.800	5.558	5.265	32.020	65.188	21	34.775	5.874	5.548	32.845	66.933
22	33.816	5.563	5.270	32.034	65.217	22	34.792	5.879	5.553	32.859	66.962
23	33.832	5.568	5.274	32.047	65.246	23	34.808	5.885	5.558	32.873	66.992
24	33.848	5.573	5.279	32.061	65.275	24	34.824	5.890	5.562	32.887	67.021
25	33.864	5.578	5.284	32.075	65.304	25	34.840	5.895	5.567	32.900	67.050
26	33.880	5.583	5.288	32.089	65.334	26	34.857	5.901	5.572	32.914	67.079
27	33.897	5.589	5.293	32.103	65.363	27	34.873	5.906	5.577	32.928	67.108
28	33.913	5.594	5.298	32.116	65.392	28	34.889	5.911	5.582	32.941	67.137
29	33.929	5.599	5.302	32.130	65.421	29	34.906	5.917	5.586	32.955	67.166
30	33.945	5.604	5.307	32.144	65.450	30	34.922	5.922	5.591	32.969	67.195
31	33.961	5.609	5.312	32.158	65.479	31	34.938	5.927	5.596	32.983	67.224
32	33.978	5.615	5.316	32.172	65.508	32	34.955	5.933	5.601	32.996	67.253
33	33.994	5.620	5.321	32.185	65.537	33	34.971	5.938	5.605	33.010	67.282
34	34.010	5.625	5.326	32.199	65.566	34	34.987	5.944	5.610	33.024	67.312
35	34.026	5.630	5.330	32.213	65.595	35	35.004	5.949	5.615	33.038	67.341
36	34.043	5.636	5.335	32.227	65.624	36	35.020	5.955	5.620	33.051	67.370
37	34.059	5.641	5.340	32.240	65.654	37	35.036	5.960	5.625	33.065	67.399
38	34.075	5.646	5.345	32.254	65.683	38	35.053	5.965	5.630	33.079	67.428
39	34.091	5.651	5.349	32.268	65.712	39	35.069	5.971	5.634	33.093	67.457
40	34.108	5.657	5.354	32.282	65.741	40	35.085	5.976	5.639	33.106	67.486
41	34.124	5.662	5.359	32.295	65.770	41	35.102	5.982	5.644	33.120	67.515
42	34.140	5.667	5.363	32.309	65.799	42	35.118	5.987	5.649	33.134	67.544
43	34.157	5.673	5.368	32.323	65.828	43	35.134	5.993	5.654	33.147	67.573
44	34.173	5.678	5.373	32.337	65.857	44	35.151	5.998	5.659	33.161	67.602
45	34.189	5.683	5.377	32.351	65.886	45	35.167	6.003	5.663	33.175	67.632
46	34.205	5.688	5.382	32.364	65.915	46	35.183	6.009	5.668	33.189	67.661
47	34.222	5.694	5.387	32.378	65.944	47	35.200	6.014	5.673	33.202	67.690
48	34.238	5.699	5.392	32.392	65.973	48	35.216	6.020	5.678	33.216	67.719
49	34.254	5.704	5.396	32.406	66.002	49	35.232	6.025	5.683	33.230	67.748
50	34.270	5.709	5.401	32.419	66.032	50	35.249	6.031	5.688	33.244	67.777
51	34.287	5.715	5.406	32.433	66.061	51	35.265	6.036	5.692	33.257	67.806
52	34.303	5.720	5.410	32.447	66.090	52	35.281	6.041	5.697	33.271	67.835
53	34.319	5.725	5.415	32.461	66.119	53	35.298	6.047	5.702	33.285	67.864
54	34.335	5.730	5.420	32.474	66.148	54	35.314	6.052	5.707	33.299	67.893
55	34.352	5.736	5.424	32.488	66.177	55	35.330	6.058	5.712	33.312	67.922
56	34.368	5.741	5.429	32.502	66.206	56	35.347	6.063	5.717	33.326	67.952
57	34.384	5.746	5.434	32.516	66.235	57	35.363	6.069	5.721	33.340	67.981
58	34.401	5.752	5.439	32.530	66.264	58	35.379	6.074	5.726	33.353	68.010
59	34.417	5.757	5.443	32.543	66.295	59	35.396	6.079	5.751	33.367	68.039
60	34.433	5.762	5.448	32.557	66.323	60	35.412	6.085	5.736	33.381	68.068

'	TANG.	BISSEC-TRICE.	FLÈCHE	DEMI-CORDE.	ARC.	'	TANG.	BISSEC-TRICE.	FLÈCHE	DEMI-CORDE.	ARC.

37°   38°

′	TANG.	BISSEC-TRICE.	FLÈCHE	DEMI-CORDE.	ARC.	′	TANG.	BISSEC-TRICE.	FLÈCHE	DEMI-CORDE.	ARC.
0	35.412	6.085	5.736	33.381	68.068	0	36.397	6.418	6.031	34.202	69.813
1	35.428	6.090	5.741	33.395	68.097	1	36.413	6.424	6.036	34.216	69.842
2	35.445	6.096	5.746	33.408	68.126	2	36.430	6.429	6.041	34.229	69.871
3	35.461	6.101	5.751	33.422	68.155	3	36.446	6.435	6.046	34.243	69.900
4	35.478	6.107	5.755	33.436	68.184	4	36.463	6.441	6.051	34.257	69.930
5	35.494	6.112	5.760	33.450	68.213	5	36.479	6.446	6.056	34.270	69.959
6	35.510	6.118	5.765	33.463	68.242	6	36.496	6.452	6.061	34.284	69.988
7	35.527	6.123	5.770	33.477	68.271	7	36.512	6.458	6.066	34.298	70.017
8	35.543	6.129	5.775	33.491	68.301	8	36.529	6.463	6.071	34.311	70.046
9	35.560	6.134	5.780	33.504	68.330	9	36.545	6.469	6.076	34.325	70.075
10	35.576	6.140	5.785	33.518	68.359	10	36.562	6.475	6.081	34.339	70.104
11	35.592	6.145	5.790	33.532	68.388	11	36.578	6.480	6.086	34.352	70.133
12	35.609	6.151	5.794	33.545	68.417	12	36.595	6.486	6.091	34.366	70.162
13	35.625	6.156	5.799	33.559	68.446	13	36.611	6.492	6.096	34.380	70.191
14	35.642	6.162	5.804	33.573	68.475	14	36.628	6.497	6.101	34.393	70.220
15	35.658	6.167	5.809	33.586	68.504	15	36.644	6.503	6.106	34.407	70.250
16	35.674	6.173	5.814	33.600	68.533	16	36.661	6.509	6.111	34.421	70.279
17	35.691	6.178	5.819	33.614	68.562	17	36.677	6.514	6.116	34.434	70.308
18	35.707	6.184	5.824	33.628	68.591	18	36.694	6.520	6.121	34.448	70.337
19	35.724	6.189	5.829	33.641	68.621	19	36.710	6.526	6.126	34.462	70.366
20	35.740	6.195	5.833	33.655	68.650	20	36.727	6.531	6.131	34.475	70.395
21	35.756	6.200	5.838	33.669	68.679	21	36.743	6.537	6.136	34.489	70.424
22	35.773	6.206	5.843	33.682	68.708	22	36.760	6.543	6.141	34.503	70.453
23	35.789	6.211	5.848	33.696	68.737	23	36.776	6.548	6.146	34.516	70.482
24	35.806	6.217	5.853	33.710	68.766	24	36.793	6.554	6.151	34.530	70.511
25	35.822	6.222	5.858	33.723	68.795	25	36.809	6.560	6.156	34.544	70.540
26	35.838	6.228	5.863	33.737	68.824	26	36.826	6.565	6.161	34.557	70.570
27	35.855	6.233	5.867	33.751	68.853	27	36.842	6.571	6.166	34.571	70.599
28	35.871	6.239	5.872	33.765	68.882	28	36.859	6.577	6.171	34.585	70.628
29	35.888	6.244	5.877	33.778	68.911	29	36.875	6.582	6.176	34.598	70.657
30	35.904	6.250	5.882	33.792	68.941	30	36.892	6.588	6.181	34.612	70.686
31	35.920	6.256	5.887	33.806	68.970	31	36.909	6.594	6.186	34.626	70.715
32	35.937	6.261	5.892	33.819	68.999	32	36.925	6.600	6.191	34.639	70.744
33	35.953	6.267	5.897	33.833	69.028	33	36.942	6.605	6.196	34.653	70.773
34	35.970	6.272	5.902	33.847	69.057	34	36.958	6.611	6.201	34.667	70.802
35	35.986	6.278	5.907	33.860	69.086	35	36.975	6.617	6.206	34.680	70.831
36	36.003	6.284	5.912	33.874	69.115	36	36.991	6.623	6.211	34.694	70.860
37	36.019	6.289	5.917	33.888	69.144	37	37.008	6.628	6.216	34.707	70.890
38	36.035	6.295	5.922	33.901	69.173	38	37.024	6.634	6.222	34.721	70.919
39	36.052	6.300	5.927	33.915	69.202	39	37.041	6.640	6.227	34.735	70.948
40	36.068	6.306	5.932	33.929	69.231	40	37.057	6.646	6.232	34.748	70.977
41	36.085	6.312	5.937	33.942	69.261	41	37.074	6.651	6.237	34.762	71.006
42	36.101	6.317	5.942	33.956	69.290	42	37.090	6.657	6.242	34.776	71.035
43	36.118	6.323	5.947	33.970	69.319	43	37.107	6.663	6.247	34.789	71.064
44	36.134	6.328	5.952	33.983	69.348	44	37.123	6.669	6.252	34.803	71.093
45	36.150	6.334	5.957	33.997	69.377	45	37.140	6.675	6.257	34.816	71.122
46	36.167	6.340	5.962	34.011	69.406	46	37.156	6.680	6.262	34.830	71.151
47	36.183	6.345	5.966	34.024	69.435	47	37.173	6.686	6.267	34.844	71.180
48	36.200	6.350	5.971	34.038	69.464	48	37.190	6.692	6.272	34.857	71.210
49	36.216	6.356	5.976	34.052	69.493	49	37.206	6.698	6.277	34.871	71.239
50	36.233	6.362	5.981	34.065	69.522	50	37.223	6.703	6.282	34.885	71.268
51	36.249	6.368	5.986	34.079	69.551	51	37.239	6.709	6.287	34.898	71.297
52	36.265	6.373	5.991	34.093	69.581	52	37.256	6.715	6.293	34.912	71.326
53	36.282	6.379	5.996	34.106	69.610	53	37.272	6.721	6.298	34.925	71.355
54	36.298	6.384	6.001	34.120	69.639	54	37.289	6.726	6.303	34.939	71.384
55	36.315	6.390	6.006	34.134	69.668	55	37.305	6.732	6.308	34.953	71.413
56	36.331	6.396	6.011	34.147	69.697	56	37.322	6.738	6.313	34.966	71.442
57	36.348	6.401	6.016	34.161	69.726	57	37.338	6.744	6.318	34.980	71.471
58	36.364	6.407	6.021	34.175	69.755	58	37.355	6.750	6.323	34.994	71.500
59	36.380	6.412	6.026	34.188	69.784	59	37.371	6.755	6.328	35.007	71.530
60	36.397	6.418	6.031	34.202	69.813	60	37.388	6.761	6.333	35.021	71.558
′	TANG.	BISSEC-TRICE.	FLÈCHE	DEMI-CORDE.	ARC.	′	TANG.	BISSEC-TRICE.	FLÈCHE	DEMI-CORDE.	ARC.

′	TANG.	BISSEC-TRICE.	FLÈCHE	DEMI-CORDE.	ARC.	′	TANG.	BISSEC-TRICE.	FLÈCHE	DEMI-CORDE.	ARC.
0	37.388	6.761	6.333	35.021	71.558	0	38.386	7.115	6.642	35.837	73.304
1	37.405	6.767	6.338	35.035	71.588	1	38.403	7.121	6.647	35.851	73.333
2	37.421	6.773	6.343	35.048	71.617	2	38.419	7.127	6.652	35.864	73.362
3	37.438	6.778	6.348	35.062	71.646	3	38.436	7.133	6.658	35.878	73.391
4	37.455	6.784	6.353	35.075	71.675	4	38.453	7.139	6.663	35.891	73.420
5	37.471	6.790	6.358	35.089	71.704	5	38.470	7.145	6.668	35.905	73.449
6	37.488	6.796	6.364	35.103	71.733	6	38.486	7.151	6.673	35.918	73.478
7	37.504	6.802	6.369	35.116	71.762	7	38.503	7.157	6.679	35.932	73.507
8	37.521	6.808	6.374	35.130	71.791	8	38.520	7.163	6.684	35.946	73.537
9	37.538	6.813	6.379	35.143	71.820	9	38.537	7.169	6.689	35.959	73.566
10	37.554	6.819	6.384	35.157	71.849	10	38.553	7.175	6.694	35.973	73.595
11	37.571	6.825	6.389	35.171	71.878	11	38.570	7.181	6.700	35.986	73.624
12	37.588	6.831	6.394	35.184	71.908	12	38.587	7.187	6.705	36.000	73.653
13	37.604	6.837	6.399	35.197	71.937	13	38.603	7.193	6.710	36.013	73.682
14	37.621	6.843	6.404	35.211	71.966	14	38.620	7.199	6.715	36.027	73.711
15	37.637	6.848	6.409	35.224	71.995	15	38.637	7.205	6.720	36.041	73.740
16	37.654	6.854	6.415	35.238	72.024	16	38.654	7.211	6.726	36.054	73.769
17	37.671	6.860	6.420	35.252	72.053	17	38.670	7.217	6.731	36.068	73.798
18	37.687	6.866	6.425	35.265	72.082	18	38.687	7.223	6.736	36.081	73.827
19	37.704	6.872	6.430	35.279	72.111	19	38.704	7.229	6.741	36.095	73.857
20	37.721	6.878	6.435	35.292	72.140	20	38.721	7.235	6.747	36.108	73.886
21	37.737	6.883	6.440	35.306	72.169	21	38.737	7.241	6.752	36.122	73.915
22	37.754	6.889	6.445	35.320	72.198	22	38.754	7.247	6.757	36.136	73.944
23	37.770	6.895	6.450	35.333	72.228	23	38.771	7.253	6.762	36.149	73.973
24	37.787	6.901	6.455	35.347	72.257	24	38.788	7.259	6.768	36.163	74.002
25	37.804	6.907	6.460	35.360	72.286	25	38.804	7.265	6.773	36.176	74.031
26	37.820	6.913	6.466	35.374	72.315	26	38.821	7.271	6.778	36.190	74.060
27	37.837	6.918	6.471	35.388	72.344	27	38.838	7.277	6.783	36.203	74.089
28	37.854	6.924	6.476	35.401	72.373	28	38.854	7.283	6.788	36.217	74.118
29	37.870	6.930	6.481	35.415	72.402	29	38.871	7.289	6.794	36.231	74.147
30	37.887	6.936	6.486	35.429	72.431	30	38.888	7.295	6.799	36.244	74.177
31	37.904	6.942	6.491	35.443	72.460	31	38.905	7.301	6.804	36.258	74.206
32	37.920	6.948	6.496	35.456	72.489	32	38.922	7.307	6.810	36.271	74.235
33	37.937	6.954	6.502	35.470	72.518	33	38.938	7.313	6.815	36.285	74.264
34	37.954	6.960	6.507	35.483	72.548	34	38.955	7.320	6.820	36.298	74.293
35	37.970	6.966	6.512	35.497	72.577	35	38.972	7.326	6.825	36.312	74.322
36	37.987	6.972	6.517	35.511	72.606	36	38.989	7.332	6.831	36.325	74.351
37	38.003	6.978	6.522	35.524	72.635	37	39.005	7.338	6.836	36.339	74.380
38	38.020	6.984	6.528	35.538	72.664	38	39.022	7.344	6.841	36.352	74.409
39	38.037	6.990	6.533	35.551	72.693	39	39.039	7.350	6.847	36.366	74.438
40	38.053	6.996	6.538	35.565	72.722	40	39.056	7.356	6.852	36.379	74.467
41	38.070	7.002	6.543	35.579	72.751	41	39.072	7.362	6.857	36.393	74.497
42	38.087	7.008	6.548	35.592	72.780	42	39.089	7.369	6.863	36.406	74.526
43	38.103	7.014	6.554	35.606	72.809	43	39.106	7.375	6.868	36.420	74.555
44	38.120	7.020	6.559	35.619	72.838	44	39.123	7.381	6.873	36.433	74.584
45	38.136	7.026	6.564	35.633	72.868	45	39.140	7.387	6.878	36.447	74.613
46	38.153	7.032	6.569	35.647	72.897	46	39.156	7.393	6.884	36.460	74.642
47	38.170	7.037	6.574	35.660	72.926	47	39.173	7.399	6.889	36.474	74.671
48	38.186	7.043	6.580	35.674	72.955	48	39.190	7.405	6.894	36.488	74.700
49	38.203	7.049	6.585	35.687	72.984	49	39.207	7.411	6.899	36.501	74.729
50	38.220	7.055	6.590	35.701	73.013	50	39.223	7.418	6.905	36.515	74.758
51	38.236	7.061	6.595	35.715	73.042	51	39.240	7.424	6.910	36.528	74.787
52	38.253	7.067	6.600	35.728	73.071	52	39.257	7.430	6.915	36.542	74.817
53	38.269	7.073	6.606	35.742	73.100	53	39.274	7.436	6.921	36.555	74.846
54	38.286	7.079	6.611	35.755	73.129	54	39.290	7.442	6.926	36.569	74.875
55	38.303	7.085	6.616	35.769	73.158	55	39.307	7.448	6.931	36.582	74.904
56	38.319	7.091	6.621	35.783	73.188	56	39.324	7.454	6.937	36.596	74.933
57	38.336	7.097	6.626	35.796	73.217	57	39.341	7.461	6.942	36.609	74.962
58	38.353	7.103	6.632	35.810	73.246	58	39.358	7.467	6.947	36.623	74.991
59	38.369	7.109	6.637	35.823	73.275	59	39.374	7.473	6.953	36.636	75.020
60	38.386	7.115	6.642	35.837	73.304	60	39.391	7.479	6.958	36.650	75.049
′	TANG.	BISSEC-TRICE.	FLÈCHE	DEMI-CORDE.	ARC.	′	TANG.	BISSEC-TRICE.	FLÈCHE	DEMI-CORDE.	ARC.

′	TANG.	BISSEC-TRICE.	FLÈCHE	DEMI-CORDE.	ARC.	′	TANG.	BISSEC-TRICE.	FLÈCHE	DEMI-CORDE.	ARC.
0	35.412	6.055	5.736	33.381	68.068	0	36.397	6.418	6.031	34.202	69.813
1	35.428	6.090	5.741	33.395	68.097	1	36.413	6.424	6.036	34.216	69.842
2	35.445	6.096	5.746	33.408	68.126	2	36.430	6.429	6.041	34.229	69.871
3	35.461	6.101	5.751	33.422	68.155	3	36.446	6.435	6.046	34.243	69.900
4	35.478	6.107	5.755	33.436	68.184	4	36.463	6.441	6.051	34.257	69.930
5	35.494	6.112	5.760	33.450	68.213	5	36.479	6.446	6.056	34.270	69.959
6	35.510	6.118	5.765	33.463	68.242	6	36.496	6.452	6.061	34.284	69.988
7	35.527	6.123	5.770	33.477	68.271	7	36.512	6.458	6.066	34.298	70.017
8	35.543	6.129	5.775	33.491	68.301	8	36.529	6.463	6.071	34.311	70.046
9	35.560	6.134	5.780	33.504	68.330	9	36.545	6.469	6.076	34.325	70.075
10	35.576	6.140	5.785	33.518	68.359	10	36.562	6.475	6.081	34.339	70.104
11	35.592	6.145	5.790	33.532	68.388	11	36.578	6.480	6.086	34.352	70.133
12	35.609	6.151	5.794	33.545	68.417	12	36.595	6.486	6.091	34.366	70.162
13	35.625	6.156	5.799	33.559	68.446	13	36.611	6.492	6.096	34.380	70.191
14	35.642	6.162	5.804	33.573	68.475	14	36.628	6.497	6.101	34.393	70.220
15	35.658	6.167	5.809	33.586	68.504	15	36.644	6.503	6.106	34.407	70.250
16	35.674	6.173	5.814	33.600	68.533	16	36.661	6.509	6.111	34.421	70.279
17	35.691	6.178	5.819	33.614	68.562	17	36.677	6.514	6.116	34.434	70.308
18	35.707	6.184	5.824	33.628	68.591	48	36.694	6.520	6.121	34.448	70.337
19	35.724	6.189	5.829	33.641	68.621	19	36.710	6.526	6.126	34.462	70.366
20	35.740	6.195	5.833	33.655	68.650	20	36.727	6.531	6.131	34.475	70.395
21	35.756	6.200	5.838	33.669	68.679	21	36.743	6.537	6.136	34.489	70.424
22	35.773	6.206	5.843	33.682	68.708	22	36.760	6.543	6.141	34.503	70.453
23	35.789	6.211	5.848	33.696	68.737	23	36.776	6.548	6.146	34.516	70.482
24	35.806	6.217	5.853	33.710	68.766	24	36.793	6.554	6.151	34.530	70.511
25	35.822	6.222	5.858	33.723	68.795	25	36.809	6.560	6.156	34.544	70.540
26	35.838	6.228	5.863	33.737	68.824	26	36.826	6.565	6.161	34.557	70.570
27	35.855	6.233	5.867	33.751	68.853	27	36.842	6.571	6.166	34.571	70.599
28	35.871	6.239	5.872	33.765	68.882	28	36.859	6.577	6.171	34.585	70.628
29	35.888	6.244	5.877	33.778	68.911	29	36.875	6.582	6.176	34.598	70.657
30	35.904	6.250	5.882	33.792	68.941	30	36.892	6.588	6.181	34.612	70.686
31	35.920	6.256	5.887	33.806	68.970	31	36.909	6.594	6.186	34.626	70.715
32	35.937	6.261	5.892	33.819	68.999	32	36.925	6.600	6.191	34.639	70.744
33	35.953	6.267	5.897	33.833	69.028	33	36.942	6.605	6.196	34.653	70.773
34	35.970	6.272	5.902	33.847	69.057	34	36.958	6.611	6.201	34.667	70.802
35	35.986	6.278	5.907	33.860	69.086	35	36.975	6.617	6.206	34.680	70.831
36	36.003	6.284	5.912	33.874	69.115	36	36.991	6.623	6.211	34.694	70.860
37	36.019	6.289	5.917	33.888	69.144	37	37.008	6.628	6.216	34.707	70.890
38	36.035	6.295	5.922	33.901	69.173	38	37.024	6.634	6.222	34.721	70.919
39	36.052	6.300	5.927	33.915	69.202	39	37.041	6.640	6.227	34.735	70.948
40	36.068	6.306	5.932	33.929	69.231	40	37.057	6.646	6.232	34.748	70.977
41	36.085	6.312	5.937	33.942	69.261	41	37.074	6.651	6.237	34.762	71.006
42	36.101	6.317	5.942	33.956	69.290	42	37.090	6.657	6.242	34.776	71.035
43	36.118	6.323	5.947	33.970	69.319	43	37.107	6.663	6.247	34.789	71.064
44	36.134	6.328	5.952	33.983	69.348	44	37.123	6.669	6.252	34.803	71.093
45	36.150	6.334	5.957	33.997	69.377	45	37.140	6.675	6.257	34.816	71.122
46	36.167	6.340	5.962	34.011	69.406	46	37.156	6.680	6.262	34.830	71.151
47	26.183	6.345	5.966	34.024	69.435	47	37.173	6.686	6.267	34.844	71.180
48	36.200	6.350	5.971	34.038	69.464	48	37.190	6.692	6.272	34.857	71.210
49	36.216	6.356	5.976	34.052	69.493	49	37.206	6.698	6.277	34.871	71.239
50	36.233	6.362	5.981	34.065	69.522	50	37.223	6.703	6.282	34.885	71.268
51	36.249	6.368	5.986	34.079	69.551	51	37.239	6.709	6.287	34.898	71.297
52	36.265	6.373	5.991	34.093	69.581	52	37.256	6.715	6.293	34.912	71.326
53	36.282	6.379	5.996	34.106	69.610	53	37.272	6.721	6.298	34.925	71.355
54	36.298	6.384	6.001	34.120	69.639	54	37.289	6.726	6.303	34.939	71.384
55	36.315	6.390	6.006	34.134	69.668	55	37.305	6.732	6.308	34.953	71.413
56	36.331	6.396	6.011	34.147	69.697	56	37.322	6.738	6.313	34.966	71.442
57	36.348	6.401	6.016	34.161	69.726	57	37.338	6.744	6.318	34.980	71.471
58	36.364	6.407	6.021	34.175	69.755	58	37.355	6.750	6.323	34.994	71.500
59	36.380	6.412	6.026	34.188	69.784	59	37.371	6.755	6.328	35.007	71.530
60	36.397	6.418	6.031	34.202	69.813	60	37.388	6.761	6.333	35.021	71.558
′	TANG.	BISSEC-TRICE.	FLÈCHE	DEMI-CORDE.	ARC.	′	TANG.	BISSEC-TRICE.	FLÈCHE	DEMI-CORDE.	ARC.

′	TANG.	BISSEC-TRICE.	FLÈCHE.	DEMI-CORDE.	ARC.	′	TANG.	BISSEC-TRICE.	FLÈCHE.	DEMI-CORDE.	ARC.
0	37.388	6.761	6.333	35.021	71.558	0	38.386	7.115	6.642	35.837	73.304
1	37.405	6.767	6.338	35.035	71.588	1	38.403	7.121	6.647	35.851	73.333
2	37.421	6.773	6.343	35.048	71.617	2	38.419	7.127	6.652	35.864	73.362
3	37.438	6.778	6.348	35.062	71.646	3	38.436	7.133	6.658	35.878	73.391
4	37.455	6.784	6.353	35.075	71.675	4	38.453	7.139	6.663	35.891	73.420
5	37.471	6.790	6.358	35.089	71.704	5	38.470	7.145	6.668	35.905	73.449
6	37.488	6.796	6.364	35.103	71.733	6	38.486	7.151	6.673	35.918	73.478
7	37.504	6.802	6.369	35.116	71.762	7	38.503	7.157	6.679	35.932	73.507
8	37.521	6.808	6.374	35.130	71.791	8	38.520	7.163	6.684	35.946	73.537
9	37.538	6.813	6.379	35.143	71.820	9	38.537	7.169	6.689	35.959	73.566
10	37.554	6.819	6.384	35.157	71.849	10	38.553	7.175	6.694	35.973	73.595
11	37.571	6.825	6.389	35.171	71.878	11	38.570	7.181	6.700	35.986	73.624
12	37.588	6.831	6.394	35.184	71.908	12	38.587	7.187	6.705	36.000	73.653
13	37.604	6.837	6.399	35.197	71.937	13	38.603	7.193	6.710	36.013	73.682
14	37.621	6.843	6.404	35.211	71.966	14	38.620	7.199	6.715	36.027	73.711
15	37.637	6.848	6.409	35.224	71.995	15	38.637	7.205	6.720	36.041	73.740
16	37.654	6.854	6.415	35.238	72.024	16	38.654	7.211	6.726	36.054	73.769
17	37.671	6.860	6.420	35.252	72.053	17	38.670	7.217	6.731	36.068	73.798
18	37.687	6.866	6.425	35.265	72.082	18	38.687	7.223	6.736	36.081	73.827
19	37.704	6.872	6.430	35.279	72.111	19	38.704	7.229	6.741	36.095	73.857
20	37.721	6.878	6.435	35.292	72.140	20	38.721	7.235	6.747	36.108	73.886
21	37.737	6.883	6.440	35.306	72.169	21	38.737	7.241	6.752	36.122	73.915
22	37.754	6.889	6.445	35.320	72.198	22	38.754	7.247	6.757	36.136	73.944
23	37.770	6.895	6.450	35.333	72.228	23	38.771	7.253	6.762	36.149	73.973
24	37.787	6.901	6.455	35.347	72.257	24	38.788	7.259	6.768	36.163	74.002
25	37.804	6.907	6.460	35.360	72.286	25	38.804	7.265	6.773	36.176	74.031
26	37.820	6.913	6.466	35.374	72.315	26	38.821	7.271	6.778	36.190	74.060
27	37.837	6.918	6.471	35.388	72.344	27	38.838	7.277	6.783	36.203	74.089
28	37.854	6.924	6.476	35.401	72.373	28	38.854	7.283	6.788	36.217	74.118
29	37.870	6.930	6.481	35.415	72.402	29	38.871	7.289	6.794	36.231	74.147
30	37.887	6.936	6.486	35.429	72.431	30	38.888	7.295	6.799	36.244	74.177
31	37.904	6.942	6.491	35.443	72.460	31	38.905	7.301	6.804	36.258	74.206
32	37.920	6.948	6.496	35.456	72.489	32	38.922	7.307	6.810	36.271	74.235
33	37.937	6.954	6.502	35.470	72.518	33	38.938	7.313	6.815	36.285	74.264
34	37.954	6.960	6.507	35.483	72.548	34	38.955	7.320	6.820	36.298	74.293
35	37.970	6.965	6.512	35.497	72.577	35	38.972	7.326	6.825	36.312	74.322
36	37.987	6.972	6.517	35.511	72.606	36	38.989	7.332	6.831	36.325	74.351
37	38.003	6.978	6.522	35.524	72.635	37	39.005	7.338	6.836	36.339	74.380
38	38.020	6.984	6.528	35.538	72.664	38	39.022	7.344	6.841	36.352	74.409
39	38.037	6.990	6.533	35.551	72.693	39	39.039	7.350	6.847	36.366	74.438
40	38.053	6.996	6.538	35.565	72.722	40	39.056	7.356	6.852	36.379	74.467
41	38.070	7.002	6.543	35.579	72.751	41	39.072	7.362	6.857	36.393	74.497
42	38.087	7.008	6.548	35.592	72.780	42	39.089	7.369	6.863	36.406	74.526
43	38.103	7.014	6.554	35.606	72.809	43	39.106	7.375	6.868	36.420	74.555
44	38.120	7.020	6.559	35.619	72.838	44	39.123	7.381	6.873	36.433	74.584
45	38.136	7.026	6.564	35.633	72.868	45	39.140	7.387	6.878	36.447	74.613
46	38.153	7.032	6.569	35.647	72.897	46	39.156	7.393	6.884	36.460	74.642
47	38.170	7.037	6.574	35.660	72.926	47	39.173	7.399	6.889	36.474	74.671
48	38.186	7.043	6.580	35.674	72.955	48	39.190	7.405	6.894	36.488	74.700
49	38.203	7.049	6.585	35.687	72.984	49	39.207	7.411	6.900	36.501	74.729
50	38.220	7.055	6.590	35.701	73.013	50	39.223	7.418	6.905	36.515	74.758
51	38.236	7.061	6.595	35.715	73.042	51	39.240	7.424	6.910	36.528	74.787
52	38.253	7.067	6.600	35.728	73.071	52	39.257	7.430	6.916	36.542	74.817
53	38.269	7.073	6.606	35.742	73.100	53	39.274	7.436	6.921	36.555	74.846
54	38.286	7.079	6.611	35.755	73.129	54	39.290	7.442	6.926	36.569	74.875
55	38.303	7.085	6.616	35.769	73.158	55	39.307	7.448	6.931	36.582	74.904
56	38.319	7.091	6.621	35.783	73.188	56	39.324	7.454	6.937	36.596	74.933
57	38.336	7.097	6.626	35.796	73.217	57	39.341	7.461	6.942	36.609	74.962
58	38.353	7.103	6.632	35.810	73.246	58	39.358	7.467	6.947	36.623	74.991
59	38.369	7.109	6.637	35.823	73.275	59	39.374	7.473	6.953	36.636	75.020
60	38.386	7.115	6.642	35.837	73.304	60	39.391	7.479	6.958	36.650	75.049
′	TANG.	BISSEC-TRICE.	FLÈCHE.	DEMI-CORDE.	ARC.	′	TANG.	BISSEC-TRICE.	FLÈCHE.	DEMI-CORDE.	ARC.

'	TANG.	BISSEC-TRICE.	FLÈCHE	DEMI-CORDE.	ARC.	'	TANG.	BISSEC-TRICE.	FLÈCHE	DEMI-CORDE.	ARC.
0	39.391	7.479	6.958	36.650	75.049	0	40.403	7.853	7.282	37.461	76.794
1	39.408	7.485	6.963	36.664	75.078	1	40.420	7.859	7.287	37.474	76.824
2	39.425	7.491	6.969	36.677	75.107	2	40.437	7.866	7.293	37.488	76.853
3	39.441	7.498	6.974	36.691	75.136	3	40.454	7.872	7.298	37.501	76.882
4	39.458	7.504	6.979	36.704	75.166	4	40.471	7.879	7.304	37.515	76.911
5	39.475	7.510	6.985	36.718	75.195	5	40.488	7.885	7.309	37.528	76.940
6	39.492	7.516	6.990	36.731	75.224	6	40.505	7.891	7.315	37.542	76.969
7	39.509	7.522	6.996	36.745	75.253	7	40.522	7.898	7.320	37.555	76.998
8	39.526	7.529	7.001	36.758	75.282	8	40.538	7.904	7.326	37.569	77.027
9	39.542	7.535	7.006	36.772	75.311	9	40.555	7.911	7.331	37.582	77.056
10	39.559	7.541	7.012	36.785	75.340	10	40.572	7.917	7.337	37.596	77.085
11	39.576	7.547	7.017	36.799	75.369	11	40.589	7.923	7.342	37.609	77.114
12	39.593	7.553	7.022	36.812	75.398	12	40.606	7.930	7.348	37.623	77.144
13	39.610	7.560	7.028	36.826	75.427	13	40.623	7.936	7.353	37.636	77.173
14	39.627	7.566	7.033	36.839	75.456	14	40.640	7.943	7.359	37.650	77.202
15	39.643	7.572	7.039	36.853	75.486	15	40.657	7.949	7.364	37.663	77.231
16	39.660	7.578	7.044	36.866	75.515	16	40.674	7.955	7.370	37.677	77.260
17	39.677	7.584	7.049	36.880	75.544	17	40.691	7.962	7.375	37.690	77.289
18	39.694	7.591	7.055	36.894	75.573	18	40.708	7.968	7.380	37.703	77.318
19	39.711	7.597	7.060	36.907	75.602	19	40.725	7.975	7.386	37.717	77.347
20	39.728	7.603	7.065	36.921	75.631	20	40.742	7.981	7.391	37.730	77.376
21	39.744	7.609	7.071	36.934	75.660	21	40.759	7.987	7.397	37.744	77.405
22	39.761	7.615	7.076	36.948	75.689	22	40.775	7.994	7.402	37.757	77.434
23	39.778	7.622	7.082	36.961	75.718	23	40.792	8.000	7.408	37.771	77.464
24	39.795	7.628	7.087	36.975	75.747	24	40.809	8.007	7.413	37.784	77.493
25	39.812	7.634	7.092	36.988	75.776	25	40.826	8.013	7.419	37.798	77.522
26	39.829	7.640	7.098	37.002	75.805	26	40.843	8.019	7.424	37.811	77.551
27	39.845	7.646	7.103	37.015	75.835	27	40.860	8.026	7.430	37.825	77.580
28	39.862	7.653	7.108	37.029	75.864	28	40.877	8.032	7.435	37.838	77.609
29	39.879	7.659	7.114	37.042	75.893	29	40.894	8.039	7.441	37.852	77.638
30	39.896	7.665	7.119	37.056	75.922	30	40.911	8.045	7.446	37.865	77.667
31	39.913	7.671	7.124	37.069	75.951	31	40.928	8.051	7.452	37.878	77.696
32	39.930	7.678	7.130	37.083	75.980	32	40.945	8.058	7.457	37.892	77.725
33	39.947	7.684	7.135	37.096	76.009	33	40.962	8.064	7.463	37.905	77.754
34	39.964	7.690	7.141	37.110	76.038	34	40.979	8.071	7.468	37.919	77.784
35	39.980	7.696	7.146	37.123	76.067	35	40.996	8.077	7.474	37.932	77.813
36	39.997	7.703	7.152	37.137	76.096	36	41.013	8.084	7.479	37.946	77.842
37	40.014	7.709	7.157	37.150	76.125	37	41.030	8.090	7.485	37.959	77.871
38	40.031	7.715	7.162	37.164	76.155	38	41.047	8.097	7.490	37.972	77.900
39	40.048	7.721	7.168	37.177	76.184	39	41.064	8.103	7.496	37.986	77.929
40	40.065	7.728	7.173	37.191	76.213	40	41.081	8.110	7.501	37.999	77.958
41	40.082	7.734	7.179	37.204	76.242	41	41.098	8.116	7.507	38.013	77.987
42	40.099	7.740	7.184	37.218	76.271	42	41.115	8.123	7.512	38.026	78.016
43	40.116	7.747	7.190	37.231	76.300	43	41.132	8.129	7.518	38.040	78.045
44	40.133	7.753	7.195	37.245	76.329	44	41.149	8.136	7.523	38.053	78.074
45	40.149	7.759	7.200	37.258	76.358	45	41.166	8.142	7.529	38.066	78.104
46	40.166	7.765	7.206	37.272	76.387	46	41.183	8.149	7.534	38.080	78.133
47	40.183	7.772	7.211	37.285	76.416	47	41.200	8.155	7.540	38.093	78.162
48	40.200	7.778	7.217	37.299	76.445	48	41.217	8.161	7.546	38.107	78.191
49	40.217	7.784	7.222	37.312	76.475	49	41.234	8.168	7.551	38.120	78.220
50	40.234	7.790	7.228	37.326	76.504	50	41.251	8.174	7.557	38.134	78.249
51	40.251	7.797	7.233	37.339	76.533	51	41.268	8.181	7.562	38.147	78.278
52	40.268	7.803	7.238	37.353	76.562	52	41.285	8.187	7.568	38.160	78.307
53	40.285	7.809	7.244	37.366	76.591	53	41.302	8.194	7.573	38.174	78.336
54	40.302	7.815	7.249	37.380	76.620	54	41.319	8.200	7.579	38.187	78.365
55	40.318	7.822	7.255	37.393	76.649	55	41.336	8.207	7.584	38.201	78.394
56	40.335	7.828	7.260	37.407	76.678	56	41.353	8.213	7.590	38.214	78.424
57	40.352	7.834	7.266	37.420	76.707	57	41.370	8.220	7.595	38.228	78.453
58	40.369	7.841	7.271	37.434	76.736	58	41.387	8.226	7.601	38.241	78.482
59	40.386	7.847	7.276	37.447	76.765	59	41.404	8.233	7.606	38.254	78.511
60	40.403	7.853	7.282	37.461	76.794	60	41.421	8.239	7.612	38.268	78.540
'	TANG.	BISSEC-TRICE.	FLÈCHE	DEMI-CORDE.	ARC.	'	TANG.	BISSEC-TRICE.	FLÈCHE	DEMI-CORDE.	ARC.

′	TANG.	BISSEC-TRICE.	FLÈCHE	DEMI-CORDE.	ARC.	′	TANG.	BISSEC-TRICE.	FLÈCHE	DEMI-CORDE.	ARC.
0	41.421	8.239	7.612	38.268	78.540	0	42.447	8.636	7.950	39.073	80.285
1	41.438	8.246	7.618	38.281	78.569	1	42.464	8.643	7.956	39.086	80.314
2	41.455	8.252	7.623	38.295	78.598	2	42.481	8.650	7.961	39.100	80.343
3	41.472	8.259	7.629	38.308	78.627	3	42.499	8.656	7.967	39.113	80.372
4	41.489	8.265	7.634	38.322	78.656	4	42.516	8.663	7.973	39.126	80.402
5	41.506	8.272	7.640	38.335	78.685	5	42.533	8.670	7.978	39.140	80.431
6	41.523	8.278	7.646	38.349	78.714	6	42.550	8.677	7.984	39.153	80.460
7	41.540	8.285	7.651	38.362	78.743	7	42.567	8.683	7.990	39.167	80.489
8	41.558	8.292	7.657	38.375	78.773	8	42.585	8.690	7.996	39.180	80.518
9	41.575	8.298	7.662	38.389	78.802	9	42.602	8.697	8.001	39.193	80.547
10	41.592	8.305	7.668	38.402	78.831	10	42.619	8.704	8.007	39.207	80.576
11	41.609	8.311	7.674	38.416	78.860	11	42.636	8.710	8.013	39.220	80.605
12	41.626	8.318	7.679	38.429	78.889	12	42.653	8.717	8.018	39.233	80.634
13	41.643	8.324	7.685	38.442	78.918	13	42.671	8.724	8.024	39.247	80.663
14	41.660	8.331	7.690	38.456	78.947	14	42.688	8.731	8.030	39.260	80.692
15	41.677	8.338	7.696	38.469	78.976	15	42.705	8.738	8.035	39.274	80.721
16	41.694	8.344	7.702	38.483	79.005	16	42.722	8.744	8.041	39.287	80.751
17	41.711	8.351	7.707	38.496	79.034	17	42.739	8.751	8.047	39.300	80.780
18	41.728	8.357	7.713	38.510	79.063	18	42.757	8.758	8.053	39.314	80.809
19	41.745	8.364	7.718	38.523	79.093	19	42.774	8.765	8.058	39.327	80.838
20	41.762	8.370	7.724	38.537	79.122	20	42.791	8.771	8.064	39.340	80.867
21	41.779	8.377	7.730	38.550	79.151	21	42.808	8.778	8.070	39.354	80.896
22	41.797	8.384	7.735	38.563	79.180	22	42.825	8.785	8.075	39.367	80.925
23	41.814	8.390	7.741	38.577	79.209	23	42.843	8.792	8.081	39.381	80.954
24	41.831	8.397	7.746	38.590	79.238	24	42.860	8.798	8.087	39.394	80.983
25	41.848	8.403	7.752	38.604	79.267	25	42.877	8.805	8.092	39.407	81.012
26	41.865	8.410	7.758	38.617	79.296	26	42.894	8.812	8.098	39.421	81.041
27	41.882	8.416	7.763	38.631	79.325	27	42.911	8.819	8.104	39.434	81.071
28	41.899	8.423	7.769	38.644	79.354	28	42.929	8.826	8.110	39.447	81.100
29	41.916	8.430	7.774	38.657	79.383	29	42.946	8.832	8.115	39.461	81.129
30	41.933	8.436	7.780	38.671	79.413	30	42.963	8.839	8.121	39.474	81.158
31	41.950	8.443	7.786	38.684	79.442	31	42.980	8.846	8.127	39.487	81.187
32	41.967	8.449	7.791	38.698	79.471	32	42.998	8.853	8.133	39.501	81.216
33	41.984	8.456	7.797	38.711	79.500	33	43.015	8.859	8.138	39.514	81.245
34	42.002	8.463	7.803	38.725	79.529	34	43.032	8.866	8.144	39.527	81.274
35	42.019	8.469	7.808	38.738	79.558	35	43.049	8.873	8.150	39.541	81.303
36	42.036	8.476	7.814	38.751	79.587	36	43.067	8.880	8.156	39.554	81.332
37	42.053	8.483	7.820	38.765	79.616	37	43.084	8.887	8.161	39.568	81.361
38	42.070	8.489	7.825	38.778	79.645	38	43.101	8.894	8.167	39.581	81.391
39	42.087	8.496	7.831	38.792	79.674	39	43.118	8.900	8.173	39.594	81.420
40	42.104	8.503	7.837	38.805	79.703	40	43.136	8.907	8.179	39.608	81.449
41	42.121	8.509	7.842	38.818	79.733	41	43.153	8.914	8.184	39.621	81.478
42	42.139	8.516	7.848	38.832	79.762	42	43.170	8.921	8.190	39.634	81.507
43	42.156	8.523	7.854	38.845	79.791	43	43.188	8.928	8.196	39.648	81.536
44	42.173	8.530	7.859	38.859	79.820	44	43.205	8.935	8.202	39.661	81.565
45	42.190	8.536	7.865	38.872	79.849	45	43.222	8.941	8.208	39.675	81.594
46	42.207	8.543	7.871	38.885	79.878	46	43.239	8.948	8.213	39.688	81.623
47	42.224	8.549	7.876	38.899	79.907	47	43.257	8.955	8.219	39.701	81.652
48	42.241	8.556	7.882	38.912	79.936	48	43.274	8.962	8.225	39.715	81.681
49	42.258	8.563	7.888	38.926	79.965	49	43.291	8.969	8.231	39.728	81.711
50	42.276	8.569	7.893	38.939	79.994	50	43.308	8.976	8.236	39.741	81.740
51	42.293	8.576	7.899	38.952	80.023	51	43.326	8.982	8.242	39.755	81.769
52	42.310	8.583	7.905	38.966	80.052	52	43.343	8.989	8.248	39.768	81.798
53	42.327	8.589	7.910	38.979	80.082	53	43.360	8.996	8.254	39.782	81.827
54	42.344	8.596	7.916	38.993	80.111	54	43.377	9.003	8.259	39.795	81.856
55	42.361	8.603	7.922	39.006	80.140	55	43.395	9.010	8.265	39.808	81.885
56	42.378	8.609	7.927	39.019	80.169	56	43.412	9.017	8.271	39.822	81.914
57	42.396	8.616	7.933	39.033	80.198	57	43.429	9.023	8.277	39.835	81.943
58	42.413	8.623	7.939	39.046	80.227	58	43.447	9.030	8.283	39.848	81.972
59	42.430	8.629	7.944	39.060	80.256	59	43.464	9.037	8.288	39.862	82.001
60	42.447	8.636	7.950	39.073	80.285	60	43.481	9.044	8.294	39.875	82.030
′	TANG.	BISSEC-TRICE	FLÈCHE	DEMI-CORDE	ARC.	′	TANG.	BISSEC-TRICE.	FLÈCHE	DEMI-CORDE.	ARC.

'	TANG.	BISSEC-TRICE.	FLÈCHE	DEMI-CORDE.	ARC.
0	39.394	7.479	6.958	36.650	75.049
1	39.408	7.485	6.963	36.664	75.078
2	39.425	7.491	6.969	36.677	75.107
3	39.441	7.498	6.974	36.691	75.136
4	39.458	7.504	6.979	36.704	75.166
5	39.475	7.510	6.985	36.718	75.195
6	39.492	7.516	6.990	36.731	75.224
7	39.509	7.522	6.996	36.745	75.253
8	39.526	7.529	7.001	36.758	75.282
9	39.542	7.535	7.006	36.772	75.311
10	69.559	7.541	7.012	36.785	75.340
11	39.576	7.547	7.017	36.799	75.369
12	39.593	7.553	7.022	36.812	75.398
13	39.610	7.560	7.028	36.826	75.427
14	39.627	7.566	7.033	36.839	75.456
15	39.643	7.572	7.039	36.853	75.486
16	39.660	7.578	7.044	36.866	75.515
17	39.677	7.584	7.049	36.880	75.544
18	39.694	7.591	7.055	36.894	75.573
19	39.711	7.597	7.060	36.907	75.602
20	39.728	7.603	7.065	36.921	75.631
21	39.744	7.609	7.071	36.934	75.660
22	39.761	7.615	7.076	36.948	75.689
23	39.778	7.622	7.082	36.961	75.718
24	39.795	7.628	7.087	36.975	75.747
25	39.812	7.634	7.092	36.988	75.776
26	39.829	7.640	7.098	37.002	75.805
27	39.845	7.646	7.103	37.015	75.835
28	39.862	7.653	7.108	37.029	75.864
29	39.879	7.659	7.114	37.042	75.893
30	39.896	7.665	7.119	37.056	75.922
31	39.913	7.671	7.124	37.069	75.951
32	39.930	7.678	7.130	37.083	75.980
33	39.947	7.684	7.135	37.096	76.009
34	39.964	7.690	7.141	37.110	76.038
35	39.980	7.696	7.146	37.123	76.067
36	39.997	7.703	7.152	37.137	76.096
37	40.014	7.709	7.157	37.150	76.125
38	40.031	7.715	7.162	37.164	76.155
39	40.048	7.721	7.168	37.177	76.184
40	40.065	7.723	7.173	37.191	76.213
41	40.082	7.734	7.179	37.204	76.242
42	40.099	7.740	7.184	37.218	76.271
43	40.116	7.747	7.190	37.231	76.300
44	40.133	7.753	7.195	37.245	76.329
45	40.149	7.759	7.200	37.258	76.358
46	40.166	7.765	7.206	37.272	76.387
47	40.183	7.772	7.211	37.285	76.416
48	40.200	7.778	7.217	37.299	76.445
49	40.217	7.784	7.222	37.312	76.475
50	40.234	7.790	7.228	37.326	76.504
51	40.251	7.797	7.233	37.339	76.533
52	40.268	7.803	7.238	37.353	76.562
53	40.285	7.809	7.244	37.366	76.591
54	40.302	7.815	7.249	37.380	76.620
55	40.318	7.822	7.255	37.393	76.649
56	40.335	7.828	7 260	37.407	76.678
57	40.352	7.834	7.266	37.420	76.707
58	40.369	7.841	7.271	37.434	76.736
59	40.386	7.847	7.276	37.447	76.765
60	40.403	7.853	7.282	37.461	76.794

'	TANG.	BISSEC-TRICE.	FLÈCHE	DEMI-CORDE.	ARC.
0	40.403	7.853	7.282	37.461	76.794
1	40.420	7.859	7.287	37.474	76 824
2	40.437	7.866	7.293	37.488	76.853
3	40.454	7.872	7.298	37.501	76.882
4	40.471	7.879	7.304	37.515	76.911
5	40.488	7.885	7.309	37.528	76.940
6	40.505	7.891	7.315	37.542	76.969
7	40.522	7.998	7.320	37.555	76.998
8	40.538	7.904	7.326	37.569	77.027
9	40.555	7.911	7.331	37.582	77.056
10	40.572	7.917	7.337	37.596	77.085
11	40.589	7.923	7.342	37.609	77.114
12	40.606	7.930	7.348	37.623	77.144
13	40.623	7.936	7.353	37.636	77.173
14	40.640	7.943	7 359	37.650	77.202
15	40.657	7.949	7.364	37.663	77.231
16	40.674	7.955	7.370	37.677	77.260
17	40.691	7.962	7.375	37.690	77.289
18	40.708	7.968	7.380	37.703	77.318
19	40.725	7.975	7.386	37.717	77.347
20	40.742	7.981	7.391	37.730	77.376
21	40.759	7.987	7.397	37.744	77.405
22	40.775	7.994	7.402	37.757	77.434
23	40.792	8.000	7.408	37.771	77.464
24	40.809	8.007	7.413	37.784	77.493
25	40.826	8.013	7.419	37.798	77.522
26	40.843	8.019	7.424	37.811	77.551
27	40.860	8.026	7.430	37.825	77.580
28	40.877	8.032	7.435	37.838	77.609
29	40.894	8.039	7.441	37.852	77.638
30	40.911	8.045	7.446	37.865	77.667
31	40.928	8.051	7.452	37 878	77.696
32	40.945	8.058	7.457	37.892	77.725
33	40.962	8.064	7.463	37.905	77.754
34	40.979	8.071	7.468	37.919	77.784
35	40.996	8.077	7.474	37.932	77.813
36	41.013	8.084	7.479	37.946	77.842
37	41.030	8.090	7.485	37 959	77.871
38	41.047	8.097	7.490	37.972	77.900
39	41.064	8.103	7.496	37.986	77.929
40	41.081	8.110	7.501	37.999	77.958
41	41.098	8.116	7.507	38.013	77.987
42	41.115	8.123	7.512	38.026	78.016
43	41.132	8.129	7.518	38.040	78.045
44	41.149	8.136	7.523	38.053	78.074
45	41.166	8.142	7.529	38.066	78.104
46	41.183	8.149	7.534	38.080	78 133
47	41.200	8.155	7 540	38.093	78.162
48	41.217	8.161	7.546	38.107	78.191
49	41.234	8.168	7.551	38.120	78.220
50	41.251	8.174	7.557	38.134	78.249
51	41.268	8.181	7.562	38.147	78.278
52	41.285	8.187	7.568	38.160	78.307
53	41.302	8.194	7.573	38.174	78.336
54	41.319	8.200	7.579	38.187	78 365
55	41.336	8.207	7.584	38 201	78.394
56	41.353	8.213	7.590	38 214	78.424
57	41.370	8.220	7.595	38.228	78.453
58	41.387	8.226	7.601	38.241	78.482
59	41.404	8.233	7.606	38.254	78.511
60	41.421	8.239	7 612	38.268	78.540

'	TANG.	BISSEC-TRICE.	FLÈCHE	DEMI-CORDE.	ARC.	'	TANG.	BISSEC-TRICE.	FLÈCHE	DEMI-CORDE.	ARC.

'	TANG.	BISSEC-TRICE.	FLÈCHE	DEMI-CORDE.	ARC.	'	TANG.	BISSEC-TRICE.	FLÈCHE	DEMI-CORDE.	ARC.
0	41.421	8.239	7.612	38.268	78.540	0	42.447	8.636	7.950	39.073	80.285
1	41.438	8.246	7.618	38.281	78.569	1	42.464	8.643	7.956	39.086	80.314
2	41.455	8.252	7.623	38.295	78.598	2	42.481	8.650	7.961	39.100	80.343
3	41.472	8.259	7.629	38.308	78.627	3	42.499	8.656	7.967	39.113	80.372
4	41.489	8.265	7.634	38.322	78.656	4	42.516	8.663	7.973	39.126	80.402
5	41.506	8.272	7.640	38.335	78.685	5	42.533	8.670	7.978	39.140	80.431
6	41.523	8.278	7.646	38.349	78.714	6	42.550	8.677	7.984	39.153	80.460
7	41.540	8.285	7.651	38.362	78.743	7	42.567	8.683	7.990	39.167	80.489
8	41.558	8.292	7.657	38.375	78.773	8	42.585	8.690	7.996	39.180	80.518
9	41.575	8.298	7.662	38.389	78.802	9	42.602	8.697	8.001	39.193	80.547
10	41.592	8.305	7.668	38.402	78.831	10	42.619	8.704	8.007	39.207	80.576
11	41.609	8.311	7.674	38.416	78.860	11	42.636	8.710	8.013	39.220	80.605
12	41.626	8.318	7.679	38.429	78.889	12	42.653	8.717	8.018	39.233	80.634
13	41.643	8.324	7.685	38.442	78.918	13	42.671	8.724	8.024	39.247	80.663
14	41.660	8.331	7.690	38.456	78.947	14	42.688	8.731	8.030	39.260	80.692
15	41.677	8.338	7.696	38.469	78.976	15	42.705	8.738	8.035	39.274	80.721
16	41.694	8.344	7.702	38.483	79.005	16	42.722	8.744	8.041	39.287	80.751
17	41.711	8.351	7.707	38.496	79.034	17	42.739	8.751	8.047	39.300	80.780
18	41.728	8.357	7.713	38.510	79.063	18	42.757	8.758	8.053	39.314	80.809
19	41.745	8.364	7.718	38.523	79.093	19	42.774	8.765	8.058	39.327	80.838
20	41.762	8.370	7.724	38.537	79.122	20	42.791	8.771	8.064	39.340	80.867
21	41.779	8.377	7.730	38.550	79.151	21	42.808	8.778	8.070	39.354	80.896
22	41.797	8.384	7.735	38.563	79.180	22	42.825	8.785	8.075	39.367	80.925
23	41.814	8.390	7.741	38.577	79.209	23	42.843	8.792	8.081	39.381	80.954
24	41.831	8.397	7.746	38.590	79.238	24	42.860	8.798	8.087	39.394	80.983
25	41.848	8.403	7.752	38.604	79.267	25	42.877	8.805	8.092	39.407	81.012
26	41.865	8.410	7.758	38.617	79.296	26	42.894	8.812	8.098	39.421	81.041
27	41.882	8.416	7.763	38.631	79.325	27	42.911	8.819	8.104	39.434	81.071
28	41.899	8.423	7.769	38.644	79.354	28	42.929	8.826	8.110	39.447	81.100
29	41.916	8.430	7.774	38.657	79.383	29	42.946	8.832	8.115	39.461	81.129
30	41.933	8.436	7.780	38.671	79.413	30	42.963	8.839	8.121	39.474	81.158
31	41.950	8.443	7.786	38.684	79.442	31	42.980	8.846	8.127	39.487	81.187
32	41.967	8.449	7.791	38.698	79.471	32	42.998	8.853	8.133	39.501	81.216
33	41.984	8.456	7.797	38.711	79.500	33	43.015	8.859	8.138	39.514	81.245
34	42.002	8.463	7.803	38.725	79.529	34	43.032	8.866	8.144	39.527	81.274
35	42.019	8.469	7.808	38.738	79.558	35	43.049	8.873	8.150	39.541	81.303
36	42.036	8.476	7.814	38.751	79.587	36	43.067	8.880	8.156	39.554	81.332
37	42.053	8.483	7.820	38.765	79.616	37	43.084	8.887	8.161	39.568	81.361
38	42.070	8.489	7.825	38.778	79.645	38	43.101	8.894	8.167	39.581	81.391
39	42.087	8.496	7.831	38.792	79.674	39	43.118	8.900	8.173	39.594	81.420
40	42.104	8.503	7.837	38.805	79.703	40	43.136	8.907	8.179	39.608	81.449
41	42.121	8.509	7.842	38.818	79.733	41	43.153	8.914	8.184	39.621	81.478
42	42.139	8.516	7.848	38.832	79.762	42	43.170	8.921	8.190	39.634	81.507
43	42.156	8.523	7.854	38.845	79.791	43	43.188	8.928	8.196	39.648	81.536
44	42.173	8.530	7.859	38.859	79.820	44	43.205	8.935	8.202	39.661	81.565
45	42.190	8.536	7.865	38.872	79.849	45	43.222	8.941	8.208	39.675	81.594
46	42.207	8.543	7.871	38.885	79.878	46	43.239	8.948	8.213	39.688	81.623
47	42.224	8.549	7.876	38.899	79.907	47	43.257	8.955	8.219	39.701	81.652
48	42.241	8.556	7.882	38.912	79.936	48	43.274	8.962	8.225	39.715	81.681
49	42.258	8.563	7.888	38.926	79.965	49	43.291	8.969	8.231	39.728	81.711
50	42.276	8.569	7.893	38.939	79.994	50	43.308	8.976	8.236	39.741	81.740
51	42.293	8.576	7.899	38.952	80.023	51	43.326	8.982	8.242	39.755	81.769
52	42.310	8.583	7.905	38.966	80.052	52	43.343	8.989	8.248	39.768	81.798
53	42.327	8.589	7.910	38.979	80.082	53	43.360	8.996	8.254	39.782	81.827
54	42.344	8.596	7.916	38.993	80.111	54	43.377	9.003	8.259	39.795	81.856
55	42.361	8.603	7.922	39.006	80.140	55	43.395	9.010	8.265	39.808	81.885
56	42.378	8.609	7.927	39.019	80.169	56	43.412	9.017	8.271	39.822	81.914
57	42.396	8.616	7.933	39.033	80.198	57	43.429	9.023	8.277	39.835	81.943
58	42.413	8.623	7.939	39.046	80.227	58	43.447	9.030	8.283	39.848	81.972
59	42.430	8.629	7.944	39.060	80.256	59	43.464	9.037	8.288	39.862	82.001
60	42.447	8.636	7.950	39.073	80.285	60	43.481	9.044	8.294	39.875	82.030
'	TANG.	BISSEC-TRICE	FLÈCHE	DEMI-CORDE.	ARC.	'	TANG.	BISSEC-TRICE.	FLÈCHE	DEMI-CORDE.	ARC.

ANGLE AU CENTRE = 47° ANGLE AU CENTRE = 48°

'	TANG.	BISSEC-TRICE.	FLÈCHE	DEMI-CORDE.	ARC	'	TANG.	BISSEC-TRICE.	FLÈCHE	DEMI-CORDE.	ARC.
0	43.481	9.044	8.294	39.875	82.030	0	44.523	9.464	8.645	40.674	83.776
1	43.498	9.051	8.300	39.888	82.060	1	44.540	9.471	8.651	40.687	83.805
2	43.516	9.058	8.306	39.902	82.089	2	44.558	9.478	8.657	40.701	83.834
3	43.533	9.065	8.311	39.915	82.118	3	44.575	9.485	8.663	40.714	83.863
4	43.550	9.072	8.317	39.928	82.147	4	44.593	9.493	8.669	40.727	83.892
5	43.568	9.079	8.323	39.942	82.176	5	44.610	9.500	8.675	40.740	83.921
6	43.585	9.086	8.329	39.955	82.205	6	44.628	9.507	8.681	40.754	83.950
7	43.602	9.093	8.335	39.968	82.234	7	44.645	9.514	8.687	40.767	83.979
8	43.620	9.099	8.341	39.982	82.263	8	44.663	9.521	8.693	40.780	84.009
9	43.637	9.106	8.346	39.995	82.292	9	44.680	9.528	8.699	40.793	84.038
10	43.654	9.113	8.352	40.008	82.321	10	44.698	9.535	8.705	40.807	84.067
11	43.672	9.120	8.358	40.022	82.350	11	44.715	9.542	8.711	40.820	84.096
12	43.689	9.127	8.364	40.035	82.380	12	44.733	9.550	8.717	40.833	84.125
13	43.706	9.134	8.370	40.048	82.409	13	44.750	9.557	8.723	40.847	84.154
14	43.724	9.141	8.376	40.062	82.438	14	44.768	9.564	8.729	40.860	84.183
15	43.741	9.148	8.381	40.075	82.467	15	44.785	9.571	8.735	40.873	84.212
16	43.758	9.155	8.387	40.088	82.496	16	44.803	9.578	8.741	40.886	84.241
17	43.776	9.162	8.393	40.102	82.525	17	44.820	9.585	8.746	40.900	84.270
18	43.793	9.169	8.399	40.115	82.554	18	44.837	9.592	8.752	40.913	84.299
19	43.810	9.176	8.405	40.128	82.583	19	44.855	9.599	8.758	40.926	84.329
20	43.828	9.183	8.411	40.142	82.612	20	44.872	9.607	8.764	40.939	84.358
21	43.845	9.190	8.416	40.155	82.641	21	44.890	9.614	8.770	40.953	84.387
22	43.862	9.196	8.422	40.168	82.670	22	44.907	9.621	8.776	40.966	84.416
23	43.880	9.203	8.428	40.182	82.700	23	44.925	9.628	8.782	40.979	84.445
24	43.897	9.210	8.434	40.195	82.729	24	44.942	9.635	8.788	40.992	84.474
25	43.914	9.217	8.440	40.208	82.758	25	44.960	9.642	8.794	41.006	84.503
26	43.932	9.224	8.446	40.222	82.787	26	44.977	9.649	8.800	41.019	84.532
27	43.949	9.231	8.451	40.235	82.816	27	44.995	9.657	8.806	41.032	84.561
28	43.966	9.238	8.457	40.248	82.845	28	45.012	9.664	8.812	41.046	84.590
29	43.984	9.245	8.463	40.262	82.874	29	45.030	9.671	8.818	41.059	84.619
30	44.001	9.252	8.469	40.275	82.903	30	45.047	9.678	8.824	41.072	84.648
31	44.018	9.259	8.475	40.288	82.932	31	45.065	9.685	8.830	41.085	84.678
32	44.036	9.266	8.481	40.302	82.961	32	45.082	9.692	8.836	41.098	84.707
33	44.053	9.273	8.487	40.315	82.990	33	45.100	9.700	8.842	41.112	84.736
34	44.071	9.280	8.492	40.328	83.020	34	45.117	9.707	8.848	41.125	84.765
35	44.088	9.287	8.498	40.341	83.049	35	45.135	9.714	8.854	41.138	84.794
36	44.105	9.294	8.504	40.355	83.078	36	45.152	9.721	8.860	41.151	84.823
37	44.123	9.301	8.510	40.368	83.107	37	45.170	9.729	8.866	41.165	84.852
38	44.140	9.309	8.516	40.381	83.136	38	45.187	9.736	8.872	41.178	84.881
39	44.158	9.316	8.522	40.395	83.165	39	45.205	9.743	8.878	41.191	84.910
40	44.175	9.323	8.528	40.408	83.194	40	45.222	9.750	8.884	41.204	84.939
41	44.192	9.330	8.534	40.421	83.223	41	45.240	9.758	8.890	41.218	84.968
42	44.210	9.337	8.539	40.435	83.252	42	45.257	9.765	8.896	41.231	84.998
43	44.227	9.344	8.545	40.448	83.281	43	45.275	9.772	8.902	41.244	85.027
44	44.245	9.351	8.551	40.461	83.310	44	45.292	9.779	8.908	41.257	85.056
45	44.262	9.358	8.557	40.474	83.340	45	45.310	9.786	8.914	41.270	85.085
46	44.279	9.365	8.563	40.488	83.369	46	45.327	9.794	8.920	41.284	85.114
47	44.297	9.372	8.569	40.501	83.398	47	45.345	9.801	8.926	41.297	85.143
48	44.314	9.379	8.575	40.514	83.427	48	45.363	9.808	8.932	41.310	85.172
49	44.332	9.386	8.581	40.528	83.456	49	45.380	9.815	8.938	41.323	85.201
50	44.349	9.393	8.586	40.541	83.485	50	45.398	9.823	8.944	41.337	85.230
51	44.366	9.400	8.592	40.554	83.514	51	45.415	9.830	8.950	41.350	85.259
52	44.384	9.408	8.598	40.568	83.543	52	45.433	9.837	8.956	41.363	85.288
53	44.401	9.415	8.604	40.581	83.572	53	45.450	9.844	8.962	41.376	85.318
54	44.419	9.422	8.610	40.594	83.601	54	45.468	9.852	8.968	41.390	85.347
55	44.436	9.429	8.616	40.607	83.630	55	45.485	9.859	8.974	41.403	85.376
56	44.453	9.436	8.622	40.621	83.660	56	45.503	9.866	8.980	41.416	85.405
57	44.471	9.443	8.627	40.634	83.689	57	45.520	9.873	8.986	41.429	85.434
58	44.488	9.450	8.633	40.647	83.718	58	45.538	9.880	8.992	41.442	85.463
59	44.506	9.457	8.639	40.661	83.747	59	45.555	9.888	8.998	41.456	85.492
60	44.523	9.464	8.645	40.674	83.776	60	45.573	9.895	9.004	41.469	85.521
'	TANG.	BISSEC-TRICE.	FLÈCHE	DEMI-CORDE.	ARC.	'	TANG.	BISSEC-TRICE.	FLÈCHE	DEMI-CORDE.	ARC.

47° 48°

'	TANG.	BISSEC-TRICE.	FLÈCHE	DEMI-CORDE.	ARC.	'	TANG.	BISSEC-TRICE.	FLÈCHE	DEMI-CORDE.	ARC.
0	45.573	9.895	9.004	41.469	85.521	0	46.631	10.338	9.369	42.262	87.266
1	45.591	9.902	9.010	41.482	85.550	1	46.649	10.346	9.375	42.275	87.296
2	45.608	9.910	9.016	41.495	85.579	2	46.666	10.353	9.381	42.288	87.325
3	45.626	9.917	9.022	41.509	85.608	3	46.684	10.361	9.388	42.302	87.354
4	45.643	9.924	9.028	41.522	85.637	4	46.702	10.368	9.394	42.315	87.383
5	45.661	9.932	9.034	41.535	85.667	5	46.720	10.376	9.400	42.328	87.412
6	45.679	9.939	9.040	41.548	85.696	6	46.737	10.383	9.406	42.341	87.441
7	45.696	9.946	9.046	41.562	85.725	7	46.755	10.391	9.412	42.354	87.470
8	45.714	9.954	9.053	41.575	85.754	8	46.773	10.398	9.419	42.367	87.499
9	45.731	9.961	9.059	41.588	85.783	9	46.791	10.406	9.425	42.381	87.528
10	45.749	9.968	9.065	41.601	85.812	10	46.808	10.413	9.431	42.394	87.557
11	45.767	9.976	9.071	41.615	85.841	11	46.826	10.421	9.437	42.407	87.586
12	45.784	9.983	9.077	41.628	85.870	12	46.844	10.428	9.443	42.420	87.616
13	45.802	9.990	9.083	41.641	85.899	13	46.861	10.436	9.450	42.433	87.645
14	45.819	9.998	9.089	41.654	85.928	14	46.879	10.443	9.456	42.446	87.674
15	45.837	10.005	9.095	41.667	85.957	15	46.897	10.451	9.462	42.460	87.703
16	45.855	10.012	9.101	41.681	85.987	16	46.915	10.458	9.468	42.473	87.732
17	45.872	10.020	9.107	41.694	86.016	17	46.932	10.466	9.474	42.486	87.761
18	45.890	10.027	9.113	41.707	86.045	18	46.950	10.474	9.481	42.499	87.790
19	45.907	10.034	9.119	41.720	86.074	19	46.968	10.481	9.487	42.512	87.819
20	45.925	10.042	9.125	41.734	86.103	20	46.986	10.489	9.493	42.525	87.848
21	45.943	10.049	9.131	41.747	86.132	21	47.003	10.496	9.499	42.539	87.877
22	45.960	10.056	9.138	41.760	86.161	22	47.021	10.504	9.505	42.552	87.906
23	45.978	10.064	9.144	41.773	86.190	23	47.039	10.511	9.512	42.565	87.936
24	45.995	10.071	9.150	41.787	86.219	24	47.057	10.519	9.518	42.578	87.965
25	46.013	10.078	9.156	41.800	86.248	25	47.074	10.526	9.524	42.591	87.994
26	46.031	10.086	9.162	41.813	86.277	26	47.092	10.534	9.530	42.604	88.023
27	46.048	10.093	9.168	41.826	86.307	27	47.110	10.541	9.536	42.618	88.052
28	46.066	10.100	9.174	41.839	86.336	28	47.127	10.549	9.543	42.631	88.081
29	46.083	10.108	9.180	41.853	86.365	29	47.145	10.556	9.549	42.644	88.110
30	46.101	10.115	9.186	41.866	86.394	30	47.163	10.564	9.555	42.657	88.139
31	46.119	10.122	9.192	41.879	86.423	31	47.181	10.572	9.561	42.670	88.168
32	46.136	10.130	9.198	41.892	86.452	32	47.199	10.579	9.567	42.683	88.197
33	46.154	10.137	9.204	41.906	86.481	33	47.216	10.587	9.574	42.696	88.226
34	46.172	10.145	9.210	41.919	86.510	34	47.234	10.595	9.580	42.710	88.256
35	46.189	10.152	9.216	41.932	86.539	35	47.252	10.602	9.586	42.723	88.285
36	46.207	10.160	9.223	41.945	86.568	36	47.270	10.610	9.592	42.736	88.314
37	46.225	10.167	9.229	41.958	86.597	37	47.288	10.617	9.598	42.749	88.343
38	46.242	10.174	9.235	41.972	86.627	38	47.306	10.625	9.605	42.762	88.372
39	46.260	10.182	9.241	41.985	86.656	39	47.323	10.633	9.611	42.775	88.401
40	46.278	10.189	9.247	41.998	86.685	40	47.341	10.640	9.617	42.788	88.430
41	46.295	10.197	9.253	42.011	86.714	41	47.359	10.648	9.623	42.801	88.459
42	46.313	10.204	9.259	42.024	86.743	42	47.377	10.656	9.629	42.815	88.488
43	46.331	10.212	9.265	42.038	86.772	43	47.395	10.663	9.636	42.828	88.517
44	46.348	10.219	9.271	42.051	86.801	44	47.413	10.671	9.642	42.841	88.546
45	46.366	10.226	9.277	42.064	86.830	45	47.430	10.678	9.648	42.854	88.576
46	46.384	10.234	9.284	42.077	86.859	46	47.448	10.686	9.654	42.867	88.605
47	46.401	10.241	9.290	42.090	86.888	47	47.466	10.694	9.660	42.880	88.634
48	46.419	10.249	9.296	42.104	86.917	48	47.484	10.701	9.667	42.893	88.663
49	46.437	10.256	9.302	42.117	86.947	49	47.502	10.709	9.673	42.906	88.692
50	46.454	10.264	9.308	42.130	86.976	50	47.520	10.717	9.679	42.920	88.721
51	46.472	10.271	9.314	42.143	87.005	51	47.537	10.724	9.685	42.933	88.750
52	46.490	10.278	9.320	42.156	87.034	52	47.555	10.732	9.691	42.946	88.779
53	46.507	10.286	9.326	42.170	87.063	53	47.573	10.739	9.698	42.959	88.808
54	46.525	10.293	9.332	42.183	87.092	54	47.591	10.747	9.704	42.972	88.837
55	46.543	10.301	9.339	42.196	87.121	55	47.609	10.755	9.710	42.985	88.866
56	46.560	10.308	9.345	42.209	87.150	56	47.627	10.762	9.716	42.998	88.895
57	46.578	10.316	9.351	42.222	87.179	57	47.644	10.770	9.722	43.012	88.925
58	46.596	10.323	9.357	42.236	87.208	58	47.662	10.778	9.729	43.025	88.954
59	46.613	10.330	9.363	42.249	87.237	59	47.680	10.785	9.735	43.038	88.983
60	46.631	10.338	9.369	42.262	87.266	60	47.698	10.793	9.741	43.051	89.012
'	TANG.	BISSEC-TRICE.	FLÈCHE	DEMI-CORDE.	ARC.	'	TANG.	BISSEC-TRICE.	FLÈCHE	DEMI-CORDE.	ARC.

'	TANG.	BISSEC-TRICE.	FLÈCHE	DEMI-CORDE.	ARC	'	TANG.	BISSEC-TRICE.	FLÈCHE	DEMI-CORDE.	ARC.
0	43.481	9.044	8.294	39.875	82.030	0	44.523	9.464	8.645	40.674	83.776
1	43.498	9.051	8.300	39.888	82.060	1	44.540	9.471	8.651	40.687	83.805
2	43.516	9.058	8.306	39.902	82.089	2	44.558	9.478	8.657	40.701	83.834
3	43.533	9.065	8.311	39.915	82.118	3	44.575	9.485	8.663	40.714	83.863
4	43.550	9.072	8.317	39.928	82.147	4	44.593	9.493	8.669	40.727	83.892
5	43.568	9.079	8.323	39.942	82.176	5	44.610	9.500	8.675	40.740	83.921
6	43.585	9.086	8.329	39.955	82.205	6	44.628	9.507	8.681	40.754	83.950
7	43.602	9.093	8.335	39.968	82.234	7	44.645	9.514	8.687	40.767	83.979
8	43.620	9.099	8.341	39.982	82.263	8	44.663	9.521	8.693	40.780	84.009
9	43.637	9.106	8.346	39.995	82.292	9	44.680	9.528	8.699	40.793	84.038
10	43.654	9.113	8.352	40.008	82.321	10	44.698	9.535	8.705	40.807	84.067
11	43.672	9.120	8.358	40.022	82.350	11	44.715	9.542	8.711	40.820	84.096
12	43.689	9.127	8.364	40.035	82.380	12	44.733	9.550	8.717	40.833	84.125
13	43.706	9.134	8.370	40.048	82.409	13	44.750	9.557	8.723	40.847	84.154
14	43.724	9.141	8.376	40.062	82.438	14	44.768	9.564	8.729	40.860	84.183
15	43.741	9.148	8.381	40.075	82.467	15	44.785	9.571	8.735	40.873	84.212
16	43.758	9.155	8.387	40.088	82.496	16	44.803	9.578	8.741	40.886	84.241
17	43.776	9.162	8.393	40.102	82.525	17	44.820	9.585	8.746	40.900	84.270
18	43.793	9.169	8.399	40.115	82.554	18	44.837	9.592	8.752	40.913	84.299
19	43.810	9.176	8.405	40.128	82.583	19	44.855	9.599	8.758	40.926	84.329
20	43.828	9.183	8.411	40.142	82.612	20	44.872	9.607	8.764	40.939	84.358
21	43.845	9.190	8.416	40.155	82.641	21	44.890	9.614	8.770	40.953	84.387
22	43.862	9.196	8.422	40.168	82.670	22	44.907	9.621	8.776	40.966	84.416
23	43.880	9.203	8.428	40.182	82.700	23	44.925	9.628	8.782	40.979	84.445
24	43.897	9.210	8.434	40.195	82.729	24	44.942	9.635	8.788	40.992	84.474
25	43.914	9.217	8.440	40.208	82.758	25	44.960	9.642	8.794	41.006	84.503
26	43.932	9.224	8.446	40.222	82.787	26	44.977	9.649	8.800	41.019	84.532
27	43.949	9.231	8.451	40.235	82.816	27	44.995	9.657	8.806	41.032	84.561
28	43.966	9.238	8.457	40.248	82.845	28	45.012	9.664	8.812	41.046	84.590
29	43.984	9.245	8.463	40.262	82.874	29	45.030	9.671	8.818	41.059	84.619
30	44.001	9.252	8.469	40.275	82.903	30	45.047	9.678	8.824	41.072	84.648
31	44.018	9.259	8.475	40.288	82.932	31	45.065	9.685	8.830	41.085	84.678
32	44.036	9.266	8.481	40.302	82.961	32	45.082	9.692	8.836	41.098	84.707
33	44.053	9.273	8.487	40.315	82.990	33	45.100	9.700	8.842	41.112	84.736
34	44.071	9.280	8.492	40.328	83.020	34	45.117	9.707	8.848	41.125	84.765
35	44.088	9.287	8.498	40.341	83.049	35	45.135	9.714	8.854	41.138	84.794
36	44.105	9.294	8.504	40.355	83.078	36	45.152	9.721	8.860	41.151	84.823
37	44.123	9.301	8.510	40.368	83.107	37	45.170	9.729	8.866	41.165	84.852
38	44.140	9.309	8.516	40.381	83.136	38	45.187	9.736	8.872	41.178	84.881
39	44.158	9.316	8.522	40.395	83.165	39	45.205	9.743	8.878	41.191	84.910
40	44.175	9.323	8.528	40.408	83.194	40	45.222	9.750	8.884	41.204	84.939
41	44.192	9.330	8.534	40.421	83.223	41	45.240	9.758	8.890	41.218	84.968
42	44.210	9.337	8.539	40.435	83.252	42	45.257	9.765	8.896	41.231	84.998
43	44.227	9.344	8.545	40.448	83.281	43	45.275	9.772	8.902	41.244	85.027
44	44.245	9.351	8.551	40.461	83.310	44	45.292	9.779	8.908	41.257	85.056
45	44.262	9.358	8.557	40.474	83.340	45	45.310	9.786	8.914	41.270	85.085
46	44.279	9.365	8.563	40.488	83.369	46	45.327	9.794	8.920	41.284	85.114
47	44.297	9.372	8.569	40.501	83.398	47	45.345	9.801	8.926	41.297	85.143
48	44.314	9.379	8.575	40.514	83.427	48	45.363	9.808	8.932	41.310	85.172
49	44.332	9.386	8.581	40.528	83.456	49	45.380	9.815	8.938	41.323	85.201
50	44.349	9.393	8.586	40.541	83.485	50	45.398	9.823	8.944	41.337	85.230
51	44.366	9.400	8.592	40.554	83.514	51	45.415	9.830	8.950	41.350	85.259
52	44.384	9.408	8.598	40.568	83.543	52	45.433	9.837	8.956	41.363	85.288
53	44.401	9.415	8.604	40.581	83.572	53	45.450	9.844	8.962	41.376	85.318
54	44.419	9.422	8.610	40.594	83.601	54	45.468	9.852	8.968	41.390	85.347
55	44.436	9.429	8.616	40.607	83.630	55	45.485	9.859	8.974	41.403	85.376
56	44.453	9.436	8.622	40.621	83.660	56	45.503	9.866	8.980	41.416	85.405
57	44.471	9.443	8.627	40.634	83.689	57	45.520	9.873	8.986	41.429	85.434
58	44.488	9.450	8.633	40.647	83.718	58	45.538	9.880	8.992	41.442	85.463
59	44.506	9.457	8.639	40.661	83.747	59	45.555	9.888	8.998	41.456	85.492
60	44.523	9.464	8.645	40.674	83.776	60	45.573	9.895	9.004	41.469	85.521
'	TANG.	BISSEC-TRICE.	FLÈCHE	DEMI-CORDE.	ARC.	'	TANG.	BISSEC-TRICE.	FLÈCHE	DEMI-CORDE.	ARC.

t	TANG.	BISSEC-TRICE.	FLÈCHE	DEMI-CORDE.	ARC.	t	TANG.	BISSEC-TRICE.	FLÈCHE	DEMI-CORDE.	ARC.
0	45.573	9.895	9.004	41.469	85.521	0	46.631	10.338	9.369	42.262	87.266
1	45.591	9.902	9.010	41.482	85.550	1	46.649	10.346	9.375	42.275	87.296
2	45.608	9.910	9.016	41.495	85.579	2	46.666	10.353	9.381	42.288	87.325
3	45.626	9.917	9.022	41.509	85.608	3	46.684	10.361	9.388	42.302	87.354
4	45.643	9.924	9.028	41.522	85.637	4	46.702	10.368	9.394	42.315	87.383
5	45.661	9.932	9.034	41.535	85.667	5	46.720	10.376	9.400	42.328	87.412
6	45.679	9.939	9.040	41.548	85.695	6	46.737	10.383	9.406	42.341	87.441
7	45.696	9.946	9.046	41.562	85.725	7	46.755	10.391	9.412	42.354	87.470
8	45.714	9.954	9.053	41.575	85.754	8	46.773	10.398	9.419	42.367	87.499
9	45.731	9.961	9.059	41.588	85.783	9	46.791	10.406	9.425	42.381	87.528
10	45.749	9.968	9.065	41.601	85.812	10	46.808	10.413	9.431	42.394	87.557
11	45.767	9.976	9.071	41.615	85.841	11	46.826	10.421	9.437	42.407	87.586
12	45.784	9.983	9.077	41.628	85.870	12	46.844	10.428	9.443	42.420	87.616
13	45.802	9.990	9.083	41.641	85.899	13	46.861	10.436	9.450	42.433	87.645
14	45.819	9.998	9.089	41.654	85.928	14	46.879	10.443	9.456	42.446	87.674
15	45.837	10.005	9.095	41.667	85.957	15	46.897	10.451	9.462	42.460	87.703
16	45.855	10.012	9.101	41.681	85.987	16	46.915	10.458	9.468	42.473	87.732
17	45.872	10.020	9.107	41.694	86.016	17	46.932	10.466	9.474	42.486	87.761
18	45.890	10.027	9.113	41.707	86.045	18	46.950	10.474	9.481	42.499	87.790
19	45.907	10.034	9.119	41.720	86.074	19	46.968	10.481	9.487	42.512	87.819
20	45.925	10.042	9.125	41.734	86.103	20	46.986	10.489	9.493	42.525	87.848
21	45.943	10.049	9.131	41.747	86.132	21	47.003	10.496	9.499	42.539	87.877
22	45.960	10.056	9.138	41.760	86.161	22	47.021	10.504	9.505	42.552	87.906
23	45.978	10.064	9.144	41.773	86.190	23	47.039	10.511	9.512	42.565	87.936
24	45.995	10.071	9.150	41.787	86.219	24	47.057	10.519	9.518	42.578	87.965
25	46.013	10.078	9.156	41.800	86.248	25	47.074	10.526	9.524	42.591	87.994
26	46.031	10.086	9.162	41.813	86.277	26	47.092	10.534	9.530	42.604	88.023
27	46.048	10.093	9.168	41.826	86.307	27	47.110	10.541	9.536	42.618	88.052
28	46.066	10.100	9.174	41.839	86.336	28	47.127	10.549	9.543	42.631	88.081
29	46.083	10.108	9.180	41.853	86.365	29	47.145	10.556	9.549	42.644	88.110
30	46.101	10.115	9.186	41.866	86.394	30	47.163	10.564	9.555	42.657	88.139
31	46.119	10.122	9.192	41.879	86.423	31	47.181	10.572	9.561	42.670	88.168
32	46.136	10.130	9.198	41.892	86.452	32	47.199	10.579	9.567	42.683	88.197
33	46.154	10.137	9.204	41.906	86.481	33	47.216	10.587	9.574	42.696	88.226
34	46.172	10.145	9.210	41.919	86.510	34	47.234	10.595	9.580	42.710	88.256
35	46.189	10.152	9.216	41.932	86.539	35	47.252	10.602	9.586	42.723	88.285
36	46.207	10.160	9.223	41.945	86.568	36	47.270	10.610	9.592	42.736	88.314
37	46.225	10.167	9.229	41.958	86.597	37	47.288	10.617	9.598	42.749	88.343
38	46.242	10.174	9.235	41.972	86.627	38	47.306	10.625	9.605	42.762	88.372
39	46.260	10.182	9.241	41.985	86.656	39	47.323	10.633	9.611	42.775	88.401
40	46.278	10.189	9.247	41.998	86.685	40	47.341	10.640	9.617	42.788	88.430
41	46.295	10.197	9.253	42.011	86.714	41	47.359	10.648	9.623	42.801	88.459
42	46.313	10.204	9.259	42.024	86.733	42	47.377	10.656	9.629	42.815	88.488
43	46.331	10.212	9.265	42.039	86.772	43	47.395	10.663	9.636	42.828	88.517
44	46.348	10.219	9.271	42.051	86.801	44	47.413	10.671	9.642	42.841	88.546
45	46.366	10.226	9.277	42.064	86.830	45	47.430	10.678	9.648	42.854	88.576
46	46.384	10.234	9.284	42.077	86.859	46	47.448	10.686	9.654	42.867	88.605
47	46.401	10.241	9.290	42.090	86.888	47	47.466	10.694	9.660	42.880	88.634
48	46.419	10.249	9.296	42.103	86.917	48	47.484	10.701	9.667	42.893	88.663
49	46.437	10.256	9.302	42.117	86.947	49	47.502	10.709	9.673	42.906	88.692
50	46.454	10.264	9.308	42.130	86.976	50	47.520	10.717	9.679	42.920	88.721
51	46.472	10.271	9.314	42.143	87.005	51	47.537	10.724	9.685	42.933	88.750
52	46.490	10.278	9.320	42.156	87.034	52	47.555	10.732	9.691	42.946	88.779
53	46.507	10.286	9.326	42.170	87.063	53	47.573	10.739	9.698	42.959	88.808
54	46.525	10.293	9.332	42.183	87.092	54	47.591	10.747	9.704	42.972	88.837
55	46.543	10.301	9.339	42.196	87.121	55	47.609	10.755	9.710	42.985	88.866
56	46.560	10.308	9.345	42.209	87.150	56	47.627	10.762	9.716	42.998	88.895
57	46.578	10.316	9.351	42.222	87.179	57	47.644	10.770	9.722	43.012	88.925
58	46.596	10.323	9.357	42.236	87.208	58	47.662	10.778	9.729	43.025	88.954
59	46.613	10.330	9.363	42.249	87.237	59	47.680	10.785	9.735	43.038	88.983
60	46.631	10.338	9.369	42.262	87.266	60	47.698	10.793	9.741	43.051	89.012

	TANG.	BISSEC-TRICE.	FLÈCHE	DEMI-CORDE.	ARC.		TANG.	BISSEC-TRICE.	FLÈCHE	DEMI-CORDE.	ARC.

'	TANG.	BISSEC-TRICE.	FLÈCHE	DEMI-CORDE.	ARC.
0	47.698	10.793	9.741	43.051	89.012
1	47.716	10.801	9.747	43.064	89.041
2	47.734	10.808	9.754	43.077	89.070
3	47.752	10.816	9.760	43.090	89.099
4	47.769	10.824	9.766	43.104	89.128
5	47.787	10.832	9.772	43.117	89.157
6	47.805	10.839	9.779	43.130	89.186
7	47.823	10.847	9.785	43.143	89.215
8	47.841	10.855	9.791	43.156	89.245
9	47.859	10.863	9.798	43.169	89.274
10	47.877	10.870	9.804	43.182	89.303
11	47.895	10.878	9.810	43.195	89.332
12	47.912	10.886	9.817	43.209	89.361
13	47.930	10.893	9.823	43.222	89.390
14	47.948	10.901	9.829	43.235	89.419
15	47.966	10.909	9.835	43.248	89.448
16	47.984	10.917	9.842	43.261	89.477
17	48.002	10.924	9.848	43.274	89.506
18	48.020	10.932	9.854	43.287	89.535
19	48.038	10.940	9.861	43.300	89.564
20	48.055	10.948	9.867	43.314	89.594
21	48.073	10.955	9.873	43.327	89.623
22	48.091	10.963	9.880	43.340	89.652
23	48.109	10.971	9.886	43.353	89.681
24	48.127	10.979	9.892	43.366	89.710
25	48.145	10.986	9.898	43.379	89.739
26	48.163	10.994	9.905	43.392	89.768
27	48.180	11.002	9.911	43.406	89.797
28	48.198	11.009	9.917	43.419	89.826
29	48.216	11.017	9.924	43.432	89.855
30	48.234	11.025	9.930	43.445	89.884
31	48.252	11.033	9.937	43.458	89.914
32	48.270	11.041	9.943	43.471	89.943
33	48.288	11.048	9.950	43.484	89.972
34	48.306	11.056	9.957	43.497	90.001
35	48.324	11.064	9.963	43.510	90.030
36	48.342	11.072	9.970	43.523	90.059
37	48.360	11.080	9.977	43.536	90.088
38	48.378	11.088	9.984	43.550	90.117
39	48.396	11.095	9.990	43.563	90.146
40	48.414	11.103	9.997	43.576	90.175
41	48.432	11.111	10.004	43.589	90.204
42	48.450	11.119	10.010	43.602	90.234
43	48.468	11.127	10.017	43.615	90.263
44	48.486	11.135	10.024	43.628	90.292
45	48.504	11.142	10.030	43.641	90.321
46	48.522	11.150	10.037	43.654	90.350
47	48.539	11.158	10.044	43.667	90.379
48	48.557	11.166	10.051	43.680	90.408
49	48.575	11.174	10.057	43.693	90.437
50	48.593	11.182	10.064	43.706	90.466
51	48.611	11.189	10.071	43.719	90.495
52	48.629	11.197	10.077	43.733	90.524
53	48.647	11.205	10.084	43.746	90.554
54	48.665	11.213	10.091	43.759	90.583
55	48.683	11.221	10.097	43.772	90.612
56	48.701	11.229	10.104	43.785	90.641
57	48.719	11.236	10.111	43.798	90.670
58	48.737	11.244	10.118	43.811	90.699
59	48.755	11.252	10.124	43.824	90.728
60	48.773	11.260	10.131	43.837	90.757

'	TANG.	BISSEC-TRICE.	FLÈCHE	DEMI-CORDE.	ARC.
0	48.773	11.260	10.131	43.837	90.757
1	48.791	11.268	10.137	43.850	90.786
2	48.809	11.276	10.143	43.863	90.815
3	48.827	11.284	10.149	43.876	90.844
4	48.845	11.292	10.155	43.889	90.873
5	48.863	11.300	10.161	43.902	90.903
6	48.881	11.308	10.167	43.915	90.932
7	48.899	11.316	10.173	43.928	90.961
8	48.918	11.324	10.180	43.942	90.990
9	48.936	11.332	10.186	43.955	91.019
10	48.954	11.340	10.192	43.968	91.048
11	48.972	11.348	10.198	43.981	91.077
12	48.990	11.356	10.204	43.994	91.106
13	49.008	11.364	10.210	44.007	91.135
14	49.026	11.372	10.216	44.020	91.164
15	49.044	11.380	10.222	44.033	91.193
16	49.062	11.388	10.228	44.046	91.223
17	49.080	11.395	10.234	44.059	91.252
18	49.098	11.403	10.240	44.072	91.281
19	49.116	11.411	10.246	44.085	91.310
20	49.134	11.419	10.252	44.098	91.339
21	49.152	11.427	10.258	44.111	91.368
22	49.171	11.435	10.265	44.125	91.397
23	49.189	11.443	10.271	44.138	91.426
24	49.207	11.451	10.277	44.151	91.455
25	49.225	11.459	10.283	44.164	91.484
26	49.243	11.467	10.289	44.177	91.513
27	49.261	11.475	10.295	44.190	91.543
28	49.279	11.483	10.301	44.203	91.572
29	49.297	11.491	10.307	44.216	91.601
30	49.315	11.499	10.313	44.229	91.630
31	49.333	11.507	10.319	44.242	91.659
32	49.351	11.515	10.326	44.255	91.688
33	49.369	11.523	10.332	44.268	91.717
34	49.387	11.531	10.339	44.281	91.746
35	49.405	11.539	10.345	44.294	91.775
36	49.424	11.547	10.352	44.307	91.804
37	49.442	11.555	10.358	44.320	91.833
38	49.460	11.563	10.365	44.333	91.863
39	49.478	11.571	10.371	44.346	91.892
40	49.496	11.579	10.378	44.359	91.921
41	49.514	11.587	10.384	44.372	91.950
42	49.532	11.595	10.391	44.385	91.979
43	49.550	11.603	10.397	44.398	92.008
44	49.568	11.611	10.404	44.411	92.037
45	49.586	11.619	10.410	44.424	92.066
46	49.605	11.627	10.417	44.437	92.095
47	49.623	11.636	10.423	44.451	92.124
48	49.641	11.644	10.429	44.464	92.153
49	49.659	11.652	10.436	44.477	92.183
50	49.677	11.660	10.442	44.490	92.212
51	49.695	11.668	10.449	44.503	92.241
52	49.713	11.676	10.455	44.516	92.270
53	49.731	11.684	10.462	44.529	92.299
54	49.749	11.692	10.468	44.542	92.328
55	49.767	11.700	10.475	44.555	92.357
56	49.786	11.708	10.481	44.568	92.386
57	49.804	11.716	10.488	44.581	92.415
58	49.822	11.724	10.494	44.594	92.444
59	49.840	11.732	10.501	44.607	92.473
60	49.858	11.740	10.507	44.620	92.502

'	TANG.	BISSEC-TRICE.	FLÈCHE	DEMI-CORDE.	ARC.	'	TANG.	BISSEC-TRICE.	FLÈCHE	DEMI-CORDE.	ARC.

'	TANG.	BISSECTRICE.	FLÈCHE	DEMI-CORDE.	ARC.	'	TANG.	BISSECTRICE.	FLÈCHE	DEMI-CORDE.	ARC.
0	49.858	11.740	10.507	44.620	92.502	0	50.953	12.233	10.899	45.399	94.248
1	49.876	11.748	10.513	44.633	92.532	1	50.971	12.241	10.906	45.412	94.277
2	49.894	11.756	10.520	44.646	92.561	2	50.990	12.250	10.912	45.425	94.306
3	49.913	11.765	10.526	44.659	92.590	3	51.008	12.258	10.919	45.438	94.335
4	49.931	11.773	10.533	44.672	92.619	4	51.026	12.266	10.926	45.451	94.364
5	49.949	11.781	10.539	44.685	92.648	5	51.045	12.275	10.932	45.464	94.393
6	49.967	11.789	10.546	44.698	92.677	6	51.063	12.283	10.939	45.477	94.422
7	49.985	11.797	10.552	44.711	92.706	7	51.081	12.291	10.945	45.490	94.451
8	50.004	11.805	10.559	44.724	92.735	8	51.100	12.300	10.952	45.502	94.480
9	50.022	11.814	10.565	44.737	92.764	9	51.118	12.308	10.959	45.515	94.510
10	50.040	11.822	10.572	44.750	92.793	10	51.136	12.317	10.965	45.528	94.539
11	50.058	11.830	10.578	44.763	92.822	11	51.155	12.325	10.972	45.541	94.568
12	50.076	11.838	10.585	44.776	92.852	12	51.173	12.333	10.979	45.554	94.597
13	50.095	11.846	10.591	44.789	92.881	13	51.191	12.342	10.985	45.567	94.626
14	50.113	11.854	10.598	44.802	92.910	14	51.210	12.350	10.992	45.580	94.655
15	50.131	11.863	10.604	44.815	92.939	15	51.228	12.359	10.998	45.593	94.684
16	50.149	11.871	10.611	44.828	92.968	16	51.246	12.367	11.005	45.606	94.713
17	50.167	11.879	10.617	44.841	92.997	17	51.265	12.375	11.012	45.619	94.742
18	50.186	11.887	10.624	44.854	93.026	18	51.283	12.384	11.018	45.632	94.771
19	50.204	11.895	10.630	44.867	93.055	19	51.301	12.392	11.025	45.645	94.800
20	50.222	11.903	10.637	44.880	93.084	20	51.320	12.400	11.032	45.658	94.830
21	50.240	11.912	10.643	44.893	93.113	21	51.338	12.409	11.038	45.671	94.859
22	50.258	11.920	10.650	44.906	93.142	22	51.356	12.417	11.045	45.683	94.888
23	50.277	11.928	10.656	44.919	93.172	23	51.375	12.426	11.051	45.696	94.917
24	50.295	11.936	10.663	44.932	93.201	24	51.393	12.434	11.058	45.709	94.946
25	50.313	11.944	10.669	44.945	93.230	25	51.411	12.442	11.065	45.722	94.975
26	50.331	11.952	10.676	44.958	93.259	26	51.430	12.451	11.071	45.735	95.004
27	50.349	11.961	10.682	44.971	93.288	27	51.448	12.459	11.078	45.748	95.033
28	50.368	11.969	10.689	44.984	93.317	28	51.466	12.467	11.085	45.761	95.062
29	50.386	11.977	10.695	44.997	93.346	29	51.485	12.476	11.091	45.774	95.091
30	50.404	11.985	10.702	45.010	93.375	30	51.503	12.484	11.098	45.787	95.120
31	50.422	11.993	10.709	45.023	93.404	31	51.521	12.492	11.105	45.800	95.150
32	50.441	12.002	10.715	45.036	93.433	32	51.540	12.501	11.111	45.813	95.179
33	50.459	12.010	10.722	45.049	93.462	33	51.558	12.509	11.118	45.826	95.208
34	50.477	12.018	10.728	45.062	93.492	34	51.577	12.518	11.125	45.839	95.237
35	50.495	12.026	10.735	45.075	93.521	35	51.595	12.526	11.131	45.852	95.266
36	50.514	12.035	10.741	45.088	93.550	36	51.614	12.535	11.138	45.865	95.295
37	50.532	12.043	10.748	45.101	93.579	37	51.632	12.543	11.145	45.878	95.324
38	50.550	12.051	10.755	45.114	93.608	38	51.651	12.552	11.152	45.890	95.353
39	50.569	12.059	10.761	45.127	93.637	39	51.669	12.560	11.158	45.903	95.382
40	50.587	12.068	10.768	45.140	93.666	40	51.688	12.569	11.165	45.916	95.411
41	50.605	12.076	10.774	45.153	93.695	41	51.706	12.577	11.172	45.929	95.440
42	50.624	12.084	10.781	45.166	93.724	42	51.725	12.586	11.178	45.942	95.470
43	50.642	12.093	10.787	45.179	93.753	43	51.743	12.594	11.185	45.955	95.499
44	50.660	12.101	10.794	45.192	93.782	44	51.762	12.603	11.192	45.968	95.528
45	50.678	12.109	10.801	45.205	93.811	45	51.780	12.611	11.198	45.981	95.557
46	50.697	12.117	10.807	45.218	93.841	46	51.799	12.620	11.205	45.994	95.586
47	50.715	12.126	10.814	45.230	93.870	47	51.817	12.628	11.212	46.007	95.615
48	50.733	12.134	10.820	45.243	93.899	48	51.835	12.636	11.219	46.020	95.644
49	50.752	12.142	10.827	45.256	93.928	49	51.854	12.645	11.225	46.033	95.673
50	50.770	12.150	10.833	45.269	93.957	50	51.872	12.653	11.232	46.046	95.702
51	50.788	12.159	10.840	45.282	93.986	51	51.891	12.662	11.239	46.059	95.731
52	50.807	12.167	10.847	45.295	94.015	52	51.909	12.670	11.245	46.071	95.760
53	50.825	12.175	10.853	45.308	94.044	53	51.928	12.679	11.252	46.084	95.790
54	50.843	12.183	10.860	45.321	94.073	54	51.946	12.687	11.259	46.097	95.819
55	50.861	12.192	10.866	45.334	94.102	55	51.965	12.696	11.265	46.110	95.848
56	50.880	12.200	10.873	45.347	94.131	56	51.983	12.704	11.272	46.123	95.877
57	50.898	12.208	10.879	45.360	94.161	57	52.002	12.713	11.279	46.136	95.906
58	50.916	12.217	10.886	45.373	94.190	58	52.020	12.721	11.286	46.149	95.935
59	50.935	12.225	10.893	45.386	94.219	59	52.039	12.730	11.292	46.162	95.964
60	50.953	12.233	10.899	45.399	94.248	60	52.057	12.738	11.299	46.175	95.993

'	TANG.	BISSECTRICE.	FLÈCHE	DEMI-CORDE.	ARC.	'	TANG.	BISSECTRICE.	FLÈCHE	DEMI-CORDE.	ARC.

ANGLE AU CENTRE = 51°

′	TANG.	BISSEC-TRICE.	FLÈCHE	DEMI-CORDE.	ARC.
0	47.698	10.793	9.741	43.051	89.012
1	47.716	10.801	9.747	43.064	89.041
2	47.734	10.808	9.754	43.077	89.070
3	47.752	10.816	9.760	43.090	89.099
4	47.769	10.824	9.766	43.104	89.128
5	47.787	10.832	9.772	43.117	89.157
6	47.805	10.839	9.779	43.130	89.186
7	47.823	10.847	9.785	43.143	89.215
8	47.841	10.855	9.791	43.156	89.245
9	47.859	10.863	9.798	43.169	89.274
10	47.877	10.870	9.804	43.182	89.303
11	47.895	10.878	9.810	43.195	89.332
12	47.912	10.886	9.817	43.209	89.361
13	47.930	10.893	9.823	43.222	89.390
14	47.948	10.901	9.829	43.235	89.419
15	47.966	10.909	9.835	43.248	89.448
16	47.984	10.917	9.842	43.261	89.477
17	48.002	10.924	9.848	43.274	89.506
18	48.020	10.932	9.854	43.287	89.535
19	48.038	10.940	9.861	43.300	89.564
20	48.055	10.948	9.867	43.314	89.594
21	48.073	10.955	9.873	43.327	89.623
22	48.091	10.963	9.880	43.340	89.652
23	48.109	10.971	9.886	43.353	89.681
24	48.127	10.979	9.892	43.366	89.710
25	48.145	10.986	9.898	43.379	89.739
26	48.163	10.994	9.905	43.392	89.768
27	48.180	11.002	9.911	43.406	89.797
28	48.198	11.009	9.917	43.419	89.826
29	48.216	11.017	9.924	43.432	89.855
30	48.234	11.025	9.930	43.445	89.884
31	48.252	11.033	9.937	43.458	89.914
32	48.270	11.041	9.943	43.471	89.943
33	48.288	11.048	9.950	43.484	89.972
34	48.305	11.056	9.957	43.497	90.001
35	48.324	11.064	9.963	43.510	90.030
36	48.342	11.072	9.970	43.523	90.059
37	48.360	11.080	9.977	43.536	90.088
38	48.378	11.088	9.984	43.550	90.117
39	48.396	11.095	9.990	43.563	90.146
40	48.414	11.103	9.997	43.576	90.175
41	48.432	11.111	10.004	43.589	90.204
42	48.450	11.119	10.010	43.602	90.234
43	48.468	11.127	10.017	43.615	90.263
44	48.486	11.135	10.024	43.628	90.292
45	48.504	11.142	10.030	43.641	90.321
46	48.522	11.150	10.037	43.654	90.350
47	48.539	11.158	10.044	43.667	90.379
48	48.557	11.166	10.051	43.680	90.408
49	48.575	11.174	10.057	43.693	90.437
50	48.593	11.182	10.064	43.706	90.466
51	48.611	11.189	10.071	43.719	90.495
52	48.629	11.197	10.077	43.733	90.524
53	48.647	11.205	10.084	43.746	90.554
54	48.665	11.213	10.091	43.759	90.583
55	48.683	11.221	10.097	43.772	90.612
56	48.701	11.229	10.104	43.785	90.641
57	48.719	11.236	10.111	43.798	90.670
58	48.737	11.244	10.116	43.811	90.699
59	48.755	11.252	10.124	43.824	90.728
60	48.773	11.260	10.131	43.837	90.757

′	TANG.	BISSEC-TRICE.	FLÈCHE	DEMI-CORDE.	ARC.

ANGLE AU CENTRE = 52°

′	TANG.	BISSEC-TRICE.	FLÈCHE	DEMI-CORDE.	ARC.
0	48.773	11.260	10.131	43.837	90.757
1	48.791	11.268	10.137	43.850	90.786
2	48.809	11.276	10.143	43.863	90.815
3	48.827	11.284	10.149	43.876	90.844
4	48.845	11.292	10.155	43.889	90.873
5	48.863	11.300	10.161	43.902	90.903
6	48.881	11.308	10.167	43.915	90.932
7	48.899	11.316	10.173	43.928	90.961
8	48.918	11.324	10.180	43.942	90.990
9	48.936	11.332	10.186	43.955	91.019
10	48.954	11.340	10.192	43.968	91.048
11	48.972	11.348	10.198	43.981	91.077
12	48.990	11.356	10.204	43.994	91.106
13	49.008	11.364	10.210	44.007	91.135
14	49.026	11.372	10.216	44.020	91.164
15	49.044	11.380	10.222	44.033	91.193
16	49.062	11.388	10.228	44.046	91.223
17	49.080	11.395	10.234	44.059	91.252
18	49.098	11.403	10.240	44.072	91.281
19	49.116	11.411	10.246	44.085	91.310
20	49.134	11.419	10.252	44.098	91.339
21	49.152	11.427	10.258	44.111	91.368
22	49.171	11.435	10.265	44.125	91.397
23	49.189	11.443	10.271	44.138	91.426
24	49.207	11.451	10.277	44.151	91.455
25	49.225	11.459	10.283	44.164	91.484
26	49.243	11.467	10.289	44.177	91.513
27	49.261	11.475	10.295	44.190	91.543
28	49.279	11.483	10.301	44.203	91.572
29	49.297	11.491	10.307	44.216	91.601
30	49.315	11.499	10.313	44.229	91.630
31	49.333	11.507	10.319	44.242	91.659
32	49.351	11.515	10.326	44.255	91.688
33	49.369	11.523	10.332	44.268	91.717
34	49.387	11.531	10.339	44.281	91.746
35	49.405	11.539	10.345	44.294	91.775
36	49.424	11.547	10.352	44.307	91.804
37	49.442	11.555	10.358	44.320	91.833
38	49.460	11.563	10.365	44.333	91.863
39	49.478	11.571	10.371	44.346	91.892
40	49.496	11.579	10.378	44.359	91.921
41	49.514	11.587	10.384	44.372	91.950
42	49.532	11.595	10.391	44.385	91.979
43	49.550	11.603	10.397	44.398	92.008
44	49.568	11.611	10.404	44.411	92.037
45	49.586	11.619	10.410	44.424	92.066
46	49.605	11.627	10.417	44.437	92.095
47	49.623	11.636	10.423	44.451	92.124
48	49.641	11.644	10.429	44.464	92.153
49	49.659	11.652	10.436	44.477	92.183
50	49.677	11.660	10.442	44.490	92.212
51	49.695	11.668	10.449	44.503	92.241
52	49.713	11.676	10.455	44.516	92.270
53	49.731	11.684	10.462	44.529	92.299
54	49.749	11.692	10.468	44.542	92.328
55	49.767	11.700	10.475	44.555	92.357
56	49.786	11.708	10.481	44.568	92.386
57	49.804	11.716	10.488	44.581	92.415
58	49.822	11.724	10.494	44.594	92.444
59	49.840	11.732	10.501	44.607	92.473
60	49.858	11.740	10.507	44.620	92.502

′	TANG.	BISSEC-TRICE.	FLÈCHE	DEMI-CORDE.	ARC.

′	TANG.	BISSEC-TRICE.	FLÈCHE	DEMI-CORDE.	ARC.	′	TANG.	BISSEC-TRICE.	FLÈCHE	DEMI-CORDE.	ARC.
0	49.858	11.740	10.507	44.620	92.502	0	50.953	12.233	10.899	45.399	94.248
1	49.876	11.748	10.513	44.633	92.532	1	50.971	12.241	10.906	45.412	94.277
2	49.894	11.756	10.520	44.646	92.561	2	50.990	12.250	10.912	45.425	94.306
3	49.913	11.765	10.526	44.659	92.590	3	51.008	12.258	10.919	45.438	94.335
4	49.931	11.773	10.533	44.672	92.619	4	51.026	12.266	10.926	45.451	94.364
5	49.949	11.781	10.539	44.685	92.648	5	51.045	12.275	10.932	45.464	94.393
6	49.967	11.789	10.546	44.698	92.677	6	51.063	12.283	10.939	45.477	94.422
7	49.985	11.797	10.552	44.711	92.706	7	51.081	12.292	10.945	45.490	94.451
8	50.004	11.805	10.559	44.724	92.735	8	51.100	12.300	10.952	45.502	94.480
9	50.022	11.814	10.565	44.737	92.764	9	51.118	12.308	10.959	45.515	94.510
10	50.040	11.822	10.572	44.750	92.793	10	51.136	12.317	10.965	45.528	94.539
11	50.058	11.830	10.578	44.763	92.822	11	51.155	12.325	10.972	45.541	94.568
12	50.076	11.838	10.585	44.776	92.852	12	51.173	12.333	10.979	45.554	94.597
13	50.095	11.846	10.591	44.789	92.881	13	51.191	12.342	10.985	45.567	94.626
14	50.113	11.854	10.598	44.802	92.910	14	51.210	12.350	10.992	45.580	94.655
15	50.131	11.863	10.604	44.815	92.939	15	51.228	12.359	10.998	45.593	94.684
16	50.149	11.871	10.611	44.828	92.968	16	51.246	12.367	11.005	45.606	94.713
17	50.167	11.879	10.617	44.841	92.997	17	51.265	12.375	11.012	45.619	94.742
18	50.186	11.887	10.624	44.854	93.026	18	51.283	12.384	11.018	45.632	94.771
19	50.204	11.895	10.630	44.867	93.055	19	51.301	12.392	11.025	45.645	94.800
20	50.222	11.903	10.637	44.880	93.084	20	51.320	12.400	11.032	45.658	94.830
21	50.240	11.912	10.643	44.893	93.113	21	51.338	12.409	11.038	45.671	94.859
22	50.258	11.920	10.650	44.906	93.142	22	51.356	12.417	11.045	45.683	94.888
23	50.277	11.928	10.656	44.919	93.172	23	51.375	12.426	11.051	45.696	94.917
24	50.295	11.936	10.663	44.932	93.201	24	51.393	12.434	11.058	45.709	94.946
25	50.313	11.944	10.669	44.945	93.230	25	51.411	12.442	11.065	45.722	94.975
26	50.331	11.952	10.676	44.958	93.259	26	51.430	12.451	11.071	45.735	95.004
27	50.349	11.961	10.682	44.971	93.288	27	51.448	12.459	11.078	45.748	95.033
28	50.368	11.969	10.689	44.984	93.317	28	51.466	12.467	11.085	45.761	95.062
29	50.386	11.977	10.695	44.997	93.346	29	51.485	12.476	11.091	45.774	95.091
30	50.404	11.985	10.702	45.010	93.375	30	51.503	12.484	11.098	45.787	95.120
31	50.422	11.993	10.709	45.023	93.404	31	51.521	12.492	11.105	45.800	95.150
32	50.441	12.002	10.715	45.036	93.433	32	51.540	12.501	11.111	45.813	95.179
33	50.459	12.010	10.722	45.049	93.462	33	51.558	12.509	11.118	45.826	95.208
34	50.477	12.018	10.728	45.062	93.492	34	51.577	12.518	11.125	45.839	95.237
35	50.495	12.026	10.735	45.075	93.521	35	51.595	12.526	11.131	45.852	95.266
36	50.514	12.035	10.741	45.088	93.550	36	51.614	12.535	11.138	45.865	95.295
37	50.532	12.043	10.748	45.101	93.579	37	51.632	12.543	11.145	45.878	95.324
38	50.550	12.051	10.755	45.114	93.608	38	51.651	12.552	11.152	45.890	95.353
39	50.569	12.059	10.761	45.127	93.637	39	51.669	12.560	11.158	45.903	95.382
40	50.587	12.068	10.768	45.140	93.666	40	51.688	12.569	11.165	45.916	95.411
41	50.605	12.076	10.774	45.153	93.695	41	51.706	12.577	11.172	45.929	95.440
42	50.624	12.084	10.781	45.166	93.724	42	51.725	12.586	11.178	45.942	95.470
43	50.642	12.093	10.787	45.179	93.753	43	51.743	12.594	11.185	45.955	95.499
44	50.660	12.101	10.794	45.192	93.782	44	51.762	12.603	11.192	45.968	95.528
45	50.678	12.109	10.801	45.205	93.811	45	51.780	12.611	11.198	45.981	95.557
46	50.697	12.117	10.807	45.218	93.841	46	51.799	12.620	11.205	45.994	95.586
47	50.715	12.126	10.814	45.230	93.870	47	51.817	12.628	11.212	46.007	95.615
48	50.733	12.134	10.820	45.243	93.899	48	51.835	12.636	11.219	46.020	95.644
49	50.752	12.142	10.827	45.256	93.928	49	51.854	12.645	11.225	46.033	95.673
50	50.770	12.150	10.833	45.269	93.957	50	51.872	12.653	11.232	46.046	95.702
51	50.788	12.159	10.840	45.282	93.986	51	51.891	12.662	11.239	46.059	95.731
52	50.807	12.167	10.847	45.295	94.015	52	51.909	12.670	11.245	46.071	95.760
53	50.825	12.175	10.853	45.308	94.044	53	51.928	12.679	11.252	46.084	95.790
54	50.843	12.183	10.860	45.321	94.073	54	51.946	12.687	11.259	46.097	95.819
55	50.861	12.192	10.866	45.334	94.102	55	51.965	12.696	11.265	46.110	95.848
56	50.880	12.200	10.873	45.347	94.131	56	51.983	12.704	11.272	46.123	95.877
57	50.898	12.208	10.879	45.360	94.161	57	52.002	12.713	11.279	46.136	95.906
58	50.916	12.217	10.886	45.373	94.190	58	52.020	12.721	11.286	46.149	95.935
59	50.935	12.225	10.893	45.386	94.219	59	52.039	12.730	11.292	46.162	95.964
60	50.953	12.233	10.899	45.399	94.248	60	52.057	12.738	11.299	46.175	95.993
′	TANG.	BISSEC-TRICE.	FLÈCHE	DEMI-CORDE.	ARC.	′	TANG.	BISSEC-TRICE.	FLÈCHE	DEMI-CORDE.	ARC.

'	TANG.	BISSEC-TRICE.	FLÈCHE	DEMI-CORDE.	ARC.	'	TANG.	BISSEC-TRICE.	FLÈCHE	DEMI-CORDE.	ARC.
0	52.057	12.738	11.299	46.175	95.993	0	53.171	13.257	11.705	46.947	97.738
1	52.076	12.747	11.306	46.188	96.022	1	53.190	13.266	11.712	46.960	97.768
2	52.094	12.755	11.312	46.201	96.051	2	53.208	13.275	11.719	46.973	97.797
3	52.113	12.764	11.319	46.214	96.080	3	53.227	13.283	11.726	46.985	97.826
4	52.131	12.772	11.326	46.226	96.109	4	53.246	13.292	11.732	46.998	97.855
5	52.150	12.781	11.333	46.239	96.139	5	53.264	13.301	11.739	47.011	97.884
6	52.168	12.790	11.339	46.252	96.168	6	53.283	13.310	11.746	47.024	97.913
7	52.187	12.798	11.346	46.265	96.197	7	53.302	13.319	11.753	47.037	97.942
8	52.205	12.807	11.353	46.278	96.226	8	53.321	13.327	11.760	47.050	97.971
9	52.224	12.815	11.360	46.291	96.255	9	53.339	13.336	11.767	47.062	98.000
10	52.242	12.824	11.366	46.304	96.284	10	53.358	13.345	11.774	47.075	98.029
11	52.261	12.833	11.373	46.317	96.313	11	53.377	13.354	11.781	47.088	98.058
12	52.279	12.841	11.380	46.329	96.342	12	53.395	13.363	11.787	47.101	98.088
13	52.298	12.850	11.386	46.342	96.371	13	53.414	13.371	11.794	47.114	98.117
14	52.316	12.858	11.393	46.355	96.400	14	53.433	13.380	11.801	47.127	98.146
15	52.335	12.867	11.400	46.368	96.429	15	53.451	13.389	11.808	47.139	98.175
16	52.353	12.876	11.407	46.381	96.459	16	53.470	13.398	11.815	47.152	98.204
17	52.372	12.884	11.415	46.394	96.488	17	53.489	13.407	11.822	47.165	98.233
18	52.391	12.893	11.420	46.407	96.517	18	53.508	13.415	11.829	47.178	98.262
19	52.409	12.901	11.427	46.420	96.546	19	53.526	13.424	11.836	47.191	98.291
20	52.428	12.910	11.434	46.432	96.575	20	53.545	13.433	11.842	47.204	98.320
21	52.446	12.919	11.440	46.445	96.604	21	53.564	13.442	11.849	47.216	98.349
22	52.465	12.927	11.447	46.458	96.633	22	53.582	13.451	11.856	47.229	98.378
23	52.483	12.936	11.454	46.471	96.662	23	53.601	13.459	11.863	47.242	98.408
24	52.502	12.944	11.461	46.484	96.691	24	53.620	13.468	11.870	47.255	98.437
25	52.520	12.953	11.467	46.497	96.720	25	53.638	13.477	11.877	47.268	98.466
26	52.539	12.962	11.474	46.510	96.749	26	53.657	13.486	11.884	47.281	98.495
27	52.557	12.970	11.481	46.522	96.779	27	53.676	13.495	11.890	47.293	98.524
28	52.576	12.979	11.487	46.535	96.808	28	53.695	13.503	11.897	47.306	98.553
29	52.594	12.987	11.494	46.548	96.837	29	53.713	13.512	11.904	47.319	98.582
30	52.613	12.996	11.501	46.561	96.856	30	53.732	13.521	11.911	47.332	98.611
31	52.632	13.005	11.508	46.574	96.895	31	53.751	13.530	11.918	47.345	98.640
32	52.650	13.013	11.515	46.587	96.924	32	53.770	13.539	11.925	47.358	98.669
33	52.669	13.022	11.521	46.600	96.953	33	53.788	13.548	11.932	47.370	98.698
34	52.687	13.031	11.528	46.612	96.982	34	53.807	13.557	11.939	47.383	98.727
35	52.706	13.039	11.535	46.625	97.011	35	53.826	13.565	11.945	47.396	98.757
36	52.725	13.048	11.542	46.638	97.040	36	53.845	13.575	11.952	47.409	98.786
37	52.743	13.057	11.549	46.651	97.069	37	53.864	13.584	11.959	47.422	98.815
38	52.762	13.066	11.555	46.664	97.099	38	53.882	13.592	11.966	47.434	98.844
39	52.780	13.074	11.562	46.677	97.128	39	53.901	13.601	11.973	47.447	98.873
40	52.799	13.083	11.569	46.690	97.157	40	53.920	13.610	11.980	47.460	98.902
41	52.818	13.092	11.576	46.703	97.186	41	53.939	13.619	11.987	47.473	98.931
42	52.836	13.100	11.583	46.715	97.215	42	53.958	13.628	11.994	47.486	98.960
43	52.855	13.109	11.589	46.728	97.244	43	53.976	13.637	12.001	47.498	98.989
44	52.873	13.118	11.596	46.741	97.273	44	53.995	13.646	12.008	47.511	99.018
45	52.892	13.126	11.603	46.754	97.302	45	54.014	13.655	12.014	47.524	99.047
46	52.911	13.135	11.610	46.767	97.331	46	54.033	13.664	12.021	47.537	99.077
47	52.929	13.144	11.617	46.780	97.360	47	54.052	13.673	12.028	47.550	99.106
48	52.948	13.153	11.623	46.793	97.390	48	54.070	13.682	12.035	47.562	99.135
49	52.966	13.161	11.630	46.806	97.419	49	54.089	13.691	12.042	47.575	99.164
50	52.985	13.170	11.637	46.818	97.448	50	54.108	13.700	12.049	47.588	99.193
51	53.004	13.179	11.644	46.831	97.477	51	54.127	13.709	12.056	47.601	99.222
52	53.022	13.187	11.651	46.844	97.506	52	54.146	13.717	12.063	47.614	99.251
53	53.041	13.196	11.657	46.857	97.535	53	54.164	13.726	12.070	47.626	99.280
54	53.059	13.205	11.664	46.870	97.564	54	54.183	13.735	12.077	47.639	99.309
55	53.078	13.213	11.671	46.883	97.593	55	54.202	13.744	12.083	47.652	99.338
56	53.097	13.222	11.678	46.896	97.622	56	54.221	13.753	12.090	47.665	99.367
57	53.115	13.231	11.685	46.908	97.651	57	54.240	13.762	12.097	47.678	99.397
58	53.134	13.240	11.691	46.921	97.680	58	54.258	13.771	12.104	47.690	99.426
59	53.152	13.248	11.698	46.934	97.709	59	54.277	13.780	12.111	47.703	99.455
60	53.171	13.257	11.705	46.947	97.738	60	54.296	13.789	12.118	47.716	99.484

'	TANG.	BISSEC-TRICE.	FLÈCHE	DEMI-CORDE.	ARC.	'	TANG.	BISSEC-TRICE.	FLÈCHE	DEMI-CORDE.	ARC.

′	TANG.	BISSEC-TRICE.	FLÈCHE	DEMI-CORDE.	ARC.	′	TANG.	BISSEC-TRICE.	FLÈCHE	DEMI-CORDE.	ARC.
0	54.296	13.789	12.118	47.716	99.484	0	55.431	14.335	12.538	48.481	101.229
1	54.315	13.798	12.125	47.729	99.513	1	55.450	14.344	12.545	48.494	101.258
2	54.334	13.807	12.132	47.742	99.542	2	55.469	14.354	12.552	48.506	101.287
3	54.353	13.816	12.139	47.754	99.571	3	55.488	14.363	12.559	48.519	101.316
4	54.371	13.825	12.146	47.767	99.600	4	55.507	14.372	12.566	48.532	101.345
5	54.390	13.834	12.153	47.780	99.629	5	55.526	14.381	12.573	48.544	101.375
6	54.409	13.843	12.160	47.793	99.658	6	55.545	14.391	12.580	48.557	101.404
7	54.428	13.852	12.167	47.805	99.687	7	55.564	14.400	12.587	48.570	101.433
8	54.447	13.862	12.174	47.818	99.716	8	55.584	14.409	12.595	48.583	101.462
9	54.466	13.871	12.181	47.831	99.746	9	55.603	14.419	12.602	48.595	101.491
10	54.485	13.880	12.188	47.844	99.775	10	55.622	14.428	12.609	48.608	101.520
11	54.504	13.889	12.195	47.856	99.804	11	55.641	14.437	12.616	48.621	101.549
12	54.522	13.898	12.202	47.869	99.833	12	55.660	14.447	12.623	48.633	101.578
13	54.541	13.907	12.209	47.882	99.862	13	55.679	14.456	12.630	48.646	101.607
14	54.560	13.916	12.216	47.895	99.891	14	55.698	14.465	12.637	48.659	101.636
15	54.579	13.925	12.223	47.908	99.920	15	55.717	14.474	12.644	48.671	101.665
16	54.598	13.934	12.230	47.920	99.949	16	55.736	14.484	12.651	48.684	101.695
17	54.617	13.943	12.236	47.933	99.978	17	55.755	14.493	12.658	48.697	101.724
18	54.636	13.952	12.243	47.946	100.007	18	55.774	14.502	12.665	48.710	101.753
19	54.655	13.961	12.250	47.959	100.036	19	55.793	14.512	12.672	48.722	101.782
20	54.673	13.970	12.257	47.971	100.066	20	55.812	14.521	12.679	48.735	101.811
21	54.692	13.979	12.264	47.984	100.095	21	55.831	14.530	12.686	48.748	101.840
22	54.711	13.989	12.271	47.997	100.124	22	55.851	14.540	12.694	48.760	101.869
23	54.730	13.998	12.278	48.010	100.153	23	55.870	14.549	12.701	48.773	101.898
24	54.749	14.007	12.285	48.022	100.182	24	55.889	14.558	12.708	48.786	101.927
25	54.768	14.016	12.292	48.035	100.211	25	55.908	14.567	12.715	48.798	101.956
26	54.787	14.025	12.299	48.048	100.240	26	55.927	14.577	12.722	48.811	101.985
27	54.805	14.034	12.306	48.061	100.269	27	55.946	14.586	12.729	48.824	102.015
28	54.824	14.043	12.313	48.074	100.298	28	55.965	14.595	12.736	48.837	102.044
29	54.843	14.052	12.320	48.086	100.327	29	55.984	14.605	12.743	48.849	102.073
30	54.862	14.061	12.327	48.099	100.356	30	56.003	14.614	12.750	48.862	102.102
31	54.881	14.070	12.334	48.112	100.386	31	56.022	14.623	12.757	48.875	102.131
32	54.900	14.079	12.341	48.124	100.415	32	56.041	14.633	12.764	48.887	102.160
33	54.919	14.088	12.348	48.137	100.444	33	56.060	14.642	12.771	48.900	102.189
34	54.938	14.098	12.355	48.150	100.473	34	56.080	14.652	12.779	48.913	102.218
35	54.957	14.107	12.362	48.163	100.502	35	56.099	14.661	12.786	48.926	102.247
36	54.976	14.116	12.369	48.175	100.531	36	56.118	14.670	12.793	48.938	102.276
37	54.995	14.125	12.376	48.188	100.560	37	56.137	14.680	12.800	48.951	102.305
38	55.014	14.134	12.383	48.201	100.589	38	56.156	14.689	12.807	48.964	102.335
39	55.033	14.143	12.390	48.214	100.618	39	56.175	14.699	12.814	48.976	102.364
40	55.052	14.152	12.397	48.226	100.647	40	56.194	14.708	12.821	48.989	102.393
41	55.071	14.161	12.404	48.239	100.676	41	56.213	14.717	12.828	49.002	102.422
42	55.090	14.171	12.411	48.252	100.706	42	56.233	14.727	12.836	49.014	102.451
43	55.109	14.180	12.418	48.264	100.735	43	56.252	14.736	12.843	49.027	102.480
44	55.128	14.189	12.425	48.277	100.764	44	56.271	14.746	12.850	49.040	102.509
45	55.147	14.198	12.432	48.290	100.793	45	56.290	14.755	12.857	49.052	102.538
46	55.166	14.207	12.439	48.303	100.822	46	56.309	14.764	12.864	49.065	102.567
47	55.184	14.216	12.447	48.315	100.851	47	56.328	14.774	12.871	49.078	102.596
48	55.203	14.225	12.454	48.328	100.880	48	56.347	14.783	12.878	49.091	102.625
49	55.222	14.234	12.461	48.341	100.909	49	56.366	14.793	12.885	49.103	102.655
50	55.241	14.244	12.468	48.354	100.938	50	56.386	14.802	12.893	49.116	102.684
51	55.260	14.253	12.475	48.366	100.967	51	56.405	14.811	12.900	49.129	102.713
52	55.279	14.262	12.482	48.379	100.996	52	56.424	14.821	12.907	49.141	102.742
53	55.298	14.271	12.489	48.392	101.026	53	56.443	14.830	12.914	49.154	102.771
54	55.317	14.280	12.496	48.405	101.055	54	56.462	14.840	12.921	49.167	102.800
55	55.336	14.289	12.503	48.417	101.084	55	56.481	14.849	12.928	49.179	102.829
56	55.355	14.298	12.510	48.430	101.113	56	56.500	14.858	12.935	49.192	102.858
57	55.374	14.308	12.517	48.443	101.142	57	56.520	14.868	12.943	49.205	102.887
58	55.393	14.317	12.524	48.455	101.171	58	56.539	14.877	12.950	49.218	102.916
59	55.412	14.326	12.531	48.468	101.200	59	56.558	14.887	12.957	49.230	102.945
60	55.431	14.335	12.538	48.481	101.229	60	56.577	14.896	12.964	49.243	102.974

′	TANG.	BISSEC-TRICE.	FLÈCHE	DEMI-CORDE.	ARC.	′	TANG.	BISSEC-TRICE.	FLÈCHE	DEMI-CORDE.	ARC.

	TANG.	BISSEC-TRICE.	FLÈCHE.	DEMI-CORDE.	ARC.		TANG.	BISSEC-TRICE.	FLÈCHE.	DEMI-CORDE.	ARC.
0	52.057	12.738	11.299	46.475	95.993	0	53.171	13.257	11.705	46.947	97.738
1	52.076	12.747	11.306	46.188	96.022	1	53.190	13.266	11.712	46.960	97.768
2	52.094	12.755	11.312	46.201	96.051	2	53.208	13.275	11.719	46.973	97.797
3	52.113	12.764	11.319	46.214	96.080	3	53.227	13.283	11.726	46.985	97.826
4	52.131	12.772	11.326	46.226	96.109	4	53.246	13.292	11.732	46.998	97.855
5	52.150	12.781	11.333	46.239	96.139	5	53.264	13.301	11.739	47.011	97.884
6	52.168	12.790	11.339	46.252	96.168	6	53.283	13.310	11.746	47.024	97.913
7	52.187	12.798	11.346	46.265	96.197	7	53.302	13.319	11.753	47.037	97.942
8	52.205	12.807	11.353	46.278	96.226	8	53.321	13.327	11.760	47.050	97.971
9	52.224	12.815	11.360	46.291	96.255	9	53.339	13.336	11.767	47.062	98.000
10	52.242	12.824	11.366	46.304	96.284	10	53.358	13.345	11.774	47.075	98.029
11	52.261	12.833	11.373	46.317	96.313	11	53.377	13.354	11.781	47.088	98.058
12	52.279	12.841	11.380	46.329	96.342	12	53.395	13.363	11.787	47.101	98.088
13	52.298	12.850	11.386	46.342	96.371	13	53.414	13.371	11.794	47.114	98.117
14	52.316	12.858	11.393	46.355	96.400	14	53.433	13.380	11.801	47.127	98.146
15	52.335	12.867	11.400	46.368	96.429	15	53.451	13.389	11.808	47.139	98.175
16	52.353	12.876	11.407	46.381	96.459	16	53.470	13.398	11.815	47.152	98.204
17	52.372	12.884	11.413	46.394	96.488	17	53.489	13.407	11.822	47.165	98.233
18	52.391	12.893	11.420	46.407	96.517	18	53.508	13.415	11.829	47.178	98.262
19	52.409	12.901	11.427	46.420	96.546	19	53.526	13.424	11.836	47.191	98.291
20	52.428	12.910	11.434	46.432	96.575	20	53.545	13.433	11.842	47.204	98.320
21	52.446	12.919	11.440	46.445	96.604	21	53.564	13.442	11.849	47.216	98.349
22	52.465	12.927	11.447	46.458	96.633	22	53.582	13.451	11.856	47.229	98.378
23	52.483	12.936	11.454	46.471	96.662	23	53.601	13.459	11.863	47.242	98.408
24	52.502	12.944	11.461	46.484	96.691	24	53.620	13.468	11.870	47.255	98.437
25	52.520	12.953	11.467	46.497	96.720	25	53.638	13.477	11.877	47.268	98.466
26	52.539	12.962	11.474	46.510	96.749	26	53.657	13.486	11.884	47.281	98.495
27	52.557	12.970	11.481	46.522	96.779	27	53.676	13.495	11.890	47.293	98.524
28	52.576	12.979	11.487	46.535	96.808	28	53.695	13.503	11.897	47.306	98.553
29	52.594	12.987	11.494	46.548	96.837	29	53.713	13.512	11.904	47.319	98.582
30	52.613	12.996	11.501	46.561	96.866	30	53.732	13.521	11.911	47.332	98.611
31	52.632	13.005	11.508	46.574	96.895	31	53.751	13.530	11.918	47.345	98.640
32	52.650	13.013	11.515	46.587	96.924	32	53.770	13.539	11.925	47.358	98.669
33	52.669	13.022	11.521	46.600	96.953	33	53.789	13.548	11.932	47.370	98.698
34	52.687	13.031	11.528	46.612	96.982	34	53.807	13.557	11.939	47.383	98.727
35	52.706	13.039	11.535	46.625	97.011	35	53.826	13.566	11.945	47.396	98.757
36	52.725	13.048	11.542	46.638	97.040	36	53.845	13.575	11.952	47.409	98.786
37	52.743	13.057	11.549	46.651	97.069	37	53.864	13.584	11.959	47.422	98.815
38	52.762	13.066	11.555	46.664	97.099	38	53.882	13.592	11.966	47.434	98.844
39	52.780	13.074	11.562	46.677	97.128	39	53.901	13.601	11.973	47.447	98.873
40	52.799	13.083	11.569	46.690	97.157	40	53.920	13.610	11.980	47.460	98.902
41	52.818	13.092	11.576	46.703	97.186	41	53.939	13.619	11.987	47.473	98.931
42	52.836	13.100	11.583	46.715	97.215	42	53.958	13.628	11.994	47.486	98.960
43	52.855	13.109	11.589	46.728	97.244	43	53.976	13.637	12.001	47.498	98.989
44	52.873	13.118	11.596	46.741	97.273	44	53.995	13.646	12.008	47.511	99.018
45	52.892	13.126	11.603	46.754	97.302	45	54.014	13.655	12.014	47.524	99.047
46	52.911	13.135	11.610	46.767	97.331	46	54.033	13.664	12.021	47.537	99.077
47	52.929	13.144	11.617	46.780	97.360	47	54.052	13.673	12.028	47.550	99.106
48	52.948	13.153	11.623	46.793	97.389	48	54.070	13.682	12.035	47.562	99.135
49	52.966	13.161	11.630	46.806	97.419	49	54.089	13.691	12.042	47.575	99.164
50	52.985	13.170	11.637	46.818	97.448	50	54.108	13.700	12.049	47.588	99.193
51	53.004	13.179	11.644	46.831	97.477	51	54.127	13.709	12.055	47.601	99.222
52	53.022	13.187	11.651	46.844	97.506	52	54.146	13.717	12.063	47.614	99.251
53	53.041	13.196	11.657	46.857	97.535	53	54.164	13.726	12.070	47.626	99.280
54	53.059	13.205	11.664	46.870	97.564	54	54.183	13.735	12.077	47.639	99.309
55	53.078	13.213	11.671	46.883	97.593	55	54.202	13.744	12.083	47.652	99.338
56	53.097	13.222	11.678	46.896	97.622	56	54.221	13.753	12.090	47.665	99.367
57	53.115	13.231	11.685	46.908	97.651	57	54.240	13.762	12.097	47.678	99.397
58	53.134	13.240	11.691	46.921	97.680	58	54.258	13.771	12.104	47.690	99.426
59	53.152	13.248	11.698	46.934	97.709	59	54.277	13.780	12.111	47.703	99.455
60	53.171	13.257	11.705	46.947	97.738	60	54.296	13.789	12.118	47.716	99.484
	TANG.	BISSEC-TRICE.	FLÈCHE	DEMI-CORDE.	ARC.		TANG.	BISSEC-TRICE.	FLÈCHE	DEMI-CORDE.	ARC.

'	TANG.	BISSEC-TRICE.	FLÈCHE	DEMI-CORDE.	ARC.	'	TANG.	BISSEC-TRICE.	FLÈCHE	DEMI-CORDE.	ARC.
0	54.296	13.789	12.118	47.716	99.484	0	55.431	14.335	12.538	48.481	101.229
1	54.315	13.798	12.125	47.729	99.513	1	55.450	14.344	12.545	48.494	101.258
2	54.334	13.807	12.132	47.742	99.542	2	55.469	14.354	12.552	48.506	101.287
3	54.353	13.816	12.139	47.754	99.571	3	55.488	14.363	12.559	48.519	101.316
4	54.371	13.825	12.146	47.767	99.600	4	55.507	14.372	12.566	48.532	101.345
5	54.390	13.834	12.153	47.760	99.629	5	55.526	14.381	12.573	48.544	101.375
6	54.409	13.843	12.160	47.793	99.658	6	55.545	14.391	12.580	48.557	101.404
7	54.428	13.852	12.167	47.805	99.687	7	55.564	14.400	12.587	48.570	101.433
8	54.447	13.862	12.174	47.818	99.716	8	55.584	14.409	12.595	48.583	101.462
9	54.466	13.871	12.181	47.831	99.746	9	55.603	14.419	12.602	48.595	101.491
10	54.485	13.880	12.188	47.844	99.775	10	55.622	14.428	12.609	48.608	101.520
11	54.504	13.889	12.195	47.856	99.804	11	55.641	14.437	12.616	48.621	101.549
12	54.522	13.898	12.202	47.869	99.833	12	55.660	14.447	12.623	48.633	101.578
13	54.541	13.907	12.209	47.882	99.862	13	55.679	14.456	12.630	48.646	101.607
14	54.560	13.916	12.216	47.895	99.891	14	55.698	14.465	12.637	48.659	101.636
15	54.579	13.925	12.223	47.908	99.920	15	55.717	14.474	12.644	48.671	101.665
16	54.598	13.934	12.230	47.920	99.949	16	55.736	14.484	12.651	48.684	101.695
17	54.617	13.943	12.236	47.933	99.978	17	55.755	14.493	12.658	48.697	101.724
18	54.636	13.952	12.243	47.946	100.007	18	55.774	14.502	12.665	48.710	101.753
19	54.655	13.961	12.250	47.959	100.036	19	55.793	14.512	12.672	48.722	101.782
20	54.673	13.970	12.257	47.971	100.066	20	55.812	14.521	12.679	48.735	101.811
21	54.692	13.979	12.264	47.984	100.095	21	55.831	14.530	12.686	48.748	101.840
22	54.711	13.989	12.271	47.997	100.124	22	55.851	14.540	12.694	48.760	101.869
23	54.730	13.998	12.278	48.010	100.153	23	55.870	14.549	12.701	48.773	101.898
24	54.749	14.007	12.285	48.022	100.182	24	55.889	14.558	12.708	48.786	101.927
25	54.768	14.016	12.292	48.035	100.211	25	55.908	14.567	12.715	48.798	101.956
26	54.787	14.025	12.299	48.048	100.240	26	55.927	14.577	12.722	48.811	101.985
27	54.805	14.034	12.306	48.061	100.269	27	55.946	14.586	12.729	48.824	102.015
28	54.824	14.043	12.313	48.074	100.298	28	55.965	14.595	12.736	48.837	102.044
29	54.843	14.052	12.320	48.086	100.327	29	55.984	14.605	12.743	48.849	102.073
30	54.862	14.061	12.327	48.099	100.356	30	56.003	14.614	12.750	48.862	102.102
31	54.881	14.070	12.334	48.112	100.386	31	56.022	14.623	12.757	48.875	102.131
32	54.900	14.079	12.341	48.124	100.415	32	56.041	14.633	12.764	48.887	102.160
33	54.919	14.088	12.348	48.137	100.444	33	56.060	14.642	12.771	48.900	102.189
34	54.938	14.098	12.355	48.150	100.473	34	56.080	14.652	12.779	48.913	102.218
35	54.957	14.107	12.362	48.163	100.502	35	56.099	14.661	12.786	48.926	102.247
36	54.976	14.116	12.369	48.175	100.531	36	56.118	14.670	12.793	48.938	102.276
37	54.995	14.125	12.376	48.188	100.560	37	56.137	14.680	12.800	48.951	102.305
38	55.014	14.134	12.383	48.201	100.589	38	56.156	14.689	12.807	48.964	102.335
39	55.033	14.143	12.390	48.214	100.618	39	56.175	14.699	12.814	48.976	102.364
40	55.052	14.152	12.397	48.226	100.647	40	56.194	14.708	12.821	48.989	102.393
41	55.071	14.161	12.404	48.239	100.676	41	56.213	14.717	12.828	49.002	102.422
42	55.090	14.171	12.411	48.252	100.706	42	56.233	14.727	12.836	49.014	102.451
43	55.109	14.180	12.418	48.264	100.735	43	56.252	14.736	12.843	49.027	102.480
44	55.128	14.189	12.425	48.277	100.764	44	56.271	14.746	12.850	49.040	102.509
45	55.147	14.198	12.432	48.290	100.793	45	56.290	14.755	12.857	49.052	102.538
46	55.166	14.207	12.439	48.303	100.822	46	56.309	14.764	12.864	49.065	102.567
47	55.184	14.216	12.447	48.315	100.851	47	56.328	14.774	12.871	49.078	102.596
48	55.203	14.225	12.454	48.328	100.880	48	56.347	14.783	12.878	49.091	102.625
49	55.222	14.234	12.461	48.341	100.909	49	56.366	14.793	12.885	49.103	102.655
50	55.241	14.244	12.468	48.354	100.938	50	56.386	14.802	12.893	49.116	102.684
51	55.260	14.253	12.475	48.366	100.967	51	56.405	14.811	12.900	49.129	102.713
52	55.279	14.262	12.482	48.379	100.996	52	56.424	14.821	12.907	49.141	102.742
53	55.298	14.271	12.489	48.392	101.026	53	56.443	14.830	12.914	49.154	102.771
54	55.317	14.280	12.496	48.405	101.055	54	56.462	14.840	12.921	49.167	102.800
55	55.336	14.289	12.503	48.417	101.084	55	56.481	14.849	12.928	49.179	102.829
56	55.355	14.298	12.510	48.430	101.113	56	56.500	14.858	12.935	49.192	102.858
57	55.374	14.308	12.517	48.443	101.142	57	56.520	14.868	12.943	49.205	102.887
58	55.393	14.317	12.524	48.455	101.171	58	56.539	14.877	12.950	49.218	102.916
59	55.412	14.326	12.531	48.468	101.200	59	56.558	14.887	12.957	49.230	102.945
60	55.431	14.335	12.538	48.481	101.229	60	56.577	14.896	12.964	49.243	102.974
'	TANG.	BISSEC-TRICE	FLÈCHE	DEMI-CORDE.	ARC.	'	TANG.	BISSEC-TRICE.	FLÈCHE	DEMI-CORDE.	ARC.

'	TANG.	BISSEC-TRICE.	FLÈCHE	DEMI-CORDE.	ARC.	'	TANG.	BISSEC-TRICE.	FLÈCHE	DEMI-CORDE.	ARC.
0	56.577	14.896	12.964	49.243	102.974	0	57.735	15.470	13.397	50.000	104.720
1	56.596	14.905	12.971	49.256	103.004	1	57.754	15.480	13.404	50.013	104.749
2	56.616	14.915	12.978	49.268	103.033	2	57.774	15.490	13.412	50.025	104.778
3	56.635	14.924	12.986	49.281	103.062	3	57.793	15.499	13.419	50.038	104.807
4	56.654	14.934	12.993	49.293	103.091	4	57.813	15.509	13.426	50.050	104.836
5	56.673	14.943	13.000	49.306	103.120	5	57.832	15.519	13.433	50.063	104.865
6	56.693	14.953	13.008	49.319	103.149	6	57.852	15.529	13.441	50.075	104.894
7	56.712	14.962	13.015	49.331	103.178	7	57.871	15.538	13.448	50.088	104.923
8	56.731	14.972	13.022	49.344	103.207	8	57.890	15.548	13.455	50.101	104.952
9	56.750	14.981	13.029	49.357	103.236	9	57.910	15.558	13.463	50.113	104.982
10	56.770	14.991	13.036	49.369	103.265	10	57.929	15.568	13.470	50.126	105.011
11	56.789	15.000	13.044	49.382	103.294	11	57.949	15.577	13.477	50.138	105.040
12	56.808	15.010	13.051	49.395	103.324	12	57.968	15.587	13.485	50.151	105.069
13	56.828	15.019	13.058	49.407	103.353	13	57.988	15.597	13.492	50.163	105.098
14	56.847	15.029	13.065	49.420	103.382	14	58.007	15.607	13.499	50.176	105.127
15	56.866	15.038	13.072	49.432	103.411	15	58.026	15.617	13.506	50.189	105.156
16	56.885	15.048	13.080	49.445	103.440	16	58.046	15.626	13.514	50.201	105.185
17	56.905	15.057	13.087	49.458	103.469	17	58.065	15.636	13.521	50.214	105.214
18	56.924	15.067	13.094	49.470	103.498	18	58.085	15.646	13.528	50.226	105.243
19	56.943	15.076	13.101	49.483	103.527	19	58.104	15.656	13.536	50.239	105.272
20	56.962	15.086	13.108	49.496	103.556	20	58.124	15.665	13.543	50.251	105.302
21	56.982	15.095	13.116	49.508	103.585	21	58.143	15.675	13.550	50.264	105.331
22	57.001	15.105	13.123	49.520	103.614	22	58.162	15.685	13.558	50.277	105.360
23	57.020	15.114	13.130	49.533	103.643	23	58.182	15.695	13.565	50.289	105.389
24	57.039	15.124	13.137	49.546	103.673	24	58.201	15.704	13.572	50.302	105.418
25	57.059	15.133	13.144	49.559	103.702	25	58.221	15.714	13.579	50.314	105.447
26	57.078	15.143	13.152	49.571	103.731	26	58.240	15.724	13.587	50.327	105.476
27	57.097	15.152	13.159	49.584	103.760	27	58.260	15.734	13.594	50.339	105.505
28	57.117	15.162	13.166	49.597	103.789	28	58.279	15.744	13.601	50.352	105.534
29	57.136	15.171	13.173	49.609	103.818	29	58.298	15.753	13.609	50.365	105.563
30	57.155	15.181	13.180	49.622	103.847	30	58.318	15.763	13.616	50.377	105.592
31	57.174	15.191	13.187	49.635	103.876	31	58.338	15.773	13.623	50.390	105.622
32	57.194	15.200	13.194	49.647	103.905	32	58.357	15.783	13.631	50.402	105.651
33	57.213	15.210	13.202	49.660	103.934	33	58.377	15.792	13.638	50.415	105.680
34	57.232	15.220	13.209	49.672	103.963	34	58.396	15.802	13.645	50.427	105.709
35	57.252	15.229	13.216	49.685	103.993	35	58.416	15.812	13.653	50.440	105.738
36	57.271	15.239	13.223	49.698	104.022	36	58.435	15.822	13.660	50.452	105.767
37	57.290	15.248	13.231	49.710	104.051	37	58.455	15.832	13.668	50.465	105.796
38	57.310	15.258	13.238	49.723	104.080	38	58.474	15.841	13.675	50.478	105.825
39	57.329	15.268	13.245	49.735	104.109	39	58.494	15.851	13.682	50.490	105.854
40	57.348	15.277	13.252	49.748	104.138	40	58.513	15.861	13.690	50.503	105.883
41	57.368	15.287	13.260	49.761	104.167	41	58.533	15.871	13.697	50.515	105.912
42	57.387	15.297	13.267	49.773	104.196	42	58.552	15.881	13.704	50.528	105.942
43	57.406	15.306	13.274	49.786	104.225	43	58.572	15.890	13.712	50.540	105.971
44	57.426	15.316	13.281	49.798	104.254	44	58.591	15.900	13.719	50.553	106.000
45	57.445	15.325	13.288	49.811	104.283	45	58.611	15.910	13.727	50.566	106.029
46	57.464	15.335	13.296	49.824	104.313	46	58.630	15.920	13.734	50.578	106.058
47	57.484	15.345	13.303	49.836	104.342	47	58.630	15.930	13.741	50.591	106.087
48	57.503	15.354	13.310	49.849	104.371	48	58.670	15.939	13.749	50.603	106.116
49	57.522	15.364	13.317	49.861	104.400	49	58.689	15.949	13.756	50.616	106.145
50	57.542	15.374	13.325	49.874	104.429	50	58.709	15.959	13.768	50.628	106.174
51	57.561	15.383	13.332	49.887	104.458	51	58.728	15.969	13.771	50.641	106.203
52	57.580	15.393	13.339	49.899	104.487	52	58.748	15.979	13.778	50.654	106.232
53	57.600	15.402	13.346	49.912	104.516	53	58.767	15.988	13.786	50.666	106.262
54	57.619	15.412	13.354	49.924	104.545	54	58.787	15.998	13.793	50.679	106.291
55	57.638	15.422	13.361	49.937	104.574	55	58.806	16.008	13.800	50.691	106.320
56	57.658	15.431	13.368	49.950	104.603	56	58.826	16.018	13.808	50.704	106.349
57	57.677	15.441	13.375	49.962	104.632	57	58.845	16.028	13.815	50.716	106.378
58	57.696	15.451	13.382	49.975	104.662	58	58.865	16.037	13.822	50.729	106.407
59	57.716	15.460	13.390	49.987	104.691	59	58.884	16.047	13.830	50.742	106.436
60	57.735	15.470	13.397	50.000	104.720	60	58.904	16.057	13.837	50.754	106.465
'	TANG.	BISSEC-TRICE.	FLÈCHE	DEMI-CORDE.	ARC.	'	TANG.	BISSEC-TRICE.	FLÈCHE	DEMI-CORDE.	ARC.

′	TANG.	BISSEC-TRICE.	FLÈCHE	DEMI-CORDE.	ARC.	′	TANG.	BISSEC-TRICE.	FLÈCHE	DEMI-CORDE.	ARC.
0	58.904	16.057	13.837	50.754	106.465	0	60.086	16.663	14.283	51.504	108.210
1	58.924	16.067	13.844	50.766	106.494	1	60.106	16.673	14.291	51.516	108.239
2	58.943	16.077	13.852	50.779	106.523	2	60.126	16.684	14.298	51.529	108.269
3	58.963	16.087	13.859	50.791	106.552	3	60.145	16.694	14.306	51.541	108.298
4	58.983	16.097	13.867	50.804	106.581	4	60.165	16.704	14.313	51.554	108.327
5	59.002	16.107	13.874	50.816	106.611	5	60.185	16.714	14.321	51.566	108.356
6	59.022	16.117	13.881	50.829	106.640	6	60.205	16.725	14.328	51.579	108.385
7	59.042	16.127	13.889	50.841	106.669	7	60.225	16.735	14.336	51.591	108.414
8	59.061	16.138	13.896	50.854	106.698	8	60.245	16.745	14.343	51.603	108.443
9	59.081	16.148	13.904	50.866	106.727	9	60.264	16.755	14.351	51.616	108.472
10	59.101	16.158	13.911	50.879	106.756	10	60.284	16.766	14.358	51.628	108.501
11	59.120	16.168	13.918	50.891	106.785	11	60.304	16.776	14.366	51.641	108.530
12	59.140	16.178	13.926	50.904	106.814	12	60.324	16.786	14.373	51.653	108.559
13	59.160	16.188	13.933	50.916	106.843	13	60.344	16.797	14.381	51.666	108.589
14	59.179	16.198	13.941	50.929	106.872	14	60.364	16.807	14.388	51.678	108.618
15	59.199	16.208	13.948	50.941	106.901	15	60.383	16.817	14.396	51.690	108.647
16	59.219	16.218	13.955	50.954	106.931	16	60.403	16.827	14.404	51.703	108.676
17	59.238	16.228	13.963	50.966	106.960	17	60.423	16.838	14.411	51.715	108.705
18	59.258	16.238	13.970	50.979	106.989	18	60.443	16.848	14.419	51.728	108.734
19	59.278	16.248	13.978	50.991	107.018	19	60.463	16.858	14.426	51.740	108.763
20	59.297	16.258	13.985	51.004	107.047	20	60.483	16.868	14.434	51.753	108.792
21	59.317	16.268	13.992	51.016	107.076	21	60.502	16.879	14.441	51.765	108.821
22	59.337	16.279	14.000	51.029	107.105	22	60.522	16.889	14.449	51.777	108.850
23	59.356	16.289	14.007	51.041	107.134	23	60.542	16.899	14.456	51.790	108.879
24	59.376	16.299	14.015	51.054	107.163	24	60.562	16.909	14.464	51.802	108.909
25	59.396	16.309	14.022	51.066	107.192	25	60.582	16.920	14.471	51.815	108.938
26	59.415	16.319	14.029	51.079	107.221	26	60.602	16.930	14.479	51.827	108.967
27	59.435	16.329	14.037	51.091	107.251	27	60.621	16.940	14.487	51.840	108.996
28	59.455	16.339	14.044	51.104	107.280	28	60.641	16.951	14.494	51.852	109.025
29	59.474	16.349	14.052	51.116	107.309	29	60.661	16.961	14.502	51.864	109.054
30	59.494	16.359	14.059	51.129	107.338	30	60.681	16.971	14.509	51.877	109.083
31	59.514	16.369	14.066	51.141	107.367	31	60.701	16.981	14.517	51.889	109.112
32	59.533	16.379	14.074	51.154	107.396	32	60.721	16.992	14.524	51.902	109.141
33	59.553	16.389	14.081	51.166	107.425	33	60.741	17.002	14.532	51.914	109.170
34	59.573	16.400	14.089	51.179	107.454	34	60.761	17.013	14.539	51.927	109.199
35	59.593	16.410	14.096	51.191	107.483	35	60.781	17.023	14.547	51.939	109.229
36	59.612	16.420	14.104	51.204	107.512	36	60.801	17.033	14.554	51.952	109.258
37	59.632	16.430	14.111	51.216	107.541	37	60.821	17.044	14.562	51.964	109.287
38	59.652	16.440	14.119	51.229	107.570	38	60.841	17.054	14.570	51.976	109.316
39	59.672	16.450	14.126	51.241	107.600	39	60.861	17.065	14.577	51.989	109.345
40	59.691	16.460	14.134	51.254	107.629	40	60.881	17.075	14.585	52.001	109.374
41	59.711	16.470	14.141	51.266	107.658	41	60.901	17.085	14.592	52.014	109.403
42	59.731	16.481	14.149	51.279	107.687	42	60.921	17.096	14.600	52.026	109.432
43	59.750	16.491	14.156	51.291	107.716	43	60.941	17.106	14.607	52.039	109.461
44	59.770	16.501	14.164	51.304	107.745	44	60.961	17.117	14.615	52.051	109.490
45	59.790	16.511	14.171	51.316	107.774	45	60.981	17.127	14.623	52.063	109.519
46	59.810	16.521	14.179	51.329	107.803	46	61.001	17.137	14.630	52.076	109.549
47	59.829	16.531	14.186	51.341	107.832	47	61.020	17.148	14.638	52.088	109.578
48	59.849	16.541	14.193	51.354	107.861	48	61.040	17.158	14.645	52.101	109.607
49	59.869	16.551	14.201	51.366	107.890	49	61.060	17.169	14.653	52.113	109.636
50	59.889	16.562	14.208	51.379	107.920	50	61.080	17.179	14.660	52.126	109.665
51	59.908	16.572	14.216	51.391	107.949	51	61.100	17.189	14.668	52.138	109.694
52	59.928	16.582	14.223	51.404	107.978	52	61.120	17.200	14.676	52.150	109.723
53	59.948	16.592	14.231	51.416	108.007	53	61.140	17.210	14.683	52.163	109.752
54	59.968	16.602	14.238	51.429	108.036	54	61.160	17.221	14.691	52.175	109.781
55	59.987	16.612	14.246	51.441	108.065	55	61.180	17.231	14.698	52.188	109.810
56	60.007	16.622	14.253	51.454	108.094	56	61.200	17.241	14.706	52.200	109.839
57	60.027	16.633	14.261	51.466	108.123	57	61.220	17.252	14.713	52.213	109.869
58	60.046	16.643	14.268	51.479	108.152	58	61.240	17.262	14.721	52.225	109.898
59	60.066	16.653	14.276	51.491	108.181	59	61.260	17.273	14.729	52.237	109.927
60	60.086	16.663	14.283	51.504	108.210	60	61.280	17.283	14.736	52.250	109.956
′	TANG.	BISSEC-TRICE.	FLÈCHE	DEMI-CORDE.	ARC.	′	TANG.	BISSEC-TRICE.	FLÈCHE	DEMI-CORDE.	ARC.

′	TANG.	BISSEC-TRICE.	FLÈCHE	DEMI-CORDE.	ARC.	′	TANG.	BISSEC-TRICE.	FLÈCHE	DEMI-CORDE.	ARC.
0	56.577	14.896	12.964	49.243	102.974	0	57.735	15.470	13.397	50.000	104.720
1	56.596	14.905	12.971	49.256	103.004	1	57.754	15.480	13.404	50.013	104.749
2	56.616	14.915	12.978	49.268	103.033	2	57.774	15.490	13.412	50.025	104.778
3	56.635	14.924	12.986	49.281	103.062	3	57.793	15.499	13.419	50.038	104.807
4	56.654	14.934	12.993	49.293	103.091	4	57.813	15.509	13.426	50.050	104.836
5	56.673	14.943	13.000	49.306	103.120	5	57.832	15.519	13.433	50.063	104.865
6	56.693	14.953	13.008	49.319	103.149	6	57.852	15.529	13.441	50.075	104.894
7	56.712	14.962	13.015	49.331	103.178	7	57.871	15.538	13.448	50.088	104.923
8	56.731	14.972	13.022	49.344	103.207	8	57.890	15.548	13.455	50.101	104.952
9	56.750	14.981	13.029	49.357	103.236	9	57.910	15.558	13.463	50.113	104.982
10	56.770	14.991	13.036	49.369	103.265	10	57.929	15.568	13.470	50.126	105.011
11	56.789	15.000	13.044	49.382	103.294	11	57.949	15.577	13.477	50.138	105.040
12	56.808	15.010	13.051	49.395	103.324	12	57.968	15.587	13.485	50.151	105.069
13	56.828	15.019	13.058	49.407	103.353	13	57.988	15.597	13.492	50.163	105.098
14	56.847	15.029	13.065	49.420	103.382	14	58.007	15.607	13.499	50.176	105.127
15	56.866	15.038	13.072	49.432	103.411	15	58.026	15.617	13.506	50.189	105.156
16	56.885	15.048	13.080	49.445	103.440	16	58.046	15.626	13.514	50.201	105.185
17	56.905	15.057	13.087	49.458	103.469	17	58.065	15.636	13.521	50.214	105.214
18	56.924	15.067	13.094	49.470	103.498	18	58.085	15.646	13.528	50.226	105.243
19	56.943	15.076	13.101	49.483	103.527	19	58.104	15.656	13.536	50.239	105.272
20	56.962	15.086	13.108	49.496	103.556	20	58.124	15.665	13.543	50.251	105.302
21	56.982	15.095	13.116	49.508	103.585	21	58.143	15.675	13.550	50.264	105.331
22	57.001	15.105	13.123	49.520	103.614	22	58.162	15.685	13.558	50.277	105.360
23	57.020	15.114	13.130	49.533	103.643	23	58.182	15.695	13.565	50.289	105.389
24	57.039	15.124	13.137	49.546	103.673	24	58.201	15.704	13.572	50.302	105.418
25	57.059	15.133	13.144	49.559	103.702	25	58.224	15.714	13.579	50.314	105.447
26	57.078	15.143	13.152	49.571	103.731	26	58.240	15.724	13.587	50.327	105.476
27	57.097	15.152	13.159	49.584	103.760	27	58.260	15.734	13.594	50.339	105.505
28	57.117	15.162	13.166	49.597	103.789	28	58.279	15.744	13.601	50.352	105.534
29	57.136	15.171	13.173	49.609	103.818	29	58.298	15.753	13.609	50.365	105.563
30	57.155	15.181	13.180	49.622	103.847	30	58.318	15.763	13.616	50.377	105.592
31	57.174	15.191	13.187	49.635	103.876	31	58.338	15.773	13.623	50.390	105.622
32	57.194	15.200	13.194	49.647	103.905	32	58.357	15.783	13.631	50.402	105.651
33	57.213	15.210	13.202	49.660	103.934	33	58.377	15.792	13.638	50.415	105.680
34	57.232	15.220	13.209	49.672	103.963	34	58.396	15.802	13.645	50.427	105.709
35	57.252	15.229	13.216	49.685	103.993	35	58.416	15.812	13.653	50.440	105.738
36	57.271	15.239	13.223	49.698	104.022	36	58.435	15.822	13.660	50.452	105.767
37	57.290	15.248	13.231	49.710	104.051	37	58.455	15.832	13.668	50.465	105.796
38	57.310	15.258	13.238	49.723	104.080	38	58.474	15.841	13.675	50.478	105.825
39	57.329	15.268	13.245	49.735	104.109	39	58.494	15.851	13.682	50.490	105.854
40	57.348	15.277	13.252	49.748	104.138	40	58.513	15.861	13.690	50.503	105.883
41	57.368	15.287	13.260	49.761	104.167	41	58.533	15.871	13.697	50.515	105.912
42	57.387	15.297	13.267	49.773	104.196	42	58.552	15.881	13.704	50.528	105.942
43	57.406	15.306	13.274	49.786	104.225	43	58.572	15.890	13.712	50.540	105.971
44	57.426	15.316	13.281	49.798	104.254	44	58.591	15.900	13.719	50.553	106.000
45	57.445	15.325	13.288	49.811	104.283	45	58.611	15.910	13.727	50.566	106.029
46	57.464	15.335	13.296	49.824	104.313	46	58.630	15.920	13.734	50.578	106.058
47	57.484	15.345	13.303	49.836	104.342	47	58.650	15.930	13.741	50.591	106.087
48	57.503	15.354	13.310	49.849	104.371	48	58.670	15.939	13.749	50.603	106.116
49	57.522	15.364	13.317	49.861	104.400	49	58.689	15.949	13.756	50.616	106.145
50	57.542	15.374	13.325	49.874	104.429	50	58.709	15.959	13.763	50.628	106.174
51	57.561	15.383	13.332	49.887	104.458	51	58.728	15.969	13.771	50.641	106.203
52	57.580	15.393	13.339	49.899	104.487	52	58.748	15.979	13.778	50.654	106.232
53	57.600	15.402	13.346	49.912	104.516	53	58.767	15.988	13.786	50.666	106.262
54	57.619	15.412	13.354	49.924	104.545	54	58.787	15.998	13.793	50.679	106.291
55	57.638	15.422	13.361	49.937	104.574	55	58.806	16.008	13.800	50.691	106.320
56	57.658	15.431	13.368	49.950	104.603	56	58.826	16.018	13.808	50.704	106.349
57	57.677	15.441	13.375	49.962	104.632	57	58.845	16.028	13.815	50.716	106.378
58	57.696	15.451	13.382	49.975	104.662	58	58.865	16.037	13.822	50.729	106.407
59	57.716	15.460	13.390	49.987	104.691	59	58.884	16.047	13.830	50.742	106.436
60	57.735	15.470	13.397	50.000	104.720	60	58.904	16.057	13.837	50.754	106.465
′	TANG.	BISSEC-TRICE.	FLÈCHE	DEMI-CORDE.	ARC.	′	TANG.	BISSEC-TRICE.	FLÈCHE	DEMI-CORDE.	ARC.

′	TANG.	BISSEC-TRICE.	FLÈCHE	DEMI-CORDE	ARC.	′	TANG.	BISSEC-TRICE.	FLÈCHE	DEMI-CORDE	ARC.
0	58.904	16.057	13.837	50.754	106.465	0	60.086	16.663	14.283	51.504	108.210
1	58.924	16.067	13.844	50.766	106.494	1	60.106	16.673	14.291	51.516	108.239
2	58.943	16.077	13.852	50.779	106.523	2	60.126	16.684	14.298	51.529	108.269
3	58.963	16.087	13.859	50.791	106.552	3	60.145	16.694	14.306	51.541	108.298
4	58.983	16.097	13.867	50.804	106.581	4	60.165	16.704	14.313	51.554	108.327
5	59.002	16.107	13.874	50.816	106.611	5	60.185	16.714	14.321	51.566	108.356
6	59.022	16.117	13.881	50.829	106.640	6	60.205	16.725	14.328	51.579	108.385
7	59.042	16.127	13.889	50.841	106.669	7	60.225	16.735	14.336	51.591	108.414
8	59.061	16.138	13.896	50.854	106.698	8	60.245	16.745	14.343	51.603	108.443
9	59.081	16.148	13.904	50.866	106.727	9	60.264	16.755	14.351	51.616	108.472
10	59.101	16.158	13.911	50.879	106.756	10	60.284	16.766	14.358	51.628	108.501
11	59.120	16.168	13.918	50.891	106.785	11	60.304	16.776	14.366	51.641	108.530
12	59.140	16.178	13.926	50.904	106.814	12	60.324	16.786	14.373	51.653	108.559
13	59.160	16.188	13.933	50.916	106.843	13	60.344	16.797	14.381	51.666	108.589
14	59.179	16.198	13.941	50.929	106.872	14	60.364	16.807	14.388	51.678	108.618
15	59.199	16.208	13.948	50.941	106.901	15	60.383	16.817	14.396	51.690	108.647
16	59.219	16.218	13.955	50.954	106.931	16	60.403	16.827	14.404	51.703	108.676
17	59.238	16.228	13.963	50.966	106.960	17	60.423	16.838	14.411	51.715	108.705
18	59.258	16.238	13.970	50.979	106.989	18	60.443	16.848	14.419	51.728	108.734
19	59.278	16.248	13.978	50.991	107.018	19	60.463	16.858	14.426	51.740	108.763
20	59.297	16.258	13.985	51.004	107.047	20	60.483	16.868	14.434	51.753	108.792
21	59.317	16.268	13.992	51.016	107.076	21	60.502	16.879	14.441	51.765	108.821
22	59.337	16.279	14.000	51.029	107.105	22	60.522	16.889	14.449	51.777	108.850
23	59.356	16.289	14.007	51.041	107.134	23	60.542	16.899	14.456	51.790	108.879
24	59.376	16.299	14.015	51.054	107.163	24	60.562	16.909	14.464	51.802	108.909
25	59.396	16.309	14.022	51.066	107.192	25	60.582	16.920	14.471	51.815	108.938
26	59.415	16.319	14.029	51.079	107.221	26	60.602	16.930	14.479	51.827	108.967
27	59.435	16.329	14.037	51.091	107.251	27	60.621	16.940	14.487	51.840	108.996
28	59.455	16.339	14.044	51.104	107.280	28	60.641	16.951	14.494	51.852	109.025
29	59.474	16.349	14.052	51.116	107.309	29	60.661	16.961	14.502	51.864	109.054
30	59.494	16.359	14.059	51.129	107.338	30	60.681	16.971	14.509	51.877	109.083
31	59.514	16.369	14.066	51.141	107.367	31	60.701	16.981	14.517	51.889	109.112
32	59.533	16.379	14.074	51.154	107.396	32	60.721	16.992	14.524	51.902	109.141
33	59.553	16.389	14.081	51.166	107.425	33	60.741	17.002	14.532	51.914	109.170
34	59.573	16.400	14.089	51.179	107.454	34	60.761	17.013	14.539	51.927	109.199
35	59.593	16.410	14.096	51.191	107.483	35	60.781	17.023	14.547	51.939	109.229
36	59.612	16.420	14.104	51.204	107.512	36	60.801	17.033	14.554	51.952	109.258
37	59.632	16.430	14.111	51.216	107.541	37	60.821	17.044	14.562	51.964	109.287
38	59.652	16.440	14.119	51.229	107.570	38	60.841	17.054	14.570	51.976	109.316
39	59.672	16.450	14.126	51.241	107.600	39	60.861	17.065	14.577	51.989	109.345
40	59.691	16.460	14.134	51.254	107.629	40	60.881	17.075	14.585	52.001	109.374
41	59.711	16.470	14.141	51.266	107.658	41	60.901	17.085	14.592	52.014	109.403
42	59.731	16.481	14.149	51.279	107.687	42	60.921	17.096	14.600	52.026	109.432
43	59.750	16.491	14.156	51.291	107.716	43	60.941	17.106	14.607	52.039	109.461
44	59.770	16.501	14.164	51.304	107.745	44	60.961	17.117	14.615	52.051	109.490
45	59.790	16.511	14.171	51.316	107.774	45	60.981	17.127	14.623	52.063	109.519
46	59.810	16.521	14.179	51.329	107.803	46	61.001	17.137	14.630	52.076	109.549
47	59.829	16.531	14.186	51.341	107.832	47	61.020	17.148	14.638	52.088	109.578
48	59.849	16.541	14.193	51.354	107.861	48	61.040	17.158	14.645	52.101	109.607
49	59.869	16.551	14.201	51.366	107.890	49	61.060	17.169	14.653	52.113	109.636
50	59.889	16.562	14.208	51.379	107.920	50	61.080	17.179	14.660	52.126	109.665
51	59.908	16.572	14.216	51.391	107.949	51	61.100	17.189	14.668	52.138	109.694
52	59.928	16.582	14.223	51.404	107.978	52	61.120	17.200	14.676	52.150	109.723
53	59.948	16.592	14.231	51.416	108.007	53	61.140	17.210	14.683	52.163	109.752
54	59.968	16.602	14.238	51.429	108.036	54	61.160	17.221	14.691	52.175	109.781
55	59.987	16.612	14.246	51.441	108.065	55	61.180	17.231	14.698	52.188	109.810
56	60.007	16.622	14.253	51.454	108.094	56	61.200	17.241	14.706	52.200	109.839
57	60.027	16.633	14.261	51.466	108.123	57	61.220	17.252	14.713	52.213	109.869
58	60.046	16.643	14.268	51.479	108.152	58	61.240	17.262	14.721	52.225	109.898
59	60.066	16.653	14.276	51.491	108.181	59	61.260	17.273	14.729	52.237	109.927
60	60.086	16.663	14.283	51.504	108.210	60	61.280	17.283	14.736	52.250	109.956

′	TANG.	BISSEC-TRICE.	FLÈCHE	DEMI-CORDE	ARC.	′	TANG.	BISSEC-TRICE.	FLÈCHE	DEMI-CORDE	ARC.

'	TANG.	BISSEC-TRICE.	FLÈCHE	DEMI-CORDE.	ARC.	'	TANG.	BISSEC-TRICE.	FLÈCHE	DEMI-CORDE.	ARC.
0	61.280	17.283	14.736	52.250	109.956	0	62.487	17.918	15.195	52.992	111.701
1	61.300	17.293	14.744	52.262	109.985	1	62.507	17.929	15.203	53.004	111.730
2	61.320	17.304	14.751	52.275	110.014	2	62.528	17.940	15.210	53.017	111.759
3	61.310	17.314	14.759	52.287	110.043	3	62.548	17.950	15.218	53.029	111.788
4	61.360	17.325	14.767	52.299	110.072	4	62.568	17.961	15.226	53.041	111.817
5	61.380	17.335	14.774	52.312	110.101	5	62.588	17.972	15.234	53.053	111.847
6	61.400	17.346	14.782	52.324	110.130	6	62.609	17.983	15.241	53.066	111.876
7	61.420	17.356	14.789	52.337	110.159	7	62.629	17.993	15.249	53.078	111.905
8	61.441	17.367	14.797	52.349	110.188	8	62.649	18.004	15.257	53.090	111.934
9	61.461	17.377	14.805	52.361	110.218	9	62.669	18.015	15.265	53.103	111.963
10	61.481	17.388	14.812	52.374	110.247	10	62.690	18.026	15.272	53.115	111.992
11	61.501	17.398	14.820	52.386	110.276	11	62.710	18.036	15.280	53.127	112.021
12	61.521	17.409	14.828	52.398	110.305	12	62.730	18.047	15.288	53.140	112.050
13	61.541	17.419	14.835	52.411	110.334	13	62.751	18.058	15.295	53.152	112.079
14	61.561	17.430	14.843	52.423	110.363	14	62.771	18.069	15.303	53.164	112.108
15	61.581	17.440	14.850	52.436	110.392	15	62.791	18.080	15.311	53.176	112.137
16	61.601	17.451	14.858	52.448	110.421	16	62.811	18.090	15.319	53.189	112.167
17	61.621	17.461	14.866	52.460	110.450	17	62.832	18.101	15.326	53.201	112.196
18	61.641	17.472	14.873	52.473	110.479	18	62.852	18.112	15.334	53.213	112.225
19	61.661	17.482	14.881	52.485	110.508	19	62.872	18.123	15.342	53.226	112.254
20	61.681	17.493	14.889	52.497	110.538	20	62.892	18.133	15.350	53.238	112.283
21	61.701	17.503	14.896	52.510	110.567	21	62.913	18.144	15.357	53.250	112.312
22	61.722	17.514	14.904	52.522	110.596	22	62.933	18.155	15.365	53.263	112.341
23	61.742	17.524	14.911	52.535	110.625	23	62.953	18.166	15.373	53.275	112.370
24	61.762	17.535	14.919	52.547	110.654	24	62.973	18.176	15.381	53.287	112.399
25	61.782	17.545	14.927	52.559	110.683	25	62.994	18.187	15.388	53.299	112.428
26	61.802	17.556	14.934	52.572	110.712	26	63.014	18.198	15.396	53.312	112.457
27	61.822	17.566	14.942	52.584	110.741	27	63.034	18.209	15.404	53.324	112.486
28	61.842	17.577	14.950	52.596	110.770	28	63.055	18.220	15.411	53.336	112.516
29	61.862	17.587	14.957	52.609	110.799	29	63.075	18.230	15.419	53.349	112.545
30	61.882	17.598	14.965	52.621	110.828	30	63.095	18.241	15.427	53.361	112.574
31	61.902	17.609	14.973	52.633	110.858	31	63.115	18.252	15.435	53.373	112.603
32	61.922	17.619	14.980	52.646	110.887	32	63.136	18.263	15.443	53.386	112.632
33	61.943	17.630	14.988	52.658	110.916	33	63.156	18.274	15.450	53.398	112.661
34	61.963	17.641	14.996	52.670	110.945	34	63.177	18.285	15.458	53.410	112.690
35	61.983	17.651	15.003	52.683	110.974	35	63.197	18.296	15.466	53.422	112.719
36	62.003	17.662	15.011	52.695	111.004	36	63.217	18.307	15.474	53.435	112.748
37	62.023	17.673	15.019	52.708	111.032	37	63.238	18.318	15.482	53.447	112.777
38	62.043	17.683	15.026	52.720	111.061	38	63.258	18.328	15.489	53.459	112.806
39	62.064	17.694	15.034	52.732	111.090	39	63.279	18.339	15.497	53.472	112.836
40	62.084	17.705	15.042	52.745	111.119	40	63.299	18.350	15.505	53.484	112.865
41	62.104	17.715	15.049	52.757	111.148	41	63.319	18.361	15.513	53.496	112.894
42	62.124	17.726	15.057	52.769	111.178	42	63.340	18.372	15.521	53.509	112.923
43	62.144	17.737	15.065	52.782	111.207	43	63.360	18.383	15.528	53.521	112.952
44	62.164	17.747	15.072	52.794	111.236	44	63.381	18.394	15.536	53.533	112.981
45	62.185	17.758	15.080	52.807	111.265	45	63.401	18.405	15.544	53.545	113.010
46	62.205	17.769	15.088	52.819	111.294	46	63.421	18.416	15.552	53.558	113.039
47	62.225	17.779	15.095	52.831	111.323	47	63.442	18.427	15.560	53.570	113.068
48	62.245	17.790	15.103	52.844	111.352	48	63.462	18.438	15.567	53.582	113.097
49	62.265	17.801	15.111	52.856	111.381	49	63.483	18.449	15.575	53.595	113.126
50	62.285	17.811	15.118	52.868	111.410	50	63.503	18.460	15.583	53.607	113.156
51	62.306	17.822	15.126	52.881	111.439	51	63.523	18.471	15.591	53.619	113.185
52	62.326	17.833	15.134	52.893	111.468	52	63.544	18.481	15.599	53.632	113.214
53	62.346	17.843	15.141	52.906	111.498	53	63.564	18.492	15.606	53.644	113.243
54	62.366	17.854	15.149	52.918	111.527	54	63.585	18.503	15.614	53.656	113.272
55	62.386	17.865	15.157	52.930	111.556	55	63.605	18.514	15.622	53.668	113.301
56	62.406	17.875	15.164	52.943	111.585	56	63.625	18.525	15.630	53.681	113.330
57	62.427	17.886	15.172	52.955	111.614	57	63.646	18.536	15.638	53.693	113.359
58	62.447	17.897	15.180	52.967	111.643	58	63.666	18.547	15.645	53.705	113.388
59	62.467	17.907	15.187	52.980	111.672	59	63.687	18.558	15.653	53.718	113.417
60	62.487	17.918	15.195	52.992	111.701	60	63.707	18.569	15.661	53.730	113.446

'	TANG.	BISSEC-TRICE.	FLÈCHE	DEMI-CORDE.	ARC.	'	TANG.	BISSEC-TRICE.	FLÈCHE	DEMI-CORDE	ARC.

'	TANG.	BISSEC-TRICE.	FLÈCHE.	DEMI-CORDE.	ARC.	'	TANG.	BISSEC-TRICE.	FLÈCHE.	DEMI-CORDE.	ARC.
0	63.707	18.569	15.661	53.730	113.446	0	64.941	19.236	16.133	54.464	115.192
1	63.727	18.580	15.669	53.742	113.475	1	64.962	19.247	16.141	54.476	115.221
2	63.748	18.591	15.677	53.754	113.505	2	64.982	19.259	16.149	54.488	115.250
3	63.768	18.602	15.684	53.767	113.534	3	65.003	19.270	16.157	54.501	115.279
4	63.789	18.613	15.692	53.779	113.563	4	65.024	19.281	16.165	54.513	115.308
5	63.809	18.624	15.700	53.791	113.592	5	65.045	19.293	16.173	54.525	115.337
6	63.830	18.635	15.708	53.803	113.621	6	65.065	19.304	16.181	54.537	115.366
7	63.850	18.646	15.716	53.816	113.650	7	65.086	19.315	16.189	54.549	115.395
8	63.871	18.658	15.724	53.828	113.679	8	65.107	19.327	16.196	54.561	115.424
9	63.891	18.669	15.731	53.840	113.708	9	65.128	19.338	16.204	54.574	115.454
10	63.912	18.680	15.739	53.852	113.737	10	65.148	19.349	16.212	54.586	115.483
11	63.932	18.691	15.747	53.865	113.766	11	65.169	19.361	16.220	54.598	115.512
12	63.953	18.702	15.755	53.877	113.795	12	65.190	19.372	16.228	54.610	115.541
13	63.973	18.713	15.763	53.889	113.825	13	65.210	19.383	16.236	54.622	115.570
14	63.994	18.724	15.771	53.901	113.854	14	65.231	19.395	16.244	54.634	115.599
15	64.014	18.735	15.778	53.913	113.883	15	65.252	19.406	16.252	54.647	115.628
16	64.035	18.746	15.786	53.926	113.912	16	65.273	19.417	16.260	54.659	115.657
17	64.055	18.757	15.794	53.938	113.941	17	65.293	19.429	16.268	54.671	115.686
18	64.076	18.768	15.802	53.950	113.970	18	65.314	19.440	16.276	54.683	115.715
19	64.096	18.779	15.810	53.962	113.999	19	65.335	19.451	16.284	54.695	115.744
20	64.117	18.790	15.818	53.975	114.028	20	65.356	19.463	16.292	54.707	115.774
21	64.137	18.802	15.825	53.987	114.057	21	65.376	19.474	16.300	54.720	115.803
22	64.158	18.813	15.833	53.999	114.086	22	65.397	19.485	16.307	54.732	115.832
23	64.178	18.824	15.841	54.011	114.115	23	65.418	19.497	16.315	54.744	115.861
24	64.199	18.835	15.849	54.024	114.145	24	65.439	19.508	16.323	54.756	115.890
25	64.219	18.846	15.857	54.036	114.174	25	65.459	19.519	16.331	54.768	115.919
26	64.240	18.857	15.865	54.048	114.203	26	65.480	19.531	16.339	54.780	115.948
27	64.260	18.868	15.872	54.060	114.232	27	65.501	19.542	16.347	54.793	115.977
28	64.281	18.879	15.880	54.072	114.261	28	65.521	19.553	16.355	54.805	116.006
29	64.301	18.890	15.888	54.085	114.290	29	65.542	19.565	16.363	54.817	116.035
30	64.322	18.901	15.896	54.097	114.319	30	65.563	19.576	16.371	54.829	116.064
31	64.343	18.912	15.904	54.109	114.348	31	65.584	19.587	16.379	54.841	116.094
32	64.363	18.923	15.912	54.121	114.377	32	65.605	19.599	16.387	54.853	116.123
33	64.384	18.935	15.920	54.134	114.406	33	65.626	19.610	16.395	54.866	116.152
34	64.405	18.946	15.928	54.146	114.435	34	65.646	19.622	16.403	54.878	116.181
35	64.425	18.957	15.935	54.158	114.465	35	65.667	19.633	16.411	54.890	116.210
36	64.446	18.968	15.943	54.170	114.494	36	65.688	19.645	16.419	54.902	116.239
37	64.466	18.979	15.951	54.183	114.523	37	65.709	19.656	16.427	54.914	116.268
38	64.487	18.990	15.959	54.195	114.552	38	65.730	19.668	16.435	54.926	116.297
39	64.508	19.002	15.967	54.207	114.581	39	65.751	19.679	16.443	54.939	116.326
40	64.528	19.013	15.975	54.219	114.610	40	65.772	19.691	16.451	54.951	116.355
41	64.549	19.024	15.983	54.232	114.639	41	65.793	19.702	16.459	54.963	116.384
42	64.570	19.035	15.991	54.244	114.668	42	65.813	19.714	16.467	54.975	116.414
43	64.590	19.046	15.999	54.256	114.697	43	65.834	19.725	16.475	54.987	116.443
44	64.611	19.057	16.007	54.268	114.726	44	65.855	19.737	16.483	54.999	116.472
45	64.631	19.069	16.014	54.280	114.755	45	65.876	19.748	16.491	55.012	116.501
46	64.652	19.080	16.022	54.293	114.785	46	65.897	19.760	16.499	55.024	116.530
47	64.673	19.091	16.030	54.305	114.814	47	65.918	19.771	16.507	55.036	116.559
48	64.693	19.102	16.038	54.317	114.843	48	65.939	19.782	16.515	55.048	116.588
49	64.714	19.113	16.046	54.329	114.872	49	65.960	19.794	16.523	55.060	116.617
50	64.735	19.124	16.054	54.342	114.901	50	65.980	19.805	16.531	55.072	116.646
51	64.755	19.136	16.062	54.354	114.930	51	66.001	19.817	16.539	55.085	116.675
52	64.776	19.147	16.070	54.366	114.959	52	66.022	19.828	16.547	55.097	116.704
53	64.796	19.158	16.078	54.378	114.988	53	66.043	19.840	16.555	55.109	116.733
54	64.817	19.169	16.086	54.391	115.017	54	66.064	19.851	16.563	55.121	116.763
55	64.838	19.180	16.093	54.403	115.046	55	66.085	19.863	16.571	55.133	116.792
56	64.858	19.191	16.101	54.415	115.075	56	66.106	19.874	16.579	55.145	116.821
57	64.879	19.203	16.109	54.427	115.105	57	66.126	19.886	16.587	55.158	116.850
58	64.900	19.214	16.117	54.439	115.134	58	66.147	19.897	16.595	55.170	116.879
59	64.920	19.225	16.125	54.452	115.163	59	66.168	19.909	16.603	55.182	116.908
60	64.941	19.236	16.133	54.464	115.192	60	66.189	19.920	16.611	55.194	116.937
'	TANG.	BISSEC-TRICE.	FLÈCHE	DEMI-CORDE.	ARC.	'	TANG.	BISSEC-TRICE.	FLÈCHE	DEMI-CORDE.	ARC.

'	TANG.	BISSEC-TRICE.	FLÈCHE	DEMI-CORDE.	ARC.	'	TANG.	BISSEC-TRICE.	FLÈCHE	DEMI-CORDE.	ARC.
0	61.280	17.283	14.736	52.250	109.956	0	62.487	17.918	15.195	52.992	111.701
1	61.300	17.293	14.744	52.262	109.985	1	62.507	17.929	15.203	53.004	111.730
2	61.320	17.304	14.751	52.275	110.014	2	62.528	17.940	15.210	53.017	111.759
3	61.340	17.314	14.759	52.287	110.043	3	62.548	17.950	15.218	53.029	111.788
4	61.360	17.325	14.767	52.299	110.072	4	62.568	17.961	15.226	53.041	111.817
5	61.380	17.335	14.774	52.312	110.101	5	62.588	17.972	15.234	53.053	111.847
6	61.400	17.346	14.782	52.324	110.130	6	62.609	17.983	15.241	53.066	111.876
7	61.420	17.356	14.789	52.337	110.159	7	62.629	17.993	15.249	53.078	111.905
8	61.441	17.367	14.797	52.349	110.188	8	62.649	18.004	15.257	53.090	111.934
9	61.461	17.377	14.805	52.361	110.218	9	62.669	18.015	15.265	53.103	111.963
10	61.481	17.388	14.812	52.374	110.247	10	62.690	18.026	15.272	53.115	111.992
11	61.501	17.398	14.820	52.386	110.276	11	62.710	18.036	15.280	53.127	112.021
12	61.521	17.409	14.828	52.398	110.305	12	62.730	18.047	15.288	53.140	112.050
13	61.541	17.419	14.835	52.411	110.334	13	62.751	18.058	15.295	53.152	112.079
14	61.561	17.430	14.843	52.423	110.363	14	62.771	18.069	15.303	53.164	112.108
15	61.581	17.440	14.850	52.436	110.392	15	62.791	18.080	15.311	53.176	112.137
16	61.601	17.451	14.858	52.448	110.421	16	62.811	18.090	15.319	53.189	112.167
17	61.621	17.461	14.866	52.460	110.450	17	62.832	18.101	15.326	53.201	112.196
18	61.641	17.472	14.873	52.473	110.479	18	62.852	18.112	15.334	53.213	112.225
19	61.661	17.482	14.881	52.485	110.508	19	62.872	18.123	15.342	53.226	112.254
20	61.681	17.493	14.889	52.497	110.538	20	62.892	18.133	15.350	53.238	112.283
21	61.701	17.503	14.896	52.510	110.567	21	62.913	18.144	15.357	53.250	112.312
22	61.722	17.514	14.904	52.522	110.596	22	62.933	18.155	15.365	53.263	112.341
23	61.742	17.524	14.911	52.535	110.625	23	62.953	18.166	15.373	53.275	112.370
24	61.762	17.535	14.919	52.547	110.654	24	62.973	18.176	15.381	53.287	112.399
25	61.782	17.545	14.927	52.559	110.683	25	62.994	18.187	15.388	53.299	112.428
26	61.802	17.556	14.934	52.572	110.712	26	63.014	18.198	15.396	53.312	112.457
27	61.822	17.566	14.942	52.584	110.741	27	63.034	18.209	15.404	53.324	112.486
28	61.842	17.577	14.950	52.596	110.770	28	63.055	18.220	15.411	53.336	112.516
29	61.862	17.587	14.957	52.609	110.799	29	63.075	18.230	15.419	53.349	112.545
30	61.882	17.598	14.965	52.621	110.828	30	63.095	18.241	15.427	53.361	112.574
31	61.902	17.609	14.973	52.633	110.858	31	63.115	18.252	15.435	53.373	112.603
32	61.922	17.619	14.980	52.646	110.887	32	63.136	18.263	15.443	53.386	112.632
33	61.943	17.630	14.988	52.658	110.916	33	63.156	18.274	15.450	53.398	112.661
34	61.963	17.641	14.996	52.670	110.945	34	63.177	18.285	15.458	53.410	112.690
35	61.983	17.651	15.003	52.683	110.974	35	63.197	18.296	15.466	53.422	112.719
36	62.003	17.662	15.011	52.695	111.003	36	63.217	18.307	15.474	53.435	112.748
37	62.023	17.673	15.019	52.708	111.032	37	63.238	18.318	15.482	53.447	112.777
38	62.043	17.683	15.026	52.720	111.061	38	63.258	18.328	15.489	53.459	112.806
39	62.064	17.694	15.034	52.732	111.090	39	63.279	18.339	15.497	53.472	112.836
40	62.084	17.705	15.042	52.745	111.119	40	63.299	18.350	15.505	53.484	112.865
41	62.104	17.715	15.049	52.757	111.148	41	63.319	18.361	15.513	53.496	112.894
42	62.124	17.726	15.057	52.769	111.178	42	63.340	18.372	15.521	53.509	112.923
43	62.144	17.737	15.065	52.782	111.207	43	63.360	18.383	15.528	53.521	112.952
44	62.164	17.747	15.072	52.794	111.236	44	63.381	18.394	15.536	53.533	112.981
45	62.185	17.758	15.080	52.807	111.265	45	63.401	18.405	15.544	53.545	113.010
46	62.205	17.769	15.088	52.819	111.294	46	63.421	18.416	15.552	53.558	113.039
47	62.225	17.779	15.095	52.831	111.323	47	63.442	18.427	15.560	53.570	113.068
48	62.245	17.790	15.103	52.844	111.352	48	63.462	18.438	15.567	53.582	113.097
49	62.265	17.801	15.111	52.856	111.381	49	63.483	18.449	15.575	53.595	113.126
50	62.285	17.811	15.118	52.868	111.410	50	63.503	18.460	15.583	53.607	113.156
51	62.306	17.822	15.126	52.881	111.439	51	63.523	18.471	15.591	53.619	113.185
52	62.326	17.833	15.134	52.893	111.468	52	63.544	18.481	15.599	53.632	113.214
53	62.346	17.843	15.141	52.906	111.498	53	63.564	18.492	15.606	53.644	113.243
54	62.366	17.854	15.149	52.918	111.527	54	63.585	18.503	15.614	53.656	113.272
55	62.386	17.865	15.157	52.930	111.556	55	63.605	18.514	15.622	53.668	113.301
56	62.406	17.875	15.164	52.943	111.585	56	63.625	18.525	15.630	53.681	113.330
57	62.427	17.886	15.172	52.955	111.614	57	63.646	18.536	15.638	53.693	113.359
58	62.447	17.897	15.180	52.967	111.643	58	63.666	18.547	15.645	53.705	113.388
59	62.467	17.907	15.187	52.980	111.672	59	63.687	18.558	15.653	53.718	113.417
60	62.487	17.918	15.195	52.992	111.701	60	63.707	18.569	15.661	53.730	113.446
'	TANG.	BISSEC-TRICE.	FLÈCHE	DEMI-CORDE.	ARC.	'	TANG.	BISSEC-TRICE.	FLÈCHE	DEMI-CORDE.	ARC.

′	TANG.	BISSEC-TRICE.	FLÈCHE	DEMI-CORDE.	ARC.	′	TANG.	BISSEC-TRICE.	FLÈCHE	DEMI-CORDE.	ARC.
0	63.707	18.569	15.661	53.730	113.446	0	64.941	19.236	16.133	54.464	115.192
1	63.727	18.580	15.669	53.742	113.475	1	64.962	19.247	16.141	54.476	115.221
2	63.748	18.591	15.677	53.754	113.505	2	64.982	19.259	16.149	54.488	115.250
3	63.768	18.602	15.684	53.767	113.534	3	65.003	19.270	16.157	54.501	115.279
4	63.789	18.613	15.692	53.779	113.563	4	65.024	19.281	16.165	54.513	115.308
5	63.809	18.624	15.700	53.791	113.592	5	65.045	19.293	16.173	54.525	115.337
6	63.830	18.635	15.708	53.803	113.621	6	65.065	19.304	16.181	54.537	115.366
7	63.850	18.646	15.716	53.816	113.650	7	65.086	19.315	16.189	54.549	115.395
8	63.871	18.658	15.724	53.828	113.679	8	65.107	19.327	16.196	54.561	115.424
9	63.891	18.669	15.731	53.840	113.708	9	65.128	19.338	16.204	54.574	115.454
10	63.912	18.680	15.739	53.852	113.737	10	65.148	19.349	16.212	54.586	115.483
11	63.932	18.691	15.747	53.865	113.766	11	65.169	19.361	16.220	54.598	115.512
12	63.953	18.702	15.755	53.877	113.795	12	65.190	19.372	16.228	54.610	115.541
13	63.973	18.713	15.763	53.889	113.825	13	65.210	19.383	16.236	54.622	115.570
14	63.994	18.724	15.771	53.901	113.854	14	65.231	19.395	16.244	54.634	115.599
15	64.014	18.735	15.778	53.913	113.883	15	65.252	19.406	16.252	54.647	115.628
16	64.035	18.746	15.786	53.926	113.912	16	65.273	19.417	16.260	54.659	115.657
17	64.055	18.757	15.794	53.938	113.941	17	65.293	19.429	16.268	54.671	115.686
18	64.076	18.768	15.802	53.950	113.970	18	65.314	19.440	16.276	54.683	115.715
19	64.096	18.779	15.810	53.962	113.999	19	65.335	19.451	16.284	54.695	115.744
20	64.117	18.790	15.818	53.975	114.028	20	65.356	19.463	16.292	54.707	115.774
21	64.137	18.801	15.825	53.987	114.057	21	65.376	19.474	16.300	54.720	115.803
22	64.158	18.813	15.833	53.999	114.086	22	65.397	19.485	16.307	54.732	115.832
23	64.178	18.824	15.841	54.011	114.115	23	65.418	19.497	16.315	54.744	115.861
24	64.199	18.835	15.849	54.024	114.145	24	65.439	19.508	16.323	54.756	115.890
25	64.219	18.846	15.857	54.036	114.174	25	65.459	19.519	16.331	54.768	115.919
26	64.240	18.857	15.865	54.048	114.203	26	65.480	19.531	16.339	54.780	115.948
27	64.260	18.868	15.872	54.060	114.232	27	65.501	19.542	16.347	54.793	115.977
28	64.281	18.879	15.880	54.072	114.261	28	65.521	19.553	16.355	54.805	116.006
29	64.301	18.890	15.888	54.085	114.290	29	65.542	19.565	16.363	54.817	116.035
30	64.322	18.901	15.896	54.097	114.319	30	65.563	19.576	16.371	54.829	116.064
31	64.343	18.912	15.904	54.109	114.348	31	65.584	19.587	16.379	54.841	116.094
32	64.363	18.923	15.912	54.121	114.377	32	65.605	19.599	16.387	54.853	116.123
33	64.384	18.935	15.920	54.134	114.406	33	65.626	19.610	16.395	54.866	116.152
34	64.405	18.946	15.928	54.146	114.435	34	65.646	19.622	16.403	54.878	116.181
35	64.425	18.957	15.935	54.158	114.465	35	65.667	19.633	16.411	54.890	116.210
36	64.446	18.968	15.943	54.170	114.494	36	65.688	19.645	16.419	54.902	116.239
37	64.466	18.979	15.951	54.183	114.523	37	65.709	19.656	16.427	54.914	116.268
38	64.487	18.990	15.959	54.195	114.552	38	65.730	19.668	16.435	54.926	116.297
39	64.508	19.002	15.967	54.207	114.581	39	65.751	19.679	16.443	54.939	116.326
40	64.528	19.013	15.975	54.219	114.610	40	65.772	19.691	16.451	54.951	116.355
41	64.549	19.024	15.983	54.232	114.639	41	65.793	19.702	16.459	54.963	116.384
42	64.570	19.035	15.991	54.244	114.668	42	65.813	19.714	16.467	54.975	116.414
43	64.590	19.046	15.999	54.256	114.697	43	65.834	19.725	16.475	54.987	116.443
44	64.611	19.057	16.007	54.268	114.726	44	65.855	19.737	16.483	54.999	116.472
45	64.631	19.069	16.014	54.280	114.755	45	65.876	19.748	16.491	55.012	116.501
46	64.652	19.080	16.022	54.293	114.785	46	65.897	19.760	16.499	55.024	116.530
47	64.673	19.091	16.030	54.305	114.814	47	65.918	19.771	16.507	55.036	116.559
48	64.693	19.102	16.038	54.317	114.843	48	65.939	19.782	16.515	55.048	116.588
49	64.714	19.113	16.046	54.329	114.872	49	65.960	19.794	16.523	55.060	116.617
50	64.735	19.124	16.054	54.342	114.901	50	65.980	19.805	16.531	55.072	116.646
51	64.755	19.136	16.062	54.354	114.930	51	66.001	19.817	16.539	55.085	116.675
52	64.776	19.147	16.070	54.366	114.959	52	66.022	19.828	16.547	55.097	116.704
53	64.796	19.158	16.078	54.378	114.988	53	66.043	19.840	16.555	55.109	116.733
54	64.817	19.169	16.086	54.391	115.017	54	66.064	19.851	16.563	55.121	116.763
55	64.838	19.180	16.093	54.403	115.046	55	66.085	19.863	16.571	55.133	116.792
56	64.858	19.191	16.101	54.415	115.075	56	66.106	19.874	16.579	55.145	116.821
57	64.879	19.203	16.109	54.427	115.105	57	66.126	19.886	16.587	55.158	116.850
58	64.900	19.214	16.117	54.439	115.134	58	66.147	19.897	16.595	55.170	116.879
59	64.920	19.225	16.125	54.452	115.163	59	66.168	19.909	16.603	55.182	116.908
60	64.941	19.236	16.133	54.464	115.192	60	66.189	19.920	16.611	55.194	116.937
′	TANG.	BISSEC-TRICE.	FLÈCHE	DEMI-CORDE.	ARC.	′	TANG.	BISSEC-TRICE.	FLÈCHE	DEMI-CORDE.	ARC.

'	TANG.	BISSEC-TRICE.	FLÈCHE	DEMI-CORDE.	ARC.	'	TANG.	BISSEC-TRICE.	FLÈCHE	DEMI-CORDE.	ARC.
0	66.189	19.920	16.611	55.194	116.937	0	67.451	20.622	17.096	55.919	118.682
1	66.210	19.932	16.619	55.206	116.966	1	67.472	20.634	17.104	55.931	118.711
2	66.231	19.943	16.627	55.218	116.995	2	67.493	20.646	17.123	55.943	118.741
3	66.252	19.955	16.635	55.230	117.024	3	67.515	20.658	17.121	55.955	118.770
4	66.273	19.967	16.643	55.242	117.053	4	67.536	20.670	17.129	55.967	118.799
5	66.294	19.978	16.651	55.254	117.083	5	67.557	20.681	17.137	55.979	118.828
6	66.315	19.990	16.659	55.267	117.112	6	67.578	20.693	17.145	55.991	118.857
7	66.336	20.001	16.667	55.279	117.141	7	67.600	20.705	17.153	56.003	118.886
8	66.357	20.013	16.676	55.291	117.170	8	67.621	20.717	17.161	56.015	118.915
9	66.378	20.025	16.684	55.303	117.199	9	67.642	20.729	17.170	56.027	118.944
10	66.399	20.036	16.692	55.315	117.228	10	67.663	20.741	17.178	56.039	118.973
11	66.420	20.048	16.700	55.327	117.257	11	67.685	20.753	17.186	56.051	119.002
12	66.441	20.060	16.708	55.339	117.286	12	67.706	20.765	17.194	56.063	119.031
13	66.462	20.071	16.716	55.351	117.315	13	67.727	20.777	17.202	56.075	119.060
14	66.483	20.083	16.724	55.363	117.344	14	67.748	20.789	17.210	56.087	119.090
15	66.504	20.094	16.732	55.375	117.373	15	67.769	20.801	17.219	56.099	119.119
16	66.525	20.106	16.740	55.388	117.402	16	67.791	20.812	17.227	56.111	119.148
17	66.545	20.118	16.748	55.400	117.432	17	67.812	20.824	17.235	56.124	119.177
18	66.566	20.129	16.756	55.412	117.461	18	67.833	20.836	17.243	56.136	119.206
19	66.587	20.141	16.764	55.424	117.490	19	67.854	20.848	17.251	56.148	119.235
20	66.608	20.153	16.772	55.436	117.519	20	67.876	20.860	17.259	56.160	119.264
21	66.629	20.164	16.780	55.448	117.548	21	67.897	20.872	17.268	56.172	119.293
22	66.650	20.176	16.789	55.460	117.577	22	67.918	20.884	17.276	56.184	119.322
23	66.671	20.187	16.797	55.472	117.606	23	67.939	20.896	17.284	56.196	119.351
24	66.692	20.199	16.805	55.484	117.635	24	67.961	20.908	17.292	56.208	119.380
25	66.713	20.211	16.813	55.496	117.664	25	67.982	20.920	17.300	56.220	119.410
26	66.734	20.222	16.821	55.509	117.693	26	68.003	20.931	17.308	56.232	119.439
27	66.755	20.234	16.829	55.521	117.722	27	68.024	20.943	17.317	56.244	119.468
28	66.776	20.246	16.837	55.533	117.752	28	68.045	20.955	17.325	56.256	119.497
29	66.797	20.257	16.845	55.545	117.781	29	68.067	20.967	17.333	56.268	119.526
30	66.818	20.269	16.855	55.557	117.810	30	68.088	20.979	17.341	56.280	119.555
31	66.839	20.281	16.861	55.569	117.839	31	68.109	20.991	17.349	56.292	119.584
32	66.860	20.293	16.869	55.581	117.868	32	68.131	21.003	17.357	56.304	119.613
33	66.881	20.304	16.877	55.593	117.897	33	68.152	21.015	17.366	56.316	119.642
34	66.902	20.316	16.885	55.605	117.926	34	68.173	21.027	17.374	56.328	119.671
35	66.923	20.328	16.893	55.617	117.955	35	68.195	21.039	17.382	56.340	119.700
36	66.945	20.340	16.902	55.629	117.984	36	68.216	21.051	17.390	56.352	119.730
37	66.966	20.351	16.910	55.641	118.013	37	68.237	21.063	17.398	56.364	119.759
38	66.987	20.363	16.918	55.654	118.042	38	68.259	21.076	17.407	56.376	119.788
39	67.008	20.375	16.926	55.666	118.072	39	68.280	21.088	17.415	56.388	119.817
40	67.029	20.387	16.934	55.678	118.101	40	68.301	21.100	17.423	56.400	119.846
41	67.050	20.398	16.942	55.690	118.130	41	68.323	21.112	17.431	56.412	119.875
42	67.071	20.410	16.950	55.702	118.159	42	68.344	21.124	17.439	56.424	119.904
43	67.092	20.422	16.958	55.714	118.188	43	68.365	21.136	17.448	56.436	119.933
44	67.113	20.434	16.966	55.726	118.217	44	68.387	21.148	17.456	56.448	119.962
45	67.134	20.446	16.974	55.738	118.246	45	68.408	21.160	17.464	56.460	119.991
46	67.156	20.457	16.983	55.750	118.275	46	68.429	21.172	17.472	56.472	120.020
47	67.177	20.469	16.991	55.762	118.304	47	68.451	21.184	17.480	56.485	120.050
48	67.198	20.481	16.999	55.774	118.333	48	68.472	21.196	17.489	56.497	120.079
49	67.219	20.493	17.007	55.786	118.362	49	68.493	21.208	17.497	56.509	120.108
50	67.240	20.504	17.015	55.798	118.392	50	68.515	21.220	17.505	56.521	120.137
51	67.261	20.516	17.023	55.810	118.421	51	68.536	21.232	17.513	56.533	120.166
52	67.282	20.528	17.031	55.823	118.450	52	68.557	21.245	17.521	56.545	120.195
53	67.303	20.540	17.039	55.835	118.479	53	68.579	21.257	17.530	56.557	120.224
54	67.324	20.551	17.047	55.847	118.508	54	68.600	21.269	17.538	56.569	120.253
55	67.345	20.563	17.055	55.859	118.537	55	68.621	21.281	17.546	56.581	120.282
56	67.367	20.575	17.064	55.871	118.566	56	68.643	21.293	17.554	56.593	120.311
57	67.388	20.587	17.072	55.883	118.595	57	68.664	21.305	17.562	56.605	120.340
58	67.409	20.599	17.080	55.895	118.624	58	68.685	21.317	17.571	56.617	120.370
59	67.430	20.610	17.088	55.907	118.653	59	68.707	21.329	17.579	56.629	120.399
60	67.451	20.622	17.096	55.919	118.682	60	68.728	21.341	17.587	56.641	120.428
'	TANG.	BISSEC-TRICE.	FLÈCHE	DEMI-CORDE.	ARC.	'	TANG.	BISSEC-TRICE.	FLÈCHE	DEMI-CORDE.	ARC.

'	TANG.	BISSEC-TRICE.	FLÈCHE	DEMI-CORDE.	ARC.	'	TANG.	BISSEC-TRICE.	FLÈCHE	DEMI-CORDE.	ARC.
0	68.728	21.341	17.587	56.641	120.428	0	70.021	22.077	18.085	57.358	122.173
1	68.749	21.353	17.595	56.653	120.457	1	70.043	22.090	18.093	57.370	122.202
2	68.771	21.365	17.604	56.665	120.486	2	70.064	22.102	18.102	57.382	122.231
3	68.792	21.378	17.612	56.677	120.515	3	70.086	22.115	18.110	57.394	122.260
4	68.814	21.390	17.620	56.689	120.544	4	70.108	22.127	18.118	57.406	122.289
5	68.835	21.402	17.628	56.701	120.573	5	70.130	22.140	18.127	57.417	122.318
6	68.857	21.414	17.637	56.713	120.602	6	70.151	22.152	18.135	57.429	122.348
7	68.878	21.426	17.645	56.725	120.631	7	70.173	22.165	18.144	57.441	122.377
8	68.899	21.439	17.653	56.737	120.660	8	70.195	22.177	18.152	57.453	122.406
9	68.921	21.451	17.661	56.749	120.690	9	70.217	22.190	18.160	57.465	122.435
10	68.942	21.463	17.670	56.761	120.719	10	70.238	22.202	18.169	57.477	122.464
11	68.964	21.475	17.678	56.773	120.748	11	70.260	22.215	18.177	57.489	122.493
12	68.985	21.487	17.686	56.785	120.777	12	70.282	22.227	18.185	57.501	122.522
13	69.007	21.500	17.695	56.797	120.806	13	70.303	22.240	18.194	57.513	122.551
14	69.028	21.512	17.703	56.809	120.835	14	70.325	22.252	18.202	57.525	122.580
15	69.049	21.524	17.711	56.821	120.864	15	70.347	22.265	18.211	57.536	122.609
16	69.071	21.536	17.719	56.833	120.893	16	70.369	22.277	18.219	57.548	122.638
17	69.092	21.548	17.728	56.844	120.922	17	70.390	22.290	18.227	57.560	122.668
18	69.114	21.561	17.736	56.856	120.951	18	70.412	22.303	18.236	57.572	122.697
19	69.135	21.573	17.744	56.868	120.980	19	70.434	22.315	18.244	57.584	122.726
20	69.157	21.585	17.752	56.880	121.010	20	70.456	22.328	18.252	57.596	122.755
21	69.178	21.597	17.761	56.892	121.039	21	70.477	22.340	18.261	57.608	122.784
22	69.199	21.609	17.769	56.904	121.068	22	70.499	22.353	18.269	57.620	122.813
23	69.221	21.622	17.777	56.916	121.097	23	70.521	22.365	18.277	57.632	122.842
24	69.242	21.634	17.785	56.928	121.126	24	70.543	22.378	18.286	57.644	122.871
25	69.264	21.646	17.794	56.940	121.155	25	70.564	22.390	18.294	57.655	122.900
26	69.285	21.658	17.802	56.952	121.184	26	70.586	22.403	18.303	57.667	122.929
27	69.307	21.670	17.810	56.964	121.213	27	70.608	22.415	18.311	57.679	122.958
28	69.328	21.683	17.819	56.976	121.242	28	70.629	22.428	18.319	57.691	122.988
29	69.349	21.695	17.827	56.988	121.271	29	70.651	22.440	18.328	57.703	123.017
30	69.371	21.707	17.835	57.000	121.300	30	70.673	22.453	18.336	57.715	123.046
31	69.393	21.719	17.843	57.012	121.330	31	70.695	22.466	18.344	57.727	123.075
32	69.414	21.732	17.852	57.024	121.359	32	70.717	22.478	18.353	57.739	123.104
33	69.436	21.744	17.860	57.036	121.388	33	70.739	22.491	18.361	57.750	123.133
34	69.458	21.756	17.868	57.048	121.417	34	70.760	22.504	18.370	57.762	123.162
35	69.479	21.769	17.877	57.060	121.446	35	70.782	22.516	18.378	57.774	123.191
36	69.501	21.781	17.885	57.072	121.475	36	70.804	22.529	18.386	57.786	123.220
37	69.523	21.793	17.893	57.084	121.504	37	70.826	22.542	18.395	57.798	123.249
38	69.544	21.806	17.902	57.095	121.533	38	70.848	22.554	18.403	57.810	123.278
39	69.566	21.818	17.910	57.107	121.562	39	70.870	22.567	18.412	57.821	123.308
40	69.588	21.830	17.918	57.119	121.591	40	70.892	22.580	18.420	57.833	123.337
41	69.609	21.843	17.927	57.131	121.620	41	70.914	22.592	18.428	57.845	123.366
42	69.631	21.855	17.935	57.143	121.649	42	70.935	22.605	18.437	57.857	123.395
43	69.653	21.867	17.943	57.155	121.679	43	70.957	22.618	18.445	57.869	123.424
44	69.674	21.880	17.952	57.167	121.708	44	70.979	22.630	18.454	57.881	123.453
45	69.696	21.892	17.960	57.179	121.737	45	71.001	22.643	18.462	57.892	123.482
46	69.718	21.904	17.968	57.191	121.766	46	71.023	22.656	18.470	57.904	123.511
47	69.739	21.917	17.977	57.203	121.795	47	71.045	22.668	18.479	57.916	123.540
48	69.761	21.929	17.985	57.215	121.824	48	71.067	22.681	18.487	57.928	123.569
49	69.783	21.941	17.993	57.227	121.853	49	71.089	22.694	18.496	57.940	123.598
50	69.804	21.954	18.002	57.239	121.882	50	71.110	22.706	18.504	57.952	123.628
51	69.826	21.966	18.010	57.251	121.911	51	71.132	22.719	18.512	57.963	123.657
52	69.848	21.978	18.018	57.262	121.940	52	71.154	22.732	18.521	57.975	123.686
53	69.869	21.991	18.027	57.274	121.989	53	71.176	22.744	18.529	57.987	123.715
54	69.891	22.003	18.035	57.286	121.999	54	71.198	22.757	18.538	57.999	123.744
55	69.913	22.015	18.043	57.298	122.028	55	71.220	22.770	18.546	58.011	123.773
56	69.934	22.028	18.052	57.310	122.057	56	71.242	22.782	18.554	58.023	123.802
57	69.956	22.040	18.060	57.322	122.086	57	71.263	22.795	18.563	58.034	123.831
58	69.978	22.052	18.068	57.334	122.115	58	71.285	22.808	18.571	58.046	123.860
59	69.999	22.065	18.077	57.346	122.144	59	71.307	22.820	18.580	58.058	123.889
60	70.021	22.077	18.085	57.358	122.173	60	71.329	22.833	18.588	58.070	123.918
'	TANG.	BISSEC-TRICE.	FLÈCHE	DEMI-CORDE.	ARC.	'	TANG.	BISSEC-TRICE.	FLÈCHE	DEMI-CORDE.	ARC.

′	TANG.	BISSEC-TRICE.	FLÈCHE	DEMI-CORDE.	ARC.	′	TANG.	BISSEC-TRICE.	FLÈCHE	DEMI-CORDE.	ARC.
0	66.189	19.920	16.611	55.194	116.937	0	67.451	20.622	17.096	55.919	118.682
1	66.210	19.932	16.619	55.206	116.966	1	67.472	20.634	17.104	55.931	118.711
2	66.231	19.943	16.627	55.218	116.995	2	67.493	20.646	17.113	55.943	118.741
3	66.252	19.955	16.635	55.230	117.024	3	67.515	20.658	17.121	55.955	118.770
4	66.273	19.967	16.643	55.242	117.053	4	67.536	20.670	17.129	55.967	118.799
5	66.294	19.978	16.651	55.254	117.083	5	67.557	20.681	17.137	55.979	118.828
6	66.315	19.990	16.659	55.267	117.112	6	67.578	20.693	17.145	55.991	118.857
7	66.336	20.001	16.667	55.279	117.141	7	67.600	20.705	17.153	56.003	118.886
8	66.357	20.013	16.676	55.291	117.170	8	67.621	20.717	17.161	56.015	118.915
9	66.378	20.025	16.684	55.303	117.199	9	67.642	20.729	17.170	56.027	118.944
10	66.399	20.036	16.692	55.315	117.228	10	67.663	20.741	17.178	56.039	118.973
11	66.420	20.048	16.700	55.327	117.257	11	67.685	20.753	17.186	56.051	119.002
12	66.441	20.060	16.708	55.339	117.286	12	67.706	20.765	17.194	56.063	119.031
13	66.462	20.071	16.716	55.351	117.315	13	67.727	20.777	17.202	56.075	119.060
14	66.483	20.083	16.724	55.363	117.344	14	67.748	20.789	17.210	56.087	119.090
15	66.504	20.094	16.732	55.375	117.373	15	67.769	20.801	17.219	56.099	119.119
16	66.525	20.106	16.740	55.388	117.402	16	67.791	20.812	17.227	56.111	119.148
17	66.545	20.118	16.748	55.400	117.432	17	67.812	20.824	17.235	56.124	119.177
18	66.566	20.129	16.756	55.412	117.461	18	67.833	20.836	17.243	56.136	119.206
19	66.587	20.141	16.764	55.424	117.490	19	67.854	20.848	17.251	56.148	119.235
20	66.608	20.153	16.772	55.436	117.519	20	67.876	20.860	17.259	56.160	119.264
21	66.629	20.164	16.780	55.448	117.548	21	67.897	20.872	17.268	56.172	119.293
22	66.650	20.176	16.789	55.460	117.577	22	67.918	20.884	17.276	56.184	119.322
23	66.671	20.187	16.797	55.472	117.606	23	67.939	20.896	17.284	56.196	119.351
24	66.692	20.199	16.805	55.484	117.635	24	67.961	20.908	17.292	56.208	119.380
25	66.713	20.211	16.813	55.496	117.664	25	67.982	20.920	17.300	56.220	119.410
26	66.734	20.222	16.821	55.509	117.693	26	68.003	20.931	17.308	56.232	119.439
27	66.755	20.234	16.829	55.521	117.722	27	68.024	20.943	17.317	56.244	119.468
28	66.776	20.246	16.837	55.533	117.752	28	68.045	20.955	17.325	56.256	119.497
29	66.797	20.257	16.845	55.545	117.781	29	68.067	20.967	17.333	56.268	119.526
30	66.818	20.269	16.855	55.557	117.810	30	68.088	20.979	17.341	56.280	119.555
31	66.839	20.281	16.861	55.569	117.839	31	68.109	20.991	17.349	56.292	119.584
32	66.860	20.293	16.869	55.581	117.868	32	68.131	21.003	17.357	56.304	119.613
33	66.881	20.304	16.877	55.593	117.897	33	68.152	21.015	17.366	56.316	119.642
34	66.902	20.316	16.885	55.605	117.926	34	68.173	21.027	17.374	56.328	119.671
35	66.923	20.328	16.893	55.617	117.955	35	68.195	21.039	17.382	56.340	119.700
36	66.945	20.340	16.902	55.629	117.984	36	68.216	21.051	17.390	56.352	119.730
37	66.966	20.351	16.910	55.641	118.013	37	68.237	21.063	17.398	56.364	119.759
38	66.987	20.363	16.918	55.654	118.042	38	68.259	21.076	17.407	56.376	119.788
39	67.008	20.375	16.926	55.666	118.072	39	68.280	21.088	17.415	56.388	119.817
40	67.029	20.387	16.934	55.678	118.101	40	68.301	21.100	17.423	56.400	119.846
41	67.050	20.398	16.942	55.690	118.130	41	68.323	21.112	17.431	56.412	119.875
42	67.071	20.410	16.950	55.702	118.159	42	68.344	21.124	17.439	56.424	119.904
43	67.092	20.422	16.958	55.714	118.188	43	68.365	21.136	17.448	56.436	119.933
44	67.113	20.434	16.966	55.726	118.217	44	68.387	21.148	17.456	56.448	119.962
45	67.134	20.446	16.974	55.738	118.246	45	68.408	21.160	17.464	56.460	119.991
46	67.156	20.457	16.983	55.750	118.275	46	68.429	21.172	17.472	56.472	120.020
47	67.177	20.469	16.991	55.762	118.304	47	68.451	21.184	17.480	56.485	120.050
48	67.198	20.481	16.999	55.774	118.333	48	68.472	21.196	17.489	56.497	120.079
49	67.219	20.493	17.007	55.786	118.362	49	68.493	21.208	17.497	56.509	120.108
50	67.240	20.504	17.015	55.798	118.392	50	68.515	21.220	17.505	56.521	120.137
51	67.261	20.516	17.023	55.810	118.421	51	68.536	21.232	17.513	56.533	120.166
52	67.282	20.528	17.031	55.823	118.450	52	68.557	21.245	17.521	56.545	120.195
53	67.303	20.540	17.039	55.835	118.479	53	68.579	21.257	17.530	56.557	120.224
54	67.324	20.551	17.047	55.847	118.508	54	68.600	21.269	17.538	56.569	120.253
55	67.345	20.563	17.055	55.859	118.537	55	68.621	21.281	17.546	56.581	120.282
56	67.367	20.575	17.064	55.871	118.566	56	68.643	21.293	17.554	56.593	120.311
57	67.388	20.587	17.072	55.883	118.595	57	68.664	21.305	17.562	56.605	120.340
58	67.409	20.599	17.080	55.895	118.624	58	68.685	21.317	17.571	56.617	120.370
59	67.430	20.610	17.088	55.907	118.653	59	68.707	21.329	17.579	56.629	120.399
60	67.451	20.622	17.096	55.919	118.682	60	68.728	21.341	17.587	56.641	120.428
′	TANG.	BISSEC-TRICE.	FLÈCHE	DEMI-CORDE.	ARC.	′	TANG.	BISSEC-TRICE.	FLÈCHE	DEMI-CORDE.	ARC.

'	TANG.	BISSEC-TRICE.	FLÈCHE	DEMI-CORDE.	ARC.	'	TANG.	BISSEC-TRICE.	FLÈCHE	DEMI-CORDE.	ARC.
0	68.728	21.341	17.587	56.641	120.428	0	70.021	22.077	18.085	57.358	122.173
1	68.749	21.353	17.595	56.653	120.457	1	70.043	22.090	18.093	57.370	122.202
2	68.771	21.365	17.604	56.665	120.486	2	70.064	22.102	18.102	57.382	122.231
3	68.792	21.378	17.612	56.677	120.515	3	70.086	22.115	18.110	57.394	122.260
4	68.814	21.390	17.620	56.689	120.544	4	70.108	22.127	18.118	57.406	122.289
5	68.835	21.402	17.628	56.701	120.573	5	70.130	22.140	18.127	57.417	122.318
6	68.857	21.414	17.637	56.713	120.602	6	70.151	22.152	18.135	57.429	122.348
7	68.878	21.426	17.645	56.725	120.631	7	70.173	22.165	18.144	57.441	122.377
8	68.899	21.439	17.653	56.737	120.660	8	70.195	22.177	18.152	57.453	122.406
9	68.921	21.451	17.661	56.749	120.690	9	70.217	22.190	18.160	57.465	122.435
10	68.942	21.463	17.670	56.761	120.719	10	70.238	22.202	18.169	57.477	122.464
11	68.964	21.475	17.678	56.773	120.748	11	70.260	22.215	18.177	57.489	122.493
12	68.985	21.487	17.686	56.785	120.777	12	70.282	22.227	18.185	57.501	122.522
13	69.007	21.500	17.695	56.797	120.806	13	70.303	22.240	18.194	57.513	122.551
14	69.028	21.512	17.703	56.809	120.835	14	70.325	22.252	18.202	57.525	122.580
15	69.049	21.524	17.711	56.821	120.864	15	70.347	22.265	18.211	57.536	122.609
16	69.071	21.536	17.719	56.833	120.893	16	70.369	22.277	18.219	57.548	122.638
17	69.092	21.548	17.728	56.844	120.922	17	70.390	22.290	18.227	57.560	122.668
18	69.114	21.561	17.736	56.856	120.951	18	70.412	22.303	18.236	57.572	122.697
19	69.135	21.573	17.744	56.868	120.980	19	70.434	22.315	18.244	57.584	122.726
20	69.157	21.585	17.752	56.880	121.010	20	70.456	22.328	18.252	57.596	122.755
21	69.178	21.597	17.761	56.892	121.039	21	70.477	22.340	18.261	57.608	122.784
22	69.199	21.609	17.769	56.904	121.068	22	70.499	22.353	18.269	57.620	122.813
23	69.221	21.622	17.777	56.916	121.097	23	70.521	22.365	18.277	57.632	122.842
24	69.242	21.634	17.785	56.928	121.126	24	70.543	22.378	18.286	57.644	122.871
25	69.264	21.646	17.794	56.940	121.155	25	70.564	22.390	18.294	57.655	122.900
26	69.285	21.658	17.802	56.952	121.184	26	70.586	22.403	18.303	57.667	122.929
27	69.307	21.670	17.810	56.964	121.213	27	70.608	22.415	18.311	57.679	122.958
28	69.328	21.683	17.819	56.976	121.242	28	70.629	22.428	18.319	57.691	122.988
29	69.349	21.695	17.827	56.988	121.271	29	70.651	22.440	18.328	57.703	123.017
30	69.371	21.707	17.835	57.000	121.300	30	70.673	22.453	18.336	57.715	123.046
31	69.393	21.719	17.843	57.012	121.330	31	70.695	22.466	18.344	57.727	123.075
32	69.414	21.732	17.852	57.024	121.359	32	70.717	22.478	18.353	57.739	123.104
33	69.436	21.744	17.860	57.036	121.388	33	70.739	22.491	18.361	57.750	123.133
34	69.458	21.756	17.868	57.048	121.417	34	70.760	22.504	18.370	57.762	123.162
35	69.479	21.769	17.877	57.060	121.446	35	70.782	22.516	18.378	57.774	123.191
36	69.501	21.781	17.885	57.072	121.475	36	70.804	22.529	18.386	57.786	123.220
37	69.523	21.793	17.893	57.084	121.504	37	70.826	22.542	18.395	57.798	123.249
38	69.544	21.806	17.902	57.095	121.533	38	70.848	22.554	18.403	57.810	123.278
39	69.566	21.818	17.910	57.107	121.562	39	70.870	22.567	18.412	57.821	123.308
40	69.588	21.830	17.918	57.119	121.591	40	70.892	22.580	18.420	57.833	123.337
41	69.609	21.843	17.927	57.131	121.620	41	70.914	22.592	18.428	57.845	123.366
42	69.631	21.855	17.935	57.143	121.649	42	70.935	22.605	18.437	57.857	123.395
43	69.653	21.867	17.943	57.155	121.679	43	70.957	22.618	18.445	57.869	123.424
44	69.674	21.880	17.952	57.167	121.708	44	70.979	22.630	18.454	57.881	123.453
45	69.696	21.892	17.960	57.179	121.737	45	71.001	22.643	18.462	57.892	123.482
46	69.718	21.904	17.968	57.191	121.766	46	71.023	22.656	18.470	57.904	123.511
47	69.739	21.917	17.977	57.203	121.795	47	71.045	22.668	18.479	57.916	123.540
48	69.761	21.929	17.985	57.215	121.824	48	71.067	22.681	18.487	57.928	123.569
49	69.783	21.941	17.993	57.227	121.853	49	71.089	22.694	18.496	57.940	123.598
50	69.804	21.954	18.002	57.239	121.882	50	71.110	22.706	18.504	57.952	123.628
51	69.826	21.966	18.010	57.251	121.911	51	71.132	22.719	18.512	57.963	123.657
52	69.848	21.978	18.018	57.262	121.940	52	71.154	22.732	18.521	57.975	123.686
53	69.869	21.991	18.027	57.274	121.969	53	71.176	22.744	18.529	57.987	123.715
54	69.891	22.003	18.035	57.286	121.999	54	71.198	22.757	18.538	57.999	123.744
55	69.913	22.015	18.043	57.298	122.028	55	71.220	22.770	18.546	58.011	123.773
56	69.934	22.028	18.052	57.310	122.057	56	71.242	22.782	18.554	58.023	123.802
57	69.956	22.040	18.060	57.322	122.086	57	71.263	22.795	18.568	58.034	123.831
58	69.978	22.052	18.068	57.334	122.115	58	71.285	22.808	18.571	58.046	123.860
59	69.999	22.065	18.077	57.346	122.144	59	71.307	22.820	18.580	58.058	123.889
60	70.021	22.077	18.085	57.358	122.173	60	71.329	22.833	18.588	58.070	123.918
'	TANG.	BISSEC-TRICE.	FLÈCHE	DEMI-CORDE.	ARC.	'	TANG.	BISSEC-TRICE.	FLÈCHE	DEMI-CORDE.	ARC.

′	TANG.	BISSEC-TRICE.	FLÈCHE	DEMI-CORDE.	ARC.	′	TANG.	BISSEC-TRICE.	FLÈCHE	DEMI-CORDE.	ARC.
0	71.323	22.833	18.588	58.070	123.918	0	72.654	23.607	19.098	58.779	125.664
1	71.351	22.846	18.596	58.082	123.947	1	72.676	23.620	19.107	58.791	125.693
2	71.373	22.859	18.605	58.094	123.977	2	72.699	23.633	19.115	58.802	125.722
3	71.395	22.871	18.613	58.105	124.006	3	72.721	23.646	19.124	58.814	125.751
4	71.417	22.884	18.622	58.117	124.035	4	72.743	23.660	19.132	58.826	125.780
5	71.439	22.897	18.630	58.129	124.064	5	72.765	23.673	19.141	58.838	125.809
6	71.461	22.910	18.639	58.141	124.093	6	72.788	23.686	19.150	58.849	125.838
7	71.483	22.923	18.647	58.153	124.122	7	72.810	23.699	19.158	58.861	125.867
8	71.505	22.935	18.656	58.165	124.151	8	72.832	23.712	19.167	58.873	125.896
9	71.527	22.948	18.664	58.176	124.180	9	72.855	23.725	19.175	58.885	125.926
10	71.549	22.961	18.673	58.188	124.209	10	72.877	23.738	19.184	58.896	125.955
11	71.571	22.974	18.681	58.200	124.238	11	72.899	23.751	19.193	58.908	125.984
12	71.593	22.987	18.690	58.212	124.267	12	72.922	23.765	19.201	58.920	126.013
13	71.615	22.999	18.698	58.224	124.297	13	72.944	23.778	19.210	58.931	126.042
14	71.637	23.012	18.707	58.236	124.326	14	72.966	23.791	19.218	58.943	126.071
15	71.659	23.025	18.715	58.247	124.355	15	72.988	23.804	19.227	58.955	126.100
16	71.681	23.038	18.724	58.259	124.384	16	73.011	23.817	19.236	58.967	126.129
17	71.704	23.051	18.732	58.271	124.413	17	73.033	23.830	19.244	58.978	126.158
18	71.726	23.063	18.741	58.283	124.442	18	73.055	23.843	19.253	58.990	126.187
19	71.748	23.076	18.749	58.295	124.471	19	73.078	23.856	19.261	59.002	126.216
20	71.770	23.089	18.758	58.307	124.500	20	73.100	23.870	19.270	59.014	126.246
21	71.792	23.102	18.766	58.318	124.529	21	73.122	23.883	19.279	59.025	126.275
22	71.814	23.115	18.775	58.330	124.558	22	73.145	23.896	19.287	59.037	126.304
23	71.836	23.127	18.783	58.342	124.587	23	73.167	23.909	19.296	59.049	126.333
24	71.858	23.140	18.792	58.354	124.617	24	73.189	23.922	19.304	59.061	126.362
25	71.880	23.153	18.800	58.366	124.646	25	73.211	23.935	19.313	59.072	126.391
26	71.902	23.166	18.809	58.378	124.675	26	73.234	23.948	19.322	59.084	126.420
27	71.924	23.179	18.817	58.389	124.704	27	73.256	23.962	19.330	59.096	126.449
28	71.946	23.191	18.826	58.401	124.733	28	73.278	23.975	19.339	59.107	126.478
29	71.968	23.204	18.834	58.413	124.762	29	73.301	23.988	19.347	59.119	126.507
30	71.990	23.217	18.843	58.425	124.791	30	73.323	24.001	19.356	59.131	126.536
31	72.012	23.230	18.851	58.437	124.820	31	73.345	24.014	19.365	59.143	126.565
32	72.034	23.243	18.860	58.449	124.849	32	73.368	24.027	19.373	59.154	126.595
33	72.056	23.256	18.868	58.460	124.878	33	73.390	24.041	19.382	59.166	126.624
34	72.079	23.269	18.877	58.472	124.907	34	73.413	24.054	19.390	59.178	126.653
35	72.101	23.282	18.885	58.484	124.937	35	73.435	24.067	19.399	59.189	126.682
36	72.123	23.295	18.894	58.496	124.966	36	73.458	24.081	19.408	59.201	126.711
37	72.145	23.308	18.902	58.508	124.995	37	73.480	24.094	19.416	59.213	126.740
38	72.167	23.321	18.911	58.519	125.024	38	73.502	24.107	19.425	59.225	126.769
39	72.189	23.334	18.919	58.531	125.053	39	73.525	24.121	19.433	59.236	126.798
40	72.211	23.347	18.928	58.543	125.082	40	73.547	24.134	19.442	59.248	126.827
41	72.233	23.360	18.936	58.555	125.111	41	73.570	24.147	19.451	59.260	126.856
42	72.256	23.373	18.945	58.567	125.140	42	73.592	24.161	19.459	59.271	126.885
43	72.278	23.386	18.953	58.578	125.169	43	73.615	24.174	19.468	59.283	126.915
44	72.300	23.399	18.962	58.590	125.198	44	73.637	24.187	19.476	59.295	126.944
45	72.322	23.412	18.970	58.602	125.227	45	73.659	24.200	19.485	59.306	126.973
46	72.344	23.425	18.979	58.614	125.257	46	73.682	24.214	19.494	59.318	127.002
47	72.366	23.438	18.987	58.626	125.286	47	73.704	24.227	19.502	59.330	127.031
48	72.388	23.451	18.996	58.637	125.315	48	73.727	24.240	19.511	59.342	127.060
49	72.410	23.464	19.004	58.649	125.344	49	73.749	24.254	19.519	59.353	127.089
50	72.433	23.477	19.013	58.661	125.373	50	73.772	24.267	19.528	59.365	127.118
51	72.455	23.490	19.021	58.673	125.402	51	73.794	24.280	19.537	59.377	127.147
52	72.477	23.503	19.030	58.685	125.431	52	73.816	24.294	19.545	59.388	127.176
53	72.499	23.516	19.038	58.696	125.460	53	73.839	24.307	19.554	59.400	127.205
54	72.521	23.529	19.047	58.708	125.489	54	73.861	24.320	19.562	59.412	127.235
55	72.543	23.542	19.055	58.720	125.518	55	73.884	24.333	19.571	59.423	127.264
56	72.565	23.555	19.064	58.732	125.547	56	73.906	24.347	19.580	59.435	127.293
57	72.588	23.568	19.072	58.744	125.577	57	73.929	24.360	19.588	59.447	127.322
58	72.610	23.581	19.081	58.755	125.606	58	73.951	24.373	19.597	59.459	127.351
59	72.632	23.594	19.089	58.767	125.635	59	73.973	24.387	19.605	59.470	127.380
60	72.654	23.607	19.098	58.779	125.664	60	73.996	24.400	19.614	59.482	127.409

′	TANG.	BISSEC-TRICE.	FLÈCHE	DEMI-CORDE.	ARC.	′	TANG.	BISSEC-TRICE.	FLÈCHE	DEMI-CORDE.	ARC.

71° 72°

'	TANG.	BISSEC-TRICE	FLÈCHE	DEMI-CORDE	ARC.	'	TANG.	BISSEC-TRICE	FLÈCHE	DEMI-CORDE	ARC.
0	73.996	24.400	19.614	59.482	127.409	0	75.355	25.214	20.136	60.181	129.154
1	74.019	24.413	19.623	59.494	127.438	1	75.378	25.228	20.145	60.193	129.183
2	74.041	24.427	19.631	59.505	127.467	2	75.401	25.242	20.153	60.204	129.213
3	74.064	24.440	19.640	59.517	127.496	3	75.424	25.255	20.162	60.216	129.242
4	74.086	24.454	19.649	59.529	127.525	4	75.447	25.269	20.171	60.227	129.271
5	74.109	24.467	19.657	59.540	127.554	5	75.469	25.283	20.180	60.239	129.300
6	74.132	24.481	19.666	59.552	127.584	6	75.492	25.297	20.189	60.251	129.329
7	74.154	24.494	19.675	59.564	127.613	7	75.515	25.311	20.198	60.262	129.358
8	74.177	24.508	19.684	59.575	127.642	8	75.538	25.324	20.206	60.274	129.387
9	74.199	24.521	19.692	59.587	127.671	9	75.561	25.338	20.215	60.285	129.416
10	74.222	24.535	19.701	59.599	127.700	10	75.584	25.352	20.224	60.297	129.445
11	74.245	24.548	19.710	59.610	127.729	11	75.607	25.366	20.233	60.309	129.474
12	74.267	24.562	19.718	59.622	127.758	12	75.630	25.380	20.242	60.320	129.503
13	74.290	24.575	19.727	59.634	127.787	13	75.653	25.393	20.250	60.332	129.533
14	74.312	24.589	19.736	59.645	127.815	14	75.676	25.407	20.259	60.343	129.562
15	74.335	24.602	19.744	59.657	127.845	15	75.698	25.421	20.268	60.355	129.591
16	74.358	24.616	19.753	59.669	127.874	16	75.721	25.435	20.277	60.367	129.620
17	74.380	24.629	19.762	59.680	127.904	17	75.744	25.449	20.286	60.378	129.649
18	74.403	24.642	19.771	59.692	127.933	18	75.767	25.462	20.294	60.390	129.678
19	74.425	24.656	19.779	59.704	127.962	19	75.790	25.476	20.303	60.401	129.707
20	74.448	24.669	19.788	59.715	127.991	20	75.813	25.490	20.312	60.413	129.736
21	74.471	24.683	19.797	59.727	128.020	21	75.836	25.504	20.321	60.425	129.765
22	74.493	24.696	19.805	59.739	128.049	22	75.859	25.518	20.330	60.436	129.794
23	74.516	24.710	19.814	59.750	128.078	23	75.882	25.531	20.338	60.448	129.823
24	74.538	24.723	19.823	59.762	128.107	24	75.905	25.545	20.347	60.459	129.853
25	74.561	24.737	19.831	59.774	128.136	25	75.927	25.559	20.356	60.471	129.882
26	74.584	24.750	19.840	59.785	128.165	26	75.950	25.573	20.365	60.483	129.911
27	74.606	24.764	19.849	59.797	128.194	27	75.973	25.587	20.374	60.494	129.940
28	74.629	24.777	19.858	59.809	128.224	28	75.996	25.600	20.382	60.506	129.969
29	74.651	24.791	19.866	59.820	128.253	29	76.019	25.614	20.391	60.517	129.998
30	74.674	24.804	19.875	59.832	128.282	30	76.042	25.628	20.400	60.529	130.027
31	74.697	24.818	19.884	59.844	128.311	31	76.065	25.642	20.409	60.541	130.056
32	74.719	24.831	19.892	59.855	128.340	32	76.088	25.655	20.418	60.552	130.085
33	74.742	24.845	19.901	59.867	128.369	33	76.111	25.670	20.426	60.564	130.114
34	74.765	24.859	19.910	59.879	128.398	34	76.134	25.684	20.435	60.575	130.143
35	74.787	24.872	19.918	59.890	128.427	35	76.157	25.698	20.444	60.587	130.173
36	74.810	24.886	19.927	59.902	128.456	36	76.180	25.712	20.453	60.598	130.202
37	74.833	24.900	19.936	59.913	128.485	37	76.203	25.726	20.462	60.610	130.231
38	74.856	24.913	19.945	59.925	128.514	38	76.226	25.740	20.471	60.622	130.260
39	74.878	24.927	19.953	59.937	128.544	39	76.249	25.754	20.479	60.633	130.289
40	74.901	24.941	19.962	59.948	128.573	40	76.272	25.768	20.488	60.645	130.318
41	74.924	24.954	19.971	59.960	128.602	41	76.295	25.782	20.497	60.656	130.347
42	74.946	24.968	19.979	59.972	128.631	42	76.318	25.796	20.506	60.668	130.376
43	74.969	24.982	19.988	59.983	128.660	43	76.341	25.810	20.515	60.679	130.405
44	74.992	24.995	19.997	59.995	128.689	44	76.364	25.824	20.524	60.691	130.434
45	75.014	25.009	20.005	60.006	128.718	45	76.387	25.838	20.532	60.703	130.463
46	75.037	25.023	20.014	60.018	128.747	46	76.410	25.852	20.541	60.714	130.492
47	75.060	25.036	20.023	60.030	128.776	47	76.434	25.865	20.550	60.726	130.522
48	75.083	25.050	20.032	60.041	128.805	48	76.457	25.879	20.559	60.737	130.551
49	75.105	25.064	20.040	60.053	128.834	49	76.480	25.893	20.568	60.749	130.580
50	75.128	25.077	20.049	60.065	128.864	50	76.503	25.907	20.577	60.760	130.609
51	75.151	25.091	20.058	60.076	128.893	51	76.526	25.921	20.585	60.772	130.638
52	75.173	25.105	20.066	60.088	128.922	52	76.549	25.935	20.594	60.784	130.667
53	75.196	25.118	20.075	60.099	128.951	53	76.572	25.949	20.603	60.795	130.696
54	75.219	25.132	20.084	60.111	128.980	54	76.595	25.963	20.612	60.807	130.725
55	75.241	25.146	20.092	60.123	129.009	55	76.618	25.977	20.621	60.818	130.754
56	75.264	25.159	20.101	60.134	129.038	56	76.641	25.991	20.630	60.830	130.783
57	75.287	25.173	20.110	60.146	129.067	57	76.664	26.005	20.638	60.841	130.812
58	75.310	25.187	20.119	60.158	129.096	58	76.687	26.019	20.647	60.853	130.842
59	75.332	25.200	20.127	60.169	129.125	59	76.710	26.033	20.656	60.865	130.871
60	75.355	25.214	20.136	60.181	129.154	60	76.733	26.047	20.665	60.876	130.900
'	TANG.	BISSEC-TRICE	FLÈCHE	DEMI-CORDE	ARC.	'	TANG.	BISSEC-TRICE	FLÈCHE	DEMI-CORDE	ARC.

'	TANG.	BISSEC-TRICE.	FLÈCHE	DEMI-CORDE.	ARC.	'	TANG.	BISSEC-TRICE.	FLÈCHE	DEMI-CORDE.	ARC.
0	71.323	22.833	18.588	58.070	123.918	0	72.654	23.607	19.098	58.779	125.664
1	71.351	22.846	18.596	58.082	123.947	1	72.676	23.620	19.107	58.791	125.693
2	71.373	22.859	18.605	58.094	123.977	2	72.699	23.633	19.115	58.802	125.722
3	71.395	22.871	18.613	58.105	124.006	3	72.721	23.646	19.124	58.814	125.751
4	71.417	22.884	18.622	58.117	124.035	4	72.743	23.660	19.132	58.826	125.780
5	71.439	22.897	18.630	58.129	124.064	5	72.765	23.673	19.141	58.838	125.809
6	71.461	22.910	18.639	58.141	124.093	6	72.788	23.686	19.150	58.849	125.838
7	71.483	22.923	18.647	58.153	124.122	7	72.810	23.699	19.158	58.861	125.867
8	71.505	22.935	18.656	58.165	124.151	8	72.832	23.712	19.167	58.873	125.896
9	71.527	22.948	18.664	58.176	124.180	9	72.855	23.725	19.175	58.885	125.926
10	71.549	22.961	18.673	58.188	124.209	10	72.877	23.738	19.184	58.896	125.955
11	71.571	22.974	18.681	58.200	124.238	11	72.899	23.751	19.193	58.908	125.984
12	71.593	22.987	18.690	58.212	124.267	12	72.922	23.765	19.201	58.920	126.013
13	71.615	22.999	18.698	58.224	124.297	13	72.944	23.778	19.210	58.931	126.042
14	71.637	23.012	18.707	58.236	124.326	14	72.966	23.791	19.218	58.943	126.071
15	71.659	23.025	18.715	58.247	124.355	15	72.988	23.804	19.227	58.955	126.100
16	71.681	23.038	18.724	58.259	124.384	16	73.011	23.817	19.236	58.967	126.129
17	71.704	23.051	18.732	58.271	124.413	17	73.033	23.830	19.244	58.978	126.158
18	71.726	23.063	18.741	58.283	124.442	18	73.055	23.843	19.253	58.990	126.187
19	71.748	23.076	18.749	58.295	124.471	19	73.078	23.856	19.261	59.002	126.216
20	71.770	23.089	18.758	58.307	124.500	20	73.100	23.870	19.270	59.014	126.246
21	71.792	23.102	18.766	58.318	124.529	21	73.122	23.883	19.279	59.025	126.275
22	71.814	23.115	18.775	58.330	124.558	22	73.145	23.896	19.287	59.037	126.304
23	71.836	23.127	18.783	58.342	124.587	23	73.167	23.909	19.296	59.049	126.333
24	71.858	23.140	18.792	58.354	124.617	24	73.189	23.922	19.304	59.061	126.362
25	71.880	23.153	18.800	58.366	124.646	25	73.211	23.935	19.313	59.072	126.391
26	71.902	23.166	18.809	58.378	124.675	26	73.234	23.948	19.322	59.084	126.420
27	71.924	23.179	18.817	58.389	124.704	27	73.256	23.962	19.330	59.096	126.449
28	71.946	23.191	18.826	58.401	124.733	28	73.278	23.975	19.339	59.107	126.478
29	71.968	23.204	18.834	58.413	124.762	29	73.301	23.988	19.347	59.119	126.507
30	71.990	23.217	18.843	58.425	124.791	30	73.323	24.001	19.356	59.131	126.536
31	72.012	23.230	18.851	58.437	124.820	31	73.345	24.014	19.365	59.143	126.565
32	72.034	23.243	18.860	58.449	124.849	32	73.368	24.028	19.373	59.154	126.595
33	72.056	23.256	18.868	58.460	124.878	33	73.390	24.041	19.382	59.166	126.624
34	72.079	23.269	18.877	58.472	124.907	34	73.413	24.054	19.390	59.178	126.653
35	72.101	23.282	18.885	58.484	124.937	35	73.435	24.067	19.399	59.189	126.682
36	72.123	23.295	18.894	58.496	124.966	36	73.458	24.081	19.408	59.201	126.711
37	72.145	23.308	18.902	58.508	124.995	37	73.480	24.094	19.416	59.213	126.740
38	72.167	23.321	18.911	58.519	125.024	38	73.502	24.107	19.425	59.225	126.769
39	72.189	23.334	18.919	58.531	125.053	39	73.525	24.121	19.433	59.236	126.798
40	72.211	23.347	18.928	58.543	125.082	40	73.547	24.134	19.442	59.248	126.827
41	72.233	23.360	18.936	58.555	125.111	41	73.570	24.147	19.451	59.260	126.856
42	72.256	23.373	18.945	58.567	125.140	42	73.592	24.161	19.459	59.271	126.885
43	72.278	23.386	18.953	58.578	125.169	43	73.615	24.174	19.468	59.283	126.915
44	72.300	23.399	18.962	58.590	125.198	44	73.637	24.187	19.476	59.295	126.944
45	72.322	23.412	18.970	58.602	125.227	45	73.659	24.200	19.485	59.306	126.973
46	72.344	23.425	18.979	58.614	125.257	46	73.682	24.214	19.494	59.318	127.002
47	72.366	23.438	18.987	58.626	125.286	47	73.704	24.227	19.502	59.330	127.031
48	72.388	23.451	18.996	58.637	125.315	48	73.727	24.240	19.511	59.342	127.060
49	72.410	23.464	19.004	58.649	125.344	49	73.749	24.254	19.519	59.353	127.089
50	72.433	23.477	19.013	58.661	125.373	50	73.772	24.267	19.528	59.365	127.118
51	72.455	23.490	19.021	58.673	125.402	51	73.794	24.280	19.537	59.377	127.147
52	72.477	23.503	19.030	58.685	125.431	52	73.816	24.294	19.545	59.388	127.176
53	72.499	23.516	19.038	58.696	125.460	53	73.839	24.307	19.554	59.400	127.205
54	72.521	23.529	19.047	58.708	125.489	54	73.861	24.320	19.562	59.412	127.235
55	72.543	23.542	19.055	58.720	125.518	55	73.884	24.333	19.571	59.423	127.264
56	72.565	23.555	19.064	58.732	125.547	56	73.906	24.347	19.580	59.435	127.293
57	72.588	23.568	19.072	58.744	125.577	57	73.929	24.360	19.588	59.447	127.322
58	72.610	23.581	19.081	58.755	125.606	58	73.951	24.373	19.597	59.459	127.351
59	72.632	23.594	19.089	58.767	125.635	59	73.973	24.387	19.605	59.470	127.380
60	72.654	23.607	19.098	58.779	125.664	60	73.996	24.400	19.614	59.482	127.409
'	TANG.	BISSEC-TRICE.	FLÈCHE	DEMI-CORDE.	ARC.	'	TANG.	BISSEC-TRICE.	FLÈCHE	DEMI-CORDE.	ARC.

′	TANG.	BISSEC-TRICE.	FLÈCHE	DEMI-CORDE.	ARC.	′	TANG.	BISSEC-TRICE.	FLÈCHE	DEMI-CORDE.	ARC.
0	73.996	24.400	19.614	59.482	127.409	0	75.355	25.214	20.136	60.181	129.154
1	74.019	24.413	19.623	59.494	127.438	1	75.378	25.228	20.145	60.193	129.183
2	74.041	24.427	19.631	59.505	127.467	2	75.401	25.242	20.154	60.204	129.213
3	74.064	24.440	19.640	59.517	127.496	3	75.424	25.255	20.162	60.216	129.242
4	74.086	24.454	19.649	59.529	127.525	4	75.447	25.269	20.171	60.227	129.271
5	74.109	24.467	19.657	59.540	127.554	5	75.469	25.283	20.180	60.239	129.300
6	74.132	24.481	19.666	59.552	127.584	6	75.492	25.297	20.189	60.251	129.329
7	74.154	24.494	19.675	59.564	127.613	7	75.515	25.311	20.198	60.262	129.358
8	74.177	24.508	19.684	59.575	127.642	8	75.538	25.324	20.206	60.274	129.387
9	74.199	24.521	19.692	59.587	127.671	9	75.561	25.338	20.215	60.285	129.416
10	74.222	24.535	19.701	59.599	127.700	10	75.584	25.352	20.224	60.297	129.445
11	74.245	24.548	19.710	59.610	127.729	11	75.607	25.366	20.233	60.309	129.474
12	74.267	24.562	19.718	59.622	127.758	12	75.630	25.380	20.242	60.320	129.503
13	74.290	24.575	19.727	59.634	127.787	13	75.653	25.393	20.250	60.332	129.533
14	74.312	24.589	19.736	59.645	127.816	14	75.676	25.407	20.259	60.343	129.562
15	74.335	24.602	19.744	59.657	127.845	15	75.698	25.421	20.268	60.355	129.591
16	74.358	24.616	19.753	59.669	127.874	16	75.721	25.435	20.277	60.367	129.620
17	74.380	24.629	19.762	59.680	127.904	17	75.744	25.449	20.286	60.378	129.649
18	74.403	24.642	19.771	59.692	127.933	18	75.767	25.462	20.294	60.390	129.678
19	74.425	24.656	19.779	59.704	127.962	19	75.790	25.476	20.303	60.401	129.707
20	74.448	24.669	19.788	59.715	127.991	20	75.813	25.490	20.312	60.413	129.736
21	74.471	24.683	19.797	59.727	128.020	21	75.836	25.504	20.321	60.425	129.765
22	74.493	24.696	19.805	59.739	128.049	22	75.859	25.518	20.330	60.436	129.794
23	74.516	24.710	19.814	59.750	128.078	23	75.882	25.531	20.338	60.448	129.823
24	74.538	24.723	19.823	59.762	128.107	24	75.905	25.545	20.337	60.459	129.853
25	74.561	24.737	19.831	59.774	128.136	25	75.927	25.559	20.356	60.471	129.882
26	74.584	24.750	19.840	59.785	128.165	26	75.950	25.573	20.365	60.483	129.911
27	74.606	24.764	19.849	59.797	128.194	27	75.973	25.587	20.374	60.494	129.940
28	74.629	24.777	19.858	59.809	128.224	28	75.996	25.600	20.382	60.506	129.969
29	74.651	24.791	19.866	59.820	128.253	29	76.019	25.614	20.391	60.517	129.998
30	74.674	24.804	19.875	59.832	128.282	30	76.042	25.628	20.400	60.529	130.027
31	74.697	24.818	19.884	59.844	128.311	31	76.065	25.642	20.409	60.541	130.056
32	74.719	24.831	19.892	59.855	128.340	32	76.088	25.656	20.418	60.552	130.085
33	74.742	24.845	19.901	59.867	128.369	33	76.111	25.670	20.426	60.564	130.114
34	74.765	24.859	19.910	59.879	128.398	34	76.134	25.684	20.435	60.575	130.143
35	74.787	24.872	19.918	59.890	128.427	35	76.157	25.698	20.444	60.587	130.173
36	74.810	24.886	19.927	59.902	128.456	36	76.180	25.712	20.453	60.598	130.202
37	74.833	24.900	19.936	59.913	128.485	37	76.203	25.726	20.462	60.610	130.231
38	74.856	24.913	19.945	59.925	128.514	38	76.226	25.740	20.471	60.622	130.260
39	74.878	24.927	19.953	59.937	128.544	39	76.249	25.754	20.479	60.633	130.289
40	74.901	24.941	19.962	59.948	128.573	40	76.272	25.768	20.488	60.645	130.318
41	74.924	24.954	19.971	59.960	128.602	41	76.295	25.782	20.497	60.656	130.347
42	74.946	24.968	19.979	59.972	128.631	42	76.318	25.796	20.506	60.668	130.376
43	74.969	24.982	19.988	59.983	128.660	43	76.341	25.810	20.515	60.679	130.405
44	74.992	24.995	19.997	59.995	128.689	44	76.364	25.824	20.524	60.691	130.434
45	75.014	25.009	20.005	60.006	128.718	45	76.387	25.838	20.532	60.703	130.463
46	75.037	25.023	20.014	60.018	128.747	46	76.410	25.852	20.541	60.714	130.492
47	75.060	25.036	20.023	60.030	128.776	47	76.434	25.865	20.550	60.726	130.522
48	75.083	25.050	20.032	60.041	128.805	48	76.457	25.879	20.559	60.737	130.551
49	75.105	25.064	20.040	60.053	128.834	49	76.480	25.893	20.568	60.749	130.580
50	75.128	25.077	20.049	60.065	128.864	50	76.503	25.907	20.577	60.760	130.609
51	75.151	25.091	20.058	60.076	128.893	51	76.526	25.921	20.585	60.772	130.638
52	75.173	25.105	20.066	60.088	128.922	52	76.549	25.935	20.594	60.784	130.667
53	75.196	25.118	20.075	60.099	128.951	53	76.572	25.949	20.603	60.795	130.696
54	75.219	25.132	20.084	60.111	128.980	54	76.595	25.963	20.612	60.807	130.725
55	75.241	25.146	20.092	60.123	129.009	55	76.618	25.977	20.621	60.818	130.754
56	75.264	25.159	20.101	60.134	129.038	56	76.641	25.991	20.630	60.830	130.783
57	75.287	25.173	20.110	60.146	129.067	57	76.664	26.005	20.638	60.841	130.812
58	75.310	25.187	20.119	60.158	129.096	58	76.687	26.019	20.647	60.853	130.842
59	75.332	25.200	20.127	60.169	129.125	59	76.710	26.033	20.656	60.865	130.871
60	75.355	25.214	20.136	60.181	129.154	60	76.733	26.047	20.665	60.876	130.900
′	TANG.	BISSEC-TRICE.	FLÈCHE	DEMI-CORDE.	ARC.	′	TANG.	BISSEC-TRICE.	FLÈCHE	DEMI-CORDE.	ARC.

′	TANG.	BISSEC-TRICE.	FLÈCHE	DEMI-CORDE.	ARC.	′	TANG.	BISSEC-TRICE.	FLÈCHE	DEMI-CORDE.	ARC.
0	76.733	26.047	20.665	60.876	130.900	0	78.129	26.902	21.199	61.566	132.645
1	76.756	26.061	20.674	60.888	130.929	1	78.152	26.916	21.208	61.577	132.674
2	76.779	26.075	20.683	60.899	130.958	2	78.176	26.931	21.217	61.589	132.703
3	76.803	26.090	20.692	60.911	130.957	3	78.199	26.945	21.226	61.600	132.732
4	76.826	26.104	20.700	60.922	131.016	4	78.223	26.960	21.235	61.612	132.761
5	76.849	26.118	20.709	60.934	131.045	5	78.246	26.974	21.244	61.623	132.790
6	76.872	26.132	20.718	60.945	131.074	6	78.270	26.989	21.253	61.635	132.820
7	76.895	26.146	20.727	60.957	131.103	7	78.293	27.003	21.262	61.646	132.849
8	76.918	26.160	20.736	60.968	131.132	8	78.317	27.018	21.274	61.657	132.878
9	76.942	26.175	20.745	60.980	131.161	9	78.340	27.032	21.280	61.669	132.907
10	76.965	26.189	20.754	60.991	131.191	10	78.364	27.047	21.289	61.680	132.936
11	76.988	26.203	20.763	61.003	131.220	11	78.387	27.061	21.298	61.692	132.965
12	77.011	26.217	20.771	61.014	131.249	12	78.411	27.076	21.307	61.703	132.994
13	77.034	26.231	20.780	61.026	131.278	13	78.434	27.090	21.316	61.715	133.023
14	77.057	26.245	20.789	61.037	131.307	14	78.458	27.105	21.325	61.726	133.052
15	77.081	26.260	20.798	61.049	131.336	15	78.481	27.119	21.334	61.737	133.081
16	77.104	26.274	20.807	61.060	131.365	16	78.505	27.134	21.343	61.749	133.110
17	77.127	26.288	20.816	61.072	131.394	17	78.528	27.148	21.351	61.760	133.140
18	77.150	26.302	20.825	61.084	131.423	18	78.552	27.163	21.360	61.772	133.169
19	77.173	26.316	20.834	61.095	131.452	19	78.575	27.177	21.369	61.783	133.198
20	77.196	26.350	20.842	61.107	131.481	20	78.599	27.192	21.378	61.795	133.227
21	77.220	26.345	20.851	61.118	131.511	21	78.622	27.206	21.387	61.806	133.256
22	77.243	26.359	20.860	61.130	131.540	22	78.646	27.221	21.396	61.817	133.285
23	77.266	26.373	20.869	61.141	131.569	23	78.669	27.235	21.405	61.829	133.314
24	77.289	26.387	20.878	61.153	131.598	24	78.693	27.250	21.414	61.840	133.343
25	77.312	26.401	20.887	61.164	131.627	25	78.716	27.264	21.423	61.852	133.372
26	77.335	26.415	20.896	61.176	131.656	26	78.740	27.279	21.432	61.863	133.401
27	77.359	26.430	20.904	61.187	131.685	27	78.763	27.293	21.441	61.875	133.430
28	77.382	26.444	20.913	61.199	131.714	28	78.787	27.308	21.450	61.886	133.460
29	77.405	26.458	20.922	61.210	131.743	29	78.810	27.322	21.459	61.897	133.489
30	77.428	26.472	20.931	61.222	131.772	30	78.834	27.337	21.468	61.909	133.518
31	77.451	26.486	20.940	61.233	131.801	31	78.858	27.352	21.477	61.920	133.547
32	77.475	26.501	20.949	61.245	131.831	32	78.881	27.366	21.486	61.932	133.576
33	77.498	26.515	20.958	61.256	131.860	33	78.905	27.381	21.495	61.943	133.605
34	77.521	26.529	20.967	61.268	131.889	34	78.929	27.396	21.504	61.955	133.634
35	77.545	26.544	20.976	61.279	131.918	35	78.952	27.410	21.513	61.966	133.663
36	77.568	26.558	20.985	61.291	131.947	36	78.976	27.425	21.522	61.977	133.692
37	77.592	26.572	20.994	61.302	131.976	37	79.000	27.440	21.531	61.989	133.721
38	77.615	26.587	21.002	61.314	132.005	38	79.023	27.455	21.540	62.000	133.750
39	77.638	26.601	21.011	61.325	132.034	39	79.047	27.469	21.549	62.012	133.780
40	77.662	26.615	21.020	61.337	132.063	40	79.071	27.484	21.558	62.023	133.809
41	77.685	26.630	21.029	61.348	132.092	41	79.094	27.499	21.567	62.034	133.838
42	77.708	26.644	21.038	61.360	132.121	42	79.118	27.513	21.576	62.046	133.867
43	77.732	26.658	21.047	61.371	132.151	43	79.142	27.528	21.585	62.057	133.896
44	77.755	26.673	21.056	61.383	132.180	44	79.165	27.543	21.594	62.069	133.925
45	77.779	26.687	21.065	61.394	132.209	45	79.189	27.557	21.603	62.080	133.954
46	77.802	26.701	21.074	61.406	132.238	46	79.213	27.572	21.612	62.091	133.983
47	77.825	26.716	21.083	61.417	132.267	47	79.236	27.587	21.622	62.103	134.012
48	77.849	26.730	21.092	61.428	132.296	48	79.260	27.602	21.631	62.114	134.041
49	77.872	26.744	21.101	61.440	132.325	49	79.284	27.616	21.640	62.126	134.070
50	77.895	26.759	21.110	61.451	132.354	50	79.307	27.631	21.649	62.137	134.100
51	77.919	26.773	21.119	61.463	132.383	51	79.331	27.646	21.658	62.148	134.129
52	77.942	26.787	21.127	61.474	132.413	52	79.355	27.660	21.667	62.160	134.158
53	77.966	26.802	21.136	61.486	132.441	53	79.378	27.675	21.676	62.171	134.187
54	77.989	26.816	21.145	61.497	132.471	54	79.402	27.690	21.685	62.183	134.216
55	78.012	26.830	21.154	61.509	132.500	55	79.426	27.704	21.694	62.194	134.245
56	78.036	26.845	21.163	61.520	132.529	56	79.449	27.719	21.703	62.205	134.274
57	78.059	26.859	21.172	61.532	132.558	57	79.473	27.734	21.712	62.217	134.303
58	78.082	26.873	21.181	61.543	132.587	58	79.497	27.749	21.721	62.228	134.332
59	78.106	26.888	21.190	61.555	132.616	59	79.520	27.763	21.730	62.240	134.361
60	78.129	26.902	21.199	61.566	132.645	60	79.544	27.778	21.739	62.251	134.390
′	TANG.	BISSEC-TRICE.	FLÈCHE	DEMI-CORDE.	ARC.	′	TANG.	BISSEC-TRICE.	FLÈCHE	DEMI-CORDE.	ARC.

'	TANG.	BISSEC-TRICE.	FLÈCHE	DEMI-CORDE.	ARC.	'	TANG.	BISSEC-TRICE.	FLÈCHE	DEMI-CORDE.	ARC.
0	79.544	27.778	21.739	62.251	134.390	0	80.978	28.676	22.285	62.932	136.136
1	79.568	27.793	21.748	62.262	134.419	1	81.002	28.691	22.294	62.943	136.165
2	79.592	27.808	21.757	62.274	134.449	2	81.026	28.706	21.304	62.955	136.194
3	79.615	27.823	21.766	62.285	134.478	3	81.051	28.722	22.313	62.966	136.223
4	79.639	27.837	21.775	62.296	134.507	4	81.075	28.737	22.322	62.977	136.252
5	79.663	27.852	21.784	62.308	134.536	5	81.099	28.752	22.331	62.988	136.281
6	79.687	27.867	21.794	62.319	134.565	6	81.123	28.767	22.340	63.000	136.310
7	79.711	27.882	21.803	62.331	134.594	7	81.147	28.783	22.349	63.011	136.339
8	79.734	27.897	21.812	62.342	134.623	8	81.171	28.798	22.359	63.022	136.368
9	79.758	27.912	21.821	62.353	134.652	9	81.196	28.813	22.368	63.034	136.397
10	79.782	27.927	21.830	62.365	134.681	10	81.220	28.828	22.377	63.045	136.427
11	79.806	27.942	21.839	62.376	134.710	11	81.244	28.844	22.386	63.056	136.456
12	79.830	27.956	21.848	62.387	134.739	12	81.268	28.859	22.395	63.068	136.485
13	79.853	27.971	21.857	62.399	134.769	13	81.292	28.874	22.405	63.079	136.514
14	79.877	27.986	21.866	62.410	134.798	14	81.316	28.889	22.414	63.090	136.543
15	79.901	28.001	21.875	62.422	134.827	15	81.341	28.904	22.423	63.101	136.572
16	79.925	28.016	21.885	62.433	134.856	16	81.365	28.920	22.432	63.113	136.601
17	79.949	28.031	21.894	62.444	134.885	17	81.389	28.935	22.441	63.124	136.630
18	79.972	28.046	21.903	62.456	134.914	18	81.413	28.950	22.451	63.135	136.659
19	79.996	28.061	21.912	62.467	134.943	19	81.437	28.965	22.460	63.147	136.688
20	80.020	28.075	21.921	62.478	134.972	20	81.461	28.981	22.469	63.158	136.717
21	80.044	28.090	21.930	62.490	135.001	21	81.486	28.996	22.478	63.169	136.747
22	80.068	28.105	21.939	62.501	135.030	22	81.510	29.011	22.487	63.181	136.776
23	80.091	28.120	21.948	62.513	135.059	23	81.534	29.026	22.497	63.192	136.805
24	80.115	28.135	21.957	62.524	135.089	24	81.558	29.042	22.506	63.203	136.834
25	80.139	28.150	21.966	62.535	135.118	25	81.582	29.057	22.515	63.214	136.863
26	80.163	28.165	21.976	62.547	135.147	26	81.606	29.072	22.524	63.226	136.892
27	80.187	28.179	21.985	62.558	135.176	27	81.631	29.087	22.533	63.237	136.921
28	80.210	28.194	21.994	62.569	135.205	28	81.655	29.102	22.543	63.248	136.950
29	80.234	28.209	22.003	62.581	135.234	29	81.679	29.118	22.552	63.260	136.979
30	80.258	28.224	22.012	62.592	135.263	30	81.703	29.133	22.561	63.271	137.008
31	80.282	28.239	22.021	62.603	135.292	31	81.727	29.148	22.570	63.282	137.037
32	80.306	28.254	22.030	62.615	135.321	32	81.752	29.164	22.579	63.293	137.067
33	80.330	28.269	22.039	62.626	135.350	33	81.776	29.179	22.589	63.305	137.096
34	80.354	28.284	22.048	62.637	135.379	34	81.800	29.195	22.598	63.316	137.125
35	80.378	28.299	22.057	62.649	135.408	35	81.825	29.210	22.607	63.327	137.154
36	80.402	28.314	22.067	62.660	135.438	36	81.849	29.226	22.616	63.338	137.183
37	80.426	28.329	22.076	62.671	135.467	37	81.874	29.241	22.626	63.350	137.212
38	80.450	28.345	22.085	62.683	135.496	38	81.898	29.257	22.635	63.361	137.241
39	80.474	28.360	22.094	62.694	135.525	39	81.922	29.272	22.644	63.372	137.270
40	80.498	28.375	22.103	62.705	135.554	40	81.947	29.288	22.653	63.383	137.299
41	80.522	28.390	22.112	62.717	135.583	41	81.971	29.303	22.663	63.395	137.328
42	80.546	28.405	22.121	62.728	135.612	42	81.995	29.319	22.672	63.406	137.357
43	80.570	28.420	22.130	62.739	135.641	43	82.020	29.334	22.681	63.417	137.387
44	80.594	28.435	22.139	62.751	135.670	44	82.044	29.350	22.690	63.428	137.416
45	80.618	28.450	22.148	62.762	135.699	45	82.069	29.365	22.699	63.439	137.445
46	80.642	28.465	22.158	62.773	135.728	46	82.093	29.381	22.709	63.451	137.474
47	80.666	28.480	22.167	62.785	135.758	47	82.117	29.396	22.718	63.462	137.503
48	80.690	28.495	22.176	62.796	135.787	48	82.142	29.414	22.727	63.473	137.532
49	80.714	28.510	22.185	62.807	135.816	49	82.166	29.427	22.736	63.484	137.561
50	80.738	28.525	22.194	62.819	135.845	50	82.190	29.442	22.746	63.496	137.590
51	80.762	28.540	22.203	62.830	135.874	51	82.215	29.458	22.755	63.507	137.619
52	80.786	28.556	22.212	62.841	135.903	52	82.239	29.473	22.764	63.518	137.648
53	80.810	28.571	22.221	62.853	135.932	53	82.264	29.489	22.773	63.529	137.677
54	80.834	28.586	22.230	62.864	135.961	54	82.288	29.504	22.783	63.541	137.707
55	80.858	28.601	22.239	62.875	135.990	55	82.312	29.520	22.792	63.552	137.736
56	80.882	28.616	22.249	62.887	136.019	56	82.337	29.535	22.801	63.563	137.765
57	80.906	28.631	22.258	62.898	136.048	57	82.361	29.551	22.810	63.574	137.794
58	80.930	28.646	22.267	62.909	136.078	58	82.385	29.566	22.819	63.585	137.823
59	80.954	28.661	22.276	62.921	136.107	59	82.410	29.582	22.829	63.597	137.852
60	80.978	28.676	22.285	62.932	136.136	60	82.434	29.597	22.838	63.608	137.881
'	TANG.	BISSEC-TRICE.	FLÈCHE	DEMI-CORDE.	ARC.	'	TANG.	BISSEC-TRICE.	FLÈCHE	DEMI-CORDE.	ARC.

'	TANG.	BISSEC-TRICE.	FLÈCHE	DEMI-CORDE.	ARC.	'	TANG.	BISSEC-TRICE.	FLÈCHE	DEMI-CORDE.	ARC.
0	76.733	26.047	20.665	60.876	130.900	0	78.129	26.902	21.199	61.566	132.645
1	76.756	26.061	20.674	60.888	130.929	1	78.152	26.916	21.208	61.577	132.674
2	76.779	26.075	20.683	60.899	130.958	2	78.176	26.931	21.217	61.589	132.703
3	75.803	26.090	20.692	60.911	130.987	3	78.199	26.945	21.226	61.600	132.732
4	76.826	26.104	20.700	60.922	131.016	4	78.223	26.960	21.235	61.612	132.761
5	76.849	26.118	20.709	60.934	131.045	5	78.246	26.974	21.244	61.623	132.790
6	76.872	26.132	20.718	60.945	131.074	6	78.270	26.989	21.253	61.635	132.820
7	76.895	26.146	20.727	60.957	131.103	7	78.293	27.003	21.262	61.646	132.849
8	76.918	26.160	20.736	60.968	131.132	8	78.317	27.018	21.271	61.657	132.878
9	76.942	26.175	20.745	60.980	131.161	9	78.340	27.032	21.280	61.669	132.907
10	76.965	26.189	20.754	60.991	131.191	10	78.364	27.047	21.289	61.680	132.936
11	76.988	26.203	20.763	61.003	131.220	11	78.387	27.061	21.298	61.692	132.965
12	77.011	26.217	20.771	61.014	131.249	12	78.411	27.076	21.307	61.703	132.994
13	77.034	26.231	20.780	61.026	131.278	13	78.434	27.090	21.316	61.715	133.023
14	77.057	26.245	20.789	61.037	131.307	14	78.458	27.105	21.325	61.726	133.052
15	77.081	26.260	20.798	61.049	131.336	15	78.481	27.119	21.334	61.737	133.081
16	77.104	26.274	20.807	61.060	131.365	16	78.505	27.134	21.343	61.749	133.110
17	77.127	26.288	20.816	61.072	131.394	17	78.528	27.148	21.351	61.760	133.140
18	77.150	26.302	20.825	61.084	131.423	18	78.552	27.163	21.360	61.772	133.169
19	77.173	26.316	20.834	61.095	131.452	19	78.575	27.177	21.369	61.783	133.198
20	77.196	26.330	20.842	61.107	131.481	20	78.599	27.192	21.378	61.795	133.227
21	77.220	26.345	20.851	61.118	131.511	21	78.622	27.206	21.387	61.806	133.256
22	77.243	26.359	20.860	61.130	131.540	22	78.646	27.221	21.396	61.817	133.285
23	77.266	26.373	20.869	61.141	131.569	23	78.669	27.235	21.405	61.829	133.314
24	77.289	26.387	20.878	61.153	131.598	24	78.693	27.250	21.414	61.840	133.343
25	77.312	26.401	20.887	61.164	131.627	25	78.746	27.264	21.423	61.852	133.372
26	77.335	26.415	20.896	61.176	131.656	26	78.740	27.279	21.432	61.863	133.401
27	77.359	26.430	20.904	61.187	131.685	27	78.763	27.293	21.441	61.875	133.430
28	77.382	26.444	20.913	61.199	131.714	28	78.787	27.308	21.450	61.886	133.460
29	77.405	26.458	20.922	61.210	131.743	29	78.810	27.322	21.459	61.897	133.489
30	77.428	26.472	20.931	61.222	131.772	30	78.834	27.337	21.468	61.909	133.518
31	77.451	26.486	20.940	61.233	131.801	31	78.858	27.352	21.477	61.920	133.547
32	77.475	26.501	20.949	61.245	131.831	32	78.881	27.366	21.486	61.932	133.576
33	77.498	26.515	20.958	61.256	131.860	33	78.905	27.381	21.495	61.943	133.605
34	77.521	26.529	20.967	61.268	131.889	34	78.929	27.396	21.504	61.955	133.634
35	77.545	26.544	20.976	61.279	131.918	35	78.952	27.410	21.513	61.966	133.663
36	77.568	26.558	20.985	61.291	131.947	36	78.976	27.425	21.522	61.977	133.692
37	77.592	26.572	20.994	61.302	131.976	37	79.000	27.440	21.531	61.989	133.721
38	77.615	26.587	21.002	61.314	132.005	38	79.023	27.455	21.540	62.000	133.750
39	77.638	26.601	21.011	61.325	132.034	39	79.047	27.469	21.549	62.012	133.780
40	77.662	26.615	21.020	61.337	132.063	40	79.071	27.484	21.558	62.023	133.809
41	77.685	26.630	21.029	61.348	132.092	41	79.094	27.499	21.567	62.034	133.838
42	77.708	26.644	21.038	61.360	132.121	42	79.118	27.513	21.576	62.046	133.867
43	77.732	26.658	21.047	61.371	132.151	43	79.142	27.528	21.585	62.057	133.896
44	77.755	26.673	21.056	61.383	132.180	44	79.165	27.543	21.594	62.069	133.925
45	77.779	26.687	21.065	61.394	132.209	45	79.189	27.557	21.603	62.080	133.954
46	77.802	26.701	21.074	61.406	132.238	46	79.213	27.572	21.612	62.091	133.983
47	77.825	26.716	21.083	61.417	132.267	47	79.236	27.587	21.622	62.103	134.012
48	77.849	26.730	21.092	61.428	132.296	48	79.260	27.602	21.631	62.114	134.041
49	77.872	26.744	21.101	61.440	132.325	49	79.284	27.616	21.640	62.126	134.070
50	77.895	26.759	21.110	61.451	132.354	50	79.307	27.631	21.649	62.137	134.100
51	77.919	26.773	21.119	61.463	132.383	51	79.331	27.646	21.658	62.148	134.129
52	77.942	26.787	21.127	61.474	132.412	52	79.355	27.660	21.667	62.160	134.158
53	77.966	26.802	21.136	61.486	132.441	53	79.378	27.675	21.676	62.171	134.187
54	77.989	26.816	21.145	61.497	132.471	54	79.402	27.690	21.685	62.183	134.216
55	78.012	26.830	21.154	61.509	132.500	55	79.426	27.704	21.694	62.194	134.245
56	78.036	26.845	21.163	61.520	132.529	56	79.449	27.719	21.703	62.205	134.274
57	78.059	26.859	21.172	61.532	132.558	57	79.473	27.734	21.712	62.217	134.303
58	78.082	26.873	21.181	61.543	132.587	58	79.497	27.749	21.721	62.228	134.332
59	78.106	26.888	21.190	61.555	132.616	59	79.520	27.763	21.730	62.240	134.361
60	78.129	26.902	21.199	61.566	132.645	60	79.544	27.778	21.739	62.251	134.390

'	TANG.	BISSEC-TRICE.	FLÈCHE	DEMI-CORDE.	ARC.	'	TANG.	BISSEC-TRICE.	FLÈCHE	DEMI-CORDE.	ARC.

ANGLE AU CENTRE = 77°

'	TANG.	BISSEC-TRICE.	FLÈCHE	DEMI-CORDE	ARC.
0	79.544	27.778	21.739	62.251	134.390
1	79.568	27.793	21.748	62.262	134.419
2	79.592	27.808	21.757	62.274	134.449
3	79.615	27.823	21.766	62.285	134.478
4	79.630	27.837	21.775	62.296	134.507
5	79.663	27.852	21.784	62.308	134.536
6	79.687	27.867	21.794	62.319	134.565
7	79.711	27.882	21.803	62.331	134.594
8	79.734	27.897	21.812	62.342	134.623
9	79.758	27.912	21.821	62.353	134.652
10	79.782	27.927	21.830	62.365	134.681
11	79.806	27.942	21.839	62.376	134.710
12	79.830	27.956	21.848	62.387	134.739
13	79.853	27.971	21.857	62.399	134.769
14	79.877	27.986	21.866	62.410	134.798
15	79.901	28.001	21.875	62.422	134.827
16	79.925	28.016	21.885	62.433	134.856
17	79.949	28.031	21.894	62.444	134.885
18	79.972	28.046	21.903	62.456	134.914
19	79.996	28.061	21.912	62.467	134.943
20	80.020	28.075	21.921	62.478	134.972
21	80.044	28.090	21.930	62.490	135.001
22	80.068	28.105	21.939	62.501	135.030
23	80.091	28.120	21.948	62.513	135.059
24	80.115	28.135	21.957	62.524	135.089
25	80.139	28.150	21.966	62.535	135.118
26	80.163	28.165	21.976	62.547	135.147
27	80.187	28.179	21.985	62.558	135.176
28	80.210	28.194	21.994	62.569	135.205
29	80.234	28.209	22.003	62.581	135.234
30	80.258	28.224	22.012	62.592	135.263
31	80.282	28.239	22.021	62.603	135.292
32	80.306	28.254	22.030	62.615	135.321
33	80.330	28.269	22.039	62.626	135.350
34	80.354	28.284	22.048	62.637	135.379
35	80.378	28.299	22.057	62.649	135.408
36	80.402	28.314	22.067	62.660	135.438
37	80.426	28.329	22.076	62.671	135.467
38	80.450	28.345	22.085	62.683	135.496
39	80.474	28.360	22.094	62.694	135.525
40	80.498	28.375	22.103	62.705	135.554
41	80.522	28.390	22.112	62.717	135.583
42	80.546	28.405	22.121	62.728	135.612
43	80.570	28.420	22.130	62.739	135.641
44	80.594	28.435	22.139	62.751	135.670
45	80.618	28.450	22.148	62.762	135.699
46	80.642	28.465	22.158	62.773	135.728
47	80.666	28.480	22.167	62.785	135.758
48	80.690	28.495	22.176	62.796	135.787
49	80.714	28.510	22.185	62.807	135.816
50	80.738	28.525	22.194	62.819	135.845
51	80.762	28.540	22.203	62.830	135.874
52	80.786	28.556	22.212	62.841	135.903
53	80.810	28.571	22.221	62.853	135.932
54	80.834	28.586	22.230	62.864	135.961
55	80.858	28.601	22.239	62.875	135.990
56	80.882	28.616	22.249	62.887	136.019
57	80.906	28.631	22.258	62.898	136.048
58	80.930	28.646	22.267	62.909	136.078
59	80.954	28.661	22.276	62.921	136.107
60	80.978	28.676	22.285	62.932	136.136

'	TANG.	BISSEC-TRICE.	FLÈCHE	DEMI-CORDE	ARC.

77°

ANGLE AU CENTRE = 78°

'	TANG.	BISSEC-TRICE.	FLÈCHE	DEMI-CORDE	ARC.
0	80.978	28.676	22.285	62.932	136.136
1	81.002	28.691	22.294	62.943	136.165
2	81.026	28.706	22.303	62.955	136.194
3	81.051	28.722	22.313	62.966	136.223
4	81.075	28.737	22.322	62.977	136.252
5	81.099	28.752	22.331	62.988	136.281
6	81.123	28.767	22.340	63.000	136.310
7	81.147	28.783	22.349	63.011	136.339
8	81.171	28.798	22.359	63.022	136.368
9	81.196	28.813	22.368	63.034	136.397
10	81.220	28.828	22.377	63.045	136.427
11	81.244	28.844	22.386	63.056	136.456
12	81.268	28.859	22.395	63.068	136.485
13	81.292	28.874	22.405	63.079	136.514
14	81.316	28.889	22.414	63.090	136.543
15	81.341	28.904	22.423	63.101	136.572
16	81.365	28.920	22.432	63.113	136.601
17	81.389	28.935	22.441	63.124	136.630
18	81.413	28.950	22.451	63.135	136.659
19	81.437	28.965	22.460	63.147	136.688
20	81.464	28.981	22.469	63.158	136.717
21	81.486	28.996	22.478	63.169	136.747
22	81.510	29.011	22.487	63.181	136.776
23	81.534	29.026	22.497	63.192	136.805
24	81.558	29.042	22.506	63.203	136.834
25	81.582	29.057	22.515	63.214	136.863
26	81.606	29.072	22.524	63.226	136.892
27	81.631	29.087	22.533	63.237	136.921
28	81.655	29.102	22.543	63.248	136.950
29	81.679	29.118	22.552	63.260	136.979
30	81.703	29.133	22.561	63.271	137.008
31	81.727	29.148	22.570	63.282	137.037
32	81.752	29.164	22.579	63.293	137.067
33	81.776	29.179	22.589	63.305	137.096
34	81.800	29.195	22.598	63.316	137.125
35	81.825	29.210	22.607	63.327	137.154
36	81.849	29.226	22.616	63.338	137.183
37	81.874	29.241	22.626	63.350	137.212
38	81.898	29.257	22.635	63.361	137.241
39	81.922	29.272	22.644	63.372	137.270
40	81.947	29.288	22.653	63.383	137.299
41	81.971	29.303	22.663	63.395	137.328
42	81.995	29.319	22.672	63.406	137.357
43	82.020	29.334	22.681	63.417	137.387
44	82.044	29.350	22.690	63.428	137.416
45	82.069	29.365	22.699	63.439	137.445
46	82.093	29.381	22.709	63.451	137.474
47	82.117	29.396	22.718	63.462	137.503
48	82.142	29.411	22.727	63.473	137.532
49	82.166	29.427	22.736	63.484	137.561
50	82.190	29.442	22.746	63.496	137.590
51	82.215	29.458	22.755	63.507	137.619
52	82.239	29.473	22.764	63.518	137.648
53	82.264	29.489	22.773	63.529	137.677
54	82.288	29.504	22.783	63.541	137.707
55	82.312	29.520	22.792	63.552	137.736
56	82.337	29.535	22.801	63.563	137.765
57	82.361	29.551	22.810	63.574	137.794
58	82.385	29.566	22.819	63.585	137.823
59	82.410	29.582	22.829	63.597	137.852
60	82.434	29.597	22.838	63.608	137.881

'	TANG.	BISSEC-TRICE.	FLÈCHE	DEMI-CORDE	ARC.

78°

'	TANG.	BISSEC-TRICE.	FLÈCHE	DEMI-CORDE.	ARC.	'	TANG.	BISSEC-TRICE.	FLÈCHE	DEMI-CORDE.	ARC.
0	82.434	29.597	22.838	63.608	137.881	0	83.910	30.541	23.396	64.279	139.626
1	82.458	29.613	22.847	63.619	137.910	1	83.935	30.557	23.405	64.290	139.655
2	82.483	29.628	22.857	63.630	137.939	2	83.960	30.573	23.415	64.301	139.685
3	82.507	29.644	22.866	63.642	137.968	3	83.985	30.589	23.424	64.312	139.714
4	82.532	29.660	22.875	63.653	137.997	4	84.009	30.605	23.433	64.323	139.743
5	82.556	29.675	22.884	63.664	138.026	5	84.034	30.621	23.443	64.334	139.772
6	82.581	29.691	22.894	63.675	138.056	6	84.059	30.637	23.452	64.346	139.801
7	82.605	29.706	22.903	63.686	138.085	7	84.084	30.653	23.462	64.357	139.830
8	82.630	29.722	22.912	63.698	138.114	8	84.109	30.669	23.471	64.368	139.859
9	82.654	29.738	22.921	63.709	138.143	9	84.134	30.685	23.480	64.379	139.888
10	82.679	29.753	22.931	63.720	138.172	10	84.159	30.701	23.490	64.390	139.917
11	82.703	29.769	22.940	63.731	138.201	11	84.184	30.717	23.499	64.401	139.946
12	82.728	29.785	22.949	63.742	138.230	12	84.208	30.733	23.508	64.412	139.975
13	82.752	29.800	22.959	63.754	138.259	13	84.233	30.749	23.518	64.423	140.005
14	82.777	29.816	22.968	63.765	138.288	14	84.258	30.765	23.527	64.434	140.034
15	82.801	29.831	22.977	63.776	138.317	15	84.283	30.781	23.537	64.445	140.063
16	82.826	29.847	22.986	63.787	138.346	16	84.308	30.797	23.546	64.457	140.092
17	82.850	29.863	22.996	63.798	138.376	17	84.333	30.814	23.555	64.468	140.121
18	82.875	29.878	23.005	63.810	138.405	18	84.358	30.830	23.565	64.479	140.150
19	82.899	29.894	23.014	63.821	138.434	19	84.383	30.846	23.574	64.490	140.179
20	82.924	29.910	23.023	63.832	138.463	20	84.407	30.862	23.583	64.501	140.208
21	82.948	29.925	23.033	63.843	138.492	21	84.432	30.878	23.593	64.512	140.237
22	82.973	29.941	23.042	63.854	138.521	22	84.457	30.894	23.602	64.523	140.266
23	82.997	29.956	23.051	63.866	138.550	23	84.482	30.910	23.612	64.534	140.295
24	83.022	29.972	23.060	63.877	138.579	24	84.507	30.926	23.621	64.545	140.324
25	83.046	29.988	23.070	63.888	138.608	25	84.532	30.942	23.630	64.556	140.354
26	83.071	30.003	23.079	63.899	138.637	26	84.557	30.958	23.640	64.568	140.383
27	83.095	30.019	23.088	63.910	138.666	27	84.581	30.974	23.649	64.579	140.412
28	83.120	30.035	23.098	63.922	138.696	28	84.606	30.990	23.658	64.590	140.441
29	83.144	30.050	23.107	63.933	138.725	29	84.631	31.006	23.668	64.601	140.470
30	83.169	30.066	23.116	63.944	138.754	30	84.656	31.022	23.677	64.612	140.499
31	83.193	30.082	23.125	63.955	138.783	31	84.681	31.038	23.686	64.623	140.528
32	83.218	30.098	23.135	63.966	138.812	32	84.706	31.054	23.696	64.634	140.557
33	83.243	30.113	23.144	63.978	138.841	33	84.731	31.071	23.705	64.645	140.586
34	83.268	30.129	23.153	63.989	138.870	34	84.756	31.087	23.715	64.656	140.615
35	83.292	30.145	23.163	64.000	138.899	35	84.781	31.103	23.724	64.667	140.644
36	83.317	30.161	23.172	64.011	138.928	36	84.806	31.119	23.733	64.679	140.674
37	83.342	30.177	23.181	64.022	138.957	37	84.831	31.136	23.743	64.690	140.703
38	83.367	30.193	23.191	64.033	138.986	38	84.857	31.152	23.752	64.701	140.732
39	83.391	30.208	23.200	64.045	139.016	39	84.882	31.168	23.762	64.712	140.761
40	83.416	30.224	23.209	64.056	139.045	40	84.907	31.184	23.771	64.723	140.790
41	83.441	30.240	23.219	64.067	139.074	41	84.932	31.201	23.780	64.734	140.819
42	83.465	30.256	23.228	64.078	139.103	42	84.957	31.217	23.790	64.745	140.848
43	83.490	30.272	23.237	64.089	139.132	43	84.982	31.233	23.799	64.756	140.877
44	83.515	30.288	23.247	64.100	139.161	44	85.007	31.249	23.809	64.767	140.906
45	83.539	30.303	23.256	64.112	139.190	45	85.032	31.265	23.818	64.778	140.935
46	83.564	30.319	23.265	64.123	139.219	46	85.057	31.282	23.827	64.790	140.964
47	83.589	30.335	23.275	64.134	139.248	47	85.082	31.298	23.837	64.801	140.994
48	83.614	30.351	23.284	64.145	139.277	48	85.107	31.314	23.846	64.812	141.023
49	83.638	30.367	23.293	64.156	139.306	49	85.132	31.330	23.856	64.823	141.052
50	83.663	30.383	23.303	64.167	139.336	50	85.157	31.347	23.865	64.834	141.081
51	83.688	30.398	23.312	64.179	139.365	51	85.182	31.363	23.874	64.845	141.110
52	83.712	30.414	23.321	64.190	139.394	52	85.208	31.379	23.884	64.856	141.139
53	83.737	30.430	23.331	64.201	139.423	53	85.233	31.395	23.893	64.867	141.168
54	83.762	30.446	23.340	64.212	139.452	54	85.258	31.412	23.903	64.878	141.197
55	83.786	30.462	23.349	64.223	139.481	55	85.283	31.428	23.912	64.889	141.226
56	83.811	30.478	23.359	64.234	139.510	56	85.308	31.444	23.921	64.901	141.255
57	83.836	30.493	23.368	64.246	139.539	57	85.333	31.460	23.931	64.912	141.284
58	83.861	30.509	23.377	64.257	139.568	58	85.358	31.476	23.940	64.923	141.314
59	83.885	30.525	23.387	64.268	139.597	59	85.383	31.493	23.950	64.934	141.343
60	83.910	30.541	23.396	64.279	139.626	60	85.408	31.509	23.959	64.945	141.372
'	TANG.	BISSEC-TRICE.	FLÈCHE	DEMI-CORDE.	ARC.	'	TANG.	BISSEC-TRICE.	FLÈCHE	DEMI-CORDE.	ARC.

'	TANG.	BISSEC-TRICE.	FLÈCHE	DEMI-CORDE.	ARC.	'	TANG.	BISSEC-TRICE.	FLÈCHE	DEMI-CORDE.	ARC.
0	85.408	31.509	23.959	64.945	141.372	0	86.929	32.501	24.529	65.606	143.117
1	85.433	31.525	23.968	64.956	141.401	1	86.955	32.518	24.539	65.617	143.146
2	85.459	31.542	23.978	64.967	141.430	2	86.980	32.535	24.548	65.628	143.175
3	85.484	31.558	23.987	64.978	141.459	3	87.006	32.552	24.558	65.639	143.204
4	85.509	31.575	23.997	64.989	141.488	4	87.032	32.568	24.567	65.650	143.233
5	85.534	31.591	24.006	65.000	141.517	5	87.057	32.585	24.577	65.661	143.262
6	85.550	34.608	24.016	65.011	141.546	6	87.083	32.602	24.586	65.672	143.292
7	85.585	31.624	24.025	65.022	141.575	7	87.108	32.619	24.596	65.683	143.321
8	85.610	31.640	24.035	65.033	141.604	8	87.134	32.636	24.606	65.694	143.350
9	85.635	31.657	24.044	65.044	141.633	9	87.160	32.653	24.615	65.705	143.379
10	85.661	31.673	24.054	65.055	141.663	10	87.185	32.670	24.625	65.716	143.408
11	85.686	34.690	24.063	65.066	141.692	11	87.211	32.687	24.634	65.727	143.437
12	85.711	31.706	24.073	65.077	141.721	12	87.237	32.703	24.644	65.738	143.466
13	85.737	31.723	24.082	65.088	141.750	13	87.262	32.720	24.653	65.749	143.495
14	85.762	31.739	24.092	65.099	141.779	14	87.288	32.737	24.663	65.760	143.524
15	85.787	31.755	24.101	65.110	141.808	15	87.313	32.754	24.673	65.771	143.553
16	85.812	31.772	24.111	65.121	141.837	16	87.339	32.771	24.682	65.782	143.582
17	85.838	31.788	24.120	65.133	141.866	17	87.365	32.788	24.692	65.792	143.612
18	85.863	31.805	24.130	65.144	141.895	18	87.390	32.805	24.701	65.803	143.641
19	85.888	31.821	24.139	65.155	141.924	19	87.416	32.822	24.711	65.814	143.670
20	85.913	31.838	24.149	65.166	141.953	20	87.442	32.838	24.720	65.825	143.699
21	85.939	31.854	24.158	65.177	141.983	21	87.467	32.855	24.730	65.836	143.728
22	85.964	31.870	24.168	65.188	142.012	22	87.493	32.872	24.740	65.847	143.757
23	85.989	31.887	24.177	65.199	142.041	23	87.518	32.889	24.749	65.858	143.786
24	86.014	31.903	24.187	65.210	142.070	24	87.544	32.906	24.759	65.869	143.815
25	86.040	31.920	24.196	65.221	142.099	25	87.570	32.923	24.768	65.880	143.844
26	86.065	31.936	24.206	65.232	142.128	26	87.595	32.940	24.778	65.891	143.873
27	86.090	31.953	24.215	65.243	142.157	27	87.621	32.956	24.787	65.902	143.902
28	86.116	31.969	24.225	65.254	142.186	28	87.647	32.973	24.797	65.913	143.932
29	86.141	31.985	24.234	65.265	142.215	29	87.672	32.990	24.807	65.924	143.961
30	86.166	32.002	24.244	65.276	142.244	30	87.698	33.007	24.816	65.935	143.990
31	86.191	32.019	24.253	65.287	142.273	31	87.724	33.024	24.826	65.946	144.019
32	86.217	32.035	24.263	65.298	142.303	32	87.750	33.041	24.835	65.957	144.048
33	86.242	32.052	24.272	65.309	142.332	33	87.775	33.058	24.845	65.968	144.077
34	86.268	32.069	24.282	65.320	142.361	34	87.801	33.075	24.854	65.979	144.106
35	86.293	32.085	24.291	65.331	142.390	35	87.827	33.092	24.864	65.989	144.135
36	86.319	32.102	24.301	65.342	142.419	36	87.853	33.109	24.874	66.000	144.164
37	86.344	32.118	24.310	65.353	142.448	37	87.879	33.126	24.883	66.011	144.193
38	86.369	32.135	24.320	65.364	142.477	38	87.905	33.144	24.893	66.022	144.222
39	86.395	32.152	24.329	65.375	142.506	39	87.930	33.161	24.902	66.033	144.252
40	86.420	32.168	24.339	65.386	142.535	40	87.956	33.178	24.912	66.044	144.281
41	86.446	32.185	24.348	65.397	142.564	41	87.982	33.195	24.922	66.055	144.310
42	86.471	32.202	24.358	65.408	142.593	42	88.008	33.212	24.931	66.066	144.339
43	86.497	32.218	24.367	65.419	142.623	43	88.034	33.229	24.941	66.077	144.368
44	86.522	32.235	24.377	65.430	142.652	44	88.060	33.246	24.950	66.088	144.397
45	86.547	32.251	24.386	65.441	142.681	45	88.085	33.263	24.960	66.098	144.426
46	86.573	32.268	24.396	65.452	142.710	46	88.111	33.280	24.970	66.109	144.455
47	86.598	32.285	24.405	65.463	142.739	47	88.137	33.297	24.979	66.120	144.484
48	86.624	32.301	24.415	65.474	142.768	48	88.163	33.314	24.989	66.131	144.513
49	86.649	32.318	24.424	65.485	142.797	49	88.189	33.331	24.998	66.142	144.542
50	86.675	32.335	24.434	65.496	142.826	50	88.215	33.348	25.008	66.153	144.571
51	86.700	32.351	24.443	65.507	142.855	51	88.240	33.365	25.018	66.164	144.601
52	86.725	32.368	24.453	65.518	142.884	52	88.266	33.383	25.027	66.175	144.630
53	86.751	32.384	24.463	65.529	142.913	53	88.292	33.400	25.037	66.186	144.659
54	86.776	32.401	24.472	65.540	142.943	54	88.318	33.417	25.046	66.197	144.688
55	86.802	32.418	24.481	65.551	142.972	55	88.344	33.434	25.056	66.207	144.717
56	86.827	32.434	24.491	65.562	143.001	56	88.370	33.451	25.066	66.218	144.746
57	86.853	32.451	24.500	65.573	143.030	57	88.395	33.468	25.075	66.229	144.775
58	86.878	32.468	24.510	65.584	143.059	58	88.421	33.485	25.085	66.240	144.804
59	86.903	32.484	24.519	65.595	143.088	59	88.447	33.502	25.094	66.251	144.833
60	86.929	32.501	24.529	65.606	143.117	60	88.473	33.519	25.104	66.262	144.863
'	TANG.	BISSEC-TRICE.	FLÈCHE	DEMI-CORDE.	ARC.	'	TANG.	BISSEC-TRICE.	FLÈCHE	DEMI-CORDE.	ARC.

′	TANG.	BISSEC- TRICE.	FLÈCHE	DEMI- CORDE.	ARC.	′	TANG.	BISSEC- TRICE.	FLÈCHE	DEMI- CORDE.	ARC.
0	82.434	29.597	22.838	63.608	137.881	0	83.910	30.541	23.396	64.279	139.626
1	82.458	29.613	22.847	63.619	137.910	1	83.935	30.557	23.405	64.290	139.655
2	82.483	29.628	22.857	63.630	137.939	2	83.960	30.573	23.415	64.301	139.685
3	82.507	29.644	22.866	63.642	137.968	3	83.985	30.589	23.424	64.312	139.714
4	82.532	29.660	22.875	63.653	137.997	4	84.009	30.605	23.433	64.323	139.743
5	82.556	29.675	22.884	63.664	138.026	5	84.034	30.621	23.443	64.334	139.772
6	82.581	29.691	22.894	63.775	138.056	6	84.059	30.637	23.452	64.346	139.801
7	82.605	29.706	22.903	63.686	138.085	7	84.084	30.653	23.462	64.357	139.830
8	82.630	29.722	22.912	63.698	138.114	8	84.109	30.669	23.471	64.368	139.859
9	82.654	29.738	22.921	63.709	138.143	9	84.134	30.685	23.480	64.379	139.888
10	82.679	29.753	22.931	63.720	138.172	10	84.159	30.701	23.490	64.390	139.917
11	82.703	29.769	22.940	63.731	138.201	11	84.184	30.717	23.499	64.401	139.946
12	82.728	29.785	22.949	63.742	138.230	12	84.208	30.733	23.508	64.412	139.975
13	82.752	29.800	22.959	63.754	138.259	13	84.233	30.749	23.518	64.423	140.005
14	82.777	29.816	22.968	63.765	138.288	14	84.258	30.765	23.527	64.434	140.034
15	82.801	29.831	22.977	63.776	138.317	15	84.283	30.781	23.537	64.445	140.063
16	82.826	29.847	22.986	63.787	138.346	16	84.308	30.797	23.546	64.457	140.092
17	82.850	29.863	22.996	63.798	138.376	17	84.333	30.814	23.555	64.468	140.121
18	82.875	29.878	23.005	63.810	138.405	18	84.358	30.830	23.565	64.479	140.150
19	82.899	29.894	23.014	63.821	138.434	19	84.383	30.574	23.574	64.490	140.179
20	82.924	29.910	23.023	63.832	138.463	20	84.407	30.862	23.583	64.501	140.208
21	82.948	29.925	23.033	63.843	138.492	21	84.432	30.878	23.593	64.512	140.237
22	82.973	29.941	23.042	63.854	138.521	22	84.457	30.894	23.602	64.523	140.266
23	82.997	29.956	23.051	63.866	138.550	23	84.482	30.910	23.612	64.534	140.295
24	83.022	29.972	23.060	63.877	138.579	24	84.507	30.926	23.621	64.545	140.324
25	83.046	29.988	23.070	63.888	138.608	25	84.532	30.942	23.630	64.556	140.354
26	83.071	30.003	23.079	63.899	138.637	26	84.557	30.958	23.640	64.568	140.383
27	83.095	30.019	23.088	63.910	138.666	27	84.581	30.974	23.649	64.579	140.412
28	83.120	30.035	23.098	63.922	138.696	28	84.606	30.990	23.658	64.590	140.441
29	83.144	30.050	23.107	63.933	138.725	29	84.631	31.006	23.668	64.601	140.470
30	83.169	30.066	23.116	63.944	138.754	30	84.656	31.022	23.677	64.612	140.499
31	83.194	30.082	23.125	63.955	138.783	31	84.681	31.038	23.686	64.623	140.528
32	83.218	30.098	23.135	63.966	138.812	32	84.706	31.054	23.696	64.634	140.557
33	83.243	30.113	23.144	63.978	138.841	33	84.731	31.071	23.705	64.645	140.586
34	83.268	30.129	23.153	63.989	138.870	34	84.756	31.087	23.715	64.656	140.615
35	83.292	30.145	23.163	64.000	138.899	35	84.781	31.103	23.724	64.667	140.644
36	83.317	30.161	23.172	64.011	138.928	36	84.806	31.119	23.733	64.679	140.674
37	83.342	30.177	23.181	64.022	138.957	37	84.831	31.136	23.743	64.690	140.703
38	83.367	30.193	23.191	64.033	138.986	38	84.857	31.152	23.752	64.701	140.732
39	83.391	30.208	23.200	64.045	139.016	39	84.882	31.168	23.762	64.712	140.761
40	83.416	30.224	23.209	64.056	139.045	40	84.907	31.184	23.771	64.723	140.790
41	83.441	30.240	23.219	64.067	139.074	41	84.932	31.201	23.780	64.734	140.819
42	83.465	30.256	23.228	64.078	139.103	42	84.957	31.217	23.790	64.745	140.848
43	83.490	30.272	23.237	64.089	139.132	43	84.982	31.233	23.799	64.756	140.877
44	83.515	30.288	23.247	64.100	139.161	44	85.007	31.249	23.809	64.767	140.906
45	83.539	30.303	23.256	64.112	139.190	45	85.032	31.265	23.818	64.778	140.935
46	83.564	30.319	23.265	64.123	139.219	46	85.057	31.282	23.827	64.790	140.964
47	83.589	30.335	23.275	64.134	139.248	47	85.082	31.298	23.837	64.801	140.994
48	83.614	30.351	23.284	64.145	139.277	48	85.107	31.314	23.846	64.812	141.023
49	83.638	30.367	23.293	64.156	139.306	49	85.132	31.330	23.856	64.823	141.052
50	83.663	30.383	23.303	64.167	139.336	50	85.157	31.347	23.865	64.834	141.081
51	83.688	30.398	23.312	64.179	139.365	51	85.182	31.363	23.874	64.845	141.110
52	83.712	30.414	23.321	64.190	139.394	52	85.208	31.379	23.884	64.856	141.139
53	83.737	30.430	23.331	64.201	139.423	53	85.233	31.395	23.893	64.867	141.168
54	83.762	30.446	23.340	64.212	139.452	54	85.258	31.412	23.903	64.878	141.197
55	83.786	30.462	23.349	64.223	139.481	55	85.283	31.428	23.912	64.889	141.226
56	83.811	30.478	23.359	64.234	139.510	56	85.308	31.444	23.921	64.901	141.255
57	83.836	30.493	23.368	64.246	139.539	57	85.333	31.460	23.931	64.912	141.284
58	83.861	30.509	23.377	64.257	139.568	58	85.358	31.476	23.940	64.923	141.314
59	83.885	30.525	23.387	64.268	139.597	59	85.383	31.493	23.950	64.934	141.343
60	83.910	30.541	23.396	64.279	139.626	60	85.408	31.509	23.959	64.945	141.372

′	TANG.	BISSEC- TRICE.	FLÈCHE	DEMI- CORDE.	ARC.	′	TANG.	BISSEC- TRICE.	FLÈCHE	DEMI- CORDE.	ARC.

'	TANG.	BISSEC-TRICE.	FLÈCHE	DEMI-CORDE.	ARC.	'	TANG.	BISSEC-TRICE.	FLÈCHE	DEMI-CORDE.	ARC.
0	85.408	31.509	23.959	64.945	141.372	0	86.929	32.501	24.529	65.606	143.117
1	85.433	31.525	23.968	64.956	141.401	1	86.955	32.518	24.539	65.617	143.146
2	85.459	31.542	23.978	64.967	141.430	2	86.980	32.535	24.548	65.628	143.175
3	85.484	31.558	23.987	64.978	141.459	3	87.006	32.552	24.558	65.639	143.204
4	85.509	31.575	23.997	64.989	141.488	4	87.032	32.568	24.567	65.650	143.233
5	85.534	31.591	24.006	65.000	141.517	5	87.057	32.585	24.577	65.661	143.262
6	85.560	31.608	24.016	65.011	141.546	6	87.083	32.602	24.586	65.672	143.292
7	85.585	31.624	24.025	65.022	141.575	7	87.108	32.619	24.596	65.683	143.321
8	85.610	31.640	24.035	65.033	141.604	8	87.134	32.636	24.606	65.694	143.350
9	85.635	31.657	24.044	65.044	141.633	9	87.160	32.653	24.615	65.705	143.379
10	85.661	31.673	24.054	65.055	141.662	10	87.185	32.670	24.625	65.716	143.408
11	85.686	31.690	24.063	65.066	141.692	11	87.211	32.687	24.634	65.727	143.437
12	85.711	31.706	24.073	65.077	141.721	12	87.237	32.703	24.644	65.738	143.466
13	85.737	31.723	24.082	65.088	141.750	13	87.262	32.720	24.653	65.749	143.495
14	85.762	31.739	24.092	65.099	141.779	14	87.288	32.737	24.663	65.760	143.524
15	85.787	31.755	24.101	65.110	141.808	15	87.313	32.754	24.673	65.771	143.553
16	85.812	31.772	24.111	65.121	141.837	16	87.339	32.771	24.682	65.782	143.582
17	85.838	31.788	24.120	65.133	141.866	17	87.365	32.788	24.692	65.792	143.612
18	85.863	31.805	24.130	65.144	141.895	18	87.390	32.805	24.701	65.803	143.641
19	85.888	31.821	24.139	65.155	141.924	19	87.416	32.822	24.711	65.814	143.670
20	85.913	31.838	24.149	65.166	141.953	20	87.442	32.838	24.720	65.825	143.699
21	85.939	31.854	24.158	65.177	141.983	21	87.467	32.855	24.730	65.836	143.728
22	85.964	31.870	24.168	65.188	142.012	22	87.493	32.872	24.740	65.847	143.757
23	85.989	31.887	24.177	65.199	142.041	23	87.518	32.889	24.749	65.858	143.786
24	86.014	31.903	24.187	65.210	142.070	24	87.544	32.906	24.759	65.869	143.815
25	86.040	31.920	24.196	65.221	142.099	25	87.570	32.923	24.768	65.880	143.844
26	86.065	31.936	24.206	65.232	142.128	26	87.595	32.940	24.778	65.891	143.873
27	86.090	31.953	24.215	65.243	142.157	27	87.621	32.956	24.787	65.902	143.902
28	86.116	31.969	24.225	65.254	142.186	28	87.647	32.973	24.797	65.913	143.932
29	86.141	31.985	24.234	65.265	142.215	29	87.672	32.990	24.807	65.924	143.961
30	86.166	32.002	24.244	65.276	142.244	30	87.698	33.007	24.816	65.935	143.990
31	86.191	32.019	24.253	65.287	142.273	31	87.724	33.024	24.826	65.946	144.019
32	86.217	32.035	24.263	65.298	142.303	32	87.750	33.041	24.835	65.957	144.048
33	86.242	32.052	24.272	65.309	142.332	33	87.775	33.058	24.845	65.968	144.077
34	86.268	32.069	24.282	65.320	142.361	34	87.801	33.075	24.854	65.979	144.106
35	86.293	32.085	24.291	65.331	142.390	35	87.827	33.092	24.864	65.989	144.135
36	86.319	32.102	24.301	65.342	142.419	36	87.853	33.109	24.874	66.000	144.164
37	86.344	32.118	24.310	65.353	142.448	37	87.879	33.126	24.883	66.011	144.193
38	86.369	32.135	24.320	65.364	142.477	38	87.905	33.144	24.893	66.022	144.222
39	86.395	32.152	24.329	65.375	142.506	39	87.930	33.161	24.902	66.033	144.252
40	86.420	32.168	24.339	65.386	142.535	40	87.956	33.178	24.912	66.044	144.281
41	86.446	32.185	24.348	65.397	142.564	41	87.982	33.195	24.922	66.055	144.310
42	86.471	32.202	24.358	65.408	142.593	42	88.008	33.212	24.931	66.066	144.339
43	86.497	32.218	24.367	65.419	142.623	43	88.034	33.229	24.941	66.077	144.368
44	86.522	32.235	24.377	65.430	142.652	44	88.060	33.246	24.950	66.088	144.397
45	86.547	32.251	24.386	65.441	142.681	45	88.085	33.263	24.960	66.098	144.426
46	86.573	32.268	24.396	65.452	142.710	46	88.111	33.280	24.970	66.109	144.455
47	86.598	32.285	24.405	65.463	142.739	47	88.137	33.297	24.979	66.120	144.484
48	86.624	32.301	24.415	65.474	142.768	48	88.163	33.314	24.989	66.131	144.513
49	86.649	32.318	24.424	65.485	142.797	49	88.189	33.331	24.998	66.142	144.542
50	86.675	32.335	24.434	65.496	142.826	50	88.215	33.348	25.008	66.153	144.571
51	86.700	32.351	24.443	65.507	142.855	51	88.240	33.365	25.018	66.164	144.601
52	86.725	32.368	24.453	65.518	142.884	52	88.266	33.383	25.027	66.175	144.630
53	86.751	32.384	24.463	65.529	142.913	53	88.292	33.400	25.037	66.186	144.659
54	86.776	32.401	24.472	65.540	142.943	54	88.318	33.417	25.046	66.197	144.688
55	86.802	32.418	24.481	65.551	142.972	55	88.344	33.434	25.056	66.207	144.717
56	86.827	32.434	24.491	65.562	143.001	56	88.370	33.451	25.066	66.218	144.746
57	86.853	32.451	24.500	65.573	143.030	57	88.395	33.468	25.075	66.229	144.775
58	86.878	32.468	24.510	65.584	143.059	58	88.421	33.485	25.085	66.240	144.804
59	86.903	32.484	24.519	65.595	143.088	59	88.447	33.502	25.094	66.251	144.833
60	86.929	32.501	24.529	65.606	143.117	60	88.473	33.519	25.104	66.262	144.862

'	TANG.	BISSEC-TRICE.	FLÈCHE	DEMI-CORDE.	ARC.	'	TANG.	BISSEC-TRICE.	FLÈCHE	DEMI-CORDE.	ARC.

'	TANG.	BISSEC-TRICE.	FLÈCHE	DEMI-CORDE.	ARC.	'	TANG.	BISSEC-TRICE.	FLÈCHE	DEMI-CORDE.	ARC.
0	88.473	33.519	25.104	66.262	144.862	0	90.040	34.563	25.686	66.913	146.608
1	88.499	33.536	25.114	66.273	144.891	1	90.066	34.581	25.696	66.924	146.637
2	88.525	33.554	25.123	66.284	144.921	2	90.093	34.598	25.705	66.935	146.666
3	88.551	33.571	25.133	66.295	144.950	3	90.119	34.616	25.715	66.945	146.695
4	88.577	33.588	25.143	66.305	144.979	4	90.146	34.634	25.725	66.956	146.724
5	88.603	33.605	25.152	66.316	145.008	5	90.172	34.652	25.735	66.967	146.753
6	88.629	33.623	25.162	66.327	145.037	6	90.199	34.669	25.744	66.978	146.782
7	88.655	33.640	25.172	66.338	145.066	7	90.225	34.687	25.754	66.989	146.811
8	88.681	33.657	25.181	66.349	145.095	8	90.252	34.705	25.764	66.999	146.840
9	88.707	33.675	25.191	66.360	145.124	9	90.278	34.723	25.774	67.010	146.869
10	88.733	33.692	25.201	66.371	145.153	10	90.305	34.740	25.783	67.021	146.899
11	88.759	33.709	25.210	66.382	145.182	11	90.331	34.758	25.793	67.032	146.928
12	88.785	33.727	25.220	66.392	145.211	12	90.358	34.776	25.803	67.043	146.957
13	88.811	33.744	25.230	66.403	145.240	13	90.384	34.793	25.812	67.053	146.986
14	88.837	33.761	25.239	66.414	145.270	14	90.411	34.811	25.822	67.064	147.015
15	88.863	33.778	25.249	66.425	145.299	15	90.437	34.829	25.832	67.075	147.044
16	88.889	33.796	25.259	66.436	145.328	16	90.464	34.847	25.842	67.086	147.073
17	88.915	33.813	25.268	66.447	145.357	17	90.490	34.864	25.851	67.097	147.102
18	88.941	33.830	25.278	66.458	145.386	18	90.516	34.882	25.861	67.107	147.131
19	88.967	33.848	25.288	66.469	145.415	19	90.543	34.900	25.871	67.118	147.160
20	88.993	33.865	25.297	66.479	145.444	20	90.569	34.918	25.881	67.129	147.189
21	89.019	33.882	25.307	66.490	145.473	21	90.596	34.935	25.890	67.140	147.219
22	89.045	33.900	25.317	66.501	145.502	22	90.622	34.953	25.900	67.151	147.248
23	89.071	33.917	25.326	66.512	145.531	23	90.649	34.971	25.910	67.161	147.277
24	89.097	33.934	25.336	66.523	145.560	24	90.675	34.989	25.920	67.172	147.306
25	89.123	33.951	25.346	66.534	145.590	25	90.702	35.006	25.929	67.183	147.335
26	89.149	33.969	25.355	66.545	145.619	26	90.728	35.024	25.939	67.194	147.364
27	89.175	33.986	25.365	66.555	145.648	27	90.755	35.042	25.949	67.205	147.393
28	89.201	34.003	25.375	66.566	145.677	28	90.781	35.059	25.958	67.215	147.422
29	89.227	34.021	25.384	66.577	145.706	29	90.808	35.077	25.968	67.226	147.451
30	89.253	34.038	25.394	66.588	145.735	30	90.834	35.095	25.978	67.237	147.480
31	89.279	34.055	25.404	66.599	145.764	31	90.861	35.113	25.988	67.248	147.509
32	89.305	34.073	25.413	66.610	145.793	32	90.887	35.131	25.998	67.258	147.539
33	89.332	34.090	25.423	66.620	145.822	33	90.914	35.149	26.007	67.269	147.568
34	89.358	34.108	25.433	66.631	145.851	34	90.941	35.167	26.017	67.280	147.597
35	89.384	34.125	25.443	66.642	145.880	35	90.967	35.185	26.027	67.291	147.626
36	89.410	34.143	25.452	66.653	145.910	36	90.994	35.203	26.037	67.301	147.655
37	89.437	34.160	25.462	66.664	145.939	37	91.012	35.221	26.047	67.312	147.684
38	89.463	34.178	25.472	66.675	145.968	38	91.047	35.239	26.056	67.323	147.713
39	89.489	34.195	25.482	66.685	145.997	39	91.074	35.257	26.066	67.334	147.742
40	89.515	34.213	25.491	66.696	146.026	40	91.100	35.275	26.076	67.344	147.774
41	89.542	34.230	25.501	66.707	146.055	41	91.127	35.293	26.086	67.355	147.800
42	89.568	34.248	25.511	66.718	146.084	42	91.154	35.311	26.096	67.366	147.829
43	89.594	34.265	25.520	66.729	146.113	43	91.180	35.329	26.105	67.376	147.859
44	89.620	34.283	25.530	66.740	146.142	44	91.207	35.347	26.115	67.387	147.888
45	89.646	34.300	25.540	66.750	146.171	45	91.233	35.365	26.125	67.398	147.917
46	89.673	34.318	25.550	66.761	146.200	46	91.260	35.383	26.135	67.409	147.946
47	89.699	34.335	25.559	66.772	146.230	47	91.287	35.400	26.145	67.419	147.975
48	89.725	34.353	25.569	66.783	146.259	48	91.313	35.418	26.154	67.430	148.004
49	89.751	34.370	25.579	66.794	146.288	49	91.340	35.436	26.164	67.441	148.033
50	89.778	34.388	25.589	66.805	146.316	50	91.367	35.454	26.174	67.452	148.062
51	89.804	34.405	25.598	66.815	146.346	51	91.393	35.472	26.184	67.462	148.091
52	89.830	34.423	25.608	66.826	146.375	52	91.420	35.490	26.194	67.473	148.120
53	89.856	34.440	25.618	66.837	146.404	53	91.446	35.508	26.203	67.484	148.149
54	89.883	34.458	25.628	66.848	146.433	54	91.473	35.526	26.213	67.495	148.179
55	89.909	34.475	25.637	66.859	146.462	55	91.500	35.544	26.223	67.505	148.208
56	89.935	34.493	25.647	66.870	146.491	56	91.526	35.562	26.233	67.516	148.237
57	89.961	34.510	25.657	66.880	146.520	57	91.553	35.580	26.243	67.527	148.266
58	89.987	34.528	25.666	66.891	146.550	58	91.580	35.598	26.252	67.537	148.295
59	90.014	34.545	25.676	66.902	146.579	59	91.606	35.616	26.262	67.548	148.324
60	90.040	34.563	25.686	66.913	146.608	60	91.633	35.634	26.272	67.559	148.353
'	TANG.	BISSEC-TRICE.	FLÈCHE	DEMI-CORDE.	ARC.	'	TANG.	BISSEC-TRICE.	FLÈCHE	DEMI-CORDE.	ARC.

'	TANG.	BISSEC-TRICE.	FLÈCHE	DEMI-CORDE.	ARC.	'	TANG.	BISSEC-TRICE.	FLÈCHE	DEMI-CORDE.	ARC.
0	91.633	35.634	26.272	67.559	148.353	0	93.251	36.733	26.865	68.200	150.098
1	91.660	35.652	26.282	67.570	148.382	1	93.278	36.752	26.875	68.211	150.127
2	91.687	35.670	26.292	67.580	148.411	2	93.306	36.770	26.885	68.221	150.156
3	91.714	35.689	26.302	67.591	148.440	3	93.333	36.789	26.895	68.232	150.186
4	91.740	35.707	26.314	67.602	148.469	4	93.360	36.808	26.905	68.242	150.215
5	91.767	35.725	26.321	67.612	148.498	5	93.388	36.826	26.915	68.253	150.244
6	91.794	35.743	26.331	67.623	148.528	6	93.415	36.845	26.925	68.264	150.273
7	91.821	35.761	26.341	67.634	148.557	7	93.442	36.864	26.935	68.274	150.302
8	91.848	35.780	26.351	67.645	148.586	8	93.470	36.882	26.944	68.285	150.331
9	91.875	35.798	26.361	67.655	148.615	9	93.497	36.901	26.954	68.295	150.360
10	91.902	35.816	26.371	67.666	148.644	10	93.524	36.920	26.964	68.306	150.389
11	91.929	35.834	26.381	67.677	148.673	11	93.552	36.938	26.974	68.317	150.418
12	91.955	35.852	26.390	67.687	148.702	12	93.579	36.957	26.984	68.327	150.447
13	91.982	35.871	26.400	67.698	148.731	13	93.606	36.976	26.994	68.338	150.476
14	92.009	35.889	26.410	67.709	148.760	14	93.634	36.994	27.004	68.348	150.506
15	92.036	35.907	26.420	67.719	148.789	15	93.661	37.013	27.014	68.359	150.535
16	92.063	35.925	26.430	67.730	148.818	16	93.688	37.032	27.024	68.370	150.564
17	92.090	35.943	26.440	67.741	148.848	17	93.716	37.050	27.034	68.380	150.593
18	92.117	35.962	26.450	67.752	148.877	18	93.743	37.069	27.044	68.391	150.622
19	92.144	35.980	26.460	67.762	148.906	19	93.770	37.088	27.054	68.401	150.651
20	92.170	35.998	26.469	67.773	148.935	20	93.798	37.106	27.064	68.412	150.680
21	92.197	36.016	26.479	67.784	148.964	21	93.825	37.125	27.074	68.423	150.709
22	92.224	36.034	26.489	67.794	148.993	22	93.852	37.144	27.083	68.433	150.738
23	92.251	36.053	26.499	67.805	149.022	23	93.880	37.162	27.093	68.444	150.767
24	92.278	36.071	26.509	67.816	149.051	24	93.907	37.181	27.103	68.454	150.796
25	92.305	36.089	26.519	67.826	149.080	25	93.934	37.200	27.113	68.465	150.826
26	92.332	36.107	26.529	67.837	149.109	26	93.962	37.218	27.123	68.476	150.855
27	92.358	36.125	26.538	67.848	149.138	27	93.989	37.237	27.133	68.486	150.884
28	92.385	36.144	26.548	67.859	149.168	28	94.016	37.256	27.143	68.497	150.913
29	92.412	36.162	26.558	67.869	149.197	29	94.044	37.274	27.153	68.507	150.942
30	92.439	36.180	26.568	67.880	149.226	30	94.071	37.293	27.163	68.518	150.971
31	92.466	36.198	26.578	67.891	149.255	31	94.098	37.312	27.173	68.529	151.000
32	92.493	36.217	26.588	67.901	149.284	32	94.126	37.331	27.183	68.539	151.029
33	92.520	36.235	26.598	67.912	149.313	33	94.153	37.350	27.193	68.550	151.058
34	92.547	36.254	26.608	67.923	149.342	34	94.181	37.369	27.203	68.560	151.087
35	92.574	36.272	26.617	67.933	149.371	35	94.208	37.387	27.213	68.571	151.116
36	92.601	36.291	26.627	67.944	149.400	36	94.236	37.406	27.223	68.581	151.146
37	92.628	36.309	26.637	67.955	149.429	37	94.263	37.425	27.233	68.592	151.175
38	92.656	36.327	26.647	67.965	149.458	38	94.291	37.444	27.243	68.603	151.204
39	92.683	36.346	26.657	67.976	149.487	39	94.318	37.463	27.253	68.613	151.233
40	92.710	36.364	26.667	67.987	149.517	40	94.346	37.482	27.263	68.624	151.262
41	92.737	36.383	26.677	67.997	149.546	41	94.373	37.501	27.273	68.634	151.291
42	92.764	36.401	26.687	68.008	149.575	42	94.401	37.520	27.283	68.645	151.320
43	92.791	36.420	26.697	68.019	149.604	43	94.428	37.539	27.293	68.655	151.349
44	92.818	36.438	26.707	68.029	149.633	44	94.456	37.558	27.303	68.666	151.378
45	92.845	36.456	26.716	68.040	149.662	45	94.483	37.576	27.313	68.677	151.407
46	92.872	36.475	26.726	68.051	149.691	46	94.511	37.595	27.323	68.687	151.436
47	92.899	36.493	26.736	68.061	149.720	47	94.538	37.614	27.333	68.698	151.466
48	92.926	36.512	26.746	68.072	149.749	48	94.566	37.633	27.343	68.708	151.495
49	92.953	36.530	26.756	68.083	149.778	49	94.593	37.652	27.353	68.719	151.524
50	92.980	36.549	26.766	68.093	149.807	50	94.621	37.671	27.363	68.729	151.553
51	93.007	36.567	26.776	68.104	149.837	51	94.648	37.690	27.373	68.740	151.582
52	93.035	36.585	26.786	68.115	149.866	52	94.676	37.709	27.383	68.751	151.611
53	93.062	36.604	26.796	68.125	149.895	53	94.703	37.728	27.393	68.761	151.640
54	93.089	36.622	26.806	68.136	149.924	54	94.731	37.747	27.403	68.772	151.669
55	93.116	36.641	26.815	68.147	149.953	55	94.758	37.765	27.413	68.782	151.698
56	93.143	36.659	26.825	68.157	149.982	56	94.786	37.784	27.423	68.793	151.727
57	93.170	36.678	26.835	68.168	150.011	57	94.813	37.803	27.433	68.803	151.756
58	93.197	36.696	26.845	68.179	150.040	58	94.841	37.822	27.443	68.814	151.786
59	93.224	36.714	26.855	68.189	150.069	59	94.868	37.841	27.453	68.825	151.815
60	93.251	36.733	26.865	68.200	150.098	60	94.896	37.860	27.463	68.835	151.844
'	TANG.	BISSEC-TRICE.	FLÈCHE	DEMI-CORDE.	ARC.	'	TANG.	BISSEC-TRICE.	FLÈCHE	DEMI-CORDE.	ARC.

'	TANG.	BISSEC-TRICE.	FLÈCHE	DEMI-CORDE.	ARC.	'	TANG.	BISSEC-TRICE.	FLÈCHE	DEMI-CORDE.	ARC.
0	88.473	33.519	25.104	66.262	144.862	0	90.040	34.563	25.686	66.913	146.608
1	88.499	33.536	25.114	66.273	144.891	1	90.066	34.581	25.696	66.924	146.637
2	88.525	33.554	25.123	66.284	144.921	2	90.093	34.598	25.705	66.935	146.666
3	88.551	33.571	25.133	66.295	144.950	3	90.119	34.616	25.715	66.945	146.695
4	88.577	33.588	25.143	66.305	144.979	4	90.146	34.634	25.725	66.956	146.724
5	88.603	33.605	25.152	66.316	145.008	5	90.172	34.652	25.735	66.967	146.753
6	88.629	33.623	25.162	66.327	145.037	6	90.199	34.669	25.744	66.978	146.782
7	88.655	33.640	25.172	66.338	145.066	7	90.225	34.687	25.754	66.989	146.811
8	88.681	33.657	25.181	66.349	145.095	8	90.252	34.705	25.764	66.999	146.840
9	88.707	33.675	25.191	66.360	145.124	9	90.278	34.723	25.774	67.010	146.869
10	88.733	33.692	25.201	66.371	145.153	10	90.305	34.740	25.783	67.021	146.899
11	88.759	33.709	25.210	66.382	145.182	11	90.331	34.758	25.793	67.032	146.928
12	88.785	33.727	25.220	66.392	145.211	12	90.358	34.776	25.803	67.043	146.957
13	88.811	33.744	25.230	66.403	145.240	13	90.384	34.793	25.812	67.053	146.986
14	88.837	33.761	25.239	66.414	145.270	14	90.411	34.811	25.822	67.064	147.015
15	88.863	33.778	25.249	66.425	145.299	15	90.437	34.829	25.832	67.075	147.044
16	88.889	33.796	25.259	66.436	145.328	16	90.464	34.847	25.842	67.086	147.073
17	88.915	33.813	25.268	66.447	145.357	17	90.490	34.864	25.851	67.097	147.102
18	88.941	33.830	25.278	66.458	145.386	18	90.516	34.882	25.861	67.107	147.131
19	88.967	33.848	25.288	66.469	145.415	19	90.543	34.900	25.871	67.118	147.160
20	88.993	33.865	25.297	66.479	145.444	20	90.569	34.918	25.881	67.129	147.189
21	89.019	33.882	25.307	66.490	145.473	21	90.596	34.935	25.890	67.140	147.219
22	89.045	33.900	25.317	66.501	145.502	22	90.622	34.953	25.900	67.151	147.248
23	89.071	33.917	25.326	66.512	145.531	23	90.649	34.971	25.910	67.161	147.277
24	89.097	33.934	25.336	66.523	145.560	24	90.675	34.989	25.920	67.172	147.306
25	89.123	33.951	25.346	66.534	145.590	25	90.702	35.006	25.929	67.183	147.335
26	89.149	33.969	25.355	66.545	145.619	26	90.728	35.024	25.939	67.194	147.364
27	89.175	33.986	25.365	66.555	145.648	27	90.755	35.042	25.949	67.205	147.393
28	89.201	34.003	25.375	66.566	145.677	28	90.781	35.059	25.958	67.215	147.422
29	89.227	34.021	25.384	66.577	145.706	29	90.808	35.077	25.968	67.226	147.451
30	89.253	34.038	25.394	66.588	145.735	30	90.834	35.095	25.978	67.237	147.480
31	89.279	34.055	25.404	66.599	145.764	31	90.861	35.113	25.988	67.248	147.509
32	89.305	34.073	25.413	66.610	145.793	32	90.887	35.131	25.998	67.258	147.539
33	89.332	34.090	25.423	66.620	145.822	33	90.914	35.149	26.007	67.269	147.568
34	89.358	34.108	25.433	66.631	145.851	34	90.941	35.167	26.017	67.280	147.597
35	89.384	34.125	25.443	66.642	145.880	35	90.967	35.185	26.027	67.291	147.626
36	89.410	34.143	25.452	66.653	145.910	36	90.994	35.203	26.037	67.301	147.655
37	89.437	34.160	25.462	66.664	145.939	37	91.020	35.221	26.047	67.312	147.684
38	89.463	34.178	25.472	66.675	145.968	38	91.047	35.239	26.056	67.323	147.713
39	89.489	34.195	25.482	66.685	145.997	39	91.074	35.257	26.066	67.334	147.742
40	89.515	34.213	25.491	66.696	146.026	40	91.100	35.275	26.076	67.344	147.771
41	89.542	34.230	25.501	66.707	146.055	41	91.127	35.293	26.088	67.355	147.800
42	89.568	34.248	25.511	66.718	146.084	42	91.154	35.311	26.096	67.366	147.829
43	89.594	34.265	25.520	66.729	146.113	43	91.180	35.329	26.105	67.376	147.859
44	89.620	34.283	25.530	66.740	146.142	44	91.207	35.347	26.115	67.387	147.888
45	89.646	34.300	25.540	66.750	146.171	45	91.233	35.365	26.125	67.398	147.917
46	89.673	34.318	25.550	66.761	146.200	46	91.260	35.383	26.135	67.409	147.946
47	89.699	...3	25.559	66.772	146.230	47	91.287	35.400	26.145	67.419	147.975
48	89.725	34.353	25.569	66.783	146.259	48	91.313	35.418	26.154	67.430	148.004
49	89.751	34.370	25.579	66.794	146.288	49	91.340	35.436	26.164	67.441	148.033
50	89.778	34.388	25.589	66.805	146.316	50	91.367	35.454	26.174	67.452	148.062
51	89.804	34.405	25.598	66.815	146.346	51	91.393	35.472	26.184	67.462	148.091
52	89.830	34.423	25.608	66.826	146.375	52	91.420	35.490	26.194	67.473	148.120
53	89.856	34.440	25.618	66.837	146.404	53	91.446	35.508	26.203	67.484	148.149
54	89.883	34.458	25.628	66.848	146.433	54	91.473	35.526	26.213	67.495	148.179
55	89.909	34.475	25.637	66.859	146.462	55	91.500	35.544	26.223	67.505	148.208
56	89.935	34.493	25.647	66.870	146.491	56	91.526	35.562	26.233	67.516	148.237
57	89.961	34.510	25.657	66.880	146.520	57	91.553	35.580	26.243	67.527	148.266
58	89.987	34.528	25.666	66.891	146.550	58	91.580	35.598	26.252	67.537	148.295
59	90.014	34.545	25.676	66.902	146.579	59	91.606	35.616	26.262	67.548	148.324
60	90.040	34.563	25.686	66.913	146.608	60	91.633	35.634	26.272	67.559	148.353
'	TANG.	BISSEC-TRICE.	FLÈCHE	DEMI-CORDE.	ARC.	'	TANG.	BISSEC-TRICE.	FLÈCHE	DEMI-CORDE.	ARC.

'	TANG.	BISSEC-TRICE	FLÈCHE	DEMI-CORDE	ARC.	'	TANG.	BISSEC-TRICE	FLÈCHE	DEMI-CORDE	ARC.
0	91.633	35.634	26.272	67.559	148.353	0	93.251	36.733	26.865	68.200	150.098
1	91.660	35.652	26.282	67.570	148.382	1	93.278	36.752	26.875	68.211	150.127
2	91.687	35.670	26.292	67.580	148.411	2	93.306	36.770	26.885	68.221	150.156
3	91.714	35.689	26.302	67.591	148.440	3	93.333	36.789	26.895	68.232	150.186
4	91.740	35.707	26.311	67.602	148.469	4	93.360	36.808	26.905	68.242	150.215
5	91.767	35.725	26.321	67.612	148.498	5	93.388	36.826	26.915	68.253	150.244
6	91.794	35.743	26.331	67.623	148.528	6	93.415	36.845	26.925	68.264	150.273
7	91.821	35.761	26.341	67.634	148.557	7	93.442	36.864	26.935	68.274	150.302
8	91.848	35.780	26.351	67.645	148.586	8	93.470	36.882	26.944	68.285	150.331
9	91.875	35.798	26.361	67.655	148.615	9	93.497	36.901	26.954	68.295	150.360
10	91.902	35.816	26.371	67.666	148.644	10	93.524	36.920	26.964	68.306	150.389
11	91.929	35.834	26.381	67.677	148.673	11	93.552	36.938	26.974	68.317	150.418
12	91.955	35.852	26.390	67.687	148.702	12	93.579	36.957	26.984	68.327	150.447
13	91.982	35.871	26.400	67.698	148.731	13	93.606	36.976	26.994	68.338	150.476
14	92.009	35.889	26.410	67.709	148.760	14	93.634	36.994	27.004	68.348	150.506
15	92.036	35.907	26.420	67.719	148.789	15	93.661	37.013	27.014	68.359	150.535
16	92.063	35.925	26.430	67.730	148.818	16	93.688	37.032	27.024	68.370	150.564
17	92.090	35.943	26.440	67.741	148.848	17	93.716	37.050	27.034	68.380	150.593
18	92.117	35.962	26.450	67.752	148.877	18	93.743	37.069	27.044	68.391	150.622
19	92.144	35.980	26.460	67.762	148.906	19	93.770	37.088	27.054	68.401	150.651
20	92.170	35.998	26.469	67.773	148.935	20	93.798	37.106	27.064	68.412	150.680
21	92.197	36.016	26.479	67.784	148.964	21	93.825	37.125	27.074	68.423	150.709
22	92.224	36.034	26.489	67.794	148.993	22	93.852	37.144	27.083	68.433	150.738
23	92.251	36.053	26.499	67.805	149.022	23	93.880	37.162	27.093	68.444	150.767
24	92.278	36.071	26.509	67.816	149.051	24	93.907	37.181	27.103	68.454	150.796
25	92.305	36.089	26.519	67.826	149.080	25	93.934	37.200	27.113	68.465	150.826
26	92.332	36.107	26.529	67.837	149.109	26	93.962	37.218	27.123	68.476	150.855
27	92.358	36.125	26.538	67.848	149.138	27	93.989	37.237	27.133	68.486	150.884
28	92.385	36.144	26.548	67.859	149.168	28	94.016	37.256	27.143	68.497	150.913
29	92.412	36.162	26.558	67.869	149.197	29	94.044	37.274	27.153	68.507	150.942
30	92.439	36.180	26.568	67.880	149.226	30	94.071	37.293	27.163	68.518	150.971
31	92.466	36.198	26.578	67.891	149.255	31	94.098	37.312	27.173	68.529	151.000
32	92.493	36.217	26.588	67.901	149.284	32	94.126	37.331	27.183	68.539	151.029
33	92.520	36.235	26.598	67.912	149.313	33	94.153	37.350	27.193	68.550	151.058
34	92.547	36.254	26.608	67.923	149.342	34	94.181	37.369	27.203	68.560	151.087
35	92.574	36.272	26.617	67.933	149.371	35	94.208	37.387	27.213	68.571	151.116
36	92.601	36.291	26.627	67.944	149.400	36	94.236	37.406	27.223	68.581	151.146
37	92.628	36.309	26.637	67.955	149.429	37	94.263	37.425	27.233	68.592	151.175
38	92.656	36.327	26.647	67.965	149.458	38	94.291	37.444	27.243	68.603	151.204
39	92.683	36.346	26.657	67.976	149.487	39	94.318	37.463	27.253	68.613	151.233
40	92.710	36.364	26.667	67.987	149.517	40	94.346	37.482	27.263	68.624	151.262
41	92.737	36.383	26.677	67.997	149.546	41	94.373	37.501	27.273	68.634	151.291
42	92.764	36.401	26.687	68.008	149.575	42	94.401	37.520	27.283	68.645	151.320
43	92.791	36.420	26.697	68.019	149.604	43	94.428	37.539	27.293	68.655	151.349
44	92.818	36.438	26.707	68.029	149.633	44	94.456	37.558	27.303	68.666	151.378
45	92.845	36.456	26.716	68.040	149.662	45	94.483	37.576	27.313	68.677	151.407
46	92.872	36.475	26.726	68.051	149.691	46	94.511	37.595	27.323	68.687	151.436
47	92.899	36.493	26.736	68.061	149.720	47	94.538	37.614	27.333	68.698	151.466
48	92.926	36.512	26.746	68.072	149.749	48	94.566	37.633	27.343	68.708	151.495
49	92.953	36.530	26.756	68.083	149.778	49	94.593	37.652	27.353	68.719	151.524
50	92.980	36.549	26.766	68.093	149.807	50	94.621	37.671	27.363	68.729	151.553
51	93.007	36.567	26.776	68.104	149.837	51	94.648	37.690	27.373	68.740	151.582
52	93.035	36.585	26.786	68.115	149.866	52	94.676	37.709	27.383	68.751	151.611
53	93.062	36.604	26.796	68.125	149.895	53	94.703	37.728	27.393	68.761	151.640
54	93.089	36.622	26.806	68.136	149.924	54	94.731	37.747	27.403	68.772	151.669
55	93.116	36.641	26.815	68.147	149.953	55	94.758	37.765	27.413	68.782	151.698
56	93.143	36.659	26.825	68.157	149.982	56	94.786	37.784	27.423	68.793	151.727
57	93.170	36.678	26.835	68.168	150.011	57	94.813	37.803	27.433	68.803	151.756
58	93.197	36.696	26.845	68.179	150.040	58	94.841	37.822	27.443	68.814	151.786
59	93.224	36.714	26.855	68.189	150.069	59	94.868	37.841	27.453	68.825	151.815
60	93.251	36.733	26.865	68.200	150.098	60	94.896	37.860	27.463	68.835	151.844
'	TANG.	BISSEC-TRICE	FLÈCHE	DEMI-CORDE	ARC.	'	TANG.	BISSEC-TRICE	FLÈCHE	DEMI-CORDE	ARC.

'	TANG.	BISSEC-TRICE.	FLÈCHE	DEMI-CORDE.	ARC.	'	TANG.	BISSEC-TRICE.	FLÈCHE	DEMI-CORDE.	ARC.
0	94.896	37.860	27.463	68.835	151.844	0	96.569	39.016	28.066	69.466	153.589
1	94.924	37.879	27.473	68.846	151.873	1	96.597	39.036	28.076	69.476	153.618
2	94.952	37.898	27.483	68.856	151.902	2	96.625	39.055	28.086	69.487	153.647
3	94.979	37.917	27.493	68.867	151.931	3	96.654	39.075	28.096	69.497	153.676
4	95.007	37.937	27.503	68.877	151.960	4	96.682	39.095	28.107	69.508	153.705
5	95.035	37.956	27.513	68.888	151.989	5	96.710	39.114	28.117	69.518	153.734
6	95.063	37.975	27.523	68.898	152.018	6	96.738	39.134	28.127	69.529	153.764
7	95.090	37.994	27.533	68.909	152.047	7	96.767	39.154	28.137	69.539	153.793
8	95.118	38.013	27.543	68.919	152.076	8	96.795	39.173	28.147	69.549	153.822
9	95.146	38.032	27.555	68.930	152.105	9	96.823	39.193	28.157	69.560	153.851
10	95.174	38.051	27.563	68.940	152.135	10	96.851	39.213	28.167	69.570	153.880
11	95.201	38.070	27.573	68.951	152.164	11	96.880	39.232	28.177	69.581	153.909
12	95.229	38.090	27.583	68.961	152.193	12	96.908	39.252	28.188	69.591	153.938
13	95.257	38.109	27.593	68.972	152.222	13	96.936	39.272	28.198	69.602	153.967
14	95.285	38.128	27.603	68.982	152.251	14	96.964	39.291	28.208	69.612	153.996
15	95.313	38.147	27.613	68.993	152.280	15	96.992	39.311	28.218	69.622	154.025
16	95.340	38.166	27.623	69.003	152.309	16	97.021	39.331	28.228	69.633	154.054
17	95.368	38.185	27.634	69.014	152.338	17	97.049	39.350	28.238	69.643	154.083
18	95.396	38.204	27.644	69.025	152.367	18	97.077	39.370	28.248	69.654	154.113
19	95.424	38.223	27.654	69.035	152.396	19	97.105	39.390	28.258	69.664	154.142
20	95.451	38.243	27.664	69.045	152.425	20	97.134	39.409	28.269	69.675	154.171
21	95.479	38.262	27.674	69.056	152.455	21	97.162	39.429	28.279	69.685	154.200
22	95.507	38.281	27.684	69.067	152.484	22	97.190	39.449	28.289	69.695	154.229
23	95.535	38.300	27.694	69.077	152.513	23	97.218	39.468	28.299	69.706	154.258
24	95.562	38.319	27.704	69.088	152.542	24	97.247	39.488	28.309	69.716	154.287
25	95.590	38.338	27.714	69.098	152.571	25	97.275	39.508	28.319	69.727	154.316
26	95.618	38.357	27.724	69.109	152.600	26	97.303	39.527	28.329	69.737	154.345
27	95.646	38.377	27.734	69.119	152.629	27	97.331	39.547	28.339	69.748	154.374
28	95.674	38.396	27.744	69.130	152.658	28	97.359	39.567	28.350	69.758	154.403
29	95.701	38.415	27.754	69.140	152.687	29	97.388	39.586	28.360	69.768	154.433
30	95.729	38.434	27.764	69.151	152.716	30	97.416	39.606	28.370	69.779	154.462
31	95.757	38.453	27.774	69.161	152.745	31	97.444	39.626	28.380	69.789	154.491
32	95.785	38.473	27.784	69.172	152.775	32	97.473	39.646	28.390	69.800	154.520
33	95.813	38.492	27.794	69.182	152.804	33	97.501	39.666	28.401	69.810	154.549
34	95.841	38.512	27.804	69.193	152.833	34	97.530	39.686	28.411	69.821	154.578
35	95.869	38.531	27.814	69.203	152.862	35	97.558	39.705	28.421	69.831	154.607
36	95.897	38.550	27.824	69.214	152.891	36	97.587	39.725	28.431	69.841	154.636
37	95.925	38.570	27.834	69.224	152.920	37	97.615	39.745	28.441	69.852	154.665
38	95.953	38.589	27.845	69.235	152.949	38	97.644	39.765	28.451	69.862	154.694
39	95.981	38.609	27.855	69.245	152.978	39	97.672	39.785	28.462	69.873	154.723
40	96.009	38.628	27.865	69.256	153.007	40	97.701	39.805	28.472	69.883	154.753
41	96.037	38.647	27.875	69.266	153.036	41	97.729	39.825	28.482	69.893	154.782
42	96.065	38.667	27.885	69.277	153.065	42	97.758	39.845	28.492	69.904	154.811
43	96.093	38.686	27.895	69.287	153.095	43	97.786	39.865	28.502	69.914	154.840
44	96.121	38.706	27.905	69.298	153.124	44	97.815	39.885	28.512	69.925	154.869
45	96.149	38.725	27.915	69.308	153.153	45	97.843	39.904	28.523	69.935	154.898
46	96.177	38.744	27.925	69.319	153.182	46	97.872	39.924	28.533	69.945	154.927
47	96.205	38.764	27.935	69.329	153.211	47	97.900	39.944	28.543	69.956	154.956
48	96.233	38.783	27.945	69.340	153.240	48	97.928	39.964	28.553	69.966	154.985
49	96.261	38.803	27.955	69.350	153.269	49	97.957	39.984	28.563	69.977	155.014
50	96.289	38.822	27.965	69.361	153.298	50	97.985	40.004	28.573	69.987	155.043
51	96.317	38.841	27.975	69.371	153.327	51	98.014	40.024	28.584	69.997	155.073
52	96.345	38.861	27.986	69.382	153.356	52	98.042	40.044	28.594	70.008	155.102
53	96.373	38.880	27.996	69.392	153.385	53	98.071	40.064	28.604	70.018	155.131
54	96.401	38.900	28.006	69.403	153.415	54	98.099	40.084	28.614	70.029	155.160
55	96.429	38.919	28.016	69.413	153.444	55	98.128	40.103	28.624	70.039	155.189
56	96.457	38.938	28.026	69.424	153.473	56	98.156	40.123	28.634	70.049	155.218
57	96.485	38.958	28.036	69.434	153.502	57	98.185	40.143	28.645	70.060	155.247
58	96.513	38.977	28.046	69.445	153.531	58	98.213	40.163	28.655	70.070	155.276
59	96.541	38.997	28.056	69.455	153.560	59	98.242	40.183	28.665	70.081	155.305
60	96.569	39.016	28.066	69.466	153.589	60	98.270	40.203	28.675	70.091	155.334

'	TANG.	BISSEC-TRICE.	FLÈCHE	DEMI-CORDE.	ARC.	'	TANG.	BISSEC-TRICE.	FLÈCHE	DEMI-CORDE	ARC.

ANGLE AU CENTRE = 89°

	TANG.	BISSEC-TRICE.	FLÈCHE	DEMI-CORDE.	ARC.
0	98.270	40.203	28.675	70.091	155.334
1	98.299	40.223	28.685	70.101	155.363
2	98.327	40.243	28.695	70.112	155.392
3	98.356	40.264	28.706	70.122	155.422
4	98.385	40.284	28.716	70.132	155.451
5	98.413	40.304	28.726	70.143	155.480
6	98.442	40.324	28.736	70.153	155.509
7	98.471	40.344	28.746	70.163	155.538
8	98.500	40.364	28.757	70.174	155.567
9	98.528	40.385	28.767	70.184	155.596
10	98.557	40.405	28.777	70.194	155.625
11	98.586	40.425	28.787	70.205	155.654
12	98.614	40.445	28.797	70.215	155.683
13	98.643	40.465	28.808	70.225	155.712
14	98.672	40.485	28.818	70.236	155.742
15	98.700	40.506	28.828	70.246	155.771
16	98.729	40.526	28.838	70.256	155.800
17	98.758	40.546	28.848	70.267	155.829
18	98.787	40.566	28.859	70.277	155.858
19	98.815	40.586	28.869	70.287	155.887
20	98.844	40.606	28.879	70.298	155.916
21	98.873	40.627	28.889	70.308	155.945
22	98.901	40.647	28.899	70.318	155.974
23	98.930	40.667	28.910	70.329	156.003
24	98.959	40.687	28.920	70.339	156.032
25	98.988	40.707	28.930	70.349	156.062
26	99.016	40.727	28.940	70.360	156.091
27	99.045	40.748	28.950	70.370	156.120
28	99.074	40.768	28.961	70.380	156.149
29	99.102	40.788	28.971	70.391	156.178
30	99.131	40.808	28.981	70.401	156.207
31	99.160	40.828	28.991	70.411	156.236
32	99.189	40.849	29.002	70.422	156.265
33	99.218	40.869	29.012	70.432	156.294
34	99.247	40.890	29.022	70.442	156.323
35	99.276	40.910	29.032	70.453	156.352
36	99.305	40.931	29.043	70.463	156.382
37	99.334	40.951	29.053	70.473	156.411
38	99.363	40.971	29.063	70.484	156.440
39	99.392	40.992	29.073	70.494	156.469
40	99.421	41.012	29.084	70.504	156.498
41	99.450	41.033	29.094	70.515	156.527
42	99.479	41.053	29.104	70.525	156.556
43	99.508	41.074	29.115	70.535	156.585
44	99.537	41.094	29.125	70.546	156.614
45	99.566	41.114	29.135	70.556	156.643
46	99.595	41.135	29.145	70.566	156.672
47	99.623	41.155	29.156	70.577	156.702
48	99.652	41.176	29.166	70.587	156.731
49	99.681	41.196	29.176	70.597	156.760
50	99.710	41.217	29.186	70.608	156.789
51	99.739	41.237	29.197	70.618	156.818
52	99.768	41.257	29.207	70.628	156.847
53	99.797	41.278	29.217	70.639	156.876
54	99.826	41.298	29.227	70.649	156.905
55	99.855	41.319	29.238	70.659	156.934
56	99.884	41.339	29.248	70.670	156.963
57	99.913	41.360	29.258	70.680	156.992
58	99.942	41.380	29.269	70.690	157.022
59	99.971	41.400	29.279	70.701	157.051
60	100.000	41.421	29.289	70.711	157.080

ANGLE AU CENTRE = 90°

	TANG.	BISSEC-TRICE.	FLÈCHE	DEMI-CORDE.	ARC.
0	100.000	41.421	29.289	70.711	157.080
1	100.029	41.442	29.299	70.721	157.109
2	100.058	41.462	29.310	70.732	157.138
3	100.088	41.483	29.320	70.742	157.167
4	100.117	41.504	29.330	70.752	157.196
5	100.146	41.524	29.341	70.762	157.225
6	100.175	41.545	29.351	70.773	157.254
7	100.204	41.566	29.361	70.783	157.283
8	100.234	41.587	29.372	70.793	157.312
9	100.263	41.607	29.382	70.803	157.341
10	100.292	41.628	29.392	70.814	157.371
11	100.321	41.649	29.403	70.824	157.400
12	100.350	41.669	29.413	70.834	157.429
13	100.380	41.690	29.423	70.845	157.458
14	100.409	41.711	29.434	70.855	157.487
15	100.438	41.731	29.444	70.865	157.516
16	100.467	41.752	29.454	70.875	157.545
17	100.496	41.773	29.465	70.886	157.574
18	100.526	41.794	29.475	70.896	157.603
19	100.555	41.814	29.485	70.906	157.632
20	100.584	41.835	29.496	70.916	157.661
21	100.613	41.856	29.506	70.927	157.691
22	100.642	41.876	29.516	70.937	157.720
23	100.672	41.897	29.527	70.947	157.749
24	100.701	41.918	29.537	70.957	157.778
25	100.730	41.938	29.547	70.968	157.807
26	100.759	41.959	29.558	70.978	157.836
27	100.788	41.980	29.568	70.988	157.865
28	100.818	42.001	29.578	70.999	157.894
29	100.847	42.021	29.589	71.009	157.923
30	100.876	42.042	29.599	71.019	157.952
31	100.905	42.063	29.609	71.029	157.981
32	100.935	42.084	29.620	71.039	158.011
33	100.964	42.105	29.630	71.050	158.040
34	100.994	42.126	29.640	71.060	158.069
35	101.023	42.147	29.651	71.070	158.098
36	101.053	42.168	29.661	71.080	158.127
37	101.082	42.189	29.671	71.090	158.156
38	101.112	42.210	29.682	71.101	158.185
39	101.141	42.231	29.692	71.111	158.214
40	101.171	42.252	29.702	71.121	158.243
41	101.200	42.273	29.713	71.131	158.272
42	101.230	42.294	29.723	71.141	158.301
43	101.259	42.315	29.733	71.152	158.330
44	101.289	42.336	29.744	71.162	158.360
45	101.318	42.357	29.754	71.172	158.389
46	101.348	42.378	29.764	71.182	158.418
47	101.377	42.399	29.775	71.192	158.447
48	101.407	42.420	29.785	71.203	158.476
49	101.436	42.441	29.795	71.213	158.505
50	101.466	42.462	29.806	71.223	158.534
51	101.495	42.483	29.816	71.233	158.563
52	101.525	42.504	29.826	71.243	158.592
53	101.554	42.525	29.837	71.254	158.621
54	101.584	42.546	29.847	71.264	158.650
55	101.613	42.567	29.857	71.274	158.680
56	101.643	42.588	29.868	71.284	158.709
57	101.672	42.609	29.878	71.294	158.738
58	101.702	42.630	29.888	71.305	158.767
59	101.731	42.651	29.899	71.315	158.796
60	101.761	42.672	29.909	71.325	158.825

FIN DES TABLES.

′	TANG.	BISSEC-TRICE.	FLÈCHE	DEMI-CORDE.	ARC.	′	TANG.	BISSEC-TRICE.	FLÈCHE	DEMI-CORDE.	ARC.
0	94.896	37.860	27.463	68.835	151.844	0	96.569	39.016	28.066	69.466	153.589
1	94.924	37.879	27.473	68.846	151.873	1	96.597	39.036	28.076	69.476	153.618
2	94.952	37.898	27.483	68.856	151.902	2	96.625	39.055	28.086	69.487	153.647
3	94.979	37.917	27.493	68.867	151.931	3	96.654	39.075	28.096	69.497	153.676
4	95.007	37.937	27.503	68.877	151.960	4	96.682	39.095	28.107	69.508	153.705
5	95.035	37.956	27.513	68.888	151.989	5	96.710	39.114	28.117	69.518	153.734
6	95.063	37.975	27.523	68.898	152.018	6	96.738	39.134	28.127	69.529	153.764
7	95.090	37.994	27.533	68.909	152.047	7	96.767	39.154	28.137	69.539	153.793
8	95.118	38.013	27.543	68.919	152.076	8	96.795	39.173	28.147	69.549	153.822
9	95.146	38.032	27.555	68.930	152.105	9	96.823	39.193	28.157	69.560	153.851
10	95.174	38.051	27.563	68.940	152.135	10	96.851	39.213	28.167	69.570	153.880
11	95.201	38.070	27.573	68.951	152.164	11	96.880	39.232	28.177	69.581	153.909
12	95.229	38.090	27.583	68.961	152.193	12	96.908	39.252	28.188	69.591	153.938
13	95.257	38.109	27.593	68.972	152.222	13	96.936	39.272	28.198	69.602	153.967
14	95.285	38.128	27.603	68.982	152.251	14	96.964	39.291	28.208	69.612	153.996
15	95.313	38.147	27.613	68.993	152.280	15	96.992	39.311	28.218	69.622	154.025
16	95.340	38.166	27.623	69.003	152.309	16	97.021	39.331	28.228	69.633	154.054
17	95.368	38.185	27.634	69.014	152.338	17	97.049	39.350	28.238	69.643	154.083
18	95.396	38.204	27.644	69.025	152.367	18	97.077	39.370	28.248	69.654	154.113
19	95.424	38.223	27.654	69.035	152.396	19	97.105	39.390	28.258	69.664	154.142
20	95.451	38.243	27.664	69.046	152.425	20	97.134	39.409	28.269	69.675	154.171
21	95.479	38.262	27.674	69.056	152.455	21	97.162	39.429	28.279	69.685	154.200
22	95.507	38.281	27.684	69.067	152.484	22	97.190	39.449	28.289	69.695	154.229
23	95.535	38.300	27.694	69.077	152.513	23	97.218	39.468	28.299	69.706	154.258
24	95.562	38.319	27.704	69.088	152.542	24	97.247	39.488	28.309	69.716	154.287
25	95.590	38.338	27.714	69.098	152.571	25	97.275	39.508	28.319	69.727	154.316
26	95.618	38.357	27.724	69.109	152.600	26	97.303	39.527	28.329	69.737	154.345
27	95.646	38.377	27.734	69.119	152.629	27	97.331	39.547	28.340	69.748	154.374
28	95.674	38.396	27.744	69.130	152.656	28	97.359	39.567	28.350	69.758	154.403
29	95.701	38.415	27.754	69.140	152.687	29	97.388	39.586	28.360	69.768	154.433
30	95.729	38.434	27.764	69.151	152.716	30	97.416	39.606	28.370	69.779	154.462
31	95.757	38.453	27.774	69.161	152.745	31	97.444	39.626	28.380	69.789	154.491
32	95.785	38.473	27.784	69.172	152.775	32	97.473	39.646	28.390	69.800	154.520
33	95.813	38.492	27.794	69.182	152.804	33	97.501	39.666	28.401	69.810	154.549
34	95.841	38.512	27.804	69.193	152.833	34	97.530	39.686	28.411	69.821	154.578
35	95.869	38.531	27.814	69.203	152.862	35	97.558	39.705	28.421	69.831	154.607
36	95.897	38.550	27.824	69.214	152.891	36	97.587	39.725	28.431	69.841	154.636
37	95.925	38.570	27.834	69.224	152.920	37	97.615	39.745	28.441	69.852	154.665
38	95.953	38.589	27.845	69.235	152.949	38	97.644	39.765	28.451	69.862	154.694
39	95.981	38.609	27.855	69.245	152.978	39	97.672	39.785	28.462	69.873	154.723
40	96.009	38.628	27.865	69.256	153.007	40	97.701	39.805	28.472	69.883	154.753
41	96.037	38.647	27.875	69.266	153.036	41	97.729	39.825	28.482	69.893	154.782
42	96.065	38.667	27.885	69.277	153.065	42	97.758	39.845	28.492	69.904	154.811
43	96.093	38.686	27.895	69.287	153.095	43	97.786	39.865	28.502	69.914	154.840
44	96.121	38.706	27.905	69.298	153.124	44	97.815	39.885	28.512	69.925	154.869
45	96.149	38.725	27.915	69.308	153.153	45	97.843	39.904	28.523	69.935	154.898
46	96.177	38.744	27.925	69.319	153.182	46	97.872	39.924	28.533	69.945	154.927
47	96.205	38.764	27.935	69.329	153.211	47	97.900	39.944	28.543	69.956	154.956
48	96.233	38.783	27.945	69.340	153.240	48	97.928	39.964	28.553	69.966	154.985
49	96.261	38.803	27.955	69.350	153.269	49	97.957	39.984	28.563	69.977	155.014
50	96.289	38.822	27.965	69.361	153.298	50	97.985	40.004	28.573	69.987	155.043
51	96.317	38.841	27.975	69.371	153.327	51	98.014	40.024	28.584	69.997	155.073
52	96.345	38.861	27.986	69.382	153.356	52	98.042	40.044	28.594	70.008	155.102
53	96.373	38.880	27.996	69.392	153.385	53	98.071	40.064	28.604	70.018	155.131
54	96.401	38.900	28.006	69.403	153.415	54	98.099	40.084	28.614	70.029	155.160
55	96.429	38.919	28.016	69.413	153.444	55	98.128	40.103	28.624	70.039	155.189
56	96.457	38.938	28.026	69.424	153.473	56	98.156	40.123	28.634	70.049	155.218
57	96.485	38.958	28.036	69.434	153.502	57	98.185	40.143	28.645	70.060	155.247
58	96.513	38.977	28.046	69.445	153.531	58	98.213	40.163	28.655	70.070	155.276
59	96.541	38.997	28.056	69.455	153.560	59	98.242	40.183	28.665	70.081	155.305
60	96.569	39.016	28.066	69.466	153.589	60	98.270	40.203	28.675	70.091	155.334

| ′ | TANG. | BISSEC-TRICE. | FLÈCHE | DEMI-CORDE. | ARC. | ′ | TANG. | BISSEC-TRICE. | FLÈCHE | DEMI-CORDE. | ARC. |

′	TANG.	BISSEC-TRICE.	FLÈCHE.	DEMI-CORDE.	ARC.	′	TANG.	BISSEC-TRICE.	FLÈCHE.	DEMI-CORDE.	ARC.
0	98.270	40.203	28.675	70.091	155.334	0	100.000	41.421	29.289	70.711	157.080
1	98.299	40.223	28.685	70.101	155.363	1	100.029	41.442	29.299	70.721	157.109
2	98.327	40.243	28.695	70.112	155.392	2	100.058	41.462	29.310	70.732	157.138
3	98.356	40.264	28.705	70.122	155.422	3	100.088	41.483	29.320	70.742	157.167
4	98.385	40.284	28.716	70.132	155.451	4	100.117	41.504	29.330	70.752	157.196
5	98.413	40.304	28.726	70.143	155.480	5	100.146	41.524	29.341	70.762	157.225
6	98.442	40.324	28.736	70.153	155.509	6	100.175	41.545	29.351	70.773	157.254
7	98.471	40.344	28.746	70.163	155.538	7	100.204	41.566	29.361	70.783	157.283
8	98.500	40.364	28.757	70.174	155.567	8	100.234	41.587	29.372	70.793	157.312
9	98.528	40.385	28.767	70.184	155.596	9	100.263	41.607	29.382	70.803	157.341
10	98.557	40.405	28.777	70.194	155.625	10	100.292	41.628	29.392	70.814	157.371
11	98.586	40.425	28.787	70.205	155.654	11	100.321	41.649	29.403	70.824	157.400
12	98.614	40.445	28.797	70.215	155.683	12	100.350	41.669	29.413	70.834	157.429
13	98.643	40.465	28.808	70.225	155.712	13	100.380	41.690	29.423	70.845	157.458
14	98.672	40.485	28.818	70.236	155.742	14	100.409	41.711	29.434	70.855	157.487
15	98.700	40.506	28.828	70.246	155.771	15	100.438	41.731	29.444	70.865	157.516
16	98.729	40.526	28.838	70.256	155.800	16	100.467	41.752	29.454	70.875	157.545
17	98.758	40.546	28.848	70.267	155.829	17	100.496	41.773	29.465	70.886	157.574
18	98.787	40.566	28.859	70.277	155.858	18	100.526	41.794	29.475	70.896	157.603
19	98.815	40.586	28.869	70.287	155.887	19	100.555	41.814	29.485	70.906	157.632
20	98.844	40.606	28.879	70.298	155.916	20	100.584	41.835	29.496	70.916	157.661
21	98.873	40.627	28.889	70.308	155.945	21	100.613	41.856	29.506	70.927	157.691
22	98.901	40.647	28.899	70.318	155.974	22	100.642	41.876	29.516	70.937	157.720
23	98.930	40.667	28.910	70.329	156.003	23	100.672	41.897	29.527	70.947	157.749
24	98.959	40.687	28.920	70.339	156.032	24	100.701	41.918	29.537	70.957	157.778
25	98.988	40.707	28.930	70.349	156.062	25	100.730	41.938	29.547	70.968	157.807
26	99.016	40.727	28.940	70.360	156.091	26	100.759	41.959	29.558	70.978	157.836
27	99.045	40.748	28.950	70.370	156.120	27	100.788	41.980	29.568	70.988	157.865
28	99.074	40.768	28.961	70.380	156.149	28	100.818	42.001	29.578	70.999	157.894
29	99.102	40.788	28.971	70.391	156.178	29	100.847	42.021	29.589	71.009	157.923
30	99.131	40.808	28.981	70.401	156.207	30	100.876	42.042	29.599	71.019	157.952
31	99.160	40.828	28.991	70.411	156.236	31	100.905	42.063	29.609	71.029	157.981
32	99.189	40.849	29.002	70.422	156.265	32	100.935	42.084	29.620	71.039	158.011
33	99.218	40.869	29.012	70.432	156.294	33	100.964	42.105	29.630	71.050	158.040
34	99.247	40.890	29.022	70.442	156.323	34	100.994	42.126	29.640	71.060	158.069
35	99.276	40.910	29.032	70.453	156.352	35	101.023	42.147	29.651	71.070	158.098
36	99.305	40.931	29.043	70.463	156.382	36	101.053	42.168	29.661	71.080	158.127
37	99.334	40.951	29.053	70.473	156.411	37	101.082	42.189	29.671	71.090	158.156
38	99.363	40.971	29.063	70.484	156.440	38	101.112	42.210	29.682	71.101	158.185
39	99.392	40.992	29.073	70.494	156.469	39	101.141	42.231	29.692	71.111	158.214
40	99.421	41.012	29.084	70.504	156.498	40	101.171	42.252	29.702	71.121	158.243
41	99.450	41.033	29.094	70.515	156.527	41	101.200	42.273	29.713	71.131	158.272
42	99.479	41.053	29.104	70.525	156.556	42	101.230	42.294	29.723	71.141	158.301
43	99.508	41.074	29.115	70.535	156.585	43	101.259	42.315	29.733	71.152	158.330
44	99.537	41.094	29.125	70.546	156.614	44	101.289	42.336	29.744	71.162	158.360
45	99.566	41.114	29.135	70.556	156.643	45	101.318	42.357	29.754	71.172	158.389
46	99.595	41.135	29.145	70.566	156.672	46	101.348	42.378	29.764	71.182	158.418
47	99.623	41.155	29.156	70.577	156.702	47	101.377	42.399	29.775	71.192	158.447
48	99.652	41.176	29.166	70.587	156.731	48	101.407	42.420	29.785	71.203	158.476
49	99.681	41.196	29.176	70.597	156.760	49	101.436	42.441	29.795	71.213	158.505
50	99.710	41.217	29.186	70.608	156.789	50	101.466	42.462	29.806	71.223	158.534
51	99.739	41.237	29.197	70.618	156.818	51	101.495	42.483	29.816	71.233	158.563
52	99.768	41.257	29.207	70.628	156.847	52	101.525	42.504	29.826	71.243	158.592
53	99.797	41.278	29.217	70.639	156.876	53	101.554	42.525	29.837	71.254	158.621
54	99.826	41.298	29.227	70.649	156.905	54	101.584	42.546	29.847	71.264	158.650
55	99.855	41.319	29.238	70.659	156.934	55	101.613	42.567	29.857	71.274	158.680
56	99.884	41.339	29.248	70.670	156.963	56	101.643	42.588	29.868	71.284	158.709
57	99.913	41.360	29.258	70.680	156.992	57	101.672	42.609	29.878	71.294	158.738
58	99.942	41.380	29.269	70.690	157.022	58	101.702	42.630	29.888	71.305	158.767
59	99.971	41.400	29.279	70.701	157.051	59	101.731	42.651	29.899	71.315	158.796
60	100.000	41.421	29.289	70.711	157.080	60	101.761	42.672	29.909	71.325	158.825
′	TANG.	BISSEC-TRICE.	FLÈCHE.	DEMI-CORDE.	ARC.	′	TANG.	BISSEC-TRICE.	FLÈCHE.	DEMI-CORDE.	ARC.

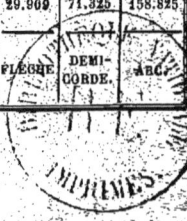

FIN DES TABLES.

www.ingramcontent.com/pod-product-compliance
Lightning Source LLC
Chambersburg PA
CBHW031449210326
41599CB00016B/2168